深度学习系列 DEEP LEARNING SERIES

异步图书 www.epubit.com

深度学习基础与概念

Deep Learning Foundations and Concepts

[英] 克里斯托弗 · M.毕晓普（Christopher M.Bishop）
休 · 毕晓普（Hugh Bishop） 著

邹欣 阮思捷 刘志毅 王树良 译

人 民 邮 电 出 版 社
北 京

图书在版编目（CIP）数据

深度学习 : 基础与概念 / (英) 克里斯托弗 • M. 毕晓普 (Christopher M. Bishop), (英) 休 • 毕晓普 (Hugh Bishop) 著 ; 邹欣等译. -- 北京 : 人民邮电出版社, 2025. -- (深度学习系列). -- ISBN 978-7-115-66370-2

Ⅰ. TP181

中国国家版本馆 CIP 数据核字第 2025L8F908 号

版权声明

◆ 著　　[英]克里斯托弗 • M.毕晓普（Christopher M.Bishop）
　　　　[英]休 • 毕晓普（Hugh Bishop）
译　　邹　欣　阮思捷　刘志毅　王树良
责任编辑　李　莎
责任印制　王　郁　焦志炜

◆ 人民邮电出版社出版发行　　北京市丰台区成寿寺路 11 号
邮编　100164　　电子邮件　315@ptpress.com.cn
网址　https://www.ptpress.com.cn
北京瑞禾彩色印刷有限公司印刷

◆ 开本：787×1092　1/16
印张：37　　2025 年 5 月第 1 版
字数：817 千字　　2025 年 6 月北京第 2 次印刷

著作权合同登记号　图字：01-2024-1496 号

定价：188.00 元

读者服务热线：(010)81055410　印装质量热线：(010)81055316
反盗版热线：(010)81055315

内容提要

本书全面且深入地呈现了深度学习领域的知识体系，系统梳理了该领域的核心知识，阐述了深度学习的关键概念、基础理论及核心思想，剖析了当代深度学习架构与技术。

全书共20章。本书首先介绍深度学习的发展历程、基本概念及其在诸多领域（如医疗诊断、图像合成等）产生的深远影响；继而深入探讨支撑深度学习的数学原理，包括概率、标准分布等；在网络模型方面，从单层网络逐步深入到多层网络、深度神经网络，详细讲解其结构、功能、优化方法及其在分类、回归等任务中的应用，同时涵盖卷积网络、Transformer 等前沿架构及其在计算机视觉、自然语言处理等领域的独特作用。本书还对正则化、采样、潜变量、生成对抗网络、自编码器、扩散模型等关键技术展开深入分析，阐释其原理、算法流程及实际应用场景。

对于机器学习领域的新手，本书是全面且系统的入门教材，可引领其踏入深度学习的知识殿堂；对于机器学习领域的从业者，本书是深化专业知识、紧跟技术前沿的有力工具；对于相关专业的学生，本书是学习深度学习课程、开展学术研究的优质参考资料。无论是理论学习、实践应用还是学术研究，本书都是读者在深度学习领域探索与前行的重要指引。

译者简介

邹　欣

现任北京中关村学院工程素养发展部负责人。曾在 Momenta 担任资深架构师，在 CSDN 担任研发副总裁，在微软 Azure、必应、Office 和 Windows 产品团队担任首席研发经理，并在微软亚洲研究院进行了多年创新工作，在软件开发和软件工程教育方面有着丰富的经验。著（合著）有《编程之美》《构建之法》《智能之门》《移山之道》等专业图书，其中《构建之法》是多所高校的软件工程教材。

阮思捷

北京理工大学计算机学院特别副研究员，ACM SIGSPATIAL 中国分会执行委员，主要研究时空数据智能。主持国家自然科学基金、国家重点研发计划子课题等国家级项目 5 项，发表高水平学术论文 40 余篇，受邀担任 ICDE 等国际会议分论坛主席，ICLR、NeurIPS、ICML、*TKDE*、KDD 等人工智能和数据挖掘领域国际顶级会议或期刊审稿人。入选中国电子学会博士学位论文激励计划，获中国指挥与控制学会科学技术奖一等奖、SIGSPATIAL 中国优博奖等。

刘志毅

中国人工智能领军科学家，上海市人工智能社会治理协同创新中心研究员，在 AI 领域深入研究和实践十余年，涉及智能计算、空间智能以及超级人工智能对齐方向。中国人工智能学会人工智能伦理与治理工作委员会委员及具身智能专业委员会（筹）委员，上海交通大学计算法学与人工智能伦理研究中心执行主任，上海交通大学安泰经济与管理学院 AI 与营销研究中心特聘研究员，上海交通大学清源研究院兼职研究员，上海开源信息技术协会 AI 伦理与治理专业委员会主任，2024 年入选福布斯中国“十大人工智能影响力人物”。国际电工委员会生物数字融合系统评估组（IEC/SMB/SEG12）伦理专家，国家人工智能标准总体组专家，AIIA 联盟可信 AI 专家委员会委员，上海市人工智能技术协会专家委员会委员。出版《智能经济》《数字经济学》《智能的启蒙：通用人工智能与意识机器》等十几部中英文专著，翻译多部海外学者专著，作品入围施普林格·自然出版社“中国新发展奖”（2023 年度）。

王树良

北京理工大学特聘教授，北京理工大学电子政务研究院执行院长。国家级领军人才，国家重点研发计划项目首席科学家。主要研究空间数据挖掘、社会智治。中英文专著《空间数据挖掘理论与应用》被誉为“空间数据挖掘的里程碑式力作”。曾获国家科技进步奖一等奖、中国指挥与控制学会科学技术奖一等奖、全国优秀博士学位论文、IEEE GrC Outstanding Contribution Award 等。

主要审校者简介

吴可寒

中国科学技术大学 – 微软研究院联合培养博士生，专注于深度学习在药物设计和分子建模中的应用。在前沿科研领域积累了丰富的经验，积极参与创新性研究。

何纪言

中国科学技术大学 – 微软研究院联合培养博士生。主要从事大模型与 AI for Science 的研究，在《自然机器智能》等人工智能领域国际顶级期刊和会议发表论文若干。

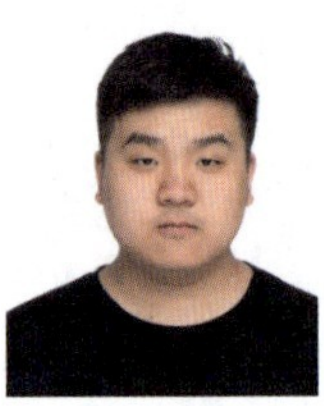

高开元

华中科技大学 – 微软研究院联合培养博士生。专注于深度学习和 AI for Science 的研究，在分子结构建模和多模态建模方面积累了丰富的经验。

于　达

中山大学 – 微软研究院联合培养博士生。自 2018 年起，专注于深度学习和人工智能方向的研究，积累了丰富的前沿科研和实际应用经验。在隐私保护深度学习方向发表多篇国际知名文章，相关成果得到业界广泛采用。

推荐语

本书作者在 1995 年出版过关于神经网络的 *NNPR*（*Neural Networks for Pattern Recognition*）一书，2006 年又出版了从贝叶斯主义角度诠释机器学习的名著 *PRML*（*Pattern Recognition and Machine Learning*），本书是其最新力作，很值得期待。

——周志华，南京大学教授，国际人工智能联合会理事会主席

相信每一个希望学习和掌握深度学习技术的人，都会将机器学习专家 Christopher Bishop 与 Hugh Bishop 共同撰写的这部基础著作置于案头，潜心研读，时常翻阅，感悟深度学习概念之精妙，掌握其方法之要义，理解其技术之真谛。

——李航，字节跳动研究部门负责人，ACM 会士，ACL 会士，IEEE 会士

我有幸与 Christopher Bishop 共事多年，他对研究和教育的热情，以及严谨的学风都值得我们学习。他在 2006 年出版的 *PRML* 是很多机器学习爱好者的启蒙图书，广受好评。当他和我交流想要写一本关于深度学习的新书时，我表示大力支持，并让团队成员提供了早期反馈。在得知他的新书将翻译成中文后，我更是让我的四位博士生积极参与了审校工作。我相信这本书在中国的出版，一定会为广大读者系统性地学习、研究和应用深度学习打下坚实的基础，为人工智能的普及做出重要贡献。

——刘铁岩，北京中关村学院院长，中关村人工智能研究院理事长，
IEEE 会士，ACM 会士

Christopher Bishop（经典之作 *PRML* 作者）与 Hugh Bishop 合著的新作《深度学习：基础与概念》，深入浅出地阐释了从基础理论到前沿模型与算法，非常适合作为人工智能初学者和从业者的教材。很高兴看到本书引用了我们研究组的论文“Network in Network”，非常期待本书为深度学习进一步普及和发展发挥积极作用。

——颜水成，新加坡国立大学教授，AAAI 会士，SAEng 院士，
ACM 会士，IEEE 会士，IAPR 会士

翻开 Christopher Bishop 的经典之作 *PRML* 时，献辞页上他们的全家合影曾让无数读者会心一笑。17 年后，合影中的父与子两代学者联袂执笔，以深度学习领域新著完成两代人的学术接力——从概率图模型的黄金年代到 Transformer 掀起的大模型浪潮，这场横跨经典与前沿的对话，恰是 AI 发展史的生动注脚。新作延续了 *PRML* 的治学精魂：以概率论为筋骨构建理论框架，用数学之美解构深度网络，在全书各个章节中，仍可见严密逻辑铸就的“铜墙铁壁”。当业界追逐“更大、更多、更快”时，这部承袭

经典又直面未来的著作，恰似一盏明灯。它不仅是学术传承的里程碑，更为每一位AI探索者提供了锚定技术浪潮的思维坐标系。

——王斌，小米 AI 实验室主任

这是一本关于深度学习的不可多得的佳作。当前，AI 已步入大语言模型时代，而深度学习则是其理论根基。本书系统梳理了从决策式 AI 到生成式 AI 的理论架构和发展路径。无论是科技工作者、行业从业者，还是研究生，都能借它夯实基础，启迪创新，行稳致远。

——周明，澜舟科技创始人，微软亚洲研究院原副院长，
ACL 主席、CCF 副理事长

本人曾经使用 Christopher Bishop 所著的《模式识别与机器学习》（*PRML*）这一经典教材内容讲授过相关课程，受益匪浅。而作者的这部新作从概率、统计和计算等综合交叉角度讲解算法和模型，凸显了通过可解释性和可计算性去模拟智能的内禀，相信读者在阅读本书的过程中，会有大语言模型的"顿悟时刻"（Aha Moment）——这是人类认知过程中一种突然的、非线性的问题解决的美妙体验。

——吴飞，浙江大学本科生院院长、人工智能研究所所长

近些年人工智能发展迅猛，大语言模型的出现，更是使得人工智能的发展迈向新的台阶。然而这一切的基础均来自神经网络和深度学习。本书详细、系统地介绍了神经网络和深度学习的各个方面，重点关注那些可经受住时间考验的方法，这为读者进一步学习、利用和研究人工智能，打下了非常良好的技术基础。

——马少平，清华大学教授

2006 年，Christopher Bishop 的 *PRML* 以贝叶斯视角揭示了机器学习算法的本质，被称为该领域的"圣经"。如今，他以这本新作系统梳理了深度学习近 20 年来的理论基础与关键进展。从机器学习到深度学习，再到大语言模型，下一站是具身智能？Bishop，让人工智能历史，照见人类科技未来。

——刘云浩，清华大学教授

PRML 影响了包括我在内的一代 AI 研究者。Bishop 这本新作延续了他一贯的深度，不仅系统讲解了机器学习的核心基础，还涵盖了 Transformer、扩散模型、自监督学习等的新进展，是一本既扎实又有前瞻性、既适合打基础也适合深入探索的好教材。

——谢赛宁，纽约大学计算机科学助理教授

译者序

本书深入而系统地介绍了机器学习和深度学习领域的基本概念、数学原理和前沿研究，并附有丰富的习题。英文原书一上市就获得了各界青睐，第一作者 Christopher M. Bishop 在机器学习领域深耕 40 多年时间，他早在 20 世纪 90 年代就出版了畅销书 *Pattern Recognition and Machine Learning*（*PRML*），该书在模式识别和机器学习领域一直被广泛采用。

以 ChatGPT 为代表的大语言模型于 2022 年年底激发了 AI 领域的新热潮，引领国内学术界和产业界迅速跟进，并催生了众多相关模型与创业公司。在这个技术迅猛发展、新应用案例频频成为热点、自媒体每天都被“震惊”的时代，大家还有必要学习有关深度学习的理论、数学原理和算法基础的书吗？

正如作者在前言中提到的，“大语言模型正在迅速演进，然而其底层的 Transformer 架构和注意力机制在过去 5 年基本保持不变，并且机器学习的许多核心原则已被人们熟知数十年。”我们只有吃透这些“不变”的原理，才能不被眼花缭乱的“震惊”迷惑。

“磨刀不误砍柴工”，掌握数学基础和算法理论，如梯度下降和反向传播、Transformer 等，对于设计高效神经网络架构至关重要。我们希望读者能设计合适的损失函数和优化策略来提高训练速度与模型的泛化能力，在实践中快人一步，而不是仅仅成为操作熟练的“调参工程师”。

坚实的数学和算法基础能让读者更好地将深度学习技术应用于新的领域，比如将图神经网络应用于社交网络和生物信息学，以及把对流的标准化和结构化分布的深入理解应用于处理非规范数据，从而在前沿领域取得突破。只有掌握了原理，我们才能实现从“应用上的跟随”到“技术突破和创新”的本质性改变。

本书由邹欣、阮思捷、刘志毅、王树良翻译。邹欣翻译了前言、第 1 章、第 7 章和第 13 ～ 20 章，阮思捷翻译了第 2 章、第 6 章、第 10 章、附录和索引，刘志毅翻译了第 5 章、第 8 章、第 11 章和第 12 章，王树良翻译了第 3 章、第 4 章和第 9 章。

“工以利器为用”，我们都是业余的翻译者，在翻译工作启动的时候，大家都同意要致力于提高译文的精确性和可读性，但有时心有余而力不足。在翻译这部长篇著作时，我们的译文草稿的确出现了我们自己也不甚满意的翻译腔和一些充满技术词汇的长句。经过多次修改、多轮审校，并辅以大模型才得到一个相对满意的版本。

为了最大限度地忠实于原著的技术细节和作者的表达意图，避免因格式调整可能带来的理解偏差或信息损耗，本书中的公式均完整保留了原著的格式，其中部分公式里括号的使用可能与我们的使用习惯不尽一致，但这并不会影响公式本身的数学意义和逻辑关系。书中数学符号的使用规则，详见本书前言中“数学符号”部分的内容。

“人以贤友为助”，我们的译稿有幸得到了微软研究院科学智能中心专业团队的评阅和审校，在首席科学家刘铁岩的支持和帮助下，研究院的专家们逐字逐句地审读了译稿，提出了许多恳切而宝贵的意见。在此对吴可寒、何纪言、高开元、于达、宫茜、高航等审校者表示诚挚的感谢。我们还要感谢参与部分译稿审校工作的北京理工大学的唐颂、杨芊雨、邹怡清、李征峻、朱嘉宝、蒋任驰、韩昊豫等研究生。

在翻译的过程中，我们得到了人民邮电出版社编辑团队的大力支持和配合，从工作的协调到多轮的审校，他们都安排得井井有条，使本书得以高效地翻译和出版。

“以铜为鉴，可正衣冠”，“以人为鉴，可明得失”。诚邀读者提供反馈，帮助我们持续改善，让本书在深度学习领域帮助更多的人。

译者团队

2024 年 8 月 3 日

前　言

深度学习使用多层神经网络，并借助大型数据集的训练来解决复杂的信息处理任务，已成为机器学习领域的成功范式。在过去的十多年里，深度学习已经深刻改变了计算机视觉、语音识别和自然语言处理等领域，并且正越来越多地应用于医疗保健、制造业、商业、金融、科学探索等众多行业。近期，被称为大语言模型的超大神经网络——包含高达万亿数量级可学习参数，已经显示出通用人工智能的初步迹象，它们正在引发技术史上的一次重大颠覆。

本书目标

机器学习的影响力不断扩大，相关出版物数量和涵盖范围呈爆炸式增长，创新的步伐仍在持续加快。对于这一领域的新人来说，仅是掌握核心思想就已经足够艰巨，更不用说赶上研究前沿了。在这样的背景下，本书将帮助机器学习的新手及有经验的从业者全面理解支撑深度学习的基础理论，以及现代深度学习架构和技术的关键概念，为读者未来在专业领域的深造打下坚实的基础。鉴于深度学习领域知识的广泛性和变化速度，我们有意避免写一本涵盖最新研究的全面综述。相反，我们在本书中展现了对深度学习关键思想、基础和概念的提炼，这些基础和概念在该领域过去和将来的快速发展中历久弥新。例如，在撰写本书时，大语言模型正在迅速演进，然而其底层的 Transformer 架构和注意力机制在过去 5 年基本保持不变，并且机器学习的许多核心原则已被人们熟知数十年。

负责任地使用技术

深度学习是一项功能强大、适用范围广泛的技术，具有为世界创造巨大价值和应对社会最紧迫挑战的潜力。这些特点也意味着有人可能蓄意滥用深度学习技术，引发意外伤害。我们选择不讨论深度学习使用中的伦理或社会层面问题，因为这些话题非常复杂，超出了本书作为计算机教材的讨论范畴。不过，我们仍然希望读者通过本书加深对底层技术及其工作原理的理解，并希望本书为上述问题的讨论做出有价值的贡献。我们强烈建议读者关注技术工作更广泛的影响，并在学习技术本身的同时，了解如何负责任地使用深度学习和人工智能。

本书的内容结构

本书分为 20 章，每一章均探讨一个具体的主题。我们以线性结构组织本书内容，即每章的内容仅依赖于前面章节中的材料。本书非常适合用来教授两个学期的本科或研究生机器学习课程，同样也适合那些正在积极研究或自学深度学习的读者参考。

要清晰地理解机器学习，必然需要具备一定程度的高等数学知识。具体来说，机器学习的核心由三个数学领域构成：概率论、线性代数和多元微积分（也称多变量微积分）。本书提供了对所需概率论概念的完备介绍，还通过附录 A 概括了线性代数的一些有用结论。附录 B 和附录 C 分别提供了关于变分法和拉格朗日乘子的介绍，我们假定读者已经熟悉多变量微积分的基本概念。本书的重点是传达清晰的概念理解，强调的是那些在现实世界中具有实用价值的技术，而不是抽象的理论。我们尽可能从多个互补的视角（例如文本描述、图表和数学公式）呈现复杂的概念。此外，我们使用独立的板块总结了许多关键算法，这些总结虽然没有提高算法的计算效率，但是补充了文中的数学说明。因此，我们希望不同背景的读者都能理解本书中的内容。

从概念上讲，本书或许自然而然会被视为 *Neural Networks for Pattern Recognition*（Bishop, 1995b）的后续作品，后者首次从统计学角度全面介绍了神经网络。本书可以看作 *Pattern Recognition and Machine Learning*（Bishop, 2006）的“姊妹篇”，虽然后者出版于深度学习革命之前，但是其中涵盖了机器学习领域更广泛的议题。本书采用了 *Pattern Recognition and Machine Learning* 中的一部分相关内容并进行了改写，以更专注于深入学习所需的基础概念，确保内容能自成一体。但这也意味着 *Pattern Recognition and Machine Learning* 中的很多有趣且历久弥新的机器学习议题并没有出现在这本新书中。例如，*Pattern Recognition and Machine Learning* 深入讨论了贝叶斯方法，而本书几乎不讲贝叶斯方法。

本书配有一个网站，用于提供配套素材，包括本书的免费数字版本、习题的解答，以及 PDF 和 JPEG 格式的可下载图表版本。这个网站的网址为：

https://www.bishopbook.com

本书可以用下面的 BibTex 格式来引用：

```
@book{Bishop:DeepLearning24,
    author = {Christopher M. Bishop and Hugh Bishop},
    title = {Deep Learning: Foundations and Concepts},
    year = {2024},
    publisher = {Springer}
}
```

如果你对本书有所建议或者反馈错误，请发邮件到 contact@epubit.com.cn。

参考资料

本着关注核心思想的精神，我们没有提供本书全面的文献综述，深度学习这个领域的规模和变化速度也让提供全面的文献综述变成一项很难完成的任务。为了保持读者对核心概念的注意力，我们淡化了很多重要的实现细节。但是，我们确实提供了一些重要的研究论文、综述文章和其他资料，读者可以自行阅读和探索。

已经有很多相关图书讨论了机器学习和深度学习的主题。与本书水平和风格较为接近的包括 Bishop（2006）、Goodfellow, Bengio, and Courville（2016）、Murphy（2022）、Murphy（2023）以及 Prince（2023）。

在过去的十多年里，机器学习的学术研究方式发生了显著变化，许多人先把论文发表在线上文献资料站点，之后再提交到同行评审的会议和期刊，甚至都不提交了。这些文献资料站点中最受欢迎的是 arXiv。

arXiv 站点提供每篇论文的免费 PDF 版本，也允许作者更新论文，这常常导致文献引用版本的混乱，因为一篇论文可以有和不同年份相关联的多个版本。鉴于此，尽管我们推荐阅读论文的最新版本，但还是采取了一种简单的方法——根据首次上传的年份引用论文。

arXiv 站点上的论文使用标记索引为 arXiv:YYMM.XXXXX，其中 YY 和 MM 分别表示论文首次上传的年份和月份。论文的后续版本则通过在索引的后面附加一个版本号 N（arXiv:YYMM.XXXXXvN）来表示。

习题

从第 2 章开始，我们在每章最后都会给出一套设计好的习题，旨在帮助读者巩固书中解释的关键思想或以重要方式扩展和泛化它们。这些习题是本书的重要组成部分，每道习题按难度分级，从几分钟就能完成的简单的一星级（*）到明显更复杂的三星级（***）。我们强烈建议读者做题练习，学以致用，因为这样能极大地提升学习效果。读者可以从本书配套网站下载所有习题的答案。

数学符号

本书沿用 Bishop（2006）的符号表示。有关机器学习背景下的数学概述，请参阅 Deisenroth, Faisal, and Ong（2020）。

向量用小写粗斜体罗马字母表示，例如 $\boldsymbol{x}$。矩阵用大写粗斜体罗马字母表示，例如 $\boldsymbol{M}$。除非另行说明，否则所有向量都假定为列向量。“T”表示矩阵或向量的转置，因此 $\boldsymbol{x}^{\mathrm{T}}$ 是行向量。符号 $(w_1,\cdots,w_M)$ 表示具有 M 个元素的行向量，相应的列向量记作 $\boldsymbol{w}=(w_1,\cdots,w_M)^{\mathrm{T}}$。$M\times M$ 的单位矩阵（也称基本矩阵）记作 $\boldsymbol{I}_M$，如果其维度不存在歧义，则简记为 $\boldsymbol{I}$。单位矩阵的元素 I_{ij} 在 $i=j$ 时等于1，在 $i\neq j$ 时等于0。单位矩阵的元素有时记作 δ_{ij}。符号 $\mathbf{1}$ 表示所有元素均为1的列向量。$\boldsymbol{a}\oplus\boldsymbol{b}$ 表示向量 $\boldsymbol{a}$ 和 $\boldsymbol{b}$ 的拼接，即如果 $\boldsymbol{a}=(a_1,\cdots,a_N)$，$\boldsymbol{b}=(b_1,\cdots,b_M)$，则 $\boldsymbol{a}\oplus\boldsymbol{b}=(a_1,\cdots,a_N,b_1,\cdots,b_M)$。$|x|$ 表示标量 x 的模（正部），也称绝对值。矩阵 $\boldsymbol{A}$ 的行列式记作 $\det(\boldsymbol{A})$。

符号 $x\sim p(x)$ 表示 x 是从分布 $p(x)$ 中采样的，如果存在歧义，则使用下标，例如 $p_x(\cdot)$。函数 $f(x,y)$ 相对于随机变量 x 的期望记作 $\mathbb{E}_x\left[f(x,y)\right]$，在对变量取平均值没有歧义的情况下，其后缀可以省略，例如 $\mathbb{E}[x]$。如果 x 的分布以另一个变量 z 为条件，

那么相应的条件期望将记作 $\mathbb{E}_x\left[f(x)|z\right]$。类似地，$f(x)$ 的方差记作 $\mathrm{var}\left[f(x)\right]$；对于向量变量，协方差记作 $\mathrm{cov}[\boldsymbol{x},\boldsymbol{y}]$。在本书中，我们使用 $\mathrm{cov}[\boldsymbol{x}]$ 作为 $\mathrm{cov}[\boldsymbol{x},\boldsymbol{x}]$ 的简写符号。

符号 $\forall$ 的含义是“任意”，因此 $\forall m \in \mathcal{M}$ 表示集合 $\mathcal{M}$ 中所有 m 的值。符号 $\mathbb{R}$ 表示实数集。在图[①]中，节点 i 的邻居集合记作 $\mathcal{N}(i)$，请注意其与高斯分布或正态分布 $\mathcal{N}\left(x|\mu,\sigma^2\right)$ 的区别。泛函记作 $f[y]$，其中 $y(x)$ 表示某个函数。附录 B 介绍了泛函的概念。花括号 $\{\}$ 表示集合。符号 $g(x)=\mathcal{O}\left(f(x)\right)$ 表示 $\left|g(x)/f(x)\right|$ 在 $x\to\infty$ 时有界。例如，如果 $g(x)=3x^2+2$，则 $g(x)=\mathcal{O}\left(x^2\right)$。符号 $\lfloor x \rfloor$ 表示 x 向下取整，即小于或等于 x 的最大整数。

如果有 N 个独立同分布（i.i.d.）的观测值 $\boldsymbol{x}_1,\cdots,\boldsymbol{x}_N$，其中 $\boldsymbol{x}_n=\left(x_1,\cdots,x_D\right)^{\mathrm{T}}$ $(1<n<N)$ 是一个 D 维向量，则可以将这些观测值组合成一个维度为 $N\times D$ 的数据矩阵 $\boldsymbol{X}$，其中 $\boldsymbol{X}$ 的第 n 行对应于行向量 $\boldsymbol{x}_n^{\mathrm{T}}$。因此，$\boldsymbol{X}$ 的 n 行 i 列元素对应于第 n 个观测值 $\boldsymbol{x}_n$ 的第 i 个元素，记作 x_{ni}。对于一维变量，我们用小写字母 $\mathbf{x}$ 表示列向量形式的矩阵，其第 n 个元素为 x_n。需要注意的是，$\mathbf{x}$（其维度为 N）和 $\boldsymbol{x}$（其维度为 D）使用了不同的字体以示区别。

致谢

笔者衷心感谢众人审查了各章初稿并提供了宝贵的反馈意见。特别感谢 Samuel Albanie、Cristian Bodnar、John Bronskill、Wessel Bruinsma、Ignas Budvytis、Chi Chen、Yaoyi Chen、Long Chen、Fergal Cotter、Sam Devlin、Aleksander Durumeric、Sebastian Ehlert、Katarina Elez、Andrew Foong、Hong Ge、Paul Gladkov、Paula Gori Giorgi、John Gossman、Tengda Han、Juyeon Heo、Katja Hofmann、Chin-Wei Huang、Yongchao Huang、Giulio Isacchini、Matthew Johnson、Pragya Kale、Atharva Kelkar、Leon Klein、Pushmeet Kohli、Bonnie Kruft、Adrian Li、Haiguang Liu、Ziheng Lui、Giulia Luise、Stratis Markou、Sergio Valcarcel Macua、Krzysztof Maziarz、Matěj Mezera、Laurence Midgley、Usman Munir、Félix Musil、Elise van der Pol、Tao Qin、Isaac Reid、David Rosenberger、Lloyd Russell、Maximilian Schebek、Megan Stanley、Karin Strauss、Clark Templeton、Marlon Tobaben、Aldo Sayeg Pasos-Trejo、Richard Turner、Max Welling、Furu Wei、Robert Weston、Chris Williams、Yingce Xia、Shufang Xie、Iryna Zaporozhets、Claudio Zeni、Xieyuan Zhang，以及许多其他同事，感谢他们参与讨论并贡献宝贵的建议。还要感谢本书的编辑 Paul Drougas 和 Springer 的许多其他同事，以及文字编辑 Jonathan Webley 在本书制作过程中给予的支持。

我们要特别感谢 Markus Svensén，他在 Bishop（2006）的图表和排版方面提供了巨大的帮助，包括提供 LaTex 样式的文件，这些文件也被用于这本新书。我们还要感

① 这里的图是一种数据结构。——编辑注

谢许多科学家，他们允许我们使用其发表的作品中的图表。关于具体图表的致谢放在了相应的图表标题中。

Christopher 衷心感谢微软创造了一个能高度激发研究兴趣的环境，并提供了撰写这本书的机会。然而，本书表达的观点和意见完全是基于笔者个人的，并不一定与微软或其附属公司的观点和意见一致。能与自己的儿子 Hugh 合作编写这本书，Christopher 感到非常荣幸和愉快。

Hugh 想要感谢 Wayve Technologies Ltd 慷慨地允许他兼职工作，使他能够合作撰写本书，感谢 Wayve Technologies Ltd 提供了一个富有激励性和支持性的工作学习环境。本书表达的观点不一定与 Wayve Technologies Ltd 或其附属公司的观点一致。Hugh 想对自己的未婚妻 Jemima 表示感谢，感谢她一直以来的支持以及在语法和文体上提供的帮助。Hugh 也要感谢 Christopher，在 Hugh 的一生中，Christopher 一直是出色的父亲、同事和灵感来源。

最后，我们都想对家人 Jenna 和 Mark 表示衷心的感谢，他们为我们做了太多，不胜枚举。依稀记得很久以前，我们曾聚集在土耳其安塔利亚的海滩上观看日全食，并为 *Pattern Recognition and Machine Learning* 的献辞页拍摄全家福！

Christopher M. Bishop 和 Hugh Bishop

英国，剑桥

2023 年 10 月

2006 年 3 月 29 日作者一家在土耳其安塔利亚的海滩上观看日全食，原图印于 *PRML* 一书的献辞页

资源与支持

资源获取

本书提供如下资源：

- 本书图片文件；
- 本书思维导图；
- 部分习题的答案及解析；
- 异步社区 7 天 VIP 会员。

要获得以上资源，您可以扫描下方二维码，根据指引领取。

提交勘误信息

作者、译者和编辑尽最大努力来确保书中内容的准确性，但难免会存在疏漏。欢迎您将发现的问题反馈给我们，帮助我们提升图书的质量。

当您发现错误时，请登录异步社区（www.epubit.com），按书名搜索，进入本书页面，点击“发表勘误”，输入错误信息，点击“提交勘误”按钮即可（见下图）。本书的作者和编辑会对您提交的错误信息进行审核，确认并接受后，您将获赠异步社区的 100 积分。积分可用于在异步社区兑换优惠券、样书或奖品。

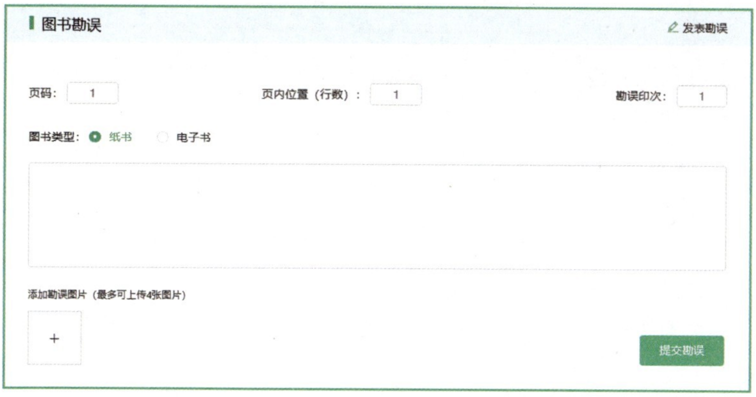

与我们联系

我们的联系邮箱是 contact@epubit.com.cn。

如果您对本书有任何疑问或建议，请您发邮件给我们，并请在邮件标题中注明本书书名，以便我们更高效地做出反馈。

如果您有兴趣出版图书、录制教学视频，或者参与图书翻译、技术审校等工作，可以发邮件给我们。

如果您所在的学校、培训机构或企业想批量购买本书或异步社区出版的其他图书，也可以发邮件给我们。

如果您在网上发现有针对异步社区出品图书的各种形式的盗版行为，包括对图书全部或部分内容的非授权传播，请您将怀疑有侵权行为的链接通过邮件发送给我们。您的这一举动是对作者权益的保护，也是我们持续为您提供有价值的内容的动力之源。

关于异步社区和异步图书

“异步社区”是由人民邮电出版社创办的 IT 专业图书社区，于 2015 年 8 月上线运营，致力于优质内容的出版和分享，为读者提供高品质的学习内容，为作译者提供专业的出版服务，实现作译者与读者在线交流互动，以及传统出版与数字出版的融合发展。

“异步图书”是异步社区策划出版的精品 IT 图书的品牌，依托于人民邮电出版社在计算机图书领域 30 余年的发展与积淀。异步图书面向 IT 行业以及各行业使用 IT 的用户。

目　录

第 1 章 深度学习革命

机器学习是当今最重要、发展最快的技术领域之一。机器学习的应用遍及各个领域，基于数据学习的解决方案正逐步取代传统的手工设计算法。这不仅提升了现有技术的性能指标，更为一系列全新能力的开发打开了大门。而如果新算法仍需完全依赖人工设计，这些能力的实现将是无法想象的。

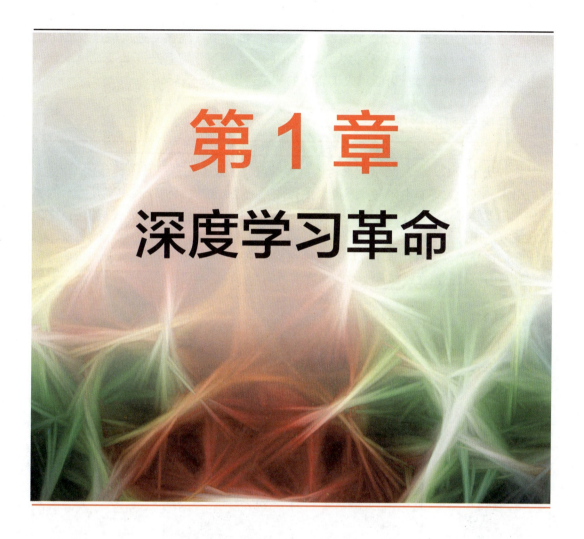

作为机器学习的一个分支，深度学习（Deep Learning，DL）已经成为一种异常强大且通用的数据学习框架。深度学习的理论基础是被称为神经网络（neural network）的计算模型，这些模型最初是受到人类大脑中学习和信息处理机制的启发而产生的。人工智能（Artificial Intelligence，AI）领域致力于在机器中重现人脑的强大能力，而今天“机器学习”和“人工智能”这两个术语常常被交替使用。当前使用的许多人工智能系统，实际上是机器学习的具体应用，旨在解决特定领域的问题。这些系统虽然非常有用，但与人类大脑的巨大能力相比仍有很大差距。人们引入了“通用人工智能”（Artificial General Intelligence，AGI）这一概念，来描述构建具有更高灵活

性的智能系统的愿景。经过几十年的稳步发展，机器学习现在已进入快速发展阶段（参见第 12 章）。最近，一种称为大语言模型的庞大深度学习系统开始展现出卓越的能力，人们把这些能力视为通用人工智能的初步迹象（Bubeck et al., 2023）。

1.1　深度学习的影响

本节从 4 个不同领域的示例来讨论机器学习，以此说明这一技术应用的广泛性，同时引入一些相关的基本概念和术语。值得注意的是，这些示例以及很多其他示例都是使用深度学习这一基本框架的不同变体来解决的。这与传统方法形成了鲜明对比，在传统方法中，不同的应用需要采用各种迥异且高度专业的技术来处理。应当强调的是，我们选择的例子只代表了深度神经网络应用广度的一小部分，事实上，几乎所有需要计算的领域都正在或即将受益于深度学习的革命性影响。

1.1.1　医疗诊断

我们先来看看机器学习在皮肤癌诊断中的应用。黑色素瘤（melanoma）是最危险的一种皮肤癌，但如果发现得早，是可治愈的。图 1.1 展示了皮肤病变的示例图片，上面的一行图像是危险的恶性黑色素瘤，下面的一行图像是良性痣。显然，区分这两类图片具有极大的挑战性，几乎不可能通过人工编写出一个算法来实现对这些图像的准确分类。

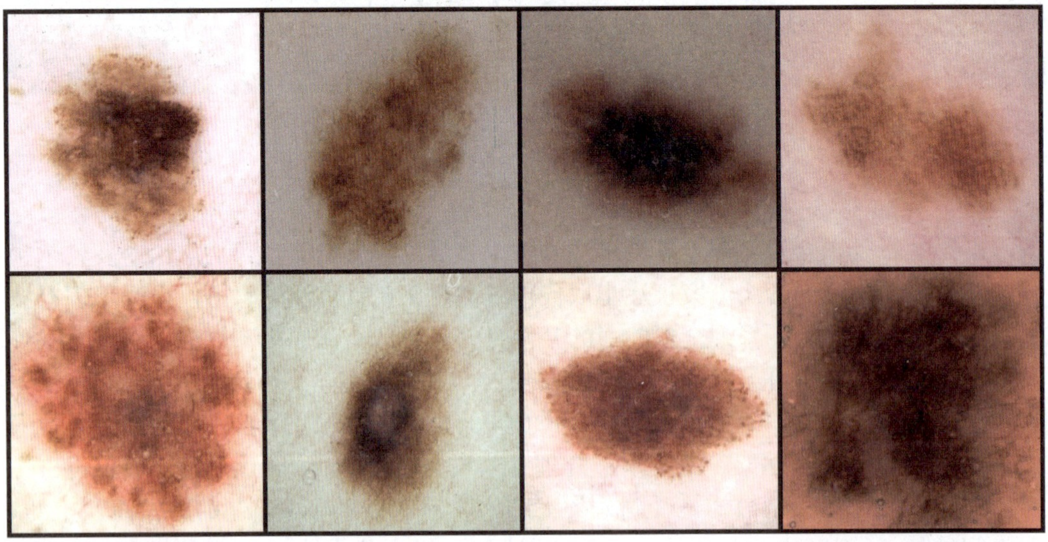

图 1.1　上面的一行图像是危险的恶性黑色素瘤，下面的一行图像是良性痣。未经专业训练的人很难区分这两类皮肤病变类型

这个问题已经通过深度学习得到成功解决（Esteva et al., 2017）。该解决方案是通过一组大型的病变图像集构建的，该图集称为训练集（training set），其中每一幅图像

都被标注为恶性或良性，标注的依据是对病变活检后得到的真实分类。训练集用来确定深度神经网络中约 2500 万个可调参数（称为权重）的取值。这个根据数据反馈的结果来设置参数值的过程称为学习（learning）或训练（training）。训练的目标是使得训练好的神经网络根据新病变的图像就可以预测病变是良性还是恶性，而无须执行耗时的活检步骤。这是一个典型的监督学习（supervised learning）问题的例子，因为在训练过程中，每个样本都标注了正确的类别标签。这同时也是一个分类（classification）问题的例子，因为每个输入经过处理后，都需要被分配到离散的类别集合中（本例中为“良性”或“恶性”）。如果输出包括一个或多个连续变量，则称为回归（regression）问题。在化工生产过程中，根据温度、压力和反应物浓度预测产量，就是回归问题的一个例子。

这个应用的一个有趣之处是，可用的带标注的训练图像数量相对较少，大约只有 12.9 万幅。因此，研究人员首先要在一个包含 128 万幅日常物体（如狗、建筑和蘑菇等）图像的大型数据集上对深度神经网络进行预训练，然后在皮肤病变图像数据集上对进行微调（fine-tune）。这是迁移学习（transfer learning）的一个例子，神经网络从日常物体的大规模数据集中学习自然图像的一般属性，随后专门针对皮肤病变分类问题进行优化。使用深度学习技术对皮肤病变图像进行分类的准确率已经超过专业皮肤科医生的水平（Brinker et al., 2019）。

1.1.2 蛋白质结构预测

蛋白质常被称为生物体的基石。它们是由一个或多个氨基酸的长链组成的生物分子，蛋白质的特性则由 22 种不同类型的氨基酸序列所决定。当蛋白质在活细胞内合成后，就会折叠成复杂的三维结构，其行为和相互作用很大程度上取决于折叠的形态。怎么根据氨基酸序列推导出蛋白质的三维结构呢？这是生物学界几十年来一直想攻克的基础性难题，但是进展甚微，直到深度学习技术带来了突破性进展。

蛋白质的三维结构可以通过 X 射线晶体学、低温电子显微镜或核磁共振光谱等实验技术进行测定。然而，这个过程通常非常耗时，而且对某些蛋白质来说，这种方法极具挑战性。例如，很难得到蛋白质的纯净样本，或者蛋白质的结构依赖于特定环境。相比之下，确定蛋白质的氨基酸序列的实验成本较低，产出较高。因此，如何直接从氨基酸序列预测蛋白质的三维结构引起广泛关注，这有助于更好地了解生物过程，以及用于新药研发等实际应用。我们可以以氨基酸序列为输入、以蛋白质的三维结构为输出来训练深度学习模型，其中的训练数据包含了已知的氨基酸序列和对应的蛋白质三维结构。因此，蛋白质结构预测也是监督学习的一个例子。经过训练的系统能够以新的氨基酸序列为输入，预测对应的蛋白质三维结构（Jumper et al.，2021）。图 1.2 比较了一种蛋白质的预测三维结构和通过 X 射线晶体学获得的实际三维结构。

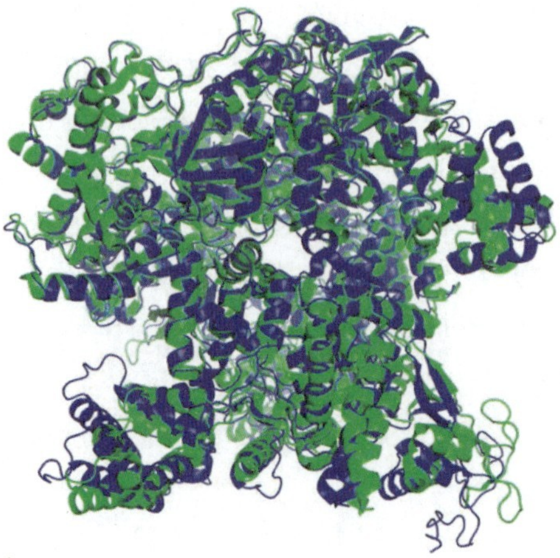

图 1.2 一种名为 T1044/6VR4 的蛋白质的三维形状。绿色结构展示了通过 X 射线晶体学确定的真实三维结构，而叠加在上面的蓝色结构展示了深度学习模型 AlphaFold 预测的三维结构［图片来源于 Jumper et al. (2021)，经许可使用］

1.1.3 图像合成

在上面讨论的两个应用中，神经网络学会了将输入（皮肤图像或氨基酸序列）转换成输出（病变分类或蛋白质的三维结构）。现在我们来看一个不同的例子：训练数据是一组样本图像，训练后的神经网络能生成类似的新图像。与病变分类和蛋白质结构预测的例子不同，这些训练图像是没有标注的，这样的训练属于无监督学习（unsupervised learning）。图 1.3 展示了一些由深度神经网络生成的合成图像，该深度神经网络是在拍摄于摄影棚单色背景下的人脸图像集上进行训练的。这些合成图像质量极高，很难将它们和真人照片区分开来。

图 1.3 由无监督学习方法训练得到的深度神经网络生成的人脸图像（来自 generated.photos 网站）

这种模型可以生成与训练数据不同但又有类似统计特性的结果，所以被称为生成式模型（generative model）。这种方法的一个变体能根据输入的文本字符串（称为提示词，prompt）生成反映文本语义的图像（参见第 10 章）。我们用生成式 AI（generative AI）这个术语来描述那些能生成图像、视频、音频、文本、候选药物分子或其他形态信息的深度学习模型。

1.1.4 大语言模型

近年来，机器学习领域最重要的进展之一，是研发人员开发出了强大的模型来处理自然语言和类似程序代码这样的序列数据。大语言模型（Large Language Model, LLM）利用深度学习技术构建丰富的内部表征，捕捉语言的语义属性。有一类重要的大语言模型称为自回归（autoregressive）语言模型，它们能够输出语言，因此属于生成式 AI 的一种。这类模型以一个词序列作为输入，生成这个词序列最可能的下一个词，我们可以把末尾添加了新词的扩展序列再输入到模型中，让它生成后续的词，重复这个过程，就会得到越来越长的词序列。这样的模型还可以输出一个特殊的“停止”词，来表示文本生成的结束，这样就使得模型在输出一定长度的文本后停止。此时，用户可以在词序列的末尾添加自定义的词序列，然后将完整的词序列重新输入模型以触发生成后续的词。通过这种方式，人们就可以和神经网络对话了。

这类模型可以在大型文本数据集上通过提取训练对（training pair）进行训练。训练对的输入是随机选定的词序列，输出是已知的下一个词。这是自监督学习（self-supervised learning）的一个例子，在自监督学习中，模型学习从输入到输出映射函数，有标注的输出是从输入训练数据中自动获取的，无须进行另外的人工标注。这种方法能把多种来源的大量文本作为大型训练集，从而训练出超大规模神经网络。

一些专家认为，展现出非凡能力的大语言模型是通用人工智能的雏形（Bubeck et al.，2023），本书后面将详细讨论这类模型（参见第 12 章）。接下来，我们给出一个基于 GPT-4（OpenAI，2023）的语言生成示例。GPT-4 能够针对如下提示做出响应：“请以莎士比亚戏剧风格，通过两个角色对话展开争论的方式证明素数有无穷多个”，如图 1.4 所示。[①]

---

① 译者用大模型翻译的图1.4：

甲：汝未悟友啊，真理难准，素数无尽，犹如天辰。数不可分，纯而且简，虽觉奇迹，实则无边。

乙：可汝何以断定此论？何证可显，真理之根？

甲：听我言，疑心伴侣，一证妙绝，将疑云除。设若终极素数存在，为我们所见最大数领。名之“P”字，记于案头，构思新数“Q”，令人惊叹。它将超越“P”，成为素环。

乙：此证何从？友啊说明，胜利之杯，尚未高举。

甲：如斯简单，静待佳音，乘素数列，答案必寻。自二至“P”，逐一相连，得“Q”新数，正解现身。加一以固，使证更真，举证眼前，不再沉吟。

乙：现明白矣，如光闪莹，“Q”当素数，结论清晰。它不被小素整除有据，时序内自身是最大。既然选“P”作为终章，预设破碎，成为往昔。无终素数，真理已昭，数字无穷，如星海常在。

GPT-4: Proof of infinitely many primes

```
FIRST PARTY:
Thou dost not understand, my friend,
There simply is no upper end
To primes, those numbers indivisible,
No matter if it seems impossible.

SECOND PARTY:
But how dost thou so surely know?
To prove this truth, what canst thou show?

FIRST PARTY:
Consider this, my doubtful peer,
A clever proof that will make clear:
Assume that there's a final prime,
The largest one we'll see in time.
Let's call this number "P" for short,
And then, my friend, we will purport
To build a number "Q" that's new,
One larger than "P" and prime too.

SECOND PARTY:
But how, my friend, will this be done?
The proof is not yet fairly won.

FIRST PARTY:
It's simple, friend, just wait and see,
We'll multiply the primes, that's key.
All primes from two to "P" combined,
Will make this new "Q" we will find.
But one thing more we must include,
To make the proof more watertight,
We'll add a one onto the end,
And now the proof is in our sight.

SECOND PARTY:
I see it now, it's crystal clear,
For "Q" must be a prime, my dear.
It can't divide by any prime,
All smaller than itself in time.
And since we chose "P" as the last,
This proves that our assumption's past.
There is no final prime, we see,
The numbers go on endlessly.
```

图 1.4　**GPT-4 给出的回应**

1.2　一个教学示例

对机器学习领域的新人来说，许多基本概念和术语可以通过一个简单的例子来引入——用多项式拟合一个小型合成数据集（Bishop, 2006）。这是一个监督学习问题，在这个问题中，我们希望根据输入的变量值，对目标变量进行预测。

1.2.1 合成数据

我们用 x 表示输入变量，用 t 表示目标变量，并假设这两个变量在实数轴上取值连续。给定一个训练集，其中包含 N 个 x 的观测值，记作 $x_1,\cdots,x_N$，还包含相应 t 的观测值，记作 $t_1,\cdots,t_N$。我们的目标是根据 x 的某个新值来预测相应的 t 的值。机器学习的一个关键目标是对以前未见过的输入进行准确预测，这种能力称为泛化能力（generalization）。

我们可以通过从正弦函数采样生成的合成数据集来说明这一点。图 1.5 展示了由 $N=10$ 个数据点组成的训练集，其中输入值 x_n $(n=1,\cdots,N)$ 是通过在区间 $[0,1]$ 上均匀采样生成的。对应的目标值 t_n 则是先计算每个 x 所对应的函数 $\sin(2\pi x)$ 的值，然后向每个数据点添加少量随机噪声（由高斯分布控制，参见 2.3 节）得到的。通过这种方式生成数据，我们可以捕获许多现实世界数据集的一个重要特性——它们具有我们希望了解的潜在规律，但个别观测值会被随机噪声干扰。这种噪声可能源于它们固有的随机过程（例如放射性衰变），但更常见的原因是存在未被观测到的变异源。

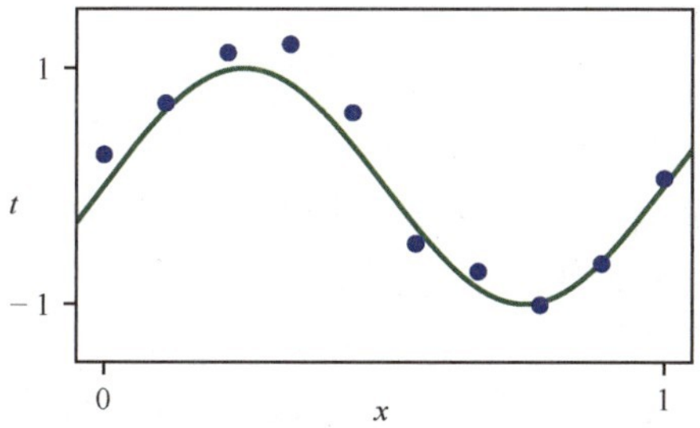

图 1.5 一个由 $N=10$ 个数据点组成的训练集，以蓝色圆点显示，其中每个数据点包含了输入变量 x 及其对应的目标变量 t 的观测值。绿色曲线显示了用来生成数据的函数 $\sin(2\pi x)$。我们的目标是在不知道绿色曲线的情况下，预测新的输入变量 x 所对应的目标变量 t 的值

在这个示例中，我们事先知道真正生成数据是通过一个正弦函数。在机器学习的实际应用中，我们的目标是在有限的训练集中发现隐藏的规律。不过，了解数据的生成过程有助于我们阐明机器学习中的一些重要概念。

1.2.2 线性模型

我们的目标是利用这个训练集来预测输入变量的新值 $\hat{x}$ 所对应的目标变量的值 $\hat{t}$，这涉及隐式地尝试发现潜在的函数 $\sin(2\pi x)$。这本质上是一个十分困难的问题，因为我们必须从有限的数据集推广到整个函数。此外，观测数据受到噪声干扰，因此对于给定的 $\hat{x}$，$\hat{t}$ 的适当取值存在不确定性。概率论（probability theory）（参见第 2 章）提供了一个以精确和定量的方式来表达这种不确定性的框架，而决策论（decision theory）

（参见第 5 章）允许我们利用这种概率表示，根据适当的标准做出最优预测。从数据中学习概率是机器学习的核心，本书将对此进行详细探讨。

现在让我们先从一种相对非正式的方式出发，考虑一种基于曲线拟合的简单方法。我们将使用多项式函数来拟合数据，其形式如下：

$$y(x,\boldsymbol{w}) = w_0 + w_1 x + w_2 x^2 + \cdots + w_M x^M = \sum_{j=0}^{M} w_j x^j \tag{1.1}$$

其中 M 是多项式的阶数（order），x^j 表示 x 的 j 次幂。多项式系数 $w_0,\cdots,w_M$ 统称为向量 $\boldsymbol{w}$。注意，尽管多项式函数 $y(x,\boldsymbol{w})$ 是 x 的非线性函数，但它也是系数 $\boldsymbol{w}$ 的线性函数。在式（1.1）中，像这个多项式一样，关于未知参数呈线性的函数具有重要的特性，同时也存在明显的局限性，它们被称为线性模型（linear model）（参见第 4 章）。

1.2.3　误差函数

多项式系数的值将通过拟合训练数据来确定，这可以通过最小化误差函数（error function）来实现，该误差函数度量了对于任意给定的 $\boldsymbol{w}$，函数 $y(x,\boldsymbol{w})$ 与训练集中数据点之间的拟合误差。有一个使用广泛的简单误差函数，即每个数据点 x_n 的预测值 $y(x_n,\boldsymbol{w})$ 与相应目标值 t_n 之间的差的平方和的二分之一：

$$E(\boldsymbol{w}) = \frac{1}{2}\sum_{n=1}^{N}\{y(x_n,\boldsymbol{w}) - t_n\}^2 \tag{1.2}$$

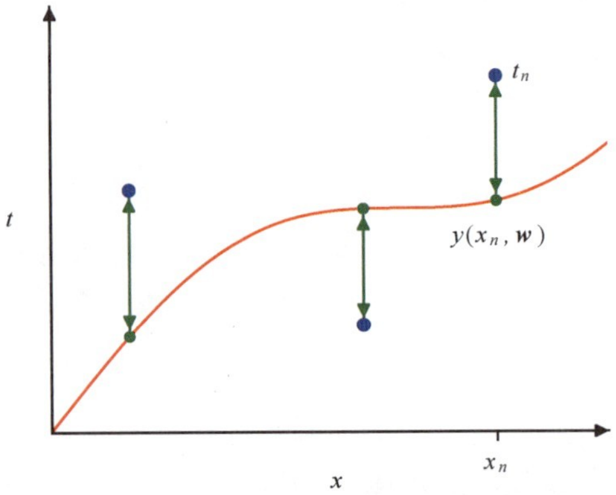

图 1.6　平方和误差函数的几何解释［该误差函数对应来自函数 $y(x,\boldsymbol{w})$ 的每个数据点的位移（如垂直的绿色箭头所示）平方和的一半］

其中引入系数 $1/2$ 是为了后续计算方便。稍后我们将从概率论出发推导此误差函数（参见 2.3.4 小节）。注意，这个误差函数是非负的，当且仅当函数 $y(x,\boldsymbol{w})$ 正好通过每个训练数据点时，其值等于零。平方和误差函数的几何解释如图 1.6 所示。

我们可以通过选择能够使 $E(\boldsymbol{w})$ 尽可能小的 $\boldsymbol{w}$ 值来解决曲线拟合问题。因为平方和误差函数是系数 $\boldsymbol{w}$ 的二次函数，其对系数的导数是系数 $\boldsymbol{w}$ 的线性函数，所以该误差函数的最小化有一个唯一解，记为 $\boldsymbol{w}^*$，可以通过解析形式求得封闭解（也叫解析解）（参见 4.1 节）。最终的多项式由函数 $y(x,\boldsymbol{w}^*)$ 给出。

1.2.4　模型复杂度

我们还面临选择多项式的阶数 M 的问题，这将引出模型比较（model comparison）或模型选择（model selection）这一重要概念。在图 1.7 中，我们展示了 4 个拟合实例，它们分别使用阶数 $M = 0,1,3,9$ 的多项式来拟合图 1.5 所示的数据集。

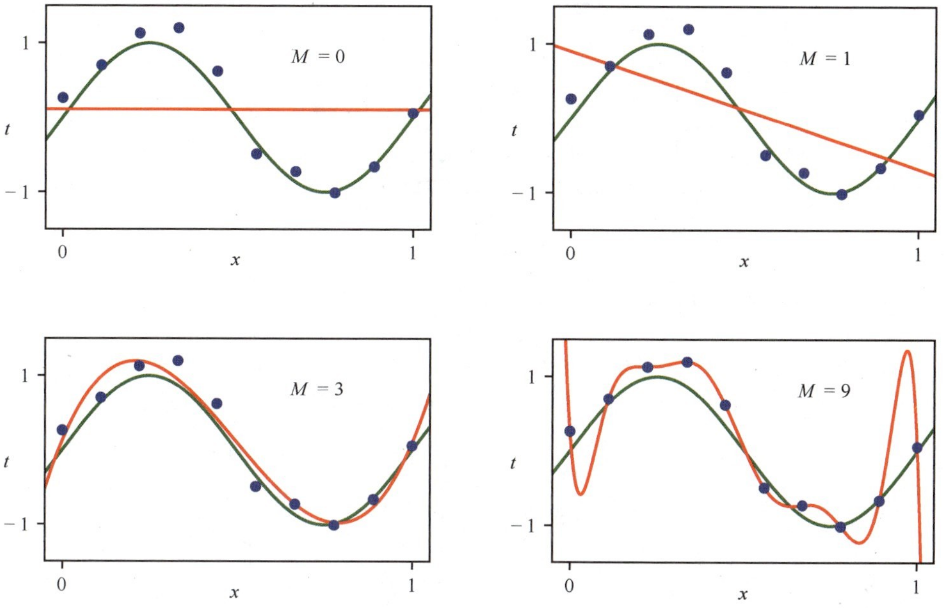

图 1.7 具有不同阶数的多项式图示。多项式如红色曲线所示。这里通过最小化平方和误差函数［见式（1.2）］来拟合图 1.5 所示的数据集

可以发现，常数（$M = 0$）和一阶（$M = 1$）多项式对数据的拟合较差，因此对函数 $\sin(2\pi x)$ 的表示较差。三阶（$M = 3$）多项式似乎对函数 $\sin(2\pi x)$ 给出了最佳拟合。高阶（$M = 9$）多项式得到了一个对训练数据完美的拟合。事实上，这个多项式曲线精确地穿过了每一个数据点，使得误差 $E(\boldsymbol{w}^*) = 0$。然而，拟合出的曲线却出现了剧烈的波动，完全不能反映出函数 $\sin(2\pi x)$ 的真实形态。这种现象称为过拟合（over-fitting）。

我们的目标是让模型获得良好的泛化能力，使其能够对新的数据做出准确的预测。为了定量地探究泛化性能与模型复杂度 M 之间的依赖关系，我们可以引入一个独立的测试集。该测试集包含 100 个数据点，其生成方式与训练集相同。针对每一个 M 值，我们不仅可以计算出模型在训练集上的残差 $E(\boldsymbol{w}^*)$［式（1.2）］，还可以计算出其在测试集上的残差 $E(\boldsymbol{w}^*)$。与评估误差函数 $E(\boldsymbol{w})$ 相比，有时使用均方根（Root Mean Square, RMS）误差更为方便，均方根误差定义如下：

$$E_{\mathrm{RMS}} = \sqrt{\frac{1}{N}\sum_{n=1}^{N}\left\{y\left(x_n, \boldsymbol{w}\right) - t_n\right\}^2} \tag{1.3}$$

公式中的 $1/N$ 是为了让不同大小的数据集能够在相同的基准下进行比较，而求平方根则是为了确保 E_{RMS} 是在与目标变量 t 相同的尺度上（以相同的单位）进行测量的。图 1.8 展示了不同 M 值的训练集和测试集的 RMS 误差图。测试集上的 RMS 误差反映了我们根据新观测数据 x 预测其对应 t 值的能力。从图 1.8 中可以看出，当 M 值较小时测试集误差较大，这是因为此时的多项式模型灵活性不足，无法捕捉函数 $\sin(2\pi x)$ 中的振荡。当 M 取值在 $[3,8]$ 时，测试集误差较小，同时这些模型也能合理地表示出数据的生成函数 $\sin(2\pi x)$，如图 1.7 中 $M = 3$ 时所示。

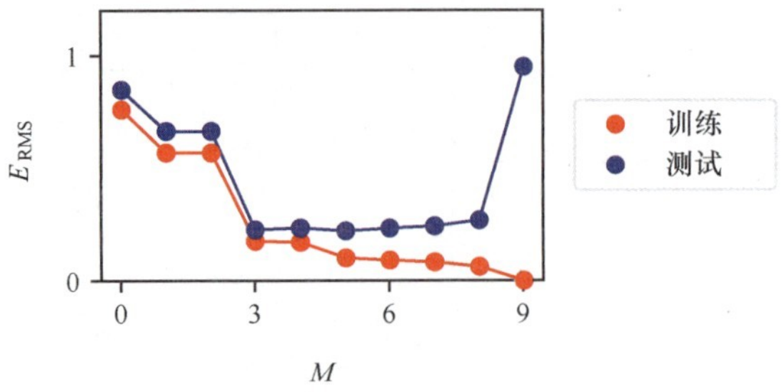

图 1.8 由式（1.3）定义的均方根误差图（在训练集和独立的测试集上对 M 的各个值进行评估）

当 $M = 9$ 时，训练集误差变为零。这是符合预期的，因为该多项式包含 10 个自由度（对应 10 个系数 $w_0,\cdots,w_9$），所以可以精确地调整到训练集中的 10 个数据点。然而，如图 1.7 和图 1.8 所示，测试集误差变得极大，函数 $y(x, \boldsymbol{w}^*)$ 表现出剧烈振荡。

这可能看起来很矛盾，因为一个给定阶数的多项式包含了所有更低阶的多项式作为特例。因此，$M = 9$ 的多项式理应能够产生至少与 $M = 3$ 的多项式一样好的结果。此外，我们或许会认为，预测新数据的最佳模型就应该是生成这些数据的真实函数 $\sin(2\pi x)$ 本身（我们后续将验证这一点）。同时，我们知道 $\sin(2\pi x)$ 的幂级数展开式中包含了所有阶数的项，所以我们会很自然地推断，随着模型复杂度 M 的增加，预测效果应该会持续提升。

通过观察表 1.1 中不同阶数多项式拟合得到的系数 $\boldsymbol{w}^*$，我们可以更深入地了解这个问题。我们注意到，随着 M 的增加，系数的幅度越来越大。特别是当 $M = 9$ 时，为了让对应的多项式曲线能精准地穿过每一个数据点，这些系数被精细地调整到了很大的正值或负值。但在数据点之间，尤其是在数据范围的两端附近，曲线却出现了大幅度的摆动，正如我们在图 1.7 中看到的那样。直观地看，当多项式模型具有较大的 M 值时，它变得更加灵活，从而更容易受到目标值上随机噪声的影响，并过度拟合了这些噪声。

表 1.1 不同阶数多项式的系数 $\boldsymbol{w}^*$。注意观察随着多项式阶数的增加，系数的变化幅度是如何急剧增大的

	$M=0$	$M=1$	$M=3$	$M=9$
w_0^*	0.11	0.90	0.12	0.26
w_1^*		−1.58	11.20	−66.13
w_2^*			−33.67	1,665.69
w_3^*			−22.43	−15,566.61
w_4^*				76,321.23
w_5^*				−217,389.15
w_6^*				370,626.48
w_7^*				−372,051.47
w_8^*				202,540.70
w_9^*				−46,080.94

为进一步探究该现象，我们观察随着数据集大小的变化，模型学习效果的相应变化，如图 1.9 所示。可以看出，当模型复杂度固定时，数据集越大，过拟合现象就越不明显。换言之，数据量越大，我们就能用越复杂（即更灵活）的模型去拟合数据。

经典统计学中有一条常用的启发式经验：训练数据点的数量应至少是模型中可学习参数数量的若干倍（比如 5 倍或 10 倍）。然而，我们在本书继续探讨深度学习后会发现，即使模型参数的数量远远超过训练数据点的数量，也一样可以获得非常出色的结果（参见 9.3.2 小节）。

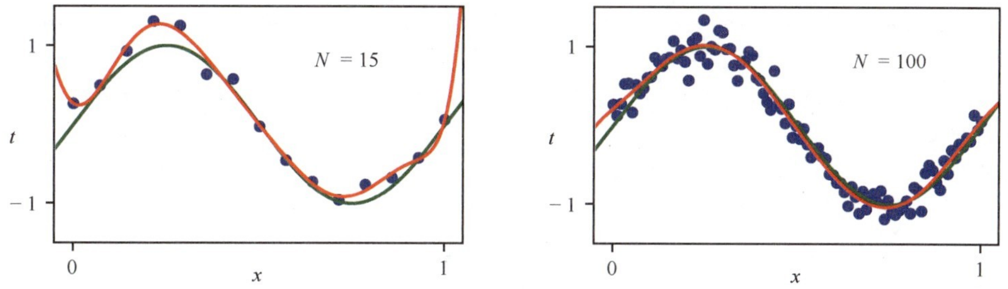

图 1.9 使用 $M=9$ 的多项式最小化平方和误差函数所获得的解决方案（左图为拟合 $N=15$ 个数据点所获得的解，右图为拟合 $N=100$ 个数据点所获得的解。可以看到，大的数据集可以减少过拟合）

1.2.5 正则化

根据可用训练集的大小来限制模型中参数的数量，其结果有些不尽如人意。而根据待解决问题的复杂性来选择模型的复杂性似乎更合理。作为限制参数数量的替代方案，正则化（regularization）技术经常被用于控制过拟合现象，它通过向误差函数添加一个惩罚项来抑制系数取值过大。最简单的惩罚项采用所有系数的平方和的形式，误差函数变为

$$\tilde{E}(\boldsymbol{w})=\frac{1}{2}\sum_{n=1}^{N}\left\{y(x_n,\boldsymbol{w})-t_n\right\}^2+\frac{\lambda}{2}\|\boldsymbol{w}\|^2 \tag{1.4}$$

其中 $\|\boldsymbol{w}\|^2\equiv\boldsymbol{w}^{\mathrm{T}}\boldsymbol{w}=w_0^2+w_1^2+\cdots+w_M^2$，并且系数 λ 控制着正则化项与平方和误差项之间的相对重要性。注意，正则化项中通常不包含系数 w_0，因为如果包含 w_0，就会导致最终结果受到目标变量所选原点的影响（Hastie, Tibshirani, and Friedman, 2009）。当然也可以包含 w_0，但需要单独为其配置一个正则化系数（参见 9.2.1 小节）。同样，我们可以求得式（1.4）中误差函数的精确闭式解（见习题 4.2）。在统计学文献中，这类方法被称为收缩方法（shrinkage），因为它们会使系数的值缩小。在神经网络领域，这种方法称为权重衰减（weight decay），因为神经网络中的参数通常称为权重，而这种正则化手段会促使这些权重向零衰减。

图 1.10 展示了采用正则化误差函数［式（1.4）］对 9 阶（$M=9$）多项式进行拟合的结果，所用数据集与之前相同。观察发现，当取 $\ln\lambda=-18$ 时，过拟合现象被有效抑制，此时的拟合曲线与目标函数 $\sin(2\pi x)$ 相当接近。反之，若 λ 取值过大，则会导致欠拟合，如图 1.10 中 $\ln\lambda=0$ 的情形。表 1.2 给出了不同 λ 值下拟合得到的多项式系数。这些数值表明，正则化确实发挥了预期作用，有效减小了系数的幅度。

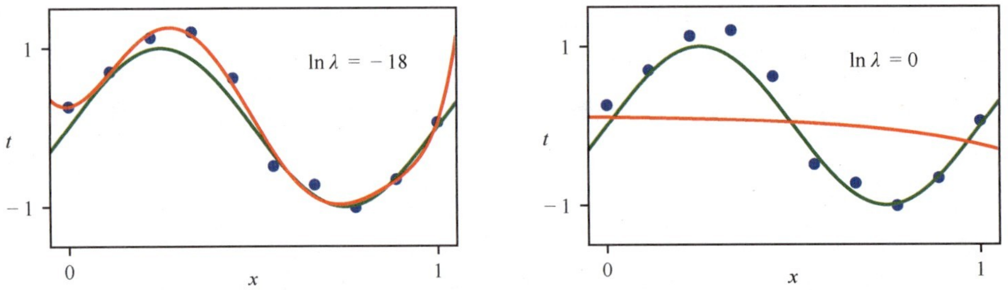

图 1.10　使用正则化误差函数［式（1.4）］对图 1.4 中数据集进行拟合所得的 $M=9$ 阶多项式的曲线。其中正则化参数 λ 取两个值，分别对应于 $\ln\lambda=-\infty$ 和 $\ln\lambda=0$。无正则化项的情况，即 $\lambda=0$（对应 $\ln\lambda=-\infty$）的情况，显示在图 1.7 的右下图中

表 1.2　正则化参数 λ 取不同值时，$M=9$ 的多项式模型的系数 $\mathbf{w}^*$。注意，$\ln\lambda=-\infty$ 对应未采用正则化的模型，也就是图 1.7 右下图中的拟合结果。可见，随着 λ 值的增大，系数的量级会减小

	$\ln\lambda=-\infty$	$\ln\lambda=-18$	$\ln\lambda=0$
w_0^*	0.26	0.26	0.11
w_1^*	−66.13	0.64	−0.07
w_2^*	1,665.69	43.68	−0.09
w_3^*	−15,566.61	−144.00	−0.07
w_4^*	76,321.23	57.90	−0.05
w_5^*	−217,389.15	117.36	−0.04
w_6^*	370,626.48	9.87	−0.02
w_7^*	−372,051.47	−90.02	−0.01
w_8^*	202,540.70	−70.90	−0.01
w_9^*	−46,080.94	75.26	0.00

通过绘制训练集和测试集的 RMS 误差［式（1.3）］与 $\ln\lambda$ 的关系，可以看出正则化项对泛化误差的影响，如图 1.11 所示。可以看到，λ 现在控制了模型的有效复杂性，从而决定了过拟合的程度。

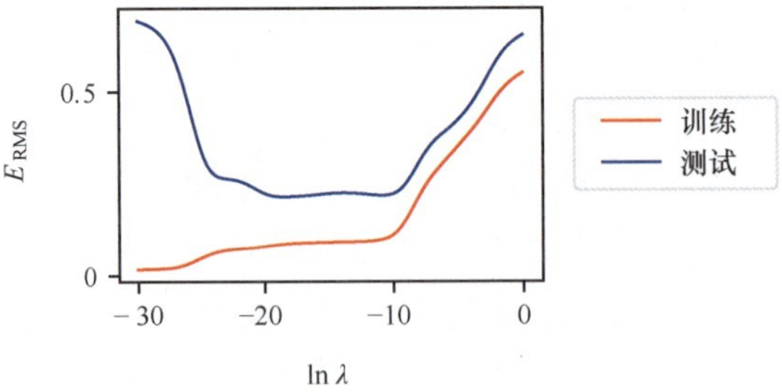

图 1.11　$M=9$ 的多项式的 RMS 误差与 $\ln\lambda$ 的关系

1.2.6　模型选择

在本例中，λ 作为一个超参数（hyperparameter），它的值在基于误差函数最小化来确定模型参数 $\mathbf{w}$ 的过程中始终保持不变。需要注意的是，我们不能通过同时对 $\mathbf{w}$ 和 λ 最小化误差函数的方式来简单地确定 λ 的取值，因为这样会导致 λ 趋近于 0，从而产生

一个在训练集上误差极小甚至为零的过拟合模型。类似地，多项式的阶数 M 也是模型的一个超参数，单纯地优化训练集误差关于 M 的取值会导致 M 过大，同样会引发过拟合问题。因此，我们需要找到一种有效的方法来确定这些超参数的合理取值。1.1 节的讲述提供了一种简单的思路，即将已有的数据集划分为训练集和验证集（validation set）[也称为保留集（hold-out set）或开发集（development set）]，其中训练集用于确定模型系数 $\mathbf{w}$，而我们最终选择在验证集上误差最小的模型。如果使用有限规模的数据集多次迭代模型设计，也可能会出现对验证集的过拟合现象。为此，通常需要预留出测试集，用于对最终选定模型的性能进行评估。

在某些实际应用场景中，可用于模型训练和测试的数据量往往较为有限。为了构建性能良好的模型，我们希望尽量充分地利用一切可获取的数据进行训练。然而，如果验证集的规模过小，则会导致对模型预测性能的评估存在较大偏差。交叉验证（cross-validation）技术为解决这一困境提供了一种有效途径，如图 1.12 所示。该方法允许将 $(S-1)/S$ 的数据用于模型训练，与此同时，利用全部数据来评估模型的性能。当数据资源极度匮乏时，还可以考虑 $S=N$ 的极端情况，其中 N 表示数据点的总数，这时的交叉验证就演变成了留一法（leave-one-out）。

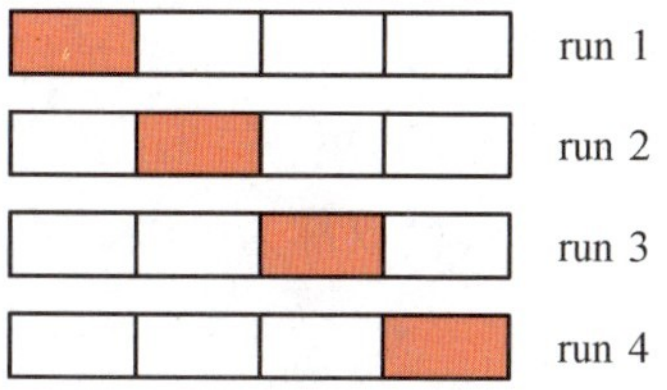

图 1.12 S 折交叉验证技术（这里以 $S=4$ 为例）的操作，首先将可用数据分成 S 个等大小的子集。然后使用 $S-1$ 个子集来训练一组模型，并在剩余的子集上评估模型性能。接下来，将 S 个子集中的每个子集作为保留集（图中红色块所示）重复上述过程，最后对 S 次运行的性能评分取平均值

交叉验证的主要缺点在于所需的训练次数增加了 S 倍，这对于训练过程本身计算成本较高的模型来说是一个大问题。交叉验证等使用独立数据评估性能的技术还存在另一个问题，即对于单个模型可能存在多个复杂度超参数（例如，可能有多个正则化超参数）。在最坏的情况下，探索这些超参数设置的最佳组合可能需要指数级数量的训练次数。现代机器学习的前沿领域需要非常大的模型和大规模训练数据集。因此，超参数设置的探索空间有限，很大程度上依赖于从小模型获得的经验和启发式方法。

这个将多项式模型拟合到基于正弦函数生成的合成数据集的简单示例，阐释了机器学习领域的一些核心概念，在后续章节我们将进一步用这个示例进行讨论。然而，现实中的机器学习应用往往要复杂得多：首先，用于模型训练的数据集规模可能会非常庞大，数据量通常会高出几个数量级；其次，模型的输入变量的数量通常也会显著增加，例如，在图像分析领域，输入变量的规模可达百万量级，并且还可能伴随着多个输出变量。在这些应用中，将输出映射到输入的可学习函数通常由一类被称为神经网络的模型来表征，这些模型往往具有海量的参数，其数量甚至可以达到千亿的规模。此时，误差函数将表现为这些模型参数的复杂非线性函数，无法再通过闭式解的方式进行最小化，而必须借助迭代优化的方法，利用误差函数关于模型参数的导数信息来逐步逼近最优解。这对计算机硬件提出了更高的要求，并且

不可避免地会引入相当高的计算成本。

1.3 机器学习简史

机器学习拥有悠久且丰富的发展历史，涌现了多种不同的研究路径。本节将着重介绍基于神经网络的机器学习方法的发展脉络，因为神经网络构成了深度学习的基石，并且在实际应用中已被证明是最为有效的机器学习方法。

神经网络模型最初受到人类和其他哺乳动物大脑信息处理机制的启发。大脑中处理信息的基本单元是称为神经元的电活性细胞，如图 1.13 所示。当神经元放电时，它会沿着轴突发送电脉冲，到达称为突触的连接点，这些连接点与其他神经元形成连接。在突触处会释放称为神经递质的化学信号，这些信号可以刺激或抑制后续神经元放电。

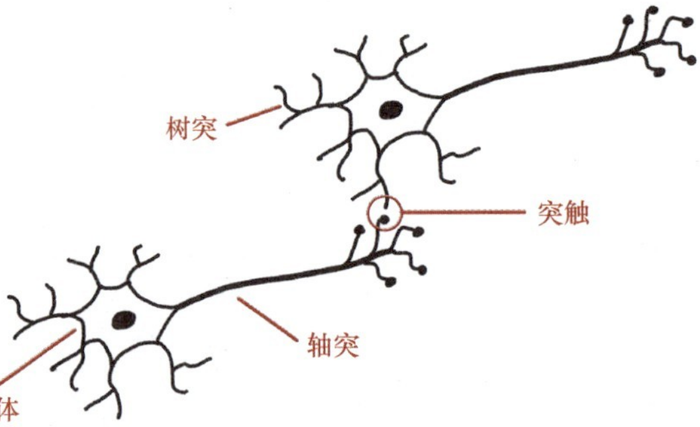

图 1.13 人脑中两个神经元的示意图

（这些电活性细胞通过称为突触的连接点进行通信，这些连接点随着神经网络的学习而变化）

人脑总共包含约 900 亿个神经元，每个神经元平均与其他数千个神经元通过突触相连，形成了一个包含约 100 万亿（10^{14}）个突触连接的复杂网络。如果某个神经元接收到来自其他神经元放电的足够强度的刺激，那么它自身也可能被触发放电。然而，某些突触具有负向调节或抑制作用，即输入神经元的放电会降低输出神经元放电的可能性。一个神经元能否引发另一个神经元的放电取决于突触的连接强度，而这些突触的连接强度的动态变化正是大脑存储信息和进行经验学习的关键机制。

神经元的这些属性已被抽象为简单的数学模型，即人工神经网络（Artificial Neural Network, ANN），它们成为计算学习方法的基础（McCulloch and Pitts, 1943）。诸多此类模型通过对其他神经元的输出的线性组合来描述单个神经元的特性，然后使用非线性函数进行转换。该过程可以用数学表达式表示为：

$$a = \sum_{i=1}^{M} w_i x_i \tag{1.5}$$

$$y = f(a) \tag{1.6}$$

其中，$x_1,\cdots,x_M$ 表示与向该神经元发送连接的其他神经元的活动相对应的 M 个输入；而 $w_1, \cdots, w_M$ 是权重（weight），表示相关突触的强度。量 a 称为预激活（pre-activation），非线性函数 $f(\cdot)$ 称为激活函数（activation function），输出 y 称为激活（activation）。可以看出，式（1.1）可视为这个模型的一个特例，其中输入 x_i 由单一变量 x 的各次幂构成，而激活函数 $f(\cdot)$ 退化为恒等函数 $f(a)=a$。式（1.5）和式（1.6）给出的简单数学公式构成了 20 世纪 60 年代至今神经网络模型的基础，其图形表示如图 1.14 所示。

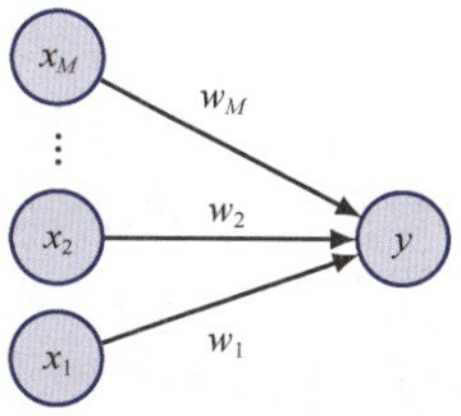

图 1.14 一个简单的神经网络模型，用于描述单个神经元的转换。多项式函数可以视为这个模型的一个特例

1.3.1 单层网络

人工神经网络的历史大致可以根据其复杂程度划分为三个不同的阶段，这种复杂性是通过处理的“层数”来衡量的。由式（1.5）和式（1.6）描述的简单神经网络模型可以视为具有单层处理能力，对应图 1.14 中的单层连接结构。在神经计算的历史长河中，感知机模型（Rosenblatt, 1962）无疑占据着举足轻重的地位，其激活函数 $f(\cdot)$ 是以下形式的阶跃函数：

$$f(a)=\begin{cases}0, & a \leqslant 0 \\ 1, & a>0\end{cases} \tag{1.7}$$

它可以视为一个简化的神经元放电模型，在该模型中，当且仅当总加权输入超过 0 的阈值时，神经元才会放电。感知机由 Rosenblatt（1962 年）首创，他开发了一种特定的训练算法，该算法有一个有趣的特点，即如果存在一组权重值使得感知机能够完美分类其训练数据，则该算法保证在有限步数内收敛到这一解（Bishop, 2006）。除了学习算法之外，感知机还需要一个专用的模拟硬件，如图 1.15 所示。典型的感知机配置有多个处理层，但其中只有一层可以从数据中学习，因此感知机被认为是一个“单层”神经网络。

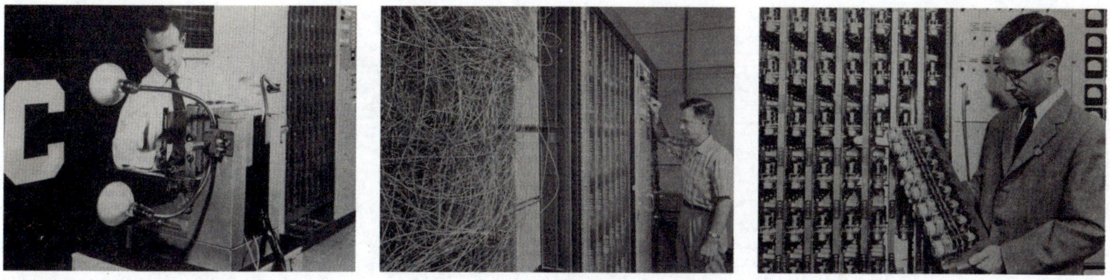

图 1.15 Mark 1 感知机硬件示意图。左图展示了使用简单的摄像系统获取输入，其中输入场景（在这种情况下是打印的字符）被强光照射，图像被聚焦在一个 20×20 的硫化镉光电管阵列上，形成一幅原始的 400 像素大小的图像。Mark 1 感知机还配备了一个接线板，如中间图所示，它允许尝试不同的输入特征配置。与现代数字计算机相比，这些通常是随机连接的，以展示感知机在没有精确连接的情况下进行学习的能力。右图展示了一个可学习权重机架，其中的每个权重都是使用旋转可变电阻器（也称电位器）实现的，由电动机驱动，从而允许通过学习算法自动调整权重值

起初，大家惊叹于感知机能以类似大脑的方式从数据中学习。然而，这个模型也暴露出重大的局限性。Minsky and Papert（1969）分析了感知机的特性，并从数学上严格证明了单层网络的能力局限。他们还推测，这样的局限性将会扩展到具有多个可学习参数层的神经网络。尽管这一猜想后来被证明是极其错误的，但它在当时极大地打击了人们对神经网络模型的热情，并直接导致了 20 世纪 70 年代和 80 年代初学术界和工业界对神经网络领域缺乏足够的兴趣和资金投入。此外，由于缺乏有效的训练神经网络的算法，研究人员无法深入研究多层神经网络，因此像感知机这样的技术仅适用于单层模型。请注意，尽管感知机已经从实际机器学习应用中消失，但这个术语仍然流传下来，因此现代神经网络有时也称为多层感知机（Multi Layer Perceptron, MLP）。

1.3.2 反向传播

对于训练具有多层可学习参数的神经网络问题，其解决方案来自微分学的应用以及基于梯度的优化方法。一项重要的改进是用具有非零梯度的连续可微激活函数取代了原有的阶跃函数式（1.7）。另一项关键的改进是引入了可微的误差函数，该函数能量化地评估在给定参数配置下模型对训练集中目标变量的预测效果。我们在 1.2 节中利用平方和误差函数［式（1.2）］进行多项式拟合时，就已经接触到了此类误差函数的一个示例。

通过这些改进，我们现在得到了一个误差函数，它可以计算其关于网络模型中每一个参数的偏导数。现在我们可以着手考虑具有多层参数的网络结构了。图 1.16 展示了一个包含两层参数的简单网络模型。位于中间层的节点称为隐藏单元（hidden unit），因为它们的值不会出现在训练数据中，训练数据仅提供了模型的输入值和输出值。图 1.16 中的每一个隐藏单元和每一个输出单元均计算形如式（1.5）和式（1.6）的函数值。对于一组给定的输入值，所有隐藏单元和输出单元的状态可以通过迭代地应用式（1.5）和式（1.6）进行前向计算，在这个过程中，信息沿着箭头所指的方向在网络中逐层向前传递。由于这种信息流动的特点，此类模型也被称作前馈神经网络（feed-forward neural network）。

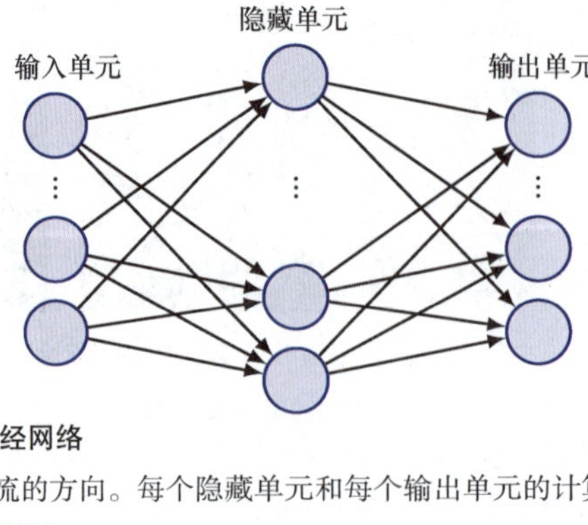

图 1.16　一个具有两层参数的神经网络

（其中箭头表示神经网络中信息流的方向。每个隐藏单元和每个输出单元的计算形式分别由式（1.5）和式（1.6）给出，其中激活函数 $f(\cdot)$ 是可微的）

为了训练这样的神经网络，我们首先使用随机数生成器初始化参数，然后使用基于梯度的优化技术进行迭代更新。这需要计算误差函数的偏导数，此操作可以通过误差反向传播（error backpropagation）过程中高效地完成（参见第 8 章）。在反向传播中，信息从输出端向后通过神经网络流向输入端（Rumelhart, Hinton and Williams, 1986）。在机器学习领域，有许多不同的优化算法利用了待优化的函数的梯度，其中最简单和最常用的是随机梯度下降（stochastic gradient descent）法（参见第 7 章）。

能够训练具有多层权重的神经网络是一项重大突破，自 20 世纪 80 年代中期开始，这一突破再度引发了对该领域的研究热潮。这一时期，研究重心逐渐超越了单纯对神经生物学机制的模拟，而朝着构建更加严谨、更具原则性的理论基础的方向发展（Bishop, 1995b）。特别是，人们逐渐认识到，概率论和统计学中的核心思想在神经网络及机器学习领域扮演着至关重要的角色。一个关键的认识是，从数据中进行学习的过程不可避免地会引入一些背景假设，这些假设被称为先验知识（prior knowledge）或归纳偏置（inductive bias）。这些先验知识可以显式地融入模型设计之中，例如，可以设计一种特定的神经网络结构，使得皮肤病变的分类结果不依赖于图像中病变的具体位置；或者，它们也可以隐式地蕴含在模型的数学形式或其训练方法的选择中。

反向传播算法和基于梯度的优化技术显著提升了神经网络解决实际问题的能力。然而，研究人员注意到，在具有多层结构的神经网络中，通常只有最后两层的权重参数能够学习到有效的信息。除了少数例外，特别是用于图像分析的卷积神经网络模型（LeCun et al., 1998）（详见第 10 章），具有两层以上结构的网络模型鲜有成功的应用。这意味着此类网络模型不能有效解决太复杂的问题。为了在各种实际应用中获得令人满意的性能，人们通常要设计预处理步骤，将原始输入变量变换到一个新的特征空间中，希望在这个新的空间中机器学习任务能更容易解决。这种预处理步骤有时也被称为特征提取（feature extraction）。尽管这种人工特征提取的方法有时见效，但一个更理想的解决方案显然是直接从数据中自动学习出这些特征，而不是依赖于人工设计。

到了 2000 年，当时的神经网络方法再次达到了它们能力的极限。研究人员开始探索替代神经网络的方法，如核方法、支持向量机、高斯过程等。尽管一些热情的研究人员继续追求真正有效训练多层神经网络的目标，但神经网络再次失宠。

1.3.3 深度网络

神经网络发展的第三个阶段，也是当前阶段，始于 21 世纪的第二个十年。一系列的突破使具有多层权重的神经网络得以有效训练，从而消除了这些技术先前的能力限制。具有多层权重的网络称为深度神经网络，专注于这类网络的机器学习子领域称为深度学习（deep learning）（LeCun, Bengio and Hinton, 2015）。

深度学习发展历程中的一个关键性主题，是神经网络模型规模的显著扩张，这集中体现在模型参数数量的爆炸式增长上。20 世纪 80 年代，拥有数百或数千个参数的神经网络模型还较为普遍，但这一数字随后稳步攀升至数百万乃至数十亿规模。而目前最前沿的模型，其参数数量更是达到了惊人的一万亿（10^{12}）量级。拥有海量参数的神经网络模型需要相应规模的庞大数据集进行训练，才能确保在训练过程中为这些参数有效赋值。这种庞大模型与海量数据的结合，反过来也对模型训练过程的计算能力提出了前所未有的挑战。图形处理单元（Graphics Processing Unit，GPU）作为一种专为特定应用设计的处理器，最初是为了满足视频游戏等应用中对高速图形渲染的需求而开发的。随后人们发现 GPU 的架构能够很好地适配神经网络的训练需求。具体而言，神经网络中某一层的各个单元所执行的运算可以高度并行地进行，这与 GPU 所提供的大规模并行计算架构高度契合（Krizhevsky, Sutskever, and Hinton, 2012）。如今，规模最大的那些模型的训练任务，通常需要在包含数千块 GPU 的大规模计算集群上完成，这些 GPU 之间通过专用的高速网络进行通信。

图 1.17 描绘了历年来训练最先进的神经网络模型所需计算量的演变趋势，图中显现出两个特征显著的增长阶段。纵轴采用指数标度，其单位为 petaflop/s-days。其中，一个 petaflop 代表每秒执行 10^{15} 次（一千万亿次）浮点运算，而一个 petaflop/s 则表示每秒一千万亿次的浮点运算速率。因此，一个 petaflop/s-day 就代表以每秒一千万亿次的运算速率持续运行 24 小时所对应的计算量，这大约等价于 10^{20} 次浮点运算。由此可知，图中最上方的水平线对应着高达 10^{24} 次的浮点运算量，真是让人惊叹。

图 1.17 中的两个直线段显示了两个指数级的增长阶段。我们可以清楚地看到，从感知机时代直至 2012 年前后，计算需求的翻倍周期约为 2 年，这与摩尔定律所预测的计算性能增长的总体趋势基本吻合。然而，自 2012 年步入深度学习时代以来，计算需求再次呈现出指数级的增长态势，但这一次的翻倍周期锐减至仅 3.4 个月，这意味着计算能力每年增长高达 10 倍之多！

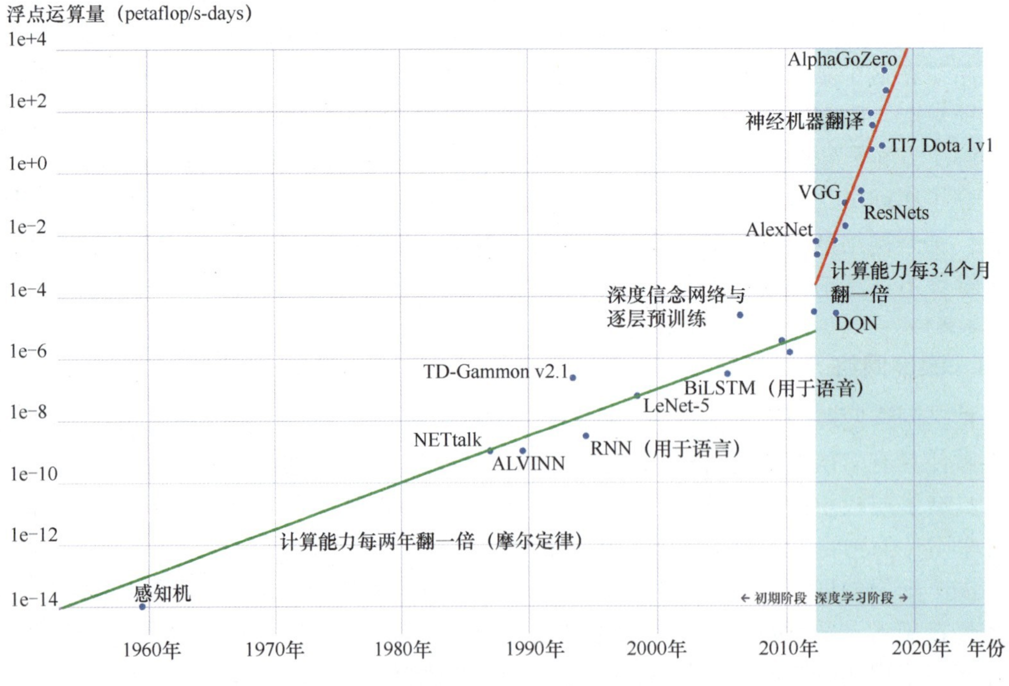

图 1.17 训练最先进的神经网络所需的计算周期数（以 petaflop/s-days 为单位）与日期的关系，这里显示了两个不同的指数增长阶段（来自 OpenAI，经许可使用）

人们常常发现，通过架构创新或引入更复杂形式的归纳偏置而带来的性能改进，很快就会被简单地通过扩大训练数据量替代，同时伴随着相应的模型规模和用于训练的相关计算能力的扩展（Sutton, 2019）。大语言模型不仅在特定任务上表现更优，还可以用同一个训练好的神经网络解决更广泛范围的问题。大语言模型就是一个显著的例子，因为单个网络不仅拥有非凡的能力广度，甚至还能够胜过为解决特定问题而设计的专业网络（参见 12.3.5 小节）。

我们已经了解到，网络的深度对于神经网络实现卓越性能至关重要。要理解深度神经网络中隐藏层的作用，一种有效的视角是表示学习（representation learning，也称表征学习）（Bengio, Courville, and Vincent, 2012）。在这种视角下，网络能够学习把原始输入数据转换成某种新的、富有语义信息的表示形式，从而显著降低后续网络层需要解决的问题的难度。这些学习到的内部表示还可以通过迁移学习技术被重新利用来解决其他相关问题，正如前文在皮肤病变分类任务中所展示的那样。一个有趣的发现是，用于处理图像的神经网络模型所学习到的内部表示，与在哺乳动物视觉皮层中观察到的神经表征惊人地相似（详见第 10.3 节）。那些能够针对一系列下游任务进行适配或微调（fine-tuned）的大规模神经网络模型，称为基础模型（foundation model）。这些模型可以充分利用海量且多样化的数据集，从而构建出具有广泛适用性的通用模型（Bommasani et al., 2021）。

除了规模化这一因素外，还有其他若干进展也同样为深度学习的成功做出了重要贡献。例如，在传统的简单神经网络中，训练信号随着其在深度网络中逐层反向传播而逐渐衰减（详见第 9.5 节）。为了解决这一难题，一种名为残差连接（residual connection）的技术被引入网络架构中（He et al.，2015a），它极大地提高了对数百层深度的网络的训练效率。另一项具有里程碑意义的进展是自动微分（automatic differentiation）方法的提出，该方法能够基于描述网络前向传播过程的代码，自动生成用于执行反向传播以计算误差函数梯度的代码。研究人员只需要显式地编写相对简洁的前向传播函数代码，就能够快速地探索和尝试不同的神经网络架构，并快速尝试不同的架构和多种组件的不同组合。此外，机器学习领域的很大一部分研究工作都是基于开源模式开展的，广大研究人员能够借助“他山之石”进行构建和拓展，从而进一步加快这个领域的创新步伐。

第2章 概率

几乎所有机器学习应用场景，都需要处理不确定性。例如，区分皮肤病变是良性还是恶性的图像分类系统，在实际中不可能万无一失。不确定性可以分为两种。第一种是认知不确定性（epistemic uncertainty），也称系统不确定性（systematic uncertainty）。这种不确定性源自有限的数据集大小。随着观测数据的增多，例如更多良性和恶性皮肤病变图像样本，系统可以更好地预测新样本的类别。然而，即使数据集无限大，也仍然无法达到完美的准确率，因为存在第二种不确定性——偶然不确定性（aleatoric uncertainty），也称内在（intrinsic）不确定性或随机（stochastic）不确定性，有时简称噪声（noise）。一般来说，噪声源自人们只能观察到关于世界的部分信息。因此，一种从源头减小这种不确定性的方法是收集不同类型的数据。图 2.1 用扩展到二维的正弦曲线为例说明了这个问题（参见 1.2 节）。

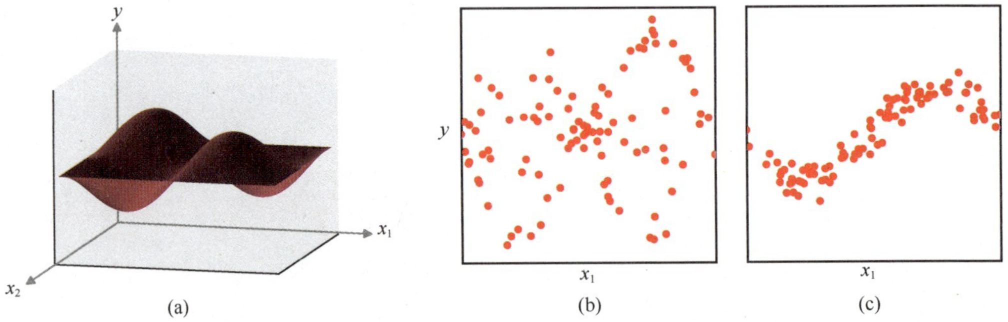

图 2.1 扩展到二维的简单正弦曲线回归问题。(a) 函数 $y(x_1, x_2)=\sin(2\pi x_1)\sin(2\pi x_2)$ 的曲线图。数据是通过选择 x_1 和 x_2 并计算对应的 $y(x_1, x_2)$ 值，然后加上高斯噪声得到的。(b)100 个数据点的图示，其中 x_2 未被观测到，显示出了较高的噪声水平。(c)100 个数据点的图示，其中 x_2 固定为 $\frac{\pi}{2}$，旨在模拟能够同时观测到 x_2 和 x_1 时的效果，显示出了明显较低的噪声水平

在实际的例子中，皮肤病变的活检样本比图像本身的信息量要大得多，这有可能极大提升判断新恶性病变的准确性。如果同时考虑图像和活检数据，则不确定性可能非常小，而通过进一步收集较大的训练数据集，我们或许能将系统不确定性降到一个较低的水平，从而以较高的准确率来预测病变类别。

这两种不确定性都可以用概率论（probability theory）的框架来处理，它为不确定性的量化和操作提供了统一的范式，因此成为机器学习的核心之一。概率可以由两个简单的公式控制（参见 2.1 节），即加和法则（sum rule）和乘积法则（product rule）。结合决策论（decision theory）（参见 5.2 节），这些规则理论上允许我们在给定的已知信息上做出最优预测——尽管我们获得的信息可能是不完整的或模糊的。

概率通常根据可重复事件的频率引入。以图 2.2 中的弯曲硬币为例，假设该硬币的形状如此，并被多次抛掷，则落地时有 60% 的可能性凹面朝上，有 40% 的可能性凸面朝上。因此我们说，弯曲硬币落地时凹面朝上的概率是 0.6 或 60%。严格来说，这时的概率是在无限次“试验”或抛掷硬币的极限情况下得出的。因为硬币要么凹面朝上，要么凸面朝上，所以这两种情况的概率加和为 100% 或 1.0。根据可重复事件的频率来定义概率，是频率学派（frequentist）视角下统计学的基础。

现在假设即使我们知道硬币落地时凹面朝上的概率是 0.6，但我们不允许看硬币，也不知道哪一面是正面、哪一面是反面。此时如果让我们猜一下硬币抛掷后落地时正面朝上还是反面朝上，那么硬币的对称性指示我们的猜测应该基于看到正面的概率是 0.5。更细致的分析表明，在没有任何附加信息的情况下，这的确是一个理性的选择。在这里，我们使用的是更一般意义上的概率，而不仅仅是事件发生的频率。定义硬币的凸面是正面还是反面，本身并不是一个可重复的事件，它是未知的。使用概率对不确定性进行量化是贝叶斯学派（Bayesian）的观点（参见 2.6 节）。这一观点更普遍，而频率学派的概率只是这一观点下的一种特殊情况。如果可以得到一系列抛掷硬币的结果，我们就可以通过贝叶斯推理知道硬币的哪一面是正面（见习题 2.40）。观测到的结果越多，我们关于硬币哪一面朝上的不确定性就越低。

在非正式地介绍完概率的概念之后，我们现在要对概率进行更详细的探讨，并讨论如何定量地使用概率。本章接下来的内容所阐述的概念将构成本书所讨论的许多其他主题的核心基础。

图 2.2　概率既可以视为与可重复事件相关的频率，也可以视为对不确定性的量化。这里用弯曲的硬币抛掷后落地的情况来说明这两者之间的区别

2.1　概率法则

在本节，我们将推导出两个控制概率行为的简单法则。虽然这两个法则看上去很简单，但我们将证明它们非常强大且具有广泛的适用性。首先我们通过一个简单的例子来引出概率法则。

2.1.1　医学筛查示例

考虑对人群进行筛查以便尽早发现癌症患者的示例。假设人群中有 1% 的人患有癌症。理想情况下，我们的癌症检查对任何患有癌症的人都会给出阳性结果，而对任何未患癌症的人都会给出阴性结果。然而，癌症检查并不完美，所以我们假设当对未患癌症的人进行检查时，其中 3% 的人会被误判为阳性，这就是所谓的假阳性（false positive）。类似地，当检查那些确实患有癌症的人时，其中 10% 的人会被误判为阴性，这就是所谓的假阴性（false negative）。检查结果的准确性如图 2.3 所示。

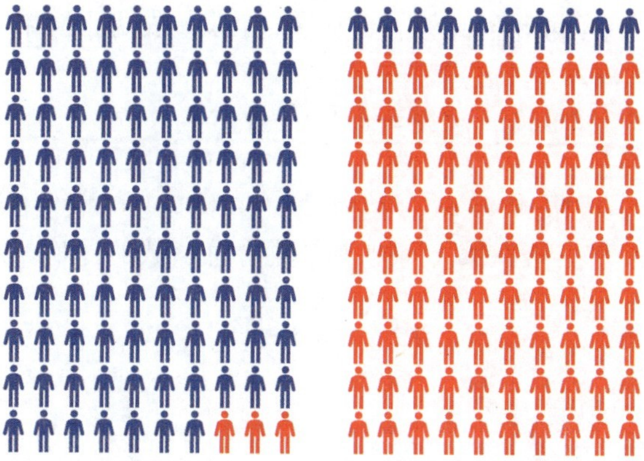

图 2.3　癌症检查的准确性示意图。如左图所示，每 100 名接受检查的未患癌症的人中，平均有 3 人检查结果呈阳性。如右图所示，每 100 名接受检查的患有癌症的人中，平均有 90 人检查结果呈阳性

有了这些信息，我们需要考虑以下问题：（1）如果我们对人群进行筛查，某人的检查结果呈阳性的概率是多少？（2）如果某人的检查结果呈阳性，那么他确实患有癌症的概率是多少？我们可以通过详细研究癌症筛查案例来回答这两个问题。但现在我们先不对这个例子做进一步讨论，而是首先推导出概率论的一般法则，即概率的加和法则和乘积法则。然后，我们将通过回答这两个问题来说明这两个法则具体是如何使用的。

2.1.2 加和法则和乘积法则

为了推导概率法则，图 2.4 展示了一个更一般的例子，它涉及两个变量 X 和 Y。在癌症检查的例子中，X 表示癌症存在与否，Y 表示检查结果变量。因为这两个变量的值可能以某种未知的方式因人而异，所以它们又称为随机变量（random variable 或 stochastic variable）。假设 X 可以取任意值 x_i（其中 $i = 1, \cdots, L$），并且 Y 取值 y_j（其中 $j = 1, \cdots, M$）。假设总共有 N 次试验，我们同时对变量 X 和 Y 采样，并将 $X = x_i$ 且 $Y = y_j$ 的试验次数记为 n_{ij}。同样，记 X 取值为 x_i（不考虑 Y 的取值）的试验次数为 c_i，记 Y 取值为 y_j 的试验次数为 r_j。

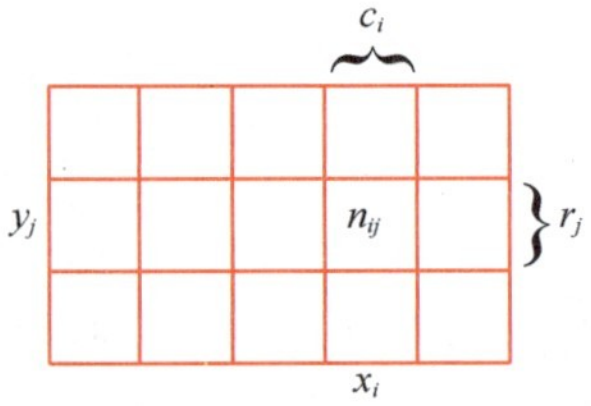

图 2.4 通过考虑随机变量 X（X 取值为 $\{x_i\}$，其中 $i = 1, \cdots, L$）和 Y（Y 取值为 $\{y_j\}$，其中 $j = 1, \cdots, M$）来推导概率的加和法则和乘积法则。其中，$L = 5$，$M = 3$。如果考虑总共 N 个实例中的这些变量，则用 n_{ij} 表示 $X = x_i$ 和 $Y = y_j$ 的实例数，这是阵列中对应单元格的实例数。用 c_i 表示第 i 列对应于 $X = x_i$ 的实例数，用 r_j 表示第 j 行对应于 $Y = y_j$ 的实例数

X 取值为 x_i 且 Y 取值为 y_j 的概率记为 $p(X = x_i, Y = y_j)$，称作 $X = x_i$ 和 $Y = y_j$ 的联合（joint）概率。它由落在单元格（i, j）中的点数占总点数的比例给出，因此有

$$p\left(X = x_i, Y = y_j\right) = \frac{n_{ij}}{N} \tag{2.1}$$

这里隐式地考虑了极限 $N \to \infty$。类似地，在不考虑 Y 取值的情况下，X 取值为 x_i 的概率记为 $p(X = x_i)$，它由落在第 i 列中的点数占总点数的比例给出，因此有

$$p\left(X = x_i\right) = \frac{c_i}{N} \tag{2.2}$$

由于 $\sum_i c_i = N$，可以看出

$$\sum_{i=1}^{L} p\left(X = x_i\right) = 1 \tag{2.3}$$

因此，概率之和为 1。因为在图 2.4 中，第 i 列的实例数就是该列每个单元格中实例数的总和，所以有 $c_i = \sum_j n_{ij}$。根据式（2.1）和式（2.2），有

$$p\left(X = x_i\right) = \sum_{j=1}^{M} p\left(X = x_i, Y = y_j\right) \tag{2.4}$$

这就是概率的加和法则。请注意，$p(X = x_i)$ 有时称为边缘（marginal）概率，它是通过边缘化或求和其他变量（在这里是 Y）得到的。

如果我们只考虑 $X = x_i$ 的实例，那么 $Y = y_j$ 的实例的占比可以记为 $p(Y = y_j | X = x_i)$，称作给定 $X = x_i$ 下 $Y = y_j$ 的条件（conditional）概率。它可以通过在第 i 列中寻找落在单元格（i, j）中的那些点的占比得到，因此，它可以由下式给出：

$$p\left(Y = y_j | X = x_i\right) = \frac{n_{ij}}{c_i} \tag{2.5}$$

在式（2.5）的两边对 j 求和，并使用 $\sum_i n_{ij} = c_i$，可以得到

$$\sum_{j=1}^{M} p\left(Y = y_j | X = x_i\right) = 1 \tag{2.6}$$

这表明条件概率得到了正确的归一化。由式（2.1）、式（2.2）、式（2.5）可以推导出以下关系：

$$p\left(X = x_i, Y = y_i\right) = \frac{n_{ij}}{N} = \frac{n_{ij}}{c_i} \cdot \frac{c_i}{N} = p\left(Y = y_i | X = x_i\right) p\left(X = x_i\right) \tag{2.7}$$

这就是概率的乘积法则。

到目前为止，我们一直都相当仔细地区分随机变量（比如 X）及其可取的值（比如 x_i）。因此，X 取值为 x_i 的概率记为 $p(X = x_i)$。这样写虽然可以避免歧义，但也导致比较烦琐的符号表示，而在很多情况下我们不需要写得如此复杂。相反，在上下文能解释清楚的场合下，我们可以简单地用 $p(X)$ 来表示随机变量 X 上的分布，或用 $p(x_i)$ 来表示针对特定值 x_i 的分布。

使用这种更简单的记法，我们可以将概率论的两个基本法则写成如下形式：

加和法则
$$p(X) = \sum_Y p(X, Y) \tag{2.8}$$

乘积法则
$$p(X, Y) = p(Y | X) p(X) \tag{2.9}$$

这里 $p(X, Y)$ 是联合概率，可以表达为“X 和（and）Y 同时成立的概率”。同样，$p(Y | X)$ 是条件概率，可以表述为“给定（given）X 下 Y 的概率”。最后，$p(X)$ 是边缘概率，即“X 的概率”。这两个简单的法则构成了我们在本书中使用的所有概率机制的基础。

2.1.3 贝叶斯定理

从乘积法则出发，结合对称性$p(X,Y)=p(Y,X)$，可以得到以下条件概率之间的关系：

$$p(Y|X)=\frac{p(X|Y)p(Y)}{p(X)} \tag{2.10}$$

这就是贝叶斯定理，它在机器学习中扮演着至关重要的角色。要注意贝叶斯定理是如何将式（2.10）左边的条件分布$p(Y|X)$与右边的“反向”条件分布$p(X|Y)$联系起来的。利用加和法则，贝叶斯定理中的分母可以用分子中出现的量来表示：

$$p(X)=\sum_{Y}p(X|Y)p(Y) \tag{2.11}$$

因此，我们可以将贝叶斯定理中的分母看作归一化常数，其确保了式（2.10）左边的条件分布对所有Y值的和等于1。

图2.5展示了一个涉及两个变量联合分布的简单样例，以说明边缘分布和条件分布的概念。这里从联合分布中抽取了$N=60$个数据点的有限样本，如图2.5(a)所示。图2.5(b)是Y的两种取值的数据点所占比例的直方图。从概率的定义来看，当样本量$N\to\infty$时，这些分数将等于极限下对应的概率$p(Y)$。我们可以将直方图视为一种仅从该分布中抽取有限数量的数据点来建模概率分布的简单方法（参见3.5.1小节）。图2.5(c)和图2.5(d)分别展示了$p(X)$和$p(X|Y=1)$所对应的直方图估计。

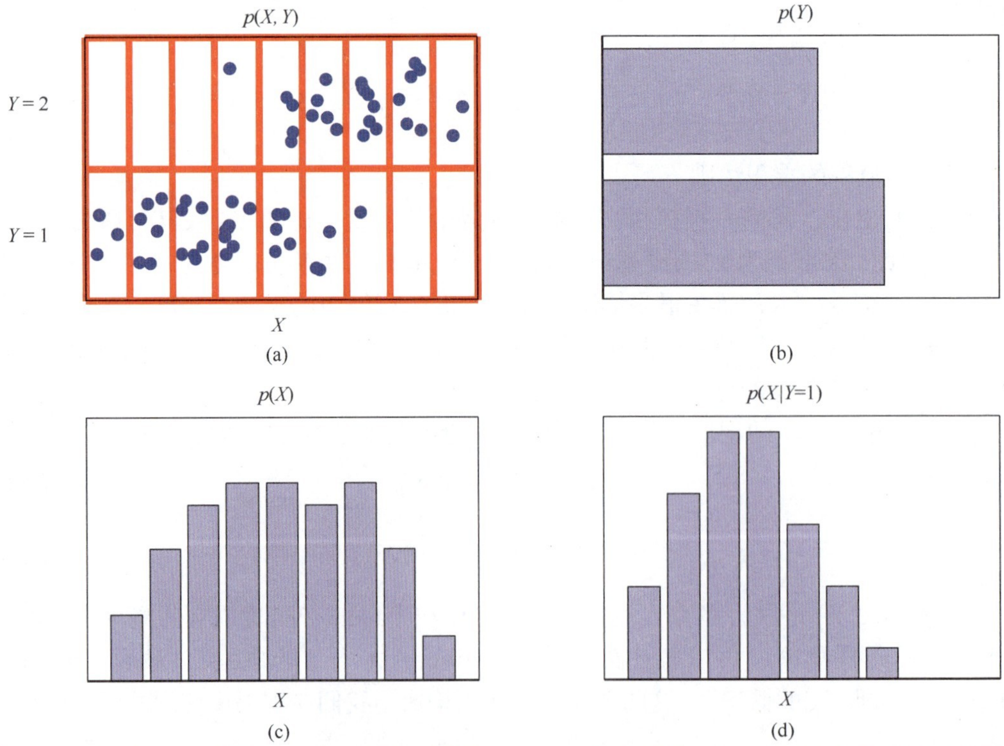

图2.5 变量X和Y分布的图示。X有9个可能的取值，Y有2个可能的取值。图(a)展示了从变量X和Y的联合分布中抽取的60个样本点。图(b)和图(c)分别展示了边缘分布$p(Y)$和$p(X)$的直方图估计，图(d)展示了图(a)底部一行所对应的条件分布$p(X|Y=1)$

2.1.4 再看医学筛查示例

让我们回到之前癌症检查的例子，并应用概率的加和法则和乘积法则来回答 2.1.1 小节开头提出的两个问题。为了清楚起见，在回答这两个问题时，我们再一次明确区分随机变量和它们的实例。用变量 C 来表示癌症存在与否，它有两个取值：$C = 0$ 对应于“未患癌症”，$C = 1$ 对应于“患有癌症”。我们假设人群中每 100 人里就有 1 人患有癌症，则有

$$p(C=1)=1/100=0.01 \tag{2.12}$$

$$p(C=0)=99/100=0.99 \tag{2.13}$$

注意 $p(C=0)+p(C=1)=1$。

下面我们引入第二个随机变量 T 来表示检查结果，其中 $T = 1$ 为阳性结果，表示检查患有癌症；$T = 0$ 为阴性结果，表示检查未患癌症。由图 2.3 可知，对于那些患有癌症的人，检查结果呈阳性的概率是 90%；而对于那些未患癌症的人，检查结果呈阳性的概率是 3%。因此，我们可以把这 4 种条件概率都写出来：

$$p(T=1 \mid C=1) = 90/100 = 0.90 \tag{2.14}$$

$$p(T=0 \mid C=1) = 10/100 = 0.10 \tag{2.15}$$

$$p(T=1 \mid C=0) = 3/100 = 0.03 \tag{2.16}$$

$$p(T=0 \mid C=0) = 97/100 = 0.97 \tag{2.17}$$

再次注意，这些概率是归一化的，因此

$$p(T=1|C=1)+p(T=0|C=1)=1 \tag{2.18}$$

并且同样有

$$p(T=1|C=0)+p(T=0|C=0)=1 \tag{2.19}$$

我们现在可以使用概率的加和法则和乘积法则来回答第一个问题，并估计一个人检查结果呈阳性的概率：

$$\begin{aligned} p(T=1) &= p(T=1|C=0)p(C=0)+p(T=1|C=1)p(C=1) \\ &= \frac{3}{100}\times\frac{99}{100}+\frac{90}{100}\times\frac{1}{100}=\frac{387}{10\,000}=0.038\,7 \end{aligned} \tag{2.20}$$

可以看到，如果随机找一个人检查，即使他实际患有癌症的概率只有 1%，检查结果呈阳性的概率也大约为 4%。进一步用加和法则可以得到 $p(T=0) = 1 - 387/10\,000 = 9\,613/10\,000 = 0.961\,3$，因此，检查结果呈阴性的概率约为 96%。

再看第二个问题，被检查者往往对此特别关注：如果检查结果呈阳性，那么这个人患有癌症的概率是多少？这需要我们在已有检查结果的条件下估计这个人患有癌症的概率，式（2.14）~ 式（2.17）给出了在是否患有癌症的条件下检查

结果的概率分布。我们可以使用贝叶斯定理［见式（2.10）］来解决逆向条件概率问题：

$$p(C=1|T=1)=\frac{p(T=1|C=1)p(C=1)}{p(T=1)} \tag{2.21}$$

$$=\frac{90}{100}\times\frac{1}{100}\times\frac{10\ 000}{387}=\frac{90}{387}\approx 0.23 \tag{2.22}$$

因此，如果一个人的检查结果呈阳性，那么他有 23% 的概率确实患有癌症。应用加和法则，可以得出 $p(C = 0 \mid \mathrm{T} = 1) = 1 - 90/387 = 297/387 \approx 0.77$，即他有 77% 的概率实际未患癌症。

2.1.5 先验概率和后验概率

我们可以用癌症检查的例子对贝叶斯定理做出如下重要解释。如果我们在某人接受检查之前就被问到他是否可能患有癌症，那么我们所能获得的所有信息就是由概率 $p(C)$ 提供的。我们称其为先验概率（prior probability），因为它是在我们观测到检查结果之前可知的概率。一旦这个人的检查结果为阳性，我们就可以使用贝叶斯定理来计算概率 $p(C|T)$，我们称其为后验概率（posterior probability），因为它是我们观测到检查结果 T 之后得到的概率。

在这个示例中，患有癌症的先验概率是 1%。如果检查结果呈阳性，那么患有癌症的后验概率为 23%。正如我们预期的那样，后者的患癌概率明显更高。尽管从图 2.3 来看，检查方法似乎已经非常“准确”了，但检查结果呈阳性的人实际患癌的概率仍然只有 23%（见习题 2.1）。这个结论在很多人看来似乎是反直觉的，原因与患有癌症的先验概率较低有关。虽然检查提供了患有癌症的有力证据，但必须通过贝叶斯定理将其与先验概率结合，才能得出正确的后验概率。

2.1.6 独立变量

如果两个变量的联合分布可以分解为边缘分布的乘积，即 $p(X, Y) = p(X)p(Y)$，则称变量 X 和 Y 是独立的。连续抛掷硬币就是独立事件的一个例子。由乘积法则，有 $p(Y|X) = p(Y)$，因此给定 X 下 Y 的条件分布确实独立于 X 的值。在癌症检查样例中，如果检查结果为阳性的概率与此人是否患有癌症无关，则 $p(T|C) = p(T)$。这意味着根据贝叶斯定理［见式（2.10）］可得 $p(C|T) = p(C)$，因此患癌的概率不会因观测到检查结果而改变。当然，这样的检查是没有用的，因为检查的结果并不能告诉我们这个人是否患有癌症。

2.2 概率密度

我们除了关注在离散数值集合上定义概率，还关注连续变量的概率。例如，我们可能想预测给病人服用药物的剂量。由于在预测中会有不确定性，而我们想要量化这种不确定性，因此就需要再次利用概率。然而，在无限精度下，观测到连续变量为某个特定值的概率几乎为零。为此，需要引入概率密度（probability density）的概念。这里我们只做相对非正式的讨论。

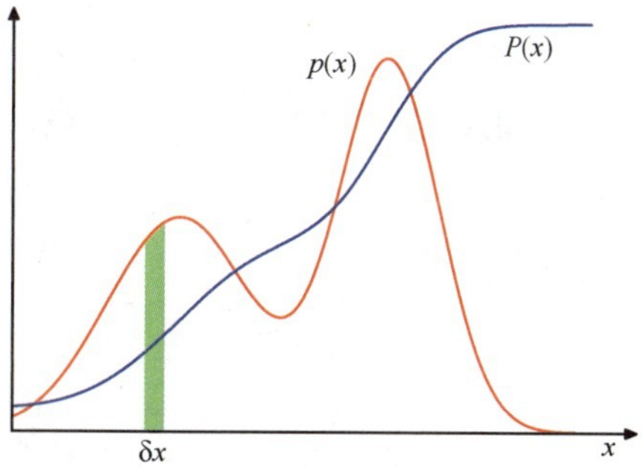

图 2.6 离散变量下概率的概念可以推广到连续变量 x 上的概率密度 $p(x)$，而当 $\delta x \to 0$ 时，x 落在区间 $(x, x+\delta x)$ 的概率由 $p(x)\delta x$ 给出。概率密度可以表示为累积分布函数 $P(x)$ 的导数

定义连续变量 x 上的概率密度 $p(x)$，如图 2.6 所示，当 $\delta x \to 0$ 时，x 落在区间 $(x, x+\delta x)$ 的概率由 $p(x)\delta x$ 给出。x 落在区间 (a, b) 的概率为

$$p\left(x\in(a,b)\right)=\int_a^b p(x)\mathrm{d}x \tag{2.23}$$

因为概率是非负的，并且 x 的值必须落在实轴上的某个位置，所以概率密度 $p(x)$ 必须同时满足以下两个条件：

$$p(x)\geqslant 0 \tag{2.24}$$

$$\int_{-\infty}^{\infty} p(x)\mathrm{d}x=1 \tag{2.25}$$

如图 2.6 所示，x 落在区间 $(-\infty, z)$ 的概率由累积分布函数（cumulative distribution function）给出，定义为

$$P(z)=\int_{-\infty}^{z} p(x)\mathrm{d}x \tag{2.26}$$

且满足 $P'(x)=p(x)$。

假设有几个连续变量 $x_1, \cdots, x_D$，整体用向量 $\boldsymbol{x}$ 表示，我们可以定义联合概率密度 $p(\boldsymbol{x})=p(x_1, \cdots, x_D)$，使得 $\boldsymbol{x}$ 落在包含点 $\boldsymbol{x}$ 的无穷小体积 $\delta\boldsymbol{x}$ 中的概率由 $p(\boldsymbol{x})\delta\boldsymbol{x}$ 给出。该联合概率密度必须满足

$$p(\boldsymbol{x})\geqslant 0 \tag{2.27}$$

$$\int p(\boldsymbol{x})\mathrm{d}\boldsymbol{x}=1 \tag{2.28}$$

其中积分是在整个 $\boldsymbol{x}$ 的空间上进行的。更一般地，我们还可以考虑同时包含离散变量和连续变量的联合概率分布。

概率的加和法则、乘积法则及贝叶斯定理，也适用于概率密度以及离散变量和连续变量的组合。如果 $\boldsymbol{x}$ 和 $\boldsymbol{y}$ 是两个实数变量，那么加和法则和乘积法则将有如下形式：

加和法则
$$p(\boldsymbol{x})=\int p(\boldsymbol{x},\boldsymbol{y})\mathrm{d}\boldsymbol{y} \tag{2.29}$$

乘积法则
$$p(\boldsymbol{x},\boldsymbol{y})=p(\boldsymbol{y}\mid\boldsymbol{x})p(\boldsymbol{x}) \tag{2.30}$$

类似地，贝叶斯定理可以写成以下形式：

$$p(\boldsymbol{y}\mid\boldsymbol{x})=\frac{p(\boldsymbol{x}\mid\boldsymbol{y})p(\boldsymbol{y})}{p(\boldsymbol{x})} \tag{2.31}$$

其中分母由下式给出：

$$p(\boldsymbol{x})=\int p(\boldsymbol{x}\mid\boldsymbol{y})p(\boldsymbol{y})\mathrm{d}\boldsymbol{y} \tag{2.32}$$

要对连续变量的加和法则和乘积法则做正式论证，需要借助名为测度论（measure theory）（Feller, 1966）的数学分支，这超出了本书的讨论范围。然而，通过将每个实变量划分为宽度为 $\varDelta$ 的区间，并考虑这些区间上的离散概率分布，我们可以得知上述法则的正确性。通过取极限 $\varDelta\to 0$，然后将求和转为积分，就可以得到我们想要的结果。

2.2.1 分布的示例

很多形式的概率密度都得到了广泛应用，这些概率密度无论是它们本身还是作为更复杂概率模型的组件，都很重要。最简单的形式是 $p(x)$ 为常数，其独立于 x，但不能被归一化，因为式（2.28）中的积分是发散的。不能被归一化的分布称为反常（improper）分布。然而，我们有这样的均匀分布，其在有限区间（比如 (c, d)）内是常数，而在其他地方为零。在这种情况下，式（2.28）意味着

$$p(x)=1/(d-c),x\in(c,d) \tag{2.33}$$

概率密度的另一种简单形式是指数分布（exponential distribution），由下式给出：

$$p(x\mid\lambda)=\lambda\exp(-\lambda x),x\geqslant 0 \tag{2.34}$$

指数分布有一种变体叫作拉普拉斯分布（Laplace distribution），其允许将峰值移动到位置 μ，由下式给出：

$$p(x\mid\mu,\gamma)=\frac{1}{2\gamma}\exp\left(-\frac{|x-\mu|}{\gamma}\right) \tag{2.35}$$

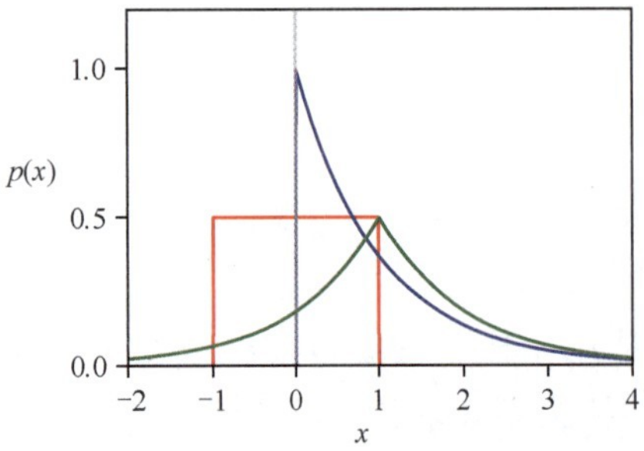

图 2.7 区间 $(-1,1)$ 内的均匀分布（红色），$\lambda=1$ 的指数分布（蓝色），以及 $\mu=1$ 和 $\gamma=1$ 的拉普拉斯分布（绿色）的图示

均匀分布、指数分布和拉普拉斯分布如图 2.7 所示。

另一个重要的分布是狄拉克 δ 函数（Dirac delta function），由下式给出：

$$p(x\mid\mu)=\delta(x-\mu) \tag{2.36}$$

它被定义为在除了 $x=\mu$ 处的其他任意位置均为零，并具有积分为 1 的特性。我们可以将其视为一个位于 $x=\mu$ 处的无限窄且无限高的峰，

并具有单位面积的性质。最后，如果我们有一个 x 的有限观测值集合 $\mathcal{D}=\{x_1,\cdots,x_N\}$，则可以使用狄拉克 δ 函数来构造经验分布（empirical distribution），由下式给出：

$$p(x\mid\mathcal{D})=\frac{1}{N}\sum_{n=1}^{N}\delta(x-x_n) \tag{2.37}$$

它由以每个数据点为中心的狄拉克 δ 函数组成。根据要求，由式（2.37）定义的概率密度积分为 1（见习题 2.6）。

2.2.2 期望和协方差

概率中最重要的操作之一是寻找函数的加权平均值。某函数 $f(x)$ 在概率分布 $p(x)$ 下的加权平均称为 $f(x)$ 的期望（expectation），用 $\mathbb{E}[f]$ 表示。对于离散分布，期望可以通过对所有可能值求和得到：

$$\mathbb{E}[f]=\sum_x p(x)f(x) \tag{2.38}$$

其中平均值由不同 x 值的相对概率加权得到。对于连续变量，期望以相应的概率密度积分表示：

$$\mathbb{E}[f]=\int p(x)f(x)\mathrm{d}x \tag{2.39}$$

不论在哪种情况下，如果我们从概率分布或概率密度中得到 N 个有限数量的点，则期望可以近似为这些点的有限和（见习题 2.7）：

$$\mathbb{E}[f]\approx\frac{1}{N}\sum_{n=1}^{N}f(x_n) \tag{2.40}$$

式（2.40）中的近似在极限 $N\to\infty$ 下是精确的。

有时我们会考虑多个变量的函数期望，在这种情况下，我们可以使用下标来表示哪个变量被平均，例如

$$\mathbb{E}_x[f(x,y)] \tag{2.41}$$

这表示函数 $f(x,y)$ 相对于 x 的分布的平均值。注意 $\mathbb{E}_x[f(x,y)]$ 是关于 y 的函数。

我们也可以考虑针对条件分布来说的条件期望（conditional expectation）：

$$\mathbb{E}_x[f\mid y]=\sum_x p(x\mid y)f(x) \tag{2.42}$$

$\mathbb{E}_x[f\mid y]$ 也是关于 y 的函数。对于连续变量，条件期望的形式为

$$\mathbb{E}_x[f\mid y]=\int p(x\mid y)f(x)\mathrm{d}x \tag{2.43}$$

$f(x)$ 的方差（variance）定义为

$$\operatorname{var}[f]=\mathbb{E}\left[\left(f(x)-\mathbb{E}[f(x)]\right)^2\right] \tag{2.44}$$

式（2.44）度量了 $f(x)$ 围绕其平均值 $\mathbb{E}[f(y)]$ 的变化程度。将平方项展开后，可以看到，方差也可以写成 $f(x)$ 和 $f(x)^2$ 的期望的形式（见习题 2.8）：

$$\operatorname{var}[f]=\mathbb{E}[f(x)^2]-\mathbb{E}[f(x)]^2 \tag{2.45}$$

变量 x 自身的方差，其由下式给出：

$$\operatorname{var}[x]=\mathbb{E}[x^2]-\mathbb{E}[x]^2 \tag{2.46}$$

对于两个随机变量 x 和 y，协方差（covariance）度量了这两个变量一起变化的程度，定义为

$$\begin{aligned}\operatorname{cov}[x,y]&=\mathbb{E}_{x,y}\left[\{x-\mathbb{E}[x]\}\{y-\mathbb{E}[y]\}\right]\\&=\mathbb{E}_{x,y}[xy]-\mathbb{E}[x]\mathbb{E}[y]\end{aligned} \tag{2.47}$$

如果 x 和 y 是独立的，那么它们的协方差为零（见习题 2.9）。

对于两个向量 $\mathbf{x}$ 和 $\mathbf{y}$，它们的协方差是由下式给出的矩阵：

$$\begin{aligned}\operatorname{cov}[\mathbf{x},\mathbf{y}]&=\mathbb{E}_{\mathbf{x},\mathbf{y}}\left[\{\mathbf{x}-\mathbb{E}[\mathbf{x}]\}\{\mathbf{y}^{\mathrm{T}}-\mathbb{E}[\mathbf{y}^{\mathrm{T}}]\}\right]\\&=\mathbb{E}_{\mathbf{x},\mathbf{y}}[\mathbf{x}\mathbf{y}^{\mathrm{T}}]-\mathbb{E}[\mathbf{x}]\mathbb{E}[\mathbf{y}^{\mathrm{T}}]\end{aligned} \tag{2.48}$$

如果考虑向量 $\mathbf{x}$ 的分量彼此之间的协方差，则可以使用稍微简单一点的符号来表示：$\operatorname{cov}[\mathbf{x}]\equiv\operatorname{cov}[\mathbf{x},\mathbf{x}]$。

2.3 高斯分布

连续变量最重要的概率分布之一是高斯（Gaussian）分布或称正态（normal）分布，我们将在本书的其余部分广泛使用这种分布。对于单个实值变量 x，高斯分布定义为

$$\mathcal{N}(x\mid\mu,\sigma^2)=\frac{1}{(2\pi\sigma^2)^{1/2}}\exp\left\{-\frac{1}{2\sigma^2}(x-\mu)^2\right\} \tag{2.49}$$

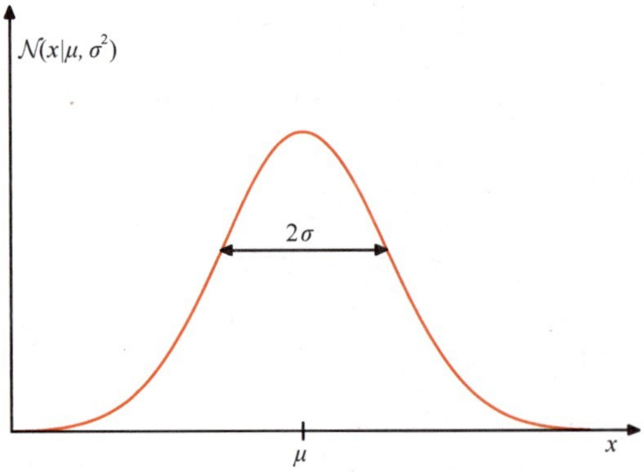

图 2.8 单个连续变量 x 的高斯分布，其平均值为 μ，标准差为 σ

它表示由两个参数 μ 和 σ^2 控制的 x 的概率密度：μ 称为均值（mean），σ^2 称为方差（variance）。方差的平方根由 σ 给出，称为标准差（standard deviation）。方差的倒数记作 $\beta=1/\sigma^2$，称为精度（precision）。下文你很快就会看到这个术语的由来。图 2.8 展示了高斯分布。虽然高斯分布的形式看起来是任意的，但你稍后会看到，它是从最大熵（参见 2.5.4 小节）的概念和中心极限定理的角度自

然产生的（参见 3.2 节）。

由式（2.49）可知，高斯分布满足

$$\mathcal{N}\left(x \mid \mu, \sigma^2\right) > 0 \tag{2.50}$$

可以很直观地看到高斯分布是归一化的（见习题 2.12），即

$$\int_{-\infty}^{\infty} \mathcal{N}\left(x \mid \mu, \sigma^2\right) \mathrm{d}x = 1 \tag{2.51}$$

因此，式（2.49）满足概率密度有效的两个要求。

2.3.1 均值和方差

我们可以很容易地找到高斯分布下 x 的期望（见习题 2.13）。x 的平均值由下式给出：

$$\mathbb{E}[x] = \int_{-\infty}^{\infty} \mathcal{N}\left(x \mid \mu, \sigma^2\right) x \mathrm{d}x = \mu \tag{2.52}$$

由于参数 μ 表示 x 在该分布下的平均值，因此称其为均值。式（2.52）中的积分称为分布的一阶矩（first-order moment），因为是对 x 的期望取一次方。我们可以类似地给出分布的二阶矩：

$$\mathbb{E}\left[x^2\right] = \int_{-\infty}^{\infty} \mathcal{N}\left(x \mid \mu, \sigma^2\right) x^2 \mathrm{d}x = \mu^2 + \sigma^2 \tag{2.53}$$

由式（2.52）和式（2.53）可知，x 的方差为

$$\operatorname{var}[x] = \mathbb{E}\left[x^2\right] - \mathbb{E}[x]^2 = \sigma^2 \tag{2.54}$$

σ^2 称为方差参数，分布的最大值称为众数。对于高斯分布，众数与均值重合（见习题 2.14）。

2.3.2 似然函数

假设我们有一个观测数据集，记作行向量 $\mathbf{x} = (x_1, \cdots, x_N)$，表示标量变量 x 的 N 个观测值。特别值得注意的是，我们用 $\mathbf{x}$ 这一特定的字体样式，与 D 维向量值变量的单个观测值加以区分。对于 D 维向量值变量的单个观测值，我们则是以列向量 $\boldsymbol{x} = (x_1, \cdots, x_D)^{\mathrm{T}}$ 来表示。假设观测值是从高斯分布独立采样的，其均值 μ 和方差 σ^2 是未知的，我们希望从数据集中确定这些参数。给定观测值的一个有限集合估计分布的问题叫作密度估计（density estimation）问题。需要强调的是，密度估计问题基本上是不适定的，因为有可能存在无数个概率分布都能产生这一组观测到的有限数据集。事实上，任意在 $x_1, \cdots, x_N$ 处非零的分布 $p(\boldsymbol{x})$ 都有可能是真实的概率分布。在这里，我们将分布空间限制为高斯分布，以产生定义明确的解。

从相同分布中独立产生的数据点是独立同分布（independent and identical distribution，缩写为 i.i.d. 或 IID）的。你已经看到，两个独立事件的联合概率由其中每个事件边缘概率的乘积给出。因为数据集 $\mathbf{x}$ 是独立同分布的，所以我们可以将给定 μ 和 σ^2 下数据集 $\mathbf{x}$ 的概率写成以下形式：

$$p(\mathbf{x}\mid\mu,\sigma^2)=\prod_{n=1}^{N}\mathcal{N}(x_n\mid\mu,\sigma^2) \tag{2.55}$$

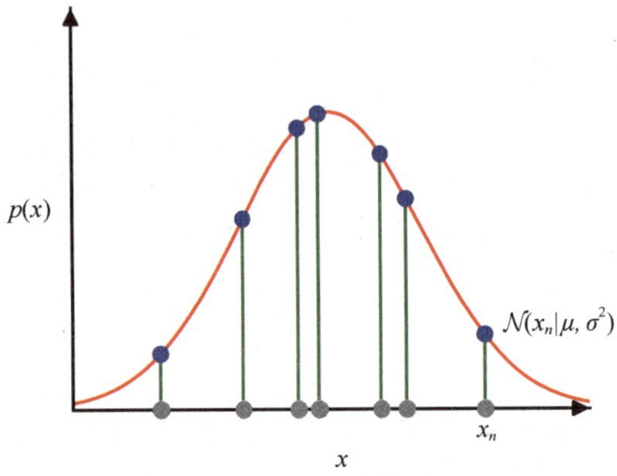

图 2.9　红色曲线为高斯分布似然函数的图示。这里灰色的点表示数据集 $\{x_n\}$ 中的值，似然函数［见式（2.55）］由对应的 $p(x)$ 值（蓝色的点）的乘积给出。最大似然法通过调整高斯分布的均值和方差来最大化这个乘积（参见 2.6.2 小节）

如果将其视为 μ 和 σ^2 的函数，则称之为高斯分布的似然函数（likelihood function），如图 2.9 所示。

一种常见的使用观测数据集确定概率分布中参数的方法是最大似然（maximum likelihood）法，其目的是找到使似然函数最大化的参数值。这个准则似乎有些奇怪，因为从我们之前对概率论的讨论来看，在给定数据的情况下最大化参数的概率，似乎比在给定参数的情况下最大化数据的概率更加自然。事实上，这两个准则是相关的。

首先，我们将通过最大化似然函数［见式（2.55）］来确定高斯分布中未知参数 μ 和 σ^2 的值。在实践中，最大化似然函数的对数更为方便。由于对数函数是单调递增函数，最大化一个函数的对数等价于最大化这个函数本身。取对数不仅可以简化后续的数学分析，而且在数值计算上也有帮助，因为大量小概率的乘积很容易因计算机数值精度不够而产生下溢，而这个问题可以通过计算对数概率的和来解决。基于式（2.49）和式（2.55），对数似然函数可以写成以下形式：

$$\ln p\left(\mathbf{x}\mid\mu,\sigma^2\right)=-\frac{1}{2\sigma^2}\sum_{n=1}^{N}\left(x_n-\mu\right)^2-\frac{N}{2}\ln\sigma^2-\frac{N}{2}\ln\left(2\pi\right) \tag{2.56}$$

将式（2.56）关于 μ 最大化，可以得到最大似然解为（见习题 2.15）

$$\mu_{\mathrm{ML}}=\frac{1}{N}\sum_{n=1}^{N}x_n \tag{2.57}$$

这是样本均值（sample mean），即观测值 $\{x_n\}$ 的均值。类似地，将式（2.56）关于 σ^2 最大化，可以得到方差的最大似然解为

$$\sigma_{\mathrm{ML}}^2=\frac{1}{N}\sum_{n=1}^{N}\left(x_n-\mu_{\mathrm{ML}}\right)^2 \tag{2.58}$$

这是关于样本均值 μ_{ML} 测量的样本方差（sample variance）。需要注意的是，我们

正在关于 μ 和 σ^2 进行式（2.56）的联合最大化，但对于高斯分布，μ 的解与 σ^2 的解是解耦的，因此我们可以先计算式（2.57），再用得到的结果计算式（2.58）。

2.3.3 最大似然的偏差

最大似然技术已广泛应用于深度学习中，它是大多数机器学习算法的基础。然而，它也有一些局限性，我们用单变量高斯分布来说明。

我们首先注意到最大似然解 μ_{ML} 和 σ^2_{ML} 是数据集值 $x_1, \cdots, x_N$ 的函数。假设这些值都是从一个真实参数为 μ 和 σ^2 的高斯分布中独立产生的，现在考虑 μ_{ML} 和 σ^2_{ML} 在这些数据集值上的期望，显然有（见习题 2.16）

$$\mathbb{E}[\mu_{\mathrm{ML}}] = \mu \tag{2.59}$$

$$\mathbb{E}[\sigma^2_{\mathrm{ML}}] = \left(\frac{N-1}{N}\right)\sigma^2 \tag{2.60}$$

可以看到，当对给定大小的数据集进行平均时，均值的最大似然解等于真实的均值。然而，方差的最大似然估计会变为真实方差的 $(N-1)/N$ 倍。这是一个被称作偏差（bias）现象的例子，即一个随机变量的估计与真实值存在系统性的差异。这个结果的直觉解释如图 2.10 所示。

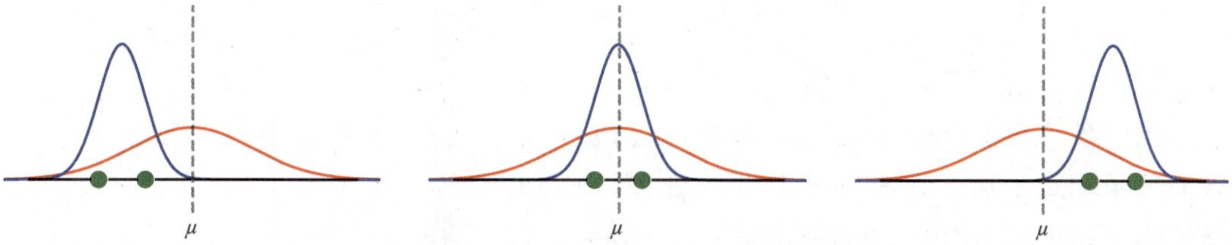

图 2.10 当使用最大似然来确定高斯分布的均值和方差时，偏差如何产生的图示。红色曲线表示所生成数据的真实高斯分布，三条蓝色曲线表示使用最大似然结果［式（2.57）和式（2.58）］对 3 个数据集进行拟合得到的高斯分布，每个数据集由绿色所示的两个数据点组成。这 3 个数据集上的均值是正确的，但方差被系统地低估了，因为它是相对于样本均值而不是相对于真实均值测量的

注意，偏差的产生是因为方差是相对于均值的最大似然估计来测量的，而均值本身是根据数据调整的。相反，假设我们可以获得真实的均值 μ，并用它来估计方差：

$$\hat{\sigma}^2 = \frac{1}{N}\sum_{n=1}^{N}(x_n - \mu)^2 \tag{2.61}$$

我们可以得到（见习题 2.17）

$$\mathbb{E}[\hat{\sigma}^2] = \sigma^2 \tag{2.62}$$

它是无偏的。当然，我们只有观测数据，因而无法获得真正的均值。根据式（2.60），对于高斯分布，方差参数的以下估计是无偏的：

$$\tilde{\sigma}^2 = \frac{N}{N-1}\sigma_{\mathrm{ML}}^2 = \frac{1}{N-1}\sum_{n=1}^{N}\left(x_n - \mu_{\mathrm{ML}}\right)^2 \tag{2.63}$$

我们注意到，随着数据点数量 N 的增加，最大似然解的偏差变得不显著。当 $N\to\infty$ 时，方差的最大似然解等于所生成数据分布的真实方差。在高斯分布下，除了 N 比较小的情况，这种偏差不是很严重的问题。然而，在本书中，我们会关注许多具备大量参数的复杂模型，对它们而言，与最大似然相关的偏差问题将会严重得多。事实上，最大似然中的偏差问题与过拟合（over-fitting）问题密切相关（参见 2.6.3 小节）。

2.3.4 线性回归

我们已经知道可以利用误差最小化来表示线性回归问题。下面让我们回到这个示例并从概率的角度看待，从而进一步了解误差函数和正则化（参见 1.2 节）。

回归问题的目标是，通过使用包含 N 个输入值 $\mathbf{x} = (x_1, \cdots, x_N)$ 及对应目标值 $\mathbf{t} = (t_1, \cdots, t_N)$ 的训练数据集，对于给定的新的输入变量 x，能够对目标变量 t 进行预测。我们可以用概率分布来表示对于目标变量值的不确定性。为此，我们假设给定 x 值，对应的 t 值服从高斯分布，其均值为式（1.1）中多项式曲线的值 $y(x, \mathbf{w})$，方差为 σ^2，其中 $\mathbf{w}$ 是多项式系数，因此有

$$p\left(t \mid x, \mathbf{w}, \sigma^2\right) = \mathcal{N}\left(t \mid y(x, \mathbf{w}), \sigma^2\right) \tag{2.64}$$

图 2.11 对此做了示意说明。

我们现在使用训练数据 $\{\mathbf{x}, \mathbf{t}\}$，通过最大似然来确定未知参数 $\mathbf{w}$ 和 σ^2 的值。假设数据从式（2.64）所示的分布中独立产生，则似然函数为

$$p\left(\mathbf{t} \mid \mathbf{x}, \mathbf{w}, \sigma^2\right) = \prod_{n=1}^{N}\mathcal{N}\left(t_n \mid y(x_n, \mathbf{w}), \sigma^2\right) \tag{2.65}$$

正如我们之前对简单高斯分布所做的那样，我们可以很方便地最大化似然函数的对数。代入式（2.49）所示的高斯分布，得到对数似然函数的形式为

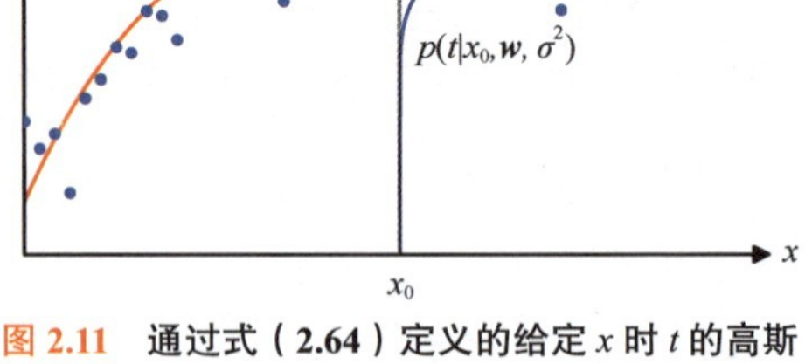

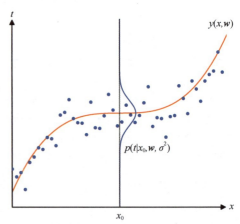

图 2.11 通过式（2.64）定义的给定 x 时 t 的高斯条件分布，其中均值由多项式函数 $y(x, \mathbf{w})$ 给出，方差由参数 σ^2 给出

$$\ln p\left(\mathbf{t} \mid \mathbf{x}, \mathbf{w}, \sigma^2\right) = -\frac{1}{2\sigma^2}\sum_{n=1}^{N}\left\{y(x_n, \mathbf{w}) - t_n\right\}^2 - \frac{N}{2}\ln\sigma^2 - \frac{N}{2}\ln(2\pi) \tag{2.66}$$

首先对多项式系数的最大似然解进行估计，用 $\mathbf{w}_{\mathrm{ML}}$ 表示，它们是通过对 $\mathbf{w}$ 最大化式（2.66）来确定的。为此，我们可以省略式（2.66）右边的最后两项，因为它们与 $\mathbf{w}$

无关。此外，我们注意到使用一个正的常数系数将对数似然缩放后，不会改变最大值相对于 $\boldsymbol{w}$ 的位置，因此可以将系数 $1/2\sigma^2$ 替换为 1/2。最后，我们将最大化对数似然等价地替换为最小化负对数似然。可以看到，当 $\boldsymbol{w}$ 确定时，最大化似然等价于最小化式（2.67）定义的平方和误差函数（sum-of-squares error function）：

$$E(\boldsymbol{w})=\frac{1}{2}\sum_{n=1}^{N}\left\{y(x_n,\boldsymbol{w})-t_n\right\}^2 \tag{2.67}$$

因此，平方和误差函数是在高斯噪声分布的假设下最大化似然的结果。

也可以使用最大似然来确定方差参数 σ^2。关于 σ^2 最大化式（2.66）可得（见习题 2.18）

$$\sigma_{\mathrm{ML}}^2=\frac{1}{N}\sum_{n=1}^{N}\left\{y(x_n,\boldsymbol{w}_{\mathrm{ML}})-t_n\right\}^2 \tag{2.68}$$

我们可以首先确定控制均值的参数向量 $\boldsymbol{w}_{\mathrm{ML}}$，然后与简单高斯分布情况一样，用它来找到方差 σ_{ML}^2。

在确定了参数 $\boldsymbol{w}$ 和 σ^2 后，就可以对 x 的新值进行预测了。我们现在有了一个预测分布（predictive distribution）方面的概率模型。不同于简单地给出一个点估计，该模型给出了 t 的概率分布，它可以通过将最大似然参数代入式（2.64）得到

$$p(t\,|\,x,\boldsymbol{w}_{\mathrm{ML}},\sigma_{\mathrm{ML}}^2)=\mathcal{N}\left(t\,|\,y(x,\boldsymbol{w}_{\mathrm{ML}}),\sigma_{\mathrm{ML}}^2\right) \tag{2.69}$$

2.4 密度变换

本节讨论概率密度在变量非线性变化下如何转换。在讨论一类名为规范化流（normalizing flow）的生成式模型时（参见第 18 章），这个性质至关重要，同时它还凸显了概率密度在此类变换下的行为不同于简单函数。

考虑单变量 x，假设我们通过 $x=g(y)$ 进行变量变换，那么函数 $f(x)$ 就变成了新的函数 $\tilde{f}(y)$，定义为

$$\tilde{f}(y)=f(g(y)) \tag{2.70}$$

现在考虑概率密度 $p_x(x)$，再次使用 $x=g(y)$ 变换变量，产生关于新变量 y 的密度 $p_y(y)$，其中下标表示 $p_x(x)$ 和 $p_y(y)$ 是不同的密度。在 δx 很小的情况下，落在区间 $(x,x+\delta x)$ 内的观测值会被变换到区间 $(y,y+\delta y)$ 内，其中 $x=g(y)$，并且 $p_x(x)\delta x\approx p_y(y)\delta y$。因此，如果我们取 $\delta x\to 0$ 的极限，就会得到

$$p_y(y)=p_x(x)\left|\frac{\mathrm{d}x}{\mathrm{d}y}\right|=p_x(g(y))\left|\frac{\mathrm{d}g}{\mathrm{d}y}\right| \tag{2.71}$$

这里引入模数 $|\cdot|$ 是因为导数 $\mathrm{d}y/\mathrm{d}x$ 可能为负，而密度是通过两个长度的比值缩

放的，该比例恒为正。

这种变换密度的方法非常强大。任何密度 $p(y)$ 都可以通过一个处处非零的固定密度 $q(x)$ 对变量 $y=f(x)$ 进行非线性变量变换来获得，其中 $f(x)$ 是一个单调函数，满足 $0\leqslant f'(x)<\infty$（见习题 2.19）。

变换性质［见式（2.71）］的一个结果是，概率密度的极大值取决于变量的选择。假设 $f(x)$ 在 $\hat{x}$ 处有一个众数（即极大值），使得 $f'(\hat{x})=0$。在式（2.70）的两边对 y 求导，得到的 $\hat{y}$ 值对应 $\tilde{f}(y)$ 的众数：

$$\tilde{f}'(\hat{y})=f'(g(\hat{y}))g'(\hat{y})=0$$

假设在众数处 $g'(\hat{y})\neq 0$，则有 $f'(g(\hat{y}))=0$。我们已经知道 $f'(\hat{x})=0$，与期望的一致，以变量 x 和 y 表示的众数的位置通过 $\hat{x}=g(\hat{y})$ 相关联。因此，找到对于变量 x 的众数等价于先变换到变量 y，再找到对于 y 的众数，最后变换回 x。

现在考虑概率密度 $p_x(x)$ 在变量变换 $x=g(y)$ 下的行为，其中新变量的密度 $p_y(y)$ 由式（2.71）给出。为了处理式（2.71）中的模数，我们可以先写出 $g'(y)=s|g'(y)|$，其中 $s\in\{-1,+1\}$，则式（2.71）可以写成

$$p_y(y)=p_x(g(y))sg'(y) \tag{2.72}$$

其中用到了 $1/s=s$。在式（2.72）的两边对 y 求导，可得

$$p'_y(y)=sp'_x(g(y))\{g'(y)\}^2+sp_x(g(y))g''(y) \tag{2.73}$$

由于式（2.73）右边第二项的存在，相等关系 $\hat{x}=g(\hat{y})$ 不再成立。因此，通过最大化 $p_x(x)$ 获得的 x 值，不是先变换到 $p_y(y)$，再相对于 $p_y(y)$ 最大化，最后变换回 x 获得的值。这导致密度的众数依赖于变量的选择。然而，对于线性变换，式（2.73）右边的第二项消失了，在这种情况下，最大值的位置须根据 $\hat{x}=g(\hat{y})$ 进行变换。

我们可以用图 2.12 中的简单示例来加以说明。首先考虑图 2.12 中红色曲线所示的关于 x 的高斯分布 $p_x(x)$。接下来从这个分布中抽取 $N=50\ 000$ 个点的样本，并绘制它们的值的直方图。与预期一致，该直方图符合分布 $p_x(x)$。考虑如下从 x 到 y 的非线性变量变换：

$$x=g(y)=\ln(y)-\ln(1-y)+5 \tag{2.74}$$

这个函数的逆由下式给出：

$$y=g^{-1}(x)=\frac{1}{1+\exp(-x+5)} \tag{2.75}$$

它是一个逻辑斯谛 sigmoid 函数（logistic sigmoid），如图 2.12 中的蓝色曲线所示。

如果我们简单地将 $p_x(x)$ 作为 x 的函数进行变换，则可以得到图 2.12 中的绿色曲

线 $p_x(g(y))$，并且密度 $p_x(x)$ 的众数可通过 sigmoid 型函数转换为这个曲线的众数。然而，y 上的密度转换是根据式（2.71）进行的，如图 2.12 中左侧的洋红色曲线所示。注意，这使得其众数相对于绿色曲线的众数发生了偏移。

为了确认这个结果，我们取 50 000 个 x 值的样本，并使用式（2.75）计算相应的 y 值，然后绘制它们的值的直方图。可以看到，该直方图与图 2.12 中左侧的洋红色曲线匹配，而不是绿色曲线。

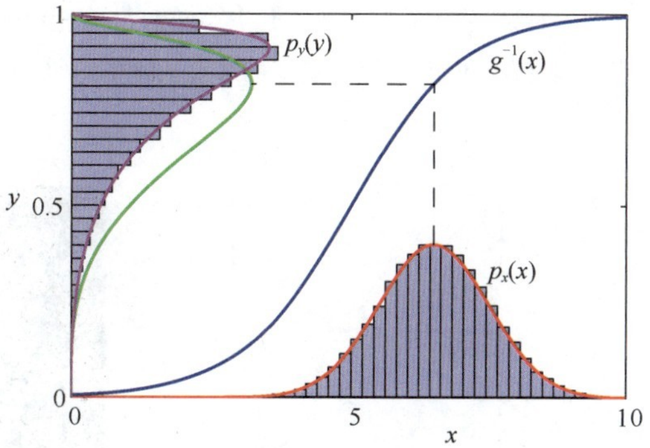

图 2.12　非线性变量变换下密度众数的转换示例，展示了与简单函数相比的不同行为

多元分布

我们可以将式（2.71）中的结果扩展到多个变量的密度函数上。考虑 D 维变量 $\mathbf{x}=(x_1,\cdots,x_D)^{\mathrm{T}}$ 的密度 $p(\mathbf{x})$，假设我们将其转换为一个新的变量 $\mathbf{y}=(y_1,\cdots,y_D)^{\mathrm{T}}$，其中 $\mathbf{x}=g(\mathbf{y})$。这里我们限制 $\mathbf{x}$ 和 $\mathbf{y}$ 具有相同的维度。转换后的密度由式（2.71）的广义形式给出：

$$p_{\mathbf{y}}(\mathbf{y})=p_{\mathbf{x}}(\mathbf{x})|\det \mathbf{J}| \tag{2.76}$$

其中 $\mathbf{J}$ 是雅可比矩阵（Jacobian matrix），其元素由偏导数 $J_{ij}=\dfrac{\partial g_i}{\partial y_j}$ 给出：

$$\mathbf{J}=\begin{bmatrix} \dfrac{\partial g_1}{\partial y_1} & \cdots & \dfrac{\partial g_1}{\partial y_D} \\ \vdots & \ddots & \vdots \\ \dfrac{\partial g_D}{\partial y_1} & \cdots & \dfrac{\partial g_D}{\partial y_D} \end{bmatrix} \tag{2.77}$$

直观上，我们可以将变量的变换视为扩展某些区域的空间和收缩其他区域的空间，同时一个围绕点 $\mathbf{x}$ 的无穷小区域 $\Delta\mathbf{x}$ 被变换到围绕点 $\mathbf{y}=g(\mathbf{x})$ 的无穷小区域 $\Delta\mathbf{y}$。雅可比行列式的绝对值表示这些体积的比值，同时也是在积分中改变变量时的因子。式（2.77）遵循 $\Delta\mathbf{x}$ 区域内的概率质量等于 $\Delta\mathbf{y}$ 区域内的概率质量这一原则。同样，我们需要取模以确保密度是非负的。

如图 2.13 中的上面一行所示，我们可以通过在二维高斯分布中改变变量来说明这一点。这里从 $\mathbf{x}$ 到 $\mathbf{y}$ 的转换由下式给出（见习题 2.20）：

$$y_1=x_1+\tanh(5x_1) \tag{2.78}$$

$$y_2=x_2+\tanh(5x_2)+\frac{x_1^3}{3} \tag{2.79}$$

图 2.13 中的下面一行展示了从 $\mathbf{x}$ 空间中高斯分布里产生的那些样本经过转换后在 $\mathbf{y}$ 空间中对应的样本。

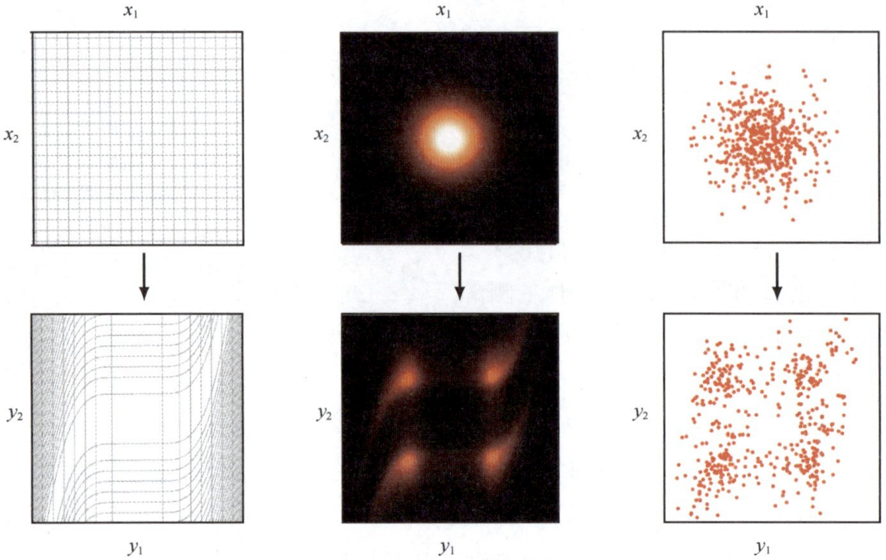

图 2.13 在二维概率分布中改变变量的影响示意图。左列展示了变量的变换，中间列和右列则分别展示了对高斯分布及来自该分布的样本的相应影响

2.5 信息论

概率论为另一个重要的框架——信息论（information theory）提供了基础。它量化了数据集中存在的信息，并在机器学习中扮演着重要角色。这里简要介绍一些本书后面需要用到的信息论中的关键元素，包括熵的重要概念及其各种变体。关于信息论的更全面介绍及其与机器学习的联系，参见 MacKay（2003）。

2.5.1 熵

考虑一个离散随机变量 x，我们想知道当观察到这个变量的某个特定值时能获得多少信息。信息量可以视为我们在得知 x 的具体值时的"惊讶程度"。如果我们被告知一个极不可能发生的事件刚刚发生了，那么我们接收到的信息将多于某个极有可能发生的事件刚刚发生的信息。如果我们知道某个事件确定会发生，那么我们不会接收到任何信息。信息内容的度量将依赖于概率分布 $p(x)$。我们需要寻找一个量 $h(x)$，它是概率 $p(x)$ 的单调函数，并且表达了信息的内容。注意，如果两个事件 x 和 y 是无关的，那么观察它们所获得的信息增益应该是分别观察它们所获得的信息增益之和，即 $h(x,y)=h(x)+h(y)$。两个无关的事件是统计独立的，所以 $p(x,y)=p(x)p(y)$。由这两个关系可知 $h(x)$ 必须由 $p(x)$ 的对数给出（见习题 2.21），所以有

$$h(x)=-\log_2 p(x) \tag{2.80}$$

其中负号确保了信息是正的或为零。注意低概率事件 x 对应于高信息内容。对数的底数选取是任意的，此刻我们采用信息论中的惯例，即以 2 为底数。在这种情况下，我们可以看到 $h(x)$ 的单位是比特（“二进制位”）。

现在假设发送者希望向接收者传输一个随机变量的值。他们在这个过程中传输的平均信息量是通过对式（2.80）关于分布 $p(x)$ 取期望得到的，由下式给出：

$$H[x]=-\sum_{x}p(x)\log_2 p(x) \tag{2.81}$$

这个重要的量称为随机变量 x 的熵（entropy）。注意 $\lim_{\varepsilon\to 0}(\varepsilon\ln\varepsilon)=0$，所以当遇到 x 在某个取值下使 $p(x)=0$ 时，令 $p(x)\ln p(x)=0$。

到目前为止，我们已经启发式地给出了信息［式（2.80）］和相应的熵［式（2.81）］的定义。这些定义确实具有一些有用的性质。考虑一个有 8 个可能状态的随机变量 x。为了将 x 的值传输给接收者，我们需要传输一条长度为 3 比特的消息。注意，这个变量的熵由下式给出：

$$H[x]=-8\times\frac{1}{8}\log_2\frac{1}{8}=3\text{（比特）}$$

举个例子（Cover and Thomas, 1991），一个变量有 8 个可能的状态 $\{a, b, c, d, e, f, g, h\}$，各自的概率分别为 $\left(\frac{1}{2},\frac{1}{4},\frac{1}{8},\frac{1}{16},\frac{1}{64},\frac{1}{64},\frac{1}{64},\frac{1}{64}\right)$。这种情况下的熵由下式给出：

$$H[x]=-\frac{1}{2}\log_2\frac{1}{2}-\frac{1}{4}\log_2\frac{1}{4}-\frac{1}{8}\log_2\frac{1}{8}-\frac{1}{16}\log_2\frac{1}{16}-4\times\frac{1}{64}\log_2\frac{1}{64}=2\text{（比特）}$$

可以看出，非均匀分布的熵小于均匀分布的熵，稍后在讨论熵的混乱度时，我们将对此有所了解。考虑如何将变量的状态传输给接收者。我们既可以像之前那样使用一个 3 比特的数字，也可以使用较短编码来表示较大可能发生的事件，或用较长编码表示较小可能发生的事件，从而利用非均匀分布的特点，实现较短的平均编码长度。这一目的可以通过使用以下一组代码字符串表示状态 $\{a, b, c, d, e, f, g, h\}$ 来实现，例如 0、10、110、1110、111100、111101、111110 和 111111。必须传输的代码的平均长度为

$$\text{代码平均长度}=\frac{1}{2}\times 1+\frac{1}{4}\times 2+\frac{1}{8}\times 3+\frac{1}{16}\times 4+4\times\frac{1}{64}\times 6=2\text{（比特）}$$

这与随机变量的熵相同。注意，我们已经不能使用再短的代码字符串了，因为必须保证由这些状态编码拼接起来的序列能被无歧义地分解为每个状态。例如，11001110 只能唯一地解码为状态序列 c, a, d。熵和最短编码长度之间的这种关系具有一般性。无噪编码定理（noiseless coding theorem）（Shannon, 1948）指出，熵是传输随机变量状态所需比特数的下界。

从现在开始，我们将改用自然对数来定义熵，以便与本书其他部分的观点联系起来。在这种情况下，熵以纳特（nat）（源自“自然对数”）而不是比特为单位度量，1 纳特约 1.44 比特。

2.5.2　物理学视角

我们已经以明确随机变量特定状态所需的平均信息量的形式介绍了熵的概念。实际上，熵的概念在物理学中有着更早的起源。熵在平衡热力学的背景下被引入，后续随着统计力学的发展，熵被赋予更深层次的解释，即作为无序程度的度量指标。我们也可以从这种视角来理解熵。假设有 N 个相同的物品要被分配到一组箱子中，其中第 i 个箱子中有 n_i 个物品。有多少种不同的方式可以将物品分配到箱子中。选择第一个物品有 N 种方式，选择第二个物品有 $(N-1)$ 种方式，以此类推，总共有 $N!$（读作“N 的阶乘”）种方式将所有 N 个物品分配到箱子中，其中 $N!$ 表示乘积 $N\times(N-1)\times\cdots\times2\times1$。然而，我们无须区分每个箱子内的物品是否重新排列。在第 i 个箱子中重新排列物品的方式有 $n_i!$ 种，因此将 N 个物品分配到箱子中的总方式数由下式给出：

$$W=\frac{N!}{\prod_i n_i!} \tag{2.82}$$

W 表示多重数（multiplicity）。然后，熵被定义为多重数的对数并通过常数因子 $1/N$ 变换尺度，所以有

$$H=\frac{1}{N}\ln W=\frac{1}{N}\ln N!-\frac{1}{N}\sum_i \ln n_i! \tag{2.83}$$

考虑极限 $N\to\infty$，其中分数 n_i/N 保持固定，并应用斯特林公式

$$\ln N!\approx N\ln N-N \tag{2.84}$$

可以得到

$$H=-\lim_{N\to\infty}\sum_i \frac{n_i}{N}\ln\frac{n_i}{N}=-\sum_i p_i\ln p_i \tag{2.85}$$

其中，$\sum_i n_i=N$，$p_i=\lim_{N\to\infty}(n_i/N)$ 是物品被分配到第 i 个箱子中的概率。在物理学术语中，物品到箱子的具体分配称为微观状态（microstate），而分配物品数的总体分布（用比例 n_i/N 表示）称为宏观状态（macrostate）。多重数 W 表达了给定宏观状态中的微观状态数量，也称宏观状态的权重（weight）。

我们可以将箱子解释为离散随机变量 X 的状态 x_i，其中 $p(X=x_i)=p_i$，则随机变量 X 的熵为

$$H[p]=-\sum_i p(x_i)\ln p(x_i) \tag{2.86}$$

如图 2.14 所示，密集围绕少数几个峰值的分布 $p(x_i)$ 将具有相对较低的熵，而那些更均匀地散布在许多值上的分布将具有更高的熵。

因为$0 \leqslant p_i \leqslant 1$，所以熵是非负的，并且当其中一个$p_i = 1$且所有其他$p_{j \neq i} = 0$时，熵会等于其极小值0。通过使用拉格朗日乘子来确保概率的归一化约束，我们可以找到熵的极大值（参见附录C）。最大化下式：

$$\tilde{H} = -\sum_i p(x_i) \ln p(x_i) + \lambda \left(\sum_i p(x_i) - 1 \right) \tag{2.87}$$

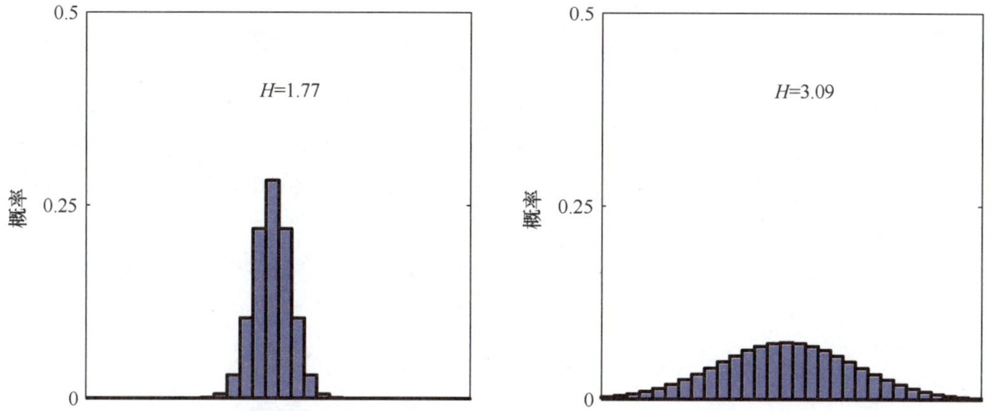

图 2.14 30个分箱上两种概率分布的直方图说明了更宽的分布具有更大的熵H。最大的熵来自均匀分布，它使$H = -\ln \frac{1}{30} = 3.40$

我们可以发现所有的$p(x_i)$都是相等的，且由$p(x_i) = \frac{1}{M}$给出，其中M是状态x_i的总数。然后熵的相应值是$H = \ln M$（见习题2.22）。这个结果也可以从詹森不等式（下文将很快讨论它）得出（见习题2.23）。为了验证驻点确实是一个最大值，可以计算熵的二阶导数，得到

$$\frac{\partial \tilde{H}}{\partial p(x_i) \partial p(x_j)} = -I_{ij} \frac{1}{p_i} \tag{2.88}$$

其中，I_{ij}是单位矩阵的元素。可以看到这些值都是负的，因此驻点确实是一个极大值。

2.5.3 微分熵

我们可以将熵的定义扩展到连续变量x的分布$p(x)$上。首先将x分成宽度为Δ的区间，然后假设$p(x)$是连续的，中值定理（mean value theorem）（Weisstein, 1999）告诉我们，对于每个这样的区间，必定存在一个值x_i在范围$i\Delta \leqslant x_i \leqslant (i+1)\Delta$内，使得

$$\int_{i\Delta}^{(i+1)\Delta} p(x) \mathrm{d}x = p(x_i)\Delta \tag{2.89}$$

现在我们可以通过将任何落入第i个区间的值x赋予x_i来量化连续变量x。观察到值x_i的概率是$p(x_i)\Delta$。这给出了一个离散分布，其熵的形式为

$$H_{\Delta}=-\sum_{i}p(x_i)\Delta\ln(p(x_i)\Delta)=-\sum_{i}p(x_i)\Delta\ln p(x_i)-\ln\Delta \tag{2.90}$$

其中 $\sum_{i}p(x_i)\Delta=1$，这是由式（2.89）和式（2.25）得出的。现在忽略式（2.90）右侧的第二项 $-\ln\Delta$，因为它与 $p(x)$ 无关，然后考虑极限 $\Delta\to0$。在此极限下，式（2.90）右侧的第一项将趋近于 $p(x)\ln p(x)$ 的积分，因此有

$$\lim_{\Delta\to0}\left\{-\sum_{i}p(x_i)\Delta\ln p(x_i)\right\}=-\int p(x)\ln p(x)\mathrm{d}x \tag{2.91}$$

式（2.91）右侧的量称为微分熵（differential entropy）。我们可以看到，离散形式和连续形式的熵的不同之处在于 $\ln\Delta$，而它在极限 $\Delta\to0$ 下是发散的。这表明非常精确地描述一个连续变量需要大量比特位。对于定义在多个连续变量上的密度（统一用向量 $\boldsymbol{x}$ 表示），微分熵为

$$H[\boldsymbol{x}]=-\int p(\boldsymbol{x})\ln p(\boldsymbol{x})\mathrm{d}\boldsymbol{x} \tag{2.92}$$

2.5.4 最大熵

我们已经看到，对于离散分布，最大熵的情况对应变量概率在可能状态之间均匀分布的情况。现在我们来考虑连续变量的对应结果。如果要明确定义这个最大值，则需要约束 $p(x)$ 的一阶矩和二阶矩，并保持归一化约束。因此，我们需要在以下 3 个约束下最大化微分熵：

$$\int_{-\infty}^{\infty}p(x)\mathrm{d}x=1 \tag{2.93}$$

$$\int_{-\infty}^{\infty}xp(x)\mathrm{d}x=\mu \tag{2.94}$$

$$\int_{-\infty}^{\infty}(x-\mu)^2p(x)\mathrm{d}x=\sigma^2 \tag{2.95}$$

可以使用拉格朗日乘子法来进行带约束的最大化（参见附录 C），为此需要最大化以下关于 $p(x)$ 的函数：

$$-\int_{-\infty}^{\infty}p(x)\ln p(x)\mathrm{d}x+\lambda_1\left(\int_{-\infty}^{\infty}p(x)\mathrm{d}x-1\right)+\lambda_2\left(\int_{-\infty}^{\infty}xp(x)\mathrm{d}x-\mu\right)+\lambda_3\left(\int_{-\infty}^{\infty}(x-\mu)^2p(x)\mathrm{d}x-\sigma^2\right) \tag{2.96}$$

使用变分法（参见附录 B），令上述函数的导数为零，可以得到

$$p(x)=\exp\{-1+\lambda_1+\lambda_2x+\lambda_3(x-\mu)^2\} \tag{2.97}$$

通过将这个结果代回3个约束方程可以得到拉格朗日乘子，最终得到如下结果（见习题 2.24）：

$$p(x)=\frac{1}{\sqrt{2\pi\sigma^2}}\exp\left(-\frac{(x-\mu)^2}{2\sigma^2}\right) \tag{2.98}$$

因此，最大化微分熵的分布是高斯分布。注意，在最大化熵时我们没有限制分布是非负的。然而，结果分布确实是非负的，事后看来这样的约束是不必要的。

如果我们计算高斯分布的微分熵，则可以得到（见习题 2.25）

$$H[x]=\frac{1}{2}(1+\ln(2\pi\sigma^2)) \tag{2.99}$$

我们可以再次看到，随着分布变得更宽（即 σ^2 增加），熵也增加。这个结果还表明，与离散熵不同，微分熵可以是负的，因为当 $\sigma^2<1/2\pi\mathrm{e}$ 时，式（2.99）中的 $H(x)<0$。

2.5.5 Kullback-Leibler散度

到目前为止，我们已经介绍了信息论中的许多概念，包括熵的关键符号表示。下面让我们将这些想法与机器学习联系起来。考虑某个未知分布 $p(\boldsymbol{x})$，并假设我们使用了一个近似分布 $q(\boldsymbol{x})$ 来对它进行建模。如果使用 $q(\boldsymbol{x})$ 来构建编码方案以便向接收者传输 $\boldsymbol{x}$ 的值，那么由于使用 $q(\boldsymbol{x})$ 而不是真实分布 $p(\boldsymbol{x})$（假设我们选择了一种高效的编码方案），描述 $\boldsymbol{x}$ 值所需的平均额外（additional）信息量（单位：纳特）可由下式给出：

$$\mathrm{KL}(p\|q)=-\int p(\boldsymbol{x})\ln q(\boldsymbol{x})\mathrm{d}\boldsymbol{x}-\left(-\int p(\boldsymbol{x})\ln p(\boldsymbol{x})\mathrm{d}\boldsymbol{x}\right)=-\int p(\boldsymbol{x})\ln\frac{q(\boldsymbol{x})}{p(\boldsymbol{x})}\mathrm{d}\boldsymbol{x} \tag{2.100}$$

这就是分布 $p(\boldsymbol{x})$ 和 $q(\boldsymbol{x})$ 之间的相对熵（relative entropy），又称 Kullback-Leibler 散度（Kullback- Leibler divergence），简称 KL 散度（Kullback and Leibler, 1951）。注意，它不是一个对称量，也就是说，$\mathrm{KL}(p\|q)\neq\mathrm{KL}(q\|p)$。

Kullback-Leibler 散度满足 $\mathrm{KL}(p\|q)\geqslant 0$，当且仅当 $p(\boldsymbol{x})=q(\boldsymbol{x})$ 时等式成立。为了进行证明，我们首先引入凸（convex）函数的概念。如图 2.15 所示，如果函数 $f(x)$ 具有每条弦都位于函数上方或与函数重合的性质，则称该函数是凸的。

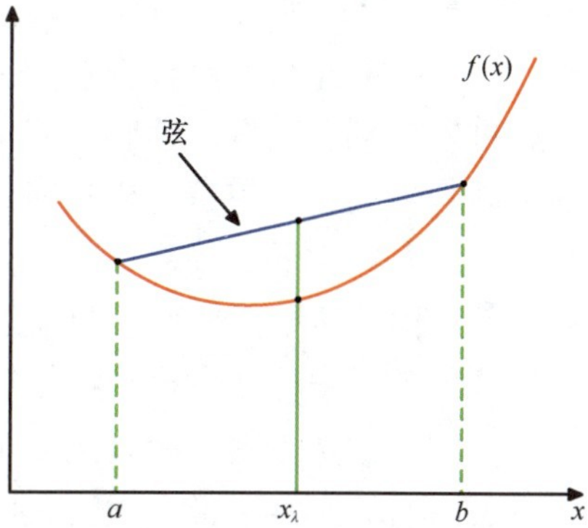

图 2.15 凸函数 $f(x)$ 的每条弦（蓝色）都位于函数（红色）之上或与函数重合

任何处在 $x=a$ 到 $x=b$ 区间中的 x 值都可以写成 $\lambda a+(1-\lambda)b$ 的形式，其中 $0\leqslant\lambda\leqslant 1$。弦上对应的点由 $\lambda f(a)+(1-\lambda)f(b)$ 给出，函数的对应值是 $f(\lambda a+(1-\lambda)b)$。函数 $f(x)$ 是凸的意味着

$$f(\lambda a+(1-\lambda)b)\leqslant\lambda f(a)+(1-\lambda)f(b) \tag{2.101}$$

这等价于要求函数的二阶导数在任何地方都是正的（见习题 2.32）。凸函数的例子有 $x\ln x$（$x>0$）和 x^2。如果一个函数仅在 $\lambda=0$ 和 $\lambda=1$ 时 $\mathrm{KL}(p\|q)=0$ 成立，则称其

为严格凸的（strictly convex）。如果一个函数具有相反的性质，即每条弦都位于函数之下或与函数重合，则称其为凹的（concave），对应也存在严格凹的（strictly concave）函数。如果函数 $f(x)$ 是凸的，那么 $-f(x)$ 是凹的。

使用归纳法，从式（2.101）可以得到（见习题 2.33）如下结论：对于任何一组点 $\{x_i\}$，凸函数 $f(x)$ 须满足

$$f\left(\sum_{i=1}^{M}\lambda_i x_i\right)\leqslant\sum_{i=1}^{M}\lambda_i f(x_i) \tag{2.102}$$

其中 $\lambda_i\geqslant 0$ 且 $\sum_{i=1}^{M}\lambda_i=1$。式（2.102）称为詹森不等式（Jensen's inequality）。如果我们将 λ_i 解释为离散变量 x 在 $\{x_i\}$ 上取值的概率分布，则式（2.102）可以写成

$$f(\mathbb{E}[x])\leqslant\mathbb{E}[f(x)] \tag{2.103}$$

其中 $\mathbb{E}[\cdot]$ 表示期望。对于连续变量，詹森不等式具有以下形式：

$$f\left(\int \boldsymbol{x}p(\boldsymbol{x})\mathrm{d}\boldsymbol{x}\right)\leqslant\int f(\boldsymbol{x})p(\boldsymbol{x})\mathrm{d}\boldsymbol{x} \tag{2.104}$$

我们可以将式（2.104）所示形式的詹森不等式应用于 Kullback-Leibler 散度［见式（2.100）］，得到

$$\mathrm{KL}(p\,\|\,q)=-\int p(\boldsymbol{x})\ln\left\{\frac{q(\boldsymbol{x})}{p(\boldsymbol{x})}\right\}\mathrm{d}\boldsymbol{x}\geqslant-\ln\int q(\boldsymbol{x})\mathrm{d}\boldsymbol{x}=0 \tag{2.105}$$

其中利用了 $-\ln x$ 是凸函数这一性质，并且利用了归一化条件 $\int q(\boldsymbol{x})\mathrm{d}\boldsymbol{x}=1$。实际上，$-\ln x$ 是严格凸函数，所以当且仅当对所有 $\boldsymbol{x}$ 有 $q(\boldsymbol{x})=p(\boldsymbol{x})$ 时等式成立。可以将 Kullback-Leibler 散度解释为对两个分布 $p(\boldsymbol{x})$ 和 $q(\boldsymbol{x})$ 不相似度的度量。

可以看到，数据压缩和密度估计（建模未知概率分布的问题）之间有着密切的关系，因为当我们知道真实分布时，就可以实现最有效的压缩。如果我们使用与真实分布不同的分布，那么最终只能得到一种效率较低的编码方式，并且平均来说，必须传输的额外信息（至少）等于两个分布之间的 Kullback-Leibler 散度。

假设数据是从一个我们希望建模的未知分布 $p(\boldsymbol{x})$ 中产生的。我们可以尝试使用由一组可调参数 $\boldsymbol{\theta}$ 控制的参数化分布 $q(\boldsymbol{x}|\boldsymbol{\theta})$ 来近似这个分布。确定 $\boldsymbol{\theta}$ 的一种方法是最小化 $p(\boldsymbol{x})$ 和 $q(\boldsymbol{x}|\boldsymbol{\theta})$ 之间的 Kullback-Leibler 散度。但是由于我们不知道 $p(\boldsymbol{x})$，因此无法直接做到这一点。然而，假设我们已经观察到一组有限的训练点——从 $p(\boldsymbol{x})$ 中产生的 $q(\boldsymbol{x}|\boldsymbol{\theta})$，其中 $n=1,\cdots,N$，则可以使用式（2.40），通过这些训练点上的有限和来近似关于 $p(\boldsymbol{x})$ 的期望：

$$\mathrm{KL}(p\,\|\,q)\approx\frac{1}{N}\sum_{n=1}^{N}(-\ln q(\boldsymbol{x}_n|\boldsymbol{\theta})+\ln p(\boldsymbol{x}_n)) \tag{2.106}$$

式（2.106）右侧的第二项与 $\boldsymbol{\theta}$ 无关，第一项是分布 $q(\boldsymbol{x}|\boldsymbol{\theta})$ 使用训练集评估时 $\boldsymbol{\theta}$

的负对数似然函数。因此可以看到，最小化这个 Kullback-Leibler 散度等同于最大化对数似然函数（见习题 2.34）。

2.5.6 条件熵

现在考虑两组变量 $\boldsymbol{x}$ 和 $\boldsymbol{y}$ 之间的联合分布 $p(\boldsymbol{x},\boldsymbol{y})$，从中采样 $\boldsymbol{x}$ 和 $\boldsymbol{y}$ 的值对。如果 $\boldsymbol{x}$ 的值已知，那么明确对应 $\boldsymbol{y}$ 值所需的额外信息由 $-\ln p(\boldsymbol{y}|\boldsymbol{x})$ 给出。因此，明确 $\boldsymbol{y}$ 所需的平均额外信息可以写成

$$H[\boldsymbol{y}\,|\,\boldsymbol{x}] = -\iint p(\boldsymbol{y},\boldsymbol{x}) \ln p(\boldsymbol{y}\,|\,\boldsymbol{x}) \mathrm{d}\boldsymbol{y}\mathrm{d}\boldsymbol{x} \tag{2.107}$$

$H[\boldsymbol{y}|\boldsymbol{x}]$ 称为给定 $\boldsymbol{x}$ 的条件下 $\boldsymbol{y}$ 的条件熵（conditional entropy）。应用乘积法则容易看出，条件熵满足如下关系（见习题 2.35）：

$$H[\boldsymbol{x},\boldsymbol{y}] = H[\boldsymbol{y}\,|\,\boldsymbol{x}] + H[\boldsymbol{x}] \tag{2.108}$$

其中 $H[\boldsymbol{x},\boldsymbol{y}]$ 是 $p(\boldsymbol{x},\boldsymbol{y})$ 的微分熵，$H[\boldsymbol{x}]$ 是边缘分布 $p(\boldsymbol{x})$ 的微分熵。因此，描述 $\boldsymbol{x}$ 和 $\boldsymbol{y}$ 所需的信息实际就是描述 $\boldsymbol{x}$ 本身所需的信息再加上给定 $\boldsymbol{x}$ 描述 $\boldsymbol{y}$ 所需的额外信息。

2.5.7 互信息

当两个变量 $\boldsymbol{x}$ 和 $\boldsymbol{y}$ 独立时，它们的联合分布便可以分解为它们边缘分布的乘积，即 $p(\boldsymbol{x},\boldsymbol{y}) = p(\boldsymbol{x})p(\boldsymbol{y})$。如果这两个变量不独立，则可以通过考虑联合分布和边缘分布乘积之间的 Kullback-Leibler 散度来了解它们是否“接近”独立，其由下式给出：

$$I[\boldsymbol{x},\boldsymbol{y}] \equiv \mathrm{KL}(p(\boldsymbol{x},\boldsymbol{y}) \,\|\, p(\boldsymbol{x})p(\boldsymbol{y})) = -\iint p(\boldsymbol{x},\boldsymbol{y}) \ln \frac{p(\boldsymbol{x})p(\boldsymbol{y})}{p(\boldsymbol{x},\boldsymbol{y})} \mathrm{d}\boldsymbol{x}\mathrm{d}\boldsymbol{y} \tag{2.109}$$

$I[\boldsymbol{x},\boldsymbol{y}]$ 称为变量 $\boldsymbol{x}$ 和 $\boldsymbol{y}$ 之间的互信息（mutual information）。从 Kullback-Leibler 散度的性质中我们可以看到 $I[\boldsymbol{x},\boldsymbol{y}] \geqslant 0$，当且仅当 $\boldsymbol{x}$ 和 $\boldsymbol{y}$ 独立时等式成立。使用概率的加和法则和乘积法则，我们可以看到互信息与条件熵有关（见习题 2.38）：

$$I[\boldsymbol{x},\boldsymbol{y}] = H[\boldsymbol{x}] - H[\boldsymbol{x}\,|\,\boldsymbol{y}] = H[\boldsymbol{y}] - H[\boldsymbol{y}\,|\,\boldsymbol{x}] \tag{2.110}$$

因此，互信息表示由于被告知 $\boldsymbol{y}$ 值而减小的关于 $\boldsymbol{x}$ 的不确定性（或反过来）。从贝叶斯视角来看，可以将 $p(\boldsymbol{x})$ 视为 $\boldsymbol{x}$ 的先验分布，而将 $\boldsymbol{x}$ 视为观测到新数据 $\boldsymbol{y}$ 后的后验分布。综上，互信息代表了由于新观测 $\boldsymbol{y}$ 而减小的关于 $\boldsymbol{x}$ 的不确定性。

2.6 贝叶斯概率

在探讨图 2.2 中的弯曲硬币示例时，我们以随机、可重复事件的频率介绍了概率的概念，例如硬币落地时凹面朝上的概率，称为概率的经典（classical）或频率学派（frequentist）解释。我们还介绍了更通用的贝叶斯（Bayesian）观点，即概率提供了对不确定性的量化。在这种情况下，我们所说的不确定性是指硬币的凹面是正面还是

反面。

使用概率来表示不确定性是不可避免的，而非临时选择，因为我们需要尊重常识并做出理性和连贯的推断。例如，Cox（1946）指出，如果用数值来表示信念的程度，那么通过一组编码了信念等常识性质的简单公理，就可以唯一地导出一组操作信念程度的法则，这些法则等同于概率的加和法则和乘积法则。因此，将这些量称为（贝叶斯）概率是自然的。

对于之前假设的弯曲硬币，在没有更多信息的情况下，我们假设硬币凹面为正面的概率是 0.5。如果现在得知了几次抛硬币的结果，那么在直觉上，这似乎应该能提供一些信息来帮助我们判断硬币凹面是否为正面。例如，假设我们看到硬币多次抛掷后反面朝上的次数远多于正面朝上的次数。考虑到硬币更有可能凹面朝上，这为凹面更有可能是反面提供了证据。事实上，这种直觉是正确的，而且进一步讲，我们可以使用概率法则来量化这一点（见习题 2.40）。现在，贝叶斯定理有了新的意义，因为我们可以通过结合抛掷硬币提供的数据，将凹面是正面的先验概率转换为后验概率。而且这个过程是迭代式的，这意味着当进一步结合抛掷硬币的数据时，之前的后验概率就成了新的先验概率。

贝叶斯观点的一个方面是，先验知识的引入是自然的。例如，假设一个看起来正常的硬币被抛掷 3 次，并且每次的结果都是正面朝上。最大似然估计给出抛掷后硬币正面朝上的概率是 1（参见 3.1.2 小节），这表明未来所有的抛掷结果都会是正面朝上！相比之下，贝叶斯方法只要有任何合理的先验，就不会给出如此极端的结论。

2.6.1 模型参数

贝叶斯视角为机器学习的多个方面提供了有价值的见解，我们可以使用正弦曲线回归的例子（参见 1.2 节）来进行说明。这里用 $\mathcal{D}$ 表示训练数据集。我们在线性回归的问题中看到了可以使用最大似然（maximum likelihood）来选择参数，其中 $\mathbf{w}$ 被估计为能使似然函数 $p(\mathcal{D}|\mathbf{w})$ 最大化的值。这相当于选择 $\mathbf{w}$ 值，使得观察到数据集的概率最大化。在机器学习文献中，似然函数的负对数称为误差函数（error function）。因为似然函数的负对数是一个单调递减的函数，所以最大化似然等同于最小化误差。这样便确定了参数的值，用 $\mathbf{w}_{\mathrm{ML}}$ 表示，用来对新数据进行预测。

可以看到，不同训练数据集的选择（例如包含不同数量的数据点）会产生不同的 $\mathbf{w}_{\mathrm{ML}}$ 解。从贝叶斯视角来看，也可以使用概率论的工具来描述模型参数中的这种不确定性。我们可以在观测数据之前以先验概率分布 $p(\mathbf{w})$ 的形式融入对 $\mathbf{w}$ 的假设。观测到训练数据集 $\mathcal{D}$ 的概率可通过似然函数 $p(\mathcal{D}|\mathbf{w})$ 来表示，贝叶斯定理在这里的形式如下：

$$p(\mathbf{w}|\mathcal{D})=\frac{p(\mathcal{D}|\mathbf{w})\,p(\mathbf{w})}{p(\mathcal{D})} \tag{2.111}$$

这使得我们能够在观测到 $\mathcal{D}$ 之后，以后验概率 $p(\mathbf{w}|\mathcal{D})$ 的形式评估 $\mathbf{w}$ 的不确定性。需要强调的是，量 $p(\mathcal{D}|\mathbf{w})$ 在被看作参数向量 $\mathbf{w}$ 的函数时，称为似然函数。它表

达了对于不同的 $\boldsymbol{w}$ 值，观测到训练数据集 $\mathcal{D}$ 的可能性有多大。注意，似然函数 $p(\mathcal{D}|\boldsymbol{w})$ 不是 $\boldsymbol{w}$ 上的概率分布，其对 $\boldsymbol{w}$ 的积分不（一定）等于 1。

有了似然的定义，我们可以将贝叶斯定理表述为

$$后验 \propto 似然 \times 先验 \tag{2.112}$$

其中所有这些量都被看作关于 $\boldsymbol{w}$ 的函数。式（2.111）中的分母是归一化常数，其确保了式（2.111）左侧的后验分布是一个有效的概率密度并且积分为 1。实际上，通过对式（2.111）的两边关于 $\boldsymbol{w}$ 进行积分，就可以用先验分布和似然函数表示贝叶斯定理中的分母：

$$p(\mathcal{D}) = \int p(\mathcal{D}|\boldsymbol{w})p(\boldsymbol{w})\mathrm{d}\boldsymbol{w} \tag{2.113}$$

在贝叶斯和频率学派范式中，似然函数 $p(\mathcal{D}|\boldsymbol{w})$ 发挥着核心作用。然而，这两种学派使用它的方式有根本的不同。在频率学派的设定中，$\boldsymbol{w}$ 是一个固定的参数，其值由某种形式的“估计器”确定，并且这个估计的误差界限（至少在概念上）是通过考虑可能的训练数据集 $\mathcal{D}$ 的分布来确定的。相反，从贝叶斯视角来看，只有一个训练数据集 $\mathcal{D}$（即实际观测到的那个数据集），并且参数中的不确定性可通过 $\boldsymbol{w}$ 上的概率分布来表示。

2.6.2 正则化

我们可以从贝叶斯视角来深入理解用于减少过拟合的正则化技术（该技术在正弦曲线回归示例中使用过）（参见 1.2.5 小节）。我们不再通过最大化关于 $\boldsymbol{w}$ 的似然函数来选择模型参数，而是最大化后验概率 [见式（2.111）]。这种技术称为最大后验（maximum a posteriori）估计，简称 MAP 估计。同样，也可以最小化后验概率的负对数。对式（2.111）的两边取负对数，则有

$$-\ln p(\boldsymbol{w}|\mathcal{D}) = -\ln p(\mathcal{D}|\boldsymbol{w}) - \ln p(\boldsymbol{w}) + \ln p(\mathcal{D}) \tag{2.114}$$

式（2.114）右侧的第一项是常见的对数似然；第三项因为不依赖于 $\boldsymbol{w}$，所以可以省略；第二项是一个 $\boldsymbol{w}$ 的函数，它在这里被加进对数似然中，可以当作一种形式的正则化。为了使这一点更明确，我们假设 $\boldsymbol{w}$ 内的每个元素独立且服从均值为 0、方差为 s^2 的高斯分布，则先验分布 $p(\boldsymbol{w})$ 可表示为一系列分布的乘积，即

$$p(\boldsymbol{w}|s) = \prod_{i=0}^{M} \mathcal{N}(w_i|0, s^2) = \prod_{i=0}^{M} \frac{1}{\sqrt{2\pi s^2}} \exp\left(-\frac{w_i^2}{2s^2}\right) \tag{2.115}$$

代入式（2.114），可得

$$-\ln p(\boldsymbol{w}|\mathcal{D}) = -\ln p(\mathcal{D}|\boldsymbol{w}) + \frac{1}{2s^2}\sum_{i=0}^{M} w_i^2 + \text{const} \tag{2.116}$$

如果考虑线性回归模型的特定情况，其对数似然由式（2.66）给出，则可以看到

最大化后验分布等价于最小化如下函数（见习题 2.41）：

$$E(\boldsymbol{w})=\frac{1}{2\sigma^2}\sum_{n=1}^{N}\{y(x_n,\boldsymbol{w})-t_n\}^2+\frac{1}{2s^2}\boldsymbol{w}^{\mathrm{T}}\boldsymbol{w} \tag{2.117}$$

这正是我们之前遇到的正则化的平方和误差函数的形式［见式（1.4）］。

2.6.3 贝叶斯机器学习

我们从贝叶斯视角说明了使用正则化的动机，并推导出了正则化项的具体形式。然而，单独使用贝叶斯定理并不构成真正的贝叶斯机器学习方法，因为它仍然是为 $\boldsymbol{w}$ 寻找单一解而没有考虑 $\boldsymbol{w}$ 值的不确定性。假设我们有训练数据集 $\mathcal{D}$，目标是预测给定新的输入值 x 时的目标变量 t。此刻我们就会对给定 x 和 $\mathcal{D}$ 时 t 的分布感兴趣。根据概率的加和法则和乘积法则，有

$$p(t\,|\,x,\mathcal{D})=\int p(t\,|\,x,\boldsymbol{w})\,p(\boldsymbol{w}\,|\,\mathcal{D})\,\mathrm{d}\boldsymbol{w} \tag{2.118}$$

可以看到，通过对 $p(t\,|\,x,\boldsymbol{w})$ 按照所有可能的 $\boldsymbol{w}$ 值进行加权平均可以获得预测，其中加权函数由后验概率分布 $p(\boldsymbol{w}\,|\,\mathcal{D})$ 给出。相比其他方法，贝叶斯方法的重要不同之处在于对参数空间做了积分。而传统的频率学派使用的方法是通过优化损失函数（如正则化平方和）来获得参数的点估计。

这种面向机器学习的完全贝叶斯处理方法给我们提供了一些强大的见解。例如，我们在多项式回归中遇到的过拟合问题（参见 1.2 节），就是使用最大似然导致的，而在使用贝叶斯方法对参数进行边缘化时不会出现该问题。同样，我们可能有多个潜在的模型用于解决给定问题，比如回归示例中不同阶数的多项式。最大似然方法简单地选择能够给出最高数据概率的模型，但这倾向于选择越来越复杂的模型，从而导致过拟合。完全贝叶斯方法涉及对所有可能的模型进行平均，每个模型的贡献由其后验概率加权（参见 9.6 节）。另外，通常，中等复杂度的模型这种概率最高；非常简单的模型（如低阶多项式）概率较低，因为它们无法很好地拟合数据；而非常复杂的模型（如阶数非常高的多项式）概率也较低，因为贝叶斯方法对参数的积分自动且优雅地惩罚了复杂度。关于应用于机器学习的贝叶斯方法的全面概述，包括神经网络，参见 Bishop（2006）。

遗憾的是，贝叶斯框架有一个主要的缺点——涉及对参数空间的积分，这在式（2.118）中显而易见。现代深度学习模型可以有数百万甚至数十亿的参数，即使是对这种积分的简单近似通常也不可行。实际上，若给定有限的计算预算和大量的训练数据，通常最好使用最大似然技术，一般还需要增加一种或多种形式的正则化到一个大型神经网络中，而不是对一个小得多的模型应用贝叶斯方法。

习题

2.1 （⋆）在癌症检查的示例中，我们使用了癌症的先验概率 $p(C=1)=0.01$。实际上，

癌症的流行程度通常要低得多。考虑 $p(C=1)=0.001$ 的情况，并重新计算在检查结果为阳性的情况下某人患有癌症的概率 $p(C=1|T=1)$。结果可能会让许多人感到惊讶，因为检查似乎具有很高的准确性，但检查结果呈阳性情况下患有癌症的概率却很低。

2.2 （★★）确定的数满足传递性（transitivity），即如果 $x>y$ 且 $y>z$，则可以推出 $x>z$。然而，随机数不满足传递性。图 2.16 展示了 4 个立方体骰子，我们规定了它们的循环顺序。请证明这 4 个骰子中，每一个掷出的数字比循环中前一个骰子掷出数字大的概率为 2/3。这样的骰子称为非传递骰子（non-transitive dice），这里显示的具体例子称为 Efron 骰子（Efron dice）。

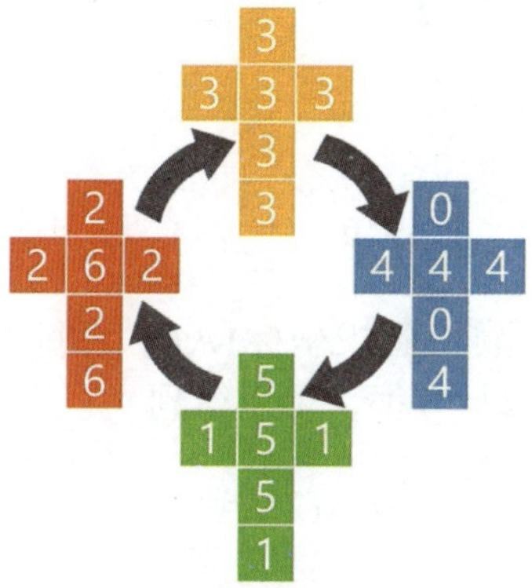

图 2.16 非传递立方体骰子的一个示例，其中每个骰子都已被“扁平展开”以展示每个面上的数字。骰子按循环顺序排列，使得每个骰子掷出的数字比循环中前一个骰子掷出数字大的概率为 2/3

2.3 （★）考虑由两个独立随机变量之和给出的变量 $\mathbf{y}=\mathbf{u}+\mathbf{v}$，其中 $\mathbf{u}\sim p_{\mathbf{u}}(\mathbf{u})$ 且 $\mathbf{v}\sim p_{\mathbf{v}}(\mathbf{v})$。证明 $\mathbf{y}$ 的分布 $p_{\mathbf{y}}(\mathbf{y})$ 可由下式给出：

$$p(\mathbf{y})=\int p_{\mathbf{u}}(\mathbf{u})p_{\mathbf{v}}(\mathbf{y}-\mathbf{u})\,\mathrm{d}\mathbf{u} \tag{2.119}$$

这称为 $p_{\mathbf{u}}(\mathbf{u})$ 和 $p_{\mathbf{v}}(\mathbf{v})$ 的卷积（convolution）。

2.4 （★）验证均匀分布［式（2.33）］被正确地归一化了，并找出其均值和方差的表达式。

2.5 （★★）验证指数分布［式（2.34）］和拉普拉斯分布［式（2.35）］被正确地归一化了。

2.6 （★）利用狄拉克 δ 函数的性质，验证经验密度［式（2.37）］被正确地归一化了。

2.7 （★）通过使用经验密度［式（2.37）］，证明可以对从密度中抽取的有限样本集合进行求和［式（2.40）］，并近似由式（2.39）给出的期望。

2.8 （★）使用方差定义［式（2.44）］证明 $\mathrm{var}[f(x)]$ 满足式（2.45）。

2.9 （★）证明如果两个变量 x 和 y 相互独立，则它们的协方差为零。

2.10 （★）假设两个变量 x 和 z 统计独立，证明它们的和的均值和方差满足

$$\mathbb{E}[x+z]=\mathbb{E}[x]+\mathbb{E}[z] \tag{2.120}$$

$$\mathrm{var}[x+z]=\mathrm{var}[x]+\mathrm{var}[z] \tag{2.121}$$

2.11 （⋆）考虑具有联合分布 $p(x,y)$ 的两个变量 x 和 y。证明以下两个结论：

$$\mathbb{E}[x]=\mathbb{E}_y\left[\mathbb{E}_x[x\mid y]\right] \tag{2.122}$$

$$\mathrm{var}[x]=\mathbb{E}_y\left[\mathrm{var}_x[x\mid y]\right]+\mathrm{var}_y\left[\mathbb{E}_x[x\mid y]\right] \tag{2.123}$$

其中 $\mathbb{E}_x[x\mid y]$ 表示条件分布 $p(x\mid y)$ 下 x 的期望，条件方差的符号同理。

2.12 （⋆）证明单变量高斯分布的归一化条件［式（2.51）］。为此，考虑积分

$$I=\int_{-\infty}^{\infty}\exp\left(-\frac{1}{2\sigma^2}x^2\right)\mathrm{d}x \tag{2.124}$$

首先将其平方写成以下形式：

$$I^2=\int_{-\infty}^{\infty}\int_{-\infty}^{\infty}\exp\left(-\frac{1}{2\sigma^2}(x^2+y^2)\right)\mathrm{d}x\mathrm{d}y \tag{2.125}$$

然后从笛卡儿坐标 (x,y) 转换到极坐标 (r,θ)，并代入 $u=r^2$。证明通过对 θ 和 u 进行积分，然后对两边取平方根，可以得到

$$I=(2\pi\sigma^2)^{1/2} \tag{2.126}$$

最后，用这个结果来证明高斯分布 $\mathcal{N}\left(x\mid\mu,\sigma^2\right)$ 是归一化的。

2.13 （⋆⋆）通过改变变量，验证单变量高斯分布［式（2.49）］满足式（2.52）。接下来，对归一化条件

$$\int_{-\infty}^{\infty}\mathcal{N}\left(x\mid\mu,\sigma^2\right)\mathrm{d}x=1 \tag{2.127}$$

关于 σ^2 微分，验证高斯分布满足式（2.53）。最后，证明式（2.54）成立。

2.14 （⋆）证明高斯分布［式（2.49）］的众数（即极大值）由 μ 给出。

2.15 （⋆）通过将对数似然函数［式（2.56）］关于 μ 和 μ^2 的导数置为零，验证结果式（2.57）和式（2.58）。

2.16 （⋆⋆）使用结论式（2.52）和式（2.53），证明

$$\mathbb{E}[x_n x_m]=\mu^2+I_{nm}\sigma^2 \tag{2.128}$$

其中 x_n 和 x_m 表示从均值为 μ 和方差为 σ^2 的高斯分布中抽取的数据点，I_{nm} 满足如果 $n=m$，$I_{nm}=1$，否则 $I_{nm}=0$，从而证明结论式（2.59）和式（2.60）。

2.17 （⋆）使用定义式（2.61），证明结果式（2.62），式（2.62）表明基于真实均值的高斯分布的方差估计器的期望由真实方差 σ^2 给出。

2.18 （⋆）证明对 σ^2 最大化式（2.66）可以得到结果式（2.68）。

2.19 （⋆⋆）使用改变变量下概率密度的变换性质式（2.71），证明任何密度 $p(y)$ 都可

以通过对处处非零的固定密度 $q(x)$ 进行非线性变量变换 $y=f(x)$ 获得，其中 $f(x)$ 是单调函数，即 $0\leqslant f'(x)<\infty$。写出 $f(x)$ 满足的微分方程，并绘图说明密度变换。

2.20 （⋆）计算式（2.78）和式（2.79）所定义变换的雅可比矩阵的元素。

2.21 （⋆）2.5 节介绍了熵 $h(x)$ 的概念——作为观测具有分布 $p(x)$ 的随机变量 x 的值所获得的信息。可以看到，对于独立变量 x 和 y，有 $p(x,y)=p(x)p(y)$。熵函数是可加的，即 $h(x,y)=h(x)+h(y)$。在这个练习中，推导 h 和 p 之间的关系，形式为函数 $h(p)$。首先证明 $h(p^2)=2h(p)$，并通过归纳法证明 $h(p^n)=nh(p)$，其中 n 是正整数。从而证明 $h\left(p^{n/m}\right)=(n/m)h(p)$，其中 m 也是正整数。这意味着 $h\left(p^x\right)=xh(p)$，其中 x 是正有理数，并且由于连续性，当 x 是正实数时也成立。最后，证明这意味着 $h(p)$ 必须采用 $h(p)\propto\ln p$ 的形式。

2.22 （⋆）使用拉格朗日乘子证明最大化离散变量的熵［式（2.86）］会给出所有概率 $p(x_i)$ 相等的分布，并且相应的熵为 $\ln M$。

2.23 （⋆）考虑一个包含 M 个状态的离散随机变量 x，并使用式（2.102）中詹森不等式的形式证明其分布 $p(x)$ 的熵满足 $H[x]\leqslant\ln M$。

2.24 （⋆⋆）使用变分法证明函数式（2.96）的驻点由式（2.97）给出。然后使用约束式（2.93）～式（2.95）来消除拉格朗日乘子，从而证明最大熵解由高斯分布式（2.98）给出。

2.25 （⋆）使用结果式（2.94）和式（2.95）证明单变量高斯分布式（2.98）的熵由式（2.99）给出。

2.26 （⋆⋆）假设 $p(\mathbf{x})$ 是某个固定分布，我们希望使用高斯分布 $q(\mathbf{x})=\mathcal{N}(\mathbf{x}\mid\boldsymbol{\mu},\boldsymbol{\Sigma})$ 来近似它。通过写出高斯分布 $q(\mathbf{x})$ 的 Kullback–Leibler 散度 $\mathrm{KL}(p\|q)$ 的形式，然后微分，证明关于 $\boldsymbol{\mu}$ 和 $\boldsymbol{\Sigma}$ 最小化 $\mathrm{KL}(p\|q)$ 的结果如下：$\boldsymbol{\mu}$ 由 $p(\mathbf{x})$ 下 $\mathbf{x}$ 的期望给出，而 $\boldsymbol{\Sigma}$ 由协方差给出。

2.27 （⋆⋆）估计两个高斯分布 $p(x)=\mathcal{N}\left(x\mid\mu,\sigma^2\right)$ 和 $q(x)=\mathcal{N}\left(x\mid m,s^2\right)$ 之间的 Kullback–Leibler 散度［式（2.100）］。

2.28 （⋆⋆）α 家族（alpha family）的散度被定义为

$$D_\alpha(p\|q)=\frac{4}{1-\alpha^2}\left(1-\int p(x)^{\frac{1+\alpha}{2}}q(x)^{\frac{1-\alpha}{2}}\,\mathrm{d}x\right) \tag{2.129}$$

其中 $\alpha(-\infty<\alpha<\infty)$ 是一个连续参数。证明 Kullback–Leibler 散度 $\mathrm{KL}(p\|q)$ 对应于 $\alpha\to 1$。这可以通过写出 $p^\varepsilon=\exp(\varepsilon\ln p)=1+\varepsilon\ln p+O\left(\varepsilon^2\right)$，然后取 $\varepsilon\to 0$ 来完成。类似地，证明 $\mathrm{KL}(q\|p)$ 对应于 $\alpha\to -1$。

2.29 （⋆⋆）考虑具有联合分布 $p(\mathbf{x},\mathbf{y})$ 的两个变量 $\mathbf{x}$ 和 $\mathbf{y}$。证明这对变量的微分熵满足

$$H[\mathbf{x},\mathbf{y}]\leqslant H[\mathbf{x}]+H[\mathbf{y}] \tag{2.130}$$

当且仅当 $\boldsymbol{x}$ 和 $\boldsymbol{y}$ 统计独立时等式成立。

2.30 （⋆）考虑具有分布 $p(\boldsymbol{x})$ 和相应熵 $H[\boldsymbol{x}]$ 的连续变量向量 $\boldsymbol{x}$。假设进行非奇异线性变换，得到新变量 $\boldsymbol{y}=\boldsymbol{A}\boldsymbol{x}$。证明相应的熵由 $H[\boldsymbol{y}]=H[\boldsymbol{x}]+\ln\det(\boldsymbol{A})$ 给出，其中 $\det(\boldsymbol{A})$ 表示 $\boldsymbol{A}$ 的行列式。

2.31 （⋆⋆）假设两个离散随机变量 x 和 y 之间的条件熵 $H[y|x]$ 为零。证明对于所有 $p(x)>0$ 的 x 值，变量 y 必然是 x 的函数。换句话说，对于每个 x 值，只有一个 y 值使得 $p(y|x)\neq 0$。

2.32 （⋆）严格凸函数被定义为每条弦都位于函数之上的函数。证明这等价于函数的二阶导数为正的条件。

2.33 （⋆⋆）使用归纳法证明对于凸函数的不等式（2.101）蕴含了结果式（2.102）。

2.34 （⋆）证明在某个加性常数范围内，经验分布式（2.37）与模型分布 $q(\boldsymbol{x}|\boldsymbol{\theta})$ 之间的 Kullback–Leibler 散度式（2.100）等于负对数似然函数。

2.35 （⋆）使用定义式（2.107）以及概率的乘积法则，证明结果式（2.108）。

2.36 （⋆⋆⋆）考虑两个二元变量 x 和 y，它们具有下列联合分布：

		y	
		0	1
x	0	1/3	1/3
	1	0	1/3

计算以下量：

(a) $H[x]$ (b) $H[y]$ (c) $H[y|x]$ (d) $H[x|y]$ (e) $H[x,y]$ (f) $I[x,y]$。

绘制一个维恩图来显示这些不同量之间的关系。

2.37 （⋆）通过应用詹森不等式（2.102）与 $f(x)=\ln x$，证明一组实数的算术平均值不小于它们的几何平均值。

2.38 （⋆）使用概率的加和法则与乘积法则，证明互信息 $I(\boldsymbol{x},\boldsymbol{y})$ 满足关系式（2.110）。

2.39 （⋆⋆）假设两个变量 z_1 和 z_2 独立，可知 $p(z_1,z_2)=p(z_1)p(z_2)$。证明这两个变量之间的协方差矩阵是对角矩阵。这表明独立性是两个变量无关的充分条件。考虑两个变量 y_1 和 y_2，其中 y_1 围绕 0 对称分布，$y_2=y_1^2$。写出条件分布 $p(y_2|y_1)$ 并观察到这与 y_1 相关，从而证明这两个变量不是独立的。证明这两个变量之间的协方差矩阵也是对角矩阵。为此，使用关系 $p(y_1,y_2)=p(y_1)p(y_2|y_1)$ 证明非对角线项为零。这个反例表明零相关性不是两个变量独立的充分条件。

2.40 （⋆）考虑图 2.2 中的弯曲硬币。假设凹面是正面（头像面）的先验概率为 0.1。现在假设该硬币被抛掷 10 次，得知有 8 次正面朝上，2 次反面朝上。使用贝叶斯定理计算凹面是正面的后验概率，并计算下一次抛掷后正面朝上的概率。

2.41 （⋆）通过将式（2.115）代入式（2.114）并利用线性回归模型的对数似然结果式（2.66），导出正则化误差函数的结果式（2.117）。

第 3 章

标准分布

在本章中，我们将通过具体示例来讨论一些概率分布和它们的性质。这些分布除了常规的用途之外，还是构建更复杂模型的基石，因此本书将广泛使用它们。

本章所讨论的分布有一个作用，即在给定随机变量 $\boldsymbol{x}$ 的有限个观测值 $x_1,\cdots,x_N$ 的情况下，对其分布 $p(\boldsymbol{x})$ 进行建模。这就是密度估计（density estimation）问题。需要强调的是，密度估计问题基本上是不适定的，因为可能存在无数个概率分布都能产生这样一组观测值。事实上，任意在 $x_1,\cdots,x_N$ 处非零的分布 $p(\boldsymbol{x})$ 都有可能是真实的概率分布。选择合适分布的问题与模型选择有关，而该问题我们已经在多项式曲线拟合这一机器学习核心问题中遇到过（参见 1.2 节）。

在对连续变量的高斯分布进行考察之前，首先考虑离散变量的分布。这些分布是参数分布的典型例子，之所以如此命名，是因为这些分布仅由很少的可调参数决定，如高斯分布中的均值和方差等。为了将这些模型应用于密度估计问题，我们需要一种在给定观测数据集的情况下确定合适参数值的方法（主要聚焦于最大化似然函数）。

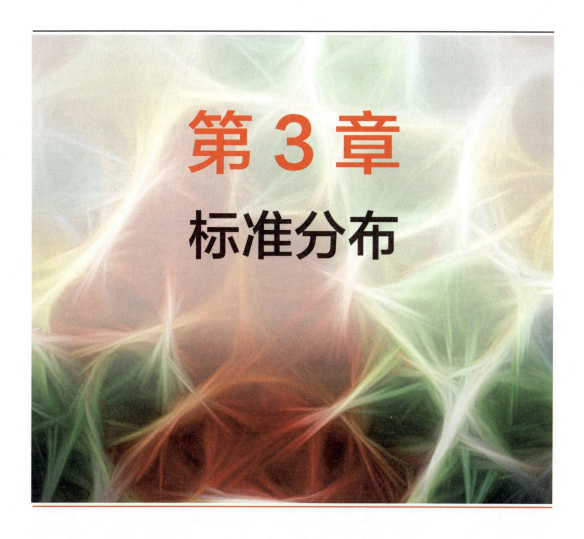

在本章中，我们假设观测数据是独立同分布的（independent and identically distributed, i.i.d.）。在后续章节中，我们还将探索包含结构化数据的更复杂情形，到那时，这一假设将不再成立。

参数化方法的一个局限在于，它将分布假设为一种特定的函数形式，而这一做法可能在特定的应用中并不合适。另一种方法是非参数（nonparametric）密度估计方法，此时，分布的形式通常取决于数据集的大小。这类模型仍然包含一些参数，但这些参数将控制模型的复杂度而不是分布的形式。在本章的最后，我们将简述 3 种典型的非参数化方法，这 3 种方法分别基于直方图、最近邻和核函数。诸如此类的非参数化技术的一个主要局限，在于它们涉及存储所有训练数据。换言之，参数的数量将随数据量的增大而增加。因此，这些方法在面对大型数据集时将变得非常低效。神经网络拥有大量但数量固定的参数，基于神经网络的灵活分布，深度学习同时具备参数模型的高效和非参数模型的泛化性。

3.1 离散变量

首先考虑离散变量的简单分布，以二元变量为起点，随后扩展到多状态变量。

3.1.1 伯努利分布

考虑一个二元随机变量 $x \in \{0,1\}$。例如，x 可能描述的是抛掷硬币的结果，其中 $x=1$ 表示“正面”、$x=0$ 表示“反面”。如图 2.2 所示，如果这枚硬币有所损坏，则落地时正面朝上的概率和反面朝上的概率未必相等。$x=1$ 的概率可以用参数 μ 来表示：

$$p(x=1\mid\mu)=\mu \tag{3.1}$$

其中 $0 \leqslant \mu \leqslant 1$，于是可以得到 $p(x=0\mid\mu)=1-\mu$。x 的概率分布因此可以写成如下形式：

$$\mathrm{Bern}(x\mid\mu)=\mu^{x}(1-\mu)^{1-x} \tag{3.2}$$

这就是伯努利（Bernoulli）分布（见习题 3.1）。伯努利分布是归一化的，且具有如下均值和方差：

$$\mathbb{E}[x]=\mu \tag{3.3}$$

$$\mathrm{var}[x]=\mu(1-\mu) \tag{3.4}$$

假设我们有一个包含 x 的观测值的数据集 $\mathcal{D}=\{x_1,\cdots,x_N\}$。基于所有观测值都是独立地从 $p(x\mid\mu)$ 生成的，我们可以建立以 μ 为参数的似然方程，使得

$$p(\mathcal{D}\mid\mu)=\prod_{n=1}^{N}p(x_n\mid\mu)=\prod_{n=1}^{N}\mu^{x_n}(1-\mu)^{1-x_n} \tag{3.5}$$

我们可以通过最大化似然方程，或等价地最大化对数似然函数（对数似然函数是

单调函数）来估计 μ 的值。伯努利分布的对数似然函数形式如下：

$$\ln p(\mathcal{D}\mid\mu)=\sum_{n=1}^{N}\ln p(x_n\mid\mu)=\sum_{n=1}^{N}\{x_n\ln\mu+(1-x_n)\ln(1-\mu)\} \tag{3.6}$$

注意对数似然函数仅依赖 x_n 的 N 个观测值的和 $\sum_{n=1}^{N}x_n$。该值给出了数据在这一分布下的充分统计量（sufficient statistic）（参见 3.4 节）。令 $\ln p(\mathcal{D}\mid\mu)$ 关于 μ 的导数为 0，就可以得到最大似然估计：

$$\mu_{\mathrm{ML}}=\frac{1}{N}\sum_{n=1}^{N}x_n \tag{3.7}$$

它又称为样本均值（sample mean）。如果观测到 $x=1$（正面）的次数为 m，则式（3.7）又可写作

$$\mu_{\mathrm{ML}}=\frac{m}{N} \tag{3.8}$$

这样硬币落地时正面朝上的概率就可以在上述最大化似然的框架下，通过在数据集中计算正面朝上次数的比例得到。

3.1.2 二项分布

我们同样可以给出在包含 N 个观测值的数据集中，有 N 个观测值为 $x=1$ 的二元变量 x 的分布。这一分布称为二项（binomial）分布，由式（3.5）可以看出，它与 $\mu^m(1-\mu)^{N-m}$ 成比例。为得到归一化系数，注意在抛掷硬币 $\mu^m(1-\mu)^{N-m}$ 次的过程中，我们需要将所有可能掷出 m 次正面朝上的情况加总起来，因此二项分布可写为如下形式：

$$\mathrm{Bin}(m\mid N,\mu)=\binom{N}{m}\mu^m(1-\mu)^{N-m} \tag{3.9}$$

其中

$$\binom{N}{m}\equiv\frac{N!}{(N-m)!m!} \tag{3.10}$$

是从 N 个相同物品中无放回地选择 m 个物品的方法总数。图 3.1 展示了一个 $N=10$、$\mu=0.25$ 的二项分布（见习题 3.3）。

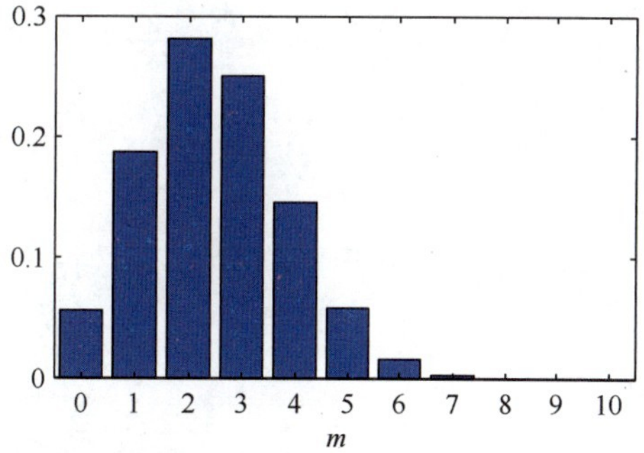

图 3.1 当 $N=10$ 且 $\mu=0.25$ 时，二项分布式（3.9）作为 m 的函数的直方图

对于独立的事件，和的均值就是均值的和，而和的方差就是方差的和。用这些结果就能找到二项分布的均值和方差（见习题 2.10）。由于 $m=x_1+\cdots+x_N$ 且任意观测的均值和方差均可由式（3.3）和式（3.4）给出，故有

$$\mathbb{E}[m]\equiv\sum_{m=0}^{N}m\,\mathrm{Bin}\,(m\mid N,\mu)=N\mu \tag{3.11}$$

$$\mathrm{var}[m] \equiv \sum_{m=0}^{N}(m-\mathbb{E}[m])^2 \,\mathrm{Bin}\,(m|N,\mu) = N\mu(1-\mu) \tag{3.12}$$

这些结论也可以用微积分进行证明（见习题 3.4）。

3.1.3 多项分布

二元变量可以用于描述只有两种可能取值的量。然而通常情况下，我们遇到的离散变量可能包含 K 个相互无关的状态。尽管存在多种表示这些变量的方法，但我们很快将会看到一种非常便捷的“K 中之一”（1-of-K）的表示方案，有时又称“独热编码”。在该方案中，变量可以表示为一个 K 维的向量 $\boldsymbol{x}$，$\boldsymbol{x}$ 中的一个元素 x_k 取值为 1，其余元素均取值为 0。因此，如果我们有一个变量存在 $K=6$ 种状态，且该变量特定的一次观测值刚好对应状态 $x_3=1$，则 $\boldsymbol{x}$ 可以表示为

$$\boldsymbol{x} = (0,0,1,0,0,0)^{\mathrm{T}} \tag{3.13}$$

注意，这些元素满足 $\sum_{k=1}^{K} x_k = 1$。如果我们将 $x_k=1$ 的概率记为 μ_k，则 $\boldsymbol{x}$ 的分布可以由下式给出：

$$p(\boldsymbol{x}|\boldsymbol{\mu}) = \prod_{k=1}^{K} \mu_k^{x_k} \tag{3.14}$$

其中 $\boldsymbol{\mu} = (\mu_1,\cdots,\mu_K)^{\mathrm{T}}$，且因为参数 μ_k 表示的是概率，它们满足约束 $\mu_k \geqslant 0$ 和 $\sum_{k=1}^{K}\mu_k = 1$。式（3.14）所示的分布可以看作将伯努利分布扩展到可以描述超过两种状态。可以看出，这一分布是归一化的：

$$\sum_{\boldsymbol{x}} p(\boldsymbol{x}|\boldsymbol{\mu}) = \sum_{k=1}^{K} \mu_k = 1 \tag{3.15}$$

且

$$\mathbb{E}[\boldsymbol{x}|\boldsymbol{\mu}] = \sum_{\boldsymbol{x}} p(\boldsymbol{x}|\boldsymbol{\mu})\boldsymbol{x} = \boldsymbol{\mu} \tag{3.16}$$

考虑包括 N 个独立观测值 $\boldsymbol{x}_1,\cdots,\boldsymbol{x}_N$ 的数据集 $\mathcal{D}$。相应的似然函数有如下形式：

$$p(\mathcal{D}|\boldsymbol{\mu}) = \prod_{n=1}^{N}\prod_{k=1}^{K} \mu_k^{x_{nk}} = \prod_{k=1}^{K} \mu_k^{\left(\sum_n x_{nk}\right)} = \prod_{k=1}^{K} \mu_k^{m_k} \tag{3.17}$$

从中可以看出，包含 N 个数据点的似然函数其实可以只通过 K 个量来定义：

$$m_k = \sum_{n=1}^{N} x_{nk} \tag{3.18}$$

它表示观测值 $x_k=1$ 的数量，称为分布的充分统计量（sufficient statistic）（参见 3.4 节）。注意变量 m_k 满足如下约束：

$$\sum_{k=1}^{K} m_k = N \tag{3.19}$$

为找到 $\boldsymbol{\mu}$ 的最大似然解，我们需要在式（3.15）的约束下（也就是让 μ_k 的和为 1），关于 μ_k 最大化 $\ln p(\mathcal{D}|\boldsymbol{\mu})$（参见附录 C）。这可以通过使用拉格朗日乘子 λ 并最大化

$$\sum_{k=1}^{K} m_k \ln \mu_k + \lambda\left(\sum_{k=1}^{K} \mu_k - 1\right) \tag{3.20}$$

来实现求解。

令式（3.20）关于 μ_k 的导数为零，可得

$$\mu_k = -m_k / \lambda \tag{3.21}$$

将式（3.21）代入约束 $\sum_k \mu_k = 1$ 来求拉格朗日乘子 λ。由此可得 μ_k 的最大似然解为

$$\mu_k^{\mathrm{ML}} = \frac{m_k}{N} \tag{3.22}$$

它实际上是 N 个观测值中 $x_k = 1$ 的观测值所占的比例。

已知参数向量 $\boldsymbol{\mu}$ 和观测样本总数 N，可以考虑量 $m_1,\cdots,m_K$ 的联合条件概率分布。由式（3.17）可得，这一联合条件概率分布有如下形式：

$$\operatorname{Mult}\left(m_1, m_2, \cdots, m_K | \boldsymbol{\mu}, N\right) = \begin{pmatrix} N \\ m_1 m_2 \cdots m_K \end{pmatrix} \prod_{k=1}^{K} \mu_k^{m_k} \tag{3.23}$$

这就是多项分布。归一化系数是将 N 个对象分为 K 组的方法数，其中每组分别有 $m_1,\cdots,m_K$ 个对象，由下式给出：

$$\begin{pmatrix} N \\ m_1 m_2 \cdots m_K \end{pmatrix} = \frac{N!}{m_1! m_2! \cdots m_K!} \tag{3.24}$$

注意，包含两个状态的量可以表示为二元变量并用二项分布式（3.9）建模，或表示为二中之一（1-of-2）变量并用分布式（3.14）建模，其中令 $K = 2$。

3.2 多元高斯分布

高斯分布又称正态分布，已广泛用于建模连续变量的分布。我们已经看到对于单个变量 x（参见 2.3 节），高斯分布可以写为如下形式：

$$\mathcal{N}(x|\mu,\sigma^2) = \frac{1}{(2\pi\sigma^2)^{1/2}} \exp\left\{-\frac{1}{2\sigma^2}(x-\mu)^2\right\} \tag{3.25}$$

其中 μ 是均值，σ^2 是方差。对于一个 D 维向量 $\boldsymbol{x}$，多元高斯分布有如下形式：

$$\mathcal{N}(\boldsymbol{x}\mid\boldsymbol{\mu},\boldsymbol{\Sigma})=\frac{1}{(2\pi)^{D/2}}\frac{1}{|\boldsymbol{\Sigma}|^{1/2}}\exp\left\{-\frac{1}{2}(\boldsymbol{x}-\boldsymbol{\mu})^{\mathrm{T}}\boldsymbol{\Sigma}^{-1}(\boldsymbol{x}-\boldsymbol{\mu})\right\} \tag{3.26}$$

其中 $\boldsymbol{\mu}$ 是 D 维均值向量，$\boldsymbol{\Sigma}$ 是 $D\times D$ 的协方差矩阵，$|\boldsymbol{\Sigma}|$ 表示 $\boldsymbol{\Sigma}$ 的行列式。

在很多不同的场景中都可以看到高斯分布，因此可以从各种不同的角度来理解它的作用（参见 2.5 节）。例如，我们已经看到，对于单个实数变量，能够使它的熵最大化的分布就是高斯分布。这一性质对于多元高斯分布同样适用（见习题 3.8）。

当我们考虑多个随机变量之和的时候，同样会用到高斯分布。中心极限定理（central limit theorem）告诉我们，在某些温和的条件下，一组随机变量的和（它本身也是一个随机变量）的分布会随着其中随机变量数量的增加而越来越接近于高斯分布（Walker, 1969）。我们可以这样解释这一现象：有 N 个随机变量 $x_1,\cdots,x_N$，每个随机变量都在 $[0, 1]$ 区间上服从均匀分布，考虑均值 $(x_1+\cdots+x_N)/N$ 的分布。对于较大的 N，如图 3.2 所示，这一分布趋向于高斯分布。现实中，随着 N 的增大，分布会很快地收敛到高斯分布。这一结果揭示了式（3.9）中关于变量 m 的二项分布，其中 m 是二元随机变量 x 的 N 个观测样本的和，分布会在 $N\to\infty$ 时趋向于高斯分布（见图 3.1 中 $N=10$ 的情形）。

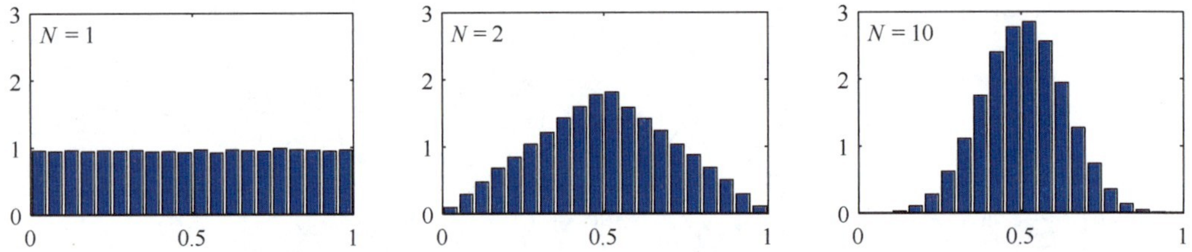

图 3.2 N 个均匀分布的数字的均值直方图。我们可以看到，随着 N 的增加，分布趋向于高斯分布

高斯分布有很多重要的分析性质，我们将会考虑其中一些性质的具体细节。因此，本节比前几节更具技术性，读者需要熟悉多种矩阵相关的等式（参见附录 A）。

3.2.1 高斯几何

下面我们考虑高斯分布的几何形式。高斯分布对 x 的函数依赖是通过二次形式来呈现的：

$$\Delta^2=(\boldsymbol{x}-\boldsymbol{\mu})^{\mathrm{T}}\boldsymbol{\Sigma}^{-1}(\boldsymbol{x}-\boldsymbol{\mu}) \tag{3.27}$$

其中，量 Δ 称为 $\boldsymbol{\mu}$ 到 $\boldsymbol{x}$ 的马哈拉诺比斯距离（Mahalanobis distance）。当 $\boldsymbol{\Sigma}$ 为单位矩阵时，它退化为欧氏距离。在 $\boldsymbol{x}$ 空间中，令二次型是常数的曲面上，高斯分布的数值是常数。

首先，注意可以不失一般性地假设矩阵 $\boldsymbol{\Sigma}$ 为对称矩阵，因为任何非对称的成分都会从指数中消失（见习题 3.11）。考虑协方差矩阵的特征方程：

$$\boldsymbol{\Sigma}\boldsymbol{u}_i=\lambda_i\boldsymbol{u}_i \tag{3.28}$$

其中 $i=1,\cdots,D$。由于 $\boldsymbol{\Sigma}$ 是实对称矩阵，其特征值是实数，并且其特征向量可以正交化（见习题 3.12），故有

$$\boldsymbol{u}_i^{\mathrm{T}}\boldsymbol{u}_j = I_{ij} \tag{3.29}$$

其中 I_{ij} 是单位矩阵中的元素，满足

$$I_{ij} = \begin{cases} 1, & \text{当 } i=j \text{ 时} \\ 0, & \text{其他} \end{cases} \tag{3.30}$$

协方差矩阵 $\boldsymbol{\Sigma}$ 可以由其特征向量扩展获得，并且可以表示为如下形式（参见习题 3.13）：

$$\boldsymbol{\Sigma} = \sum_{i=1}^{D} \lambda_i \boldsymbol{u}_i \boldsymbol{u}_i^{\mathrm{T}} \tag{3.31}$$

类似地，协方差矩阵的逆矩阵 $\boldsymbol{\Sigma}^{-1}$ 可以表示为

$$\boldsymbol{\Sigma}^{-1} = \sum_{i=1}^{D} \frac{1}{\lambda_i} \boldsymbol{u}_i \boldsymbol{u}_i^{\mathrm{T}} \tag{3.32}$$

将式（3.32）代入式（3.27），二次型变为

$$\Delta^2 = \sum_{i=1}^{D} \frac{y_i^2}{\lambda_i} \tag{3.33}$$

其中

$$y_i = \boldsymbol{u}_i^{\mathrm{T}}(\boldsymbol{x} - \boldsymbol{\mu}) \tag{3.34}$$

我们可以将 $\{y_i\}$ 解释为一个由正交向量 $\boldsymbol{u}_i$ 定义的新坐标系，它由原始 x_i 的坐标经过平移和旋转得到。构造向量 $\boldsymbol{y} = (y_1,\cdots,y_D)^{\mathrm{T}}$，有

$$\boldsymbol{y} = \boldsymbol{U}(\boldsymbol{x} - \boldsymbol{\mu}) \tag{3.35}$$

其中，$\boldsymbol{U}$ 是以 $\boldsymbol{u}_i^{\mathrm{T}}$ 为行向量的矩阵。由式（3.29）可知 $\boldsymbol{U}$ 是正交矩阵，满足 $\boldsymbol{U}\boldsymbol{U}^{\mathrm{T}} = \boldsymbol{U}^{\mathrm{T}}\boldsymbol{U} = \boldsymbol{I}$，其中 $\boldsymbol{I}$ 是单位矩阵（参见附录 A）。

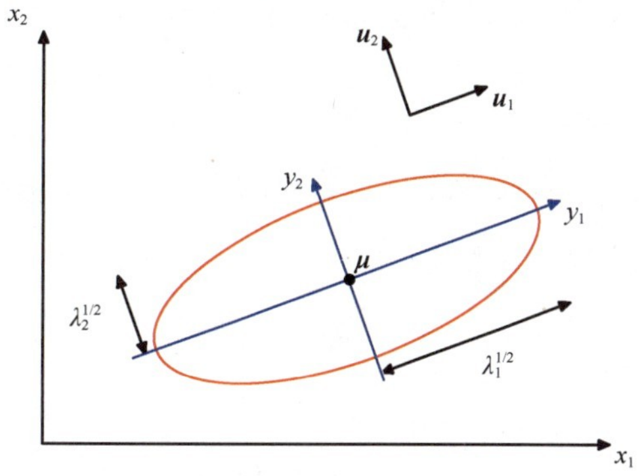

图 3.3 红色曲线表示高斯分布在二维空间 $\boldsymbol{x}=(x_1,x_2)$ 中具有恒定概率密度的椭圆面，椭圆面上的密度是其在 $\boldsymbol{x}=\boldsymbol{\mu}$ 处取值的 $\exp(-1/2)$ 倍。椭圆的轴由协方差矩阵的特征向量 $\boldsymbol{u}_i$ 定义，具有相应的特征值 λ_i

在满足式（3.33）取同一常数值的曲面上，这个二次型（即对应的高斯密度）在曲面上处处相同。如果所有特征值 λ_i 均为正，则这些曲面表示以 λ_i 为中心、以 $\boldsymbol{u}_i$ 的方向为坐标轴且以 $\lambda_i^{1/2}$ 为半轴长的椭球，如图 3.3 所示。

为了给出良定的高斯分布，需要保证协方差矩阵的所有特征值 λ_i 均严格为正，否则分布就无法被正确归一化。特征值全部严格为正的矩阵是正定的（参见第 16 章）。在

讨论隐变量模型时，我们将遇到高斯分布的一个或多个特征值为零的情形。在这种情况下，分布是奇异的且限制在一个更低维的子空间中。如果所有的特征值非负，则称这样的协方差矩阵为半正定的。

考虑高斯分布在由 y_i 定义的新坐标系下的形式。为了从 $\boldsymbol{x}$ 坐标系转换到 $\boldsymbol{y}$ 坐标系，我们使用了雅可比矩阵 $\boldsymbol{J}$，其元素由下式给出：

$$J_{ij}=\frac{\partial x_i}{\partial y_j}=U_{ji} \tag{3.36}$$

其中，U_{ji} 是矩阵 $\boldsymbol{U}^{\mathrm{T}}$ 中的元素。运用矩阵 $\boldsymbol{U}$ 的正交性质，可以得到雅可比矩阵行列式的平方为

$$|\boldsymbol{J}|^2=\left|\boldsymbol{U}^{\mathrm{T}}\right|^2=\left|\boldsymbol{U}^{\mathrm{T}}\right||\boldsymbol{U}|=\left|\boldsymbol{U}^{\mathrm{T}}\boldsymbol{U}\right|=|\boldsymbol{I}|=1 \tag{3.37}$$

从而有 $|\boldsymbol{J}|=1$。同样，协方差矩阵的行列式 $|\boldsymbol{\Sigma}|$ 可以写成特征值的积，于是有

$$|\boldsymbol{\Sigma}|^{1/2}=\prod_{j=1}^{D}\lambda_j^{1/2} \tag{3.38}$$

因此，在 y_i 的坐标系下，高斯分布有如下形式：

$$p(\boldsymbol{y})=p(\boldsymbol{x})|\boldsymbol{J}|=\prod_{j=1}^{D}\frac{1}{(2\pi\lambda_j)^{1/2}}\exp\left\{-\frac{y_j^2}{2\lambda_j}\right\} \tag{3.39}$$

它是 D 个独立的一元高斯分布的积。于是特征向量经过平移和旋转便定义了一组新的坐标，这些坐标使得联合概率分布可以分解为一组独立分布的积。于是在坐标系 $\boldsymbol{y}$ 下，分布的积分为

$$\int p(\boldsymbol{y})\mathrm{d}\boldsymbol{y}=\prod_{j=1}^{D}\int_{-\infty}^{\infty}\frac{1}{(2\pi\lambda_j)^{1/2}}\exp\left\{-\frac{y_j^2}{2\lambda_j}\right\}\mathrm{d}y_j=1 \tag{3.40}$$

这里用到了前面关于一元高斯分布归一化的结论式（2.51），从而验证了多元高斯分布（式 3.26）确实是归一化的。

3.2.2　矩

下面考虑高斯分布的矩，并给出对参数 $\boldsymbol{\mu}$ 和 $\boldsymbol{\Sigma}$ 的一种解释。$\boldsymbol{x}$ 在高斯分布下的期望由下式给出：

$$\begin{aligned}\mathbb{E}[\boldsymbol{x}]&=\frac{1}{(2\pi)^{D/2}}\frac{1}{|\boldsymbol{\Sigma}|^{1/2}}\int\exp\left\{-\frac{1}{2}(\boldsymbol{x}-\boldsymbol{\mu})^{\mathrm{T}}\boldsymbol{\Sigma}^{-1}(\boldsymbol{x}-\boldsymbol{\mu})\right\}\boldsymbol{x}\mathrm{d}\boldsymbol{x}\\&=\frac{1}{(2\pi)^{D/2}}\frac{1}{|\boldsymbol{\Sigma}|^{1/2}}\int\exp\left\{-\frac{1}{2}\boldsymbol{z}^{\mathrm{T}}\boldsymbol{\Sigma}^{-1}\boldsymbol{z}\right\}(\boldsymbol{z}+\boldsymbol{\mu})\mathrm{d}\boldsymbol{z}\end{aligned} \tag{3.41}$$

这里进行了变量替换：$\boldsymbol{z}=\boldsymbol{x}-\boldsymbol{\mu}$。注意指数项是 $\boldsymbol{z}$ 的偶函数，且由于是在 $(-\infty,\infty)$ 上求积分，因此 $(\boldsymbol{z}+\boldsymbol{\mu})$ 中的 $\boldsymbol{z}$ 将由于对称性而消去。于是有

$$\mathbb{E}[\boldsymbol{x}]=\boldsymbol{\mu} \tag{3.42}$$

$\boldsymbol{\mu}$ 可以视为高斯分布的均值。

接下来考虑高斯分布的二阶矩。在单变量的情形下，我们知道二阶矩由 $\mathbb{E}[x^2]$ 给出。对于多变量的高斯分布，存在由 $\mathbb{E}[x_i x_j]$ 给出的 D^2 个二阶矩。我们可以将它们组合成矩阵 $\mathbb{E}[\boldsymbol{x}\boldsymbol{x}^{\mathrm{T}}]$，该矩阵可以写作

$$\begin{aligned}\mathbb{E}[\boldsymbol{x}\boldsymbol{x}^{\mathrm{T}}]&=\frac{1}{(2\pi)^{D/2}}\frac{1}{|\boldsymbol{\Sigma}|^{1/2}}\int\exp\left\{-\frac{1}{2}(\boldsymbol{x}-\boldsymbol{\mu})^{\mathrm{T}}\boldsymbol{\Sigma}^{-1}(\boldsymbol{x}-\boldsymbol{\mu})\right\}\boldsymbol{x}\boldsymbol{x}^{\mathrm{T}}\mathrm{d}\mathbf{x}\\&=\frac{1}{(2\pi)^{D/2}}\frac{1}{|\boldsymbol{\Sigma}|^{1/2}}\int\exp\left\{-\frac{1}{2}\boldsymbol{z}^{\mathrm{T}}\boldsymbol{\Sigma}^{-1}\boldsymbol{z}\right\}(\boldsymbol{z}+\boldsymbol{\mu})(\boldsymbol{z}+\boldsymbol{\mu})^{\mathrm{T}}\mathrm{d}\boldsymbol{z}\end{aligned} \tag{3.43}$$

这里再一次进行了变量替换：$\boldsymbol{z}=\boldsymbol{x}-\boldsymbol{\mu}$。注意交叉项中涉及的 $\boldsymbol{\mu}\boldsymbol{z}^{\mathrm{T}}$ 和 $\boldsymbol{\mu}^{\mathrm{T}}\boldsymbol{z}$ 也会由于对称性而消去。项 $\boldsymbol{\mu}\boldsymbol{\mu}^{\mathrm{T}}$ 取常值，因此可以拿到积分号之外。由于高斯分布是归一化的，因此它是单位矩阵。可以再一次利用式（3.28）给出的协方差矩阵的特征向量扩展，以及特征向量集的完备性，写出

$$\boldsymbol{z}=\sum_{j=1}^{D}y_j\boldsymbol{u}_j \tag{3.44}$$

其中 $y_j=\boldsymbol{u}_j^{\mathrm{T}}\boldsymbol{z}$，从而有

$$\begin{aligned}&\frac{1}{(2\pi)^{D/2}}\frac{1}{|\boldsymbol{\Sigma}|^{1/2}}\int\exp\left\{-\frac{1}{2}\boldsymbol{z}^{\mathrm{T}}\boldsymbol{\Sigma}^{-1}\boldsymbol{z}\right\}\boldsymbol{z}\boldsymbol{z}^{\mathrm{T}}\mathrm{d}\boldsymbol{z}\\&=\frac{1}{(2\pi)^{D/2}}\frac{1}{|\boldsymbol{\Sigma}|^{1/2}}\sum_{i=1}^{D}\sum_{j=1}^{D}\boldsymbol{u}_i\boldsymbol{u}_j^{\mathrm{T}}\int\exp\left\{-\sum_{k=1}^{D}\frac{y_k^2}{2\lambda_k}\right\}y_iy_j\mathrm{d}\boldsymbol{y}\\&=\sum_{i=1}^{D}\boldsymbol{u}_i\boldsymbol{u}_i^{\mathrm{T}}\lambda_i=\boldsymbol{\Sigma}\end{aligned} \tag{3.45}$$

这里用到了特征向量等式［式（3.28）］，以及对称性导致中间行除 $i=j$ 之外的积分项消去的事实。式（3.45）的最后一行用到了式（2.53）和式（3.38）的结果，并结合了式（3.31）。于是有

$$\mathbb{E}\left[\boldsymbol{x}\boldsymbol{x}^{\mathrm{T}}\right]=\boldsymbol{\mu}\boldsymbol{\mu}^{\mathrm{T}}+\boldsymbol{\Sigma} \tag{3.46}$$

在定义单个随机变量的方差时，我们在计算二阶矩之前减去了均值。类似地，在多元的情形中，我们再次减去均值，从而将随机变量 $\boldsymbol{x}$ 的方差定义为

$$\operatorname{cov}[\boldsymbol{x}]=\mathbb{E}\left[(\boldsymbol{x}-\mathbb{E}[\boldsymbol{x}])(\boldsymbol{x}-\mathbb{E}[\boldsymbol{x}])^{\mathrm{T}}\right] \tag{3.47}$$

对于特定的高斯分布的情形，我们可以利用 $\mathbb{E}[\boldsymbol{x}]=\boldsymbol{\mu}$ 并结合式（3.46），得到

$$\operatorname{cov}[\boldsymbol{x}]=\boldsymbol{\Sigma} \tag{3.48}$$

由于参数矩阵 $\boldsymbol{\Sigma}$ 决定了高斯分布下 $\boldsymbol{x}$ 的协方差，因此我们称其为协方差矩阵。

3.2.3 局限性

尽管高斯分布式（3.26）经常用作简单的密度模型，但它也存在一些明显的局限性。考虑分布中自由参数的数量。一个常规的对称协方差矩阵 $\boldsymbol{\Sigma}$ 含有 $D(D+1)/2$ 个独立的参数（见习题 3.15），$\boldsymbol{\mu}$ 中还另外存在 D 个独立的参数，因此总共有 $D(D+3)/2$ 个参数。对于较大的 D，参数量按 D 的平方增长，对较大矩阵的操作和取逆计算代价巨大。解决这个问题的一种方法是使用协方差矩阵的受限形式。考虑到协方差矩阵是对角的，$\boldsymbol{\Sigma}=\mathrm{diag}(\sigma_i^2)$，因此密度模型中总共有 $2D$ 个独立参数。相应的概率密度等值线由轴对齐的椭球体给出。我们可以进一步将协方差矩阵限制为与单位矩阵成正比，$\boldsymbol{\Sigma}=\sigma^2\boldsymbol{I}$，即所谓各向同性的（isotropic）协方差，这时模型中有 $D+1$ 个独立参数，且概率密度等值线是一个球面。常规协方差矩阵、对角协方差矩阵和各向同性协方差矩阵这 3 种情形如图 3.4 所示。遗憾的是，虽然这些方法限制了分布中的自由度，并使协方差矩阵的求逆变得更快，但它们也极大限制了概率密度的形式，并限制了模型从数据中捕获有趣相关性的能力。

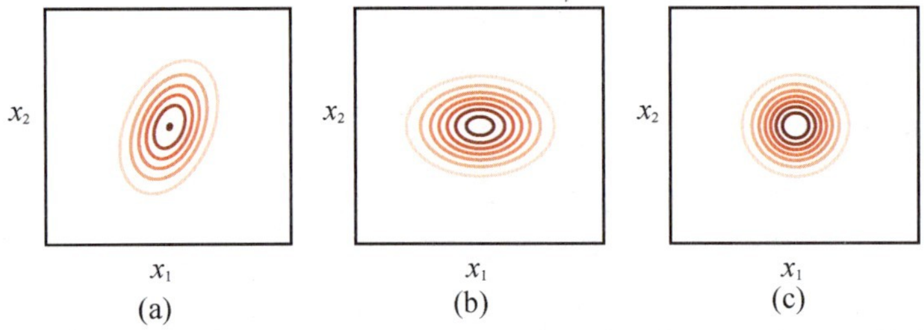

图 3.4 二维高斯分布的概率密度等值线，其中协方差矩阵为：(a) 常规协方差矩阵；(b) 对角协方差矩阵，在这种情况下，椭圆等值线与坐标轴对齐；(c) 各向同性协方差矩阵，与单位矩阵成正比，在这种情况下，等值线是同心圆

高斯分布的另一个局限性是，它本质上是单峰的（即具有单个最大值），因此无法为多峰分布提供良好的近似。高斯分布既存在由于具有太多参数而过于灵活的问题，又存在所能表示的分布太过局限的问题。稍后我们将看到，引入潜变量（也称隐变量或无法观测的变量）可以同时解决上述问题。特别地，通过引入离散潜变量实现高斯混合，可以获得一大类多峰分布（参见 3.2.9 小节）。同样，连续潜变量的引入将使模型可以独立于数据空间的维度 D，控制自由参数的数量，同时仍然允许模型捕获数据集中的主要相关性（参见第 16 章）。

3.2.4 条件分布

多元高斯分布的一个重要性质是，如果两组变量服从联合高斯分布，那么以其中一组变量为条件的另一组变量的条件分布是高斯分布。同样，其中任意一组变量的边缘分布也是高斯分布。

首先考虑条件分布的情况。假设 D 维向量 $\boldsymbol{x}$ 服从高斯分布 $\mathcal{N}(\boldsymbol{x}|\boldsymbol{\mu},\boldsymbol{\Sigma})$，将 $\boldsymbol{x}$ 划分为两个不相交的子集 $\boldsymbol{x}_a$ 和 $\boldsymbol{x}_b$。在不失一般性的情况下，我们可以取 $\boldsymbol{x}_a$ 来构成 $\boldsymbol{x}$ 的

前 M 个分量，并取 $\boldsymbol{x}_b$ 作为剩余的 $D\text{–}M$ 个分量，于是

$$\boldsymbol{x}=\begin{pmatrix}\boldsymbol{x}_a\\ \boldsymbol{x}_b\end{pmatrix} \tag{3.49}$$

对均值向量 $\boldsymbol{\mu}$ 定义相应的分量：

$$\boldsymbol{\mu}=\begin{pmatrix}\boldsymbol{\mu}_a\\ \boldsymbol{\mu}_b\end{pmatrix} \tag{3.50}$$

对协方差矩阵 $\boldsymbol{\Sigma}$ 也定义相应的分量：

$$\boldsymbol{\Sigma}=\begin{pmatrix}\boldsymbol{\Sigma}_{aa} & \boldsymbol{\Sigma}_{ab}\\ \boldsymbol{\Sigma}_{ba} & \boldsymbol{\Sigma}_{bb}\end{pmatrix} \tag{3.51}$$

注意，协方差矩阵的对称性 $\boldsymbol{\Sigma}^{\mathrm{T}}=\boldsymbol{\Sigma}$ 意味着 $\boldsymbol{\Sigma}_{aa}$ 和 $\boldsymbol{\Sigma}_{bb}$ 也是对称的，且 $\boldsymbol{\Sigma}_{ba}=\boldsymbol{\Sigma}_{ab}^{\mathrm{T}}$。

在许多情况下，使用协方差矩阵的逆矩阵会更方便：

$$\boldsymbol{\Lambda}\equiv\boldsymbol{\Sigma}^{-1} \tag{3.52}$$

这称为精度矩阵（precision matrix）。事实上，我们将看到高斯分布的某些性质用协方差来表示是最自然的，而对于其他一些性质，精度则是更简单的形式。精度矩阵的分量形式为

$$\boldsymbol{\Lambda}=\begin{pmatrix}\boldsymbol{\Lambda}_{aa} & \boldsymbol{\Lambda}_{ab}\\ \boldsymbol{\Lambda}_{ba} & \boldsymbol{\Lambda}_{bb}\end{pmatrix} \tag{3.53}$$

这对应于向量 $\boldsymbol{x}$ 的分量形式［式（3.49）］。因为对称矩阵的逆矩阵也是对称的（见习题 3.16），所以 $\boldsymbol{\Lambda}_{aa}$ 和 $\boldsymbol{\Lambda}_{bb}$ 也是对称的，且有 $\boldsymbol{\Lambda}_{ba}=\boldsymbol{\Lambda}_{ab}^{\mathrm{T}}$。这里需要强调的是，$\boldsymbol{\Lambda}_{ba}=\boldsymbol{\Lambda}_{ab}^{\mathrm{T}}$ 不是简单地由 $\boldsymbol{\Sigma}_{aa}$ 的逆矩阵给出。事实上，我们将很快研究分量矩阵的逆矩阵与其分量的逆矩阵之间的关系。

首先找到条件分布 $p(\boldsymbol{x}_a|\boldsymbol{x}_b)$ 的表达式。从概率的乘积法则中，我们看到只需要将 $\boldsymbol{x}_b$ 固定为观测值，并归一化表达式以获得关于 $\boldsymbol{x}_a$ 的有效概率分布，就可以基于联合分布 $p(\boldsymbol{x})=p(\boldsymbol{x}_a,\boldsymbol{x}_b)$ 得到条件分布。有别于显式地执行归一化，我们可以通过考虑式（3.27）给出的高斯分布指数中的二次形式，然后在计算结束时恢复归一化系数，从而更高效地获得解。如果使用分量式（3.49）、式（3.50）、式（3.53），则可以得到

$$\begin{aligned}
&-\frac{1}{2}(\boldsymbol{x}-\boldsymbol{\mu})^{\mathrm{T}}\boldsymbol{\Sigma}^{-1}(\boldsymbol{x}-\boldsymbol{\mu})=\\
&\quad -\frac{1}{2}(\boldsymbol{x}_a-\boldsymbol{\mu}_a)^{\mathrm{T}}\boldsymbol{\Lambda}_{aa}(\boldsymbol{x}_a-\boldsymbol{\mu}_a)-\frac{1}{2}(\boldsymbol{x}_a-\boldsymbol{\mu}_a)^{\mathrm{T}}\boldsymbol{\Lambda}_{ab}(\boldsymbol{x}_b-\boldsymbol{\mu}_b)-\\
&\quad \frac{1}{2}(\boldsymbol{x}_b-\boldsymbol{\mu}_b)^{\mathrm{T}}\boldsymbol{\Lambda}_{ba}(\boldsymbol{x}_a-\boldsymbol{\mu}_a)-\frac{1}{2}(\boldsymbol{x}_b-\boldsymbol{\mu}_b)^{\mathrm{T}}\boldsymbol{\Lambda}_{bb}(\boldsymbol{x}_b-\boldsymbol{\mu}_b)
\end{aligned} \tag{3.54}$$

可以看到，作为 $\boldsymbol{x}_a$ 的函数，这又是一个二次形式。因此，相应的条件分布 $p(\boldsymbol{x}_a|\boldsymbol{x}_b)$ 将是高斯分布。由于这种分布完全由其均值和协方差确定，因此我们的目标是通过检查式（3.54）来确定 $p(\boldsymbol{x}_a|\boldsymbol{x}_b)$ 的均值和协方差的表达式。

这是一个与高斯分布相关的相当常见的运算示例，有时称为“完全平方”，我们得到了一个定义了高斯分布中指数项的二次形式。我们需要确定相应的均值和协方差。注意，一般高斯分布 $\mathcal{N}(\boldsymbol{x}|\boldsymbol{\mu},\boldsymbol{\Sigma})$ 中的指数可以写成

$$-\frac{1}{2}(\boldsymbol{x}-\boldsymbol{\mu})^{\mathrm{T}}\boldsymbol{\Sigma}^{-1}(\boldsymbol{x}-\boldsymbol{\mu})=-\frac{1}{2}\boldsymbol{x}^{\mathrm{T}}\boldsymbol{\Sigma}^{-1}\boldsymbol{x}+\boldsymbol{x}^{\mathrm{T}}\boldsymbol{\Sigma}^{-1}\boldsymbol{\mu}+\text{ const} \tag{3.55}$$

其中“const”表示独立于 $\boldsymbol{x}$ 的常数项。再利用 $\boldsymbol{\Sigma}$ 的对称性，这些问题就可以得到解决。因此，如果我们采用一般的二次形式，并用式（3.55）右侧给出的形式表示它，则可以立即使 $\boldsymbol{x}$ 中二阶项的系数矩阵等于协方差矩阵的逆矩阵 $\boldsymbol{\Sigma}^{-1}$，然后使 $\boldsymbol{x}$ 中线性项的系数等于 $\boldsymbol{\Sigma}^{-1}\boldsymbol{\mu}$，即可得到 $\boldsymbol{\mu}$。

将此过程应用于条件高斯分布 $p(\boldsymbol{x}_a|\boldsymbol{x}_b)$，指数中的二次形式由式（3.54）给出。分别用 $\boldsymbol{\mu}_{a|b}$ 和 $\boldsymbol{\Sigma}_{a|b}$ 表示该分布的均值和协方差。考虑式（3.54）对 $\boldsymbol{x}_a$ 的函数依赖性，其中 $\boldsymbol{x}_b$ 可以视为常数。如果我们挑选出 $\boldsymbol{x}_a$ 中的所有二阶项，则得到

$$-\frac{1}{2}\boldsymbol{x}_a^{\mathrm{T}}\boldsymbol{\Lambda}_{aa}\boldsymbol{x}_a \tag{3.56}$$

从中我们可以得出一个结论，$p(\boldsymbol{x}_a|\boldsymbol{x}_b)$ 的协方差（逆精度）由下式给出：

$$\boldsymbol{\Sigma}_{a|b}=\boldsymbol{\Lambda}_{aa}^{-1} \tag{3.57}$$

考虑式（3.54）中所有在 $\boldsymbol{x}_a$ 中呈线性的项：

$$\boldsymbol{x}_a^{\mathrm{T}}\left\{\boldsymbol{\Lambda}_{aa}\boldsymbol{\mu}_a-\boldsymbol{\Lambda}_{ab}\left(\boldsymbol{x}_b-\boldsymbol{\mu}_b\right)\right\} \tag{3.58}$$

这里用到了表达式 $\boldsymbol{\Lambda}_{ba}^{\mathrm{T}}=\boldsymbol{\Lambda}_{ab}$。根据我们对一般形式［式（3.55）］的讨论，该表达式中 $\boldsymbol{x}_a$ 的系数必须等于 $\boldsymbol{\Sigma}_{a|b}^{-1}\boldsymbol{\mu}_{a|b}$，故有

$$\begin{aligned}\boldsymbol{\mu}_{a|b}&=\boldsymbol{\Sigma}_{a|b}\left\{\boldsymbol{\Lambda}_{aa}\boldsymbol{\mu}_a-\boldsymbol{\Lambda}_{ab}\left(\boldsymbol{x}_b-\boldsymbol{\mu}_b\right)\right\}\\&=\boldsymbol{\mu}_a-\boldsymbol{\Lambda}_{aa}^{-1}\boldsymbol{\Lambda}_{ab}\left(\boldsymbol{x}_b-\boldsymbol{\mu}_b\right)\end{aligned} \tag{3.59}$$

这里用到了表达式（3.57）。

式（3.57）和式（3.59）给出的结果可以用原始联合分布 $p(\boldsymbol{x}_a,\boldsymbol{x}_b)$ 的分量精度矩阵来表示。也可以用相应的分量协方差矩阵来表示这些结果。为此，对分量矩阵的逆矩阵使用以下恒等式（见习题 3.18）：

$$\begin{pmatrix}\boldsymbol{A}&\boldsymbol{B}\\\boldsymbol{C}&\boldsymbol{D}\end{pmatrix}^{-1}=\begin{pmatrix}\boldsymbol{M}&-\boldsymbol{M}\boldsymbol{B}\boldsymbol{D}^{-1}\\-\boldsymbol{D}^{-1}\boldsymbol{C}\boldsymbol{M}&\boldsymbol{D}^{-1}+\boldsymbol{D}^{-1}\boldsymbol{C}\boldsymbol{M}\boldsymbol{B}\boldsymbol{D}^{-1}\end{pmatrix} \tag{3.60}$$

其中

$$\boldsymbol{M}=\left(\boldsymbol{A}-\boldsymbol{B}\boldsymbol{D}^{-1}\boldsymbol{C}\right)^{-1} \tag{3.61}$$

量 $\boldsymbol{M}^{-1}$ 称为式（3.60）左侧矩阵相对于子矩阵 $\boldsymbol{D}$ 的舒尔补（Schur complement）。利用定义

$$\begin{pmatrix}\boldsymbol{\Sigma}_{aa} & \boldsymbol{\Sigma}_{ab}\\ \boldsymbol{\Sigma}_{ba} & \boldsymbol{\Sigma}_{bb}\end{pmatrix}^{-1}=\begin{pmatrix}\boldsymbol{\Lambda}_{aa} & \boldsymbol{\Lambda}_{ab}\\ \boldsymbol{\Lambda}_{ba} & \boldsymbol{\Lambda}_{bb}\end{pmatrix} \tag{3.62}$$

并使用式（3.60），有

$$\boldsymbol{\Lambda}_{aa}=\left(\boldsymbol{\Sigma}_{aa}-\boldsymbol{\Sigma}_{ab}\boldsymbol{\Sigma}_{bb}^{-1}\boldsymbol{\Sigma}_{ba}\right)^{-1} \tag{3.63}$$

$$\boldsymbol{\Lambda}_{ab}=-\left(\boldsymbol{\Sigma}_{aa}-\boldsymbol{\Sigma}_{ab}\boldsymbol{\Sigma}_{bb}^{-1}\boldsymbol{\Sigma}_{ba}\right)^{-1}\boldsymbol{\Sigma}_{ab}\boldsymbol{\Sigma}_{bb}^{-1} \tag{3.64}$$

条件分布 $p\left(\boldsymbol{x}_a\mid\boldsymbol{x}_b\right)$ 的均值和协方差可以通过以下表达式获得：

$$\boldsymbol{\mu}_{a|b}=\boldsymbol{\mu}_a+\boldsymbol{\Sigma}_{ab}\boldsymbol{\Sigma}_{bb}^{-1}\left(\boldsymbol{x}_b-\boldsymbol{\mu}_b\right) \tag{3.65}$$

$$\boldsymbol{\Sigma}_{a|b}=\boldsymbol{\Sigma}_{aa}-\boldsymbol{\Sigma}_{ab}\boldsymbol{\Sigma}_{bb}^{-1}\boldsymbol{\Sigma}_{ba} \tag{3.66}$$

比较式（3.57）和式（3.66），可以看到条件分布 $p\left(\boldsymbol{x}_a\mid\boldsymbol{x}_b\right)$ 在用分量精度矩阵表示时，比用分量协方差矩阵表示时更简单。注意，由式（3.65）给出的条件分布 $p\left(\boldsymbol{x}_a\mid\boldsymbol{x}_b\right)$ 的均值是 $\boldsymbol{x}_b$ 的线性函数，而式（3.66）给出的协方差与 $\boldsymbol{x}_b$ 无关。这是线性高斯（linear-Gaussian）模型的一个示例（参见 11.1.4 小节）。

3.2.5 边缘分布

我们已经看到，如果联合分布 $p\left(\boldsymbol{x}_a,\boldsymbol{x}_b\right)$ 是高斯分布，则条件分布 $p\left(\boldsymbol{x}_a,\boldsymbol{x}_b\right)$ 也是高斯分布。现在我们接着讨论由下式给出的边缘分布：

$$p(\boldsymbol{x}_a)=\int p(\boldsymbol{x}_a,\boldsymbol{x}_b)\mathrm{d}\boldsymbol{x}_b \tag{3.67}$$

正如我们将看到的，它也是高斯分布。与之前相同，我们计算这种分布的策略是关注联合分布指数中的二次形式，从而确定边缘分布 $p\left(\boldsymbol{x}_a\right)$ 的均值和协方差。

联合分布指数中的二次形式可以用式（3.54）中的分量精度矩阵来表示。我们的目标是通过积分消去 $\boldsymbol{x}_b$，而最容易实现的是首先考虑涉及 $\boldsymbol{x}_b$ 的项，然后完全平方以完成积分。通过选出那些涉及 $\boldsymbol{x}_b$ 的项，有

$$-\frac{1}{2}\boldsymbol{x}_b^{\mathrm{T}}\boldsymbol{\Lambda}_{bb}\boldsymbol{x}_b+\boldsymbol{x}_b^{\mathrm{T}}\boldsymbol{m}=-\frac{1}{2}\left(\boldsymbol{x}_b-\boldsymbol{\Lambda}_{bb}^{-1}\boldsymbol{m}\right)^{\mathrm{T}}\boldsymbol{\Lambda}_{bb}\left(\boldsymbol{x}_b-\boldsymbol{\Lambda}_{bb}^{-1}\boldsymbol{m}\right)+\frac{1}{2}\boldsymbol{m}^{\mathrm{T}}\boldsymbol{\Lambda}_{bb}^{-1}\boldsymbol{m} \tag{3.68}$$

其中

$$\boldsymbol{m}=\boldsymbol{\Lambda}_{bb}\boldsymbol{\mu}_b-\boldsymbol{\Lambda}_{ba}\left(\boldsymbol{x}_a-\boldsymbol{\mu}_a\right) \tag{3.69}$$

可以看到，对 $\boldsymbol{x}_b$ 的依赖性已转换为高斯分布的标准二次形式，对应于式（3.68）右侧的第一项加上一个不依赖于 $\boldsymbol{x}_b$（但依赖于 $\boldsymbol{x}_a$）的项。因此，当我们取这个二次形式的指数时，可以看到式（3.67）所需的对 $\boldsymbol{x}_b$ 的积分将采用以下形式：

$$\int \exp\left\{-\frac{1}{2}\left(\boldsymbol{x}_b - \boldsymbol{\Lambda}_{bb}^{-1}\boldsymbol{m}\right)^{\mathrm{T}} \boldsymbol{\Lambda}_{bb}\left(\boldsymbol{x}_b - \boldsymbol{\Lambda}_{bb}^{-1}\boldsymbol{m}\right)\right\} \mathrm{d}\boldsymbol{x}_b \tag{3.70}$$

这种积分很容易实现，由于该分布是未归一化的高斯分布，因此积分的结果将是归一化系数的倒数。由式（3.26）给出的归一化高斯形式可知，该系数与均值无关，而仅取决于协方差矩阵的行列式。因此，通过计算完全关于 $\boldsymbol{x}_b$ 的平方，可以积分消去 $\boldsymbol{x}_b$，于是式（3.68）左侧唯一剩下的依赖于 $\boldsymbol{x}_a$ 的项就是式（3.68）右侧的最后一项，其中 $\boldsymbol{m}$ 由式（3.69）给出。将该项与式（3.54）中依赖于 $\boldsymbol{x}_a$ 的其余项相结合，可以得到

$$\begin{aligned}
&\frac{1}{2}\left[\boldsymbol{\Lambda}_{bb}\boldsymbol{\mu}_b - \boldsymbol{\Lambda}_{ba}\left(\boldsymbol{x}_a - \boldsymbol{\mu}_a\right)\right]^{\mathrm{T}} \boldsymbol{\Lambda}_{bb}^{-1}\left[\boldsymbol{\Lambda}_{bb}\boldsymbol{\mu}_b - \boldsymbol{\Lambda}_{ba}\left(\boldsymbol{x}_a - \boldsymbol{\mu}_a\right)\right] - \\
&\frac{1}{2}\boldsymbol{x}_a^{\mathrm{T}}\boldsymbol{\Lambda}_{aa}\boldsymbol{x}_a + \boldsymbol{x}_a^{\mathrm{T}}\left(\boldsymbol{\Lambda}_{aa}\boldsymbol{\mu}_a + \boldsymbol{\Lambda}_{ab}\boldsymbol{\mu}_b\right) + \text{ const} \\
&= -\frac{1}{2}\boldsymbol{x}_a^{\mathrm{T}}\left(\boldsymbol{\Lambda}_{aa} - \boldsymbol{\Lambda}_{ab}\boldsymbol{\Lambda}_{bb}^{-1}\boldsymbol{\Lambda}_{ba}\right)\boldsymbol{x}_a + \boldsymbol{x}_a^{\mathrm{T}}\left(\boldsymbol{\Lambda}_{aa} - \boldsymbol{\Lambda}_{ab}\boldsymbol{\Lambda}_{bb}^{-1}\boldsymbol{\Lambda}_{ba}\right)\boldsymbol{\mu}_a + \text{ const}
\end{aligned} \tag{3.71}$$

其中“const”表示独立于 $\boldsymbol{x}_a$ 的常数项。同样，通过与式（3.55）进行比较，可以看到边缘分布 $p(\boldsymbol{x}_a)$ 的协方差由下式给出：

$$\boldsymbol{\Sigma}_a = \left(\boldsymbol{\Lambda}_{aa} - \boldsymbol{\Lambda}_{ab}\boldsymbol{\Lambda}_{bb}^{-1}\boldsymbol{\Lambda}_{ba}\right)^{-1} \tag{3.72}$$

均值则由下式给出：

$$\boldsymbol{\Sigma}_a\left(\boldsymbol{\Lambda}_{aa} - \boldsymbol{\Lambda}_{ab}\boldsymbol{\Lambda}_{bb}^{-1}\boldsymbol{\Lambda}_{ba}\right)\boldsymbol{\mu}_a = \boldsymbol{\mu}_a \tag{3.73}$$

这里用到了式（3.72）。协方差式（3.72）是用式（3.53）给出的分量精度矩阵来表示的。就像我们对条件分布所做的那样，我们可以根据式（3.51）给出的协方差矩阵的相应分量来重写它。这些分量矩阵有如下关系：

$$\begin{pmatrix} \boldsymbol{\Lambda}_{aa} & \boldsymbol{\Lambda}_{ab} \\ \boldsymbol{\Lambda}_{ba} & \boldsymbol{\Lambda}_{bb} \end{pmatrix}^{-1} = \begin{pmatrix} \boldsymbol{\Sigma}_{aa} & \boldsymbol{\Sigma}_{ab} \\ \boldsymbol{\Sigma}_{ba} & \boldsymbol{\Sigma}_{bb} \end{pmatrix} \tag{3.74}$$

利用式（3.60），有

$$\left(\boldsymbol{\Lambda}_{aa} - \boldsymbol{\Lambda}_{ab}\boldsymbol{\Lambda}_{bb}^{-1}\boldsymbol{\Lambda}_{ba}\right)^{-1} = \boldsymbol{\Sigma}_{aa} \tag{3.75}$$

这样我们就得到了直观上令人满意的结果，即边缘分布 $p(\boldsymbol{x}_a)$ 具有下式给出的均值和协方差：

$$\mathbb{E}[\boldsymbol{x}_a] = \boldsymbol{\mu}_a \tag{3.76}$$

$$\operatorname{cov}\left[\boldsymbol{x}_a\right]=\boldsymbol{\Sigma}_{aa} \tag{3.77}$$

可以看到，对于边缘分布，均值和协方差用分量协方差矩阵表达最简单；而对于条件分布，均值和协方差用分量精度矩阵表达最简单。

我们可以将分量形式高斯分布的边缘分布和条件分布的结果总结如下。对于联合高斯分布 $\mathcal{N}\left(\boldsymbol{x} \mid \boldsymbol{\mu}, \boldsymbol{\Sigma}\right)$，给定 $\boldsymbol{\Lambda} \equiv \boldsymbol{\Sigma}^{-1}$ 和下列分量矩阵：

$$\boldsymbol{x}=\begin{pmatrix}\boldsymbol{x}_a \\ \boldsymbol{x}_b\end{pmatrix}, \quad \boldsymbol{\mu}=\begin{pmatrix}\boldsymbol{\mu}_a \\ \boldsymbol{\mu}_b\end{pmatrix} \tag{3.78}$$

$$\boldsymbol{\Sigma}=\begin{pmatrix}\boldsymbol{\Sigma}_{aa} & \boldsymbol{\Sigma}_{ab} \\ \boldsymbol{\Sigma}_{ba} & \boldsymbol{\Sigma}_{bb}\end{pmatrix}, \quad \boldsymbol{\Lambda}=\begin{pmatrix}\boldsymbol{\Lambda}_{aa} & \boldsymbol{\Lambda}_{ab} \\ \boldsymbol{\Lambda}_{ba} & \boldsymbol{\Lambda}_{bb}\end{pmatrix} \tag{3.79}$$

则条件分布由下式给出：

$$p\left(\boldsymbol{x}_a \mid \boldsymbol{x}_b\right)=\mathcal{N}\left(\boldsymbol{x} \mid \boldsymbol{\mu}_{a|b}, \boldsymbol{\Lambda}_{aa}^{-1}\right) \tag{3.80}$$

$$\boldsymbol{\mu}_{a|b}=\boldsymbol{\mu}_a-\boldsymbol{\Lambda}_{aa}^{-1}\boldsymbol{\Lambda}_{ab}\left(\boldsymbol{x}_b-\boldsymbol{\mu}_b\right) \tag{3.81}$$

边缘分布由下式给出：

$$p\left(\boldsymbol{x}_a\right)=\mathcal{N}\left(\boldsymbol{x}_a \mid \boldsymbol{\mu}_a, \boldsymbol{\Sigma}_{aa}\right) \tag{3.82}$$

图 3.5 用一个涉及两个变量的示例，对多元高斯分布的边缘分布和条件分布的思想进行了阐释。

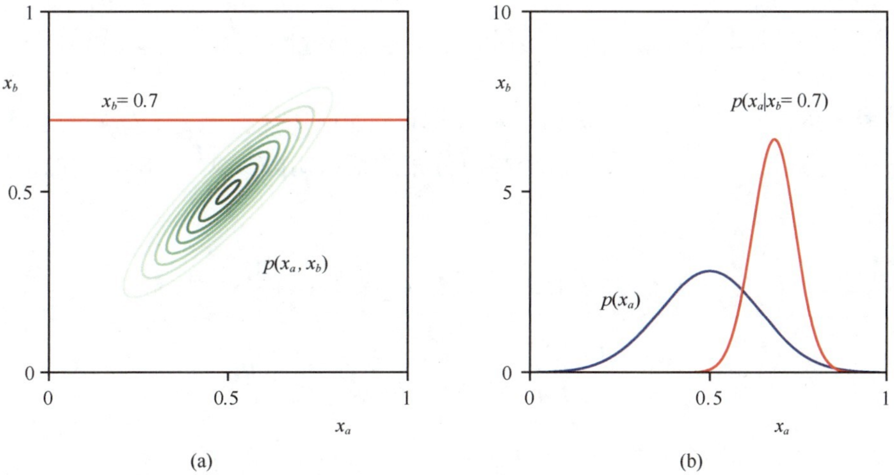

图 3.5 **(a) 一个涉及两个变量的高斯分布** $p(x_a, x_b)$ **的等值线。(b)** $p(x_a)$ **的边缘分布（蓝色曲线）和** $x_b = 0.7$ **时的条件分布** $p(x_a \mid x_b)$ **（红色曲线）**

3.2.6 贝叶斯定理

在 3.2.4 小节和 3.2.5 小节中，我们考虑了高斯分布 $p(\boldsymbol{x})$，其中我们将向量 $\boldsymbol{x}$ 分成了两个子向量 $\boldsymbol{x}=(\boldsymbol{x}_a,\boldsymbol{x}_b)$，然后找到了条件分布 $p(\boldsymbol{x}_a|\boldsymbol{x}_b)$ 和边缘分布 $p(\boldsymbol{x}_a)$ 的表达式。注意条件分布 $p(\boldsymbol{x}_a|\boldsymbol{x}_b)$ 的均值是 $\boldsymbol{x}_b$ 的线性函数。在这里，假设我们有高斯边缘分布 $p(\boldsymbol{x})$ 和高斯条件分布 $p(\boldsymbol{y}|\boldsymbol{x})$，其中 $p(\boldsymbol{y}|\boldsymbol{x})$ 的均值是 $\boldsymbol{x}$ 的线性函数，协方差与 $\boldsymbol{x}$ 独立。这是线性高斯模型的一个例子（Roweis and Ghahramani, 1999）（参见 11.1.4 小节）。我们希望找到边缘分布 $p(\boldsymbol{y})$ 和条件分布 $p(\boldsymbol{x}|\boldsymbol{y})$。这种结构在好几种生成式模型中都有出现（参见第 16 章），因此在这里推导出一般结论会很有帮助。

我们将边缘分布和条件分布取如下形式：

$$p(\boldsymbol{x})=\mathcal{N}\left(\boldsymbol{x}|\boldsymbol{\mu},\boldsymbol{\Lambda}^{-1}\right) \tag{3.83}$$

$$p(\boldsymbol{y}|\boldsymbol{x})=\mathcal{N}\left(\boldsymbol{y}|\boldsymbol{A}\boldsymbol{x}+\boldsymbol{b},\boldsymbol{L}^{-1}\right) \tag{3.84}$$

其中 $\boldsymbol{\mu}$、$\boldsymbol{A}$ 和 $\boldsymbol{b}$ 是控制均值的参数，$\boldsymbol{\Lambda}$ 和 $\boldsymbol{L}$ 是精度矩阵。如果 $\boldsymbol{x}$ 的维度为 M，$\boldsymbol{y}$ 的维度为 D，则矩阵 $\boldsymbol{A}$ 的大小为 $D\times M$。

首先找到 $\boldsymbol{x}$ 和 $\boldsymbol{y}$ 上联合分布的表达式。为此，我们定义

$$\boldsymbol{z}=\begin{pmatrix}\boldsymbol{x}\\\boldsymbol{y}\end{pmatrix} \tag{3.85}$$

然后考虑联合分布的对数：

$$\begin{aligned}\ln p(\boldsymbol{z})&=\ln p(\boldsymbol{x})+\ln p(\boldsymbol{y}|\boldsymbol{x})\\&=-\frac{1}{2}(\boldsymbol{x}-\boldsymbol{\mu})^{\mathrm{T}}\boldsymbol{\Lambda}(\boldsymbol{x}-\boldsymbol{\mu})-\frac{1}{2}(\boldsymbol{y}-\boldsymbol{A}\boldsymbol{x}-\boldsymbol{b})^{\mathrm{T}}\boldsymbol{L}(\boldsymbol{y}-\boldsymbol{A}\boldsymbol{x}-\boldsymbol{b})+\text{const}\end{aligned} \tag{3.86}$$

其中“const”表示独立于 $\boldsymbol{x}$ 和 $\boldsymbol{y}$ 的常数项。如前所述，这是 $\boldsymbol{z}$ 分量的二次函数，因此 $p(\boldsymbol{z})$ 是高斯分布。为了找到这个高斯分布的精度矩阵，式（3.86）中的二阶项可以写成

$$\begin{aligned}&-\frac{1}{2}\boldsymbol{x}^{\mathrm{T}}\left(\boldsymbol{\Lambda}+\boldsymbol{A}^{\mathrm{T}}\boldsymbol{L}\boldsymbol{A}\right)\boldsymbol{x}-\frac{1}{2}\boldsymbol{y}^{\mathrm{T}}\boldsymbol{L}\boldsymbol{y}+\frac{1}{2}\boldsymbol{y}^{\mathrm{T}}\boldsymbol{L}\boldsymbol{A}\boldsymbol{x}+\frac{1}{2}\boldsymbol{x}^{\mathrm{T}}\boldsymbol{A}^{\mathrm{T}}\boldsymbol{L}\boldsymbol{y}\\&=-\frac{1}{2}\begin{pmatrix}\boldsymbol{x}\\\boldsymbol{y}\end{pmatrix}^{\mathrm{T}}\begin{pmatrix}\boldsymbol{\Lambda}+\boldsymbol{A}^{\mathrm{T}}\boldsymbol{L}\boldsymbol{A}&-\boldsymbol{A}^{\mathrm{T}}\boldsymbol{L}\\-\boldsymbol{L}\boldsymbol{A}&\boldsymbol{L}\end{pmatrix}\begin{pmatrix}\boldsymbol{x}\\\boldsymbol{y}\end{pmatrix}=-\frac{1}{2}\boldsymbol{z}^{\mathrm{T}}\boldsymbol{R}\boldsymbol{z}\end{aligned} \tag{3.87}$$

因此，$\boldsymbol{z}$ 上的高斯分布的精度（逆协方差）矩阵由下式给出：

$$\boldsymbol{R}=\begin{pmatrix}\boldsymbol{\Lambda}+\boldsymbol{A}^{\mathrm{T}}\boldsymbol{L}\boldsymbol{A}&-\boldsymbol{A}^{\mathrm{T}}\boldsymbol{L}\\-\boldsymbol{L}\boldsymbol{A}&\boldsymbol{L}\end{pmatrix} \tag{3.88}$$

协方差矩阵是通过取精度矩阵的逆矩阵来求的，这可以通过使用逆矩阵公式式（3.60）来实现（见习题 3.23），即

$$\text{cov}[\boldsymbol{z}]=\boldsymbol{R}^{-1}=\begin{pmatrix}\boldsymbol{\Lambda}^{-1} & \boldsymbol{\Lambda}^{-1}\boldsymbol{A}^{\mathrm{T}}\\ \boldsymbol{A}\boldsymbol{\Lambda}^{-1} & \boldsymbol{L}^{-1}+\boldsymbol{A}\boldsymbol{\Lambda}^{-1}\boldsymbol{A}^{\mathrm{T}}\end{pmatrix} \tag{3.89}$$

同样，也可以通过识别式（3.86）中的线性项来计算关于 $\boldsymbol{z}$ 的高斯分布的均值，它由下式给出：

$$\boldsymbol{x}^{\mathrm{T}}\boldsymbol{\Lambda}\boldsymbol{\mu}-\boldsymbol{x}^{\mathrm{T}}\boldsymbol{A}^{\mathrm{T}}\boldsymbol{L}\boldsymbol{b}+\boldsymbol{y}^{\mathrm{T}}\boldsymbol{L}\boldsymbol{b}=\begin{pmatrix}\boldsymbol{x}\\ \boldsymbol{y}\end{pmatrix}^{\mathrm{T}}\begin{pmatrix}\boldsymbol{\Lambda}\boldsymbol{\mu}-\boldsymbol{A}^{\mathrm{T}}\boldsymbol{L}\boldsymbol{b}\\ \boldsymbol{L}\boldsymbol{b}\end{pmatrix} \tag{3.90}$$

使用我们之前通过在多元高斯分布的二次型上完全平方得到的结果式（3.55），可以发现 $\boldsymbol{z}$ 的均值由下式给出：

$$\mathbb{E}[\boldsymbol{z}]=\boldsymbol{R}^{-1}\begin{pmatrix}\boldsymbol{\Lambda}\boldsymbol{\mu}-\boldsymbol{A}^{\mathrm{T}}\boldsymbol{L}\boldsymbol{b}\\ \boldsymbol{L}\boldsymbol{b}\end{pmatrix} \tag{3.91}$$

利用式（3.89）（见习题 3.24），可以得到

$$\mathbb{E}[\boldsymbol{z}]=\begin{pmatrix}\boldsymbol{\mu}\\ \boldsymbol{A}\boldsymbol{\mu}+\boldsymbol{b}\end{pmatrix} \tag{3.92}$$

接下来，我们在 $\boldsymbol{x}$ 上进行边缘化，得到 $p(\boldsymbol{y})$ 的表达式。回想一下，当使用分量协方差矩阵来表达服从高斯分布的随机向量子集的边缘分布时，我们可以采用非常简单的形式（参见 3.2 节）。具体来说，其均值和协方差分别由式（3.76）和式（3.77）给出。利用式（3.89）和式（3.92）可以看到，边缘分布 $p(\boldsymbol{y})$ 的均值和协方差由下式给出：

$$\mathbb{E}[\boldsymbol{y}]=\boldsymbol{A}\boldsymbol{\mu}+\boldsymbol{b} \tag{3.93}$$

$$\text{cov}[\boldsymbol{y}]=\boldsymbol{L}^{-1}+\boldsymbol{A}\boldsymbol{\Lambda}^{-1}\boldsymbol{A}^{\mathrm{T}} \tag{3.94}$$

这个结果的一个特例出现在 $\boldsymbol{A}=\boldsymbol{I}$ 时，在这种情况下，边缘分布退化为两个高斯分布的卷积。由此可以看到，卷积的均值是两个高斯分布的均值之和，卷积的协方差则是它们的协方差之和。

最后推导条件分布 $p(\boldsymbol{x}|\boldsymbol{y})$ 的表达式。回想一下，条件分布的结果可以很容易地通过式（3.57）和式（3.59），用分量精度矩阵来表示（参见 3.2 节）。将这些结果应用于式（3.89）和式（3.92），可以看到条件分布 $p(\boldsymbol{x}|\boldsymbol{y})$ 具有以下均值和协方差：

$$\mathbb{E}[\boldsymbol{x}\,|\,\boldsymbol{y}]=\left(\boldsymbol{\Lambda}+\boldsymbol{A}^{\mathrm{T}}\boldsymbol{L}\boldsymbol{A}\right)^{-1}\left\{\boldsymbol{A}^{\mathrm{T}}\boldsymbol{L}(\boldsymbol{y}-\boldsymbol{b})+\boldsymbol{\Lambda}\boldsymbol{\mu}\right\} \tag{3.95}$$

$$\text{cov}[\boldsymbol{x}\,|\,\boldsymbol{y}]=\left(\boldsymbol{\Lambda}+\boldsymbol{A}^{\mathrm{T}}\boldsymbol{L}\boldsymbol{A}\right)^{-1} \tag{3.96}$$

对这种条件分布进行估计可以看作贝叶斯定理的一个示例。在贝叶斯定理中，我们将 $p(\boldsymbol{x})$ 称为 $\boldsymbol{x}$ 的先验分布。如果观测到变量 $\boldsymbol{y}$，则条件分布 $p(\boldsymbol{x}|\boldsymbol{y})$ 表示 $\boldsymbol{x}$ 所对应的后验分布。得到边缘分布和条件分布后，我们可以有效地将联合分布 $p(\boldsymbol{z})=p(\boldsymbol{x})p(\boldsymbol{y}|\boldsymbol{x})$ 表示为 $p(\boldsymbol{x}|\boldsymbol{x})p(\boldsymbol{y})$ 的形式。

这些结果可以总结如下。给定关于 $\boldsymbol{x}$ 的边缘分布和给定 $\boldsymbol{x}$ 时关于 $\boldsymbol{y}$ 的条件分布：

$$p(\boldsymbol{x})=\mathcal{N}\left(\boldsymbol{x}\mid\boldsymbol{\mu},\boldsymbol{\Lambda}^{-1}\right) \tag{3.97}$$

$$p(\boldsymbol{y}\mid\boldsymbol{x})=\mathcal{N}\left(\boldsymbol{y}\mid\boldsymbol{A}\boldsymbol{x}+\boldsymbol{b},\ \boldsymbol{L}^{-1}\right) \tag{3.98}$$

则 $\boldsymbol{y}$ 的边缘分布和给定 $\boldsymbol{y}$ 时 $\boldsymbol{x}$ 的条件分布由下式给出：

$$p(\boldsymbol{y})=\mathcal{N}\left(\boldsymbol{y}\mid\boldsymbol{A}\boldsymbol{\mu}+\boldsymbol{b},\ \boldsymbol{L}^{-1}+\boldsymbol{A}\boldsymbol{\Lambda}^{-1}\boldsymbol{A}^{\mathrm{T}}\right) \tag{3.99}$$

$$p(\boldsymbol{x}\mid\boldsymbol{y})=\mathcal{N}\left(\boldsymbol{x}\mid\boldsymbol{\Sigma}\left\{\boldsymbol{A}^{\mathrm{T}}\boldsymbol{L}(\boldsymbol{y}-\boldsymbol{b})+\boldsymbol{\Lambda}\boldsymbol{\mu}\right\},\ \boldsymbol{\Sigma}\right) \tag{3.100}$$

其中

$$\boldsymbol{\Sigma}=\left(\boldsymbol{\Lambda}+\boldsymbol{A}^{\mathrm{T}}\boldsymbol{L}\boldsymbol{A}\right)^{-1} \tag{3.101}$$

3.2.7 最大似然

给定数据集 $\boldsymbol{X}=(\boldsymbol{x}_1,\cdots,\boldsymbol{x}_N)^{\mathrm{T}}$，假设其中的观测值 $\{\boldsymbol{x}_n\}$ 服从多元高斯分布且相互独立，则可以通过最大似然来估计分布的参数。对数似然函数由下式给出：

$$\ln p(\boldsymbol{X}\mid\boldsymbol{\mu},\boldsymbol{\Sigma})=-\frac{ND}{2}\ln(2\pi)-\frac{N}{2}\ln|\boldsymbol{\Sigma}|-\frac{1}{2}\sum_{n=1}^{N}\left(\boldsymbol{x}_n-\boldsymbol{\mu}\right)^{\mathrm{T}}\boldsymbol{\Sigma}^{-1}\left(\boldsymbol{x}_n-\boldsymbol{\mu}\right) \tag{3.102}$$

通过简单地重排，可以看到似然函数与数据集相关的部分仅依赖于这两个量：

$$\sum_{n=1}^{N}\boldsymbol{x}_n\text{和}\sum_{n=1}^{N}\boldsymbol{x}_n\boldsymbol{x}_n^{\mathrm{T}} \tag{3.103}$$

这称为高斯分布的充分统计量（sufficient statistic）。使用式（A.19）（参见附录 A），对数似然关于 $\boldsymbol{\mu}$ 的导数由下式给出：

$$\frac{\partial}{\partial\boldsymbol{\mu}}\ln p(\boldsymbol{X}\mid\boldsymbol{\mu},\boldsymbol{\Sigma})=\sum_{n=1}^{N}\boldsymbol{\Sigma}^{-1}\left(\boldsymbol{x}_n-\boldsymbol{\mu}\right) \tag{3.104}$$

令导数为零，即可得到均值的最大似然估计解：

$$\boldsymbol{\mu}_{\mathrm{ML}}=\frac{1}{N}\sum_{n=1}^{N}\boldsymbol{x}_n \tag{3.105}$$

这是观测数据点集的平均值。关于 $\boldsymbol{\Sigma}$ 最大化式（3.102）可以起到更大的作用。最简单的方法是忽略对称约束，正如所要求的那样，得到的解是对称的（参见习题 3.28）。我们在 Magnus and Neudecker（1999）中可以找到对这一结果的替代推导，这些推导显式地施加了对称性和正定性约束。结果正如预期的那样，具有如下形式：

$$\boldsymbol{\Sigma}_{\mathrm{ML}} = \frac{1}{N}\sum_{n=1}^{N}(\boldsymbol{x}_n - \boldsymbol{\mu}_{\mathrm{ML}})(\boldsymbol{x}_n - \boldsymbol{\mu}_{\mathrm{ML}})^{\mathrm{T}} \tag{3.106}$$

其中涉及 $\boldsymbol{\mu}_{\mathrm{ML}}$，因为这是相对于 $\boldsymbol{\mu}$ 和 $\boldsymbol{\Sigma}$ 联合最大化的结果。注意，$\boldsymbol{\mu}_{\mathrm{ML}}$ 的解［式（3.105）］并不依赖于 $\boldsymbol{\Sigma}_{\mathrm{ML}}$，因此我们可以首先估计 $\boldsymbol{\mu}_{\mathrm{ML}}$，然后用它来估计 $\boldsymbol{\Sigma}_{\mathrm{ML}}$。

如果我们估计真实分布下最大似然解的期望（见习题 3.29），则可以得到以下结果：

$$\mathbb{E}[\boldsymbol{\mu}_{\mathrm{ML}}] = \boldsymbol{\mu} \tag{3.107}$$

$$\mathbb{E}[\boldsymbol{\Sigma}_{\mathrm{ML}}] = \frac{N-1}{N}\boldsymbol{\Sigma} \tag{3.108}$$

可以看到，均值的最大似然估计期望等于真实均值。但是，协方差的最大似然估计期望小于真实值，因此它是有偏的。通过定义一个不同的估计量 $\tilde{\boldsymbol{\Sigma}}$，可以修正这一偏差，其由下式给出：

$$\tilde{\boldsymbol{\Sigma}} = \frac{1}{N-1}\sum_{n=1}^{N}(\boldsymbol{x}_n - \boldsymbol{\mu}_{\mathrm{ML}})(\boldsymbol{x}_n - \boldsymbol{\mu}_{\mathrm{ML}})^{\mathrm{T}} \tag{3.109}$$

显然，从式（3.106）和式（3.108）可以看出，$\tilde{\boldsymbol{\Sigma}}$ 的期望与 $\boldsymbol{\Sigma}$ 的期望相等。

3.2.8 序贯估计

我们对最大似然解的讨论采用了批处理（batch processing）方法，即一次性考虑整个训练集。也可以使用序贯（sequential）方法，该方法允许一次处理一个数据点，然后将其丢弃。这对于在线应用和大数据非常重要，因为一次性批量处理所有数据在这种情况下是不可行的。

考虑式（3.105）给出的最大似然估计的均值 $\boldsymbol{\mu}_{\mathrm{ML}}$，当它建立在 N 个观测值之上时，我们将它表示为 $\boldsymbol{\mu}_{\mathrm{ML}}^{(N)}$。如果我们分解出最末尾的数据点 $\boldsymbol{x}_N$ 的贡献，则可以得到

$$\begin{aligned}\boldsymbol{\mu}_{\mathrm{ML}}^{(N)} &= \frac{1}{N}\sum_{n=1}^{N}\boldsymbol{x}_n \\ &= \frac{1}{N}\boldsymbol{x}_N + \frac{1}{N}\sum_{n=1}^{N-1}\boldsymbol{x}_n \\ &= \frac{1}{N}\boldsymbol{x}_N + \frac{N-1}{N}\boldsymbol{\mu}_{\mathrm{ML}}^{(N-1)} \\ &= \boldsymbol{\mu}_{\mathrm{ML}}^{(N-1)} + \frac{1}{N}\left(\boldsymbol{x}_N - \boldsymbol{\mu}_{\mathrm{ML}}^{(N-1)}\right)\end{aligned} \tag{3.110}$$

这个结果可以很容易地按如下方式解释。在观测到 $N-1$ 个数据点后，我们用 $\boldsymbol{\mu}_{\mathrm{ML}}^{(N-1)}$ 来估计 $\boldsymbol{\mu}$。而在观测到数据点 $\boldsymbol{x}_N$ 后，我们可以通过将旧的估计值在“误差信号” $(\boldsymbol{x}_N - \boldsymbol{\mu}_{\mathrm{ML}}^{(N-1)})$ 的方向上移动一个较小的量来获得修订后的估计值 $\boldsymbol{\mu}_{\mathrm{ML}}^{(N)}$，这个较小的量与

$1/N$ 成正比。注意，随着 N 的增加，来自后续数据点的贡献会越来越小。

3.2.9 高斯混合

尽管高斯分布具有一些重要的分析特性，但在用于对真实数据集建模时，它存在很大的局限性。考虑图 3.6(a) 中的示例，它又称为“Old Faithful”数据集，其中包括美国黄石国家公园老忠实喷泉喷发的 272 个观测值，每个观测值都以分钟为单位给出喷发的持续时间（横轴）和下一次喷发的时间（以分钟为单位）（纵轴）。我们可以看到该数据集形成了两个主要的簇，并且使用简单的高斯分布无法捕捉这种结构。

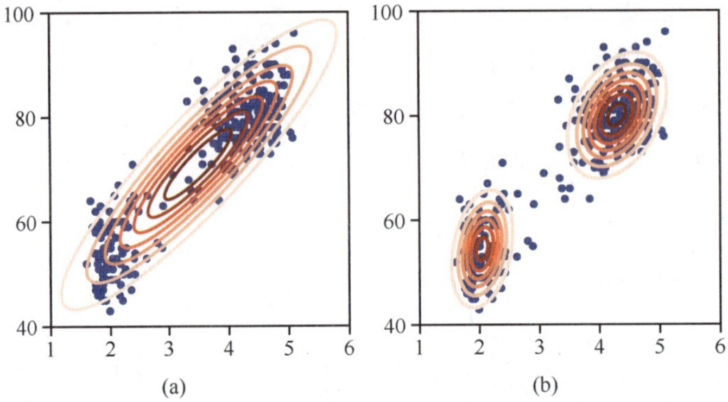

图 3.6 老忠实喷泉数据的图示，其中红色曲线是等概率密度的等值线。(a) 在单一高斯分布上使用最大似然拟合数据得到的分布。注意，此分布无法捕捉数据中的两个簇，并且确实将其大部分概率质量放置在了数据相对稀疏的团块间的中心区域。(b) 由两个高斯分布的线性组合得到的分布，其也由最大似然拟合，这样可以更好地反映数据

可以预期，叠加两个高斯分布将能够更好地表示该数据集的结构，情况也确实如此，如图 3.6(b) 所示。这种叠加是通过对更基本的分布（如高斯分布等）进行线性组合来实现的，可以称作混合分布（mixture distribution）的概率模型（参见第 15 章）。在本节中，我们将考虑用高斯分布来说明混合模型的框架。更一般地，混合模型可以包含其他分布的线性组合，例如二元变量的伯努利分布的混合分布等。在图 3.7 中，我们看到高斯分布的线性组合可以产生非常复杂的密度。通过使用足够数量的高斯分布，并调整它们的均值和协方差以及线性组合中的系数，我们可以把几乎任何连续分布近似到任意准确度。

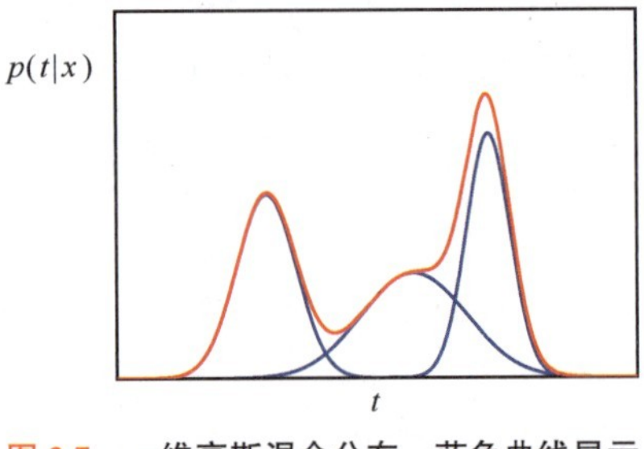

图 3.7 一维高斯混合分布，蓝色曲线显示了 3 个高斯分布（每个高斯分布按系数缩放），红色曲线显示了它们的叠加效果

考虑形如下式的 K 个高斯密度的叠加：

$$p(\boldsymbol{x})=\sum_{k=1}^{K}\pi_k\mathcal{N}\left(\boldsymbol{x}\mid\boldsymbol{\mu}_k,\boldsymbol{\Sigma}_k\right) \tag{3.111}$$

这称为高斯混合（mixture of Gaussians）。每个高斯密度 $\mathcal{N}\left(\boldsymbol{x}\mid\boldsymbol{\mu}_k,\boldsymbol{\Sigma}_k\right)$ 则称为混合分布的一个分量（component），且具有自己的均值 $\boldsymbol{\mu}_k$ 和协方差 $\boldsymbol{\Sigma}_k$。图 3.8 显示了具

有 3 个分量的二元高斯混合分布的等值线和曲面图。

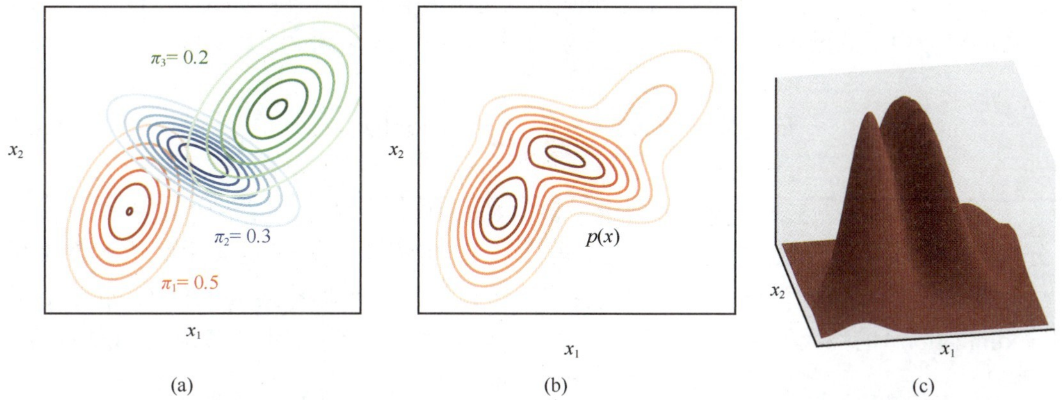

图 3.8　3 个二元高斯混合分布的示意图。(a) 每种混合情况的密度等值线，3 种情况分别表示为红色曲线、蓝色曲线和绿色曲线，混合系数的值显示在每个分量的下方。(b) 混合分布的边缘概率密度 $p(\boldsymbol{x})$ 的等值线。(c) 分布 $p(\boldsymbol{x})$ 的曲面图

式（3.111）中的参数 π_k 称为混合系数（mixing coefficient）。如果在式（3.111）的两边对 $\boldsymbol{x}$ 进行积分，并注意到 $p(\boldsymbol{x})$ 和单个高斯分量都可以归一化，便可得到

$$\sum_{k=1}^{K} \pi_k = 1 \tag{3.112}$$

此外，给定 $\mathcal{N}(\boldsymbol{x} | \boldsymbol{\mu}_k, \boldsymbol{\Sigma}_k) \geqslant 0$，则 $p(\boldsymbol{x}) \geqslant 0$ 的充分条件是对所有 k 都有 $\pi_k \geqslant 0$。将其与条件式（3.112）相结合，可以得到

$$0 \leqslant \pi_k \leqslant 1 \tag{3.113}$$

因此，混合系数满足将其作为概率的要求。下面我们将证明这种对混合分布的概率解释是非常强大的（参见第 15 章）。

根据概率的加和法则与乘积法则，边缘密度可以写为

$$p(\boldsymbol{x}) = \sum_{k=1}^{K} p(k) p(\boldsymbol{x} | k) \tag{3.114}$$

这等价于式（3.111），其中可以将 $\pi_k = p(k)$ 视为选择第 k 个分量的先验概率，并将密度 $\mathcal{N}(\boldsymbol{x} | \boldsymbol{\mu}_k, \boldsymbol{\Sigma}_k) = p(\boldsymbol{x} | k)$ 视为以 k 为条件时 $\boldsymbol{x}$ 的概率。我们将在后面的章节中看到，相应的后验概率 $p(k|\boldsymbol{x})$ 会起到重要作用，因此也称责任。根据贝叶斯定理，这些可以由下式给出：

$$\begin{aligned} \gamma_k(\boldsymbol{x}) &\equiv p(k | \boldsymbol{x}) \\ &= \frac{p(k) p(\boldsymbol{x} | k)}{\sum_l p(l) p(\boldsymbol{x} | l)} = \frac{\pi_k \mathcal{N}(\boldsymbol{x} | \boldsymbol{\mu}_k, \boldsymbol{\Sigma}_k)}{\sum_l \pi_l \mathcal{N}(\boldsymbol{x} | \boldsymbol{\mu}_l, \boldsymbol{\Sigma}_l)} \end{aligned} \tag{3.115}$$

高斯混合分布的形式由参数 $\boldsymbol{\pi}$、$\boldsymbol{\mu}$ 和 $\boldsymbol{\Sigma}$ 控制，其中 $\boldsymbol{\pi} \equiv \{\pi_1, \cdots, \pi_K\}$，$\boldsymbol{\mu} \equiv \{\boldsymbol{\mu}_1, \cdots, \boldsymbol{\mu}_K\}$，$\boldsymbol{\Sigma} \equiv \{\boldsymbol{\Sigma}_1, \cdots, \boldsymbol{\Sigma}_K\}$。设置这些参数值的一种方法是使用最大似然。根据式（3.111），似然函数的对数由下式给出：

$$\ln p(\boldsymbol{X} \mid \boldsymbol{\pi}, \boldsymbol{\mu}, \boldsymbol{\Sigma}) = \sum_{n=1}^{N} \ln \left\{ \sum_{k=1}^{K} \pi_k \mathcal{N}\left(\boldsymbol{x}_n \mid \boldsymbol{\mu}_k, \boldsymbol{\Sigma}_k\right) \right\} \tag{3.116}$$

其中 $\boldsymbol{X} = \{\boldsymbol{x}_1, \cdots, \boldsymbol{x}_N\}$。我们发现由于是在对数中对 k 求和，现在的情况比单个高斯分布要复杂得多。参数的最大似然解不再具有闭式解析解。一种最大化似然函数的方法是使用迭代数值优化技术。或者，我们也可以采用一个称作最大期望（expectation maximization）的强大框架（参见第 15 章），它广泛适用于各种不同的深度生成式模型。

3.3 周期变量

尽管高斯分布本身具有重要的实际意义，并且作为构建更复杂概率模型的基础也十分有用，但在某些情况下，它们并不适合作为连续变量的密度模型。实际应用中存在的周期变量就属于这种情况。

特定地理位置的风向是周期变量的一个例子。例如，我们在测量多个地理位置的风向后，希望使用参数分布来总结这些数据。另一个例子是日历时间，我们想建模那些可能在 24 小时或一年内具有周期性的量。这样的量可以使用 $0 \leqslant \theta < 2\pi$ 范围内的角（极）坐标来方便地表示。

我们可以选择某个方向作为起始方向，然后应用高斯分布等常规分布来处理周期变量。然而，这种方法所产生的结果极其依赖于我们随意选择的起始方向。例如，假设有两个观测值 $\theta_1 = 1^\circ$ 和 $\theta_2 = 359^\circ$，并且我们使用标准的单元高斯分布对它们建模。如果将起始方向设置为 0°，那么该数据集的样本均值为 180°，标准差为 179°；而如果将起始方向设置为 180°，那么该数据集的样本均值为 0°，标准差为 1°。显然，我们需要一种专门用来处理周期变量的方法。

冯·米塞斯分布

考虑估计周期变量 θ 的一组观测值 $\mathcal{D} = \{\theta_1, \cdots, \theta_N\}$ 的均值，其中 θ 的单位为弧度。简单计算均值 $(\theta_1 + \cdots + \theta_N)/N$ 将与坐标系强相关。为了找到均值的不变度量，我们注意到观测值可以视为单位圆上的点，因此可以用二维单位向量 $\boldsymbol{x}_1, \cdots, \boldsymbol{x}_N$ 来描述它们，其中对于 $\boldsymbol{x}_1, \cdots, \boldsymbol{x}_N$，$\| \boldsymbol{x}_n \| = 1$，如图 3.9 所示。对向量 $\{\boldsymbol{x}_n\}$ 求平均值，可得

$$\overline{\boldsymbol{x}} = \frac{1}{N} \sum_{n=1}^{N} \boldsymbol{x}_n \tag{3.117}$$

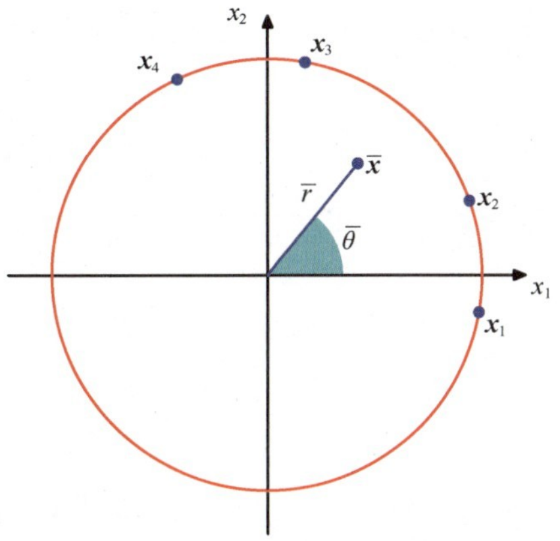

图 3.9 将周期变量的值 θ_n 表示为位于单位圆上的二维向量 $\boldsymbol{x}_n$ 的示意图，同时还展示了这些向量的平均值 $\overline{\boldsymbol{x}}$

然后找到与平均值对应的角度 $\overline{\theta}$ 。显然，上述定义将确保均值的位置与角坐标的起始方向无关。注意 $\overline{\boldsymbol{x}}$ 通常位于单位圆内。观测值的笛卡儿坐标由 $\boldsymbol{x}_n=(\cos\theta_n,\sin\theta_n)$ 给出，样本均值的笛卡儿坐标可以写成 $\overline{\boldsymbol{x}}=(\overline{r}\cos\overline{\theta},\overline{r}\sin\overline{\theta})$ 。代入式（3.117）并使 x_1 和 x_2 分量相等，则有

$$\overline{x}_1=\overline{r}\cos\overline{\theta}=\frac{1}{N}\sum_{n=1}^{N}\cos\theta_n\text{，}\quad \overline{x}_2=\overline{r}\sin\overline{\theta}=\frac{1}{N}\sum_{n=1}^{N}\sin\theta_n \tag{3.118}$$

对二者取比值，并使用恒等式 $\tan\theta=\sin\theta/\cos\theta$ ， $\overline{\theta}$ 可由下式求解：

$$\overline{\theta}=\tan^{-1}\left\{\frac{\sum_n\sin\theta_n}{\sum_n\cos\theta_n}\right\} \tag{3.119}$$

读者很快就会看到这个结果是如何作为最大似然估计量而产生的。

首先定义高斯分布的一个周期性推广，称为冯・米塞斯（von Mises）分布。接下来仅着重于一元分布，尽管在任意维度的超球面上也可以找到类似的周期分布（Mardia and Jupp, 2000）。

按照惯例，考虑分布 $p(\theta)$，其具有 2π 周期。任何定义在 θ 上的概率密度 $p(\theta)$ 都必须是非负的且积分等于 $p(\theta)$，同时还必须具有周期性。因此，$p(\theta)$ 必须满足以下 3 个条件：

$$p(\theta)\geqslant 0 \tag{3.120}$$

$$\int_0^{2\pi}p(\theta)\mathrm{d}\theta=1 \tag{3.121}$$

$$p(\theta+2\pi)=p(\theta) \tag{3.122}$$

从式（3.122）可知，对于任何整数 M， $p(\theta+2M\pi)=p(\theta)$ 。

我们可以很容易地获得满足上述 3 个条件的类高斯分布：考虑二元变量 $\boldsymbol{x}=(x_1,x_2)$

上的高斯分布，其均值为 $\boldsymbol{\mu}=(\mu_1,\mu_2)$，协方差矩阵为 $\boldsymbol{\Sigma}=\sigma^2\boldsymbol{I}$，其中 $\boldsymbol{I}$ 是 2×2 的单位矩阵，故有

$$p(x_1,x_2)=\frac{1}{2\pi\sigma^2}\exp\left\{-\frac{(x_1-\mu_1)^2+(x_2-\mu_2)^2}{2\sigma^2}\right\} \tag{3.123}$$

常数 $p(\boldsymbol{x})$ 的等值线为圆形，如图 3.10 所示。

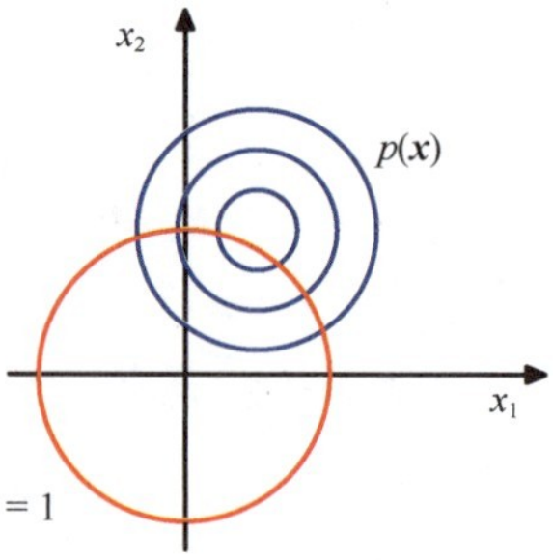

图 3.10 冯·米塞斯分布可通过式（3.123）所示的二维高斯分布导出。图中蓝色的圆是其密度等值线，红色的单位圆是其条件

考虑沿着固定半径的圆来取这个分布上的值。通过这种构造方法，尽管没有被归一化，但这个分布仍将是周期性的。我们可以通过从笛卡儿坐标 (x_1,x_2) 转换到极坐标 (r,θ) 来确定该分布的形式：

$$x_1=r\cos\theta,\quad x_2=r\sin\theta \tag{3.124}$$

同时将均值 $\boldsymbol{\mu}$ 也映射到极坐标：

$$\mu_1=r_0\cos\theta_0,\quad \mu_2=r_0\sin\theta_0 \tag{3.125}$$

接下来，我们设单位圆 $r=1$，将这些变换代入二维高斯分布式（3.123），以研究该分布与 θ 的依赖关系。关注高斯分布中的指数部分，则有

$$\begin{aligned}&-\frac{1}{2\sigma^2}\left\{(r\cos\theta-r_0\cos\theta_0)^2+(r\sin\theta-r_0\sin\theta_0)^2\right\}\\&=-\frac{1}{2\sigma^2}\left\{1+r_0^2-2r_0\cos\theta\cos\theta_0-2r_0\sin\theta\sin\theta_0\right\}\\&=\frac{r_0}{\sigma^2}\cos(\theta-\theta_0)+\text{const}\end{aligned} \tag{3.126}$$

其中“const”表示独立于 θ 的常数项。此处的推导使用了以下三角恒等式：

$$\cos^2 A+\sin^2 A=1 \tag{3.127}$$

$$\cos A\cos B+\sin A\sin B=\cos(A-B) \tag{3.128}$$

如果定义 $m=r_0/\sigma^2$，则可以得到 $p(\theta)$ 沿单位圆 $r=1$ 这个分布的最终表达式，形式为

$$p(\theta\mid\theta_0,m)=\frac{1}{2\pi I_0(m)}\exp\{m\cos(\theta-\theta_0)\} \tag{3.129}$$

这称为冯·米塞斯分布或圆形正态（circular normal）分布。这里的参数 θ_0 对应于分布的均值，m 则称为聚焦（concentration）参数，类似于高斯分布的逆方差（即精度）。式（3.129）中的归一化系数用 $I_0(m)$ 表示，它是第一类零阶修正贝塞尔函数

(Abramowitz and Stegun, 1965),定义如下:

$$I_0(m) = \frac{1}{2\pi}\int_0^{2\pi} \exp\{m\cos\theta\}\mathrm{d}\theta \tag{3.130}$$

当 m 较大时,该分布近似为高斯分布(见习题 3.31)。冯·米塞斯分布如图 3.11 所示,函数 $I_0(m)$ 如图 3.12 所示。

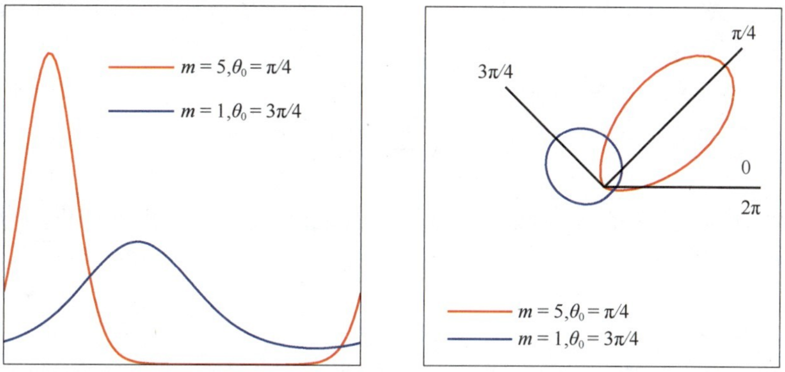

图 3.11 两个不同参数值下的冯·米塞斯分布。左图在笛卡儿坐标下,右图在相应的极坐标下

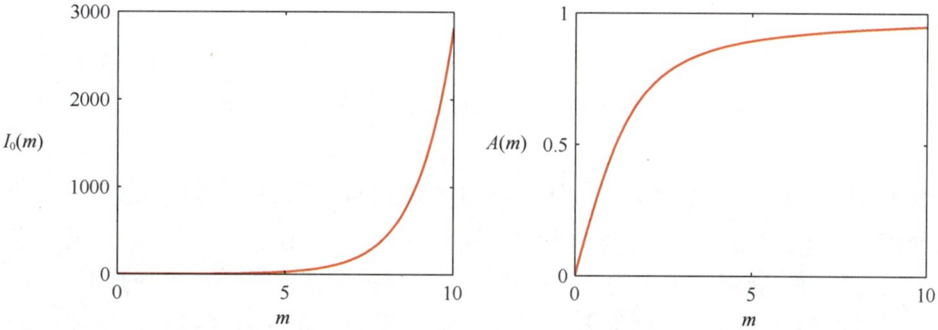

图 3.12 贝塞尔函数 $I_0(m)$[式(3.130)]和函数 $A(m)$[式(3.136)]的图示

考虑冯·米塞斯分布中参数 θ_0 和 m 的最大似然估计量。对数似然函数由下式给出:

$$\ln p(\mathcal{D}|\theta_0, m) = -N\ln(2\pi) - N\ln I_0(m) + m\sum_{n=1}^{N}\cos(\theta_n - \theta_0) \tag{3.131}$$

令式(3.131)对 θ_0 的导数为零,可得

$$\sum_{n=1}^{N}\sin(\theta_n - \theta_0) = 0 \tag{3.132}$$

为了求解 θ_0,使用如下三角不等式:

$$\sin(A-B) = \cos B\sin A - \cos A\sin B \tag{3.133}$$

由此可得（见习题 3.32）

$$\theta_0^{\mathrm{ML}} = \tan^{-1}\left\{\frac{\sum_n \sin\theta_n}{\sum_n \cos\theta_n}\right\} \tag{3.134}$$

可以发现，这与之前二维笛卡儿空间中观测值均值的结果［式（3.119）］一致。

类似地，关于 m 最大化式（3.131），并利用 $I_0'(m) = I_1(m)$（Abramowitz and Stegun, 1965），可得

$$A(m_{\mathrm{ML}}) = \frac{1}{N}\sum_{n=1}^{N}\cos\left(\theta_n - \theta_0^{\mathrm{ML}}\right) \tag{3.135}$$

此处已经代入了 θ_0 的最大似然解（注意我们现在正在对 θ 和 m 进行联合优化），并定义了

$$A(m) = \frac{I_1(m)}{I_0(m)} \tag{3.136}$$

函数 $A(m)$ 如图 3.12 所示。利用式（3.128）中的三角恒等式，可以将式（3.135）写成如下形式：

$$A(m_{\mathrm{ML}}) = \left(\frac{1}{N}\sum_{n=1}^{N}\cos\theta_n\right)\cos\theta_0^{\mathrm{ML}} + \left(\frac{1}{N}\sum_{n=1}^{N}\sin\theta_n\right)\sin\theta_0^{\mathrm{ML}} \tag{3.137}$$

式（3.137）的右侧部分很容易计算，而函数 $A(m)$ 可以通过数值反演得到。冯·米塞斯分布的一个局限性是，它是单峰的。我们可以通过构造一个包含多个冯·米塞斯分布的混合分布来获得一个更为灵活的周期变量建模框架，以处理多峰数据。

为了讨论的完整性，下面简要提及一些构造周期分布的替代技术。最简单的方法是使用观测值的直方图，其中角坐标被划分为固定的区间。这种方法的优点是简单且灵活，但也存在显著的局限性，这一点读者在后文对直方图方法的详细讨论中将会看到（参见 3.5 节）。另一种方法类似于冯·米塞斯分布：从欧氏空间上的高斯分布开始，但现在边缘化到单位圆上，而不是条件化（Mardia and Jupp, 2000）。然而，这会导致分布形式更加复杂，因此我们不再做进一步讨论。最后，实轴上的任何有效分布（如高斯分布）都可以通过将宽度为 2π 的连续区间映射到周期变量 $(0, 2\pi)$ 上，成为周期分布，这相当于将实轴“包裹”到单位圆上（环绕分布）。同样，由此得到的分布比冯·米塞斯分布更复杂。

3.4 指数族分布

到目前为止，本章所研究的概率分布（混合模型除外）都是指数族（exponential

family）分布（Duda and Hart, 1973; Bernardo and Smith, 1994）这一大类里的具体例子。指数族分布的成员具有许多共同的重要性质，对这些性质的一般性讨论可以带来不少启发。

给定参数 $\boldsymbol{\eta}$，关于 $\boldsymbol{x}$ 的指数族分布可以定义为以下形式的分布的集合：

$$p(\boldsymbol{x}\mid\boldsymbol{\eta})=h(\boldsymbol{x})g(\boldsymbol{\eta})\exp\left\{\boldsymbol{\eta}^{\mathrm{T}}\boldsymbol{u}(\boldsymbol{x})\right\} \tag{3.138}$$

其中 $\boldsymbol{x}$ 可以是标量或矢量，它可以是离散的或连续的。$\boldsymbol{\eta}$ 则称为分布的自然参数（natural parameters），$\boldsymbol{u}(\boldsymbol{x})$ 是 $\boldsymbol{x}$ 的某个函数。函数 $g(\boldsymbol{\eta})$ 可以解释为用来确保分布被归一化的系数，因此满足

$$g(\boldsymbol{\eta})\int h(\boldsymbol{x})\exp\left\{\boldsymbol{\eta}^{\mathrm{T}}\boldsymbol{u}(\boldsymbol{x})\right\}\mathrm{d}\boldsymbol{x}=1 \tag{3.139}$$

其中 $\boldsymbol{x}$ 若为离散变量，则积分改为求和。

下面我们从本章前面介绍的分布示例入手，说明它们确实是指数族分布的成员。首先考虑伯努利分布：

$$p(x\mid\mu)=\mathrm{Bern}\,(x\mid\mu)=\mu^{x}(1-\mu)^{1-x} \tag{3.140}$$

将式（3.140）的右侧表示为对数的指数，可得

$$\begin{aligned}p(x\mid\mu)&=\exp\{x\ln\mu+(1-x)\ln(1-\mu)\}\\&=(1-\mu)\exp\left\{\ln\left(\frac{\mu}{1-\mu}\right)x\right\}\end{aligned} \tag{3.141}$$

与式（3.138）比较后，我们可以确定

$$\eta=\ln\left(\frac{\mu}{1-\mu}\right) \tag{3.142}$$

对 μ 进行求解可得 $\mu=\sigma(\eta)$，其中

$$\sigma(\eta)=\frac{1}{1+\exp(-\eta)} \tag{3.143}$$

它又称为 sigmoid 函数。因此，我们可以使用以下标准表达式来描述伯努利分布：

$$p(x\mid\eta)=\sigma(-\eta)\exp(\eta x) \tag{3.144}$$

这里使用了等式 $1-\sigma(\eta)=\sigma(-\eta)$，其易由式（3.143）证得。与式（3.138）比较可得

$$u(x)=x \tag{3.145}$$

$$h(x)=1 \tag{3.146}$$

$$g(\eta)=\sigma(-\eta) \tag{3.147}$$

接下来考虑多项分布，对于单个观测 $\boldsymbol{x}$，其形式为

$$p(\boldsymbol{x}\mid\boldsymbol{\mu})=\prod_{k=1}^{M}\mu_k^{x_k}=\exp\left\{\sum_{k=1}^{M}x_k\ln\mu_k\right\} \tag{3.148}$$

其中 $\boldsymbol{x}=(x_1,\cdots,x_M)^{\mathrm{T}}$ 。式（3.148）同样可以写成标准表达式：

$$p(\boldsymbol{x}\mid\boldsymbol{\eta})=\exp\left(\boldsymbol{\eta}^{\mathrm{T}}\boldsymbol{x}\right) \tag{3.149}$$

其中 $\eta_k=\ln\mu_k$ ，并且我们定义 $\boldsymbol{\eta}=(\eta_1,\cdots,\eta_M)^{\mathrm{T}}$ 。与式（3.138）比较可得

$$\boldsymbol{u}(\boldsymbol{x})=\boldsymbol{x} \tag{3.150}$$

$$\boldsymbol{h}(\boldsymbol{x})=1 \tag{3.151}$$

$$g(\boldsymbol{\eta})=1 \tag{3.152}$$

注意，参数 η_k 不是独立的，因为参数 μ_k 受到下式的约束：

$$\sum_{k=1}^{M}\mu_k=1 \tag{3.153}$$

因此，对于给定的任意 $M-1$ 个参数 μ_k ，剩余参数的值被固定。在某些情况下，通过仅用 $M-1$ 个参数表达分布，可以方便地去除这一约束。这可以通过使用关系式（3.153）将 μ_M 用剩余的 $\{\mu_k\}$ （其中 $k=1,\cdots,M-1$ ）表示，从而留下 $M-1$ 个参数来实现。请注意，这些剩余参数仍然受到下式的约束：

$$0\leqslant\mu_k\leqslant1,\quad \sum_{k=1}^{M-1}\mu_k\leqslant1 \tag{3.154}$$

利用约束式（3.153），多项分布变为

$$\begin{aligned}
&\exp\left\{\sum_{k=1}^{M}x_k\ln\mu_k\right\}\\
&=\exp\left\{\sum_{k=1}^{M-1}x_k\ln\mu_k+\left(1-\sum_{k=1}^{M-1}x_k\right)\ln\left(1-\sum_{k=1}^{M-1}\mu_k\right)\right\}\\
&=\exp\left\{\sum_{k=1}^{M-1}x_k\ln\left(\frac{\mu_k}{1-\sum_{j=1}^{M-1}\mu_j}\right)+\ln\left(1-\sum_{k=1}^{M-1}\mu_k\right)\right\}
\end{aligned} \tag{3.155}$$

现在我们确定了

$$\ln\left(\frac{\mu_k}{1-\sum_j\mu_j}\right)=\eta_k \tag{3.156}$$

可以通过首先对式（3.156）两边的k求和，然后重新排列和反向代入来求解k：

$$\mu_k = \frac{\exp(\eta_k)}{1+\sum_j \exp(\eta_j)} \tag{3.157}$$

它又称为softmax函数或归一化指数（normalized exponential）。因此在这种表示中，多项分布将采用以下形式：

$$p(\boldsymbol{x}|\boldsymbol{\eta}) = \left(1+\sum_{k=1}^{M-1}\exp(\eta_k)\right)^{-1}\exp\left(\boldsymbol{\eta}^{\mathrm{T}}\boldsymbol{x}\right) \tag{3.158}$$

这是带有参数向量$\boldsymbol{\eta}=(\eta_1,\cdots,\eta_{M-1})^{\mathrm{T}}$的指数族分布的标准形式。与式（3.138）比较可得

$$\boldsymbol{u}(\boldsymbol{x}) = \boldsymbol{x} \tag{3.159}$$

$$h(\boldsymbol{x}) = 1 \tag{3.160}$$

$$g(\boldsymbol{\eta}) = \left(1+\sum_{k=1}^{M-1}\exp(\eta_k)\right)^{-1} \tag{3.161}$$

最后考虑高斯分布。对于一元高斯分布，我们有

$$p(x|\mu,\sigma^2) = \frac{1}{(2\pi\sigma^2)^{1/2}}\exp\left\{-\frac{1}{2\sigma^2}(x-\mu)^2\right\} \tag{3.162}$$

$$= \frac{1}{(2\pi\sigma^2)^{1/2}}\exp\left\{-\frac{1}{2\sigma^2}x^2+\frac{\mu}{\sigma^2}x-\frac{1}{2\sigma^2}\mu^2\right\} \tag{3.163}$$

经过一些简单的重排，就可以得到标准指数族分布的形式［式（3.138）］（见习题3.35）：

$$\boldsymbol{\eta} = \begin{pmatrix} \mu/\sigma^2 \\ -1/2\sigma^2 \end{pmatrix} \tag{3.164}$$

$$\boldsymbol{u}(x) = \begin{pmatrix} x \\ x^2 \end{pmatrix} \tag{3.165}$$

$$h(\boldsymbol{x}) = (2\pi)^{-1/2} \tag{3.166}$$

$$g(\boldsymbol{\eta}) = (-2\eta_2)^{1/2}\exp\left(\frac{\eta_1^2}{4\eta_2}\right) \tag{3.167}$$

有时我们会使用式（3.138）所示的带约束形式，其中我们选择$\boldsymbol{u}(\boldsymbol{x})=\boldsymbol{x}$。不过，我们也可以将其稍微推广一下。如果$f(\boldsymbol{x})$是一个归一化的密度函数，则

$$\frac{1}{s}f\left(\frac{1}{s}\boldsymbol{x}\right) \tag{3.168}$$

也是一个归一化的密度函数，其中 $s>0$ 是尺度参数。结合这些，我们可以得到指数族分布的类－条件密度的一个约束集，形式为

$$p(\boldsymbol{x}|\boldsymbol{\lambda}_k,s)=\frac{1}{s}h\left(\frac{1}{s}\boldsymbol{x}\right)g(\boldsymbol{\lambda}_k)\exp\left\{\frac{1}{s}\boldsymbol{\lambda}_k^{\mathrm{T}}\boldsymbol{x}\right\} \tag{3.169}$$

注意，我们允许每个类别都有自己的参数向量 $\boldsymbol{\lambda}_k$，并且我们假设这些类别共享相同的尺度参数 s。

充分统计量

考虑使用最大似然估计的方法来估计一般指数族分布［式（3.138）］中的参数向量 $\boldsymbol{\eta}$。在式（3.139）的两边对 $\boldsymbol{\eta}$ 求导，可得

$$\nabla g(\boldsymbol{\eta})\int h(\boldsymbol{x})\exp\left\{\boldsymbol{\eta}^{\mathrm{T}}\boldsymbol{u}(\boldsymbol{x})\right\}\mathrm{d}\boldsymbol{x}+g(\boldsymbol{\eta})\int h(\boldsymbol{x})\exp\left\{\boldsymbol{\eta}^{\mathrm{T}}\boldsymbol{u}(\boldsymbol{x})\right\}\boldsymbol{u}(\boldsymbol{x})\mathrm{d}\boldsymbol{x}=0 \tag{3.170}$$

重排并再次使用式（3.139），可得

$$-\frac{1}{g(\boldsymbol{\eta})}\nabla g(\boldsymbol{\eta})=g(\boldsymbol{\eta})\int h(\boldsymbol{x})\exp\left\{\boldsymbol{\eta}^{\mathrm{T}}\boldsymbol{u}(\boldsymbol{x})\right\}\boldsymbol{u}(\boldsymbol{x})\mathrm{d}\boldsymbol{x}=\mathbb{E}[\boldsymbol{u}(\boldsymbol{x})] \tag{3.171}$$

从而得到

$$-\nabla\ln g(\boldsymbol{\eta})=\mathbb{E}[\boldsymbol{u}(\boldsymbol{x})] \tag{3.172}$$

注意，$\boldsymbol{u}(\boldsymbol{x})$ 的协方差可以用 $g(\boldsymbol{\eta})$ 的二阶导数来表示，并且对于更高阶矩来说也是类似的（见习题 3.36）。因此，如果可以对指数族分布进行归一化，则总是可以通过对函数进行简单的微分来找到它的矩。

考虑一组由 $\boldsymbol{X}=\{\boldsymbol{x}_1,\cdots,\boldsymbol{x}_n\}$ 表示的独立同分布数据，其似然函数为

$$p(\boldsymbol{X}|\boldsymbol{\eta})=\left(\prod_{n=1}^{N}h(\boldsymbol{x}_n)\right)g(\boldsymbol{\eta})^N\exp\left\{\boldsymbol{\eta}^{\mathrm{T}}\sum_{n=1}^{N}\boldsymbol{u}(\boldsymbol{x}_n)\right\} \tag{3.173}$$

令 $\ln p(\boldsymbol{X}|\boldsymbol{\eta})$ 对 $\boldsymbol{\eta}$ 的梯度为零，可以得出最大似然估计量 $\boldsymbol{\eta}_{\mathrm{ML}}$ 必须满足以下条件：

$$-\nabla\ln g(\boldsymbol{\eta}_{\mathrm{ML}})=\frac{1}{N}\sum_{n=1}^{N}\boldsymbol{u}(\boldsymbol{x}_n) \tag{3.174}$$

从而原则上可以解出 $\boldsymbol{\eta}_{\mathrm{ML}}$。可以看到，最大似然估计量的解仅通过 $\sum_n \boldsymbol{\eta}_{\mathrm{ML}}$ 依赖于数据，因此又称为分布式（3.138）的充分统计量。我们不需要存储整个数据集本身，而只需要存储充分统计量的值。例如，对于伯努利分布，函数 $\boldsymbol{u}(x)$ 仅由 x 给出，因此只需要保留数据点 $\{x_n\}$ 的和；而对于高斯分布，$\boldsymbol{u}(x)=(x,x^2)^{\mathrm{T}}$，因此应该保留 $\{x_n\}$ 的和与 $\{x_n^2\}$ 的和。

考虑极限 $N \to \infty$，式（3.174）的右边将变为 $\mathbb{E}\left[\boldsymbol{u}(\boldsymbol{x})\right]$，通过与式（3.172）进行比较，我们可以看到在此极限下，$\boldsymbol{\eta}_{\mathrm{ML}}$ 将等于真实值 $\boldsymbol{\eta}$。

3.5 非参数化方法

本章专注于使用由少量参数决定的具有特定函数形式的概率分布，这些参数的值可从数据集中确定。这称为参数化（parametric）的密度估计方法。这种方法的一个关键局限是，所选择的密度模型可能不适合数据分布，这可能导致预测性能不佳。例如，如果生成数据的过程是多峰的，那么高斯分布永远无法捕捉到分布这个角度的特征，因为高斯分布必然是单峰的。本节将考虑一些非参数化（nonparametric）的密度估计方法，这些方法对分布的形式几乎不作任何假设。

3.5.1 直方图

首先讨论密度估计的直方图方法。我们在前面关于边缘分布与条件分布（见图 2.5）以及中心极限定理（见图 3.2）的讨论中已经见到过这种方法。下面将更详细地探讨直方图密度模型的特性，并重点关注具有单个连续变量 x 的情况。标准直方图简单将 x 划分为互不相交的宽度为 Δ_i 的分箱，然后计算落在不同分箱中的观测值 x 的数量 n_i。为了将此计数值转换为归一化的概率密度，我们可以将其简单地除以观测值总数 N 和分箱宽度 Δ_i 的乘积，以获得落入每个分箱的概率值：

$$p_i = \frac{n_i}{N\Delta_i} \tag{3.175}$$

可以看出，$\int p(x)\mathrm{d}x = 1$。这种方法就给出了密度 $p(x)$ 的一种模型，在每个分箱的宽度上，密度是恒定的。通常情况下，我们选择具有相同宽度的分箱，$\Delta_i = \Delta$。

图 3.13 展示了直方图密度估计的示例。这里的数据来自绿色曲线所对应的分布，该分布由两个高斯分布混合形成。这 3 个直方图密度估计的例子对应着 3 种不同的分箱宽度 Δ。我们可以看到，当 Δ 非常小时（图 3.13 的顶部图），得到的密度模型非常毛糙，具有许多在生成数据集的底层分布中不存在的结构。相反，如果 Δ 太大（图 3.13 的底部图），得到的密度模型将太过平滑，因此无法捕捉到绿色曲线的双峰特性。最佳结果是 Δ 取某个中间值（图 3.13 的中间图）。原则上，直方图密度模型还取决于分箱边界的选择，

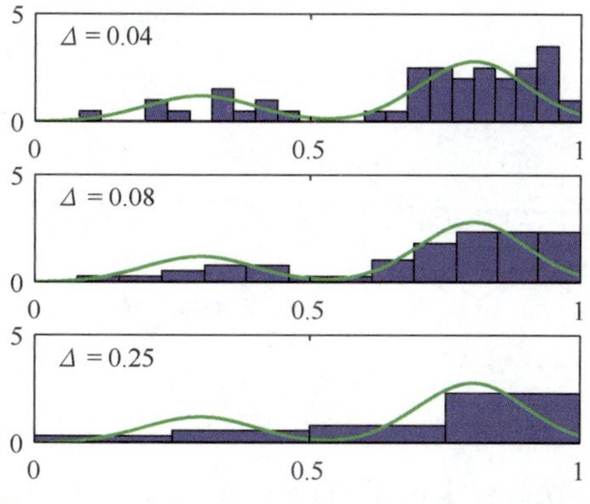

图 3.13 直方图密度估计的示例，其中根据绿色曲线所示的分布生成含有 50 个数据点的数据集。这里的直方图密度估计基于式（3.175），具有相同的分箱宽度 Δ。图中展示了不同分箱宽度的结果

但这相较于分箱宽度 Δ 的选择来说通常不那么重要。

注意直方图方法具有一个特性（与稍后讨论的其他密度估计方法不同），即一旦直方图计算完成，数据集本身就可以丢弃，这一点在数据集很大时会十分有利。如果数据点是顺序到达的，则应用直方图方法也将比较容易。

在实践中，直方图技术可以用于快速可视化一维或二维数据，但其不适用于大多数密度估计应用。一个明显的问题是，分箱边界导致估计的密度是不连续的，而这并不是由生成数据的底层分布的任何性质引起的。直方图方法的一个主要局限是，规模会随维度变化显著改变。如果将 D 维空间中的每个变量划分为 M 个区间，那么分箱将有 M^D 个。这种随 D 指数级扩展的特性是维度诅咒（curse of dimensionality）的一个例子（参见 6.11 节）。在高维空间中，为了提供有意义的局部概率密度估计，所需的数据量将是我们无法承受的。

然而，直方图方法也给密度估计带来了两条重要的经验。首先，要在特定位置估计概率密度，就应该考虑落在该位置某个局部邻域内的数据点。注意局部性的概念要求我们假设某种距离度量，而在这里我们假设的是欧氏距离。对于直方图来说，这种邻域性质是由分箱定义的，并且存在一个自然的"平滑"参数用于描述局部区域的空间大小，本例中即为分箱宽度。其次，为了获得良好的结果，平滑参数的值既不应该太大也不应该太小。这会让人联想到多项式回归中模型复杂性的选择（参见第 1 章），其中多项式的阶数 M 或者正则化参数 λ 在某些中间值上是最优的，既不太大也不太小。有了这些洞察，下面我们来讨论两种使用广泛的非参数化密度估计技术——核密度和最近邻，它们在维度变化时的扩展性比简单的直方图模型要好。

3.5.2 核密度

假设观测值是从某个 D 维空间（这里将其视为欧氏空间）中的某个未知概率密度 $p(\mathbf{x})$ 中产生的，我们希望估计 $p(\mathbf{x})$ 的值。根据先前关于局部性的讨论，考虑包含 $\mathbf{x}$ 的一个小区域 $\mathcal{R}$ 。与该区域相关联的概率质量为

$$P = \int_{\mathcal{R}} p(\mathbf{x})\mathrm{d}\mathbf{x} \tag{3.176}$$

假设我们已经收集了一个包含 N 个从 $p(\mathbf{x})$ 中产生的观测值的数据集。因为每个数据点在 $\mathcal{R}$ 内的概率为 P ，所以 $\mathcal{R}$ 内的点的总数 K 将服从二项分布（参见 3.12 节）:

$$\mathrm{Bin}\,(K \mid N, P) = \frac{N!}{K!(N-K)!} P^K (1-P)^{N-K} \tag{3.177}$$

利用式（3.11）可以看出，落入该区域的点的平均占比为 $\mathbb{E}[K/N] = P$ 。类似地，利用式（3.12）可以看出，此均值对应的方差为 $\mathrm{var}[K/N] = P(1-P)/N$ 。对于较大的 N，该分布在均值处将变得十分尖锐，因此

$$K \approx NP \tag{3.178}$$

然而，如果我们同时假设区域$\mathcal{R}$足够小，以至于概率密度$p(\boldsymbol{x})$在该区域内大致保持恒定，则有

$$P \approx p(\boldsymbol{x})V \tag{3.179}$$

其中V是区域$\mathcal{R}$的体积。结合式（3.178）和式（3.179），可以得到密度估计的形式为

$$p(\boldsymbol{x}) = \frac{K}{NV} \tag{3.180}$$

请注意，式（3.180）的有效性依靠两个相互矛盾的假设：区域$\mathcal{R}$足够小，以至于密度在该区域内近似恒定；但区域$\mathcal{R}$又足够大（与该区域内密度的值相关），使得落入该区域的点的数量K足以使二项分布变得十分尖锐。

我们可以通过两种不同的方式利用式（3.180）。一种是固定K并根据数据确定V的值，这将引出后面讨论的K近邻技术；另一种是固定V并根据数据确定K的值，从而引出核密度估计技术。可以证明，当$N \to \infty$时，只要V随着N以合适的速率缩小，而K随着N以合适的速率增长，K近邻密度估计和核密度估计都会收敛到真实概率密度（Duda and Hart, 1973）。

下面详细讨论核密度估计技术。首先，对于希望确定概率密度的点$\boldsymbol{x}$，将区域$\mathcal{R}$取为以点$\boldsymbol{x}$为中心的超小立方体。为了计算落入该区域的点的数量K，定义如下函数：

$$k(\boldsymbol{u}) = \begin{cases} 1, & |u_i| \leqslant 1/2, \quad i = 1, \cdots, D \\ 0, & \text{其他} \end{cases} \tag{3.181}$$

它表示以原点为中心的单位立方体。函数$k(\boldsymbol{u})$是一个核函数，在这里，它又称为 Parzen 窗（Parzen window）。根据式（3.181），如果数据点$\boldsymbol{x}_n$位于以点$\boldsymbol{x}$为中心、边长为h的立方体内，那么量$k((\boldsymbol{x}-\boldsymbol{x}_n)/h)$将为 1，否则为 0。因此，位于该立方体内的数据点的总数为

$$K = \sum_{n=1}^{N} k\left(\frac{\boldsymbol{x}-\boldsymbol{x}_n}{h}\right) \tag{3.182}$$

将式（3.182）代入式（3.180），可得点$\boldsymbol{x}$处估计的密度为

$$p(\boldsymbol{x}) = \frac{1}{N}\sum_{n=1}^{N} \frac{1}{h^D} k\left(\frac{\boldsymbol{x}-\boldsymbol{x}_n}{h}\right) \tag{3.183}$$

这里使用了D维空间中边长为h的超小立方体的体积公式$V = h^D$。利用函数$k(\boldsymbol{u})$的对称性，我们可以不再将其视为以点$\boldsymbol{x}$为中心的单个立方体，而是视为以N个数据点$\boldsymbol{x}_n$为中心的N个立方体的总和，进而重新解释这个方程。

就目前情况来看，核密度估计[式（3.183）]将遇到与直方图方法相同的一个问题，即存在人为的不连续性，此处体现在立方体的边界上。如果我们选择更平滑的核函数，

则可以获得更平滑的密度模型。我们通常选择使用高斯函数，导出的核密度模型为

$$p(\boldsymbol{x})=\frac{1}{N}\sum_{n=1}^{N}\frac{1}{(2\pi h^2)^{D/2}}\exp\left\{-\frac{\|\boldsymbol{x}-\boldsymbol{x}_n\|^2}{2h^2}\right\} \tag{3.184}$$

其中 h 代表所使用的高斯分量的标准差。因此，我们得到密度模型的方式是，首先在每个数据点上放置一个高斯分布，并将整个数据集的贡献相加，然后除以 N 来正确地归一化密度。在图 3.14 中，核密度模型［式（3.184）］被应用于之前展示直方图方法的数据集。正如预期的那样，我们可以看到参数 h 充当了平滑参数的角色，并且 h 较小时对噪声敏感，与 h 较大时过度平滑之间存在权衡。同样，类似于直方图密度估计中的分箱选择或曲线拟合中所使用多项式的阶数选择，h 的优化是模型复杂性的问题。

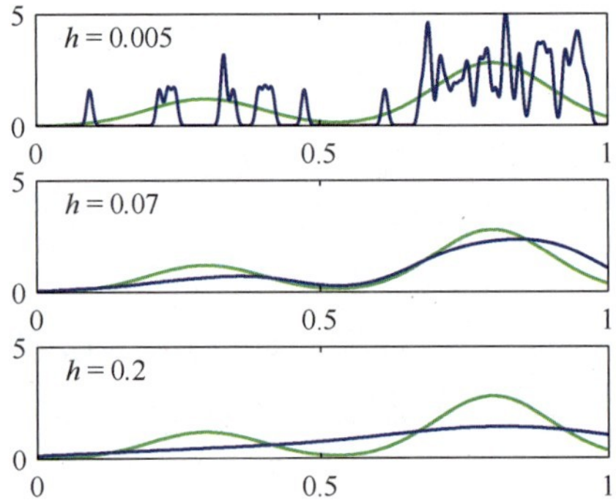

图 3.14 核密度模型［式（3.184）］的图示。这里使用与图 3.13 中用于展示直方图方法相同的数据集。我们可以看到 h 充当了平滑参数的角色，如果 h 设置得太小（顶部图），则结果是噪声很大的核密度模型；而如果 h 设置得太大（底部图），那么所生成数据的底层分布（绿色曲线）的双峰性质就会被淡化。通过对 h 取某个中间值，可以获得最佳的核密度模型（中间图）

我们可以在式（3.138）中选择任何其他核函数 $k(\boldsymbol{u})$，只要满足以下两个条件即可。

$$k(\boldsymbol{u})\geqslant 0 \tag{3.185}$$

$$\int k(\boldsymbol{u})\mathrm{d}\boldsymbol{u}=1 \tag{3.186}$$

这两个条件确保了得到的概率分布在任何地方都是非负的，并且积分为 1。由式（3.183）给出的这类密度模型称为核密度估计器或 Parzen 估计器。它们有一个很大的优点，就是在“训练”阶段不涉及计算，因为只需要将训练集存储起来即可。然而，这同时也是这类密度模型的一个巨大缺点，因为评估密度的计算成本会随着数据集的增大而线性增长。

3.5.3 最近邻

使用核方法进行密度估计的一个难点在于，对所有核来说控制核宽度的参数 h 是固定的。在数据密度较高的区域，较大的 h 值可能导致过度平滑，并且可能淡化从数

据中本应提取出的结构。然而，减小 h 值可能会导致在其他数据密度较低的区域产生噪声估计。因此，h 的最佳选择可能取决于数据空间中的位置。这个问题可以通过使用最近邻方法进行密度估计来解决。

因此，下面我们重新回到局部密度估计的一般结果［式（3.180）］。我们不使用固定 V 值并从数据中确定 V 值的方式，而是考虑固定 K 值并使用数据找到适当的 V 值。为此，对于希望估计密度 $p(\mathbf{x})$ 的点 $\mathbf{x}$，考虑以点 $\mathbf{x}$ 为中心的小球，并允许小球的半径增长，直至恰好包含 K 个数据点。然后，密度 $p(\mathbf{x})$ 的估计由式（3.180）给出，其中 V 设置为小球的体积。这种技术称为 K 近邻（K nearest neighbor）。图 3.15 展示了在使用与图 3.13 和图 3.14 中相同的数据集的情况下，选择不同参数 K 时的 K 近邻密度估计。我们可以看到 K 值决定了模型的平滑程度，而且同样存在一个既不太大也不太小的最佳 K 值。注意 K 近邻产生的模型并不是一个真正的密度模型，因为其在整个空间上的积分是发散的（见习题 3.38）。

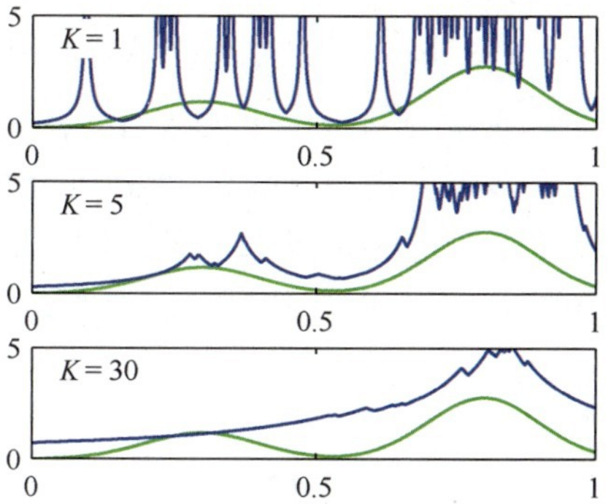

图 3.15 K 近邻密度估计的图示，使用与图 3.13 和图 3.14 中相同的数据集。可以看到参数 K 控制了模型的平滑程度，因此较小的 K 值会导致噪声极大的密度模型（顶部图），而较大的 K 值则会平滑掉所生成数据的真实分布（绿色曲线）的双峰性质（底部图）

下面通过展示 K 近邻技术如何扩展到分类问题来结束本章。为此，我们需要将 K 近邻密度估计分别应用于每个类别，然后利用贝叶斯定理。假设数据集包含 N_k 个属于类别 $\mathcal{C}_k$ 的点，总共有 N 个点，即 $\sum_k N_k = N$。如果希望对一个新点 $\mathbf{x}$ 进行分类，则可以在这个点的周围绘制一个恰好包含 K 个点的球体，这里不考虑它们的类别。假设这个球体的体积为 V，并且包含来自类别 $\mathcal{C}_k$ 的 K_k 个点。式（3.180）提供了与每个类别相关联的密度估计值：

$$p(\mathbf{x}|\mathcal{C}_k) = \frac{K_k}{N_k V} \tag{3.187}$$

类似地，无条件密度由下式给出：

$$p(\mathbf{x}) = \frac{K}{NV} \tag{3.188}$$

类别先验由下式给出：

$$p(\mathcal{C}_k) = \frac{N_k}{N} \tag{3.189}$$

我们现在可以使用贝叶斯定理结合式（3.187）～式（3.189）得到类别成员的后验概率：

$$p(\mathcal{C}_k \mid \boldsymbol{x}) = \frac{p(\boldsymbol{x} \mid \mathcal{C}_k)\, p(\mathcal{C}_k)}{p(\boldsymbol{x})} = \frac{K_k}{K} \tag{3.190}$$

我们可以通过将测试点 $\boldsymbol{x}$ 分配给具有最大后验概率的类别来最小化错误分类的概率，这对应于 K_k / K 的最大值。因此，在对一个新点进行分类时，我们首先需要识别训练集中与新点最近的 K 个点，然后将新点分配给在这组点中拥有最多代表的类别。如果多个类别拥有的代表数量一致，则可以将新点随机分配给其中一个类别。$K = 1$ 的特殊情况称为最近邻法则，因为测试点被简单地分配给了训练集中离新点最近的点所属的那个类别。图 3.16 对这些概念进行了说明。

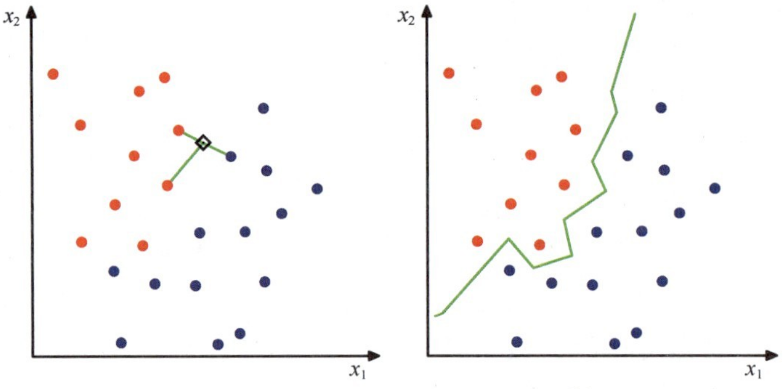

图 3.16 (a) 在 K 近邻分类器中，一个用黑色菱形表示的新点根据 K 个最接近的训练数据点被归类为类别成员最多的那个类别，在本例中 $K = 3$。(b) 在最近邻（$K = 1$）分类器中，所得到的决策边界由超平面组成，每个超平面是由来自不同类别点对的垂直平分线构造的

最近邻（$K = 1$）分类器的一个有趣特性是，在 $N \to \infty$ 的情况下，错误率永远不会超过最优分类器（即使用真实类别分布的分类器）的最小可实现错误率的两倍（Cover and Hart, 1967）。

到目前为止，我们已经讨论了 K 近邻方法和核密度估计，它们都需要存储整个训练集。如果数据集很大，计算成本将十分高昂。为了抵消这种影响，可以构建基于树的搜索结构，引入一些一次性的额外计算，以便高效地找到（近似的）近邻，而无须对整个数据集进行全量搜索。然而，这些非参数化方法的使用场景仍然受到严重制约。另外，我们已经看到简单的参数化模型仅能表示非常有限的分布形式。因此我们需要找到一些非常灵活的密度模型，它们的复杂度可以独立于训练集的大小而进行控制，深度神经网络可以实现这一点。

习题

3.1 （⋆）验证伯努利分布［式（3.2）］满足下列性质：

$$\sum_{x=0}^{1} p(x \mid \mu) = 1 \tag{3.191}$$

$$\mathbb{E}[x] = \mu \tag{3.192}$$

$$\operatorname{var}[x] = \mu(1-\mu) \tag{3.193}$$

并证明符合伯努利分布的随机二元变量 x 的熵 $H[x]$ 由下式给出：

$$H[x] = -\mu\ln\mu - (1-\mu)\ln(1-\mu) \tag{3.194}$$

3.2 （⋆⋆）式（3.2）给出的伯努利分布形式在两个 x 值之间不对称。在某些情况下，使用另一种等价的形式会更方便，其中 $x \in \{-1,1\}$，此时该分布可以写成

$$p\{x\mid\mu\} = \left(\frac{1-\mu}{2}\right)^{(1-x)/2}\left(\frac{1+\mu}{2}\right)^{(1+x)/2} \tag{3.195}$$

其中 $\mu \in \{-1,1\}$。证明式（3.195）给出的分布是归一化的，并计算它的均值、方差和熵。

3.3 （⋆⋆）证明二项分布［式（3.9）］是归一化的。为此，首先使用定义式（3.10），即从总数为 N 的物体中选择 m 个相同物体的组合数量，证明下式：

$$\binom{N}{m} + \binom{N}{m-1} = \binom{N+1}{m} \tag{3.196}$$

然后利用上述结论，通过归纳证明以下结论：

$$(1+x)^N = \sum_{m=0}^{N}\binom{N}{m}x^m \tag{3.197}$$

这个称为二项式定理（binomial theorem）的结论对所有实数 x 都成立。最后，证明二项分布是归一化的，从而使

$$\sum_{m=0}^{N}\binom{N}{m}\mu^m(1-\mu)^{N-m} = 1 \tag{3.198}$$

这可以通过首先从求和中提取因子 $(1-\mu)^N$，然后利用二项式定理来完成。

3.4 （⋆⋆）证明二项分布的均值由式（3.11）给出。为此，在归一化条件式（3.198）的两边对 μ 求导，并重排以获得 μ 的均值表达式。类似地，通过对式（3.198）关于 μ 进行二次求导，并利用式（3.11）给出的二项分布均值的结果，证明二项分布方差的结果［式（3.12）］。

3.5 （⋆）证明多元高斯分布式（3.26）的众数为 $\boldsymbol{\mu}$。

3.6 （⋆⋆）假设 $\mathbf{x}$ 服从均值为 $\boldsymbol{\mu}$、协方差为 $\boldsymbol{\Sigma}$ 的高斯分布。证明线性变换后的变量 $\mathbf{A}\mathbf{x}+\mathbf{b}$ 也服从高斯分布，并给出它的均值和协方差。

3.7 （⋆⋆⋆）证明两个高斯分布 $q(\mathbf{x}) = \mathcal{N}(\mathbf{x}\mid\boldsymbol{\mu}_q,\boldsymbol{\Sigma}_q)$ 和 $p(\mathbf{x}) = \mathcal{N}(\mathbf{x}\mid\boldsymbol{\mu}_p,\boldsymbol{\Sigma}_p)$ 之间的 Kullback-Leibler 散度为

$$\mathrm{KL}\left(q(\boldsymbol{x})\,\|\,p(\boldsymbol{x})\right)=\frac{1}{2}\left\{\ln\frac{\left|\boldsymbol{\Sigma}_p\right|}{\left|\boldsymbol{\Sigma}_q\right|}-D+\mathrm{tr}\left(\boldsymbol{\Sigma}_p^{-1}\boldsymbol{\Sigma}_q\right)+\left(\boldsymbol{\mu}_p-\boldsymbol{\mu}_q\right)^{\mathrm{T}}\boldsymbol{\Sigma}_p^{-1}\left(\boldsymbol{\mu}_p-\boldsymbol{\mu}_q\right)\right\} \tag{3.199}$$

其中 $\mathrm{tr}(\cdot)$ 表示矩阵的迹，D 为 $\boldsymbol{x}$ 的维度。

3.8 （⋆⋆）这个习题表明，对于给定的协方差，具有最大熵的多元分布是高斯分布。分布 $p(\boldsymbol{x})$ 的熵由下式给出：

$$H[\boldsymbol{x}]=-\int p(\boldsymbol{x})\ln p(\boldsymbol{x})\mathrm{d}\boldsymbol{x} \tag{3.200}$$

我们希望在所有分布 $p(\boldsymbol{x})$ 中最大化 $H[\boldsymbol{x}]$，约束如下：满足 $p(\boldsymbol{x})$ 是归一化的，且具有特定的均值和协方差，使得

$$\int p(\boldsymbol{x})\mathrm{d}\boldsymbol{x}=1 \tag{3.201}$$

$$\int p(\boldsymbol{x})\boldsymbol{x}\mathrm{d}\boldsymbol{x}=\boldsymbol{\mu} \tag{3.202}$$

$$\int p(\boldsymbol{x})(\boldsymbol{x}-\boldsymbol{\mu})(\boldsymbol{x}-\boldsymbol{\mu})^{\mathrm{T}}\mathrm{d}\boldsymbol{x}=\boldsymbol{\Sigma} \tag{3.203}$$

通过对式（3.200）进行变分最大化，并使用拉格朗日乘子来确保约束条件式（3.201）～式（3.203），证明最大似然分布由高斯分布式（3.26）给出。

3.9 （⋆⋆⋆）证明多元高斯分布 $\mathcal{N}(\boldsymbol{x}\,|\,\boldsymbol{\mu},\boldsymbol{\Sigma})\partial$ 的熵由下式给出：

$$H[\boldsymbol{x}]=\frac{1}{2}\ln|\boldsymbol{\Sigma}|+\frac{D}{2}(1+\ln(2\pi)) \tag{3.204}$$

其中 D 为 $\boldsymbol{x}$ 的维度。

3.10 （⋆⋆⋆）考虑两个随机变量 x_1 和 x_2，它们的分布都是高斯分布，均值分别为 μ_1 和 μ_2，精度分别为 τ_1 和 τ_2。推导变量 $x=x_1+x_2$ 的微分熵表达式。为此，首先利用以下关系找到 x 的分布：

$$p(x)=\int_{-\infty}^{\infty}p\left(x\,|\,x_2\right)p\left(x_2\right)\mathrm{d}x_2 \tag{3.205}$$

并完成指数中的平方项。然后观察到这表示两个高斯分布的卷积，而卷积本身也是高斯分布。最后利用式（2.99）中一元高斯分布的熵的计算结果。

3.11 （⋆）考虑式（3.26）给出的多元高斯分布。通过将精度矩阵（逆协方差矩阵）写成对称矩阵和反对称矩阵的和，证明反对称项不会出现在高斯分布的指数中，所以精度矩阵可以不失一般性地假定为对称的。又因为对称矩阵的逆矩阵也是对称的（见习题 3.16），所以协方差矩阵也可以不失一般性地选为对称的。

3.12 （⋆⋆⋆）考虑一个实对称矩阵 $\boldsymbol{\Sigma}$，其特征方程由式（3.28）给出。通过取这个方程的复共轭，并减去原方程，然后计算与特征向量 $\boldsymbol{u}_i$ 的内积，证明特征值 λ_i 是实数。类似地，利用 $\boldsymbol{\Sigma}$ 的对称性，证明当 $\lambda_j \neq \lambda_i$ 时，特征向量 $\boldsymbol{u}_i$ 和 $\boldsymbol{u}_j$ 是正交的。

最后，请证明特征向量集可以不失一般性地选择为正交的，使得它们满足式（3.29），即使一些特征值为零。

3.13 （★★）证明式（3.28）这样一个具有特征向量方程的实对称矩阵 $\boldsymbol{\Sigma}$ 可以表示为形如式（3.31）的特征向量的展开形式，且系数由特征值给出。类似地，证明逆矩阵 $\boldsymbol{\Sigma}^{-1}$ 具有形如式（3.32）的表示形式。

3.14 （★★）正定矩阵 $\boldsymbol{\Sigma}$ 可以定义如下：对于任意实向量 $\boldsymbol{a}$，其二次型

$$\boldsymbol{a}^{\mathrm{T}}\boldsymbol{\Sigma}\boldsymbol{a} \tag{3.206}$$

是正的。证明 $\boldsymbol{\Sigma}$ 为正定的一个充要条件是，$\boldsymbol{\Sigma}$ 的所有特征值 λ_i 都是正的，其中特征值由式（3.28）定义。

3.15 （★）证明一个大小为 $D\times D$ 的实对称矩阵具有 $D(D+1)/2$ 个独立的参数。

3.16 （★）证明对称矩阵的逆矩阵也是对称的。

3.17 （★★）通过使用特征向量展开式（3.31）对坐标系进行对角化，证明与常数马氏距离 $\varDelta$ 对应的超椭球的体积为

$$V_D\,|\boldsymbol{\Sigma}|^{1/2}\,\varDelta^D \tag{3.207}$$

其中 V_D 是 D 维单位球的体积，而马氏距离由式（3.27）定义。

3.18 （★★）利用定义式（3.61），并通过对它的两边乘以下列矩阵，证明恒等式（3.60）成立。

$$\begin{pmatrix} \boldsymbol{A} & \boldsymbol{B} \\ \boldsymbol{C} & \boldsymbol{D} \end{pmatrix} \tag{3.208}$$

3.19 （★★★）3.2.4 小节和 3.2.5 小节介绍了多元高斯分布的条件分布和边缘分布。更一般地，可以将 $\boldsymbol{x}$ 的分量划分为三组——$\boldsymbol{x}_a$、$\boldsymbol{x}_b$ 和 $\boldsymbol{x}_c$，对应地，将均值向量 $\boldsymbol{\mu}$ 和协方差矩阵 $\boldsymbol{\Sigma}$ 也按照如下形式进行划分：

$$\boldsymbol{\mu}=\begin{pmatrix} \boldsymbol{\mu}_a \\ \boldsymbol{\mu}_b \\ \boldsymbol{\mu}_c \end{pmatrix},\boldsymbol{\Sigma}=\begin{pmatrix} \boldsymbol{\Sigma}_{aa} & \boldsymbol{\Sigma}_{ab} & \boldsymbol{\Sigma}_{ac} \\ \boldsymbol{\Sigma}_{ba} & \boldsymbol{\Sigma}_{bb} & \boldsymbol{\Sigma}_{bc} \\ \boldsymbol{\Sigma}_{ca} & \boldsymbol{\Sigma}_{cb} & \boldsymbol{\Sigma}_{cc} \end{pmatrix} \tag{3.209}$$

利用 3.2 节的结论，给出条件分布 $p(\boldsymbol{x}_a|\boldsymbol{x}_b)$ 的表达式，其中 $\boldsymbol{x}_c$ 已被边缘化。

3.20 （★★）线性代数中一个非常有用的结论是伍德伯里（Woodbury）矩阵求逆公式，即

$$(\boldsymbol{A}+\boldsymbol{BCD})^{-1}=\boldsymbol{A}^{-1}-\boldsymbol{A}^{-1}\boldsymbol{B}(\boldsymbol{C}^{-1}+\boldsymbol{D}\boldsymbol{A}^{-1}\boldsymbol{B})^{-1}\boldsymbol{D}\boldsymbol{A}^{-1} \tag{3.210}$$

通过对式（3.210）的两边乘以 $(\boldsymbol{A}+\boldsymbol{BCD})$，证明这个结论的正确性。

3.21 （★）假设 $\boldsymbol{x}$ 和 $\boldsymbol{z}$ 是两个独立的随机向量，故 $p(\boldsymbol{x},\boldsymbol{z})=p(\boldsymbol{x})p(\boldsymbol{z})$。证明这两个随机向量的和 $\boldsymbol{y}=\boldsymbol{x}+\boldsymbol{z}$ 的均值等于其中每个随机向量的均值之和。类似地，证明

$\boldsymbol{y}$ 的协方差矩阵等于 $\boldsymbol{x}$ 与 $\boldsymbol{z}$ 的协方差矩阵之和。

3.22 (⋆⋆⋆) 考虑变量

$$\boldsymbol{z}=\begin{pmatrix}\boldsymbol{x}\\ \boldsymbol{y}\end{pmatrix} \tag{3.211}$$

的联合分布，它的均值和协方差分别由式（3.92）和式（3.89）给出。利用式（3.76）和式（3.77），证明边缘分布 $p(\boldsymbol{x})$ 由式（3.83）给出。类似地，利用式（3.65）和式（3.66），证明条件分布 $p(\boldsymbol{y}|\boldsymbol{x})$ 由式（3.84）给出。

3.23 (⋆⋆) 请利用分块矩阵求逆公式［式（3.60）］，证明精度矩阵［式（3.88）］的逆矩阵由协方差矩阵［式（3.89）］给出。

3.24 (⋆⋆) 从式（3.91）开始，利用式（3.89），验证式（3.92）。

3.25 (⋆⋆) 考虑两个多维随机向量 $\boldsymbol{x}$ 和 $\boldsymbol{z}$，它们分别服从高斯分布 $p(\boldsymbol{x})=\mathcal{N}(\boldsymbol{x}|\boldsymbol{\mu}_x,\boldsymbol{\Sigma}_x)$ 和 $p(\boldsymbol{z})=\mathcal{N}(\boldsymbol{z}|\boldsymbol{\mu}_z,\boldsymbol{\Sigma}_z)$，定义 $\boldsymbol{y}=\boldsymbol{x}+\boldsymbol{z}$。通过考虑由边缘分布 $p(\boldsymbol{x})$ 和条件分布 $p(\boldsymbol{y}|\boldsymbol{x})$ 的乘积组成的线性高斯模型，并利用式（3.93）和式（3.94），证明边缘分布 $p(\boldsymbol{y})$ 由下式给出：

$$p(\boldsymbol{y})=\mathcal{N}\left(\boldsymbol{y}|\mu_x+\mu_z,\Sigma_x+\Sigma_z\right) \tag{3.212}$$

3.26 (⋆⋆⋆) 本习题和下一习题提供了关于操作线性高斯模型中出现的二次型的实践，它们也可以作为对正文中结论的独立检查。考虑由式（3.83）和式（3.84）给出的边缘分布和条件分布定义的联合分布 $p(\boldsymbol{x},\boldsymbol{y})$。通过检查联合分布指数中的二次型，并使用3.2节讨论的“完成平方”技术，给出边缘分布 $p(\boldsymbol{y})$ 的均值表达式和协方差表达式，其中变量 $\boldsymbol{x}$ 已经被积分消除。为此，利用伍德伯里（Woodbury）矩阵求逆公式［式（3.210）］，验证这些结果与式（3.93）和式（3.94）的一致性。

3.27 (⋆⋆⋆) 考虑与习题3.26中相同的联合分布，但使用“完成平方”技术来找到条件分布 $p(\boldsymbol{x}|\boldsymbol{y})$ 的均值表达式和协方差表达式。再次验证这些结果与式（3.95）和式（3.96）的一致性。

3.28 (⋆⋆) 为了找到多元高斯分布的协方差矩阵的最大似然解，需要最大化对于 $\boldsymbol{\Sigma}$ 的对数似然函数［式（3.102）］，注意协方差矩阵必须是对称且正定的。此处忽略这些约束，直接进行最大化。利用附录A中的式（A.21）、式（A.26）和式（A.28），证明使对数似然函数［式（3.102）］最大化的协方差矩阵 $\boldsymbol{\Sigma}$ 是由样本协方差［式（3.106）］给出的。注意最终的结果必然是对称且正定的（假设样本协方差是非奇异的）。

3.29 (⋆⋆) 使用结果式（3.42）证明式（3.46）。然后，利用结果式（3.42）和式（3.46）证明

$$\mathbb{E}\left[\boldsymbol{x}_n\boldsymbol{x}_m^{\mathrm{T}}\right]=\boldsymbol{\mu}\boldsymbol{\mu}^{\mathrm{T}}+I_{nm}\boldsymbol{\Sigma} \tag{3.213}$$

其中 $\boldsymbol{x}_n$ 表示从均值为 $\boldsymbol{\mu}$ 、协方差为 $\boldsymbol{\Sigma}$ 的高斯分布中采样得到的数据点，而 I_{nm} 表示单位矩阵中位于 (n,m) 的元素。最后证明式（3.108）。

3.30 （⋆）本章在讨论周期变量时使用的各种三角恒等式可以很容易地从下面的关系中得到证明：

$$\exp(\mathrm{i}A)=\cos A+\mathrm{i}\sin A \tag{3.214}$$

其中 $\mathrm{i}=\sqrt{-1}$ 。通过考虑恒等式

$$\exp(\mathrm{i}A)\exp(-\mathrm{i}A)=1 \tag{3.215}$$

证明式（3.127）。类似地，使用恒等式

$$\cos(A-B)=\Re\exp\{\mathrm{i}(A-B)\} \tag{3.216}$$

证明式（3.128），其中 $\Re$ 表示实部。最后，使用 $\sin(A-B)=\Im\exp\{\mathrm{i}(A-B)\}$ （其中 $\Im$ 表示虚部）证明式（3.133）。

3.31 （⋆⋆）对于较大的 m，冯·米塞斯分布［式（3.129）］将会在众数 θ_0 处变得十分尖锐。通过定义 $\xi=m^{1/2}(\theta-\theta_0)$ ，并利用余弦函数的泰勒展开式，即

$$\cos\alpha=1-\frac{\alpha^2}{2}+O\left(\alpha^4\right) \tag{3.217}$$

证明当 $m\to\infty$ 时，冯·米塞斯分布趋向于高斯分布。

3.32 （⋆）利用三角恒等式（3.133），证明式（3.132）对于 θ_0 的解由式（3.134）给出。

3.33 （⋆）通过计算式（3.129）给出的冯·米塞斯分布的一阶导数和二阶导数，并利用 $I_0(m)>0$ （ $m>0$ ），证明该分布的极大值发生在 $\theta=\theta_0$ 处，极小值发生在 $\theta=\theta_0+\pi(\mathrm{mod}2\pi)$ 处。

3.34 （⋆）通过利用结果式（3.118），并结合式（3.134）和三角恒等式（3.128），证明冯·米塞斯分布的聚焦参数的最大似然解 m_{ML} 满足 $A(m_{\mathrm{ML}})=\bar{r}$ ，其中 $\bar{r}$ 是观测值的均值的半径。如图 3.9 所示，它可以视为二维欧氏平面上的单位向量。

3.35 （⋆）验证多元高斯分布可以表示为指数族分布的形式［式（3.138）］，并为 $\boldsymbol{\eta}$ 、$\boldsymbol{u}(\boldsymbol{x})$ 、$h(\boldsymbol{x})$ 和 $g(\boldsymbol{\eta})$ 推导类似于式（3.164）～式（3.167）的表达式。

3.36 （⋆）式（3.172）表明，指数族分布中 $\ln g(\boldsymbol{\eta})$ 的负梯度由 $\boldsymbol{u}(\boldsymbol{x})$ 的期望给出。通过对式（3.139）求二阶导数，证明

$$-\nabla\nabla\ln g(\boldsymbol{\eta})=\mathbb{E}\left[\boldsymbol{u}(\boldsymbol{x})\boldsymbol{u}(\boldsymbol{x})^{\mathrm{T}}\right]-\mathbb{E}[\boldsymbol{u}(\boldsymbol{x})]\mathbb{E}\left[\boldsymbol{u}(\boldsymbol{x})^{\mathrm{T}}\right]=\mathrm{cov}[\boldsymbol{u}(\boldsymbol{x})] \tag{3.218}$$

3.37 （⋆⋆）考虑一个类似直方图的密度模型，其中空间 $\boldsymbol{x}$ 被划分为固定的区域，密度 $p(\boldsymbol{x})$ 在第 i 个区域上取常数值 h_i 。第 i 个区域的体积表示为 Δ_i 。假设有一个集

合，里面包含 N 个 $\boldsymbol{x}$ 的观测值，其中 n_i 个观测值落在第 i 个区域。利用拉格朗日乘子确保密度的归一化约束，并推导 $\{h_i\}$ 的最大似然估计量的表达式。

3.38 （$\star$）证明 K 近邻密度模型定义了一个反常分布，其在整个空间上的积分是发散的。

第 4 章 单层网络：回归

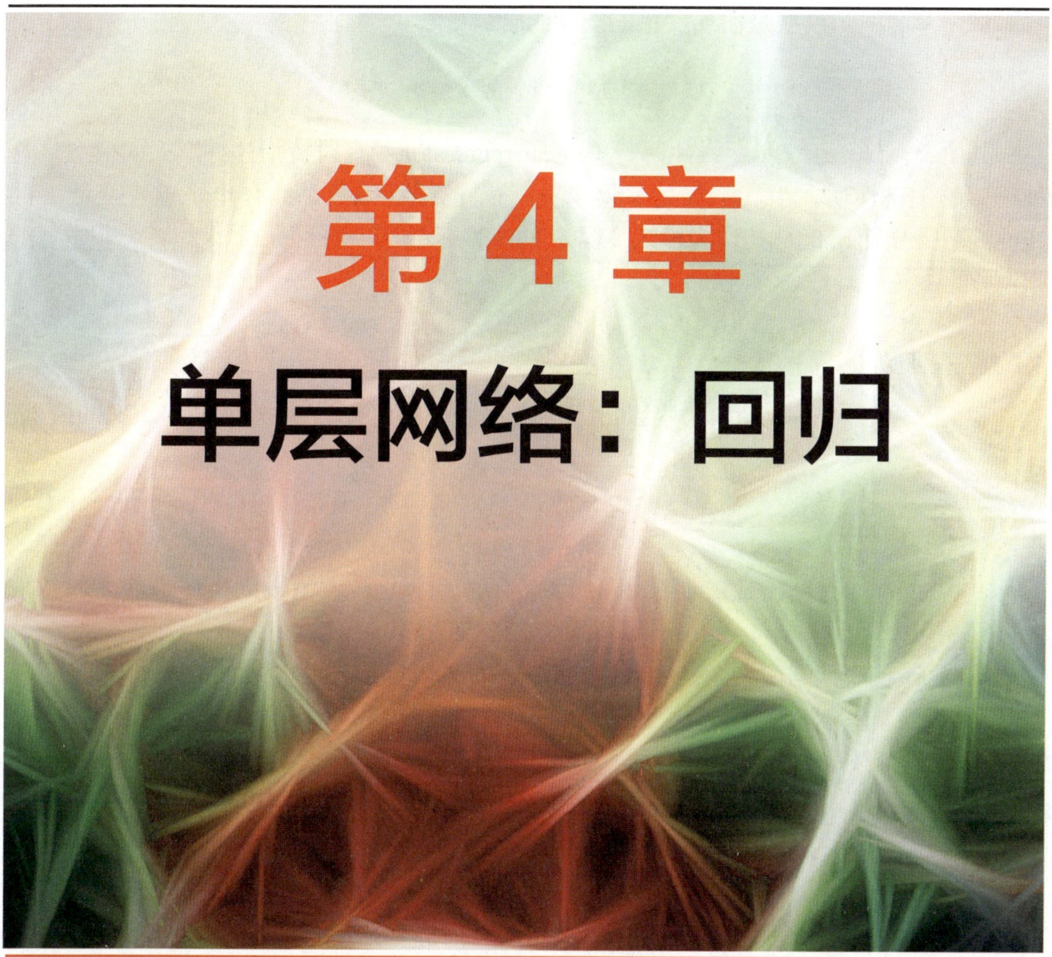

在之前的多项式曲线拟合问题中，我们曾简单了解过线性回归（参见 1.2 节）。而在本章中，我们将继续通过它的框架来讨论神经网络背后的一些基本思想。你将看到，线性回归模型对应简单的具有单层可学习参数的神经网络。虽然单层网络的应用场景非常有限，但它们具有一些简单的解析性质，并为后续引入许多核心概念提供了一个优秀的框架，这些概念将为我们在后续章节中讨论深度神经网络奠定基础。

4.1 线性回归

给定 D 维输入变量 $\mathbf{x}$，回归的目标是预测一个或多个连续的目标变量 t。通常我们会有一个包含 N 个观测值的训练数据集 $\{\mathbf{x}_n\}$，其中 $n = 1, \cdots, N$，以及相应的目标值 $\{t_n\}$，目标是为新的 $\mathbf{x}$ 值预测对应的 t 值。为此，我们定义了函数 $y(\mathbf{x}, \mathbf{w})$ 来预测新的输入变量 $\mathbf{x}$ 所对应的 t 值，其中 $\mathbf{w}$ 表示可以从训练数据中学习的参数向量。

最简单的回归模型是输入变量的线性组合：

$$y(\boldsymbol{x},\boldsymbol{w}) = w_0 + w_1x_1 + \cdots + w_Dx_D \tag{4.1}$$

其中 $\boldsymbol{x} = (x_1, \cdots, x_D)^{\mathrm{T}}$。线性回归（linear regression）有时特指这种形式的模型。这种模型的关键性质在于其不仅是参数 $w_0, \cdots, w_D$ 的线性函数，而且也是输入变量 x_i 的线性函数。然而，正是其作为输入变量 x_i 的线性函数这一特性，给模型带来了显著的限制。

4.1.1 基函数

我们可以通过输入变量的固定非线性函数的线性组合来扩展式（4.1）定义的模型：

$$y(\boldsymbol{x},\boldsymbol{w}) = w_0 + \sum_{j=1}^{M-1} w_j\phi_j(\boldsymbol{x}) \tag{4.2}$$

其中 $\phi_j(\boldsymbol{x})$ 称为基函数。如果用 $M-1$ 表示索引 j 的最大值，则模型中参数的总数为 M。

参数 w_0 代表数据中一个任意的固定偏移量，有时称为偏置参数（bias）（注意不要与统计学意义上的偏差弄混淆，参见 4.3 节）。通过定义一个额外的虚拟基函数 $\phi_0(\boldsymbol{x})=1$，式（4.2）可以统一为

$$y(\boldsymbol{x},\boldsymbol{w}) = \sum_{j=0}^{M-1} w_j\phi_j(\boldsymbol{x}) = \boldsymbol{w}^{\mathrm{T}}\boldsymbol{\phi}(\boldsymbol{x}) \tag{4.3}$$

其中 $\boldsymbol{w} = (w_0, \cdots, w_{M-1})^{\mathrm{T}}$，$\boldsymbol{\phi} = (\phi_0, \cdots, \phi_{M-1})^{\mathrm{T}}$。我们可以用神经网络图来表示该模型［式（4.3）］，如图 4.1 所示。

通过使用非线性基函数，函数 $y(\boldsymbol{x}, \boldsymbol{w})$ 变为关于输入变量 $\boldsymbol{x}$ 的非线性函数。尽管如此，形如式（4.2）的函数仍然称为线性模型，因为它们关于 $\boldsymbol{w}$ 是线性的。正是这种关于参数线性的性质大大简化了对这类模型的分析。然而，它也带来了一些显著的限制（参见 6.1 节）。

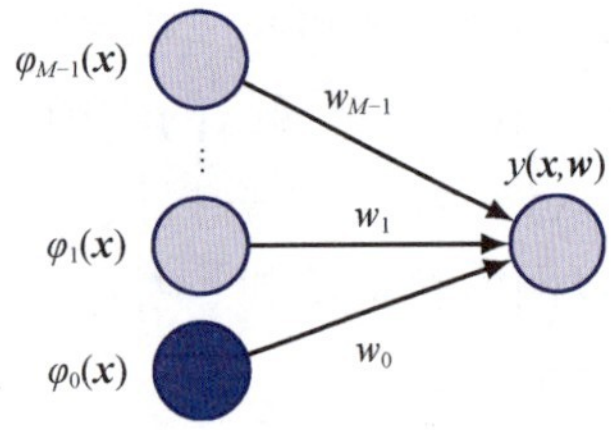

图 4.1 线性回归模型［式（4.3）］可以表示为一个简单的由单层参数构成的神经网络。这里的每个基函数 $\phi_j(\boldsymbol{x})$ 用一个输入节点表示，实心节点表示“偏置”基函数 ϕ_0，函数 $y(\boldsymbol{x}, \boldsymbol{w})$ 用输出节点表示。每个参数 w_j 由一条连接相应基函数和输出的线表示

在深度学习出现之前，机器学习中通常会对输入变量 $\boldsymbol{x}$ 进行某种形式的固定预处理，称为特征提取（feature extraction），其可以用一组基函数 $\{\phi_j(\boldsymbol{x})\}$ 来表示。特征提取的目标是选择一组足够强大的基函数，从而可以使用简单的网络模型解决学习任务。遗憾的是，除了最简单的应用之外，人工选取合适的基函数是非常困难的。深度学习仅通过数据集学习所需的数据非线性变换来避开这个问题。

之前讨论使用多项式进行曲线拟合时，我们

已经见到了一个回归问题的例子（参见第 1 章）。如果我们考虑单个输入变量 x，并选择由 $\phi_j(x)=x^j$ 定义的基函数，则多项式函数式（1.1）可以表示为式（4.3）的形式。此外，基函数还有其他的形式，例如：

$$\phi_j(x)=\exp\left\{-\frac{(x-\mu_j)^2}{2s^2}\right\} \tag{4.4}$$

其中 μ_j 控制基函数在输入空间中的位置，参数 s 控制它们的空间尺度。这种形式的基函数通常叫作高斯基函数，虽然这些基函数在形式上可能类似于高斯分布，但它们在使用时并不需要概率化的解释。特别地，这些基函数会被乘以可学习参数 w_j，因此归一化系数不重要。

基函数的另一种形式是 sigmoid 型基函数：

$$\phi_j(x)=\sigma\left(\frac{x-\mu_j}{s}\right) \tag{4.5}$$

其中 $\sigma(a)$ 是按如下方式定义的 sigmoid 函数：

$$\sigma(a)=\frac{1}{1+\exp(-a)} \tag{4.6}$$

我们可以等价地使用 tanh 函数，因为其可以通过 $\tanh(a)=2\sigma(2a)-1$ 与 sigmoid 函数相关联。sigmoid 函数的一般线性组合在某种意义上等价于 tanh 函数的一般线性组合，故它们可以表示同一类输入－输出函数（见习题 4.3）。不同的基函数选择如图 4.2 所示。

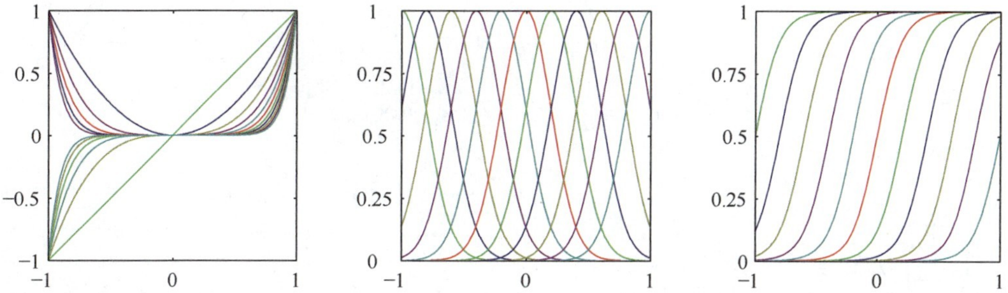

图 4.2 左图是多项式，中间图是式（4.4）形式的高斯基函数，右图是式（4.5）形式的 sigmoid 型基函数

基函数的另一种选择是傅里叶基函数，它对应正弦函数的展开。每个基函数代表无限空间范围内一个特定的频率。相比之下，位于输入空间有限区域的基函数必然包含不同空间频率的频谱。在信号处理的相关应用中，通常需要考虑在空间和频率上都局部化的一类基函数，即小波（wavelet）基函数（Ogden, 1997; Mallat, 1999; Vidakovic, 1999）。为了简化应用，这些函数被定义为相互正交的。当输入值在规则的格（lattice）上时，小波基函数最为适用，例如时间序列中连续的时间点或图像中的

像素。

然而，本章后续大部分的讨论与基函数的选择无关，所以除了数值说明外，我们不会明确基函数的具体形式。此外，为了让符号标记简单，我们将重点关注单目标变量 t 的情况，也会简要概述处理多目标变量时所需要做的修改（参见 4.1.7 小节）。

4.1.2 似然函数

我们已经通过最小化平方和误差函数解决了多项式拟合数据的问题，并且我们还发现，平方和误差函数可以用高斯噪声模型假设下的最大似然解来导出（参见 1.2 节）。下面我们将更详细地介绍最小二乘法，以及它与最大似然的关系。

如前所述，假设目标变量 t 由具有加性高斯噪声的确定性函数 $y(\boldsymbol{x}, \boldsymbol{w})$ 给出，即

$$t = y(\boldsymbol{x}, \boldsymbol{w}) + \varepsilon \tag{4.7}$$

其中 ε 是方差为 σ^2 的零均值高斯随机变量。因此，我们可以写出

$$p(t \mid \boldsymbol{x}, \boldsymbol{w}, \sigma^2) = \mathcal{N}(t \mid y(\boldsymbol{x}, \boldsymbol{w}), \sigma^2) \tag{4.8}$$

考虑输入数据集 $\boldsymbol{X} = \{\boldsymbol{x}_1, \cdots, \boldsymbol{x}_N\}$ 以及对应的目标值 $t_1, \cdots, t_N$。将目标变量 $\{t_n\}$ 构造为列向量，用 $\mathbf{t}$ 表示。假设这些数据点是从分布式（4.8）中独立产生的，我们得到如下似然函数的表达式，它是一个关于可调参数 $\boldsymbol{w}$ 和 σ^2 的函数：

$$p(\mathbf{t} \mid \boldsymbol{X}, \boldsymbol{w}, \sigma^2) = \prod_{n=1}^{N} \mathcal{N}(t_n \mid \boldsymbol{w}^{\mathrm{T}} \boldsymbol{\phi}(\boldsymbol{x}_n), \sigma^2) \tag{4.9}$$

其中用到了式（4.3）。取似然函数的对数，并使用标准形式式（2.49），我们有

$$\begin{aligned}\ln p(\mathbf{t} \mid \boldsymbol{X}, \boldsymbol{w}, \sigma^2) &= \sum_{n=1}^{N} \ln \mathcal{N}(t_n \mid \boldsymbol{w}^{\mathrm{T}} \boldsymbol{\phi}(\boldsymbol{x}_n), \sigma^2) \\ &= -\frac{N}{2} \ln \sigma^2 - \frac{N}{2} \ln(2\pi) - \frac{1}{\sigma^2} E_D(\boldsymbol{w})\end{aligned} \tag{4.10}$$

其中平方和误差函数定义为

$$E_D(\boldsymbol{w}) = \frac{1}{2} \sum_{n=1}^{N} \{t_n - \boldsymbol{w}^{\mathrm{T}} \boldsymbol{\phi}(\boldsymbol{x}_n)\}^2 \tag{4.11}$$

在确定 $\boldsymbol{w}$ 时，式（4.10）中的前两项独立于 $\boldsymbol{w}$，因此可以视为常数。正如我们在前面所看到的，在高斯噪声分布下，最大化似然函数等价于最小化平方和误差函数［式（4.11）］（参见 2.3.4 小节）。

4.1.3 最大似然

在写出似然函数后，我们可以通过最大似然来确定 $\boldsymbol{w}$ 和 σ^2。首先对于 $\boldsymbol{w}$ 最大化上述似然函数，其对数似然函数［式（4.10）］关于 $\boldsymbol{w}$ 的梯度为如下形式：

$$\nabla_{\boldsymbol{w}} \ln p\left(\mathbf{t} \mid \boldsymbol{X}, \boldsymbol{w}, \sigma^2\right)=\frac{1}{\sigma^2} \sum_{n=1}^{N}\left\{t_n-\boldsymbol{w}^{\mathrm{T}} \phi\left(\boldsymbol{x}_n\right)\right\} \phi\left(\boldsymbol{x}_n\right)^{\mathrm{T}} \tag{4.12}$$

将梯度设置为 $\mathbf{0}$，可得

$$\mathbf{0}=\sum_{n=1}^{N} t_n \phi\left(\boldsymbol{x}_n\right)^{\mathrm{T}}-\boldsymbol{w}^{\mathrm{T}}\left(\sum_{n=1}^{N} \phi\left(\boldsymbol{x}_n\right) \phi\left(\boldsymbol{x}_n\right)^{\mathrm{T}}\right) \tag{4.13}$$

求解 $\boldsymbol{w}$ 可得

$$\boldsymbol{w}_{\mathrm{ML}}=\left(\boldsymbol{\Phi}^{\mathrm{T}} \boldsymbol{\Phi}\right)^{-1} \boldsymbol{\Phi}^{\mathrm{T}} \mathbf{t} \tag{4.14}$$

这称为最小二乘问题的正规方程（normal equation）。其中 $\boldsymbol{\Phi}$ 是一个 $N \times M$ 的矩阵，称为设计矩阵（design matrix），其元素由 $\Phi_{nj}=\phi_j(\boldsymbol{x}_n)$ 给出，即

$$\boldsymbol{\Phi}=\begin{pmatrix} \phi_0\left(\boldsymbol{x}_1\right) & \phi_1\left(\boldsymbol{x}_1\right) & \cdots & \phi_{M-1}\left(\boldsymbol{x}_1\right) \\ \phi_0\left(\boldsymbol{x}_2\right) & \phi_1\left(\boldsymbol{x}_2\right) & \cdots & \phi_{M-1}\left(\boldsymbol{x}_2\right) \\ \vdots & \vdots & & \vdots \\ \phi_0\left(\boldsymbol{x}_N\right) & \phi_1\left(\boldsymbol{x}_N\right) & \cdots & \phi_{M-1}\left(\boldsymbol{x}_N\right) \end{pmatrix} \tag{4.15}$$

其中

$$\boldsymbol{\Phi}^{\dagger} \equiv\left(\boldsymbol{\Phi}^{\mathrm{T}} \boldsymbol{\Phi}\right)^{-1} \boldsymbol{\Phi}^{\mathrm{T}} \tag{4.16}$$

称为矩阵 $\boldsymbol{\Phi}$ 的摩尔－彭若斯伪逆（Moore-Penrose pseudo-inverse）（Rao and Mitra, 1971; Golub and Van Loan, 1996）。这可以看作矩阵逆的概念被推广到非方阵的情况。如果 $\boldsymbol{\Phi}$ 是方阵且可逆，则利用性质 $(\boldsymbol{AB})^{-1}=\boldsymbol{B}^{-1}\boldsymbol{A}^{-1}$ 可得 $\boldsymbol{\Phi}^{\dagger} \equiv \boldsymbol{\Phi}^{-1}$。

至此，我们对偏置参数 w_0 的作用有了进一步的了解。如果我们显式考虑偏置参数，则误差函数［式（4.11）］就会变成

$$E_D(\boldsymbol{w})=\frac{1}{2} \sum_{n=1}^{N}\left\{t_n-w_0-\sum_{j=1}^{M-1} w_j \phi_j\left(\boldsymbol{x}_n\right)\right\}^2 \tag{4.17}$$

使上述误差函数关于 w_0 的导数为 0 并求解 w_0，可得

$$w_0=\bar{t}-\sum_{j=1}^{M-1} w_j \overline{\phi_j} \tag{4.18}$$

其中，定义

$$\overline{t}=\frac{1}{N}\sum_{n=1}^{N}t_n,\qquad \overline{\phi_j}=\frac{1}{N}\sum_{n=1}^{N}\phi_j(\boldsymbol{x}_n) \tag{4.19}$$

因此，偏置 w_0 补足了目标值平均值（在训练集上）的加权和与基函数值平均值的加权和之间的差异。

我们还可以使对数似然函数式（4.10）关于方差 σ^2 最大化，得到

$$\sigma_{\mathrm{ML}}^2=\frac{1}{N}\sum_{n=1}^{N}\left\{t_n-\boldsymbol{w}_{\mathrm{ML}}^{\mathrm{T}}\boldsymbol{\phi}(\boldsymbol{x}_n)\right\}^2 \tag{4.20}$$

可以看到，方差参数的最大似然值是由回归函数周围目标值的残差方差给出的。

4.1.4 最小二乘的几何表示

下面讨论最小二乘解的几何解释。考虑一个 n 维空间，其轴由 t_n 给出，因此 $\boldsymbol{t}=(t_1,\cdots,t_N)^{\mathrm{T}}$ 是这个空间中的一个向量。如图 4.3 所示，每个在 N 个数据点上求值的基函数 $\phi_j(\boldsymbol{x}_n)$ 可以表示为相同空间中的一个向量，用 $\boldsymbol{\varphi}_j$ 表示。$\boldsymbol{\varphi}_j$ 是 $\boldsymbol{\Phi}$ 的第 j 列，而 $\boldsymbol{\Phi}(\boldsymbol{x}_n)$ 是 $\boldsymbol{\Phi}$ 的第 n 行的转置。如果基函数的个数 M 小于数据点的个数 N，则 M 个 $\phi_j(\boldsymbol{x}_n)$ 将张成一个维度为 M 的线性子空间 S。我们定义 $\boldsymbol{y}$ 是一个 n 维向量，其第 N 个元素由 $y(\boldsymbol{x}_n,\boldsymbol{w})$ 给出，其中 $n=1,\cdots,N$，因为 $\boldsymbol{y}$ 是向量 $\boldsymbol{\varphi}_j$ 任意的线性组合，所以它可以存在于 M 维子空间中的任意位置。平方和误差［式（4.11）］等于（最高 0.5 倍）$\boldsymbol{y}$ 和 $\boldsymbol{t}$ 之间的欧氏距离的平方。$\boldsymbol{w}$ 的最小二乘解对应子空间 S 中最接近 $\boldsymbol{t}$ 的 $\boldsymbol{y}$。从图 4.3 中可以直观地看出，这个解对应于 $\boldsymbol{t}$ 在子空间 S 中的正交投影。由于 $\boldsymbol{y}$ 的解是由 $\boldsymbol{\Phi}\boldsymbol{w}_{\mathrm{ML}}$ 给出的，我们通过正交投影的形式可以很容易地验证这一点（见习题 4.4）。

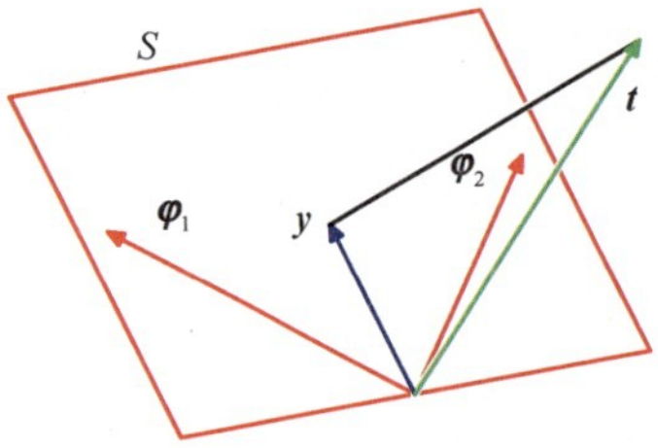

图 4.3 在 N 维空间中，不同轴的值分别为 $t_1,\cdots,t_N$ 时最小二乘解的几何解释。最小二乘回归函数是通过确定数据向量 $\boldsymbol{t}$ 在基函数 $\phi_j(\boldsymbol{x})$ 张成的子空间中的正交投影得到的，其中每个基函数都视为一个长度为 N 的向量 $\boldsymbol{\varphi}_j$，元素为 $\phi_j(\boldsymbol{x}_n)$

在实践中，当 $\boldsymbol{\Phi}^{\mathrm{T}}\boldsymbol{\Phi}$ 接近奇异时，直接求解正规方程在数值上可能会比较困难。特别是当两个或两个以上的基向量 $\boldsymbol{\varphi}_j$ 共线或近似共线时，所得到的参数值数量级可能较大。在处理真实数据集时，这种近似退化现象并不少见。由这一现象产生的数值困难可以使用奇异值分解（Singular Value Decomposition，SVD）来解决（Deisenroth, Faisal, and Ong, 2020）。值得注意的是，我们可以通过添加正则项来确保矩阵是非奇异的，即使在存在退化的情况下也可以如此。

4.1.5 序贯学习

最大似然解式（4.14）涉及一次性处理整个训练集，称为批量学习。对于大型数据集来说，批处理的计算成本很高。如果数据集非常大，则使用序贯（sequential）学习算法（也称在线算法）是更为合适的。这种算法一个个地考虑数据点，在考虑每个

数据点时模型参数得到更新。序贯学习也适用于实时应用场景，在这种场景中，观测数据连续地流式到达，我们需要在所有数据可获得前就进行预测。

如下所示，我们可以通过随机梯度下降（stochastic gradient descent）技术（参见第 7 章），也称序贯梯度下降（sequential gradient descent）技术，得到序贯学习算法。如果误差函数包含 n 个数据点误差的总和，$E=\sum_n E_n$，那么在观测 n 个数据点之后，随机梯度下降法将使用下式更新参数向量 $\mathbf{w}$：

$$\mathbf{w}^{(\tau+1)}=\mathbf{w}^{(\tau)}-\eta\nabla E_n \tag{4.21}$$

其中 τ 表示迭代次数，η 是合适的学习率。$\mathbf{w}$ 的值被初始化为某个起始向量 $\mathbf{w}^{(0)}$。通过平方和误差函数式（4.11），可得

$$\mathbf{w}^{(\tau+1)}=\mathbf{w}^{(\tau)}+\eta\left(t_n-\mathbf{w}^{(\tau)\mathrm{T}}\boldsymbol{\phi}_n\right)\boldsymbol{\phi}_n \tag{4.22}$$

其中 $\boldsymbol{\phi}_n=\boldsymbol{\phi}(\mathbf{x}_n)$。这称为最小二乘（least-mean-square）法或 LMS 算法。

4.1.6 正则化最小二乘法

我们之前介绍过在误差函数中添加正则化项来控制过拟合的思想（参见 1.2 节），因此我们可以采用下列形式来最小化总误差函数：

$$E_D(\mathbf{w})+\lambda E_W(\mathbf{w}) \tag{4.23}$$

其中 λ 是控制数据相关的误差 $E_D(\mathbf{w})$ 和正则化项 $E_W(\mathbf{w})$ 的相对重要性的正则化系数。正则化项最为简单的形式之一是权重向量的平方和：

$$E_W(\mathbf{w})=\frac{1}{2}\sum_j w_j^2=\frac{1}{2}\mathbf{w}^{\mathrm{T}}\mathbf{w} \tag{4.24}$$

如果我们还考虑如下平方和误差函数：

$$E_D(\mathbf{w})=\frac{1}{2}\sum_{n=1}^{N}\left\{t_n-\mathbf{w}^{\mathrm{T}}\boldsymbol{\phi}(\mathbf{x}_n)\right\}^2 \tag{4.25}$$

那么总误差函数将变成

$$\frac{1}{2}\sum_{n=1}^{N}\left\{t_n-\mathbf{w}^{\mathrm{T}}\boldsymbol{\phi}(\mathbf{x}_n)\right\}^2+\frac{\lambda}{2}\mathbf{w}^{\mathrm{T}}\mathbf{w} \tag{4.26}$$

在统计学中，正则化方法会将参数值向 0 减小，这为参数收缩（parameter shrinkage）提供了一个示例。这一方法的优势是，由于误差函数仍然是 $\mathbf{w}$ 的二次函数，因此它具有闭式解。具体来说，将式（4.26）关于 $\mathbf{w}$ 的梯度设为 $\mathbf{0}$，并像之前一样求解 $\mathbf{w}$（见习题 4.6），可得

$$\boldsymbol{w}=\left(\lambda\boldsymbol{I}+\boldsymbol{\Phi}^{\mathrm{T}}\boldsymbol{\Phi}\right)^{-1}\boldsymbol{\Phi}^{\mathrm{T}}\mathbf{t} \tag{4.27}$$

式（4.27）可以看作对最小二乘解式（4.14）的简单扩展。

4.1.7 多重输出

到目前为止，我们已经考虑了单目标变量 t 的情况。在一些应用中，我们可能希望预测 $K>1$ 个目标变量，它们可以用目标向量 $\boldsymbol{t}=(t_1,\cdots,t_K)^{\mathrm{T}}$ 来表示。通过为 $\boldsymbol{t}$ 的每个分量引入一组不同的基函数，我们得到多个独立的回归问题。然而，更常见的方法是使用相同的一组基函数来对目标向量的所有分量建模，即

$$\boldsymbol{y}(\boldsymbol{x},\boldsymbol{w})=\boldsymbol{W}^{\mathrm{T}}\boldsymbol{\phi}(\boldsymbol{x}) \tag{4.28}$$

其中 $\boldsymbol{y}$ 是一个 K 维的列向量；$\boldsymbol{W}$ 是一个 $M\times K$ 大小的参数矩阵；$\boldsymbol{\phi}(\boldsymbol{x})$ 是一个 M 维的列向量，$\phi_j(\boldsymbol{x})$ 则是其中的元素，且 $\phi_0(\boldsymbol{x})=1$。如图 4.4 所示，线性回归模型同样可以表示为只有单层参数的神经网络。

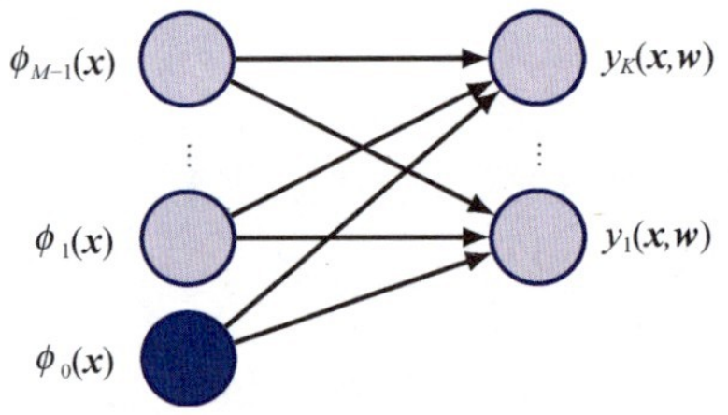

图 4.4 将线性回归模型表示为只有单层参数的神经网络。每个基函数由一个节点表示，实心节点表示“偏置”基函数 $\phi_0(\boldsymbol{x})$。同样，每个输出也用一个节点表示。节点之间的链接表示对应的权重和偏置参数

假设我们取目标向量的条件分布为如下形式的各向同性的高斯分布：

$$p\left(\boldsymbol{t}\mid\boldsymbol{x},\boldsymbol{W},\sigma^2\right)=\mathcal{N}\left(\boldsymbol{t}\mid\boldsymbol{W}^{\mathrm{T}}\boldsymbol{\phi}(\boldsymbol{x}),\sigma^2\boldsymbol{I}\right) \tag{4.29}$$

一组观测 $\boldsymbol{t}_1,\cdots,\boldsymbol{t}_N$ 可以用一个大小为 $N\times K$ 的矩阵 $\boldsymbol{T}$ 来表示，$\boldsymbol{t}_n^{\mathrm{T}}(n=1,\cdots,N)$ 代表其中的第 n 行。类似地，我们可以将输入向量 $\boldsymbol{x}_1,\cdots,\boldsymbol{x}_N$ 转换为矩阵 $\boldsymbol{X}$，此时对数似然函数可以表示为如下形式：

$$\begin{aligned}\ln p\left(\boldsymbol{T}\mid\boldsymbol{X},\boldsymbol{W},\sigma^2\right)&=\sum_{n=1}^{N}\ln\mathcal{N}\left(\boldsymbol{t}_n\mid\boldsymbol{W}^{\mathrm{T}}\boldsymbol{\phi}(\boldsymbol{x}_n),\sigma^2\boldsymbol{I}\right)\\&=-\frac{NK}{2}\ln\left(2\pi\sigma^2\right)-\frac{1}{2\sigma^2}\sum_{n=1}^{N}\left\|\boldsymbol{t}_n-\boldsymbol{W}^{\mathrm{T}}\boldsymbol{\phi}(\boldsymbol{x}_n)\right\|^2\end{aligned} \tag{4.30}$$

和之前一样，我们可以关于 $\boldsymbol{W}$ 最大化这个函数，即

$$\boldsymbol{W}_{\mathrm{ML}}=\left(\boldsymbol{\Phi}^{\mathrm{T}}\boldsymbol{\Phi}\right)^{-1}\boldsymbol{\Phi}^{\mathrm{T}}\boldsymbol{T} \tag{4.31}$$

其中，我们已经用输入的特征向量 $\boldsymbol{\phi}(\boldsymbol{x}_1),\cdots,\boldsymbol{\phi}(\boldsymbol{x}_N)$ 组成了矩阵 $\boldsymbol{\Phi}$。如果我们检查

每个目标变量 t_k 的结果，可得

$$\boldsymbol{w}_k = \left(\boldsymbol{\Phi}^{\mathrm{T}}\boldsymbol{\Phi}\right)^{-1}\boldsymbol{\Phi}^{\mathrm{T}}\mathbf{t}_k = \boldsymbol{\Phi}^{\dagger}\mathbf{t}_k \tag{4.32}$$

其中 $\mathbf{t}_k$ 是一个 N 维的列向量，分量为 t_{nk}，其中 $n = 1, \cdots, N$。因此，回归问题的解在不同的目标变量之间是解耦的，我们只需要计算被所有向量 $\boldsymbol{w}_k$ 共享的单个伪逆矩阵 $\boldsymbol{\Phi}^{\dagger}$ 即可。

我们可以直接将其推广到具有任意协方差矩阵的一般高斯噪声分布上（参见习题 4.7）。这也再次将问题解耦成了 K 个独立回归问题。由于参数 $\boldsymbol{W}$ 只定义了高斯噪声分布的均值，而多元高斯均值的最大似然解与协方差无关（参见 3.2.7 小节），因此这并不令人惊讶。从现在开始，为了简便起见，我们将只考虑单目标变量 t。

4.2 决策理论

我们将回归任务看作条件概率分布 $p(t\,|\,\boldsymbol{x})$ 来建模，并且选择了条件概率的特定形式，即高斯分布［式（4.8）］，其中与 $\boldsymbol{x}$ 相关的均值 $y(\boldsymbol{x},\boldsymbol{w})$ 由参数 $\boldsymbol{w}$ 控制，方差由参数 σ^2 给出。$\boldsymbol{w}$ 和 σ^2 都可以使用最大似然从数据中学习得到。预测分布（predictive distribution）的结果如下：

$$p\left(t\,|\,\boldsymbol{x},\boldsymbol{w}_{\mathrm{ML}},\sigma_{\mathrm{ML}}^2\right) = \mathcal{N}\left(t\,|\,y\left(\boldsymbol{x},\boldsymbol{w}_{\mathrm{ML}}\right),\sigma_{\mathrm{ML}}^2\right) \tag{4.33}$$

预测分布表达了我们对某些新输入 $\boldsymbol{x}$ 所对应 t 值的不确定性。然而，对于许多实际应用，我们需要预测 t 的具体值，而不是返回整个分布，特别是在需要采取特定行动的情况下。例如，如果我们想要确定用于治疗肿瘤的最佳辐射水平，而我们的模型预测了辐射剂量的概率分布，那么我们必须使用该分布来决定给予治疗的具体剂量。因此，我们的任务分为两个阶段。第一个阶段称为推理（inference）阶段，我们使用训练数据来确定预测分布 $p(t|\boldsymbol{x})$。第二个阶段称为决策（decision）阶段，我们使用这个预测分布来确定特定的值 $f(t|\boldsymbol{x})$。这个特定的值依赖于输入向量 $\boldsymbol{x}$，并且根据某些准则是最优的。我们可以通过最小化一个既依赖于预测分布 $p(t|\boldsymbol{x})$ 又依赖于特定值 $f(t|\boldsymbol{x})$ 的损失函数（也称成本函数）来实现这一点。

直觉上，我们可以选择条件分布的均值，即 $f(\boldsymbol{x}) = y(\boldsymbol{x}, \boldsymbol{w}_{\mathrm{ML}})$。在某些情况下，这种直觉是正确的；但在其他情况下，它可能会给出非常糟糕的结果。因此，我们需要将其形式化，这样我们就可以理解它应该何时应用以及在什么假设下应用。该框架称为决策理论（decision theory）。

假设真实值为 t，我们为预测选择了一个值 $f(\boldsymbol{x})$，从而得到某种形式的惩罚或成本。惩罚是由损失（loss）决定的，用 $L(t, f(\boldsymbol{x}))$ 表示。当然，由于我们不知道 t 的真实值，因此我们并不最小化 L 本身，而是最小化平均或期望的损失，即

$$\mathbb{E}[L] = \iint L\left(t, f\left(\boldsymbol{x}\right)\right)p\left(\boldsymbol{x},t\right)\mathrm{d}\boldsymbol{x}\mathrm{d}t \tag{4.34}$$

其中，我们以输入变量和目标变量的联合分布 $p(\boldsymbol{x}, t)$ 作为权重对它们的分布进行加权平均。回归问题中常见的损失函数是平方损失函数：$L\left(t, f\left(\boldsymbol{x}\right)\right)=\left\{f\left(\boldsymbol{x}\right)-t\right\}^2$。在这种情况下，期望损失函数可以写成

$$\mathbb{E}[L]=\iint\{f(\boldsymbol{x})-t\}^2 p(\boldsymbol{x},t)\mathrm{d}\boldsymbol{x}\mathrm{d}t \tag{4.35}$$

注意不要将平方损失函数与前面介绍的平方和误差函数弄混淆。误差函数用于在训练过程中设置参数，以便确定条件概率分布 $p(t|\boldsymbol{x})$，而损失函数则控制如何使用条件分布来达到预测函数 $f(\boldsymbol{x})$，以预测 $\boldsymbol{x}$ 的每个值。

我们的目标是找到能使 $\mathbb{E}[L]$ 最小的 $f(\boldsymbol{x})$。假设 $f(\boldsymbol{x})$ 是一个完全任意的函数，则可以使用变分法（参见附录 B）得到

$$\frac{\delta\mathbb{E}[L]}{\delta f(\boldsymbol{x})}=2\int\{f(\boldsymbol{x})-t\}p(\boldsymbol{x},t)\mathrm{d}t=0 \tag{4.36}$$

求解 $f(\boldsymbol{x})$ 并使用概率的加和法则和乘积法则，可以得到

$$f^{\star}(\boldsymbol{x})=\frac{1}{p(\boldsymbol{x})}\int tp(\boldsymbol{x},t)\mathrm{d}t=\int tp(t|\boldsymbol{x})\mathrm{d}t=\mathbb{E}_t[t|\boldsymbol{x}] \tag{4.37}$$

这是 t 以 $\boldsymbol{x}$ 为条件的条件平均，称为回归函数（regression function）。结果如图 4.5 所示，这一形式可以很容易地扩展到由向量 $\boldsymbol{t}$ 表示的多个目标变量。这时，最优解是条件平均 $\boldsymbol{f}^{\star}(\boldsymbol{x})=\mathbb{E}_t[\boldsymbol{t}|\boldsymbol{x}]$（见习题 4.8）。对于形如式（4.8）的高斯条件分布，条件均值可以简化为

$$\mathbb{E}[t|\boldsymbol{x}]=\int tp(t|\boldsymbol{x})\mathrm{d}t=y(\boldsymbol{x},\boldsymbol{w}) \tag{4.38}$$

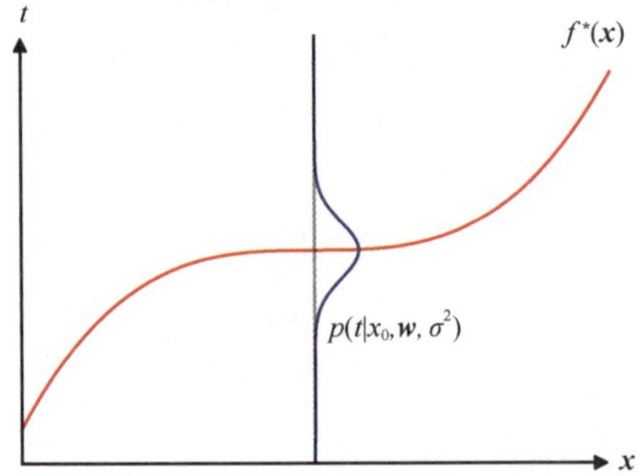

图 4.5 用于最小化期望平方损失的回归函数 $f^{\star}(\boldsymbol{x})$ 是由条件分布 $p(t|\boldsymbol{x})$ 的均值给出的

使用变分法推导式（4.37）代表我们正在优化所有可能的函数 $f(\boldsymbol{x})$。虽然实践中可以实现的任何参数模型都被限制在其可以表示的函数范围内，但我们在后续章节中广泛讨论的深度神经网络是一类高度灵活的函数。在许多实际应用中，我们可以精准

拟合任何想要的函数。

我们也可以用另一种推导方式得到这个结果，这种推导方式将阐明回归问题的本质。在知道最优解是条件期望的情况下，我们可以将平方项展开为

$$\begin{aligned}\{f(\boldsymbol{x})-t\}^2 &= \{f(\boldsymbol{x})-\mathbb{E}[t\mid\boldsymbol{x}]+\mathbb{E}[t\mid\boldsymbol{x}]-t\}^2\\ &= \{f(\boldsymbol{x})-\mathbb{E}[t\mid\boldsymbol{x}]\}^2+2\{f(\boldsymbol{x})-\mathbb{E}[t\mid\boldsymbol{x}]\}\{\mathbb{E}[t\mid\boldsymbol{x}]-t\}+\{\mathbb{E}[t\mid\boldsymbol{x}]-t\}^2\end{aligned}$$

其中，为了保持符号整洁，我们使用$\mathbb{E}[t\mid\boldsymbol{x}]$来表示$\mathbb{E}_t[t\mid\boldsymbol{x}]$。代入损失函数式（4.35）并对 t 进行积分后，交叉项消失了，得到如下形式的损失函数的表达式：

$$\mathbb{E}[L]=\int\{f(\boldsymbol{x})-\mathbb{E}[t\mid\boldsymbol{x}]\}^2 p(\boldsymbol{x})\mathrm{d}\boldsymbol{x}+\int\operatorname{var}[t\mid\boldsymbol{x}]p(\boldsymbol{x})\mathrm{d}\boldsymbol{x} \tag{4.39}$$

我们需要确定的函数$f(\boldsymbol{x})$只出现在式（4.39）右侧的第一项中，当$f(\boldsymbol{x})$只等于$\mathbb{E}[t\mid\boldsymbol{x}]$时，该项达到最小值。此时，式（4.39）右侧的这一项就消失了。这只是我们之前推导出来的结果，这表明最优最小二乘的预测是由条件均值给出的。式（4.39）右侧的第二项是分布 t 的方差在 $\boldsymbol{x}$ 上取平均后的结果，代表目标数据的内在变化，可以视为噪声。因为它独立于$f(\boldsymbol{x})$，所以它代表损失函数不可约的最小值。

平方损失函数并不是回归中唯一可选的损失函数。平方损失的一种泛化形式称为闵可夫斯基（Minkowski）损失，其期望由下式给出：

$$\mathbb{E}[L_q]=\iint|f(\boldsymbol{x})-t|^q\, p(\boldsymbol{x},t)\mathrm{d}\boldsymbol{x}\mathrm{d}t \tag{4.40}$$

当 $q=2$ 时即为期望平方损失。图 4.6 给出了当 q 取不同值时，函数$|f-t|^q$关于$f-t$的曲线。$\mathbb{E}[L_q]$的最小值由 $q=2$ 时的条件均值、$q=1$ 时的条件中位数和 $q\to 0$ 时的条件众数给出（见习题 4.12）。

高斯噪声假设意味着给定 $\boldsymbol{x}$ 时 t 的条件分布是单峰的，这对于某些应用来说可能是不合适的。在这种情况下，平方损失可能会导致结果变差，我们需要开发更复杂的其他方法。例如，我们可以通过使用混合高斯分布来扩展这个模型，使其成为多峰条件分布（参见 6.5 节）。这种情况在求解逆问题时会经常出现。本节重点讨论的是回归问题的决策理论，在第 5 章中，我们将在分类任务中引入类似的概念（参见 5.2 节）。

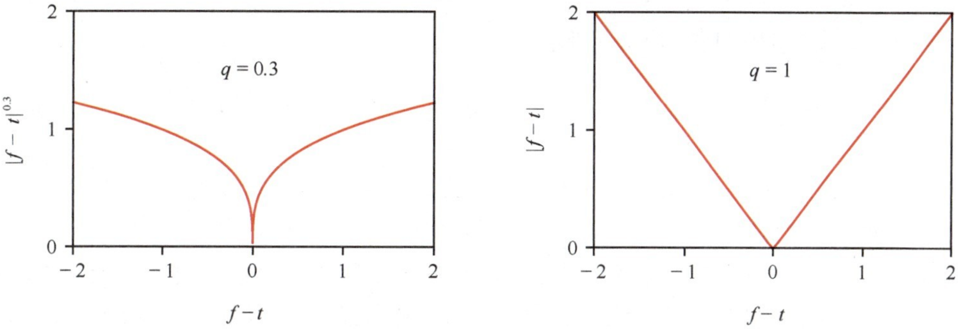

图 4.6　当 q 取不同值时，曲线 $L_q=|f-t|^q$ 的示意图

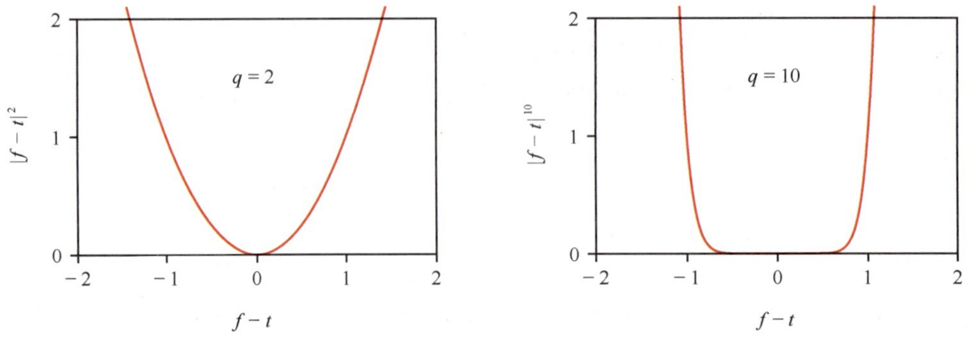

图 4.6 当 q 取不同值时，曲线 $L_q=|f-t|^q$ 的示意图（续）

4.3 偏差–方差权衡

到目前为止，在对回归问题的线性模型进行讨论时，我们假设基函数的形式和数量都是给定的（参见 1.2 节）。我们还看到，如果使用非常有限的数据集训练复杂模型，使用最大似然估计可能会导致严重的过拟合问题。然而，通过限制基函数的数量来避免过拟合有一个副作用，就是限制了模型捕捉数据中有趣和重要趋势的灵活性。尽管正则化项可以控制包含大量参数的模型的过拟合问题，但这又引出了如何确定合适的正则化系数 λ 的问题。同时关于权重向量 $\mathbf{w}$ 和正则化系数 λ 最小化正则化误差函数显然是不正确的，因为这会导致未正则化的解，即 $\lambda=0$。

我们可以从频率学派的视角讨论模型复杂性的问题，称为偏差–方差（bias-variance）权衡。虽然我们将在线性基函数模型的背景下介绍这个概念，因为在该背景下可以使用简单的例子很容易地说明这些想法，但我们的讨论具有非常广泛的适用性。过拟合确实是最大似然的缺点，但是当我们在贝叶斯设定中边缘化参数时，则不会出现这种情况（Bishop, 2006）。

在讨论回归问题的决策理论时（参见 4.2 节），我们考虑了各种损失函数。一旦知道条件分布 $p(t|\mathbf{x})$，每个损失函数就都会得到对应的最优预测。一个普遍的选择是平方损失函数，其最优预测由条件期望给出，用 $h(\mathbf{x})$ 表示。

$$h(\mathbf{x})=\mathbb{E}[t|\mathbf{x}]=\int tp(t|\mathbf{x})\mathrm{d}t \tag{4.41}$$

平方损失的期望可以写成如下形式：

$$\mathbb{E}[L]=\int\{f(\mathbf{x})-h(\mathbf{x})\}^2 p(\mathbf{x})\mathrm{d}\mathbf{x}+\iint\{h(\mathbf{x})-t\}^2 p(\mathbf{x},t)\mathrm{d}\mathbf{x}\,\mathrm{d}t \tag{4.42}$$

前面我们曾提到，与 $f(\mathbf{x})$ 无关的式（4.42）右侧的第二项来自数据上的固有噪声，代表了期望损失的最小值。式（4.42）右侧的第一项取决于如何选择函数 $f(\mathbf{x})$。我们将寻找一个 $f(\mathbf{x})$ 来最小化这一项。因为这一项是非负的，所以能达到的最小值是 0。如果有无限的数据供应（和无限的计算资源），则原则上可以找到任何准确度下的回

归函数 $h(\boldsymbol{x})$，它可以代表 $f(\boldsymbol{x})$ 的最优选择。然而在实践中，数据集 $\mathcal{D}$ 只包含 N 个有限的数据点，因此我们无法精确地知道回归函数 $h(\boldsymbol{x})$。

如果使用参数向量 $\boldsymbol{w}$ 控制的函数对 $h(\boldsymbol{x})$ 进行建模，那么从贝叶斯学派的视角来看，模型中的不确定性可以通过 $\boldsymbol{w}$ 上的后验分布来表示。但是频率学派会基于数据集 $\mathcal{D}$ 对 $\boldsymbol{w}$ 进行点估计，并试图通过以下思想实验（thought experiment）来解释该估计的不确定性。假设我们有大量的数据集，每个数据集的大小为 N 且都独立地从分布 $p(t|\boldsymbol{x})$ 中产生。对于任何给定的数据集 $\mathcal{D}$，都可以通过我们的算法得到预测函数 $f(\boldsymbol{x};\mathcal{D})$。集合中的不同数据集将给出不同的函数以及平方损失值。一个特定学习算法的性能，可通过对它在集合中每个数据集上的性能表现取平均值来评估。

式（4.42）右侧第一项的被积函数，在一个特定的数据集 $\mathcal{D}$ 上具有以下形式：

$$\{f(\boldsymbol{x};\mathcal{D})-h(\boldsymbol{x})\}^2 \tag{4.43}$$

因为它的值依赖于特定的数据集 $\mathcal{D}$，我们取其在数据集上的平均值。在式（4.43）的花括号内加减 $\mathbb{E}_{\mathcal{D}}[f(\boldsymbol{x};\mathcal{D})]$，然后展开，可以得到

$$\begin{aligned}&\{f(\boldsymbol{x};\mathcal{D})-\mathbb{E}_{\mathcal{D}}[f(\boldsymbol{x};\mathcal{D})]+\mathbb{E}_{\mathcal{D}}[f(\boldsymbol{x};\mathcal{D})]-h(\boldsymbol{x})\}^2\\&=\{f(\boldsymbol{x};\mathcal{D})-\mathbb{E}_{\mathcal{D}}[f(\boldsymbol{x};\mathcal{D})]\}^2+\{\mathbb{E}_{\mathcal{D}}[f(\boldsymbol{x};\mathcal{D})]-h(\boldsymbol{x})\}^2+\\&\quad 2\{f(\boldsymbol{x};\mathcal{D})-\mathbb{E}_{\mathcal{D}}[f(\boldsymbol{x};\mathcal{D})]\}\{\mathbb{E}_{\mathcal{D}}[f(\boldsymbol{x};\mathcal{D})]-h(\boldsymbol{x})\}\end{aligned} \tag{4.44}$$

取这个表达式对 $\mathcal{D}$ 的期望，消去最后一项，可得

$$\begin{aligned}&\mathbb{E}_{\mathcal{D}}\left[\{f(\boldsymbol{x};\mathcal{D})-h(\boldsymbol{x})\}^2\right]\\&=\underbrace{\{\mathbb{E}_{\mathcal{D}}[f(\boldsymbol{x};\mathcal{D})]-h(\boldsymbol{x})\}^2}_{\text{平方偏差}}+\underbrace{\mathbb{E}_{\mathcal{D}}\left[\{f(\boldsymbol{x};\mathcal{D})-\mathbb{E}_{\mathcal{D}}[f(\boldsymbol{x};\mathcal{D})]\}^2\right]}_{\text{方差}}\end{aligned} \tag{4.45}$$

$f(\boldsymbol{x};\mathcal{D})$ 和回归函数 $h(\boldsymbol{x})$ 平方差的期望可以表示为两项的和。第一项称为平方偏差，表示所有数据集上的平均预测与期望回归函数的差异程度。第二项称为方差，用于衡量单个数据集的解在其平均值周围变化的程度；换言之，方差衡量的是函数 $f(\boldsymbol{x};\mathcal{D})$ 对被选的特定数据集的敏感程度。接下来我们讨论一个简单的例子，以便对上述定义有一个直觉上的认识。

到目前为止，我们已经考虑了单一输入变量 $\boldsymbol{x}$ 的情况。如果我们将这个展开代回式（4.42），则可以得到

$$\text{期望损失}=\text{平方偏差}+\text{方差}+\text{噪声} \tag{4.46}$$

其中

$$\text{平方偏差}=\int\{\mathbb{E}_{\mathcal{D}}[f(\boldsymbol{x};\mathcal{D})]-h(\boldsymbol{x})\}^2p(\boldsymbol{x})\mathrm{d}\boldsymbol{x} \tag{4.47}$$

$$\text{方差}=\int\mathbb{E}_{\mathcal{D}}\left[\{f(\boldsymbol{x};\mathcal{D})-\mathbb{E}_{\mathcal{D}}[f(\boldsymbol{x};\mathcal{D})]\}^2\right]p(\boldsymbol{x})\mathrm{d}\boldsymbol{x} \tag{4.48}$$

$$噪声 = \int \{h(\boldsymbol{x}) - t\}^2 p(\boldsymbol{x}, t) \mathrm{d}\boldsymbol{x} \, \mathrm{d}t \qquad (4.49)$$

我们的目标是最小化期望损失，我们已经将其分解为平方偏差项、方差项和常数噪声项的和。偏差和方差之间存在权衡，非常灵活的模型具有低偏差和高方差，而相对稳定的模型具有高偏差和低方差。具有最优预测能力的模型能够在偏差和方差之间达到最佳平衡。这可以用前面介绍过的正弦数据集来说明（参见 1.2 节）。这里独立生成 100 个数据集，每个数据集包含 $N = 25$ 个数据点，数据点由正弦曲线 $h(x) = \sin(2\pi x)$ 产生。数据集的索引是 $l = 1, \cdots, L$，其中 $L = 100$。对于每个数据集 $\mathcal{D}^{(l)}$，拟合一个包含 $M = 24$ 个高斯基函数和一个常数“偏置参数”基函数的模型，总共 25 个参数。如图 4.7 所示，通过最小化正则化误差函数式（4.26），可以得到预测函数 $f^{(l)}(x)$。

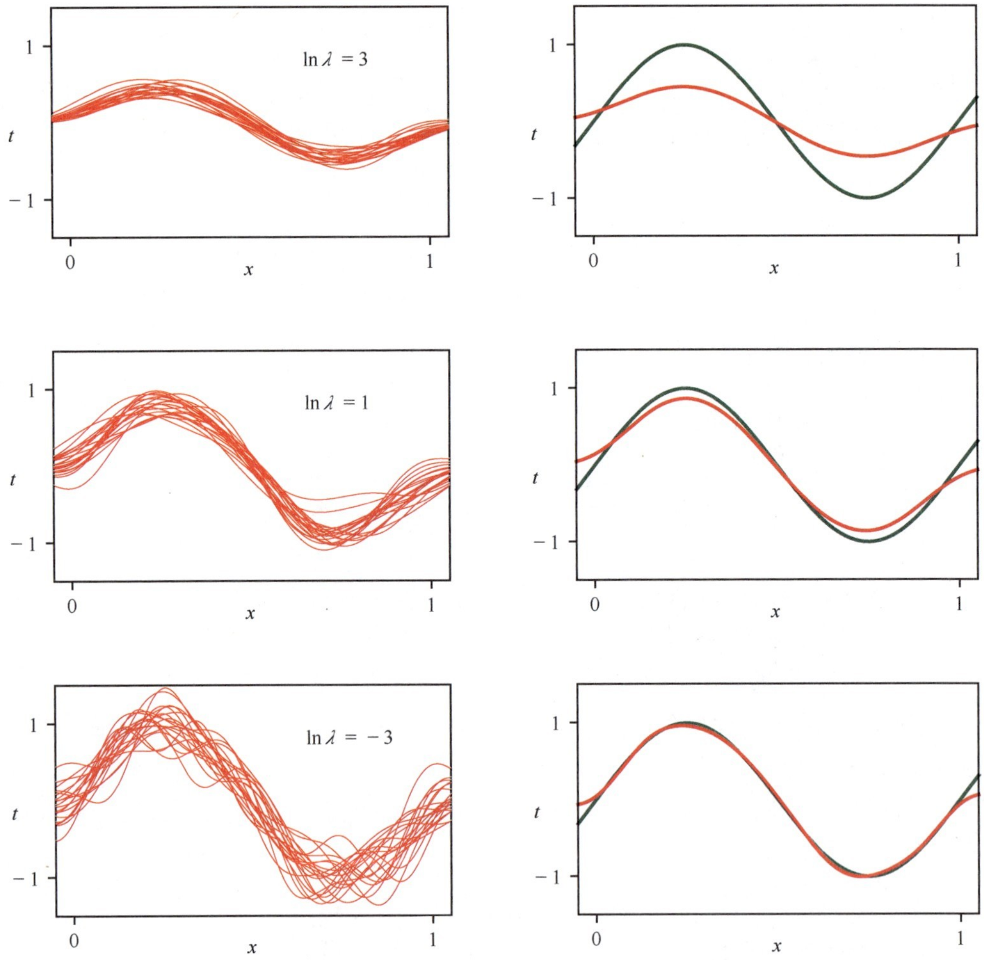

图 4.7 使用第 1 章的正弦数据展示模型复杂度上偏差和方差的依赖关系，模型复杂度由正则化参数 λ 控制。这里有 $L = 100$ 个数据集，每个数据集有 $N = 25$ 个数据点，模型中有 24 个高斯基函数，因此包括偏差参数在内的参数总数为 $M = 25$。左列显示了模型拟合结果随 $\ln\lambda$ 变化的结果（为了清晰起见，只显示了 100 次拟合中的 20 次）。右列显示了 100 次拟合的平均结果（红色曲线）以及生成数据集的正弦函数（绿色曲线）

图 4.7 的最上面一行对应的正则化系数 λ 很大，即方差很低（因为左图中的红色曲线彼此之间相似），但偏差很高（因为右图中的两条曲线差异很大）。相反，在 λ 较小的最下面一行，方差较高（表现为左图中红色曲线之间的高变异性），但偏差较低（表现为平均模型与原始正弦函数之间拟合良好）。我们发现复杂模型（$M = 25$）多次拟合平均后的结果对回归函数的拟合效果非常好，这说明平均确实颇有裨益。虽然是关于参数的后验分布的平均，而不是关于多个数据集的平均，但是多个解的加权平均是贝叶斯方法的核心。

我们还可以定量地检查这个示例中的偏差－方差权衡。平均预测是用下式估计的：

$$\overline{f}(x)=\frac{1}{L}\sum_{l=1}^{L}f^{(l)}(x) \tag{4.50}$$

而平方偏差和方差则由下式给出：

$$\text{平方偏差}=\frac{1}{N}\sum_{n=1}^{N}\left\{\overline{f}(x_n)-h(x_n)\right\}^2 \tag{4.51}$$

$$\text{方差}=\frac{1}{N}\sum_{n=1}^{N}\frac{1}{L}\sum_{l=1}^{L}\left\{f^{(l)}(x_n)-\overline{f}(x_n)\right\}^2 \tag{4.52}$$

其中，由分布 $p(x)$ 加权的对 x 的积分，可通过该分布产生的数据点的有限和来近似。图 4.8 给出了这些量在不同 $\ln\lambda$ 取值时的曲线。可以看到，较小的 λ 值会使模型过度拟合每个单独数据集上的噪声，从而导致较大的方差。相反，较大的 λ 值会使权重参数向 0 靠近，从而导致较大的偏差。

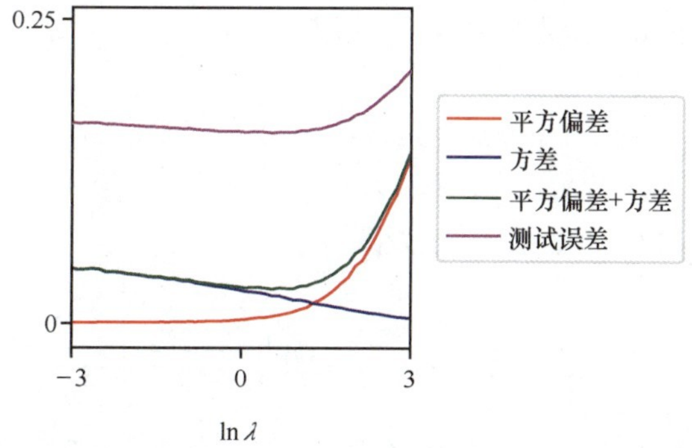

图 4.8　根据图 4.7 所示的结果，绘制的平方偏差、方差以及它们的和的示意图。图中还显示了测试数据集大小为 1 000 个数据点时的平均测试集误差。平方偏差 + 方差的最小值出现在 $\ln\lambda = 0.43$ 附近，接近于在测试数据上给出最小误差的值

偏差－方差分解的实际价值是有限的，因为它基于数据集的集合的平均，而实际上我们只有单个观测数据集。如果我们有大量给定大小的独立训练集，则更好的方法是将它们组合成单个更大的训练集，从而降低给定复杂度模型的过拟合风险。但尽管如此，偏差－方差分解仍经常提供对模型复杂性问题的有用洞察。虽然我们在本章中只是从回归问题的角度介绍了它，但其底层逻辑具有广泛的适用性。

习题

4.1 （⋆）考虑式（1.2）给出的平方和误差函数，其中函数 $y(x,\boldsymbol{w})$ 由多项式（1.1）给出。证明能使该误差函数最小的系数 $\boldsymbol{w}=\{w_i\}$ 是由下列线性方程组的解给出的：

$$\sum_{j=0}^{M} A_{ij} w_j = T_i \tag{4.53}$$

其中

$$A_{ij}=\sum_{n=1}^{N}(x_n)^{i+j}, \qquad T_i=\sum_{n=1}^{N}(x_n)^{i} t_n \tag{4.54}$$

4.2 （⋆）写出类似于式（4.53）的耦合线性方程组，其中系数 w_i 能使式（1.4）给出的正则化平方和误差函数最小化。

4.3 （⋆）证明定义如下的 tanh 函数

$$\tanh(a)=\frac{\mathrm{e}^{a}-\mathrm{e}^{-a}}{\mathrm{e}^{a}+\mathrm{e}^{-a}} \tag{4.55}$$

和式（4.6）定义的 sigmoid 函数有如下关系：

$$\tanh(a)=2\sigma(2a)-1 \tag{4.56}$$

并进一步证明 sigmoid 函数的一般线性组合形式

$$y(x,\boldsymbol{w})=w_0+\sum_{j=1}^{M} w_j \sigma\left(\frac{x-\mu_j}{s}\right) \tag{4.57}$$

等价于如下形式的 tanh 函数的线性组合：

$$y(x,\boldsymbol{u})=u_0+\sum_{j=1}^{M} u_j \tanh\left(\frac{x-\mu_j}{2s}\right) \tag{4.58}$$

最后找到将新参数 $\{u_1,\cdots,u_M\}$ 与原始参数 $\{w_1,\cdots,w_M\}$ 关联起来的表达式。

4.4 （⋆⋆⋆）证明矩阵

$$\boldsymbol{\Phi}\left(\boldsymbol{\Phi}^{\mathrm{T}}\boldsymbol{\Phi}\right)^{-1}\boldsymbol{\Phi}^{\mathrm{T}} \tag{4.59}$$

可将任何向量 $\boldsymbol{v}$ 投影到 $\boldsymbol{\Phi}$ 的列所张成的空间中。使用此结果证明，最小二乘解式（4.14）对应向量 $\boldsymbol{t}$ 在流形 $\mathcal{S}$ 上的正交投影（见图 4.3）。

4.5 （⋆）考虑一个每个数据点 t_n 都与加权因子 $r_n>0$ 相关联的数据集，平方和误差函

数变为

$$E_D(\boldsymbol{w})=\frac{1}{2}\sum_{n=1}^{N}r_n\left\{t_n-\boldsymbol{w}^{\mathrm{T}}\boldsymbol{\phi}\left(\boldsymbol{x}_n\right)\right\}^2 \tag{4.60}$$

给出最小化该误差函数的解 $\boldsymbol{w}^{\star}$ 的表达式。从与数据相关的噪声方差和复制的数据点两方面，给出加权平方和误差函数的两种替代解释。

4.6 （⋆）通过将式（4.26）对 $\boldsymbol{w}$ 的梯度设置为 $\mathbf{0}$，证明在线性回归中，正则化平方和误差函数的精确最小值由式（4.27）给出。

4.7 （⋆⋆）假设多元目标变量 $\boldsymbol{t}$ 的线性基函数回归模型具有下式给出的高斯分布：

$$p(\boldsymbol{t}\mid\boldsymbol{W},\boldsymbol{\Sigma})=\mathcal{N}(\boldsymbol{t}\mid\boldsymbol{y}(\boldsymbol{x},\boldsymbol{W}),\boldsymbol{\Sigma}) \tag{4.61}$$

其中

$$\boldsymbol{y}(\boldsymbol{x},\boldsymbol{W})=\boldsymbol{W}^{\mathrm{T}}\boldsymbol{\phi}(\boldsymbol{x}) \tag{4.62}$$

训练数据集由输入基向量 $\boldsymbol{\phi}(\boldsymbol{x}_n)$ 和对应的目标向量 $\boldsymbol{t}_n$ 组成，其中 $n=1,\cdots,N$ 。证明参数矩阵 $\boldsymbol{W}$ 的最大似然解 $\boldsymbol{W}_{\mathrm{ML}}$ 具有如下性质：每列由形如式（4.14）的表达式给出，其是各向同性噪声分布的解。注意，它独立于协方差矩阵 $\boldsymbol{\Sigma}$ 。证明 $\boldsymbol{\Sigma}$ 的最大似然解由下式给出：

$$\boldsymbol{\Sigma}=\frac{1}{N}\sum_{n=1}^{N}\left(\boldsymbol{t}_n-\boldsymbol{W}_{\mathrm{ML}}^{\mathrm{T}}\boldsymbol{\phi}\left(\boldsymbol{x}_n\right)\right)\left(\boldsymbol{t}_n-\boldsymbol{W}_{\mathrm{ML}}^{\mathrm{T}}\boldsymbol{\phi}\left(\boldsymbol{x}_n\right)\right)^{\mathrm{T}} \tag{4.63}$$

4.8 （⋆）考虑将单个目标变量 t 的平方损失函数式（4.35）推广到下式给出的多目标变量（用向量 $\boldsymbol{t}$ 表示），则有

$$\mathbb{E}[L(\boldsymbol{t},f(\boldsymbol{x}))]=\iint\|f(\boldsymbol{x})-\boldsymbol{t}\|^2\,p(\boldsymbol{x},\boldsymbol{t})\mathrm{d}\boldsymbol{x}\,\mathrm{d}\boldsymbol{t} \tag{4.64}$$

使用变分演算，证明使预期损失最小化的函数 $f(\boldsymbol{x})$ 由式（4.65）给出：

$$f(\boldsymbol{x})=\mathbb{E}_t[\boldsymbol{t}\mid\boldsymbol{x}] \tag{4.65}$$

4.9 （⋆）通过对式（4.64）中的平方项进行展开，推导类似于式（4.39）的结果。进一步地，证明使多元目标变量 $\boldsymbol{t}$ 的预期平方损失最小化的函数 $f(\boldsymbol{x})$ 同样以式（4.65）的形式由 $\boldsymbol{t}$ 的条件期望给出。

4.10 （⋆⋆）类比式（4.39），通过扩展式（4.64）来重新推导结果式（4.65）。

4.11 （⋆⋆）以下分布

$$p\left(x\mid\sigma^2,q\right)=\frac{q}{2\left(2\sigma^2\right)^{1/q}\Gamma(1/q)}\exp\left(-\frac{|x|^q}{2\sigma^2}\right) \tag{4.66}$$

是一元高斯分布的推广形式。其中 $\Gamma(x)$ 是由下式定义的伽马函数：

$$\Gamma(x)=\int_{-\infty}^{\infty}u^{x-1}\mathrm{e}^{-u}\mathrm{d}u \tag{4.67}$$

证明此分布已经归一化，从而有

$$\int_{-\infty}^{\infty}p\left(x\mid\sigma^2,q\right)\mathrm{d}x=1 \tag{4.68}$$

且当 $q=2$ 时，它退化为高斯分布。考虑一个目标变量由 $t=y(\boldsymbol{x},\boldsymbol{w})+\varepsilon$ 给出的回归模型，ε 是从分布式（4.66）中产生的随机噪声变量。证明对于输入向量 $\boldsymbol{X}=\{\boldsymbol{x}_1,\cdots,\boldsymbol{x}_N\}$ 和相应的目标变量 $\mathbf{t}=(t_1,\cdots,t_N)^{\mathrm{T}}$ 的数据集，定义在 $\boldsymbol{w}$ 和 σ^2 上的对数似然函数由下式给出：

$$\ln p(\mathbf{t}\mid\boldsymbol{X},\boldsymbol{w},\sigma^2)=-\frac{1}{2\sigma^2}\sum_{n=1}^{N}\left|y(\boldsymbol{x}_n,\boldsymbol{w})-t_n\right|^q-\frac{N}{q}\ln(2\sigma^2)+\text{const} \tag{4.69}$$

其中“const”表示独立于 $\boldsymbol{w}$ 和 σ^2 的常数项。注意，作为 $\boldsymbol{w}$ 的函数，该对数似然函数是 4.2 节中的 L_q 误差函数。

4.12 （⋆⋆）考虑由 L_q 损失函数定义的回归问题的期望损失式（4.40）。写出在最小化 $\mathbb{E}[L_q]$ 时，$y(\boldsymbol{x})$ 必须满足的条件。证明当 $q=1$ 时，该解表示条件中位数，即函数 $y(\boldsymbol{x})$ 满足 $t<y(\boldsymbol{x})$ 的概率与 $t\geqslant y(\boldsymbol{x})$ 的概率相同；并证明当 $q\to 0$ 时最小期望损失 L_q 由条件众数给出，即函数 $y(\boldsymbol{x})$ 等于对每个 $\boldsymbol{x}$ 而言，能使 $p\left(t\mid\boldsymbol{x}\right)$ 最大化的 t 值。

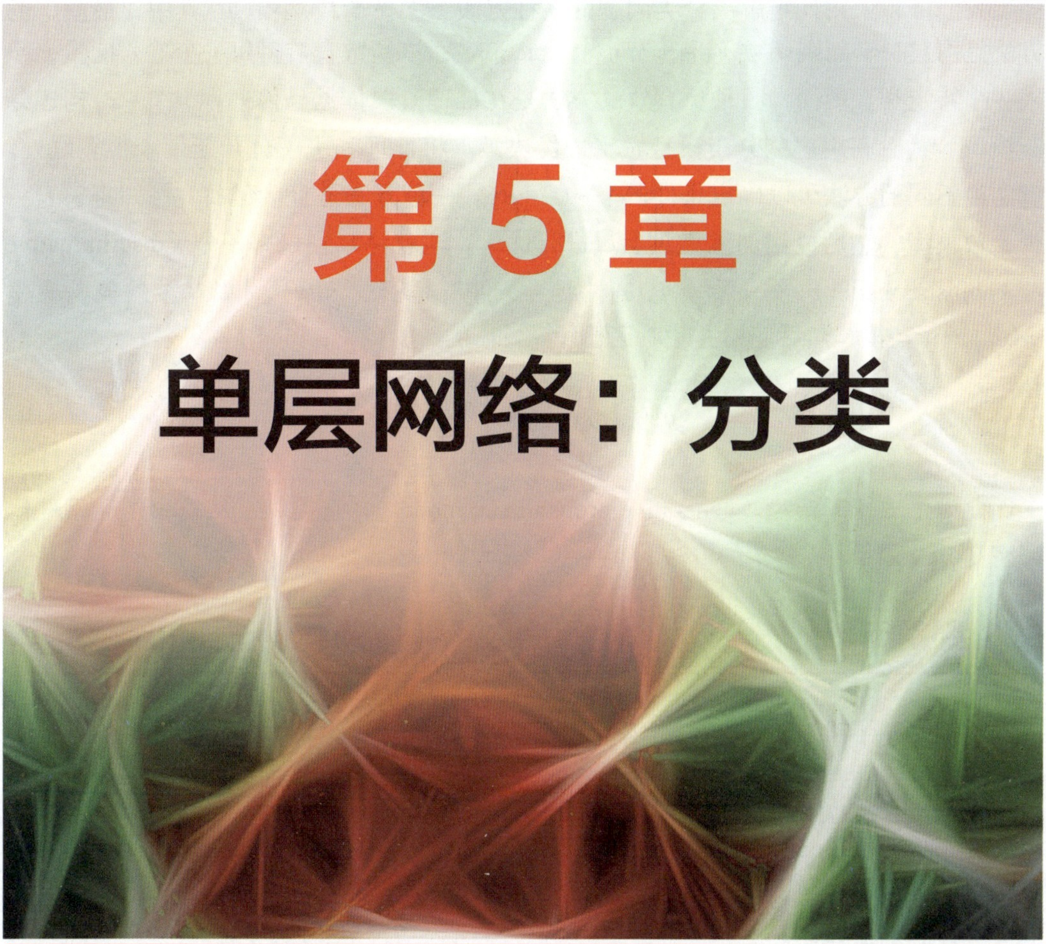

第 5 章

单层网络：分类

第 4 章探讨了一类回归模型，其中输出变量是模型参数的线性函数，因此可表示为具有单层权重和偏置参数的简单神经网络。接下来，我们将目光转向分类问题。本章将重点关注类似的一类模型，这类模型同样可以表示为单层神经网络。由此，本章先介绍诸多有关分类的关键概念，以便在后面各章讨论更为通用的深度神经网络。

分类旨在取一个输入向量 $\boldsymbol{x} \in \mathbb{R}^D$，并将其归入 K 个离散类 C_k 中的一个类，其中 $k = 1, \cdots, K$。在最常见的场景中，这些类是不相交的，因此每个输入向量都只能归入一个类。将输入空间划分为若干决策区域，这些决策区域（decision region）的边界称为决策边界（decision boundary）或决策面（decision surface）。本章使用线性模型进行分类，这意味着决策面是输入向量 $\boldsymbol{x}$ 的线性函数，由 D 维输入空间内的 $(D-1)$ 维超平面定义。可以通过线性决策面进行精确分类的数据集，称为线性可分（linearly separable）数据集。线性分类模型可应用于非线性可分数据集，但并非所有的输入向量都能进行正确的分类。

我们可以大致确定解决分类问题的 3 种方法（参见 5.2.4 小节）。其中，最简单的方法是构建一个判别函数（discriminant function），该函数直接将每一个输入向量 $\mathbf{x}$ 归入一个特定类。然而，一种更有效的方法是在推理阶段依据条件概率 $p(\mathcal{C}_k \mid \mathbf{x})$ 构建分布模型，然后利用这些分布模型做出最优决策。将推理和决策分开能带来很多好处。有两种不同的方法可以确定条件概率 $p(\mathcal{C}_k \mid \mathbf{x})$。一种方法是直接建模，例如将它表示为参数模型，然后使用训练集对参数进行优化。这就是判别概率模型（discriminative probabilistic model）。另一种方法是对类 - 条件概率密度 $p(\mathbf{x} \mid \mathcal{C}_k)$ 以及类的先验概率 $p(\mathcal{C}_k)$ 进行建模，然后使用贝叶斯定理计算所需的后验概率：

$$p(\mathcal{C}_k \mid \mathbf{x}) = \frac{p(\mathbf{x} \mid \mathcal{C}_k)\, p(\mathcal{C}_k)}{p(\mathbf{x})} \tag{5.1}$$

此为生成概率模型（generative probabilistic model），它提供了从每个类 - 条件概率密度 $p(\mathbf{x} \mid \mathcal{C}_k)$ 生成样本的方法。

5.1 判别函数

判别式是一种函数，它取输入向量 $\mathbf{x}$ 并将其归入 K 个类（用 $\mathcal{C}_k$ 表示）中的一个类。本章仅关注线性判别式（linear discriminant），即决策面为超平面的判别式。为了简化讨论，在研究多分类（$K > 2$）之前，我们首先分析二分类。

5.1.1 二分类

线性判别函数的最简单表示是通过取输入向量的线性函数得出的，即

$$y(\mathbf{x}) = \mathbf{w}^{\mathrm{T}} \mathbf{x} + w_0 \tag{5.2}$$

其中，$\mathbf{w}$ 为权重向量，w_0 为偏置参数（请勿与统计学意义上的偏差混淆）。如果 $y(\mathbf{x}) \geqslant 0$，输入向量 $\mathbf{x}$ 将被归入 $\mathcal{C}_1$ 类，否则归入 $\mathcal{C}_2$ 类。因此，相应的决策边界由关系 $y(\mathbf{x}) = 0$ 定义，对应于 D 维输入空间中的 $(D-1)$ 维超平面。考虑两个点 $\mathbf{x}_A$ 和 $\mathbf{x}_B$，它们都位于决策面上。因为 $y(\mathbf{x}_A) = y(\mathbf{x}_B) = 0$，所以得出 $\mathbf{w}^{\mathrm{T}}(\mathbf{x}_A - \mathbf{x}_B) = 0$。向量 $\mathbf{w}$ 与位于决策面内的每个向量都是正交的，$\mathbf{w}$ 决定了决策面的朝向。同样，如果 $\mathbf{x}$ 是决策面上的一点，则 $y(\mathbf{x}) = 0$，因此从原点到决策面的法向距离为

$$\frac{\mathbf{w}^{\mathrm{T}} \mathbf{x}}{\|\mathbf{w}\|} = -\frac{w_0}{\|\mathbf{w}\|} \tag{5.3}$$

可以看到，偏置参数 w_0 决定了决策面的位置。图 5.1 展示了 $D = 2$ 情况下的此类特性。

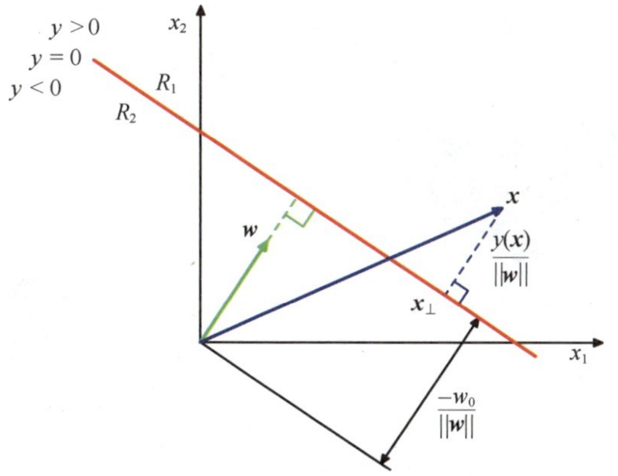

图 5.1 二维线性判别函数的几何图解。红色所示的决策面垂直于 $\boldsymbol{w}$，它离原点的位移由偏置参数 w_0 控制。同样，点 $\boldsymbol{x}$ 与决策面的带号正交距离由 $y(\boldsymbol{x})/\|\boldsymbol{w}\|$ 给出

此外，请注意，$y(\boldsymbol{x})$ 的值为点 $\boldsymbol{x}$ 到决策面的垂直距离 r 的带号测度。为了方便理解，考虑任意一个点 $\boldsymbol{x}$，设 $\boldsymbol{x}_\perp$ 是它在决策面上的正交投影，从而有

$$\boldsymbol{x}=\boldsymbol{x}_\perp+r\frac{\boldsymbol{w}}{\|\boldsymbol{w}\|} \tag{5.4}$$

对式（5.4）的两边左乘 $\boldsymbol{w}^{\mathrm{T}}$ 并加上 w_0，且利用 $y(\boldsymbol{x})=\boldsymbol{w}^{\mathrm{T}}\boldsymbol{x}+w_0$ 和 $y(\boldsymbol{x}_\perp)=\boldsymbol{w}^{\mathrm{T}}\boldsymbol{x}_\perp+w_0=0$，可得

$$r=\frac{y(\boldsymbol{x})}{\|\boldsymbol{w}\|} \tag{5.5}$$

结果如图 5.1 所示。

如同线性回归模型（参见 4.1.1 小节），有时使用更简洁的符号较为方便，即给出一个额外的虚拟“输入”值 $x_0=1$，然后定义 $\widetilde{\boldsymbol{w}}=(w_0,\boldsymbol{w})$ 和 $\widetilde{\boldsymbol{x}}=(x_0,\boldsymbol{x})$，从而有

$$y(\boldsymbol{x})=\widetilde{\boldsymbol{w}}^{\mathrm{T}}\widetilde{\boldsymbol{x}} \tag{5.6}$$

在此情况下，决策面是通过 $(D+1)$ 维扩展输入空间原点的 D 维超平面。

5.1.2 多分类

下面将线性判别函数扩展到多分类（$K>2$）。我们可能会试图通过组合一些二分类判别函数来建立多分类判别式。然而，这将导致一些困难（Duda and Hart, 1973）。

假设一个模型有 $K-1$ 个分类器，每个分类器都要解决一个二分类问题，也就是将特定 $\mathcal{C}_k$ 类中的点与其他的点分开。这就是所谓的一对多分类器。图 5.2 的左图给出了一个涉及 3 个类的例子，在该例中，这种方法会导致输入空间的区域分类不明确。

另一种方法是使用 $K(K-1)/2$ 个二元判别函数，且每一对可能的类都有一个二元判别函数。这就是所谓的一对一分类器。然后根据判别函数的多数票对每个点进行分

类。然而，这也会导致区域分类不明确的问题，如图 5.2 的右图所示。

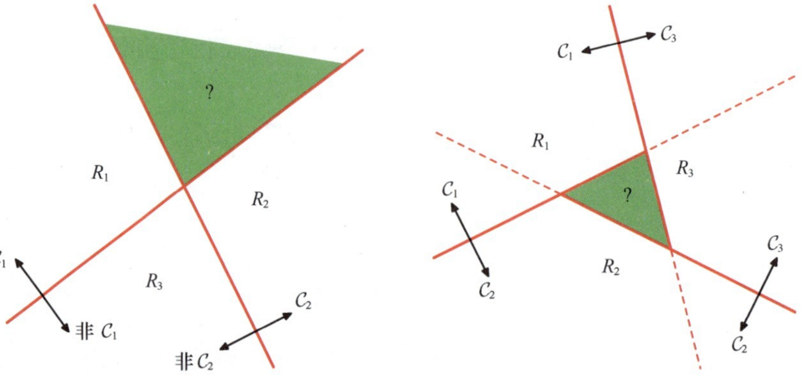

图 5.2 尝试从一组二分类判别函数中构建一个 K 类判别式会导致分类不明确的区域，如图中绿色所示。左图给出了一个涉及两个判别函数的例子，旨在对 $\mathcal{C}_k$ 类中的点与非 $\mathcal{C}_k$ 类中的点进行区分。右图给出了一个涉及 3 个判别函数的例子，其中的每个判别函数用于区分一对 $\mathcal{C}_k$ 类和 $\mathcal{C}_j$ 类

可通过采用 K 个线性函数组成的单个 K 类判别式来避免这些困难，其形式如下：

$$y_k(\boldsymbol{x}) = \boldsymbol{w}_k^{\mathrm{T}}\boldsymbol{x} + w_{k0} \tag{5.7}$$

然后在所有 $j \neq k$ 的情况下，如果 $y_k(\boldsymbol{x}) > y_j(\boldsymbol{x})$，就将点 $\boldsymbol{x}$ 归入 $\mathcal{C}_k$ 类。因此，$\mathcal{C}_k$ 类和 $\mathcal{C}_j$ 类之间的决策边界由 $y_k(\boldsymbol{x}) = y_j(\boldsymbol{x})$ 给出，且对应于一个 $(D-1)$ 维的超平面，该超平面定义如下：

$$(\boldsymbol{w}_k - \boldsymbol{w}_j)^{\mathrm{T}}\boldsymbol{x} + (w_{k0} - w_{j0}) = 0 \tag{5.8}$$

由于它的形式与 5.1.1 节中讨论的二分类案例的决策边界相同，因此其具有类似的几何特性。

这种判别式的决策区域总是单连且凸出的。考虑两个点 $\boldsymbol{x}_A$ 和 $\boldsymbol{x}_B$，它们都位于决策区域 $\mathcal{R}_k$ 内，如图 5.3 所示。连接 $\boldsymbol{x}_A$ 和 $\boldsymbol{x}_B$ 的直线上的任何点 $\hat{\boldsymbol{x}}$ 都可以用如下形式来表示：

$$\hat{\boldsymbol{x}} = \lambda\boldsymbol{x}_A + (1-\lambda)\boldsymbol{x}_B \tag{5.9}$$

其中 $0 \leqslant \lambda \leqslant 1$。根据判别函数的线性关系，可得

$$y_k(\hat{\boldsymbol{x}}) = \lambda y_k(\boldsymbol{x}_A) + (1-\lambda) y_k(\boldsymbol{x}_B) \tag{5.10}$$

因为 $\boldsymbol{x}_A$ 和 $\boldsymbol{x}_B$ 都在决策区域 $\mathcal{R}_k$ 内，所以在所有 $j \neq k$ 的情况下，$y_k(\boldsymbol{x}_A) > y_j(\boldsymbol{x}_A)$ 且 $y_k(\boldsymbol{x}_B) > y_j(\boldsymbol{x}_B)$，从而 $y_k(\hat{\boldsymbol{x}}) > y_j(\hat{\boldsymbol{x}})$，且 $\hat{\boldsymbol{x}}$ 也在决策区域 $\mathcal{R}_k$ 内。决策

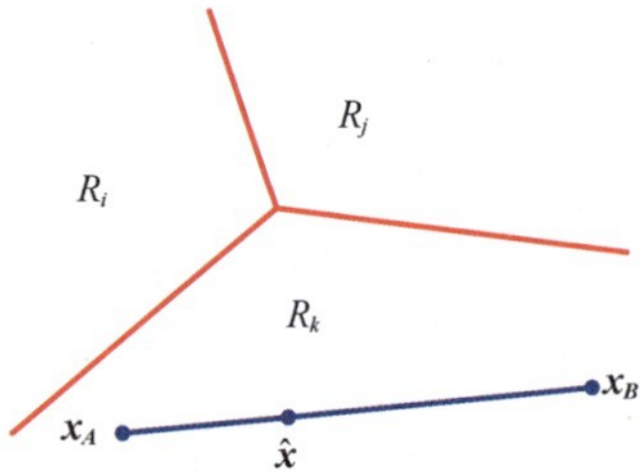

图 5.3 多分类线性判别式的决策区域，决策边界如红色所示。如果两点 $\boldsymbol{x}_A$ 和 $\boldsymbol{x}_B$ 都在同一决策区域 $\mathcal{R}_k$ 内，那么连接这两点的直线上的任何一点也必须在决策区域 $\mathcal{R}_k$ 内，从而决策区域必须是单连且凸出的

区域 R_k 是单连且凸出的。

请注意，对于二分类问题，我们既可以采用书中讨论的基于两个判别函数 $y_1(\boldsymbol{x})$ 和 $y_2(\boldsymbol{x})$ 的形式，也可以采用基于单个判别函数 $y(\boldsymbol{x})$ 的更简单但本质上等价的形式（参见 5.1.1 小节）。

5.1.3 1-of-K编码方案

对于回归问题，多元目标变量 $\boldsymbol{t}$ 只是我们希望预测其值的实数向量。在分类问题中，有多种使用目标值来表示类标签的方法。对于二分类问题，最方便的是单目标变量 $t\in\{0,1\}$ 的二进制表示，所以 $t=1$ 表示 $\mathcal{C}_1$ 类，$t=0$ 表示 $\mathcal{C}_2$ 类。我们可将 t 的值理解为该类是 $\mathcal{C}_1$ 类的概率，概率值仅取 0 和 1 的极值。对于多分类（$K>2$）问题，使用 1-of-K 编码方案较为方便，其也称独热编码方案，其中 $\boldsymbol{t}$ 是长度为 K 的向量，从而如果该类是 $\mathcal{C}_j$ 类，则 $\boldsymbol{t}$ 的所有元素 t_k 都为 0，只有元素 t_j 的值为 1。例如，假设有 $K=5$ 个类，则来自 $\mathcal{C}_2$ 类的数据点将得到目标向量

$$\boldsymbol{t}=(0,1,0,0,0)^{\mathrm{T}} \tag{5.11}$$

同样，我们可以把 t_k 的值理解为该类是 $\mathcal{C}_k$ 类的概率，其中概率仅有 0 和 1 两种取值。

5.1.4 最小二乘分类

在线性回归模型中，通过最小化平方和误差函数，可以得到参数值的简单闭式解（参见 4.1.3 小节）。因此，我们期待将同样的最小二乘形式应用于分类问题。考虑一个涉及 K 个类的一般分类问题，以及目标向量 $\boldsymbol{t}$ 的 1-of-K 二进制编码方案。在此种情况下使用最小二乘法的一个理由是，它近似于给定输入向量时目标值的条件期望 $\mathbb{E}[\boldsymbol{t}\,|\,\boldsymbol{x}]$。对于二进制编码方案，该条件期望由类的后验概率向量给出（见习题 5.1）。遗憾的是，这些概率的近似值通常很低，而且近似值的取值范围实际可能超出（0, 1）。但尽管如此，研究这些简单的模型并了解这些局限性是如何产生的仍具有指导意义。

每个 $\mathcal{C}_k$ 类都由各自的线性模型描述，所以

$$y_k(\boldsymbol{x})=\boldsymbol{w}_k^{\mathrm{T}}\boldsymbol{x}+w_{k0} \tag{5.12}$$

其中 $k=1,\cdots,K$。我们可以方便地使用向量表示法将它们归为一组，从而

$$\boldsymbol{y}(\boldsymbol{x})=\widetilde{\boldsymbol{W}}^{\mathrm{T}}\tilde{\boldsymbol{x}} \tag{5.13}$$

其中 $\widetilde{\boldsymbol{W}}$ 是一个矩阵，其第 k 列包含 $(D+1)$ 维向量 $\tilde{\boldsymbol{w}}_k=\left(w_{k0},\boldsymbol{w}_k^{\mathrm{T}}\right)^{\mathrm{T}}$，$\tilde{\boldsymbol{x}}$ 是相应的增广输入向量 $(1,\boldsymbol{x}^{\mathrm{T}})^{\mathrm{T}}$，虚拟输入 $x_0=1$。然后将新输入 $\boldsymbol{x}$ 归入输出 $y_k=\overline{\boldsymbol{w}}_k^{\mathrm{T}}\overline{\boldsymbol{x}}$ 最大的类。

下面我们通过将平方和误差函数最小化来确定参数矩阵 $\widetilde{\boldsymbol{W}}$。考虑一个训练数据集

$\{\boldsymbol{x}_n, \boldsymbol{t}_n\}$，其中 $n = 1,\cdots, N$，并定义一个第 n 行为向量 $\boldsymbol{t}_n^{\mathrm{T}}$ 的矩阵 $\boldsymbol{T}$ 和另一个第 n 行为向量 $\tilde{\boldsymbol{x}}_n^{\mathrm{T}}$ 的矩阵 $\widetilde{\boldsymbol{X}}$。因此，平方和误差函数可以写成

$$E_D(\widetilde{\boldsymbol{W}}) = \frac{1}{2}\operatorname{tr}\left\{(\widetilde{\boldsymbol{X}}\widetilde{\boldsymbol{W}} - \boldsymbol{T})^{\mathrm{T}}(\widetilde{\boldsymbol{X}}\widetilde{\boldsymbol{W}} - \boldsymbol{T})\right\} \tag{5.14}$$

将与 $\widetilde{\boldsymbol{W}}$ 有关的导数设为 0 并进行重新排列，从而求得 $\widetilde{\boldsymbol{W}}$ 的解，其形式为

$$\widetilde{\boldsymbol{W}} = \left(\widetilde{\boldsymbol{X}}^{\mathrm{T}}\widetilde{\boldsymbol{X}}\right)^{-1}\widetilde{\boldsymbol{X}}^{\mathrm{T}}\boldsymbol{T} = \widetilde{\boldsymbol{X}}^{\dagger}\boldsymbol{T} \tag{5.15}$$

其中 $\tilde{\boldsymbol{X}}^{\dagger}$ 是矩阵 $\tilde{\boldsymbol{X}}$ 的伪逆（参见 4.1.3 小节），从而求得如下形式的判别函数：

$$\boldsymbol{y}(\boldsymbol{x}) = \widetilde{\boldsymbol{W}}^{\mathrm{T}}\tilde{\boldsymbol{x}} = \boldsymbol{T}^{\mathrm{T}}\left(\widetilde{\boldsymbol{X}}^{\dagger}\right)^{\mathrm{T}}\tilde{\boldsymbol{x}} \tag{5.16}$$

具有多元目标变量的最小二乘解拥有一个有趣的特性，即如果训练集中的每个目标向量都满足某些线性约束条件，如

$$\boldsymbol{a}^{\mathrm{T}}\boldsymbol{t}_n + b = 0 \tag{5.17}$$

则对于某些常数 $\boldsymbol{a}$ 和 b，$\boldsymbol{x}$ 的任意值的模型预测都将满足相同的约束条件，从而（参见习题 5.3）

$$\boldsymbol{a}^{\mathrm{T}}\boldsymbol{y}(\boldsymbol{x}) + b = 0 \tag{5.18}$$

因此，如果我们针对多分类问题使用 1-of-K 编码方案，那么模型所做的预测将具有这样的特性：对于任意 $\boldsymbol{x}$ 值，$\boldsymbol{y}(\boldsymbol{x})$ 的元素之和都为 1。然而，仅凭该求和约束条件还不足以将模型输出理解为概率，因为它们并没有被限制在区间（0, 1）内。

最小二乘法给出了判别函数参数的精确闭式解。然而，即使作为一个判别函数（我们直接用它来做决定，且不需要做任何概率解释），它也存在一些严重的问题。你已经看到，在高斯噪声分布的假设下，平方和误差函数可以看作负对数似然（参见 2.3.4 小节）。如果数据的真实分布明显不同于高斯分布，则最小二乘法的结果就会很差。特别是，最小二乘法对离群值（与大部分数据点相距甚远的数据点）的存在非常敏感，如图 5.4 所示。我们可以看到，图 5.4 右图中的附加数据点使决策边界的位置发生了显著变化，尽管这些数据点会被左图中的原始决策边界正确分类。平方和误差函数对距离决策边界较远的数据点赋予了过高的权重，即使这些数据点是被正确分类的。离群值可能由于罕见事件，或仅仅由于数据集中的错误而产生。由此，对极少数数据点敏感的技术是缺乏鲁棒性的。为便于比较，图 5.4 还显示了使用一种称为逻辑斯谛回归（logistic regression）的技术（参见 5.4.3 小节）得出的结果，该技术对离群值的鲁棒性更强。

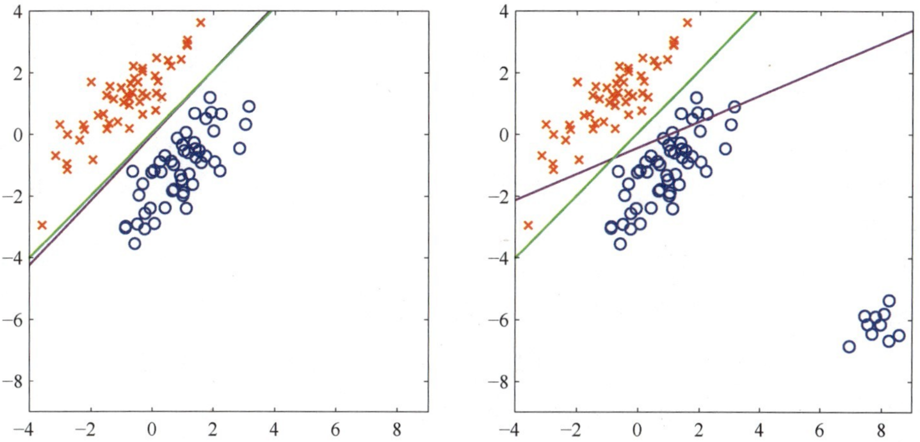

图 5.4 左图显示了来自两个类的数据（分别用红色十字和蓝色圆圈表示），以及通过使用最小二乘法（洋红色曲线）和逻辑斯谛回归模型（绿色曲线）得到的决策边界。右图展示了在图的右下方添加额外数据点后得到的相应结果。与逻辑斯谛回归不同的是，最小二乘法对离群值高度敏感

回想一下，最小二乘法对应的是高斯条件分布假设下的最大似然，而二进制目标向量的分布显然远非高斯分布，于是最小二乘法的失败也就不足为奇了。通过采用更合适的概率模型，我们可以获得相比最小二乘法性能更好的分类技术，而且还可以将其扩展以得到灵活的非线性神经网络模型，详见后续章节。

5.2 决策理论

在讨论线性回归时，机器学习中的预测过程可分为推理和决策（参见 4.2 节）两个阶段。下面我们特别结合分类器对这一观点进行更深入的探讨。

假设有一个输入向量 $\boldsymbol{x}$ 和一个相应的目标变量 t，我们想要在给定 $\boldsymbol{x}$ 的新值时预测 t。对于回归问题，t 将由连续变量组成且通常是一个向量，因为我们可能希望预测几个相关的量。对于分类问题，t 将代表类标签。同样，如果有两个以上的类，t 通常是一个向量。联合概率分布 $p(\boldsymbol{x}, t)$ 完整总结了与这些变量相关的不确定性。作为推理的一个例子，从一组训练数据中确定 $p(\boldsymbol{x}, t)$ 通常是一个解决起来非常困难的问题，本书大部分篇幅讨论的就是如何解决这个问题。然而在实际应用中，我们往往必须对 t 的值做出具体预测，或者更一般地说，我们必须根据对 t 可能取值的理解而采取具体行动。这正是决策理论的主题。

例如，在之前的医学诊断问题中，我们拍摄了病人皮肤病变的图像，并希望确定病人是否患有癌症。在这种情况下，输入向量 $\boldsymbol{x}$ 是图像中像素强度的集合，而输出变量 t 要么代表未患癌症，用 $\mathcal{C}_1$ 类表示，要么代表患有癌症，用 $\mathcal{C}_2$ 类表示。例如，我们可以选择 t 作为二进制变量，使得 $t = 0$ 对应 $\mathcal{C}_1$ 类，$t = 1$ 对应 $\mathcal{C}_2$ 类。稍后我们将看到，在计算概率时，这种标签值的选择特别方便。一般情况下，推理问题涉及确定联合分布 $p(\boldsymbol{x}, \mathcal{C}_k)$，它等价于 $p(\boldsymbol{x}, t)$，其对变量进行了完整的概率描述。虽然这是一个非常有

用的信息，但归根结底，我们必须决定是否对患者进行治疗，而且我们希望能够根据某种适当的准则，做出最佳选择（Duda and Hart，1973）。此为决策步骤，而决策理论旨在告诉我们如何在适当的概率条件下做出最优决策。一旦解决了推理问题，你就会发现决策阶段通常非常简单。在此，我们介绍了学习本书其余部分所需了解的决策理论的主要观点。要想了解更多的背景知识和更详细的信息，请参阅 Berger（1985）和 Bather（2000）。

在进行更详细的分析之前，有必要非正式地分析一下我们期望概率在制定决策时如何发挥作用。当获得新患者的皮肤病变图像 $\boldsymbol{x}$ 时，需要决定将图像归入两类中的哪一类。因此我们感兴趣的是，在给定图像的情况下，$p(\mathcal{C}_k\,|\,\boldsymbol{x})$ 给出这两类的概率。利用贝叶斯定理，这些概率可用如下形式表示：

$$p\left(\mathcal{C}_k\,|\,\boldsymbol{x}\right)=\frac{p\left(\boldsymbol{x}\,|\,\mathcal{C}_k\right)p\left(\mathcal{C}_k\right)}{p(\boldsymbol{x})} \tag{5.19}$$

请注意，贝叶斯定理中出现的任何量都可通过将适当变量边际化或条件化而从联合分布 $p\left(\boldsymbol{x},\mathcal{C}_k\right)$ 中得到。现在，我们可以将 $p\left(\mathcal{C}_k\right)$ 解释为 $\mathcal{C}_k$ 类的先验概率，并将 $p\left(\mathcal{C}_k\,|\,\boldsymbol{x}\right)$ 解释为相应的后验概率。因此，$p\left(\mathcal{C}_1\right)$ 代表在拍摄皮肤病变图像之前某人患癌的概率。同样，$p\left(\mathcal{C}_1\,|\,\boldsymbol{x}\right)$ 是后验概率，我们对其根据图像所含的信息已使用贝叶斯定理进行了修正。如果想要尽量降低将 $\boldsymbol{x}$ 归入错误类的概率，则可以根据直觉选择后验概率较高的类。接下来我们将证明这种直觉是正确的并讨论更普遍的决策制定准则。

5.2.1 误分类率

假设我们的目标只是尽可能减少误分类，则需要一条规则，以便将 $\boldsymbol{x}$ 的每个值归入一个可用的类。该规则会将输入空间划分为若干决策区域 R_k，每个类拥有一个决策区域，从而 R_k 中的所有点都会被归入 $\mathcal{C}_k$ 类。决策区域之间的边界称为决策边界或决策面。需要注意的是，每个决策区域不需要是连续的，但可包含若干不相交的区域。为得到最优决策规则，首先考虑二分类，例如癌症检查。当属于 $\mathcal{C}_1$ 类的输入向量被归入 $\mathcal{C}_2$ 类或反之时，就会出现错误。发生这种情况的概率为

$$\begin{aligned} p(\text{错误}) &= p\left(\boldsymbol{x}\in R_1,\mathcal{C}_2\right)+p\left(\boldsymbol{x}\in R_2,\mathcal{C}_1\right) \\ &= \int_{R_1} p\left(\boldsymbol{x},\mathcal{C}_2\right)\mathrm{d}\boldsymbol{x}+\int_{R_2} p\left(\boldsymbol{x},\mathcal{C}_1\right)\mathrm{d}\boldsymbol{x} \end{aligned} \tag{5.20}$$

我们可以自由选择将每个点 $\boldsymbol{x}$ 归入两个类之一的决策规则。显然，为了将 p（错误）最小化，我们应该将每个点 $\boldsymbol{x}$ 归入式（5.20）中被积函数值较小的类。因此，对于给定的 $\boldsymbol{x}$ 值，如果 $p\left(\boldsymbol{x},\mathcal{C}_1\right)>p\left(\boldsymbol{x},\mathcal{C}_2\right)$，则归入 $\mathcal{C}_1$ 类。根据概率的乘积法则，可以得到 $p\left(\boldsymbol{x},\mathcal{C}_k\right)=p\left(\mathcal{C}_k\,|\,\boldsymbol{x}\right)p\left(\boldsymbol{x}\right)$。由于 $p(\boldsymbol{x})$ 是两个项的公因子，因此我们可以将这一结果重新表述为：如果将 $\boldsymbol{x}$ 的每个值归入后验概率 $p\left(\mathcal{C}_k\,|\,\boldsymbol{x}\right)$ 最大的类，则犯错的概率最小。

图 5.5 展示了二分类和单一输入变量 x 的结果。

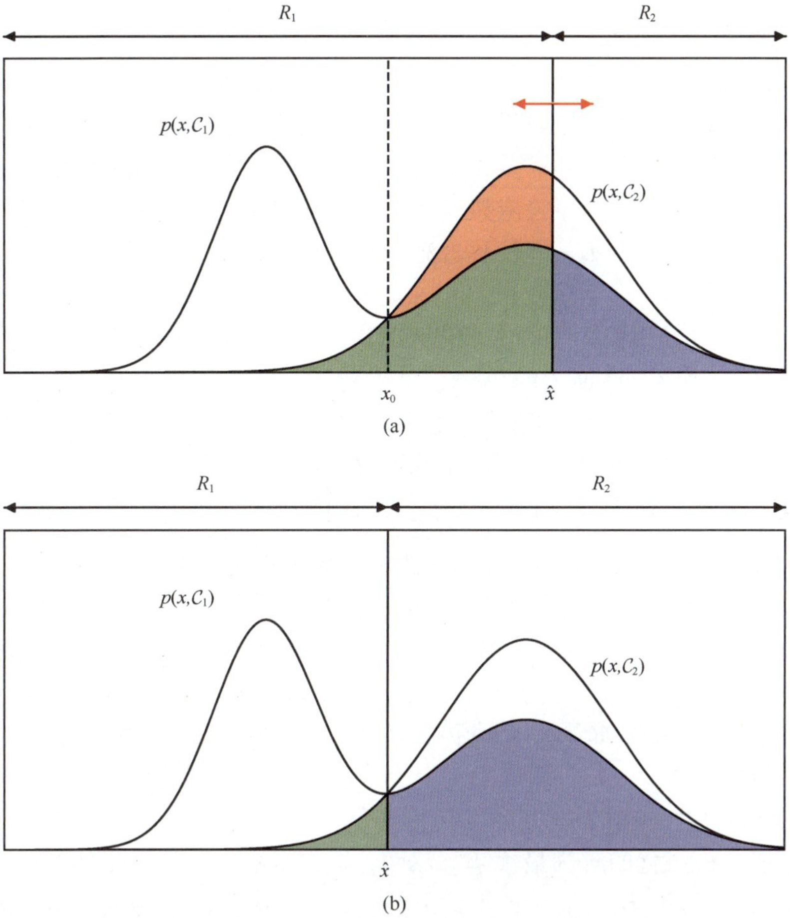

图 5.5 二分类中每个类的联合概率 $p(x, \mathcal{C}_k)$ 与 x 的关系以及决策边界 $x = \hat{x}$ 的示意图。$x \geqslant \hat{x}$ 的点被归入 $\mathcal{C}_2$ 类，因此属于决策区域 R_2；而 $x < \hat{x}$ 的点被归入 $\mathcal{C}_1$ 类，因此属于决策区域 R_1。误差来自蓝色、绿色和红色区域，因此当 $x < \hat{x}$ 时，误差是由于属于 $\mathcal{C}_2$ 类的点被错误分类为 $\mathcal{C}_1$ 类（由红色和绿色区域之和表示）而产生的；而当 $x \geqslant \hat{x}$ 时，误差是由于属于 $\mathcal{C}_l$ 类的点被错误分类为 $\mathcal{C}_2$ 类（由蓝色区域表示）而产生的。通过改变决策边界的位置 $\hat{x}$，如图(a) 中红色双箭头所示，可使蓝色和绿色区域的总面积保持不变，而红色区域的面积则有所变化。如图(b) 所示，对应于 $\hat{x} = x_0$，$\hat{x}$ 的最佳选择是 $p(x, \mathcal{C}_1)$ 和 $p(x, \mathcal{C}_2)$ 曲线的相交处，因为红色区域在这种情况下消失了。这相当于最小化误分类率决策规则，x 的每个值被归入后验概率 $p(\mathcal{C}_k|x)$ 较高的类

在更一般的多分类情况下，将正确概率最大化稍显容易，其计算公式如下：

$$p(\text{正确}) = \sum_{k=1}^{K} p\left(\boldsymbol{x} \in R_k, \mathcal{C}_k\right) = \sum_{k=1}^{K} \int_{R_k} p\left(\boldsymbol{x}, \mathcal{C}_k\right) \mathrm{d}\boldsymbol{x} \tag{5.21}$$

当决策区域 R_k 使得每个 $\boldsymbol{x}$ 被归入 $p\left(\boldsymbol{x}, \mathcal{C}_k\right)$ 最大的类时，正确概率就会最高。同样，利用概率的乘积法则 $p\left(\boldsymbol{x}, \mathcal{C}_k\right) = p\left(\mathcal{C}_k \mid \boldsymbol{x}\right) p(\boldsymbol{x})$，$p(\boldsymbol{x})$ 是所有项的公因子，每个 $\boldsymbol{x}$ 都应被

归入后验概率 $p(\mathcal{C}_k \mid \boldsymbol{x})$ 最大的类。

5.2.2 预期损失

在许多应用中，我们的目标相比仅减少误分类数量更为复杂。让我们再次回到医疗诊断问题。我们注意到，如果一名未患癌症的病人被误诊为患有癌症，后果可能是他会经历一些痛苦，而且还需要接受进一步的检查。相反，如果癌症患者被误诊为身体健康，后果可能是他由于没有接受相应治疗而过早死亡。因此，这两种错误可能导致截然不同的后果。显然，即使冒着犯下更多第一种错误的风险，也不要犯第二种错误。

我们可以通过采用损失函数来将这些问题形式化，损失函数是对采取任何可供选择之决策或行动所造成损失的单一、总体衡量。因此，我们的目标是最大限度地减少总损失。请注意，有些学者考虑使用效用函数（utility function），并希望最大化效用函数的值。如果我们把效用简单地理解为损失的负数，那么这两个概念是等价的。假设一个新的 $\boldsymbol{x}$ 值实际上属于 $\mathcal{C}_k$ 类，而我们却将 $\boldsymbol{x}$ 归入 $\mathcal{C}_j$ 类（其中 j 可能等于也可能不等于 k）。在此过程中，我们会遭受一定程度的损失（用 L_{kj} 表示），我们可以将其视为损失矩阵的 (k, j) 元素。例如，在癌症检查示例中，我们可能得到图 5.6 所示形式的一个损失矩阵。这个特定的损失矩阵表示，如果决策正确，就不会有任何损失；如果一个身体健康的人被误诊患有癌症，则会遭受 1 的损失；而如果一个癌症患者被误诊为身体健康，则会遭受 100 的损失。

	normal	cancer
normal	0	1
cancer	100	0

图 5.6 癌症检查示例中元素为 L_{kj} 的损失矩阵示例。行代表真实类，而列代表根据决策准则所做的分类

将损失函数最小化的解为最优解。然而，损失函数取决于真实类，而真实类是未知的。对于给定的输入向量 $\boldsymbol{x}$，我们使用联合概率分布 $p(\boldsymbol{x}, \mathcal{C}_k)$ 来表示真实类的不确定性。我们可以转而寻求将预期损失最小化，预期损失的计算公式为

$$\mathbb{E}[L] = \sum_k \sum_j \int_{\mathcal{R}_j} L_{kj} p(\boldsymbol{x}, \mathcal{C}_k) \mathrm{d}\boldsymbol{x} \tag{5.22}$$

每个 $\boldsymbol{x}$ 可被独立归入决策区域 $\mathcal{R}_j$ 中的一个类。我们想要通过选择决策区域 $\mathcal{R}_j$ 来将预期损失［式（5.22）］最小化，这意味着对于每个 $\boldsymbol{x}$，我们都应该将 $\sum_k L_{kj} p(\boldsymbol{x}, \mathcal{C}_k)$ 最小化。和前面一样，我们可以使用概率的乘积法则 $p(\boldsymbol{x}, \mathcal{C}_k) = p(\mathcal{C}_k \mid \boldsymbol{x}) p(\boldsymbol{x})$ 来消除公因子 $p(x)$。因此，能够最小化期望损失的决策规则会将每个新的 $\boldsymbol{x}$ 分配给能使下式最小的类别 j：

$$\sum_k L_{kj} p(\mathcal{C}_k \mid \boldsymbol{x}) \tag{5.23}$$

5.2.3 拒绝选项

我们已经看到，分类误差产生于输入空间的区域，其中最大后验概率 $p(\mathcal{C}_k \mid \boldsymbol{x})$ 明显小于 1，或等价地，联合分布 $p(\boldsymbol{x},\mathcal{C}_k)$ 存在相近的概率值。在这些区域，我们对归属关系相对不确定。在某些应用中，应避免对疑难案例做出决策，以期在做出分类决策的案例中获得较低的误差率。这就是所谓的拒绝选项（rejection option）。例如，在癌症检查示例中，我们使用自动系统对那些几乎不需要怀疑是否被正确分类的图像进行分类，而要求通过活检来对较为可疑的病例进行分类，这可能是较为合适的做法。为此，我们可以引入阈值 θ，并拒绝那些后验概率 $p(\mathcal{C}_k \mid \boldsymbol{x})$ 的最大值小于或等于 θ 的输入变量 $\boldsymbol{x}$。图 5.7 以二分类和一个连续输入变量 $\boldsymbol{x}$ 为例进行了说明。请注意，通过设置 $\theta = 1$，可以确保拒绝所有示例；而如果有 K 个类，那么设置 $\theta < 1/K$ 可以确保不拒绝任何示例。因此，被拒绝示例的比例受阈值 θ 的控制。

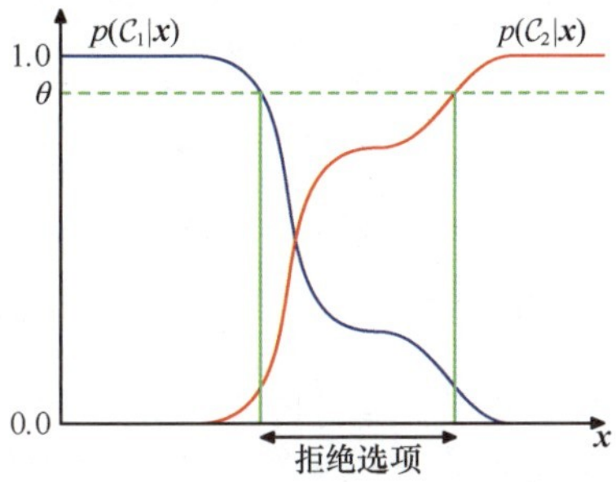

图 5.7　拒绝选项的示意图。如果输入变量 x 的两个后验概率中的较大值小于或等于某个阈值 θ，则 x 会被拒绝

在给定损失矩阵的情况下，通过考虑做出拒绝决定时产生的损失，我们可以很容易地扩展拒绝准则以使预期损失最小化（见习题 5.10）。

5.2.4 推理和决策

解决分类问题的过程分为两个独立的阶段：在推理阶段，我们使用训练数据学习 $p(\mathcal{C}_k \mid \boldsymbol{x})$ 模型；在随后的决策阶段，我们使用这些后验概率来进行最优分类。另一种可能性是同时解决这两个问题，只需要学习一个能将输入变量 $\boldsymbol{x}$ 直接映射为决策的函数即可。这个函数就是所谓的判别函数。

事实上，我们可以找出三种不同的方法来解决决策问题，且每种方法都已得到实际应用，按复杂程度递减的顺序排列如下。

(a) 首先解决确定每个 $\mathcal{C}_k$ 类的类 - 条件概率密度 $p(\boldsymbol{x} \mid \mathcal{C}_k)$ 的推理问题。分别推断类的先验概率 $p(\mathcal{C}_k)$。然后使用贝叶斯定理，其形式为

$$p(\mathcal{C}_k \mid \boldsymbol{x}) = \frac{p(\boldsymbol{x} \mid \mathcal{C}_k)\,p(\mathcal{C}_k)}{p(\boldsymbol{x})} \qquad (5.24)$$

求出类的后验概率 $p(\mathcal{C}_k \mid \boldsymbol{x})$。按照惯例，使用如下公式，式（5.24）中的分母可以根据分子中项的数量求出：

$$p(\boldsymbol{x}) = \sum_k p(\boldsymbol{x} \mid \mathcal{C}_k)\,p(\mathcal{C}_k) \qquad (5.25)$$

同样，我们可以直接建立联合分布 $p(\boldsymbol{x},\mathcal{C}_k)$，然后进行归一化处理以得出后验概

率。在得出后验概率后，利用决策理论确定每个新输入的 $\boldsymbol{x}$ 归入哪个类。对输入和输出的分布进行显式或隐式建模的方法叫作生成式模型，因为通过从它们中采样，我们可以在输入空间中生成合成数据点。

(b) 首先解决确定类的后验概率 $p(\mathcal{C}_k \mid \boldsymbol{x})$ 的推理问题，然后使用决策理论将每个新输入的 $\boldsymbol{x}$ 归入其中一个类。直接对后验概率进行建模的方法称为判别模型。

(c) 计算出一个称为判别函数的函数 $f(\boldsymbol{x})$，它能将每个新输入的 $\boldsymbol{x}$ 直接映射到类标签上。例如，对于二分类问题，$f(\cdot)$ 可能是二进制值，从而 $f=0$ 代表 $\mathcal{C}_1$ 类，而 $f=1$ 代表 $\mathcal{C}_2$ 类。在这种情况下，概率不起任何作用。

让我们来看看这三种方法的相对优势。方法 (a) 要求最高，因为它需要求出 $\boldsymbol{x}$ 和 $\mathcal{C}_k$ 的联合分布。在许多应用中，$\boldsymbol{x}$ 是高维度的，因此我们可能需要大量的训练集才能合理、准确地确定类 - 条件概率密度。请注意，类的先验概率 $p(\mathcal{C}_k)$ 通常可以通过每个类中的训练集数据点的比例简单估算出来。不过，方法 (a) 的一个优点是，它可以根据式（5.25）求出 $p(\boldsymbol{x})$ 的边缘密度。这有助于检测模型中概率较低的新数据点，针对这些数据点的预测可能准确性较低。我们将此类检测称作离群值检测（outlier detection）或奇异值检测（novelty detection）（Bishop, 1994; Tarassenko, 1995）。

但是，如果我们只想做分类决策，那么寻找联合分布 $p(\boldsymbol{x},\mathcal{C}_k)$ 可能会浪费计算资源，而且对数据的要求过高，实际上我们只需要后验概率 $p(\mathcal{C}_k \mid \boldsymbol{x})$，其可通过方法 (b) 直接获得。如图 5.8 所示，类 - 条件概率密度可能包含大量对后验概率影响不大的结构。人们一直对探索机器学习的生成法和判别法的相对优势，以及寻找将它们结合起来的方法有着浓厚的兴趣（Jebara, 2004; Lasserre, Bishop, and Minka, 2006）。

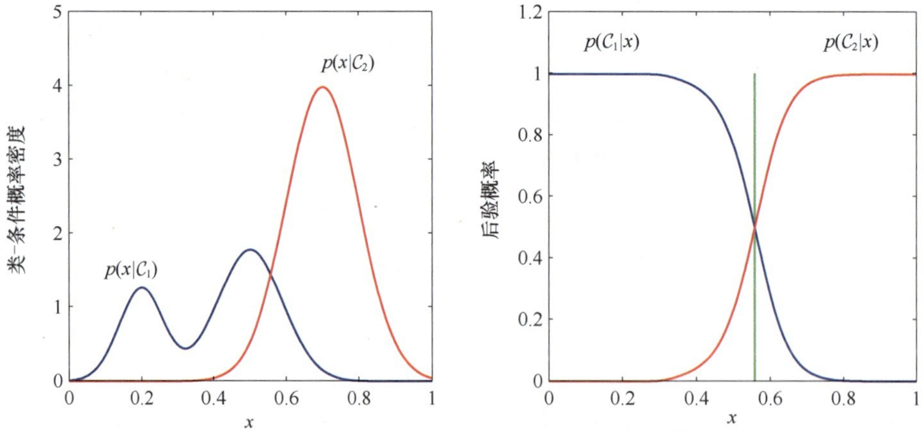

图 5.8 具有单一输入变量 x 的两个类的类 - 条件概率密度（左图）和相应的后验概率（右图）。请注意，左图中的类 - 条件概率密度 $p(x \mid \mathcal{C}_1)$（由蓝色曲线所示）的左侧模式对后验概率没有影响。右图中的垂直绿线表示 x 的决策边界，假定先验概率 $p(\mathcal{C}_1)$ 和 $p(\mathcal{C}_2)$ 相等，此时决策边界的误分类率最小

方法 (c) 更简单：利用训练数据得出一个将每个新输入的 $\boldsymbol{x}$ 直接映射到一个类标

签上的判别函数 $f(\boldsymbol{x})$，从而将推理阶段和决策阶段合并为一个单一学习问题。在图 5.8 中，这相当于求得垂直绿线所示的 x 值，因为这是误分类率最小的决策边界。

然而，如果采用方法 (c)，我们就无法再获得后验概率 $p(\mathcal{C}_k \mid \boldsymbol{x})$。我们有许多有力的理由计算后验概率，这些理由如下。

（1）降低风险。考虑这样一个问题：损失矩阵的元素时常会被修改（例如修改可能发生在财务应用中）。如果我们知道后验概率，就可以通过适当修改式（5.23）来修订最小风险决策准则。如果我们仅有一个判别函数，那么损失矩阵的任何变化都要求我们返回训练数据并重新解决推理问题。

（2）拒绝选项。通过后验概率，我们可以确定一个拒绝准则。在给定拒绝数据点比例的情况下，该拒绝准则能使误分类率或预期损失最小化。

（3）补偿类的先验。仍以癌症检查为例（参见 2.1.1 小节），假设我们已从普通人群中收集大量皮肤病变图像作为训练数据，并用这些数据建立了一个自动筛查系统。由于癌症在普通人群中罕见，我们可能会发现，每 1 000 个人中只有 1 人患有癌症。

如果使用这样一个数据集来训练自适应模型，我们可能会遇到严重的困难，因为癌症类数据的比例较小。例如，将每个点都归入正常类的分类器将达到 99.9% 的准确率，而这种无效解可能很难避免。此外，即使是大型数据集，其中包含的与癌症相对应的皮肤病变图像也非常少，学习算法不会接触到很多此类图像，因而不可能达到很好的泛化效果。通过一个均衡的数据集（其中的每个类都有相同数量的示例），我们可以找到更精确的模型。不过，我们还必须对训练数据的修改效果进行补偿。假设我们使用了这样一个修改过的数据集，并找到了后验概率模型。根据贝叶斯定理［式（5.24）］，后验概率与先验概率成正比，我们可以将后验概率解释为每个类中数据点的比例。因此，只需要将我们从人为平衡的数据集中得到的后验概率除以该数据集中的类比例，再乘以我们希望应用该模型的人群中的类比例即可。最后，我们需要进行归一化处理，以确保新的后验概率的和为 1。请注意，如果我们直接学习判别函数，而不是确定后验概率，则无法应用这一方法。

（4）模型整合。在复杂的应用中，我们可能希望将问题分解成若干较小的子问题，每个子问题都可以用一个单独的模块来解决。例如，在医疗诊断问题中，我们可以从血液检测和皮肤病变图像中获得信息。与其将所有这些异构信息整合到一个巨大的输入空间中，不如建立一个系统来解释图像，并建立另一个系统来解释血液数据，这样可能会更有效。如果两个模型都给出了类的后验概率，则可以利用概率规则系统地整合输出结果。一种简单的方法是，假设每个类的图像（用 $\boldsymbol{x}_I$ 表示）和血液数据（用 $\boldsymbol{x}_B$ 表示）的输入分布是独立的，于是有

$$p(\boldsymbol{x}_I, \boldsymbol{x}_B \mid \mathcal{C}_k) = p(\boldsymbol{x}_I \mid \mathcal{C}_k)\, p(\boldsymbol{x}_B \mid \mathcal{C}_k) \tag{5.26}$$

这是条件独立性（参见 11.2 节）的一个例子，因为当分布以 $\mathcal{C}_k$ 类为条件时，独立性保持不变。在给定图像和血液数据的条件下，后验概率为

$$
\begin{aligned}
p(\mathcal{C}_k \mid \boldsymbol{x}_I, \boldsymbol{x}_B) &\propto p(\boldsymbol{x}_I, \boldsymbol{x}_B \mid \mathcal{C}_k) p(\mathcal{C}_k) \\
&\propto p(\boldsymbol{x}_I \mid \mathcal{C}_k) p(\boldsymbol{x}_B \mid \mathcal{C}_k) p(\mathcal{C}_k) \\
&\propto \frac{p(\mathcal{C}_k \mid \boldsymbol{x}_I) p(\mathcal{C}_k \mid \boldsymbol{x}_B)}{p(\mathcal{C}_k)}
\end{aligned}
\tag{5.27}
$$

因此，我们需要类的先验概率 $p(\mathcal{C}_k)$，其可以很容易地从每个类的数据点比例中估算出来。然后，我们需要将得到的后验概率归一化，使它们的和为 1。特殊的条件独立性假设［式（5.26）］是朴素贝叶斯模型（参见 11.2.4 小节）的一个例子。注意，在这个模型下，联合边缘分布 $p(\boldsymbol{x}_I, \boldsymbol{x}_B)$ 通常不会分解。后续章节将展示如何构建不需要条件独立性假设的数据组合模型。使用输出概率而不是决策的模型的另一个优点是，它们可以很容易地对任何可调参数（例如多项式回归示例中的权重系数）进行微导，从而使用基于梯度（参见第 7 章）的优化方法来组合和联合训练它们。

5.2.5 分类器精度

衡量分类器性能的最简单方法是计算测试集中被正确分类的数据点所占的比例。然而，不同类型的误差会导致不同的后果，正如损失矩阵所表现的那样。因此，我们往往不只是希望尽量减少误分类量。通过改变决策边界的位置，我们可以在不同类型的错误之间做出权衡，例如以最小化预期损失为目标。考虑到该概念的重要性，我们将介绍一些定义和术语，以便更好地描述分类器的性能。

让我们再次回到癌症检查示例（参见 2.1.1 小节）。每个受测者都有一个是否患有癌症的“真实标签”以及分类器做出的预测。如果分类器对某个特定的人预测出癌症，而这实际上是真实标签，那么称这种预测为真阳性（True Positive，TP）。但是，如果这个人未患癌症，则称这种预测为假阳性（False Positive，FP）。同样，如果分类器预测一个人未患癌症，而且预测是正确的，则称这种预测为真阴性（True Negative，TN），否则就称为假阴性（False Negative，FN）。假阳性也称第一类误差（type 1 error），而假阴性则称第二类误差（type 2 error）。假设 N 是参加测试的总人数，那么 N_{TP} 是真阳性人数，N_{FP} 是假阳性人数，N_{TN} 是真阴性人数，N_{FN} 是假阴性人数，其中

$$
N = N_{\mathrm{TP}} + N_{\mathrm{FP}} + N_{\mathrm{TN}} + N_{\mathrm{FN}} \tag{5.28}
$$

$$
\begin{array}{r} \\ \text{normal} \\ \text{cancer} \end{array}
\begin{array}{c}
\begin{array}{cc} \text{normal} & \text{cancer} \end{array} \\
\begin{pmatrix} N_{\mathrm{TN}} & N_{\mathrm{FP}} \\ N_{\mathrm{FN}} & N_{\mathrm{TP}} \end{pmatrix}
\end{array}
$$

图 5.9 癌症治疗问题的混淆矩阵，其中行代表真实类，列代表根据决策准则所做的分类。该混淆矩阵的元素分别表示真阴性、假阳性、假阴性和真阳性的数量

如图 5.9 所示，这可以用混淆矩阵（confusion matrix）来表示。用正确分类率来衡量的准确率为

$$
\text{准确率} = \frac{N_{\mathrm{TP}} + N_{\mathrm{TN}}}{N_{\mathrm{TP}} + N_{\mathrm{FP}} + N_{\mathrm{TN}} + N_{\mathrm{FN}}} \tag{5.29}
$$

正如我们所看到的，如果存在严重失衡的类，则准确率可能会误导人。例如，在癌症检查示例中，每 1 000 人中只有 1 人患有癌症，一个简单的判定无人患有癌症的朴素分类器将达到 99.9% 的准

确率，但它实际上毫无用处。

我们也可以根据这些量来定义其他几个量，其中最常见的如下。

$$精确率 = \frac{N_{TP}}{N_{TP} + N_{FP}} \tag{5.30}$$

$$召回率 = \frac{N_{TP}}{N_{TP} + N_{FN}} \tag{5.31}$$

$$假阳性率 = \frac{N_{FP}}{N_{FP} + N_{TN}} \tag{5.32}$$

$$假发现率 = \frac{N_{FP}}{N_{FP} + N_{TP}} \tag{5.33}$$

在癌症检查示例中，精确率代表对检测结果呈阳性的人确实患有癌症概率的预估，而召回率则是对正确检测出癌症患者概率的预估。假阳性率是对一个身体健康的人被归类为癌症患者概率的预估，而假发现率则代表检查结果呈阳性但实际上没有患癌的比例。

通过改变决策边界的位置，我们可以改变这两种误差之间的权衡。为理解这种权衡，让我们重温一下图 5.5。然而，如图 5.10 所示，我们现在对各个区域进行标记。我们可以将标记的区域与如下各种真假率联系起来：

$$N_{FP} / N = E \tag{5.34}$$

$$N_{TP} / N = D + E \tag{5.35}$$

$$N_{FN} / N = B + C \tag{5.36}$$

$$N_{TN} / N = A + C \tag{5.37}$$

其中我们隐式地考虑极限 $N \to \infty$，从而可以将观测值的数量与概率联系起来。

5.2.6 ROC曲线

概率分类器会输出一个后验概率，通过设置阈值可以将其转换为决策。随着阈值的变化，我们可以通过增加第二类误差来减少第一类误差，反之亦然。为更好地理解这种权衡，绘制 ROC（Receiver Operating Characteristic，受试者工作特征）曲线（Fawcett, 2006）是非常有用的。图 5.11 是真阳性率与假阳性率的对比图。

当我们把图 5.10 中的决策边界从 $-\infty$ 移动到 ∞ 时，通过绘制 y 轴上癌症检查正确率的累积比例与 x 轴上癌症检查错误率的累积比例的对比图，就能描绘并生成 ROC 曲线。请注意，特定的混淆矩阵代表 ROC 曲线上的一个点。最佳分类器将由 ROC 曲线图左上角的一个点表示。ROC 曲线图的左下角表示一个将每个点都归入正常类的简单分类器，该分类器虽无真阳性，但也无假阳性。同样，ROC 曲线图的右上角代表一个将所有点都归入癌症类的分类器，该分类器虽无假阴性，但也无真阴性。在图 5.11 中，无论选择哪种假阳性率，蓝色曲线表示的分类器都优于红色曲线表示的分类器。不过，这些曲线也有可能交叉，在这种情况下，具体选择哪条曲线更好则取决于操作点的选择。

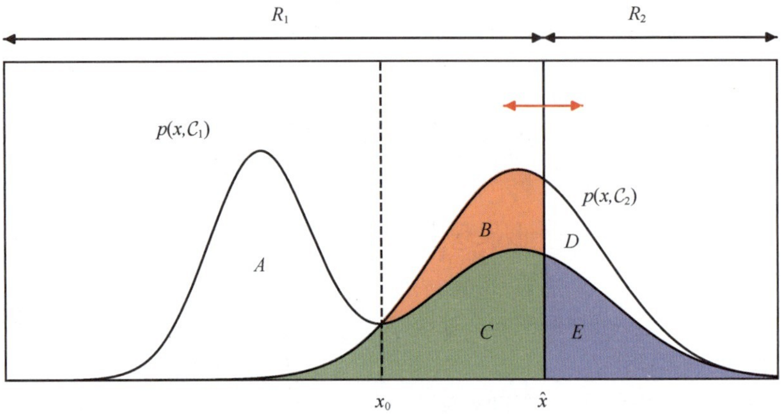

图 5.10　标记各个区域。在癌症治疗问题中，区域 R_1 被归入正常类，而区域 R_2 被归入癌症类

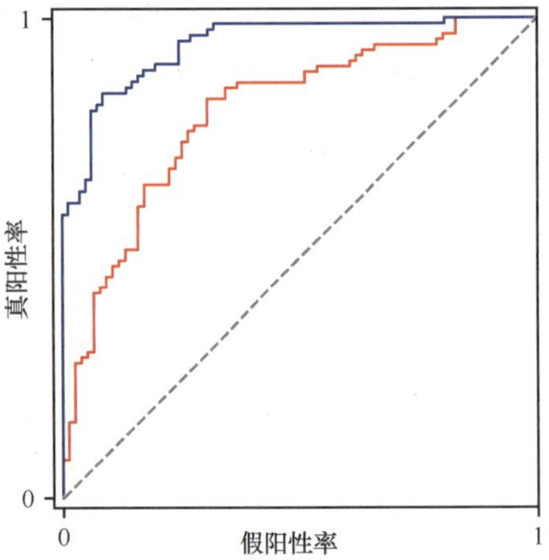

图 5.11　ROC 曲线图是真阳性率与假阳性率的对比图，它描述了分类问题中第一类误差和第二类误差之间的权衡。上方的蓝色曲线代表比下方的红色曲线更好的分类器。此处，虚线表示简单随机分类器的性能

我们可以考虑使用随机分类器作为基线，该分类器可以简单地将每个数据点以概率 ρ 归为癌症类，以概率 $1-\rho$ 归为正常类。如图 5.11 所示，当我们改变 ρ 值时，它将描绘出一条由对角线构成的 ROC 曲线。任何低于对角线的分类器都比不上随机猜测。

有时，用一个数字来描述整条 ROC 曲线是非常有用的。一种方法是测量 ROC 曲线下面积（Area Under the Curve，AUC）。AUC 值为 0.5 代表随机猜测，而 AUC 值为 1.0 代表完美分类器。

另一种方法是计算 F 分数，F 分数是精确率和召回率的几何平均，由下式定义：

$$F\text{分数}=\frac{2\times\text{精确率}\times\text{召回率}}{\text{精确率}+\text{召回率}} \tag{5.38}$$

$$=\frac{2N_{\mathrm{TP}}}{2N_{\mathrm{TP}}+N_{\mathrm{FP}}+N_{\mathrm{FN}}} \tag{5.39}$$

当然，我们也可以将图 5.9 中的混淆矩阵与图 5.6 中的损失矩阵结合起来，从而通过将元素逐点相乘并求和来计算预期损失。

虽然 ROC 曲线可以扩展到两个以上的类，但随着类数量的增加，它很快就会变得十分烦琐。

5.3 生成分类器

本节将从概率的角度分析分类问题并展示如何通过对数据分布进行简单的假设来建立具有线性决策边界的模型。我们已经讨论过分类的判别法和生成法的区别（参见 5.2.4 小节）。在这里，我们将采用对类 – 条件概率密度 $p(\boldsymbol{x}|\mathcal{C}_k)$ 以及类的先验概率 $p(\mathcal{C}_k)$ 进行建模的生成法，然后通过贝叶斯定理使用这些量来计算后验概率 $p(\mathcal{C}_k|\boldsymbol{x})$。

首先考虑二分类问题。$\mathcal{C}_1$ 类的后验概率可以写成

$$
\begin{aligned}
p(\mathcal{C}_1|\boldsymbol{x}) &= \frac{p(\boldsymbol{x}|\mathcal{C}_1)p(\mathcal{C}_1)}{p(\boldsymbol{x}|\mathcal{C}_1)p(\mathcal{C}_1)+p(\boldsymbol{x}|\mathcal{C}_2)p(\mathcal{C}_2)} \\
&= \frac{1}{1+\exp(-a)} = \sigma(a)
\end{aligned}
\tag{5.40}
$$

其中：

$$
a = \ln\frac{p(\boldsymbol{x}|\mathcal{C}_1)p(\mathcal{C}_1)}{p(\boldsymbol{x}|\mathcal{C}_2)p(\mathcal{C}_2)} \tag{5.41}
$$

$\sigma(a)$ 是逻辑斯谛 sigmoid 函数，定义如下：

$$
\sigma(a) = \frac{1}{1+\exp(-a)} \tag{5.42}
$$

逻辑斯谛 sigmoid 函数 $\sigma(a)$ 如图 5.12 所示，这类函数有时也称“压缩函数”，因为它们能将整个实轴映射到一个有限区间内。逻辑斯谛 sigmoid 函数 $\sigma(a)$ 在许多分类算法中发挥着重要作用，其满足如下对称性：

$$
\sigma(-a) = 1-\sigma(a) \tag{5.43}
$$

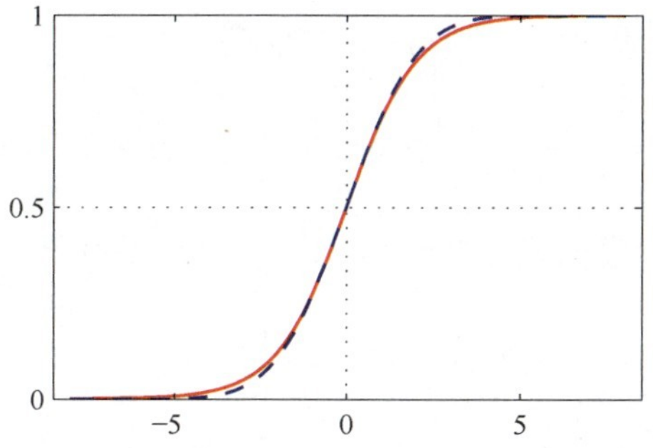

图 5.12 红色实线表示由式（5.42）定义的逻辑斯谛 sigmoid 函数 $\sigma(a)$，蓝色虚线表示 $\lambda^2=\pi/8$ 时的缩放 probit 函数 $\Phi(\lambda a)$，其中 $\Phi(a)$ 由式（5.86）定义。选择缩放因子 $\pi/8$ 是为了使 $a=0$ 时这两条曲线的导数相等

逻辑斯谛 sigmoid 函数 $\sigma(a)$ 的倒数为

$$a = \ln\left(\frac{\sigma}{1-\sigma}\right) \tag{5.44}$$

此为 logit 函数，它表示两个类的概率之比的对数 $\ln\left[p(\mathcal{C}_1|\boldsymbol{x})/p(\mathcal{C}_2|\boldsymbol{x})\right]$，也称对数几率。

请注意，在式（5.40）中，我们只是以等价形式重写了后验概率，因此逻辑斯谛 sigmoid 函数的出现似乎是人为的。

不过，只要 $a(\boldsymbol{x})$ 具有约束函数形式，它就具有重要意义。我们很快就会讨论 $a(\boldsymbol{x})$ 是 $\boldsymbol{x}$ 的线性函数的情况，在此情况下，后验概率受广义线性模型的控制。

如果存在 $K>2$ 个类，则有

$$\begin{aligned} p(\mathcal{C}_k|\boldsymbol{x}) &= \frac{p(\boldsymbol{x}|\mathcal{C}_k)p(\mathcal{C}_k)}{\sum_j p(\boldsymbol{x}|\mathcal{C}_j)p(\mathcal{C}_j)} \\ &= \frac{\exp(a_k)}{\sum_j \exp(a_j)} \end{aligned} \tag{5.45}$$

这就是归一化指数（normalized exponential），它可以视为逻辑斯谛 sigmoid 函数的多类泛化。在这里，量 a_k 由下式定义：

$$a_k = \ln\left(p(\boldsymbol{x}|\mathcal{C}_k)p(\mathcal{C}_k)\right) \tag{5.46}$$

归一化指数也叫 softmax 函数，因为它代表了 max 函数的平滑版本。如果 $a_k \gg a_j$，则对于所有 $j \neq k$，$p(\mathcal{C}_k|\boldsymbol{x}) \approx 1$ 且 $p(\mathcal{C}_j|\boldsymbol{x}) \approx 0$。

接下来研究选择特定形式的类－条件概率密度的后果。首先讨论连续输入变量 $\boldsymbol{x}$，然后简要讨论离散输入。

5.3.1 连续输入

假设类－条件概率密度是高斯密度。我们将探讨由此产生的后验概率形式。假设所有类共享相同的协方差矩阵 $\boldsymbol{\Sigma}$，则 $\mathcal{C}_k$ 类的密度为

$$p(\boldsymbol{x}|\mathcal{C}_k) = \frac{1}{(2\pi)^{D/2}}\frac{1}{|\boldsymbol{\Sigma}|^{1/2}}\exp\left\{-\frac{1}{2}(\boldsymbol{x}-\boldsymbol{\mu}_k)^{\mathrm{T}}\boldsymbol{\Sigma}^{-1}(\boldsymbol{x}-\boldsymbol{\mu}_k)\right\} \tag{5.47}$$

假设我们有两个类。根据式（5.40）～式（5.41），可得

$$p(\mathcal{C}_1|\boldsymbol{x}) = \sigma\left(\boldsymbol{w}^{\mathrm{T}}\boldsymbol{x} + w_0\right) \tag{5.48}$$

其中

$$\boldsymbol{w} = \boldsymbol{\Sigma}^{-1}(\boldsymbol{\mu}_1 - \boldsymbol{\mu}_2) \tag{5.49}$$

$$w_0 = -\frac{1}{2}\boldsymbol{\mu}_1^{\mathrm{T}}\boldsymbol{\Sigma}^{-1}\boldsymbol{\mu}_1 + \frac{1}{2}\boldsymbol{\mu}_2^{\mathrm{T}}\boldsymbol{\Sigma}^{-1}\boldsymbol{\mu}_2 + \ln\frac{p(\mathcal{C}_1)}{p(\mathcal{C}_2)} \tag{5.50}$$

可以看到，来自高斯密度指数的 $\boldsymbol{x}$ 中的二次项已被消去（缘于共享协方差矩阵的假设），从而在逻辑斯谛 sigmoid 函数的变量中形成了 $\boldsymbol{x}$ 的线性函数。图 5.13 展示了二维输入空间 $\boldsymbol{x}$ 的结果。由此得出的决策边界对应于后验概率 $p(\mathcal{C}_k|\boldsymbol{x})$ 恒定的曲面，因此后验概率 $p(\mathcal{C}_k|\boldsymbol{x})$ 将由 $\boldsymbol{x}$ 的线性函数给出，决策边界在输入空间中是线性的。先验概率 $p(\mathcal{C}_k)$ 仅通过偏置参数 w_0 进入，因此先验的变化会使决策边界发生平行位移，更一般地说，这会使恒定后验概率的轮廓发生平行位移。

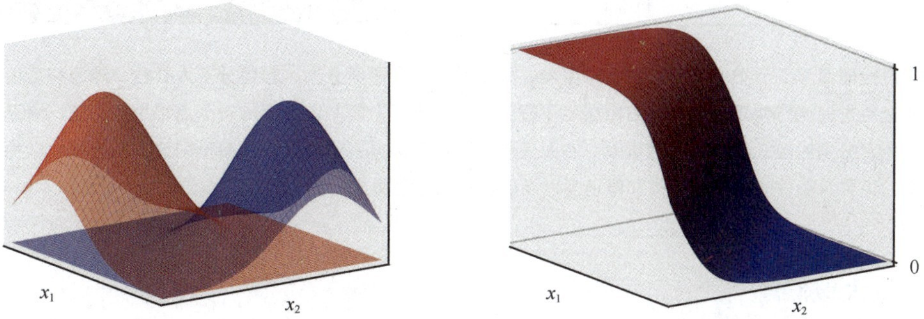

图 5.13 左图显示了两个类的类 – 条件概率密度，分别用红色和蓝色表示。右图是相应的后验概率 $p(\mathcal{C}_1|\boldsymbol{x})$，由作用于 $\boldsymbol{x}$ 的线性函数的逻辑斯谛 sigmoid 函数给出。右图中的面是用红色和蓝色涂色的，红色的比例为 $p(\mathcal{C}_1|\boldsymbol{x})$，蓝色的比例为 $p(\mathcal{C}_2|\boldsymbol{x})=1-p(\mathcal{C}_1|\boldsymbol{x})$

对于 K 个类的一般情况，后验概率由式（5.45）得出。根据式（5.46）和式（5.47），得出

$$a_k(\boldsymbol{x}) = \boldsymbol{w}_k^{\mathrm{T}}\boldsymbol{x} + w_{k0} \tag{5.51}$$

其中

$$\boldsymbol{w}_k = \boldsymbol{\Sigma}^{-1}\boldsymbol{\mu}_k \tag{5.52}$$

$$w_{k0} = -\frac{1}{2}\boldsymbol{\mu}_k^{\mathrm{T}}\boldsymbol{\Sigma}^{-1}\boldsymbol{\mu}_k + \ln p(\mathcal{C}_k) \tag{5.53}$$

可以看到，$a_k(\boldsymbol{x})$ 是 $\boldsymbol{x}$ 的线性函数，因为共享协方差矩阵消去了二次项。当两个后验概率（后验概率中最大的两个）相等时，就会出现与最小误分类率对应的决策边界，因此决策边界将由 $\boldsymbol{x}$ 的线性函数定义。我们再次得到了一个广义线性模型。

如果我们放宽共享协方差矩阵的假设，并允许每个类 – 条件概率密度 $p(\boldsymbol{x},\mathcal{C}_k)$ 有自己的协方差矩阵 $\boldsymbol{\Sigma}_k$，那么先前的二次项消去将不再发生，我们将得到 $\boldsymbol{x}$ 的二次函数，从而产生二次判别式（quadratic discriminant）。线性决策边界和二次方决策边界如

图 5.14 所示。

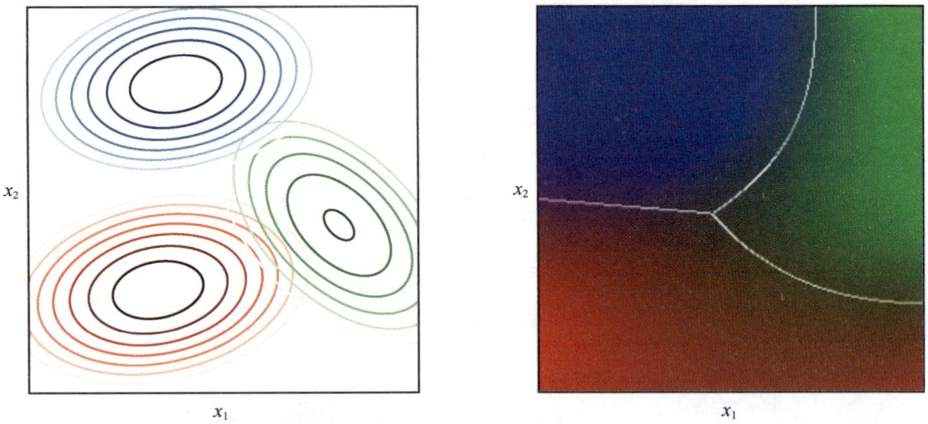

图 5.14 左图显示了三个类的类 – 条件概率密度，每个类都符合高斯分布，颜色分别为红色、绿色和蓝色，其中红色类和蓝色类的协方差矩阵相同。右图展示了相应的后验概率，其中图像上的每个点都用红、蓝、绿三种颜色按比例着色，分别对应三个类的后验概率。右图还展示了决策边界，请注意，具有相同协方差矩阵的红色类和蓝色类之间的边界是线性的，而红色类和绿色类以及蓝色类和绿色类之间的边界是二次的

5.3.2 最大似然解

在为类 – 条件概率密度 $p(\boldsymbol{x}|\mathcal{C}_k)$ 指定了一个参数函数形式后，就可以使用最大似然法确定参数值和类的先验概率 $p(\mathcal{C}_k)$。此时需要一个包含 $\boldsymbol{x}$ 的观测值及其相应类标签的数据集。

假设我们有两个类，每个类都有一个共享协方差矩阵的高斯类 – 条件概率密度。此外，假设我们有一个数据集 $\{\boldsymbol{x}_n, t_n\}$，其中 $n = 1, \cdots, N$。$t_n = 1$ 表示 $\mathcal{C}_1$ 类，$t_n = 0$ 表示 $\mathcal{C}_2$ 类。将类的先验概率记为 $p(\mathcal{C}_1)=\pi$，因此 $p(\mathcal{C}_2)=1-\pi$。对于属于 $\mathcal{C}_1$ 类的数据点 $\boldsymbol{x}_n$，我们有 $t_n = 1$，因此

$$p(\boldsymbol{x}_n, \mathcal{C}_1) = p(\mathcal{C}_1)p(\boldsymbol{x}_n|\mathcal{C}_1) = \pi\mathcal{N}(\boldsymbol{x}_n|\boldsymbol{\mu}_1, \boldsymbol{\Sigma})$$

类似地，对于 $\mathcal{C}_2$ 类，我们有 $t_n = 0$，因此

$$p(\boldsymbol{x}_n, \mathcal{C}_2) = p(\mathcal{C}_2)p(\boldsymbol{x}_n|\mathcal{C}_2) = (1-\pi)\mathcal{N}(\boldsymbol{x}_n|\boldsymbol{\mu}_2, \boldsymbol{\Sigma})$$

似然函数由下式给出：

$$p(\mathbf{t}, \boldsymbol{X}|\pi, \boldsymbol{\mu}_1, \boldsymbol{\mu}_2, \boldsymbol{\Sigma}) = \prod_{n=1}^{N}\left[\pi\mathcal{N}(\boldsymbol{x}_n|\boldsymbol{\mu}_1, \boldsymbol{\Sigma})\right]^{t_n}\left[(1-\pi)\mathcal{N}(\boldsymbol{x}_n|\boldsymbol{\mu}_2, \boldsymbol{\Sigma})\right]^{1-t_n} \quad (5.54)$$

其中 $\mathbf{t} = (t_1, \cdots, t_N)^{\mathrm{T}}$。按照惯例，最大化似然函数的对数是很方便的。首先考虑关于变量 π 的最大值。对数似然函数中取决于变量 π 的项为

$$\sum_{n=1}^{N}\{t_n \ln \pi + (1-t_n)\ln(1-\pi)\} \quad (5.55)$$

设变量 π 的导数为 0 并重新排列，可得

$$\pi=\frac{1}{N}\sum_{n=1}^{N}t_n=\frac{N_1}{N}=\frac{N_1}{N_1+N_2} \tag{5.56}$$

其中，N_1 表示 $\mathcal{C}_1$ 类数据点的总数，N_2 表示 $\mathcal{C}_2$ 类数据点的总数。因此，变量 π 的最大似然估计值就是预期中 $\mathcal{C}_1$ 类数据点的比例。我们可以很容易地将这一结果扩展到多类情况，在这种情况下，与 $\mathcal{C}_k$ 类相关的先验概率的最大似然估计值同样是由归入该类的训练集数据点的比例计算得出的（见习题 5.13）。

下面考虑 $\boldsymbol{\mu}_1$ 的最大值。同样，我们可以从对数似然函数中挑出那些取决于 $\boldsymbol{\mu}_1$ 的项：

$$\sum_{n=1}^{N}t_n\ln\mathcal{N}\left(\boldsymbol{x}_n\mid\boldsymbol{\mu}_1,\boldsymbol{\Sigma}\right)=-\frac{1}{2}\sum_{n=1}^{N}t_n\left(\boldsymbol{x}_n-\boldsymbol{\mu}_1\right)^{\mathrm{T}}\boldsymbol{\Sigma}^{-1}\left(\boldsymbol{x}_n-\boldsymbol{\mu}_1\right)+\text{ const} \tag{5.57}$$

设 $\boldsymbol{\mu}_1$ 的导数为 0 并重新排列，可得

$$\boldsymbol{\mu}_1=\frac{1}{N_1}\sum_{n=1}^{N}t_n\boldsymbol{x}_n \tag{5.58}$$

此为归入 $\mathcal{C}_1$ 类的所有输入向量 $\boldsymbol{x}_n$ 的平均值。经过类似的论证，$\boldsymbol{\mu}_2$ 的相应结果的计算公式为

$$\boldsymbol{\mu}_2=\frac{1}{N_2}\sum_{n=1}^{N}\left(1-t_n\right)\boldsymbol{x}_n \tag{5.59}$$

此为归入 $\mathcal{C}_2$ 类的所有输入向量 $\boldsymbol{x}_n$ 的平均值。

最后，考虑共享协方差矩阵 $\boldsymbol{\Sigma}$ 的最大似然解。选出对数似然函数中依赖于 $\boldsymbol{\Sigma}$ 的项：

$$\begin{aligned}&-\frac{1}{2}\sum_{n=1}^{N}t_n\ln|\boldsymbol{\Sigma}|-\frac{1}{2}\sum_{n=1}^{N}t_n\left(\boldsymbol{x}_n-\boldsymbol{\mu}_1\right)^{\mathrm{T}}\boldsymbol{\Sigma}^{-1}\left(\boldsymbol{x}_n-\boldsymbol{\mu}_1\right)-\\&\frac{1}{2}\sum_{n=1}^{N}\left(1-t_n\right)\ln|\boldsymbol{\Sigma}|-\frac{1}{2}\sum_{n=1}^{N}\left(1-t_n\right)\left(\boldsymbol{x}_n-\boldsymbol{\mu}_2\right)^{\mathrm{T}}\boldsymbol{\Sigma}^{-1}\left(\boldsymbol{x}_n-\boldsymbol{\mu}_2\right)\\&=-\frac{N}{2}\ln|\boldsymbol{\Sigma}|-\frac{N}{2}\operatorname{tr}\left\{\boldsymbol{\Sigma}^{-1}\boldsymbol{S}\right\}\end{aligned} \tag{5.60}$$

其中

$$\boldsymbol{S}=\frac{N_1}{N}\boldsymbol{S}_1+\frac{N_2}{N}\boldsymbol{S}_2 \tag{5.61}$$

$$\boldsymbol{S}_1=\frac{1}{N_1}\sum_{n\in\mathcal{C}_1}\left(\boldsymbol{x}_n-\boldsymbol{\mu}_1\right)\left(\boldsymbol{x}_n-\boldsymbol{\mu}_1\right)^{\mathrm{T}} \tag{5.62}$$

$$\boldsymbol{S}_2 = \frac{1}{N_2}\sum_{n\in\mathcal{C}_2}\left(\boldsymbol{x}_n - \boldsymbol{\mu}_2\right)\left(\boldsymbol{x}_n - \boldsymbol{\mu}_2\right)^{\mathrm{T}} \tag{5.63}$$

利用高斯分布最大似然解的标准结果，我们可以得出 $\boldsymbol{\Sigma} = \boldsymbol{S}$，它表示分别与两个类相关的协方差矩阵的加权平均值。

该结果可以很容易地扩展到多类问题中，从而得出相应参数的最大似然解，其中每个类 - 条件概率密度都是高斯密度且具有共享协方差矩阵（见习题 5.14）。请注意，将高斯分布拟合到类中的方法对离群值不具有鲁棒性，因为高斯分布的最大似然估计并不具有鲁棒性（参见 5.1.4 小节）。

5.3.3　离散特征

接下来让我们看看离散特征值 x_i。为简单起见，我们首先考虑二进制特征值 $x_i \in \{0,1\}$，然后讨论如何扩展到更一般的离散特征。如果有 D 个输入，那么一般的分布会对应于每个类的一张包含 2^D 个数字的表，并且有 $2^D - 1$ 个自变量（缘于求和约束）。由于这种情况会随着特征数量的增加而呈指数增长，因此我们可以寻求一种限制性更强的表示方法。在这里，我们将做出朴素贝叶斯假设（参见 11.2.4 小节），将特征值视为独立的并以 $\mathcal{C}_k$ 类为条件。于是，我们可以得到如下形式的类 - 条件概率分布：

$$p\left(\boldsymbol{x}\,|\,\mathcal{C}_k\right) = \prod_{i=1}^{D}\mu_{ki}^{x_i}\left(1-\mu_{ki}\right)^{1-x_i} \tag{5.64}$$

其中包含每个类的 D 个独立参数。代入式（5.46），可得

$$a_k(\boldsymbol{x}) = \sum_{i=1}^{D}\left\{x_i \ln\mu_{ki} + \left(1-x_i\right)\ln\left(1-\mu_{ki}\right)\right\} + \ln p\left(\mathcal{C}_k\right) \tag{5.65}$$

此为输入值 x_i 的线性函数。对于二分类，我们也可以考虑式（5.40）给出的逻辑斯谛 sigmoid 公式。对于有 $L > 2$ 个状态的离散变量，也可以得到类似的结果（见习题 5.16）。

5.3.4　指数族分布

正如我们所看到的，对于符合高斯分布且离散的输入，类的后验概率都是由具有逻辑斯谛 sigmoid（$K = 2$）或 softmax（$K \geqslant 2$）激活函数的广义线性模型得出的。这些假设类 - 条件概率密度 $p\left(\boldsymbol{x}\,|\,\mathcal{C}_k\right)$ 都是如下公式给出的指数族分布（参见 3.4 节）子集的成员，从而得出的更为普遍结果的特殊情况。

$$p\left(\boldsymbol{x}\,|\,\boldsymbol{\lambda}_k, s\right) = \frac{1}{s}h\left(\frac{1}{s}\boldsymbol{x}\right)g\left(\boldsymbol{\lambda}_k\right)\exp\left\{\frac{1}{s}\boldsymbol{\lambda}_k^{\mathrm{T}}\boldsymbol{x}\right\} \tag{5.66}$$

在这里，缩放参数 s 可在所有类之间共享。

对于二分类问题，将类 - 条件概率密度的表达式代入式（5.41），我们发现类的后

验概率由作用于线性函数 $a(\boldsymbol{x})$ 的逻辑斯谛 sigmoid 函数给出，线性函数 $a(\boldsymbol{x})$ 定义如下：

$$a(\boldsymbol{x})=(\boldsymbol{\lambda}_1-\boldsymbol{\lambda}_2)^{\mathrm{T}}\boldsymbol{x}+\ln g(\boldsymbol{\lambda}_1)-\ln g(\boldsymbol{\lambda}_2)+\ln p(\mathcal{C}_1)-\ln p(\mathcal{C}_2) \tag{5.67}$$

同样，对于多分类问题（简称多类问题），可将类–条件概率密度的表达式代入式（5.46），得到

$$a_k(\boldsymbol{x})=\boldsymbol{\lambda}_k^{\mathrm{T}}\boldsymbol{x}+\ln g(\boldsymbol{\lambda}_k)+\ln p(\mathcal{C}_k) \tag{5.68}$$

此为 $\boldsymbol{x}$ 的线性函数。

5.4 判别分类器

对于二分类情况，我们已经看到，针对指数族分布中多种类–条件概率密度 $p(\boldsymbol{x}|\mathcal{C}_k)$ 的选择问题，$\mathcal{C}_1$ 类的后验概率可以写成作用于 $\boldsymbol{x}$ 的线性函数的逻辑斯谛 sigmoid 函数。同样，对于多分类情况，$\mathcal{C}_k$ 类的后验概率由作用于 $\boldsymbol{x}$ 的线性函数的 softmax 变换给出。对于类–条件概率密度 $p(\boldsymbol{x}|\mathcal{C}_k)$ 的具体选择，我们首先使用最大似然法确定密度参数和类的先验概率 $p(\mathcal{C}_k)$，然后使用贝叶斯定理求出类的后验概率。此为生成式模型的一个例子，我们可以利用该模型，通过从边缘分布 $p(\boldsymbol{x})$ 或任何类–条件概率密度 $p(\boldsymbol{x}|\mathcal{C}_k)$ 中取 $\boldsymbol{x}$ 值而生成合成数据。

不过，还有一种方法是明确使用广义线性模型的函数形式并通过最大似然法直接确定其参数。在这种直接方法中，我们将似然函数（由条件分布 $p(\mathcal{C}_k|\boldsymbol{x})$ 定义）最大化，此为一种判别概率建模形式。我们很快就能看到，判别法的一个优点是，需要确定的可学习参数通常较少。此外，判别法还可以提高预测性能，尤其当类–条件概率密度的假定形式与真实分布的近似程度较低时。

5.4.1 激活函数

在线性回归（参见第 4 章）中，模型预测值 $y(\boldsymbol{x}, \boldsymbol{w})$ 由参数的线性函数给出：

$$y(\boldsymbol{x},\boldsymbol{w})=\boldsymbol{w}^{\mathrm{T}}\boldsymbol{x}+w_0 \tag{5.69}$$

它给出了范围为（$-\infty$，∞）的连续值输出。然而，对于分类问题，我们希望预测离散类标签，或者更一般地说，预测（0, 1）范围内的后验概率。为此，我们考虑对这一模型进行泛化——用非线性函数 $f(\cdot)$ 对 $\boldsymbol{w}$ 和 w_0 的线性函数进行转换，从而得到

$$y(\boldsymbol{x},\boldsymbol{w})=f\left(\boldsymbol{w}^{\mathrm{T}}\boldsymbol{w}+w_0\right) \tag{5.70}$$

在机器学习文献中，$f(\cdot)$ 称为激活函数（activation function），它的反函数在统计学文献中则称为连接函数。决策面对应于 $y(\boldsymbol{x})$ = 常数，因此 $\boldsymbol{w}^{\mathrm{T}}\boldsymbol{x}$ = 常数，决策面是 $\boldsymbol{x}$

的线性函数，即使函数$f(\cdot)$是非线性的。因此，式（5.70）描述的这一类模型名为广义线性模型（McCullagh and Nelder, 1989）。然而，与用于回归的模型相比，由于非线性函数$f(\cdot)$的存在，这些模型的参数不再是线性的。这将导致比线性回归模型更复杂的分析和计算特性。不过，与更为灵活的非线性模型（后续章节将对它们展开研究）相比，这些模型仍然相对简单。

5.4.2 固定基函数

前面介绍了直接使用原始输入向量 $\boldsymbol{x}$ 的分类模型。不过，如果我们首先使用基函数 $\boldsymbol{\phi}(\boldsymbol{x})$ 的向量对输入进行固定的非线性变换，那么所有算法都同样适用。如图 5.15 所示，由此产生的决策边界在特征空间 $\boldsymbol{\phi}$ 中是线性的，与原始观测空间 $\boldsymbol{x}$ 中的非线性决策边界相对应。特征空间 $\boldsymbol{\phi}$ 中可线性分离的类在原始观测空间 $\boldsymbol{x}$ 中不必线性可分。

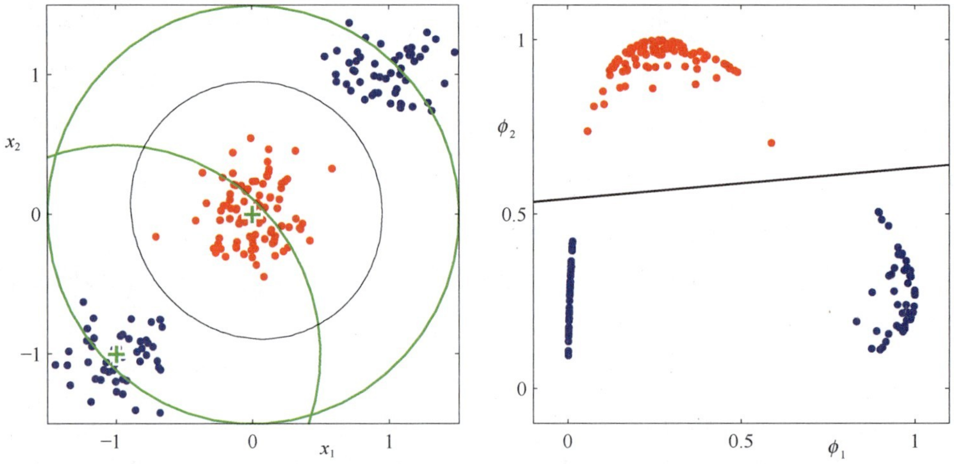

图 5.15 非线性基函数在线性分类模型中发挥作用的示意图。左图展示了原始输入空间 (x_1, x_2) 以及两个类（标记为红色和蓝色）中的数据点。此空间中定义了两个“高斯”基函数 $\phi_1(\boldsymbol{x})$ 和 $\phi_2(\boldsymbol{x})$，中心用绿色十字表示，轮廓用绿色圆圈表示。右图展示了相应的特征空间（ϕ_1，ϕ_2），以及由 5.4.3 节所述形式的逻辑斯谛回归模型得到的线性决策边界。这与原始输入空间中的非线性决策边界相对应，如左图中的黑色曲线所示

请注意，在线性回归模型中，有一个基函数通常设为常数，例如 $\phi_0(\boldsymbol{x}) = 1$，因此相应的参数 w_0 起到偏置的作用。

在许多实际问题中，类－条件概率密度 $p(\boldsymbol{x}|\mathcal{C}_k)$ 在 $\boldsymbol{x}$ 空间中存在明显的重叠。这相当于后验概率 $p(\mathcal{C}_k|\boldsymbol{x})$，至少对于 $\boldsymbol{x}$ 的某些值，后验概率 $p(\mathcal{C}_k|\boldsymbol{x})$ 不是 0 或 1。在这种情况下，通过对后验概率进行精确建模并应用标准决策理论（参见 5.2 节），便可得到最优解。请注意，非线性变换 $\phi_0(\boldsymbol{x})$ 并不能消除这种重叠，尽管它们可以增加重叠程度，或在原始观测空间中不存在重叠的地方产生重叠。非线性的适当选择可以使后验概率建模过程变得更容易。然而，这种固定的基函数模型有很大的局限性（参见 6.2 节），在后续章节中，我们将通过让基函数适应数据来解决这些问题。

5.4.3 逻辑斯谛回归

首先考虑二分类问题。在 5.3 节关于生成方法的讨论中，我们看到了在一般假设条件下，$\mathcal{C}_1$ 的后验概率可以写成作用于特征空间 $\boldsymbol{\phi}$ 的线性函数的逻辑斯谛 sigmoid 函数，从而得到

$$p(\mathcal{C}_1|\boldsymbol{\phi}) = y(\boldsymbol{\phi}) = \sigma(\boldsymbol{w}^{\mathrm{T}}\boldsymbol{\phi}) \tag{5.71}$$

$p(\mathcal{C}_2|\boldsymbol{\phi}) = 1 - p(\mathcal{C}_1|\boldsymbol{\phi})$ 是由式（5.42）定义的逻辑斯谛 sigmoid 函数。在统计学术语中，这种模型又称作逻辑斯谛回归（logistic regression）模型，但需要强调的是，这是一种分类模型，而不是连续变量模型。

对于 M 维特征空间 $\boldsymbol{\phi}$，该模型有 M 个可调参数。相比之下，如果我们使用最大似然法拟合高斯类 - 条件概率密度，那么我们将使用 $2M$ 个参数表示均值，并使用 $M(M+1)/2$ 个参数表示（共享）协方差矩阵。再加上类的先验概率 $p(\mathcal{C}_1)$，总共有 $M(M+5)/2+1$ 个参数。与逻辑斯谛回归模型中参数数量与 M 成线性关系不同，该模型的参数数量随 M 呈二次增长。对于较大的 M 值，直接使用逻辑斯谛回归模型有明显的优势。

下面我们使用最大似然法确定逻辑斯谛回归模型的参数。为此，我们将利用逻辑斯谛 sigmoid 函数的导数，它可以方便地用 sigmoid 函数本身来表示（见习题 5.18）：

$$\frac{\mathrm{d}\sigma}{\mathrm{d}a} = \sigma(1-\sigma) \tag{5.72}$$

对于数据集 $\{\phi_n, t_n\}$，其中 $\phi_n = \boldsymbol{\phi}(\boldsymbol{x}_n)$，且 $t_n \in \{0,1\}$，$n = 1,\cdots,N$。似然函数可写成

$$p(\mathbf{t}|\boldsymbol{w}) = \prod_{n=1}^{N} y_n^{t_n}\{1-y_n\}^{1-t_n} \tag{5.73}$$

其中 $\mathbf{t} = (t_1,\cdots,t_N)^{\mathrm{T}}$，且 $y_n = p(\mathcal{C}_1|\phi_n)$。按照惯例，我们可以通过取似然的负对数来定义误差函数，从而得到交叉熵（cross-entropy）误差函数：

$$E(\boldsymbol{w}) = -\ln p(\mathbf{t}|\boldsymbol{w}) = -\sum_{n=1}^{N}\{t_n \ln y_n + (1-t_n)\ln(1-y_n)\} \tag{5.74}$$

其中，$y_n = \sigma(a_n)$ 且 $a_n = \boldsymbol{w}^{\mathrm{T}}\phi_n$。利用误差函数关于 $\boldsymbol{w}$ 的梯度，可得（见习题 5.19）

$$\nabla E(\boldsymbol{w}) = \sum_{n=1}^{N}(y_n - t_n)\phi_n \tag{5.75}$$

其中，我们使用了式（5.72）。你可以看到，涉及逻辑斯谛 sigmoid 导数的因子已被消去，从而简化了对数似然梯度的形式。具体来说，数据点 n 对梯度的贡献由目标值与模型预测值之间的“误差”$(y_n - t_n)$乘以 ϕ_n 给出。此外，通过与式（4.12）进行比

较，我们发现这与线性回归模型的平方和误差函数梯度的形式完全相同。

最大似然解（参见 4.1.3 小节）对应于$\nabla E(\boldsymbol{w})=0$。然而，从式（5.75）中可以看出，由于$y(\cdot)$的非线性，这不再对应于线性方程组，因此没有闭式解。求最大似然解的一种方法是使用随机梯度下降法（参见第 7 章），其中∇E_n是式（5.75）右侧的第n项。随机梯度下降法是训练高度非线性神经网络（后续章节将展开讨论）的主要方法。然而，最大似然方程只是“略微”非线性的。事实上，模型由式（5.71）定义的误差函数式（5.74）是参数的凸函数，这使得误差函数可以通过一种称为迭代重加权最小二乘法（Iterative Reweighted Least Squares, IRLS）的简单算法来最小化（Bishop, 2006）。然而，这很难泛化到更复杂的模型，如深度神经网络。

请注意，对于线性可分的数据集，最大似然法可能会表现出严重的过拟合。这是因为当$\sigma=0.5$（相当于$\boldsymbol{w}^{\mathrm{T}}\phi=0$）所对应的超平面将两个类分开，且$\boldsymbol{w}$的大小趋于无穷时，就会出现最大似然解。在这种情况下，逻辑斯谛 sigmoid 函数在特征空间中变得无限陡峭，相当于一个单位阶跃函数，因此来自每个类的每个训练点都被赋予一个后验概率$p(\mathcal{C}_k\,|\,\boldsymbol{x})=1$（见习题 5.20）。此外，这样的解通常是连续的，因为任何分离超平面在训练点处都会产生相同的后验概率。最大似然法无法提供最优解，在实践中找到哪个解将取决于优化算法的选择和参数是如何初始化的。注意，只要训练数据集是线性可分的，即使数据点的数量相比模型中参数的数量很大，问题也会出现。在误差函数中加入正则化项（参见第 9 章）可以避免奇异解。

5.4.4 多类逻辑斯谛回归

在讨论用于多分类的生成式模型（参见 5.3 节）时，我们已经看到，对于指数族分布，后验概率是由作用于特征变量的线性函数的 softmax 变换给出的，于是有

$$p(\mathcal{C}_k\,|\,\phi)=y_k(\phi)=\frac{\exp(a_k)}{\sum_j\exp(a_j)} \tag{5.76}$$

其中，预激活a_k为

$$a_k=\boldsymbol{w}_k^{\mathrm{T}}\phi \tag{5.77}$$

此处，我们使用最大似然法分别确定了类 - 条件概率密度和类的先验，然后使用贝叶斯定理找到了相应的后验概率，从而隐式地确定了参数$\{\boldsymbol{w}_k\}$。下面考虑使用最大似然法直接确定参数$\{\boldsymbol{w}_k\}$。为此，我们需要y_k相对于所有预激活a_j的导数，计算公式为（见习题 5.21）

$$\frac{\partial y_k}{\partial a_j}=y_k\left(I_{kj}-y_j\right) \tag{5.78}$$

其中，I_{kj}是单位矩阵的元素。

接下来让我们写下似然函数。使用 1-of-K 编码方案最容易实现这一目标，在这种编码方案下，属于 $\mathcal{C}_k$ 类的 ϕ_n 的目标向量 $\boldsymbol{t}_n$ 是一个二进制向量，除元素 k 等于 1 外，其他元素均为 0。似然函数为

$$p(\boldsymbol{T}\mid\boldsymbol{w}_1,\cdots,\boldsymbol{w}_K)=\prod_{n=1}^{N}\prod_{k=1}^{K}p(\mathcal{C}_k\mid\phi_n)^{t_{nk}}=\prod_{n=1}^{N}\prod_{k=1}^{K}y_{nk}^{t_{nk}} \tag{5.79}$$

其中 $y_{nk}=y_k(\phi_n)$，且 $\boldsymbol{T}$ 是一个包含 $N\times K$ 个目标变量的矩阵，其中的元素为 t_{nk}。取负对数可得

$$E(\boldsymbol{w}_1,\cdots,\boldsymbol{w}_K)=-\ln p(\boldsymbol{T}\mid\boldsymbol{w}_1,\cdots,\boldsymbol{w}_K)=-\sum_{n=1}^{N}\sum_{k=1}^{K}t_{nk}\ln y_{nk} \tag{5.80}$$

此为多分类问题的交叉熵误差函数。

下面求误差函数相对于参数向量 $\boldsymbol{w}_j$ 的梯度。利用式（5.78）对 softmax 函数求导可得（见习题 5.22）

$$\nabla_{\boldsymbol{w}_j}E(\boldsymbol{w}_1,\cdots,\boldsymbol{w}_K)=\sum_{n=1}^{N}(y_{nj}-t_{nj})\phi_n \tag{5.81}$$

其中，我们利用了 $\sum_k t_{nk}=1$。同样，我们可以利用随机梯度下降法（参见第 7 章）来优化参数。

我们再次发现，梯度的形式与线性模型的平方和误差函数和逻辑斯谛回归模型的交叉熵误差函数的形式相同，即误差 $(y_{nj}-t_{nj})$ 与基函数激活度 ϕ_n 的乘积。我们稍后将探讨更普遍的例子（参见 5.4.6 小节）。

线性分类模型可表示为单层神经网络，如图 5.16 所示。如果我们使用误差函数相对于权重 w_{ik} 的导数（以便将基函数 $\phi_i(\boldsymbol{x})$ 与输出单元 t_k 连接起来），则可以得出

$$\frac{\partial E(\boldsymbol{w}_1,\cdots,\boldsymbol{w}_K)}{\partial w_{ij}}=\sum_{n=1}^{N}(y_{nk}-t_{nk})\phi_i(\boldsymbol{x}_n) \tag{5.82}$$

与图 5.16 相比，我们可以看到，对于每个数据点 n，梯度的形式是权重链路输入端的基函数输出与输出端“误差”$(y_{nk}-t_{nk})$的乘积。

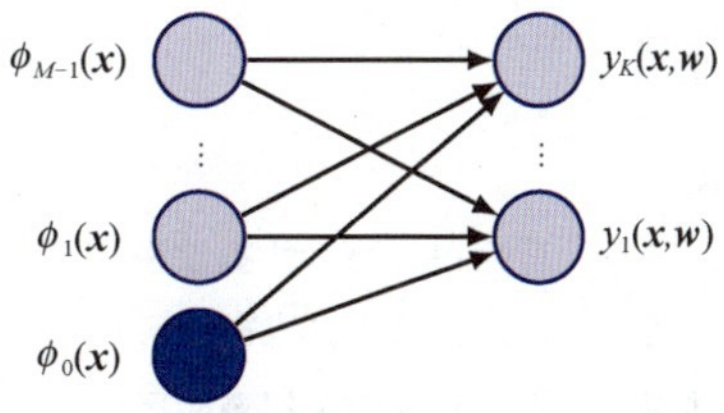

图 5.16 将线性分类模型表示为具有单层连接的神经网络。每个基函数由一个节点表示，实心节点表示“偏置”基函数 ϕ_0，而每个输出 $y_1,\cdots,y_N$ 也由一个节点表示。节点之间的连接代表相应的权重和偏置参数

5.4.5 probit回归

我们已经看到，对于各种类－条件分布，得到的后验类率（posterior class probability）是由作用于特征变量线性函数的 logistic（或 softmax）变换给出的。然而，

并不是类－条件概率密度的所有选择都能为后验概率生成如此简单的形式，这表明也许值得探索其他类型的判别概率模型。在广义线性模型的框架内，再次考虑二分类情况，得到

$$p(t=1|a)=f(a) \tag{5.83}$$

其中，$a=\boldsymbol{w}^{\mathrm{T}}\boldsymbol{\phi}$ 且 $f(\cdot)$ 为激活函数。

激发替代连接函数的一种方法是使用噪声阈值模型（noisy threshold model）。对于每个输入 $\boldsymbol{\phi}_n$，评估 $a_n=\boldsymbol{w}^{\mathrm{T}}\boldsymbol{\phi}_n$，然后根据以下公式设定目标值：

$$\begin{cases} t_n=1, & a_n \geqslant \theta \\ t_n=0, & \text{其他} \end{cases} \tag{5.84}$$

如果 θ 值来自概率密度 $p(\theta)$，那么相应的激活函数将由累积分布函数（cumulative distribution function）给出：

$$f(a)=\int_{-\infty}^{a} p(\theta)\mathrm{d}\theta \tag{5.85}$$

如图 5.17 所示。

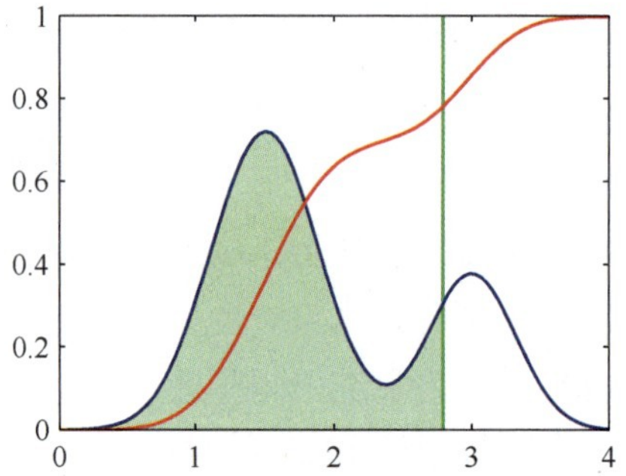

图 5.17　蓝色曲线所示为概率密度 $p(\theta)$，在本例中由两个高斯混合分布及其累积分布函 $f(a)$（用红色曲线表示）给出。请注意，蓝色曲线在任何一点的值，例如垂直绿线处的值，对应于红色曲线在同一点的斜率。相反，红色曲线在此点的值对应于绿色阴影区域内蓝色曲线下的面积。在随机阈值模型中，如果 $a=\boldsymbol{w}^{\mathrm{T}}\boldsymbol{\phi}$ 的值超过阈值，则类标签取 $t=1$，否则取 $t=0$，这等价于由累积分布函数 $f(a)$ 给出的激活函数

举个具体的例子，假设密度 $p(\theta)$ 由一个零均值、单位方差的高斯分布给出。相应的累积分布函数为

$$\Phi(a)=\int_{-\infty}^{a} \mathcal{N}(\theta|0,1)\mathrm{d}\theta \tag{5.86}$$

这就是所谓的 probit 函数。注意，使用具有一般均值和方差的高斯分布并不会改变模型，因为这等同于重新缩放线性系数 $\boldsymbol{w}$。许多数值计算程序库都支持计算如下的另一个密切相关的函数：

$$\mathrm{erf}(a) = \frac{2}{\sqrt{\pi}} \int_0^a \exp\left(-\theta^2/2\right) \mathrm{d}\theta \tag{5.87}$$

此为 erf 函数，它与 probit 函数的关系如下（见习题 5.23）：

$$\Phi(a) = \frac{1}{2}\left\{1 + \frac{1}{\sqrt{2}} \mathrm{erf}(a)\right\} \tag{5.88}$$

基于 probit 函数的广义线性模型称为 probit 回归模型。通过对前面讨论的思路直接进行扩展，我们可以利用最大似然法确定模型的参数。实际上，使用 probit 回归得出的结果往往与使用逻辑斯谛回归得到的结果相似。

实际应用中可能出现的一个问题是离群值。例如，在测量输入向量 $\boldsymbol{x}$ 时出现的误差或对目标值 t 的错误标记，都可能导致离群值的出现。因为这些点可能离理想的决策边界很远，它们会严重扭曲分类器。逻辑斯谛回归模型和 probit 回归模型在这方面的表现不同，因为在 $|x| \to \infty$ 的情况下，逻辑斯谛 sigmoid 函数的尾部衰减为 $\exp(-x)$，而 probit 函数的尾部衰减为 $\exp(-x^2)$，因此 probit 模型对离群值更为敏感。

5.4.6 规范连接函数

对于高斯噪声分布的线性回归模型来说，与负对数似然对应的误差函数由式（4.11）给出。如果我们在关于数据点 n 对误差函数的贡献方面对参数向量 $\boldsymbol{w}$ 求导，则得到的形式为“误差”$(y_n - t_n)$ 乘以 ϕ_n，其中 $y_n = \boldsymbol{w}^{\mathrm{T}}\phi_n$。同样，对于逻辑斯谛 sigmoid 函数与交叉熵误差函数［式（5.74）］的组合以及 softmax 函数与多类交叉熵误差函数［式（5.80）］的组合，我们也能得到同样的简单形式。需要说明的是，这是假定目标变量的条件分布来自指数族分布以及相应的激活函数选择［即规范连接函数（canonical link function）］的一般结果。

让我们再次使用指数族分布的限制形式［式（3.169）］。请注意，这里我们对目标变量 t 采用了指数族分布假设，而在 5.3.4 小节中，我们对输入向量 $\boldsymbol{x}$ 采用了指数族分布假设。因此，考虑目标变量的条件分布，其形式为

$$p(t|\eta, s) = \frac{1}{s} h\left(\frac{t}{s}\right) g(\eta) \exp\left\{\frac{\eta t}{s}\right\} \tag{5.89}$$

利用推导式（3.172）时的相同论证思路，我们可以看到，t 的条件均值（用 y 表示）由下式给出：

$$y \equiv \mathbb{E}[t|\eta] = -s \frac{\mathrm{d}}{\mathrm{d}\eta} \ln g(\eta) \tag{5.90}$$

因此，y 和 η 必须相关，它们之间的关系为 $\eta = \psi(y)$。

根据 Nelder and Wedderburn（1972），我们将广义线性模型定义为 y 是输入（或特征）变量线性组合的非线性函数的模型，从而有

$$y=f\left(\boldsymbol{w}^{\mathrm{T}}\phi\right) \tag{5.91}$$

其中 $f(\cdot)$ 在机器学习文献中称为激活函数，而 $f^{-1}(\cdot)$ 在统计学中称为连接函数。

考虑该模型的对数似然函数，作为 η 的函数，其计算公式为

$$\ln p(\mathbf{t}\mid\eta,s)=\sum_{n=1}^{N}\ln p\left(t_n\mid\eta,s\right)=\sum_{n=1}^{N}\left\{\ln g\left(\eta_n\right)+\frac{\eta_n t_n}{s}\right\}+\text{ const} \tag{5.92}$$

其中，我们假设所有观测值都有一个共同的尺度参数（相当于高斯分布的噪声方差），因此 s 与 n 无关。对数似然关于模型参数 $\boldsymbol{w}$ 的导数为

$$\begin{aligned}\nabla_{\boldsymbol{w}}\ln p(\mathbf{t}\mid\eta,s)&=\sum_{n=1}^{N}\left\{\frac{\mathrm{d}}{\mathrm{d}\eta_n}\ln g\left(\eta_n\right)+\frac{t_n}{s}\right\}\frac{\mathrm{d}\eta_n}{\mathrm{d}y_n}\frac{\mathrm{d}y_n}{\mathrm{d}a_n}\nabla_{\boldsymbol{w}}a_n\\&=\sum_{n=1}^{N}\frac{1}{s}\left\{t_n-y_n\right\}\psi'\left(y_n\right)f'\left(a_n\right)\phi_n\end{aligned} \tag{5.93}$$

其中 $a_n=\boldsymbol{w}^{\mathrm{T}}\phi_n$，我们使用了 $y_n=f\left(a_n\right)$ 和 $\mathbb{E}[t\mid\eta]$ 的结果式（5.90）。可以看到，如果我们为连接函数 $f^{-1}(y)$ 选择一种特殊的形式，就可以极大地简化计算过程。

$$f^{-1}(y)=\psi(y) \tag{5.94}$$

由于 $f\left(\psi\left(y\right)\right)=y$，因此 $f'(\psi)\psi'(y)=1$。同样，由于 $a=f^{-1}(y)$，得出 $a=\psi$，因此 $f'(a)\psi'(y)=1$。在这种情况下，误差函数的梯度减小为

$$\nabla\ln E(\boldsymbol{w})=\frac{1}{s}\sum_{n=1}^{N}\left\{y_n-t_n\right\}\phi_n \tag{5.95}$$

我们已经看到，误差函数的选择与输出 - 单元激活函数的选择之间存在自然的配对。尽管我们是在单层网络的背景下推导出这一结果的，但同样的考虑因素也适用于后续章节讨论的深度神经网络。

习题

5.1 （⋆）考虑一个涉及 K 个类和目标向量 $\boldsymbol{t}$ 的分类问题，使用 1-of-K 二进制编码方案。证明条件期望 $\mathbb{E}[\boldsymbol{t}\mid\boldsymbol{x}]$ 由后验概率 $p\left(\mathcal{C}_k\mid\boldsymbol{x}\right)$ 给出。

5.2 （⋆⋆）在给定一组数据点 $\left\{\boldsymbol{x}_n\right\}$ 的情况下，我们可以将凸包定义为所有点 $\boldsymbol{x}$ 的集合。

$$\boldsymbol{x}=\sum_{n}\alpha_n\boldsymbol{x}_n \tag{5.96}$$

其中 $\alpha_n\geqslant 0$ 且 $\sum_n\alpha_n=1$。考虑另一组数据点 $\left\{\boldsymbol{y}_n\right\}$ 及相应的凸包。根据定义，

如果存在一个向量 $\hat{\boldsymbol{w}}$ 和一个标量 w_0，使得对所有 $\boldsymbol{x}_n$ 而言 $\hat{\boldsymbol{w}}^{\mathrm{T}}\boldsymbol{x}_n + w_0 > 0$，并且对所有 y_n 而言 $\hat{\boldsymbol{w}}^{\mathrm{T}}y_n + w_0 < 0$，那么这两组数据点就是线性可分的。证明如果它们的凸包相交，则这两组数据点不可能是线性可分的；反之，如果它们是线性可分的，则它们的凸包不相交。

5.3 (★★) 考虑最小化平方和误差函数式（5.14），并假设训练集中所有的目标向量都满足线性约束条件

$$\boldsymbol{a}^{\mathrm{T}}\boldsymbol{t}_n + b = 0 \tag{5.97}$$

其中 $\boldsymbol{t}_n$ 相当于式（5.14）中矩阵 $\boldsymbol{T}$ 的第 n 行。证明作为以上约束条件的结果，由最小二乘解式（5.16）给出的模型预测 $\boldsymbol{y}(\boldsymbol{x})$ 的元素也满足该约束条件，即

$$\boldsymbol{a}^{\mathrm{T}}\boldsymbol{y}(\boldsymbol{x}) + b = 0 \tag{5.98}$$

为此，假设其中一个基函数 $\phi_0(\boldsymbol{x}) = 1$，这样相应的参数 w_0 就起到了偏置的作用。

5.4 (★★) 扩展习题 5.3 的结果，证明如果目标向量同时满足多个线性约束条件，那么线性模型的最小二乘预测也将满足相同的约束条件。

5.5 (★) 利用定义式（5.38）以及式（5.30）和式（5.31）推导 F 分数的结果式（5.39）。

5.6 (★★) 考虑两个非负数 a 和 b，并证明如果 $a \leqslant b$，则 $a \leqslant (ab)^{1/2}$。利用这一结果可以证明，如果选择二分类问题的决策区域是为了最小化误分类概率，则该概率将满足

$$p(\text{错误}) \leqslant \int \left\{ p(\boldsymbol{x}, \mathcal{C}_1) p(\boldsymbol{x}, \mathcal{C}_2) \right\}^{1/2} \mathrm{d}\boldsymbol{x} \tag{5.99}$$

5.7 (★) 给定一个含有元素 L_{kj} 的损失矩阵，如果我们为每个 $\boldsymbol{x}$ 选择最小化式（5.23）的类，则预期风险最小。验证一下，当损失矩阵为 $L_{kj} = 1 - I_{kj}$（其中 I_{kj} 为单位矩阵的元素）时，则可简化为选择后验概率最大的类的准则。如何解释这种形式的损失矩阵？

5.8 (★) 在有类的一般损失矩阵和一般先验概率时，推导最小化预期损失的准则。

5.9 (★) 考虑一组 N 个数据点的后验概率的平均值，其形式为

$$\frac{1}{N}\sum_{n=1}^{N} p(\mathcal{C}_k \mid \boldsymbol{x}_n) \tag{5.100}$$

通过取极限 $N \to \infty$，证明这个量接近类的先验概率 $p(\mathcal{C}_k)$。

5.10 (★★) 考虑一个分类问题，其中当来自 $\mathcal{C}_k$ 类的输入向量被归入 $\mathcal{C}_j$ 类时，产生的损失由损失矩阵 L_{kj} 给出，而选择拒绝选项所产生的损失为 λ。推导预期损失最小的决策准则。验证一下，当损失矩阵由 $L_{kj} = 1 - I_{kj}$ 给出时，所要推导的决策准则可简化为 5.2.3 小节讨论的拒绝准则。λ 和拒绝阈值 θ 之间有何关系？

5.11 （⋆）证明逻辑斯谛 sigmoid 函数［式（5.42）］满足性质 $\sigma(-a)=1-\sigma(a)$，其逆函数由 $\sigma^{-1}(y)=\ln\{y/(1-y)\}$ 给出。

5.12 （⋆）利用式（5.40）和式（5.41）得出具有高斯密度的二类生成式模型的类的后验概率结果式（5.48），并对参数 $\boldsymbol{w}$ 和 w_0 的结果式（5.49）和式（5.50）进行验证。

5.13 （⋆）考虑一个由类的先验概率 $p(\mathcal{C}_k)=\pi_k$ 和类－条件概率密度 $p(\phi|\mathcal{C}_k)$ 定义的涉及 K 个类的分类模型，其中 ϕ 是输入特征。假设我们得到一个训练数据集 $\{\phi_n,\boldsymbol{t}_n\}$，其中 $n=1,\cdots,N$，$\boldsymbol{t}_n$ 是长度为 K 且采用 1-of-K 编码方案的二进制目标向量。如果数据点 n 属于 $\mathcal{C}_k$ 类，则 $t_{nj}=I_{jk}$。假设数据点是从该模型中独立提取的，证明先验概率的最大似然解为

$$\pi_k=\frac{N_k}{N} \tag{5.101}$$

其中 N_k 是归入 $\mathcal{C}_k$ 类的数据点数量。

5.14 （⋆⋆）考虑习题 5.13 中的分类模型，假设类－条件概率密度由具有共享协方差矩阵的高斯分布给出，因此

$$p(\phi|\mathcal{C}_k)=\mathcal{N}(\phi|\boldsymbol{\mu}_k,\boldsymbol{\Sigma}) \tag{5.102}$$

证明 $\mathcal{C}_k$ 类的高斯分布均值的最大似然解由下式给出：

$$\boldsymbol{\mu}_k=\frac{1}{N_k}\sum_{n=1}^{N}t_{nk}\phi_n \tag{5.103}$$

它表示归入 $\mathcal{C}_k$ 类的那些特征向量的均值。类似地，证明共享协方差矩阵的最大似然解由下式给出：

$$\boldsymbol{\Sigma}=\sum_{k=1}^{K}\frac{N_k}{N}\boldsymbol{S}_k \tag{5.104}$$

其中

$$\boldsymbol{S}_k=\frac{1}{N_k}\sum_{n=1}^{N}t_{nk}(\phi_n-\boldsymbol{\mu}_k)(\phi_n-\boldsymbol{\mu}_k)^{\mathrm{T}} \tag{5.105}$$

因此，$\boldsymbol{\Sigma}$ 由与每个类相关的数据协方差的加权平均值给出，其中加权系数由类的先验概率给出。

5.15 （⋆⋆）推导 5.3.3 小节所讲的具有离散二元特征的概率朴素贝叶斯分类器参数 $\{\mu_{ki}\}$ 的最大似然解。

5.16 （⋆⋆）考虑一个涉及 K 个类的分类问题，其中输入特征 ϕ 有 M 个组件，每个组件有 L 个离散状态。将组件的值用 1-of-L 二进制编码方案表示。进一步假设，

以 $\mathcal{C}_k$ 类为条件，ϕ 的 M 个组件是独立的，因此关于特征向量组件的类 – 条件概率密度可以分解。

证明由式（5.46）给出的量 a_k（出现在描述类的后验概率的 softmax 函数的自变量中）是 ϕ 的组件的线性函数。请注意，这是一个朴素贝叶斯模型（参见 11.2.4 小节）的示例。

5.17 （⋆⋆）推导习题 5.16 中描述的概率朴素贝叶斯分类器参数的最大似然解。

5.18 （⋆）验证由式（5.42）定义的逻辑斯谛 sigmoid 函数导数的关系式（5.72）。

5.19 （⋆）利用逻辑斯谛 sigmoid 函数的导数结果式（5.72），证明逻辑斯谛回归模型的误差函数式（5.74）由式（5.75）给出。

5.20 （⋆）证明对于线性可分数据集，逻辑斯谛回归模型的最大似然解可以通过计算一个向量 $\mathbf{w}$ 来获得，该向量的决策边界 $\mathbf{w}^{\mathrm{T}}\boldsymbol{\phi}(\mathbf{x})=0$ 可将类分开，然后将 $\mathbf{w}$ 的大小取到无穷大。

5.21 （⋆）证明 softmax 激活函数［式（5.76）］的导数［其中 a_k 由式（5.77）定义］由式（5.78）给出。

5.22 （⋆）利用 softmax 激活函数的导数结果［式（5.78）］，证明交叉熵误差［式（5.80）］的梯度由式（5.81）给出。

5.23 （⋆）证明 probit 函数［式（5.86）］和 erf 函数［式（5.87）］的关系式（5.88）。

5.24 （⋆⋆）假设我们希望用缩放 probit 函数 $\Phi(\lambda a)$ 来近似由式（5.42）定义的逻辑斯谛 sigmoid 函数 $\sigma(a)$，其中 $\Phi(a)$ 由式（5.86）定义。证明如果选择的 λ 能使这两个函数的导数在 $a=0$ 处相等，则 $\lambda^2=\pi/8$。

第 6 章

深度神经网络

近年来，神经网络已迅速成为实际应用中最重要的机器学习技术，因此我们在本书中专门花了大量篇幅来介绍它。之前的章节已经为我们奠定了许多必要的基础。特别是，我们已经看到，由固定非线性基函数的线性组合构成的线性回归模型可以表达为单层权重和偏置参数的神经网络（参见第 4 章）。同样，基于基函数线性组合的分类模型也可以视作单层（神经）网络（参见第 5 章）。这使我们能在讨论更复杂的多层（神经）网络之前引入几个重要概念。

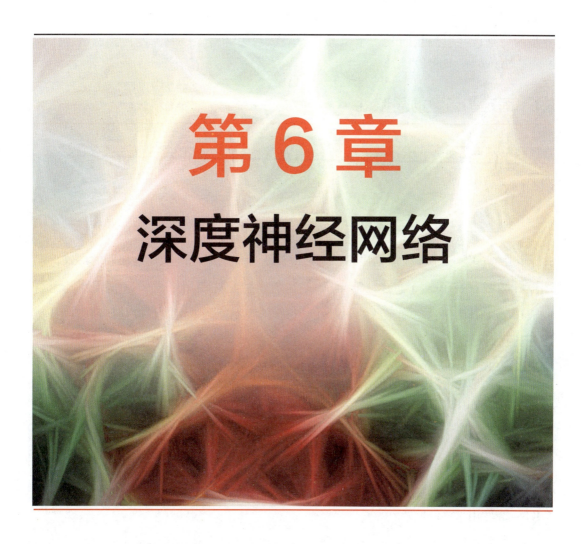

给定足够数量的适当选择的基函数，这样的线性模型可以以任意所需精度近似任何给定的从输入到输出的非线性变换，因此似乎足以应对任何实际应用。然而，这些模型具有一些严重的局限性，因此我们将通过探索这些局限性并理解为什么需要从数据中学习得到基函数，来开始我们对神经网络的讨论。这自然地引出了对具有多层可学习参数的神经网络的讨论（参见 6.3.6 小节），它们被称为前馈网络（feed-forward network）或多层感知机（multi-layer perceptron）。我们还将讨论多层

处理的好处，并引出目前支配了机器学习领域的关键概念——深度神经网络（Deep Neural Network，DNN）。

6.1 固定基函数的局限性

用于分类的线性基函数模型是基于基函数 $\phi_j(\boldsymbol{x})$ 的线性组合（参见第 5 章），形式如下：

$$y(\boldsymbol{x},\boldsymbol{w}) = f\left(\sum_{j=1}^{M} w_j \phi_j(\boldsymbol{x}) + w_0\right) \tag{6.1}$$

其中 $f(\cdot)$ 是一个非线性输出激活函数。用于回归的线性模型具有相同的形式，但用恒等函数替换了 $f(\cdot)$（参见第 4 章）。这些模型允许使用任意一组非线性基函数 $\{\phi_i(\boldsymbol{x})\}$，并且由于这些基函数的一般性，这样的模型原则上可以解决任何回归或分类问题。我们可以简单地这么理解，如果其中一个基函数对应希望的输入 - 输出转换，则可学习的线性层只需要将这个基函数的值复制到模型的输出即可。

更一般地，我们期望有一个足够大且丰富的基函数集合，从而能以任意精度拟合需要的函数。因此，看似这样的线性模型构成了解决机器学习问题的通用框架。遗憾的是，线性模型存在一些重大缺陷，因为它们假设基函数 $\phi_j(x)$ 是固定的且与训练数据无关。为了理解这些局限性，我们首先观察随着输入变量数量的增加线性模型的行为有何变化。

6.1.1 维度诅咒

考虑由如下 M 阶多项式给出的单输入变量的简单回归模型（参见 1.2 节）：

$$y(x,\boldsymbol{w}) = w_0 + w_1 x + w_2 x^2 + \cdots + w_M x^M \tag{6.2}$$

假设增加输入变量的数量，如果有 D 个输入变量 $\{x_1,\cdots,x_D\}$，那么至多三阶系数的通用多项式形式如下：

$$y(\boldsymbol{x},\boldsymbol{w}) = w_0 + \sum_{i=1}^{D} w_i x_i + \sum_{i=1}^{D}\sum_{j=1}^{D} w_{ij} x_i x_j + \sum_{i=1}^{D}\sum_{j=1}^{D}\sum_{k=1}^{D} w_{ijk} x_i x_j x_k \tag{6.3}$$

随着 D 的增大，独立系数的数量增长为 $\mathcal{O}(D^3)$，而对于 M 阶多项式，系数的数量增长为 $\mathcal{O}(D^M)$（Bishop, 2006）。我们看到，在高维空间中，多项式可以迅速变得笨重并且几乎不具有实用性。

高维空间中出现的这种巨大困难有时称为维度诅咒（Bellman, 1961）。这是一个相当普遍的问题，不仅限于多项式回归。我们来考虑使用线性模型解决分类问题。

图 6.1 展示了来自鸢尾花数据集的数据，其中包括来自三种鸢尾花的各 50 个观测值。每个观测值有 4 个变量，分别代表萼片长度、萼片宽度、花瓣长度和花瓣宽度的测量值。对于这个示例，我们只考虑萼片长度和萼片宽度。给定这 150 个观测值作为训练数据，我们的目标是将新的测试点，如图 6.1 中的叉号所示，归于其中一类。我们观察到叉号靠近几个红点，因此我们可能假设它属于红色类别。然而，叉号的附近也有一些绿点，所以我们也可能认为它属于绿色类别。而它属于蓝色类别的可能性似乎较小。我们的直觉是，叉号的类别应该更可能由训练集中较为靠近的点决定，而不是由更远的点决定，这个直觉是合理的。

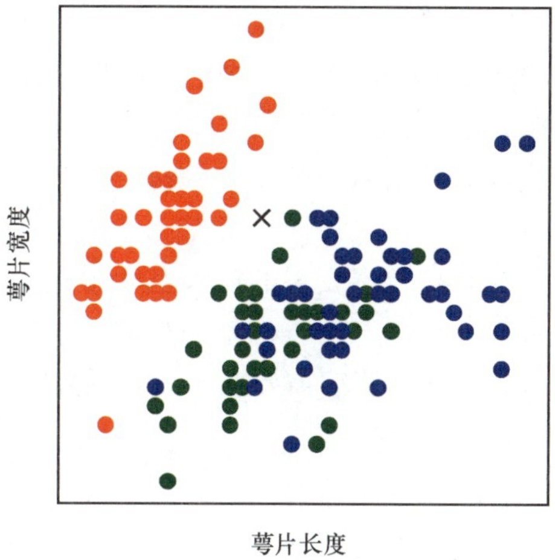

图 6.1 鸢尾花数据的散点图。其中红色、绿色和蓝色的点分别代表鸢尾花的三个亚种，轴代表萼片长度和宽度的测量值。我们的目标是对一个新的测试点（图中用叉号表示）进行分类

将这个直觉转为学习算法的一种非常简单的方法是将输入空间划分为规则的单元，如图 6.2 所示。当我们得到一个测试点并希望预测其类别时，可以首先确定它属于哪个单元，然后找到所有落在同一单元内的训练点。测试点的类别被推断为同一单元内训练点数量最多的那一类（各类别如果训练点的数量相同，则随机推断）。我们可以将其视为一个基函数模型，其中每个单元有一个基函数 $\phi_i(\boldsymbol{x})$，如果 $\boldsymbol{x}$ 位于单元外部，则返回零，否则返回所在单元内的训练点的主要类别。该模型的输出由所有基函数的输出之和给出。

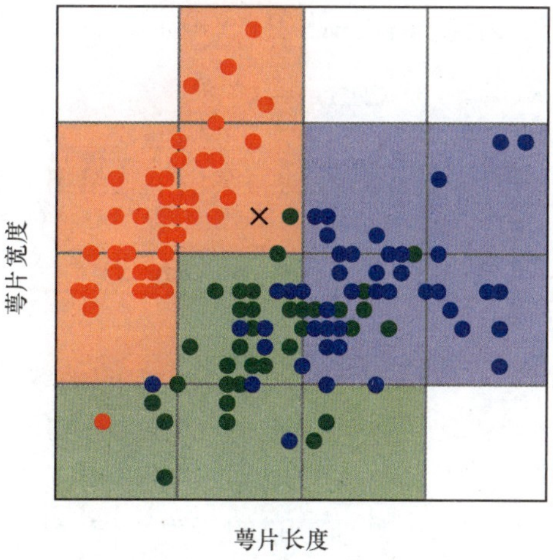

图 6.2 解决分类问题的一种简单方法的示意图。该方法将输入空间划分为规则的单元，新测试点的类别被推断为同一单元内训练点数量最多的类别。正如我们很快将看到的，这种方法存在一些严重的缺陷

这种朴素的方法存在许多问题，当我们考虑将其扩展到具有更多输入变量的分类

问题，即考虑更高维度的输入空间时，其中一个很严重的问题将变得更加明显。图 6.3 说明了这个问题的起源。它表明如果我们将输入空间划分为规则的单元，那么这样的单元数量将随空间维度的增大呈指数级增长。呈指数级增长的单元数量带来的挑战是，我们需要指数级数量的训练数据来确保单元不是空的。我们已经在图 6.2 中看到，一些单元不包含任何训练点。因此，这些单元中的测试点将得不到分类。显然，我们无法在具有较多变量的输入空间中应用这种技术。这种方法对多项式回归示例和鸢尾花数据分类示例而言都是困难的，因为基函数的选择没有考虑要解决的问题。为了避免维度诅咒，我们需要在选择基函数时更加精细（参见 6.1.4 小节）。

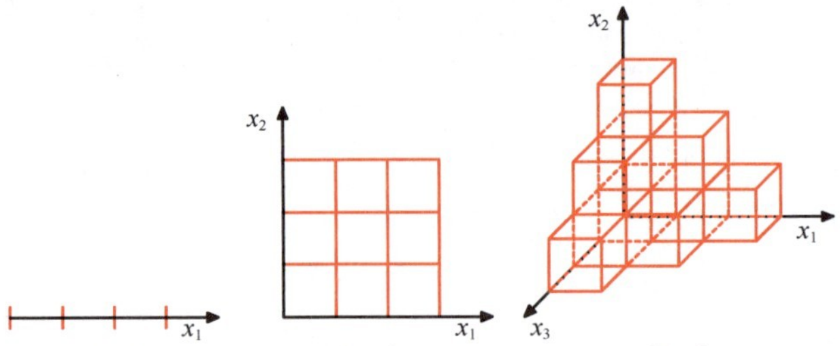

图 6.3 维度诅咒的示意图。这里展示了单元数量如何随空间维度 D 的增大呈指数级增长。简便起见，图中仅展示了 $D=3$ 时的部分单元

6.1.2 高维空间

首先，我们将更细致地观察高维空间的性质。在高维空间中，我们平日在三维空间中形成的几何直觉可能会严重地失效。举个简单的例子，考虑 D 维空间中一个半径 $r=1$ 的超球体，我们想知道介于半径 $r=1-\varepsilon$ 和 $r=1$ 之间的超球体体积的占比是多少。我们注意到，半径为 r 的 D 维超球体的体积 $V_D(r)$ 必须按 r^D 缩放，因此有

$$V_D(r)=K_D r^D \tag{6.4}$$

其中常数 K_D 仅取决于 D。这个问题的答案由下式给出（见习题 6.1）：

$$\frac{V_D(1)-V_D(1-\varepsilon)}{V_D(1)}=1-(1-\varepsilon)^D \tag{6.5}$$

图 6.4 显示了不同维度 D 取值下体积占比关于 ε 的函数。可以看到，对于较大的 D 值，即使 ε 值较小，这个占比也倾向于 1。因此，我们有了一个重要的发现：在高维空间中，超球体的大部分体积集中在靠近表面的薄壳中！

接下来，我们考虑高维空间中高斯分布的行为，作为与机器学习直接相关的另一个示例。如果我们从笛卡儿坐标变换到极坐标，然后积分消去方向变量，则可以得到密度 $p(r)$ 的表达式，它是一个关于从原点出发的半径为 r 的函数（见习题 6.3）。因此，$p(r)\delta r$ 是位于半径 r 处的厚度为 δr 的薄壳内的概率质量。在不同维度 D 取值下，将

这个分布绘制在图 6.5 中。可以看到，对于较大的 D 值，高斯分布的大部分概率质量位于特定半径的薄壳内。

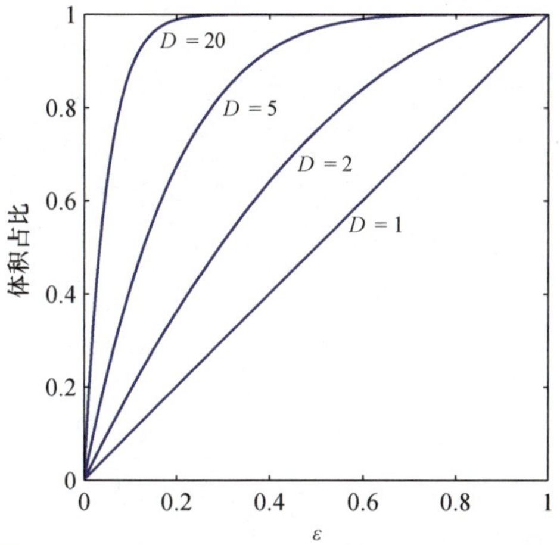

图 6.4 不同维度 D 取值下，半径 $r=1$ 的超球体内，半径介于 $r=1-\varepsilon$ 和 $r=1$ 之间的超球体体积占比

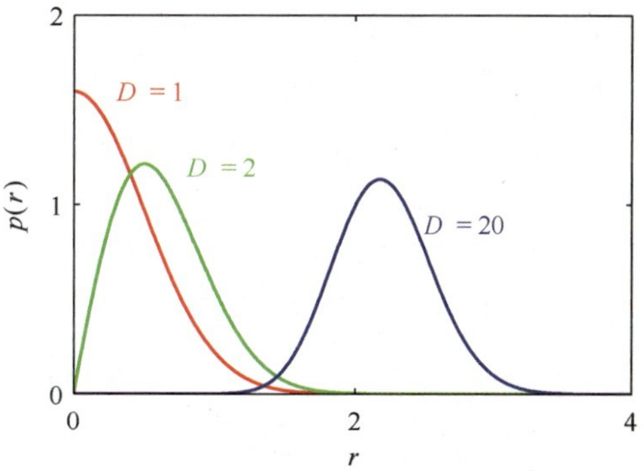

图 6.5 不同维度 D 取值下，关于半径为 r 的高斯分布的概率密度图。在高维空间中，高斯分布的大部分概率质量位于特定半径的薄壳内

在本书中，我们广泛使用了涉及单个或两个变量的例子，因为这样特别容易图形化地展示这些空间。然而，读者应该注意，不是所有在低维空间中获得的直觉都可以推广到高维空间中。

最后，虽然我们讨论了维度诅咒，但在高维空间中建模也具有优势。考虑图 6.6 所示的数据集，其中的每个数据点由一对值 (x_1, x_2) 组成。我们看到这个数据集是线性可分的，但是当我们仅观察 x_1 的值时，发现类有严重的重叠。因此，在更高维的空间中，分类问题解决起来要容易得多。

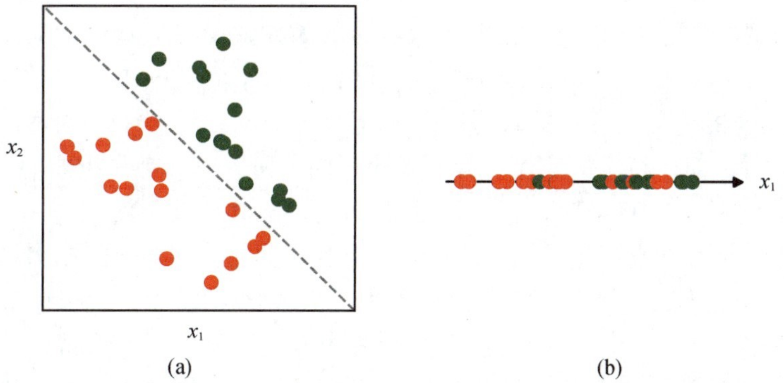

图 6.6 二维数据集 (x_1, x_2) 的示意图。其中，使用绿色和红色圆圈表示的两类数据点可以被线性决策面分开，如图 (a) 所示。然而，如果仅考虑变量 x_1，则类不再可分，如图 (b) 所示

6.1.3 数据流形

在多项式回归模型和基于网格的分类器（见图 6.2 中）中，我们看到随着维度的

增加，基函数的数量迅速增长，导致这些方法甚至不适用于涉及几十个变量的应用，更不用说常常出现的涉及数百万输入的应用了，比如图像处理。问题在于，基函数是提前固定的，不依赖于数据，甚至不依赖于正在解决的特定问题。我们需要找到一种方法来创建能够针对特定应用加以调整的基函数。

虽然维度诅咒确实为机器学习应用带来了严重问题，但这并不妨碍我们找到适用于高维空间的有效技术。这背后的一个原因是，真实数据通常会被限制在具有较低有效维度的数据空间区域内。考虑图 6.7 中的图像。其中的每幅图像都是高维空间中的一个点，其维度由像素数决定。因为对象可以在图像内不同的垂直和水平位置以不同的朝向出现，所以图像之间有三个可变自由度。一组图像将大致处在高维空间中的一个三维流形（manifold）上。由于对象位置或方向与像素强度之间存在复杂关系，这个流形是高度非线性的。

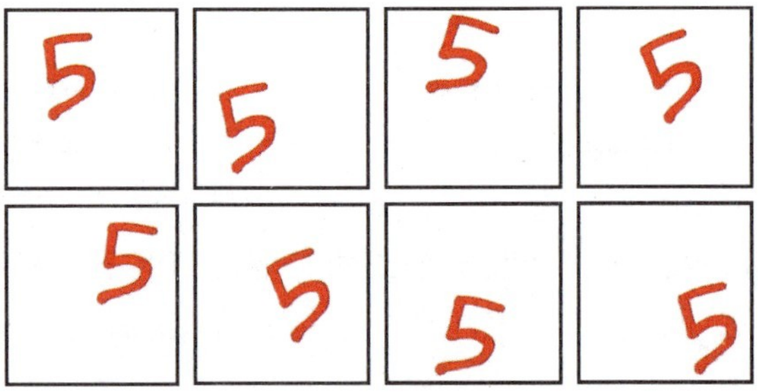

图 6.7　手写数字图像的示例。在这些图像中，数字在图像内的位置以及它们的朝向有所不同。这些图像存在于高维图像空间中的一个非线性三维流形上

实际上，像素数量是图像生成过程的人为产物，因为像素数量是对连续世界的测量方式。以更高的分辨率捕获相同的图像会增加数据空间的维度 D，但并不改变图像仍然存在于三维流形上这一事实。如果我们能将局部化的基函数与数据流形相关联，而不是与整个高维数据空间相关联，则所需的基函数数量将随着流形的维度呈指数级增长，而不是随着数据空间的维度呈指数级增长。由于流形的维度通常比数据空间的维度低得多，这将是一个巨大的改进。实际上，神经网络学习了一组适应于数据流形的基函数。此外，对于特定的应用，并不是流形内的所有方向都是重要的。例如，如果我们只希望确定图 6.7 中对象的朝向而不是位置，那么在流形上将只有一个而不是三个相关的自由度。神经网络还能够学习流形上的哪些朝向与预测想要的输出是相关的。

另一种看到真实数据被限制在低维流形上的方式是考虑随机图像生成任务。图 6.8 展示了自然图像的示例以及相同分辨率的合成图像的示例。这些合成图像是通过在每个像素独立随机地从均匀分布中采样红色、绿色和蓝色强度得到的。可以看到，没有任何一幅合成图像看起来像自然图像。原因是这些合成图像缺乏自然图像所展示的像素之间的强相关性。例如，自然图像与合成图像相比，两个相邻像素具有相同或非常相似的颜色的概率要高得多。图 6.8 中的每幅图像对应于高维空间中的一个点，然而自然图像只覆盖了这个空间的一少部分。

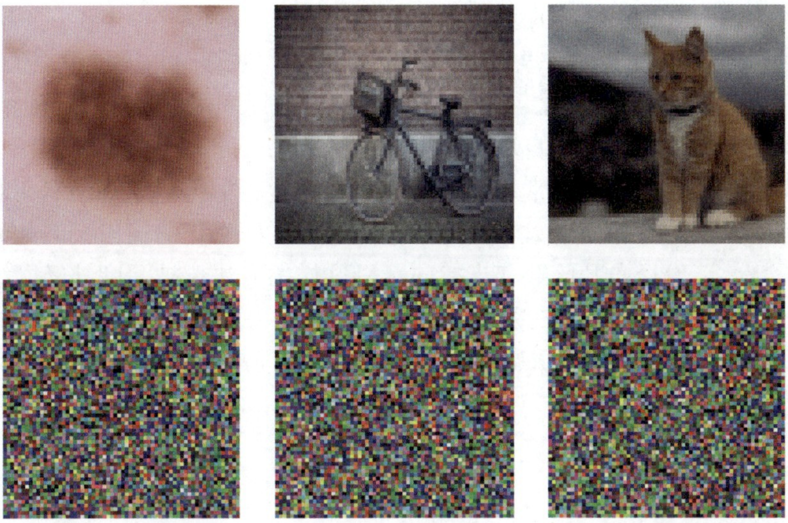

图 6.8 第 1 行展示了 64×64 像素大小的自然图像的示例，第 2 行展示了相同大小的随机生成图像（即合成图像）的示例。第 2 行图像是通过从包含所有可能像素颜色的均匀概率分布中采样像素值得到的

6.1.4 数据依赖的基函数

我们已经看到，独立于所解决问题而选择的简单基函数在高维空间中可能具有严重的局限性。如果我们想在这种情况下使用基函数，那么一种方法是使用专家知识手工设计针对每个应用的特定基函数。多年来，这是机器学习中的主流方法。基函数通常称为特征，是通过结合领域知识和试错法而确定的。这种方法取得了一定的成功，但是数据驱动的方法替代了它。在数据驱动的方法中，基函数是从训练数据中学习得来的。正如我们将在后面的章节中所看到的，领域知识在现代机器学习中仍然发挥作用，但是更多地体现在设计网络架构的定性层面上，以此来建模适当的归纳偏置（inductive bias）。

由于高维空间中的数据可能被限制在低维流形上，因此我们不需要基函数密集地填充整个输入空间，而是可以使用与数据流形本身相关的基函数。一种做法是将每个训练集中的数据点都与一个基函数相关联，这确保了基函数自动适应于底层的数据流形。这种模型的一个例子是径向基函数（radial basis function）（Broomhead and Lowe, 1988），其性质是每个基函数仅依赖于到中心向量的径向距离（通常是欧氏距离）。如果基中心选择为输入数据值 $\{\boldsymbol{x}_n\}$，那么对于每个数据点都有一个基函数 $\phi_n(\boldsymbol{x})$，它将建模整个数据流形。径向基函数的一个典型选择是

$$\phi_n(\boldsymbol{x}) = \exp\left(-\frac{\|\boldsymbol{x}-\boldsymbol{x}_n\|^2}{s^2}\right) \tag{6.6}$$

其中 s 是控制基函数宽度的参数。尽管可以很快建立起这样的模型，但这种技术的一个主要问题是，它对于大型数据集来说计算较为困难。此外，这样的模型还需要

经过仔细的正则化以避免严重的过拟合问题。

有一种相关的方法，叫作支持向量机（Support Vector Machine，SVM）（Vapnik, 1995; Schölkopf and Smola, 2002; Bishop, 2006），它通过再次定义以每个训练数据点为中心的基函数，在训练过程中自动选择这些基函数的子集来解决这个问题。因此，最终模型中有效基函数的数量通常远少于训练点的数量，尽管它通常仍然相对较大，并且会随训练集大小的增加而增大。支持向量机不产生概率化的输出，因此无法自然地泛化到多类情况。像径向基函数和支持向量机这样的方法已被深度神经网络取代，后者在有效利用非常大的数据集方面要好得多。此外，正如我们稍后将看到的，神经网络能够学习深度层次化（hierarchical）的表示，这对于在更复杂的应用中实现高预测准确性至关重要。

6.2 多层网络

为了将形如式（6.1）的线性模型应用于涉及大规模数据集和高维空间的问题，我们需要找到一组针对所要解决的问题的基函数。神经网络背后的关键思想是选择具有可学习参数的基函数 $\phi_j(\boldsymbol{x})$，然后在训练过程中调整这些参数以及系数 $\{w_j\}$。我们可以通过使用基于梯度的优化方法最小化误差函数来优化整个模型（参见第 7 章），如随机梯度下降法，其中误差函数是在模型的所有参数上共同定义的。

当然，有许多方法可以构建参数化的非线性基函数。但有一个关键要求，就是这些函数必须是关于可学习参数的可微函数，这样我们就可以应用基于梯度的优化方法。最成功的选择是使用与式（6.1）形式相同的基函数，从而每个基函数本身是输入的线性组合的非线性函数，其中线性组合中的系数是可学习参数。注意，这种构造显然可以递归扩展以给出一个具有多层的层次化模型，这构成了深度神经网络的基础（参见 6.3 节）。

考虑具有两层可学习参数的基本神经网络。首先，我们用以下形式构造输入变量 $x_1,\cdots,x_D$ 的 M 个线性组合：

$$a_j^{(1)}=\sum_{i=1}^{D}w_{ji}^{(1)}x_i+w_{j0}^{(1)} \tag{6.7}$$

其中 $j=1,\cdots,M$，“(1)”表示相应的参数位于神经网络的第一层。参数 $w_{ji}^{(1)}$ 称为权重（weight），参数 $w_{j0}^{(1)}$ 称为偏置参数（bias），量 $a_j^{(1)}$ 则称为预激活（pre-activation）（参见第 4 章）。然后，每个量 a_j 通过一个可微的、非线性的激活函数 $h(\cdot)$ 被转换为

$$z_j^{(1)}=h\left(a_j^{(1)}\right) \tag{6.8}$$

它代表了式（6.1）中基函数的输出。在神经网络的上下文中，这些基函数称为隐藏单元（hidden unit）。我们将很快探索非线性函数 $h(\cdot)$ 的各种选择，但在这里我们注

意到，只要导数 $h'(\cdot)$ 是可以计算的，整个网络函数就将是可微的。遵循式（6.1），这些值可以再次被线性组合为

$$a_k^{(2)} = \sum_{j=1}^{M} w_{kj}^{(2)} z_j^{(1)} + w_{k0}^{(2)} \tag{6.9}$$

其中 $k = 1, \cdots, K$，K 是输出的总数。这个转换对应于神经网络的第二层，$w_{k0}^{(2)}$ 同样是偏置参数。最后，$a_k^{(2)}$ 则通过一个适当的输出单元激活函数 $f(\cdot)$ 被转换为一组网络输出 y_k。两层的神经网络可以用图 6.9 来表示。

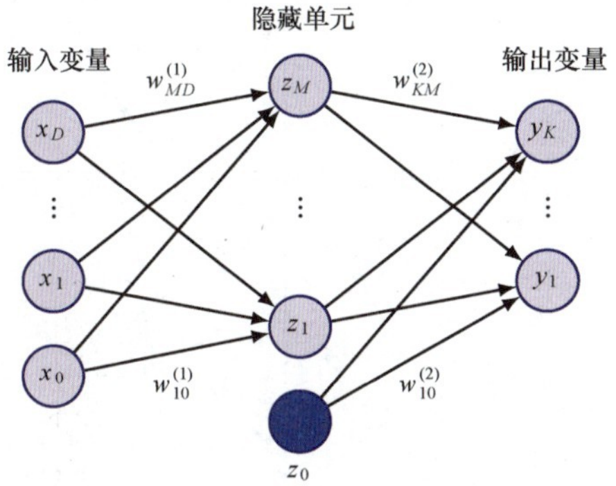

图 6.9 两层神经网络的示意图。输入变量、隐藏单元和输出变量由节点表示，权重参数由节点之间的连接表示。偏置参数由来自额外输入 x_0 和隐变量 z_0 的连接表示，其中隐变量本身由实心节点表示。箭头表示前向传播过程中信息流动的方向

6.2.1 参数矩阵

我们在讨论线性回归模型时谈到（参见 4.1.1 小节），通过定义一个额外的值固定为 1 的输入变量 x_0，可以将式（6.7）中的偏置参数吸收到权重参数集合中，使式（6.7）变为

$$a_j = \sum_{i=0}^{D} w_{ji}^{(1)} x_i \tag{6.10}$$

我们同样也可以将第二层的偏置参数吸收到第二层的权重参数集合中，于是整个网络函数变为

$$y_k(\boldsymbol{x}, \boldsymbol{w}) = f\left(\sum_{j=0}^{M} w_{kj}^{(2)} h\left(\sum_{i=0}^{D} w_{ji}^{(1)} x_i\right)\right) \tag{6.11}$$

一种方便的表示法是将输入表示为一个列向量 $\boldsymbol{x} = (x_1, \cdots, x_N)^{\mathrm{T}}$，然后将式（6.11）中的权重和偏置参数聚集成矩阵，得到

$$y(\boldsymbol{x}, \boldsymbol{w}) = f\left(\boldsymbol{W}^{(2)} h\left(\boldsymbol{W}^{(1)} \boldsymbol{x}\right)\right) \tag{6.12}$$

其中 $f(\cdot)$ 和 $h(\cdot)$ 分别用于在每个向量元素上求值。

6.2.2 通用近似

图 6.10 展示了两层神经网络近似 4 个不同函数的能力。该图还展示了各个隐藏单元是如何协作从而近似最终函数的。图 6.11 说明了简单分类问题中隐藏单元的作用。

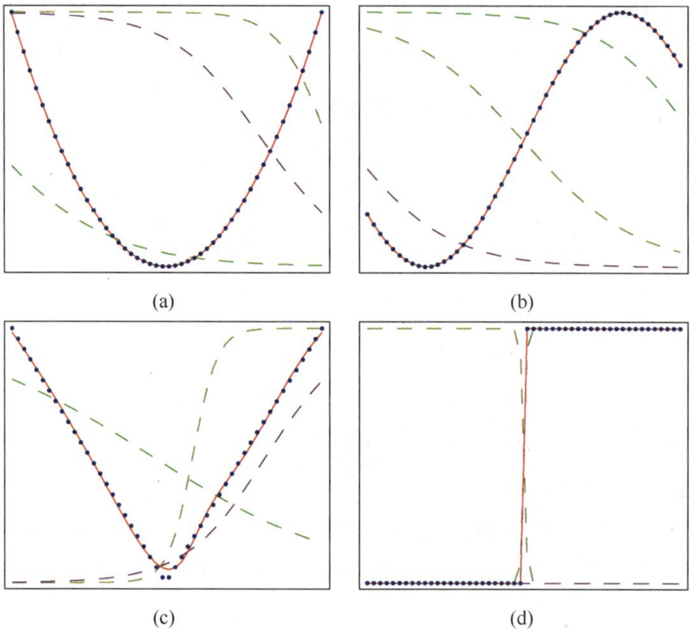

图 6.10 两层神经网络近似 4 个不同函数的能力示意图。**(a)** $f(x)=x^2$；**(b)** $f(x)=\sin(x)$；**(c)** $f(x)=|x|$；**(d)** $f(x)=H(x)$，其中 $H(x)$ 是赫维赛德阶跃函数。在每种情况下，对 x 在 $(-1,1)$ 区间均匀采样 $N=50$ 个数据点（以蓝点显示），并评估相应的 $f(x)$ 的值。然后使用这些数据点训练一个具有三个隐藏单元的两层神经网络，该网络具有 tanh 激活函数和线性输出单元。得到的网络函数由红色曲线显示，三个隐藏单元的输出由三条虚线显示

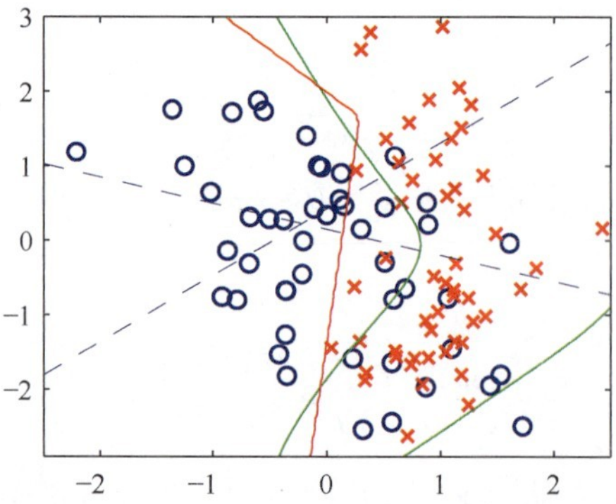

图 6.11 使用神经网络解决在合成数据上进行简单二分类的示例。该神经网络包含两个输入、两个由 tanh 函数激活的隐藏单元，以及一个由 **sigmoid** 函数激活的输出。蓝色虚线显示了每个隐藏单元 $z=0.5$ 的等值线，红色实线显示了网络 $y=0.5$ 的决策面，绿色实线表示从用于生成数据的分布中计算出的最优决策边界

20 世纪 80 年代，两层前馈网络的近似性质得到了广泛研究。各种定理表明，对于大多数激活函数而言，这样的网络可以以任意精度近似定义在 $\mathbb{R}^D$ 的连续子集上的任何函数（Funahashi, 1989; Cybenko, 1989; Hornik, Stinchcombe, and White, 1989; Leshno et al., 1993）。对于从任何有限维离散空间到另一个空间的映射函数，也有类似的结论。因此，神经网络可以视为通用近似器（universal approximator）。

虽然这样的定理让我们安心，但现有研究只告诉我们存在可以表示所需函数的网络。在某些情况下，它们可能需要指数级数量规模的隐藏单元。更重要的是，它们没有说明这样的网络是否可以通过学习算法找到。此外，我们永远无法找到一个真正通用的机器学习算法（参见 9.1.2 小节）。最后，尽管具有两层权重的网络是通用近似器，但在实际应用中，远超两层的网络可能带来巨大的好处，因为其可以学习分层的内部表示。以上所有这些论点都支持了深度学习的发展。

6.2.3 隐藏单元激活函数

你已经看到，输出单元的激活函数由被建模分布的类型决定。然而，对隐藏单元的唯一要求是，它们需要是可微的，这为网络结构设计留下了广泛的可能性。虽然原则上不同部分的网络可以应用不同的激活函数，但大多数情况下，网络中所有的隐藏单元将被赋予相同的激活函数。

最简单的隐藏单元激活函数是恒等函数，这意味着所有的隐藏单元都是线性的。然而，对于任何这样的网络，我们总能找到一个没有隐藏单元的等价网络。这是因为连续线性变换的组合本身也是线性变换，所以其表示能力不会强于单个线性层。然而，如果隐藏单元的数量少于输入或输出单元的数量，那么此类网络所能生成的变换将不是从输入到输出最一般可能的线性变换，因为隐藏单元处的降维丢失了信息。考虑一个有 N 个输入、M 个隐藏单元和 K 个输出的网络，其中所有激活函数都是线性的。这样的网络有 $M(N+K)$ 个参数，而直接将输入转换为输出的线性变换有 NK 个参数。如果 M 相对于 N 或 K 较小，或者相对于它们都小，这将得到一个比直接的线性映射包含更少参数的两层线性网络，对应一个秩亏变换。这种线性单元的“瓶颈”网络对应一种标准的数据分析技术，称为主成分分析（Principal Component Analysis，PCA）（参见第 16 章）。然而，一般来说，使用线性单元的多层网络意义有限，因为用其计算的整体函数仍然是线性的。

有一个简单的、非线性的、可微的函数，叫作 sigmoid 激活函数，由下式给出：

$$\sigma(a)=\frac{1}{1+\exp(-a)} \tag{6.13}$$

图 6.12 展示了多种非线性激活函数，它们在早期的多层神经网络研究中使用广泛，且部分受到生物神经元性质研究的启发。一个与 sigmoid 激活函数密切相关的函数是 tanh 激活函数，由下式给出：

$$\tanh(a)=\frac{e^{a}-e^{-a}}{e^{a}+e^{-a}} \tag{6.14}$$

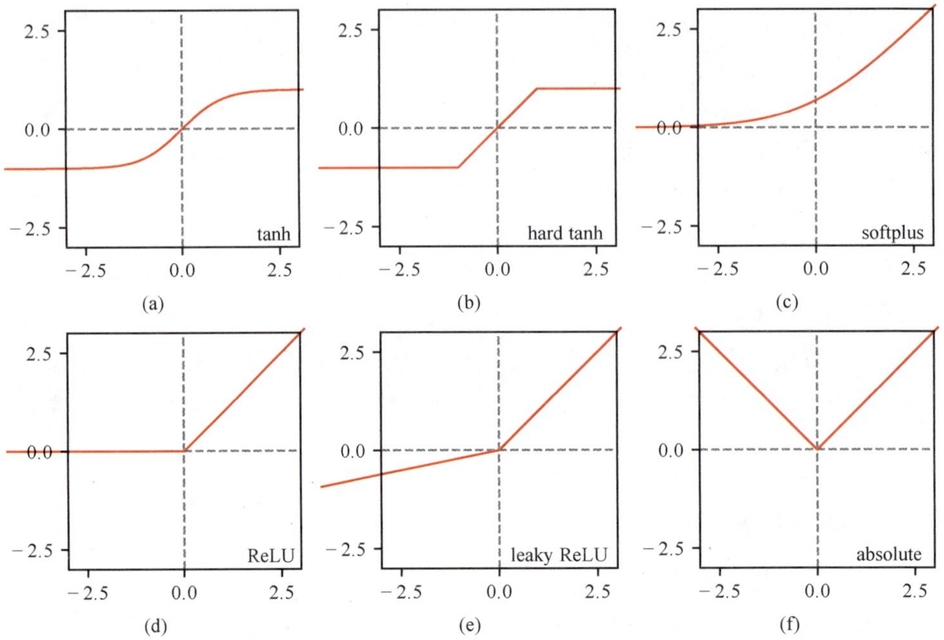

图 6.12 多种非线性激活函数

如图 6.12(a) 所示，tanh 激活函数与 sigmoid 激活函数的不同之处在于输入和输出的线性变换，因此对于任何具有 sigmoid 隐藏单元激活函数的网络，都存在具有 tanh 激活函数的等价网络（见习题 6.4）。然而在训练网络时，这些并不一定是等价的，因为对于基于梯度的优化方法，需要初始化网络权重和偏置。因此，如果激活函数变了，那么初始化方案也必须做相应调整。tanh 激活函数的 hard 版本（Collobert, 2024）由下式给出：

$$h(a) = \max(-1, \min(1, a)) \tag{6.15}$$

函数曲线如图 6.12(b) 所示。

sigmoid 激活函数和 tanh 激活函数的一个主要缺点，是当输入具有很大的正值或很小的负值时，梯度会呈指数级趋于零（参见 7.4.2 小节）。我们稍后将讨论“梯度消失”问题，就目前而言，我们注意到使用非零梯度的激活函数通常会更好，至少当输入为很大的正值时是这样。其中一个激活函数的选择是 softplus 激活函数（见习题 6.7），由下式给出：

$$h(a) = \ln(1 + \exp(a)) \tag{6.16}$$

函数曲线如图 6.12(c) 所示。对于 $a \gg 1$，有 $h(a) \approx a$，因此即使当 softplus 激活函数的输入很大且为正时，梯度也仍然非零，从而有助于缓解梯度消失问题。

另一个更简单的选择是 ReLU（Rectified Linear Unit）激活函数，由下式给出：

$$h(a) = \max(0, a) \tag{6.17}$$

函数曲线如图 6.12(d) 所示。从经验上看，它是表现最好的激活函数，得到了广泛使用。注意，严格来说，ReLU 激活函数的导数在 $a=0$ 处是未定义的，但实践中这可以安全地忽略。softplus 激活函数［式（6.16）］可以视为 ReLU 激活函数的平滑版本，因此有时也称 soft ReLU 激活函数（见习题 6.5）。

尽管 ReLU 激活函数对于正的输入值有非零梯度，但对于负的输入值却不是这样，这意味着某些隐藏单元在训练期间可能无法接收到“误差信号”。避免该问题的一个办法是使用 ReLU 激活函数的修改版，称为 leaky ReLU 激活函数，由下式给出：

$$h(a)=\max(0,a)+\alpha\min(0,a) \tag{6.18}$$

其中 $0<\alpha<1$。函数曲线如图 6.12(e) 所示。与 ReLU 激活函数不同，这个激活函数对于 $a<0$ 的输入值有非零梯度，以确保有信号驱动训练。这个激活函数的一个变体使用 $\alpha=-1$，在这种情况下，$h(a)=|a|$，如图 6.12(f) 所示；另一个变体则允许每个隐藏单元有自己的值 α_j，从而可以在网络训练期间通过计算关于 α_j 以及权重和偏置的梯度来学习。

ReLU 激活函数的引入在训练效率上较之前的 sigmoid 激活函数有了巨大提升（Krizhevsky, Sutskever, and Hinton, 2012）。除了能够高效地训练更深的网络外，它对权重的随机初始化也不太敏感。它非常适合低精度计算，如 8 位定点数而非 64 位浮点数，并且计算成本较低。在许多实际应用中，ReLU 激活函数是默认选择，除非明确地需要探索不同激活函数选择的效果。

6.2.4 权重空间的对称性

前馈网络的一个性质是，多个不同的权重向量 $\boldsymbol{w}$ 的选择都可以产生相同的从输入到输出的映射函数（Chen, Lu, and Hecht-Nielsen, 1993）。考虑图 6.9 所示的两层神经网络，其具有 M 个由 tanh 函数激活的隐藏单元，每一层都是全连接结构。如果我们改变输入特定隐藏单元的所有权重和偏置的符号，那么对于给定的输入数据点，隐藏单元的预激活的符号将被反转，从而激活也将被反转，这是因为 tanh 函数是一个奇函数，所以 $\tanh(-a)=-\tanh(a)$。这种转变可以通过改变从隐藏单元输出的所有权重的符号来准确补偿。因此，通过改变一个特定组的权重（和偏置）符号，网络所代表的输入–输出映射函数将保持不变。我们找到了两个不同的权重向量，它们可以产生相同的映射函数。对于 M 个隐藏单元，将存在 M 种这样的“符号翻转”对称性，因此任何给定的权重向量都将是 2^M 个等价权重向量的集合中的一个。

类似地，假设现在我们将输入到和输出自特定隐藏单元的所有权重（和偏置）值与不同隐藏单元所关联的权重（和偏置）值交换。同样，这显然没有改变网络的输入–输出映射函数，但它对应于权重向量的不同选择。对于 M 个隐藏单元，任何给定的权重向量都将属于具有这种交换对称性的 $M\times(M-1)\times\cdots\times2\times1=M!$ 个等价权重向量的集合，对应于隐藏单元的 $M!$ 种不同排序。因此，网络将有一个权重空间的对称性因子 $M!2^M$。对于具有超过两层权重的网络，总对称性水平将由这样的因子的乘积给出，每一个隐藏单元层对应一个这样的因子。

事实证明，这些因子解释了权重空间中所有的对称性（权重值的特定选择可能导致的偶然对称性除外）。此外，这些对称性的存在并不是 tanh 激活函数的特定性质，而是适用于大部分激活函数（Kurková and Kainen, 1994）。一般来说，权重空间中的这些对称性在实践中几乎没有什么用，因为网络训练旨在找到参数的特定设置，而其他等价设置的存在几乎没有什么用。然而，当使用贝叶斯方法评估不同规模网络的概率分布时，权重空间的对称性确实发挥了作用（Bishop, 2006）。

6.3 深度网络

我们通过使用可学习参数控制线性回归模型或分类模型的基函数，阐述了发展神经网络的动机，从而产生了图 6.9 所示的两层神经网络。多年来，它一直是最广为使用的架构——主要是因为很难有效训练超过两层的网络。然而，我们将很快讨论到，将神经网络扩展到两层以上会带来许多优势，并且最近神经网络训练技术的发展对多层网络是有效的（参见第 7 章）。

我们可以轻松地将两层网络架构［式（6.12）］扩展到任意有限层数 L，其中第 $l=1,\cdots,L$ 层计算以下函数：

$$\boldsymbol{z}^{(l)} = h^{(l)}\left(\boldsymbol{W}^{(l)}\boldsymbol{z}^{(l-1)}\right) \tag{6.19}$$

其中 $h^{(l)}$ 表示与第 l 层相关联的激活函数，$\boldsymbol{W}^{(l)}$ 表示相应的权重和偏置参数矩阵。此外，$\boldsymbol{z}^{(0)}=\boldsymbol{x}$ 表示输入向量，$\boldsymbol{z}^{(L)}=\boldsymbol{y}$ 表示输出向量。

注意，此类网络中计算层数的术语存在一些混乱。因此，图 6.9 所示的网络有时描述为“三层网络”（对单元的层数进行计数，并将输入视为单元），有时描述为“单隐藏层网络”（对隐藏单元的层数进行计数）。建议将图 6.9 所示的网络称为“两层网络”，因为可学习权重的层数对于网络的性质是十分重要的。

我们已经看到，图 6.9 所示的具有两层可学习参数的网络具有普适近似能力。然而，具有超过两层的网络有时可以用比两层网络少得多的参数来表示给定的函数。Montúfar 等人（2014）指出，网络函数将输入空间划分成了多个区域，这些区域在网络深度上是指数级的，但在隐藏层的宽度上却是多项式级的。使用两层网络表示相同的函数需要指数级数量规模的隐藏单元。

6.3.1 层次化表示

虽然这是一个有趣的结果，但另一个更令人信服的探索深度神经网络的理由是，网络架构编码了一种特定形式的归纳偏置，即输出空间与输入空间之间通过层次化表示相关联。这方面一个很好的例子是识别图像中物体的任务（参见第 10 章）。图像的像素与高级概念（比如“猫”）之间的关系非常复杂且非线性，对于两层网络而言，这将是一个极具挑战性的识别任务。然而，深度神经网络会首先学习在浅层中检测低级特征（比如边缘），然后在后续层中将它们结合起来以得到更高级的特征（比如眼睛或胡须），之后继续在深层中将它们组合起来以检测猫的存在。这可以看作一种组合（compositional）归纳偏置，其中更高级的对象（比如猫）由低级的对象（比如眼睛）组成，而这些低级的对象又有着更低级的元素（比如边缘）。我们也可以从相反的角度来考虑图像生成过程，即从低级特征（比如边缘）开始，然后将这些组合起来形成简单的形状（比如圆），之后进一步将这些形状组合起来形成更高级的对象（比如猫）。在每个阶段都有许多不同的方式组合不同组件，随着深度的增加，可能性的数量呈指数级增长。

6.3.2 分布式表示

神经网络可以利用另一种称为分布式表示（distributed representation）的组合形式。在概念上，隐藏层中的每个单元都可以视为表示了网络在该层的一个“特征”，激活值高表示相应的特征存在，激活值低表示相应的特征不存在。当给定层中有 M 个单元时，网络可以表示 M 个不同的特征。然而，网络也可能会潜在学习到不同的表示，其中隐藏单元的组合表示特征，从而使具有 M 个单元的隐藏层能够表示 2^M 个不同的特征，其随着单元数量的增加呈指数级增长。例如，考虑一个用于处理人脸图像的网络。每个特定的人脸图像可能有（或没有）眼镜，有（或没有）帽子，有（或没有）胡须，从而导致 8 种不同的组合。尽管这可以用 8 个单元来表示，当检测到相应的组合时对应的单元会“打开”，但也可以更紧凑地只使用 3 个单元来表示，每个单元代表一个属性。这些属性可以独立存在（尽管统计上它们的存在可能一定程度上相关）。稍后我们将详细探讨深度学习网络在训练过程中自行发现的内部表示类型（参见第 10 章）。

6.3.3 表示学习

我们可以将连续经过深度神经网络的不同层视为对数据进行转换，以便更容易地完成任务。例如，成功学习将皮肤病变分类为良性或恶性（参见 1.1.1 小节）的神经网络必须学会将原始图像数据转换为由最终隐藏单元层的输出表示的新空间，以便网络的最终层可以区分这两类数据。这个最终层可以视为一个简单的线性分类器，因此在最后隐藏层的表示中，这两类数据必须能被一个线性面很好地分开。这种发现数据的非线性变换使得后续任务更容易完成的能力称为表示学习（representation learning）（Bengio, Courville, and Vincent, 2012）。学习到的表示有时称为嵌入空间（embedding space），它们是由网络中一个隐藏层的输出给出的，从而对于任何的输入向量，无论是来自训练集还是来自某些新的数据集，都可以通过网络的前向传播转换为这个表示。

表示学习异常强大的原因是，它使得我们能够利用无标签数据。通常，收集大量的无标签数据很容易，但获取相关的标签可能更加困难。例如，当车辆行驶在城市周边时，车载摄像头可以收集大量城市场景的图像，但是获取这些图像并识别相关的物体，如行人和路标，却需要进行成本高昂且耗时的人工标注。

从无标签数据中学习称为无监督学习（unsupervised learning），人们已经开发出许多不同的算法来实现这一点。例如，可以训练神经网络将图像作为输入并创建相同的图像作为输出。为了使其成为一项具有挑战性的任务，网络可能会使用比图像中像素数量更少的隐藏层单元数，从而要求网络学习对图像进行某种压缩。只需要无标签数据的原因是，训练集中的每个图像都同时充当输入向量和目标向量。这种网络又称为自编码器（参见 19.1 节）。这种训练的目标是使网络发现一些对解决其他任务（比如图像分类）有用的数据的内部表示。

无监督学习在成功训练第一个深度网络（卷积网络除外）方面扮演了重要的角色。网络的每一层首先使用无监督学习进行预训练，然后整个网络进一步使用基于梯度的监督训练方式来训练。人们后来发现预训练阶段可以省略，并且在适当的条件下，可以纯粹使用监督学习从头开始训练深度网络。

然而，在讨论其他内容时，预训练和表示学习仍然是深度学习的核心。最值得一提的预训练是在自然语言处理中进行的（参见第 12 章），Transformer 模型是在大量文本上进行训练的，从而学习到了高度复杂的语言内部表示，促进其各项能力达到甚至超越人类水平。

6.3.4 迁移学习

从一个特定任务学习到的内部表示也可能对相关的任务有帮助。例如，在一个大型有标签的常见对象数据集上训练的网络可以学习到如何将图像表示转换为更适合于对象分类的表示。然后可以使用一个较小的有标签数据集对网络的最终分类层重新进行训练，以创建一个病变分类器（参见 1.1.1 小节）。这是迁移学习（transfer learning）（Hospedales et al., 2021）的一个示例，它相较于仅使用病变图像数据训练可以获得更高的准确率，因为网络可以利用自然图像的通用共性。迁移学习如图 6.13 所示。

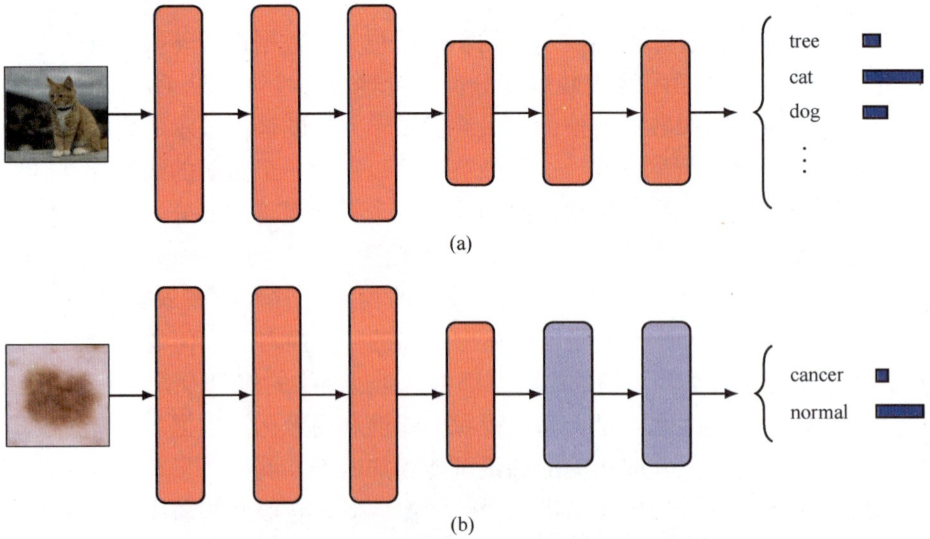

图 6.13 迁移学习的示意图。(a) 首先在具有丰富数据的任务上对网络进行训练，比如自然图像的对象分类。(b) 网络的早期层（以红色表示）从第一个任务中复制，然后对网络的最后几层（以蓝色表示）在新任务上重新进行训练，比如训练数据更稀缺的皮肤病变分类

一般来说，迁移学习可以通过使用来自相关任务 B 的数据来提升某个任务 A 的性能，其中任务 A 的训练数据较为匮乏，而任务 B 的训练数据则更为丰富。这两个任务应该具有相同类型的输入，并且这两个任务之间应该存在一些共性，使得从任务 B 学到的低级特征或内部表示对任务 A 有帮助。当我们研究卷积网络（参见第 10 章）时，我们会发现许多图像处理任务在深度神经网络的早期层中需要相似的低级特征，而后续层则专门用于特定任务，因此这样的网络非常适合于迁移学习应用。

当任务 A 的训练数据非常稀缺时，我们可能只需要简单地重新训练网络的最终层。相比之下，如果训练数据更多，则重新训练多个层也是可行的。使用一个任务学习参数，然后应用于一个或多个其他任务的过程称为预训练（pre-training）。需要注意的是，对于新任务，相较于对整个网络应用随机梯度下降，更高效的方式是将新的训练数据一次通过参数固定的预训练网络，以便在新的表示中评估训练输入。然后在仅包含最终层的较小网络上应用基于迭代梯度的优化。除了使用预训练网络作为不同任务的固定预处理器之外，也可以应用微调（fine-tuning），即将整个网络适配到任务 A 的训练数据上。这通常是通过非常小的学习率和有限次迭代来完成的，以确保网络不会过拟合于新任务中相对较小的可用数据集。

有一个相关的方法叫作多任务学习（multitask learning）（Caruana, 1997），其中网络同时联合学习多个相关任务。例如，我们可能希望建立一个垃圾邮件过滤器，其允许不同用户有不同的分类器以适应他们各自的偏好。训练数据可能包括许多不同用户的垃圾邮件和非垃圾邮件的样本，但是任何一个用户的样本数量都可能相当有限，因此为每个用户训练一个单独的分类器可能效果不佳。相反，我们可以将数据集组合并训练一个单一的较大网络，该网络可以共享早期层，但对于不同用户，后续层具有单独的可学习参数。跨任务共享数据允许网络利用任务之间的共性，从而提高对所有用户的准确率。大量的训练样本使得我们能够使用具有更多参数的更深层网络，这可以进一步提高性能。

跨多个任务学习可以扩展到元学习（meta-learning），也称学会学习（learning to learn）。多任务学习旨在对一组固定任务进行预测，而元学习的目标是对我们在训练期间未见过的未来任务进行预测。这不仅可以通过跨任务学习共享的内部表示来实现，还可以通过学习学习算法本身来实现（Hospedales et al., 2021）。例如，当新类的有标签样本非常少时，元学习可以用于促进分类模型泛化到新类上，称为小样本学习（few-shot learning）。当只使用一个有标签样本时，则称为单样本学习（one-shot learning）。

6.3.5 对比学习

对比学习（contrastive learning）是最常见和强大的表示学习方法之一（Gutmann and Hyvärinen, 2010; Oord, Li and Vinyals, 2018; Chen, Kornblith, et al., 2020）。它背后的思想是学习一种表示，使得在嵌入空间中，某些输入对（称为正对）之间的距离近，而其他输入对（称为负对）之间的距离远。直觉上，如果我们选择语义上相似的为正对，并选择语义上不相似的为负对，那么我们将学习到一个表示空间，在这个表示空间中，相似的输入之间的距离近，从而使得完成下游任务（比如分类）变得更加容易。与其他形式的表示学习一样，我们通常不直接使用训练好的网络的输出，而是使用某个早期层的激活来构建嵌入空间。对比学习任务与其他大多数机器学习任务不同，因为给定输入的误差函数仅取决于其他输入，而非取决于每个输入单独的标签或目标输出。

给定数据点 $\boldsymbol{x}$，称为锚点（anchor），然后指定另一个数据点 $\boldsymbol{x}^+$，它与 $\boldsymbol{x}$ 一起组成一个正对。我们还必须指定一组数据点 $\left\{\boldsymbol{x}_1^-,\cdots,\boldsymbol{x}_N^-\right\}$，其中的每个数据点都与 $\boldsymbol{x}$ 组成一个负对。我们现在需要一个损失函数，如果 $\boldsymbol{x}$ 和 $\boldsymbol{x}^+$ 的表示较为接近，则给予奖励，同时拉大每一对 $\left\{\boldsymbol{x},\boldsymbol{x}_N^-\right\}$ 之间的距离。这种函数的一个例子，也是对比学习中最常用的损失函数，称为 InfoNCE 损失函数（Gutmann and Hyvärinen, 2010; Oord, Li and Vinyals, 2018），其中 NCE 表示"噪声对比估计"（noise contrastive estimation）。假设我们有一个神经网络函数 $f_{\boldsymbol{w}}\left(\boldsymbol{x}\right)$，用于将来自输入空间的点 $\boldsymbol{x}$ 映射到一个由可学习参数 $\boldsymbol{w}$ 控制的表示空间。这个表示是归一化的，即 $\|f_{\boldsymbol{w}}(\boldsymbol{x})\|=1$。对于数据点 $\boldsymbol{x}$，InfoNCE 损失函数定义如下：

$$E(\boldsymbol{w})=-\ln\frac{\exp\left\{f_{\boldsymbol{w}}(\boldsymbol{x})^{\mathrm{T}}f_{\boldsymbol{w}}\left(\boldsymbol{x}^+\right)\right\}}{\exp\left\{f_{\boldsymbol{w}}(\boldsymbol{x})^{\mathrm{T}}f_{\boldsymbol{w}}\left(\boldsymbol{x}^+\right)\right\}+\sum_{n=1}^{N}\exp\left\{f_{\boldsymbol{w}}(\boldsymbol{x})^{\mathrm{T}}f_{\boldsymbol{w}}\left(\boldsymbol{x}_n^-\right)\right\}}\tag{6.20}$$

在这个函数中，锚点的表示 $f_{\boldsymbol{w}}(\boldsymbol{x})$ 和正样本的表示 $f_{\boldsymbol{w}}(\boldsymbol{x}^+)$ 之间的余弦相似度 $f_{\boldsymbol{w}}(\boldsymbol{x})^{\mathrm{T}}f_{\boldsymbol{w}}(\boldsymbol{x}^+)$ 提供了我们在习得空间中度量正对样本有多近的方法，同样的方法也可以用于评估锚点与负对样本之间的接近程度。注意这个函数类似于分类交叉熵误差函数，其中正对的余弦相似度给出了标签类的对数概率，而负对的余弦相似度给出了错误类的对数概率。负对是非常重要的，因为如果没有它们，嵌入空间将简单地学习将每个点映射到相同的表示的退化解。

一个特定的对比学习算法主要由正对和负对的选择方式定义，也就是如何使用先验知识来指定什么是好的表示。例如，考虑学习图像表示的问题。在这里，一个常见的选择是通过破坏输入图像来创建正对，这种方式保留了图像的语义信息，同时极大地改变了像素空间中的图像（Wu et al., 2018; He et al., 2019; Chen, Kornblith, et al., 2020）。输入图像的破坏与数据增强（data augmentation）（参见 9.1.3 小节）密切相关，可以是旋转、平移和颜色转换。然后数据集中的其他图像可以用来创建负对。这种对比学习方法称为个体判别（instance discrimination）。

然而，如果我们可以访问类标签，则可以使用同一类别的图像作为正对，而使用不同类别的图像作为负对。这放宽了对指定表征应保持不变的增强方法的依赖，并且避免了将两个语义相似的图像视为负对。这称为监督对比学习（Khosla et al., 2020），因为它依赖于类标签，并且它通常能得到比仅使用交叉熵分类学习的表示更好的结果。

正对和负对的成员不一定非要来自同一数据模态。在对比语言－图像预训练

（Contrastive-Language Image Pretraining，CLIP）（Radford et al., 2021）中，一个正对由一幅图像和对应的文本说明组成。用两个单独的函数将每个模态输入分别映射到相同的表示空间。负对则由不匹配的图像和文本说明组成。这通常称为弱监督学习，因为它依赖于带文本说明的图像。这些数据通常是从互联网上爬取的，比手动标注图像类别更容易。在这种情况下，损失函数由下式给出：

$$E(\boldsymbol{w}) = -\frac{1}{2}\ln\frac{\exp\{f_{\boldsymbol{w}}(\boldsymbol{x}^+)^{\mathrm{T}} g_\theta(\boldsymbol{y}^+)\}}{\exp\{f_{\boldsymbol{w}}(\boldsymbol{x}^+)^{\mathrm{T}} g_\theta(\boldsymbol{y}^+)\} + \sum_{n=1}^{N}\exp\{f_{\boldsymbol{w}}(\boldsymbol{x}_n^-)^{\mathrm{T}} g_\theta(\boldsymbol{y}^+)\}} - \frac{1}{2}\ln\frac{\exp\{f_{\boldsymbol{w}}(\boldsymbol{x}^+)^{\mathrm{T}} g_\theta(\boldsymbol{y}^+)\}}{\exp\{f_{\boldsymbol{w}}(\boldsymbol{x}^+)^{\mathrm{T}} g_\theta(\boldsymbol{y}^+)\} + \sum_{m=1}^{M}\exp\{f_{\boldsymbol{w}}(\boldsymbol{x}^+)^{\mathrm{T}} g_\theta(\boldsymbol{y}_m^-)\}} \tag{6.21}$$

其中 $\boldsymbol{x}^+$ 和 $\boldsymbol{y}^+$ 表示一个正对，这里的 $\boldsymbol{x}$ 是一幅图像，$\boldsymbol{y}$ 是对应的文本说明，$f_{\boldsymbol{w}}$ 表示从图像到表示空间的映射，而 $g_{\boldsymbol{\theta}}$ 则是从文本输入到表示空间的映射。我们还需要从数据集中获取一组图像 $\{\boldsymbol{x}_1^-,\cdots,\boldsymbol{x}_N^-\}$，并假设对它们来说，文本说明 $\boldsymbol{y}$+ 是不恰当的，还需一组同样不匹配输入图像 $\boldsymbol{x}$ 的文本说明 $\{\boldsymbol{y}_1^-,\cdots,\boldsymbol{y}_M^-\}$。损失函数中的两项确保了 (a) 图像的表示与对应的文本说明表示相对于其他图像表示而言是接近的，以及 (b) 文本说明表示与它所描述的图像表示相对于其他文本说明表示而言是接近的。虽然 CLIP 使用文本－图像对，但任何具有配对模态的数据集都可以用来学习表示。图 6.14 对我们讨论过的三种不同对比学习方法做了比较。

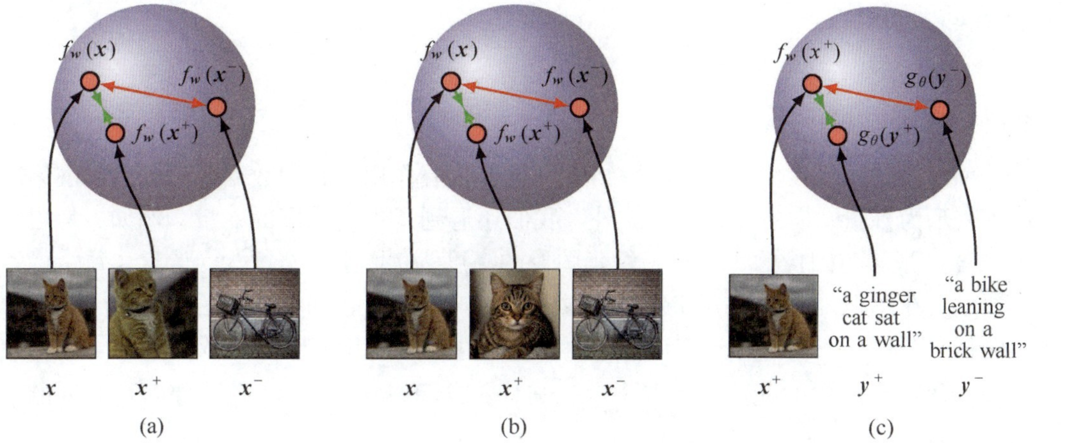

图 6.14 对三种不同的对比学习方法的说明。(a) 个体判别方法，其中正对由锚点和同一图像的增强版本组成。它们会被映射到归一化空间（可以认为是单位超球体）中的点。彩色箭头显示这种损失促使正对的表示更靠近，但会将负对进一步分开。(b) 监督对比学习，其中正对由来自同一类别的两幅不同图像组成。(c)CLIP 模型，其中正对由一幅图像和与之关联的文本说明组成

6.3.6 通用网络结构

到目前为止，我们已经探讨了组织成一系列全连接层的神经网络架构。然而，由于网络图与其数学函数之间存在直接对应关系，我们可以通过考虑更复杂的网络图来设计更通用的网络映射。这些网络必须限制为前馈（feed forward）网络，换句话说，不能有闭合的有向环，以确保输出是输入的确定性函数。图 6.15 用一个简单的示例对此进行了说明。在这样的网络中，每个（隐藏或输出）单元计算的函数为

$$z_k = h\left(\sum_{j\in\mathcal{A}(k)} w_{kj} z_j + b_k\right) \tag{6.22}$$

其中 $\mathcal{A}(k)$ 表示节点 k 的祖先（ancestor）集，换句话说，就是指向单元 k 的单元所构成的集合，而 b_k 表示相关联的偏置参数。对于应用于网络输入的一组给定值，连续应用式（6.22）可以计算网络中所有单元的激活，包括输出单元的激活。

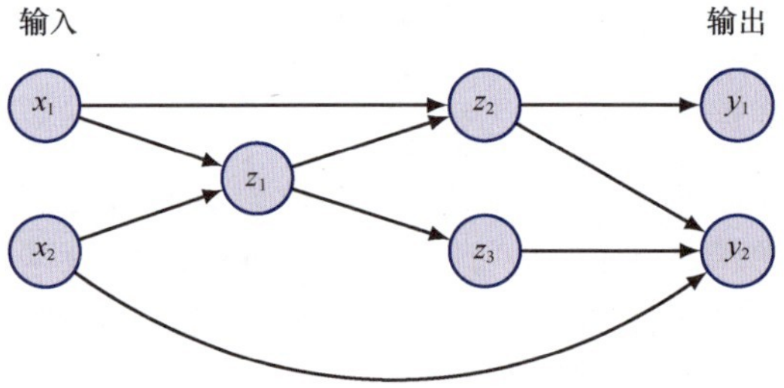

图 6.15　具有一般前馈拓扑结构的神经网络示例。注意每个隐藏单元和输出单元都有一个相关的偏置参数（此处为简单起见而省略）

6.3.7 张量

可以看到，线性代数在神经网络中发挥着核心作用，其中数据集、激活和网络参数等表示为标量、向量和矩阵。此外，我们还遇到了更高维度的变量。例如，考虑一个包含 N 张彩色图像的数据集，每张图像的高度为 I 像素，宽度为 J 像素。每个像素可通过其在图像内所处的行和列进行索引，并具有红色、绿色和蓝色值。对于数据集中的每个图像，我们都有一个这样的值，因此我们可以用一个四维数组 $\boldsymbol{X}$ 来表示特定的强度值，数组中的元素表示为 x_{ijkn}，$i\in\{1,\cdots,I\}$ 和 $j\in\{1,\cdots,J\}$ 是图像内行和列的索引，$k\in\{1,2,3\}$ 是红色、绿色和蓝色强度的索引，$n\in\{1,\cdots,N\}$ 是数据集中特定图像的索引。这些高维数组称为张量（tensor），而标量、向量和矩阵是张量的特例。等到后面讨论更为复杂的神经网络架构时，我们会看到许多张量的例子。像 GPU 这样的大规模并行处理器特别适合处理张量。

6.4 误差函数

在之前的章节中，我们探讨了用于回归和分类的线性模型（参见第 4 章），并在此过程中推导出了误差函数的适当形式（参见第 5 章）以及相应的输出单元激活函数。选择误差函数考虑的因素同样也适用于多层（神经）网络，为了方便起见，我们将在这里总结关键点。

6.4.1 回归

我们首先讨论回归问题。此处我们暂时考虑可以取任意实值的单目标变量 t。让我们回到对单层网络中回归的讨论（参见 2.3.4 小节），假设 t 服从高斯分布，其均值是以 $\boldsymbol{x}$ 为输入的神经网络的输出，则有

$$p(t \mid \boldsymbol{x}, \boldsymbol{w}) = \mathcal{N}\left(t \mid y(\boldsymbol{x}, \boldsymbol{w}), \sigma^2\right) \tag{6.23}$$

其中 σ^2 是高斯噪声的方差。当然，这是一个有点严格的假设，在某些应用中，我们需要扩展这个方法以支持更一般的分布（参见 6.5 节）。对于由式（6.23）给出的条件分布，将输出单元的激活函数取为恒等函数就足够了，因为这样的网络可以近似从 $\boldsymbol{x}$ 到 y 的任意连续函数。给定一个由 N 个独立同分布的观测值 $\boldsymbol{X} = \{\boldsymbol{x}_1, \cdots, \boldsymbol{x}_N\}$ 和相应的目标值 $\mathbf{t} = \{t_1, \cdots, t_N\}$ 组成的数据集，我们可以构造出相应的似然函数：

$$p\left(\mathbf{t} \mid \boldsymbol{X}, \boldsymbol{w}, \sigma^2\right) = \prod_{n=1}^{N} p\left(t_n \mid y\left(\boldsymbol{x}_n, \boldsymbol{w}\right), \sigma^2\right) \tag{6.24}$$

值得注意的是，在机器学习文献中，通常考虑最小化误差函数而不是最大化似然函数，所以此处我们将遵循这个惯例。对似然函数式（6.24）取负对数，得到误差函数为

$$\frac{1}{2\sigma^2} \sum_{n=1}^{N} \left\{y\left(\boldsymbol{x}_n, \boldsymbol{w}\right) - t_n\right\}^2 + \frac{N}{2} \ln \sigma^2 + \frac{N}{2} \ln(2\pi) \tag{6.25}$$

它可以用来学习参数 $\boldsymbol{w}$ 和 σ^2。首先考虑确定 $\boldsymbol{w}$。最大化似然函数等价于最小化下式给出的平方和误差函数：

$$E(\boldsymbol{w}) = \frac{1}{2} \sum_{n=1}^{N} \left\{y\left(\boldsymbol{x}_n, \boldsymbol{w}\right) - t_n\right\}^2 \tag{6.26}$$

这里舍弃了加性的和乘性的常数。我们把通过最小化 $E(\boldsymbol{w})$ 找到的 $\boldsymbol{w}$ 的值记为 $\boldsymbol{w}^\star$。值得注意的是，它通常并不对应于似然函数的全局最大值，因为网络函数 $y\left(\boldsymbol{x}_n, \boldsymbol{w}\right)$ 的非线性导致误差 $E(\boldsymbol{w})$ 是非凸的，通常很难找到全局最优解。此外，由于可以向误差函数添加正则化项（参见第 9 章）或者对其训练过程做出其他修改，因此得到的网络参数的解可能与最大似然解有很大差异。

找到 $\boldsymbol{w}^{\star}$ 后，可以通过最小化误差函数式（6.25）来找到 σ^2 的值（见习题 6.8），记为 $\sigma^{2\star}$。

$$\sigma^{2\star}=\frac{1}{N}\sum_{n=1}^{N}\{y(\boldsymbol{x}_n,\boldsymbol{w}^{\star})-t_n\}^2 \tag{6.27}$$

值得注意的是，一旦完成找到 $\boldsymbol{w}^{\star}$ 所需的迭代优化，就可以计算该值了。

如果有多个目标变量，并假设它们在给定 $\boldsymbol{x}$ 和 $\boldsymbol{w}$ 的条件下是独立的，且共享噪声方差 σ^2，那么目标值的条件分布可以表示为

$$p(\boldsymbol{t}\,|\,\boldsymbol{x},\boldsymbol{w})=\mathcal{N}\left(\boldsymbol{t}\,|\,y(\boldsymbol{x},\boldsymbol{w}),\sigma^2\boldsymbol{I}\right) \tag{6.28}$$

遵照与单目标变量相同的论证，则关于权重最大化似然函数等价于最小化平方和误差函数（见习题 6.9）：

$$E(\boldsymbol{w})=\frac{1}{2}\sum_{n=1}^{N}\left\|y\left(\boldsymbol{x}_n,\boldsymbol{w}\right)-t_n\right\|^2 \tag{6.29}$$

噪声方差则由式（6.30）给出：

$$\sigma^{2\star}=\frac{1}{NK}\sum_{n=1}^{N}\left\|y\left(\boldsymbol{x}_n,\boldsymbol{w}^{\star}\right)-t_n\right\|^2 \tag{6.30}$$

其中 K 是目标变量的维度。目标变量的条件独立性假设，在所承受的优化问题变得稍微复杂一些的代价下，也是可以舍弃的（见习题 6.10）。

回想一下，误差函数（由负对数似然给出）和输出单元激活函数之间存在自然的配对关系（参见 5.4.6 小节）。在回归问题中，我们可以将网络视为具有恒等的输出单元激活函数，即 $y_k=a_k$。相应的平方和误差函数因此具有以下性质：

$$\frac{\partial E}{\partial a_k}=y_k-t_k \tag{6.31}$$

6.4.2 二分类

接下来考虑二分类问题，其中我们有一个单目标变量 t，$t=1$ 表示类别 $\mathcal{C}_1$，$t=0$ 表示类别 $\mathcal{C}_2$。让我们回到对规范连接函数的讨论（参见 5.4.6 小节），考虑具有单个输出的网络，其激活函数是 sigmoid 函数［式（6.13）］，因此有 $0\leqslant y(\boldsymbol{x},\boldsymbol{w})\leqslant 1$。我们可以将 $y(\boldsymbol{x},\boldsymbol{w})$ 解释为条件概率 $p(\mathcal{C}_1\,|\,\boldsymbol{x})$，而 $p(\mathcal{C}_2\,|\,\boldsymbol{x})$ 由 $1-y(\boldsymbol{x},\boldsymbol{w})$ 给出。给定输入下，目标的条件分布是伯努利分布，形式为

$$p(t\,|\,\boldsymbol{x},\boldsymbol{w})=y(\boldsymbol{x},\boldsymbol{w})^t\{1-y(\boldsymbol{x},\boldsymbol{w})\}^{1-t} \tag{6.32}$$

如果考虑一个观测值独立的训练集，则由负对数似然给出的误差函数为以下形式的交叉熵误差函数：

$$E(\boldsymbol{w}) = -\sum_{n=1}^{N}\left\{t_n \ln y_n + (1-t_n)\ln(1-y_n)\right\} \tag{6.33}$$

其中 y_n 表示 $y(\boldsymbol{x}_n, \boldsymbol{w})$。Simard、Steinkraus and Platt（2003）对于分类问题，使用交叉熵误差函数而不是平方和误差函数能加速训练并提高泛化能力。

注意在式（6.32）中，因为假设目标值被正确打了标签，所以不存在类似于噪声方差 σ^2 的概念。可通过引入一个概率 ε 来表示目标值 t 被错误翻转的可能性，该模型可以很容易地扩展为允许标签错误（Opper and Winther, 2000）（见习题 6.11）。这里的 ε 可以预先设定，或者视为一个超参数，其值可以从数据中推断得出。

如果我们有 K 个单独的二分类任务要执行，则可以使用具有 K 个输出的网络，每个输出都有一个 sigmoid 激活函数。与每个输出相关联的是一个二元类标签 $t_k \in \{0,1\}$，其中 $k = 1,\cdots,K$。如果我们假设在给定输入向量的情况下类标签是独立的，则目标的条件分布为

$$p(\boldsymbol{t}\,|\,\boldsymbol{x},\boldsymbol{w}) = \prod_{k=1}^{K} y_k(\boldsymbol{x},\boldsymbol{w})^{t_k}\left[1 - y_k(\boldsymbol{x},\boldsymbol{w})\right]^{1-t_k} \tag{6.34}$$

取相应似然函数的负对数，可以得出以下误差函数（见习题 6.13）：

$$E(\boldsymbol{w}) = -\sum_{n=1}^{N}\sum_{k=1}^{K}\left\{t_{nk} \ln y_{nk} + (1-t_{nk})\ln(1-y_{nk})\right\} \tag{6.35}$$

其中 y_{nk} 表示 $y_k(\boldsymbol{x}_n, \boldsymbol{w})$。同样，误差函数相对于特定输出单元的预激活的导数采取了与回归情况相同的形式［式（6.31）］（见习题 6.14）。

6.4.3 多分类

最后考虑多分类问题，其中每个输入被分配到 K 个互斥的类别中。二元目标变量 $t_k \in \{0,1\}$ 采用 1-of-K 编码方案来表示类别（参见 5.1.3 小节），而网络输出则解释为 $y_k(\boldsymbol{x},\boldsymbol{w}) = p(t_k = 1\,|\,\boldsymbol{x})$，从而引出误差函数：

$$E(\boldsymbol{w}) = -\sum_{n=1}^{N}\sum_{k=1}^{K} t_{kn} \ln y_k(\boldsymbol{x}_n, \boldsymbol{w}) \tag{6.36}$$

对应于规范连接的输出单元激活函数由 softmax 函数给出（参见 5.4.4 小节）：

$$y_k(\boldsymbol{x},\boldsymbol{w}) = \frac{\exp\left(a_k(\boldsymbol{x},\boldsymbol{w})\right)}{\sum_j \exp\left(a_j(\boldsymbol{x},\boldsymbol{w})\right)} \tag{6.37}$$

式（6.37）满足 $0 \leqslant y_k \leqslant 1$ 且 $\sum_k y_k = 1$。注意，如果将常数项添加到所有的 $a_k(\boldsymbol{x},\boldsymbol{w})$ 上，导致误差函数在某些权重空间方向上保持不变，则 $y_k(\boldsymbol{x},\boldsymbol{w})$ 也不会改变。如果在误差函数中添加适当的正则化项，这种退化性将被消除（参见第 9 章）。再次强调，对于特定输出单元的预激活，误差函数的导数采用了我们熟悉的形式［式（6.31）］

（见习题 6.15）。

总之，根据所要解决问题的类型，输出单元激活函数和匹配的误差函数都有自然的选择。对于回归问题，我们使用线性输出和平方和误差函数；对于多个独立的二分类问题，我们使用 sigmoid 输出和交叉熵误差函数；对于多分类问题，我们使用 softmax 输出和相应的多元交叉熵误差函数。对于涉及两个类别的分类问题（即二分类问题），我们可以使用单个 sigmoid 输出，也可以使用由 softmax 函数激活的有两个输出的网络。

这个过程相当通用，通过考虑其他形式的条件分布，我们可以推导出相应的误差函数作为对应的负对数似然函数。

6.5 混合密度网络

到目前为止，我们已经讨论了输出表示简单概率分布的神经网络，包括连续变量的高斯分布以及离散变量的二元分布。在本章的最后一节，我们将展示神经网络如何通过将网络的输出视为更复杂分布（如高斯混合分布）的参数来表示更一般的条件概率，我们称此类网络为混合密度网络（mixture density network），你将看到如何定义关联的误差函数和相应的输出单元激活函数。

6.5.1 机器人运动学示例

监督学习的目标是建模条件分布 $p(\boldsymbol{t}|\boldsymbol{x})$，对于许多简单的回归问题，选择高斯分布较为常见。然而，实际的机器学习问题往往具有明显的非高斯分布特征。例如，在分布可能是多模态的逆问题（inverse problem）中，高斯假设可能导致非常糟糕的预测。

作为逆问题的简单说明，如图 6.16 所示，考虑机械臂的运动学。正问题（forward problem）涉及在给定关节角度的情况下找到末端执行器的位置，并具有唯一解。然而在实践中，我们希望将末端执行器移动到特定位置。为此，我们必须设置适当的关节角度。我们需要求解一个逆问题，如图 6.16 所示，该问题有两个解（见习题 6.16）。

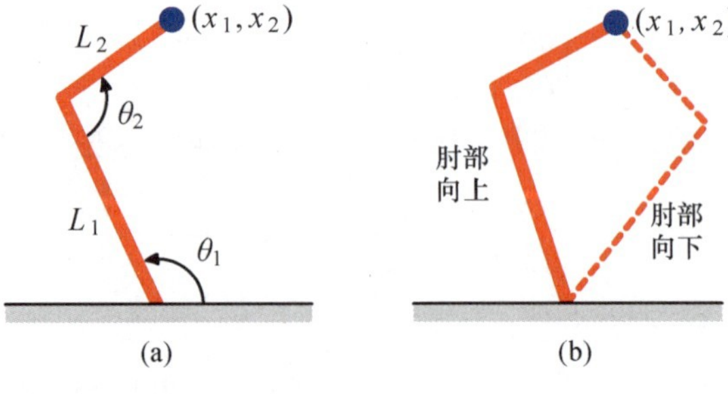

图 6.16 (a) 一种双连杆机械臂，其中末端执行器的笛卡儿坐标 (x_1, x_2) 由两个关节角 θ_1 和 θ_2 以及臂的（固定）长度 L_1 和 L_2 唯一确定。这称为机械臂的正运动学。(b) 在实践中，我们必须找到能够产生所需末端执行器位置的关节角度。这种逆运动学（inverse kinematics）问题有两个对应于“肘部向上”和“肘部向下”的解决方案

正问题通常对应于物理系统中的因果关系，并且通常具有唯一解。例如，人体的特定症状可能是由于存在特定疾病引起的。然而，在机器学习中，我们通常需要求解一个逆问题，例如尝试在给定一组症状的情况下预测疾病的存在。如果正问题涉及多对一映射，则逆问题将具有许多解。例如，多种不同疾病可能导致相同的症状。

在机器人运动学示例中，运动学由几何方程定义，其多模态性显而易见。然而，在许多机器学习问题中，多模态的存在可能不太明显，特别是涉及高维空间的问题。然而，出于教学的目的，下面考虑一个简单的小问题，其可以很容易实现多模态可视化。该问题的数据是通过在区间 (0,1) 上均匀采样变量 x 而产生的，我们得到一组值 $\{x_n\}$。通过计算函数 $x_n + 0.3\sin(2\pi x_n)$，然后添加在区间 $(-0.1,0.1)$ 上均匀采样时产生的噪声，得到相应的目标值 t_n。图 6.17 显示了正问题和逆问题的数据集，以及通过最小化平方和误差函数得到的两层神经网络的结果，该网络具有 6 个隐藏单元和一个线性输出单元。最小二乘法对应于高斯假设下的最大似然。可以看到，它对于正问题是一个很好的模型，但它对于高度非高斯性的逆问题却是一个很差的模型。

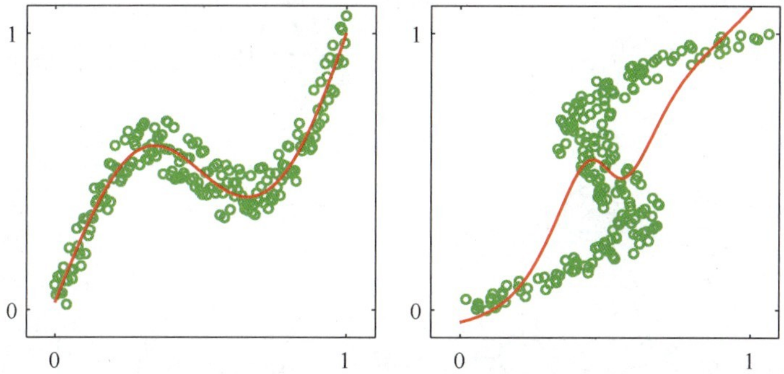

图 6.17 左图展示了一个简单的正问题的数据集，其中红色曲线显示了通过最小化平方和误差函数来拟合两层神经网络的结果。如右图所示，通过交换 x 和 t 的角色得到相应的逆问题。在这里，再次通过最小化平方和误差函数训练同样的网络，由于数据集的多模态性，网络对数据的拟合效果较差

6.5.2 条件混合分布

我们想要找到建模条件概率分布的一般框架。这可以通过使用专为建模 $p(\boldsymbol{t}\mid\boldsymbol{x})$ 设计的混合模型来实现，其中混合系数和分量密度都是输入向量 $\boldsymbol{x}$ 的灵活函数，从而得到混合密度网络（mixture density network）。对于任何给定的 $\boldsymbol{x}$ 值，混合模型为建模任意条件密度函数 $p(\boldsymbol{t}\mid\boldsymbol{x})$ 提供了一般形式。如果有一个足够灵活的网络，我们就有了一个可以近似任意条件概率分布的框架。

在这里，我们显式地为高斯分量设计模型如下：

$$p(\boldsymbol{t}\mid\boldsymbol{x})=\sum_{k=1}^{K}\pi_k(\boldsymbol{x})\mathcal{N}\left(\boldsymbol{t}\mid\boldsymbol{\mu}_k(\boldsymbol{x}),\sigma_k^2(\boldsymbol{x})\right) \tag{6.38}$$

这是一个异方差（heteroscedastic）模型的示例，数据上的噪声方差是输入向量 $\boldsymbol{x}$ 的函数。除了高斯分布，我们还可以为分量使用其他分布。例如，如果目标变量是二

元变量而不是连续变量，则可以使用伯努利分布。虽然这里使用了各向同性协方差，但也可以通过使用 Cholesky 因式分解表示协方差来使混合密度网络支持一般的协方差矩阵（Williams, 1996）。即使使用各向同性的分量，由于混合分布的影响，条件分布 $p(\boldsymbol{t}|\boldsymbol{x})$ 也不具备对于 $\boldsymbol{t}$ 各分量的可分解性（与标准平方和回归模型不同）。

令混合模型的各个参数，即混合系数 $\pi_k(\boldsymbol{x})$、均值 $\boldsymbol{\mu}_k(\boldsymbol{x})$ 和方差 $\sigma_k^2(\boldsymbol{x})$，由以 $\boldsymbol{x}$ 为输入的神经网络的输出决定。混合密度网络的结构如图 6.18 所示。混合密度网络与混合专家模型密切相关（Jacobs et al., 1991）。它们的主要区别在于，混合专家模型对自身的每个分量模型都有独立的参数；而在混合密度网络中，我们使用相同的函数来预测所有分量密度的参数和混合系数，于是，非线性隐藏单元在依赖于输入的函数之间共享。

例如，图 6.18 中的神经网络可以是具有 S 形 tanh 隐藏单元的两层网络。如果混合模型式（6.38）中有 K 个分量，并且 $\boldsymbol{t}$ 有 L 个分量，则网络将具有 K 个输出单元预激活，这些输出单元用 a_k^{π} 表示，用于确定混合系数 $\pi_k(\boldsymbol{x})$，用 a_k^{σ} 表示的 K 个输出用于确定高斯标准差 $\sigma_k(\boldsymbol{x})$，$K \times L$ 个用 a_{kj}^{μ} 表示的输出则用于确定高斯均值 $\boldsymbol{\mu}_k(\boldsymbol{x})$ 的分量 $\mu_{kj}(\boldsymbol{x})$。网络输出的总数由 $L+2K$ 给出，这与具有 L 个输出的用来预测目标变量条件均值的网络不同。

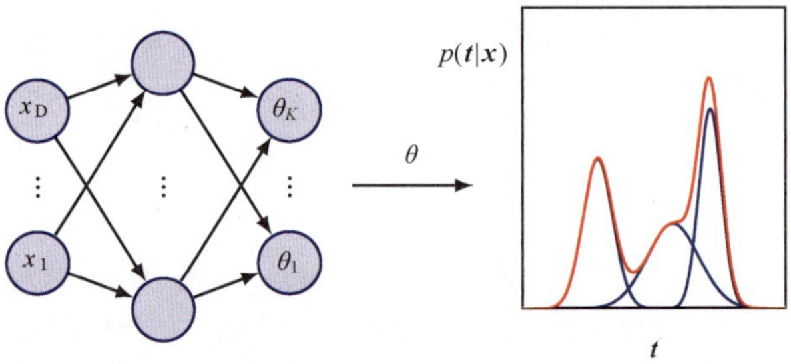

图 6.18 混合密度网络可以通过考虑 $\boldsymbol{t}$ 分布的参数化混合模型来表示一般条件概率密度 $p(\boldsymbol{t}\,|\,\boldsymbol{x})$，其参数由以 $\boldsymbol{x}$ 为输入向量的神经网络的输出决定

混合系数必须满足下列约束条件：

$$\sum_{k=1}^{K} \pi_k(\boldsymbol{x}) = 1, \quad 0 \leqslant \pi_k(\boldsymbol{x}) \leqslant 1 \tag{6.39}$$

这可以使用一组 softmax 输出来实现：

$$\pi_k(\boldsymbol{x}) = \frac{\exp\left(a_k^{\pi}\right)}{\sum_{l=1}^{K} \exp\left(a_l^{\pi}\right)} \tag{6.40}$$

同样，方差必须满足 $\sigma_k^2(\boldsymbol{x}) \geqslant 0$，因而 $\sigma_k(\boldsymbol{x})$ 可以使用下列相应网络预激活的指数来表示：

$$\sigma_k(\boldsymbol{x}) = \exp\left(a_k^{\sigma}\right) \tag{6.41}$$

最后，由于均值 $\boldsymbol{\mu}_k(\boldsymbol{x})$ 具有实分量，因此可以用网络输出直接表示：

$$\mu_{kj}(\boldsymbol{x}) = a_{kj}^{\mu} \tag{6.42}$$

其中输出单元激活函数由恒等式 $f(a)=a$ 给出。

混合密度网络的可学习参数包括神经网络中的权重和偏置向量 $\boldsymbol{w}$ ，它可以通过最大似然来确定，也可以等价地通过最小化定义为似然负对数的误差函数来确定。对于彼此独立的数据，误差函数采用以下形式：

$$E(\boldsymbol{w}) = -\sum_{n=1}^{N}\ln\left\{\sum_{k=1}^{K}\pi_k(\boldsymbol{x}_n,\boldsymbol{w})\mathcal{N}\left(\boldsymbol{t}_n \mid \boldsymbol{\mu}_k(\boldsymbol{x}_n,\boldsymbol{w}),\sigma_k^2(\boldsymbol{x}_n,\boldsymbol{w})\right)\right\} \tag{6.43}$$

其中，我们显式地给出了有关 $\boldsymbol{w}$ 的依赖关系。

6.5.3 梯度优化

为了最小化误差函数，需要计算误差 $\boldsymbol{E}(\boldsymbol{w})$ 关于分量 $\boldsymbol{w}$ 的导数。稍后我们将看到如何自动计算这些导数（参见第 8 章）。然而，显式地为输出单元预激活的误差导数推导出合适的表达式是很有帮助的，因为这强调了这些量的概率解释。由于误差函数式（6.43）由一些项的和组成，其中每一项对应一个训练数据点，因此我们可以考虑特定输入向量 $\boldsymbol{x}_n$ 与相关目标向量 $\boldsymbol{t}_n$ 的导数。总误差 E 的导数是通过对所有数据点求和获得的，每个数据点自身的梯度也可以直接用于基于梯度的优化算法（参见第 7 章）。

引入以下变量将有助于推导：

$$\gamma_{nk} = \gamma_k(\boldsymbol{t}_n \mid \boldsymbol{x}_n) = \frac{\pi_k\mathcal{N}_{nk}}{\sum_{l=1}^{K}\pi_l\mathcal{N}_{nl}} \tag{6.44}$$

其中 $\mathcal{N}_{nk}$ 表示 $\mathcal{N}\left(\boldsymbol{t}_n \mid \boldsymbol{\mu}_k(\boldsymbol{x}_n),\sigma_k^2(\boldsymbol{x}_n)\right)$。这些量可被自然地解释为混合分布分量的后验概率，其中混合系数 $\pi_k(\boldsymbol{x})$ 可以视为与 $\boldsymbol{x}$ 相关的先验概率（见习题 6.17）。

关于控制混合系数的网络输出预激活的误差函数的导数由下式给出（参见习题 6.18）：

$$\frac{\partial E_n}{\partial a_k^{\pi}} = \pi_k - \gamma_{nk} \tag{6.45}$$

类似地，关于控制分量均值的网络输出预激活的误差函数的导数由下式给出（见习题 6.19）：

$$\frac{\partial E_n}{\partial a_{kl}^{\mu}} = \gamma_{nk}\left\{\frac{\mu_{kl}-t_{nl}}{\sigma_k^2}\right\} \tag{6.46}$$

最后，关于控制分量方差的网络输出预激活的误差函数的导数由下式给出（见习题 6.20）：

$$\frac{\partial E_n}{\partial a_k^{\sigma}} = \gamma_{nk}\left\{L - \frac{\|\boldsymbol{t}_n - \boldsymbol{\mu}_k\|^2}{\sigma_k^2}\right\} \tag{6.47}$$

6.5.4 预测分布

让我们回到图 6.17 所示的逆问题示例来说明混合密度网络的使用方法。图 6.19 显示了混合系数 $\pi_k(\boldsymbol{x})$、均值 $\boldsymbol{\mu}_k(\boldsymbol{x})$ 和对应于 $p(\boldsymbol{t}|\boldsymbol{x})$ 的条件密度等值线。神经网络的输出，即混合模型中的参数，必然是输入变量的连续单值函数。然而，我们从图 6.19(c) 中可以看到，该模型能够通过调制混合分量 $\pi_k(\boldsymbol{x})$ 的振幅来产生条件密度，该密度对 $\boldsymbol{x}$ 的某些值是单峰的，而对其他值是三峰的。

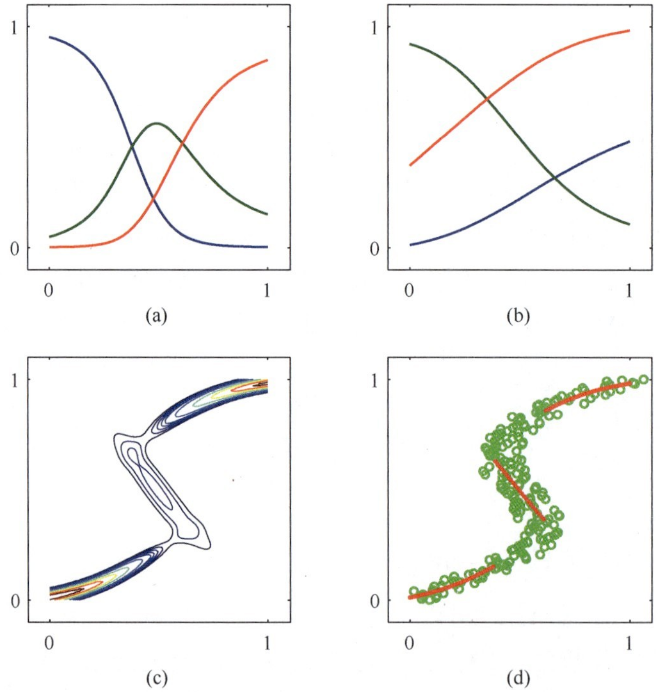

图 6.19 (a) 在根据图 6.17 所示的数据训练的混合密度网络中，将 3 种混合分量的混合系数 $\pi_k(x)$ 作为 x 的函数。该模型有 3 个高斯分量，并使用一个两层神经网络，该网络有 5 个 S 形 tanh 隐藏单元和 9 个输出（分别对应于高斯分量的 3 个均值、3 个方差以及 3 个混合系数）。在 x 取小值或大值的情况下，目标数据的条件概率密度是单峰的，只有一个高斯分量的先验概率很高；而在 x 取中间值时，条件概率密度是三峰的，3 个混合系数具有差不多的值。(b) 为混合系数使用相同颜色方案绘制的均值 $\mu_k(x)$。(c) 为相同的混合密度网络绘制目标数据的条件概率密度等值线。(d) 用红点表示的条件概率密度的近似条件众数图

混合密度网络训练好后，给定任意输入向量值，就可以预测目标数据的条件密度函数。就预测输出向量值的问题而言，该条件密度表示对数据生成器的完整描述。从这个密度函数中，我们可以计算出不同应用可能关注的更具体的量。其中最简单的一

个量是平均值，它对应于目标数据的条件平均值，由式（6.48）给出：

$$\mathbb{E}[\boldsymbol{t}\mid\boldsymbol{x}]=\int \boldsymbol{t}p(\boldsymbol{t}\mid\boldsymbol{x})\mathrm{d}\boldsymbol{t}=\sum_{k=1}^{K}\pi_k(\boldsymbol{x})\boldsymbol{\mu}_k(\boldsymbol{x}) \tag{6.48}$$

由于使用最小二乘法训练的标准网络会近似条件均值，因此我们看到混合密度网络可以作为一个特例再现传统的最小二乘结果。当然，正如我们已经指出的，对于多峰分布，条件均值的值是有限的。

我们可以类似地评估关于条件均值密度函数的方差（见习题 6.21）：

$$s^2(\boldsymbol{x})=\mathbb{E}\left[\left\|\boldsymbol{t}-\mathbb{E}[\boldsymbol{t}\mid\boldsymbol{x}]\right\|^2\mid\boldsymbol{x}\right] \tag{6.49}$$

$$=\sum_{k=1}^{K}\pi_k(\boldsymbol{x})\left\{\sigma_k^2(\boldsymbol{x})+\|\boldsymbol{\mu}_k(\boldsymbol{x})-\sum_{l=1}^{K}\pi_l(\boldsymbol{x})\boldsymbol{\mu}_l(\boldsymbol{x})\|^2\right\} \tag{6.50}$$

这里用到了式（6.38）和式（6.48）。该结果比相应的最小二乘结果更普遍，因为方差是关于 $\boldsymbol{x}$ 的函数。

我们已经看到，对于多峰分布，条件均值给出了较差的数据表示。例如，在图 6.16 所示的简单机械臂的控制中，我们需要从两种可能的关节角度设置中选择一种来获得所需的末端执行器位置，但两种解的平均值本身并不是一个解。在这种情况下，条件众数可能更有价值。由于混合密度网络的条件众数没有简单的解析解，因此进行数值迭代是必要的。一种简单的替代方法是在每个 $\boldsymbol{x}$ 值处取最可能的分量（即混合系数最大的分量）的平均值。这一做法已在图 6.19(d) 所示的示例数据集上给出。

习题

6.1 （★★★）使用式（2.126）推导出 D 维空间中单位半径超球体的表面积 S_D 和体积 V_D 的计算表达式。为此，请考虑以下结果，该结果是通过从笛卡儿坐标转换为极坐标获得的：

$$\prod_{i=1}^{D}\int_{-\infty}^{\infty}\mathrm{e}^{-x_i^2}\mathrm{d}x_i=S_D\int_0^{\infty}\mathrm{e}^{-r^2}r^{D-1}\mathrm{d}r \tag{6.51}$$

使用伽马函数，定义如下：

$$\Gamma(x)=\int_0^{\infty}t^{x-1}\mathrm{e}^{-t}\mathrm{d}t \tag{6.52}$$

以及式（2.126），计算式（6.51）的两边，从而证明

$$S_D=\frac{2\pi^{D/2}}{\Gamma(D/2)} \tag{6.53}$$

接下来，通过对从 0 到 1 的半径进行积分，证明 D 维空间中单位超球体的体积由

式（6.54）给出：

$$V_D = \frac{S_D}{D} \tag{6.54}$$

最后，使用结果 $\Gamma(1)=1$ 和 $\Gamma(3/2)=\sqrt{\pi}/2$ 证明式（6.53）和式（6.54）可以简化为 $D=2$ 和 $D=3$ 的常用表达式。

6.2 （★★★）考虑 D 维空间中半径为 a 的超球体与边长为 $2a$ 的同心超立方体，使超球体在其每条边的中心与超立方体相交。通过使用习题 6.1 的结果，证明超球体的体积与超立方体的体积之比由下式给出：

$$\frac{\text{超球体的体积}}{\text{超立方体的体积}} = \frac{\pi^{D/2}}{D2^{D-1}\Gamma(D/2)} \tag{6.55}$$

以如下形式使用斯特林公式：

$$\Gamma(x+1) \approx (2\pi)^{1/2} \mathrm{e}^{-x} x^{x+1/2} \tag{6.56}$$

它对 $x \gg 1$ 有效，证明当 $D \to \infty$ 时，式（6.55）等于零。同时证明从超立方体的中心到其中一个角的距离，与从超立方体的中心到其中一条边的垂直距离之比为 $\sqrt{D}$，且在 $D \to \infty$ 时趋向于 ∞。从这些结果中可以看到，在高维空间中，立方体的大部分体积都集中在大量的角上，这些角本身变成了很长的“尖刺”！

6.3 （★★★）探讨高斯分布在高维空间中的行为。考虑 D 维空间中的高斯分布，它由下式给出：

$$p(\boldsymbol{x}) = \frac{1}{\left(2\pi\sigma^2\right)^{D/2}} \exp\left(-\frac{\|\boldsymbol{x}\|^2}{2\sigma^2}\right) \tag{6.57}$$

我们希望在极坐标中找到以半径为参数的密度函数，其中方向变量已被积分消去。为此，证明半径为 r 且厚度为 ε（$\varepsilon \ll 1$）的薄壳上的概率密度积由 $p(r)\varepsilon$ 给出，其中：

$$p(r) = \frac{S_D r^{D-1}}{\left(2\pi\sigma^2\right)^{D/2}} \exp\left(-\frac{r^2}{2\sigma^2}\right) \tag{6.58}$$

S_D 是 D 维空间中单位超球体的表面积。对于较大的 D 值，证明函数 $p(r)$ 有单个位于 $\hat{r} \approx \sqrt{D}\sigma$ 的驻点。通过考虑 $p(\hat{r}+\varepsilon)$，其中 $\varepsilon \ll \hat{r}$，证明对于较大的 D 值，有

$$p(\hat{r}+\varepsilon) = p(\hat{r}) \exp\left(-\frac{3\varepsilon^2}{2\sigma^2}\right) \tag{6.59}$$

这表明 $\hat{r}$ 是径向概率密度的最大值，且 $p(r)$ 在长度尺度为 σ 的最大值 $\hat{r}$ 处开始指数衰减。对于较大的 D 值来说，$\sigma \ll \hat{r}$，因此我们看到大部分概率质量集中在半径较大的薄壳内。最后，证明原点处的概率密度 $p(\boldsymbol{x})$ 大于半径 $\hat{r}$ 处的概率密度，它们之间相差一个因子 $\exp(D/2)$。于是，我们可以看到在高维空间中，高斯分

布中的大多数概率质量位于与高概率密度区域不同的半径处。

6.4 （★★）考虑式（6.11）给出的网络函数，其中隐藏单元非线性激活函数 $h(\cdot)$ 由 sigmoid 函数给出：

$$\sigma(a)=\{1+\exp(-a)\}^{-1} \tag{6.60}$$

证明存在一个等价网络，它计算的是完全相同的网络函数，但具有由 $\tanh(a)$ 给出的隐藏单元激活函数，其中 tanh 函数由式（6.14）定义。提示：首先找到 $\sigma(a)$ 和 $\tanh(a)$ 之间的关系，然后证明这两个网络的参数可以通过线性变换相互转换。

6.5 （★★）swish 激活函数（Ramachandran, Zoph, and Le, 2017）定义如下：

$$h(x)=x\sigma(\beta x) \tag{6.61}$$

其中 $\sigma(x)$ 是式（6.13）定义的 sigmoid 激活函数。当在神经网络中使用时，β 可以视为可学习参数。手绘或用软件画出 swish 激活函数及其在 $\beta=0.1$、$\beta=1.0$ 和 $\beta=10$ 时的一阶导数。证明当 $\beta\to\infty$ 时，swish 函数变为 ReLU 函数。

6.6 （★）我们在式（5.72）中看到，sigmoid 激活函数的导数可以用函数值本身来表示。推导式（6.14）定义的 tanh 激活函数的相应结果。

6.7 （★★）证明式（6.16）给出的 softplus 激活函数 $\zeta(a)$ 满足以下性质：

$$\zeta(a)-\zeta(-a)=a \tag{6.62}$$

$$\ln\sigma(a)=-\zeta(-a) \tag{6.63}$$

$$\frac{\mathrm{d}\zeta(a)}{\mathrm{d}a}=\sigma(a) \tag{6.64}$$

$$\zeta^{-1}(a)=\ln(\exp(a)-1) \tag{6.65}$$

其中 $\sigma(a)$ 是式（6.13）给出的 sigmoid 激活函数。

6.8 （★）证明对方差 σ^2 最小化误差函数［式（6.25）］可以得到式（6.27）。

6.9 （★）证明在多输出神经网络的条件分布［式（6.28）］下最大化似然函数等价于最小化平方和误差函数［式（6.29）］。此外，证明最小化平方和误差函数的噪声方差由式（6.30）给出。

6.10 （★★）考虑一个涉及多个目标变量的回归问题，其中假设以输入向量 $\boldsymbol{x}$ 为条件的目标分布是具有以下形式的高斯分布：

$$p(\boldsymbol{t}\mid\boldsymbol{x},\boldsymbol{w})=\mathcal{N}(\boldsymbol{t}\mid\boldsymbol{y}(\boldsymbol{x},\boldsymbol{w}),\boldsymbol{\Sigma}) \tag{6.66}$$

其中 $\boldsymbol{y}(\boldsymbol{x},\boldsymbol{w})$ 是具有输入向量 $\boldsymbol{x}$ 和权重向量 $\boldsymbol{w}$ 的神经网络的输出，$\boldsymbol{\Sigma}$ 是假定的目标上高斯噪声的协方差。给定一组 $\boldsymbol{x}$ 和 $\boldsymbol{t}$ 的独立观测值，假设 $\boldsymbol{\Sigma}$ 是固定的且已知，写出为找到 $\boldsymbol{w}$ 的最大似然解而必须最小化的误差函数。假设 $\boldsymbol{\Sigma}$ 也要从数据中确

定，写出 $\boldsymbol{\Sigma}$ 最大似然解的表达式。注意，现在 $\boldsymbol{w}$ 和 $\boldsymbol{\Sigma}$ 的优化是耦合的，这与6.4.1 小节讨论的独立目标变量的情况相反。

6.11 （⋆⋆）考虑一个二分类问题，其中目标值为 $t\in\{0,1\}$，用网络输出 $y(\boldsymbol{x},\boldsymbol{w})$ 表示 $p(t=1|\boldsymbol{x})$，并假设训练数据点上的类标签设置不正确的概率为 ε。假设数据独立同分布，写出对应于负对数似然的误差函数。验证当 $\varepsilon=0$ 时将得到误差函数［式（6.33）］。注意，与交叉熵误差函数相比，此误差函数使得模型对错误标记的数据具有鲁棒性。

6.12 （⋆⋆）二分类问题的误差函数［式（6.33）］是针对具有 sigmoid 输出单元激活函数的网络推导出来的，故有 $0\leqslant y(\boldsymbol{x},\boldsymbol{w})\leqslant 1$，且目标值为 $t\in\{0,1\}$。考虑一个具有输出 $-1\leqslant y(\boldsymbol{x},\boldsymbol{w})\leqslant 1$ 的网络，对类 C_1 目标值为 $t=1$，而对类 C_2 目标值为 $t=-1$，推导出相应的误差函数。进一步地，输出单元激活函数应该如何选择？

6.13 （⋆）证明最大化多分类神经网络模型的似然，其中网络输出可解释为 $y_k(\boldsymbol{x},\boldsymbol{w})=p(t_k=1|\boldsymbol{x})$，等价于最小化交叉熵误差函数［式（6.36）］。

6.14 （⋆）证明对于具有 sigmoid 激活函数 $y_k=\sigma(a_k)$ 的输出单元，误差函数［式（6.33）］对其预激活 a_k 的导数满足式（6.31），其中 $\sigma(a)$ 由式（6.13）给出。

6.15 （⋆）证明对于具有 softmax 激活函数［式（6.37）］的输出单元，误差函数［式（6.36）］对其预激活 a_k 的导数满足式（6.31）。

6.16 （⋆⋆）用一对关于关节角 θ_1 和 θ_2 以及连接长度 L_1 和 L_2 的方程表示图 6.16 所示机械臂的笛卡儿坐标 (x_1,x_2)。假设坐标系的原点由下臂的连接点给出。这些方程定义了机械臂的正运动学。

6.17 （⋆⋆）证明式（6.44）定义的变量 γ_{nk} 可以看作混合分布［式（6.38）］分量的后验概率 $p(k|\boldsymbol{t})$，其中混合系数 $\pi_k(\boldsymbol{x})$ 可以视为与 $\boldsymbol{x}$ 相关的先验概率 $p(k)$。

6.18 （⋆⋆）对于控制混合密度网络中混合系数的网络输出预激活，推导误差函数对其的导数［式（6.45）］。

6.19 （⋆⋆）对于控制混合密度网络中分量均值的网络输出预激活，推导误差函数对其的导数［式（6.46）］。

6.20 （⋆⋆）对于控制混合密度网络中分量方差的网络输出预激活，推导误差函数对其的导数［式（6.47）］。

6.21 （⋆⋆⋆）针对混合密度网络模型的条件均值和方差，验证式（6.48）和式（6.50）给出的结果。

第 7 章

梯度下降

在第 6 章中，我们看到神经网络是一类非常宽泛且灵活的函数类别，原则上可以使用足够多的隐藏单元以高精度逼近所期望的函数。此外，我们发现深度神经网络能够编码对应于层次化表示的归纳偏置，这在广泛的实际应用中很有价值。在本章中，我们的任务是基于一组训练数据，为网络参数（权重和偏置）寻找合适的设置。

与前面讨论的回归模型和分类模型一样，我们通过优化误差函数来选择模型参数。6.4 节介绍了如何基于最大似然法为具体的应用场景构建合适的误差函数。尽管原则上可以通过一系列直接的误差函数数值计算来实现误差函数的最小化，但实践表明这种方法的效率极其低下。因此，我们要靠深度学习中的另一项核心概念，即利用梯度信息来更高效地优化误差函数。具体而言，就是计算误差函数关于网络模型中各个参数的偏导数。这正是我们为什么需要精心设计神经网络模型以确保其所表征的函数是处处可微的。相应地，所采用的误差函数自身也要是可微的。

网络中的每个参数对误差函数的所需偏导数，可以借助于反向传播（backpropagation）

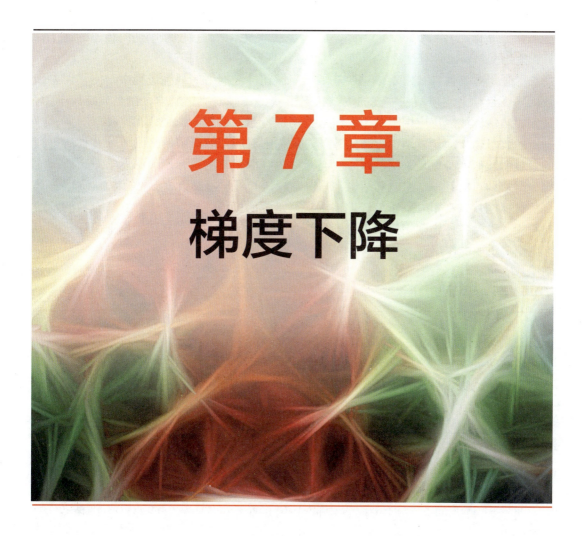

这一算法来高效地计算（参见第 8 章）。该算法涉及一系列在网络中逆向传递的递推计算，这与网络输出计算过程中的前向信息流动在形式上颇为相似。

尽管似然函数常被用于构建误差函数，但在神经网络的训练过程中，优化误差函数的终极目标是使模型在独立的测试数据上获得良好的泛化能力。在经典统计学中，最大似然估计被广泛应用于基于有限数据集进行参数模型的拟合，在这种情况下，数据点的数量通常远超模型中参数的数量。最优解对应似然函数的最大值，并且所得到的参数估计值本身就是关注的核心。与之形成鲜明对比的是，现代深度学习所处理的模型通常具有极其丰富的内部结构，并包含海量的可学习参数（参见第 9.3.2 节），其训练目标也从来都不局限于单纯地追求误差函数的极值。相反，学习算法自身的特性与行为，以及各种正则化技术（详见第 9 章）的引入，对模型在新数据上的泛化能力起着至关重要的作用。

7.1 错误平面

在模型训练过程中，我们的目标是为神经网络中的权重和偏置参数确定合适的取值，从而使其能对新的输入数据做出有效的预测。为了便于后续的讨论，我们首先将这些参数统一表示为一个向量 $\mathbf{w}$，并基于预先选定的误差函数 $E(\mathbf{w})$ 来优化 $\mathbf{w}$。为了直观地理解这一优化过程，我们可以建立起误差函数的几何图像，即将其视为一个位于“权重空间”之上的曲面，如图 7.1 所示。

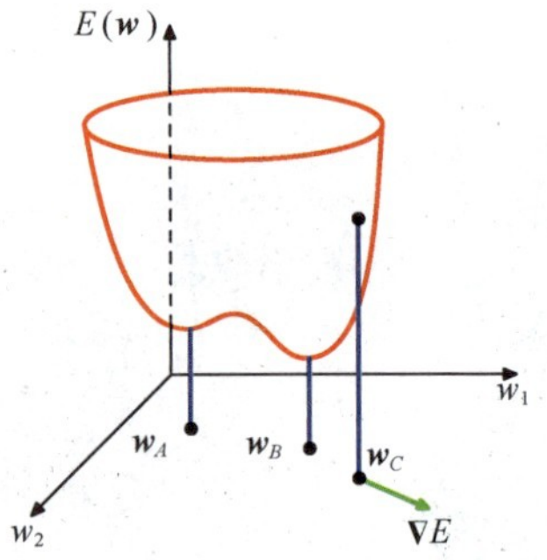

图 7.1 误差函数 $E(\mathbf{w})$ 的几何视图，它可以视为一个坐落在权重空间上方的表面。点 $\mathbf{w}_A$ 是一个局部极小值点，而点 $\mathbf{w}_B$ 是全局最小值点，因此有 $E(\mathbf{w}_A)>E(\mathbf{w}_B)$。在任意点 $\mathbf{w}_C$，误差曲面的局部梯度由 ∇E 给出

首先注意，如果我们在权重空间中从 $\mathbf{w}$ 向 $\mathbf{w}+\delta\mathbf{w}$ 迈出一小步，那么误差函数的变化由下式给出：

$$\delta E \approx \delta\mathbf{w}^{\mathrm{T}}\nabla E(\mathbf{w}) \tag{7.1}$$

其中 $\nabla E(\mathbf{w})$ 指向误差函数增长率最大的方向。只要 $E(\mathbf{w})$ 是 $\mathbf{w}$ 的平滑连续函数，它的最小值就会出现在权重空间中梯度为零的点处，即

$$\nabla E(\mathbf{w}) = 0 \tag{7.2}$$

我们可以朝着 $-\nabla E(\mathbf{w})$ 的方向迈出一小步，从而进一步减小误差。梯度为零的点称为驻点（参见 7.1.1 小节），驻点可以进一步分类为极小点、极大点和鞍点。

我们需要找到这样一个向量 $\mathbf{w}$，使得 $E(\mathbf{w})$ 取最小值。然而，误差函数通常对权重和偏置参数有高度非线性的依赖关系，因此权重空间中能使梯度为零（或数值非常小）的点有很多。实际上，对于任意局部极小值点，权重空间中通常会存在其他等效的局部极小值点。例如，在图 6.9 所示的具有 M 个隐藏单元的两层网络中，权重空间中的

每个点都是 $M! \times 2^M$ 个等效点集合中的一员（参见 6.2.4 小节）。

不仅如此，权重空间中还可能存在多个本质上并不等效的驻点，尤其是多个非等效的局部极小值点。在整个权重空间 $\boldsymbol{w}$ 中，对应于误差函数最小取值的那个极小值点被称为全局最小值点（global minimum）。而其他所有对应于相对较高误差函数值的极小值点则被称为局部极小值点（local minima）。深度神经网络模型的误差曲面形态可能极为复杂，人们曾认为基于梯度的优化方法可能会陷入性能欠佳的局部极小值区域。然而，在实践中，大型神经网络模型在各种不同的初始条件下通常都能够收敛到性能相近的解（见第 9.3.2 节）。

局部二次近似

我们可以通过考虑对误差函数进行局部二次近似来深入理解优化问题以及各种优化技术。在权重空间中某点 $\hat{\boldsymbol{w}}$ 的周围对 $E(\boldsymbol{w})$ 进行泰勒展开，得到

$$E(\boldsymbol{w}) \approx E(\hat{\boldsymbol{w}}) + (\boldsymbol{w} - \hat{\boldsymbol{w}})^{\mathrm{T}} \boldsymbol{b} + \frac{1}{2}(\boldsymbol{w} - \hat{\boldsymbol{w}})^{\mathrm{T}} \boldsymbol{H}(\boldsymbol{w} - \hat{\boldsymbol{w}}) \tag{7.3}$$

其中省略了三阶及更高阶的项。这里的 $\boldsymbol{b}$ 定义为我们在 $\hat{\boldsymbol{w}}$ 处评估的 E 的梯度：

$$\boldsymbol{b} \equiv \nabla E\big|_{\boldsymbol{w}=\hat{\boldsymbol{w}}} \tag{7.4}$$

黑塞矩阵定义为相应的二阶导数矩阵：

$$\boldsymbol{H}(\hat{\boldsymbol{w}}) = \nabla\nabla E(\boldsymbol{w})\big|_{\boldsymbol{w}=\hat{\boldsymbol{w}}} \tag{7.5}$$

如果网络中总共有 W 个权重和偏置，那么 $\boldsymbol{w}$ 和 $\boldsymbol{b}$ 的长度为 W，$\boldsymbol{H}$ 的维度为 $W \times W$。根据式（7.3），对应的局部梯度近似由下式给出：

$$\nabla E(\boldsymbol{w}) = \boldsymbol{b} + \boldsymbol{H}(\boldsymbol{w} - \hat{\boldsymbol{w}}) \tag{7.6}$$

对于足够接近点 $\boldsymbol{w}$ 的点 $\hat{\boldsymbol{w}}$，这些表达式将给出误差及其梯度的合理近似。

考虑一种特定情况，即围绕一个误差函数最小值点 $\boldsymbol{w}^\star$ 进行局部二次近似。在这种情况下，因为在点 $\boldsymbol{w}^\star$ 处 $\nabla E = 0$，所以没有线性项，式（7.3）变为

$$E(\boldsymbol{w}) = E\left(\boldsymbol{w}^\star\right) + \frac{1}{2}\left(\boldsymbol{w} - \boldsymbol{w}^\star\right)^{\mathrm{T}} \boldsymbol{H}\left(\boldsymbol{w} - \boldsymbol{w}^\star\right) \tag{7.7}$$

其中黑塞矩阵 $\boldsymbol{H}$ 在点 $\boldsymbol{w}^\star$ 处求得。为了从几何角度解释这一点，考虑黑塞矩阵的特征方程：

$$\boldsymbol{H}\boldsymbol{u}_i = \lambda_i \boldsymbol{u}_i \tag{7.8}$$

其中，特征向量 $\boldsymbol{u}_i$ 形成一组完整的正交规范集（参见附录 A），所以有

$$\boldsymbol{u}_i^{\mathrm{T}} \boldsymbol{u}_j = \delta_{ij} \tag{7.9}$$

将 $(\boldsymbol{w} - \boldsymbol{w}^\star)$ 展开为特征向量线性组合的形式：

$$\boldsymbol{w}-\boldsymbol{w}^{\star}=\sum_{i}\alpha_{i}\boldsymbol{u}_{i} \tag{7.10}$$

这可以视为坐标系的变换，原点被平移到点 $\boldsymbol{w}^{\star}$，轴与特征向量对齐（见附录 A）。这是通过一个正交矩阵进行的，它的列由 $\boldsymbol{u}_1,\cdots,\boldsymbol{u}_W$ 组成（参见附录 A）。将式（7.10）代入式（7.7）并使用式（7.8）和式（7.9），误差函数可以写成如下形式（见习题 7.1）:

$$E(\boldsymbol{w})=E(\boldsymbol{w}^{\star})+\frac{1}{2}\sum_{i}\lambda_{i}\alpha_{i}^{2} \tag{7.11}$$

假设对于所有的 $i\neq j$，设置 $\alpha_i=0$，然后变化 α_j，这相当于把 $\boldsymbol{w}$ 沿着 $\boldsymbol{u}_j$ 方向移动，远离 $\boldsymbol{w}^{\star}$。从式（7.11）中可以看到，如果对应的特征值 λ_j 是正的，则误差函数的值会增大；反之，误差函数的值将减小。如果所有特征值都是正的，则 $\boldsymbol{w}^{\star}$ 对应于误差函数的局部极小值；而如果所有特征值都是负的，则 $\boldsymbol{w}^{\star}$ 对应于误差函数的局部最大值。如果特征值有正有负，则 $\boldsymbol{w}^{\star}$ 表示一个鞍点。

如果对于所有的 $\boldsymbol{v}$，有

$$\boldsymbol{v}^{\mathrm{T}}\boldsymbol{H}\boldsymbol{v}>0 \tag{7.12}$$

那么称黑塞矩阵 $\boldsymbol{H}$ 为正定矩阵。

因为特征向量 $\boldsymbol{u}_i$ 形成一个完整的集合，所以任意向量 $\boldsymbol{v}$ 可以写成

$$\boldsymbol{v}=\sum_{i}c_{i}\boldsymbol{u}_{i} \tag{7.13}$$

由式（7.8）和式（7.9），有

$$\boldsymbol{v}^{\mathrm{T}}\boldsymbol{H}\boldsymbol{v}=\sum_{i}c_{i}^{2}\lambda_{i} \tag{7.14}$$

从而如果所有特征值都是正的，黑塞矩阵 $\boldsymbol{H}$ 将是正定矩阵（见习题 7.2）。

因此，$\boldsymbol{w}^{\star}$ 是局部极小值的充分必要条件是，误差函数的梯度在 $\boldsymbol{w}^{\star}$ 处为零，并且在 $\boldsymbol{w}^{\star}$ 处评估的黑塞矩阵是正定矩阵（见习题 7.3）。在新的坐标系中，基向量由特征向量 $\boldsymbol{u}_i$ 给出，恒定误差 $E(\boldsymbol{w})$ 的等高线是轴对齐的椭圆，以原点为中心，如图 7.2 所示（见习题 7.6）。

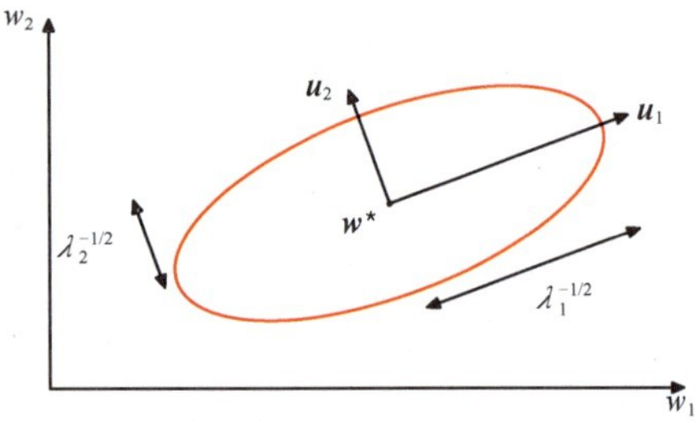

图 7.2 在局部极小值 $\boldsymbol{w}^{\star}$ 的邻域内，误差函数可以被二次函数近似。恒定误差的等高线变为椭圆形，其轴与黑塞矩阵的特征向量 $\boldsymbol{u}_i$ 对齐，长度则与相应特征值 λ_i 的平方根成反比

7.2 梯度下降优化

对于神经网络这种具有复杂结构的误差函数而言，试图找到方程 $\nabla E(\boldsymbol{w})=0$ 的解析解是不现实的，因此我们需要借助于迭代式的数值优化方法。连续非线性函数的优

化问题一直是学术界广泛研究的课题，有大量的文献详细阐述了各种高效求解的方法。大多数优化技术首先要为权重向量选取一个初始值 $\boldsymbol{w}^{(0)}$，然后按照如下所示的迭代规则在权重空间中逐步搜索：

$$\boldsymbol{w}^{(\tau)}=\boldsymbol{w}^{(\tau-1)}+\Delta\boldsymbol{w}^{(\tau-1)} \tag{7.15}$$

其中 τ 标记了迭代步骤。不同的算法对权重向量如何更新 $\Delta\boldsymbol{w}^{(\tau)}$ 有不同选择。

除了最简单的神经网络模型之外，绝大多数神经网络的误差曲面都具有极其复杂的形态，因此最终求得的解将会很大程度上依赖于初始参数值 $\boldsymbol{w}^{(0)}$ 的选取等因素。为了获得一个足够好的解，通常需要多次运行基于梯度的优化算法，每次运行都选用一个不同的随机初始点，最终通过在一个独立的验证集上进行性能评估来确定最优解。

7.2.1 梯度信息的使用

深度神经网络的误差函数梯度可以通过误差反向传播技术高效计算（参见第8章），应用这些梯度信息可以显著提高网络训练速度。请看下面的解释。

在式（7.3）所给出的误差函数二次近似表达式中，误差曲面的形态由向量 $\boldsymbol{b}$ 和矩阵 $\boldsymbol{H}$ 共同决定，它们总共包含了 $W(W+3)/2$ 个独立的元素（由于矩阵 $\boldsymbol{H}$ 具有对称性）（参见练习 7.7），其中 W 表示权重向量 $\boldsymbol{w}$ 的维度（即网络中可学习参数的总数）。因此，该二次近似所对应的最小值位置取决于 $\mathcal{O}(W^2)$ 个参数，这意味着我们至少需要收集到 $\mathcal{O}(W^2)$ 个相互独立的信息片段，才能准确定位到该最小值。如果不考虑梯度信息，我们预计需要进行 $\mathcal{O}(W^2)$ 次误差函数的数值评估，而每一次评估又需要进行 $\mathcal{O}(W)$ 步计算操作。这样一来，采用这种策略来寻找最小值所需的总计算量将高达 $\mathcal{O}(W^3)$。

现在，我们将上述情况与利用梯度信息的优化算法进行对比。由于梯度向量 ∇E 的长度为 $\boldsymbol{W}$，因此每次计算 ∇E 都能提供 W 个独立的信息片段。据此推断，我们有望仅通过 $\mathcal{O}(W)$ 次梯度评估操作就能找到函数的最小值（参见第 8 章）。正如后续章节将要展示的那样，利用误差反向传播算法，每次梯度评估的计算复杂度仅为 $\mathcal{O}(W)$，因此，现在我们能够在 $\mathcal{O}(W^2)$ 的总计算复杂度内找到最小值。尽管二次近似的有效性仅局限于最小值点附近的局部区域，但这种效率上的提升是具有普遍性的。正是基于这一关键优势，利用梯度信息成了当前所有实用的神经网络训练算法的基础。

7.2.2 批量梯度下降

利用梯度信息指导权重更新的一种最朴素的方法是在式（7.15）中按照负梯度方向进行小步长的迭代调整，即

$$\boldsymbol{w}^{(\tau)}=\boldsymbol{w}^{(\tau-1)}-\eta\nabla E\left(\boldsymbol{w}^{(\tau-1)}\right) \tag{7.16}$$

其中，参数 $\eta(\eta>0)$ 被定义为学习率（learning rate）。在完成每次权重更新后，需要基于新的权重向量 $\boldsymbol{w}^{(\tau+1)}$ 重新计算梯度，并重复上述过程。在每一次迭代过程中，权

重向量都朝着当前位置处误差函数下降最快的方向进行更新，因此这种方法称为梯度下降（gradient descent），或称最速下降（steepest descent）。注意，由于误差函数是基于整个训练集进行定义的，因此每次计算 ∇E 都需要遍历所有训练样本。这种一次性处理全部训练数据的技术称为批处理（batch）方法。

7.2.3 随机梯度下降

深度学习方法的性能通常会随着训练数据集规模的扩大而显著提升。然而，当训练集中包含海量数据时，批处理方法的效率会急剧下降，因为每一次误差函数或梯度的计算都需要遍历整个数据集。为了寻求一种更为高效的优化策略，我们注意到，对于一组独立同分布的观测样本，基于最大似然估计构建的误差函数可以自然地分解为每个数据点对应项的和：

$$E(\boldsymbol{w}) = \sum_{n=1}^{N} E_n(\boldsymbol{w}) \tag{7.17}$$

在处理大规模数据集时，应用最为广泛的训练算法是基于梯度下降的一种称为随机梯度下降（Stochastic Gradient Descent，SGD）的逐次迭代算法（Bottou, 2010）。该算法每次仅基于一个数据点来更新权重向量，具体的更新规则如下：

$$\boldsymbol{w}^{(\tau)} = \boldsymbol{w}^{(\tau-1)} - \eta \nabla E_n\left(\boldsymbol{w}^{(\tau-1)}\right) \tag{7.18}$$

上述更新过程通过循环遍历训练集中的数据点来反复执行。对整个训练集进行一次完整的遍历称为一个训练轮次（epoch）。当数据以流的形式持续生成时，这种技术有时也称为在线梯度下降（online gradient descent）。算法 7.1 对随机梯度下降做了总结。

算法7.1： 随机梯度下降

Input: Training set of data points indexed by $n \in \{1, \cdots, N\}$
Error function per data point $E_n(\boldsymbol{w})$
Learning rate parameter η
Initial weight vector $\boldsymbol{w}$
Output: Final weight vector $\boldsymbol{w}$

$n \leftarrow 1$
repeat
  $\boldsymbol{w} \leftarrow \boldsymbol{w} - \eta \nabla E_n(\boldsymbol{w})$ // 更新权重向量
  $n \leftarrow n + 1 (\bmod N)$ // 遍历所有数据
until convergence
return $\boldsymbol{w}$

与批量梯度下降相比，随机梯度下降能更高效地处理数据中的冗余。为了更好地理解这一点，考虑一个极端的例子，我们复制某数据集的每一个数据点，把它的规模扩大一倍。在这种情况下，误差函数的数值就是原来的两倍。如果我们相应地调整学习率的值，则可以仍然使用原来的误差函数。对于批处理方法，由于数据集加倍，其评估批误差函数梯度所需的计算量也将加倍，而随机梯度下降算法则完全不受影响。随机梯度下降的另一个重要特性是其具备逃离局部极小值的能力，因为整个数据集的误差函数的驻点，通常并不会是每个单独数据点对应误差函数的驻点。

7.2.4 小批量方法

随机梯度下降的一个缺点是，基于单个数据点计算出的梯度，可能大大偏离整个数据集上误差函数的梯度。为了兼顾计算效率和估计精度，我们折衷一下，每次迭代时使用一小批数据点（称为小批量，mini-batch）来估计梯度。在确定小批量的合适大小时，需要注意，利用 N 个样本估计均值的误差为 $\sigma/\sqrt{N}$（参见练习 7.8），其中 σ 为生成这些数据的分布的标准差。这表明，通过增加小批量的规模来提升梯度估计精度的收益是递减的。例如，将小批量的规模增加 100 倍，估计误差仅能降低到原先的十分之一。选择小批量规模时还需要考虑的另一个因素是，充分利用运行代码的底层硬件架构。例如，在某些硬件平台上，小批量的规模如果是 2 的幂次（如 64、128、256 等）就可以获得更好的性能。

在使用小批量方法时，要注意，数据点应当从整个数据集中随机选取。因为在原始数据集中，由于数据采集方式（例如数据点是按照字母顺序或日期排序），相邻的数据点之间可能存在相关性。为了消除这种相关性的影响，通常的做法是先将整个数据集进行随机打乱，然后按顺序划分为多个小批量。此外，在每次完整遍历数据集后，还可以再次进行数据打乱，以确保每个小批量的数据组合都是全新的，这有助于模型跳出局部最优解。算法 7.2 总结了这种算法的变体。值得注意的是，即使采用了小批量方法，这种学习算法通常仍被称为“随机梯度下降”。

算法7.2： 带有小批量的随机梯度下降

Input: Training set of data points indexed by $n \in \{1, \cdots, N\}$
Batch size B
Error function per mini-batch $E_{n:n+B-1}(\mathbf{w})$
Learning rate parameter η
Initial weight vector $\mathbf{w}$
Output: Final weight vector $\mathbf{w}$

$n \leftarrow 1$
repeat
  $\mathbf{w} \leftarrow \mathbf{w} - \eta \nabla E_{n:n+B-1}(\mathbf{w})$ // 更新权重向量
  $n \leftarrow n + B$
  if $n > N$ **then**
    shuffle data
    $n \leftarrow 1$
  end if
until convergence
return $\mathbf{w}$

7.2.5 参数初始化

像梯度下降这样的迭代式优化算法，都要求我们为需要学习的参数设定初始值。参数初始化的具体策略会对算法收敛的速度以及训练得到的网络的泛化能力产生显著的影响。遗憾的是，目前还没有能够系统性地指导参数初始化过程的完善理论。

尽管如此，在参数初始化过程中一个关键的考虑因素是对称性破缺（symmertry breaking）。考虑网络中的一组隐藏单元或输出单元，它们都接收相同的输入信号。如果这些单元的所有参数都被赋予了相同的值，例如全部初始化为零，那么这些单元的参数在训练过程中将始终步调一致地进行更新，并且每个单元都计算出相同的函数，导致功能上的冗余。为了解决这一问题，可以从某个预先定义的分布中随机采样来初始化参数，以打破这种对称性。在计算资源允许的情况下，可以采用不同的随机初始化策略来多次训练网络，最终选择在独立验证集上性能最佳的模型。

用于初始化权重的分布通常要么是范围为 $[-\varepsilon,\varepsilon]$ 的均匀分布，要么是形式为 $\mathcal{N}\left(0,\varepsilon^2\right)$ 的零均值高斯分布。ε 值的选择很重要，在各种经验方法中，何恺明初始化（He et al., 2015b）得到了广泛使用。考虑一个网络，其中第 l 层计算以下转换：

$$a_i^{(l)} = \sum_{j=1}^{M} w_{ij} z_j^{(l-1)} \tag{7.19}$$

$$z_i^{(l)} = \mathrm{ReLU}\left(a_i^{(l)}\right) \tag{7.20}$$

其中 M 是发送连接到单元 i 的单元数，ReLU 激活函数由式（6.17）给出。假设我们使用高斯分布 $\mathcal{N}\left(0,\varepsilon^2\right)$ 初始化权重，并假设第（$l-1$）层中单元的输出 $z_j^{(l-1)}$ 具有方差 λ^2（见习题 7.9），则可以容易地证明

$$\mathbb{E}\left[a_i^{(l)}\right] = 0 \tag{7.21}$$

$$\mathrm{var}\left[a_i^{(l)}\right] = \frac{M}{2}\varepsilon^2\lambda^2 \tag{7.22}$$

其中的因子 1/2 来自 ReLU 激活函数。理想情况下，我们希望确保在从一层传播到下一层时，预激活的方差既不会衰减到零，也不会显著增长。如果我们因此要求第 l 层的单元也具有方差 λ^2，那么对于一个具有 M 个输入的单元，用于初始化其权重的高斯分布的标准差为：

$$\varepsilon = \sqrt{\frac{2}{M}} \tag{7.23}$$

我们还可以将初始化分布的尺度 ε 视为一个超参数，并在多次训练中探索不同的 ε 值。偏置参数通常设置为小的正值，以确保大多数预激活在学习开始时处于激活状态。这对 ReLU 特别有帮助，我们希望预激活为正值，以便有非零的梯度来驱动学习过程。

除了上述方法之外，另一类重要的神经网络参数初始化策略，是利用在其他相关

任务上预训练得到的网络权重，或者利用各种无监督学习方法。这些技术都属于迁移学习（transfer learning）的范畴（参见第 6.3.4 节）。

7.3 收敛

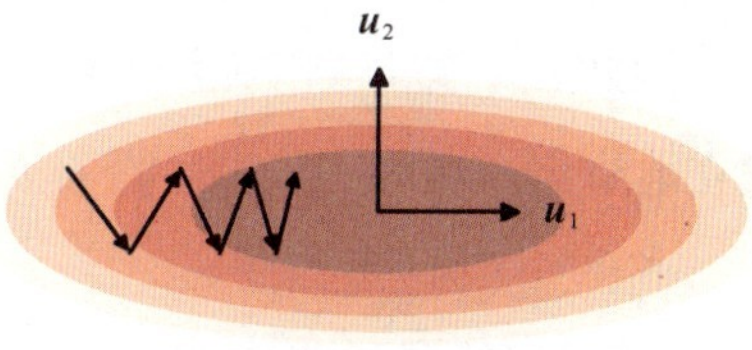

图 7.3　步长固定的梯度下降的示意图，这种梯度下降通常用于在不同方向上曲率大不相同的误差函数。误差表面 E 形如一个“山谷”，如椭圆所示。注意，对于权重空间中的大多数点来说，局部负梯度 $-\nabla E$ 并不指向误差函数的最小值。因此，梯度下降的连续步骤可能会在“山谷”中来回振荡，导致沿“山谷”向最小值前进得非常缓慢。向量 $\boldsymbol{u}_1$ 和 $\boldsymbol{u}_2$ 是黑塞矩阵的特征向量

在实际应用梯度下降算法时，我们需要谨慎地选择参数学习率 η 的值。考虑图 7.3 所示的情形，这是一个假想的二维权重空间中的简化误差曲面，该曲面的曲率在不同方向上存在显著差异，形成了一个狭长的“山谷”结构。对误差曲面上的大多数点而言，批量梯度下降算法计算出的局部梯度向量（与该点的等高线垂直）并不直接指向最小值点。直观上，我们可能会认为增大学习率 η 应该能让算法在权重空间中迈开更大的步伐，从而更快地收敛到最小值。然而，如果一味地加大步长，权重更新会在山谷两侧来回震荡，当 η 超过某个阈值时，这种震荡甚至会变得越来越剧烈，导致算法无法收敛。

为了避免这种发散的振荡，学习率 η 必须设定得足够小，那么，沿着山谷方向向最小值靠近的速度又可能会变得非常缓慢。在这种情况下，梯度下降算法需要经过相当多次的小步迭代才能逐渐逼近最小值，导致整体的优化效率非常低下。

通过考虑误差函数在最小值附近的二次近似，我们可以深入了解这个问题的本质（参见 7.1.1 小节）。根据式（7.7）、式（7.8）和式（7.10），在这种近似中，误差函数的梯度可以写为

$$\nabla E = \sum_i \alpha_i \lambda_i \boldsymbol{u}_i \tag{7.24}$$

再次使用式（7.10），我们可以将权重向量的变化表示为对应系数 α_i 的变化：

$$\Delta \boldsymbol{w} = \sum_i \Delta\alpha_i \boldsymbol{u}_i \tag{7.25}$$

结合式（7.24）和式（7.25）与梯度下降公式［式（7.16）］，并利用黑塞矩阵特征向量的正交性关系［式（7.9）］，我们可以得到梯度下降算法每次迭代步中 α_i 的变化量表达式：

$$\Delta\alpha_i = -\eta\lambda_i\alpha_i \tag{7.26}$$

由此推导出（见习题 7.10）

$$\alpha_i^{\text{new}} = (1-\eta\lambda_i)\alpha_i^{\text{old}} \tag{7.27}$$

其中 α_i^{old} 和 α_i^{new} 分别代表权重更新前后的值。利用特征向量的正交性关系式（7.9）和式（7.10），有

$$\boldsymbol{u}_i^{\mathrm{T}}\left(\boldsymbol{w}-\boldsymbol{w}^{\star}\right) = \alpha_i \tag{7.28}$$

因此 α_i 可以解释为沿着方向 $\boldsymbol{u}_i$ 到最小值的距离。从式（7.27）可以看出，这些距离独立地演化，在每一步中，沿着 $\boldsymbol{u}_i$ 方向的距离乘以因子 $(1-\eta\lambda_i)$，经过总共 T 步之后，有

$$\alpha_i^{(T)} = (1-\eta\lambda_i)^T \alpha_i^{(0)} \tag{7.29}$$

由此可见，只要满足 $|1-\eta\lambda_i|<1$，当 $T\to\infty$ 时，$\alpha_i = 0$，式（7.28）表明 $\boldsymbol{w}=\boldsymbol{w}^{\star}$，因此权重向量已经收敛到误差函数的最小值。

注意式（7.29）证明了梯度下降在最小值附近区域能够带来线性收敛。同样，要收敛到驻点，则要求所有 λ_i 都是正的，这反过来意味着驻点确实是最小值。通过提高学习率 η，我们可以使因子 $(1-\eta\lambda_i)$ 更小，进而提高收敛速度。然而，η 的设定有一个限制。虽然允许 $(1-\eta\lambda_i)$ 为负（这会产生 α_i 的振荡值），但必须确保 $|1-\eta\lambda_i|<1$，否则 α_i 值会发散。于是 η 的值需要限制为 $\eta<2/\lambda_{\max}$，其中 $\lambda_{\max}$ 是最大的特征值。然而，收敛速度主要由最小的特征值控制，因此当 η 设定为最大允许值时，沿着对应于最小特征值方向的收敛（图 7.3 中椭圆的长轴）将由下式控制：

$$1-\frac{2\lambda_{\min}}{\lambda_{\max}} \tag{7.30}$$

其中 $\lambda_{\min}$ 是最小的特征值。如果 $\lambda_{\min}/\lambda_{\max}$ 的比值（它的倒数为黑塞矩阵的条件数）非常小，即图 7.3 中椭圆形误差等高线的高度将拉长，那么向最小值收敛的速度将极其缓慢。

7.3.1 动量

解决特征值差异悬殊问题的一种简单技巧是，在梯度下降公式中引入动量（momentum）项。这实际上相当于给权重向量在权重空间中的运动增加了惯性，从而缓解了图 7.3 中所示的振荡现象。引入动量项后的梯度下降更新公式为：

$$\Delta\boldsymbol{w}^{(\tau-1)} = -\eta\nabla E\left(\boldsymbol{w}^{(\tau-1)}\right) + \mu\Delta\boldsymbol{w}^{(\tau-2)} \tag{7.31}$$

其中 μ 称为动量参数。然后使用式（7.15）更新权重向量。

为了理解动量项的作用，我们首先考虑权重向量在误差曲面上曲率相对较小的区域中的运动情况，如图 7.4 所示。如果我们近似地认为梯度在该区域内保持不变，那么我们可以对式（7.31）进行多次迭代，并将由此产生的一系列权重更新值累加起来，得到：

$$\Delta \boldsymbol{w} = -\eta \nabla E \left\{1 + \mu + \mu^2 + \cdots\right\} \tag{7.32}$$

$$= -\frac{\eta}{1-\mu} \nabla E \tag{7.33}$$

可以看到，添加动量项能有效将学习率从η提高到$\eta / (1-\mu)$。

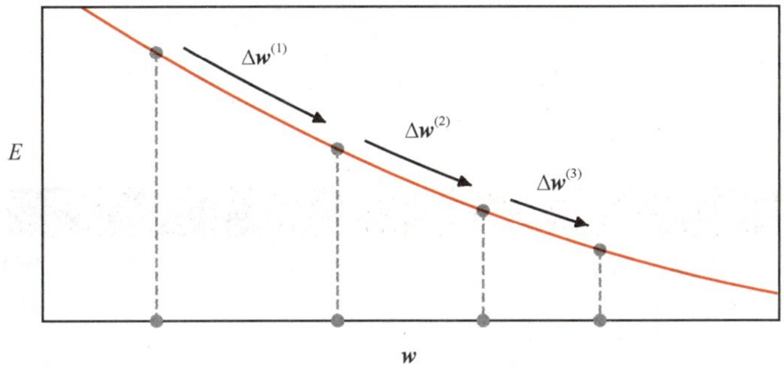

图 7.4 在一个曲率较低的表面上，使用固定学习率的梯度下降会导致逐渐变小的步长，对应于线性收敛。在这种情况下，添加动量项的效果类似于提高学习率

相反，在误差曲面有较高曲率的区域，如果不加动量项，梯度下降会出现振荡现象，如图 7.5 所示。在这种情况下，动量项的连续贡献将会趋于相互抵消，使得有效的学习率接近于η。因此，动量项能够加速模型向最小值点收敛的速度，同时又避免了发散的振荡。图 7.6 对动量项的作用进行了示意性的说明。

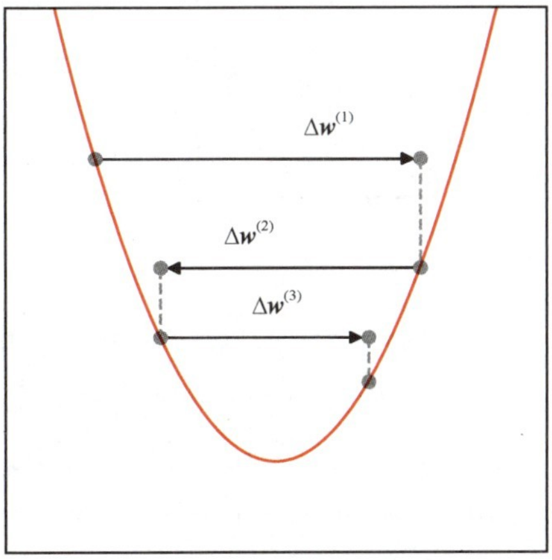

图 7.5 在梯度下降的连续步骤呈振荡性的情况下，动量项对学习率η的有效值影响不大

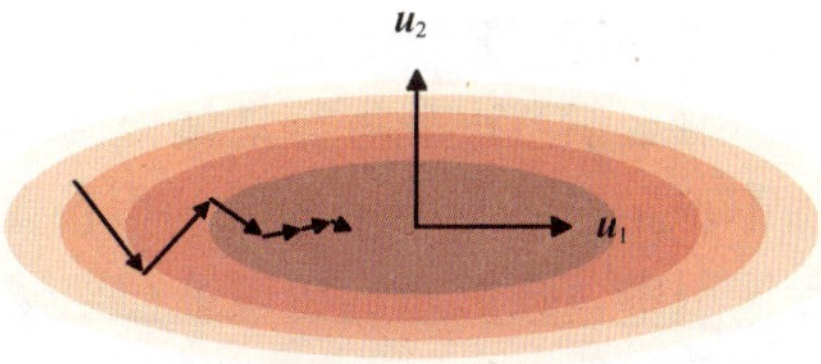

图 7.6 在梯度下降算法中添加动量项的效果，与图 7.3 中未改进的梯度下降相比，向误差函数的谷底的收敛更快

尽管引入动量项可以改善梯度下降算法的性能，但它也引入了一个新的参数μ，它的值需要与学习率参数η一起进行合理的选择。从式（7.33）可以看出，μ的取值范围应为$0 \leqslant \mu \leqslant 1$。实践中常用的值是$\mu = 0.9$。算法 7.3 总结了带有动量项的随机梯度下降算法。

研究者提出了称作 Nesterov 动量的动量改进版方法，可以进一步加速模型的收敛（Nesterov, 2004; Sutskever et al., 2013）。在传统的带动量项的随机梯度下降算法中，我们首先计算当前位置的梯度，然后利用该梯度与前一步的动量项的加权组合来确定当前的更新步长。而在 Nesterov 方法中，这两步的顺序被交换。具体来说，我们首先基于前一步的动量项进行一次预更新，然后在这个预更新后的位置计算梯度，并利用该梯度来确定最终的更新步长，其更新公式如下：

$$\Delta \boldsymbol{w}^{(\tau-1)} = -\eta \nabla E\left(\boldsymbol{w}^{(\tau-1)} + \mu \Delta \boldsymbol{w}^{(\tau-2)}\right) + \mu \Delta \boldsymbol{w}^{(\tau-2)} \tag{7.34}$$

对于批量梯度下降算法，Nesterov 动量通常能够提高收敛速度，然而在随机梯度下降的场景下，其加速效果可能并不明显。

算法7.3：带有动量的随机梯度下降

Input: Training set of data points indexed by $n \in \{1, \cdots, N\}$
  Batch size B
  Error function per mini-batch $E_{n:n+B-1}(\boldsymbol{w})$
  Learning rate parameter η
  Momentum parameter μ
  Initial weight vector $\boldsymbol{w}$
Output: Final weight vector $\boldsymbol{w}$

```
n ← 1
Δw ← 0
repeat
    Δw ← −η∇E_{n:n+B−1}(w) + μΔw // 计算将要更新的动量项
    w ← w + Δw // 更新权重向量
    n ← n + B
    if n > N then
        shuffle data
        n ← 1
    end if
until convergence
return w
```

7.3.2 学习率调度

在随机梯度下降学习算法［式（7.18）］中，我们需要确定学习率 η 的值。如果 η 值过小，那么学习过程将异常缓慢（参见 7.3.1 小节）；如果 η 值设置过大，则可能导致算法不稳定。尽管一定程度的振荡是可以接受的，但这种振荡不应导致发散现象。在实际应用中，我们通常在训练初期使用较大的 η 值，然后随着迭代的进行逐渐减小学习率，即让学习率成为迭代步数 τ 的函数：

$$\boldsymbol{w}^{(\tau)} = \boldsymbol{w}^{(\tau-1)} - \eta^{(\tau-1)} \nabla E_n\left(\boldsymbol{w}^{(\tau-1)}\right) \tag{7.35}$$

学习率衰减的例子包括线性衰减、幂律衰减和指数衰减，公式依次如下：

$$\eta^{(\tau)} = (1 - \tau / K)\eta^{(0)} + (\tau / K)\eta^{(K)} \tag{7.36}$$

$$\eta^{(\tau)} = \eta^{(0)}(1 + \tau / s)^{c} \tag{7.37}$$

$$\eta^{(\tau)} = \eta^{(0)} c^{\tau / s} \tag{7.38}$$

在式（7.36）中，η 的值在 K 步内线性减小，之后保持为 $\eta^{(K)}$。超参数 $\eta^{(0)}$、$\eta^{(K)}$、K、S 和 c 的最优值通常需要借助经验才能找到。在实践中，监督学习曲线（learning curve），即误差函数随梯度下降迭代过程的变化情况，对调整学习率衰减策略很有好处，可以确保误差函数以恰当的速率减小。

7.3.3 AdaGrad、RMSProp与Adam算法

前文阐述了最优学习率取决于误差曲面在局部的曲率，并且这种曲率会随着参数空间中方向的不同而发生变化。这就启发了一系列针对网络中各个参数采用不同学习率的优化算法。这些学习率的值在训练过程中会自动进行调整。我们在本小节介绍几个应用最为广泛的算法。然而，需要注意的是，这种直观理解实际上仅在主曲率方向与参数空间坐标轴对齐的情况下才真正适用，这对应于黑塞矩阵局部为对角矩阵的情形，尽管在实际应用中这种情况不太可能发生，但这几个算法仍然被广泛使用并发挥作用。

AdaGrad 是“自适应梯度”（adaptive gradient）的缩写，其算法核心思想是随着时间的推移不断减小每个参数的学习率，而减小的幅度则取决于该参数对应的所有历史梯度值的平方和（Duchi, Hazan, and Singer, 2011）。因此，与较大曲率相关联的参数，其对应的学习率会下降得更快。具体来说，其更新规则如下：

$$r_i^{(\tau)} = r_i^{(\tau-1)} + \left(\frac{\partial E(\boldsymbol{w})}{\partial w_i}\right)^2 \tag{7.39}$$

$$w_i^{(\tau)} = w_i^{(\tau-1)} - \frac{\eta}{\sqrt{r_i^{\tau}} + \delta}\left(\frac{\partial E(\boldsymbol{w})}{\partial w_i}\right) \tag{7.40}$$

其中 η 是学习率，δ 是一个小的常数，比如 10^{-8}，旨在确保 r_i 接近零时的数值稳定性。该算法的初始值是 $r_i^{(0)} = 0$。$E(\boldsymbol{w})$ 是特定小批量的误差函数，式（7.40）是标准的随机梯度下降公式，但学习率针对每个参数进行了调整。

AdaGrad 算法的缺点是，它从训练一开始就累积平方梯度，因此相关的权重更新可能变得非常小，这可能会在后期大大减缓训练进度。

RMSProp 算法背后的思想是均方根传播（root mean square propagation），使用梯度平方的指数加权平均来替代 AdaGrad 中的简单累加（Hinton, 2012），更新规则如下：

$$r_i^{(\tau)} = \beta r_i^{(\tau-1)} + (1-\beta)\left(\frac{\partial E(\boldsymbol{w})}{\partial w_i}\right)^2 \tag{7.41}$$

$$w_i^{(\tau)} = w_i^{(\tau-1)} - \frac{\eta}{\sqrt{r_i^{\tau}} + \delta}\left(\frac{\partial E(\boldsymbol{w})}{\partial w_i}\right) \tag{7.42}$$

其中 $0 < \beta < 1$，典型值为 $\beta = 0.9$。

Adam 优化算法（Kingma and Ba, 2014）的名字来源于“自适应矩估计”（adaptive moments）。它是 RMSProp 算法与动量法的结合，它为每个参数分别维护一个动量项，

其更新规则基于梯度及其平方的指数加权移动平均，具体形式为：

$$s_i^{(\tau)} = \beta_1 s_i^{(\tau-1)} + (1-\beta_1)\left(\frac{\partial E(\boldsymbol{w})}{\partial w_i}\right) \tag{7.43}$$

$$r_i^{(\tau)} = \beta_2 r_i^{(\tau-1)} + (1-\beta_2)\left(\frac{\partial E(\boldsymbol{w})}{\partial w_i}\right)^2 \tag{7.44}$$

$$\hat{s}_i^{(\tau)} = \frac{s_i^{(\tau)}}{1-\beta_1^\tau} \tag{7.45}$$

$$\hat{r}_i^\tau = \frac{r_i^\tau}{1-\beta_2^\tau} \tag{7.46}$$

$$w_i^{(\tau)} = w_i^{(\tau-1)} - \eta\frac{\hat{s}_i^\tau}{\sqrt{\hat{r}_i^\tau} + \delta} \tag{7.47}$$

这里的系数$1/(1-\beta_1^\tau)$和$1/(1-\beta_2^\tau)$纠正了初始设置$s_i^{(0)}$和$r_i^{(0)}$为零引入的偏差（见习题 7.12）。请注意，由于β_i<1 且随着τ变大，偏差趋于零，因此我们在实践中有时会省略这种偏差修正。权重参数的典型值为$\beta_1 = 0.9$和$\beta_2 = 0.99$。Adam 算法是深度学习应用中最常用的学习算法，算法 7.4 对它做了总结。

算法7.4：Adam算法

Input: Training set of data points indexed by $n \in \{1, \cdots, N\}$
Batch size B
Error function per mini-batch $E_{n:n+B-1}(\boldsymbol{w})$
Learning rate parameter η
Decay parameters β_1 and β_2
Stabilization parameter δ
Output: Final weight vector $\boldsymbol{w}$

$n \leftarrow 1$
$\boldsymbol{s} \leftarrow \boldsymbol{0}$
$\boldsymbol{r} \leftarrow \boldsymbol{0}$
repeat
  Choose a mini-batch at random from $\mathcal{D}$
  $\boldsymbol{g} = -\nabla E_{n:n+B-1}(\boldsymbol{w})$ // 计算梯度向量
  $\boldsymbol{s} \leftarrow \beta_1 \boldsymbol{s} + (1-\beta_1)\boldsymbol{g}$
  $\boldsymbol{r} \leftarrow \beta_2 \boldsymbol{r} + (1-\beta_2)\boldsymbol{g} \odot \boldsymbol{g}$ // 逐元素相乘
  $\widehat{\boldsymbol{s}} \leftarrow \boldsymbol{s}/(1-\beta_1^\tau)$ // 偏差校正
  $\widehat{\boldsymbol{r}} \leftarrow \boldsymbol{r}/(1-\beta_2^\tau)$ // 偏差校正
  $\Delta\boldsymbol{w} \leftarrow -\eta\frac{\widehat{\boldsymbol{s}}}{\sqrt{\widehat{\boldsymbol{r}}} + \delta}$ // 逐元素操作
  $\boldsymbol{w} \leftarrow \boldsymbol{w} + \Delta\boldsymbol{w}$ // 更新权重向量
  $n \leftarrow n + B$
  if $n + B > N$ **then**
    shuffle data
    $n \leftarrow 1$
  end if
until convergence
return $\boldsymbol{w}$

7.4 正则化

在神经网络的前向传播过程中，对计算得到的变量进行归一化处理，可以避免网络处理过大或过小的值。尽管原则上神经网络的权重和偏置可以适应各种不同的输入和隐藏变量的值，但在实践中，归一化对于确保有效的训练至关重要。根据归一化操作所针对的对象不同，我们将归一化技术分为三种类型：数据归一化、批量归一化和层归一化。

7.4.1 数据归一化

有时我们会遇到这样的数据集，其中不同的输入变量的取值范围差异很大。例如，在医疗健康数据中，患者的身高可能以米为单位进行测量，如 1.8 米，而他们的血小板计数可能以每微升血液中的血小板数量来衡量，例如每微升 300 000 个血小板。这种差异会让梯度下降训练过程更困难。考虑一个具有两个权重的单层回归网络，其两个对应的输入变量具有截然不同的取值范围。其中一个权重的微小变化，相比于另一个权重的类似变化，会对输出乃至误差函数产生大得多的影响。这会产生一个沿着不同坐标轴曲率差异极大的误差曲面，如图 7.3 所示。

因此，对于连续型输入变量，将输入值重新缩放使其具有相似的取值范围通常是非常有益的。这很容易做到，首先分别计算每个输入变量的均值和方差：

$$\mu_i = \frac{1}{N}\sum_{n=1}^{N} x_{ni} \tag{7.48}$$

$$\sigma_i^2 = \frac{1}{N}\sum_{n=1}^{N}\left(x_{ni} - \mu_i\right)^2 \tag{7.49}$$

这是在开始任何训练之前都需要进行的计算。然后使用以下方法缩放输入值：

$$\tilde{x}_{ni} = \frac{x_{ni} - \mu_i}{\sigma_i} \tag{7.50}$$

这样，缩放的值 $\tilde{x}_{ni}$ 具有零均值和单位方差（见习题 7.14）。请注意，必须使用相同的 μ_i 值和 σ_i 值来预处理任何开发集、验证集或测试集数据，以确保对所有输入都以相同方式进行缩放。图 7.7 对数据归一化进行了说明。

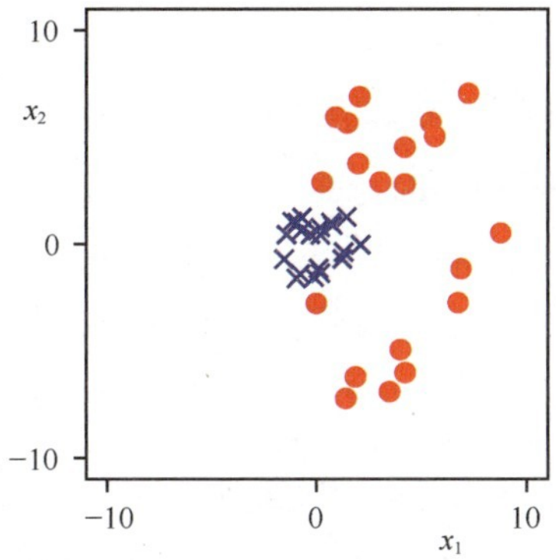

图 7.7 对输入数据进行归一化。红色圆圈表示一个具有两个变量的数据集的原始数据点。蓝色叉号显示了这个数据集经过归一化处理后的情况：每个变量在数据集中都具有零均值和单位方差

7.4.2 批量归一化

我们已经了解了数据归一化的重要性，类似的思路也可以应用于深度网络中每一隐藏层的变量。如果某个特定隐藏层的激活值范围存在很大差异，那么将这些值归一化为零均值和单位方差应该可以简化后续网络层的学习问题。然而，与数据归一化可以在训练开始前一次性完成不同，隐藏单元值的归一化需要在训练过程中每次权重更新后都重复进行。这种方法称为批量归一化（batch normalization）（Ioffe and Szegedy, 2015）。

引入批量归一化也是为了解决梯度消失和梯度爆炸问题，它们通常出现在训练非常深的神经网络的时候。根据微积分中的链式法则，误差函数 E 相对于网络第一层中参数的梯度由下式给出：

$$\frac{\partial E}{\partial w_i}=\sum_m \cdots \sum_l \sum_j \frac{\partial z_m^{(l)}}{\partial w_i} \cdots \frac{\partial z_j^{(K)}}{\partial z_l^{(K-1)}} \frac{\partial E}{\partial z_j^{(K)}} \tag{7.51}$$

其中 $z_j^{(K)}$ 表示第 K 层中节点 j 的激活值，式（7.51）右侧的每个偏导数（参见 8.1.5 小节）代表那一层的雅可比矩阵的元素。如果这些偏导数项中大多数的绝对值小于 1，那么大量此类项的乘积将趋于 0；反之，如果大多数项的绝对值大于 1，乘积将趋于无穷大。因此，随着网络深度的增加，误差函数的梯度可能会变得非常大或非常小。批量归一化方法在很大程度上解决了这个问题。

为了明确批量归一化的具体定义，我们考虑多层网络中的某个特定层。该层中的每个隐藏单元都对其输入的预激活值 $z_i=h(a_i)$ 计算一个非线性函数，因此我们可以选择对预激活值 a_i 或激活值 z_i 进行归一化。在实践中，二者均可，这里我们以归一化预激活值为例来说明这个过程。由于权重值在每个小批量之后都会更新，因此我们需要对每个小批量分别归一化。具体来说，对于一个大小为 K 的小批量，定义：

$$\mu_i=\frac{1}{K}\sum_{n=1}^{K} a_{ni} \tag{7.52}$$

$$\sigma_i^2=\frac{1}{K}\sum_{n=1}^{K}\left(a_{ni}-\mu_i\right)^2 \tag{7.53}$$

$$\hat{a}_{ni}=\frac{a_{ni}-\mu_i}{\sqrt{\sigma_i^2+\delta}} \tag{7.54}$$

其中，对 $n=1, \cdots, K$ 的求和操作是针对小批量中的元素进行的。δ 是一个很小的常数，引入它是为了避免当 σ_i^2 很小时出现因为除数趋于零时的各种数值问题。

通过对网络中某一层的预激活值进行归一化，我们减少了该层参数的自由度，从而降低了它的表达能力。我们可以通过将预激活值重新缩放为具有平均值 β_i 和标准差 γ_i 来补偿这一点：

$$\tilde{a}_{ni}=\gamma_i \hat{a}_{ni}+\beta_i \tag{7.55}$$

其中 β_i 和 γ_i 是可学习的自适应参数，它们与网络的权重和偏置一起通过梯度下降法进行联合学习。这些可学习的参数是批量归一化与输入数据归一化的一个关键区别（参见 7.4.1 小节）。

式（7.55）可能看起来只是抵消了批量归一化的效果，因为均值和方差现在又可以适应任意值了。然而，关键的区别在于参数在训练过程中的演变方式。对于原始网络，一个小批量的均值和方差由该层所有权重和偏置的复杂函数决定；而在式（7.55）中，它们直接由独立的参数 β_i 和 γ_i 决定，这些参数在梯度下降过程中更容易学习。

式（7.52）～式（7.55）描述了一个相对于可学习参数 β_i 和 γ_i 可微分的变量的转换。这可以视为神经网络中的附加层，因此每个标准隐藏层的后面都可以加一个批量归一化层，参见图 7.8。

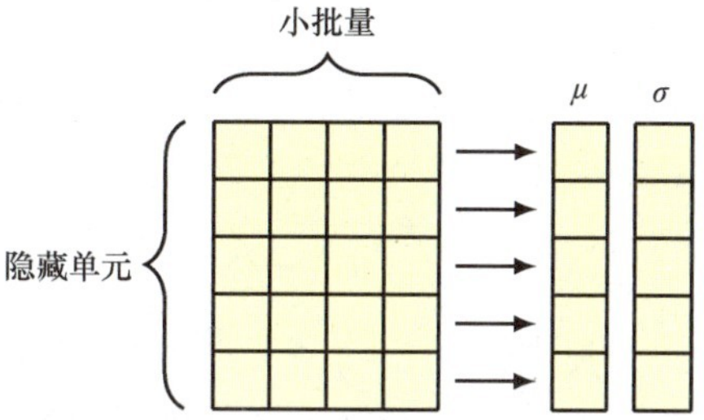

图 7.8　批量归一化的示意图。在批量归一化中，均值和方差是分别针对每个隐藏单元跨小批量计算的

当我们完成网络训练，想要对新数据进行预测时，我们并没有训练时的小批量数据可用，也不能仅从一个数据样本确定均值和方差。为了解决这个问题，原则上我们可以在对权重和偏置进行最后的更新之后，针对每个层在整个训练集上计算 μ_i 和 σ_i^2。然而，为了计算这些统计量，就需要对整个数据集再进行处理，计算成本太高了。于是，我们选择在整个训练阶段计算移动平均值：

$$\overline{\mu}_i^{(\tau)} = \alpha\overline{\mu}_i^{(\tau-1)} + (1-\alpha)\mu_i \tag{7.56}$$

$$\overline{\sigma}_i^{(\tau)} = \alpha\overline{\sigma}_i^{(\tau-1)} + (1-\alpha)\sigma_i \tag{7.57}$$

其中 $0 \leqslant \alpha \leqslant 1$。这些移动平均值在训练期间不起作用，仅用于在推理阶段处理新的数据点。

尽管批量归一化在实践中非常有效，但其内在原理目前还不明确。批量归一化提出的原因是，人们观察到，网络中较早层权重的更新会改变后续层所看到的数值分布，这种现象称为内部协变量偏移（internal covariate shift）。然而，后来的研究（Santurkar et al.，2018）表明，协变量偏移并不是一个关键因素，批量归一化所带来的训练改进，实际上在于它平滑了误差函数的崎岖程度。①

7.4.3　层归一化

在批量归一化中，如果批量规模太小，那么均值和方差的估计会包含太多噪声。另外，对于非常大的训练集，小批量可能会被分散在不同的 GPU 上处理，使得跨小批量的全局归一化效率低下。一种替代方案是分别针对每个数据点对隐藏单元的值进行归一化，而不是在小批量中的样本间进行归一化。这称为层归一化（Ba, Kiros, and

① 如果误差函数的图形看上去很崎岖，即存在很多尖锐的高峰和深谷，梯度下降算法就很可能陷入局部最低点，而无法找到真正的全局最低点。——译者注

Hinton, 2016)(参见 12.2.5 小节)。层归一化最初是在递归神经网络的背景下提出的，因为递归神经网络中数值的分布在每个时间步后都会发生变化，这使得批量归一化难以实施(第 12 章)。另外，层归一化在其他网络架构中也是有效的，例如 Transformer 网络。类似于批量归一化，我们进行如下变换：

$$\mu_n = \frac{1}{M}\sum_{i=1}^{M} a_{ni} \tag{7.58}$$

$$\sigma_n^2 = \frac{1}{M}\sum_{i=1}^{M}\left(a_{ni} - \mu_i\right)^2 \tag{7.59}$$

$$\hat{a}_{ni} = \frac{a_{ni} - \mu_n}{\sqrt{\sigma_n^2 + \delta}} \tag{7.60}$$

其中，对 $i = 1, \cdots, M$ 的求和是针对该层中的所有隐藏单元进行的。与批量归一化一样，也需要为每个隐藏单元分别引入额外的可学习的均值参数和标准差参数，形式如式(7.55)所示。值得注意的是，在训练阶段和推理阶段可以使用相同的归一化函数，因此我们无须存储移动平均值。图 7.8 和图 7.9 对批量归一化和层归一化进行了比较。

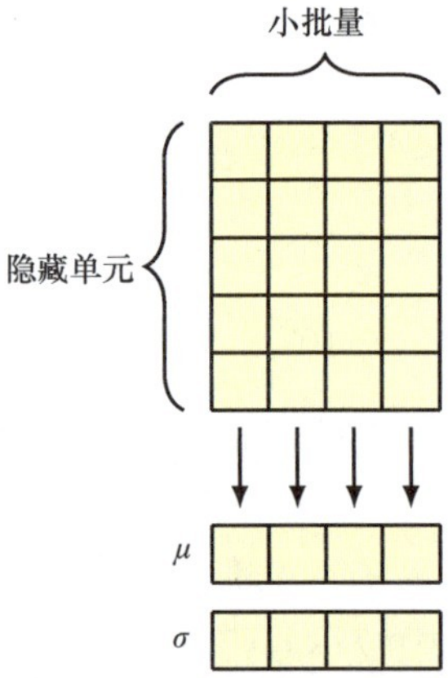

图 7.9 层归一化的示意图。在层归一化中，均值和方差是跨隐藏单元分别针对每个数据点计算的

习题

7.1 (⋆) 通过将式(7.10)代入式(7.7)，并使用式(7.8)和式(7.9)，证明误差函数[式(7.7)]可以写成式(7.11)的形式。

7.2 (⋆) 考虑具有特征向量方程[式(7.8)]的黑塞矩阵 $\boldsymbol{H}$。通过将式(7.14)中的向量 $\boldsymbol{v}$ 依次设置为每个特征向量 $\boldsymbol{u}_i$，证明黑塞矩阵 $\boldsymbol{H}$ 是正定的——当且仅当它的所有特征值都是正的时。

7.3 (⋆⋆) 通过考虑关于驻点 $\boldsymbol{w}^{\star}$ 的误差函数的局部泰勒展开[式(7.7)]，证明该驻点是误差函数的局部极小值的充分必要条件是，由式（7.5）定义的黑塞矩阵 $\boldsymbol{H}$ 在 $\hat{\boldsymbol{w}} = \boldsymbol{w}^{\star}$ 的情况下是正定的。

7.4 （$\star\star$）考虑一个具有单一输入变量 x 和单一输出变量 y 的线性回归模型：

$$y(x,w,b) = wx + b \tag{7.61}$$

平方和误差函数为

$$E(w,b) = \frac{1}{2}\sum_{n=1}^{N}\left\{y\left(x_n,w,b\right) - t_n\right\}^2 \tag{7.62}$$

推导出由误差函数对权重参数 w 和偏置参数 b 的二阶导数给出的 2×2 黑塞矩阵的元素表达式。证明这个黑塞矩阵的迹和行列式都是正的。由于矩阵的迹代表特征值之和，而行列式对应特征值的乘积（参见附录 A），两个特征值都是正的，因此误差函数在驻点达到最小值。

7.5 （$\star\star$）考虑一个带有单一输入变量 x 和单一输出变量 y 的单层分类模型：

$$y(x,w,b) = \sigma(wx + b) \tag{7.63}$$

其中 $\sigma(\cdot)$ 是由式（5.42）定义的逻辑斯谛 sigmoid 函数。交叉熵误差函数为

$$E(w,b) = -\sum_{n=1}^{N}\left\{t_n \ln y\left(x_n,w,b\right) + \left(1-t_n\right)\ln\left(1-y\left(x_n,w,b\right)\right)\right\} \tag{7.64}$$

推导出由误差函数对权重参数 w 和偏置参数 b 的二阶导数给出的 2×2 黑塞矩阵的元素表达式。证明这个黑塞矩阵的迹和行列式都是正的。由于矩阵的迹代表特征值之和，而行列式对应特征值的乘积（参见附录 A），两个特征值都是正的，因此误差函数在驻点达到最小值。

7.6 （$\star\star$）考虑一个由式（7.7）定义的二次误差函数，在该误差函数中，黑塞矩阵 $\boldsymbol{H}$ 有一个由式（7.8）给出的特征方程。证明常数误差的等高线呈椭圆形，其轴与特征向量 $\boldsymbol{u}_i$ 对齐，长度则与相应特征值 λ_i 的平方根成反比。

7.7 （$\star$）证明由于黑塞矩阵 $\boldsymbol{H}$ 的对称性，二次误差函数［式（7.3）］中独立元素的数量由 $W(W+3)/2$ 给出。

7.8 （$\star$）考虑一组值 $x_1,\cdots,x_N$，它们是从均值为 μ、方差为 σ 的分布中抽取的，并定义样本均值为

$$\overline{x} = \frac{1}{N}\sum_{n=1}^{N}x_n \tag{7.65}$$

证明关于数据来源分布的平方误差 $(\overline{x}-\mu)^2$ 的期望由 σ^2/N 给出。这说明样本的均方根误差由 $\sigma/\sqrt{N}$ 给出，并且会随着样本数量的增加而相对缓慢地减小。

7.9 （$\star\star$）考虑一个在第 l 层计算函数式（7.19）和式（7.20）的分层网络。假设我们使用高斯分布 $\mathcal{N}\left(0,\varepsilon^2\right)$ 初始化权重，并假设第（$l-1$）层单元的输出 $z_j^{(l-1)}$ 具有方

差 λ^2 。通过使用 ReLU 激活函数的形式，证明第 l 层输出的平均值和方差分别由式（7.21）和式（7.22）给出，进而证明如果我们想要第 l 层的单元的预激活也有方差 λ^2 ，则 ε 的值应该由式（7.23）给出。

7.10 （⋆⋆）通过使用式（7.7）、式（7.8）和式（7.10），推导出结果式（7.24）和式（7.25），这两个结果以黑塞矩阵的特征向量展开形式来表达梯度向量和一般的权重更新。利用这两个结果，并结合特征向量的正交性关系［式（7.9）］和梯度下降公式［式（7.16）］，导出以系数 α_i 表示的批量梯度下降更新结果［式（7.26）］。

7.11 （⋆）考虑一个平滑变化、曲率较低的误差表面，梯度随位置缓慢变化。证明对于较小的学习率和动量参数，由式（7.34）定义的 Nesterov 动量梯度更新等价于由式（7.31）定义的标准带动量的梯度下降。

7.12 （⋆⋆）考虑变量 x 的一系列值 $\{x_1,\cdots,x_N\}$ ，并假设我们使用下式计算指数加权移动平均值：

$$\mu_n = \beta\mu_{n-1} + (1-\beta)x_n \tag{7.66}$$

其中 $0 \leqslant \beta \leqslant 1$ 。通过使用有限几何级数求和的以下结果：

$$\sum_{k=1}^{n} \beta^{k-1} = \frac{1-\beta^n}{1-\beta} \tag{7.67}$$

证明如果使用 $\mu_0 = 0$ 初始化平均序列，则估计器存在偏差，并且可以使用下式校正偏差：

$$\hat{\mu}_n = \frac{\mu_n}{1-\beta^n} \tag{7.68}$$

7.13 （⋆）在梯度下降法中，权重向量 $\boldsymbol{w}$ 是通过在权重空间中沿由学习率参数 η 控制的负梯度方向进行更新的。假设我们选择权重空间中的一个方向 $\boldsymbol{d}$，沿着该方向在给定当前权重向量 $\boldsymbol{w}(\tau)$ 的情况下最小化误差函数。

$$E\left(\boldsymbol{w}^{(\tau)} + \lambda\boldsymbol{d}\right) \tag{7.69}$$

进行最小化，以获得新权重向量 $\boldsymbol{w}^{(\tau+1)}$ 所对应的值 $\lambda^\star$ 。证明在 $\boldsymbol{w}^{(\tau+1)}$ 处，$E(\boldsymbol{w})$ 的梯度垂直于向量 $\boldsymbol{d}$。这称为“线搜索”方法，它是各种数值优化算法的基础（Bishop, 1995b）。

7.14 （⋆）证明由式（7.50）定义的重新归一化的输入变量，其中 μ_i 由式（7.48）定义，σ_i^2 由式（7.49）定义，具有零均值和单位方差。

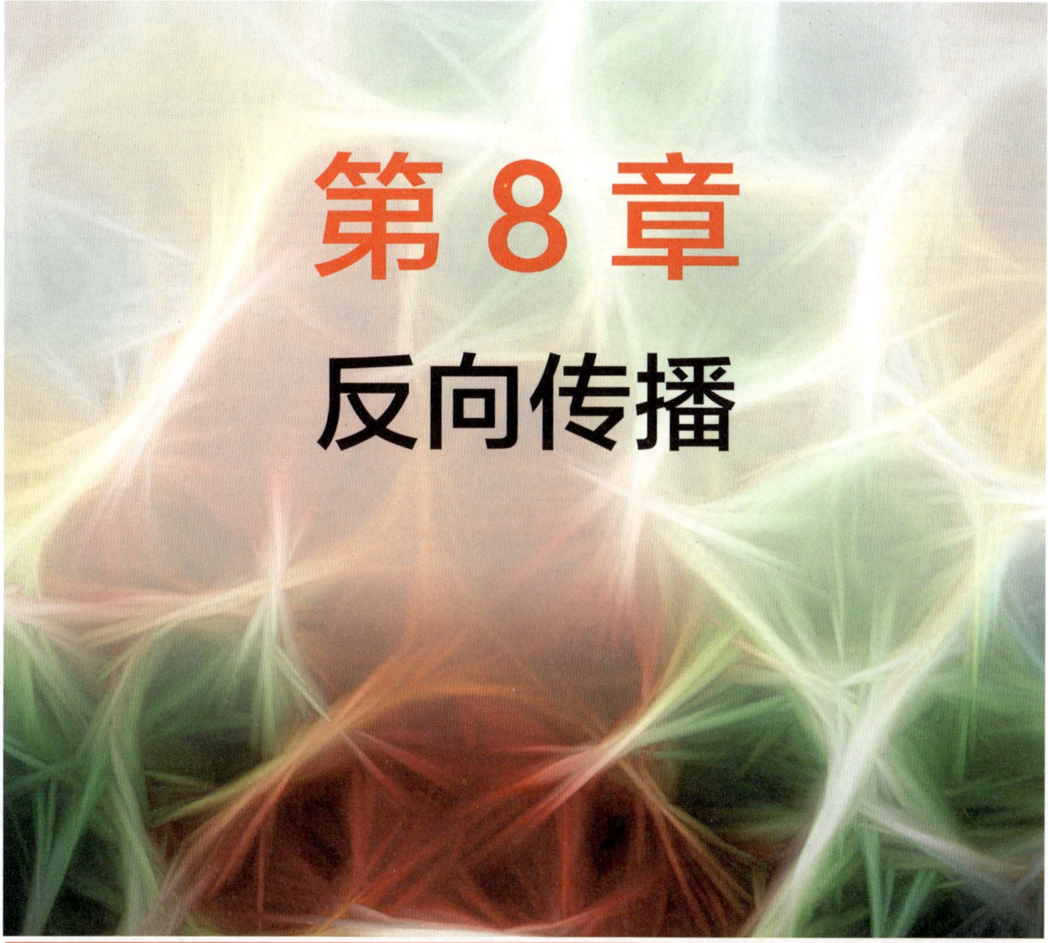

第 8 章

反向传播

本章旨在寻找一种高效的技术，用于评估前馈神经网络误差函数 $E(\boldsymbol{w})$ 的梯度。我们将看到，这可以通过一种本地消息传递方案来实现，在该方案中，信息会通过网络向后发送，称为误差反向传播（error backpropagation）。

在过去，反向传播方程需要手工推导，然后在软件中与前向传播方程一起实现；这两个步骤都很耗费时间，且都容易出错。然而，在现代神经网络软件环境中，我们只需要在原有网络函数的编码基础上稍作扩展，就能高效地计算出任何感兴趣的导数。这种想法称为自动微分（automatic differentiation）（参见 8.2 节），其在现代深度学习中发挥着关键作用。然而，理解如何进行计算是有价值的，这样我们就不必依赖所谓的“黑盒子”软件解决方案。因此，本章将对反向传播的关键概念进行解释，并详细探讨自动微分的框架。

请注意，“反向传播”一词在神经计算文献中有多种不同的含义。例如，有的神经计算文献可能会把前馈结构称作反向传播网络。此外，“反向传播”一词有时也用来描述神经网络的端到端训练程序，包括梯度下降参数更新。本书将专门使用“反向传播”来描述用于对导数进行数值计算的计算程序，例如计算关于网络权重和偏置的误差函数梯度。这一程序也可用于计算其他重要导数，如雅可比矩阵和黑塞矩阵。

8.1 梯度计算

下面让我们为具有任意前馈拓扑结构、任意可微分非线性激活函数和一大类误差函数的通用网络推导出反向传播算法。然后，我们将使用一个简单的分层网络结构（具有单层 S 形隐藏单元以及平方和误差）来说明所得公式。

许多具有实际意义的误差函数（例如由一组独立相似分布数据的最大似然定义的误差函数）都包含一些项（其中的每一项对应训练集中的一个数据点）的总和，因此

$$E(\boldsymbol{w}) = \sum_{n=1}^{N} E_n(\boldsymbol{w}) \tag{8.1}$$

在此，我们将考虑如何为误差函数中这样一项的 $\nabla E_n(\boldsymbol{w})$ 求值。这可以直接用于随机梯度下降法，也可以将结果累积到一组训练数据点上，用于批量处理或小批量处理方法。

8.1.1 单层网络

考虑一个简单的线性模型，其中输出 y_k 是输入变量 x_i 的线性组合，因此

$$y_k = \sum_i w_{ki} x_i \tag{8.2}$$

对于特定的输入数据点 n，平方和误差函数的形式为

$$E_n = \frac{1}{2} \sum_k \left(y_{nk} - t_{nk} \right)^2 \tag{8.3}$$

其中 $y_{nk} = y_k(x_n, \boldsymbol{w})$，$t_{nk}$ 是关联的目标值。该误差函数相对于权重 w_{ji} 的梯度为

$$\frac{\partial E_n}{\partial w_{ji}} = \left(y_{nj} - t_{nj} \right) x_{ni} \tag{8.4}$$

这可以理解为“本地”计算，涉及与链路输出端 w_{ji} 相关的“误差信号”$(y_{nj} - t_{nj})$ 和与链路输入端相关的变量 x_{ni} 的乘积。5.4.3 小节介绍了逻辑斯谛 sigmoid 激活函数与交叉熵误差函数以及 softmax 激活函数和与之匹配的多元交叉熵误差函数是如何产生类似公式的。接下来，我们将探究这一简单结果如何扩展到更复杂的多层前馈网络情境。

8.1.2 一般前馈网络

一般来说，前馈网络由一组单元组成，每个单元计算其输入的加权和：

$$a_j = \sum_i w_{ji} z_i \tag{8.5}$$

其中，z_i 是另一个单元的激活值，或是向单元 j 发送连接的输入单元，而 w_{ji} 是与该连接相关的权重。此外，可以通过引入一个额外的单元或输入（激活值固定为 +1）来将偏置包含在该总和中，因此我们不需要显式地处理偏置（参见 6.2 节）。在通过非线性激活函数 $h(\cdot)$ 进行转换后，式（8.5）中的和（称为预激活）给出单元 j 的激活值 z_j，其形式为

$$z_j = h(a_j) \tag{8.6}$$

请注意，式（8.5）中参与求和的一个或多个变量 z_j 可以是一个输入变量。同样，式（8.6）中的单元 j 也可以是一个输出变量。

对于训练集中的每个数据点，我们假设已经向网络提供了相应的输入向量，并通过连续应用式（8.5）和式（8.6）计算出了网络中所有隐藏单元和输出单元的激活值。这一过程叫作前向传播（forward propagation），因为它可以被视为信息通过网络的前向流动。

下面让我们来计算相对于权重 w_{ji} 的导数 E_n。各单元的输出将取决于特定输入数据点 n。不过，为了使符号简洁，我们将省略网络变量的下标 n。首先要注意的是，E_n 对 w_{ji} 的依赖仅体现在输入 a_j 对单位 j 的求和上。因此，我们可以应用偏导数的链式法则得出

$$\frac{\partial E_n}{\partial w_{ji}} = \frac{\partial E_n}{\partial a_j}\frac{\partial a_j}{\partial w_{ji}} \tag{8.7}$$

接下来引入一个有用的符号：

$$\delta_j \equiv \frac{\partial E_n}{\partial a_j} \tag{8.8}$$

其中 δ 通常称为误差，缘由后续将很快揭晓。利用式（8.5），我们可以写出

$$\frac{\partial a_j}{\partial w_{ji}} = z_i \tag{8.9}$$

将式（8.8）和式（8.9）代入式（8.7），得到

$$\frac{\partial E_n}{\partial w_{ji}} = \delta_j z_i \tag{8.10}$$

根据式（8.10）可知，只需要将权重输出端单元的 δ 值乘以权重输入端单元的 z 值（其中偏置的 $z=1$），即可得到所需的导数。请注意，这与式（8.4）中简单线性模型的形式相同。因此，为了计算导数，我们只需要计算网络中每个隐藏单元和输出单元的 δ 值，然后应用式（8.10）即可。

如前所述，对于输出单元，我们得出

$$\delta_k = y_k - t_k \tag{8.11}$$

前提是使用规范连接函数作为输出单元激活函数（参见 5.4.6 小节）。为了计算隐藏单元的 δ 值，我们再次使用偏导数的链式法则：

$$\delta_j \equiv \frac{\partial E_n}{\partial a_j} = \sum_k \frac{\partial E_n}{\partial a_k} \frac{\partial a_k}{\partial a_j} \tag{8.12}$$

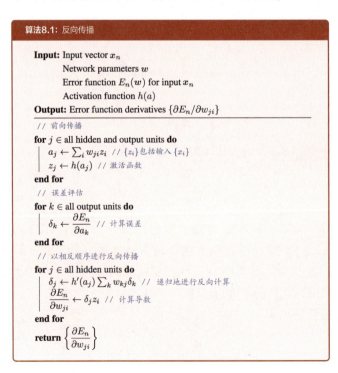

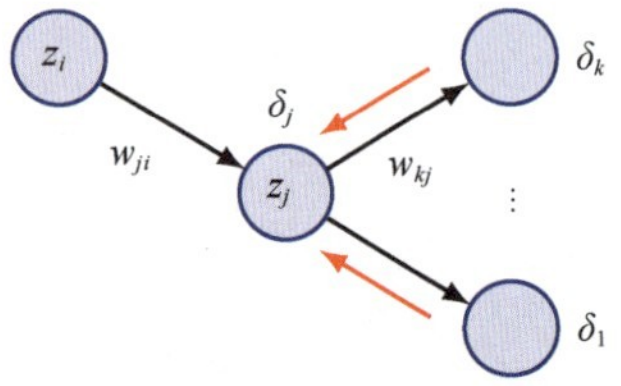

图 8.1　通过从单元 k（单元 j 会向其发送连接）对 δ 值进行反向传播，计算隐藏单元 j 的 δ_j 值的示意图。黑色箭头表示前向传播中的信息流方向，红色箭头表示误差信息的反向传播

其中，求和操作遍及所有单元 k，且单元 j 向单元 k 发送连接。单元和权重的排列如图 8.1 所示。请注意，标有 k 的单元包括了其他隐藏单元和 / 或输出单元。在写出式（8.12）时，我们利用了这样一个事实，即只有通过改变变量 a_k 的值，a_j 的变化才会引起误差函数的变化。

如果我们将式（8.8）给出的 δ_j 定义代入式（8.12），并利用式（8.5）和式（8.6），即可得出以下反向传播公式（见习题 8.1）：

$$\delta_j = h'(a_j)\sum_k w_{kj}\delta_k \tag{8.13}$$

由此可知，特定隐藏单元的 δ 值可以通过从网络中较高的单元后向传播误差信息来获得，如图 8.1 所示。

注意，反向传播［式（8.13）］中的求和取自 w_{kj} 上的第一个索引（对应于信息通过网络后向传播），而在前向传播［式（8.5）］中，求和取自第二个索引（见习题 8.2）。由于已知输出单元的 δ 值，因此通过递归应用式（8.13），我们可以计算前馈网络中所有隐藏单元的 δ 值，而无须考虑其拓扑结构。算法 8.1 对反向传播做了总结。

算法8.1：反向传播

Input: Input vector $\boldsymbol{x}_n$
Network parameters $\boldsymbol{w}$
Error function $E_n(\boldsymbol{w})$ for input $\boldsymbol{x}_n$
Activation function $h(a)$
Output: Error function derivatives $\{\partial E_n/\partial w_{ji}\}$

// 前向传播
for $j \in$ all hidden and output units **do**
　$a_j \leftarrow \sum_i w_{ji} z_i$ // $\{z_i\}$包括输入 $\{x_i\}$
　$z_j \leftarrow h(a_j)$ // 激活函数
end for
// 误差评估
for $k \in$ all output units **do**
　$\delta_k \leftarrow \frac{\partial E_n}{\partial a_k}$ // 计算误差
end for
// 以相反顺序进行反向传播
for $j \in$ all hidden units **do**
　$\delta_j \leftarrow h'(a_j)\sum_k w_{kj}\delta_k$ // 递归地进行反向计算
　$\frac{\partial E_n}{\partial w_{ji}} \leftarrow \delta_j z_i$ // 计算导数
end for
return $\left\{\frac{\partial E_n}{\partial w_{ji}}\right\}$

对于批量处理方法，对训练集中的每个数据点重复上述步骤，然后对批量处理或小批量处理中的所有数据点求和，即可得到总误差 E 的导数：

$$\frac{\partial E}{\partial w_{ji}} = \sum_n \frac{\partial E_n}{\partial w_{ji}} \tag{8.14}$$

在上述推导中，我们隐式地假设网络中的每个隐藏单元或输出单元都具有相同的激活函数 $h(\cdot)$。不过，只需要跟踪 $h(\cdot)$ 的哪种形式与哪个单元相匹配，就可以轻松地将推导结果拓展到不同的单元，使其拥有单独的激活函数。

8.1.3 简单示例

上述推导采用了误差函数、激活函数和网络拓扑的一般形式。为了演示反向传播的应用，考虑图 6.9 所示的两层网络以及平方和误差。输出单元具有线性激活函数，因此 $y_k = a_k$；而隐藏单元具有 sigmoid 型激活函数，其计算公式为

$$h(a) \equiv \tanh(a) \tag{8.15}$$

其中 $\tanh(a)$ 由式（6.14）定义。该函数的一个有用特征是，它的导数可以用一种特别简单的形式来表示：

$$h'(a) = 1 - h(a)^2 \tag{8.16}$$

考虑平方和误差函数，对于数据点 n，误差的计算公式为

$$E_n = \frac{1}{2}\sum_{k=1}^{K}\left(y_k - t_k\right)^2 \tag{8.17}$$

其中 y_k 是输出单元 k 的激活值，t_k 是特定输入向量 $\boldsymbol{x}$ 的相应目标值。

对于训练集中的每个数据点，首先使用以下方法依次进行前向传播：

$$a_j = \sum_{i=0}^{D} w_{ji}^{(1)} x_i \tag{8.18}$$

$$z_j = \tanh\left(a_j\right) \tag{8.19}$$

$$y_k = \sum_{j=0}^{M} w_{kj}^{(2)} z_j \tag{8.20}$$

其中 D 是输入向量 $\boldsymbol{x}$ 的维度，M 是隐藏单元的总数。此外，我们还利用了 $x_0 = z_0 = 1$，以便在权重中包含偏置参数。用以下方法计算每个输出单元的 δ 值：

$$\delta_k = y_k - t_k \tag{8.21}$$

然后利用如下方法对误差进行反向传播，从而得出隐藏单元的 δ 值：

$$\delta_j = \left(1 - z_j^2\right) \sum_{k=1}^{K} w_{kj}^{(2)} \delta_k \tag{8.22}$$

式（8.22）可根据式（8.13）和式（8.16）得出。最后，第一层和第二层权重的导数为

$$\frac{\partial E_n}{\partial w_{ji}^{(1)}} = \delta_j x_i, \quad \frac{\partial E_n}{\partial w_{kj}^{(2)}} = \delta_k z_j \tag{8.23}$$

8.1.4 数值微分法

反向传播最重要的方面之一是计算效率。为此，让我们来看看计算误差函数导数所需的计算操作数是如何随着网络中权重和偏置的总数 W 的变化而变化的。

在 W 足够大的情况下，计算误差函数导数（给定输入数据点）需要 $\mathcal{O}(W)$ 次运算。这是因为除了连接非常稀疏的网络外，权重的数量通常远大于单元的数量，因此前向传播的大部分计算量来自式（8.5）中的求和操作，而计算激活函数的工作量却很小。式（8.5）中参与求和的每一项都需要进行一次乘法和一次加法运算，因此总计算成本为 $\mathcal{O}(W)$。

计算误差函数导数的另一种反向传播方法是使用有限差分法。具体做法是依次扰动每个权重，并利用该表达式近似求导来实现：

$$\frac{\partial E_n}{\partial w_{ji}} = \frac{E_n\left(w_{ji} + \varepsilon\right) - E_n\left(w_{ji}\right)}{\varepsilon} + \mathcal{O}(\varepsilon) \tag{8.24}$$

其中 $\varepsilon \ll 1$。在软件模拟中，可以通过将 ε 最小化来提高导数近似值的精度，直到出现数值舍入问题为止。使用对称中心差分法可以显著提高有限差分法的精度，形式如下：

$$\frac{\partial E_n}{\partial w_{ji}} = \frac{E_n\left(w_{ji} + \varepsilon\right) - E_n\left(w_{ji} - \varepsilon\right)}{2\varepsilon} + \mathcal{O}\left(\varepsilon^2\right) \tag{8.25}$$

在这种情况下，正如式（8.25）右侧的泰勒展开所验证的，$\mathcal{O}(\varepsilon)$ 修正被抵消了，因此残差修正为 $\mathcal{O}\left(\varepsilon^2\right)$（见习题 8.3）。但是请注意，计算步骤的数量相比式（8.24）增加了大约一倍。图 8.2 显示了利用有限差分法［式（8.24）］和对称中心差分法［式（8.25）］对梯度进行数值计算的结果与分析结果之间的误差。

数值微分法的主要问题是失去了非常理想的 $\mathcal{O}(W)$ 缩放。每次前向传播需要执行 $\mathcal{O}(W)$ 个步骤，而网络中有 W 个权重，每个权重都必须单独扰动，因此总计算成本为 $\mathcal{O}(W^2)$。

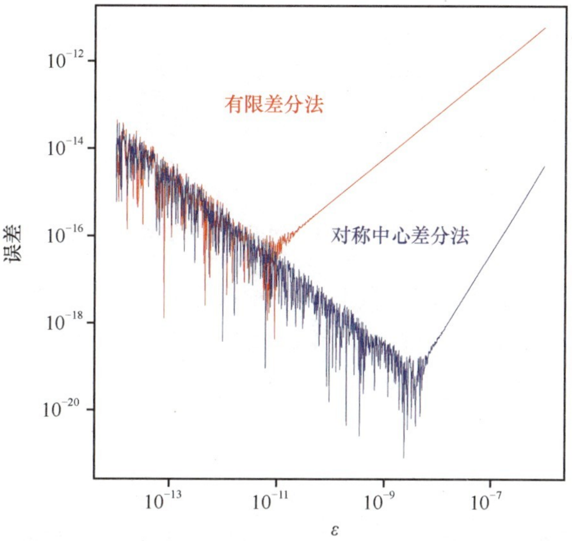

图 8.2 红色曲线显示了使用有限差分法对梯度进行数值计算的结果与分析结果之间的误差。随着 ε 不断减小，误差呈线性减小，且由于坐标轴是对数，因此这代表了一种幂律行为。红色曲线的斜率为 1，这表明误差为 $\mathcal{O}(\varepsilon)$。在某一点上，所计算的梯度达到数值四舍五入的极限，且 ε 的进一步减小会导致出现一条噪声线，该噪声线同样遵循幂律，但误差会随着 ε 的减小而增大。蓝色曲线显示了使用对称中心差分法对梯度进行数值计算的结果与分析结果之间的误差。与有限差分法相比，对称中心差分法的误差要小得多，而且蓝色曲线的斜率为 2，这表明误差为 $\mathcal{O}(\varepsilon^2)$

不过，数值微分法在实践中也能发挥重要作用，因为将直接实现反向传播或自动微分法计算出的导数与使用中心差分法计算出的导数进行比较，可以有力地检验软件的正确性。

8.1.5 雅可比矩阵

我们已经了解了如何通过网络反向传播误差来获得误差函数相对于权重的导数。反向传播也可用于计算其他导数。在此，我们对雅可比矩阵进行求值，其元素由网络输出相对于输入的导数给出：

$$J_{ki} \equiv \frac{\partial y_k}{\partial x_i} \tag{8.26}$$

其中每个导数都是在所有其他输入值保持不变的情况下求得的。如图 8.3 所示，雅可比矩阵在由多个不同模块构建的系统中发挥着重要作用。每个模块都可以包含一个固定的或可学习的函数，该函数可以是线性的或非线性的，但必须是可微分的。

假设我们希望最小化图 8.3 中与参数 w 有关的误差函数 E。该误差函数的导数为

$$\frac{\partial E}{\partial w} = \sum_{k,j} \frac{\partial E}{\partial y_k} \frac{\partial y_k}{\partial z_j} \frac{\partial z_j}{\partial w} \tag{8.27}$$

图 8.3 中红色模块所代表的雅可比矩阵出现在式（8.27）右侧的中间项。

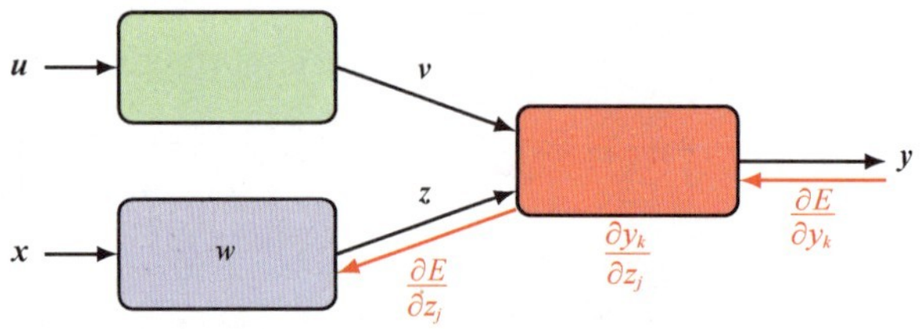

图 8.3 模块化深度学习架构示意图，其中雅可比矩阵可用于将误差信号从输出反向传播至系统的早期模块

由于雅可比矩阵度量了输出变量对每个输入变量变化的局部灵敏度，因此它还允许与输入相关的任何已知误差 Δx_i 通过经训练的网络进行传播，从而预估它们对输出误差的贡献 Δy_k：

$$\Delta y_k \approx \sum_i \frac{\partial y_k}{\partial x_i} \Delta x_i \tag{8.28}$$

这里假设 $|\Delta x_i|$ 很小。一般来说，训练后的神经网络所代表的网络映射是非线性的，因此雅可比矩阵的元素不是常数，而取决于所使用的特定输入向量。因此，式（8.28）只对输入的微小扰动有效，而且必须为每个新输入向量重新计算雅可比矩阵。

我们可以使用反向传播程序来计算雅可比矩阵，该程序与前面计算误差函数相对于权重的导数的程序类似。首先写下元素 J_{ki}，形式如下：

$$\begin{aligned} J_{ki} = \frac{\partial y_k}{\partial x_i} &= \sum_j \frac{\partial y_k}{\partial a_j} \frac{\partial a_j}{\partial x_i} \\ &= \sum_j w_{ji} \frac{\partial y_k}{\partial a_j} \end{aligned} \tag{8.29}$$

其中使用了式（8.5）。式（8.29）中的求和操作涉及所有单元 j（例如前面提到的分层拓扑结构中第一隐藏层的所有单元），且输入单元 i 向单元 j 发送连接。导数 $\partial y_k / \partial a_j$ 的递归反向传播公式如下：

$$\begin{aligned} \frac{\partial y_k}{\partial a_j} &= \sum_l \frac{\partial y_k}{\partial a_l} \frac{\partial a_l}{\partial a_j} \\ &= h'(a_j) \sum_l w_{lj} \frac{\partial y_k}{\partial a_l} \end{aligned} \tag{8.30}$$

其中的求和操作涉及所有单元 l，且单元 j 向单元 l 发送连接（对应于 w_{lj} 的第一个索引）。我们再次使用了式（8.5）和式（8.6）。这种反向传播从输出单元开始，所需导数可直接从输出单元激活函数的函数形式中得到。对于线性输出单元，我们可以得出

$$\frac{\partial y_k}{\partial a_l} = \delta_{kl} \tag{8.31}$$

其中 δ_{kl} 是单位矩阵的元素，定义如下：

$$\delta_{kl} = \begin{cases} 1, & k = l \\ 0, & \text{其他} \end{cases} \tag{8.32}$$

如果我们在每个输出单元上都有独立的逻辑斯谛 sigmoid 激活函数（参见 3.4 节），则有

$$\frac{\partial y_k}{\partial a_l} = \delta_{kl}\sigma'(a_l) \tag{8.33}$$

而对于 softmax 输出（参见 3.4 节），可以得出

$$\frac{\partial y_k}{\partial a_l} = \delta_{kl} y_k - y_k y_l \tag{8.34}$$

我们可以将雅可比矩阵的计算程序总结如下。首先，应用与输入空间（在该空间中需要计算雅可比矩阵）中的点相对应的输入向量，并按照常规方法进行前向传播，以得到网络中所有隐藏单元和输出单元的状态。接下来，对于雅可比矩阵中与输出单元 k 相对应的每一行 k，使用递归关系式（8.30），从式（8.31）、式（8.33）或式（8.34）开始，对网络中的所有隐藏单元进行反向传播。最后，使用式（8.29）对输入进行反向传播。雅可比矩阵也可以用另一种前向传播形式来计算，其推导方法与此处的反向传播方法类似（见习题 8.5）。

同样，此类算法的实现可以用形式如下的数值微分来检验：

$$\frac{\partial y_k}{\partial x_i} = \frac{y_k(x_i + \varepsilon) - y_k(x_i - \varepsilon)}{2\varepsilon} + \mathcal{O}(\varepsilon^2) \tag{8.35}$$

对于有 D 个输入的网络来说，这涉及 $2D$ 次前向传播，因此总共需要 $\mathcal{O}(DW)$ 个步骤。

8.1.6 黑塞矩阵

我们已经展示了如何利用反向传播来获得误差函数相对于网络权重的一阶导数。反向传播也可用于计算误差的二阶导数，表达式如下

$$\frac{\partial^2 E}{\partial w_{ji} \partial w_{lk}} \tag{8.36}$$

方便起见，我们通常将所有权重和偏置参数视为单个向量（用 $\boldsymbol{w}$ 表示）的元素 w_i。在这种情况下，二阶导数构成黑塞矩阵 $\boldsymbol{H}$ 的元素 H_{ij}。

$$H_{ij} = \frac{\partial^2 E}{\partial w_i \partial w_j} \tag{8.37}$$

其中 $i, j \in \{1, \cdots, W\}$ 是权重和偏置的总数。基于误差表面二阶特性的考虑，黑塞矩阵出现在了用于训练神经网络的几种非线性优化算法中（Bishop, 2006）。此外，它

还在神经网络的某些贝叶斯处理中发挥作用（MacKay, 1992; Bishop, 2006），并用于降低大语言模型中权重的精度，从而减少内存占用（Shen et al., 2019）。

在黑塞矩阵的众多应用中，评估黑塞矩阵的效率是十分重要的。如果网络中有 W 个参数（权重和偏置），那么黑塞矩阵的维度为 $W \times W$，因此对于数据集中的每个数据点，计算黑塞矩阵所需的计算量将缩放为 $\mathcal{O}\left(W^2\right)$（见习题 8.6）。通过扩展反向传播程序（Bishop, 1992），可以有效地计算黑塞矩阵，缩放比例实际为 $\mathcal{O}\left(W^2\right)$。有时，我们并非直接需要黑塞矩阵，而只需要黑塞矩阵与某个向量 $\boldsymbol{v}$ 的乘积 $\boldsymbol{v}^{\mathrm{T}}\boldsymbol{H}$；通过扩展反向传播程序，我们可以在 $\mathcal{O}(W)$ 个步骤内高效地计算出该乘积（Møller, 1993; Pearlmutter, 1994）。

由于神经网络可能包含数百万个甚至数十亿个参数，因此对许多模型的全黑塞矩阵进行计算，甚至只进行存储，都是不可行的。由于计算量被缩放为 $\mathcal{O}\left(W^3\right)$，求黑塞矩阵的逆将变得更加困难。业内人士对寻找有效的全黑塞矩阵近似值很感兴趣。

一种近似法是只对黑塞矩阵的对角元素进行计算，并隐式地将非对角元素设为零。这需要 $\mathcal{O}(W)$ 的存储空间，并允许在 $\mathcal{O}(W)$ 个步骤内进行求逆，但仍需要 $\mathcal{O}\left(W^2\right)$ 个计算步骤（Ricotti, Ragazzini, and Martinelli, 1988），不过通过进一步近似，计算步骤可以减少到 $\mathcal{O}(W)$ 个（Becker and LeCun, 1989; LeCun, Denker, and Solla, 1990）。但实际上，黑塞矩阵通常具有重要的非对角项，因此必须谨慎对待这一近似值。

另一种更有说服力的方法是外积近似法，原理如下。考虑使用平方和误差函数的回归应用，平方和误差函数如下：

$$E = \frac{1}{2}\sum_{n=1}^{N}\left(y_n - t_n\right)^2 \tag{8.38}$$

其中只使用了一个单一输出，以保持符号简洁（扩展到多个输出也很简单）。然后写下黑塞矩阵（见习题 8.8），形式如下：

$$\boldsymbol{H} = \nabla\nabla E = \sum_{n=1}^{N}\nabla y_n\left(\nabla y_n\right)^{\mathrm{T}} + \sum_{n=1}^{N}\left(y_n - t_n\right)\nabla\nabla y_n \tag{8.39}$$

其中 ∇ 表示相对于 $\boldsymbol{w}$ 的梯度。如果网络已在数据集上经过训练，则输出 y_n 将非常接近目标值 t_n，式（8.39）中末尾的项很小，可以忽略不计。不过，从更广泛的意义上讲，根据以下推论，忽略这一项可能是合适的。回顾 4.2 节，最优函数是使平方和损失最小化的目标数据的条件平均值。量 $\left(y_n - t_n\right)$ 是一个均值为零的随机变量。如果假设它的值与式（8.39）右侧二阶导数项的值无关，那么在对 n 求和时，整个导数项的平均值将为零（见习题 8.9）。

忽略式（8.39）右侧的二阶导数项，即可得到列文伯格 – 马夸尔特近似法，也叫作外积近似法，因为黑塞矩阵是由向量的外积之和构成的，值为

$$\boldsymbol{H} \approx \sum_{n=1}^{N} \nabla a_n \nabla a_n^{\mathrm{T}} \tag{8.40}$$

求黑塞矩阵的外积近似值非常简单，因为仅涉及误差函数的一阶导数，使用标准反向传播法即可在 $\mathcal{O}(W)$ 个步骤内高效地计算出误差函数的一阶导数。而通过进行简单的乘法运算，只需要 $\mathcal{O}(W^2)$ 个步骤即可求出矩阵的元素。需要强调的是，这种近似法可能只适用于经过适当训练的网络，且对于一般的网络映射，式（8.39）右侧的二阶导数项通常是不可忽略的。

对于具有逻辑斯谛 sigmoid 输出单元激活函数的网络，其交叉熵误差函数的相应近似值为

$$\boldsymbol{H} \approx \sum_{n=1}^{N} y_n\left(1-y_n\right) \nabla a_n \nabla a_n^{\mathrm{T}} \tag{8.41}$$

对于具有 softmax 输出单元激活函数的多类网络，均可以得到类似的结果（见习题 8.11）。外积近似法还可用于开发一种高效的序列程序，用于近似黑塞矩阵的逆（Hassibi and Stork, 1993）（见习题 8.12）。

8.2 自动微分法

我们已经了解到利用梯度信息高效训练神经网络的重要性（参见 7.2.1 小节）。评估神经网络误差函数梯度的方法主要有 4 种。

第 1 种方法是手工推导反向传播方程，然后在软件中将其显式地实现。这种方法多年来一直是神经网络的中流砥柱。如果能认真地实施这种方法，就能产生高效的代码，从而给出达到数值精度要求的结果。然而，推导方程和编码的过程都十分耗费时间且容易出错。前向传播方程与反向传播方程是分开编码的，这会导致代码中的一些冗余。又由于其中往往涉及重复计算，因此如果模型发生变化，就需要同步改变前向实现和反向实现，这容易限制对不同架构进行经验探索的速度和效率。

第 2 种方法是利用有限差分法对梯度进行数值计算（参见 8.1.4 小节）。这种方法只需要用软件实现前向传播方程。数值微分法的一个问题是计算精度有限，不过这对于网络训练来说可能不是问题，因为我们可能会使用随机梯度下降法。在随机梯度下降法中，每次计算都只是对局部梯度非常粗略的估计。这种方法的主要缺点是在网络规模的缩放上表现很差。不过，这种技术对于调试其他方法也很有用，因为梯度的计算只使用了前向传播代码，因此可以用来确认反向传播的正确性，以及确认其他用于计算梯度的代码的正确性。

第 3 种方法是符号微分法，这种方法能利用专业软件将我们在第 1 种方法中手工完成的分析操作自动化。作为计算机代数或符号计算的一个例子，这一过程涉及在一个完全机械化的过程中自动应用微积分规则（如链式法则）。符号微分法的一个明显优势是避免了人工推导反向传播方程时引入的人为误差。此外，梯度的计算再次达到了

机器精度，避免了数值微分时出现的缩放性差的问题。然而，符号微分法的主要缺点是导数的表达式可能比原始函数的表达式长很多，其长度呈指数级增长，相应的计算时间也很长。考虑由 $u(x)$ 和 $v(x)$ 的乘积给出的函数 $f(x)$，该函数及其导数的计算公式为

$$f(x)=u(x)v(x) \tag{8.42}$$

$$f'(x)=u'(x)v(x)+u(x)v'(x) \tag{8.43}$$

可以看到，在计算 $f(x)$ 和 $f'(x)$ 时，必须同时求出 $u(x)$ 和 $v(x)$，因此存在冗余计算。如果因子 $u(x)$ 和 $v(x)$ 本身涉及因子，就会出现表达式嵌套重复，复杂性会迅速增加。这个问题叫作“表达式膨胀”。

为了进一步说明，考虑一个结构类似于两层神经网络的函数（Grosse, 2018），该函数有单个输入 x、带激活 z 的一个隐藏单元和输出 y，其中：

$$z=h(w_1x+b_1) \tag{8.44}$$

$$y=h(w_2z+b_2) \tag{8.45}$$

$h(a)$ 是软 ReLU：

$$\zeta(a)=\ln(1+\exp(a)) \tag{8.46}$$

于是有

$$y(x)=h\left(w_2h\left(w_1x+b_1\right)+b_2\right) \tag{8.47}$$

网络输出 y 相对于 w_1 的导数为（见习题 8.13）

$$\frac{\partial y}{\partial w_1}=\frac{w_2x\exp\left(w_1x+b_1+b_2+w_2\ln\left[1+\mathrm{e}^{w_1x+b_1}\right]\right)}{\left(1+\mathrm{e}^{w_1x+b_1}\right)\left(1+\exp\left(b_2+w_2\ln\left[1+\mathrm{e}^{w_1x+b_1}\right]\right)\right)} \tag{8.48}$$

除了比原始函数复杂得多之外，还存在冗余计算，比如像 w_1x+b_1 这样的表达式就出现在了多个地方。

符号微分法的另一个主要缺点是，它需要以封闭形式表示被微分的表达式。因此，这种方法排除了重要的控制流操作，如循环、递归、条件执行和过程调用，而这些都是我们在定义网络函数时可能希望使用的有价值结构。

第 4 种方法是自动微分法，也称“算法微分法”（Baydin et al., 2018）。与符号微分法不同的是，自动微分法旨在让计算机在仅给定前向传播方程代码的条件下自动生成实现梯度计算的代码，而非得到导数的数学表达式。与符号微分法一样，自动微分法也达到了机器精度，但效率更高，因为它能够利用我们在定义前向传播方程时使用的中间变量，从而避免冗余计算。值得注意的是，自动微分法不仅能处理传统的封闭

式数学表达式，还能处理流程控制元素，如分支、循环、递归和过程调用。因此，自动微分法的功能比符号微分法强大得多。与此同时，自动微分法具有广泛的适用性，是在机器学习领域之外发展起来的。现代深度学习在很大程度上是一个经验过程，涉及对不同架构的计算和比较。因此，自动微分法在准确高效地完成实验方面发挥着关键作用。

自动微分法的主要思想是采用计算函数的代码（例如计算神经网络误差函数的前向传播方程代码），并用附加变量来扩充代码，这些附加变量的值会在代码执行过程中累加，从而获得所需的导数。自动微分法主要有两种形式：前向模式和逆模式。我们首先来看概念上较为简单的前向模式。

8.2.1 前向模式自动微分

在前向模式自动微分中，我们在函数（如神经网络的误差函数）计算过程中涉及的每个中间变量 z_i（称为“原始”变量）上添加一个附加变量，该附加变量代表中间变量的某个导数值。我们将其记作 $\dot{z}_i$，即“正切”变量。正切变量及其相关代码由软件环境自动生成。现在，代码不再简单地通过前向传播来计算 $\dot{z}_i$，而是传播元组 $\{z_i, \dot{z}_i\}$，从而同时计算变量和导数。原函数一般用初等算子（包括算术运算和否定运算）以及指数函数、对数函数和三角函数等超越函数来定义，所有这些函数的导数都有简单的计算公式。将这些导数与微积分中的链式法则结合使用，可以自动生成用于计算梯度的代码。

举例来说，如下函数有两个输入变量：

$$f(x_1, x_2) = x_1 x_2 + \exp(x_1 x_2) - \sin(x_2) \tag{8.49}$$

在软件中实现时，代码由一系列操作组成，这些操作可以用底层基本操作的求值轨迹（evaluation trace）来表示。如图 8.4 所示，这种轨迹可以用图形来可视化。此处对以下原始变量进行了定义：

$$v_1 = x_1 \tag{8.50}$$

$$v_2 = x_2 \tag{8.51}$$

$$v_3 = v_1 v_2 \tag{8.52}$$

$$v_4 = \sin(v_2) \tag{8.53}$$

$$v_5 = \exp(v_3) \tag{8.54}$$

$$v_6 = v_3 - v_4 \tag{8.55}$$

$$v_7 = v_5 + v_6 \tag{8.56}$$

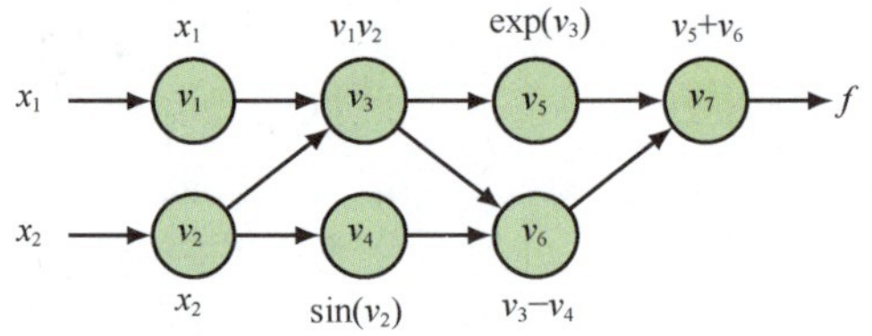

图 8.4　利用式（8.50）～式（8.56）对函数式（8.49）进行数值计算的求值轨迹的可视化表示

假设要求导数 $\partial f / \partial x_1$。我们用 $\dot{v}_i = \partial v_i / \partial x_1$ 来定义正切变量。利用微积分中的链式法则，可以自动构造出用于计算这些值的表达式：

$$\dot{v}_i = \frac{\partial v_i}{\partial x_1} = \sum_{j \in \mathrm{pa}(i)} \frac{\partial v_j}{\partial x_1}\frac{\partial v_i}{\partial v_j} = \sum_{j \in \mathrm{pa}(i)} \dot{v}_j \frac{\partial v_i}{\partial v_j} \tag{8.57}$$

其中，$\mathrm{pa}(i)$ 表示求值轨迹中节点 i 的父节点的集合，即指向节点 i 的变量的集合。例如，在图 8.4 中，节点 v_3 的父节点是节点 v_1 和 v_2。将式（8.57）应用于求值轨迹方程［式（8.50）～式（8.56）］，可以得到以下正切变量的求值轨迹方程：

$$\dot{v}_1 = 1 \tag{8.58}$$

$$\dot{v}_2 = 0 \tag{8.59}$$

$$\dot{v}_3 = v_1\dot{v}_2 + \dot{v}_1 v_2 \tag{8.60}$$

$$\dot{v}_4 = \dot{v}_2 \cos(v_2) \tag{8.61}$$

$$\dot{v}_5 = \dot{v}_3 \exp(v_3) \tag{8.62}$$

$$\dot{v}_6 = \dot{v}_3 - \dot{v}_4 \tag{8.63}$$

$$\dot{v}_7 = \dot{v}_5 + \dot{v}_6 \tag{8.64}$$

我们可以将本例的自动微分总结如下。首先，我们编写代码来对式（8.50）～式（8.56）给出的原始变量进行求值。用于计算正切变量［式（8.58）～式（8.64）］的相关方程和代码会自动生成。为了求导数 $\partial f / \partial x_1$，我们需要输入 x_1 和 x_2 的特定值，然后代码会执行原始方程和正切方程，依次对元组 $(v_i, \dot{v}_i)$ 进行数值计算，直至得到所需的导数 $\dot{v}_5$（见习题 8.17）。

考虑一个有两个输出 $f_1(x_1, x_2)$ 和 $f_2(x_1, x_2)$ 的示例，其中 $f_1(x_1, x_2)$ 由式（8.49）定义，且

$$f_2(x_1, x_2) = (x_1x_2 - \sin(x_2))\exp(x_1x_2) \tag{8.65}$$

从图 8.5 中可以看出，这只涉及对原始变量和正切变量求值方程的一个小扩展，因此 $\partial f_1 / \partial x_1$ 和 $\partial f_2 / \partial x_1$ 都可以在一次前向传播中一并求出。不过，这样做的缺点是，如果我们想计算相对于不同输入变量 x_2 的导数，就必须进行一次单独的前向传播。一

般来说，如果一个函数有 D 个输入和 K 个输出，那么一次前向模式自动微分就会产生 $K \times D$ 大小的雅可比矩阵中的一列：

$$\boldsymbol{J} = \begin{bmatrix} \frac{\partial f_1}{\partial x_1} & \cdots & \frac{\partial f_1}{\partial x_D} \\ \vdots & & \vdots \\ \frac{\partial f_K}{\partial x_1} & \cdots & \frac{\partial f_K}{\partial x_D} \end{bmatrix} \tag{8.66}$$

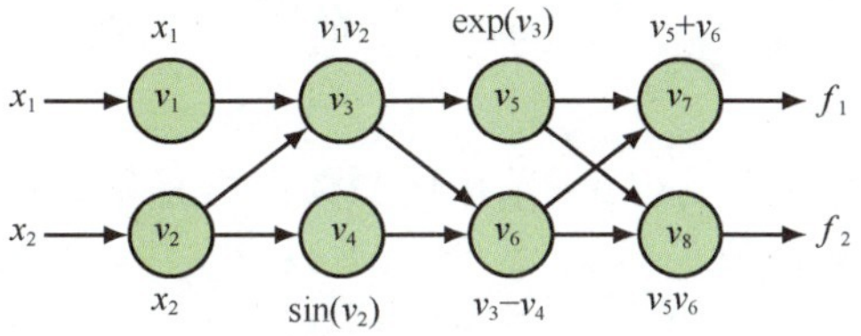

图 8.5 将图 8.4 中的示例扩展为具有两个输出 f_1 和 f_2

若要计算雅可比矩阵的第 j 列，则需要对正切变量求值方程的前向传播进行初始化，也就是在 $i \neq j$ 时设置 $\dot{x}_j = 1$ 和 $\dot{x}_i = 0$。我们可以将其写成向量形式，即 $\dot{\boldsymbol{x}} = \boldsymbol{e}_i$，其中 $\boldsymbol{e}_i$ 是第 i 个单位向量。若要计算全雅可比矩阵，则需要进行 D 次前向传播。然而，若要计算雅可比矩阵与向量 $\boldsymbol{r} = (r_1, \cdots, r_D)^{\mathrm{T}}$ 的乘积：

$$\boldsymbol{J} = \begin{bmatrix} \frac{\partial f_1}{\partial x_1} & \cdots & \frac{\partial f_1}{\partial x_D} \\ \vdots & & \vdots \\ \frac{\partial f_K}{\partial x_1} & \cdots & \frac{\partial f_K}{\partial x_D} \end{bmatrix} \begin{bmatrix} r_1 \\ \vdots \\ r_D \end{bmatrix} \tag{8.67}$$

那么只需要设置 $\dot{\boldsymbol{x}} = \boldsymbol{r}$，就可以通过一次前向传播来完成（见习题 8.18）。

我们可以看到，前向模式自动微分可以通过 D 次前向传播，求出导数的 $K \times D$ 大小的全雅可比矩阵。对于具有少量输入和较多输出（$K \gg D$）的网络，这种方法非常有效。然而，我们经常在这样的环境中进行操作：我们通常只有一个函数，即用于训练的误差函数，以及大量我们想要对其进行微分的变量（包括网络中的权重和偏置），这些变量可能有数百万个或数十亿个。在这种情况下，前向模式自动微分具有极低的效率。因此，我们转而采用另一种自动微分法——逆模式自动微分。

8.2.2 逆模式自动微分

逆模式自动微分可以看作误差反向传播程序的拓展。和前向模式自动微分一样，我们也在每个中间变量 v_i 中添加附加变量；附加变量在此处称为伴随（adjoint）变量，用 $\overline{v}_i$ 表示。考虑具有单一输出函数 f 的情况，其伴随变量定义如下：

$$\overline{v}_i = \frac{\partial f}{\partial v_i} \tag{8.68}$$

可以利用微积分中的链式法则，从输出开始，依次反向地对它们进行求值：

$$\overline{v}_i = \frac{\partial f}{\partial v_i} = \sum_{j \in \mathrm{ch}(i)} \frac{\partial f}{\partial v_j} \frac{\partial v_j}{\partial v_i} = \sum_{j \in \mathrm{ch}(i)} \overline{v}_j \frac{\partial v_j}{\partial v_i} \tag{8.69}$$

其中 $\mathrm{ch}(i)$ 表示求值轨迹中节点 i 的子节点的集合，即从节点 i 指向这些子节点的变量的集合。如前所述，对伴随变量的连续求值代表了通过求值轨迹进行的反向信息流动（参见图 8.1）。

再次考虑式（8.50）～式（8.56）给出的具体函数示例，可以得出以下用于计算伴随变量的方程（见习题 8.16）：

$$\overline{v}_7 = 1 \tag{8.70}$$

$$\overline{v}_6 = \overline{v}_7 \tag{8.71}$$

$$\overline{v}_5 = \overline{v}_7 \tag{8.72}$$

$$\overline{v}_4 = -\overline{v}_6 \tag{8.73}$$

$$\overline{v}_3 = \overline{v}_5 v_5 + \overline{v}_6 \tag{8.74}$$

$$\overline{v}_2 = \overline{v}_2 v_1 + \overline{v}_4 \cos(v_2) \tag{8.75}$$

$$\overline{v}_1 = \overline{v}_3 v_2 \tag{8.76}$$

请注意，它们从输出端开始，然后通过求值轨迹反向流至输入端。即使有多个输入，也只需要一次反向传播就能求出导数。对于神经网络误差函数，E 关于权重和偏置的导数可作为相应的伴随变量。但是，如果出现一个以上的输出变量，则需要为每个输出变量进行一次单独的反向传播（参见图 8.5）。

逆模式通常比前向模式占用更多内存，因为必须存储所有中间变量，以便在反向传播过程中根据需要使用中间变量计算伴随变量。与此相反，在前向模式下，原始变量和正切变量在前向传播过程中被一起计算，所以变量一旦用完就可以丢弃。与逆模式相比，前向模式一般更容易实现。

无论是前向模式自动微分还是逆模式自动微分，通过网络的单次传播成本都不会超过单次函数计算成本的 6 倍。实际上，开销通常接近单次函数计算成本的 2 倍或 3 倍（Griewank and Walther, 2008）。前向模式和逆模式的融合也很有趣。前向模式和逆模式的融合在计算黑塞矩阵与向量乘积的情况下很有用（Pearlmutter, 1994）。在此，我们可以使用逆模式来计算代码的梯度，而代码本身是由前向模式生成的。下面让我们从一个向量 $\boldsymbol{b}$ 和一个点 $\boldsymbol{x}$ 开始计算黑塞矩阵与向量的乘积。通过设置 $\dot{\boldsymbol{x}} = \boldsymbol{v}$ 并使用前向模式，可以得出方向导数 $\boldsymbol{v}^{\mathrm{T}}\nabla f$。然后使用逆模式进行微分，得到 $\nabla^2 f\boldsymbol{v} = \boldsymbol{H}\boldsymbol{v}$。如果

W 是神经网络中参数的数量，那么即使黑塞矩阵的大小为 $W \times W$ ，计算复杂度也为 $\mathcal{O}(W)$ 。黑塞矩阵本身也可以通过自动微分法进行显式的计算，但计算复杂度为 $\mathcal{O}(W^2)$ 。

习题

8.1 （$\star$）利用式（8.5）、式（8.6）、式（8.8）和式（8.12），验证计算误差函数导数的反向传播公式［式（8.13）］。

8.2 （$\star\star$）采用一个多层网络，并从前向传播公式［式（6.19）］开始，用矩阵符号重写反向传播公式［式（8.13）］。请注意，结果涉及转置矩阵。

8.3 （$\star$）使用泰勒展开，验证 $\mathcal{O}(\varepsilon)$ 在式（8.25）的右侧被抵消了。

8.4 （$\star\star$）考虑图 6.9 所示的两层网络，其中额外增加了与直接从输入到输出的跳层连接相对应的参数。通过拓展 8.1.3 小节所讨论的内容，写出误差函数关于这些额外参数的导数方程。

8.5 （$\star\star\star$）在 8.1.5 小节中，我们推导出了一种使用反向传播程序计算神经网络雅可比矩阵的方法。请推导出一种基于前向传播方程计算雅可比矩阵的替代形式。

8.6 （$\star\star\star$）考虑双层神经网络并定义以下数据：

$$\delta_k = \frac{\partial E_n}{\partial a_k}, \qquad M_{kk'} \equiv \frac{\partial^2 E_n}{\partial a_k \partial a_{k'}} \tag{8.77}$$

对于（i）两个权重都在第二层、（ii）两个权重都在第一层、（iii）每一层都有一个权重的元素，推导出用 δ_k 和 $M_{kk'}$ 表示的黑塞矩阵的元素表达式。

8.7 （$\star\star\star$）将习题 8.6 中关于双层神经网络的精确黑塞矩阵的结果进行扩展，使其包括直接从输入层到输出层的跳层连接。

8.8 （$\star\star$）使用平方和误差函数的神经网络黑塞矩阵的外积近似值由式（8.40）给出。将这一结果扩展到多个输出。

8.9 （$\star\star$）考虑如下形式的平方损失函数：

$$E(\mathbf{w}) = \frac{1}{2}\iint \{y(\mathbf{x},\mathbf{w}) - t\}^2 p(\mathbf{x},t)\,\mathrm{d}\mathbf{x}\,\mathrm{d}t \tag{8.78}$$

其中 $y(\mathbf{x},\mathbf{w})$ 为参数化函数，如神经网络。式（4.37）表明，能使该误差最小化的函数 $y(\mathbf{x},\mathbf{w})$ 是由给定 $\mathbf{x}$ 情况下 t 的条件期望给出的。该结果可证明 E 相对于向量 $\mathbf{w}$ 的两个元素 w_r 和 w_s 的二阶导数为

$$\frac{\partial^2 E}{\partial w_r \partial w_s} = \int \frac{\partial y}{\partial w_r}\frac{\partial y}{\partial w_s} p(\mathbf{x})\,\mathrm{d}\mathbf{x} \tag{8.79}$$

注意，对于 $p(\mathbf{x})$ 的有限样本，我们可以得到式（8.40）。

8.10 （$\star\star$）推导出具有单输出、逻辑斯谛 sigmoid 输出单元激活函数和交叉熵误差函

数的网络的黑塞矩阵的外积近似表达式［式（8.41）］，对应于采用平方误差函数时的结果［式（8.40）］。

8.11　（⋆⋆）推导出一个具有 K 个输出、softmax 输出单元激活函数和交叉熵误差函数的网络的黑塞矩阵的外积近似表达式，对应于采用平方和误差函数时的结果。

8.12　（⋆⋆⋆）考虑矩阵等式

$$\left(\boldsymbol{M}+\boldsymbol{v}\boldsymbol{v}^{\mathrm{T}}\right)^{-1}=\boldsymbol{M}^{-1}-\frac{\left(\boldsymbol{M}^{-1}\boldsymbol{v}\right)\left(\boldsymbol{v}^{\mathrm{T}}\boldsymbol{M}^{-1}\right)}{1+\boldsymbol{v}^{\mathrm{T}}\boldsymbol{M}^{-1}\boldsymbol{v}}$$

它只是伍德伯里等式［式（A.7）］的一个特例。将式（8.80）应用于黑塞矩阵的外积近似表达式［式（8.40）］，推导出一个公式，该公式允许通过训练数据进行一次传播并用每个数据点更新黑塞矩阵，从而计算出黑塞矩阵的逆。需要注意的是，该算法可以采用 $\boldsymbol{H}=\alpha\boldsymbol{I}$ 进行初始化，其中 α 是一个小的常数，而且结果对 α 的精确值并不特别敏感。

8.13　（⋆⋆）验证式（8.47）的导数由式（8.48）给出。

8.14　（⋆⋆）逻辑斯谛映射是由 $L_{n+1}(x)=4L_n(x)\left(1-L_n(x)\right)$ 和 $L_1(x)=x$ 的迭代关系定义的函数。写出 $L_2(x)$、$L_3(x)$、$L_4(x)$ 的求值轨迹方程，然后写出相应的导数 $L_1'(x)$、$L_2'(x)$、$L_3'(x)$、$L_4'(x)$ 的表达式。请勿简化这些表达式，但需要注意导数公式的复杂度是如何比函数本身的表达式的复杂度增长得更快的。

8.15　（⋆⋆）从示例函数式（8.49）的求值轨迹方程式（8.50）～式（8.56）开始，利用式（8.57）推导出前向模式正切变量求值方程式（8.58）～式（8.64）。

8.16　（⋆⋆）从示例函数式（8.49）的求值轨迹方程式（8.50）～式（8.56）开始，并参考图 8.4，利用式（8.69）推导出逆模式伴随变量求值方程式（8.70）～式（8.76）。

8.17　（⋆⋆⋆）考虑示例函数式（8.49）。写出 $\partial f/\partial x_1$ 的表达式，并在 $x_1=1$ 和 $x_2=2$ 时对该函数进行求值。使用求值轨迹方程式（8.50）～式（8.56）求出变量 v_1 ～ v_7，然后使用前向模式自动微分的求值轨迹方程求出正切变量 $\dot{v}_1$ ～ $\dot{v}_7$，并确认求得的 $\partial f/\partial x_1$ 值与直接求得的 $\partial f/\partial x_1$ 值一致。同样，使用逆模式自动微分的求值轨迹方程求出伴随变量 $\bar{v}_1$ ～ $\bar{v}_2$，并再次确认求得的 $\partial f/\partial x_1$ 值与直接求得的 $\partial f/\partial x_1$ 值一致。

8.18　（⋆⋆）将任意向量 $\boldsymbol{r}=(r_1,\cdots,r_D)^{\mathrm{T}}$ 表示为单位向量 $\boldsymbol{e}_i$ 的线性组合，其中 $i=1,\cdots,D$。证明可以通过设置 $\dot{\boldsymbol{x}}=\boldsymbol{r}$，只需要通过单次前向模式自动微分传播就可以求出形式为式（8.67）的函数与 $\boldsymbol{r}$ 的雅可比矩阵的乘积。

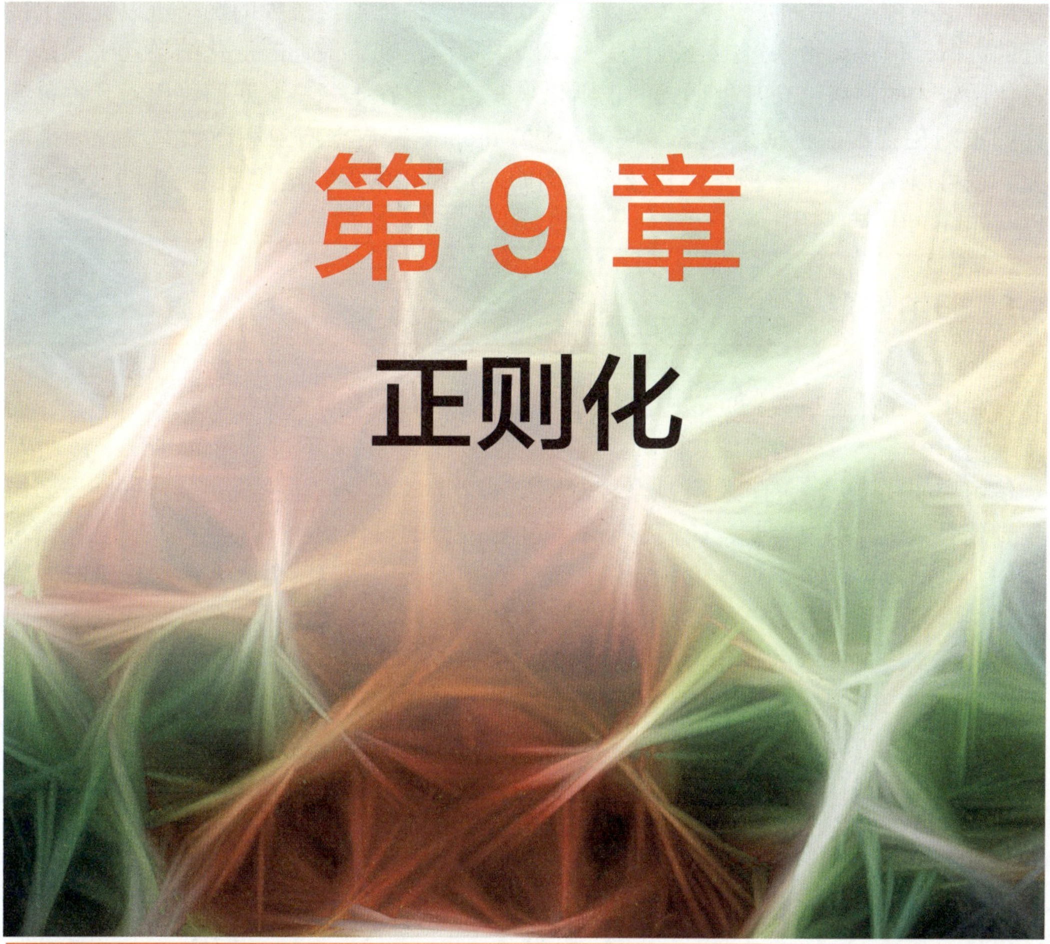

第 9 章

正则化

在讨论多项式曲线拟合时，我们引入了正则化的概念，其通过防止模型参数取值过大来减少过拟合（参见 1.2 节）。这涉及向误差函数中添加一个简单的惩罚项，从而得到正则化的误差函数，形式如下：

$$\widetilde{E}(\boldsymbol{w})=E(\boldsymbol{w})+\frac{\lambda}{2}\boldsymbol{w}^{\mathrm{T}}\boldsymbol{w} \tag{9.1}$$

其中 $\boldsymbol{w}$ 是模型参数向量，$E(\boldsymbol{w})$ 是未正则化的误差函数，正则化超参数 λ 则控制正则化效应的强度。在以增加一些偏差为代价的情况下减小解的方差可以改善预测准确性，这可以从偏差 – 方差权衡的角度来解释（参见 4.3 节）。在本章中，我们将深入探讨正则化，并讨论几种不同的正则化方法。我们还将看到能从有限训练数据集中获得良好泛化能力的偏差所起的重要作用。

在实际应用中，产生数据的过程不太能够精确对应于特定的神经网络架构，因此任何给定的神经网络都只是对真实数据生成器的一种近似。更大的网络可以提供更接近的近似，但这会带来过拟合的风险。实践中我们发现，最佳的泛化结果几乎总是通过使用较大的网络结合某种形式的正则化来获得的。在本章中，我们将探索几种可替代的正则化技术，包括早停法、模型平均、dropout、数据增强和参数共享。如果需要，也可以结合使用多种正则化技术。例如，正则化的误差函数［式（9.1）］通常可以与 dropout 一起使用。

9.1 归纳偏置

在比较正弦合成数据问题中的各阶多项式的预测误差时（参见 1.2.4 小节），我们发现使用中等复杂度的多项式能够获得最小的泛化误差，既不过于简单也不过于灵活。当使用形如式（9.1）的正则化项来控制模型复杂度时，我们也发现了类似的结果，当正则化系数 λ 大小中等时，我们实现了对新输入值的最佳预测（参见 1.2.5 小节）。对这一结果的洞察来自偏差 - 方差分解，我们看到模型中适当的偏差水平对于从有限数据集中学习泛化能力是比较重要的（参见 4.3 节）。具有高偏差的简单模型无法捕捉到潜在数据生成过程中的变化，而具有低偏差的高度灵活模型则容易过拟合，导致泛化能力差。随着数据集大小的增加，我们可以使用具有更小偏差的更灵活的模型，而不会引起过大的方差，从而改善泛化能力。请注意，在实际设置中，模型的选取也可能受到内存使用或执行速度等因素的影响。在此我们忽略这些附加因素，而专注于实现良好的预测性能，也就是良好的泛化能力。

9.1.1 逆问题

模型选择问题是机器学习的核心，可以追溯到大多数机器学习任务都是逆问题（inverse problem）的事实。给定条件分布 $p(t|\boldsymbol{x})$ 以及一组有限的输入点 $\{\boldsymbol{x}_1,\cdots,\boldsymbol{x}_N\}$，原则上至少可以从该分布中抽样相应的值 $\{t_1,\cdots,t_N\}$。然而，在机器学习中，我们必须解决这个问题的逆问题，即只给定有限数量的样本就推断整个分布。这本质上是不适定的（ill-posed），因为有无限多的分布可能生成我们所观测到的训练数据。实际上，任何在观测目标值上具有非零概率密度的分布都是候选分布。

然而，为了使机器学习有实用价值，我们需要对新的 $\boldsymbol{x}$ 值进行预测，因此需要一种方法来从无限多可能分布中选择一个特定的分布。选择这个特定分布而非其他分布的偏好称为归纳偏置（inductive bias）或先验知识（prior knowledge），其在机器学习中起着核心作用。先验知识可能来自有助于约束解空间的背景信息。对于许多应用，输入值的微小变化应该导致输出值的微小变化，因此应该使解偏向于那些具有平滑变化函数的解决方案。形如式（9.1）的正则化项鼓励模型权重取值较小，因此引入了对输入变化较慢的函数的偏好。同样，当我们在图像中检测对象时，可以利用对象本体通常与对象在图像中的位置无关的先验知识（参见第 10 章）。这称为平移不变性，将其纳入我们的解可以显著简化构建具有良好泛化能力的系统的任务。然而，必须注意不要引入与数据生成过程不一致的偏差或约束。例如，当输出与输入之间实际存在显著的非线性关系时，如果假设它们的关系是线性的，则可能导致得到一个产生不准确答案的系统。

像迁移学习和多任务学习这样的技术也可以从正则化的角度来看（参见 6.3.4 小节）。当某个特定任务的训练数据有限时，可以使用来自不同但相关任务的额外数据来帮助确定神经网络中的可学习参数。任务之间的相似性假设代表了一种比简单正则化更复杂的归纳偏置形式，这解释了使用额外数据所带来的性能提升。

9.1.2 无免费午餐定理

本书的核心关注点是一类重要的机器学习模型——深度神经网络。这些模型高度灵活，并已经在计算机视觉、语音识别和自然语言处理等多个领域引发了革命。事实上，它们已成为大多数机器学习应用的首选框架。因此，它们看起来像是能完成所有任务的“通用”学习算法。然而，即便是非常灵活的神经网络也包含重要的归纳偏置（参见第 10 章）。例如，卷积神经网络编码了特定形式的归纳偏置，包括对图像应用特别有用的平移不变性。

无免费午餐定理（the no free lunch theorem）（Wolpert, 1996）源自“天下没有免费的午餐”这一说法，其表明在所有可能的问题上，平均来看每个学习算法与其他学习算法一样好。如果某个特定模型或算法在某些问题上优于平均水平，那么它在其他问题上必定低于平均水平。然而，这更多是一个理论概念，因为这里所说的可能问题空间，包括了在任何合理的实际应用中都非常不典型的输入与输出之间的关系。例如，我们已经注意到，大多数具有实践背景的例子显示出了某种程度的平滑性，其中输入值的微小变化大多与目标值的微小变化相关联。像神经网络这样的模型，以及大多数广泛使用的机器学习技术，由于表现出了这种形式的归纳偏置，因此在某种程度上具有广泛的适用性。

尽管无免费午餐定理在某种程度上是理论性的，但它确实突出了偏差在确定机器学习算法性能方面的重要性。在没有任何偏差的情况下，不可能“纯粹从数据中”学习。在实践中，偏差可能是隐式的。例如，每个神经网络都有有限数量的参数，这限制了它所能表示的函数。然而，偏差也可以作为解决特定问题的先验知识被显式编码。

在寻找通用学习算法的过程中，我们实际上是在寻找适合的归纳偏置，它广泛地适用于我们在实践中遇到的不同应用。然而，对于任何给定的应用，如果能够融入特定于该应用的更强的归纳偏置，则可以获得更好的结果。基于模型的机器学习的观点（Winn et al., 2023）主张使机器学习模型中的所有假设显式化，以便为归纳偏置做出适当的选择。

我们已经看到，可以通过分布的形式将归纳偏置融入其中，例如通过指定输出是一组基函数固定的线性函数。也可以在训练期间，通过在使用的误差函数中添加正则化项来融入归纳偏置。我们可以通过训练过程本身来控制神经网络的复杂性（参见第 7 章）。你将看到，即使可调参数的数量超过训练数据点的数量，只要训练过程设置得当，深度神经网络也可以实现良好的泛化。将深度学习应用于现实世界问题的部分技巧在于归纳偏置的仔细设计和先验知识的融入。

9.1.3 对称性和不变性

在机器学习的许多应用中，预测应该在输入变量经过一种或多种变换时保持不变，称为具有不变性。例如，在对二维图像中的对象进行分类时，如猫或狗，无论对象在图像中的位置如何，都应赋予对象相同的分类，称为平移不变性（translation invariance）。同样，图像中对象大小的变化也不应改变对象的分类，称为尺度不变性（scale invariance）。利用这种对称性来创建归纳偏置可以大大提高机器学习模型的性能，这是几何深度学习（geometric deep learning）（Bronstein et al., 2021）所要研究的主题。

平移或缩放等变换保持特定属性不变的现象称为对称性。所有对应于特定对称性的变换的集合构成了一个称为群（group）的数学结构。群由一组元素 $\mathcal{A}, \mathcal{B}, \mathcal{C},\cdots$，以及一个用于组合元素对的二元运算（使用符号 $\mathcal{A}\circ\mathcal{B}$ 表示）组成。以下 4 个公理对于群是成立的。

- 封闭性：对于集合中的任何两个元素 $\mathcal{A}$ 和 $\mathcal{B}$，$\mathcal{A}\circ\mathcal{B}$ 也必须在集合中。
- 结合性：对于集合中的任何三个元素 $\mathcal{A}$、$\mathcal{B}$ 和 $\mathcal{C}$，有 $(\mathcal{A}\circ\mathcal{B})\circ\mathcal{C}=\mathcal{A}\circ(\mathcal{B}\circ\mathcal{C})$。
- 单位元：集合中存在一个称为单位元的元素 $\mathcal{I}$，满足对于集合中的每个元素 $\mathcal{A}$，有 $\mathcal{A}\circ\mathcal{I}=\mathcal{I}\circ\mathcal{A}=\mathcal{A}$。
- 逆元：对于集合中的每个元素 $\mathcal{A}$，存在集合中的另一个元素，用 $\mathcal{A}^{-1}$ 表示，称为逆元，满足 $\mathcal{A}\circ\mathcal{A}^{-1}=\mathcal{A}^{-1}\circ\mathcal{A}=\mathcal{I}$。

简单的群如以 90° 的倍数旋转正方形或在二维平面上连续平移对象的变换的集合（见习题 9.1）。

原则上，神经网络对输入空间变换做出预测的不变性可以从数据中学习，而无须对网络或训练程序进行特殊修改。然而，实际上这可能极其具有挑战性，因为这样的变换可以在原始数据中产生显著改变。例如，图像中对象的相对较小的平移，即使只有几个像素，也可以导致像素值发生显著变化。此外，多种不变性通常需要同时保持，例如同时要求对二维空间中的平移、缩放、旋转、强度变化、色彩平衡变化等保持不变。这样的变换组合的数量是指数级的，这使得学习所有这些不变性所需的训练集大得难以承受。

因此，我们需要寻求更有效的方法来促使自适应模型展现出所需的不变性。这些方法大致可以分为 4 类。

（1）预处理。通过在预处理阶段计算在所需变换下保持不变的数据特征来构建不变性。任何后续使用这些特征作为输入的回归或分类系统必然也保持了这些不变性。

（2）正则化的误差函数。向误差函数中添加一个正则化项，以惩罚输入仅受不变性变换改变时模型输出的变化。

（3）数据增强。通过使用所需的不变性对训练数据点进行变换，从而扩展训练集，同时保持它们的目标值与变换前相同。

（4）网络架构。通过适当选择网络架构，将不变性融入神经网络的结构中。

上述第 1 类方法面临的一个挑战是设计呈现所需不变性的特征，同时不丢弃可能有助于确定网络输出的信息。我们已经看到，固定的、手工提取的特征表示能力有限，并且已被使用深度神经网络习得的表示所取代（参见第 6 章）。

第 2 类方法的一个例子是在训练过程中添加正则化项到误差函数中的切线传播（tangent propagation）技术（Simard et al., 1992），旨在直接惩罚由某种不变性变换下输入变量的变化引起的输出变化。除了训练的额外复杂性外，这种技术的一个局限性是只能处理小的变换（例如少于一个像素的平移）。

第 3 类方法又称数据集增强（data set augmentation）。它通常相对容易实现，并且在实践中被证明非常有效。它通常应用在图像分析场景中，因为创建变换的训练数据非常直接。图 9.1 显示了对猫的图像应用这些变换的示例。对于软组织的医疗图像，数据增强也可以包含连续的“橡皮布”变形（Ronneberger, Fischer, and Brox, 2015）。

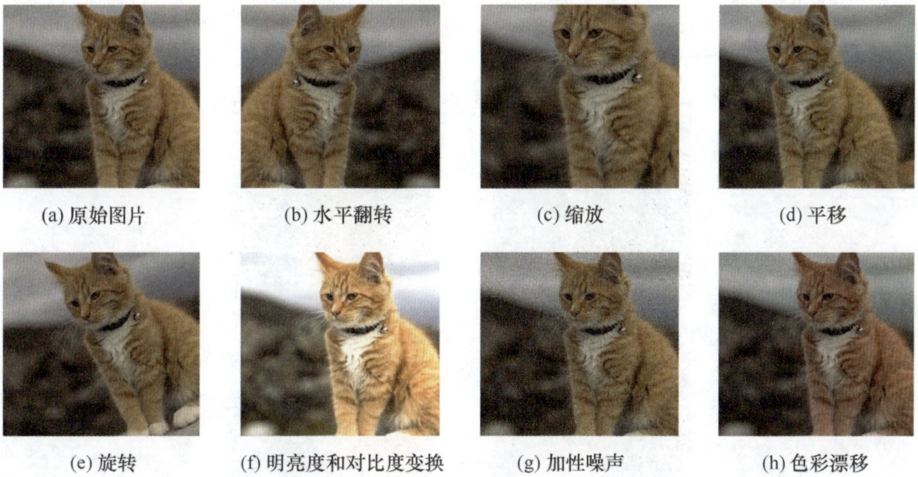

图 9.1 数据集增强示意图

对于序贯训练算法，如随机梯度下降，我们可以在输入模型之前变换每个数据点来增强数据集，以便如果数据点被循环使用，则每次都会应用不同的变换（从适当的分布中抽取变换方式）。对于批训练方法，通过多次复制每个数据点并独立变换每个副本，可以达到类似的效果。

通过对原始示例做小改动的变换，然后按变换幅度的幂次对误差函数进行泰勒展开，可以分析使用增强数据的效果（Bishop, 1995c; Leen, 1995; Bishop, 2006），并得到一个正则化的误差函数，其中的正则化项惩罚了网络输出相对于输入变量在变换方向上投影的梯度。这与前面讨论的切线传播技术相关。添加随机噪声的变换是一种特殊情况，在这种情况下，正则化项惩罚网络输出相对于输入的导数（见习题 9.2）。因为我们鼓励即使在输入变量添加噪声的情况下网络输出也保持不变，所以该惩罚是非常合理的。

最后，第 4 类方法，也就是在网络结构中融入不变性，已被证明非常强大且有效，并且还带来了其他关键的好处。我们将在计算机视觉中的卷积神经网络背景下详细讨论这类方法（参见第 10 章）。

9.1.4 等变性

不变性的一个重要推广称为等变性（equivariance）。在这种情况下，当输入变换时，网络的输出以特定的方式变换，而不是保持不变。例如，考虑一个接收图像作为输入并返回图像分割结果的网络，其中每个像素分类为属于前景对象或背景。此时，如果图像中对象的位置发生平移，那么我们希望对象的相应分割结果也类似地发生平移。假设我们用 $\boldsymbol{I}$ 表示图像，用 $\mathcal{S}$ 表示分割网络的操作，那么对于一个平移操作 $\mathcal{T}$，我们有

$$\mathcal{S}(\mathcal{T}(\boldsymbol{I}))=\mathcal{T}(\mathcal{S}(\boldsymbol{I})) \tag{9.2}$$

这表明被平移图像的分割结果是通过对原始图像的分割结果进行平移得到的。图 9.2 说明了这种关系。

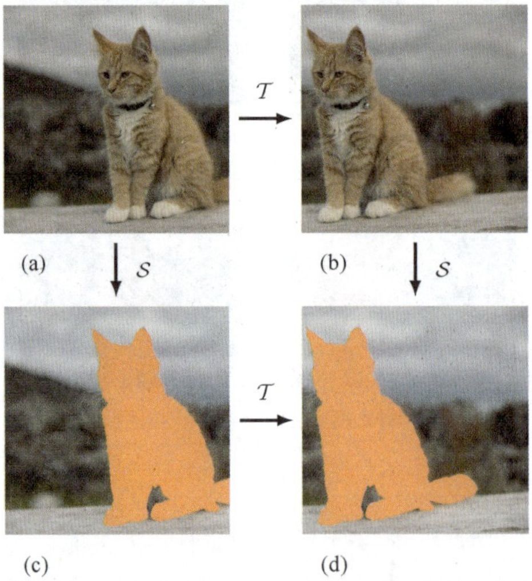

图 9.2 对应式（9.2）的等变性示意图。如果图像 (a) 首先被平移得到图像 (b)，然后被分割得到图像 (d)，则结果与先将图像 (a) 分割得到图像 (c)，再平移得到图像 (d) 相同

更一般地，当应用于输出的变换与应用于输入的变换不同时，等变性也成立：

$$\mathcal{S}(\mathcal{T}(\boldsymbol{I}))=\widetilde{\mathcal{T}}(\mathcal{S}(\boldsymbol{I})) \tag{9.3}$$

例如，假设分割后的图像的分辨率低于原始图像，$\mathcal{T}$ 代表原始图像空间中的平移，$\tilde{\mathcal{T}}$ 代表较低维度分割空间中相应的平移。同样，如果 $\mathcal{S}$ 代表计算图像中对象方向的操作，而 $\mathcal{T}$ 代表旋转（这是图像中所有像素值的复杂非线性变换），那么 $\tilde{\mathcal{T}}$ 将依据 $\mathcal{S}$ 生

成的标量方向值增大或减小。

我们还看到，不变性是等变性的一种特殊情况，其中输出变换是简单的恒等变换。例如，如果 $\mathcal{C}$ 是一个神经网络，用于分类图像中的一个对象，而 $\mathcal{T}$ 是一个平移操作，则有

$$\mathcal{C}(\mathcal{T}(\boldsymbol{I})) = \mathcal{C}(\boldsymbol{I}) \tag{9.4}$$

这表明对象的类别不依赖于该对象在图像中的位置。

9.2 权重衰减

我们在线性回归的背景下引入了正则化（参见 1.2.5 小节）来控制模型的复杂性，这是一种限制模型中参数数量的替代方法。最简单的正则化项由模型参数的平方和构成，从而形成式（9.1）的正则化误差函数。该误差函数会对较大的参数值施加惩罚。有效的模型复杂性由正则化系数 λ 的选择决定。

我们还看到，这种加性的正则化项可以解释为权重向量 $\boldsymbol{w}$ 上零均值高斯先验分布的负对数（参见 2.6.2 小节）。这为将先验知识纳入模型训练过程提供了概率性的视角。遗憾的是，这种先验是通过模型参数表示的，而我们具有的关于待解决问题的领域知识更可能是通过从输入到输出的网络函数形式表示的。然而，参数与网络函数之间的关系极其复杂，因此只有非常有限类型的先验知识可以直接轻松地表示为模型参数的先验。

式（9.1）中的平方和正则化项在机器学习文献中称为权重衰减（weight decay），因为在序贯学习算法中，它鼓励权重值向零衰减（除非数据支持其不衰减）（参见习题 9.3）。这种正则化项的一个优点是，它的导数很容易计算，可用于梯度下降训练。具体来说，对于式（9.1），梯度由下式给出：

$$\nabla \widetilde{E}(\boldsymbol{w}) = \nabla E(\boldsymbol{w}) + \lambda \boldsymbol{w} \tag{9.5}$$

可以看到，式（9.1）中的因子 1/2 在取导数时会消失。

通过考虑二维参数空间以及未正则化的误差函数 $E(\boldsymbol{w})$，可以看到二次正则化项的一般效果，如图 9.3 所示。该误差函数是 $\boldsymbol{w}$ 的二次函数（对应于具有平方和误差函数的简单线性回归模型）（参见 4.1.2 小节）。参数空间中的轴已经旋转以与黑塞矩阵的特征向量对齐，对应于椭圆误差函数等值线的轴（参见 8.1.6 小节）。可以看到，正则化项的效果是缩小权重参数的大小。然而，正则化项对于参数 w_1 的效果更大，因为未正则化的误差对 w_1 值的敏感性远低于对 w_2 值的敏感性。直观上，只有参数 w_2 是“活跃的”，因为输出对 w_1 相对不敏感，正则化项会将 w_1 推向 0。有效参数的数量指的是正则化后仍然活跃的参数的数量，这个概念可以从贝叶斯学派或频率学派的角度形式化（Bishop, 2006; Hastie, Tibshirani, and Friedman, 2009）。对于 $\lambda \to \infty$，所有参数都被推向 0，有效参数的数量因此为 0。随着 λ 的减小，有效参数的数量开始增加，直至

$\lambda=0$ 时，有效参数的数量等于模型中实际参数的总数。我们发现，通过正则化控制模型复杂性与通过限制参数数量控制模型复杂性有相似之处。

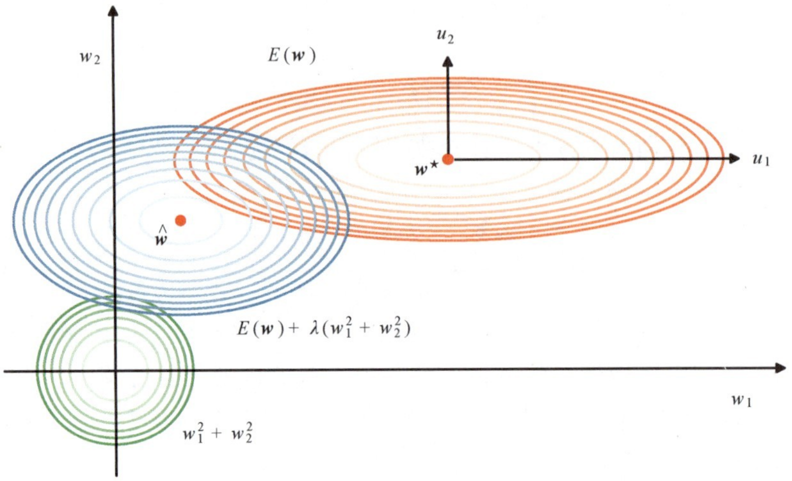

图 9.3 二次误差函数与平方和正则化项 $\lambda\left(w_1^2+w_2^2\right)$ 的误差函数等值线（红色）、正则化项等值线（绿色），以及两者的线性组合等值线（蓝色）。这里参数空间中的轴已经旋转以与未正则化误差函数的椭圆等值线的轴对齐。对于 $\lambda=0$，最小误差由 $\boldsymbol{w}^\star$ 表示。当 $\lambda>0$ 时，正则化误差函数 $E(\boldsymbol{w})+\lambda\left(w_1^2+w_2^2\right)$ 的最小值向原点移动。这种移动在 w_1 方向上较大（因为未正则化误差对参数值相对不敏感），在 w_2 方向上较小，这是误差与参数值高度相关导致的。正则化项有效地抑制了对网络预测准确性影响较小的参数

9.2.1 一致性正则化项

简单权重衰减形式［式（9.1）］的一个缺陷是，它破坏了网络映射的某些我们想要的变换特性。为了说明这一点，考虑一个有两层权重和线性输出单元的多层感知机网络，该网络从一组输入变量 $\{x_i\}$ 映射到一组输出变量 $\{y_k\}$。第一隐藏层（简称隐层）的隐藏单元的激活由下式给出：

$$z_j=h\left(\sum_i w_{ji}x_i+w_{j0}\right) \tag{9.6}$$

而输出单元的激活由下式给出：

$$y_k=\sum_j w_{kj}z_j+w_{k0} \tag{9.7}$$

假设我们对输入数据进行如下线性变换：

$$x_i\to\tilde{x}_i=ax_i+b \tag{9.8}$$

然后，我们可以通过对从输入到隐藏层单元的权重和偏置进行相应的线性变换，来保证网络执行的映射不变（见习题 9.4）：

$$w_{ji} \to \tilde{w}_{ji} = \frac{1}{a} w_{ji} \tag{9.9}$$

$$w_{j0} \to \tilde{w}_{j0} = w_{j0} - \frac{b}{a} \sum_i w_{ji} \tag{9.10}$$

类似地，网络输出变量的如下线性变换：

$$y_k \to \tilde{y}_k = c y_k + d \tag{9.11}$$

可以通过用以下形式变换第二隐藏层的权重和偏置来实现：

$$w_{kj} \to \tilde{w}_{kj} = c w_{kj} \tag{9.12}$$

$$w_{k0} \to \tilde{w}_{k0} = c w_{k0} + d \tag{9.13}$$

如果我们使用原始数据训练一个网络，并使用输入和 / 或目标变量经过上述某种线性变换的数据训练另一个网络，那么一致性要求我们应该得到等价网络，它们的区别仅仅在于是否对权重做了线性变换。任何正则化项都应该与这种性质一致，否则就会任意地偏好一种解而不是另一种等价的解。显然，简单权重衰减形式［式（9.1）］因为平等地惩罚所有权重和偏置，所以不满足这一性质。

为此，我们需要寻找一个在线性变换［式（9.9）、式（9.10）、式（9.12）和式（9.13）］下不变的正则化项。这要求正则化项对权重的重新缩放和偏置的移动保持不变。这样的正则化项由下式给出：

$$\frac{\lambda_1}{2} \sum_{w \in \mathcal{W}_1} \boldsymbol{w}^2 + \frac{\lambda_2}{2} \sum_{w \in \mathcal{W}_2} \boldsymbol{w}^2 \tag{9.14}$$

其中 $\mathcal{W}_1$ 表示第一层的权重集合，$\mathcal{W}_2$ 表示第二层的权重集合，且偏置被排除在求和之外。只要使用 $\lambda_1 \to a^{1/2}\lambda_1$ 和 $\lambda_2 \to c^{-1/2}\lambda_2$ 来重新缩放正则化参数，这个正则化项在权重变换下就会保持不变。

正则化项［式（9.14）］对应于参数的先验分布形式：

$$p(\boldsymbol{w} \mid \alpha_1, \alpha_2) \propto \exp\left(-\frac{\alpha_1}{2} \sum_{w \in \mathcal{W}_1} \boldsymbol{w}^2 - \frac{\alpha_2}{2} \sum_{w \in \mathcal{W}_2} \boldsymbol{w}^2 \right) \tag{9.15}$$

注意，这种形式的先验是反常的（它们不能被规范化），因为偏置参数是不受约束的。使用反常的先验可能会对选择正则化系数，以及在贝叶斯框架内进行模型比较造成困难。因此，我们通常会为偏置设置单独的先验（从而打破平移不变性），这些先验都有自己的超参数。

我们可以通过从先验中抽取样本并绘制相应的网络函数来展示这 4 个超参数的效果，如图 9.4 所示。先验由 4 个超参数控制：α_1^b、α_1^w、α_2^b 和 α_2^w，它们分别代表第一层偏置、第一层权重、第二层偏置和第二层权重的高斯分布的精度。可以看到，超参

数 α_2^w 控制函数的竖直尺度（注意图 9.4(a) 和图 9.4(b) 的竖直轴具有不同的取值范围），α_1^w 控制函数值变化的水平尺度，α_1^b 控制函数值变化的水平范围。超参数 α_2^b 的效果此处未展示，其控制函数的竖直偏移范围。

更一般地，考虑将权重分成任意多组 $\mathcal{W}_k$ 的正则化项，使得

$$\Omega(\boldsymbol{w})=\frac{1}{2}\sum_k \alpha_k \|\boldsymbol{w}\|_k^2 \tag{9.16}$$

其中：

$$\|\boldsymbol{w}\|_k^2=\sum_{j\in\mathcal{W}_k} w_j^2 \tag{9.17}$$

例如，我们可以为多层网络中的每一层使用不同的正则化项。

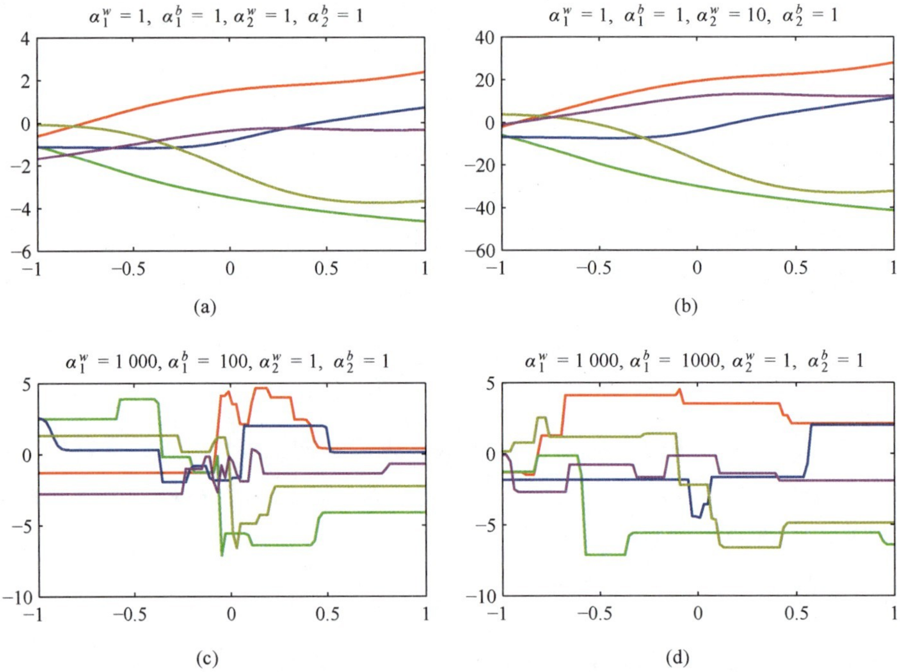

图 9.4　在具有单一输入、单一线性输出和 12 个由 tanh 函数激活的隐藏单元的双层神经网络中，旨在控制权重和偏置先验分布的超参数的效果示意图

9.2.2　广义权重衰减

我们有时使用简单的二次正则化项的一般形式：

$$\Omega(\boldsymbol{w})=\frac{\lambda}{2}\sum_{j=1}^{M}\left|w_j\right|^q \tag{9.18}$$

其中 $q=2$ 对应于式（9.1）中的二次正则化项。图 9.5 显示了不同 q 值的正则化函数的等值线。

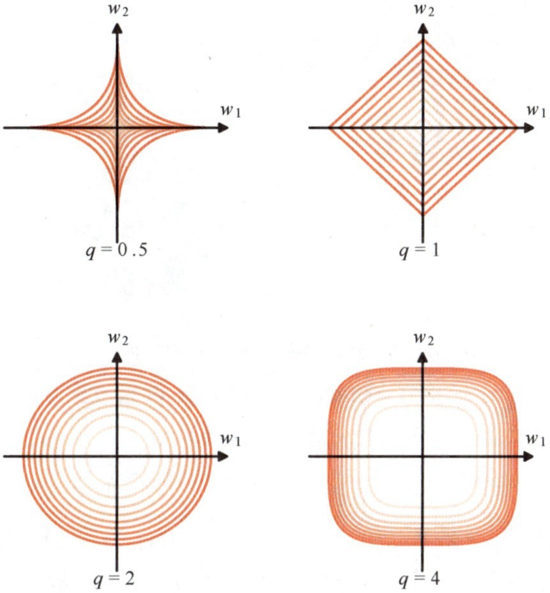

图 9.5　不同 q 值的正则化函数的等值线

当 $q=1$ 时，形如式（9.18）的正则化项在统计学领域称为 lasso（Tibshirani, 1996）。对于二次误差函数，它的性质是，如果 λ 足够大，系数 w_j 将趋于零，从而得到一个稀疏的模型，对应的基函数不起作用。为了说明这一点，考虑最小化下式给出的正则化误差函数：

$$E(\boldsymbol{w})+\frac{\lambda}{2}\sum_{j=1}^{M}\left|w_j\right|^q \tag{9.19}$$

这等价于在约束条件（见习题 9.5）

$$\sum_{j=1}^{M}\left|w_j\right|^q \leqslant \eta \tag{9.20}$$

下最小化未正则化的误差函数 $E(\boldsymbol{w})$，其中 η 有一个合适的取值。这两种方法可以通过拉格朗日乘子法关联起来（参见附录 C）。模型稀疏的原因可以通过图 9.6 来说明，该图显示了误差函数在约束条件［式（9.20）］下的最小值。随着 λ 的增大，更多参数将趋于零。相比之下，二次正则化项不会要求权重参数为零。

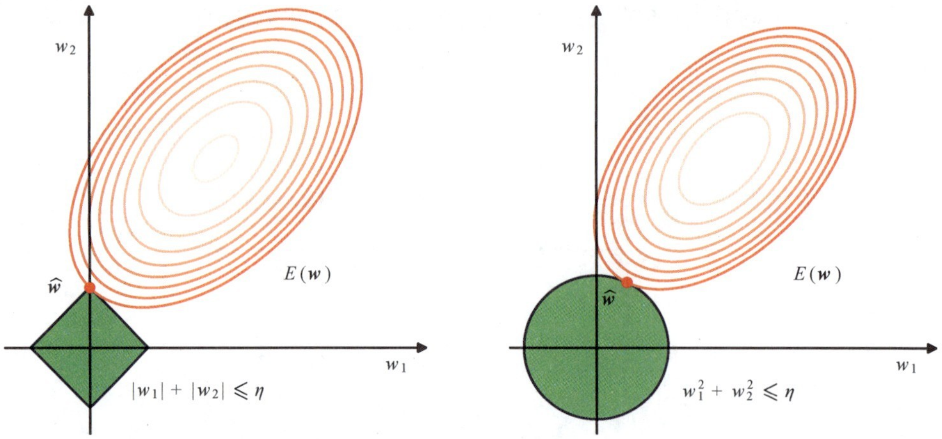

图 9.6 未正则化的误差函数的等值线（红色）以及两种情况的约束条件［式（9.20）］的示意图。左侧是 $q=1$ 时的 lasso 正则化项，右侧是 $q=2$ 时的二次正则化项。其中参数向量 w 的最优值由 $\hat{w}$ 表示。lasso 正则化项提供了一个稀疏解，其中 $\hat{w}_1=0$，而二次正则化项仅将 w_1 减至一个较小的值

正则化使得我们在有限大小的数据集上训练复杂模型的同时不会造成严重的过拟合，这本质上是通过限制有效模型的复杂度来实现的。这就让确定最优的模型复杂度问题从寻找适当数量的可学习参数变为确定合适的正则化系数 λ。我们将在 9.3 节讨论模型复杂度问题。

9.3 学习曲线

我们已经探讨了模型的泛化能力如何随模型中参数的数量、数据集的大小以及权重衰减正则化项的系数而变化。这些都允许我们在偏差和方差之间进行权衡，以最小化泛化误差。另一个影响这种权衡的因素是学习过程本身。在通过梯度下降优化误差函数期间，训练误差通常随着模型参数的更新而降低，而留出数据（hold-out data）的误差可能是非单调的。这种现象可以通过使用学习曲线来可视化。学习曲线显示了在迭代式学习过程（如随机梯度下降）中，性能指标（如训练集和验证集误差）关于迭代次数的变化。学习曲线不仅提供了对训练进程的洞察，还提供了一种控制模型有效复杂度的实用方法。

9.3.1 早停法

除正则化外，控制网络有效复杂度的一种替代方法是早停法（early stopping）。深度学习模型的训练涉及迭代下降定义在一组训练数据上的误差函数。虽然在训练集上计算的误差大致上关于迭代次数单调递减，但在留出数据（通常称为验证集）上计算的误差通常首先下降，然后由于网络开始过拟合而增加。因此，为了获得具有良好泛化能力的网络，应在验证集上的最小误差点处停止训练，如图 9.7 所示。

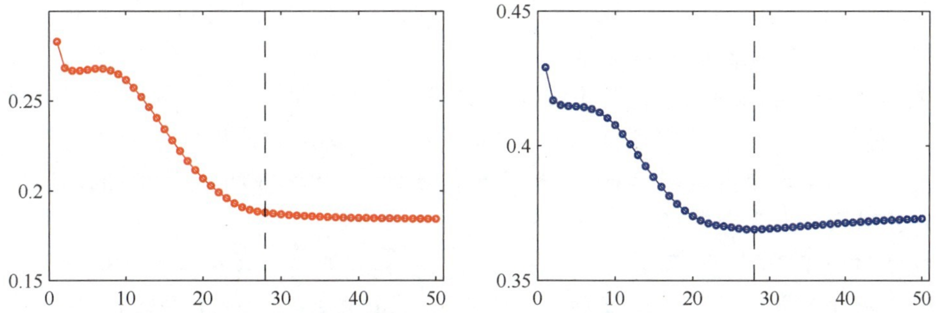

图 9.7 在正弦数据集上进行的典型训练过程中，训练误差（左）和验证误差（右）关于迭代次数的函数的示意图。为了达到最佳的泛化能力，应在垂直虚线所示的迭代轮次停止训练，此处对应验证误差的最小值

学习曲线的这种现象有时可以从网络中有效参数数量的角度进行定性解释。这个数量开始时很少，然后在训练过程中增长，对应模型有效复杂度的稳定增加。在训练误差达到最小值之前，停止训练是限制网络有效复杂度的一种方法。

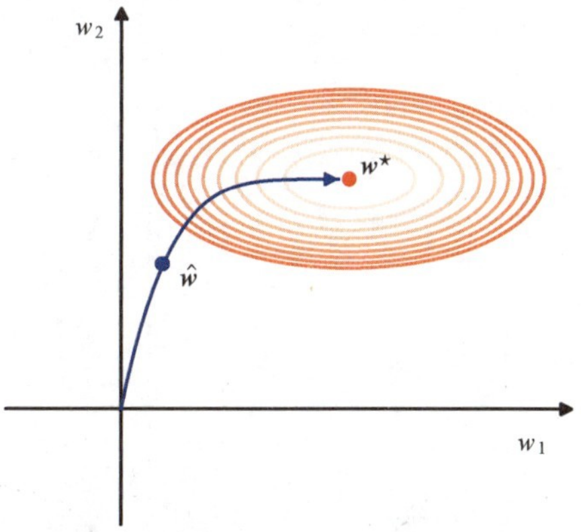

图 9.8 对于二次误差函数，早停法可以给出与权重衰减相似结果的示意图。椭圆显示了恒定误差的等值线，$w^\star$ 表示对应于未正则化误差函数最小值的最大似然解。如果权重向量从原点开始，并根据局部负梯度方向移动，那么权重向量将沿着图中所示的路径前进。通过与图 9.3 进行比较可以看出，提前停止训练后，就可以找到一个权重向量 $\hat{w}$，从而发现这与使用简单的权重衰减正则化项，并训练到正则化误差最小时的结果类似

我们可以在二次误差函数上验证这一洞察，结果显示早停法与使用简单权重衰减项的正则化（Bishop, 1995a）作用相似。图 9.8 对此做了说明，权重空间中的轴已经旋转以与黑塞矩阵的特征向量平行。如果在没有权重衰减的情况下（参见 7.1.1 小节），权重向量从原点开始，并在训练期间沿着局部负梯度向量的路径前进，那么权重向量将从最初与 w_2 轴平行，大约朝着 $\hat{w}$ 移动，最后向误差函数的最小值移动。这种移动方法遵循误差表面的形状并且与黑塞矩阵的特征值有很大不同。因此，在 $\hat{w}$ 附近的某个点停止训练类似于权重衰减。早停法和权重衰减之间的关系可以被量化（参见习题9.6），从而显示出量 $\tau\eta$（其中 τ 是迭代次数，η 是学习率）可以像正则化参数 λ 的倒数一样发挥作用。因此，网络中有效参数的数量在训练期间会增长。

9.3.2 双重下降

偏差－方差权衡为可学习模型的泛化能力会随着模型参数数量的变化而变化提供了解释（参见 4.3 节）。参数太少的模型会因为有限的表现能力（高偏差）而有较大的测试误差；随着参数数量的增加，可以预期测试误差会降低。然而，随着参数数量的进一步增加，由于过拟合（高方差），测试误差会再次上升。这引出了经典统计学中

一个普遍的观念，即模型中参数的数量需要根据数据集的大小进行限制。对于给定的训练集，非常大的模型预期表现不佳。

然而，与这种预期相反，对于现代深度神经网络，即使参数数量远远超过对训练数据完美拟合所需，也可以表现出色（Zhang et al., 2016）。深度学习社区的普遍看法是，更大的模型表现会更好。虽然有时提前停止训练，但模型也可能被训练到零误差，并且在测试数据上表现良好。

这些看似矛盾的观点可以通过检查学习曲线和其他模型复杂度对泛化能力的图表来解释，这些图表揭示了一种称为双重下降（double descent）的更微妙的现象（Belkin et al., 2019）。图 9.9 显示了一个名为 ResNet18 的大型神经网络模型（He et al., 2015a）中，训练误差和测试误差与模型复杂度（由可学习参数的数量决定）的关系。该网络有 18 层参数，是在图像分类任务上进行训练的。通过改变控制每层中隐藏单元数量的“宽度参数”，网络中的权重和偏置数量可以变化。我们看到，与预期一致，训练误差随着模型复杂度的增加而单调减小。然而，测试误差最初下降，然后再次上升，最后再次下降。虽然训练误差已经达到零，但测试误差仍旧持续减小。

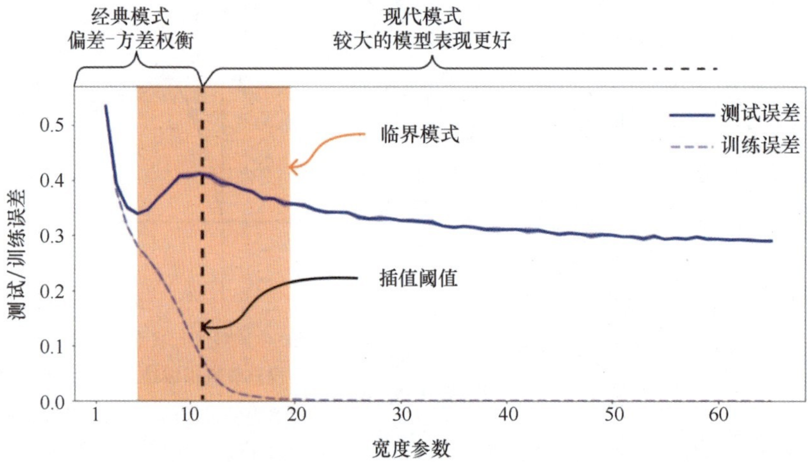

图 9.9 一个名为 ResNet18 的大型神经网络模型在图像分类问题上训练误差和测试误差与模型复杂度的关系图。水平轴代表一个控制隐藏单元数量的超参数，因此也控制了网络中权重和偏置的总数。标记为“插值阈值”的竖直虚线表示原则上能够在训练集上达到零误差的模型复杂度水平［经 Nakkiran et al.（2019）授权使用］

这种令人惊讶的现象比通常从经典统计学的偏差 – 方差讨论中期望的现象更复杂，并呈现出两种不同的模型拟合模式，正如图 9.9 中所显示的，对应于小到中等复杂度的经典偏差 – 方差权衡，随后当我们进入大型模型的阶段时，测试误差进一步减小。两种模型拟合模式之间的过渡大约发生在模型中参数的数量足够多以至于能够精确拟合训练数据时（Belkin et al., 2019）。Nakkiran et al.（2019）定义了模型有效复杂度为模型可以在上面达到零训练误差的最大训练集大小，因此当模型有效复杂度超过训练集中数据点的数量时，就会出现双重下降。

如图 9.10 所示，如果使用早停法来控制模型复杂度，则可以看到类似的现象。增加训练轮次会增加模型有效复杂度，对于足够大的模型，我们将再一次观察到双重下降现象。对于这样的模型，存在许多可能的解，包括那些过度拟合数据的解。因此，似乎是随机梯度下降引入的隐性偏见产生了良好的泛化能力。

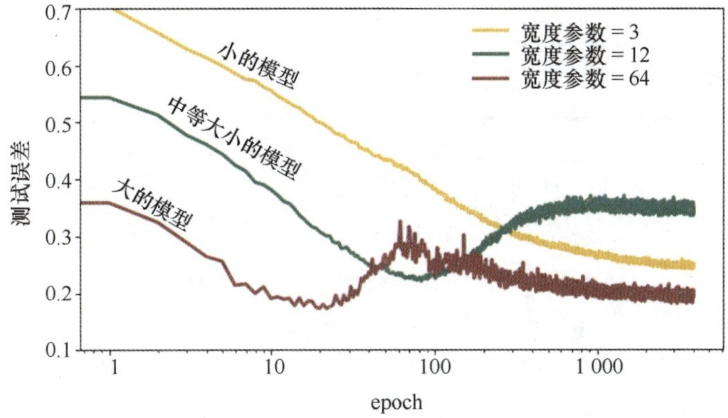

图 9.10 ResNet18 模型的测试误差与梯度下降训练的训练轮次的关系图。模型有效复杂度随训练轮次的增加而增加，对于足够大的模型，可以观察到双重下降现象［经 Nakkiran et al.（2019）授权使用］

当我们在误差函数中使用正则化项来控制模型复杂度时，可以得到类似的结果。在这里，一个训练到收敛的大型模型的测试误差显示出关于 $1/\lambda$（即正则化参数的倒数）的双重下降，因为较高的 λ 对应于较低的模型复杂度（Yilmaz and Heckel, 2022）。

双重下降的一个讽刺结果是，在某种情况下，增加训练集的大小实际上可能会降低性能，这与常识相悖，因为一般认为更多数据总是好事。对于图 9.9 中显示的处于临界阶段的模型，增加训练集的大小可以将插值阈值向右推，导致更高的测试误差。这在图 9.11 中得到了确认，图 9.11 显示了 Transformer 模型的测试误差关于输入空间维度（称为嵌入维度）的函数（参见第 12 章）。增加嵌入维度会增加模型中权重和偏

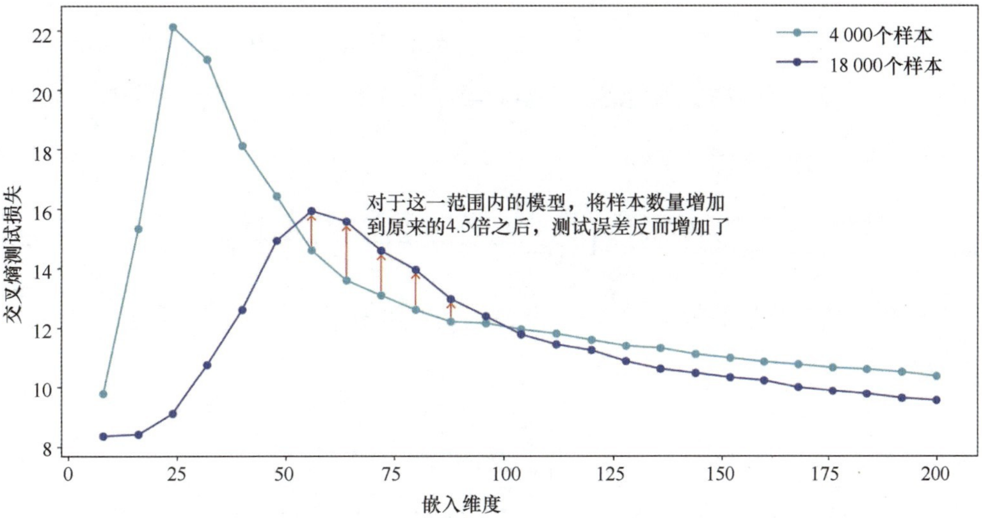

图 9.11 大型 Transformer 模型的测试误差与控制模型中参数数量的嵌入维度的关系图。将训练集的大小从 4 000 增加到 18 000 通常会使测试误差减小，但对于一些中等复杂度的模型，测试误差反而会增加，如垂直红色箭头所示［经 Nakkiran et al.（2019）授权使用］

置的数量，从而增加模型复杂度。我们看到，将训练集中数据点的数量从 4 000 增加到 18 000 可以得到整体上更低的曲线。然而，对于一定范围内的嵌入维度（对应处于临界复杂度阶段的模型），增加数据集的大小实际上可能会降低模型的泛化能力。

9.4　参数共享

正则化项，如 L_2 正则化项 $\|w\|^2$，通过促使权值接近于零，从而减少过拟合。另一种降低网络复杂度的方法是对权值施加硬约束。该方法将权重分组，要求每组内的所有权重共享相同的值，其中共享的值是从数据中学习得到的。这称为权重共享（weight sharing），又称参数共享（parameter sharing）或参数捆绑（parameter tying）。这意味着自由度的数量少于网络中连接的数量。通常，这是一种将归纳偏置编码到网络中的方法，从而表达一些已知不变性。评估此类网络误差函数的梯度可以通过稍微修改反向传播来完成（见习题 9.7），虽然在实践中这是通过自动微分隐式处理的。我们讨论卷积神经网络（参见第 10 章）时，将广泛使用参数共享。然而，参数共享只适用于可以预先指定约束形式的特定问题。

软权重共享

Nowlan 和 Hinton（1992）并未使用强制模型参数集相等的硬约束，而是引入了一种称为软权重共享（soft weight sharing）的形式，其中正则化项促使权重组具有相似的值。此外，权重的分组、每组的平均权值以及组内权值的传播都是作为学习过程的一部分来确定的。

前面曾提到，式（9.1）中的简单权重衰减正则化项可以看作权重高斯先验分布的负对数。这促使所有的权重都收敛到 0。但我们可以通过考虑高斯混合概率分布来促使权重形成几个组，而非仅仅一个组。高斯分量的均值 μ_j 和方差 σ_j^2，以及混合系数 π_j，则视为学习过程中需要确定的可调参数（参见 3.2.9 小节）。这样我们就有了如下概率密度形式：

$$p(\boldsymbol{w})=\prod_i\left\{\sum_{j=1}^{K}\pi_j\mathcal{N}\left(w_i|\ \mu_j,\sigma_j^2\right)\right\} \tag{9.21}$$

其中 K 是高斯分量的数量。对式（9.21）的右侧取负对数就会得到如下形式的正则化函数：

$$\Omega(\boldsymbol{w})=-\sum_i\ln\left(\sum_{j=1}^{K}\pi_j\mathcal{N}\left(w_i|\ \mu_j,\sigma_j^2\right)\right) \tag{9.22}$$

总误差函数由下式给出：

$$\tilde{E}(\boldsymbol{w})=E(\boldsymbol{w})+\lambda\Omega(\boldsymbol{w}) \tag{9.23}$$

其中 λ 为正则化系数。

该误差关于混合模型的权重 w_i 和参数 $\{\pi_j, \mu_j, \sigma_j\}$ 被联合最小化。这可以使用梯度下降来完成，但需要我们计算 $\Omega(\boldsymbol{w})$ 对所有可学习参数的导数。为此，我们将 $\{\pi_j\}$ 视为已经生成权值的每个分量的先验概率，并引入相应的后验概率。后验概率由贝叶斯定理给出（见习题 9.8）：

$$\gamma_j(w_i) = \frac{\pi_j \mathcal{N}\left(w_i \mid \mu_j, \sigma_j^2\right)}{\sum_k \pi_k \mathcal{N}\left(w_i \mid \mu_k, \sigma_k^2\right)} \tag{9.24}$$

总误差函数关于权重的导数由下式给出（见习题 9.9）：

$$\frac{\partial \tilde{E}}{\partial w_i} = \frac{\partial E}{\partial w_i} + \lambda \sum_j \gamma_j(w_i) \frac{\left(w_i - \mu_j\right)}{\sigma_j^2} \tag{9.25}$$

因此，正则化项的作用是将每个权值拉向第 j 个高斯分布的中心，其力度与给定权重的高斯分布的后验概率成正比。这正是我们想要的结果。

关于高斯分布中心的误差导数也很容易计算得出（见习题 9.10）：

$$\frac{\partial \tilde{E}}{\partial \mu_j} = \lambda \sum_i \gamma_j(w_i) \frac{\left(\mu_j - w_i\right)}{\sigma_j^2} \tag{9.26}$$

为了确保方差 σ_j^2 为正，我们引入下式定义的新变量 ξ_j：

$$\sigma_j^2 = \exp\left(\xi_j\right) \tag{9.27}$$

并且对 ξ_j 进行无约束最小化。相关导数为（见习题 9.11）：

$$\frac{\partial \tilde{E}}{\partial \xi} = \frac{\lambda}{2} \sum_i \gamma_j(w_i) \left(1 - \frac{\left(w_i - \mu_j\right)^2}{\sigma_j^2}\right) \tag{9.28}$$

这个过程会驱使 σ_j 趋向于相应中心 μ_j 周围的权重偏差平方的加权平均值，其中权重系数由每个权重的分量 j 生成的后验概率给出。

关于混合系数 π_j 的导数，我们需要考虑如下约束条件：

$$\sum_j \pi_j = 1, \qquad 0 \leqslant \pi_j \leqslant 1 \tag{9.29}$$

以上约束条件源于对 π_j 作为先验概率的解释。我们可以通过使用下式给出的 softmax 函数，将混合系数表示为一组辅助变量 η_j 来实现对它的约束：

$$\pi_j = \frac{\exp\left(\eta_j\right)}{\sum_{k=1}^{K} \exp\left(\eta_k\right)} \tag{9.30}$$

然后，采用以下形式的正则化误差函数关于η_j的导数（见习题 9.12）：

$$\frac{\partial \widetilde{E}}{\partial \eta_j}=\lambda\sum_i\left\{\pi_j-\gamma_j\left(w_i\right)\right\} \tag{9.31}$$

可以看到π_j将趋向于混合分量j的平均后验概率。

软权重共享的另一种应用（Lasserre, Bishop and Minka, 2006）介绍了一种原则性方法：将生成式模型的无监督训练与相应判别模型的有监督训练相结合。这在有大量未标记数据而标记数据短缺的情况下是有用的。生成式模型的优势在于，所有的数据都可以用来确定模型参数，而判别模型只有标记数据直接为其提供参数。当存在模型设定误差时，也就是当模型没能准确描述所生成数据的真实分布时（通常情况下是这样），判别模型具备更好的泛化能力。通过引入两个模型参数的软捆绑，我们得到了一个良定的生成式和判别式的混合方法，从而可以鲁棒地对模型设定误差进行建模，此外，还能够从对模型在未标记数据上进行训练中受益。

9.5 残差连接

深度神经网络（简称深度网络）的表征能力（也称表示能力）在很大程度上源于模型的多层处理，据观察，增加网络层数可以显著提高泛化能力。我们也看到了批量归一化，以及对权重和偏置进行初始化，可以帮助解决深度神经网络中梯度消失或梯度爆炸的问题。然而即使使用批量归一化，训练难度也仍然会随着网络层数的增多而增加（参见 7.2.5 小节和 7.4.2 小节）。

这种现象的一种解释称为破碎梯度（shattered gradient）（Balduzzi et al., 2017）。我们已经看到，神经网络的表征能力随着网络深度呈指数级增长。使用 ReLU 激活函数，网络可以表示的线性区域的数量呈指数级增长。然而，这样做的一个后果是误差函数梯度中的不连续现象激增。图 9.12 在具有单输入变量和单输出变量的网络上对这一现象进行了说明。在这里，输出变量对输入变量的导数（网络的雅可比矩阵）是输入变量的函数。从微积分的链式法则来看，这些导数决定了误差表面的梯度。我们看

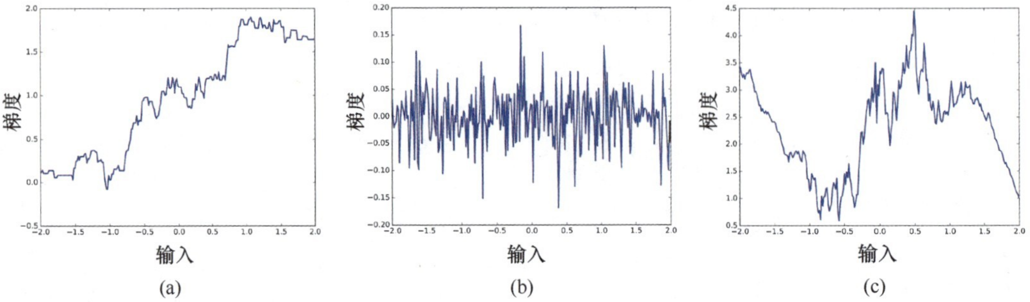

图 9.12　单输入单输出网络的雅可比矩阵的示意图。(a) 两层权重网络；(b)25 层权重网络；(c) 带有残差连接的 51 层权重网络［经 Balduzzi et al.（2017）授权使用］

到，对于深度神经网络，网络浅层的权重参数即便发生极其微小的变化，也会产生显著的梯度变化。基于梯度的迭代式优化算法假设梯度在参数空间中平滑变化，因此这种“破碎梯度”效应会使训练对非常深的网络无效（参见 6.3 节）。

残差连接（residual connection）（He et al., 2015a）是对神经网络架构的一个重要修改，它对训练极深的网络有很大帮助。残差连接是一种特殊形式的跳层连接（skip-layer connection）。考虑一个包含如下三层的神经网络：

$$z_1 = \boldsymbol{F}_1(x) \tag{9.32}$$

$$z_2 = \boldsymbol{F}_2(z_1) \tag{9.33}$$

$$y = \boldsymbol{F}_3(z_2) \tag{9.34}$$

这里的函数 $\boldsymbol{F}_l(\cdot)$ 可能仅由一个线性变换和一个 ReLU 激活函数组成，也可能很复杂，比如包含多个线性层、激活函数和归一化层。残差连接会将每个函数的输入添加到函数的输出，从而有

$$z_1 = \boldsymbol{F}_1(x) + x \tag{9.35}$$

$$z_2 = \boldsymbol{F}_2(z_1) + z_1 \tag{9.36}$$

$$y = \boldsymbol{F}_3(z_2) + z_2 \tag{9.37}$$

每个函数和残差连接的组合，如 $\boldsymbol{F}_l(x) + x$，称为残差块（residual block）。残差网络（residual network），也称 ResNet，由多层这样的块按顺序组成。通过残差连接修改后的网络如图 9.13 所示。如果非线性函数中的参数足够小，使函数输出接近于零，则残差块可以很容易地生成恒等变换。

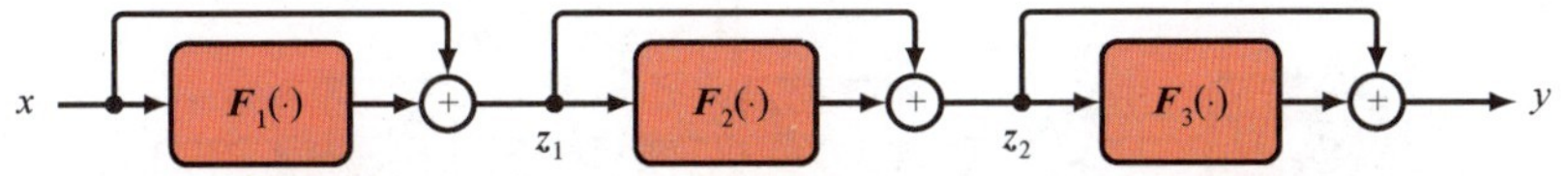

图 9.13 一个由三个残差块组成的残差网络，对应于式（9.35）～式（9.37）所示的转换序列

“残差”一词指的是，在每个块中，函数学习恒等映射和期望输出之间的残差，我们可以通过整理残差变换的等式得到：

$$\boldsymbol{F}_l(z_{l-1}) = z_l - z_{l-1} \tag{9.38}$$

与标准的深度网络相比，具有残差连接的网络中的梯度对输入值的敏感度要低得多，如图 9.12(c) 所示。

Li et al.（2017）开发了一种直接可视化误差表面的方法，结果表明，残差连接的作用是创建更平滑的误差表面，如图 9.14 所示。残差网络中通常包含批量归一化层，它们一同显著地减少了梯度消失和梯度爆炸的问题。He et al.（2015a）证明了残差连接可以使非常深的网络（可能有数百层）得到有效的训练。

如果我们结合式（9.35）～式（9.37）给出整个网络的统一总体方程，就可以进一

步深入了解残差连接促使误差表面变得平滑的方式：

$$y = \boldsymbol{F}_3\Big(\boldsymbol{F}_2\big(\boldsymbol{F}_1(x)+x\big)+z_1\Big)+z_2 \tag{9.39}$$

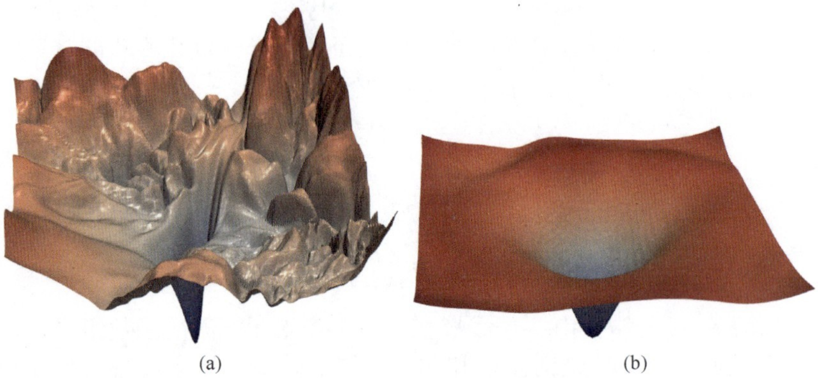

图 9.14 (a) 一个 56 层网络的误差表面的可视化效果。(b) 包含残差连接的相同网络的误差表面，此处显示了残差连接的平滑效果 [经 Li et al.(2017) 授权使用]

现在我们可以代入中间变量 z_1 和 z_2，从而给出将网络输出作为输入 x 的函数表达式（见习题 9.13）：

$$\begin{aligned} y = \boldsymbol{F}_3\Big(\boldsymbol{F}_2\big(\boldsymbol{F}_1(x)+x\big)+\boldsymbol{F}_1(x)+x\Big)+ \\ \boldsymbol{F}_2\big(\boldsymbol{F}_1(x)+x\big)+\boldsymbol{F}_1(x)+x \end{aligned} \tag{9.40}$$

图 9.15 描述了残差网络的这种扩展形式。可以看到，函数整体由多个并行的网络组成，每个网络层数较少。该网络具有深度网络的表征能力，因为深度网络是它的一个特例。误差表面被浅层和深层子网络的组合所平滑。

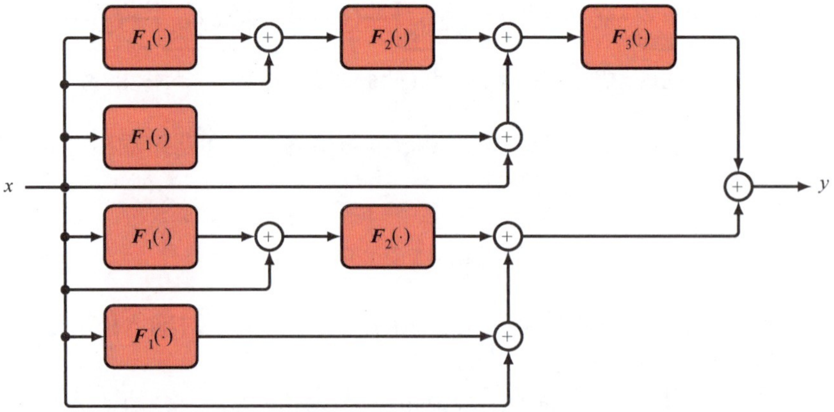

图 9.15 以扩展形式显示图 9.13 所示的残差网络

式（9.40）定义的跳层连接要求输入变量和所有中间变量具有相同的维度，以使它们能够相加。我们可以通过添加以下形式的可学习参数的非方阵 $\boldsymbol{W}$ 来改变网络中某处的维度：

$$z_l = F_l(z_{l-1}) + Wz_{l-1} \tag{9.41}$$

到目前为止，我们还没有指定可学习非线性函数 $F_l(\cdot)$ 的具体形式。最简单的选择是使用一个标准的前馈网络，它由可学习的线性变换层和固定的非线性激活函数（如 ReLU 函数）层交替构成。这为残差连接的放置提供了两种可能，如图 9.16 所示：在版本 (a) 中，被加的量总是非负的，因为它们是由 ReLU 层的输出给出的，因此为了允许被加的量可正可负，版本 (b) 更常用。

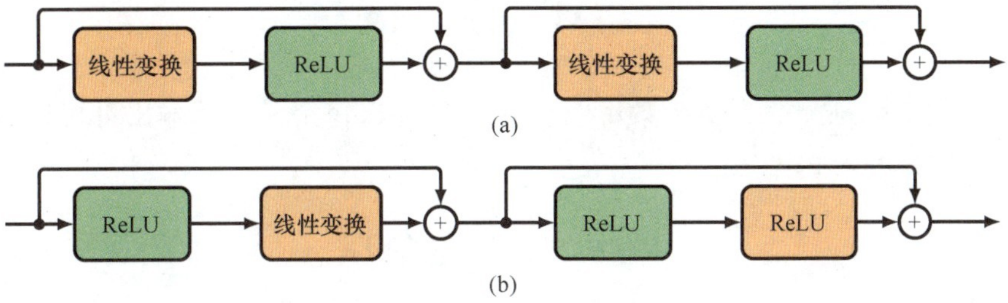

图 9.16　将残差连接加入标准前馈网络的两种可选方法，该网络由可学习的线性变换层和非线性激活函数（如 ReLU 函数）层交替构成

9.6　模型平均

如果我们训练了几个不同的模型来解决相同的问题，而不是尝试选择单一的最佳模型，那么我们通常可以通过平均单个模型所做的预测来提高泛化能力。这种模型整合方式有时称为委员会或集成。对于产生概率输出的模型，预测分布是每个模型预测的平均值：

$$p(y|\boldsymbol{x}) = \frac{1}{L}\sum_{l=1}^{L} p_l(y|\boldsymbol{x}) \tag{9.42}$$

其中 $p_l(y|\boldsymbol{x})$ 是模型 l 的输出，L 是模型的总数。

这种平均过程的动机源于偏差和方差之间的权衡。回想一下图 4.7，当我们使用正弦数据训练多个多项式，然后对得到的函数进行平均时，方差项产生的贡献几乎会被抵消，从而提升预测性能（参见 4.3 节）。

当然，在实践中，我们只有一个数据集，因此我们必须找到一种方法，以便在集成模型（一些旨在解决相同问题的模型的集合）内部的不同模型之间引入可变性。我们可以使用自助（bootstrap）数据集，其中多个数据集的创建过程如下。假设我们的原始数据集由 N 个数据点 $\boldsymbol{X} = \{\boldsymbol{x}_1, \cdots, \boldsymbol{x}_N\}$ 组成。我们可以通过从 $\boldsymbol{X}$ 中有放回地抽样 N 个数据点来创建一个新的数据集 $\boldsymbol{X}_B$，这样 $\boldsymbol{X}$ 中的一些数据点可能在 $\boldsymbol{X}_B$ 中出现多次，而 $\boldsymbol{X}$ 中的其他数据点则可能不包含在 $\boldsymbol{X}_B$ 中。这个过程可以重复 L 次，从而生成 L 个大小为 N 的数据集，其中的每个数据集都是通过从原始数据集 $\boldsymbol{X}$ 中采样得到的。每个数据集可以用来训练一个模型，并对得到的模型的预测进行平均。这个过程称为自助聚合（bootstrap aggregation）或袋装（bagging）（Breiman, 1996）。形成集成模型的另一种方法是使用原始数据集训练多个具有不同架构的模型。

我们可以通过考虑一个仅涉及输入向量 $\boldsymbol{x}$ 和单输出变量 y 的回归问题来分析集成预测的好处。假设我们有一组训练好的模型 $y_1(\boldsymbol{x}),\cdots,y_M(\boldsymbol{x})$，构造由下式给出的集成模型预测：

$$y_{\mathrm{COM}}(\boldsymbol{x})=\frac{1}{M}\sum_{m=1}^{M}y_m(\boldsymbol{x}) \tag{9.43}$$

如果我们试图预测的真实函数由 $h(\boldsymbol{x})$ 给出，那么每个模型的输出都可以写成真实值加上一个误差的形式：

$$y_m(\boldsymbol{x})=h(\boldsymbol{x})+\varepsilon_m(\boldsymbol{x}) \tag{9.44}$$

平均平方和误差则采用以下形式：

$$\mathbb{E}_{\boldsymbol{x}}\left[\{y_m(\boldsymbol{x})-h(\boldsymbol{x})\}^2\right]=\mathbb{E}_{\boldsymbol{x}}\left[\varepsilon_m(\boldsymbol{x})^2\right] \tag{9.45}$$

其中 $E_{\boldsymbol{x}}[\cdot]$ 表示关于输入向量 $\boldsymbol{x}$ 的分布的期望。因此，集合中模型分别预测产生的平均误差为

$$E_{\mathrm{AV}}=\frac{1}{M}\sum_{m=1}^{M}\mathbb{E}_{\boldsymbol{x}}\left[\varepsilon_m(\boldsymbol{x})^2\right] \tag{9.46}$$

类似地，来自集成模型［式（9.43）］的期望误差由下式给出：

$$\begin{aligned}E_{\mathrm{COM}}&=\mathbb{E}_{\boldsymbol{x}}\left[\left\{\frac{1}{M}\sum_{m=1}^{M}y_m(\boldsymbol{x})-h(\boldsymbol{x})\right\}^2\right]\\&=\mathbb{E}_{\boldsymbol{x}}\left[\left\{\frac{1}{M}\sum_{m=1}^{M}\varepsilon_m(\boldsymbol{x})\right\}^2\right]\end{aligned} \tag{9.47}$$

如果我们假设误差均值为零且不相关，则有

$$\mathbb{E}_{\boldsymbol{x}}\left[\varepsilon_m(\boldsymbol{x})\right]=0 \tag{9.48}$$

$$\mathbb{E}_{\boldsymbol{x}}\left[\varepsilon_m(\boldsymbol{x})\varepsilon_l(\boldsymbol{x})\right]=0,\quad m\neq l \tag{9.49}$$

于是我们可以得到（见习题 9.14）

$$E_{\mathrm{COM}}=\frac{1}{M}E_{\mathrm{AV}} \tag{9.50}$$

这个结果表明，只需要对 M 个不同版本的模型进行平均，就可以将模型的平均

误差降低到原来的 M 分之一。遗憾的是，它依赖于一个关键假设，即各个模型造成的误差是不相关的。在实践中，误差通常是高度相关的，总体误差的减小通常要小得多。然而可以证明，预期的集成模型误差不会超过集合中模型的预期误差，因此 $E_{\text{COM}} \leqslant E_{\text{AV}}$。

另一种称为提升（boosting）（Fredund and Schapire, 1996）的模型组合方法，将多个“基”分类器组合起来，产生了一种性能明显优于任何基分类器的集成模型。即使基分类器的表现只比随机好一点点，提升也可以给出好的结果。提升方法和前面讨论的集成模型方法（如袋装）的主要区别在于，基分类器是按顺序训练的，且每个基分类器都是使用数据集的加权形式进行训练的，其中与每个数据点相关的权重系数取决于前一个分类器的性能。特别是，被其中一个基分类器误分类的点，在训练序列中的下一个分类器时，会被赋予更大的权重。一旦所有分类器都训练完毕，就可以对它们的预测通过加权多数投票方式进行整合（见习题 9.15）。

在实践中，所有模型组合方法的主要缺点是必须训练多个模型，然后必须对所有模型的预测进行评估，因而增加了训练和推理的计算开销，开销的大小取决于具体的应用场景。

dropout

dropout（Srivastava et al., 2014）是一种使用广泛且非常有效的正则化形式，它可以视为一种在不需要单独训练多个模型的情况下，对指数级数量规模的模型隐式地进行模型平均的方法。它具有广泛的适用性，并且计算开销低。

dropout 的核心思想是在训练过程中随机删除网络中的节点，包括它们之间的连接。每当一个新的数据点进入网络，模型就会随机选择一些节点并忽略它们。图 9.17 展示了一个简单的神经网络以及两个通过忽略节点子集剪枝网络的例子。

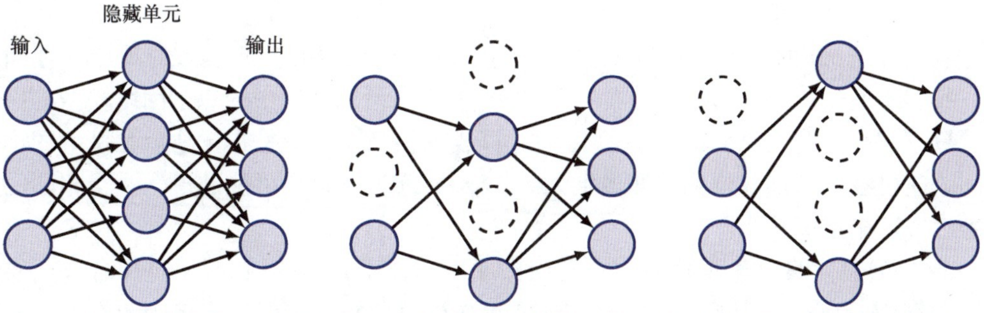

图 9.17 一个简单的神经网络以及两个通过忽略节点子集剪枝网络的例子（其中忽略了一个随机的节点子集）

dropout 可以同时应用于隐藏节点和输入节点，但不能应用于输出节点，这相当于将被删节点的输出设置为零。它可以通过定义一个掩码向量 $\boldsymbol{R}_i \in \{0,1\}$ 来实现。对于数据点 n，该掩码将被乘以非输出节点 i，其值以概率 ρ 设置为 1。对于隐藏节点，$\rho = 0.5$ 很有效；而对于输入节点，通常使 $\rho = 0.8$。

在训练过程中，当每个数据点进入网络时，就会创建一个新的掩码，并在该剪枝网络上应用前向和后向传播步骤来创建误差函数梯度，然后用于更新权重，例如采用随机梯度下降法。如果数据点被分组成多个小批次，则对梯度在每个小批次（参见7.2.4小节）中的数据点上进行平均后，再应用权重更新。对于具有 M 个非输出节点的网络，有 2^M 个剪枝网络，因此在训练期间只会考虑这些网络中的一少部分。这与传统的集成方法不同，在传统的集成方法中，集成中的每个网络都是独立训练至收敛的。它们之间的另一个区别是，指数级数量规模的网络隐式地用dropout进行训练，它们不是独立的，而是与完整网络共享它们的参数值，因此剪枝网络间的参数也是彼此共享的。需要注意的是，使用dropout训练后，单个参数更新包含较大噪声，因此训练可能需要花费更长的时间。此外，由于误差函数本身是有噪声的，仅通过在训练过程中减小误差函数，很难确保优化算法正常工作。

一旦训练完成，原则上就可以通过应用集成规则［式（9.42）］来进行预测，这种情况下的集成规则如下：

$$p(y|\boldsymbol{x})=\sum_{\boldsymbol{R}}p(\boldsymbol{R})p(y|\boldsymbol{x},\boldsymbol{R}) \tag{9.51}$$

其中，求和是在掩码的指数级空间上进行的，$p(y|\boldsymbol{x},\boldsymbol{R})$ 是来自具有掩码 $\boldsymbol{R}$ 的网络的预测分布。因为这种求和难以处理，所以可以通过对少量掩码进行采样来近似。在实践中，只需要10或20个掩码就足以获得良好的结果。这一过程称为蒙特卡洛dropout。

一种更简单的方法是在不掩盖训练好的网络的节点的情况下进行预测，并重新缩放网络中的权重，使每个节点在测试期间的预期输入与训练期间的输入大致相同，以补偿在训练中会忽略一部分节点的事实。因此，如果一个节点在训练期间以概率 ρ 的形式存在，那么在测试期间，在使用网络进行预测之前，需要对来自该节点的输出权重乘以 ρ。

应用dropout的另一种动机来自贝叶斯学派。在按照贝叶斯学派的观点处理问题时，我们将通过对所有的 2^M 个网络模型进行平均来预测，其中的每个网络模型都由其后验概率加权（参见2.6节）。这样做的计算成本很高，无论是在评估后验概率的训练期间，还是在计算加权预测的测试期间。dropout通过给每个可能的模型赋予相同的权重来近似这个模型平均。

dropout具有良好表现背后的更深层次原因，在于dropout在减少过拟合方面发挥了重要作用。在一个标准的神经网络中，参数可以调整为错误适应单个数据点，其隐藏节点被过度特化。给定其他节点的输出，每个节点会调整其权重以最小化误差，导致节点以一种可能无法泛化到新数据的方式共同调整参数。使用dropout，每个节点不能依赖其他特定节点的存在，而必须在广泛的场景下做出有用的贡献，从而减少共同调整和特化。对于使用最小二乘法训练的简单线性回归模型，dropout正则化等价于二次正则化的一种修改形式（见习题9.18）。

习题

9.1 （⋆）通过依次考虑 9.1.3 小节介绍的 4 个公理，证明通过 90° 的倍数旋转正方形的变换，再加上组合旋转二元变换，可以形成一个群。同样，证明在二维平面上连续平移对象的变换也形成了一个群（参见 9.1.3 小节）。

9.2 （⋆⋆）考虑如下形式的线性模型：

$$y(\boldsymbol{x},\boldsymbol{w}) = w_0 + \sum_{i=1}^{D} w_i x_i \tag{9.52}$$

并考虑如下形式的平方和误差函数：

$$E_D(\boldsymbol{w}) = \frac{1}{2}\sum_{n=1}^{N}\left\{y(\boldsymbol{x}_n,\boldsymbol{w}) - t_n\right\}^2 \tag{9.53}$$

将均值为 0、方差为 σ^2 的高斯噪声 ε_i 独立地添加到每个输入变量 x_i 中。利用 $\mathbb{E}[\varepsilon_i]=0$ 和 $\mathbb{E}[\varepsilon_i\varepsilon_j]=\delta_{ij}\sigma^2$，证明最小化在噪声分布上平均的 E_D 等价于最小化无噪声输入变量的平方和误差以及权重衰减正则化项的和，其中偏置参数 w_0 已从正则化项中省略。

9.3 （⋆⋆）考虑一个仅由二次正则化项组成的误差函数

$$\Omega(\boldsymbol{w}) = -\frac{1}{2}\boldsymbol{w}^{\mathrm{T}}\boldsymbol{w} \tag{9.54}$$

以及梯度下降更新公式

$$\boldsymbol{w}^{(\tau+1)} = \boldsymbol{w}^{(\tau+1)} - \eta\nabla\Omega(\boldsymbol{w}) \tag{9.55}$$

通过考虑无穷小更新，写出 $\boldsymbol{w}$ 迭代的相应的微分方程。从一个初值 w_0 开始，写出这个微分方程的解，并证明 $\boldsymbol{w}$ 的元素指数衰减到零。

9.4 （⋆）验证由式（9.6）和式（9.7）定义的网络函数在应用于输入的转换［式（9.8）］下是不变的，前提是同时使用式（9.9）和式（9.10）转换权重和偏置。同样，通过将式（9.12）和式（9.13）应用到第二层权重和偏置，证明网络输出可以根据式（9.11）进行变换。

9.5 （⋆⋆）通过使用拉格朗日乘子，证明最小化式（9.19）给出的正则化误差函数等价于在约束条件［式（9.20）］下最小化未正则化的误差函数 $E(\boldsymbol{w})$，并讨论参数 η 和 λ 之间的关系（参见附录 C）。

9.6 （⋆⋆⋆）考虑如下形式的二次误差函数：

$$E = E_0 + \frac{1}{2}\left(\boldsymbol{w}-\boldsymbol{w}^{\star}\right)^{\mathrm{T}}\boldsymbol{H}\left(\boldsymbol{w}-\boldsymbol{w}^{\star}\right) \tag{9.56}$$

其中 $\boldsymbol{w}^{\star}$ 代表最小值，黑塞矩阵 $\boldsymbol{H}$ 为正定常数。假设选择初始权重向量 $\boldsymbol{w}^{(0)}$ 位于原点，并使用简单梯度下降法进行更新：

$$\boldsymbol{w}^{(\tau)}=\boldsymbol{w}^{(\tau-1)}-\rho\nabla E \tag{9.57}$$

其中 τ 表示步数，ρ 表示学习率（假设学习率较小）。证明在 τ 步之后，与 $\boldsymbol{H}$ 的特征向量平行的权重向量的分量可以写成

$$w_j^{(\tau)}=\left\{1-\left(1-\rho\eta_j\right)^{\tau}\right\}w_j^{\star} \tag{9.58}$$

其中 $w_j=\boldsymbol{w}^{\mathrm{T}}\boldsymbol{u}_j$，而 $\boldsymbol{u}_j$ 和 η_j 分别是 $\boldsymbol{H}$ 的特征向量和特征值，由下式给出：

$$\boldsymbol{H}\boldsymbol{u}_j=\eta_j\boldsymbol{u}_j \tag{9.59}$$

证明当 $\tau\to\infty$ 时，有 $\boldsymbol{w}^{(\tau)}\to\boldsymbol{w}^{\star}$，前提是 $|1-\rho\eta_j|<1$。假设训练在有限个 τ 步之后停止，证明与 $\boldsymbol{H}$ 的特征向量平行的权重向量的分量满足

$$w_j^{(\tau)}\approx w_j^{\star}\text{，当 }\eta_j\gg(\rho\tau)^{-1}\text{ 时} \tag{9.60}$$

$$\left|w_j^{(\tau)}\right|\ll\left|w_j^{\star}\right|\text{，当 }\eta_j\ll(\rho\tau)^{-1}\text{ 时} \tag{9.61}$$

这个结果表明 $(\rho\tau)^{-1}$ 在权重衰减中起着与正则化参数 λ 类似的作用。

9.7 （⋆⋆）考虑一个其中多个权重被约束为具有相同值的神经网络。讨论在计算误差函数关于网络中可调参数的导数时，如何修改标准的反向传播算法以确保满足此类约束。

9.8 （⋆）考虑下式定义的混合分布：

$$p(w)=\sum_{j=1}^{M}\pi_j\mathcal{N}\left(w|\mu_j,\sigma_j^2\right) \tag{9.62}$$

其中 π_j 可以视为对应高斯分量的先验概率 $p(j)$。使用贝叶斯定理证明相应的后验概率 $p(j|w)$ 由式（9.24）给出。

9.9 （⋆⋆）使用式（9.21）～式（9.24）验证式（9.25）的结果。

9.10 （⋆⋆）使用式（9.21）～式（9.24）验证式（9.26）的结果。

9.11 （⋆⋆）使用式（9.21）～式（9.24）验证式（9.28）的结果。

9.12 （⋆⋆）证明式（9.30）定义的混合系数 π_k 相对于辅助参数 η_j 的导数由下式给出：

$$\frac{\partial\pi_k}{\partial\eta_j}=\delta_{jk}\pi_j-\pi_j\pi_k \tag{9.63}$$

因此，通过对所有 i 使用约束 $\sum_k\gamma_k(w_i)=1$，可以得到式（9.31）的结果。

9.13 （⋆）验证式（9.35）～式（9.37）可以组合出一个形为式（9.40）的涉及整个网络的单一整体方程。

9.14 （⋆⋆）对于一个简单的集成模型，平均期望平方和误差 E_{AV} 可以用式（9.46）来定义，集成模型本身的期望误差由式（9.47）给出。假设个体误差满足式（9.48）和式（9.49），请推导出式（9.50）的结果。

9.15 （⋆⋆）利用詹森不等式［式（2.102）］针对凸函数 $f(x)=x^2$ 的特殊情况，证明式（9.46）给出的简单集成模型成员的平均期望平方和误差 E_{AV} 和式（9.47）给出的集成模型本身的期望误差 E_{COM} 满足

$$E_{\mathrm{COM}} \leqslant E_{\mathrm{AV}} \tag{9.64}$$

9.16 （⋆⋆）利用詹森不等式［式（2.102）］，证明式（9.64）适用于任何误差函数 $E(y)$，而非仅仅适用于平方和误差函数，只要它是 y 的凸函数即可。

9.17 （⋆⋆）考虑一个集成模型，其允许各组成模型的权重不相等，于是有

$$y_{\mathrm{COM}}(\boldsymbol{x})=\sum_{m=1}^{M}\alpha_m y_m(\boldsymbol{x}) \tag{9.65}$$

为了确保预测 $y_{\mathrm{COM}}(\boldsymbol{x})$ 保持在合理的范围内，假设我们要求其在 $\boldsymbol{x}$ 的每个取值上都由最小值和最大值限定，这些边界可以由集成模型的任何成员给出，从而

$$y_{\min}(\boldsymbol{x}) \leqslant y_{\mathrm{COM}}(\boldsymbol{x}) \leqslant y_{\max}(\boldsymbol{x}) \tag{9.66}$$

证明这一约束的充要条件是系数 α_{m} 满足

$$\alpha_m \geqslant 0 \text{ 且 } \sum_{m=1}^{M}\alpha_m = 1 \tag{9.67}$$

9.18 （⋆⋆⋆）探索 dropout 正则化对使用最小二乘法训练的简单线性回归模型的影响。考虑如下形式的模型：

$$y_k=\sum_{i=1}^{D} w_{ki}x_i \tag{9.68}$$

并考虑下式给出的平方和误差函数：

$$E(\boldsymbol{w})=\sum_{n=1}^{N}\sum_{k=1}^{K}\left\{t_{nk}-\sum_{i=1}^{D}w_{ki}R_{ni}x_{ni}\right\}^2 \tag{9.69}$$

其中 dropout 矩阵的元素 $R_{ni}\in\{0,1\}$ 是从参数 ρ 的伯努利分布中随机采样得到的。对随机 dropout 参数的分布取期望。证明

$$\mathbb{E}[R_{ni}] = \rho \tag{9.70}$$

$$\mathbb{E}\left[R_{ni}R_{nj}\right] = \delta_{ij}\rho + \left(1-\delta_{ij}\right)\rho^2 \tag{9.71}$$

然后证明 dropout 模型的期望误差函数由下式给出：

$$\mathbb{E}\left[E(\boldsymbol{w})\right] = \sum_{n=1}^{N}\sum_{k=1}^{K}\left\{y_{nk} - \rho\sum_{i=1}^{D}w_{ki}x_{ni}\right\}^2 + \rho(1-\rho)\sum_{n=1}^{N}\sum_{k=1}^{K}\sum_{i=1}^{D}w_{ki}^2x_{ni}^2 \tag{9.72}$$

可以看到，dropout 模型的期望误差函数对应于具有二次正则化项的平方和误差函数，后者的正则化系数已根据输入值分别为每个输入变量做了缩放。最后，写下用于最小化这个正则化误差函数的权重矩阵的闭式解。

第 10 章 卷积网络

最简单的机器学习模型假设观测数据值是非结构化的，这意味着我们事先对数据向量 $\boldsymbol{x}=(x_1,\cdots,x_D)$ 中各个元素之间可能存在的关系一无所知。如果我们对这些变量进行随机排列，并在所有训练数据和测试数据上一致地应用这种固定排列，那么到目前为止我们所考虑过的模型的性能将不会有任何差异。

然而，机器学习的许多应用涉及结构化数据（structured data），其中输入变量之间存在额外的关系。例如，自然语言中的单词形成一个序列（sequence）（参见第 12 章），如果我们将语言建模为一个生成式自回归过程，那么我们将期望每个单词与直接邻近出现的单词更相关，而不是依赖于序列中更早出现的单词。同样，图像的像素之间具有良定的空间关系，其中输入变量被安排在二维网格中，相邻像素具有高度相关的值。

我们已经可以通过在训练目标的误差函数中添加正则化项（参见 9.1 节），以及通过数据增强或修改模型架构来利用我们对特定数据模态结构的知识。这些方法可以帮助引导模型尊重输入数据在变换方面的某些属性，如不变性和等变性（参见 9.1.4 小节)。在本章中，我们将介绍一种称为卷积神经网络(Convolutional Neural Network，CNN)的架构方法。CNN 可以视为具有参数共享的稀疏连接多层网络，并用于编码特定于图像数据的不变性和等变性。

10.1 计算机视觉

图像数据的自动分析和解释是计算机视觉领域的焦点，代表了机器学习的一个主要应用领域(Szeliski, 2022)。计算机视觉主要基于三维投影几何。人们手工构建特征并用作简单学习算法的输入(Hartley and Zisserman, 2004)。然而，计算机视觉是最早被深度学习革命改变的领域之一，这主要归功于 CNN 架构。虽然该架构最初是在图像分析场景下开发的，但它也被应用于序列数据分析等其他场景。最近，基于 Transformer(参见第 12 章)的替代架构在一些应用中已经与 CNN 架构形成竞争态势。

机器学习在计算机视觉领域的应用有很多，其中最常见的一些应用如下。

(1)图像分类，例如将一幅皮肤病变的图像分类为良性或恶性(参见图 1.1)，这有时称为“图像识别”。

(2)目标检测，检测图像中的目标并确定它们在图像中的位置，例如从自动驾驶汽车收集的相机数据中检测行人(参见图 10.19)。

(3)图像分割，其中每个像素被单独分类，从而将图像划分为共享相同标签的区域。例如，自然场景可能分割成天空、草地、树木和建筑物(参见图 10.26)，而医学扫描图像可以分割成癌变组织和正常组织。

(4)标题生成，即从图像中自动生成文本描述(参见图 12.27)。

(5)图像合成，例如生成人脸图像。也可以根据描述所需图像内容的文本输入来合成图像(参见图 1.3)。

(6)图像修补，将图像的一个区域替换为与图像其余部分一致的合成像素。这可以用于在图像编辑过程中删除不需要的对象(参见图 20.9)。

(7)风格迁移，即将一种风格的输入图像(例如一张照片)转换为不同风格的相应图像，例如一幅油画(参见图 10.32)。

(8)图像超分，通过增加像素数量以及与合成相关的高频信息来提高图像的分辨率(参见图 20.8)。

(9)深度预测，即使用一个或多个视图来预测目标图像中每个像素处场景与相机的距离。

(10)场景重建，即使用一个或多个场景的二维图像来重建三维表示。

图像数据

图像由像素的矩形数组组成，其中每个像素要么具有灰度强度，要么具有更常见的红、绿、蓝通道的三元组强度值。这些强度值是非负数，同时也有最大值，对应于相机或用于捕捉图像的其他硬件设备的限制。大多数情况下，我们将强度视为连续变量。但在实践中，它们是用有限精度表示的，例如用 8 比特表示范围 0 ～ 255 内的整数。一些图像，例如医学诊断中使用的磁共振成像（Magnetic Resonance Imaging，MRI）扫描图像，是包含体素的三维网格。类似地，视频包含一系列二维图像，因此也可以视为三维结构，其中连续的帧随着时间堆叠在一起。

考虑在图像数据上应用神经网络实现上述应用所面临的挑战。图像通常具有高维性，通过相机捕获的图像包含数千万像素。因此，将图像数据视为非结构化数据可能需要一个具有大量参数的模型，而这会导致模型难以训练。更重要的是，这样的方法没有考虑到图像数据的高度结构化性质，其中不同像素的相对位置起着至关重要的作用。我们之所以关注这一点，是因为如果我们将图像的像素随机排列，那么结果就不再像自然图像了。如果我们为每个像素独立地随机采样像素强度来生成合成图像，那么生成的合成图像看起来像自然图像（参见图 6.8）的可能性基本为零。局部相关性很重要，在自然图像中，与两个相距很远的像素相比，两个邻近像素具有相似颜色和强度的概率要高得多。这表明我们可以将图像的先验知识通过强大的归纳偏置编码到神经网络中，从而得到参数少得多、泛化精度高得多的模型。

10.2 卷积滤波器

引入卷积神经网络的一个动机是，图像数据是卷积神经网络处理的模态，由于其高维特性，标准的全连接架构将需要大量的参数。要了解这一点，考虑具有 $10^3 \times 10^3$ 像素的彩色图像，每个像素都有三个值分别对应于红色、绿色和蓝色的强度。如果网络的第一个隐藏层（简称第一层）有 1 000 个隐藏单元，那么我们在第一层就已经有 3×10^9 个权重。此外，这样的网络必须通过示例来学习任何不变性和等变性，这将需要一些庞大的数据集。通过设计一个包含图像结构归纳偏置的架构，我们可以大大降低对数据集的要求，并提升模型关于图像空间对称性的泛化能力。

为了利用图像数据的二维结构来创建归纳偏置，我们可以使用 4 个相互关联的概念：层次性、局部性、等变性和不变性。在检测图像中人脸的任务中，存在一个自然的层次结构。因为一个图像可能包含几张人脸，每张人脸都包含眼睛等元素，而每只眼睛都有虹膜等结构，虹膜本身则具有边缘等结构。在层次结构的最低级别，神经网络中的节点可以使用图像小区域的局部信息来检测特征（例如边缘）的存在，因此只需要看到图像像素的一少部分即可。更复杂的结构可以通过组合在前层发现的多个特征来检测。然而，一个关键点是，尽管我们希望在模型中构建层次结构的一般概念，但我们希望包括在每个级别提取的特征类型在内的层次结构细节，都是从数据中学习的，而不是手动编码的。分层模型可以很自然地与深度学习框架结合，其已经能够通过一系列（可能非常多的）处理“层”从原始数据中提取非常复杂的概念。整个系统是端到端训练的。

10.2.1 特征检测器

为简单起见，我们最初将重点聚焦在灰度图像（即具有单个通道的图像）上。考虑神经网络第一层中的单个单元，该单元仅将图像中的一个小矩形区域或小块内的像素值作为输入，如图 10.1(a) 所示。这个小矩形区域或小块称为该单元的感受野（receptive field），它体现了局部性的概念。我们希望与此单元相关的权重值（简称权值）能够学习检测一些有用的低级特征。该单元的输出以函数的形式给出。该函数首先对输入值进行加权线性组合，然后使用非线性激活函数进行变换：

$$z = \mathrm{ReLU}(\boldsymbol{w}^{\mathrm{T}}\boldsymbol{x} + w_0) \tag{10.1}$$

其中 $\boldsymbol{x}$ 是感受野的像素值向量，我们假设使用了 ReLU 激活函数。由于每个输入像素都有一个权重相关联，因此权重本身会形成一个小的称为滤波器（filter）的二维网格，有时也称核（kernel），其本身可以像图像一样可视化，如图 10.1(b) 所示。

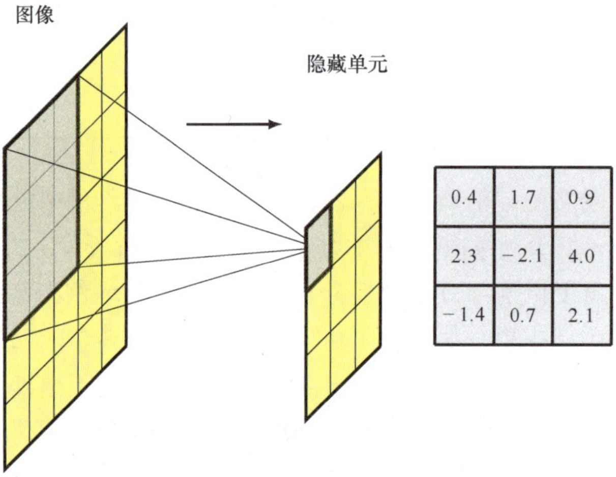

(a) (b)

图 10.1 **(a) 感受野的图示，这里显示了网络隐藏层中的一个单元，该隐藏单元接收来自图像的 3×3 小块像素输入，此小块中的像素构成了该隐藏单元的感受野。(b) 与该隐藏单元相关的权重值可以可视化为一个小的 3×3 矩阵，称为卷积核。注意，还有一个额外的偏置参数，此处未显示**

假设式（10.1）中的 $\boldsymbol{w}$ 和 w_0 是固定的，我们想知道对于哪一个输入图像小块 $\boldsymbol{x}$，这个隐藏单元将给出最大输出响应。为了回答这个问题，我们需要以某种方式约束 $\boldsymbol{x}$。假设它的范数 $\|\boldsymbol{x}\|^2$ 是固定的，那么对于某个系数 α，使 $\boldsymbol{w}^{\mathrm{T}}\boldsymbol{x}$ 最大化并因此最大化隐藏单位响应的 $\boldsymbol{x}$ 的解的形式为 $\boldsymbol{x} = \alpha\boldsymbol{w}$（见习题 10.1）。也就是说，当检测到一个在整体缩放下像核图像的图像小块时，就会产生来自这个隐藏单元的最大输出响应。注意，只有当 $\boldsymbol{w}^{\mathrm{T}}\boldsymbol{x}$ 超过 $-w_0$ 的阈值时，ReLU 才会生成非零输出。因此该隐藏单元充当了特征检测器的角色，它会在找到与其卷积核匹配足够好的图像小块时发出信号。

10.2.2 平移等变性

接下来请注意，如果人脸图像中的小块表示处在该位置的眼睛，则图像不同部分的同一组像素值表示新位置的眼睛。我们的神经网络需要能够将其在一个位置学到的知识泛化到图像中的所有可能位置，而不需要在训练集中在每个可能位置见过对应特征的示例。为了实现这一点，我们可以简单地在图像的多个位置复制相同的隐藏单元权值，如图 10.2 中的一维输入空间所示。

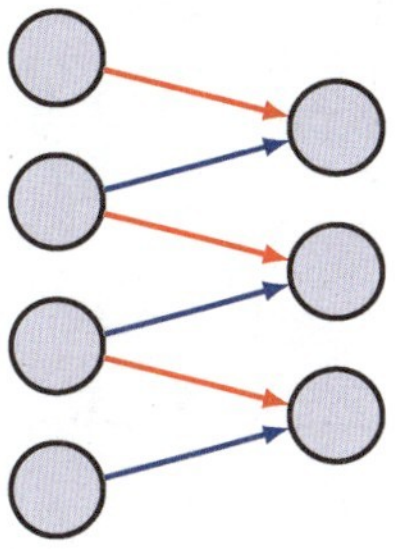

图 10.2 输入值的一维数组以及宽度为 2 的核卷积示意图。连接是稀疏的，由隐藏单元共享，如红色和蓝色箭头所示，其中具有相同颜色的连接具有相同的权值。因此，该网络有 6 个连接，但只有两个独立的可学习参数

隐藏层的单元形成一个特征图（feature map），其中，所有单元共享相同的权重。因此，如果图像的局部小块在连接到该小块的单元中产生特定响应，则不同位置的同一组像素值将在特征图中的相应变换位置产生相同的响应。这是等变性（equivariance）的一个例子（参见 9.1.3 小节）。可以看到这个网络中的连接是稀疏的（sparse），因为大多数连接不存在。此外，权值由所有隐藏单元共享，如连接的颜色所示。这一变换是卷积（convolution）的一个例子。

我们可以将卷积的想法扩展到二维图像（Dumoulin and Visin, 2016）。对于像素强度为 $I(j,k)$ 的图像 $\boldsymbol{I}$ 和像素值为 $K(l,m)$ 的滤波器 $\boldsymbol{K}$，特征图 $\boldsymbol{C}$ 的激活值由下式给出：

$$C(j,k)=\sum_l\sum_m I(j+l,k+m)K(l,m) \tag{10.2}$$

为了清晰起见，我们省略了非线性激活函数。这也是卷积的一个例子，且有时可以写作 $\boldsymbol{C}=\boldsymbol{I}*\boldsymbol{K}$。请注意，严格来说，式（10.2）所示的操作应称为互相关（cross-correlation），它与卷积的传统数学定义略有不同，但在这里我们将遵循机器学习文献中的常见实践，并将式（10.2）所示的操作称为卷积（见习题 10.4）。图 10.3 以 3×3 图像和 2×2 滤波器为例，对这种操作做了说明（参见 7.4.2 小节）。重要的是，当在卷积网络中使用批量归一化时，在归一化单元状态过程中，必须在特征图中的每个空间位置使用相同的均值和方差，以确保特征图的统计量与位置无关。

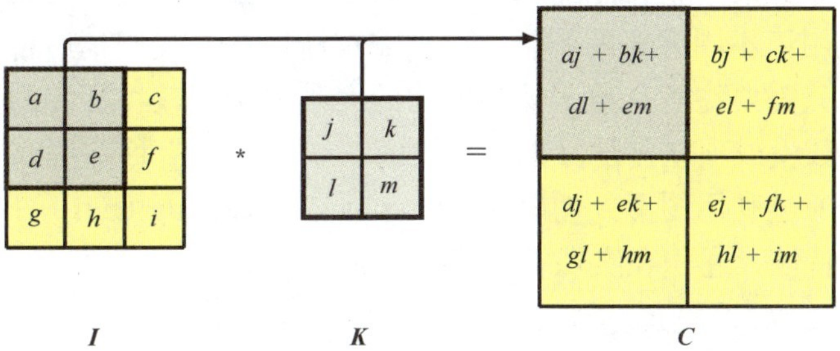

图 10.3 在 3×3 的图像上使用 2×2 滤波器卷积的示例，以及得到的 2×2 特征图

作为卷积应用的一个例子，考虑使用固定的、手工制作的卷积滤波器检测图像边缘的问题。直观上，可以认为垂直边缘是我们在图像上水平移动时，因像素之间的强度发生显著的局部变化而产生的。我们可以通过使用以下形式的 3×3 滤波器对图像进行卷积来测量这一点：

−1	0	1
−1	0	1
−1	0	1

（10.3）

类似地，我们也可以使用此滤波器的转置来对图像进行卷积，从而检测图像的水平边缘：

−1	−1	−1
0	0	0
1	1	1

（10.4）

图 10.4 显示了将这两个卷积滤波器应用于示例图像的结果。注意在图 10.4(b) 中，如果竖直边缘对应于像素强度的增加，则特征图上的相应点为正（用浅色表示）；而如果竖直边缘对应于像素强度的降低，则特征图上的相应点为负（用深色表示）。图 10.4(c) 所示水平边缘的结果具有类似的性质。

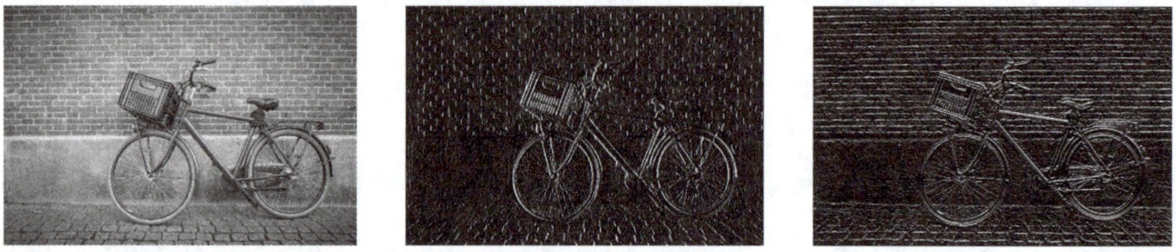

(a) (b) (c)

图 10.4 使用卷积滤波器检测图像边缘的示意图：(a) 原始图像；(b) 使用滤波器［式（10.3）］卷积检测竖直边缘的结果；(c) 使用滤波器［式（10.4）］卷积检测水平边缘的结果

通过将这种卷积结构与标准的全连接网络作比较，我们看到了前者的 3 个优点：首先，连接是稀疏的，即使对于较大的图像，权重也要少得多；其次，权值是共享的，大大减少了独立参数的数量，从而减小了学习这些参数所需的训练集大小；最后，相同的网络可以应用于不同大小的图像，而无需重新训练。我们稍后将重新讨论最后一点，但目前，你只需要注意，改变输入图像的大小只会更改特征图的大小，而不会改变模型中的权重数量或独立可学习参数的数量（参见 10.4.3 小节）。关于卷积网络的最后一个观察是，通过利用图形处理单元（Graphics Processing Unit，GPU）高计算吞吐量的大规模并行特性，卷积在实现中计算效率非常高。

10.2.3 填充

从图 10.3 中可以看出，卷积图比原始图像小。如果原始图像的维度为 $J \times K$，并

且我们用维度为 $M \times M$ 的核对其进行卷积（滤波器通常是正方形的），则生成的特征图的维度为 $(J-M+1)\times(K-M+1)$ 。在某些情况下，我们希望特征图具有与原始图像相同的尺寸。这可以通过在原始图像外部填充（padding）额外像素来实现，如图 10.5 所示。如果我们用 P 个像素填充原始图像，则输出的特征图的维度为 $(J+2P-M+1)\times(K+2P-M+1)$ 。如果没有对原始图像进行填充，即 $P=0$ ，则称为有效（valid）卷积。当选择的 P 值使得输出数组的大小与输入数组的大小相同时，对应于 $P=(M-1)/2$ ，则称为等大（same）卷积，因为原始图像和特征图具有相同的维度（见习题 10.6）。在计算机视觉中，滤波器的 M 通常为奇数，因此填充可以在原始图像的所有边上对称进行，并且滤波器具有一个与位置关联的明确定义的中心像素。最后，我们需要为填充像素选择一个合适的强度值。典型的选择是将填充值设置为零（在先从每个图像中减去平均值之后），这样零就是像素强度的平均值。填充也可以应用于特征图，以便由后续卷积层处理。

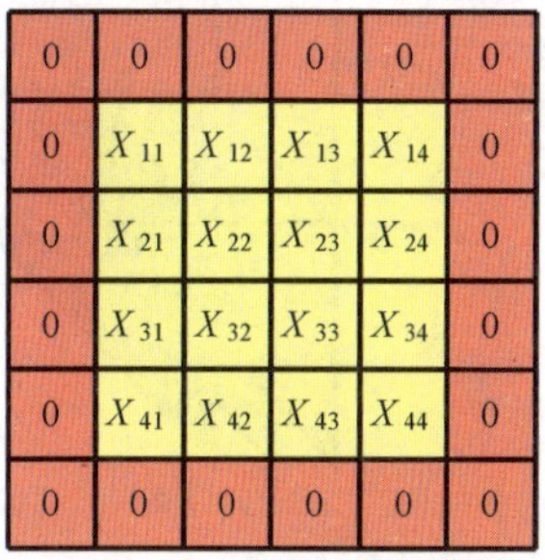

图 10.5　4×4 图像的填充示意图，该图像已填充了额外像素以创建 6×6 图像

10.2.4　跨步卷积

在典型的图像处理应用中，图像可以有非常多的像素，并且由于卷积核通常相对较小，因此 $M \ll J,K$ ，特征图的大小将与原始图像相似（如果进行等大填充，则大小相同）。有时，我们希望使用比原始图像小得多的特征图，以便在设计卷积网络时更灵活。实现此目的的一种方法是使用跨步卷积（strided convolution），即不再将滤波器一次移动一个像素，而是以较大的步长 S 移动滤波器。我们称 S 为步幅（stride）。如果在水平和竖直方向上使用相同的步幅，那么特征图中的元素数量为（见习题 10.7）

$$\left\lfloor \frac{J+2P-M}{S}-1 \right\rfloor \times \left\lfloor \frac{K+2P-M}{S}-1 \right\rfloor \tag{10.5}$$

其中 $\lfloor x \rfloor$ 表示将 x 向下取整，得到小于或等于 x 的最大整数。对于大图像和小尺寸滤波器，特征图将是原始图像大小的 $1/S$ 。

10.2.5　多维卷积

到目前为止，我们已经考虑了单个灰度图像上的卷积。彩色图像有三个通道，对应于红色、绿色和蓝色。通过扩展滤波器的维度，我们可以轻松地扩展卷积以支持多个通道。具有 $J \times K$ 个像素和 C 个通道的图像可以用维度为 $J \times K \times C$ 的张量来描述（参见 6.3.7 小节）。我们可以引入一个用维度为 $M \times M \times C$ 的张量来描述的滤波器，该张量对于 C 个通道中的每一个通道，都有一个独立的 $M \times M$ 滤波器。假设对原始图像没有进行填充且步幅为 1，则同样可以得到大小为 $(J-M+1)\times(K-M+1)$ 的特征图，如图 10.6 所示。

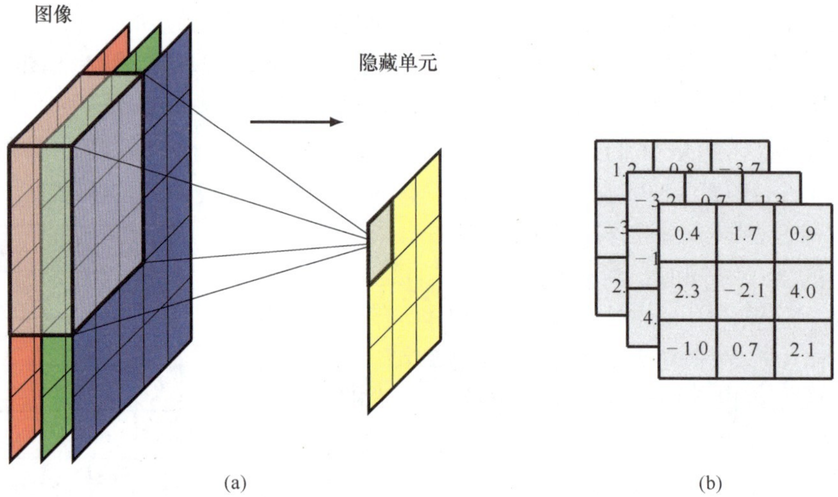

图 10.6 (a) 从 R、G 和 B 通道接收输入的多维滤波器示意图；(b) 这里的核有 27 个权重（加上 1 个未显示的偏置参数），它可以可视化为一个 3×3×3 大小的张量

下面让我们对卷积进一步进行重要扩展。目前，我们已经创建了单一的特征图，并且特征图中的所有点共享同一组可学习参数。对于维度为 $M \times M \times C$ 的滤波器，无论图像大小如何，都将有 M^2C 个权重参数。此外，还有一个与该单元相关的偏置参数。这种滤波器类似于全连接网络中的单个隐藏节点，它只能学习检测一种特征，因此作用非常有限。为了构建更灵活的模型，我们需要使用多个这样的滤波器，其中每个滤波器都有互不相关的参数集，从而产生独立的特征图，如图 10.7 所示。我们再次将这些独立的特征图称为通道（channel）。滤波器张量现在的维度为 $M \times M \times C \times C_{\text{OUT}}$，其中 C 是输入通道数，C_{OUT} 是输出通道数。每个输出通道都有自己的相关偏置参数，因此参数总数为 $(M^2C+1)C_{\text{OUT}}$。

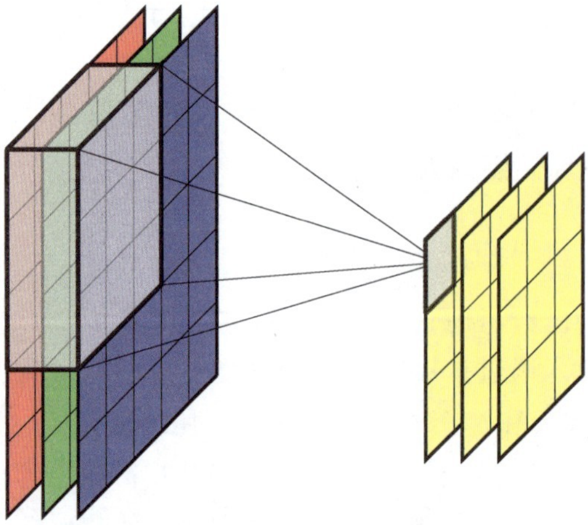

图 10.7 图 10.6 所示的多维卷积滤波层可以扩展为包括多个独立的滤波通道

设计卷积网络时的一个有用概念是 1×1 卷积（Lin, Chen, and Yan, 2013），它是一

个滤波器大小为单个像素的卷积层。滤波器有 C 个权重（每个输入通道一个权重），外加一个偏置。1×1 卷积通过将输出通道数设置为与输入通道数不同，可以简单地用来改变通道数（通常用来减少通道数），而不改变特征图的大小。因此，它是对跨步卷积或池化的补充，因为它减少了通道的数量而不是通道的维度。

10.2.6 池化

卷积层编码了平移等变性（equivariance），如果将一小块像素（代表隐藏单元的感受野）移动到图像中的不同位置，则特征图的关联输出将移动到特征图中的相应位置。这对于在图像中找到目标的位置等应用很有价值。对于其他应用，例如图像分类，我们希望在输入平移时，输出保持不变。然而，在所有情况下，我们都希望网络能够学习分层结构，其中特定级别的复杂特征是由前一级的简单特征构建而成的。在许多情况下，这些简单特征之间的空间关系非常重要。例如，眼睛、鼻子和嘴巴的相对位置有助于确定面部的存在，而非仅仅表明这些特征在图像中存在。但是，相对位置的微小变化不会影响分类，我们希望对单个特征的这种小平移保持输出不变。这可以通过在卷积层输出之后，应用池化（pooling）来实现。

池化与卷积有相似之处，因为单元阵列排列在网格中，且其中的每个单元都从前一个特征图的感受野中获取输入。此外，池化同样需要选择滤波器大小和步幅。然而，池化与卷积的不同之处在于，池化单元的输出是其输入的简单、固定的函数，因此池化中没有可学习参数。池化的一个常见示例是最大池化（max-pooling）（Zhou and Chellappa, 1988），其中每个单元仅输出对于输入值的“取最大值”函数。图 10.8 所示的简单示例说明了这一过程。这里的步幅等于滤波器的宽度，因此感受野没有重叠。

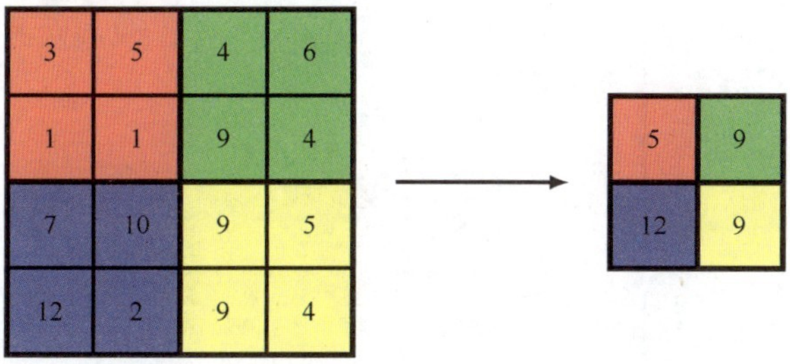

图 10.8　最大池化示意图，其中使用“max”运算符将特征图中的 2×2 像素块组合在一起，从而生成较小维度的新特征图

除了构建一些局部平移不变性外，池化通过对特征图下采样，还可用于降低表示的维度。注意，在卷积层中使用大于 1 的步幅也可以实现对特征图下采样的效果。

我们可以将特征图中单元的激活解释为检测相应特征强度的度量，因此最大池化保留了有关特征是否存在以及特征强度的信息，但丢弃了一些位置信息。池化还有许多其他选择，例如平均池化（average pooling），其中池化函数计算特征图中相应感受野值的平均值。这些都引入了一定程度的局部平移不变性。

池化通常独立地应用于特征图的每个通道。例如，如果我们有一个 8 通道的特征图，每个通道的维度为 64×64，应用感受野大小为 2×2 且步幅为 2 的最大池化，则池化运算的输出将是一个维度为 $32\times32\times8$ 的张量。

我们还可以在特征图的多个通道中应用池化，这将使网络有潜力学习简单平移不变性之外的其他不变性。例如，如果卷积层中的多个通道学习检测不同方向上的相同特征，则这些特征图的最大池化将对于旋转变换（几乎）保持不变。

池化还允许卷积网络处理不同大小的图像。归根结底，卷积网络的输出，以及通常的一些中间层，必须具有固定尺寸。根据图像大小改变池化的步幅大小，可以使卷积网络适应可变大小的输入，以确保池化输出的数量保持不变。

10.2.7 多层卷积

到目前为止我们描述的卷积网络结构类似于标准全连接神经网络中的单层网络结构。为了允许网络发现和表示数据中的分层结构，现在我们通过使用多个上述类型的层来扩展架构。每个卷积层由维度为 $M\times M\times C_{\mathrm{IN}}\times C_{\mathrm{OUT}}$ 的滤波器张量表示，其中独立权重和偏置参数的数量为 $\left(M^2C_{\mathrm{IN}}+1\right)C_{\mathrm{OUT}}$。每个这样的卷积层都允许我们选择性地在后续加上一个池化层。现在，我们可以连续应用多个这样的卷积层和池化层，其中某个层的输出通道 C_{OUT}（类似于输入图像的 RGB 通道）形成下一层的输入通道。注意，特征图中的通道数有时称为特征图的“深度”，但我们更愿意用“深度”来表示多层网络中的层数。

卷积框架的一个关键性质是局部性，特征图中的给定单元仅从前一层的一小块（即感受野）中获取信息。当我们构建一个每一层都是卷积层的深度神经网络时，后面层中单元的有效感受野会比前面层中单元的有效感受野大得多，如图 10.9 所示。

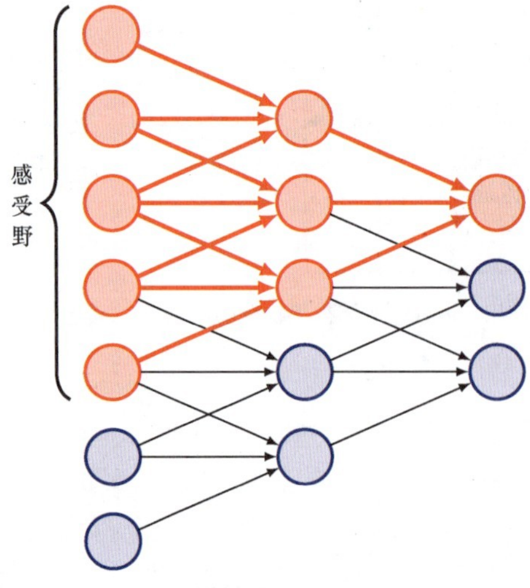

图 10.9 多层卷积网络中有效感受野如何随深度的增加而增大的示意图。在这里，我们看到输出层顶部的红色单元从中间层单元的感受野中获取输入，每个中间层单元在第一层单元中都有一个感受野。因此，输出层中红色单元的激活取决于中间层中 3 个单元的输出以及输入层中的 5 个单元的输出

在许多应用中，网络的输出单元需要预测图像整体的信息。例如在图像分类任务中，网络需要组合来自整个输入图像的信息。这通常是通过在网络的最后阶段引入一个或两个标准的全连接层来实现的，其中每个单元都连接到前一层中的每个单元。这种架构中的参数数量是可控的，因为中间池化层的存在，最终卷积层的维度通常比输入层的维度少得多。然而，即使网络中（共享的）连接数量比卷积层中的多，最终全连接层也可能包含网络中大多数独立自由度。

因此，一个完整的 CNN 包括多层卷积，这些卷积穿插着池化操作，并且通常在网络的最后阶段有传统的全连接层。在设计这样的架构时，需要做出许多选择，包括层数、每层中的通道数、滤波器尺寸、步幅大小以及多个其他此类超参数。在实践中，训练每个候选配置的计算成本很高，很难使用留出法对超参数的值进行系统的比较，研究人员为此探索了各种不同的架构。

10.2.8 网络架构示例

卷积网络是第一个成功部署在应用中的深度神经网络（即具有两个以上可学习参数层的神经网络）。一个早期的例子是 LeNet，它用于对低分辨率的单色手写数字图像进行分类（LeCun et al., 1989; LeCun et al., 1998）。通过引入名为 ImageNet（Deng et al., 2009）的大规模基准数据集，开发更强大的卷积网络得到了加速。该数据集包含约 1 400 万幅自然图像，其中每幅图像都被手工归为近 22 000 个类别之一。这是一个比我们以前使用的所有数据集都大得多的数据集，ImageNet 推动的领域进步强调了大规模数据以及设计具有适当归纳偏置的良好模型在构建成功深度学习方案时的重要性。

包含 1 000 个非重叠类别的图像子集构成了年度 ImageNet 大规模视觉识别挑战赛（ImageNet Large Scale Visual Recognition Challenge）的基础。同样，这比之前通常考虑几十个类别要多得多。拥有如此多的类别使问题变得更加棘手，因为如果类别分布均匀，随机猜测的错误率将达到 99.9%。该数据集包含超过 128 万幅训练图像、5 万幅验证图像和 10 万幅测试图像。分类器旨在为测试图像生成预测输出类别的排序列表，并根据 Top 1 和 Top 5 的错误率报告结果。这意味着如果真实类别出现在列表顶部或位于 5 个排名最靠前的类别预测之中，则视为图像分类正确。该数据集的早期结果实现了 Top 5 的错误率约为 25.5%。AlexNet 卷积网络架构（Krizhevsky, Sutskever, and Hinton, 2012）取得了重要进展，赢得了 2012 年的比赛，并将 Top 5 的错误率降低到 15.3% 的新纪录。AlexNet 模型的关键之处在于使用 ReLU 函数作为激活函数、应用 GPU 训练网络以及使用 dropout 正则化（参见 9.6.1 小节）。该模型随后几年取得了进一步的成功，错误率降低至约 3%，在某些数据上，比人类水平（约 5%）表现得要好一些（Dodge and Kara, 2017）。这可以归因于人类难以区分只有微妙差异的不同类别（例如不同的蘑菇品种）。

作为典型卷积网络架构的一个示例，我们来详细了解一下 VGG-16 模型（Simonyan and Zisserman, 2014），其中 VGG 代表开发该模型的 Visual Geometry Group，16 表示模型中可学习层的数量。VGG-16 模型有一些简单的设计原则，旨在得到相对一致的架构，如图 10.10 所示，即最大限度地减少需要选择的超参数的数量。

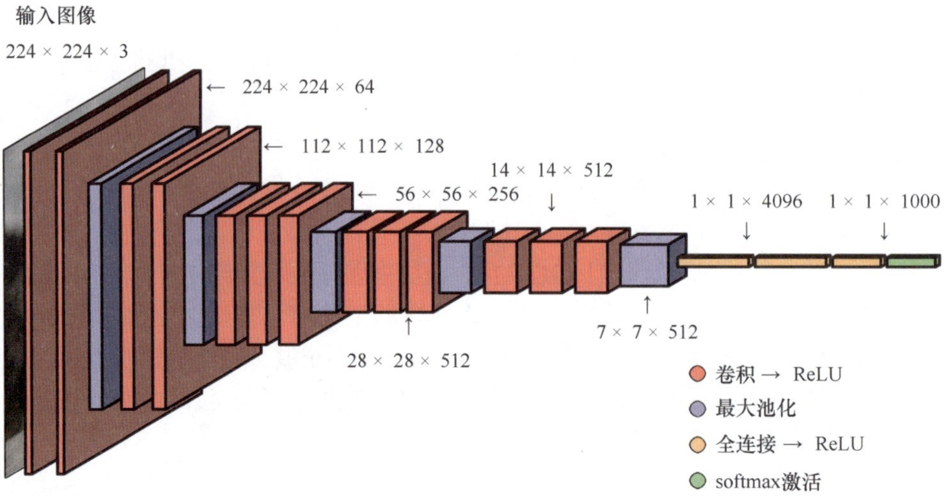

图 10.10 一个典型卷积网络（在本例中是 VGG-16 模型）的架构

该模型以 224×224 像素和三颜色通道的图像作为输入，然后接入穿插有下采样的卷积层集合。所有卷积层都具有尺寸为 3×3、步幅为 1 的滤波器，执行等大填充并使用 ReLU 激活函数；而最大池化操作都使用步幅为 2、尺寸为 2×2 的滤波器，从而将单元数下采样为原先的四分之一。第 1 个可学习层（简称第 1 层）是一个卷积层，其中每个单元从输入通道堆叠得到的 $3 \times 3 \times 3$ 的"立方体"获取输入，因此包括偏置在内共有 28 个参数，这些参数在该通道的特征图中的所有单元之间共享。第 1 层有 64 个这样的特征通道，从而使输出张量的大小为 $224 \times 224 \times 64$。第 2 层也是卷积层，同样有 64 个通道。紧接着是最大池化层，给出的特征图大小为 112×112。第 3 层和第 4 层又是卷积层，维度为 112×112，每层都有 128 个通道。通道数量的增加在一定程度上抵消了最大池化层中的下采样，以确保每层表示中的变量数量不会随着所通过网络层数的增加而过快地减少。同样，接下来是最大池化操作，以产生大小为 56×56 的特征图。接下来是另外三个卷积层，每个卷积层有 256 个通道，从而再次将与下采样相关的通道数量增加一倍。接下来是另一个最大池化操作，得到大小为 28×28 的特征图。紧接着又是三个卷积层，每个卷积层有 512 个通道，后面跟着另一个最大池化操作，下采样得到大小为 14×14 的特征图。接下来是另外三个卷积层，尽管这三个卷积层中的特征图数量保持在 512，但接下来再次进行最大池化操作，从而将特征图的大小减小到 7×7。最后，还有三层是全连接层，这意味着它们是具有完全连接且不共享参数的标准神经网络层。最终的最大池化层有 512 个通道，每个通道的大小为 7×7，总共有 25 088 个单元。第一个全连接层有 4 096 个单元，每个单元都连接到每个最大池化单元。接下来是第二个全连接层，它同样有 4 096 个单元。最后是第三个全连接层，它有 1 000 个单元，以便将网络应用于包含 1 000 个类别的分类问题。网络中输出层除外的所有可学习层都具有非线性 ReLU 激活函数，输出层具有 softmax 激活函数。总体而言，VGG-16 模型中总共有大约 1.38 亿个可独立学习的参数，其中大部分（近 1.03 亿个）位于第一个全连接层中，而大多数连接位于第一个卷积层中（参见习题 10.8）。

早期的 CNN 通常具有较少的卷积层，因为它们具有较大的感受野。例如，AlexNet（Krizhevsky, Sutskever, and Hinton, 2012）具有步幅为 4、尺寸为11×11的感受野。从图 10.9 中可以看出，通过使用每层只有较小感受野的多层结构，也可以隐式地实现较大的感受野。后者的优点是需要的参数要少得多，并且有效地对较大的滤波器施加了归纳偏置，因为它们必定由卷积子滤波器组成。尽管这是一个高度复杂的架构，但只需要对网络函数本身进行显式编码即可，因为我们可以使用自动微分（参见 8.2 节）来计算损失函数的导数，并使用随机梯度下降来优化损失函数。

10.3 可视化训练好的CNN

本节介绍探索现代深度 CNN 所学习到的特征，你将看到它们与哺乳动物视觉皮层性质的一些显著相似之处。

10.3.1 视觉皮层

研发 CNN 的大部分动机来自神经科学的开创性研究，这些研究深入了解了包括人类在内的哺乳动物视觉处理的本质。来自视网膜的电信号通过位于大脑后部的视觉皮层中的一系列处理层进行转换，其中神经元组织成二维片，每个二维片形成二维视野的映射。在这些开创性研究中，Hubel and Wiesel（1959）测量了当向猫的眼睛呈现视觉刺激时，猫的视觉皮层中单个神经元的电响应。他们发现，一些称为“简单细胞”的神经元对视觉输入有强烈的响应，这些视觉输入朝向特定角度的简单边缘，位于视野内的特定位置。而其他刺激在这些神经元中产生的响应相对较少。更详细的研究表明，这些简单细胞的响应可以使用 Gabor 滤波器来建模，Gabor 滤波器是由下式定义的二维函数：

$$G(x,y)=A\exp\left(-\alpha\tilde{x}^2-\beta\tilde{y}^2\right)\sin\left(\omega\tilde{x}+\phi\right) \tag{10.6}$$

其中

$$\tilde{x}=\left(x-x_0\right)\cos\left(\theta\right)+\left(y-y_0\right)\sin\left(\theta\right) \tag{10.7}$$

$$\tilde{y}=-\left(x-x_0\right)\sin\left(\theta\right)+\left(y-y_0\right)\cos\left(\theta\right) \tag{10.8}$$

式（10.7）和式（10.8）表示坐标系旋转角度θ，因此式（10.6）中的$\sin(\cdot)$项表示朝向极角θ方向的正弦空间振荡，频率为ω，相位角为ϕ。式（10.6）中的指数因子旨在创建一个衰减包络，将滤波器置于点(x_0,y_0)的邻域内，衰减速率由α和β控制。式（10.6）定义的 Gabor 滤波器示例如图 10.11 所示。

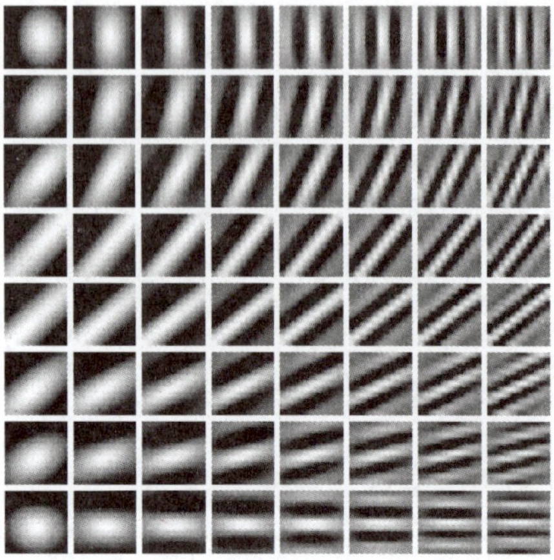

图 10.11 式（10.6）定义的 Gabor 滤波器示例。朝向角 θ 从顶行的 0 向底行的 $\pi/2$ 变化，频率从左列的 $\omega=1$ 向右列的 $\omega=10$ 变化

Hubel 和 Wiesel 还发现了“复杂细胞”的存在，这些细胞会响应更复杂的刺激，并且该刺激似乎是通过组合和处理简单细胞的输出得到的。这些响应对输入中的微小变化（例如位置偏移）表现出一定程度的不变性，类似于深度卷积网络中的池化单元。哺乳动物视觉处理系统的更深层对视觉输入的变换具有更具体的响应和更大的不变性。这种细胞称为“祖母细胞”，因为不论场景的位置、大小、照明或其他变换如何，当且仅当视觉输入与某些特定的概念（如祖母的头像）相对应时，这种细胞才能在理论上做出响应。这项工作直接启发了一种称为新认知机（neocognitron）（Fukushima, 1980）的深度神经网络的早期形式，它是卷积神经网络的先驱。新认知机支持多层处理，包括了具有共享权重的局部感受野和紧接着的局部平均或最大池化，以确保位置不变性。然而，新认知机缺乏端到端的训练过程，而依赖于无监督聚类算法进行贪婪的逐层学习。

10.3.2 可视化训练好的滤波器

假设我们有一个训练好的深度 CNN，我们希望了解隐藏单元学会了检测什么。对于第一个卷积层中的滤波器，这是相对直接的，因为它们对应于原始输入图像空间中的小块，我们可以将这些滤波器的网络权重直接可视化为小的图像块。第一个卷积层计算滤波器和相应图像块的内积，当内积较大时，隐藏单元将具有较大的激活。

图 10.12 展示了一些在 ImageNet 数据集上训练好的 CNN 第一层滤波器示例。我们看到这些滤波器与图 10.11 中的 Gabor 滤波器之间存在显著的相似性。然而，这并不意味着卷积神经网络是大脑工作的良好模型，因为我们可以从各种统计方法中获得非常相似的结果（Hyvärinen, Hurri, and Hoyer, 2009）。这些特征滤波器表示的是统计自然图像的一般性质，它们对于自然和人工系统中的图像理解都被证明是有用的。

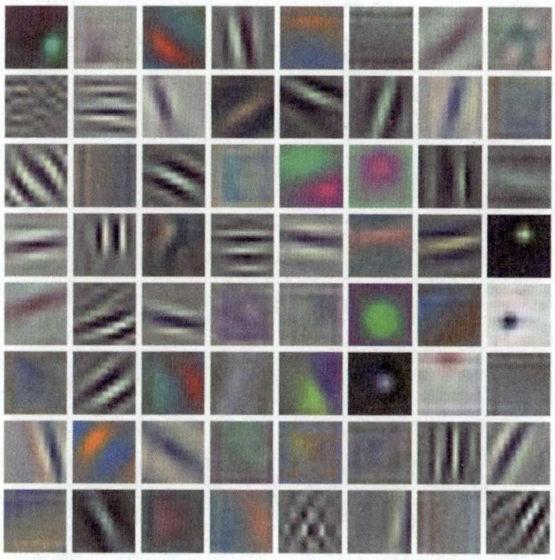

图 10.12 AlexNet 第一层学习到的滤波器示例。注意，许多学习到的滤波器与图 10.11 中的 Gabor 滤波器具有惊人的相似性，它们对应于哺乳动物视觉皮层中活跃神经元检测到的特征

虽然我们可以直接可视化第一层中的滤波器，但网络中的后续层更难解释，因为它们的输入不是图像小块，而是滤波器响应。一种方法（类似于 Hubel 和 Wiesel 使用的方法）是向网络提供大量图像小块，并观察哪些图像小块在任何特定隐藏单元中产生最大的激活值。图 10.13 显示了在网络的隐藏单元中产生最强激活的图像小块示例。该网络有 5 个卷积层，紧接着是两个全连接层，在包含 1 000 个类别的 130 万幅 ImageNet 图像上完成训练。我们看到一个自然的分层结构，第 1 层对边缘响应，第 2 层对纹理和简单形状响应，第 3 层显示对象的组成部分（如轮子），第 5 层显示整个对象。

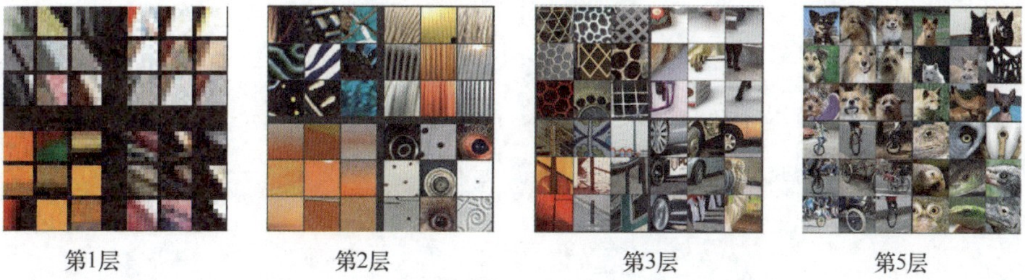

图 10.13 在网络的隐藏单元中产生最强激活的图像小块示例（取自验证集）。该网络有 5 个卷积层，在 ImageNet 图像上完成训练。针对 4 个随机选择的通道，每个对应层的特征图中的前 9 个激活排成了一个 3×3 的网格。我们看到复杂性会随着深度的增加稳步增长——从第 1 层的简单边缘到第 5 层的完整对象［经 Zeiler and Fergus (2013) 授权使用］

我们可以扩展这种技术，使其不仅仅从验证集中选择图像小块，而且对输入变量进行数值优化，以最大限度地激活特定单元（Zeiler and Fergus, 2013; Simonyan, Vedaldi, and, Zisserman, 2013; Yosinski et al., 2015）。如果我们选择某单元作为输出之一，则可以寻找最能代表相应类标签的图像。由于输出单元通常具有 softmax 激活函数，因此最好最大化输入 softmax 激活函数的预激活值，而不是直接最大化类概率，

因为这样可以确保优化仅依赖于一个类。例如，假设我们想要寻找对类别“狗”产生最强烈响应的图像，那么如果我们优化 softmax 输出，由于 softmax 激活函数中的分母的存在，可能会使图像变得不那么像猫。这种方法与对抗训练有关（参见第 17 章）。然而，输出单元激活的无约束优化会导致单个像素值趋于无穷大，并且还会产生难以解释的高频结构，因此需要某种形式的正则化来找到更接近自然图像的解。Yosinski et al. (2015) 使用了一种正则化函数，该函数涉及像素值的平方和以及一个变换过程。该过程将基于梯度的更新替换为删除高频结构的模糊操作，并引入剪裁操作来将那些对类标签贡献很小的像素值设置为零，示例结果如图 10.14 所示。

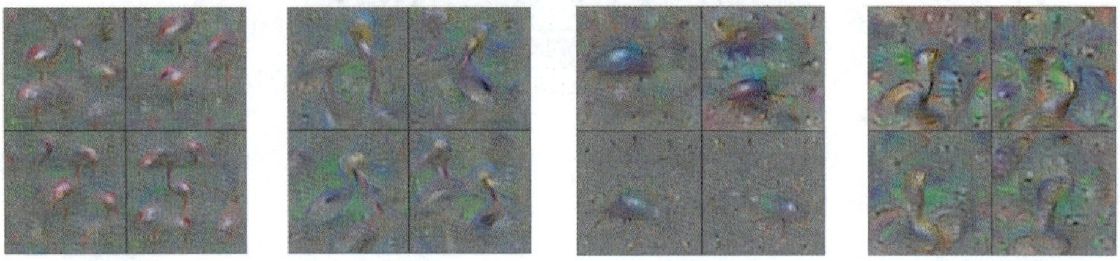

图 10.14 通过训练好的卷积分类器，对图像像素通道值最大化类概率生成的合成图像示例。图中显示了对于每一对象类别，通过不同正则化参数设置得到的 4 个不同的解［经 Yosinski et al. (2015) 授权使用］

10.3.3 显著性图

深入了解卷积网络所用特征的另一种方法是使用显著性图（saliency map），目的是在确定类标签时识别图像中最重要的区域。这最好通过研究最终卷积层来完成，因为该卷积层仍然保留了空间定位信息，该信息在随后的全连接层中会丢失，但它们具有最高级别的语义表示。对于给定的输入图像，Grad-CAM（Gradient Class Activation Mapping，梯度类激活图）方法（Selvaraju et al., 2016）首先在 softmax 输出之前，计算对于给定类别 c 的输出单元预激活 $a^{(c)}$ 关于最终卷积层通道 k 中所有单元预激活 $a_{ij}^{(k)}$ 的导数。对于该层中的每个通道，这些导数的平均值形式如下：

$$\alpha_k = \frac{1}{M_k}\sum_i\sum_j \frac{\partial a^{(c)}}{\partial a_{ij}^{(k)}} \tag{10.9}$$

其中 i 和 j 用于索引通道 k 的行和列，M_k 是通道 k 中的单元总数。然后，这些平均值被用于形成以下形式的加权和：

$$\boldsymbol{L} = \sum_k \alpha_k \boldsymbol{A}^{(k)} \tag{10.10}$$

其中 $\boldsymbol{A}^{(k)}$ 是包含元素 a_{ij}^{k} 的矩阵。生成的数组与最终卷积层具有相同的维度，例如图 10.10 所示的 VGG-16 模型的维度为 14×14，并且可以用“热力图”的形式叠加在原始图像上，如图 10.15 所示。

原始图像
“狗”的显著性图
“猫”的显著性图

图 10.15 VGG-16 模型关于类别“狗”和“猫”的显著性图［经 Selvaraju et al. (2016) 授权使用］

10.3.4 对抗攻击

与输入图像像素值变化相关的梯度也可用于创建针对卷积网络的对抗攻击（adversarial attack）（Szegedy et al., 2013）。这类攻击以人类无法察觉的水平对图像进行非常小的修改，从而导致神经网络对图像分类错误。创建对抗性图像的一种简单方法是快速梯度符号（fast gradient sign）法（Goodfellow, Shlens, and Szegedy, 2014）。这涉及将图像 $\mathbf{x}$ 中的每个像素值更改为固定量 ε，符号由误差函数 $E(\mathbf{x},t)$ 相对于像素值的梯度确定。我们将得到一幅由下式定义的修改后的图像：

$$\mathbf{x}' = \mathbf{x} + \varepsilon\,\mathrm{sign}\left(\nabla_{\mathbf{x}} E\left(\mathbf{x},t\right)\right) \tag{10.11}$$

这里的 t 是 $\mathbf{x}$ 的真实标签，误差 $E(\mathbf{x},t)$ 举例来说可以是 $\mathbf{x}$ 的负对数似然。使用反向传播可以有效地计算所需梯度（参见第 8 章）。在神经网络的常规训练中，可以通过调整网络参数来最小化误差，而式（10.11）定义的修改会改变图像（同时保持训练好的网络参数固定），从而导致误差增加。通过保持 ε 为较小的值，可以确保人眼无法察觉图像的变化。值得注意的是，这可以使网络以较高的置信度将图像分类错误，如图 10.16 中的示例所示。

+0.007 ×
=
熊猫，57.7%
长臂猿，99.3%

图 10.16 针对训练好的卷积网络的攻击示例。左边的图像以 57.7% 的置信度归类为熊猫。添加少量随机扰动（这些扰动本身以 8.2% 的概率归类为线虫），导致右边的图像以 99.3% 的置信度归类为长臂猿［经 Goodfellow, Shlens, and Szegedy (2014) 授权使用］

以这种方式欺骗神经网络会引发潜在的安全问题，因为它为攻击训练好的分类器创造了机会。这个问题似乎是由过拟合引起的，在过拟合中，具有较高拟合能力的模型已经精确地适应了特定的图像，使得输入中的微小变化会导致预测类概率的大幅变化。然而事实证明，一幅经过调整能使特定训练好的网络产生虚假输出的图像，在被输入其他网络时也会导致类似的虚假输出（Goodfellow, Shlens, and Szegedy, 2014）。此外，使用灵活性低得多的线性模型可以得到类似的对抗结果。人工对图像进行物理修改也可能导致这种现象。当把一幅规则的、未损坏的人工图像呈现给训练好的神经网络时，该网络也会给出错误的预测，如图 10.17 所示。虽然这些对抗攻击的基本类型可以通过对网络训练过程进行简单修改来解决，但更复杂的对抗攻击方法处理起来依然较为困难。了解这些结果的含义并缓解隐患仍然是一个开放的研究领域。

图 10.17 两个修改过的物理停车标志，它们会被 CNN 以极高的概率归类为限速标志［经 Eykholt et al. (2018) 授权使用］

10.3.5 合成图像

在关于图像修改的最后一个示例中，我们将讨论一种称为 DeepDream 的技术（Mordvintsev, Olah, and Tyka, 2015），它为运行训练好的卷积网络提供了额外的见解。它的目标是生成具有夸张特征的合成图像。为此，我们需要确定网络特定隐藏层中的哪些节点对特定图像有较强响应，然后修改图像从而放大这些响应。例如，我们将一些云的图像输入一个在对象检测任务上训练好的网络，并且如果一个特定节点在图像的特定区域检测到类似猫的模式，则将该区域修改得更像“猫”。为此，我们首先将图像输入网络，并前向传播到某个特定层。然后将该层的反向传播 δ 变量设置为等于节点的预激活，并向输入层反向传播，从而获得图像像素的梯度向量（参见 8.1.2 小节）。最后沿着梯度向量前进一小步来修改图像。该过程可以视作利用一种基于梯度的方法来增大函数的值（见习题 10.10）。

$$F(\boldsymbol{I})=\sum_{i,j,k}a_{ijk}(\boldsymbol{I})^2 \tag{10.12}$$

其中 $a_{ijk}(\boldsymbol{I})$ 是当输入图像为 $\boldsymbol{I}$ 时，所选网络层中通道 k 的第 i 行和第 j 列单元的预激活，求和操作则涉及该层中所有的单元和通道。为了生成平滑的图像，可以使用空间平滑和像素裁剪形式的某些正则化。如果需要更强的增强效果，可以多次重复此过程。将 DeepDream 技术应用于图像的示例如图 10.18 所示。有趣的是，即使卷积网络被训练以区分对象类别，但它们似乎至少能够捕获从这些类生成图像所需的一些信息。

这种技术可以应用于照片，或者我们也可以将随机噪声作为输入，从而完全由训练好的网络生成图像。尽管 DeepDream 技术提供了一些关于训练好的网络运行的见解，但它主要用于生成艺术风格的有趣图像。

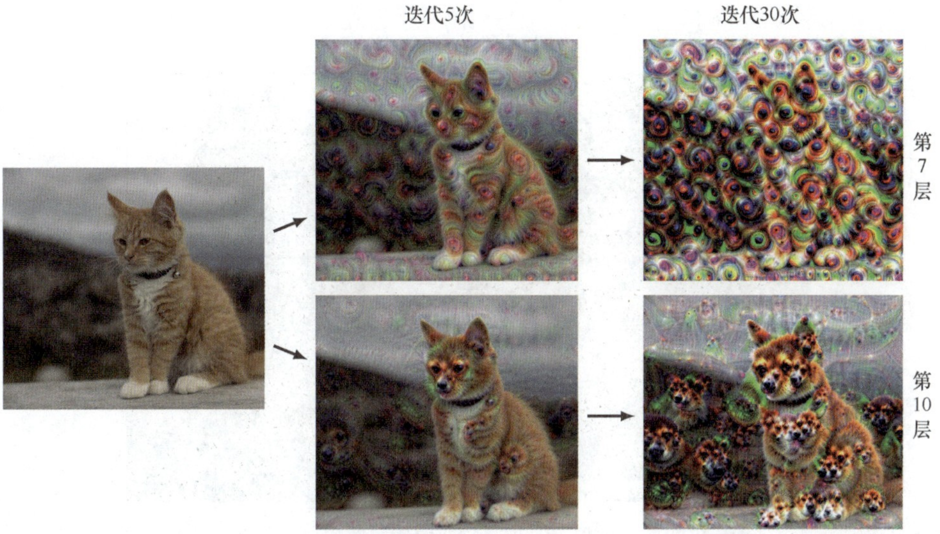

图 10.18 将 DeepDream 技术应用于图像的示例。上方显示了在经过 5 次迭代和 30 次迭代后，应用算法到 VGG-16 模型的第 7 个卷积层激活的结果。类似地，下方显示了同样在经过 5 次迭代和 30 次迭代后，应用算法到 VGG-16 模型的第 10 个卷积层激活的结果

10.4 目标检测

前面主要以图像分类问题为例介绍了 CNN 的设计动机，其中整幅图像被分类为单一类别，例如“猫”或“自行车”。这在诸如 ImageNet 的数据集上是合理的，因为每幅图像都设计为主要包含单一对象。然而，还有许多其他应用可以利用 CNN 内建的归纳偏置。更一般地说，如果 CNN 中的卷积层已经在大型图像数据集的特定任务上训练好，那么 CNN 就可以学习具有广泛适用性的内部表示。因此，我们可以针对大量的特定任务对 CNN 进行微调（参见 6.3.4 小节）。你已经看到了一个在 ImageNet 数据上训练好的卷积网络的例子，其通过迁移学习能够在皮肤病变图像的分类上达到人类水平（参见 1.1.1 小节）。

10.4.1 边界框

图像中有多个对象属于一个或多个类别的情况很常见，我们可能希望检测其中每个对象的存在及其所属的类别。此外，在许多计算机视觉应用中，我们还需要确定在图像中检测到的任何对象的位置。例如，使用 RGB 摄像头的自动驾驶车辆可能需要检测行人的存在和位置，并识别道路标志、其他车辆等。

考虑明确图像中对象位置的问题。一种广泛使用的方法是定义一个边界框（bounding box），它是一个紧密贴合对象边界的矩形，如图 10.19 所示。边界框可以由其中心坐标以及宽度和高度定义，形式为向量 $\boldsymbol{b}=\left(b_x,b_y,b_{\mathrm{W}},b_{\mathrm{H}}\right)$。这里 $\boldsymbol{b}$ 中的元素可以以像素为单位指定，也可以用连续数字表示。按照惯例，图像的左上角对应坐标

(0, 0)，右下角对应坐标 (1, 1)。

图 10.19 包含不同类别的多个对象的图像，其中每个对象的位置由一个称为边界框的紧密贴合矩形标记。蓝色框对应“汽车”类别，红色框对应“行人”类别，橙色框对应“交通信号灯”类别［原始图像由 Wayve Technologies Ltd. 提供］

当假设图像有且仅有一个对象，且该对象来自一个预定义的类别集合（其中的类别数量为 C）时，CNN 通常会有 C 个输出单元，其激活函数由 softmax 函数定义（参见 5.3 节）。对象可以由 4 个额外的具有线性激活函数的输出来定位，用于训练预测边界框坐标 $\left(b_x, b_y, b_W, b_H\right)$。由于这些量是连续的，因此可以使用对应输出的平方和误差函数。例如，Redmon et al. (2015) 使用此方法首先将图像划分成一个 7×7 的网格；然后对于每个网格单元，使用卷积网络并基于从整个图像中提取的特征，输出与网格单元关联的任意对象的类别和边界框坐标。

10.4.2 交并比

我们需要一种有意义的方式来衡量训练好的网络在预测边界框方面的性能。在图像分类中，网络的输出是类别标签的概率分布，我们可以通过查看测试集上真实类别标签的对数似然来衡量性能。然而，在对象定位中，我们需要某种方法来衡量边界框相对于某些真值的准确性，其中后者可以通过像人工标注这样的方式获得。预测框与目标框的重合程度可以用作这种度量的基础，但重叠区域的面积会取决于图像中对象的大小。此外，如果预测的边界框超出实际的边界框，则应该受到惩罚。一种能够较好地解决这两个问题的度量方法称为交并比（Intersection-over-Union，IoU），它是这两个边界框的交集区域面积与并集区域面积的比值，如图 10.20 所示。注意，IoU 度量的取值范围是 0 ～ 1。如果 IoU 度量超过某个阈值（通常为 0.5），则可以将预测标记为正确。注意，IoU 通常不直接用作训练的损失函数，因为想要通过梯度下降优化它很困难，因此通常使用中心对象来训练，而 IoU 分数主要用作评价指标。

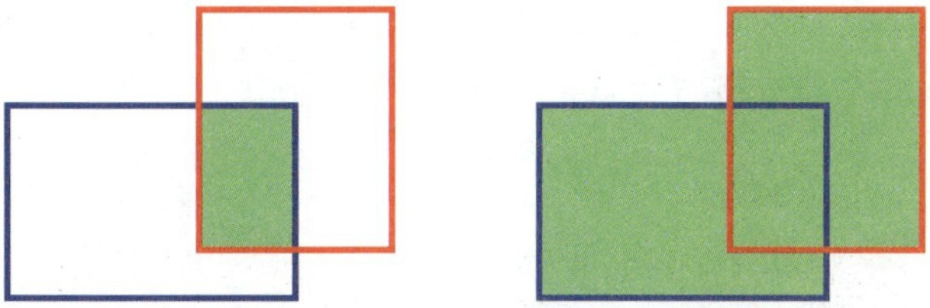

图 10.20 用于量化边界框预测准确性的交并比示意图。如果预测的边界框如蓝色矩形所示，而实际的边界框如红色矩形所示，则将交并比定义为这两个框的交集区域面积（左图的绿色部分）与并集区域面积（右图的绿色部分）的比值

10.4.3 滑动窗口

一种进行目标检测和目标定位的方法是，首先创建一个训练集，其中既包括所要检测对象的紧密裁剪的样本，也包括不包含任何对象（“背景”类别）的图像类似裁剪区域的样本。这个训练集用于训练分类器，例如一个深度 CNN，其输出表示输入窗口中存在特定对象类别的概率。然后，训练好的模型通过在图像上“扫描”输入窗口来检测新图像中的对象，并针对每个位置，将图像的结果集合用作分类器的输入。这称为滑动窗口（sliding window）。当以较高概率检测到对象时，窗口位置就是相应的边界框。

这种方法的一个明显缺点是，由于图像中潜在窗口位置的数量十分庞大，因此计算成本可能非常高。此外，为了适应图像中不同大小的对象，可能需要使用不同尺度的窗口重复该过程。我们可以通过在图像上以大于 1 像素的步幅在水平和垂直方向上移动输入窗口来节省计算成本。然而，使用较小步幅提高定位精度与使用较大步幅降低计算成本之间存在权衡。滑动窗口方法的计算成本对于简单分类器而言可能是合理的，但对于潜在包含数百万参数的深度神经网络来说，计算成本难以承受。

幸运的是，神经网络的卷积结构可以大大提高效率（Sermanet et al., 2013）。我们注意到，这种网络中的卷积层本身就涉及在输入图像中以跨步的方式滑动共享权重的特征检测器。因此，当使用滑动窗口通过卷积网络进行多次前向传播时，计算中存在大量冗余，如图 10.21 所示。

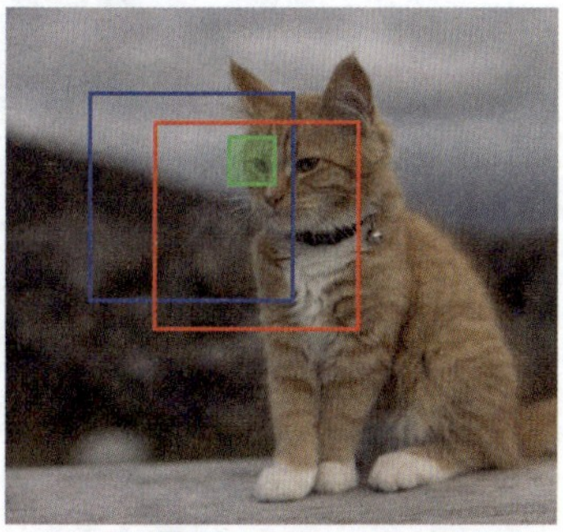

图 10.21 当用 CNN 处理来自滑动输入窗口的数据时，出现重复计算的示意图。其中红色框和蓝色框显示了有部分位置重叠的两个输入窗口。绿色框表示第一卷积层中隐藏单元感受野的位置之一，对应隐藏单元激活的计算在这两个窗口位置可以共享

由于滑动窗口的计算结构与卷积的计算结构相似，因此在卷积网络中高效地实现滑动窗口非常简单。考虑图 10.22 中一个简化的卷积网络，它包括卷积层，后跟最大池化层，然后是全连接层。为简便起见，我们在每层中只显示一个通道，但扩展到多个通道也很容易。网络的输入图像大小为 6×6，卷积层中的滤波器大小为 3×3，步幅为 1，最大池化层具有大小为 2×2、步幅为 1 的非重叠感受野。然后是一个具有单个输出

单元的全连接层。注意，我们也可以将这个最终层视为另一个滤波器大小为 2×2 的卷积层，以使滤波器只有一个位置，从而只产生一个输出。

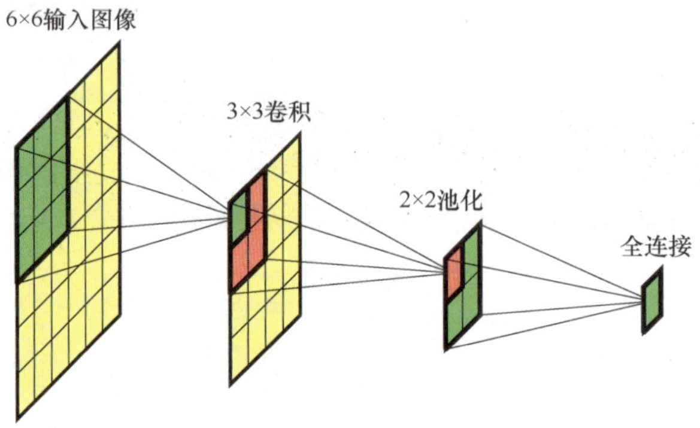

图 10.22 每层具有单通道的简单卷积网络的示例，用以说明用于目标检测的滑动窗口的概念

假设该网络是在对象的中心图像上训练的，然后应用于8×8大小的更大图像，如图 10.23 所示。其中，我们只是通过增大卷积层和最大池化层来扩大网络。现在，卷积层的大小为 6×6，池化层的大小为 3×3，有 4 个输出单元，每个输出单元都有自己的 softmax 函数。输入其中一个输出单元的权重将在这 4 个输出单元之间共享。我们看到，处理位于输入图像左上角的窗口位置所需的计算与处理训练阶段原始 6×6 输入的计算相同。对于其余的窗口位置，则只需要少量的额外计算，如蓝色方块所示。与简单地重复应用完整卷积网络相比，这显著提高了效率（见习题 10.12）。注意，现在全连接层本身具有卷积结构。

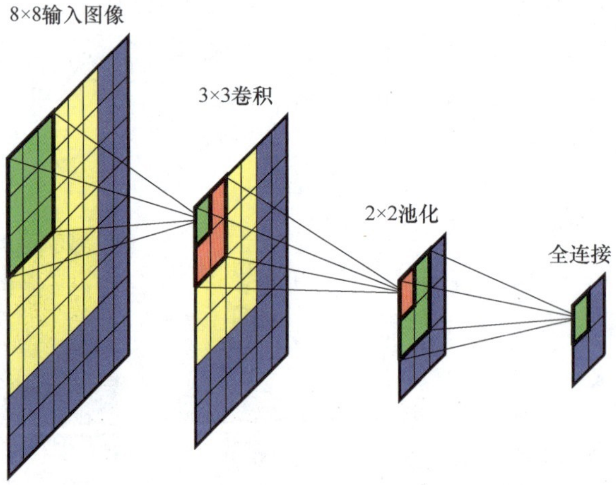

图 10.23 将图 10.22 所示的简单卷积网络应用于较大的图像，所需的额外计算对应于蓝色区域

10.4.4 跨尺度检测

除了在图像中寻找不同位置的对象之外，还需要在不同尺度和不同的宽高比下寻找对象。例如，猫直立时为其绘制的边界框，与其躺下时为其绘制的边界框具有不同

的宽高比。与使用输入窗口具有不同大小和形状的多个检测器相比，使用固定输入窗口并制作多个具有不同水平和垂直缩放因子的输入图像副本的方式更加简单，但是效果相同。后者在每个图像副本上扫描输入窗口以检测对象，并使用关联的缩放因子将边界框坐标转换回原始图像空间，如图 10.24 所示。

图 10.24 使用固定输入窗口在多个尺度和宽高比下检测和定位对象的示意图。原始图像 (a) 被复制多次，并且每个副本在水平和 / 或垂直方向上被缩放，如 (b) 中的水平缩放所示。然后在缩放的图像上以固定大小的窗口进行扫描。当以高概率检测到对象时，如 (b) 中的红框所示，可以将相应的窗口坐标投影回原始图像空间，从而确定相应的边界框，如 (c) 中所示

10.4.5 非最大抑制

通过在图像上扫描训练好的卷积网络，可以检测图像中同一类别对象的多个实例，以及来自其他类别对象的实例。然而，这也倾向于在相似位置产生同一对象的多个检测结果，如图 10.25 所示。可以使用非最大抑制（non-max suppression）来解决这个问题，对于每个对象类别，非最大抑制的工作方式如下：首先在整个图像上运行滑动窗口，并计算每个位置存在该对象类别的概率；然后消除所有概率低于某个阈值（例如 0.7）的边界框，得到类似于图 10.25 所示的结果——具有最高概率的框被认为是有效检测，并且将相应的边界框记录作为预测结果；接下来，将任何与有效检测的边界框的 IoU 超过某个阈值（例如 0.5）的其他框丢弃，从而消除针对同一对象的多个邻近检测结果；最后在剩余的框中，将具有最高概率的框选为另一个有效检测，并且重复上述消除步骤。将这个过程持续下去，直至所有边界框要么丢弃，要么选为有效检测。

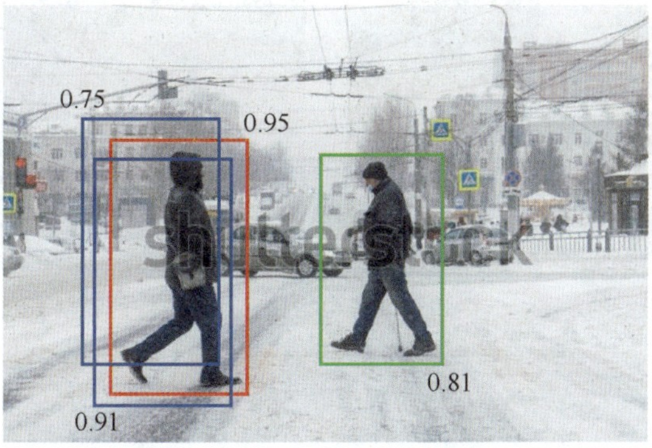

图 10.25 同一对象在临近位置被多次检测及关联概率的示意图。红色边界框对应于最高的总体概率。非最大抑制消除了以蓝色显示的其他重合候选边界框，同时保留了以绿色边界框显示的对同一对象类别的另一实例的检测结果

10.4.6 快速区域卷积神经网络

扫描窗口方法将深度卷积网络的全部力量应用于图像的所有区域，即使一些区域不太可能包含对象。另一种方法是应用一些计算成本较低的技术，例如分割算法，来识别图像中存在对象可能性较高的区域，然后仅对这些区域应用完整的卷积网络。这种方法称为带有 CNN 的快速区域提议（fast Region proposals with CNN，fast R-CNN）（Girshick, 2015）。也可以使用区域提议（region proposal）卷积网络来识别最有可能的区域，这种方法称为 faster R-CNN（Ren et al., 2015），该方法允许对区域提议网络和检测定位网络进行端到端训练。

滑动窗口方法的一个缺点是，如果想要非常精确地定位对象，则需要考虑大量的只有细微间隔的窗口位置，这将使计算成本变得很高。一种更高效的方法是将滑动窗口与直接边界框预测结合起来（Sermanet et al., 2013）。在这种情况下，可以连续输出预测边界框相对于窗口位置的位置，以便对预测位置进行一些微调。

10.5 图像分割

在图像分类问题中，整个图像被分配了单一类别标签。我们已经看到，如果检测多个对象并使用边界框记录它们的位置，则可以提供更详细的信息（参见 10.4 节）。语义分割（semantic segmentation）可以让我们获得更详细的分析，其中图像的每个像素被分配给预设的类别之一。这意味着输出空间的维度与输入图像的维度相同，因此可以方便地表示为具有相同像素数量的图像。尽管输入图像通常具有 R、G、B 三个通道，但输出数组具有 C 个通道（假设有 C 个类别）以表示每个类别的概率。如果我们将每个类别与不同的（任意选择的）颜色关联起来，那么分割网络的预测可以表示为一幅图像，其中每个像素根据具有最高概率的类别着色，如图 10.26 所示。

图 10.26 图像及相应语义分割的示例，其中每个像素根据具有最高概率的类别着色。例如，蓝色像素对应“汽车”类别，红色像素对应“行人”类别，橙色像素对应“交通信号灯”类别 [由 Wayve Technologies Ltd. 提供]

10.5.1 卷积分割

一种解决语义分割问题的简单方法是构建一个卷积网络，该网络将图像上以某个像素为中心的矩形部分作为输入，并借助单一 softmax 输出对该像素进行分类。通过将这样的网络轮流应用于每个像素，便可以分割整个图像（这需要根据输入窗口的大小在图像周围进行边缘填充）。然而重叠部分会导致冗余计算，使得这种方法十分低效（参见图 10.21）。我们可以通过将不同输入位置的前向传播计算组合输入单一网络来消除这种低效性，得到一个最终的全连接层也是卷积层的模型（参见图 10.23）。因此，我们可以构建一个在每层都使用步幅为 1、做了等大填充且没有池化的 CNN，从而使得每一层的维度都与输入图像的维度相同。每个输出单元都具有 softmax 激活函数，权重在所有输出之间共享。虽然可能有效，但这样的网络仍然需要许多层，且每层中有多个通道，以学习实现高精度所需的复杂内部表示。如果这样做，即使对于常规分辨率的图像，计算成本也是难以承受的。

10.5.2 上采样

大多数卷积网络使用多层下采样，从而在通道数量增加的同时，使特征图的大小减小，以及在确保网络整体大小和计算成本可控的同时，允许网络从图像中提取高阶语义特征。我们可以利用这个概念来创建一个更高效的语义分割架构。该架构采用标准的深度卷积网络，并添加了一些额外的可学习层，这些额外的可学习层用于将低维的内部表示转换回原始图像分辨率（Long, Shelhamer, and Darrell, 2014; Noh, Hong, and Han, 2015; Badrinarayanan, Kendall, and Cipolla, 2015），如图 10.27 所示。

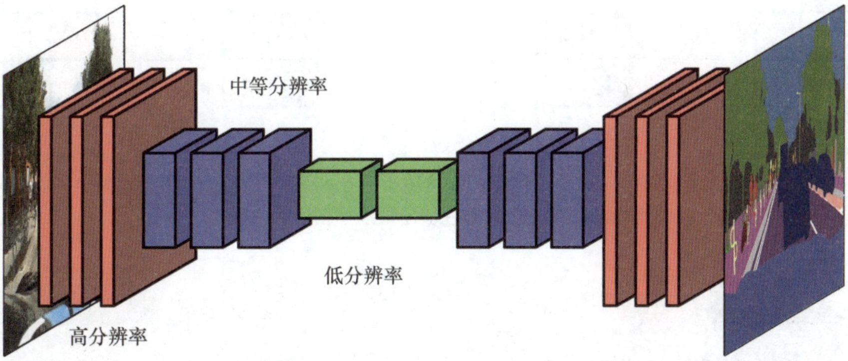

图 10.27 用于图像语义分割的卷积神经网络的示意图。这里首先通过一系列跨步卷积和 / 或池化操作降低特征图的维度，紧接着通过一系列转置卷积和 / 或上采样操作，将维度还原为原始图像的维度

为了做到这一点，我们需要一种方法来逆转跨步卷积和池化操作的下采样效果。首先考虑类比于池化的上采样操作，其中输出层的单元数比输入层的单元数多，例如，每个输入单元对应一个 2×2 的输出单元块。接下来的问题是输出应该使用什么值。为了找到类比于平均池化的上采样操作，我们可以简单地将每个输入值复制到所有对应的输出单元中，如图 10.28(a) 所示。可以看到，对这个操作的输出应用平均池化即可重新生成输入。

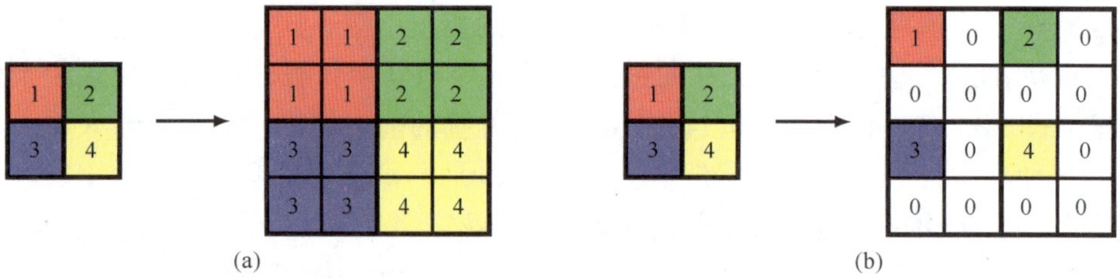

图 10.28　上采样操作的示意图：(a) 类比于平均池化的上采样操作；(b) 类比于最大池化的上采样操作

对于最大池化，我们可以考虑图 10.28(b) 中的操作，其中将每个输入值复制到相应输出块的第一个单元中，并将每个输出块中的其余值置零。同样，我们看到对输出层应用最大池化操作会重新得到输入层。这有时称为最大上采样（max-unpooling）。将非零值分配给输出块的第一个单元似乎是任意的，因此可以使用一种保留了更多来自下采样层的空间信息的改进方法（Badrinarayanan, Kendall, and Cipolla, 2015）。这是通过设计一种网络架构来实现的，该架构在每个最大池化下采样层之后都有一个相应的上采样层。在下采样过程中，记录每个输出块中的哪个单元具有最大值，接着在相应的上采样层中，将非零元素设置到相同的位置，如图 10.29 中的 2×2 最大池化所示。

图 10.29　左边显示的最大池化层的一些空间信息可以通过如下方式保留：首先记录输入数组中每个 2×2 块最大值的位置，然后在相应的上采样层中将非零元素放置在输出数组中相同的位置

10.5.3　全卷积网络

前面讨论的上采样操作都是固定的函数，类似于平均池化和最大池化的下采样操作。我们也可以使用一种称为学习到的（learned）上采样操作，类比于用于下采样的跨步卷积。在跨步卷积中，输出图上的每个单元通过共享可学习权重与输入图上的一小块相连。当我们在输出数组中移动一步时，滤波器在输入数组上将移动两步或更多步，因此输出数组的维度小于输入数组的维度。对于上采样，我们使用一个滤波器将输入数组中的一个像素连接到输出数组中的一小块。然后选择架构，使得当在输入数组中移动一步时，在输出数组中移动两步或更多步（Dumoulin and Visin, 2016）。图 10.30 说明了应用 3×3 滤波器和输出步幅为 2 的情况。注意，存在多个滤波器位置重合的输出单元，在这种情况下，相应的输出值可以通过对来自各个滤波器位置的贡献进行求和或求平均来计算。

这种上采样称为转置卷积（transpose convolution），因为如果将下采样卷积表示为矩阵形式，则相应的上采样卷积可以由转置矩阵给出（见习题 10.13）。这种上采样又称“分数跨步卷积”，因为标准卷积的步幅是输出层步长与输入层步长的比值。例如，在图 10.30 中，这个比值是 0.5。注意，有时也称这种上采样为“反卷积”，但最好避免使用这个术语，因为在数学中，“反卷积”通常表示泛函分析中卷积的逆操作，概念完全不同。如果我们的网络架构没有池化层，即下采样和上采样纯粹使用卷积来完成，则称这样的网络为全卷积网络（fully convolutional network）（Long, Shelhamer, and Darrell, 2014）。全卷积网络可以接收任意大小的图像，并输出相同大小的分割图。

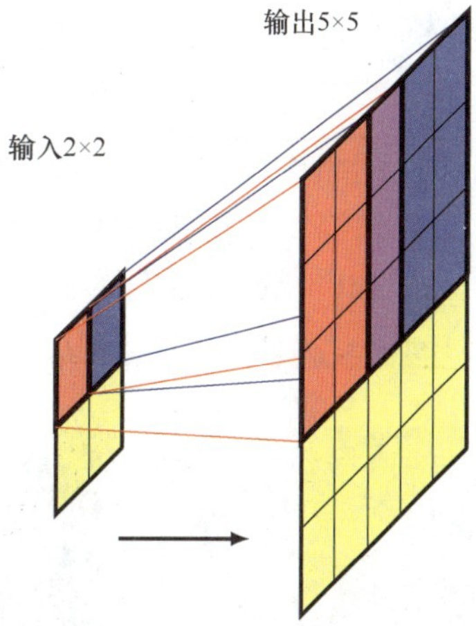

图 10.30 带有 3×3 滤波器、输出步幅为 2 的转置卷积示意图。这可以看作 3×3 卷积的逆运算。红色输出小块是通过将卷积核乘以输入层中红色单元的激活得到的，类似地，对于蓝色输出小块也是如此。小块重合单元的激活是通过对单个小块的贡献进行求和或求平均来计算的

10.5.4 U-Net架构

我们已经看到，与跨步卷积和池化相关的下采样允许增加通道的数量，而不会使网络的规模变得过大。但这也会降低空间分辨率，导致信号流过网络时丢失位置信息。虽然这对于图像分类来说是可以接受的，但对于图像语义分割来说，丢失空间信息是一个大问题，因为我们想要分类每个像素。解决这个问题的一种方法是使用 U-Net 架构（Ronneberger, Fischer, and Brox, 2015），如图 10.31 所示，其名称来自示意图所示的 U 形结构。其核心概念是，对于每个下采样层，都有一个对应的上采样层，并且每个下采样层的输出被拼接到相应的上采样层，从而使这些上采样层能够获得更高分辨率的空间信息。注意，可以在 U-Net 架构的最后一层使用1×1 卷积将通道数量减少至类别数量，然后接一个 softmax 激活函数。

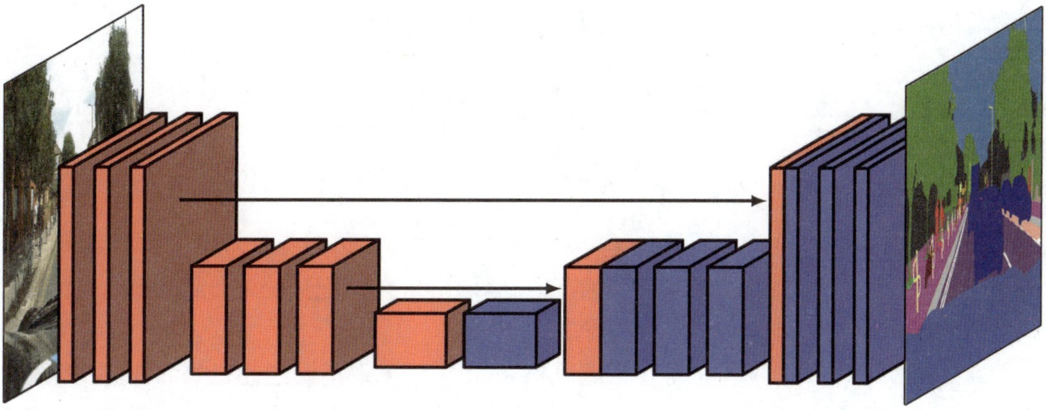

图 10.31 U-Net 架构具有下采样层和上采样层的对称排列结构，每个下采样层的输出被拼接到相应的上采样层

10.6 风格迁移

深度卷积网络中的早期层学习检测边缘和纹理等简单特征，而后续层则学习检测更复杂的对象等实体（参见 10.3 节）。我们可以利用这一性质，使用一种称为神经风格迁移（neural style transfer）的过程来以另一种图像的风格重新渲染图像（Gatys, Ecker, and Bethge, 2015），如图 10.32 所示。

图 10.32 一个神经风格迁移的示例，展示了一张运河场景的照片（左）以 J.M.W. Turner 的《运输船遇难》（中）风格和 Vincent van Gogh 的《星月夜》（右）风格渲染后的效果，用于提供样式的图像都显示在小图中［经 Gatys, Ecker 和 Bethge (2015) 授权使用］

我们的目标是生成合成图像 $\mathbf{G}$，其“内容”由图像 $\mathbf{C}$ 定义，其“风格”来自另一幅图像 $\mathbf{S}$。这可以通过定义由以下两项的和组成的误差函数 $E(\mathbf{G})$ 来实现，其中一项促使 $\mathbf{G}$ 具有与 $\mathbf{C}$ 相似的内容，另一项则促使 $\mathbf{G}$ 具有与 $\mathbf{S}$ 相似的风格：

$$E(\mathbf{G}) = E_{\text{content}}(\mathbf{G},\mathbf{C}) + E_{\text{style}}(\mathbf{G},\mathbf{S}) \tag{10.13}$$

图像内容和风格的概念由这两项的函数形式隐含定义。然后，我们可以通过从随机初始化的图像开始，并使用梯度下降最小化 $E(\mathbf{G})$ 来得到 $\mathbf{G}$。

为了定义 $E_{\text{content}}(\mathbf{G},\mathbf{C})$，我们可以选择网络中特定的卷积层，并将图像 $\mathbf{G}$ 用作输入，计算该层中单元的激活，对图像 $\mathbf{C}$ 也执行相同的操作。然后我们可以促使相应的预激活值变得相似，方法是使用如下形式的平方和误差函数：

$$E_{\text{content}}(\mathbf{G},\mathbf{C}) = \sum_{i,j,k}\left\{a_{ijk}(\mathbf{G}) - a_{ijk}(\mathbf{C})\right\}^2 \tag{10.14}$$

其中 $a_{ijk}(\mathbf{G})$ 表示当输入图像为 $\mathbf{G}$ 时，该层中通道 k 位置 (i,j) 处单元的预激活值；类似地，$a_{ijk}(\mathbf{C})$ 表示当输入图像为 $\mathbf{C}$ 时，该层中通道 k 位置 (i,j) 处单元的预激活值。选择哪层用于定义预激活会影响最终结果，早期层旨在匹配边缘等低级特征，后续层则旨在匹配更复杂的结构甚至整个对象。

在定义 $E_{\text{style}}(\mathbf{G},\mathbf{C})$ 时，直觉上图像风格是由卷积层中不同通道的特征共现来确定的。例如，如果风格图像 $\mathbf{S}$ 中的垂直边缘通常与橙色斑块相关联，那么我们希望生成的图像 $\mathbf{G}$ 也是如此。然而，尽管 $E_{\text{content}}(\mathbf{G},\mathbf{C})$ 尝试匹配 $\mathbf{G}$ 的特征与 $\mathbf{C}$ 中相同位置的相应特征，但对于风格误差 $E_{\text{style}}(\boldsymbol{G},\boldsymbol{S})$，我们希望 $\boldsymbol{G}$ 具有与 $\boldsymbol{S}$ 相匹配的特征，因此我们选择对特征图中的位置取平均。与之前一样，考虑一个特定的卷积层。我们可以通过构建互相关矩阵来衡量输入图像 $\boldsymbol{G}$ 的通道 k 中的特征与通道 k' 中相应特征的共现程度：

$$F_{kk'}(\boldsymbol{G})=\sum_{i=1}^{I}\sum_{j=1}^{J}a_{ijk}(\boldsymbol{G})a_{ijk'}(\boldsymbol{G}) \tag{10.15}$$

其中，I 和 J 是这个特定卷积层中特征图的维度，乘积 $a_{ijk}a_{ijk'}$ 在两个特征均激活时值较大。如果该层有 K 个通道，则 $F_{kk'}$ 形成一个 $K\times K$ 的矩阵，称为风格矩阵（style matrix）。我们可以通过使用下式比较它们的风格矩阵来衡量图像 $\boldsymbol{G}$ 和 $\boldsymbol{S}$ 具有相同风格的程度：

$$E_{\text{style}}(\boldsymbol{G},\boldsymbol{S})=\frac{1}{(2IJK)^2}\sum_{k=1}^{K}\sum_{k'=1}^{K}\left\{F_{kk'}(\boldsymbol{G})-F_{kk'}(\boldsymbol{S})\right\}^2 \tag{10.16}$$

虽然也可以使用单层，但通过使用以下形式多层的贡献可以获得更令人满意的结果：

$$E_{\text{style}}(\boldsymbol{G},\boldsymbol{S})=\sum_{l}\lambda_l E_{\text{style}}^{(l)}(\boldsymbol{G},\boldsymbol{S}) \tag{10.17}$$

其中，l 表示卷积层。系数 λ_l 不仅确定了不同层之间的相对权重，也确定了相对于内容误差项的权重。这些权重系数是由主观判断经验性地调整的。

习题

10.1 （⋆）考虑一个固定的权重向量 $\boldsymbol{w}$，证明使得标量积 $\boldsymbol{w}^{\mathrm{T}}\boldsymbol{x}$ 最大化的输入向量 $\boldsymbol{x}$，在约束 $\|\boldsymbol{x}\|^2$ 为常数时，满足 $\boldsymbol{x}=\alpha\boldsymbol{w}$，其中 α 为某个标量。这通过使用拉格朗日乘子法最容易完成（参见附录 C）。

10.2 （⋆⋆）考虑一个具有一维输入数组和一维特征图的卷积网络层。如图 10.2 所示，其中输入数组的维度为 5，滤波器宽度为 3，步幅为 1。通过写出权重矩阵，证明该层可以表示为全连接层的一个特例，其中缺失的连接用 0 替换，共享参数用重复元素表示，忽略任何偏置参数。

10.3 （⋆）显式计算在以下 4×4 输入矩阵上应用 2×2 滤波器的卷积输出：

$$\begin{array}{|c|c|c|c|}\hline 2 & 5 & 3 & 0\\\hline 0 & 6 & 0 & -4\\\hline -1 & -3 & 0 & 2\\\hline 5 & 0 & 0 & 3\\\hline\end{array} * \begin{array}{|c|c|}\hline -2 & 0\\\hline 4 & 6\\\hline\end{array} = \begin{array}{|c|c|c|}\hline ? & ? & ?\\\hline ? & ? & ?\\\hline ? & ? & ?\\\hline\end{array} \tag{10.18}$$

10.4 （⋆⋆）如果图像 $\boldsymbol{I}$ 有 $J\times K$ 个像素，而滤波器 $\boldsymbol{K}$ 有 $L\times M$ 个元素，写出式（10.2）

中两个求和的极限。在数学文献中，式（10.2）所示的操作称为互相关，卷积则由下式定义：

$$C(j,k)=\sum_{l}\sum_{m}I(j-l,k-m)K(l,m) \tag{10.19}$$

写出式（10.19）中求和的极限。证明式（10.19）可以写成如下等价的“翻转”形式：

$$C(j,k)=\sum_{l}\sum_{m}I(j+l,k+m)K(l,m) \tag{10.20}$$

并同样写出式（10.20）中求和的极限。

10.5 （⋆）在数学中，对连续变量 x 进行卷积的定义如下：

$$F(x)=\int_{-\infty}^{\infty}G(y)k(x-y)\mathrm{d}y \tag{10.21}$$

其中 $k(x-y)$ 是核函数。通过对该积分进行离散近似，解释由式（10.19）定义的 CNN 中卷积层与它的关系。

10.6 （⋆）考虑一个大小为 $J\times K$ 的图像，在所有边上都填充额外的 P 个像素，然后使用大小为 $M\times M$ 的卷积核进行卷积，其中 M 是一个奇数。证明如果我们选择 $P=(M-1)/2$，则得到的特征图大小为 $J\times K$，即特征图与原始图像大小相同。

10.7 （⋆）证明如果对大小为 $M\times M$ 的卷积核与大小为 $J\times K$ 的图像进行卷积，且填充深度为 P，步幅为 S，则得到的特征图维度由式（10.5）给出。

10.8 （⋆⋆）对于图 10.10 中显示的 VGG-16 模型中的每一层，计算包括偏置在内的权重数量（即连接数）和独立可学习参数的数量。证实网络中可学习参数的总数约为 1.38 亿。

10.9 （⋆⋆）考虑形为式（10.2）的卷积，并假设卷积核是可分离的，则对于某些函数 $F(\cdot)$ 和 $G(\cdot)$，有

$$K(l,m)=F(l)G(m) \tag{10.22}$$

证明可以不采用单个二维卷积，而是使用两个一维卷积计算得到相同的结果，从而显著提高效率。

10.10 （⋆）DeepDream 的更新过程涉及将用于反向传播的损失变量 δ 设置为所选层中节点的预激活值，然后将损失反向传播到输入层以得到图像像素的梯度向量。证明这可以看作函数式（10.12）关于图像 $\boldsymbol{I}$ 的像素进行梯度优化的过程。

10.11 （⋆⋆）当设计一个神经网络来检测图像中 C 个不同类别的对象时，我们可以使用一个“C+1 中之一”形式的类别标签，即每个对象类别使用一个变量，另一个变量表示“背景”类别（不包含任何定义对象类别的输入图像区域）。网络将输出一个长度为 $(C+1)$ 的概率向量。也可以使用单个二元变量来表示对象存在与否，然后使用一个单独的“C 中之一”向量来表示对象类别。在这种情况下，网络将输出单个表示对象存在可能性的概率和一组独立的类别标签概率。

写出这两组概率之间的关系。

10.12 （★★）计算图 10.22 中的卷积网络进行一次前向传递所需的计算步骤数量，忽略偏置以及激活函数的计算。同样，计算通过图 10.23 中的扩展网络进行一次前向传递所需的计算步骤数量。最后，计算在 8×8 图像上重复应用图 10.22 中的卷积网络 9 次与应用图 10.23 中的扩展网络 1 次所需的计算步骤数量之比。这个比值隐含了使用卷积实现滑动窗口技术所带来的效率提升。

10.13 （★★）使用一维向量来说明为什么有时候上采样卷积称为转置卷积。考虑一维跨步卷积层，输入具有 4 个单元，激活值为向量(x_1, x_2, x_3, x_4)，用 0 填充后得到$(0, x_1, x_2, x_3, x_4, 0)$，滤波器的值为$(w_1, w_2, w_3)$。假设步幅为 2，写出输出层的一维激活向量。将这个输出用矩阵 $\boldsymbol{A}$ 乘以向量$(0, x_1, x_2, x_3, x_4, 0)$的形式表示。考虑上采样卷积，其中输入层具有激活值$(z_1, z_2)$，滤波器的值为$(w_1, w_2, w_3)$，输出步幅为 2。假设重叠的滤波器值被求和，并且激活函数仅是恒等函数，写出 6 维输出向量。证明这可以表示为使用转置矩阵 $\boldsymbol{A}^{\mathrm{T}}$ 的矩阵乘法。

第 11 章

结构化分布

我们已经看到，概率是深度学习最重要的基础概念之一。例如，用于二元分类的神经网络可以用一个条件概率分布来描述，其形式为

$$p(t\,|\,\boldsymbol{x},\boldsymbol{w}) = y(\boldsymbol{x},\boldsymbol{w})^{t}\{1-y(\boldsymbol{x},\boldsymbol{w})\}^{(1-t)} \tag{11.1}$$

其中，$y(\boldsymbol{x},\boldsymbol{w})$ 表示神经网络函数，它以向量 $\boldsymbol{x}$ 作为输入，并受可学习参数向量 $\boldsymbol{w}$ 的控制。相应的交叉熵似然是构建用于训练神经网络的误差函数的基础。虽然神经网络函数可能极其复杂，但式（11.1）中的条件分布形式却很简单。有许多重要的深度学习模型都具有更丰富的概率结构，如大语言模型、归一化流、变分自编码器、扩散模型等。为了描述和利用这种结构，我们引入了一个强大的框架，称为概率图模型（probabilistic graphical model）或简称图模型（graphical model），它允许以图的形式表达结构化概率分布。当与神经网络相结合来定义相关的概率分布时，图模型为创建可以端到端训练的复杂模型提供了巨大的灵活性，其中梯度可通过自动微分来进行有效

评估，并使用随机梯度下降进行训练。本章将重点讨论应用深度学习所需的概率图模型的核心概念，而对机器学习的概率图模型更为全面的讨论可参阅 Bishop（2006）。

11.1 概率图模型

概率可以用两个简单的法则来表示，即加和法则和乘积法则（参见 2.1 节）。本书讨论的所有概率操作，无论多么复杂，都相当于重复应用这两个法则。因此，原则上我们可以纯粹通过代数操作来制定和使用复杂的概率模型。不过，我们发现，使用概率分布的图示法来扩充分析是有好处的，因为图示法具有以下 3 个有用的特性。

（1）它们提供了一种可视化概率模型结构的简单方法，可用于设计和构思新的模型。

（2）通过对图进行检查，可以深入了解模型的特性，包括条件独立性。

（3）在复杂模型中进行推理和学习所需的复杂计算可以用图形操作来表示，如消息传递，其中隐式地进行了基本的数学运算。

虽然这种概率图模型的节点和边与神经网络图很相似，但它们具有特别的概率性解释，并含有更丰富的语义。为了避免混淆，本书用蓝色表示神经网络图，用红色表示概率图模型（后文简称图模型）。

11.1.1 有向图

图由节点（也称顶点）构成，这些节点由边来连接。在图模型中，每个节点代表一个随机变量，而连接则表示这些变量之间的概率关系。然后，图就可以记录所有随机变量的联合分布是如何分解成多个因子（每个因子都仅依赖变量的一个子集）的乘积的。本章将重点讨论图模型，在图模型中，图的连接具有箭头指示的特定方向。这些模型称为有向图模型（directed graphical model），也称贝叶斯网络。

图模型的另一大类是马尔可夫随机场（Markov random field），也称无向图模型（undirected graphical model），其中的连接不带箭头，无方向意义。有向图适用于表达随机变量之间的因果关系，而无向图更适合表达随机变量之间的软约束。有向图和无向图都可以看作一种叫作因子图（factor graph）表示法的特例。接下来，我们将重点关注有向图。不过，请注意，在我们讨论图神经网络（Graph Neural Network，GNN）（参见第 13 章）（其中节点代表标准神经网络中的确定性变量）时，也会出现无概率解释的无向图。

11.1.2 分解

为了有利于使用有向图描述概率分布，首先考虑关于 3 个变量 a、b 和 c 的任意联合分布 $p(a, b, c)$。请注意，在这个阶段，我们不需要进一步说明它们都是些什么变量，比如它们是离散变量还是连续变量。事实上，图模型的一个强大之处在于，一个特定的图可以为多个分布类别做出概率说明。通过应用概率的乘积法则［式（2.9）］，我们可以写下联合分布，形式如下：

$$p(a,b,c)=p(c|a,b)p(a,b) \tag{11.2}$$

再次应用乘积法则对式（11.2）右边的第二项进行计算，得到

$$p(a,b,c)=p(c|a,b)p(b|a)p(a) \tag{11.3}$$

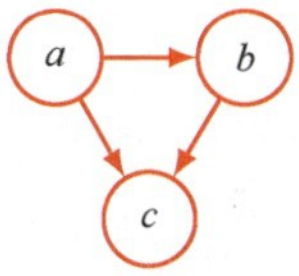

图 11.1 用于表示变量 a、b、c 的联合概率分布的有向图模型，对应于式（11.3）右侧的分解

请注意，无论选择何种联合分布，以上分解都是成立的。下面让我们用一个简单的图模型来表示式（11.3）的右侧，如图 11.1 所示。首先为随机变量 a、b 和 c 分别引入一个节点，并将每个节点与式（11.3）右侧相应的条件分布联系起来。然后为每个条件分布添加有向连接（如箭头所示），这些连接来自与分布条件变量相对应的节点。因此，对于因子 $p(c|a,b)$，将存在从节点 a 和 b 到节点 c 的连接；而对于因子 $p(a)$，则不存在传入连接。如果节点 a 和节点 b 之间存在一个连接，那么节点 a 是节点 b 的父节点，相应地，节点 b 是节点 a 的子节点。请注意，我们不会对节点以及节点所对应的变量进行任何形式上的区分，而只是使用相同的符号指代两者。

对于式（11.3），重要的一点是，它的左侧变量与变量 a、b、c 是对称的，而右侧变量则不对称。在对式（11.3）进行分解时，我们隐式地选择了一种特定的排序，即 a、b、c；如果我们选择不同的排序，就会得到不同的分解，从而得到不同的图形化表示。

下面让我们通过 $p(x_1,\cdots,x_K)$ 给出的 K 个变量的联合分布来扩展图 11.1 中的示例。通过反复应用乘积法则，该联合分布可以写成条件分布的乘积，K 个变量中的每一个变量都有一个条件分布：

$$p(x_1,\cdots,x_K)=p(x_K|x_1,\cdots,x_{K-1})\cdots p(x_2|x_1)p(x_1) \tag{11.4}$$

对于给定的 K，我们可以再次将这表示为一个有向图，其中有 K 个节点。式（11.4）右侧的每个条件分布都有一个节点，且每个节点都有来自所有较低编号节点的输入连接。我们称这个图是全连接的（fully connected），因为每一对节点之间都有一个连接。

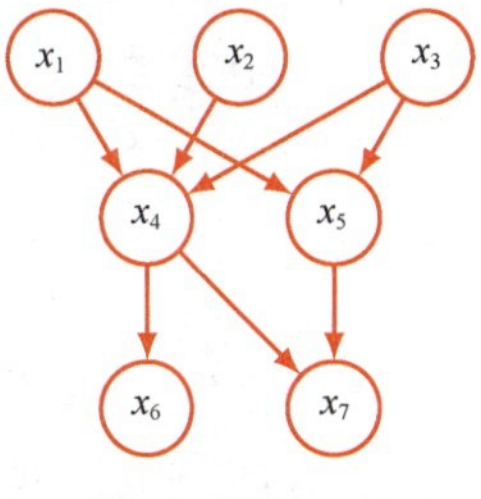

图 11.2 一个描述变量 $x_1,\cdots,x_7$ 联合分布的有向图。式（11.5）给出了联合分布的相应分解

到目前为止，我们使用的都是完全通用的联合分布，因此它们的分解和相关的全连接图表示适用于任何分布。我们很快就会发现，正是图中没有（absence）的连接传达了关于图所代表的分布类属性的有趣信息，参见图 11.2 所示的有向图。请注意，这并不是一个全连接图，因为从节点 x_1 到 x_2 或者从节点 x_3 到 x_7 并不存在连接。从这个有向图中提取出联合（概率）分布的相应表示，该表示由一组条件分布的乘积写成，图中的每个节点都有一个条件分布。每个条件分布都只以图中相应节

点的父节点为条件。例如，节点 x_5 将以节点 x_1 和 x_3 为条件。因此，所有 7 个变量的联合分布为

$$p(x_1)p(x_2)p(x_3)p(x_4|x_1,x_2,x_3)p(x_5|x_1,x_3)p(x_6|x_4)p(x_7|x_4,x_5) \quad (11.5)$$

建议读者花点时间仔细研究一下式（11.5）与图 11.2 之间的对应关系。

现在，我们可以用一般性术语来说明给定有向图与相应变量分布之间的关系。图定义的联合分布由图中所有节点的条件分布的乘积给出，每个节点的条件分布以图中该节点的父节点所对应的变量为条件。因此，对于一个有 K 个节点的图，联合分布的计算公式为

$$p(x_1,\cdots,x_K)=\prod_{k=1}^{K}p(x_k|\mathrm{pa}(k)) \quad (11.6)$$

其中，$\mathrm{pa}(k)$ 表示节点 x_k 的父节点集。这个关键公式表达了有向图模型联合分布的分解特性。虽然每个节点对应一个变量，但我们同样可以将变量集、向量值变量或张量值变量与图中的节点联系起来。不难看出，只要各个条件分布被归一化，式（11.6）右侧的表示就总是能被正确地归一化（见习题 11.1）。

我们现在所讨论的有向图有一个重要的限制条件，即禁止存在有向环（directed cycle）。换句话说，图中不存在闭环路径，这意味着我们不能沿着箭头的方向从一个节点移动到另一个节点，最后回到起始节点。这种图也称有向无环图，或简称 DAG（Directed Acyclic Graph）。这表示存在一种节点排序，使得不存在从任何节点到任何较低编号节点的连接（见习题 11.2）。

11.1.3 离散变量

我们已经讨论过作为指数族分布成员的概率分布的重要性，并看到指数族分布中包括许多知名分布的特例（参见 3.4 节）。虽然这些分布相对简单，但它们构成了构建更复杂概率分布的有用构件，而图模型非常有助于表达这些构件是如何相互连接在一起的。对于广泛使用的组件分布，有两种特殊的选择，分别对应于离散变量和高斯变量。我们先来看看离散变量。

具有 K 种可能状态（使用 1-of-K 表示法）的单个离散变量 $\mathbf{x}$ 的概率分布 $p(\mathbf{x}|\boldsymbol{\mu})$ 由下式给出并由参数 $\boldsymbol{\mu}=(\mu_1,\cdots,\mu_K)^{\mathrm{T}}$ 控制。

$$p(\mathbf{x}|\boldsymbol{\mu})=\prod_{k=1}^{K}\mu_k^{x_k} \quad (11.7)$$

由于约束 $\sum_k \mu_k=1$，因此只需要指定 μ_k 的 $K-1$ 个值即可定义分布。

假设有两个离散变量 $\mathbf{x}_1$ 和 $\mathbf{x}_2$，其中每个变量都有 K 种状态，希望模拟它们的联合分布。用参数 μ_{kl} 表示同时观测到 $x_{1k}=1$ 和 $x_{2l}=1$ 的概率，其中 x_{1k} 表示 $\mathbf{x}_1$ 的第 k 个组件，x_{2l} 表示 $\mathbf{x}_2$ 的第 l 个组件。联合分布可以写为

$$p(\boldsymbol{x}_1,\boldsymbol{x}_2\mid\boldsymbol{\mu})=\prod_{k=1}^{K}\prod_{l=1}^{K}\mu_{kl}^{x_{1k}x_{2l}}$$

由于参数 μ_{kl} 受到 $\sum_k\sum_l\mu_{kl}=1$ 的约束，因此以上联合分布受 K^2-1 个参数的控制。不难看出，对于 M 个变量的任意联合分布，必须指定的参数总数为 K^M-1，因此参数总数会随着变量数量 M 的增加而呈指数增长。

利用乘积法则，我们可以将联合分布 $p(\boldsymbol{x}_1,\boldsymbol{x}_2)$ 分解为 $p(\boldsymbol{x}_2\mid\boldsymbol{x}_1)p(\boldsymbol{x}_1)$ 的形式，对应于一个两节点图，其中有一个从节点 $\boldsymbol{x}_1$ 到节点 $\boldsymbol{x}_2$ 的连接，如图 11.3(a) 所示。边缘分布 $p(\boldsymbol{x}_1)$ 和之前一样受 $K-1$ 个参数的控制。同样，条件分布 $p(\boldsymbol{x}_2\mid\boldsymbol{x}_1)$ 需要为 $\boldsymbol{x}_1$ 的 K 个可能取值中的每个值指定 $K-1$ 个参数。因此，在联合分布中必须指定的参数总数依然是 $(K-1)+K(K-1)=K^2-1$。

假设变量 $\boldsymbol{x}_1$ 和 $\boldsymbol{x}_2$ 是独立的，对应于图 11.3(b) 所示的图模型。然后，将每个变量都用一个独立的离散分布来描述，参数总数为 $2(K-1)$。对于 M 个独立离散变量的分布（每个变量有 K 个状态），参数总数为 $M(K-1)$，因此参数总数随着变量数量的增加而呈线性增长。从图的角度来看，我们已经通过放弃图中的连接来减少参数的数量，但这样做的代价是分布的类更加有限了。

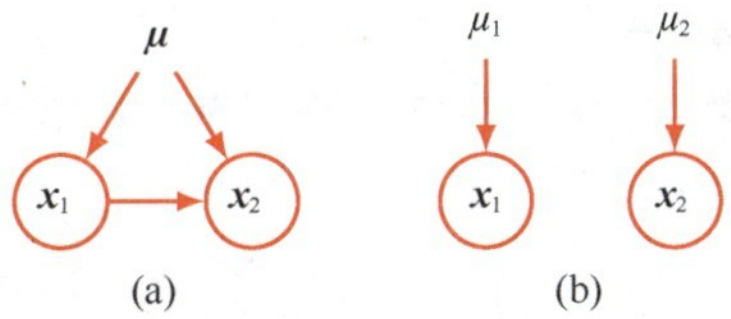

图 11.3 (a) 这个全连接图描述了两个 K 状态离散变量（共有 K^2-1 个参数）的一般分布；(b) 通过放弃节点之间的连接，参数数量减少至 $2(K-1)$

更一般地说，如果有 M 个离散变量 $\boldsymbol{x}_1,\cdots,\boldsymbol{x}_M$，则可以使用有向图对联合分布进行建模，每个节点有一个变量。每个节点上的条件分布由一组非负参数给出，这些参数受限于归一化约束。如果图是全连接的，那么我们就有了一个完全通用的分布，该分布有 K^M-1 个参数；而如果图中没有连接，联合分布就会分解为边缘分布的乘积，参数总数为 $M(K-1)$。具有中间水平连通性的图比完全分解的图更易于实现一般分布，且比一般分布需要更少的参数。如图 11.4 所示，边缘分布 $p(\boldsymbol{x}_1)$ 需要 $K-1$ 个参数，而对于 $i=2,\cdots,M$，条件分布 $p(\boldsymbol{x}_i\mid\boldsymbol{x}_{i-1})$ 中的每个分布都需要 $K(K-1)$ 个参数。因此总的参数数量为 $K-1+(M-1)K(K-1)$，与 K 成二次方并随节点链长度 M 的增加呈线性增长（而非指数增长）。

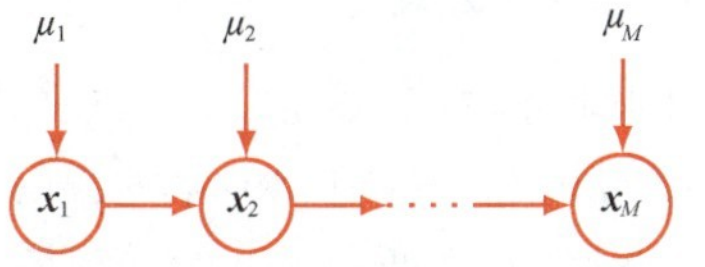

图 11.4 这个具有 M 个离散节点（每个节点有 K 个状态）的节点链需要指定 $K-1+(M-1)K(K-1)$ 个参数，参数的数量随着节点链长度 M 的增加呈线性增长。相比之下，由 M 个节点组成的全连接图则有 K^M-1 个参数，参数的数量随着 M 的增加呈指数增长

共享参数（也称捆绑参数）是减少模型中独立参数数量的另一种方法。例如，在图 11.4 中，我们可以安排在 $i=2,\cdots,M$ 的情况下，所有条件分布 $p(\boldsymbol{x}_i \mid \boldsymbol{x}_{i-1})$ 都受同一组 $K(K-1)$ 个参数的控制，从而得到图 11.5 所示的模型。再加上控制 $\boldsymbol{x}_1$ 分布的 $K-1$ 个参数，总共需要指定 K^2-1 个参数来定义联合分布。

在离散变量模型中，控制参数数量增长的另一种方法是使用参数化的条件分布表示法，而非使用完整的条件概率值表。为了阐明这一观点，请看图 11.6 所示的模型，其中所有节点都代表二进制变量。每个父变量 $\boldsymbol{x}_i$ 由代表概率 $p(\boldsymbol{x}_i=1)$ 的单个参数 μ_i 控制，因此父节点共有 M 个参数。然而，条件分布 $p(y \mid \boldsymbol{x}_1,\cdots,\boldsymbol{x}_M)$ 需要 2^M 个参数，用于表示父变量 2^M 种可能设置中每一种设置的概率 $p(y=1)$。因此，一般来说，指定这一条件分布所需的参数数量将随着 M 的增加呈指数增长。通过使用作用于父变量线性组合的逻辑斯谛 sigmoid 函数（参见 3.4 节），我们可以得到如下更简洁的条件分布形式：

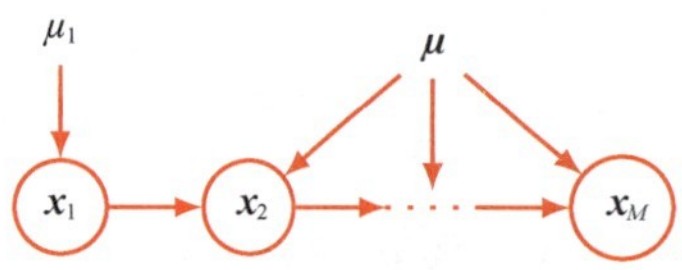

图 11.5　与图 11.4 相似，但所有条件分布 $p(\boldsymbol{x}_i \mid \boldsymbol{x}_i-1)$ 都共享一组参数 $\boldsymbol{\mu}$

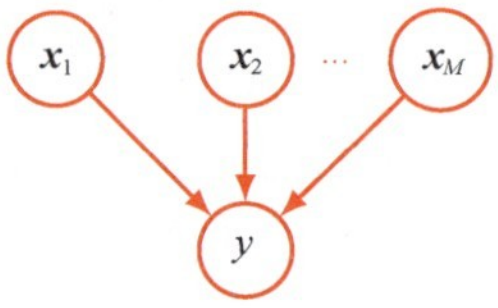

图 11.6　一个由 M 个父变量 $\boldsymbol{x}_1,\cdots,\boldsymbol{x}_M$ 和一个子变量 y 组成的图，用于说明离散变量参数化条件分布的概念

$$p(y=1 \mid \boldsymbol{x}_1,\cdots,\boldsymbol{x}_M)=\sigma\left(w_0+\sum_{i=1}^{M} w_i \boldsymbol{x}_i\right)=\sigma\left(\boldsymbol{w}^{\mathrm{T}} \boldsymbol{x}\right) \tag{11.8}$$

其中，$\sigma(a)=(1+\exp(-a))^{-1}$ 是逻辑斯谛 sigmoid 函数，$\boldsymbol{x}=(\boldsymbol{x}_0,\boldsymbol{x}_1,\cdots,\boldsymbol{x}_M)^{\mathrm{T}}$ 是一个 $(M+1)$ 维的父状态向量，其中增加了一个变量 $\boldsymbol{x}_0$，其值限制为 1，而 $\boldsymbol{w}=(w_0,w_1,\cdots,w_M)^{\mathrm{T}}$ 是一个包含 $M+1$ 个参数的向量。与一般情况相比，这种条件分布的形式更受限制，但它现在受一些随 M 的增加呈线性增长的参数的控制。从这个意义上讲，这类似于在多元高斯分布中选择协方差矩阵的限制形式（例如对角矩阵）。

11.1.4 高斯变量

让我们回到图模型，其中节点代表具有高斯分布的连续变量。每个分布都以图中父节点的状态为条件。这种依赖关系可以有多种形式，这里我们重点讨论一种特定的选择，即每个高斯分布的均值是高斯父变量状态的某个线性函数。这就产生了另一类模型——线性高斯模型，其中包括许多具有实际意义的案例，如概率主成分分析（参见 16.2 节）、因子分析和线性动态系统等（Roweis and Ghahramani, 1999）。

考虑 D 个变量上的任意一个有向无环图，其中节点 i 代表具有高斯分布的单个连续随机变量 x_i。该高斯分布的均值是节点 i 的父节点 $\mathrm{pa}(i)$ 状态的线性组合：

$$p\left(x_i \mid \mathrm{pa}(i)\right)=\mathcal{N}\left(x_i \,\middle|\, \sum_{j\in\mathrm{pa}(i)} w_{ij}x_j+b_i, v_i\right) \tag{11.9}$$

其中 w_{ij} 和 b_i 是控制均值的参数，v_i 是 x_i 条件分布的方差。联合分布的对数就是图中所有节点的这些条件式乘积的对数，因此其形式为

$$\ln p(\boldsymbol{x})=\sum_{i=1}^{D}\ln p\left(x_i \mid \mathrm{pa}(i)\right) \tag{11.10}$$

$$=-\sum_{i=1}^{D}\frac{1}{2v_i}\left(x_i-\sum_{j\in\mathrm{pa}(i)} w_{ij}x_j-b_i\right)^2+\text{const} \tag{11.11}$$

其中 $\boldsymbol{x}=\left(x_1,\cdots,x_D\right)^{\mathrm{T}}$，且 const 表示与 $\boldsymbol{x}$ 无关的常数项。可以看到，这是 $\boldsymbol{x}$ 的组件的二次函数，因此联合分布 $p(\boldsymbol{x})$ 是多元高斯分布。

我们可以使用以下方法求出该联合分布的均值和协方差。每个变量的均值由递推公式给出（见习题 11.6）：

$$\mathbb{E}\left[x_i\right]=\sum_{j\in\mathrm{pa}(i)} w_{ij}\mathbb{E}\left[x_j\right]+b_i \tag{11.12}$$

因此我们可以从最低编号的节点开始，通过图递归地找到 $\mathbb{E}[\boldsymbol{x}]=\left(\mathbb{E}\left[x_1\right],\cdots,\mathbb{E}\left[x_D\right]\right)^{\mathrm{T}}$ 的组件，其中我们假设每个节点的编号大于其父节点的编号。同样，联合分布的协方差矩阵元素也满足以下形式的递推公式（见习题 11.7）：

$$\operatorname{cov}\left[x_i,x_j\right]=\sum_{k\in\mathrm{pa}(j)} w_{jk}\operatorname{cov}\left[x_i,x_k\right]+I_{ij}v_j \tag{11.13}$$

因此，协方差同样可以从最低编号的节点开始递归求值。

考虑两个可能出现的图结构极端案例。首先，假设图中无连接，因此图由 D 个孤立节点构成。在这个情况下，参数 w_{ij} 不存在，因此只有 D 个参数 b_i 和 D 个参数 v_i。从递推公式［式（11.12）和式（11.13）］中可以看出，$p(\boldsymbol{x})$ 的均值为 $(b_1,\cdots,b_D)^{\mathrm{T}}$，协方差矩阵为 $\mathrm{diag}(v_1,\cdots,v_D)$ 形式的对角矩阵。联合分布共有 $2D$ 个参数且代表一组 D 个独立的单变量高斯分布。

其次，考虑一个全连接图，其中每个节点都将所有较低编号的节点作为其父节点。在这种情况下，协方差矩阵中独立参数 w_{ij} 和 v_i 的总数为 $D(D+1)/2$，对应于一般的对称协方差（见习题 11.8）。

具有某种中等复杂程度的图对应于具有部分约束协方差矩阵的联合高斯分布。例如，图 11.7 所示的图在高斯变量 x_1 和 x_3 之间缺少一个连接。利用递推公式［式（11.12）和式（11.13）］，我们可以得出联合分布的均值和协方差为（见习题 11.9）

$$\boldsymbol{\mu} = \left(b_1, b_2 + w_{21}b_1, b_3 + w_{32}b_2 + w_{32}w_{21}b_1\right)^{\mathrm{T}} \tag{11.14}$$

$$\boldsymbol{\Sigma} = \begin{pmatrix} v_1 & w_{21}v_1 & w_{32}w_{21}v_1 \\ w_{21}v_1 & v_2 + w_{21}^2 v_1 & w_{32}\left(v_2 + w_{21}^2 v_1\right) \\ w_{32}w_{21}v_1 & w_{32}\left(v_2 + w_{21}^2 v_1\right) & v_3 + w_{32}^2\left(v_2 + w_{21}^2 v_1\right) \end{pmatrix} \tag{11.15}$$

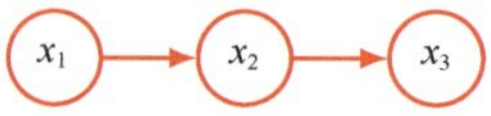

图 11.7 3 个高斯变量的有向图，其中缺少一个连接

我们可以很容易地将线性高斯图模型扩展到图节点代表多元高斯变量的情况。在这种情况下，我们可以写下节点 i 的条件分布，形式如下：

$$p\left(\boldsymbol{x}_i \mid \mathrm{pa}(i)\right) = \mathcal{N}\left(\boldsymbol{x}_i \middle| \sum_{j\in\mathrm{pa}(i)} \boldsymbol{W}_{ij}\boldsymbol{x}_j + \boldsymbol{b}_i, \boldsymbol{\Sigma}_i\right) \tag{11.16}$$

其中 $\boldsymbol{W}_{ij}$ 是一个矩阵（如果 $\boldsymbol{x}_i$ 和 $\boldsymbol{x}_j$ 的维度不同，则这个矩阵是非正方形的）。同样，我们很容易验证所有变量的联合分布是高斯分布（见习题 11.10）。

11.1.5 二元分类器

下面我们用一个二元分类器来说明如何使用有向图对概率分布进行描述，该模型的可学习参数具有高斯先验（参见 2.6.2 小节）。我们可以将其写成如下形式：

$$p(\mathbf{t}, \boldsymbol{w} \mid \boldsymbol{X}, \lambda) = p(\boldsymbol{w} \mid \lambda)\prod_{n=1}^{N} p\left(t_n \mid \boldsymbol{w}, \boldsymbol{x}_n\right) \tag{11.17}$$

其中，$\mathbf{t} = (t_1, \cdots, t_N)^{\mathrm{T}}$ 是目标值的向量，$\boldsymbol{X}$ 是行 $\boldsymbol{x}_1^{\mathrm{T}}, \cdots, \boldsymbol{x}_N^{\mathrm{T}}$ 的数据矩阵。分布 $p\left(\boldsymbol{t} \mid \boldsymbol{x}, \boldsymbol{w}\right)$ 由式（11.1）给出。我们还假设参数向量 $\boldsymbol{w}$ 的高斯先验为

$$p(\boldsymbol{w} \mid \lambda) = \mathcal{N}(\boldsymbol{w} \mid \boldsymbol{0}, \lambda \boldsymbol{I}) \tag{11.18}$$

该模型中的随机变量为 $\{t_1, \cdots, t_N\}$ 和 $\boldsymbol{w}$。此外，该模型还包含噪声方差 σ^2 和超参数 λ，它们是模型的参数而非随机变量。如果我们暂时只考虑随机变量，那么式（11.17）给出的分布可以用图 11.8 所示的图模型来表示。

当开始处理更复杂的模型时，要像图 11.8 那样明确写出 $t_1, \cdots, t_N$ 形式的多个节点就会变得很不方便。因此，我们引入了一种图形符号，以便更简洁地表示这样的多个节点。绘制一个具有代表性的节点 t_n，然后在它的周围用一个方框（称为板块）将其包围起来，并标为 N 以表示有 N 个此类节点。用此方式修改图 11.8，便可得到图 11.9。

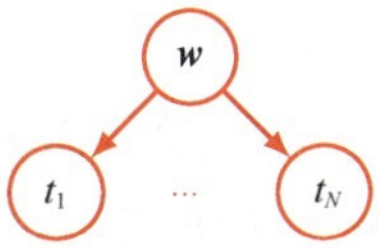

图 11.8 二元分类器的有向图模型，该模型仅显示随机变量 $\{t_1,\cdots,t_N\}$ 和 $\boldsymbol{w}$

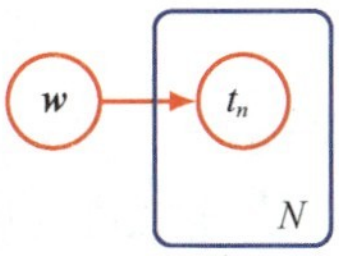

图 11.9 图 11.8 所示图模型的另一种更紧凑的表示法，其中引入了一个板块（标为 N 的方框）来表示 N 个节点，这里仅明确展现了一个示例节点 t_n

11.1.6 参数和观测值

有时我们会发现，用图形化表示法明确表示模型的参数及随机变量是很有帮助的。为此，我们将遵照以下惯例：随机变量用开圆表示，确定性参数用浮动变量表示。如果我们采用图 11.9 所示的图模型并加入确定性参数，即可得到图 11.10 所示的图模型。

当我们将图模型应用于机器学习问题时，通常会将一些随机变量设置为特定的观测值。例如，线性回归模型中的随机变量 t_n 将设置为等于训练集中给出的特定值。在图模型中。可通过给相应的节点添加阴影来表示这些观测变量。因此，与图 11.10 所示的图模型（其中变量 t_n 被观测）相对应的图模型如图 11.11 所示。

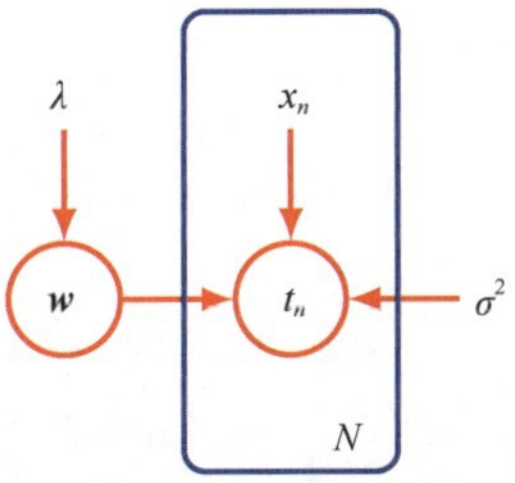

图 11.10 与图 11.9 所示的图模型相同，但确定性参数用浮动变量来明确表示

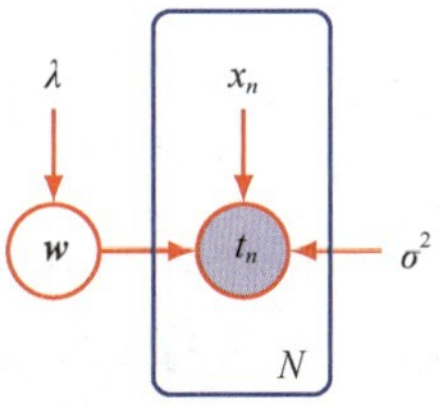

图 11.11 与图 11.10 所示的图模型相同，但节点 t_n 被添加阴影以表示相应的随机变量已设置为训练集中给出的观测值

请注意，$\boldsymbol{w}$ 的值是无法观测到的，因此 $\boldsymbol{w}$ 是一个潜（latent）变量（也称隐变量）。这些变量在本书讨论的许多模型中都发挥了至关重要的作用。因此，在有向图模型中，我们有 3 种变量。首先，存在未观测到（也称潜在或隐藏的）的随机变量，用红色圆圈表示。其次，当观测到随机变量并将其设置为特定值时，用蓝色阴影的红圈表示。最后，如图 11.11 所示，非随机参数用浮动变量表示。

请注意，由于我们最终的目标是对新的输入值进行预测，因此诸如 $\boldsymbol{w}$ 的模型参数一般不会与它们自身有直接关系。假设我们得到了一个新的输入值 $\hat{x}$，并希望以观测到的数据为条件找到 $\hat{t}$ 的相应概率分布。以确定性参数为条件，该模型中所有随机变量的联合分布由下式给出：

$$p(\hat{t},\mathbf{t},\boldsymbol{w}\mid\hat{x},\boldsymbol{X},\lambda)=p(\boldsymbol{w}\mid\lambda)p(\hat{t}\mid\boldsymbol{w},\hat{x})\prod_{n=1}^{N}p\left(t_n\mid\boldsymbol{w},\boldsymbol{x}_n\right) \tag{11.19}$$

相应的图模型如图 11.12 所示。

然后，通过对模型参数 $\boldsymbol{w}$ 进行积分，就能从加和法则中得到 $\hat{t}$ 所需的预测分布。这种对参数的积分是一种完全贝叶斯式的处理方法，在实践中很少使用，尤其是在深度神经网络中。相反，我们通常首先找到能使后验分布最大化的最可能值 $\boldsymbol{w}_{\mathrm{MAP}}$ 来近似这个积分，然后仅使用这个单一值并应用 $p\left(\hat{t}\mid\boldsymbol{W}_{\mathrm{MAP}},\hat{x}\right)$ 进行预测。

11.1.7 贝叶斯定理

当概率模型中的随机变量设定为与观测值相等时，其他未观测到的随机变量的分布也会相应地改变。计算这些更新分布的过程称为推理（inference）。我们可以通过贝叶斯定理的图形解释来说明这一点。假设我们把两个变量 x 和 y 的联合分布 $p(x, y)$ 分解成因子的乘积，形式为 $p(x, y) = p(x)p(y|x)$。这可以用图 11.13(a) 中的有向图来表示。假设我们观测到了 y 的值，如图 11.13(b) 中的阴影节点所示。我们可以把边缘分布 $p(x)$ 看作潜变量 x 的一个先验概率，而我们的目标就是推断出相应的后验概率。利用加和法则与乘积法则，我们可以求出

$$p(y)=\sum_{x'}p\left(y\mid x'\right)p\left(x'\right) \tag{11.20}$$

然后可以用贝叶斯定理计算出

$$p(x\mid y)=\frac{p(y\mid x)p(x)}{p(y)} \tag{11.21}$$

因此，联合分布现在可以用 $p(x|y)$ 和 $p(y)$ 来表示。从图的角度看，联合分布 $p(x, y)$ 可以用图 11.13(c) 所示的图来表示，其中箭头的方向是相反的。这是图模型推理问题的最简单示例。

对于捕获到丰富概率结构的复杂图模型来说，一旦观测到某些随机变量，计算后验分布的过程就会变得复杂而巧妙。从概念上讲，它只涉及系统地应用概率的加和法则与乘积法则，或等同于贝叶斯定理。然而在实践中，利用图结构可以大大提高计算管理的效率。这些计算可以用图（涉及在节点间发送本地信息）上优雅的计算来表示。这些方法不仅对树状结构的图给出了精确答案，也对有环图给出了近似迭代算法。我们不会在此进一步讨论这些问题，感兴趣的读者请参阅 Bishop（2006），以了解机器学习方面更全面的探讨。

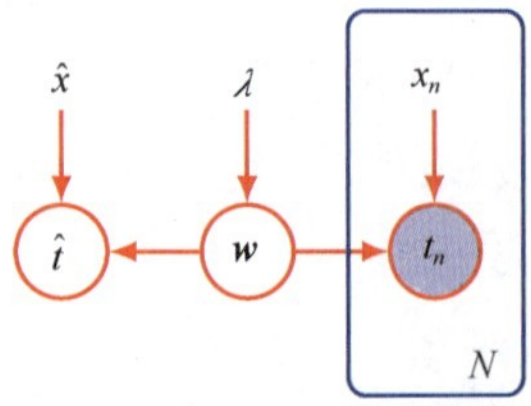

图 11.12 与图 11.11 所示的图模型相对应的分类模型显示了新输入值 $\hat{x}$ 和相应的模型预测值 $\hat{t}$

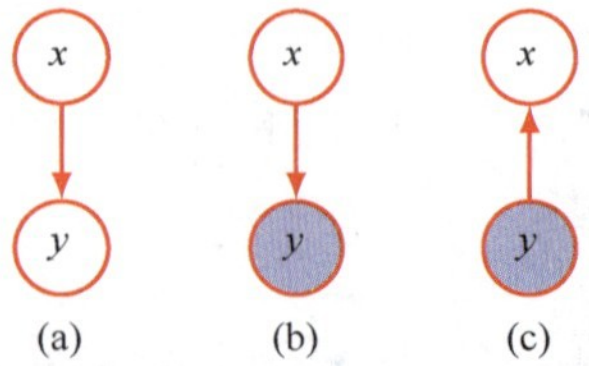

图 11.13 贝叶斯定理的图示：(a) 以分解形式表示的两个变量 x 和 y 的联合分布；(b)y 设为观测值的情况；(c) 贝叶斯定理给出的 x 的后验分布

11.2 条件独立性

多变量概率分布的一个重要概念是条件独立性（Dawid, 1980）。考虑 3 个变量 a、b、c，假设在给定 b 和 c 的条件下，a 的条件分布不依赖于 b 的值，即

$$p(a|b,c)=p(a|c) \tag{11.22}$$

我们称之为，在给定 c 的条件下，a 与 b 是条件独立的。如果我们考虑以 c 为条件的 a 和 b 的联合分布，就可以用稍微不同的方式来表示，形式如下：

$$\begin{aligned}p(a,b|c)&=p(a|b,c)p(b|c)\\&=p(a|c)p(b|c)\end{aligned} \tag{11.23}$$

其中利用了概率的乘积法则和式（11.22）。我们看到，以 c 为条件的 a 和 b 的联合分布可以分解为 a 的边缘分布和 b 的边缘分布的乘积（后者同样都以 c 为条件）。也就是说，在给定 c 的条件下，变量 a 和 b 在统计上是独立的。请注意，我们对条件独立性的定义要求式（11.22）或式（11.23）必须对 c 的每一个可能值都成立，而不仅仅对 c 的某些值成立。我们有时也会使用条件独立性的速记符号（Dawid, 1979），其中的

$$a \perp\!\!\!\perp b \mid c \tag{11.24}$$

表示在给定 c 的条件下，a 和 b 是条件独立的。条件独立性在机器学习的概率模型中发挥着重要作用，因为它既简化了模型的结构，也简化了在模型下执行推理和学习所需的计算。

如果能用条件分布的乘积（即有向图的数学表达式）得出一组变量的联合分布的表达式，则原则上可以通过反复应用概率的加和法则与乘积法则来检验任何潜在的条件独立性是否成立。实际上，该方法十分耗时。图模型的一个重要而优雅的特点是，可以直接从图中读取联合分布的条件独立性，而无须执行任何分析操作。实现此过程的一般框架称为 d 分离（d-separation），其中“d”代表“有向”（Pearl, 1988）。本节将介绍 d 分离的概念并给出 d 分离准则的一般说明，形式证法见 Lauritzen（1996）。

11.2.1 3个示例图

在开始讨论有向图的条件独立性之前，我们先来看 3 个简单的例子，每个例子都涉及只有 3 个节点的图。这些将共同促进和说明 d 分离的关键概念。第 1 个示例如图 11.14 所示，利用一般结果［式（11.6）］可以很容易地写出该图所对应的联合分布，即

$$p(a,b,c)=p(a|c)p(b|c)p(c) \tag{11.25}$$

如果未观测到任何变量，则可以通过将式（11.25）的两边相对于 c 边缘化来研究 a 和 b 是否独立，即

$$p(a,b)=\sum_c p(a|c)p(b|c)p(c) \tag{11.26}$$

一般来说，这不会分解为乘积 $p(a)p(b)$，因此

$$a \not\!\perp\!\!\!\perp b \mid \varnothing \tag{11.27}$$

其中 $\varnothing$ 表示空集，符号 $\not\!\perp\!\!\!\perp$ 表示条件独立性一般不成立。当然，对于特定的分布来说，条件独立性也可能由于与各种条件概率相关的特定数值而成立，但一般来说，这并不是由图的结构得出的。

假设我们以节点 c 为条件，如图 11.15 中的有向图所示。根据式（11.25），我们可以很容易地写出在给定 c 的条件下 a 和 b 的条件分布，其形式为

$$\begin{aligned} p(a,b|c) &= \frac{p(a,b,c)}{p(c)} \\ &= p(a|c)p(b|c) \end{aligned}$$

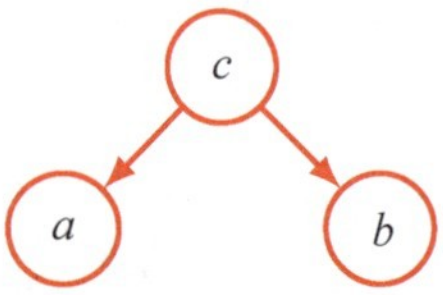

图 11.14 第 1 个示例用于讨论有向图的条件独立性

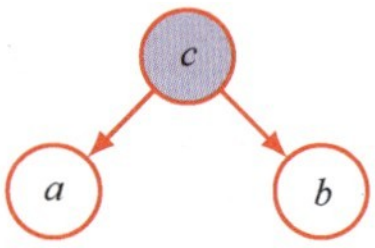

图 11.15 与图 11.14 相同，但以节点 c 为条件

于是，我们得到如下条件独立性：

$$a \perp\!\!\!\perp b \mid c$$

可以考虑从节点 a 经过节点 c 到达节点 b 的路径，从而对这一结果进行简单的图释。节点 c 之所以相对于该路径称为尾尾相接（tail-to-tail）节点，就是因为该节点与两个箭头的尾部相连，而连接节点 a 和 b 的路径的存在会导致这两个节点相互依赖。然而，如图 11.15 所示，当我们以节点 c 为条件时，条件节点会“阻塞”从 a 到 b 的路径，并使 a 和 b 变得（条件）独立。

同样，我们也可以考虑图 11.16 所示的有向图。根据式（11.6），我们可以得到与该有向图相对应的联合分布，即

$$p(a,b,c)=p(a)p(c|a)p(b|c) \tag{11.28}$$

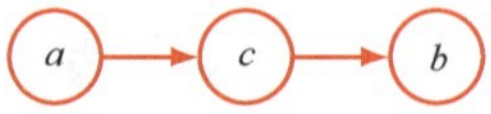

图 11.16 第 2 个示例用于促进建立有向图的条件独立性框架

假设未观测到任何变量。我们可以通过对 c 进行边缘化来检验 a 和 b 是否独立，从而得出

$$p(a,b)=p(a)\sum_c p(c|a)p(b|c)=p(a)p(b|a)$$

一般来说，这不会分解为 $p(a)p(b)$，因此

$$a \not\!\perp\!\!\!\perp b \mid \varnothing \tag{11.29}$$

假设以节点 c 为条件，如图 11.17 中的有向图所示。利用贝叶斯定理和式（11.28），即可得出

$$\begin{aligned} p(a,b \mid c) &= \frac{p(a,b,c)}{p(c)} \\ &= \frac{p(a)p(c \mid a)p(b \mid c)}{p(c)} \\ &= p(a \mid c)p(b \mid c) \end{aligned}$$

于是，我们再次得到如下条件独立性：

$$a \perp\!\!\!\perp b \mid c$$

和以前一样，我们可以用图形来解释这些结果。就节点 a 到节点 b 的路径而言，节点 c 称为头尾相接（head-to-tail）节点。该路径连接了节点 a 和 b，并使它们相互依赖。假设我们现在观测到了节点 c，如图 11.17 所示，那么这个观测结果就会“阻塞”从节点 a 到 b 的路径，从而得到条件独立性 $a \perp\!\!\!\perp b \mid c$ 。

最后，让我们来看看第 3 个示例，如图 11.18 中的有向图所示。利用一般结果［式（11.6）］写出该图所对应的联合分布，即

$$p(a,b,c) = p(a)p(b)p(c \mid a,b) \tag{11.30}$$

首先考虑未观测到任何变量的情况。在 c 上对式（11.30）的两边进行边缘化，得到

$$p(a,b) = p(a)p(b)$$

因此，与前两个例子所不同的是，a 和 b 是独立的，且未观测到任何变量。我们可以将这一结果写成

$$a \perp\!\!\!\perp b \mid \varnothing \tag{11.31}$$

假设我们以节点 c 为条件，如图 11.19 所示，则 a 和 b 的条件分布如下：

$$\begin{aligned} p(a,b \mid c) &= \frac{p(a,b,c)}{p(c)} \\ &= \frac{p(a)p(b)p(c \mid a,b)}{p(c)} \end{aligned}$$

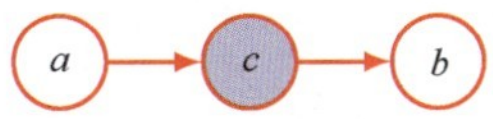

图 11.17 与图 11.16 相同，但以节点 c 为条件

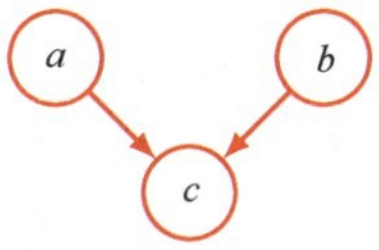

图 11.18 第 3 个示例具有与前两个示例截然不同的性质

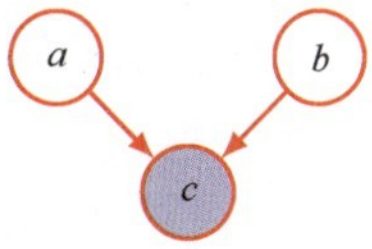

图 11.19 与图 11.18 相同，但以节点 c 为条件，且条件行为导致 a 和 b 之间的依赖关系

一般来说，这不会分解为乘积 $p(a|c)p(b|c)$，因此

$$a \not\perp\!\!\!\perp b|c$$

第 3 个示例的行为与前两个示例相反。观察图 11.8，节点 c 相对于从节点 a 到节点 b 的路径是头头相接（head-to-head）的。节点 c 有时也称碰撞节点。当未观测到节点c时，就会“阻塞”路径，且导致a和b是独立的。然而，以c为条件会“疏通”路径，并使 a 和 b 相互依赖。

第 3 个例子还有一个微妙之处。首先，我们来介绍一些术语。如果存在一条从 x 到 y 的路径，且这条路径上的每一步都遵循箭头的方向，则可以说节点 y 是节点 x 的后代。然后可以证明，如果节点或其任何后代被观测到，则头头相接的路径就会变得畅通（见习题 11.13）。

总而言之，在未观测到尾对尾节点或头对尾节点的情况下，路径会变得畅通；而一旦尾对尾节点或头对尾节点被观测到，路径就会变得阻塞。相比之下，头对头节点在未被观测到时会阻塞路径，而一旦头对头该节点和 / 或其至少一个后代被观测到，路径就会变得畅通。

11.2.2 相消解释

我们有必要花点时间进一步了解图 11.19 中的有向图的异常行为。如图 11.20 所示，考虑这样一个图，该图对应的问题是与汽车燃油系统有关的 3 个二进制随机变量。其中，变量 B 代表电池的状态，即满电$(B=1)$或没电$(B=0)$；变量 F 代表油箱的状态，即满油$(F=1)$或没油$(F=0)$；变量 G 代表电动燃油表的读数，$G=1$ 表示油箱满油，$G=0$ 表示油箱没油。电池要么满电要么没电，油箱要么满油要么没油，且先验概率为

$$p(B=1)=0.9$$
$$p(F=1)=0.9$$

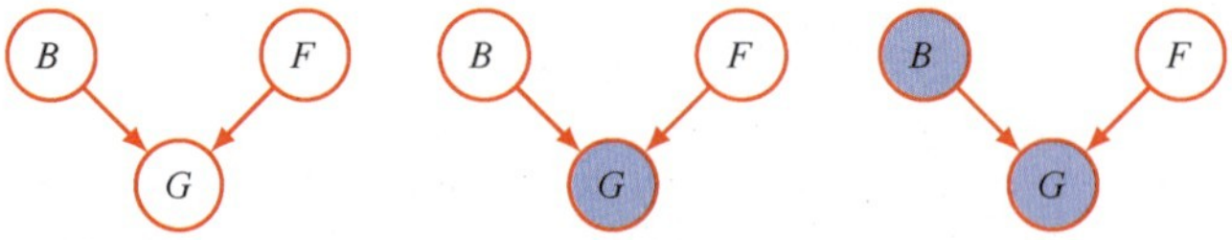

图 11.20 用于说明相消解释的 3 节点图的示例。3 个节点分别代表电池的状态（B）、油箱的状态（F）和电动燃油表的读数（G）

在给定油箱状态和电池状态的情况下，电动燃油表读数为 1 的概率为

$$p(G=1|B=1,F=1)=0.8$$
$$p(G=1|B=1,F=0)=0.2$$
$$p(G=1|B=0,F=1)=0.2$$
$$p(G=1|B=0,F=0)=0.1$$

可见这是一个相当不靠谱的燃油表！因为剩下的所有概率都由概率和为 1 这一要求决定。

在我们观测到任何数据之前，油箱为空的先验概率为 $p(F=0)=0.1$。假设我们观测燃油表并发现它的读数为零，即 $G=0$，与图 11.20 的中间图相对应。我们可以使用贝叶斯定理来计算油箱为空的后验概率。首先计算

$$p(G=0)=\sum_{B\in\{0,1\}}\sum_{F\in\{0,1\}}p(G=0\mid B,F)p(B)p(F)=0.315 \tag{11.32}$$

然后计算

$$p(G=0\mid F=0)=\sum_{B\in\{0,1\}}p(G=0\mid B,F=0)p(B)=0.81 \tag{11.33}$$

利用这些结果，我们得出

$$p(F=0\mid G=0)=\frac{p(G=0\mid F=0)p(F=0)}{p(G=0)}\approx 0.257 \tag{11.34}$$

所以 $p(F=0\mid G=0)>p(F=0)$，从而只要测到燃油表读数为零，就更有可能确定油箱确实是空的，正如我们潜意识里所认为的那样。接下来，假设我们还检查了电池的状态并发现电池没电，即 $B=0$。如图 11.20 的右图所示，我们现在已经观测到燃油表和电池的状态。根据对燃油表状态和电池状态的观测，油箱为空的后验概率为

$$p(F=0\mid G=0,B=0)=\frac{p(G=0\mid B=0,F=0)p(F=0)}{\sum_{F\in\{0,1\}}p(G=0\mid B=0,F)p(F)}\approx 0.111 \tag{11.35}$$

其中，先验概率 $p(B=0)$ 在式（11.35）的分子和分母之间相互抵消。因此，由于观测到电池的状态，油箱为空的概率降低了（从 0.257 降至 0.111）。这与我们的直觉相吻合，即电池没电可以相消解释（explain away）燃油表读数为零的观测结果。通过观测燃油表的读数，我们发现油箱和电池的状态确实是相互依赖的。事实上，如果我们不直接观测燃油表，而是观测节点 G 的某个后代节点的状态，例如一个相当不可靠的目击者说他看到燃油表的读数为零，则情况也会如此（见习题 11.14）。请注意，概率 $p(F=0\mid G=0,B=0)\approx 0.111$ 大于先验概率 $p(F=0)=0.1$，因为观测到燃油表读数为零仍然提供了一些支持油箱为空的证据。

11.2.3 d分离

本小节将对有向图的 d 分离特性（Pearl, 1988）进行一般性阐述。考虑一个有向图，其中 A、B、C 是任意不相交的节点集（但它们的并集可能小于图中的完整节点集）。我们希望确定给定的有向无环图是否隐含特定的条件独立性 $A \perp\!\!\!\perp B \mid C$。为此，我们需要考虑从 A 中任何节点到 B 中任何节点的所有可能路径。如果任何这样的路径包含一

个节点，则任何这样的路径可称为被阻塞路径，并且可能出现如下两种情况之一。

（1）路径上的箭头在节点处头尾相接或尾尾相接，且节点位于集合 C 中。

（2）箭头在节点处头头相接，且节点及其任何后代节点都不在集合 C 中。

如果所有路径都被阻塞，那么 A 和 B 就会被 C 分离，图中所有变量的联合分布将满足 $A \perp\!\!\!\perp B \mid C$ 。

d 分离法如图 11.21 所示。在图 11.21(a) 中，从 a 到 b 的路径既没有被节点 f 阻塞，因为节点 f 是这条路径的尾对尾节点，且未被观测到；也没有被节点 e 阻塞，因为尽管节点 e 是头对头节点，但它在条件集中只有一个后代节点 c。因此，条件独立性 $A \perp\!\!\!\perp B \mid C$ 从该图中无法得出。在图 11.21(b) 中，从 a 到 b 的路径被节点 f 阻塞，因为这是一个被观测到的尾对尾节点，所以根据该图进行分解的任何分布都将满足条件独立性 $a \perp\!\!\!\perp b \mid f$ 。请注意，这条路径也被节点 e 阻塞了，因为节点 e 是一个头对头节点，节点 e 及其子节点都不在条件集合中。在 d 分离中，图 11.12 中以浮动变量表示的 λ 等参数的行为与观测节点的行为相同。然而，这些节点不存在边缘分布，因此参数节点本身永远不会有父节点，经过这些节点的所有路径永远是尾尾相接的，因此会被阻塞。这些节点在 d 分离中不起作用。

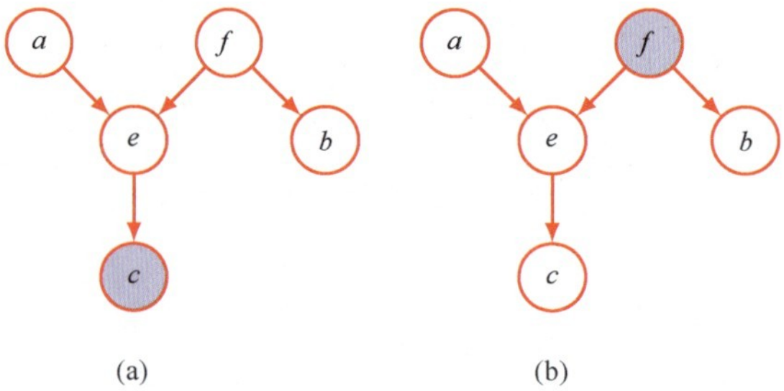

图 11.21 d 分离示意图

独立同分布数据是条件独立性和 d 分离的另一个示例（参见 2.3.2 小节）。观察图 11.12 所示的二元分类模型。这里的随机节点分别对应 t_n、$\mathbf{w}$ 和 $\hat{t}$ 。我们可以看到，对于从 $\hat{t}$ 到任何一个节点 t_n 的路径来说，$\mathbf{w}$ 的节点是尾对尾的，因此我们具有以下条件独立性：

$$\hat{t} \perp\!\!\!\perp t_n \mid \mathbf{w} \tag{11.36}$$

因此，以网络参数 $\mathbf{w}$ 为条件，$\hat{t}$ 的预测分布与训练数据 $\{t_1,\cdots,t_N\}$ 无关。我们可以首先使用训练数据来确定 $\mathbf{w}$ 的后验分布（或后验分布的近似值），然后丢弃训练数据，并使用 $\mathbf{w}$ 的后验分布来预测新输入的观测结果中的 $\hat{t}$ 。

11.2.4 朴素贝叶斯

有一种相关的图结构出现在朴素贝叶斯（Naive Bayes）模型中，其中我们使用条

件独立性假设来简化模型结构。假设我们的数据由向量 $\boldsymbol{x}$ 的观测值组成，我们希望将 $\boldsymbol{x}$ 的观测值归入 K 个类别中的一个类别（后文简称类）。我们可以为每个类定义类 - 条件密度 $p(\boldsymbol{x}|\mathcal{C}_k)$ 以及先验类概率 $p(\mathcal{C}_k)$。朴素贝叶斯模型的关键假设是，以类 $\mathcal{C}_k$ 为条件，将输入变量的分布分解为两个或多个密度的乘积。假设我们把 $\boldsymbol{x}$ 分成 L 个元素，即 $\boldsymbol{x}=\left(\boldsymbol{x}^{(1)},\cdots,\boldsymbol{x}^{(L)}\right)$，则朴素贝叶斯模型的形式为

$$p\left(\boldsymbol{x}|\mathcal{C}_k\right)=\prod_{l=1}^{L}p\left(\boldsymbol{x}^{(l)}|\mathcal{C}_k\right) \tag{11.37}$$

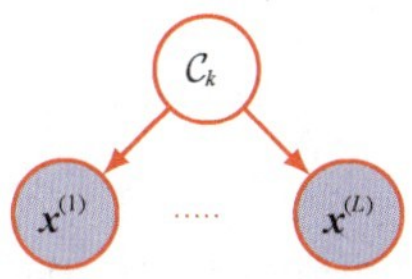

图 11.22 用于分类的朴素贝叶斯模型的图示。以类标签 $\mathcal{C}_k$ 为条件，假设观测向量 $\boldsymbol{x}=(\boldsymbol{x}^{(1)},\cdots,\boldsymbol{x}^{(L)})$ 中的元素是独立的

假设式（11.37）分别对每个类 $\mathcal{C}_k$ 成立。图 11.22 是该模型的图形化表示。我们可以看到，在 $j\neq i$ 的情况下，对 $\mathcal{C}_k$ 的观测会阻塞 $\boldsymbol{x}^{(i)}$ 和 $\boldsymbol{x}^{(j)}$ 之间的路径，因为这种路径在节点 $\mathcal{C}_k$ 处是尾尾相接的，所以当给定 $\mathcal{C}_k$ 时，$\boldsymbol{x}^{(i)}$ 和 $\boldsymbol{x}^{(j)}$ 是条件独立的。然而，如果我们将 $\mathcal{C}_k$ 去边缘化，从 $\boldsymbol{x}^{(i)}$ 到 $\boldsymbol{x}^{(j)}$ 的尾尾相接路径将不再受阻。所以一般来说，边缘密度 $p(\boldsymbol{x})$ 不会相对于元素 $\boldsymbol{x}^{(1)},\cdots,\boldsymbol{x}^{(L)}$ 进行分解。

如果我们得到一个标记训练集，其中包括观测值 $\{\boldsymbol{x}_1,\cdots,\boldsymbol{x}_N\}$ 以及它们的类标签，我们就可以假设数据是从模型中独立提取的，从而使用最大似然法将朴素贝叶斯模型拟合到训练数据中（见习题 11.15）。通过使用相应的标记数据分别拟合每个类的模型，然后将先验类概率 $p(\mathcal{C}_k)$ 设置为等于每个类中训练数据点的比例，从而得到解决方案。向量 $\boldsymbol{x}$ 属于类 $\mathcal{C}_k$ 的概率由贝叶斯定理给出，其形式为

$$p(\mathcal{C}_k|\boldsymbol{x})=\frac{p(\boldsymbol{x}|\mathcal{C}_k)p(\mathcal{C}_k)}{p(\boldsymbol{x})} \tag{11.38}$$

其中 $p(\boldsymbol{x}|\mathcal{C}_k)$ 由式（11.37）给出，$p(\boldsymbol{x})$ 可以用下式求出：

$$p(\boldsymbol{x})=\sum_{k=1}^{K}p(\boldsymbol{x}|\mathcal{C}_k)p(\mathcal{C}_k) \tag{11.39}$$

用于二维数据空间的朴素贝叶斯模型如图 11.23 所示，其中 $\boldsymbol{x}=(x_1,x_2)$。此处，我们假设两个类中每个类的类 - 条件密度 $p(\boldsymbol{x}|\mathcal{C}_k)$ 都是轴对齐的高斯密度，因此它们各自将对 x_1 和 x_2 进行分解，从而

$$p(\boldsymbol{x}|\mathcal{C}_k)=p(x_1|\mathcal{C}_k)p(x_2|\mathcal{C}_k) \tag{11.40}$$

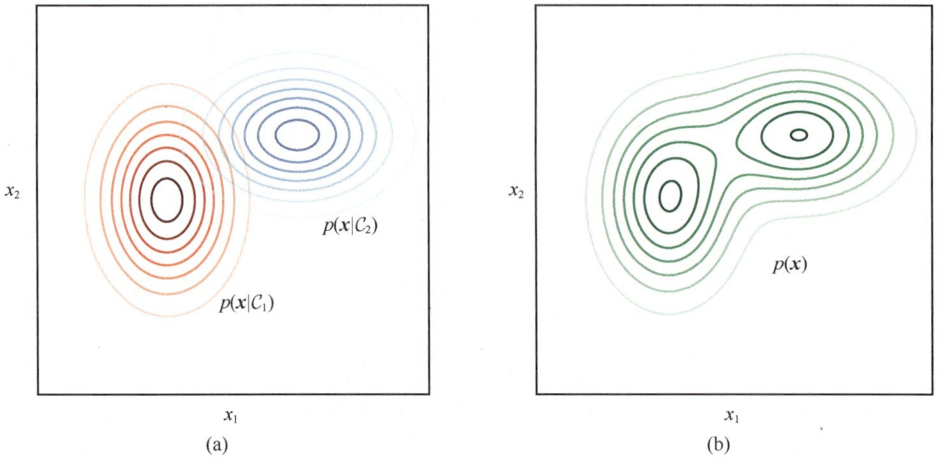

图 11.23 用于二维数据空间的朴素贝叶斯模型图解

(a) 两个类中每个类的类–条件密度 $p(\boldsymbol{x}|\mathcal{C}_k)$；(b) 边缘密度 $p(\boldsymbol{x})$，其中我们假设了相等的类先验概率 $p(\mathcal{C}_1)=p(\mathcal{C}_2)=0.5$。请注意，条件密度会对 x_1 和 x_2 进行分解，而边缘密度不会

然而，边缘密度 $p(\boldsymbol{x})$ 由下式给出：

$$p(\boldsymbol{x})=\sum_{k=1}^{K}p\left(\boldsymbol{x}\mid\mathcal{C}_k\right)p\left(\mathcal{C}_k\right) \tag{11.41}$$

它现在是高斯混合模型且不会对 x_1 和 x_2 进行分解。在融合不同来源的数据（如用于医疗诊断的血液检测和皮肤图像）时，将会涉及朴素贝叶斯模型的简单应用（参见 5.2.4 小节）。

当输入空间的维度 D 较高时，在全 D 维空间中进行密度估计将更具挑战性，朴素贝叶斯假设会有所帮助。如果输入向量同时包含离散变量和连续变量，这种方法也会很有用，因为每种变量都可以用适当的模型来表示（例如，对于二元观测可以使用伯努利分布，对于实值变量可以使用高斯分布）。该模型的条件独立性假设显然是强假设，可能会导致对类–条件密度的表示相当糟糕。然而，即使这一假设没有得到精确的满足，模型在实际应用中也仍然可以提供良好的分类性能，因为决策边界可能对类–条件密度中的某些细节不敏感。

11.2.5 生成式模型

机器学习的许多应用都可以看作逆问题（inverse problem）的示例，其中有一个产生数据的底层过程（通常是物理过程），我们现在的目标是学习如何反转这个过程。例如，一个对象的图像可以看作一个生成过程的输出，在这个生成过程中，对象的类型是从一些可能的对象类分布中选择出来的。对象的位置和方向也从一些先验分布中选择，然后创建图像。在给定一个大型图像数据集的情况下，其中的图像已标记所含对象的类型、位置和大小，我们的目标是训练一个机器学习模型，该模型可以获取新的、未标记的图像，并检测对象是否存在，以及对象在图像中的位置和大小。因此，机器学习解决方案代表了数据生成过程的逆过程。

一种方法是训练深度神经网络，如卷积网络，从而将图像作为输入并生成描述对象的类型、位置和大小的输出。因此，作为判别模型的一个示例，这种方法试图直接解决逆问题。只要有足够多的标记图像，这种方法就能达到很高的准确率。在实践中，未标记的图像往往很多，而在获得训练集的过程中，大部分工作量耗费在证明标记上，这个证明过程可能需要手动完成。我们的判别模型在训练过程中无法直接使用未标记的图像。

另一种方法是对生成过程进行建模，然后进行计算反转。在我们的图像示例中，如果假设对象的类、位置和大小都是独立选择的，则可以使用有向图模型来表示生成过程，如图 11.24 所示。请注意，箭头的方向与生成步骤的顺序相对应，因此该模型代表了观测数据生成的因果过程（Pearl, 1988）。这是生成式模型的一个示例，因为一旦经过训练，它就可以用来生成合成图像，方法是首先从学习到的先验分布中选择对象的类、位置和大小，然后从学习到的条件分布中抽取图像样本。稍后我们将看到扩散模型和其他生成式模型如何根据对所需图像内容和风格的文字描述，合成令人赞叹的高分辨率图像（参见第 20 章）。

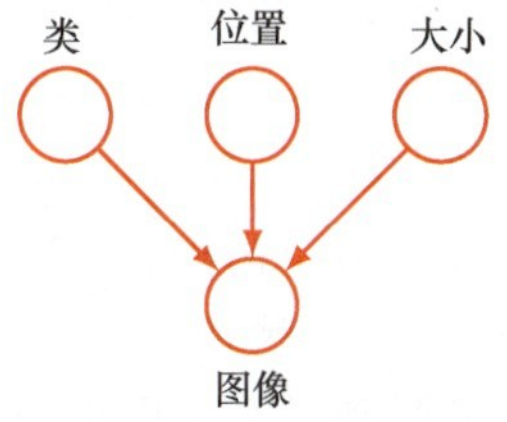

图 11.24 表示创建对象图像过程的图模型。对象所属的类（离散变量）与对象的位置和方向（连续变量）具有独立的先验概率。图像（像素强度阵列）的概率分布取决于对象所属的类及其位置和方向

根据图 11.24 中的图模型，在未观测到图像时，类、位置和大小变量是独立的。这是因为这些变量中的任何两个变量之间的每条路径就图像变量而言是头头相接的，这是未观测到的。然而，当我们观测到一幅图像时，这些路径就会变得畅通，类、位置和大小变量也不再独立。从直觉上讲，这是合理的，因为被告知图像中对象所属的类可以为我们提供相关信息，从而帮助我们确定对象的位置和大小。

然而，概率模型中的隐变量并不需要有任何明确的物理解释，而引入这些隐变量可能只是为了从更简单的组件中构造出更复杂的联合分布。例如，归一化流、变分自编码器和扩散模型等都使用深度神经网络，从而通过转换具有简单高斯分布的隐变量，在数据空间中创建复杂的分布。

11.2.6 马尔可夫毯

在讨论更复杂的有向图时，一个很有用的条件独立性称为马尔可夫毯（Markov blanket）或马尔可夫边界（Markov boundary）。考虑由具有 D 个节点的有向图表示的联合分布 $p(\boldsymbol{x}_1,\cdots,\boldsymbol{x}_D)$，并考虑以所有其余变量 $\boldsymbol{x}_{j\neq i}$ 为条件的变量 $\boldsymbol{x}_i$ 的特定节点的条件分布。利用分解性质［式（11.6）］，我们可以将这一条件分布表示为如下形式：

$$p\left(\boldsymbol{x}_i \mid \boldsymbol{x}_{j\neq i}\right)=\frac{p\left(\boldsymbol{x}_1,\cdots,\boldsymbol{x}_D\right)}{\int p\left(\boldsymbol{x}_1,\cdots,\boldsymbol{x}_D\right)\mathrm{d}\boldsymbol{x}_i}=\frac{\prod_k p\left(\boldsymbol{x}_k \mid \mathrm{pa}(k)\right)}{\int\prod_k p\left(\boldsymbol{x}_k \mid \mathrm{pa}(k)\right)\mathrm{d}\boldsymbol{x}_i}$$

其中积分被离散变量的求和取代。现在我们注意到，任何与 $\boldsymbol{x}_i$ 无函数相关的因子 $p(\boldsymbol{x}_k|\text{pa}(k))$ 都可以在对 $\boldsymbol{x}_i$ 的积分之外取值，因此分子和分母之间会抵消。剩下的因子就是节点 $\boldsymbol{x}_i$ 本身的条件分布 $p(\boldsymbol{x}_i|\text{pa}(i))$，以及任何其他节点 $\boldsymbol{x}_k$ 的条件分布，从而节点 $\boldsymbol{x}_i$ 在 $p(\boldsymbol{x}_k|\text{pa}(k))$ 的条件集中，即节点 $\boldsymbol{x}_i$ 是 $\boldsymbol{x}_k$ 的父节点。条件分布 $p(\boldsymbol{x}_i|\text{pa}(i))$ 将取决于节点 $\boldsymbol{x}_i$ 的父节点，而条件 $p(\boldsymbol{x}_k|\text{pa}(k))$ 将取决于 $\boldsymbol{x}_i$ 的子节点和共父节点［即节点 $\boldsymbol{x}_k$ 的父节点（节点 $\boldsymbol{x}_i$ 除外）所对应的变量］。由父节点、子节点和共父节点组成的节点集称为马尔可夫毯，如图 11.25 所示。

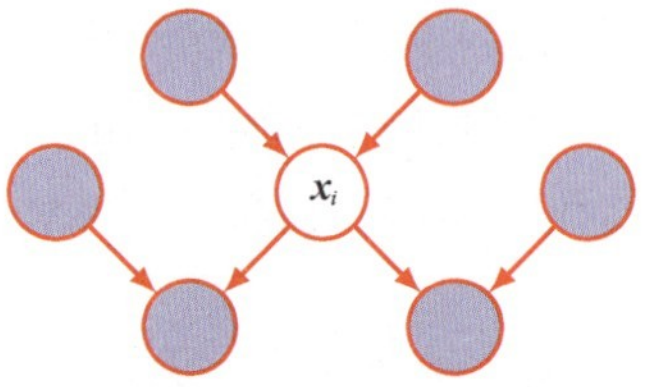

图 11.25 节点 $\boldsymbol{x}_i$ 的马尔可夫毯由该节点的父节点、子节点和共父节点组成。它具有这样一个特性，即节点 $\boldsymbol{x}_i$ 的条件分布（以图中所有其余节点为条件）仅取决于马尔可夫毯中的变量

我们可以考虑把节点 $\boldsymbol{x}_i$ 的马尔可夫毯看作能将节点 $\boldsymbol{x}_i$ 与图中的其他节点隔离开来的最小节点集。请注意，仅包含节点 $\boldsymbol{x}_i$ 的父节点和子节点是不够的，因为相消解释意味着观测到子节点不会阻塞通往共父节点的路径。因此，我们还必须观测到共父节点。

11.2.7 作为过滤器的图

我们已经看到，一个特定的有向图不仅代表了将联合概率分布分解为条件概率的乘积，还代表了通过 d 分离准则获得的一组条件独立性。d 分离定理实际上表达了这两个特性的等价性。为了说明这一点，不妨把有向图看作一个过滤器。假设我们考虑的是图中（未观测到的）节点所对应的变量 $\boldsymbol{x}$ 的特定联合概率分布 $p(\boldsymbol{x})$。只有当且仅当该分布可以用图所隐含的分解［式（11.6）］表示时，过滤器才会允许该分布通过。将变量 $\boldsymbol{x}$ 上所有可能的分布 $p(\boldsymbol{x})$ 的集合提交给过滤器，对于有向分解（directed factorization），将过滤器允许通过的分布子集记为 $\mathcal{DF}$，如图 11.26 所示。

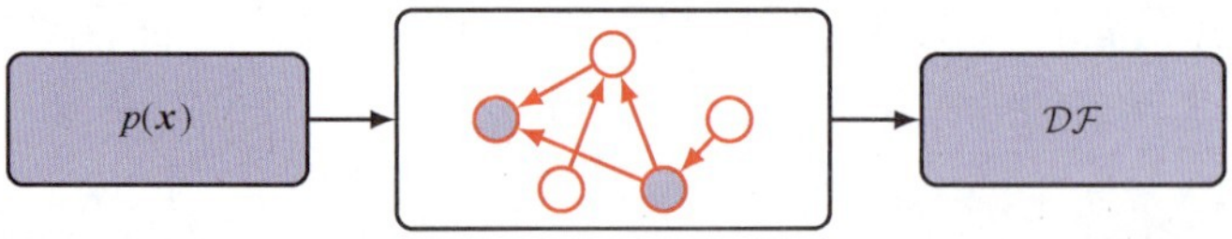

图 11.26 我们可以把图模型（此处为有向图模型）看作一种过滤器，其中的概率分布 $p(\boldsymbol{x})$ 只有在满足有向分解特性时才能通过过滤器。将通过过滤器的所有可能概率分布 $p(\boldsymbol{x})$ 的集合记为 $\mathcal{DF}$。我们也可以根据是否满足图的 d 分离特性所隐含的所有条件独立性，使用图（作为第二种过滤器）来过滤分布。d 分离定理表明，同样的一组分布 $\mathcal{DF}$ 将被允许通过第二种过滤器

我们也可以将图用作另一种过滤器，首先列出通过对图应用 d 分离准则而得到的所有条件独立性，然后只允许满足所有这些条件独立性的分布通过。如果我们将所有可能的分布 $p(\boldsymbol{x})$ 呈现给第二种过滤器，则 d 分离定理告诉我们，允许通过的分布集合正是集合 $\mathcal{DF}$。

需要强调的是，从 d-分离得到的条件独立性适用于该特定有向图所描述的任何概率模型。例如，无论变量是离散的还是连续的，抑或是这些变量的组合，情况都是如此。

在一种极端情况下，我们有一个全接连图，它完全不显示条件独立性，并且可以表示给定变量上任何可能的联合概率分布，集合 $\mathcal{DF}$ 将包含所有可能的分布 $p(\mathbf{x})$。在另一种极端情况下，我们有一个全不连接图，即不包含任何连接的图。这相当于联合分布，它可以分解为组成图节点的变量的边缘分布的乘积。请注意，对于任何给定的图，集合 $\mathcal{DF}$ 都将包括除图所描述的分布外，还具有其他独立特性的任何分布。例如，一个全分解分布总能通过相应变量集上的任何图所隐含的过滤器。

11.3 序列模型

机器学习有许多重要的应用，其中的数据都由一系列的值组成，称为序列数据。例如，文本由一系列单词组成，而蛋白质则由一系列氨基酸组成。序列数据通常是按时间排序的，例如麦克风的音频信号或特定地点的日降雨量。有时，"时间""过去""未来"等术语也可以用于描述其他类型的序列数据，而不仅仅是时间序列。涉及序列数据的应用包括语音识别、不同语言间的自动翻译、DNA 中的基因检测、合成音乐、编写计算机代码、与现代搜索引擎进行对话等。

我们用 $\mathbf{x}_1,\cdots,\mathbf{x}_N$ 表示序列数据，其中的每个元素 $\mathbf{x}_n$ 都包含一个值向量。请注意，我们可能会有好几个这样的序列数据（后文简称序列），它们分别独立地取自同一个分布。在这种情况下，所有序列的联合分布可以分解为每个序列分布的乘积。由此，我们可以仅关注其中一个序列的建模。

根据式（11.4），我们已经看到，通过反复应用概率的乘积法则，N 个变量的一般分布可以写成条件分布的乘积，而这种分解的形式取决于变量的特定排序。对于向量值变量，如果我们选择与序列中变量顺序相对应的排序，则可以写出

$$p(\mathbf{x}_1,\cdots,\mathbf{x}_N)=\prod_{n=1}^{N}p(\mathbf{x}_n\mid\mathbf{x}_1,\cdots,\mathbf{x}_{n-1}) \tag{11.42}$$

这对应于一个有向图，其中每个节点都从序列中的每个前一节点接收一个连接，如图 11.27 中的 4 个节点所示。这就是所谓的自回归（autoregressive）模型。

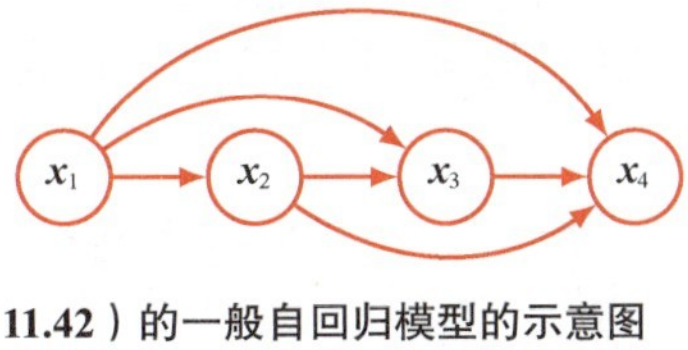

图 11.27 具有 4 个节点且形式为式（11.42）的一般自回归模型的示意图

这种表示法具有完全的通用性，因此从建模的角度来看没有任何价值，因为它没有表达任何假设。我们可以通过从图中移除连接，或者等效地从式（11.42）右侧因子

的条件集中去除变量，来引入条件独立性，从而限制模型的空间。

最有力的假设是去除所有条件变量，从而得出联合分布，其形式为

$$p(\boldsymbol{x}_1,\cdots,\boldsymbol{x}_N)=\prod_{n=1}^{N}p(\boldsymbol{x}_n) \tag{11.43}$$

式（11.43）将观测变量视为独立变量，因此完全忽略了排序信息。这对应于一个无连接的概率图模型，如图 11.28 所示。

图 11.28 对一系列观测变量进行建模的最简单方法是将它们视为独立变量，这对应于一个无连接的概率图模型

既能捕获到顺序特性，又能引入建模假设的有趣模型介于以上两个极端之间。一个强有力的假设是，每个条件分布都只依赖于序列中的前一个变量，从而得出如下联合分布：

$$p(\boldsymbol{x}_1,\cdots,\boldsymbol{x}_N)=p(\boldsymbol{x}_1)\prod_{n=2}^{N}p(\boldsymbol{x}_n\mid\boldsymbol{x}_{n-1}) \tag{11.44}$$

请注意，序列中第一个变量的处理方式略有不同，因为它没有条件变量。图 11.29 所示图模型的函数形式［式（11.44）］称为马尔可夫模型或马尔可夫链，其可用简单节点链组成的图来表示。通过使用 d 分离（参见 11.2.3 小节），我们可以看到，在时间 n 之前的所有观测值中，观测值 $\boldsymbol{x}_n$ 的条件分布为

$$p(\boldsymbol{x}_n\mid\boldsymbol{x}_1,\cdots,\boldsymbol{x}_{n-1})=p(\boldsymbol{x}_n\mid\boldsymbol{x}_{n-1}) \tag{11.45}$$

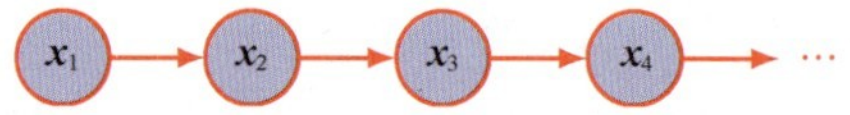

图 11.29 观测值的一阶马尔可夫链，其中特定观测值 $\boldsymbol{x}_n$ 的分布以前一个观测值 $\boldsymbol{x}_{n-1}$ 为条件

从式（11.44）开始，利用概率的乘积法则，直接求值即可对此轻松验证（见习题 11.16）。因此，如果我们使用这样一个模型来预测序列中的下一个观测值，则预测值的分布将只取决于前一个观测值，而与之前的所有观测值无关。

更具体地说，形式为式（11.44）的图模型称为一阶马尔可夫模型，因为每个条件分布中只出现了一个条件变量。我们可以对这个模型进行扩展，方法是让每个条件分布都依赖于前面的两个变量，从而得到一个二阶马尔可夫模型，其形式为

$$p(\boldsymbol{x}_1,\cdots,\boldsymbol{x}_N)=p(\boldsymbol{x}_1)p(\boldsymbol{x}_2\mid\boldsymbol{x}_1)\prod_{n=3}^{N}p(\boldsymbol{x}_n\mid\boldsymbol{x}_{n-1},\boldsymbol{x}_{n-2}) \tag{11.46}$$

请注意，前两个变量的处理方法不同，因为它们的条件变量少于两个。图 11.30 以有向图的形式对该模型进行了展示。

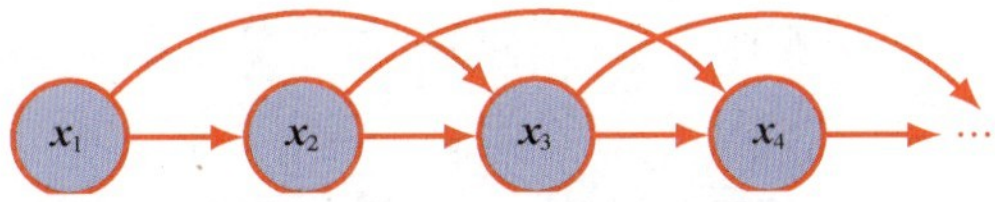

图 11.30 一个二阶马尔可夫链，其中特定观测值 $\boldsymbol{x}_n$ 的条件分布取决于前两个观测值 $\boldsymbol{x}_{n-1}$ 和 $\boldsymbol{x}_{n-2}$

通过使用 d 分离（或使用概率规则进行直接计算），我们可以看到，在二阶马尔可夫模型中，给定所有先前观测值 $\boldsymbol{x}_1,\cdots,\boldsymbol{x}_{n-1}$ 的 $\boldsymbol{x}_n$ 的条件分布与观测值 $\boldsymbol{x}_1,\cdots,\boldsymbol{x}_{n-3}$ 无关（见习题 11.17）。同样，我们可以考虑扩展到 M 阶马尔可夫链，其中某个变量的条件分布取决于前 M 个变量。不过，我们也为提高灵活性付出了代价，因为模型中的参数数量大大增加了。假设观测值是具有 K 种状态的离散变量，此时一阶马尔可夫链中的条件分布 $p(\boldsymbol{x}_n \mid \boldsymbol{x}_{n-1})$ 将由一组参数（共 $K-1$ 个）指定；在 $\boldsymbol{x}_{n-1}$ 的 K 个状态中，每个状态都有 $K-1$ 个参数，共有 $K(K-1)$ 个参数。假设我们将模型扩展为 M 阶马尔可夫模型，这样联合分布便可用条件式 $p(\boldsymbol{x}_n \mid \boldsymbol{x}_{n-M},\cdots,\boldsymbol{x}_{n-1})$ 来构造。如果变量是离散的且条件分布用一般条件概率来表示，模型将有 $K^{M-1}(K-1)$ 个参数。因此，参数数量会随着 M 的增加而呈指数增长，一般来说，M 的值越大，这种方法就越不实用。

潜变量

假设我们希望为序列建立一个模型，这个模型不受马尔可夫假设的任何顺序的限制，但可以使用有限数量的自由参数来指定。我们可以通过引入额外的潜变量（又称隐变量）来实现这一目标，从而允许从简单组件中构建出类别丰富的模型。对于每个观测值 $\boldsymbol{x}_n$，我们引入一个相应的潜变量 $\boldsymbol{z}_n$（可能与观测变量的类型或维度不同）。现在，我们假设潜变量构成了马尔可夫链，从而产生了状态空间模型的图结构，如图 11.31 所示。它满足关键的条件独立性要求，即给定 $\boldsymbol{z}_n$ 时，$\boldsymbol{z}_{n-1}$ 和 $\boldsymbol{z}_{n+1}$ 是独立的，因此

$$\boldsymbol{z}_{n+1} \perp\!\!\!\perp \boldsymbol{z}_{n-1} \mid \boldsymbol{z}_n \tag{11.47}$$

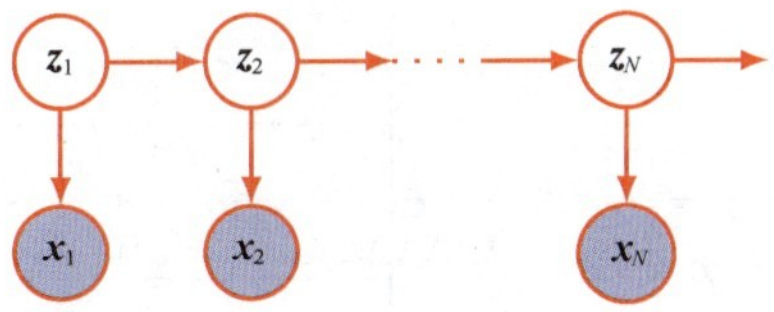

图 11.31 状态空间模型用潜变量 $z_1,\cdots,z_N$ 表示一系列观测变量 $x_1,\cdots,x_N$ 的联合概率分布，它的形式如式（11.48）所示

$$p(\boldsymbol{x}_1,\cdots,\boldsymbol{x}_N,\boldsymbol{z}_1,\cdots,\boldsymbol{z}_N) = p(\boldsymbol{z}_1)\left[\prod_{n=2}^{N} p(\boldsymbol{z}_n \mid \boldsymbol{z}_{n-1})\right]\prod_{n=1}^{N} p(\boldsymbol{x}_n \mid \boldsymbol{z}_n) \tag{11.48}$$

通过使用 d 分离，我们可以发现，在状态空间模型中，总有一条路径能通过潜变量连接任意两个观测变量 $\boldsymbol{x}_n$ 和 $\boldsymbol{x}_m$，而且这条路径永远不会阻塞。因此，在给定所有先前观测值的情况下，观测值 $\boldsymbol{x}_{n+1}$ 的预测分布 $p(\boldsymbol{x}_{n+1} \mid \boldsymbol{x}_1,\cdots,\boldsymbol{x}_n)$ 并不会表现出任何条件独

立性，因此我们对 $\boldsymbol{x}_{n+1}$ 的预测取决于所有先前的观测值。观测变量在任何有限阶（order）都不符合马尔可夫特性。

图 11.31 描述了两个重要的序列模型。如果潜变量是离散的，我们就会得到一个隐马尔可夫模型（Elliott, Aggoun, and Moore, 1995）。请注意，隐马尔可夫模型中的观测变量既可以是离散的，也可以是连续的，而且可以使用多种不同的条件分布来进行建模。如果潜变量和观测变量都是高斯变量（其条件分布与父变量之间存在线性 - 高斯依赖关系），我们就可以得到一个线性动态系统，也称卡尔曼滤波器（Zarchan and Musoff, 2005）。Bishop（2006）详细讨论了隐马尔可夫模型和卡尔曼滤波器，以及训练它们的算法。用深度神经网络取代用于定义 $p(\boldsymbol{x}_n \mid z_n)$ 的简单离散概率表或线性高斯分布，便可以使这类模型变得更加灵活。

习题

11.1 （★）通过按顺序将变量边缘化，证明有向图的联合分布［式（11.6）］是正确归一化的，前提是每个条件分布也都是归一化的。

11.2 （★）证明有向图中不存在有向循环这一特性是由以下陈述得出的：存在节点的有序编号，使得每个节点都不存在通往低编号节点的连接。

11.3 （★★）考虑 3 个二进制变量 $a,b,c \in \{0,1\}$，其联合分布如表 11.1 所示。通过直接求值，证明该分布具有以下性质：a 和 b 边缘相关，因此 $p(a, b) \neq p(a)p(b)$；但是当以 c 为条件时，它们变得独立，因此在 $c=0$ 和 $c=1$ 时，$p(a, b \mid c) = p(a \mid c)p(b \mid c)$。

表 11.1 3 个二进制变量 a、b、c 的联合分布

a	b	c	$p(a,b,c)$
0	0	0	0.192
0	0	1	0.144
0	1	0	0.048
0	1	1	0.216
1	0	0	0.192
1	0	1	0.064
1	1	0	0.048
1	1	1	0.096

11.4 （★★）求出表 11.1 中给出的联合分布所对应的分布 $p(a)$、$p(b \mid c)$ 和 $p(c \mid a)$。然后通过直接求值证明 $p(a, b, c) = p(a)p(c \mid a)p(b \mid c)$，并绘制相应的有向图。

11.5 （★）对于图 11.6 所示的模型，我们已经看到，通过利用逻辑斯谛 sigmoid 表示法［式（11.8）］，我们可以将条件分布 $p(y \mid x_1, \cdots, x_M)$（其中 $x_i \in \{0,1\}$）所需的参数数量从 2^M 减少至 $M+1$。另一种表示法（Pearl, 1988）如下：

$$p(y=1|x_1,\cdots,x_M)=1-(1-\mu_0)\prod_{i=1}^{M}(1-\mu_i)^{x_i} \qquad (11.49)$$

其中，参数 μ_i 代表概率 $p(x_i=1)$，μ_0 是一个附加参数，满足 $0\leqslant\mu_0\leqslant1$。此条件分布［式（11.49）］称为噪声 OR。证明这可以解释为逻辑 OR 函数的"软"（概率）形式（即只要至少有一个 $x_i=1$，函数就会给出 $y=1$）。讨论 μ_0 的解释。

11.6 （★★）从条件分布的定义［式（11.9）］出发，推导出线性高斯模型联合分布均值的递推公式［式（11.12）］。

11.7 （★★）从条件分布的定义［式（11.9）］出发，推导出线性高斯模型联合分布协方差矩阵的递推公式［式（11.13）］。

11.8 （★★）证明由式（11.9）定义的 D 个变量的全连接线性高斯图模型的协方差矩阵中的参数数量为 $D(D+1)/2$。

11.9 （★★）用递推公式［式（11.12）和式（11.13）］证明图 11.7 所示图模型的联合分布的均值和协方差分别由式（11.14）和式（11.15）给出。

11.10 （★）验证由线性高斯模型定义的一组向量值变量的联合分布本身就是高斯分布，其中每个节点对应于形式为式（11.16）的分布。

11.11 （★）证明 $a \perp\!\!\!\perp b$、$c|d$ 意味着 $a \perp\!\!\!\perp b|d$。

11.12 （★）通过使用 d 分离，证明有向图中节点 $\boldsymbol{x}$ 的条件分布（以马尔可夫毯中的所有节点为条件）与该图中的其余变量无关。

11.13 （★）考虑图 11.32 所示的有向图，其中未观测到任何变量。证明 $a \perp\!\!\!\perp b|\varnothing$。假设我们现在观测到变量 d，证明一般情况下 $a \not\perp\!\!\!\perp b|d$。

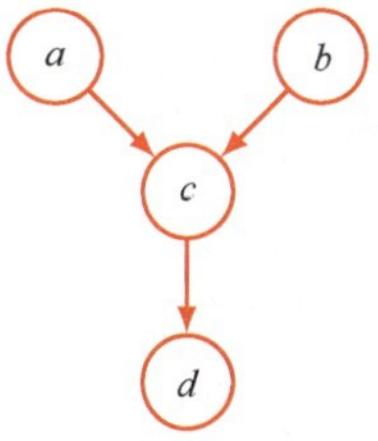

图 11.32 当观测到节点 c 的后代节点（即节点 d）时，用于研究头头相接路径 a–c–b 的条件独立性的图模型示例

11.14 （★）以图 11.20 所示的汽车燃油系统为例，假设驾驶员 D 未直接观测到燃油表 G 的状态，而是看到了燃油表并向我们报告了燃油表读数。该驾驶员报告指出，燃油表要么显示油箱已满 $(D=1)$，要么显示油箱已空 $(D=0)$。该驾驶员有点不可靠，具体由以下概率可以看出：

$$p(D=1|G=1)=0.9 \qquad (11.50)$$

$$p(D=0|G=0)=0.9 \qquad (11.51)$$

假设该驾驶员告诉我们燃油表显示油箱已空，换句话说，$D=0$。仅根据这一条件，计算油箱为空的概率。同样，在观测到电池没电的情况下，计算相应的概率，注意第二个概率更低。讨论这一结果，并将该结果与图 11.32 联系起来。

11.15 （★★）用最大似然法训练一个朴素贝叶斯模型，假设条件为式（11.37），并假设每个类－条件密度 $p(\boldsymbol{x}^{(l)}|\mathcal{C}_k)$ 都由它们各自独立的参数 $\boldsymbol{w}^{(l)}$ 控制。通过最大化与

相应类标签数据相关的似然，然后将先验类概率 $p(\mathcal{C}_k)$ 设置为每个类中训练数据点的比例，证明最大似然求解涉及使用相应的观测数据向量 $\boldsymbol{x}_1^{(l)},\cdots,\boldsymbol{x}_N^{(l)}$ 。

11.16 （⋆⋆）考虑与图 11.29 所示的有向图相对应的联合概率分布［式（11.44）］。利用概率的加和法则与乘积法则，验证在 $n=2,\cdots,N$ 时，该联合概率分布满足条件独立性［式（11.45）］。同样，证明形式为式（11.46）的联合分布所描述的二阶马尔可夫模型满足 $n=3,\cdots,N$ 时的条件独立性：

$$p(\boldsymbol{x}_n \mid \boldsymbol{x}_1,\cdots,\boldsymbol{x}_{n-1})=p(\boldsymbol{x}_n \mid \boldsymbol{x}_{n-1},\boldsymbol{x}_{n-2}) \tag{11.52}$$

11.17 （⋆）通过使用 d 分离，验证图 11.29 所示的一阶马尔可夫模型（其中有 N 个节点）在 $n=2,\cdots,N$ 时满足条件独立性［式（11.45）］。同样，证明图 11.30 所示的二阶马尔可夫模型（其中也有 N 个节点）在 $n=3,\cdots,N$ 时满足条件独立性［式（11.52）］。

11.18 （⋆）考虑图 11.30 所示的二阶马尔可夫过程，通过合并相邻的变量对，证明它可以用新变量的一阶马尔可夫过程来表示。

11.19 （⋆）通过使用 d 分离，证明图 11.31 中的有向图所代表的状态空间模型的观测数据分布 $p(\boldsymbol{x}_1,\cdots,\boldsymbol{x}_N)$ 不满足任何条件独立性，因此观测变量在任何有限阶都不符合马尔可夫特性。

第12章 Transformer

Transformer是深度学习领域最重要的进展之一。基于一种称为注意力（attention）的处理概念，Transformer能使网络对不同的输入赋予不同的权重，而这些加权系数本身又取决于输入值，从而捕捉到与序列数据和其他形式数据相关的强大归纳偏差。

这类模型之所以叫Transformer，是因为它们能将某个表示空间中的一组向量变换成某个新空间中具有相同维度的相应向量的集合。变换旨在使新空间具有更丰富的内部表示，该表示更适合解决下游任务。对于Transformer而言，其输入可以是非结构化的向量集、有序序列或其他更一般的表示形式，从而使Transformer具有广泛的适用性。

Transformer最初是在自然语言处理（Natural Language Processing，NLP）领域引入的，这里的“自然”语言指的是像英语或汉语这样的语言，它大大超越了之前基于递归神经网络（Recurrent Neural Network，RNN）的那些最先进的方法。随后，人们发现Transformer在许多其他领域也取得了优异成果。例如，视觉Transformer在图像处理任务中的表现往往优于卷积神经网络（Convolutional Neural Network，CNN），而结合文本、图像、音频和视频等多种类型数据的多模态 Transformer 则是最强大的深度学习模型之一。

Transformer 的一大优势在于迁移学习效果显著，所以 Transformer 可以在大量数据上进行训练，然后通过某种形式的微调，将经过训练的模型应用于众多下游任务。一个大规模模型随后可以进行调整以解决多个不同的任务，它就是所谓的基础模型（foundation model）。此外，Transformer 可以使用无标签数据以自监督的方式进行训练，这对语言模型尤其有效，因为 Transformer 可以利用来自互联网和其他来源的海量文本。缩放假设（scaling hypothesis）认为，只要扩大模型的规模（以可学习参数的数量来衡量），并在相应的大规模数据集上进行训练，即使不改变架构，也能显著提高性能。此外，Transformer 特别适用于大规模并行处理硬件，如图形处理单元（Graphics Processing Unit，GPU），从而能在合理的时间内训练出拥有万亿（10^{12}）规模参数的超大型神经网络语言模型。这些模型具有非凡的能力，并展现出被描述为通用人工智能早期迹象的涌现特性（Bubeck et al., 2023）。

对于初学者来说，Transformer 架构可能看起来很复杂，甚至让人望而却步，因为它涉及多个不同组件的协同工作，其中各种设计构思可能看起来很随意。因此，本章将逐步全面地介绍 Transformer 背后的所有关键思想，并提供清晰的直观认识以引出各种元素的设计。在介绍完 Transformer 架构后，我们将重点介绍自然语言处理，并在最后探讨其他应用领域。

12.1 注意力

作为 Transformer 的核心概念，注意力最初是作为机器翻译领域递归神经网络（参见 12.2.5 小节）的增强版而开发的（Bahdanau, Cho, and Bengio, 2014）。不过，Vaswani et al.（2017）后来证明，如果去除递归结构，转而只专注于注意力机制，就能显著提高性能。如今，在几乎所有应用中，基于注意力的 Transformer 已完全取代递归神经网络。

虽然注意力具有非常广泛的适用性，但我们仍将以自然语言为例引出注意力的应用。请看如下两个句子。

I swam across the river to get to the other bank.
I walked across the road to get cash from the bank.

“bank”一词在这两个句子中具有不同的含义。不过，这只能通过查看句子中其他词提供的上下文才能发现。我们还看到，在决定“bank”如何翻译时，有些词发挥着尤为重要的作用。在第 1 个句子中，“swam”和“river”两个词最能说明“bank”指的是河边；而在第 2 个句子中，“cash”一词最能说明“bank”指的是金融机构。我们发现，为了对“bank”进行适当的翻译，处理这样一个句子的神经网络应该关注（换句话说，更依赖于）句子中其余部分的特定词。注意力的概念如图 12.1 所示。

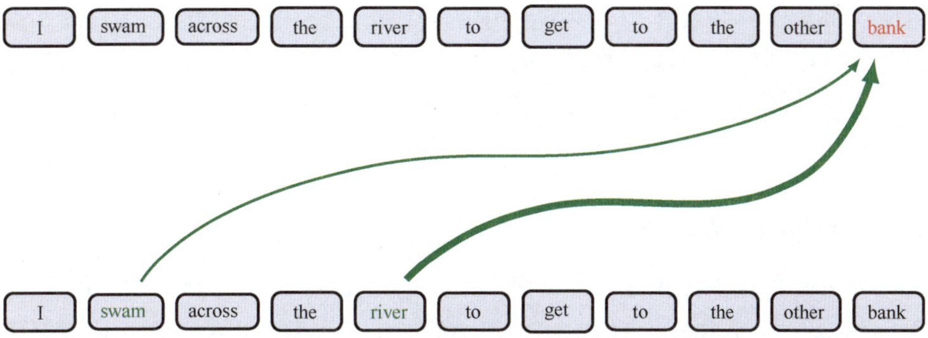

图 12.1 “bank”一词的解释受“river”和“swam”影响的注意力示意图，每条线的粗细表示受影响的程度

此外，我们还发现，哪些位置应获得更多注意力取决于输入序列本身：在第 1 个句子中，重要的是第 2 和第 5 个词；而在第 2 个句子中，重要的是第 8 个词。在标准神经网络中，不同的输入对输出产生的不同程度的影响，由输入值乘以相应的权重系数来决定。然而，一旦神经网络经过训练，这些权重及相关输入就会固定下来。相比之下，注意力使用的加权因子的值取决于具体的输入数据。在自然语言上经过训练的一个 Transformer 网络的注意力权重示例见图 12.2。

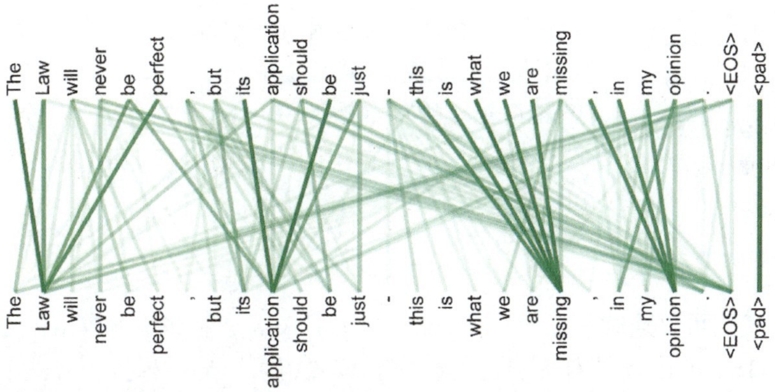

图 12.2 习得的注意力权重示例［经 Vaswani 等人授权使用］

在讨论自然语言处理时，我们将了解如何使用词嵌入（word embedding）将词映射到嵌入空间中的向量。这些向量可用作后续神经网络处理的输入。这些词嵌入可以捕捉到基本的语义属性，例如，将具有相似含义的词映射到嵌入空间中的邻近位置。这种嵌入的一个特点是，给定的词总是被映射到同一个嵌入向量。

Transformer 可以视为一种更丰富的嵌入形式，其中一个给定向量被映射到一个依赖序列中其他向量的位置。因此，上述示例中代表“bank”的向量可以映射到两个不同句子的新嵌入空间中的不同位置。例如，在第 1 个句子中，变换后的表示可能会使“bank”在嵌入空间中靠近“water”；而在第 2 个句子中，变换后的表示可能会将“bank”放在靠近“money”的位置。

下面我们以蛋白质建模为例来说明注意力的重要性。我们可以把蛋白质看作由分子单元（称为氨基酸）组成的一维序列。一个蛋白质可能由数百或数千个这样的分子单元组成，每个分子单元由 22 种可能性中的一种给定。在活细胞中，蛋白质折叠成三维结构，一维序列中互相远离的氨基酸可以在三维空间中变得接近，从而产生相互作用。Transformer 模型允许这些互相远离的氨基酸相互“关注”，从而大大提高了三维结构建模的准确性（Vig et al., 2020）。

12.1.1 Transformer处理

Transformer 的输入数据是一组 D 维向量 $\{\boldsymbol{x}_n\}$，其中 $n=1,\cdots,N$。我们将这些数据向量称为 token，一个 token 可能对应句子中的一个词、图像中的一个小块或者蛋白质中的一个氨基酸。token 中的元素 x_{ni} 称为特征。稍后我们将了解如何为自然语言数据和图像构建这些 token 向量。Transformer 的一个强大特性是，我们无须设计新的神经网络架构来处理不同类型的数据，而只需要将数据变量组合成一组联合 token 即可。

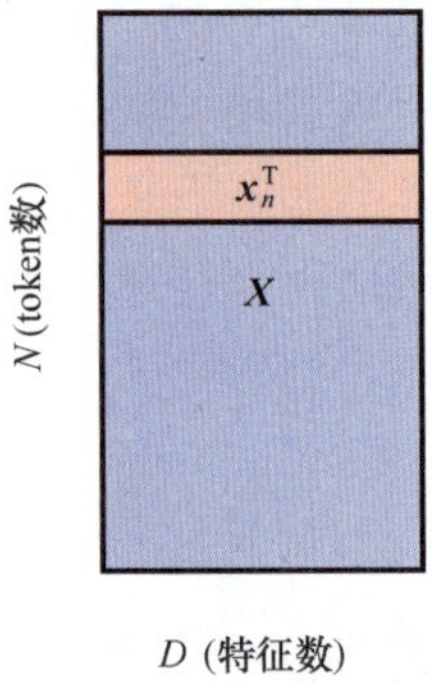

图 12.3 $N\times D$ 维的数据矩阵 $\boldsymbol{X}$ 的结构，其中第 n 行代表转置后的数据向量 $\boldsymbol{x}_n^{\mathrm{T}}$

在清楚地了解 Transformer 的工作原理之前，我们必须准确地使用符号。我们将按照标准惯例，将数据向量组合成一个 $N\times D$ 维的矩阵 $\boldsymbol{X}$，其中第 n 行是 token 向量 $\boldsymbol{x}_n^{\mathrm{T}}$，$n=1,\cdots,N$，如图 12.3 所示。请注意，该矩阵代表一组输入 token，而在大多数应用中，我们需要一个包含多组 token 的数据集，例如每个词都是由一个 token 表示的独立文本段落。Transformer 的基本构件是一个函数，用于将数据矩阵作为输入并创建一个具有相同维度的变换矩阵 $\tilde{\boldsymbol{X}}$ 作为输出。我们可以写下该函数，形式如下。

$$\tilde{\boldsymbol{X}} = \mathrm{TransformerLayer}[\boldsymbol{X}] \tag{12.1}$$

然后，我们可以连续叠加多个 Transformer 层来构建能够学习丰富内部表示的深度网络。每个 Transformer 层都有自己的权重和偏置，可以通过梯度下降法使用适当的损失函数进行学习，这将在本章后续部分（参见 12.3 节）详细讨论。

Transformer 层本身包含两个阶段。在实现注意力机制的第一阶段，将数据矩阵各列中不同 token 向量的相应特征混合在一起；第二阶段则独立作用于每一行，并对每个 token 向量中的特征进行变换。下面让我们先来看看注意力机制。

12.1.2 注意力系数

假设嵌入空间中有一组输入 token $\boldsymbol{x}_1,\cdots,\boldsymbol{x}_N$，我们希望将它们映射到另一组具有相同数量 token 但位于一个新嵌入空间的 $\boldsymbol{y}_1,\cdots,\boldsymbol{y}_N$，这一新的嵌入空间能捕捉到更丰富的语义结构。考虑一个特定的输出向量 $\boldsymbol{y}_n$。$\boldsymbol{y}_n$ 的值不仅取决于相应的输入向量 $\boldsymbol{x}_n$，还取决于集合中所有其他的输入向量。凭借注意力，对于那些在确定 $\boldsymbol{y}_n$ 的修正表示中发挥特别重要作用的输入向量 $\boldsymbol{x}_m$ 来说，这种依赖性应该更强。实现这一目标的简单方法是将每个输出向量 $\boldsymbol{y}_n$ 定义为输入向量 $\boldsymbol{x}_1,\cdots,\boldsymbol{x}_N$ 与加权系数 a_{nm} 的线性组合：

$$\boldsymbol{y}_n = \sum_{m=1}^{N} a_{nm}\boldsymbol{x}_m \tag{12.2}$$

其中，a_{nm} 称为注意力权重（attention weight），又称注意力系数或权重系数。对于对输出 $\boldsymbol{y}_n$ 影响较小的输入 token，注意力系数应接近于零；而对于对输出 $\boldsymbol{y}_n$ 影响最大的输入 token，注意力系数应最大。因此，我们限制注意力系数为非负值，以避免出现一个注意力系数变大为正值，而另一个注意力系数补偿变小为负值的情况。我们还希望确保如果一个输出对某一特定输入给予更多注意力，则应该以减少对其他输入的注意力为代价，因此我们限制注意力系数的总和为 1。加权系数必须满足以下两个约束条件：

$$a_{nm} \geqslant 0 \tag{12.3}$$

$$\sum_{m=1}^{N} a_{nm} = 1 \tag{12.4}$$

这意味着每个注意力系数都在 $0 \leqslant a_{nm} \leqslant 1$ 的范围内，因此这些注意力系数定义了一个“单位分解”（见习题 12.1）。在 $a_{mm} = 1$ 且当 $n \neq m$ 时 $a_{nm} = 0$ 的特殊情况下，由于 $\boldsymbol{y}_m = \boldsymbol{x}_m$，输入向量在变换后保持不变。一般来说，输出向量 $\boldsymbol{y}_m$ 是输入向量的混合体，其中一些输入向量的权重系数高于其他输入向量。

请注意，我们为每个输出向量 $\boldsymbol{y}_n$ 设置了一组不同的系数，而约束条件［式（12.3）和式（12.4）］分别适用于每个 n 值。这些系数取决于输入数据，后续我们将展示如何计算它们。

12.1.3 自注意力

接下来的问题是如何确定权重系数 a_{nm}。在展开详细讨论之前，我们不妨先了解一下信息检索领域的一些术语。以通过线上电影流媒体服务选择观看哪部电影为例。一种方法是将每部电影与一系列属性关联起来，这些属性描述了电影的类型（喜剧、动作片等）、主演姓名、片长等。用户可以通过目录搜索找到自己喜欢看的电影。我们可以将每部电影的属性编码成一个称为键（key）的向量，从而将该过程自动化。相应的电影文件本身叫作值（value）。同样，用户也可以为所需属性提供自己的个人值向量，我们称之为查询（query）。然后，线上电影流媒体服务可以将查询向量与所有键向量作比较，从而找出最佳匹配，并以值文件的形式将相应的电影发送给用户。用户所“关注”的特定电影，其键向量最匹配于用户的查询向量。这可以视为硬注意力（hard attention）的一种形式，其会返回一个单一值向量。对于 Transformer，我们可以将其泛化到软注意力（soft attention）中，即使用连续变量来度量查询和键之间的匹配程度，然后使用这些变量来权衡值向量对输出的影响。这也将确保 Transformer 函数是可微分的，从而可以通过梯度下降法进行训练。

参照信息检索的方法，我们可以将每个输入 $\boldsymbol{x}_n$ 视为一个值向量，用来创建输出 token。我们还可以直接使用 $\boldsymbol{x}_n$ 作为输入 token n 的键向量。这就好比用电影本身来概括电影的特点。最后，我们可以使用 $\boldsymbol{x}_m$ 作为输出 $\boldsymbol{y}_m$ 的查询向量，然后将其与每个键向量作比较。要想知道 $\boldsymbol{x}_n$ 代表的 token 与 $\boldsymbol{x}_m$ 代表的 token 有多大的相似度，我们需要计算出这些向量的相似度。度量向量相似度的一种简单方法是求它们的点积 $\boldsymbol{x}_n^{\mathrm{T}}\boldsymbol{x}_m$。为了施加约束条件［式（12.3）和式（12.4）］，使用 softmax 函数变换点积（参见 5.3 节）以定义权重系数 a_{nm}：

$$a_{nm}=\frac{\exp\left(\boldsymbol{x}_n^{\mathrm{T}}\boldsymbol{x}_m\right)}{\sum_{m'=1}^{N}\exp\left(\boldsymbol{x}_n^{\mathrm{T}}\boldsymbol{x}_{m'}\right)} \tag{12.5}$$

请注意，在这种情况下，softmax 函数不存在概率解释，它只是用来对注意力权重进行适当的归一化。

因此，总的来说，每个输入向量 $\boldsymbol{x}_n$ 都是通过形式为式（12.2）的输入向量线性组合而转换为相应的输出向量 $\boldsymbol{y}_n$ 的，其中应用于输入向量 $\boldsymbol{x}_m$ 的权重系数 a_{nm} 由 softmax 函数给出［式（12.5）］，该 softmax 函数是根据输入 n 的查询向量 $\boldsymbol{x}_n$ 与输入 m 相关的键向量 $\boldsymbol{x}_m$ 之间的点积 $\boldsymbol{x}_n^{\mathrm{T}}\boldsymbol{x}_m$ 进行定义的。请注意，如果所有输入向量都是正交的，那么每个输出向量都等于相应的输入向量，从而在 $m=1,\cdots,N$ 的情况下，$\boldsymbol{y}_m=\boldsymbol{x}_m$（见习题 12.3）。

我们可以使用数据矩阵 $\boldsymbol{X}$ 和类似的 $N\times D$ 输出矩阵 $\boldsymbol{Y}$（其行由 $\boldsymbol{y}_m$ 给出）将式（12.2）用矩阵符号写出：

$$\boldsymbol{Y}=\mathrm{Softmax}\left[\boldsymbol{X}\boldsymbol{X}^{\mathrm{T}}\right]\boldsymbol{X} \tag{12.6}$$

其中，$\mathrm{Softmax}[\boldsymbol{L}]$ 是一个算子，作用是取矩阵 $\boldsymbol{L}$ 中每个元素的指数，然后将每一行独立归一化，使它们的和为 1。自此，为了清晰易懂，我们将讨论的重点放在矩阵符号上。

这个过程叫作自注意力（self-attention），因为我们使用相同的序列来确定查询、键和值。在后续内容中，我们还会遇到这种注意力的变体。此外，由于查询向量和键向量之间的相似度度量是由点积给出的，因此这个过程又叫作点积自注意力（dot-product self-attention）。

12.1.4 网络参数

目前，由于没有可调整的参数，从输入向量 $\boldsymbol{x}_n$ 到输出向量 $\boldsymbol{y}_n$ 的变换是固定的，且不具备从数据中学习的能力。此外，token 向量 $\boldsymbol{x}_n$ 的每个特征值在确定注意力系数时发挥相同的作用，而我们希望网络在确定 token 相似度时能够灵活地将注意力更多地集中在某些特征上。通过定义由原始向量（形式如下）的线性变换给出的修正特征向量，我们可以解决这两个问题。

$$\tilde{\boldsymbol{X}} = \boldsymbol{X}\boldsymbol{U} \tag{12.7}$$

其中 $\boldsymbol{U}$ 是可学习权重参数的 $D \times D$ 矩阵，类似于标准神经网络中的“层”，从而得到一个修正后的变换，其形式为

$$\boldsymbol{Y} = \mathrm{Softmax}\left[\boldsymbol{X}\boldsymbol{U}\boldsymbol{U}^{\mathrm{T}}\boldsymbol{X}^{\mathrm{T}}\right]\boldsymbol{X}\boldsymbol{U} \tag{12.8}$$

虽然这种方法更灵活，但它有一个特性，即如下矩阵是对称的。

$$\boldsymbol{X}\boldsymbol{U}\boldsymbol{U}^{\mathrm{T}}\boldsymbol{X}^{\mathrm{T}} \tag{12.9}$$

而我们希望注意力机制支持明显的不对称。例如，我们可能会认为“斧头”与“工具”的关联性很强，因为每一把斧头都是一个工具；而“工具”与“斧头”的关联性很弱，因为除了斧头，还有许多其他种类的工具。虽然 softmax 函数意味着得到的注意力权重矩阵本身并不对称，但我们可以通过允许查询和键具有独立参数来创建一个更加灵活的模型。此外，式（12.8）使用相同的参数矩阵 $\boldsymbol{U}$ 来定义值向量和注意力系数，这似乎又是一个不受欢迎的限制。

通过定义单独的查询矩阵、键矩阵和值矩阵，并让每个矩阵都有自己独立的线性变换，我们可以克服这些限制：

$$\boldsymbol{Q} = \boldsymbol{X}\boldsymbol{W}^{(q)} \tag{12.10}$$

$$\boldsymbol{K} = \boldsymbol{X}\boldsymbol{W}^{(k)} \tag{12.11}$$

$$\boldsymbol{V} = \boldsymbol{X}\boldsymbol{W}^{(v)} \tag{12.12}$$

其中，权重矩阵 $\boldsymbol{W}^{(q)}$、$\boldsymbol{W}^{(k)}$ 和 $\boldsymbol{W}^{(v)}$ 表示在训练最终的 Transformer 架构时将学习到的参数。矩阵 $\boldsymbol{W}^{(k)}$ 的维度为 $D \times D_k$，其中 D_k 是键向量的长度。矩阵 $\boldsymbol{W}^{(q)}$ 的维度 $D \times D_q$ 必须与矩阵 $\boldsymbol{W}^{(k)}$ 的维度相同，因为只有这样才能在查询向量和键向量之间形成点积。为此，可以设置 $D_k = D$。同样，$\boldsymbol{W}^{(v)}$ 是一个维度为 $D \times D_v$ 的矩阵，其中 D_v 是输出向量的长度。如果设置 $D_v = D$，使输出表示和输入表示具有相同的维度，则有助于加入残差连接，我们稍后将对此进行讨论。此外，如果每个层的维度相同，则多个 Transformer 层可以叠加在一起（参见 12.1.7 小节）。通过对式（12.6）进行泛化，我们可以得到

$$\boldsymbol{Y} = \mathrm{Softmax}\left[\boldsymbol{Q}\boldsymbol{K}^{\mathrm{T}}\right]\boldsymbol{V} \tag{12.13}$$

其中矩阵 $\boldsymbol{Q}\boldsymbol{K}^{\mathrm{T}}$ 的维度为 $N \times N$，且矩阵 $\boldsymbol{Y}$ 的维度为 $N \times D_v$。矩阵 $\boldsymbol{Q}\boldsymbol{K}^{\mathrm{T}}$ 的计算如图 12.4 所示，而矩阵 $\boldsymbol{Y}$ 的计算如图 12.5 所示。

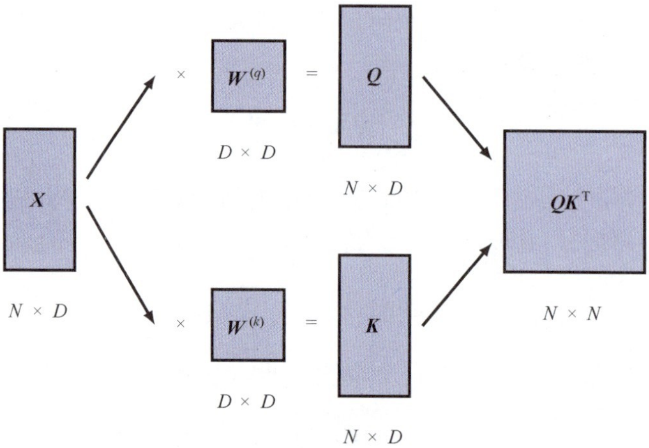

图 12.4 决定 Transformer 中注意力系数的矩阵 $\boldsymbol{QK}^{\mathrm{T}}$ 的计算示意图。分别通过式（12.10）和式（12.11）对输入 $\boldsymbol{X}$ 进行变换，得到查询矩阵 $\boldsymbol{Q}$ 和键矩阵 $\boldsymbol{K}$，然后将它们相乘

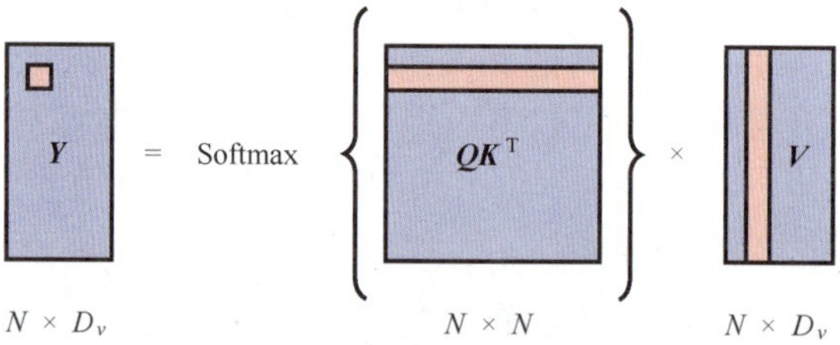

图 12.5 在给定查询矩阵 $\boldsymbol{Q}$、键矩阵 $\boldsymbol{K}$ 和值矩阵 $\boldsymbol{V}$ 的情况下计算注意力层输出的示意图。输出矩阵 $\boldsymbol{Y}$ 中突出显示位置的条目分别由 Softmax［$\boldsymbol{QK}^{\mathrm{T}}$］和 $\boldsymbol{V}$ 矩阵中突出显示位置的行和列的点积得出

实际上，我们还可以在这些线性变换中加入偏置参数。不过，偏置参数也可以包含在权重矩阵中，就像我们对标准神经网络所做的那样（参见 6.2.1 小节），方法是在数据矩阵 $\boldsymbol{X}$ 中增加一列 1，然后在权重矩阵中增加额外一行参数来表示偏置。自此，我们将把偏置参数视为隐参数，以免混淆符号。

与传统的神经网络相比，信号路径的激活值之间存在乘法关系。标准的神经网络会将激活值乘以固定权重，而这里的激活值则被乘以依赖数据的注意力系数。这意味着如果选择特定的输入向量，其中一个注意力系数接近于零，那么产生的信号路径将忽略相应的输入信号，因此不会对网络输出产生任何影响。相比之下，如果一个标准的神经网络学会了忽略某个特定的输入或隐藏单元变量，那么该神经网络就会对所有的输入向量都这样做。

12.1.5 缩放自注意力

我们还可以对自注意力层进行最后一次改进。回想一下，当输入量较大时，softmax 函数的梯度会呈指数减小，就像 tanh 函数或逻辑斯谛 sigmoid 函数一样。为了避免出现这种情况，我们可以在应用 softmax 函数之前重新缩放查询向量和键向量的乘积。为了得到合适的缩放结果，请注意，如果查询向量和键向量的元素都是均值为 0 且方差为单位方差的独立随机数，则点积的方差就是 D_k（见习题 12.4）。因此，我们

使用 D_k 的平方根所给出的标准差对 Softmax 的参数进行归一化处理，从而注意力层的输出形式为

$$Y = \text{Attention}(Q, K, V) \equiv \text{Softmax}\left[\frac{QK^{\mathrm{T}}}{\sqrt{D_k}}\right]V \quad (12.14)$$

这就是所谓的缩放点积自注意力（scaled dot-product self-attention），也是自注意力神经网络层的最终形式。这一层的结构如图 12.6 所示，算法过程见算法 12.1。

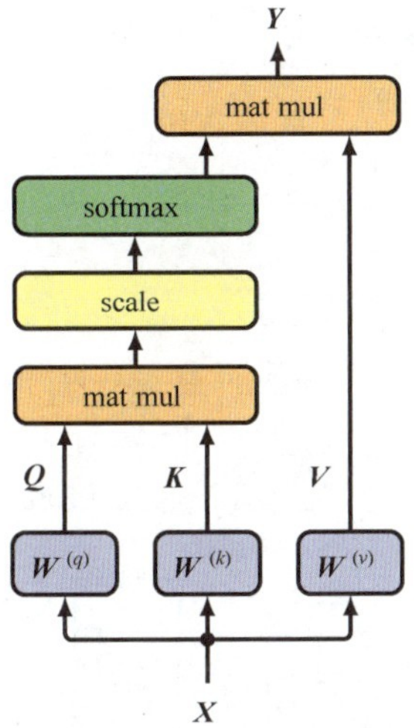

图 12.6　缩放点积自注意力神经网络层中的信息流。此处“mat mul”表示矩阵乘法，而“scale”指的是使用 $\sqrt{D_k}$ 对 Softmax 的参数进行归一化处理。该结构构成了一个单一注意力“头”

算法12.1：缩放点积自注意力

Input: Set of tokens $\boldsymbol{X} \in \mathbb{R}^{N\times D}$: $\{\boldsymbol{x}_1, \cdots, \boldsymbol{x}_N\}$
Weight matrices $\{\boldsymbol{W}^{(q)}, \boldsymbol{W}^{(k)}\} \in \mathbb{R}^{D\times D_k}$ and $\boldsymbol{W}^{(v)} \in \mathbb{R}^{D\times D_v}$
Output: Attention$(\boldsymbol{Q}, \boldsymbol{K}, \boldsymbol{V}) \in \mathbb{R}^{N\times D}$: $\{\boldsymbol{y}_1, \cdots, \boldsymbol{y}_N\}$

$\boldsymbol{Q} = \boldsymbol{X}\boldsymbol{W}^{(q)}$ // 计算查询矩阵 $\boldsymbol{Q} \in \mathbb{R}^{N\times D_k}$
$\boldsymbol{K} = \boldsymbol{X}\boldsymbol{W}^{(k)}$ // 计算键矩阵 $\boldsymbol{K} \in \mathbb{R}^{N\times D_k}$
$\boldsymbol{V} = \boldsymbol{X}\boldsymbol{W}^{(v)}$ // 计算值矩阵 $\boldsymbol{V} \in \mathbb{R}^{N\times D}$
return Attention$(\boldsymbol{Q}, \boldsymbol{K}, \boldsymbol{V}) = \text{Softmax}\left[\frac{\boldsymbol{Q}\boldsymbol{K}^{\mathrm{T}}}{\sqrt{D_k}}\right]\boldsymbol{V}$

12.1.6　多头注意力

注意力层允许输出向量关注输入向量的依赖数据模式，称作注意力头（attention head）。然而，可能同时存在多种相关的注意力模式。例如，在自然语言中，有些注意力模式可能与时态有关，而另一些注意力模式则可能与词汇有关。使用单一注意力头会导致这些效应的平均化。对此，我们可以并行使用多个注意力头。这些注意力头由结构相同的单个注意力头的副本组成，具有独立的可学习参数，用于控制查询矩阵、

键矩阵和值矩阵的计算。这类似于在卷积网络的每一层中使用多个不同的过滤器。

假设我们有 H 个注意力头，以 $h=1,\cdots,H$ 进行编号，形式为

$$\boldsymbol{H}_h = \text{Attention}\left(\boldsymbol{Q}_h, \boldsymbol{K}_h, \boldsymbol{V}_h\right) \tag{12.15}$$

其中 Attention(·,·,·) 由式（12.14）给出，使用如下方法为每个注意力头定义单独的查询矩阵、键矩阵和值矩阵：

$$\boldsymbol{Q}_h = \boldsymbol{X}\boldsymbol{W}_h^{(q)} \tag{12.16}$$

$$\boldsymbol{K}_h = \boldsymbol{X}\boldsymbol{W}_h^{(k)} \tag{12.17}$$

$$\boldsymbol{V}_h = \boldsymbol{X}\boldsymbol{W}_h^{(v)} \tag{12.18}$$

首先将各个注意力头合并成一个单一矩阵，然后使用矩阵 $\boldsymbol{W}^{(o)}$ 对结果进行线性变换，从而得到一个合并输出，形式为

$$\boldsymbol{Y}(\boldsymbol{X}) = \text{Concat}\left[\boldsymbol{H}_1, \cdots, \boldsymbol{H}_H\right]\boldsymbol{W}^{(o)} \tag{12.19}$$

多头注意力网络的结构如图 12.7 所示，算法过程见算法 12.2。

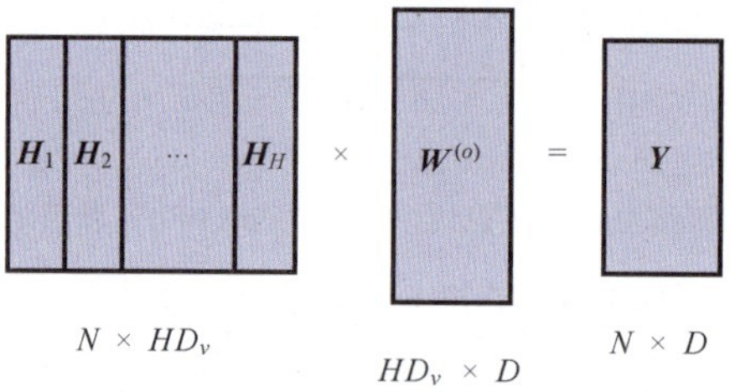

图 12.7　多头注意力网络的结构。每个注意力头都包含图 12.6 所示的结构，并有自己的键、查询和值参数。将各个注意力头的输出合并起来，然后线性投射回输入数据维度

算法12.2： 多头注意力

Input: Set of tokens $\boldsymbol{X} \in \mathbb{R}^{N\times D} : \{\boldsymbol{x}_1, \cdots, \boldsymbol{x}_N\}$
　Query weight matrices $\{\boldsymbol{W}_1^{(q)}, \cdots, \boldsymbol{W}_H^{(q)}\} \in \mathbb{R}^{D\times D}$
　Key weight matrices $\{\boldsymbol{W}_1^{(k)}, \cdots, \boldsymbol{W}_H^{(k)}\} \in \mathbb{R}^{D\times D}$
　Value weight matrices $\{\boldsymbol{W}_1^{(v)}, \cdots, \boldsymbol{W}_H^{(v)}\} \in \mathbb{R}^{D\times D_v}$
　Output weight matrix $\boldsymbol{W}^{(o)} \in \mathbb{R}^{HD_v\times D}$
Output: $\boldsymbol{Y} \in \mathbb{R}^{N\times D} : \{\boldsymbol{y}_1, \cdots, \boldsymbol{y}_N\}$

// 为每个注意力头计算自注意力（参见算法12.1）
for $h = 1, \cdots, H$ **do**
　$\boldsymbol{Q}_h = \boldsymbol{X}\boldsymbol{W}_h^{(q)}$,　$\boldsymbol{K}_h = \boldsymbol{X}\boldsymbol{W}_h^{(k)}$,　$\boldsymbol{V}_h = \boldsymbol{X}\boldsymbol{W}_h^{(v)}$
　$\boldsymbol{H}_h = \text{Attention}\left(\boldsymbol{Q}_h, \boldsymbol{K}_h, \boldsymbol{V}_h\right)$ // $\boldsymbol{H}_h \in \mathbb{R}^{N\times D_v}$
end for
$\boldsymbol{H} = \text{Concat}\left[\boldsymbol{H}_1, \cdots, \boldsymbol{H}_N\right]$ // 合并注意力头
return $\boldsymbol{Y}(\boldsymbol{X}) = \boldsymbol{H}\boldsymbol{W}^{(o)}$

每个矩阵 $\boldsymbol{H}_h$ 的维度为 $N \times D_v$，因此合并矩阵的维度为 $N \times HD_v$。在使用维度为 $HD_v \times D$ 的线性矩阵 $\boldsymbol{W}^{(o)}$ 进行变换后，最终得到维度为 $N \times D$ 的输出矩阵 $\boldsymbol{Y}$，它与原始输入矩阵 $\boldsymbol{X}$ 的维度相同。矩阵 $\boldsymbol{W}^{(o)}$ 的元素是在训练阶段与查询矩阵、键矩阵和值矩阵一起学习的。通常情况下，D_v 选择为与 D/H 相等，从而使得到的合并矩阵的维度为 $N \times D$。图 12.8 展示了多头注意力层的信息流。

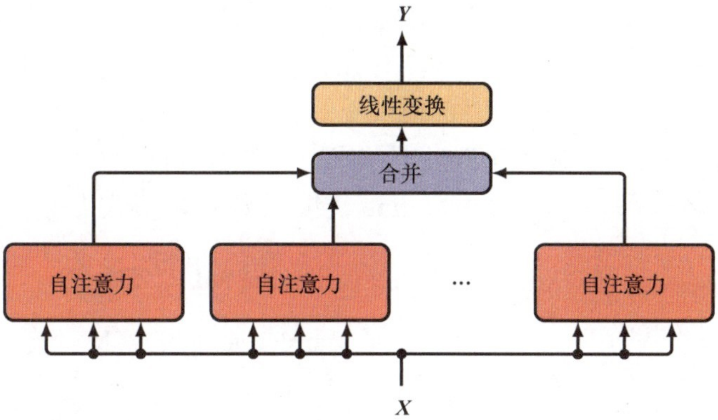

图 12.8 多头注意力层的信息流

请注意，前文给出的多头注意力表述与研究文献中使用的表述相同，我们在每个注意力头的 $\boldsymbol{W}^{(v)}$ 矩阵与输出矩阵 $\boldsymbol{W}^{(o)}$ 的连续乘法中包含了一些冗余。在消除这些冗余后，多头自注意力层就可以写成每个注意力头的贡献之和（见习题 12.5）。

12.1.7 Transformer层

多头自注意力构成了 Transformer 网络的核心架构元素。我们知道，神经网络从深度结构中获益匪浅，因此我们希望将多个自注意力层堆叠在一起。为了提高训练效率，我们可以引入绕过多头结构的残差连接（参见 9.5 节）。为此，我们要求输出维度与输入维度相同（参见 7.4.3 小节）。然后进行层归一化（layer normalization）（Ba, Kiros, and Hinton, 2016），从而提高训练效率。由此产生的变换可以写成

$$\boldsymbol{Z} = \text{LayerNorm}[\boldsymbol{Y}(\boldsymbol{X}) + \boldsymbol{X}] \tag{12.20}$$

其中 $\boldsymbol{Y}$ 由式（12.19）定义。有时，层归一化会被预归一化取代，即层归一化在多头注意力之前而不是之后进行，因为这可以带来更有效的优化。在这种情况下，我们得出

$$\boldsymbol{Z} = \boldsymbol{Y}(\boldsymbol{X}') + \boldsymbol{X}, \text{ 其中 } \boldsymbol{X}' = \text{LayerNorm}[\boldsymbol{X}] \tag{12.21}$$

在所有情况下，$\boldsymbol{Z}$ 的维度都与输入矩阵 $\boldsymbol{X}$ 的维度相同。

我们已经看到，注意力机制创建了值向量的线性组合，然后用以产生输出向量。此外，这些值向量是输入向量的线性函数，因此我们可以看到，注意力层的输出受限

于输入的线性组合。非线性通过注意力权重引入，因此输出将通过 softmax 函数非线性地依赖于输入，但输出向量仍然受限于输入向量所跨的子空间，这限制了注意力层的表达能力。我们可以使用一个标准的非线性神经网络（有 D 个输入和 D 个输出）对每一层的输出进行后处理，用 MLP[·] 表示"多层感知机"，从而提高 Transformer 的灵活性。例如，这可能包括一个具有 ReLU 隐藏单元的两层全连接网络。当我们这样做时，需要保持 Transformer 处理不同长度序列的能力。为此，我们需要对每个输出向量（与 $\mathbf{Z}$ 的行相对应）应用相同的共享网络。同样，也可以通过使用残差连接来改进该神经网络层。它还包括层归一化，从而 Transformer 层的最终输出形式为

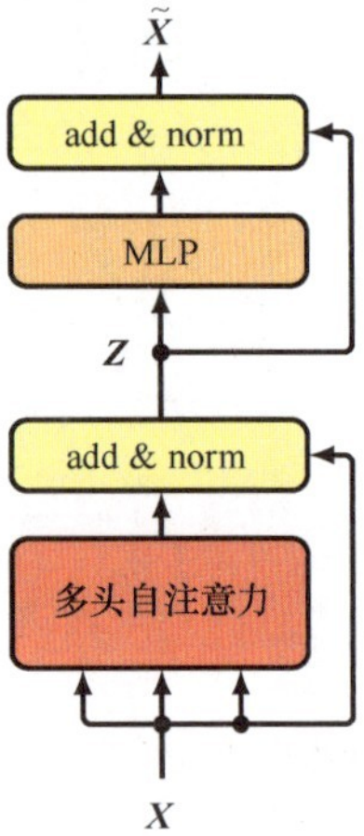

图 12.9 Transformer 层的整体架构。此处"MLP"代表多层感知机，"add & norm"则代表残差连接和随后的层归一化

$$\tilde{\mathbf{X}} = \text{LayerNorm}\left[\text{MLP}[\mathbf{Z}] + \mathbf{Z}\right] \tag{12.22}$$

这就产生了 Transformer 层的整体架构，如图 12.9 所示，算法过程见算法 12.3。同样，我们也可以使用预归一化，在这种情况下，Transformer 层的最终输出形式为

$$\tilde{\mathbf{X}} = \text{MLP}[\mathbf{Z}'] + \mathbf{Z}，\text{其中}\mathbf{Z}' = \text{LayerNorm}[\mathbf{Z}] \tag{12.23}$$

算法12.3：Transformer层

Input: Set of tokens $\mathbf{X} \in \mathbb{R}^{N\times D} : \{\mathbf{x}_1, \cdots, \mathbf{x}_N\}$
Multi-head self-attention layer parameters
Feed-forward network parameters
Output: $\widetilde{\mathbf{X}} \in \mathbb{R}^{N\times D} : \{\widetilde{\mathbf{x}}_1, \cdots, \widetilde{\mathbf{x}}_N\}$

$\mathbf{Z} = \text{LayerNorm}\left[\mathbf{Y}(\mathbf{X}) + \mathbf{X}\right]$ // $\mathbf{Y}(\mathbf{X})$ 由算法12.2给出
$\widetilde{\mathbf{X}} = \text{LayerNorm}\left[\text{MLP}[\mathbf{Z}] + \mathbf{Z}\right]$ // 共享网络
return $\widetilde{\mathbf{X}}$

在典型的 Transformer 模型中，有多个这样的层叠加在一起。虽然不同层之间不共享权重和偏置，但各层通常具有相同的结构。

12.1.8 计算复杂性

到目前为止我们所讨论的注意力层包含一个向量集（其中有 N 个向量，每个向量的长度为 D），我们将它映射到了另一个具有相同维度的向量集（其中也有 N 个向量）。因此，输入和输出的总维度均为 ND。如果我们使用标准的全连接神经网络将输入值映射到输出值，就会有 $\mathcal{O}\left(N^2D^2\right)$ 个独立参数。同样，计算通过这样一个网络进行一次前向传递的成本也是 $\mathcal{O}\left(N^2D^2\right)$。

在注意力层中，矩阵 $\boldsymbol{W}^{(q)}$、$\boldsymbol{W}^{(k)}$ 和 $\boldsymbol{W}^{(v)}$ 在输入 token 之间共享，因此独立参数的数量为 $\mathcal{O}(D^2)$，这里假设 $D_k \approx D_v \approx D$。由于有 N 个输入 token，在自注意力层中计算点积的步骤数为 $\mathcal{O}(N^2 D)$。我们可以把自注意力层看作一个稀疏矩阵，其中的参数在矩阵的特定块之间共享。随后的神经网络层（它有 D 个输入和 D 个输出）的成本为 $\mathcal{O}(D^2)$。由于它在 token 之间共享，其复杂度与 N 成线性关系，因此这一层的总成本为 $\mathcal{O}(ND^2)$。根据 N 和 D 的相对大小，Transformer 层或多层感知机层有可能支配计算成本。与全连接网络相比，Transformer 层的计算效率更高。Transformer 架构的许多变体已被提出（Lin et al., 2021; Phuong and Hutter, 2022），包括旨在提高效率的修正版（Tay et al.,2020）。

12.1.9 位置编码

在 Tansformer 架构中，矩阵 $\boldsymbol{W}_h^{(q)}$、$\boldsymbol{W}_h^{(k)}$ 和 $\boldsymbol{W}_h^{(v)}$ 由输入的所有 token 共用。同样，紧随其后的神经网络（前馈神经网络）也由输入的所有 token 共用。因此，Transformer 具有这样的特性，即对输入 token（也就是 $\boldsymbol{X}$ 的行）进行排序会导致输出矩阵 $\tilde{\boldsymbol{X}}$ 的行也被排序。换句话说，Transformer 在输入排列方面是等变化的（equivariant）。网络架构中的参数共享有利于 Transformer 的大规模并行处理，也使网络能够像学习短距离依赖关系一样有效地学习远距离依赖关系。然而，当我们考虑序列数据（如自然语言中的词）时，不依赖 token 顺序就成了一个主要的限制，因为 Transformer 学习到的表示法将与输入 token 的顺序无关。句子“The food was bad, not good at all”和“The food was good, not bad at all”包含相同的 token，但由于 token 的排序不同，这两个句子的含义也截然不同。显然，token 顺序对于包括自然语言处理在内的大多数顺序处理任务至关重要，因此我们需要找到一种方法来将有关 token 顺序的信息注入网络。

由于想要保留精心构建的注意力层的强大特性，因此我们希望在数据中对 token 顺序进行编码，而不是在网络架构中表示 token 顺序。为此，我们将构建一个与每个输入位置 n 相关的位置编码向量 $\boldsymbol{r}_n$，然后将其与相关输入 token 的嵌入向量 $\boldsymbol{x}_n$ 结合起来。一种显而易见的方法是将这些向量合并起来，但这会增加输入空间的维度，进而增加所有后续注意力空间的维度，从而显著增加计算成本。相反，我们可以简单地将位置向量加到 token 向量上，从而得出

$$\tilde{\boldsymbol{x}}_n = \boldsymbol{x}_n + \boldsymbol{r}_n \tag{12.24}$$

这就要求位置编码向量的维度与 token 嵌入向量的维度相同。

初看起来，在 token 向量上添加位置信息会破坏输入向量，使得网络的任务变得更加难以完成。不过，从两个随机选择的不相关向量在高维空间中几乎是正交的这一现象中，我们可以了解到这一方法为什么能够很好地发挥作用，这表明网络能够相对独立地处理 token 的身份信息和位置信息。另外，请注意，由于 Transformer 中的层与层之间都有残差连接，因此位置信息从一层转到下一层的过程中不会丢失。此外，Transformer 中的线性处理层能使合并表示法与加法表示法具有相似的特性。

接下来的任务是构建嵌入向量 $\boldsymbol{r}_n$。一种简单的方法是为每个位置关联一个整数。但这样做的问题是，数值的大小会无限制地增加，因此可能会严重破坏嵌入向量。此外，对于比训练时所用输入序列更长的新输入序列，它可能无法很好地泛化，因为这些输入序列涉及的编码值将超出训练时所用编码值的范围。我们也可以为序列中的每个 token 分配一个介于 0 和 1 之间的数字，从而保持表示法的有界性。然而，这种表示法对于特定位置并不是唯一的，因为它取决于整个序列的长度。

理想的位置编码应该为每个位置提供唯一的表示，其应该是有界的，能泛化为较长的序列，且应该有一致的方法来表示任意两个输入向量之间的步数，而不管它们的绝对位置如何，因为 token 的相对位置往往比绝对位置更重要。

位置编码的方法有很多（Dufter, Schmitt, and Schütze, 2021）。在此，我们介绍一种由 Vaswani et al.（2017）引入的基于正弦函数的技术。对于给定的位置 n，相关位置的编码向量具有组件 r_{ni}，其计算公式为

$$r_{ni}=\begin{cases}\sin\left(\dfrac{n}{L^{i/D}}\right), & \text{当 } i \text{ 是偶数时}\\ \cos\left(\dfrac{n}{L^{(i-1)/D}}\right), & \text{当 } i \text{ 是奇数时}\end{cases} \tag{12.25}$$

如图 12.10(a) 所示，嵌入向量 $\boldsymbol{r}_n$ 的元素由一系列波长逐渐增大的正弦和余弦函数给出。

这种编码的特点是，向量 $\boldsymbol{r}_n$ 的元素都位于 $(-1, 1)$ 范围内。这不禁让人联想到二进制数的表示方法，最低阶位高频率地交替出现，而随后的位则以逐渐降低的频率交替出现：

$$\begin{array}{rcccc}
\mathbf{1}: & 0 & 0 & 0 & 1\\
\mathbf{2}: & 0 & 0 & 1 & 0\\
\mathbf{3}: & 0 & 0 & 1 & 1\\
\mathbf{4}: & 0 & 1 & 0 & 0\\
\mathbf{5}: & 0 & 1 & 0 & 1\\
\mathbf{6}: & 0 & 1 & 1 & 0\\
\mathbf{7}: & 0 & 1 & 1 & 1\\
\mathbf{8}: & 1 & 0 & 0 & 0\\
\mathbf{9}: & 1 & 0 & 0 & 1
\end{array}$$

不过，对于式（12.25）来说，向量元素是连续变量而非二进制变量。位置编码向量的热图说明见图 12.10(b)。

式（12.25）给出的正弦表示法有一个很好的特性，即对于任何固定偏移 k，位置 $n+k$ 处的编码可以表示为位置 n 处编码的线性组合，其中系数不取决于绝对位置，而只取决于 k 值（见习题 12.10）。因此，网络应该能够学会关注相对位置。请注意，这一特性要求编码同时使用正弦和余弦函数。

另一种常用的位置表示方法是使用习得的位置编码。这是通过在每个 token 位置设置一个权重向量来实现的，该权重向量可在训练过程中与模型的其他参数共同学习，

从而避免使用人工表示法。由于 token 位置之间不共享参数，因此 token 在排列时不再是不变的，而这正是位置编码的目的。不过，这种方法并不符合前述对较长的输入序列进行泛化的标准，因为训练过程中没有出现过的位置编码未经训练。因此，当输入长度在训练和推理过程中都相对固定时，这种方法通常最适用。

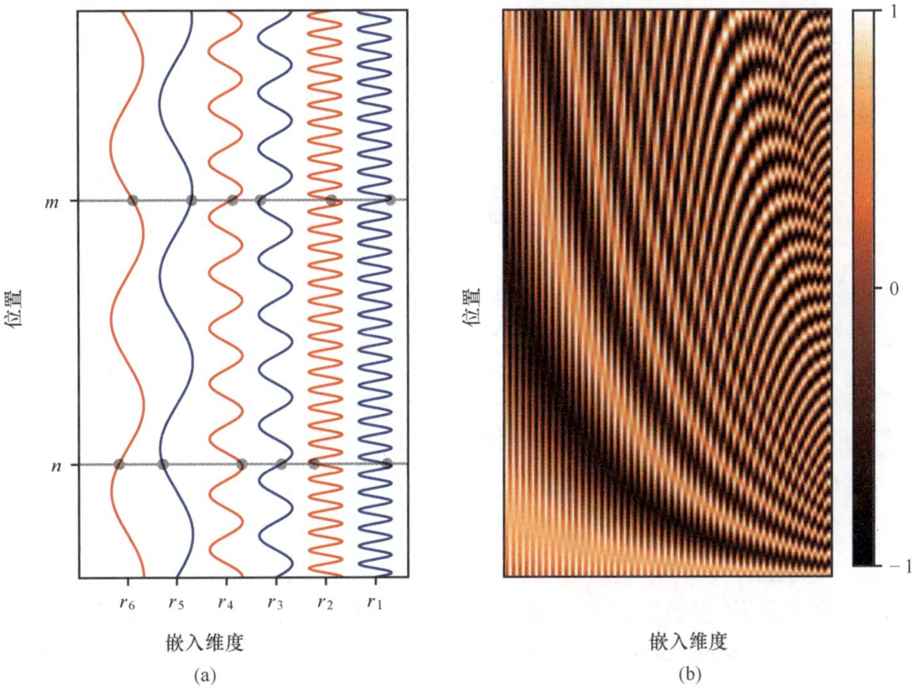

图 12.10 由式（12.25）定义并用于构建位置编码向量的函数示意图。(a) 图中横轴表示嵌入向量 r_n 的不同组件，纵轴表示序列中的位置。位置 n 和位置 m 的向量元素值均由相应的正弦和余弦曲线与水平灰线的交点表示。(b) 由式（12.25）定义且对于前 $N=200$ 个位置，$L=30$ 的位置编码向量的热图说明，其中维度为 $D=100$

12.2 自然语言

在研究了 Transformer 架构之后，我们将探讨如何用它来处理由词、句子和段落组成的语言数据。尽管 Transformer 模型最初就是针对这种模式开发的，但事实证明，Transformer 模型是一类非常通用的模型，并已成为大多数输入数据类型的最先进模型。本章稍后将探讨 Transformer 在其他领域的应用（参见 12.4 节）。

包括英语在内的许多语言都由一系列词（用空格分隔）和标点符号组成，语言数据是序列数据的典型代表。我们目前将重点关注词，稍后再讨论标点符号。

我们面临的第一个挑战是将词转换成适合用作深度神经网络输入的数字表示。一种简单的方法是定义一个固定的字典，然后引入长度与这个字典大小相等的向量以及每个词的“独热”表示，其中字典中的第 k 个词用一个向量编码，该向量在第 k 个位置为 1，在其他位置为 0。例如，如果“aardwolf”是这个字典中的第三个词，那么它

的向量表示就是 $(0,0,1,0,\cdots,0)$。

独热编码有一个明显的问题，即现实中的字典可能有几十万个条目，从而导致向量的维度非常高。此外，独热编码无法捕捉词与词之间可能存在的任何相似性或关系。这两个问题都可以通过将词映射到一个低维空间来解决，这个过程叫作词嵌入（word embedding）。在这个过程中，每个词都可以表示为一个通常只有几百个维度的空间中的密集向量。

12.2.1 词嵌入

嵌入过程可以用一个大小为 $D\times K$ 的矩阵 $\boldsymbol{E}$ 来定义，其中 D 是嵌入空间的维度，K 是字典的维度。对于每个独热编码的输入向量 $\boldsymbol{x}_n$，我们可以用下式计算出相应的嵌入向量：

$$\boldsymbol{v}_n = \boldsymbol{E}\boldsymbol{x}_n \tag{12.26}$$

由于 $\boldsymbol{x}_n$ 具有独热编码，因此向量 $\boldsymbol{v}_n$ 可以由矩阵 $\boldsymbol{E}$ 的相应列给出。

我们可以使用很多方法来从文本语料库（即大型数据集）中学习矩阵 $\boldsymbol{E}$。在此，我们将研究一种名为 word2vec 的流行技术（Mikolov et al., 2013），它可以视为一种简单的双层神经网络。构建一个训练集，其中每个样本都是通过考虑文本中 M 个相邻词的“窗口”获得的，一个典型的值可能是 $M=5$。样本被认为是独立的，误差函数则定义为每个样本的误差函数之和。这种方法有两个模型：连续词袋模型和“跳字模型”。在连续词袋（continuous bag of words）模型中，网络训练的目标变量是中间词，其余的上下文（context）词构成输入，因此网络被训练用于“填空”。而“跳字（skip-gram）模型”将输入和输出互换了，也就是将中心词作为输入，而将目标值作为上下文词。这两个模型如图 12.11 所示。

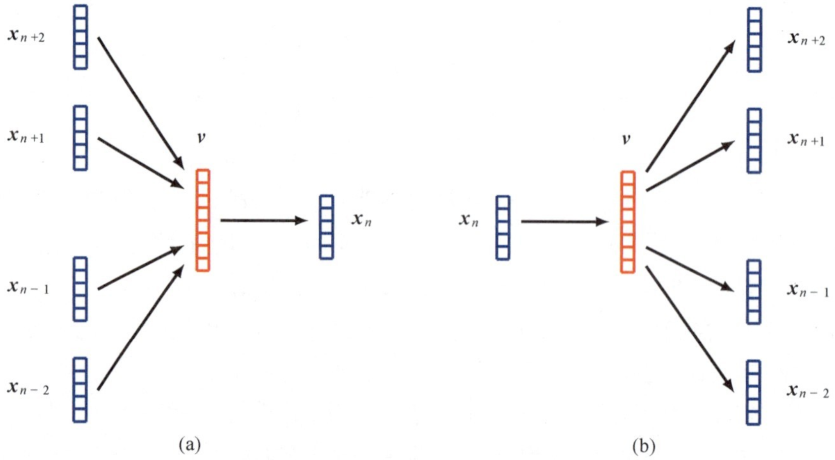

图 12.11 用于学习词嵌入的双层神经网络：(a) 连续词袋模型；(b)“跳字模型”

这种训练过程可以视为一种自监督（self-supervised）学习，因为数据仅由大规模无标签文本语料组成，可从中随机抽取许多词序列的小窗口。通过“遮掩”那些网络试图预测其值的词，便可从文本本身获取标签。

模型训练完成后，嵌入矩阵 $\boldsymbol{E}$ 在连续词袋模型中由第二层权重矩阵的转置矩阵给出，而在“跳字模型”中则由第一层权重矩阵给出。在嵌入空间中，语义相关的词会被映射到附近的位置。这在意料之中，因为与不相关的词相比，相关的词更有可能与相似的上下文词一起出现。例如，“城市”和“首都”两个词作为“巴黎”或“伦敦”等目标词的上下文词出现的频率可能较高，而作为“橙色”或“多项式”的上下文词出现的频率较低。如果将“巴黎”和“伦敦”映射到附近的嵌入向量上，网络就能更容易地预测缺失词的概率。

事实证明，习得的嵌入空间往往比相关词的邻近性具有更丰富的语义结构，这使得进行简单的向量运算成为可能。例如，“巴黎之于法国就像罗马之于意大利”这一概念可以通过对嵌入向量的运算来表达。如果我们用 $\boldsymbol{v}(\text{word})$ 来表示“词”的嵌入向量，则可以得到

$$\boldsymbol{v}(\text{Paris}) - \boldsymbol{v}(\text{France}) + \boldsymbol{v}(\text{Italy}) \approx \boldsymbol{v}(\text{Rome}) \tag{12.27}$$

词嵌入本身最初是作为自然语言处理工具开发的。如今，它们更多地用作深度神经网络的预处理步骤。在这方面，它们可以被视为深度神经网络的第一层。它们可以通过一些标准的预训练嵌入矩阵来固定，也可以作为一个自适应层来处理，作为系统整体端到端训练的一部分来学习。在后一种情况下，可以使用随机权值或标准嵌入矩阵对嵌入层进行初始化。

12.2.2 分词

使用固定字典的一个问题是，我们无法处理字典中没有的词或拼写错误的词。另外，这种方法不考虑标点符号或其他字符序列，如计算机代码。解决这些问题的另一种方法是在字符层面进行操作而不是使用词来操作，这样我们的字典就包含了大小写字母、数字、标点符号以及其他符号（如空格和制表符等）。但这种方法的缺点是，它忽略了语言中语义上重要的词结构，因此后续的神经网络必须学会从基本字符中重新组合词。此外，对于给定的文本，还需要执行更多的连续步骤，从而增加了处理序列的计算成本。

我们可以通过使用预处理步骤将一串词和标点符号转换成一串 token，从而将字符级和词级表示的优势结合起来。token 通常是小的字符组，其中可能包括完整的常用词、较长词的碎片以及可以组合成非常用词的单个字符（Schuster and Nakajima, 2012）。通过进行这种分词，系统便能处理其他类型的序列，如计算机代码，甚至处理其他模式，如图像（参见 12.4.1 小节）。这也意味着同一个词的变体可以有相关的表示。例如，“cook”“cooks”“cooked”“cooking”和“cooker”都是相关的并共享共同元素“cook”，而“cook”本身也可以表示为 token。

有许多方法可以实现分词。例如，用于数据压缩的字节对编码（byte pair encoding）技术可以通过连接字符而非字节来适应文本分词（Sennrich, Haddow, and

Birch, 2015)。首先用单个字符列表对 token 列表进行初始化。然后搜索文本中出现频率最高的相邻 token 对，并用新 token 替换这些 token。为确保词不被连接，如果第二个 token 以空格开头，则新 token 不是由两个 token 组成的。反复进行上述过程，如图 12.12 所示。

Peter Piper picked a peck of pickled peppers
Peter Piper picked a peck of pickledpeppers
Peter Piper picked a peck of pickled peppers
Peter Piper picked a peck of pickled peppers
Peter Piper picked a peck of pickled peppers
Peter Piper picked a peck of pickled peppers

图 12.12　通过类比字节对编码，说明自然语言 token 化的过程。此例中，出现频率最高的一对字符是“pe”，共出现 4 次，因此这对字符组成一个新的 token，并取代了所有出现的“pe”。请注意，“Pe”不包括在内，因为大写“P”和小写“p”是两个不同的字符。出现频率第二高的一对字符是“ck”，共出现 3 次。接着是“pi”“ed”和“per”，它们都出现了两次，以此类推

最初，token 数量等于字符数量，因而相对较少。随着 token 的形成，token 的总数也会增加，如果持续时间足够长，token 最终将与文本中的词集相对应。作为字符级和词级表示之间的折中方案，token 的总数通常是预先确定的。当达到这个数量时，算法就会停止。

在将深度学习运用到自然语言的实际操作中时，输入文本通常首先映射为 token 化的表示。不过，在本章的其余部分，我们将使用词级表示法，因为这样更容易说明和引出关键概念。

12.2.3 词袋模型

现在，我们要对自然语言中的词（或 token）等有序向量序列的联合分布 $p(\boldsymbol{x}_1,\cdots,\boldsymbol{x}_N)$ 进行建模。最简单的方法是假定词是从同一分布中独立抽取的，因此联合分布被全分解，形式为

$$p(\boldsymbol{x}_1,\cdots,\boldsymbol{x}_N)=\prod_{n=1}^{N}p(\boldsymbol{x}_n) \tag{12.28}$$

这可以表示为一个概率图模型，其中节点是孤立的，相互之间无连接。

变量之间共享分布 $p(\boldsymbol{x})$，且在不失通用性的前提下，共享分布 $p(\boldsymbol{x})$ 可以用一个简单的表格来表示，该表格列出了 $\boldsymbol{x}$ 的每种可能状态（对应于词或 token 字典）出现的概率。只需要将这些概率中的每个概率设置为该词在训练集中出现的次数，就能得到该模型的最大似然解。这就是所谓的词袋（bag-of-words）模型，因为它完全忽略了词的排序。

我们可以使用词袋法构建一个简单的文本分类器。例如，在情感分析中，可以将一段代表餐厅评论的文本分为正面评论和负面评论。朴素贝叶斯分类器假定每个类 $\mathcal{C}_k$

中的词是独立的，但每个类的词分布不同，因此

$$p(\boldsymbol{x}_1,\cdots,\boldsymbol{x}_N \mid \mathcal{C}_k)=\prod_{n=1}^{N} p(\boldsymbol{x}_n \mid \mathcal{C}_k) \tag{12.29}$$

在给定先验类概率 $p(\mathcal{C}_k)$ 的前提下，新序列的后验类概率为

$$p(\mathcal{C}_k \mid \boldsymbol{x}_1,\cdots,\boldsymbol{x}_N) \propto p(\mathcal{C}_k)\prod_{n=1}^{N} p(\boldsymbol{x}_n \mid \mathcal{C}_k) \tag{12.30}$$

类 - 条件密度 $p(\boldsymbol{x} \mid \mathcal{C}_k)$ 和先验概率 $p(\mathcal{C}_k)$ 都可以使用训练集的频率进行估计。对于一个新的序列，将表格条目相乘以得到所需要的后验概率。请注意，如果测试集中出现一个训练集中没有的词，那么相应的概率估计值将为零，因此通常会在训练后对这些估计值进行“平滑”，即在所有条目中均匀地重新分配一个较小的概率水平，以避免出现零值。

12.2.4 自回归模型

词袋模型的一个主要局限在于完全忽略了词序。为了解决这个问题，我们可以采用自回归方法。在不失通用性的前提下，我们可以将词序列的分布分解为条件分布的乘积，其形式为

$$p(\boldsymbol{x}_1,\cdots,\boldsymbol{x}_N)=\prod_{n=1}^{N} p(\boldsymbol{x}_n \mid \boldsymbol{x}_1,\cdots,\boldsymbol{x}_{n-1}) \tag{12.31}$$

这可以用一个概率图模型（参见图 11.17）来表示，其中序列里的每个节点都会从各自的前一个节点接收一个连接。我们可以用一个表格来表示式（12.31）右侧的每一项，该表格中的条目也是通过训练集的简单频率计数估算出来的。然而，这些表格的大小会随着序列长度的增加呈指数增长（见习题 12.12），因此这种方法的成本会高得令人望而却步。

我们可以假设式（12.31）右侧的每个条件分布都与之前的所有观测值无关，但最近的 L 个词除外，从而大大简化模型。例如，如果 $L=2$，那么在该模型下，一组 N 个观测值的联合分布为

$$p(\boldsymbol{x}_1,\cdots,\boldsymbol{x}_N)=p(\boldsymbol{x}_1)p(\boldsymbol{x}_2 \mid \boldsymbol{x}_1)\prod_{n=3}^{N} p(\boldsymbol{x}_n \mid \boldsymbol{x}_{n-1},\boldsymbol{x}_{n-2}) \tag{12.32}$$

在相应的图模型中，每个节点都有前两个节点的连接（参见图 11.30）。此处，我们假设所有变量共享条件分布 $p(\boldsymbol{x}_n \mid \boldsymbol{x}_{n-1})$。同样，式（12.32）右侧的每个分布都可以用表格来表示，其值是从抽取自训练语料的连续词的三连音符统计中估算出来的。

$L=1$ 的情况称为二元（bi-gram）模型，因为它取决于相邻的词对。同样，$L=2$ 的情况涉及相邻词的三连音符，叫作三元（tri-gram）模型。一般来说，这些模型都叫作 n 元（n-gram）模型。

本节到目前为止讨论的所有模型都可以生成式运行，以合成新文本。例如，如果我们提供一个序列中的第 1 和第 2 个词，那么我们就可以从三元统计 $p(\boldsymbol{x}_n \mid \boldsymbol{x}_{n-1}, \boldsymbol{x}_{n-2})$ 中抽样生成第 3 个词，然后我们可以使用第 2 和第 3 个词来抽样生成第 4 个词，以此类推。然而，由于每个词都是根据前两个词预测出来的，因此产生的文本将是不连贯的。高质量的文本模型必须考虑语言中的远距离依赖关系。另一方面，我们不能简单地增加 L 的值，因为概率表的大小会呈指数级增长，所以成本远远超过三元模型。不过，当我们考虑现代语言模型时，自回归表示法将发挥核心作用，这些模型并不基于概率表，而基于配置为 Transformer 的深度神经网络。

在避免 n 元模型参数数量呈指数增长的同时，允许存在远距离依赖关系的一种方法是使用隐马尔可夫模型（hidden Markov model），其图结构如图 11.31 所示（参见 11.3.1 小节）。可学习参数的数量由潜变量的维度决定，而给定观测值 $\boldsymbol{x}_n$ 的分布原则上取决于之前的所有观测值。但是，较远的观测值具有非常有限的影响，因为它们的影响必须通过潜态链来实现，而潜态链本身也在被较新的观测值更新。

12.2.5 递归神经网络

n 元模型等技术在序列长度上的缩放性很差，因为它们存储的是完全通用的条件分布表。通过使用基于神经网络的参数化模型，我们可以实现更好的缩放。设想我们仅仅用标准的前馈神经网络来处理自然语言中的词序列。此时便会出现一个问题，即网络有固定数量的输入和输出，而我们需要网络能够处理训练集和测试集中长度可变的序列。此外，如果序列中某个位置的一个词或一组词代表某个概念，那么处在不同位置的同一个词或同一组词很可能在新的位置代表相同的概念。这会让我们想起之前处理图像数据时遇到的等变性（参见第 10 章）。如果我们能够构建一个能在序列中共享参数的网络架构，那么我们不仅可以捕捉到等变性，还可以大大减少模型中自由参数的数量，并处理不同长度的序列。

为了解决这个问题，我们可以借鉴隐马尔可夫模型，引入一个与序列中每一步 n 相关的显式隐变量 $\boldsymbol{z}_n$。神经网络将当前词 $\boldsymbol{x}_n$ 和当前隐状态 $\boldsymbol{z}_{n-1}$ 作为输入，并产生输出词 $\boldsymbol{y}_n$ 以及隐变量的下一个状态 $\boldsymbol{z}_n$。然后，我们可以将该网络的各个副本连接起来，其中权重值在各个副本之间共享。由此产生的构架称为递归神经网络（Recurrent Neural Network，RNN），如图 12.13 所示。此处隐状态的初始值可以初始化为某个默认值，例如 $\boldsymbol{z}_0 = (0,0,\cdots,0)^{\mathrm{T}}$。

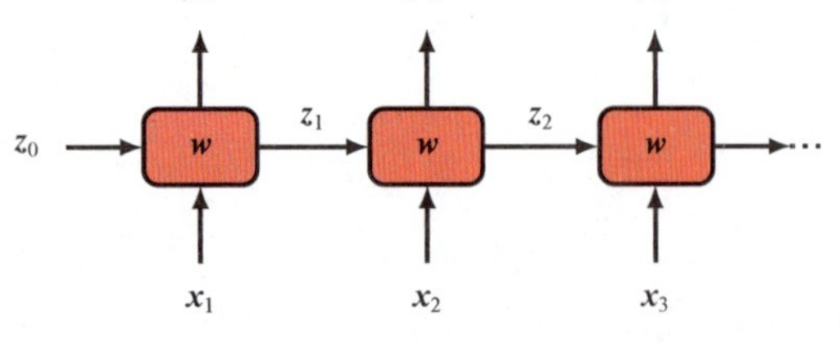

图 12.13 带有参数 w 的一般递归神经网络。它将 $x_1,\cdots,x_N$ 作为输入，并生成一个序列 $y_1,\cdots,y_N$ 作为输出。图中的每个方框对应一个具有非线性隐藏单元的多层网络

关于如何在实践中使用递归神经网络，请参考将句子从英语翻译成荷兰语的具体任务。句子的长度是可变的，且每个输出句子的长度可能与相应的输入句子的长度不同。此外，网络在开始生成输出句子之前，可能需要看到整个

输入句子。我们可以使用递归神经网络解决这个问题，方法是输入完整的英文句子，然后输入一个特殊的 token(用 <start> 表示)，以触发翻译过程的开始。在训练过程中，网络将学会如何将 <start> 与输出句子的开头联系起来。我们还可以将每个连续生成的词输入下一个时间步的输入中，如图 12.14 所示。训练网络以生成特定的 <stop> token，以表示翻译完成。网络的前几个阶段用于吸收输入序列，而相关的输出向量则忽略。网络的这一部分可以看作一个“编码器”，其中整个输入句子都压缩成了隐变量的状态 $z^\star$。其余的网络阶段则充当“解码器”，旨在逐字生成翻译好的句子作为输出。请注意，每个输出词都会作为输入词输入网络的下一阶段，因此这种方法具有类似于式（12.31）的自回归结构。

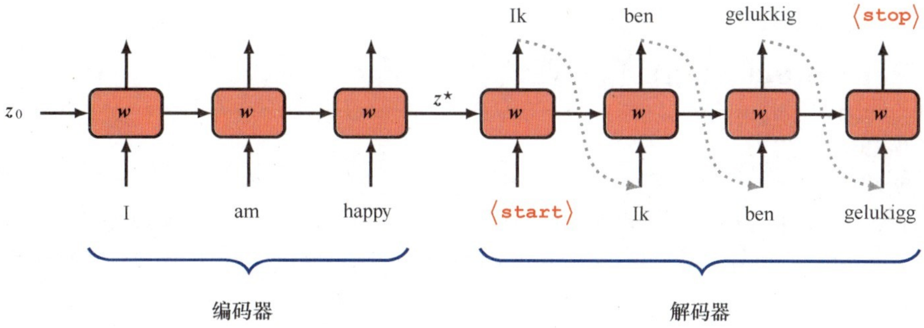

图 12.14 用于语言翻译的递归神经网络示例

12.2.6 通过时间反向传播

与普通神经网络一样，递归神经网络可根据反向传播计算出的梯度，通过随机梯度下降法进行训练，并通过自动微分法进行计算。误差函数包括所有输出单元对每个单元误差的求和，其中每个输出单元都有一个 softmax 激活函数和一个相关的交叉熵误差函数。在前向传播过程中，激活值从序列中的第一个输入节点一直传播到序列中的所有输出节点，然后误差信号沿着相同的路径反向传播。这一过程称为通过时间反向传播（backpropagation through time），其原理简单明了。然而在实践中，由于深度网络架构会出现梯度消失或梯度爆炸的问题，因此训练很长的序列可能会很困难。

标准递归神经网络的另一个问题是，其无法很好地处理远距离依赖关系。这在自然语言中尤为突出，因为这种依赖关系非常普遍。在较长的文本段落中，不妨引入一个概念，这个概念对预测文本后面出现的词起着重要作用。在图 12.14 所示的架构中，英文句子的整个概念必须在长度固定的单个隐向量 $z^\star$ 内被捕捉到，而如果序列较长，问题就会越来越严重。这就是所谓的瓶颈问题（bottleneck problem），因为任意长度的序列都必须总结为单个激活的隐向量，而网络只有在处理完整个输入序列后才能开始生成输出。

解决梯度消失和梯度爆炸问题以及有限远距离依赖关系的一种方法是修正神经

网络架构，从而允许额外的信号路径，该路径可以绕过网络每个阶段的许多处理步骤，进而允许在更多的时间步内记忆信息。长短时记忆（Long Short-Term Memory，LSTM）模型（Hochreiter and Schmidhuber, 1997）和门控循环单元（Gated Recurrent Unit，GRU）模型（Cho et al., 2014）是最广为人知的示例。虽然与标准递归神经网络相比，它们的性能有所提高，但在远距离依赖关系建模方面，它们的能力仍然有限，而且每个单元的额外复杂性意味着长短时记忆模型的训练速度相比标准递归神经网络更慢。此外，所有递归神经网络的信号路径都与序列中的步数成线性关系。最后，由于处理过程具有连续性，它们不支持在单个训练示例内进行并行计算。特别是，这意味着递归神经网络难以有效利用基于图形处理单元的现代高度并行硬件。用 Transformer 取代递归神经网络可以解决这些问题。

12.3 Transformer 语言模型

Transformer 处理层是一个高度灵活的组件，可用于构建具有广泛适用性的强大神经网络模型。本节将探讨 Transformer 在自然语言中的应用。这促进了称作大语言模型（Large Language Model，LLM）的大规模神经网络的发展，事实证明，这类模型具有非凡的能力（Zhao et al., 2023）。

Transformer 语言模型可用于多种不同的语言处理任务，并可根据输入和输出数据的形式分为 3 类。在情感分析等问题中，我们将一个词序列作为输入，并提供一个代表文本情感（如快乐或悲伤）的变量作为输出。此处，Transformer 充当序列的“编码器”。而在其他问题中，我们可能会将单个向量作为输入，并生成一个词序列作为输出。例如，假设我们希望在给定输入图像的情况下生成文本标题。在这种情况下，Transformer 作为“解码器”产生一个序列作为输出。最后，在序列到序列的处理任务中，输入和输出都由一个词序列组成。例如，假设我们想要将一种语言翻译成另一种语言。在这种情况下，Transformer 同时扮演编码器和解码器的角色。我们将使用模型架构的说明性示例依次讨论上述每一类 Transformer 语言模型。

12.3.1 解码器型Transformer

我们首先考虑解码器型 Transformer。此类 Transformer 语言模型可以用作生成式模型以创建 token 的输出序列。作为说明性示例，我们将重点讨论一种名为 GPT（Generative Pretrained Transformer，生成性预训练 Transformer）的模型（Radford et al., 2019; Brown et al., 2020; OpenAI, 2023）。我们想要利用 Transformer 架构构建一个形式如式（12.31）的自回归模型，其中条件分布 $p(\boldsymbol{x}_n \mid \boldsymbol{x}_1,\cdots,\boldsymbol{x}_{n-1})$ 是利用从数据中习得的 Transformer 神经网络来表示的。

该模型将由前 $n-1$ 个 token 组成的序列作为输入，相应的输出表示 token n 的条件分布。从这个分布中抽取一个样本，即可将序列扩展到 n 个 token，这个新序列可以通过模型反馈给 token $n+1$ 的分布，以此类推。可以重复该过程，生成一个序列，该序列的最大长度由 Transformer 输入的数量决定。我们稍后将讨论从条件分布中采样的策略（参见 12.3.2 小节），但目前我们讨论的重点是如何构建和训练网络。

GPT 模型的架构由 Transformer 层堆叠组成，这些层采用 token 的序列 $\boldsymbol{x}_1,\cdots,\boldsymbol{x}_N$ 作为输入，维度为 D，并产生 token 的序列 $\tilde{\boldsymbol{x}}_1,\cdots,\tilde{\boldsymbol{x}}_N$ 作为输出，维度同样为 D。每个输出都需要代表该时间步的 token 字典的概率分布，token 字典的维度为 K，而 token 的维度为 D。因此，我们使用维度为 $D\times K$ 的矩阵 $\boldsymbol{W}^{(p)}$ 对每个输出 token 进行线性变换，然后使用 softmax 激活函数，其形式为

$$\boldsymbol{Y}=\text{Softmax}\left(\tilde{\boldsymbol{X}}\boldsymbol{W}^{(p)}\right) \tag{12.33}$$

其中 $\boldsymbol{Y}$ 是第 n 行为 $\boldsymbol{y}_n^{\mathrm{T}}$ 的矩阵，$\tilde{\boldsymbol{X}}$ 是第 n 行为 $\tilde{\boldsymbol{x}}_n^{\mathrm{T}}$ 的矩阵。每个 softmax 输出单元都有一个相关的交叉熵误差函数（参见 5.4.4 小节）。模型架构如图 12.15 所示。

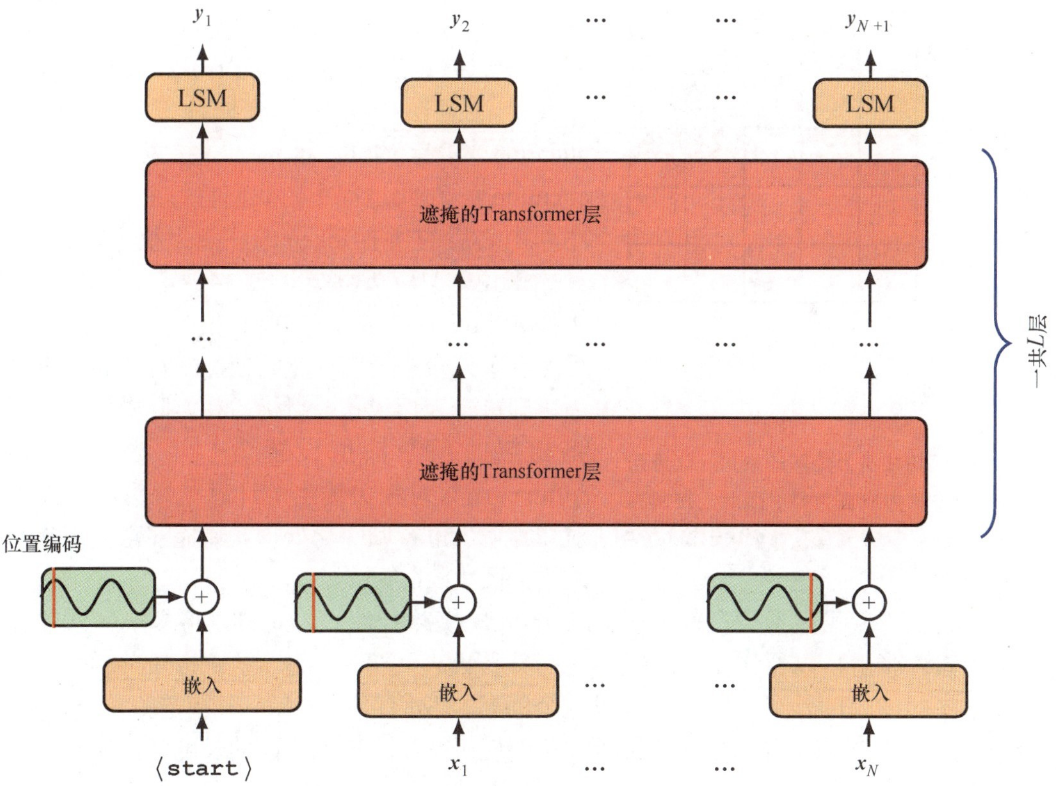

图 12.15　GPT 解码器型 Transformer 网络的架构。此处“LSM”代表 linear-softmax，记作一种线性变换，它的可学习参数在 token 位置之间是共享的，然后是一个 softmax 激活函数

该模型可以采用自监督的方法并使用大规模的无标签自然语言语料进行训练。每个训练样本由 token 的序列 $\boldsymbol{x}_1,\cdots,\boldsymbol{x}_n$ 组成，构成网络的输入。每个训练样本还包含序列中下一个 token 组成的相关目标值 $\boldsymbol{x}_{n+1}$。序列可以认为是独立同分布的，因此用于训

练的误差函数是训练集上的交叉熵误差值之和，并分成适当的小批次。我们可以使用通过模型的前向传递来独立且朴素地处理每个训练样本。不过，我们可以通过一次性处理整个序列来实现更高的效率，从而每个 token 既可以作为前一个 token 序列的目标值，也可以作为后续 token 的输入值。例如，考虑如下词序列：

I swam across the river to get to the other bank.

我们既可以使用“I swam across”作为输入序列，关联目标为“the”；也可以使用“I swam across the”作为输入序列，关联目标为“river”，以此类推。不过，为了并行处理这些数据，我们必须确保网络无法通过提前查看序列来“作弊”，否则它只会学到将下一个输入直接复制到输出。这样的话，它就无法生成新的序列，因为根据定义，测试时后续 token 不可用。为了解决这个问题，我们做了两件事。首先，我们将输入序列向右移动一步，使输入 $\boldsymbol{x}_n$ 对应于输出 $\boldsymbol{y}_{n+1}$，目标为 $\boldsymbol{x}_{n+1}$，并在输入序列的第一个位置预置一个额外的 token，标记为 <start>。其次，请注意，Transformer 中的 token 是独立处理的，除非它们用于计算注意力权重，此时它们会通过点积成对地相互作用。因此，我们在每个注意层中引入了遮掩注意力（masked attention），有时也称因果注意力（casual attention）。在此过程中，我们将每个 token 对于序列中之后的所有 token 的注意力权重设为零。具体来说，只需要将式（12.14）定义的注意力矩阵 Attention($\boldsymbol{Q}, \boldsymbol{K}, \boldsymbol{V}$) 的所有相应元素置零，然后对其余元素进行归一化，使每一行的总和再次为 1 即可。为达成这一目标，在实际操作中，可将相应的预激活值设置为 $-\infty$。这样一来，softmax 函数对相关输出的计算结果为零，并能对非零输出进行归一化处理。遮掩注意力矩阵的结构如图 12.16 所示。

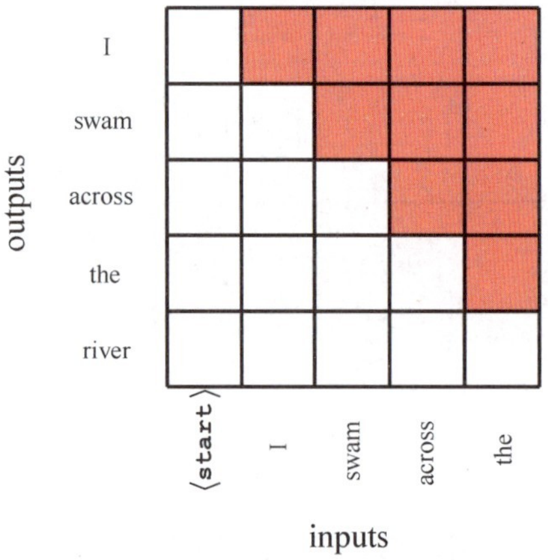

图 12.16 遮掩注意力矩阵的结构。红色元素对应的注意力权重为零。因此，在预测 token “across”时，输出只能取决于输入 tokens “<start>”“I”和“swam”

在实践中，我们希望有效利用 GPU 的大规模并行性，因此可以将多个序列堆叠成一个输入张量，以便在一个批次中进行并行处理。不过，这要求序列的长度相同，而文本序列的长度是可变的。要解决这个问题，我们可以引入一个特定的 token（用 <pad> 表示），用来填充未使用的位置，从而使所有序列达到相同的长度，以便将它们合并成一个单一张量。然后在注意力权重中使用一个额外的掩码，以确保输出向量不对 <pad> token 占用的任何输入给予注意力。请注意，该掩码的形式取决于特定的输入序列。

训练模型的输出是 token 空间的概率分布，其由输出激活函数 softmax 给出，表示当前 token 序列情况下的下一个 token 的概率。一旦选择了下一个词，就可以将包含新 token 的 token 序列再次输入模型，以生成序列中的后续 token，这个过程可以无限重复，直至生成表示序列结束的 token。这看起来似乎效率很低，因为每个新生成的 token 都必须通过整个模型输入数据。不过，请注意，由于遮掩注意力，为特定 token 所学习到的嵌入向量只取决于该 token 本身和先前的 token，因此在生成新的、后续的 token 时，该嵌入向量不会发生变化。在处理新的 token 时，大部分计算可以循环使用。

12.3.2 抽样策略

我们已经看到，解码器型 Transformer 的输出是序列中下一个 token 值的概率分布，必须从中选择一个特定的 token 值来扩展序列。根据计算出的概率，选择 token 值的方法有好几种（Holtzman et al., 2019）。一种显而易见的方法称为贪婪搜索，即简单地选择概率最高的 token。这使得模型具有确定性，即给定的输入序列总是产生相同的输出序列。请注意，在每个阶段选择概率最高的 token 并不等于选择概率最高的 token 序列（见习题 12.15）。要找到最有可能的序列，我们需要最大化所有 token 的联合分布，其计算公式为

$$p(\boldsymbol{y}_1,\cdots,\boldsymbol{y}_N)=\prod_{n=1}^{N}p(\boldsymbol{y}_n\mid\boldsymbol{y}_1,\cdots,\boldsymbol{y}_{n-1}) \tag{12.34}$$

如果序列中有 N 个步骤，而字典中 token 值的数量为 K，那么序列的总数为 $\mathcal{O}(K^N)$，这使得序列的长度呈指数增长，因此寻找单一的最可能序列是不可行的。相比之下，贪婪搜索的成本为 $\mathcal{O}(KN)$，与序列长度成线性关系。

与贪婪搜索相比，有一种技术有可能产生更高概率的序列，即束搜索（beam search）。我们不是在每一步都选择一个最有可能的 token 值，而是保留一组 B 假设（其中的 B 称为束宽度（beam width）），每个假设由直到 n 步的 token 值序列组成。然后，我们通过网络将所有这些序列输入，并为每个序列找到 B 个最可能的 token 值，从而为扩展序列创建 B^2 个可能的假设。最后，根据扩展序列的总概率选择最有可能的 B 假设，从而对该序列进行剪枝。因此，束搜索会保留 B 个备选序列，跟踪它们的概率，并从考虑过的序列中选出最有可能的序列。由于序列的概率是由序列中每一步的概率相乘得到的，而这些概率总是小于或等于 1，因此长序列的概率通常低于短序列的概率，从而使结果偏向于短序列。在进行比较之前，通常需要根据序列的相应长度对序列的概率进行归一化处理。束搜索的成本为 $\mathcal{O}(BKN)$，也与序列长度成线性关系。然而，生成一个序列的成本会是原来的 B 倍，因此对于推理成本可能会变得很高的超大语言模型来说，束搜索的吸引力将大打折扣。

贪婪搜索和束搜索等方法存在的一个问题是，它们限制了潜在输出的多样性，甚至可能导致生成过程陷入循环，即重复出现相同的子序列。从图 12.17 中可以看出，与自动生成的文本相比，人工生成的文本可能概率较低，因此对于给定的模型来说更不寻常。

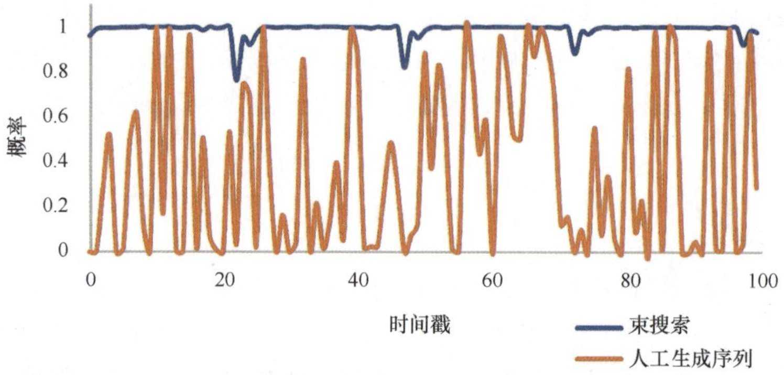

图 12.17 在给定经训练 Transformer 语言模型和初始输入序列的情况下，比较束搜索和人工生成序列的 token 概率，得出人工生成序列的 token 概率要低得多 [经 Holtzman 等人 (2019) 授权使用]

我们可以在每一步从 softmax 分布中采样，生成连续的 token，而不是试图找到概率最高的序列。然而，这可能导致无意义的序列。这是因为 token 字典通常非常庞大，其中有许多 token 状态组成的长尾，每个状态的概率都非常小，但总体上却占总概率的很大一部分。这就导致一个问题，即系统很有可能对下一个 token 做出错误的选择。

为了在这两个极端之间取得平衡，对于 K 的某个选择，我们可以只考虑前 K 个概率的状态，然后根据它们的重归一化概率对其进行采样，称为 top-K 采样。这种方法的一个变体叫作 top-p 采样或核采样（nuclear sampling），用于计算最高输出的累积概率，直至达到一个阈值，然后从这个受限的 token 状态集中采样。

top-K 采样的一个"更软"版本是在 softmax 函数的定义中引入一个称为温度的参数 T（Hinton, Vinyals, and Dean, 2015），从而

$$y_i = \frac{\exp\left(a_i / T\right)}{\sum_j \exp\left(a_j / T\right)} \tag{12.35}$$

然后从修正过的分布中采样下一个 token。当 $T=0$ 时，概率质量（probability mass）集中在最有可能的状态上，其他状态的概率为零，因此这就变成了贪婪挑选。当 $T=1$ 时，我们恢复未经修正的 softmax 分布；当 $T \to \infty$ 时，分布在所有状态下变得均匀。在 $0<T<1$ 的范围内选择一个值，概率就会向高值集中。

序列生成面临的一个挑战是，在学习阶段，模型是在人工生成的输入序列上进行训练的；而在生成运行阶段，输入序列本身就是由模型生成的。这意味着模型可能会偏离我们在训练过程中看到的序列分布。

12.3.3 编码器型Transformer

接下来，我们将考虑基于编码器的 Transformer 语言模型，这种模型将序列作为输入，并生成长度固定的向量（如 <class> 标签）作为输出。作为这种模型的典型代表，BERT（Bidirectional Encoder Representations from Transformers）（Devlin et al., 2018）

旨在利用大规模文本语料预先训练语言模型，然后利用迁移学习（transfer learning）对模型进行微调，以完成各种下游任务，其中每种任务都需要较小的特定应用训练集。模型架构如图 12.18 所示。这种方法是前面所讲的 Transformer 层的简单应用（参见 12.1.7 小节）。

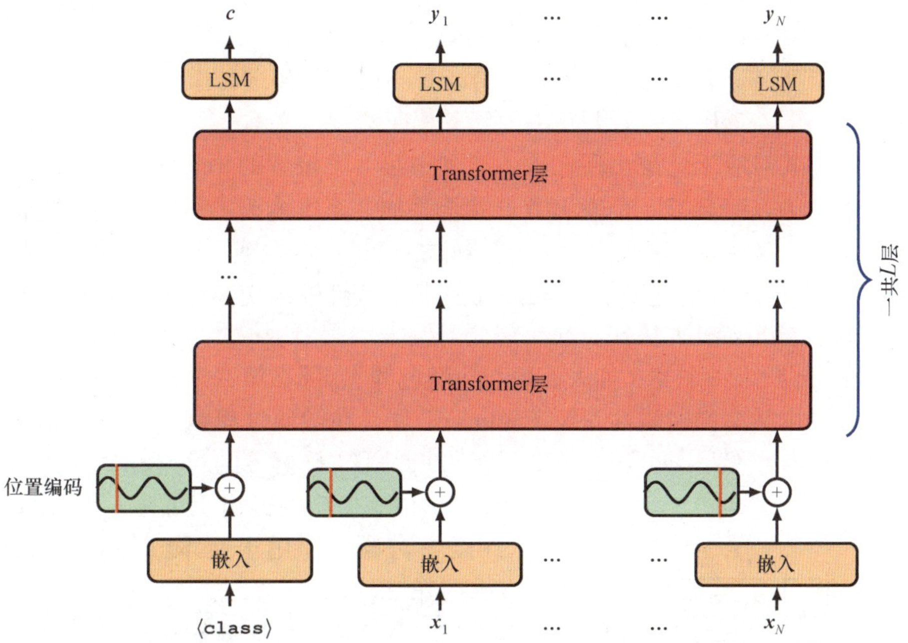

图 12.18　GPT 编码器型 Transformer 网络的架构。标有“LSM”的方框表示线性变换，其可学习参数在 token 位置之间是共享的，然后是一个 softmax 激活函数。与图 12.17 相比，主要区别在于输入序列没有向右移动，且省略了遮掩矩阵。因此，在每个自注意力层中，每个输出 token 都可以关注任何输入 token

每个输入字符串的第一个 token 由一个特殊的 token <class> 给出，模型的相应输出在预训练时则被忽略。当我们讨论微调时，它的作用将变得显而易见。通过在输入端呈现 token 序列，可以对模型进行预训练。用一个特殊 token（用 <mask> 表示）代替一个随机选择的 token 子集，比例为 15%。该模型经过训练后，就可以预测相应输出节点上缺失的 token。这类似于 word2vec 模型中用于学习词嵌入的遮掩（参见 12.2.1 小节）。例如，输入序列可能如下：

I ⟨mask⟩ across the river to get to the ⟨mask⟩ bank.

网络应该预测输出节点 2 上的“swam”和输出节点 10 上的“other”。在这种情况下，只有两个输出有益于误差函数，其他输出则被忽略。

“双向”一词是指网络可以同时看到遮掩词之前和之后的词，并利用这两个信息源进行预测。因此，与解码器型 Transformer 不同的是，编码器型 Transformer 不需要将输入向右移动一位，也不需要遮掩每一层的输出，以免看到序列中后续出现的输入 token。与解码器模型相比，编码器模型的效率较低，因为只有一部分序列 token 用作训练标签。此外，编码器模型无法生成序列。

用 <mask> 替换随机选择 token 的过程意味着与后续的微调集相比，训练集存在不匹配的问题，因为后者不包含任何 <mask> token。为了减少这种情况可能导致的问题，Devlin et al.（2018）对随机选择 token 的过程稍微做了修改，从而在 15% 的随机选择 token 中，80% 用 <mask> 代替，10% 用词汇表中随机选取的一个词代替，10% 将原始词保留在输入端（但仍需要在输出端对其进行正确预测）。

编码器模型经过训练后，就可以针对各种不同的任务进行微调。为此，需要构建一个新的输出层，其形式与所要解决的任务相匹配。在文本分类任务中，只使用第一个输出位置，其对应于总是出现在输入序列中第一个位置的 <class> token。如果输出矩阵的维度为 D，那么第一个输出节点就会添加一个维度为 $D \times K$ 的参数矩阵，其中 K 为类的数量，然后将其依次输入一个 K 维的 softmax 函数或一个维度为 $D \times 1$ 的向量，$K=2$ 时则将其输入一个逻辑斯谛 sigmoid 函数。线性输出变换也可以用更复杂的可微分模型（如多层感知机）替代。如果想要对输入字符串中的每个 token 进行分类，例如将每个 token 归入一个类（如人、地点、颜色等），那么第一个输出将被忽略，随后的输出会有一个共享的“线性变换 +softmax”层。在微调过程中，包括新输出矩阵在内的所有模型参数都是通过随机梯度下降法并利用正确标签的对数概率来学习的。另外，预训练模型的输出也可输入复杂的生成式深度学习模型，用于文本到图像合成等应用（参见第 20 章）。

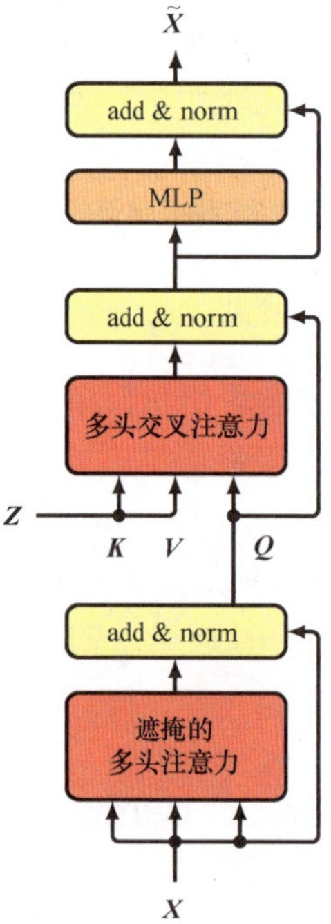

图 12.19　序列到序列 Transformer 的解码器部分使用的交叉注意力层示意图。此处 Z 表示编码器部分的输出，“add & norm”代表残差连接和随后的层归一化，“MLP”代表多层感知机。Z 还表示交叉注意力层的键向量和值向量，而查询向量则由解码器部分决定

12.3.4　序列到序列Transformer

为完整起见，我们简要讨论一下第三类 Transformer 模型，此类 Transformer 模型将编码器与解码器做了结合，正如 Vaswani et al.（2017）在最初的 Transformer 论文中所讨论的那样。请参阅将句子从英语翻译成荷兰语的任务。如前所述，我们可以使用解码器型 Transformer 逐个生成与荷兰语输出相对应的 token 序列（参见 12.3.1 小节）。主要区别在于，该输出需要以与英文句子相对应的整个输入序列为条件。编码器型 Transformer 可用于将输入 token 序列映射为合适的内部表示，我们用 $\boldsymbol{Z}$ 表示。为了将 $\boldsymbol{Z}$ 纳入输出序列的生成过程，我们使用了一种经过修正的注意力机制，称为交叉注意力（cross attention）。交叉注意力与自注意力相似，只是虽然查询向量来自正在生成的序列（在本例中指的是荷兰语输出序列），但键向量和值向量来自 $\boldsymbol{Z}$ 所代表的序列，如图 12.19 所示。回到我们对视频流服务的类比，这就好比用户将其查询向量发送给不同的流媒体公司，流媒体公司会将其与自己的键向量集作比较，以找到最佳匹配，然后以电影的形式返回相关的值向量。将编码器和解码器组件结合起来，即得到图 12.20 所示的模型架构。该模型可以使用成对的输入句子和输出句子进行训练。

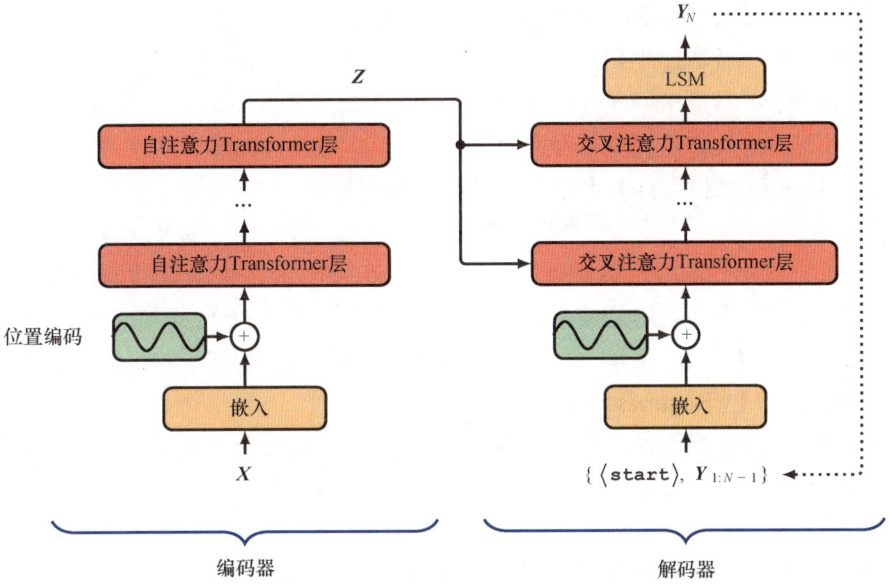

图 12.20　序列到序列 Transformer 的示意图。在这里，输入 token 和输出 token 都显示为方框。位置编码向量被添加到编码器和解码器部分的输入 token 中。编码器中的每一层都与图 12.9 所示的结构相对应，每个交叉注意层的形式如图 12.19 所示

12.3.5　大语言模型

机器学习领域最近最重要的发展是为自然语言处理创建了基于 Transformer 的超大型神经网络——大语言模型（Large Langnage Model，LLM）。此处的“大”指的是网络中权重和偏置参数的数量规模大，在撰写本书时，这些参数的数量可高达约一万亿（10^{12}）。这种模型的训练成本很高，但其所拥有的卓越能力促使着人们建立这种模型。

除了大型数据集的可用性，基于图形处理单元和类似处理器的大规模并行训练硬件的出现也为训练更大型的模型提供了便利，这些硬件在配备了快速互联机制和大量内置存储器的大型集群中紧密耦合。Transformer 架构在这些模型的开发过程中发挥了关键作用，因为它能够非常有效地利用这些硬件。通常情况下，增加训练集的规模，同时相应增加模型参数的数量，所带来的性能改进会超过架构改进或纳入更多领域知识的方法（Sutton, 2019; Kaplan et al., 2020）。例如，GPT 系列模型（Radford et al., 2019; Brown et al., 2020; OpenAI, 2023）连续几代性能的显著提升主要归功于参数规模的扩大。这类性能改进推动了一种新摩尔定律的产生：自 2012 年以来，训练一个最先进的机器学习模型所需的计算运算次数呈指数增长，倍增的时间约为 3.4 个月（参见

图 1.16)。

早期的语言模型采用监督学习的方法进行训练。例如，为了建立一个翻译系统，训练集将由两种语言的配对句子组成。然而，监督学习的一个主要局限是，数据通常必须经过人工整理，以提供有标签数据，这严重限制了可用数据的数量，因此需要大量使用归纳偏置，如特征工程和架构约束，以实现合理的性能。

相反，大语言模型是通过对超大型文本数据集进行自监督学习来训练的，同时还可能包括计算机代码等其他 token 序列。我们已经了解了如何在 token 序列上训练解码器型 Transformer（参见 12.3.1 小节），其中每个 token 都是一个有标签的目标示例，而前面的序列则是输入，从而学习条件概率分布。这种“自标签”大大增加了可用的训练数据量，因而可以利用具有大量参数的深度神经网络。

使用自监督学习引发了一种范式转变，即首先使用无标签数据对一个大的模型进行预训练（pre-trained），然后使用基于小得多的有标签数据集的监督学习对模型进行微调（fine-tuned）。这实际上是一种迁移学习，同一个预训练模型可用于多个“下游”应用。具有广泛功能且随后可以针对特定任务进行微调的模型称作基础模型（foundation model）（Bommasani et al., 2021）。

我们可以通过在网络输出中增加额外层，或用新参数替换最后几层，然后使用有标签数据训练最后几层来实现微调。在微调阶段，主模型中的权重和偏置既可以保持不变，也可以进行小幅调整。与预训练相比，微调的成本通常较低。

一种非常有效的微调方法叫作低秩自适应（Low-Rank Adaptation，LoRA）（Hu et al., 2021）。这种方法的灵感来自一些结果，这些结果表明，经过训练的过度参数化模型在微调方面具有较低的内在维度，这意味着微调过程中模型参数的变化位于一个流形（manifold）上，该流形的维度远远小于模型中可学习参数的总数（Aghajanyan, Zettlemoyer, and Gupta, 2020）。低秩自适应利用了这一点，做法是冻结原始模型的权重，并以低秩乘积的形式在 Transformer 的每一层添加额外的可学习权重矩阵。通常只修改注意力层的权重，多层感知机层的权重则保持不变。考虑一个维度为 $D \times D$ 的权重矩阵 $\boldsymbol{W}_0$，它可能代表一个查询矩阵、键矩阵或值矩阵，其中来自多个注意力头的矩阵则视为一个单独的矩阵。如图 12.21 所示，我们引入了一个平行权重集，它由两个矩阵 $\boldsymbol{A}$ 和 $\boldsymbol{B}$ 的乘积定义，这两个矩阵的维度分别为 $D \times R$ 和 $R \times D$。然后，该层产生一个由 $\boldsymbol{X}\boldsymbol{W}_0 + \boldsymbol{X}\boldsymbol{A}\boldsymbol{B}$ 给出的输出矩阵。与原始权重矩阵 $\boldsymbol{W}_0$ 中的 D^2 个参数相比，附加权重矩阵 $\boldsymbol{A}\boldsymbol{B}$ 中的参数数量为 $2RD$。因此，如果 $R \ll D$，则微调过程中需要调整的参数数量远少于原始 Transformer 中的参数数量。实际上，这可以将需要训练的参数数量减少到原来的万分之一。一旦完成微调，就可以将附加权重添加到原始权重矩阵中，从而得到新的权重矩阵：

$$\widehat{\boldsymbol{W}} = \boldsymbol{W}_0 + \boldsymbol{A}\boldsymbol{B} \tag{12.36}$$

在推理过程中，与运行原始模型相比，我们不会有额外的计算开销，因为更新后的模型与原始模型大小相同。

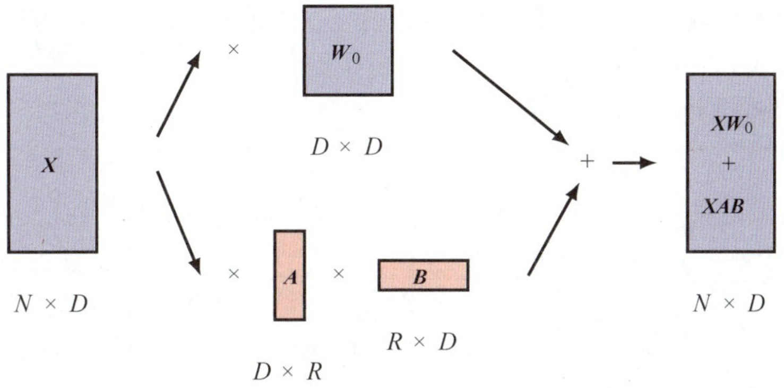

图 12.21 低秩自适应的示意图，这里展示了预训练 Transformer 中一个注意力层的权重矩阵 W_0。在微调过程中，对矩阵 A 和 B 给出的附加权重进行调整，然后将它们的乘积 AB 添加到原始权重矩阵中，用于后续推理

随着语言模型变得越来越大，对微调的需求越来越少，现在只需要通过基于文本的交互，生成式语言模型就能执行广泛的任务。例如，假设给出一个文本串

English: the cat sat on the mat. French:

作为输入序列，自回归语言模型就可以继续生成后续 token，直至生成 <stop> token，其中新生成的 token 代表法语翻译。请注意，该模型并不是专门为翻译而训练的，而是在包括多种语言在内的大量数据语料上训练出来的。

用户可以使用自然语言与这些模型交互。为了改善用户体验和所生成输出的质量，研究人员使用基于人类反馈的强化学习（Reinforcement Learning from Human Feedback RLHF）等方法，开发出了一些通过人工评估生成输出来微调大语言模型的技术（Christiano et al., 2017）。这些技术支持创建具有简单易用对话界面的大语言模型，其中最著名的是 OpenAI 的 ChatGPT。

用户给出的输入 token 序列称为提示（prompt）。例如，它可能包含一个故事的开场白，而模型需要完成这个故事。它也可能包含一个问题，而模型应该提供答案。通过使用不同的提示，同一个经训练的神经网络可以完成多种任务，例如根据简单的文本请求生成计算机代码，或根据要求写出押韵的诗歌。模型的性能取决于提示的形式，这催生了一个叫作提示工程（prompt engineering）的新领域（Liu et al., 2021），其目的是为提示设计一种好的形式，从而为下游任务带来高质量的输出。在将用户提示输入语言模型之前，还可以通过调整用户提示来修改模型的行为，即在用户提示前预置一个称为前缀提示（prefix prompt）的额外 token 序列以修改输出的形式。例如，前缀提示可能包括用标准英语表达的指令，以告诉网络不要在输出中包含攻击性语言。

这样，只需要在提示中提供一些示例，模型就能解决新任务，而无须调整模型参数。这是小样本学习（few-shot Learning）的一个示例。

目前最先进的模型（如 GPT-4）已经变得十分强大，以至于它们表现出一些非凡的特性，这些特性被描述为通用人工智能的初步迹象（Bubeck et al., 2023），并正在推动新一轮的技术创新。此外，这类模型的性能也在以惊人的速度不断提高。

12.4 多模态Transformer

虽然 Transformer 最初是作为处理顺序语言数据的递归网络的替代品而开发的，但 Transformer 模型已在深度学习的几乎所有领域得到普及。事实证明，它们是通用模型，因为它们对输入数据的假设很少，而对卷积网络的等变性和局部性有很强的假设。由于其通用性，Transformer 已成为处理许多不同模态数据（包括文本、图像、视频、点云和音频数据）的最先进技术，并已用于这些领域中每个领域的判别和生成应用（参见第 10 章）。Transformer 层的核心架构在不同时期和不同应用中都保持相对稳定。因此，能够在自然语言以外的领域使用 Transformer 的关键创新主要集中在输入和输出的表示及编码方面。

能够处理多种不同数据的单一架构有一个巨大优势，就是能使多模态计算变得相对简单。在这种情况下，多模态指的是将两种或两种以上类型的数据结合在一起。例如，我们可能希望根据文字提示生成图像，或者设计一个能将摄像头、雷达和麦克风等多个传感器捕获的信息结合起来的机器人。重要的是，如果我们能对输入进行 token 化并对输出 token 进行解码，那么我们就有可能使用 Transformer。

12.4.1 视觉Transformer

Transformer 已成功应用于计算机视觉领域，并在许多任务中有着不俗的表现。判别任务最常见的选择是标准 Transformer，其在视觉领域又称视觉 Transformer（Vision Transformer，简称 ViT）（Dosovitskiy et al., 2020）。在使用 Transformer 时，我们需要决定如何将输入图像转换为 token，最简单的选择是将每个像素作为一个 token 并按照线性投影进行转换。然而，标准 Transformer 实现所需的内存与输入 token 的数量成二次方增长关系，因此这种方法通常是不可行的。相反，最常见的分词方法是将图像分割成一组大小相同的小块。假设图像的尺寸为 $\boldsymbol{x}\in\mathbb{R}^{N\times W\times C}$，其中 H 和 W 分别指的是图像的高度和宽度（以像素为单位），C 是通道数（R、G、B 三种颜色的通道数通常为 3）。每幅图像被分割成大小为 $P\times P$ 的非重叠小块（$P=16$ 是常见的选择），然后“平铺”成一维向量，这样就得到了图像尺寸的另一种表示 $\boldsymbol{x}_p\in\mathbb{R}^{N\times\left(P^2C\right)}$，其中 $N=HW/P^2$ 是一幅图像的小块总数。用于分类任务的视觉 Transformer 的架构如图 12.22 所示。

另一种分词方法是将图像输入一个小型卷积神经网络（参见第 10 章）。这样就可以对图像进行采样，从而得到数量可控的 token，每个 token 由一个网络输出表示。例如，一个典型的 ResNet18 编码器将在高度和宽度两个维度对图像进行 8 倍的下采样，所得到的 token 数量是像素数量的 1/64。

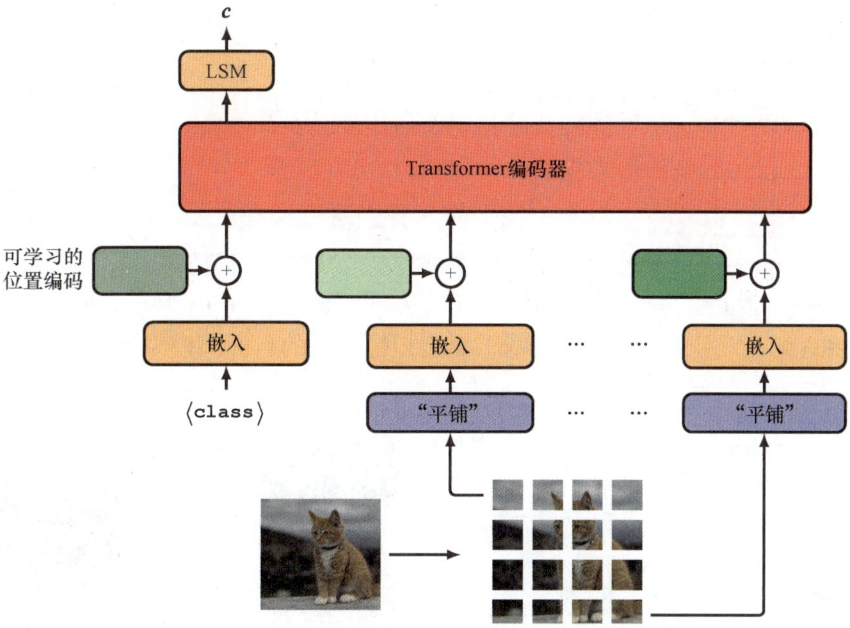

图 12.22 用于分类任务的视觉 Transformer 的架构。此处将一个可学习的 token <class> 作为额外的输入，相关的输出由一个具有 softmax 激活函数的线性层（记作 LSM）进行转换，从而得到最终的类－向量输出 c

我们还需要一种在 token 中编码位置信息的方法。我们可以构建明确的位置嵌入，对图像小块的二维位置信息进行编码。但在实践中，这一般不会提高性能，因此最常见的做法是只使用习得的位置嵌入。与用于自然语言的 Transformer 不同，视觉 Transformer 通常将固定数量的 token 作为输入，从而避免了习得的位置编码无法泛化到不同大小的输入的问题。

视觉 Transformer 的架构设计与卷积神经网络截然不同。虽然卷积神经网络中会产生强归纳偏置，但视觉 Transformer 中唯一的二维归纳偏置是用于 token 化输入的小块造成的。因此，视觉 Transformer 通常比卷积神经网络需要更多的训练数据，因为它必须从头开始学习图像的几何特性。不过，由于对输入的结构没有很强的假设，视觉 Transformer 通常能够收敛到更高的精度。这再次说明了归纳偏置与训练数据规模之间需要权衡（Sutton, 2019）。

12.4.2 图像生成Transformer

在语言领域，Transformer 在用作合成文本的自回归生成式模型时取得了令人瞩目的成果。因此，人们自然会问是否也可以使用 Transformer 来合成逼真的图像。由于自然语言本身具有顺序性，因此其非常适合自回归框架，而图像的像素没有自然顺序，因此自回归解码是否有用并不那么直观。然而，只要首先定义变量的某种排序，任何分布都可以分解为条件式的乘积（参见 11.1.2 小节）。有序变量 $\boldsymbol{x}_1,\cdots,\boldsymbol{x}_N$ 的联合分布可以写成

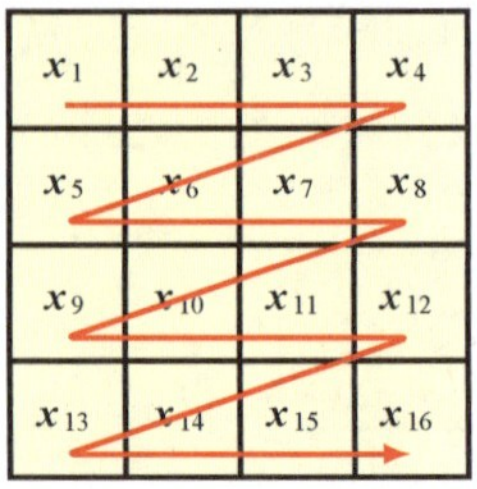

图 12.23 定义二维图像中像素的特定线性排序的栅格扫描示意图

$$p(\boldsymbol{x}_1,\cdots,\boldsymbol{x}_N)=\prod_{n=1}^{N}p(\boldsymbol{x}_n\mid\boldsymbol{x}_1,\cdots,\boldsymbol{x}_{n-1}) \tag{12.37}$$

这种分解是完全通用的，对各个条件分布 $p(\boldsymbol{x}_n\mid\boldsymbol{x}_1,\cdots,\boldsymbol{x}_{n-1})$ 的形式没有任何限制。

对于一幅图像，我们可以选择 $\boldsymbol{x}_n$ 作为 R、G、B 值的三维向量来表示第 n 个像素。现在我们需要确定像素的排序，其中一种使用广泛的排序方式叫栅格扫描（raster scan），如图 12.23 所示。使用基于栅格扫描排序的自回归模型生成图像如图 12.24 所示。

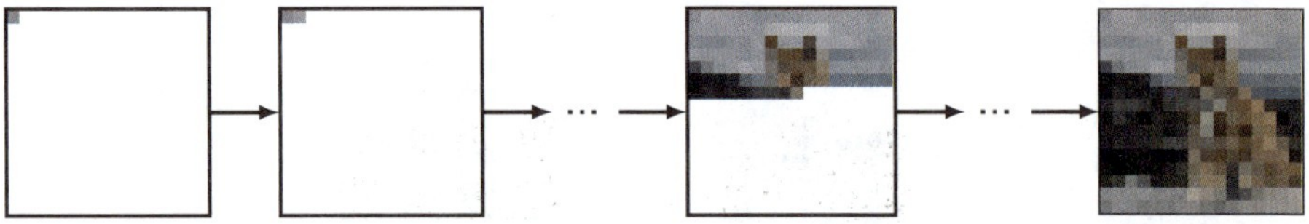

图 12.24 从自回归模型中进行图像采样的示意图。按栅格扫描顺序，第一个像素从边缘分布 $p(\boldsymbol{x}_{11})$ 中采样，第二个像素从条件分布 $p(\boldsymbol{x}_{12}\mid\boldsymbol{x}_{11})$ 中采样，以此类推，直至得到一幅完整的图像

请注意，图像自回归生成式模型的使用早于 Transformer 的引入。例如，PixelCNN（Oord et al., 2016）和 PixelRNN（Oord, Kalchbrenner, and Kavukcuoglu, 2016）使用了定制的遮掩卷积层，其保留了式（12.37）右侧相应项为每个像素定义的条件独立性。

使用连续值的图像表示可以很好地完成判别任务。不过，使用离散表示法生成图像的效果要好得多。通过最大似然法习得的连续条件分布，例如负对数似然函数为平方和误差函数的高斯分布，往往会学习到训练数据的均值，从而导致图像模糊（参见 4.2 节）。相反，离散分布可以轻松处理多模态问题。例如，式（12.37）中的条件分布 $p(\boldsymbol{x}_n\mid\boldsymbol{x}_1,\cdots,\boldsymbol{x}_{n-1})$ 可能会得出一个像素应该是黑色或白色的结论，而回归模型可能会得出该像素应该是灰色的结论。

然而，使用离散空间也会带来挑战。图像像素的 R、G、B 值通常至少用 8 位精度来表示，因此每个像素都有 $2^{24}\approx 1600$ 万个可能值。在维度如此高的空间中学习条件 softmax 分布是不可行的。

解决高维度问题的一种方法是使用向量量化（vector quantization）技术，它可以视为一种数据压缩形式。假设我们有一组数据向量 $\boldsymbol{x}_1,\cdots,\boldsymbol{x}_N$，其中每个向量的维度为 D，它可能代表图像像素。然后我们引入一组 K 个码本向量 $\mathcal{C}=\boldsymbol{c}_1,\cdots,\boldsymbol{c}_K$，它们的维度也是 D，且通常情况下 $K\ll D$。接下来，我们根据某种相似度度量（通常是欧几里得距离），将每个数据向量近似为其最近的码本向量（codebook vector），从而

$$\boldsymbol{x}_n\to\underset{\boldsymbol{c}_k\in\mathcal{C}}{\arg\min}\left\|\boldsymbol{x}_n-\boldsymbol{c}_k\right\|^2 \tag{12.38}$$

由于有 K 个码本向量，我们可以用一个独热编码的 K 维向量来表示每个 $\boldsymbol{x}_n$，而

且又由于我们可以选择 K 的值，因此我们可以通过使用较大的 K 值来更准确地表示数据，或使用较小的 K 值来更大程度地压缩数据，从而进行两者之间的权衡。

我们可以将原始图像的像素映射到低维码本空间，然后训练自回归 Transformer 以生成一组码本向量，并通过用相应的 D 维码本向量 $\mathbf{c}_k$ 替换每个码本索引 k，将这组码本向量映射回原始图像空间。

自回归 Transformer 最早应用于 ImageGPT（Chen, Radford, et al., 2020）中的图像。此处，每个像素都可以视为一组离散的三维颜色码本向量之一，每个三维颜色码本向量都与颜色空间的 k 均值聚类中的一个聚类相对应（参见 15.1 节）。因此，独热编码可以提供离散 token（类似于语言 token），并允许 Transformer 以与语言模型相同的方式进行训练，以实现下一个 token 分类目标。这是表示学习的一个强大目标（参见 6.3.3 小节），可用于后续微调（同样以类似于语言建模的方式进行）。

然而，直接使用单个像素作为 token 可能会导致计算成本过高，因为每个像素都需要进行一次前向传递，这意味着训练和推理的效率都会随着图像分辨率的提高而降低。此外，使用单个像素作为输入意味着必须使用低分辨率图像，以便在栅格扫描后期解码像素时提供合理的上下文长度。正如我们在视觉 Transformer 中看到的那样，最好使用图像的小块而不是像素作为 token，因为这样 token 的数量会大大减少，从而有利于处理更高分辨率的图像。和以前一样，由于条件分布可能具有多模态性，我们需要使用 token 值的离散空间。于是再次出现维度挑战，由于维度与小块中像素的数量成指数关系，因此小块的维度比单个像素的维度大得多。例如，即使只有代表黑色和白色两种可能像素的 token，以及大小为 16×16 的小块，我们也会有一个内含 $2^{256} \approx 10^{77}$ 个小块的 token 字典。

我们再次使用向量量化技术来解决维度挑战。简单的聚类（如 k 均值聚类）方法或更复杂的方法（如全卷积网络）（Oord, Vinyals, and Kavukcuoglu, 2017; Esser, Rombach, and Ommer, 2020），甚至包括视觉 Transformer（Yu et al., 2021），都可以用来从图像小块数据集中习得码本向量。将每个小块映射到离散的代码集，之后再映射回来的一个问题是，向量量化是一种不可微分操作。幸运的是，我们可以使用一种称为直通梯度估计的技术（Bengio, Léonard, and Courville, 2013），这是一种简单的近似法，只需要在反向传播过程中通过不可微分函数复制梯度即可。

使用自回归 Transformer 生成图像也可以扩展到生成视频，方法是将视频视为这类向量量化 token 的一个长序列（Rakhimov et al., 2020; Yan et al., 2021; Hu et al., 2023）。

12.4.3 音频数据

接下来让我们看看 Transformer 在音频数据中的应用。声音通常以波形的形式存储，它们可以通过在固定时间间隔内测量气压的振幅来获得。虽然这种波形可以直接作为深度学习模型的输入，但在实践中，将其预处理为梅尔频谱（mel spectrogram）更为有效。这是一个矩阵，其中的列代表时间步，行代表频率。这些频段遵循标准惯例（标准惯例是通过主观评估选择的），从而使得连续频率之间的感知差异相等（“mel”

一词来源于旋律）。梅尔频谱如图 12.25 所示。

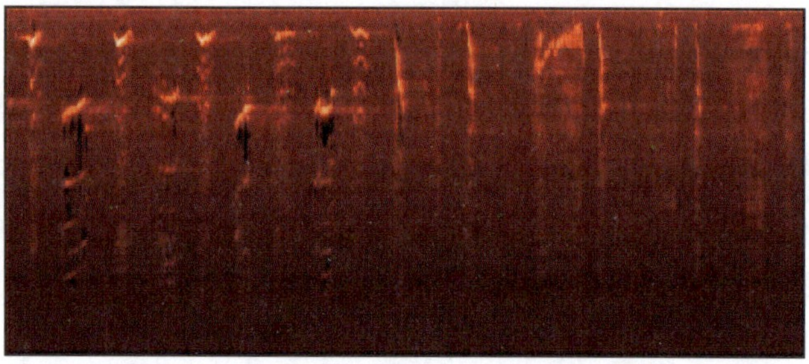

图 12.25 座头鲸叫声的梅尔频谱（librosa 开发团队版权所有 ©2013—2023）

Transformer 在音频领域的一个应用是分类，旨在将音频片段归入若干预定义类别之一。例如，AudioSet 数据集（Gemmeke et al., 2017）就是一个使用广泛的基准，其中包含“汽车”“动物”“笑声”等类。在 Transformer 出现之前，最先进的音频分类方法是将梅尔频谱作为图像进行处理，并将其作为卷积神经网络的输入（参见第 10 章）。不过，虽然卷积神经网络擅长理解局部关系，但它的一个缺点是难以处理远距离依赖关系，而这在处理音频时可能非常重要。

正如 Transformer 取代递归神经网络成为自然语言处理领域的最先进技术一样，Transformer 在音频分类等任务中也开始取代卷积神经网络。例如，如图 12.18 所示，编码器型 Transformer 与用于语言和视觉的 Transformer 结构相同，可用于预测音频输入的类（Gong, Chung, and Glass, 2021）。此处，梅尔频谱可以视为图像，然后进行 token 化。具体做法是以类似于视觉 Transformer 的方式将图像分割成不同的小块，可能会有一些重叠，以避免丢失任何重要的邻域关系。然后对每个小块进行扁平化处理，也就是将它们转换为一维数组，在本例中长度为 256。之后为每个 token 添加唯一的位置编码，并附加特定的 token <class>，接下来通过编码器型 Transformer 输入 token。我们可以使用一个线性层和一个 softmax 激活函数对最后一个转换层中与输入 token <class> 相对应的输出 token 进行解码，并使用交叉熵损失对整个模型进行端到端训练。

12.4.4 文本语音转换

分类并不是深度学习（更具体地说是 Transformer 架构）在音频领域带来革命性变化的唯一任务。Transformer 成功地合成了模仿特定说话者声音的语音这一事实再次证明了 Transformer 的多功能性，而 Transformer 在这项任务中的应用则是关于如何在新环境中应用 Transformer 的一项内容十分丰富的案例研究。

生成与给定文本段落相对应的语音叫作文本语音合成（text-to-speech synthesis）。一种更传统的方法是收集特定说话者的录音，然后训练一个监督回归模型，从而根据相应的转录文本预测语音输出（可能采用梅尔频谱的形式）。在推理过程中，我们希望将合成语音的文本作为输入，由此产生的梅尔频谱输出则可以解码回音频波形，因为这是一个固定的映射。

不过，这种方法有 3 个主要不足。首先，如果我们在低层次上预测语音，例如使用叫作音素（phoneme）的子词组件，则需要更大的上下文来使生成的句子听起来流畅。但是，如果我们预测更长的片段，那么可能的输入空间就会显著增大；要达到良好的泛化效果，我们可能需要大量的训练数据。其次，这种方法不能在不同说话者之间传递知识，因此每个新的说话者都需要大量数据。最后，这实际上是一个生成建模任务，因为给定的说话者和文本对有多个正确的语音输出，所以回归可能并不合适，回归倾向于对目标值进行平均（参见 4.2 节）。

相反，如果我们将语音数据与自然语言同等对待，并将文本语音合成作为一项条件语言建模任务，那么我们就能以与基于文本的大语言模型大致相同的方式训练该模型。此时我们需要解决两个主要的实现细节问题。首先是如何对训练数据进行 token 化并对预测值进行解码，其次是如何根据说话者的声音对模型进行调节。

Vall-E（Wang et al., 2023）是一种利用 Transformer 和语言建模技术进行文本语音合成的方法。只需要几秒样本语音，就能将新文本映射成新说话者的语音。语音数据通过向量量化获得的字典或码本（codebook）被转换成一组离散 token（参见 12.4.2 小节），我们可以将这类 token 视为类似于自然语言领域的独热编码 token。输入由文本段落中的文本 token 组成，而用于训练的目标输出则由相应的语音 token 组成。如图 12.26 所示，来自同一说话者的一小段无关语音的附加语音 token 会被添加到输入文本 token 中。通过加入来自许多不同说话者的额外语音 token，系统可以在模仿这些额外

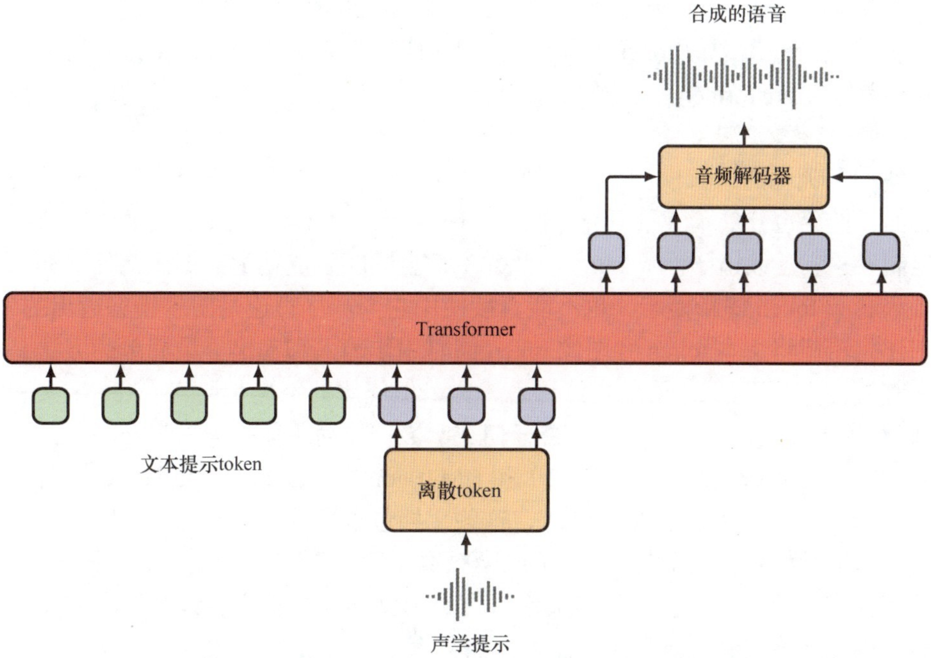

图 12.26 Vall-E 高级架构图。Transformer 模型的输入包括文本提示 token（提示模型合成的语音应包含哪些词）和声学提示 token（确定说话者的风格和语调信息）。使用习得的解码器将采样的模型输出 token 解码为语音。为简单起见，这里没有显示位置编码和线性投影

语音 token 所代表的声音时学习朗读一个文本段落。训练完成后，系统就可以显示新的文本，以及从新的说话者那里捕捉到的一段简短语音中的音频 token，并使用训练时的相同码本对输出 token 进行解码，以创建语音波形。这样系统就能用新说话者的声音合成与输入文本相对应的语音。

12.4.5 视觉和语言Transformer

我们已经了解了如何生成文本、音频和图像的离散 token，接下来的问题是，我们是否可以用一种模态的输入 token 和另一种模态的输出 token 来训练模型。或者说，我们是否可以将不同模态的输入或输出抑或它们两者结合起来，在这里，我们将重点讨论文本和视觉数据的组合，因为这是研究最广泛的示例，但原则上，此处讨论的方法也可应用于其他输入和输出模态的组合。

第一个要求是，我们要有一个庞大的数据集来进行训练。LAION-400M 数据集（Schuhmann et al., 2021）极大地促进了文生图和图生文的研究，该数据集与 ImageNet 数据集一样，对深度图像分类模型的发展起着关键作用。文生图实际上与我们迄今为止研究过的无条件图像生成很相似，只不过我们还允许模型将文本信息作为输入，为生成过程提供条件。使用 Transformer 时，进行文生图非常简单，因为我们只需要在解码每个图像 token 时提供文本 token 作为额外输入即可。

这种方法也可视为将文生图问题看作序列到序列的语言建模问题，如机器翻译，只不过目标 token 是离散的图像 token 而不是语言 token。因此，选择一个完整的编码器-解码器 Transformer 模型是合理的，如图 12.20 所示，其中 $\boldsymbol{X}$ 对应于输入文本 token，$\boldsymbol{Y}$ 对应于输出图像 token。一个名为 Parti 的模型（Yu et al., 2022）就采用了这种方法，其中 Transformer 可扩展至 200 亿个参数，同时随着模型规模的增大，性能也得到了持续改善。

在使用预训练的语言模型并对其进行修改或微调，以使其也能接收视觉数据作为输入方面，业界也开展了大量研究（Alayrac et al., 2022; Li et al., 2022）。这些研究主要使用定制架构和连续值图像 token，因此并不适合同时生成视觉数据。此外，如果我们希望加入音频 token 等新模态，也不能直接使用它们。尽管这是向多模态迈出的一步，但我们还是希望将文本 token 和图像 token 同时用作输入和输出。最简单的方法是将所有内容都视为一组 token，就像自然语言一样，但使用的字典是语言 token 字典和图像 token 码本的组合。这样我们就可以将任何视听数据流简单地视为一组 token 了。

在 CM3（Aghajanyan et al., 2022）和 CM3Leon（Yu et al., 2023）中，语言建模的一种变体用于对 HTML 文档进行训练，这些文档包含了从在线资源中获取的图像和文本数据。当大量的训练数据与可扩展的架构相结合时，模型就会变得非常强大。此外，训练的多模态性质意味着模型非常灵活。这类模型不仅能够完成许多原本需要特定任务模型架构和训练机制才能完成的任务，如文生图、图生文、图像编辑、文本补全等，还能够完成普通语言模型所能完成的任何任务。图 12.27 给出了 CM3Leon 模型在文本和图像联合空间中执行各种不同任务的示例。

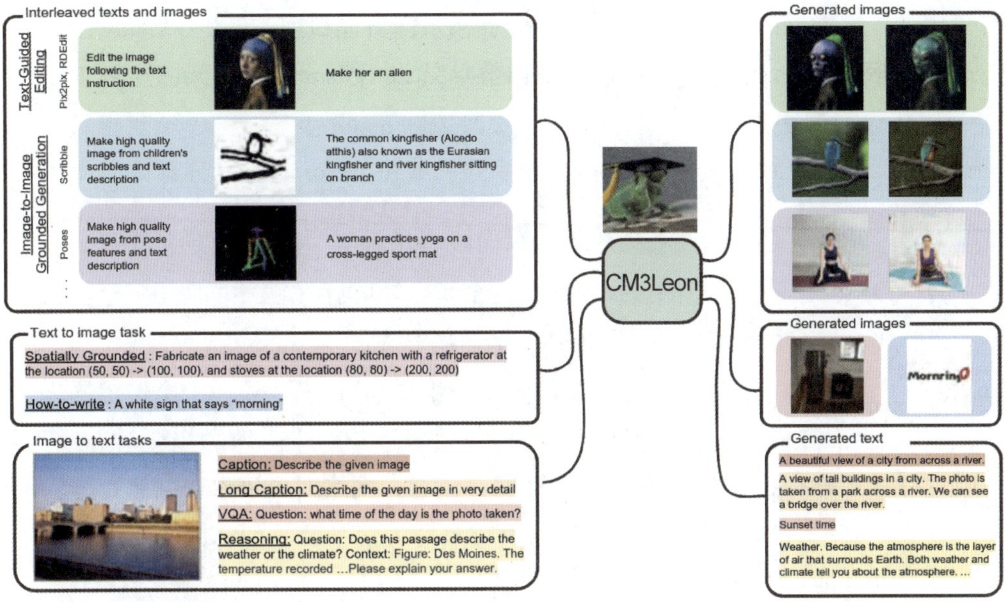

图 12.27 CM3Leon 模型在文本和图像联合空间中执行各种不同任务的示例［经 Yu 等人（2023）授权使用］

习题

12.1 （★★）考虑 $m=1,\cdots,N$ 时的一组系数 a_{nm}，它们必须满足

$$a_{nm} \geqslant 0 \tag{12.39}$$

$$\sum_m a_{nm} = 1 \tag{12.40}$$

使用拉格朗日乘子证明它们还必须满足

$$a_{nm} \leqslant 1 \quad ，其中\, n=1,\cdots,N \tag{12.41}$$

12.2 （★）验证对于向量 $\boldsymbol{x}_1,\cdots,\boldsymbol{x}_N$ 的任意值，softmax 函数［式（12.5）］满足约束条件［式（12.3）和式（12.4）］。

12.3 （★）考虑式（12.2）定义的简单变换中的输入向量 $\boldsymbol{x}_n$，其中加权系数 a_{nm} 由式（12.5）定义。证明如果所有输入向量都是正交的，即 $n=m$ 时 $\boldsymbol{x}_n^{\mathrm{T}}\boldsymbol{x}_m=0$，则输出向量将等于输入向量，即 $n=1,\cdots,N$ 时 $\boldsymbol{y}_n=\boldsymbol{x}_n$。

12.4 （★）考虑两个独立的随机向量 $\boldsymbol{a}$ 和 $\boldsymbol{b}$，这两个向量的长度均为 D，并且都取自均值为零、方差为单位方差的高期分布 $\mathcal{N}(\cdot|\boldsymbol{0},\boldsymbol{I})$。证明 $\left(\boldsymbol{a}^{\mathrm{T}}\boldsymbol{b}\right)^2$ 的期望值由 D 给出。

12.5 （★★★）证明式（12.19）定义的多头注意力可以重写为以下形式：

$$\boldsymbol{Y}=\sum_{h=1}^{H}\boldsymbol{H}_h\boldsymbol{X}\boldsymbol{W}^{(h)} \tag{12.42}$$

其中 $\boldsymbol{H}_h$ 由式（12.15）给出，并且我们已经定义了

$$\boldsymbol{W}^{(h)}=\boldsymbol{W}_h^{(v)}\boldsymbol{W}_h^{(o)} \tag{12.43}$$

此处我们将矩阵 $\boldsymbol{W}^{(o)}$ 横向划分为若干子矩阵（表示为 $\boldsymbol{W}_h^{(o)}$），每个子矩阵的维度为 $D_v \times D$，与合并的注意力矩阵的纵向段落相对应。由于 D_v 通常小于 D，例如 $D_v = D/H$ 是一个常见的选择，因此这个组合矩阵存在秩亏。使用完全灵活的矩阵替代 $\boldsymbol{W}_h^{(v)}\boldsymbol{W}_h^{(o)}$ 并不等同于文中给出的原始公式。

12.6 （⋆⋆）将自注意力函数［式（12.14）］以矩阵的形式表达为一个全连接网络，该矩阵可以将全部输入序列的合并词向量映射为相同维度的输出向量。请注意，这样的矩阵有 $\mathcal{O}\left(N^2D^2\right)$ 个参数。证明自注意力网络对应于参数共享矩阵的稀疏版本。画出该矩阵的结构草图，指出哪些参数块是共享的，以及哪些参数块的所有元素都等于零。

12.7 （⋆）证明如果我们省略输入向量的位置编码，那么式（12.19）定义的多头注意力层的输出对于输入序列的重新排序将是等变化的。

12.8 （⋆⋆⋆）考虑两个 D 维单位向量 $\boldsymbol{a}$ 和 $\boldsymbol{b}$，它们满足 $\|\boldsymbol{a}\|=1$ 和 $\|\boldsymbol{b}\|=1$ 并且是从随机分布中抽取的。假设该随机分布是围绕原点的对称分布。证明对于 D 的较大值，这两个向量之间夹角的余弦值接近零，因此这两个向量在高维空间中几乎是正交的。为此，考虑一个正交基 $\boldsymbol{u}_i$，其中 $\boldsymbol{u}_i^{\mathrm{T}}\boldsymbol{u}_j=\delta_{ij}$ 并将 $\boldsymbol{a}$ 和 $\boldsymbol{b}$ 表示为这个正交基中的展开式。

12.9 （⋆⋆）考虑一种位置编码，其中输入 token 向量 $\boldsymbol{x}$ 与位置编码向量 $\boldsymbol{e}$ 已合并为一个向量。证明当这个合并向量在通过矩阵进行一般线性变换时，结果可以表示为线性变换输入向量和线性变换位置向量的和。

12.10 （⋆⋆）证明式（12.25）定义的位置编码具有这样的特性：对于固定偏移 k，位置 $n+k$ 的编码可以表示为位置 n 的编码的线性组合，其系数取决于 k 而非取决于 n。为此，使用以下三角恒等式：

$$\cos(A+B)=\cos A\cos B-\sin A\sin B \tag{12.44}$$

$$\sin(A+B)=\cos A\sin B+\sin A\cos B \tag{12.45}$$

证明如果编码只基于正弦函数而非余弦函数，这一特性将不再成立。

12.11 （⋆）考虑词袋模型［式（12.28）］，其中每个组件分布 $p\left(\boldsymbol{x}_n\right)$ 都是由所有词共享的通用概率表给出的。证明在给定向量训练集的情况下，最大似然解是由一个表格给出的，该表格中的条目是每个词在训练集中出现的次数。

12.12 （⋆）考虑式（12.31）给出的自回归模型，并假设式（12.31）右侧的项 $p\left(\boldsymbol{x}_n \mid \boldsymbol{x}_1,\cdots,\boldsymbol{x}_{n-1}\right)$ 可用一般概率表来表示。证明这些表格中的条目数会随着 n

值的增大呈指数增长。

12.13 （⋆）在使用 n 元模型时，通常会同时训练 n 元模型和 $(n-1)$ 元模型，然后使用概率的乘积法则计算条件概率，其形式为

$$p\left(\boldsymbol{x}_n \mid \boldsymbol{x}_{n-L+1},\cdots,\boldsymbol{x}_{n-1}\right)=\frac{p_L\left(\boldsymbol{x}_{n-L+1},\cdots,\boldsymbol{x}_n\right)}{p_{L-1}\left(\boldsymbol{x}_{n-L+1},\cdots,\boldsymbol{x}_{n-1}\right)} \tag{12.46}$$

解释为什么这样做更方便，并证明在求 $p_{L-1}(\cdots)$ 时，必须省略每个序列的最后一个 token 才能得到正确的概率。

12.14 （⋆⋆）写出在具有图 12.13 所示架构的经训练递归神经网络中进行推理的伪代码。

12.15 （⋆⋆）考虑一个由两个 token y_1 和 y_2 组成的序列，其中的每个 token 都可以有 A 和 B 两种状态。联合概率分布 $p(y_1,y_2)$ 如下：

	$y_1=A$	$y_1=B$
$y_2=A$	0.0	0.4
$y_2=B$	0.1	0.25

可以看到，最可能序列是 $y_1=B,y_2=B$，概率为 0.4。利用概率的加和法则与乘积法则，写出边缘分布 $p(y_1)$ 和条件分布 $p(y_2\mid y_1)$ 的值。证明如果我们先最大化 $p(y_1)$ 而得出一个值 $y_1^\star$，再最大化 $p\left(y_2\mid y_1^\star\right)$，那么我们得到的序列将与总体最可能序列不同。求该序列的概率。

12.16 （⋆）BERT-Large 模型（Devlin et al., 2018）的最大输入长度为 512 个 token，每个 token 的维度 $D=1024$，取自 30 000 个词汇。该模型有 24 个 Transformer 层，每个 Transformer 层有 16 个自注意力头，且 $D_q=D_k=D_v=64$；多层感知机定位网络有两层，共有 4096 个隐节点。证明 BERT 编码器型 Transformer 语言模型中的参数总数约为 3.4 亿。

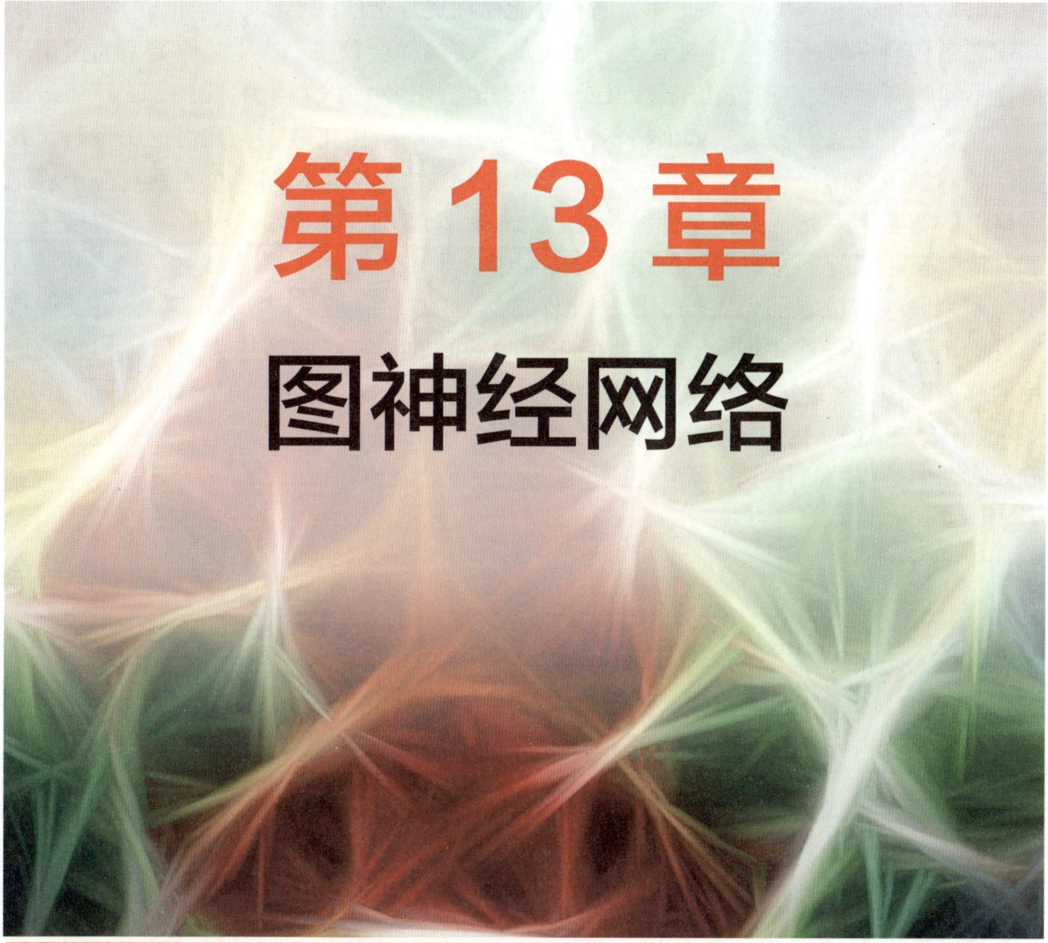

第13章

图神经网络

在前几章中，我们学习了以序列和图像形式出现的结构化数据，分别对应于用一维数组和二维数组存储的变量。在更广泛的应用中，有许多类型的结构化数据更适合通过图来描述，如图13.1所示。通常，一个图由一组称为节点的对象组成，它们通过边来连接。节点和边都可以与数据相关联。例如，在一个分子中，节点和边分别与对应于不同原子类型（碳原子、氮原子、氢原子等）和不同化学键类型（单键、双键等）的离散变量相关联。对于铁路网络，每条铁路线可能与两个城市间平均旅行时间的连续变量相关联。这里我们假设边是对称的，例如从伦敦到剑桥的旅行时间与从剑桥到伦敦的旅行时间相同。这样的边可以表示为节点之间的无向连接。对于万维网而言，边是有向的，因为页面A上有指向页面B的超链接，并不一定意味着页面B上有指回页面A的超链接。

其他图结构化数据的例子有：蛋白质相互作用网络，其中节点是蛋白质，边表示蛋白质对之间相互作用的强度；电路图，其中节点是组件，边是导线；社交网络，其中节点是人，边是“友谊”。此外，还有可能存在更复杂的图结构，例如，公司内部的知识图谱包含多种不同类型的节点（如人员、文档和会议），以及多种类型的边用于描述不同的属性（如一个人出席会议或一个文档引用另一个文档）。

在本章中，我们将探索如何将深度学习应用于图结构化数据。在讨论图像时，我们已经遇到了结构化数据的一个例子。在图像中，数据向量 $\boldsymbol{x}$ 的单个元素对应于规则网格上的像素。因此，图像是图结构化数据的特殊实例，其中节点是像素，边描述了哪些像素是相邻的。卷积神经网络（CNN）考虑了这种结构（参见第 10 章），并纳入了像素之间相对位置的先验知识及一些保持属性的等变性操作（如分割），以及保持属性的不变性的操作（如分类）。我们将以图像的卷积神经网络作为启发，构建更通用的称为图神经网络的深度学习方法（Zhou et al., 2018; Wu et al., 2019; Hamilton, 2020; Veličković, 2023）。我们将看到，把深度学习应用于图结构化数据时的一个关键思路是确保对图中节点重新排序的等变性或不变性。

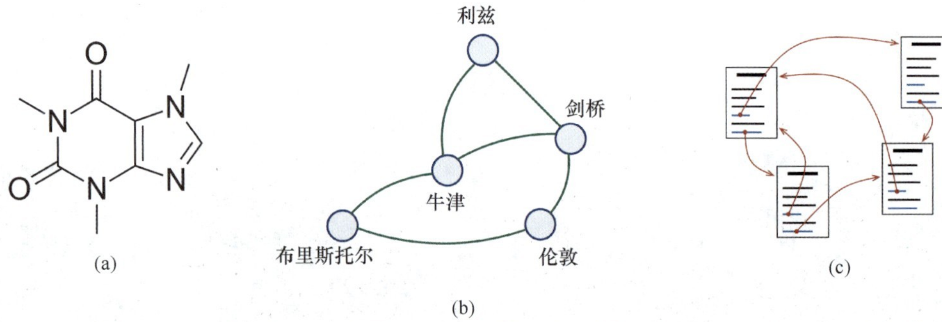

图 13.1 图结构化数据的 3 个例子：(a) 咖啡因分子由化学键连接的原子组成；(b) 由铁路线连接的城市构成的铁路网络；(c) 由超链接连接的页面构成的万维网

13.1 基于图的机器学习

我们可以使用图结构化数据来完成许多类型的应用，这些应用可以根据目标是预测节点、边还是整个图的属性来大致分组。节点预测（node prediction）的一个例子是根据文档之间的超链接和引用关系对文档进行主题分类。

对于边来说，举个例子，我们可能已知蛋白质网络中的一些相互作用，想要预测其他潜在的相互作用。这类任务称为边预测（edge prediction）或图补全（graph completion）任务。还有一些任务，其中边是已知的，我们的目标是在图中发现簇或“社群”。

最后一类是预测与整个图相关的属性。例如，我们可能希望预测特定分子是否能溶解于水。这里，我们得到的不是单个图，而是不同图的数据集，我们可以把它们看成从某个共同分布抽取而来，换句话说，我们假设图本身是独立同分布的（independent and identically distributed）。这类任务可以视为图回归（graph regression）或图分类（graph classification）任务。

对于分子溶解性分类的例子，我们可能会得到一个带标签的分子训练集，以及需要预测溶解性的新分子测试集。这是我们在前面章节中多次见到的典型归纳（inductive）任务的一个标准示例。然而，另一些图预测任务是直推式（transductive）的，我们得到整个图的结构以及一些节点的标签，要去预测剩余节点的标签。假设我们要区分一个大型社交网络中的每个用户节点是真实人物还是自动化机器人。在一个庞大且不断变化的社交网络中逐一核实并标注每个节点是不可行的，我们只能手工标注少数节点。因此，在训练期间，我们可以访问包含一部分节点标签的整个图，并试图预测剩余节点的标签。这是半监督学习的一种形式。

除了直接完成预测任务外，我们还可以在图上使用深度学习来发现有用的内部表示，这些表示随后可以促进一系列下游任务的完成。这称为图表示学习（graph representation learning）。例如，我们可以通过在大量分子结构语料库上训练深度学习系统来寻求构建分子的基础模型（foundation model）。这样的模型一旦训练成功，我们就可以通过使用小型标注数据集对它进行微调以完成各种特定任务。

图神经网络为每个节点定义了一个嵌入向量（embedding vector），该嵌入向量通常使用观测到的节点属性进行初始化，然后通过一系列可学习层进行转换，以创建学习表示。这与词嵌入或 token 在 Transformer 中的处理方式类似，通过一系列层的处理（参见第 12 章），便可以更好地捕获单词在文本其余部分上下文中的语义。图神经网络还可以学习表示图中每条边的特征向量（边嵌入）以及整个图的全局特征向量（图嵌入）。

13.1.1　图的属性

在本章中，我们将关注简单图，其中任意两个节点之间最多有一条边，边是无向的，并且没有连接到自身节点的环。这足以让我们介绍图神经网络的关键概念，同时也涵盖了图神经网络广泛的实际应用。这些概念之后可以应用于更复杂的图结构。

我们首先引入与图相关的一些符号，并定义一些重要的属性。一个图 $\mathcal{G}=(\mathcal{V},\mathcal{E})$ 由一组节点或顶点构成，用 $\mathcal{V}$ 表示，其中还包含一组边或连接，用 $\mathcal{E}$ 表示。我们用 $n=1,\cdots,N$ 来索引节点，并将从节点 n 到节点 m 的边写为 (n, m)。如果两个节点被一条边连接，则称它们为邻居节点，所有节点 n 的邻居节点的集合用 $\mathcal{N}(n)$ 表示。

除了图结构，通常还有与节点相关联的观测数据。对于每个节点 n，我们可以将相应的节点变量表示为一个 D 维的列向量 $\boldsymbol{x}_n$，将这些变量组合成一个 $N\times D$ 维的数据矩阵 $\boldsymbol{X}$，其中第 n 行由 $\boldsymbol{x}_n^{\mathrm{T}}$ 表示。图中的边也可能与数据变量相关联，但在当下我们只关注节点变量（参见 13.3.2 小节）。

13.1.2　邻接矩阵

指定图中边的一种便捷方式是使用邻接矩阵（adjacency matrix），用 $\boldsymbol{A}$ 表示。要定义邻接矩阵，我们首先需要为节点分配一个顺序。如果图中有 N 个节点，我们可以使用 $n=1,\cdots,N$ 来索引它们。邻接矩阵的维度是 $N\times N$，在其中的每个元素位置 n，m，

只要从节点 n 到节点 m 的边存在，就在该处填入 1，所有其他元素位置都填入 0。对于具有无向边的图，邻接矩阵是对称的，因为存在从节点 n 到节点 m 的边意味着也存在从节点 m 到节点 n 的边，对于所有的 n 和 m，都有 $A_{mn}=A_{nm}$。邻接矩阵的一个例子如图 13.2 所示。

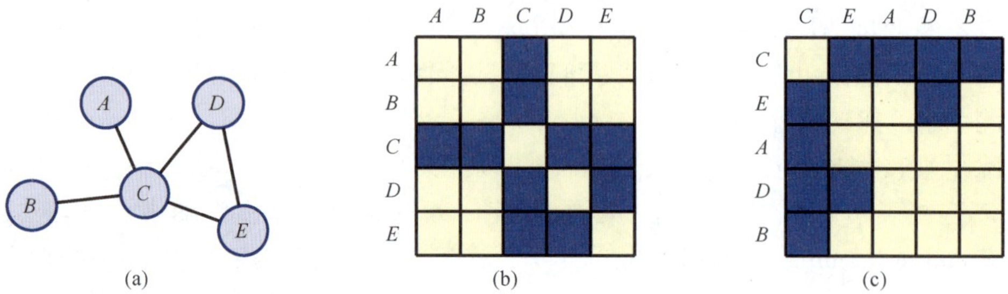

图 13.2 邻接矩阵的一个例子：(a) 一个包含 5 个节点的图；(b) 对应于特定节点顺序的邻接矩阵；(c) 对应于另一不同节点顺序的邻接矩阵

邻接矩阵定义了图的结构，我们可以考虑直接将其作为神经网络的输入。为此，我们可以“展平”邻接矩阵，例如将列连接成一个长的列向量。然而，这种方法的一个主要问题在于邻接矩阵取决于节点排序的任意选择，如图 13.2 所示。假设我们想要预测一个分子的溶解性，这显然不应该取决于写下邻接矩阵时给节点分配的顺序。由于节点的排序方式的数量随节点数的增加而阶乘式增长，尝试通过使用大数据集或数据增强来学习置换不变性是不切实际的。相反，在构建网络架构时，我们应当将这种不变性视为归纳偏置。

13.1.3 置换等变性

我们可以引入置换矩阵 $\boldsymbol{P}$ 的概念，以便在数学上表达节点标签的排列。置换矩阵与邻接矩阵大小相同，并指定了节点排序的特定排列。置换矩阵在每行和每列中各含有一个 1，其余元素都是 0，于是置换矩阵中元素位置 n，m 的 1 表示节点 n 在重新排列后将标记为 m。例如，考虑从 (A, B, C, D, E) 到 (C, E, A, D, B) 的排列，它对应于图 13.2 中的两种节点排序选择。

相应的置换矩阵形式为（见习题 13.1）

$$\boldsymbol{P}=\begin{pmatrix} 0 & 0 & 1 & 0 & 0 \\ 0 & 0 & 0 & 0 & 1 \\ 1 & 0 & 0 & 0 & 0 \\ 0 & 0 & 0 & 1 & 0 \\ 0 & 1 & 0 & 0 & 0 \end{pmatrix} \tag{13.1}$$

我们可以更加正式地定义置换矩阵如下。首先引入标准单位向量 $\boldsymbol{u}_n$，其中 $n=1,\cdots,N$。这是一个列向量，其中除了第 n 个元素等于 1 之外，其他所有元素都等于 0。在这种表示法中，单位矩阵如下所示：

$$\boldsymbol{I}=\begin{pmatrix}\boldsymbol{u}_1^{\mathrm{T}}\\ \boldsymbol{u}_2^{\mathrm{T}}\\ \vdots\\ \boldsymbol{u}_N^{\mathrm{T}}\end{pmatrix} \tag{13.2}$$

引入一个置换函数 $\pi(\cdot)$，将 n 映射到 $m=\pi(n)$。对应的置换矩阵如下所示：

$$\boldsymbol{P}=\begin{pmatrix}\boldsymbol{u}_{\pi(1)}^{\mathrm{T}}\\ \boldsymbol{u}_{\pi(2)}^{\mathrm{T}}\\ \vdots\\ \boldsymbol{u}_{\pi(N)}^{\mathrm{T}}\end{pmatrix} \tag{13.3}$$

当我们重新排序一个图的节点上的标签时，对应的节点数据矩阵 $\boldsymbol{X}$ 的效果是根据 $\pi(\cdot)$ 进行置换操作，这可以通过在其前面乘上 $\boldsymbol{P}$ 来实现（见习题 13.4），即

$$\widetilde{\boldsymbol{X}}=\boldsymbol{P}\boldsymbol{X} \tag{13.4}$$

对于邻接矩阵，行和列都会被置换。同样，行可以通过在前面乘上 $\boldsymbol{P}$ 来置换，而列则可以通过在后面乘上 $\boldsymbol{P}^{\mathrm{T}}$ 来置换（见习题 13.5），从而得到一个新的邻接矩阵：

$$\widetilde{\boldsymbol{A}}=\boldsymbol{P}\boldsymbol{A}\boldsymbol{P}^{\mathrm{T}} \tag{13.5}$$

当我们将深度学习应用于图结构化数据时，需要以数值形式表示图结构，这样才能将它们输入神经网络，这就要求我们为节点指定顺序。然而，我们选择的具体节点排序是任意的，所以必须确保图的任何全局属性不依赖于这种排序方式。换言之，网络预测必须对节点标签的重新排序具有不变性，即

$$y(\widetilde{\boldsymbol{X}},\widetilde{\boldsymbol{A}})=y(\boldsymbol{X},\boldsymbol{A}) \qquad \text{不变性} \tag{13.6}$$

其中 $y(\cdot,\cdot)$ 是网络的输出。

有些情况下，我们要对单个节点进行预测。在这种情况下，如果我们重新排序节点标签，则相应的预测应显示相同的次序，这样不论如何选择顺序，给定的预测总是与同一个节点相关联。换言之，节点级预测应该对节点标签重新排序保持等变性。即

$$\boldsymbol{y}(\widetilde{\boldsymbol{X}},\widetilde{\boldsymbol{A}})=\mathrm{Py}(\boldsymbol{X},\boldsymbol{A}) \qquad \text{等变性} \tag{13.7}$$

其中 $\boldsymbol{y}(\cdot,\cdot)$ 是网络输出的一个向量，每个节点对应其中的一个元素。

13.2 神经信息传递

确保节点标签置换下的不变性或等变性是我们将深度神经网络应用于图结构化数据时的一个关键考虑。另一个关键考量是我们想要利用深度神经网络的表示能力，所

以我们保留了“层”的概念，即可以对每一层进行重复的计算变换。如果网络的每一层都在节点重新排序后保持等变性，那么多层叠加后的网络也将保持等变性，同时网络的每一层都受益于图结构信息。

对于输出代表节点级预测的网络，整个网络将按要求表现出等变性。如果网络用来预测图级属性，那么可以在网络的最后添加一个对输入的排列顺序不敏感（置换不变）的层。我们还想确保网络的每一层都是一个高度灵活的非线性函数，并且对其参数具有可微分性，以便可以使用自动微分计算梯度，从而通过随机梯度下降进行训练。

图的规模各不相同。例如，不同的分子可以有不同数量的原子，因此标准神经网络使用固定长度表示是不合适的。因此，网络应该能够处理变长输入，正如我们在Transformer 网络中看到的那样（参见第 12 章）。一些图可能非常大，例如有数百万参与者的社交网络，所以我们也希望构建具有良好扩展性的模型。为了将不变性和等变性内置于网络架构，并促进模型在大型图上的应用，参数共享将发挥重要作用，这一点毋庸置疑。

13.2.1 卷积滤波器

为了开发符合所有这些要求的框架，我们可以从使用卷积神经网络的图像处理中寻找灵感（参见第 10 章）。首先我们注意到，图像可以视为图结构化数据的一个特定实例，在这个实例中，节点是像素，边代表图像中相邻的像素对，这里的相邻包括对角相邻的节点以及水平或垂直相邻的节点。

在卷积网络中，我们对图像域进行逐层变换，某个层的一个像素的状态值是由前面层的相关像素的状态值通过计算决定的，用于计算的局部函数称为滤波器（参见 10.2 节）。考虑一个使用 3×3 滤波器的卷积层，如图 13.3(a) 所示。单个的滤波器在第 $(l+1)$ 层的一个像素上执行的计算可以表示为

$$z_i^{(l+1)} = f\left(\sum_j w_j z_j^{(l)} + b\right) \tag{13.8}$$

其中 $f(\cdot)$ 是一个可微分的非线性激活函数，比如 ReLU 函数，而对 j 的求和则是对第 l 层中一个小块内的所有 9 个像素进行的。相同的函数可以应用于图像中的多个小块，因此权重 w_j 和偏置 b 在各个小块间共享（因此它们不带索引 i）。

式（13.8）在第 l 层节点置换下不是等变的，因为权重向量中的 w_j 元素在排列上不是不变的。然而，我们可以通过进行一些简单的修改来实现等变性，具体步骤如下。首先将滤波器视为一个图，如图 13.3(b) 所示，并且从中分离出来自节点 i 的贡献。其他 8 个节点构成节点 i 的邻居节点集合 $\mathcal{N}(i)$。然后假设单个权重参数 w_{neigh} 在邻居节点间共享，因此有

$$z_i^{(l+1)} = f\left(w_{\text{neigh}} \sum_{j \in \mathcal{N}(i)} z_j^{(l)} + w_{\text{self}} z_i^{(l)} + b\right) \tag{13.9}$$

其中节点 i 有自己的权重参数 w_{self}。

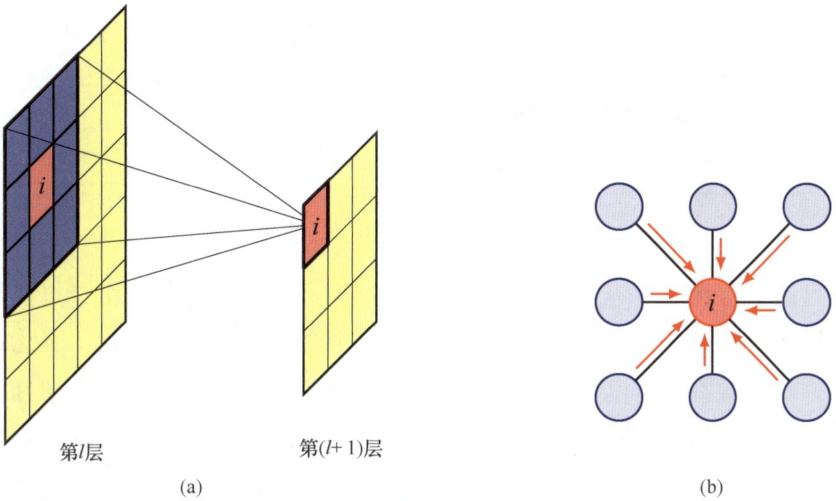

图 13.3 图像的卷积滤波器可以表示为一种图结构计算：(a) 在深度卷积网络的第 $(l+1)$ 层，节点 i 的值是由第 l 层局部像素区域激活值通过滤波器函数计算得来的；(b) 将同样的计算结构以图的形式表达，“消息”从节点 i 的邻居节点流向节点 i

我们可以将式（13.9）解释为通过从邻居节点收集信息来更新节点 i 处的局部表示 z_i，这通过从邻居节点传递给节点 i 的消息来实现。在这种情况下，消息直接是其他节点的激活状态。随后将这些消息与节点 i 的信息结合，并使用非线性函数进行转换。来自邻居节点的信息通过式（13.9）中的简单求和聚合起来，这显然对于与这些节点相关联的标签的任何排列都是不变的。将以上操作同步应用于图中的每个节点，因此如果节点被排序，则最终的计算将保持不变，但它们也将被相应地置换，因此这个计算在节点重新排序下是等变的。注意，上述推导依赖于参数 w_{neigh}、w_{self} 和 b 在所有节点之间共享这一假设。

13.2.2 图卷积网络

我们以卷积操作为例，构建用于处理图结构数据的深度神经网络模型。我们的目标是定义一种灵活的、非线性的节点嵌入转换，它对一组权重和偏置参数可微分，并且将第 l 层中的变量映射到第 $(l+1)$ 层的相应变量。对于图中的每个节点 n 以及网络中的每一层 l，引入一个 D 维的列向量 $\boldsymbol{h}_n^{(l)}$ 作为节点嵌入变量，其中 $n=1,\cdots,N$ 且 $l=1,\cdots,L$。

式（13.9）给出的转换首先从邻居节点收集和合并信息，然后用当前节点嵌入和传入消息的函数更新节点。因此，我们可以将每一层的处理视为两个连续阶段。首先是聚合阶段，对于每个节点 n，将消息从其邻居节点传递到该节点，并以置换不变的方式组合成一个新的向量 $\boldsymbol{z}_n^{(l)}$。然后是更新阶段，将邻居节点的聚合信息与节点本身的局部信息结合，计算出该节点更新后的嵌入向量。

考虑图中的一个特定节点 n。首先聚合来自节点 n 的所有邻居节点的节点向量：

$$z_n^{(l)} = \text{Aggregate}\left(\left\{\boldsymbol{h}_m^{(l)} : m \in \mathcal{N}(n)\right\}\right) \tag{13.10}$$

如果聚合函数对变化的邻居节点数量有良好的定义，并且不依赖于这些节点的排序，那么该聚合函数的形式将非常灵活。只要它是一个对这些参数可微分的函数，便于进行梯度下降训练，它就可以包含可学习参数。

然后使用另一种操作来更新节点 n 处的嵌入向量：

$$\boldsymbol{h}_n^{(l+1)} = \text{Update}\left(\boldsymbol{h}_n^{(l)}, \boldsymbol{z}_n^{(l)}\right) \tag{13.11}$$

同样，这可以是一组可学习参数的可微分函数。并行地对图中的每个节点执行聚合操作，然后执行更新操作。节点嵌入通常使用观测到的节点数据初始化，因此 $\boldsymbol{h}_n^{(0)} = \boldsymbol{x}_n$。注意，每一层通常都有自己的参数，尽管参数也可以跨层共享。这个框架称为消息传递神经网络（message-passing neural network）（Gilmer et al., 2017），算法 13.1 对它做了总结。

算法13.1：一个简单的消息传递神经网络

Input: Undirected graph $\mathcal{G} = (\mathcal{V}, \mathcal{E})$
  Initial node embeddings $\{\boldsymbol{h}_n^{(0)} = \boldsymbol{x}_n\}$
  Aggregate$(\cdot)$ function
  Update$(\cdot,\cdot)$ function
Output: Final node embeddings $\{\boldsymbol{h}_n^{(L)}\}$

```
// 迭代进行消息传递
for l ∈ {0, ···, L − 1} do
    z_n^(l) ← Aggregate({h_m^(l) : m ∈ N(n)})
    h_n^(l+1) ← Update(h_n^(l), z_n^(l))
end for
return {h_n^(L)}
```

13.2.3 聚合算子

聚合函数有许多可能的形式，但它必须仅依赖于输入的集合，而不依赖于输入的顺序。它还必须是任何可学习参数的可微分函数。根据式（13.9），最简单的聚合函数如下：

$$\text{Aggregate}\left(\left\{\boldsymbol{h}_m^{(l)} : m \in \mathcal{N}(n)\right\}\right) = \sum_{m \in \mathcal{N}(n)} \boldsymbol{h}_m^{(l)} \tag{13.12}$$

简单求和显然独立于邻居节点的排序，并且无论邻居节点集合中有多少节点，它都是明确定义的。注意这里没有可学习参数。

相对于那些邻居节点较少的节点，拥有众多邻居的节点会被求和操作赋予更强的影响力，这可能导致数值计算问题，特别是在像社交网络这样的应用中，邻居节点集合的大小可能会相差好几个数量级。这种方法的一个变体是将聚合操作定义为邻居嵌

入向量的平均值，即

$$\text{Aggregate}\left(\left\{\boldsymbol{h}_m^{(l)}: m \in \mathcal{N}(n)\right\}\right)=\frac{1}{|\mathcal{N}(n)|} \sum_{m \in \mathcal{N}(n)} \boldsymbol{h}_m^{(l)} \tag{13.13}$$

其中$|\mathcal{N}(n)|$表示邻居节点集合$\mathcal{N}(n)$中的节点数量。然而，这种归一化抛弃了关于网络结构的信息，并且被证明比简单的求和（Hamilton, 2020）要弱，因此是否使用它取决于节点特征和图结构相比谁更重要。

这种方法的另一个变体（Kipf and Welling, 2016）则考虑到了每个节点的邻居的数量：

$$\text{Aggregate}\left(\left\{\boldsymbol{h}_m^{(l)}: m \in \mathcal{N}(n)\right\}\right)=\sum_{m \in \mathcal{N}(n)} \frac{\boldsymbol{h}_m^{(l)}}{\sqrt{|\mathcal{N}(n)||\mathcal{N}(m)|}} \tag{13.14}$$

最后一种可能性是取邻居嵌入向量的逐元素最大值（或最小值），这同样满足所需特性，即对数量可变的邻居节点能作出良好定义，并且和邻居节点顺序无关。

图神经网络中给定层的每个节点通过聚合前一层的邻居节点信息来更新，这就出现了感受野（receptive field）的概念，类似于第10章中CNN所使用的滤波器的感受野。随着信息通过连续的层被处理，对当前层某个节点的更新就会依赖于越来越多的早期层的其他节点，直到有效的感受野几乎覆盖整个图为止，如图13.4所示。然而，大的稀疏图可能需要非常多的层，才能使每个输出受每个输入的影响。因此，有些架构引入了一个额外的“超级节点”，它直接连接到原始图中的每个节点，使信息得到快速传播。

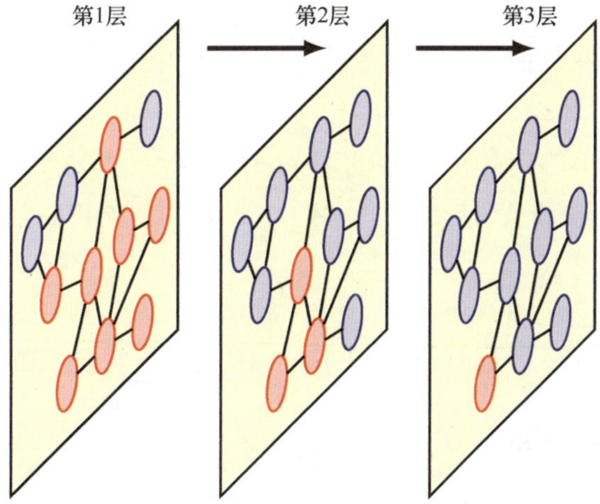

图 13.4　通过图神经网络连续层的信息流示意图。在第3层中，只有一个节点以红色突出显示。该节点从前一层的两个邻居节点接收信息，而这两个邻居节点又从第1层的邻居节点接收信息。就像用于图像的卷积神经网络一样，有效感受野——对应于显示为红色的节点数量——会随着处理层数的增加而扩大

迄今为止我们所讨论的聚合算子都没有可学习参数。如果我们在组合邻居节点的嵌入向量之前，先使用一个多层神经网络（用MLP_ϕ表示）对每个嵌入向量进行变换，那么我们就可以引入这样的参数。其中 MLP 代表“多层感知机”，其下标 ϕ 表示网络的参数。只要网络具有跨节点共享的结构和参数值，那么这个聚合算子就是排列不变的。我们还可以使用另一个参数为 θ 的神经网络 MLP_θ 来转换组合向量，从而得到如下一般性的聚合操作：

$$\text{Aggregate}\left(\left\{\boldsymbol{h}_m^{(l)}: m \in \mathcal{N}(n)\right\}\right) = \mathrm{MLP}_\theta\left(\sum_{m\in\mathcal{N}(n)} \mathrm{MLP}_\phi\left(\boldsymbol{h}_m^{(l)}\right)\right) \tag{13.15}$$

其中 MLP_ϕ 和 MLP_θ 在网络的第 l 层是共享的。由于 MLP 的灵活性，式（13.15）定义的转换代表了任何置换不变函数的通用逼近器，该函数能将一组嵌入映射到单个嵌入（Zaheer et al., 2017）。注意，这里的求和操作可以替换为其他的置换不变函数，例如平均值，逐元素取最大值或最小值。

如果我们考虑一个没有边的图，它就退化成了一个简单的无结构节点集合，这时的图神经网络就成为一个特例。在这种情况下，如果我们对集合中的每个向量 $\boldsymbol{h}_n^{(l)}$ 应用式（13.15），其中求和是在除 $\boldsymbol{h}_n^{(l)}$ 外的所有其他向量上进行的，那么我们就有了一个关于无结构变量集合［称为深度集合（deep set）］的学习函数的通用框架。

13.2.4 更新算子

在选择了合适的聚合算子之后，我们同样需要决定更新算子的形式。类似于 CNN 的公式（13.9），一种简单的更新算子形式如下：

$$\text{Update}\left(\boldsymbol{h}_n^{(l)}, \boldsymbol{z}_n^{(l)}\right) = f\left(\boldsymbol{W}_{\text{self}}\boldsymbol{h}_n^{(l)} + \boldsymbol{W}_{\text{neigh}}\boldsymbol{z}_n^{(l)} + \boldsymbol{b}\right) \tag{13.16}$$

其中 $f(\cdot)$ 是一个非线性激活函数，例如可以逐元素应用到向量参数上的 ReLU 函数；$\boldsymbol{W}_{\text{self}}$ 和 $\boldsymbol{W}_{\text{neigh}}$ 是可学习权重；$\boldsymbol{b}$ 是偏置；$\boldsymbol{z}_n^{(l)}$ 由式（13.10）定义。

如果我们选择简单的求和［式（13.12）］作为聚合函数，并且在节点及其邻居节点之间共享相同的权重矩阵，使得 $\boldsymbol{W}_{\text{self}} = \boldsymbol{W}_{\text{neigh}}$，我们就能得到如下特别简单的更新算子形式：

$$\boldsymbol{h}_n^{(l+1)} = \text{Update}\left(\boldsymbol{h}_n^{(l)}, \boldsymbol{z}_n^{(l)}\right) = f\left(\boldsymbol{W}_{\text{neigh}} \sum_{m\in\mathcal{N}(n),n} \boldsymbol{h}_m^{(l)} + \boldsymbol{b}\right) \tag{13.17}$$

消息传递算法通常通过设置 $\boldsymbol{h}_n^{(0)} = \boldsymbol{x}_n$ 来初始化。然而，有时我们可能希望每个节点都有一个内部表示向量，其维度不同于 $\boldsymbol{x}_n$ 的维度。这样的表示可以通过用额外的零填充节点向量 $\boldsymbol{x}_n$（以达到更高的维度），或者简单地使用可学习的线性变换将节点向量转换到所需维度的空间来初始化。当节点没有与之关联的数据变量时，一种替代的初始化形式是使用一个标记了每个节点度数（即邻居节点数量）的独热向量。

总的来说，我们可以将图神经网络表示为一系列连续变换节点嵌入的层。如果我们将这些嵌入分组到一个矩阵 $\boldsymbol{H}$ 中，其第 n 行是向量 $\boldsymbol{h}_n^{\mathrm{T}}$，并初始化为数据矩阵 $\boldsymbol{X}$，则可以将这些连续的变换写成以下形式：

$$\begin{aligned}\boldsymbol{H}^{(1)} &= \boldsymbol{F}\left(\boldsymbol{X},\boldsymbol{A},\boldsymbol{W}^{(1)}\right)\\ \boldsymbol{H}^{(2)} &= \boldsymbol{F}\left(\boldsymbol{H}^{(1)},\boldsymbol{A},\boldsymbol{W}^{(2)}\right)\\ \vdots &= \quad\vdots\\ \boldsymbol{H}^{(L)} &= \boldsymbol{F}\left(\boldsymbol{H}^{(L-1)},\boldsymbol{A},\boldsymbol{W}^{(L)}\right)\end{aligned} \tag{13.18}$$

其中 $\boldsymbol{A}$ 是邻接矩阵，$\boldsymbol{W}^{(l)}$ 表示网络第 l 层中全部权重和偏置的集合。在置换矩阵 $\boldsymbol{P}$ 定义的节点重新排序下，第 l 层计算的节点嵌入的变换是等变的：

$$\boldsymbol{P}\boldsymbol{H}^{(l)} = \boldsymbol{F}\left(\boldsymbol{P}\boldsymbol{H}^{(l-1)},\boldsymbol{P}\boldsymbol{A}\boldsymbol{P}^{\mathrm{T}},\boldsymbol{W}^{(l)}\right) \tag{13.19}$$

因此，整个网络计算出一个等变的转换（见习题 13.7）。

13.2.5 节点分类

图神经网络可以看作一系列层，其中的每一层都将一组节点嵌入向量 $\left\{\boldsymbol{h}_n^{(l)}\right\}$ 转换成同样大小和维度的新向量集合 $\left\{\boldsymbol{h}_n^{(l+1)}\right\}$。在网络的最后一个卷积层之后，我们需要得到预测结果，以便定义一个用于训练的损失函数，以及使用训练好的网络对新数据进行预测。

考虑对图中节点分类的任务，这是图神经网络最常见的用途之一。我们可以定义一个输出层，有时称为读出层（readout layer），该层为每个节点计算一个与 C 个分类相对应的 softmax 函数，形式如下：

$$y_{ni} = \frac{\exp\left(\boldsymbol{w}_i^{\mathrm{T}}\boldsymbol{h}_n^{(L)}\right)}{\sum_j \exp\left(\boldsymbol{w}_j^{\mathrm{T}}\boldsymbol{h}_n^{(L)}\right)} \tag{13.20}$$

其中 $\{\boldsymbol{w}_i\}$ 是一组可学习的权重向量，$i=1,\cdots,C$。我们可以将损失函数定义为所有节点和所有类别的交叉熵损失之和：

$$\mathcal{L} = -\sum_{n\in\mathcal{V}_{\text{train}}}\sum_{i=1}^{C} y_{ni}^{t_{ni}} \tag{13.21}$$

其中 t_{ni} 是目标值，每个 n 值都有一个独热编码。因为权重向量 $\boldsymbol{w}_i$ 在输出节点间是共享的，且输出 y_{ni} 对于节点排序是等变的，因此损失函数［式（13.21）］是不变的。如果目标是在输出处预测连续值，则可以将简单的线性变换与平方和误差结合起来，来定义一个合适的损失函数。

式（13.21）中对 n 的求和是在用于训练的节点子集 $\mathcal{V}_{\text{train}}$ 上进行的。我们需要区分以下 3 种类型的节点。

（1）节点子集$\mathcal{V}_{\text{train}}$中的节点是有标签的，既参与图神经网络的消息传递操作，也用于计算训练的损失函数。

（2）可能还有一个名为$\mathcal{V}_{\text{trans}}$的节点子集，里面是未标记的直推式（transductive）节点并且不参与用于训练的损失函数的计算。然而，它们仍然参与训练和推理阶段的消息传递，它们的标签可能会作为推理过程的一部分被预测。

（3）剩余的节点标记为$\mathcal{V}_{\text{induct}}$，是一组归纳节点，它们不用于计算损失函数，并且这些节点及其关联的边在训练阶段不参与消息传递。然而，它们在推理阶段参与消息传递，它们的标签预测为推理的结果。

如果没有直推式节点，即测试节点（及其关联的边）在训练阶段不可用，那么通常将这种训练称为归纳学习（inductive learning），这可以视为一种监督学习（supervised learning）的形式。然而，如果存在直推式节点，则称这种训练为直推式学习（transductive learning），这可以视为半监督（semi-supervised）学习的一种形式。

13.2.6 边分类

在某些应用中，我们希望对图的边而不是节点进行预测。一种常见的边分类任务是边补全。在这种任务中，目标是确定两个节点之间是否应该存在一条边。给定一组节点嵌入，可以使用嵌入向量之间的点积，通过逻辑斯谛 sigmoid 函数定义两个节点n和m之间存在边的概率$p(n,m)$：

$$p(n,m)=\sigma\left(\boldsymbol{h}_n^{\mathrm{T}}\boldsymbol{h}_m\right) \tag{13.22}$$

一个典型的应用实例是，预测社交网络中任意两个用户是否拥有共同的兴趣爱好，并愿意建立联系。

13.2.7 图分类

在图神经网络的某些应用中，我们要在给定一组带标签的训练图$\mathcal{G}_1,\cdots,\mathcal{G}_N$的情况下，预测新图的属性。这要求我们以不依赖于任意节点排序的方式组合最终层的嵌入向量，从而确保输出的预测结果与节点的排序无关。这任务有点像聚合函数，只不过这里考虑的是图中所有节点，而不仅仅是单个节点的邻域集。最简单的方法是对节点嵌入向量进行求和：

$$y=f\left(\sum_{n\in\mathcal{V}}\boldsymbol{h}_n^{(L)}\right) \tag{13.23}$$

其中，函数f可能包含可学习参数，如线性变换或神经网络。也可以使用其他不变的聚合函数，例如平均值、逐元素的最小值或最大值。

对于分类问题，例如将候选药物分子标记为有毒或安全，通常采用交叉熵损失函数；而对于回归问题，例如预测候选药物分子的溶解度，则通常采用平方误差损失函数。

图级别的预测对应于归纳任务，因为必须有不同的图集合用于训练和推理。

13.3 通用图网络

迄今为止我们所考虑的图网络有许多变体和扩展。这里我们概述一些关键概念以及一些实践考虑。

13.3.1 图注意力网络

注意力机制在作为 Transformer 架构的基础时展现出强大的能力（参见 12.1 节）。在图神经网络中，注意力机制可以用于构建一种能够整合来自邻居节点信息的聚合函数。在这种机制中，传入的消息会根据注意力系数 A_{nm} 加权，从而得到

$$\boldsymbol{z}_n^{(l)} = \mathrm{Aggregate}\left(\left\{\boldsymbol{h}_m^{(l)} : m \in \mathcal{N}(n)\right\}\right) = \sum_{m \in \mathcal{N}(n)} A_{nm} \boldsymbol{h}_m^{(l)} \tag{13.24}$$

其中，注意力系数满足

$$A_{nm} \geqslant 0 \tag{13.25}$$

$$\sum_{m \in \mathcal{N}(n)} A_{nm} = 1 \tag{13.26}$$

这种网络称为图注意力网络（graph attention network）（Veličković et al., 2017），它可以捕获一种归纳偏置，该归纳偏置表明在确定最佳更新的过程中，某些相邻节点比其他节点更重要，而这种重要性取决于数据本身。

构建注意力系数的方法有很多种，但通常都会使用 softmax 函数。例如，我们可以使用双线性形式

$$A_{nm} = \frac{\exp\left(\boldsymbol{h}_n^{\mathrm{T}} \boldsymbol{W} \boldsymbol{h}_m\right)}{\sum_{m' \in \mathcal{N}(n)} \exp\left(\boldsymbol{h}_n^{\mathrm{T}} \boldsymbol{W} \boldsymbol{h}_{m'}\right)} \tag{13.27}$$

其中 $\boldsymbol{W}$ 是一个 $D \times D$ 的可学习参数矩阵。一种更通用的选择是使用神经网络组合边的两个端点的节点的嵌入向量：

$$A_{nm} = \frac{\exp\left\{\mathrm{MLP}\left(\boldsymbol{h}_n, \boldsymbol{h}_m\right)\right\}}{\sum_{m' \in \mathcal{N}(n)} \exp\left\{\mathrm{MLP}\left(\boldsymbol{h}_n, \boldsymbol{h}_{m'}\right)\right\}} \tag{13.28}$$

其中 MLP 具有单个的连续输出变量，并且当输入向量交换时，这个输出变量的值不变。只要 MLP 在网络中的所有节点之间是共享的（见习题 13.8），这个聚合函数就会在节点重新排序下保持等变性。

图注意力网络可以通过引入多头注意力机制来进行扩展，在这个机制中，我们可

以定义 H 组不同的注意力权重 $A_{nm}^{(h)}$，$h=1,\cdots,H$。每个注意力头都使用上面描述的机制之一进行计算，并且具有自己的独立参数（参见 12.1.6 节）。然后在聚合步骤中使用拼接和线性投影将它们组合起来。需要注意的是，对于全连接网络，多头图注意力网络就变成标准的 Transformer 编码器（见习题 13.9）。

13.3.2 边嵌入

前面讨论的图神经网络使用的嵌入向量都与节点相关联。我们已经看到一些网络也具有与边相关联的数据。即使不存在与边相关联的观测值，我们也仍然可以维护和更新基于边的隐藏变量，这些变量可以为图神经网络学习的内部表示做出贡献。

除了由 $\boldsymbol{h}_n^{(l)}$ 给出的节点嵌入，我们还引入了边嵌入 $\boldsymbol{e}_{nm}^{(l)}$。然后我们可以使用以下形式定义一般的消息传递方程：

$$\boldsymbol{e}_{nm}^{(l+1)}=\mathrm{Update}_{\mathrm{edge}}\left(\boldsymbol{e}_{nm}^{(l)},\boldsymbol{h}_n^{(l)},\boldsymbol{h}_m^{(l)}\right) \tag{13.29}$$

$$\boldsymbol{z}_n^{(l+1)}=\mathrm{Aggregate}_{\mathrm{node}}\left(\left\{\boldsymbol{e}_{nm}^{(l+1)}:m\in\mathcal{N}(n)\right\}\right) \tag{13.30}$$

$$\boldsymbol{h}_n^{(l+1)}=\mathrm{Update}_{\mathrm{node}}\left(\boldsymbol{h}_n^{(l)},\boldsymbol{z}_n^{(l+1)}\right) \tag{13.31}$$

最终层学习到的边嵌入 $\boldsymbol{e}_{nm}^{(l)}$ 可以直接用来预测与边相关的内容。

13.3.3 图嵌入

除了节点嵌入和边嵌入，我们还可以维护和更新与整个图相关的嵌入向量 $\boldsymbol{g}^{(l)}$。将所有这些方面结合在一起，我们便能够为图结构化应用定义更通用的一组消息传递函数，以及更丰富的学习表示集合。具体来说，我们可以定义如下消息传递方程（Battaglia et al., 2018）：

$$\boldsymbol{e}_{nm}^{(l+1)}=\mathrm{Update}_{\mathrm{edge}}\left(\boldsymbol{e}_{nm}^{(l)},\boldsymbol{h}_n^{(l)},\boldsymbol{h}_m^{(l)},\boldsymbol{g}^{(l)}\right) \tag{13.32}$$

$$\boldsymbol{z}_n^{(l+1)}=\mathrm{Aggregate}_{\mathrm{node}}\left(\left\{\boldsymbol{e}_{nm}^{(l+1)}:m\in\mathcal{N}(n)\right\}\right) \tag{13.33}$$

$$\boldsymbol{h}_n^{(l+1)}=\mathrm{Update}_{\mathrm{node}}\left(\boldsymbol{h}_n^{(l)},\boldsymbol{z}_n^{(l+1)},\boldsymbol{g}^{(l)}\right) \tag{13.34}$$

$$\boldsymbol{g}^{(l+1)}=\mathrm{Update}_{\mathrm{graph}}\left(\boldsymbol{g}^{(l)},\left\{\boldsymbol{h}_n^{(l+1)}:n\in\mathcal{V}\right\},\left\{\boldsymbol{e}_{nm}^{(l+1)}:(n,m)\in\mathcal{E}\right\}\right) \tag{13.35}$$

这些消息传递方程首先更新边嵌入向量 $\boldsymbol{e}_{nm}^{(l+1)}$，该操作是基于边嵌入向量的先前状态，每条边连接的节点的嵌入向量，以及图级嵌入向量 $\boldsymbol{g}^{(l)}$ 进行的，参见式（13.32）。然后将这些更新的边嵌入向量在连接到每个节点的每条边上进行聚合，参见式（13.33）。接下来转而利用当前节点的嵌入向量和图级嵌入向量更新节点嵌入向量 $\boldsymbol{h}_n^{(l+1)}$，参见式（13.34）。最后基于图中所有节点和所有边的信息，以及从前一层获得的图级嵌入向量，更新当前层的图级嵌入向量。图 13.5 演示了上述过程，算法 13.2 对图消息传递更新做了总结。

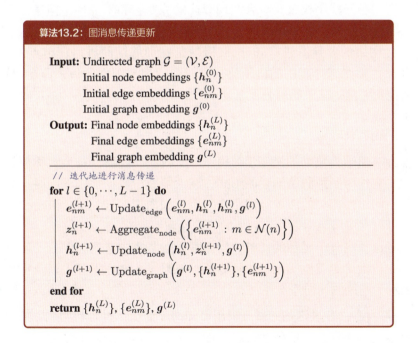

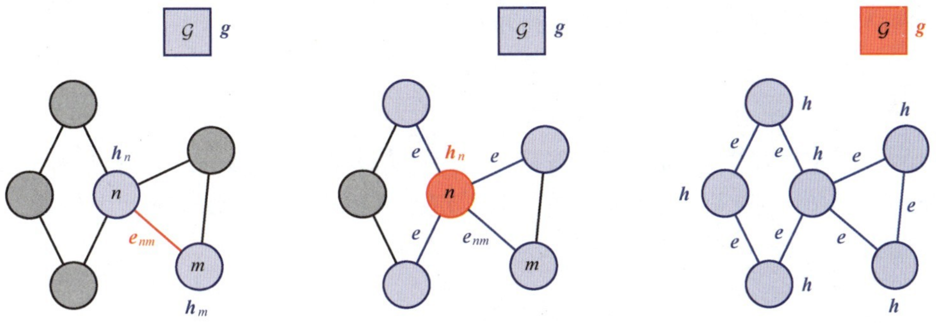

(a) (b) (c)

图 13.5 式（13.32）～式（13.35）定义的图消息传递更新的示意图，展示了 (a) 边更新、(b) 节点更新，以及 (c) 全局图更新。在每种情况下，正在更新的变量用红色显示，而那些对该更新有贡献的变量则用蓝色显示

算法13.2：图消息传递更新

Input: Undirected graph $\mathcal{G} = (\mathcal{V}, \mathcal{E})$
Initial node embeddings $\{\boldsymbol{h}_n^{(0)}\}$
Initial edge embeddings $\{\boldsymbol{e}_{nm}^{(0)}\}$
Initial graph embedding $\boldsymbol{g}^{(0)}$
Output: Final node embeddings $\{\boldsymbol{h}_n^{(L)}\}$
Final edge embeddings $\{\boldsymbol{e}_{nm}^{(L)}\}$
Final graph embedding $\boldsymbol{g}^{(L)}$

// 迭代地进行消息传递
for $l \in \{0, \cdots, L-1\}$ **do**
  $\boldsymbol{e}_{nm}^{(l+1)} \leftarrow \text{Update}_{\text{edge}}\left(\boldsymbol{e}_{nm}^{(l)}, \boldsymbol{h}_n^{(l)}, \boldsymbol{h}_m^{(l)}, \boldsymbol{g}^{(l)}\right)$
  $\boldsymbol{z}_n^{(l+1)} \leftarrow \text{Aggregate}_{\text{node}}\left(\left\{\boldsymbol{e}_{nm}^{(l+1)} : m \in \mathcal{N}(n)\right\}\right)$
  $\boldsymbol{h}_n^{(l+1)} \leftarrow \text{Update}_{\text{node}}\left(\boldsymbol{h}_n^{(l)}, \boldsymbol{z}_n^{(l+1)}, \boldsymbol{g}^{(l)}\right)$
  $\boldsymbol{g}^{(l+1)} \leftarrow \text{Update}_{\text{graph}}\left(\boldsymbol{g}^{(l)}, \{\boldsymbol{h}_n^{(l+1)}\}, \{\boldsymbol{e}_{nm}^{(l+1)}\}\right)$
end for
return $\{\boldsymbol{h}_n^{(L)}\}, \{\boldsymbol{e}_{nm}^{(L)}\}, \boldsymbol{g}^{(L)}$

13.3.4 过度平滑

某些图神经网络会出现的一个显著问题，就是所谓的过度平滑（over-smoothing），在多次迭代地进行消息传递后，节点嵌入向量变得彼此非常相似，这实际上限制了网络的深度。缓解这个问题的一种方法是引入残差连接（见 9.5 节）。例如，我们可以修改更新运算符［式（13.34）］：

$$\boldsymbol{h}_n^{(l+1)} = \text{Update}_{\text{node}}\left(\boldsymbol{h}_n^{(l)}, \boldsymbol{z}_n^{(l+1)}, \boldsymbol{g}^{(l)}\right) + \boldsymbol{h}_n^{(l)} \tag{13.36}$$

减少过度平滑的另一种方法是让输出层不仅从网络的最后一个卷积层获取信息，也从所有先前层获取信息。这可以通过拼接先前层的表示来完成：

$$\boldsymbol{y}_n = \boldsymbol{f}\left(\boldsymbol{h}_n^{(1)} \oplus \boldsymbol{h}_n^{(2)} \oplus \cdots \oplus \boldsymbol{h}_n^{(L)}\right) \tag{13.37}$$

其中 $\boldsymbol{a} \oplus \boldsymbol{b}$ 表示对向量 $\boldsymbol{a}$ 和 $\boldsymbol{b}$ 进行拼接。这种方法的一个变体是使用最大池化（max pooling）而不是拼接来组合向量。在这种情况下，输出向量的每个元素由前几层中所有对应嵌入向量的元素的最大值决定。

13.3.5 正则化

标准的正则化技术可以用于图神经网络（参见第 9 章），包括将惩罚项（例如参数值的平方和）添加到损失函数中。此外，一些专门针对图神经网络开发的正则化方法也已经出现。

图神经网络已经采用权重共享来实现置换的等变性和不变性，但通常它们在每层都有独立的参数。然而，权重和偏置也可以跨层共享，以减少独立参数的数量。

在图神经网络的背景下进行 dropout 指的是在训练期间省略图节点的随机子集，对于每次前向传播则选择新的随机子集。这同样适用于图中的边，即在训练过程中，随机移除或掩盖邻接矩阵中的部分元素。

13.3.6 几何深度学习

在设计针对图结构数据的深度学习模型时，我们已经看到排列对称性是一个至关重要的因素。它作为一种归纳偏置的形式，在大幅减少数据需求的同时也提高了预测性能。在与空间属性相关的图神经网络应用中，如图形网格、流体流动模拟或分子结构，我们还可以在网络架构中构建额外的等变性和不变性。

例如，考虑预测分子属性的任务。当探索候选药物的空间时，分子可以表示为一个列表，其中包括给定类型的原子（碳原子、氢原子、氮原子等）以及每个原子的空间坐标（表示为三维的列向量）。我们可以为每个原子 n 在每一层 l 引入一个相关的嵌入向量，表示为 $\boldsymbol{r}_n^{(l)}$，并且这些向量可以用已知的原子坐标进行初始化。然而，这些向量的元素值取决于坐标系统的任意选择，而分子的属性则不依赖于它。例如，如果分子在三维空间中旋转或相对于坐标系统原点移动到新位置，或者如果坐标系统本身反射得到分子的镜像版本，那么分子的溶解度保持不变。因此，分子的属性也应该在这样的变换下保持不变。

通过仔细选择更新操作和聚合操作的函数形式（Satorras, Hoogeboom, and Welling, 2021），新的嵌入向量 $\boldsymbol{r}_n^{(l)}$ 可以纳入图神经网络的更新方程［式（13.29）～式（13.31）］中，以实现所需的对称性：

$$\boldsymbol{e}_{nm}^{(l+1)} = \text{Update}_{\text{edge}}\left(\boldsymbol{e}_{nm}^{(l)}, \boldsymbol{h}_n^{(l)}, \boldsymbol{h}_m^{(l)}, \left\|\boldsymbol{r}_n^{(l)} - \boldsymbol{r}_m^{(l)}\right\|^2\right) \tag{13.38}$$

$$\boldsymbol{r}_n^{(l+1)} = \boldsymbol{r}_n^{(l)} + C \sum_{(n,m)\in\mathcal{E}} \left(\boldsymbol{r}_n^{(l)} - \boldsymbol{r}_m^{(l)}\right) \phi\left(\boldsymbol{e}_{nm}^{(l+1)}\right) \tag{13.39}$$

$$\boldsymbol{z}_n^{(l+1)} = \text{Aggregate}_{\text{node}}\left(\left\{\boldsymbol{e}_{nm}^{(l+1)} : m \in \mathcal{N}(n)\right\}\right) \tag{13.40}$$

$$\boldsymbol{h}_n^{(l+1)} = \text{Update}_{\text{node}}\left(\boldsymbol{h}_n^{(l)}, \boldsymbol{z}_n^{(l+1)}\right) \tag{13.41}$$

注意，$\left\|\boldsymbol{r}_n^{(l)} - \boldsymbol{r}_m^{(l)}\right\|^2$ 表示坐标 $\boldsymbol{r}_n^{(l)}$ 和 $\boldsymbol{r}_m^{(l)}$ 之间的平方距离，它并不依赖于平移、旋转或反射。同样，坐标 $\boldsymbol{r}_n^{(l)}$ 可以通过相对差异 $\left(\boldsymbol{r}_n^{(l)} - \boldsymbol{r}_m^{(l)}\right)$ 的线性组合进行更新。这里的 $\phi\left(\boldsymbol{e}_{nm}^{(l+1)}\right)$ 是边嵌入的一般标量函数，由神经网络表示，系数 C 通常设置为求和项数目的倒数。因此在这种变换下，消息传递方程［式（13.38）、式（13.40）和式（13.41）］是不变的，而式（13.39）给出的坐标嵌入是等变的（见习题 13.10）。

我们已经看到了结构化数据中许多对称性的例子，从图像中物体的平移和图中节点顺序的排列，到三维空间中分子的旋转和平移。将这些对称性捕获在深度神经网络的结构中是一种强大的归纳偏置形式，也是进行丰富的几何深度学习（geometric deep learning）研究的基础（Bronstein et al., 2017; Bronstein et al., 2021）。

习题

13.1 （⋆）证明：对应于图 13.2 中两种节点排序选择的置换 $(A, B, C, D, E) \to (C, E, A, D, B)$，可以表示为式（13.5）定义的形式，其中置换矩阵由式（13.1）给出。

13.2 （⋆⋆）证明：对应于图 13.2 中两种节点排序选择的图 $\mathcal{G}$ 中与每个节点相连的边数可以由矩阵 $\boldsymbol{A}^2$ 中相应的对角元素给出，其中 $\boldsymbol{A}$ 是邻接矩阵。

13.3 （⋆）由下式给出的邻接矩阵，画出其对应的图：

$$\boldsymbol{A} = \begin{pmatrix} 0 & 1 & 1 & 0 & 1 \\ 1 & 0 & 1 & 1 & 1 \\ 1 & 1 & 0 & 1 & 0 \\ 0 & 1 & 1 & 0 & 0 \\ 1 & 1 & 0 & 0 & 0 \end{pmatrix} \tag{13.42}$$

13.4 （⋆⋆）证明在数据矩阵 $\boldsymbol{X}$ 前乘以式（13.3）定义的置换矩阵 $\boldsymbol{P}$ 的效果是创建一个新的数据矩阵 $\widetilde{\boldsymbol{X}}$［由式（13.4）给出］，其行已根据置换函数 $\pi(\cdot)$ 进行置换。

13.5 （⋆⋆）证明转换后的邻接矩阵 $\widetilde{\boldsymbol{A}}$，它由式（13.5）定义，其中 $\boldsymbol{P}$ 由式（13.3）定义，使得新矩阵的行和列都根据置换函数 $\pi(\cdot)$ 相对于原始邻接矩阵 $\boldsymbol{A}$ 进行置换。

13.6 （⋆⋆）将式（13.16）所示的更新方程写成使用矩阵的图级别方程。为了保持符号简洁，省略层索引 l。为此，首先将节点嵌入向量 $\boldsymbol{h}_n$ 收集到一个矩阵 $\boldsymbol{H}$ 中，其中的行 n 由 $\boldsymbol{h}_n^{\mathrm{T}}$ 给出。然后证明下式

$$\boldsymbol{z}_n = \sum_{m \in \mathcal{N}(n)} \boldsymbol{h}_m \tag{13.43}$$

给出的邻域聚合向量 $\boldsymbol{z}_n$ 可以以矩阵形式写成 $\boldsymbol{Z} = \boldsymbol{A}\boldsymbol{H}$，$\boldsymbol{Z}$ 是一个 $N \times D$ 大小的矩阵，其中的行 n 由 $\boldsymbol{z}_n^{\mathrm{T}}$ 给出，$\boldsymbol{A}$ 是邻接矩阵。最后证明式（13.16）中非线性激活函数的参数可以以矩阵形式写成

$$\boldsymbol{A}\boldsymbol{H}\boldsymbol{W}_{\text{neigh}} + \boldsymbol{H}\boldsymbol{W}_{\text{self}} + \mathbf{1}_D \boldsymbol{b}^{\mathrm{T}} \tag{13.44}$$

$\mathbf{1}_D$ 是一个 D 维的列向量，其中的所有元素都是 1。

13.7 （★★）利用深度图卷积网络第 l 层的等变性［式（13.19）］和节点变量的置换性质［式（13.4）］，证明式（13.18）定义的完整深度图卷积网络也是等变的。

13.8 （★★）证明在式（13.24）定义的聚合函数中［注意力权重由式（13.28）给出］，该聚合函数在图中节点重新排序下是等变的。

13.9 （★）证明一个图注意力网络（其中图是全连接的，即每对节点之间都有一条边），等同于标准的 Transformer 架构。

13.10 （★★）当坐标系统被平移时，对坐标系统定义的物体的位置向量使用

$$\tilde{\boldsymbol{r}} = \boldsymbol{r} + \boldsymbol{c} \tag{13.45}$$

进行转换，其中 $\boldsymbol{c}$ 是描述平移的固定向量。类似地，如果坐标系统发生旋转和/或镜像反射，则对坐标系统定义的物体的位置向量使用

$$\tilde{\boldsymbol{r}} = \boldsymbol{R}\boldsymbol{r} \tag{13.46}$$

进行转换，其中 $\boldsymbol{R}$ 是一个正交矩阵，它的逆由其转置给出，所以

$$\boldsymbol{R}\boldsymbol{R}^{\mathrm{T}} = \boldsymbol{R}^{\mathrm{T}}\boldsymbol{R} = \boldsymbol{I} \tag{13.47}$$

利用这些属性，证明在平移、旋转和反射下，消息传递方程［式（13.38）、式（13.40）和式（13.41）］是不变的，并且式（13.39）给出的坐标嵌入向量是等变的。

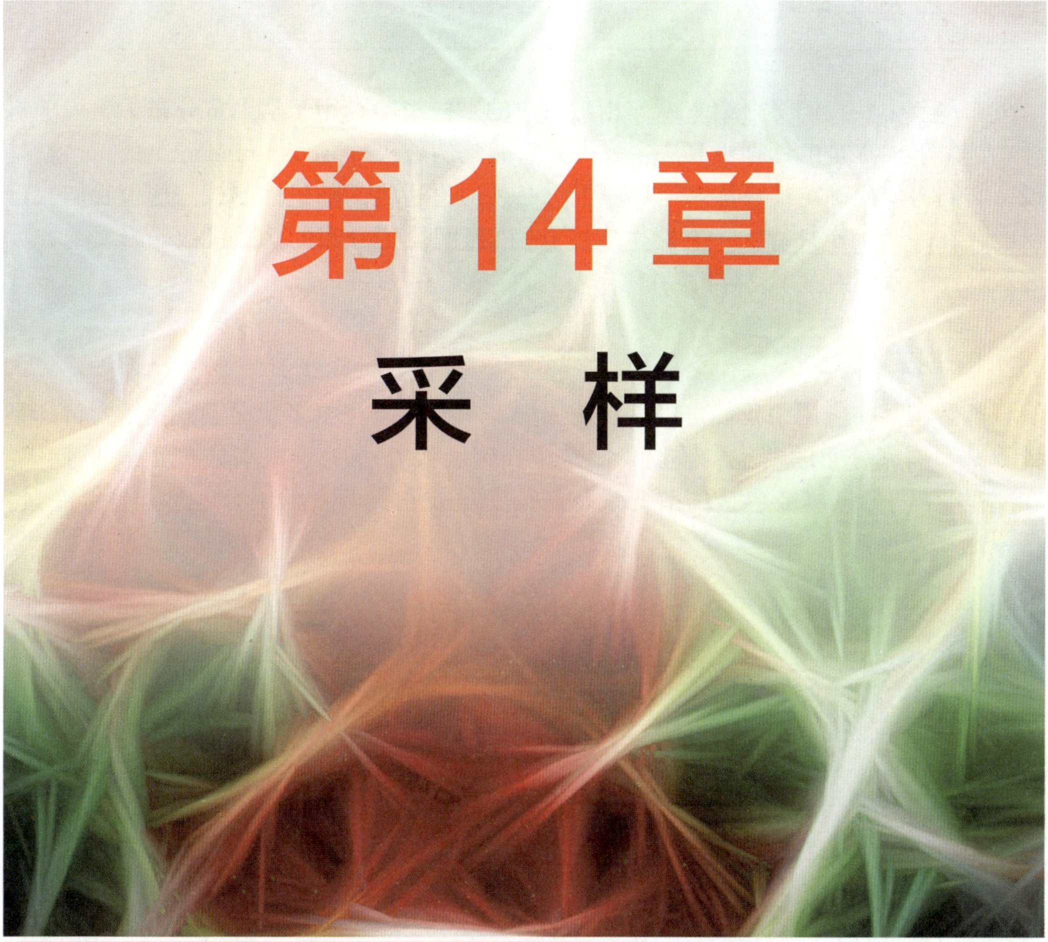

第14章 采样

在深度学习领域，我们经常需要从概率分布 $p(z)$ 中生成 z 的样本。这里的 z 可能是一个标量，分布可能是单变量高斯分布；或者 z 可能是一幅高分辨率的图像，而 $p(z)$ 可能是由深度神经网络定义的生成式模型。这种生成样本的过程称为采样（sampling），也称蒙特卡洛采样（Monte Carlo sampling）。对于许多简单的分布，我们可以使用数值技术直接生成合适的样本。而对于更复杂的分布，包括那些隐式定义的分布，我们则需要使用更复杂的方法。我们把每个实例化的值称为一个样本，而不像传统统计学那样把一组值称为一个样本。

在本章中，我们将重点关注与深度学习最相关的采样方面的内容。关于蒙特卡洛采样方法的更通用的介绍，可以参考 Gilks, Richardson, and Spiegelhalter（1996）以及 Robert and Casella（1999）。

14.1 基本采样

在本节中，我们将介绍一系列相对简单的采样策略，用于从给定分布中生成随机样本。由于样本是由计算机算法生成的，它们是伪随机（pseudo-random）的，也就是说，它们将使用确定性算法来运算，但仍必须通过适当的随机性测试。这里我们假设已经存在一个确定性算法，它能生成在 $(0, 1)$ 区间均匀分布的伪随机数，事实上，大多数软件平台都内置了这样的功能。

14.1.1 期望

虽然在某些应用中我们可以直接使用样本本身，但在更多情况下，我们的目标是计算某个概率分布的期望。假设我们希望找到函数 $f(\mathbf{z})$ 关于概率分布 $p(\mathbf{z})$ 的期望。在这里，$\mathbf{z}$ 的分量可能包括离散变量、连续变量或它们两者的组合。对于连续变量，期望定义为

$$\mathbb{E}[f]=\int f(\mathbf{z})p(\mathbf{z})\mathrm{d}\mathbf{z} \tag{14.1}$$

其中，积分在离散变量的情况下被求和替代。图 14.1 展示了单个连续变量的情况。我们在此假设这样的期望过于复杂，无法使用解析方法准确计算，这时候就需要用采样方法近似计算。采样方法的基本思路是获得从分布 $p(\mathbf{z})$ 中独立地抽取的一组样本 $\mathbf{z}^{(l)}$（其中 $l=1,\cdots,L$），使得期望（14.1）可以通过有限和的形式来近似：

$$\overline{f}=\frac{1}{L}\sum_{l=1}^{L}f\left(\mathbf{z}^{(l)}\right) \tag{14.2}$$

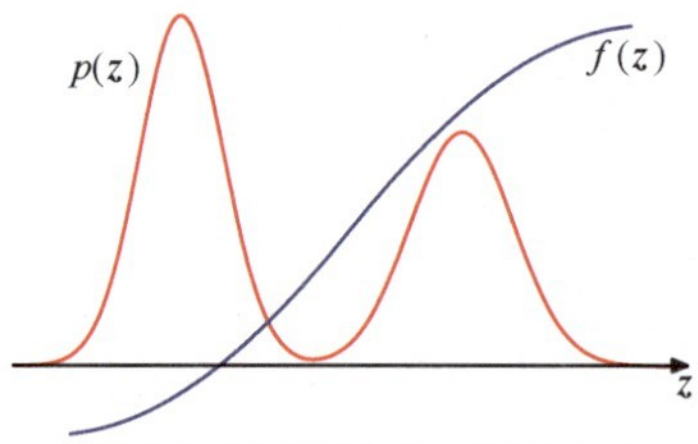

图 14.1 一个函数 $f(z)$，我们需要计算它关于概率分布 $p(z)$ 的期望（示意图）

如果样本 $\mathbf{z}^{(l)}$ 是从概率分布 $p(\mathbf{z})$ 中抽取的，则 $\mathbb{E}[\overline{f}]=\mathbb{E}[f(\mathbf{z})]$，因此估计量 $\overline{f}$ 具有正确的均值（见习题 14.1）。我们也可以把它改成

$$\mathbb{E}[f(\mathbf{z})]\simeq\frac{1}{L}\sum_{l=1}^{L}f\left(\mathbf{z}^{(l)}\right) \tag{14.3}$$

其中符号 $\simeq$ 表示右侧是左侧的无偏估计量，也就是说，当对噪声分布进行平均时，两侧是相等的（见习题 14.2）。估计量［式（14.2）］的方差由下式给出：

$$\mathrm{var}[\overline{f}]=\frac{1}{L}\mathbb{E}\left[(f-\mathbb{E}[f])^2\right] \tag{14.4}$$

该方差是函数 $f(z)$ 在概率分布 $p(z)$ 下的方差。注意，这种方差会随着 L 的增加而线性减小，并且不依赖于 z 的维度，从原则上讲，使用相对较小的样本集合 $\{z^{(l)}\}$ 就有可能获得高精度。然而，问题在于样本集合 $\{z^{(l)}\}$ 中的样本可能不是独立的，所以有效样本量可能比表面上的样本量要小得多。另外，在图 14.1 中，如果 $f(z)$ 在 $p(z)$ 较大的区域很小，在 $p(z)$ 较小的地方反而很大，则期望可能被小概率区域主导，这意味着为了达到足够的准确度，可能需要较大的样本量。

14.1.2 标准分布

现在假设我们已经有了一个均匀分布随机数的来源，我们讨论如何从简单的非均匀分布中生成随机数。假设 z 在区间（0, 1）上均匀分布，并且我们使用某个函数 $g(\cdot)$ 来变换 z 的值，使得 $y = g(z)$。y 的分布将由下式决定：

$$p(y) = p(z)\left|\frac{\mathrm{d}z}{\mathrm{d}y}\right| \tag{14.5}$$

在这里，$p(z)=1$。我们的目标是选择合适的函数 $g(z)$，让生成的 y 具有某个特定的期望分布 $p(y)$。对式（14.5）进行积分，可以得到

$$z = \int_{-\infty}^{y} p(\hat{y}) \equiv h(y)\mathrm{d}\hat{y} \tag{14.6}$$

这是 $p(y)$ 的不定积分。$y = h^{-1}(z)$，所以我们需要使用一个变换函数，该函数是目标分布不定积分的反函数，如图 14.2 所示。

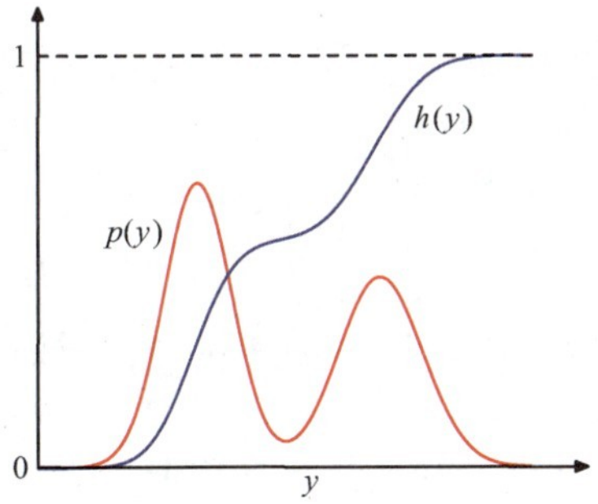

图 14.2 生成非均匀分布随机数的变换方法的几何解释。$h(y)$ 是期望的目标分布 $p(y)$ 的不定积分。如果用 $y = h^{-1}(z)$ 变换均匀分布的随机变量 z，那么得到的变量 y 将服从 $p(y)$ 分布

以指数分布为例

$$p(y) = \lambda \exp(-\lambda y) \tag{14.7}$$

其中 $0 \leqslant y < \infty$。在这种情况下，式（14.6）中的积分的下限是 0，因此

$h(y)=1-\exp(-\lambda y)$。如果我们使用 $y=-\lambda^{-1}\ln(1-z)$ 变换均匀分布的随机变量 z，那么 y 将服从指数分布。

可以应用变量变换方法的另一种分布是柯西分布：

$$p(y)=\frac{1}{\pi}\frac{1}{1+y^2} \tag{14.8}$$

在这种情况下，不定积分的反函数可以用正切函数表示（见习题 14.4）。

将该方法推广到多元变量的情形，需要引入变量变换的雅可比行列式，于是有

$$p(y_1,\cdots,y_M)=p(z_1,\cdots,z_M)\left|\frac{\partial(z_1,\cdots,z_M)}{\partial(y_1,\cdots,y_M)}\right| \tag{14.9}$$

作为变换方法的最后一个例子，我们介绍用于生成高斯分布样本的 Box-Muller 方法。首先，我们生成一对均匀分布的随机数 $z_1,z_2\in(-1,1)$，这可以通过对在区间 $(0,1)$ 上均匀分布的变量 z 进行 $z\to 2z-1$ 线性变换来实现。接下来丢弃所有不满足条件 $z_1^2+z_2^2\leqslant 1$ 的数对，这将产生一个在单位圆内均匀分布的点集，且其概率密度为 $p(z_1,z_2)=1/\pi$，如图 14.3 所示。

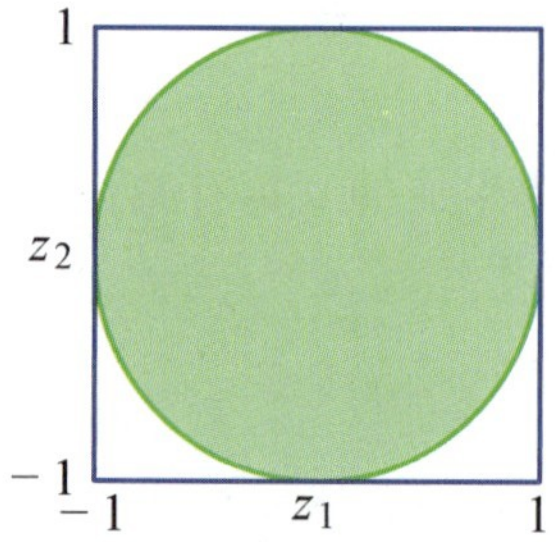

图 14.3 Box-Muller 方法用于生成高斯分布的随机数，为此，首先在单位圆内生成均匀分布的样本

最后，对于每对 z_1,z_2，我们计算量

$$y_1=z_1\left(\frac{-2\ln r^2}{r^2}\right)^{1/2} \tag{14.10}$$

$$y_2=z_2\left(\frac{-2\ln r^2}{r^2}\right)^{1/2} \tag{14.11}$$

其中 $r^2=z_1^2+z_2^2$（见习题 14.5）。y_1 和 y_2 的联合概率密度函数为

$$\begin{aligned}p(y_1,y_2)&=p(z_1,z_2)\left|\frac{\partial(z_1,z_2)}{\partial(y_1,y_2)}\right|\\&=\left[\frac{1}{\sqrt{2\pi}}\exp(-y_1^2/2)\right]\left[\frac{1}{\sqrt{2\pi}}\exp(-y_2^2/2)\right]\end{aligned} \tag{14.12}$$

因此，y_1 和 y_2 是独立的，并且每个变量都服从均值为零、方差为 1 的高斯分布。

如果 y 服从均值为零、方差为单位方差的高斯分布，那么 $\sigma y+\mu$ 将服从均值为 μ、方差为 σ^2 的高斯分布。为了生成具有多元高斯分布的向量值变量，假设多元高斯分布的均值为 μ、协方差矩阵为 $\boldsymbol{\Sigma}$，我们可以利用楚列斯基分解，其形式为 $\boldsymbol{\Sigma}=\boldsymbol{L}\boldsymbol{L}^{\mathrm{T}}$（Deisenroth, Faisal, and Ong, 2020）。然后，如果 z 是一个随机向量，其分量是独立的且具有零均值、单位方差的高斯分布（见习题 14.6），那么 $\mathbf{y}=\mu+\boldsymbol{L}\mathbf{z}$ 将具有均值为 μ、

协方差矩阵为 $\boldsymbol{\Sigma}$ 的高斯分布。

显然，变换技术的成功依赖于计算所需分布的不定积分与求得其反函数的能力。这样的操作只对几种简单分布可行，因此我们必须转向替代方法，寻找更通用的策略。这里我们考虑两种替代方法：拒绝采样（rejection sampling）和重要性采样（importance sampling）。尽管这两种方法受限于单变量分布，并不能直接应用于多维的复杂问题，但它们是更通用策略的重要组成部分。

14.1.3 拒绝采样

拒绝采样框架允许我们从相对复杂的分布中采样，但有一定的限制条件。首先考虑单变量分布，然后考虑扩展到多维的情形。

假设我们想要从一个分布 $p(z)$ 中进行采样，该分布不属于目前为止考虑过的简单标准分布，并且直接从 $p(z)$ 中采样很困难。此外，假设我们能够轻易地计算任意给定值 z 的 $p(z)$，但计算结果需要乘以归一化常数 Z_p 的倒数才能得到真实的 $p(z)$，即

$$p(z) = \frac{1}{Z_p}\tilde{p}(z) \tag{14.13}$$

其中 $\tilde{p}(z)$ 很容易计算，但 Z_p 是未知的。

要应用拒绝采样，我们需要一些更简单的分布 $q(z)$，它们有时称为提议分布（proposal distribution），我们可以容易地从中抽取样本。接下来引入常数 k，其值的选择需要满足对于所有的 z 都有 $kq(z) \geqslant \tilde{p}(z)$。函数 $kq(z)$ 称为比较函数，图 14.4 针对一元分布的情况对它进行了说明。拒绝采样的每一步都需要生成两个随机数。首先，我们从分布 $q(z)$ 中生成一个随机数 z_0。接下来，我们从区间 $[0, kq(z_0)]$ 上的均匀分布中生成另一个随机数 u_0。这对随机数在函数 $kq(z)$ 的曲线下具有均匀分布。最后，如果 $u_0 > \tilde{p}(z_0)$，则拒绝该样本，否则保留 u_0。因此，这对随机数如果位于图 14.4 中的灰色阴影区域内，则会被拒绝。剩余的随机数对在 $\tilde{p}(z)$ 曲线下具有均匀分布（见习题 14.7），因此相应的 z 值服从我们期望的分布 $p(z)$。

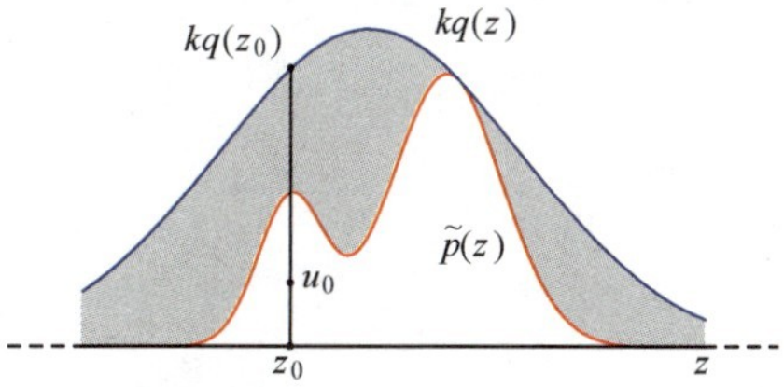

图 14.4　在拒绝采样中，样本是从一个简单的分布 $q(z)$ 中抽取的，并且它们如果落在未归一化分布 $\tilde{p}(z)$ 和缩放分布 $kq(z)$ 之间的灰色区域内，则被拒绝。最终的样本是根据 $p(z)$ 分布的，$p(z)$ 是 $\tilde{p}(z)$ 的归一化版本

原始的 z 值是从分布 $q(z)$ 中生成的，然后这些样本以 $\tilde{p}(z)/kq(z)$ 的概率得以接受，因此接受样本的概率由下式给出：

$$\begin{aligned} p(\text{accept}) &= \int \{\tilde{p}(z)/kq(z)\}q(z)\mathrm{d}z \\ &= \frac{1}{k}\int \tilde{p}(z)\mathrm{d}z \end{aligned} \tag{14.14}$$

因此，这种方法拒绝的点的比例取决于未归一化分布 $\tilde{p}(z)$ 曲线下的面积与缩放分布 $kq(z)$ 曲线下的面积的比值。由此可见，常数 k 应尽可能小，同时满足对于任意 z，$kq(z)$ 处处都不小于 $\tilde{p}(z)$ 的限制条件。

为了演示拒绝采样的用法，考虑从伽马分布中采样的任务：

$$\text{Gam}(z\mid a,b)=\frac{b^a z^{a-1}\exp(-bz)}{\Gamma(a)} \tag{14.15}$$

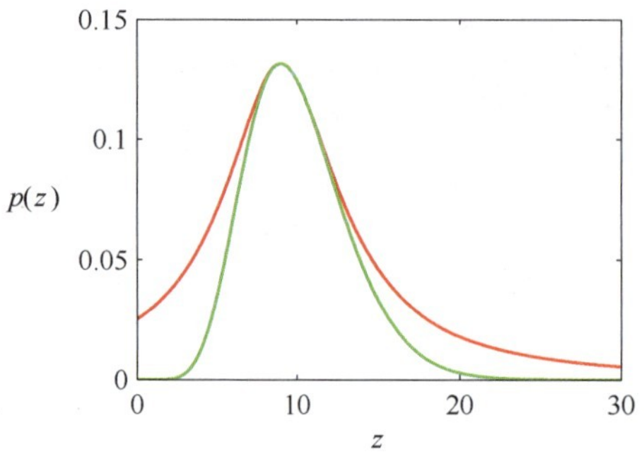

图 14.5 式（14.15）给出的伽马分布为绿色曲线，缩放后的柯西提议分布为红色曲线。可以通过从柯西分布中采样，然后应用拒绝采样来获得伽马分布的样本

当 $a>1$，伽马分布具有钟形形状，如图 14.5 所示。因此，合适的提议分布是柯西分布［式（14.8）］，因为它也是钟形的，而且我们可以使用前面讨论的变换方法从中采样。我们需要稍微扩展一下柯西分布，以确保其在任何位置的值都不小于伽马分布的值。这可以通过使用 $z=b\tan y+c$ 变换均匀分布的随机变量 y 来实现，这会产生服从下式分布的随机数（见习题 14.8）：

$$q(z)=\frac{k}{1+(z-c)^2/b^2} \tag{14.16}$$

通过设置 $c=a-1$、$b^2=2a-1$，并选择尽可能小的常数 k 来满足 $kq(z)\geqslant\tilde{p}(z)$ 的要求，可以获得最小的拒绝率。最终得到的比较函数如图 14.5 所示。

14.1.4 适应性拒绝采样

许多时候，我们希望使用拒绝采样方法却很难确定包络分布 $q(z)$ 的合适解析形式。一种替代方法是基于分布 $p(z)$ 的测量值构造包络函数（Gilks and Wild, 1992）。当 $p(z)$ 是对数凹函数时，即 $\ln\ p(z)$ 的导数是 z 的非增函数时，构造合适的包络函数尤其简单。构造的包络函数的说明见图 14.6。

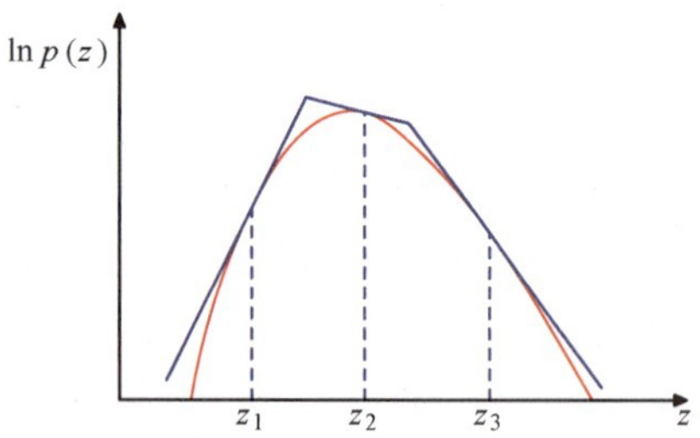

图 14.6 在拒绝采样中，如果一个分布是对数凹的，则可以使用我们在一组网格点计算得到的切线来构造一个包络函数。如果一个样本被拒绝，就将它添加到网格点集合中，并用于完善包络分布

首先，在一些初始网格点上计算 $\ln p(z)$ 及其梯度，然后利用得到的切线交点来构造包络函数。接下来，从包络分布中抽取一个样本值（见习题 14.10）。这一步很简单，因为包络分布的对数是一系列线性函数，因此包络分布本身是由以下形式的分段指数分布构成的：

$$q(z)=k_i\lambda_i\exp\left\{-\lambda_i\left(z-z_{i-1}\right)\right\},\quad z_{i-1}<z\leqslant z_i \tag{14.17}$$

一旦抽取了一个样本，就可以应用常规的拒绝标准。样本如果被接受，它将是期望分布的一个抽取。样本如果被拒绝，它就被纳入网格点集合中，用于计算新的切线，并由此完善包络函数。随着网格点数量的增加，包络函数会越来越逼近期望分布 $p(z)$ 的更好近似，并且样本被拒绝的概率就会降低。

Gilks 提出了旨在避免计算导数的自适应拒绝采样（Gilks, 1992）。自适应拒绝采样框架也可以扩展到非对数凹分布，只需要在每个拒绝采样步骤之后跟随一个 Metropolis-Hastings 步骤（将在 14.2.3 小节中讨论），从而产生自适应拒绝 Metropolis 采样（Gilks, Best, and Tan, 1995）。

为了使拒绝采样具有实用价值，我们要求比较函数与目标分布尽可能接近，以便将拒绝率保持在最低限度。下面看看当我们试图在高维空间中使用拒绝采样时会发生什么。我们考虑一个有点儿故意设计的问题，希望从一个均值为零、协方差为 $\sigma_p^2\boldsymbol{I}$ 的高斯分布中采样（其中 $\boldsymbol{I}$ 是单位矩阵），而提议分布本身是一个均值为零、协方差为 $\sigma_p^2\boldsymbol{I}$ 的高斯分布。显然，必须有 $\sigma_q^2 \geqslant \sigma_p^2$ 以确保存在一个常数 k 使得 $kq(z) \geqslant p(z)$。在 D 维空间中，k 的最优值由 $k=\left(\sigma_q/\sigma_p\right)^D$ 给出，参见图 14.7 中 $D=1$ 的情形。样本接受率将是 $p(z)$ 和 $kq(z)$ 曲线下面积的比值，因为这两个分布都是归一化的，所以结果为 $1/k$。样本接受率会随着维度的增大呈指数下降。即使 σ_q 仅比 σ_p 高出 1%，对于 $D=1000$，接受率大约为 1 / 20 000。在这个例子中，比较函数接近目标分布。目标分布可能是多模态且具有尖锐峰值的，要找到一个好的提议分布和比较函数将极其困难。此外，接受率随维度呈指数下降是拒绝采样的一个普遍特性。尽管拒绝采样在一维或两维空间中可能是一种有用的技术，但它不适用于高维问题。然而，它可以作为在高维空间采样的更复杂算法中的一个子程序发挥作用。

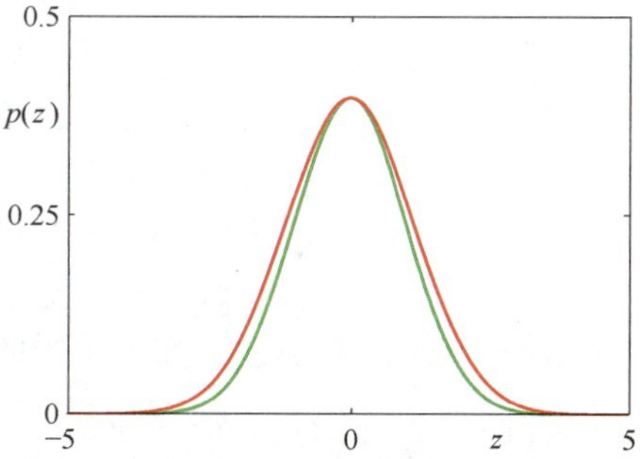

图 14.7　用来突出拒绝采样局限性的示例。可通过使用提议分布 $q(z)$ 进行拒绝采样，并从高斯分布 $p(z)$ 中抽取样本，该分布用绿色曲线表示，其缩放版本 $kq(z)$ 用红色曲线表示，提议分布 $q(z)$ 也是高斯分布

14.1.5　重要性采样

我们希望从复杂概率分布中进行采样的一个原因是为了计算形如式（14.1）的期望。重要性采样技术提供了一个直接近似期望的框架，但它本身并不提供从分布 $p(\boldsymbol{z})$ 中抽取样本的方法。

式（14.2）给出的有限和近似期望值，依赖于能够从分布 $p(\boldsymbol{z})$ 中抽取样本。然而，假设直接从 $p(\boldsymbol{z})$ 中采样是不现实的，但对于任意给定的 $\boldsymbol{z}$ 值，我们能够容易地计算出 $p(\boldsymbol{z})$ 的值。一种简单的计算期望方法是将 $\boldsymbol{z}$ 空间离散化为均匀网格，并将期望表示成求和的形式：

$$\mathbb{E}[f] \approx \sum_{l=1}^{L} p\left(z^{(l)}\right) f\left(z^{(l)}\right) \tag{14.18}$$

这种方法的一个明显问题是，求和项的数量会随着 z 的维度的增加呈指数增长。此外，正如我们已经注意到的，我们感兴趣的概率分布通常会将它们的大部分概率密度限制在 z 空间的相对较小的区域内，所以在高维问题中，均匀采样将非常低效，因为只有很少一部分样本会对求和做出显著贡献。我们真正希望的是 $p(z)$ 较大的区域，或理想情况下，从 $p(z)f(z)$ 较大的区域中选择样本点。

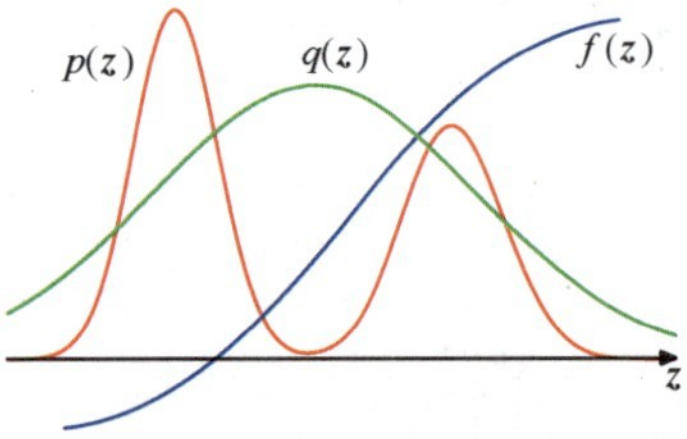

图 14.8　重要性采样解决了这样一个问题：当我们很难直接从分布 $p(z)$ 中采样时，如何计算函数 $f(z)$ 关于该分布的期望。此方法从更易采样的分布 $q(z)$ 中抽取样本 $\{z^{(l)}\}$，并且在求和计算中为每个样本项赋予权重 $p\left(z^{(l)}\right)/q\left(z^{(l)}\right)$

与拒绝采样一样，重要性采样也基于易于抽取样本的提议分布 $q(z)$，如图 14.8 所示。我们可以利用从 $q(z)$ 中抽取的样本集 $\left\{z^{(l)}\right\}$，将期望表达为样本上的有限和形式：

$$\begin{aligned}\mathbb{E}[f] &= \int f(z)p(z)\mathrm{d}z \\ &= \int f(z)\frac{p(z)}{q(z)}q(z)\mathrm{d}z \\ &\approx \frac{1}{L}\sum_{l=1}^{L}\frac{p\left(z^{(l)}\right)}{q\left(z^{(l)}\right)}f\left(z^{(l)}\right)\end{aligned} \tag{14.19}$$

量 $r_l = p\left(z^{(l)}\right)/q\left(z^{(l)}\right)$ 称为重要性权重（importance weights），用于纠正从错误分布中采样而引入的偏差。请注意，与拒绝采样不同，这里生成的所有样本都会被保留。

通常分布 $p(z)$ 的计算只能达到一个归一化常数的精度，所以 $p(z) = \tilde{p}(z)/Z_p$，其中 $\tilde{p}(z)$ 可以轻易计算出来，而 Z_p 是未知的。

类似地，我们可能希望使用的重要性采样分布 $q(z) = \tilde{q}(z)/Z_q$ 也具有同样的性质：

$$\begin{aligned}\mathbb{E}[f] &= \int f(z)p(z)\mathrm{d}z \\ &= \frac{Z_q}{Z_p}\int f(z)\frac{\tilde{p}(z)}{\tilde{q}(z)}q(z)\mathrm{d}z \\ &\approx \frac{Z_q}{Z_p}\frac{1}{L}\sum_{l=1}^{L}\tilde{r}_l f\left(z^{(l)}\right)\end{aligned} \tag{14.20}$$

其中 $\tilde{r}_l = \tilde{p}\left(z^{(l)}\right)/\tilde{q}\left(z^{(l)}\right)$。我们可以使用相同的样本集来计算比值 Z_p/Z_q，结果为

$$\frac{Z_p}{Z_q} = \frac{1}{Z_q}\int \tilde{p}(z)\mathrm{d}z = \int \frac{\tilde{p}(z)}{\tilde{q}(z)} q(z)\mathrm{d}z \\ \approx \frac{1}{L}\sum_{l=1}^{L}\tilde{r}_l \tag{14.21}$$

因此，式（14.20）中的期望可用加权和来表示：

$$\mathbb{E}[f] \approx \sum_{l=1}^{L} w_l f\left(z^{(l)}\right) \tag{14.22}$$

其中

$$w_l = \frac{\tilde{r}_l}{\sum_m \tilde{r}_m} = \frac{\tilde{p}\left(z^{(l)}\right)/q\left(z^{(l)}\right)}{\sum_m \tilde{p}\left(z^{(m)}\right)/q\left(z^{(m)}\right)} \tag{14.23}$$

请注意，$\{w_l\}$ 都是非负数且和为 1。

与拒绝采样一样，重要性采样的成功严重依赖于采样分布 $q(z)$ 与目标分布 $p(z)$ 的匹配程度。如果 $p(z)f(z)$ 变化剧烈并且其大部分概率密度集中在 z 空间的相对较小区域内（这种情况很常见），则一组重要性权重 $\{r_l\}$ 可能会受少数几个较大权重的支配，剩余的权重则相对无关紧要。因此，有效样本的数量可能比表面上的样本数 L 少得多。如果没有任何样本落在 $p(z)f(z)$ 较大的区域内，问题将更为严重。在那种情况下，即使 r_1 和 $r_l f\left(z^{(l)}\right)$ 的表面方差可能很小，对期望的估计也可能产生严重错误。因此，重要性采样的一个主要缺点是，它可能产生任意错误的结果，并且没有诊断指标。这也突出了采样分布 $q(z)$ 的一个关键要求，即在 $p(z)$ 可能显著的区域内，它的值不应该太小或为零。

14.1.6 采样–重要性–重采样

14.1.3 小节讨论的拒绝采样部分地依赖于成功确定一个适当的 k 值。对于分布 $p(z)$ 和 $q(z)$ 的各种组合，想要确定一个适当的 k 值是不切实际的，因为当 k 值大到能保证目标分布被包络的时候，对应的样本接受率会小到没有实用价值。

与拒绝采样一样，采样 – 重要性 – 重采样方案也使用一个采样分布 $q(z)$，但避免了确定 k 值的要求。该方案分两个阶段。在第一阶段，从 $q(z)$ 中抽取 L 个样本 $z^{(1)},\cdots,z^{(L)}$。然后在第二阶段，使用式（14.23）构建权重 $(w_1,\cdots,w_L)$。最后从离散分布 $(z^{(1)},\cdots,z^{(L)})$ 中抽取第二组 L 个样本，其被抽中的概率由权重 $(w_1,\cdots,w_L)$ 给出。

得到的 L 个样本只是近似按照 $p(z)$ 分布的，但随着 L 趋于无穷大，该分布将变得正确。为了理解这一点，考虑单变量情况，并注意重采样值的累积分布由下式给出：

$$
\begin{aligned}
p(z\leqslant a) &= \sum_{l:z^{(l)}\leqslant a} w_l \\
&= \frac{\sum_l I\left(z^{(l)}\leqslant a\right)\tilde{p}\left(z^{(l)}\right)/q\left(z^{(l)}\right)}{\sum_l \tilde{p}\left(z^{(l)}\right)/q\left(z^{(l)}\right)}
\end{aligned}
\tag{14.24}
$$

其中 $I(\cdot)$ 是指示函数（如果其参数为真，则函数值为 1，否则为 0）。使 L 趋于无穷大，并假设分布的适当的正则性，我们就可以用根据原始采样分布 $q(z)$ 加权的积分来替换求和：

$$
\begin{aligned}
p(z\leqslant a) &= \frac{\int I(z\leqslant a)\{\tilde{p}(z)/q(z)\}q(z)\mathrm{d}z}{\int\{\tilde{p}(z)/q(z)\}q(z)\mathrm{d}z} \\
&= \frac{\int I(z\leqslant a)\tilde{p}(z)\mathrm{d}z}{\int \tilde{p}(z)\mathrm{d}z} \\
&\simeq \int I(z\leqslant a)p(z)\mathrm{d}z
\end{aligned}
\tag{14.25}
$$

这就是 $p(z)$ 的累积分布函数。同样，我们可以看到 $p(z)$ 的归一化并不是必需的。

对于有限值 L 和给定的初始样本集，重采样值只能近似地从目标分布中抽取。与拒绝采样一样，随着采样分布 $q(z)$ 更接近目标分布 $p(z)$，近似结果的效果也会越来越好。当 $q(z)=p(z)$ 时，初始样本 $\left(z^{(1)},\cdots,z^{(L)}\right)$ 具有目标分布，且权重 $w_n=1/L$，因此重采样值也具有目标分布。

如果需要关于分布 $p(z)$ 的矩，则可以直接使用原始样本连同权重来计算，因为

$$
\begin{aligned}
\mathbb{E}[f(z)] &= \int f(z)p(z)\mathrm{d}z \\
&= \frac{\int f(z)[\tilde{p}(z)/q(z)]q(z)\mathrm{d}z}{\int[\tilde{p}(z)/q(z)]q(z)\mathrm{d}z} \\
&\approx \sum_{l=1}^{L} w_l f(z_l)
\end{aligned}
\tag{14.26}
$$

14.2 马尔可夫链蒙特卡洛采样

在上一节中，我们讨论了用于计算函数期望的拒绝采样和重要性采样策略，并且我们看到它们在高维空间中有严重局限性。本节将讨论一种非常通用和强大的采样策略，称为马尔可夫链蒙特卡洛采样，它允许从多种分布中进行采样并且可以很好地扩展到高维样本空间。马尔可夫链蒙特卡洛采样起源于物理学（Metropolis and Ulam, 1949），直至 20 世纪 80 年代末期才开始在统计学领域产生显著影响。

与拒绝采样和重要性采样一样，我们依然从提议分布中采样。然而这一次，我们

保持当前状态 $z^{(\tau)}$ 的记录，提议分布 $q\left(z \mid z^{(\tau)}\right)$ 以当前状态为条件，因此样本序列 $z^{(1)}, z^{(2)}, \cdots$ 形成一个马尔可夫链（参见 14.2.2 小节）。同样，尽管 Z_p 的值可能是未知的，如果我们将 $p(z)$ 写成 $p(z)=\tilde{p}(z) / Z_p$，我们假设对于任意给定的 z 值，$\tilde{p}(z)$ 可以很容易计算出来。我们的提议分布足够简单，可以直接从中抽取样本。在算法的每一个迭代中，我们从提议分布中生成一个候选样本 $z^{\star}$，然后根据一个适当的准则来接受该样本。

14.2.1 Metropolis算法

在基础的 Metropolis 算法（Metropolis et al., 1953）中，我们假设提议分布是对称的，即对于所有的 z_A 和 z_B 值，有 $q\left(z_A \mid z_B\right)=q\left(z_B \mid z_A\right)$。然后候选样本以如下概率被接受：

$$A\left(z^{\star}, z^{(\tau)}\right)=\min \left(1, \frac{\tilde{p}\left(z^{\star}\right)}{\tilde{p}\left(z^{(\tau)}\right)}\right) \tag{14.27}$$

这可以通过选择一个在单位区间 $(0, 1)$ 上均匀分布的随机数 u 来实现。如果 $A\left(z^{\star}, z^{(\tau)}\right)>u$，则接受该样本。请注意，如果从 $z^{(\tau)}$ 到 $z^{\star}$ 的步骤导致 $p(z)$ 的值增加，那么候选样本一定会被保留。

如果候选样本被接受，则 $z^{(\tau+1)}=z^{\star}$，否则候选样本 $z^{\star}$ 将被丢弃。将 $z^{(\tau+1)}$ 设置为 $z^{(\tau)}$，并从分布 $q\left(z \mid z^{(\tau+1)}\right)$ 中抽取另一个候选样本。这与拒绝采样形成了鲜明对比，在拒绝采样中，被拒绝的样本将直接被丢弃。在 Metropolis 算法中，当一个候选样本被拒绝时，它的前一个样本将包含在最终的样本列表中，导致样本有多个副本。当然，在实际应用中，每个保留的样本只会有一个副本，并附带一个整数权重因子，用于记录该状态出现的次数。正如我们将看到的，如果对于任何的 z_A 和 z_B 值，$q\left(z_A \mid z_B\right)$ 都是正值（这是一个充分但非必要条件），则 $z^{(\tau)}$ 的分布趋向于 $p(z)$（当 $\tau \rightarrow \infty$ 时）。然而，应该强调的是，序列 $z^{(1)}, z^{(2)}, \cdots$ 不是来自 $p(z)$ 的独立样本集，因为连续的样本高度相关。如果希望获得独立的样本，那么我们可以丢弃大部分序列，每次只保留第 M 个样本。对于足够大的 M，保留的样本将在实际意义上是独立的。

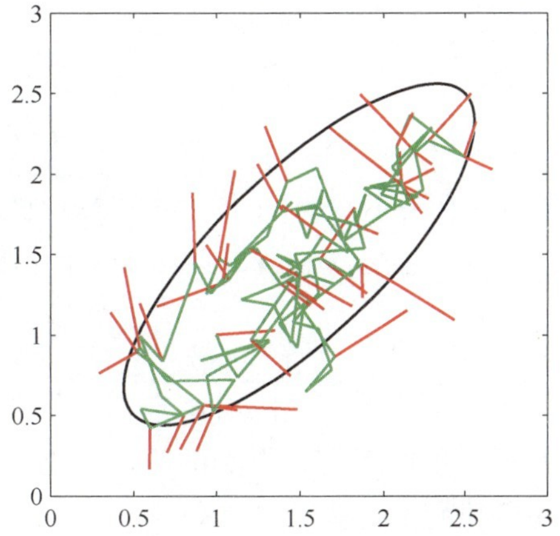

图 14.9 使用 Metropolis 算法从高斯分布中采样的简单示意图，该高斯分布的一个标准差等高线是用椭圆显示的。提议分布是一个各向同性的高斯分布，其标准差为 0.2。接受的候选样本以绿线显示，拒绝的候选样本以红线显示。共生成 150 个候选样本，其中 43 个被拒绝

算法 14.1 对 Metropolis 采样做了总结。图 14.9 显示了一个简单的示例，它使用

Metropolis 算法从二维高斯分布中进行采样，其中提议分布是各向同性的高斯分布。

算法14.1： Metropolis采样

Input: Unnormalized distribution $\widetilde{p}(z)$
　　Proposal distribution $q(z|\widehat{z})$
　　Initial state $z^{(0)}$
　　Number of iterations T
Output: $z \sim \widetilde{p}(z)$

```
z_prev ← z^(0)
// 迭代地进行消息传递
for τ ∈ {1, ···, T} do
    z* ~ q(z|z_prev) // 从提议分布中采样
    u ~ U(0,1) // 从均匀分布中采样
    if p̃(z*) / p̃(z_prev) > u then
        z_prev ← z* // z^(τ) = z*
    else
        z_prev ← z_prev // z^(τ) = z^(τ−1)
    end if
end for
return z_prev // z^(T)
```

我们观察一个具体例子（即随机游走）的性质，来深入了解马尔可夫链蒙特卡洛算法的本质。考虑一个由整数构成的状态空间 z，已知概率

$$p\left(z^{(\tau+1)} = z^{(\tau)}\right) = 0.5 \tag{14.28}$$

$$p\left(z^{(\tau+1)} = z^{(\tau)} + 1\right) = 0.25 \tag{14.29}$$

$$p\left(z^{(\tau+1)} = z^{(\tau)} - 1\right) = 0.25 \tag{14.30}$$

其中 $z^{(\tau)}$ 表示在时间步 τ 的状态。如果初始状态是 $z^{(0)} = 0$，那么根据对称性，在时间步 τ 的预期状态也将是零，即 $\mathbb{E}\left[z^{(\tau)}\right] = 0$，同样也容易看出 $\mathbb{E}\left[\left(z^{(\tau)}\right)^2\right] = \tau / 2$（见习题 14.11）。因此，在时间步 τ 之后，随机游走平均而言仅行进了与 $\sqrt{\tau}$ 成比例的距离。这种平方根依赖性是随机游走行为的典型特征，表明随机游走在探索状态空间时效率非常低。正如我们将看到的，设计马尔可夫链蒙特卡洛采样算法的一个核心目标就是避免随机游走行为。

14.2.2 马尔可夫链

在更详细地讨论马尔可夫链蒙特卡洛采样之前，我们先研究一下马尔可夫链的一般性质。特别地，我们想知道马尔可夫链在何种情况下会收敛到期望的分布。一阶马尔可夫链定义为随机变量序列 $z^{(1)}, \cdots, z^{(M)}$，使得对于 $m \in \{1, \cdots, M-1\}$，下面的条件独

立性成立：

$$p\left(z^{(m+1)} \mid z^{(1)},\cdots,z^{(m)}\right) = p\left(z^{(m+1)} \mid z^{(m)}\right) \tag{14.31}$$

这可以用一个链式的有向图模型来表示（见图 11.29）。然后，我们可以通过给出初始变量的概率分布 $p\left(z^{(0)}\right)$ 和以转移概率（transition probabilities）形式表达的后续变量条件分布 $T_m\left(z^{(m)},z^{(m+1)}\right) \equiv p\left(z^{(m+1)} \mid z^{(m)}\right)$，即可完整定义马尔可夫链。如果转移概率对所有 m 都相同，则称马尔可夫链是齐次的或同质（homogeneous）的。

链中的某个特定变量的边缘概率可以用马尔可夫链中前一个变量的边缘概率表示为

$$p\left(z^{(m+1)}\right) = \int p\left(z^{(m+1)} \mid z^{(m)}\right) p\left(z^{(m)}\right) \mathrm{d}z^{(m)} \tag{14.32}$$

其中的积分对于离散变量来说可以替换为求和。如果一个分布在马尔可夫链的每个步骤都保持该分布不变，那么该分布对于这个马尔可夫链来说就是不变的或者说稳定的。因此，对于具有转移概率 $T(z', z)$ 的均匀马尔可夫链来说，如果满足以下条件，则分布 $p(z)$ 是不变的：

$$p^{\star}(z) = \int T\left(z',z\right) p^{\star}\left(z'\right) \mathrm{d}z' \tag{14.33}$$

请注意，给定的马尔可夫链可能有多个不变分布。例如，如果转移概率由恒等变换给出，那么任何分布都将是不变的。

确保目标分布 $p(z)$ 是不变的一个充分（但非必要）条件是选择满足详细平衡（detailed balance）性质的转移概率，该性质由下式定义

$$p^{\star}(z) T\left(z,z'\right) = p^{\star}\left(z'\right) T\left(z',z\right) \tag{14.34}$$

对于特定的分布 $p^{\star}(z)$，容易看出，如果转移概率满足对于特定分布的详细平衡性质，则保持该分布不变，因为

$$\int p^{\star}\left(z'\right) T\left(z',z\right) \mathrm{d}z' = \int p^{\star}(z) T\left(z,z'\right) \mathrm{d}z' \tag{14.35}$$

$$= p^{\star}(z) \int p\left(z' \mid z\right) \mathrm{d}z' \tag{14.36}$$

$$= p^{\star}(z) \tag{14.37}$$

满足详细平衡性质的马尔可夫链被称为可逆的（reversible）。

我们的目标是使用马尔可夫链从给定分布中采样。如果能建立一个马尔可夫链使得目标分布是不变的，就可以达到目的。然而，我们还必须要求不管初始分布 $p\left(z^{(0)}\right)$ 的选择如何，当 $m \to \infty$ 时，分布 $p\left(z^{(m)}\right)$ 都收敛到所需的不变分布 $p^{\star}(z)$。这个性质称

为遍历性（ergodicity），此时不变分布称为平衡（equilibrium）分布。显然，一个遍历（ergodic）的马尔可夫链只能有一个平衡分布。可以证明，一个同质马尔可夫链是遍历的，只需要对不变分布和转移概率施加较弱的约束条件（Neal, 1993）。

在实践中，我们经常利用一组“基础”转移 $B_1,\cdots,B_K$ 来构造转移概率。这可以通过混合分布的形式来实现：

$$T(z',z)=\sum_{k=1}^{K}\alpha_k B_k(z',z) \tag{14.38}$$

混合系数 $\alpha_1,\cdots,\alpha_K$ 必须满足 $\alpha_k \geqslant 0$ 且 $\sum_k \alpha_k = 1$。“基础”转移可以通过连续应用结合起来，于是有

$$T(z',z)=\sum_{z_1}\cdots\sum_{z_{n-1}}B_1(z',z_1)\cdots B_{K-1}(z_{K-2},z_{K-1})B_K(z_{K-1},z) \tag{14.39}$$

如果一个分布对每个基础转移都是不变的，那么很明显它也会对式（14.38）或式（14.39）给出的 $T(z',z)$ 保持不变。对于混合分布［式（14.38）］，如果每个基础转移都满足详细平衡条件，那么复合转移概率 T 也将满足详细平衡条件。这对于使用式（14.39）构造的转移概率并不成立，尽管通过对基础转移的应用顺序进行对称化（即 $B_1,B_2,\cdots,B_K,B_K,\cdots,B_2,B_1$），可以恢复详细平衡。使用复合转移概率的一个常见例子是让每个基础转移仅改变变量的一个子集。

14.2.3 Metropolis-Hastings算法

前面我们介绍了基础的 Metropolis 算法，但没有实践证明它能从所需分布中进行采样。在给出证明之前，我们首先讨论一种更泛化的形式，称为 Metropolis-Hastings 算法（Hastings, 1970），该算法适用于提议分布不再是其参数的对称函数的情况。特别是在算法的第 τ 步，当前状态为 $z^{(\tau)}$，首先从分布 $q_k(z|z^{(\tau)})$ 中抽取一个样本 $z^\star$，然后以概率 $A_k(z^\star,z^{(\tau)})$ 接受它，其中

$$A_k(z^\star,z^{(\tau)})=\min\left(1,\frac{\tilde{p}(z^\star)q_k(z^{(\tau)}|z^\star)}{\tilde{p}(z^{(\tau)})q_k(z^\star|z^{(\tau)})}\right) \tag{14.40}$$

这里的 k 标记了正在考虑的可能转换集合的成员。同样，计算接受准则不需要知道概率分布 $p(z)=\tilde{p}(z)/Z_p$ 中的归一化常数 Z_p。对于对称的提议分布，Metropolis-Hastings 准则［式（14.40）］可简化为标准的 Metropolis 准则［式（14.27）］。算法 14.2 对 Metropolis-Hastings 采样做了总结。

算法14.2： Metropolis-Hastings采样

Input: Unnormalized distribution $\widetilde{p}(z)$
Proposal distributions $\{q_k(z|\widehat{z}) : k \in 1, \cdots, K\}$
Mapping from iteration index to distribution index $M(\cdot)$
Initial state $z^{(0)}$
Number of iterations T
Output: $z \sim \widetilde{p}(z)$

$z_{\text{prev}} \leftarrow z^{(0)}$
// 迭代地进行消息传递
for $\tau \in \{1, \cdots, T\}$ **do**
  $k \leftarrow M(\tau)$ // 从多次迭代中获取分布索引
  $z^\star \sim q_k(z|z_{\text{prev}})$ // 从提议分布中采样
  $u \sim \mathcal{U}(0,1)$ // 从均匀分布中采样
  if $\widetilde{p}(z^\star)q(z_{\text{prev}}|z^\star) \,/\, \widetilde{p}(z_{\text{prev}})q(z^\star|z_{\text{prev}}) > u$ **then**
    $z_{\text{prev}} \leftarrow z^\star$ // $z^{(\tau)} = z^\star$
  else
    $z_{\text{prev}} \leftarrow z_{\text{prev}}$ // $z^{(\tau)} = z^{(\tau-1)}$
  end if
end for
return z_{prev} // $z^{(T)}$

我们可以通过证明式（14.34）定义的详细平衡条件得以满足，从而进一步证明 $p(z)$ 是由 Metropolis-Hastings 算法所定义的马尔可夫链的不变分布。利用（14.40），我们有

$$
\begin{aligned}
p(z)q_k(\mathbf{z}'|\mathbf{z})A_k(\mathbf{z}',z) &= \min\left(p(z)q_k(z'|z), p(z')q_k(z|z')\right) \\
&= \min\left(p(z')q_k(z|z'), p(z)q_k(z'|z)\right) \\
&= p(z')q_k(z|z')A_k(z,z')
\end{aligned}
\tag{14.41}
$$

提议分布的具体选择对算法的性能有显著影响。对于连续状态空间，一个常见的选择是以当前状态为中心的高斯分布，在确定此分布的方差时有一个重要的权衡——如果方差较小，则接受转换的比例将会很高，但通过状态空间的过程表现为缓慢的随机游走，导致相关时间较长。然而，如果方差较大，则拒绝率将会很高，因为在我们考虑的复杂问题中，许多被提出的步骤将止于概率 $p(z)$ 较低的状态。考虑一个有强相关性分量的多变量分布 $p(z)$，如图 14.10 所示。提议分布的尺度 ρ 应尽可能大，同时不至于引起高拒绝率。这表明 ρ 应该与最小的长度尺度 $\sigma_{\min}$ 同一个数量级。随后系统通过随机游走沿着更延长的方

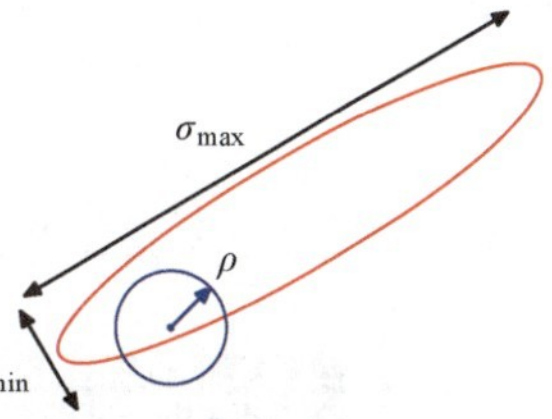

图 14.10 使用各向同性的提议分布（蓝色圆圈）从相关多元高斯分布（红色椭圆）中进行 Metropolis-Hastings 采样的示意图，后者在不同方向上具有完全不同的标准差。为了保持较低的拒绝率，提议分布的尺度 σ 应该与最小标准差 $\sigma_{\min}$ 的数量级相当，这导致了随机游走行为，其中大致独立的状态之间分隔的步数是 $(\sigma_{\max}/\sigma_{\min})^2$ 阶的，其中 $\sigma_{\max}$ 是最大的标准差

向探索分布，因此到达一个与原始状态或多或少独立的状态所需的步长是$(\sigma_{\max}/\sigma_{\min})^2$数量级的。实际上，在二维问题中，随着$\rho$增加而导致的拒绝率增加已被接受转换的更大步长抵消。更一般地说，对于多元高斯分布，获得独立样本所需的步数和$(\sigma_{\max}/\sigma_2)^2$成正比，其中$\sigma_2$是第二小的标准差（Neal, 1993）。撇开这些细节不谈，如果分布变化的长度尺度在不同方向上差异很大，那么 Metropolis-Hastings 算法可能会收敛得非常慢。

14.2.4 吉布斯采样

吉布斯采样（Geman and Geman, 1984）是一种简单且使用广泛的采样策略，可以看作 Metropolis-Hastings 算法的一个特例。考虑分布$p(\mathbf{z})=p(z_1,\cdots,z_M)$，我们希望从中采样，假设我们已经为马尔可夫链选择了一些初始状态。吉布斯采样过程中的每一步都包含用我们从一个变量的条件分布中抽取的值替换该变量的值，该条件分布是以其余变量的值为条件的。因此，可通过从分布$p(z_i\,|\,\mathbf{z}_{\setminus i})$中采样来替换$z_i$，其中$z_i$表示$\mathbf{z}$的第$i$个分量，$\mathbf{z}_{\setminus i}$表示$\{z_1,\cdots,z_M\}$但其中不包括$z_i$。这个过程要么按某种特定顺序循环遍历变量，要么在每一步随机从某些分布中选择要更新的变量。

例如，假设我们有一个关于 3 个变量的分布$p(z_1,z_2,z_3)$，在时间步τ，我们选定了值$z_1^{(\tau)}$、$z_2^{(\tau)}$和$z_3^{(\tau)}$。首先将$z_1^{(\tau)}$替换为通过从如下条件分布中采样获得的新值$z_1^{(\tau+1)}$。

$$p\left(z_1\,|\,z_2^{(\tau)},z_3^{(\tau)}\right) \tag{14.42}$$

然后将$z_2^{(\tau)}$替换为通过从如下条件分布中采样获得的新值$z_2^{(\tau+1)}$。

$$p\left(z_2\,|\,z_1^{(\tau+1)},z_3^{(\tau)}\right) \tag{14.43}$$

这样新的z_1值便可立即在后续的采样步骤中使用。用我们从如下条件分布中抽取的样本$z_3^{(\tau+1)}$更新z_3。

$$p\left(z_3\,|\,z_1^{(\tau+1)},z_2^{(\tau+1)}\right) \tag{14.44}$$

以此类推，依次循环遍历这 3 个变量。算法 14.3 对吉布斯采样做了总结。

算法14.3：吉布斯采样

```
Input: Initial values {z_i : i ∈ 1, ···, M}
       Conditional distributions {p(z_i|{z_{j≠i}}) : i ∈ 1, ···, M}
       Number of iterations T
Output: Final values {z_i : i ∈ 1, ···, M}

for τ ∈ {1, ···, T} do
    for i ∈ {1, ···, M} do
        z_i ~ p(z_i|{z_{j≠i}})
    end for
end for
return {z_i : i ∈ 1, ···, M}
```

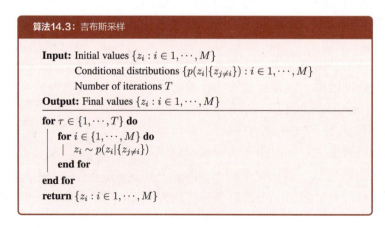

为了证明该过程从目标分布中采样，我们首先注意到分布 $p(z)$ 是吉布斯采样步骤中的一个单独的不变量，因此它也是整个马尔可夫链的不变量。这是因为当我们从 $p(z_i \mid z_{\setminus i})$ 中采样时，边缘分布 $p(z_{\setminus i})$ 显然是不变的，因为 $z_{\setminus i}$ 的值没有发生改变。同样，定义的每一步采样都从正确的条件分布 $p(z_i \mid z_{\setminus i})$ 中采样。因为这些条件分布和边缘分布共同指定了联合分布，所以我们可以看到联合分布本身是不变的。

确保能从正确分布中进行吉布斯采样的第二个条件是要具有遍历性（ergodic）。具有遍历性的一个充分条件是条件分布不存在零概率区域。如果是这种情况，那么 z 空间中的任意一点都可以通过有限步骤到达其他任意一点，每一步都包括更新每个分量变量中的一个。如果不满足这个要求，即某些条件分布存在零概率区域，那么遍历性（如果适用）必须被显式地证明。

为了完整地描述该算法，还需要指定初始状态的分布，尽管在多次迭代后抽取的样本实际上独立于此分布。当然，从马尔可夫链中连续抽取的样本将高度相关，因此要获得几乎独立的样本，就需要对序列进行子样本采样。

我们可以将吉布斯采样过程看作是 Metropolis-Hastings 算法的一个特定实例。考虑一个涉及变量 z_k 的 Metropolis-Hastings 采样步骤，其余变量 $z_{\setminus k}$ 保持不变，从 z 到 $z^{\star}$ 的转移概率由 $q_k(z^{\star} \mid z) = p(z_k^{\star} \mid z_{\setminus k})$ 给出。注意 $z_{\setminus k}^{\star} = z_{\setminus k}$，因为这些分量在采样步骤中未发生改变。同样，$p(z) = p(z_k \mid z_{\setminus k})p(z_{\setminus k})$。因此，Metropolis-Hastings 算法［式（14.40）］中确定接受概率的因子由下式给出：

$$A(z^{\star}, z) = \frac{p(z^{\star})q_k(z \mid z^{\star})}{p(z)q_k(z^{\star} \mid z)} = \frac{p(z_k^{\star} \mid z_{\setminus k}^{\star})p(z_{\setminus k}^{\star})p(z_k \mid z_{\setminus k}^{\star})}{p(z_k \mid z_{\setminus k})p(z_{\setminus k})p(z_k^{\star} \mid z_{\setminus k})} = 1 \qquad (14.45)$$

其中 $z_{\setminus k}^{\star} = z_{\setminus k}$。因此，Metropolis-Hastings 采样步骤总是可以接受。

与 Mebropolis 算法类似，我们可以通过研究吉布斯采样在特定分布（例如高斯分布）上的应用来深入了解其行为。考虑图 14.11 所示的两个变量中相关高斯分布，其条件分布的宽度为 l，边缘分布的宽度为 L。典型的步长由条件分布决定，并且将是 l 阶的。由于状态根据随机游走演化，因此为了获得来自分布的独立样本，所需的步数将是 $(L/l)^2$ l 阶的。当然，如果高斯分布是不相关的，那么吉布斯采样过程将是最优的。对于这个简单问题，我们可以旋转坐标系，使得新变量不相关。但是，在实际应用中，我们通常不可能找到这样的转换。

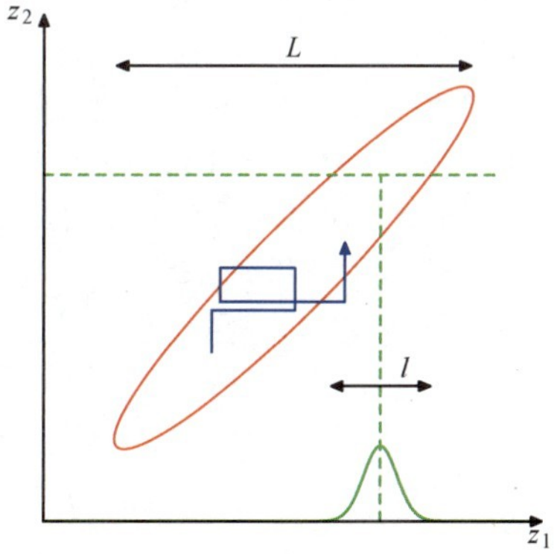

图 14.11 交替更新两个变量的吉布斯采样示意图，这两个变量的分布是相关高斯分布。步长由条件分布（绿色曲线）的标准差控制，为 $O(l)$，这导致在联合分布（红色椭圆）拉长方向上的进展缓慢。从分布中获得一个独立样本所需的步数是 $O\left((L=l)^2\right)$

减少吉布斯采样中随机游走行为的一种方法称为超松弛（over-relaxation）（Adler, 1981）。在它的原始形式中，它适用于条件分布是高斯分布的问题，就是说，“条件分布为高斯分布”所涵盖的分布类型比“多元高斯分布”更广泛。例如，非高斯分布 $p(z,y)\propto\exp\left(-z^2y^2\right)$ 具有条件高斯分布。在吉布斯采样的每一步，特定分量 z_i 具有均值为 μ_i、方差为 σ_i^2 的条件分布。在超松弛框架中，z_i 的值被替换为

$$z_i' = \mu_i + \alpha_i\left(z_i - \mu_i\right) + \sigma_i\left(1-\alpha_i^2\right)^{1/2}\nu \tag{14.46}$$

其中 ν 是一个有零均值和单位方差的高斯随机变量，α 是一个参数，满足 $-1<\alpha<1$。当 $\alpha=0$ 时，该方法等同于标准的吉布斯采样；当 $\alpha<0$ 时，该步骤偏向于均值的相反侧。这一步骤保持了目标分布的不变性，因为如果 z_i 有均值 μ_i 和方差 σ_i^2，那么 z_i' 也将如此（见习题 14.14）。超松弛的作用是在变量高度相关时，鼓励状态空间中的定向运动。有序超松弛框架（ordered over-relaxation)（Neal, 1999）将这种方法推广到了非高斯分布。

吉布斯采样的实用性取决于从条件分布 $p\left(z_k \mid \mathbf{z}_{\setminus k}\right)$ 中采样的难度。对于使用有向图模型表示的概率分布，单个节点的条件分布仅依赖于相应马尔可夫毯中的变量，如图 14.12 所示。对于有向图，各个节点的基于其父节点的条件分布的广泛选择将导致吉布斯采样的条件分布是对数凹的。因此，14.1.4 小节讨论的自适应拒绝采样方法为从有向图中进行蒙特卡洛采样提供了一个具有广泛适用性的框架。

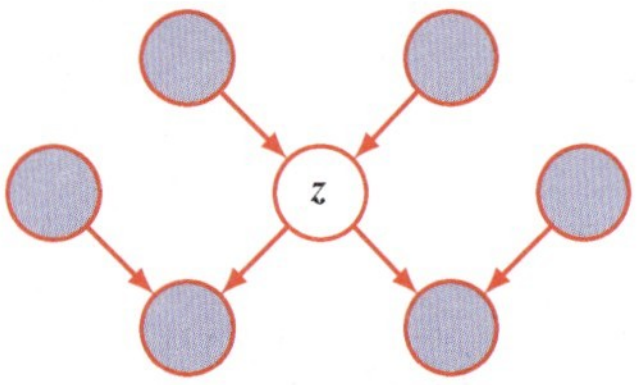

图 14.12 吉布斯采样需要从一个变量 z 的条件分布中抽取样本，该条件分布是基于其余变量的。对于有向图模型，这个条件分布只是马尔可夫毯中节点状态的函数，马尔可夫毯在图中以蓝色阴影显示，它包括了父节点、子节点以及共同父节点

由于基本的吉布斯采样技术一次只考虑一个变量，因此连续样本之间存在强依赖关系。在另一种极端情况下，如果我们能够直接从联合分布中采样（实际上这种操作很难实现），则连续样本将是独立的。我们可以采用一种折中策略来改进简单的吉布斯采样，即连续地从变量组而不是单个变量中采样。这可以通过分块吉布斯（blocking Gibbs）采样算法实现，该算法选择变量块（不一定是互斥的），然后依次对每个块中的变量进行联合采样，条件是其他所有变量保持其当前值（Jensen, Kong, and Kjaerulff, 1995）。

14.2.5 祖先采样

对于许多模型来说，联合分布 $p(\mathbf{z})$ 可以方便地用图模型的术语来表示。对于一个没有观测变量的有向图，可以直接使用祖先采样（ancestral sampling）方法从联合分布中采样。联合分布由下式指定：

$$p(\mathbf{z}) = \prod_{i=1}^{M} p\left(\mathbf{z}_i|\mathrm{pa}(i)\right) \tag{14.47}$$

其中 z_i 是与节点 i 关联的一组变量，$\mathrm{pa}(i)$ 表示与节点 i 的父节点关联的一组变量。为了获得联合分布的一个样本，我们按照 $z_1,\cdots,z_M$ 的顺序遍历这组变量，并从条件分布 $p(z_i|\mathrm{pa}(i))$ 中采样。这总是可能的，因为在每个步骤，所有父变量都会被实例化。遍历图一次后，我们将获得联合分布的一个样本。这里假设我们可以从每个节点的各个条件分布中采样。

考虑这样一个有向图，其部分节点组成了证据集 ε，并被观测值实例化过。原则上可以扩展上述过程，至少对于代表离散变量的节点，我们可以给出以下逻辑采样方法（Henrion, 1988），它可以看作重要性采样的一种特殊情况（见 14.1.5 小节）。在每一步，当为一个观测值已知的变量 z_i 获得一个采样值时，对采样值与观测值进行比较，如果它们一致，则保留采样值，并继续依次处理下一个变量。然而，如果它们不一致，则丢弃到目前为止的整个样本，重新从图的第一个节点开始。这种算法可以正确地从后验分布中采样，因为它仅仅相当于从隐变量和数据变量的联合分布中抽取样本，然后丢弃那些与观测数据不一致的样本（在发现一个不一致的值后就不再从联合分布中继续采样，从而稍微提高了效率）。然而，随着观测变量数量的增加和这些变量可以取的状态数量的增加，从后验分布中接受一个样本的整体概率迅速降低，因此这种方法在实践中很少使用。

这种方法的改进版称为似然加权采样（likelihood weighted sampling）（Fung and Chang, 1990; Shachter and Peot, 1990），它基于祖先采样并结合了重要性采样。对于每一个变量，如果该变量在证据集中，那么把它设置为其实例化的值。如果它不在证据集中，则从条件分布 $p(z_i|\mathrm{pa}(i))$ 中采样，其中条件变量设置为其当前采样的值。随后产生的样本 z 的权重由下式给出（见习题 14.15）：

$$r(z)=\prod_{z_i\notin\varepsilon}\frac{p(z_i|\mathrm{pa}(i))}{p(z_i|\mathrm{pa}(i))}\prod_{z_i\in\varepsilon}\frac{p(z_i|\mathrm{pa}(i))}{1}=\prod_{z_i\in\varepsilon}p(z_i|\mathrm{pa}(i)) \tag{14.48}$$

这种方法可以进一步使用自重要性采样（self-importance sampling）（Shachter and Peot, 1990）扩展，其中重要性采样分布不断更新，以反映当前估计的后验分布。

14.3 郎之万采样

Metropolis-Hastings 算法通过使用提议分布创建候选样本的马尔可夫链，并使用式（14.40）所示的准则接受或拒绝它们，从而从概率分布中抽取样本。这可能相对低效，因为提议分布通常是一个简单且固定的分布，它可以在数据空间的任何方向上生成更新，从而导致随机游走的行为。

我们已经看到，在训练神经网络时，利用关于模型可学习参数的对数似然梯度来最大化似然函数是极其有利的。类似地，我们可以引入利用关于数据向量的概率密度梯度的马尔可夫链采样算法，以便优先向概率较大的区域移动。这种技术称为哈密顿蒙特卡洛（Hamiltonian Monte Carlo）采样，也称混合蒙特卡洛（hybrid Monte Carlo）采样。该采样方法使用了 Metropolis 接受准则（Duane et al., 1987; Bishop, 2006）。在这里，我们研究一种在深度学习中使用广泛的新的采样方法——朗之万采样。尽管它避免了使用 Metropolis 接受准则，但我们必须仔细设计算法，以确保产生的结果样本是无偏的。在基于能量函数的机器学习模型中，朗之万采样发挥了至关重要的作用。

14.3.1 基于能量的模型

许多生成式模型可以表示为条件概率分布 $p(\boldsymbol{x}|\boldsymbol{w})$，其中 $\boldsymbol{x}$ 是数据向量，$\boldsymbol{w}$ 代表可学习参数的向量。这样的模型可以通过最大化相对于训练集定义的对应似然函数来进行训练。然而，为了表示一个有效的概率分布，模型必须满足如下要求：

$$\int p(\boldsymbol{x}|\boldsymbol{w})p(\boldsymbol{x})\mathrm{d}\boldsymbol{x}=1 \tag{14.49}$$

这样的归一化要求大大限制了适用模型的形式。在不考虑归一化约束的情况下，我们可以考虑一个更广泛的模型类别，称为基于能量的模型（LeCun et al., 2006）。假设我们有一个称为能量函数的函数 $E(\boldsymbol{x},\boldsymbol{w})$，它是其参数的实值函数，但没有其他约束。指数 $\exp\{-E(\boldsymbol{x},\boldsymbol{w})\}$ 是一个非负数，因此可以看作未归一化的 $\boldsymbol{x}$ 上的概率分布。这里在指数中引入负号只是一个惯例，它意味着能量的较高值对应于概率的较低值。然后我们可以使用下式定义一个归一化的分布（见习题 14.16）：

$$p(\boldsymbol{x}|\boldsymbol{w})=\frac{1}{Z(\boldsymbol{w})}\exp\{-E(\boldsymbol{x},\boldsymbol{w})\} \tag{14.50}$$

其中归一化常数 $Z(\boldsymbol{w})$ 称为配分函数（partition function），它由下式定义：

$$Z(\boldsymbol{w})=\int\exp\{-E(\boldsymbol{x},\boldsymbol{w})\}\mathrm{d}\boldsymbol{x} \tag{14.51}$$

能量函数通常使用深度神经网络进行建模，输入向量为 $\boldsymbol{x}$，标量输出为 $E(\boldsymbol{x},\boldsymbol{w})$，其中 $\boldsymbol{w}$ 代表网络中权重和偏置的集合。

注意配分函数依赖于 $\boldsymbol{w}$，这给训练带来了一些问题。例如，一组独立同分布数据 $\mathcal{D}=(\boldsymbol{x}_1,\cdots,\boldsymbol{x}_N)$ 的对数似然函数具有以下形式：

$$\ln p(\mathcal{D}|\boldsymbol{w})=-\sum_{n=1}^{N}E(\boldsymbol{x}_n,\boldsymbol{w})-N\ln Z(\boldsymbol{w}) \tag{14.52}$$

要计算 $\ln p(\mathcal{D}|\boldsymbol{w})$ 关于 $\boldsymbol{w}$ 的梯度，我们需要知道 $Z(\boldsymbol{w})$ 的形式。然而，对于具有许多选择的能量函数 $E(\boldsymbol{x},\boldsymbol{w})$，计算配分函数［式（14.51）］是不切实际的，因为这需要对整个 $\boldsymbol{x}$ 空间进行积分（或对离散变量求和）。“基于能量的模型”指的就是这种积分难以处理的模型。然而请注意，概率模型可以视为基于能量的模型的特例，因此本书讨论的许多模型可以视为基于能量的模型。基于能量的模型的最大优势是，它们在

不需要归一化的情况下具有灵活性。相应的缺点是，由于归一化常数未知，它们可能更难以训练。

14.3.2 最大化似然

我们已经开发了各种近似方法来训练基于能量的模型，而无须计算配分函数（Song and Kingma, 2021）。本小节探讨基于马尔可夫链蒙特卡洛采样的技术。另一种方法称为分数匹配，我们将在扩散模型的背景下进行讨论（见第 20 章）。

我们已经看到，对于基于能量的模型，由于存在未知的配分函数 $Z(\boldsymbol{w})$，似然函数不能显式求值。然而，我们可以利用蒙特卡洛采样方法，来计算对数似然函数关于模型参数的梯度。一旦以任何方式训练了基于能量的模型，就可以使用采样方法从模型中抽取样本了，比如使用蒙特卡洛采样方法。

使用式（14.50），对于一个基于能量的模型，对数似然函数关于模型参数的梯度可以写成以下形式：

$$\nabla_{\boldsymbol{w}} \ln p(\boldsymbol{x}|\boldsymbol{w}) = -\nabla_{\boldsymbol{w}} E(\boldsymbol{x},\boldsymbol{w}) - \nabla_{\boldsymbol{w}} \ln Z(\boldsymbol{w}) \qquad (14.53)$$

这是针对单个数据点 $\boldsymbol{x}$ 的似然函数，但实际上我们希望最大化训练数据集上的似然函数，该数据集是从某个未知分布 $p_{\mathcal{D}}(\boldsymbol{x})$ 中抽样得到的。如果我们假设数据点是独立同分布的，那么我们可以考虑与 $p_{\mathcal{D}}(\boldsymbol{x})$ 相关的似然对数期望的梯度，其由下式给出：

$$\mathbb{E}_{\boldsymbol{x}\sim p_{\mathcal{D}}}\left[\nabla_{\boldsymbol{w}} \ln p(\boldsymbol{x}|\boldsymbol{w})\right] = -\mathbb{E}_{\boldsymbol{x}\sim p_{\mathcal{D}}}\left[\nabla_{\boldsymbol{w}} E(\boldsymbol{x},\boldsymbol{w})\right] - \nabla_{\boldsymbol{w}} \ln Z(\boldsymbol{w}) \qquad (14.54)$$

这里我们利用了 $-\nabla_{\boldsymbol{w}} \ln Z(\boldsymbol{w})$ 不依赖于 $\boldsymbol{x}$ 的性质，因而可以把它移到期望之外。假设配分函数 $Z(\boldsymbol{w})$ 是未知的，但我们可以利用式（14.51）并重组得到

$$-\nabla_{\boldsymbol{w}} \ln Z(\boldsymbol{w}) = \int \{\nabla_{\boldsymbol{w}} E(\boldsymbol{x},\boldsymbol{w})\} p(\boldsymbol{x}|\boldsymbol{w})\,\mathrm{d}\boldsymbol{x} \qquad (14.55)$$

式（14.55）右侧的部分对应于模型分布 $p(\boldsymbol{x}|\boldsymbol{w})$ 的期望，它由下式给出（见习题 14.18）：

$$\int \{\nabla_{\boldsymbol{w}} E(\boldsymbol{x},\boldsymbol{w})\} p(\boldsymbol{x}|\boldsymbol{w})\,\mathrm{d}\boldsymbol{x} = \mathbb{E}_{\boldsymbol{x}\sim\mathcal{M}}\left[\nabla_{\boldsymbol{w}} E(\boldsymbol{x},\boldsymbol{w})\right] \qquad (14.56)$$

结合式（14.54）～式（14.56），我们得到

$$\nabla_{\boldsymbol{w}} \mathbb{E}_{\boldsymbol{x}\sim p_{\mathcal{D}}}[\ln p(\boldsymbol{x}|\boldsymbol{w})] = -\mathbb{E}_{\boldsymbol{x}\sim p_{\mathcal{D}}}\left[\nabla_{\boldsymbol{w}} E(\boldsymbol{x},\boldsymbol{w})\right] + \mathbb{E}_{\boldsymbol{x}\sim p_{\mathcal{M}}(\boldsymbol{x})}\left[\nabla_{\boldsymbol{w}} E(\boldsymbol{x},\boldsymbol{w})\right] \qquad (14.57)$$

图 14.13 对这个结果做了说明，详细解释如下。我们的目标是找到参数 $\boldsymbol{w}$ 的值，让似然函数的值最大化。为此，我们朝梯度 $\nabla_{\boldsymbol{w}} \ln p(\boldsymbol{x}|\boldsymbol{w})$ 的方向对 $\boldsymbol{w}$ 进行了微小调整。从式（14.57）中可以看出，这个梯度的期望值可以分解为两部分，且这两部分符号相反。式（14.57）右侧第一项的作用是减小 $E(\boldsymbol{x},\mathbf{w})$，因而会增大模型定义的数据点 $\boldsymbol{x}$ 的概率密度，这里的 $\boldsymbol{x}$ 是从 $p_{\mathcal{D}}(x)$ 中抽取的。式（14.57）右侧第二项的作用则是增大

$E(\boldsymbol{x},\boldsymbol{w})$，从而降低由模型定义的来自模型本身的数据点的概率密度。在模型密度超过训练数据密度的区域，净效果将是增加能量，因此降低了概率密度。相反，在训练数据密度超过模型密度的区域，净效果将是降低能量，因此增大了概率密度。正如我们所希望的那样，这两项一起将概率密度从训练数据密度低的区域移向了训练数据密度高的区域。当模型分布与数据分布相匹配时，这两项将在幅度上相等，此时式（14.57）左侧的梯度就等于零。

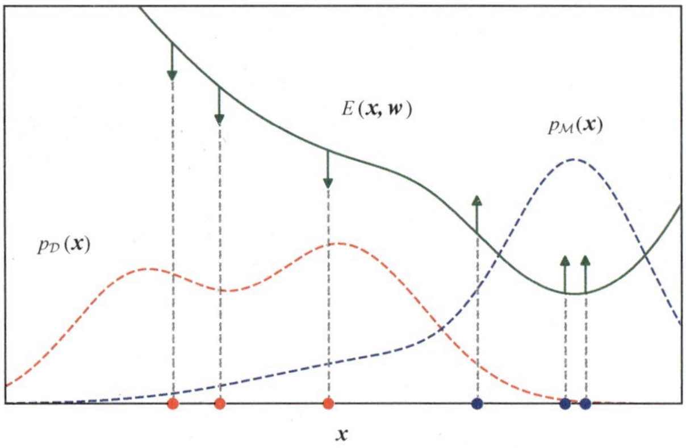

图 14.13 通过最大化似然对基于能量的模型进行训练的示意图，其中显示了能量函数 $E(\boldsymbol{x}, \boldsymbol{w})$（绿色）及相关的模型分布 $p_{\mathcal{M}}(\boldsymbol{x})$ 和真实数据分布 $p_{\mathcal{D}}(\boldsymbol{x})$。利用式（14.57）增加期望的对数似然，会在与模型样本（用蓝点表示）对应的点处推高能量函数，并在与数据集样本（用红点表示）对应的点处拉低能量函数

14.3.3 朗之万动力学

当把式（14.57）作为一种实际的训练方法应用时，我们需要近似计算式（14.57）右侧的两项。对于任何给定的 $\boldsymbol{x}$ 值，我们可以使用自动微分来评估 $\nabla_{\boldsymbol{w}}E(\boldsymbol{x},\boldsymbol{w})$。对于式（14.57）中的第一项，我们可以使用训练集来估计关于 $\boldsymbol{x}$ 的期望：

$$\mathbb{E}_{\boldsymbol{x}\sim p_{\mathcal{D}}}\left[\nabla_{\boldsymbol{w}}E(\boldsymbol{x},\boldsymbol{w})\right]\approx\frac{1}{N}\sum_{n=1}^{N}\nabla_{\boldsymbol{w}}E\left(\boldsymbol{x}_n,\boldsymbol{w}\right) \tag{14.58}$$

式（14.57）中的第二项更具挑战性，因为我们需要从能量函数定义的模型分布中抽取样本，而相应的配分函数难以处理。这可以使用马尔可夫链蒙特卡洛采样来完成。另一种受欢迎的采样方法称为随机梯度朗之万动力学，简称朗之万采样（Parisi, 1981; Welling and Teh, 2011）。这一项仅通过得分函数（score function）依赖于分布 $p(\boldsymbol{x}|\boldsymbol{w})$，得分函数定义为对数似然函数关于数据向量 $\boldsymbol{x}$ 的梯度，并由下式给出：

$$\mathrm{s}(\boldsymbol{x},\boldsymbol{w})=\nabla_{\boldsymbol{x}}\ln p(\boldsymbol{x}\,|\,\boldsymbol{w}) \tag{14.59}$$

值得强调的是，这是针对数据点 $\boldsymbol{x}$ 的梯度，而非通常意义上针对可学习参数 $\boldsymbol{w}$ 的梯度。将式（14.50）代入式（14.59），我们可以得到

$$\mathrm{s}(\boldsymbol{x},\boldsymbol{w}) = -\nabla_{\boldsymbol{x}} E(\boldsymbol{x},\boldsymbol{w}) \tag{14.60}$$

可以看到，配分函数不再出现，因为它与 $\boldsymbol{x}$ 无关。

让我们从一个先验分布中开始抽取一个初始值 $\boldsymbol{x}^{(0)}$，然后执行以下马尔可夫链步骤：

$$\boldsymbol{x}^{(\tau+1)} = \boldsymbol{x}^{(\tau)} + \eta \nabla_{\boldsymbol{x}} \ln p\left(\boldsymbol{x}^{(\tau)},\boldsymbol{w}\right) + \sqrt{2\eta}\varepsilon^{(\tau)}, \quad \tau \in 1,\cdots,\mathcal{T} \tag{14.61}$$

其中 $\varepsilon^{(\tau)} \sim \mathcal{N}(\mathbf{0},\boldsymbol{I})$ 是从零均值、单位协方差的高斯分布中独立抽取的样本，参数 η 控制步长的大小。朗之万方程的每次迭代都会沿着对数似然的梯度方向迈出一步，然后添加高斯噪声。可以证明，当 $\eta \to 0$ 和 $\varGamma \to \infty$ 时，$\boldsymbol{z}^{(\varGamma)}$ 的值是从分布 $p(\boldsymbol{x})$ 中独立抽取的样本。算法 14.4 对朗之万采样做了总结。

我们可以通过重复这个过程来生成一组样本 $\{\boldsymbol{x}_1,\cdots,\boldsymbol{x}_M\}$，然后使用下式来近似计算式（14.57）中的第二项：

$$\mathbb{E}_{\boldsymbol{x}\sim p_{\mathcal{M}}(\boldsymbol{x})}\left[\nabla_{\boldsymbol{w}} E(\boldsymbol{x},\boldsymbol{w})\right] \approx \frac{1}{M}\sum_{m=1}^{M} \nabla_{\boldsymbol{w}} E(\boldsymbol{x}_m,\boldsymbol{w}) \tag{14.62}$$

运行长的马尔可夫链来生成独立样本的计算成本可能很高，所以我们需要考虑实际的近似方法。有一种方法称为对比散度（contrastive divergence）（Hinton, 2002）。在这里，用来评估式（14.62）的样本是通过从训练数据点 $\boldsymbol{x}_n$ 开始的蒙特卡洛链获得的。如果蒙特卡洛链运行了大量步骤，那么得出的值基本上就是来自模型分布的无偏样本。相反，对比散度方法建议只运行几步的蒙特卡洛链，甚至只有一步，这在计算上成本要低得多。相应的结果样本将远非无偏样本，并且会靠近数据流形。因此，使用梯度下降的效果将是仅在数据流形的邻域内塑造能量曲面，从而塑造概率密度。这对于诸如分类的任务可能是有效的，但预计在学习生成式模型方面效果会较差。

算法14.4：朗之万采样

Input: Initial value $\boldsymbol{x}^{(0)}$
　　Probability density $p(\boldsymbol{x},\boldsymbol{w})$
　　Learning rate parameter η
　　Number of iterations T
Output: Final value $\boldsymbol{x}^{(T)}$

$\boldsymbol{x} \leftarrow \boldsymbol{x}_0$
for $\tau \in \{1,\cdots,T\}$ **do**
　　$\varepsilon \sim \mathcal{N}(\varepsilon|\mathbf{0},\boldsymbol{I})$
　　$\boldsymbol{x} \leftarrow \boldsymbol{x} + \eta\nabla_{\boldsymbol{x}} \ln p(\boldsymbol{x},\boldsymbol{w}) + \sqrt{2\eta}\varepsilon$
end for
return $\boldsymbol{x}$ // 最终值 $\boldsymbol{x}^{(T)}$

习题

14.1 （★★）证明式（14.2）定义的 $\overline{f}$ 是无偏估计，换句话说，其右边项的期望等于 $\mathbb{E}\left[f(z)\right]$。

14.2 （★）证明式（14.2）定义的 $\overline{f}$ 的方差由式（14.4）给出。

14.3 （★）假设 z 是在区间（0, 1）上均匀分布的随机变量，使用 $y = h^{(-1)}(z)$ 转换 z，其中 $h(y)$ 由式（14.6）给出。证明 y 具有分布 $p(y)$。

14.4 （★★）给定一个在区间（0, 1）上均匀分布的随机变量 z，找到一个转换 $y = f(z)$，使得 y 具有式（14.8）给出的柯西分布。

14.5 （★★）假设变量 z_1 和 z_2 在单位圆上均匀分布，如图 14.3 所示，进行式（14.10）和式（14.11）给出的变量变换。证明（y_1, y_2）具有式（14.12）所示的联合分布。

14.6 （★★）假设 $\boldsymbol{z}$ 是一个具有零均值和单位协方差矩阵的 D 维高斯分布的随机变量，并且假设正定对称矩阵 $\boldsymbol{\Sigma}$ 具有楚列斯基分解 $\boldsymbol{\Sigma} = \boldsymbol{L}\boldsymbol{L}^{\mathrm{T}}$，其中 $\boldsymbol{L}$ 是一个下三角矩阵（即主对角线以上的元素为零）。证明变量 $\boldsymbol{y} = \boldsymbol{\mu} + \boldsymbol{L}\boldsymbol{z}$ 服从均值为 μ 和协方差为 $\boldsymbol{\Sigma}$ 的高斯分布。这提供了一种利用服从零均值、单位方差的一元高斯样本来生成服从一般多元高斯分布样本的技术。

14.7 （★★）证明拒绝采样确实是从期望的分布 $p(\boldsymbol{z})$ 中抽取样本。假设提议分布是 $q(\boldsymbol{z})$。证明样本值 $\boldsymbol{z}$ 被接受的概率由 $\tilde{p}(\boldsymbol{z})/kq(\mathbf{z})$ 给出，其中 $\tilde{p}$ 是与 $p(\boldsymbol{z})$ 成比例的任何未归一化的分布，并且常数 k 设置为能够确保 $kq(\boldsymbol{z}) \geqslant \tilde{p}(\boldsymbol{z})$ 的最小值。注意，抽取值 $\boldsymbol{z}$ 的概率等于从 $q(\boldsymbol{z})$ 中抽取该值的概率乘以给定已经抽取了该值的情况下接受该值的概率。利用这一点，结合概率的加法和乘法规则，写出关于 $\boldsymbol{z}$ 的归一化分布形式，并证明它等于 $p(\boldsymbol{z})$。

14.8 （★）假设变量 z 在区间 $[0, 1]$ 上均匀分布。证明变量 $y = b\tan(z) + c$ 具有式（14.16）给出的柯西分布。

14.9 （★★）使用连续性和归一化的要求，确定自适应拒绝采样中包络分布［式（14.17）］的系数 k_i。

14.10 （★★）通过使用 14.1.2 小节讨论的从单一指数分布中采样的技术，设计一种算法，用来从式（14.17）定义的分段指数分布中采样。

14.11 （★）证明式（14.28）～式（14.30）定义的整数上的简单随机游走具有性质 $\mathbb{E}\left[\left(z^{(\tau)}\right)^2\right] = \mathbb{E}\left[\left(z^{(\tau-1)}\right)^2\right] + 1/2$，并因此通过归纳得出 $\mathbb{E}\left[\left(z^{(\tau)}\right)^2\right] = \tau/2$。

14.12 （★★）证明 14.2.4 小节讨论的吉布斯采样满足式（14.34）定义的详细平衡性质。

14.13 （★）考虑图 14.14 所示的分布。讨论标准的吉布斯采样是不是遍历的，并由此判断是否能正确地从此分布中采样。

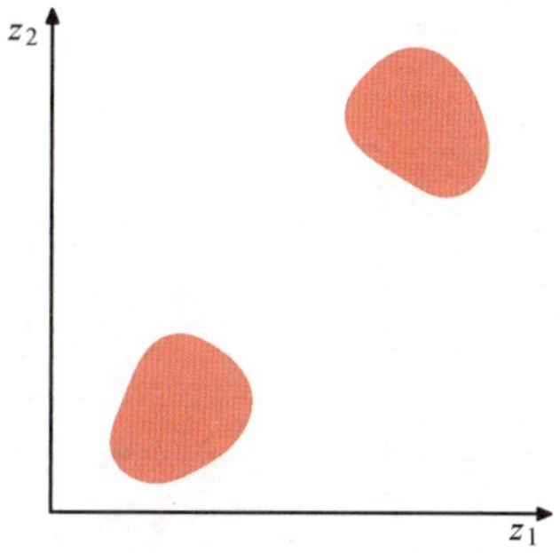

图 14.14　变量 z_1 和 z_2 上的概率分布在阴影区域是均匀的，在其他区域为零

14.14（⋆）验证超松弛更新［式（14.46）］，其中 z_i 具有均值 μ_i 和方差 σ_i，v 具有零均值和单位方差，z_i' 具有均值 μ_i 和方差 σ_i^2。

14.15（⋆）证明在有向图的似然加权采样中，重要性采样权重由式（14.48）给出。

14.16（⋆）证明只要 $Z(\boldsymbol{w})$ 满足式（14.51），式（14.50）所示的分布关于 $\boldsymbol{x}$ 就是归一化的。

14.17（⋆⋆）利用式（14.50），证明基于能量的模型的对数似然函数的梯度可以写成式（14.52）的形式。

14.18（⋆⋆）利用式（14.54）～式（14.56），证明基于能量的模型的对数似然函数的梯度可以写成式（14.57）的形式。

第 15 章
离散潜变量

我们已经了解到复杂的分布是如何通过组合多个简单的分布构建出来的，以及这些生成的模型是怎样用有向图来表示的（参见第 11 章）。除了数据集里的观测变量之外，这类模型常常还会引入一些隐藏的变量（即隐变量）或者说潜在变量（即潜变量）。这些潜变量，可能对应于数据生成过程中的特定属性，比如图像分析中物体在三维空间中的未知朝向；也可能仅是作为建模构造被引入，以便构建更丰富的模型。如果定义了一个包括观测变量和潜变量在内的联合分布，则可以通过边缘化（marginalization）来获得单独观测变量的分布。这样一来，就能用一个更容易处理的联合分布来描述观测变量上相对复杂的边缘分布，其中联合分布是在观测变量和潜变量的扩展空间上定义的。

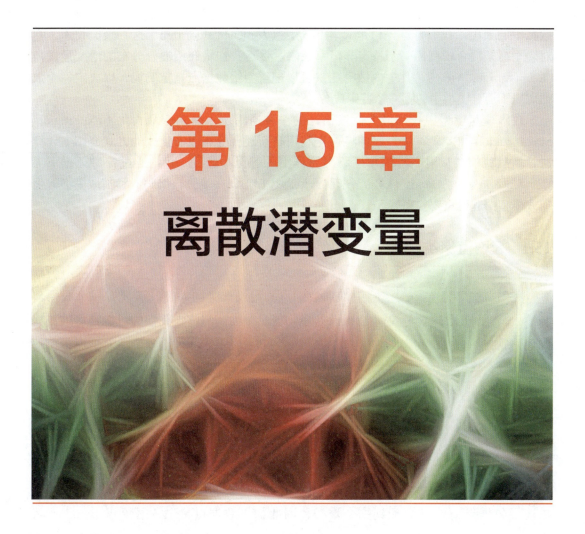

在本章中，我们将看到通过对离散潜变量（discrete latent variable）进行边缘化会产生混合分布。我们将重点了解高斯混合模型，它不仅很好地展示了混合分布的特点，而且在机器学习中也得到了广泛应用。混合模型的一个简单应用是帮助我们发现

数据中的聚类。我们将首先讨论 K 均值算法（K-means algorithm）这一聚类技术，它对应于高斯混合模型的一个特定非概率极限。然后我们将介绍混合分布的潜变量视角（latent-variable view），其中离散潜变量可以理解为给数据点指定归属，以决定每个数据点属于混合模型中的哪一个特定成分。

在潜变量模型中找到最大似然估计的一种通用技术是期望最大化（Expectation-Maximization，EM）算法。我们将首先利用高斯混合分布以非正式的方式介绍 EM 算法，然后我们会从潜变量的角度给出更详细的解释。最后，我们通过探讨证据下界（Evidence Lower BOund，ELBO）来展开话题，ELBO 在变分自编码器和扩散模型等生成式模型中起着重要作用。

15.1 K均值聚类

我们首先考虑在多维空间中识别数据点群组或聚类的问题。假设有一个数据集 $\{\boldsymbol{x}_1,\cdots,\boldsymbol{x}_N\}$，其中包含了 N 个 D 维欧几里得变量 $\boldsymbol{x}$ 的观测值。我们的目标是将该数据集划分成 K 个聚类，可以暂定 K 的值是已知的。直觉上，我们会认为一个聚类包含一组数据点，这些数据点之间的距离相较于聚类外的数据点之间的距离要短。这里引入一组 D 维向量 $\boldsymbol{\mu}_k$，其中 $k=1,\cdots,K$，并且 $\boldsymbol{\mu}_k$ 是第 k 个聚类的“原型”。可以认为 $\boldsymbol{\mu}_k$ 代表了聚类中心。然后要找到一组聚类向量 $\{\boldsymbol{\mu}_k\}$，以及数据点到聚类的分配，使得每个数据点到与其最近的聚类向量 $\boldsymbol{\mu}_k$ 的距离平方和最小。

为了方便起见，需要定义一些符号来描述数据点到聚类的分配。对于每个数据点 $\boldsymbol{x}_n$，我们引入相应的一组二进制指示变量 $r_{nk}\in\{0,1\}$，其中 $k=1,\cdots,K$。这些指示变量描述了数据点 $\boldsymbol{x}_n$ 会被分配到哪个聚类，因此如果数据点 $\boldsymbol{x}_n$ 被分配到聚类 k，那么 $r_{nk}=1$，并且对于 $j\neq k$，$r_{nj}=0$。这是 1-of-K 编码方案的一个例子。接下来可以定义如下误差函数：

$$J=\sum_{n=1}^{N}\sum_{k=1}^{K}r_{nk}\left\|\boldsymbol{x}_n-\boldsymbol{\mu}_k\right\|^2 \tag{15.1}$$

该误差函数代表每个数据点到分配给它的聚类向量 $\boldsymbol{\mu}_k$ 的距离平方和。我们的目标是找到 $\{r_{nk}\}$ 和 $\{\boldsymbol{\mu}_k\}$ 的值，让 J 最小。这可以通过一个迭代过程来实现，其中每次迭代包括两个连续步骤，分别对应于对 $\{r_{nk}\}$ 和 $\{\boldsymbol{\mu}_k\}$ 进行的连续优化。首先为 $\{\boldsymbol{\mu}_k\}$ 选择一些初始值。然后在第一步，保持 $\{\boldsymbol{\mu}_k\}$ 固定，并优化 $\{r_{nk}\}$ 以最小化 J；而在第二步，保持 $\{r_{nk}\}$ 固定，并优化 $\{\boldsymbol{\mu}_k\}$ 以最小化 J。重复这两步优化直至收敛。可以看到，更新 $\{r_{nk}\}$ 和更新 $\{\boldsymbol{\mu}_k\}$ 的阶段分别对应于 EM 算法的 E（期望）步骤和 M（最大化）步骤（参见 15.3 节）。为强调这一点，在 K 均值算法的背景下，我们将使用 E 步骤和 M 步骤等术语。

首先考虑在 $\{\boldsymbol{\mu}_k\}$ 固定的情况下确定 $\{r_{nk}\}$（E 步骤）。因为式（15.1）中的目标函数

J是关于$\{r_{nk}\}$的线性函数，所以对于这个优化可以轻松地给出闭合形式的解。涉及不同 n 的项是独立的，因此对于任何能给出$\|\boldsymbol{x}_n-\boldsymbol{\mu}_k\|^2$最小值的 k 值，可以通过选择 r_{nk} 为 1 来单独为每个 n 进行优化。换句话说，我们只是简单地将第 n 个数据点分配给与其最近的聚类，这可以表示为

$$r_{nk}=\begin{cases}1, & \text{如果 } k=\arg\min_j\left\|\boldsymbol{x}_n-\boldsymbol{\mu}_j\right\|^2 \\ 0, & \text{其他}\end{cases} \tag{15.2}$$

接下来考虑在$\{r_{nk}\}$固定的情况下优化$\{\boldsymbol{\mu}_k\}$（M 步骤）。目标函数 J 是关于 $\boldsymbol{\mu}_k$ 的二次函数，可通过将其关于 $\boldsymbol{\mu}_k$ 的导数设为零来最小化它，从而得到

$$2\sum_{n=1}^{N} r_{nk}\left(\boldsymbol{x}_n-\boldsymbol{\mu}_k\right)=0 \tag{15.3}$$

我们可以很容易地解出 $\boldsymbol{\mu}_k$，得到

$$\boldsymbol{\mu}_k=\frac{\sum_n r_{nk}\boldsymbol{x}_n}{\sum_n r_{nk}} \tag{15.4}$$

观察式（15.4）的右侧，分母等于分配给聚类 k 的数据点的数量，运算结果 $\boldsymbol{\mu}_k$ 可以简单地看作等于所有分配给聚类 k 的数据点 $\boldsymbol{x}_n$ 的平均值。这种方法因而得名 K 均值算法（Lloyd, 1982），详见算法 15.1。因为$\{r_{nk}\}$是离散的，并且每次迭代都不会导致误差函数增大，所以 K 均值算法一定可以在有限的步骤中收敛（见习题 15.1）。

算法15.1：K-均值算法

Input: Initial prototype vectors $\boldsymbol{\mu}_1,\cdots,\boldsymbol{\mu}_K$
Data set $\boldsymbol{x}_1,\cdots,\boldsymbol{x}_N$
Output: Final prototype vectors $\boldsymbol{\mu}_1,\cdots,\boldsymbol{\mu}_K$

```
{r_nk ← 0} // 将所有分配初始化为零
repeat
    {r_nk^(old)} ← {r_nk}
    // 更新分配
    for N ∈ {1,···,N} do
        k ← arg min_j ||x_n − μ_j||^2
        r_nk ← 1
        r_nj ← 0,   j ∈ {1,···,K}, j ≠ k
    end for
    // 更新原型向量
    for k ∈ {1,···,K} do
        μ_k ← Σ_n r_nk x_n / Σ_n r_nk
    end for
until {r_nk} = {r_nk^(old)} // 未发生变化的分配
return μ_1,···,μ_K, {r_nk}
```

将数据点重新分配到聚类和重新计算聚类均值这两个阶段轮流重复进行，直至分配不再变化（或者直至迭代次数超过某预定值）。然而，这种方法可能会收敛到目标函数 J 的局部极小值而不是全局最小值。MacQueen（1967）研究了 K 均值算法的收敛性。

图 15.1 使用源自美国黄石国家公园老忠实喷泉（Old Faithful geyser）数据集的喷发数据对 K 均值算法进行了说明（参见 3.2.9 小节）。该数据集包含 272 个数据点，每个数据点都在水平轴上给出了一次喷发的持续时间，并在垂直轴上给出了下一次喷发的持续时间。在这里，我们已经对数据进行了线性重新缩放，也就是标准化，使得每个变量都具有零均值和单位标准差。

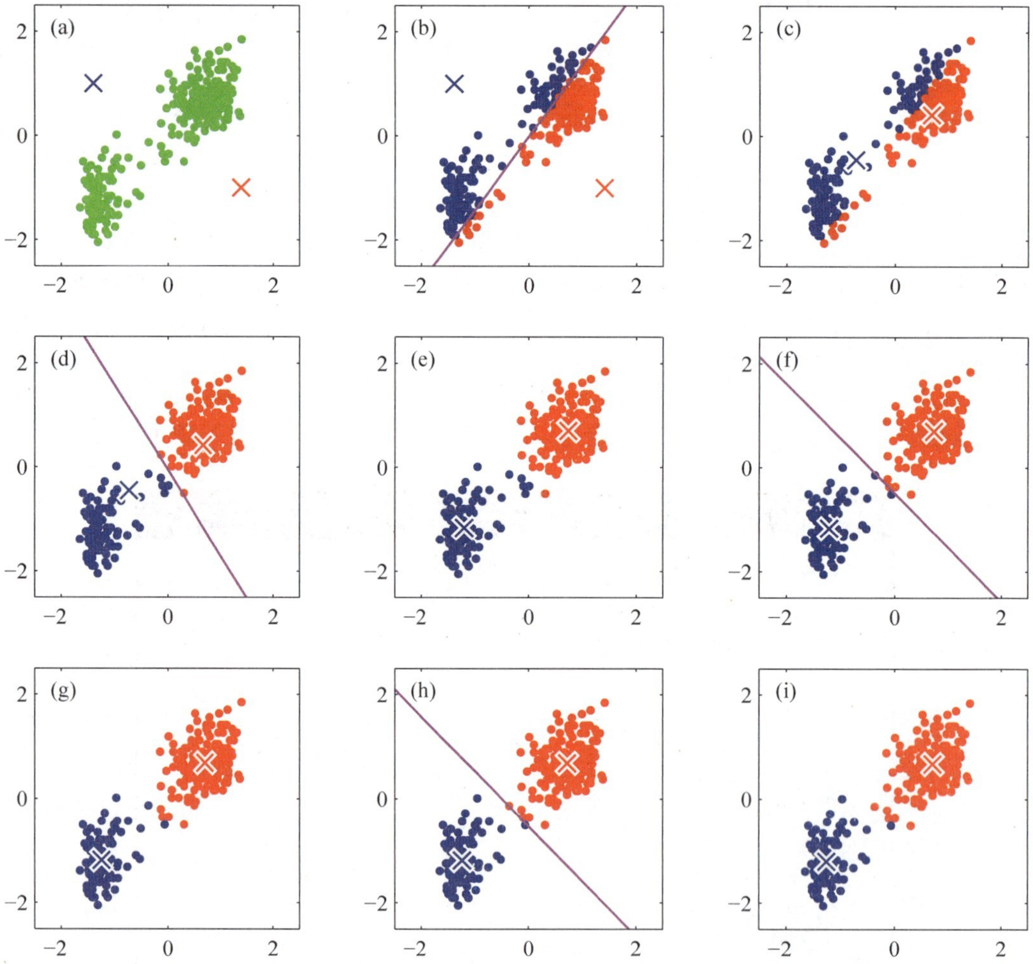

图 15.1　利用线性重新缩放的老忠实喷泉数据集来说明 K 均值算法。**(a)** 绿色点代表二维欧几里得空间中的数据集。初始选择的聚类中心 μ_1 和 μ_2 分别由红色和蓝色的叉号表示。**(b)** 在初始的 **E** 步骤中，每个数据点要么分配给红色聚类，要么分配给蓝色聚类，这取决于数据点与哪个聚类中心更近。这相当于根据数据点位于两个聚类中心的垂直平分线（洋红色的线）的哪一边来分类数据点。**(c)** 在随后的 **M** 步骤中，每个聚类中心被重新计算为分配给对应聚类的所有数据点的平均值。**(d)** ~ **(i)** 显示了直至最终收敛前的连续 **E** 步骤和 **M** 步骤

对于这个例子，我们选择了 $K=2$，因此这相当于是根据数据点位于两个聚类中心的垂直平分线的哪一边来对数据点进行分类的。图 15.2 显示了式（15.1）给出的用于老忠实喷泉例子的成本函数 J 的曲线图。注意，我们特意为聚类中心选择了较差的初始值，这样算法就需要多步操作才能收敛。在实践中，更好的初始化程序会选择聚类中心 $\boldsymbol{\mu}_k$ 等于 K 个数据点的随机子集。另外要注意，K 均值算法通常用于在应用 EM 算法之前初始化高斯混合模型中的参数（参见 15.2.2 小节）。

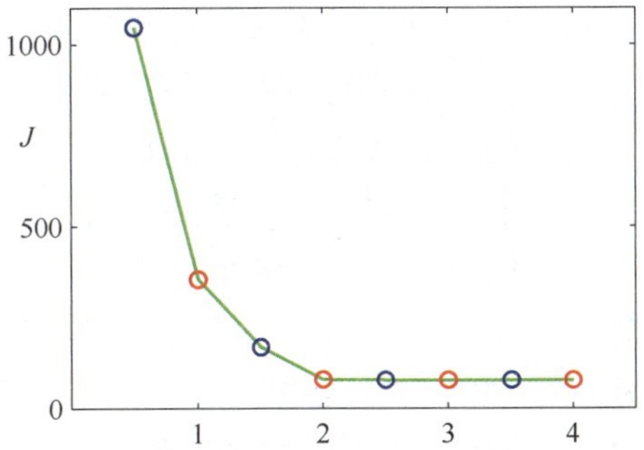

图 15.2　根据式（15.1）绘出的成本函数 J 的曲线图，其中显示了成本函数 J 在用于图 15.1 所示例子的 K 均值算法的每个 E 步骤（蓝色点）和 M 步骤（红色点）之后的变化情况。在经过第三个 M 步骤之后，算法已经收敛，最后一轮 EM 周期既没有改变分配也没有改变原型向量

到目前为止，考虑的是批量版本的 K 均值算法，其中整个数据集一起用来更新原型向量。我们也可以推导出一个顺序更新的策略，在这个策略中，对于每个数据点 $\boldsymbol{x}_n$，更新离它最近的原型向量 $\boldsymbol{\mu}_k$：

$$\boldsymbol{\mu}_k^{\text{new}} = \boldsymbol{\mu}_k^{\text{old}} + \frac{1}{N_k}\left(\boldsymbol{x}_n - \boldsymbol{\mu}_k^{\text{old}}\right) \tag{15.5}$$

其中 N_k 是到目前为止用来更新 $\boldsymbol{\mu}_k$ 的数据点的数量。这允许每个数据点在使用一次后就被丢弃，然后处理下一个数据点。

K 均值算法的一个显著特点是，在每次迭代中，每个数据点都只被分配给一个聚类。尽管有些数据点会比其他任何聚类中心 $\boldsymbol{\mu}_k$ 更接近特定聚类中心，但也可能有其他数据点大约处于聚类中心之间的中点位置。在后一种情况下，其实并不清楚将数据点硬性分配给最近的聚类是否是最合适的方法（参见 15.2 节）。我们将看到，通过采用概率方法，我们将能够以一种反映最适当分配的不确定性程度的方式，获得数据点到聚类的“软”分配。这种概率方法有许多好处。

图像分割

作为 K 均值算法应用的例子，我们考虑图像分割和图像压缩这两个相关问题。图像分割的目标是将图像划分成区域，以便每个区域都具有相对一致的视觉外观或者对应于物体或物体的某一部分（Forsyth and Ponce, 2003）。图像中的每个像素都是由红色、蓝色和绿色通道的强度组成的三维空间中的一个点，图像分割算法简单地将图像中的每个像素作为一个单独的数据点来处理。请注意，严格来说这个空间并不是欧几里得空间，因为通道强度受 $[0,1]$ 区间的限制。尽管如此，我们仍然可以直接应用 K 均值算法。我们展示了对任何特定的 K 值运行 K 均值算法直至收敛的结果，方法是重新绘制图像，并替换图像中的每个像素向量——用其分配到的聚类中心 $\boldsymbol{\mu}_k$ 给出的 $\{R, G, B\}$ 强度三元组进行替换。各种不同 K 值的结果已显示在图 15.3 中，从中可以看到，对于给定的 K 值，该算法只使用 K 种颜色来表示图像。应该强调的是，就图像分割而言，这种使用 K 均值的方式并不是特别复杂的方法，最起码它没有考虑不同像素之间的空间邻近性。总的来说，图像分割非常困难，但仍然是活跃的研究课题，这里仅用来说明 K 均值算法的应用。

我们也可以使用聚类算法进行数据压缩。首先我们要区分无损数据压缩（其目标是从压缩表示中精确地重建原始数据）和有损数据压缩（也就是说，我们接受数据重建过程中的一些误差以换取相比无损压缩情况下更高的压缩率）。我们可以将 K 均值算法应用于有损数据压缩问题。对于 N 个数据点中的每一个数据点，我们只存储其分配到的聚类的身份 k。我们还需要存储 K 个聚类中心 $\{\boldsymbol{\mu}_k\}$ 的值，在我们选择 $K \ll N$ 的前提下，这种方法明显减少了需要的数据量，然后每个数据点都可以通过与其最近的聚类中心 $\boldsymbol{\mu}_k$ 来近似表示。新的数据点同样可以通过首先找到最近的 $\boldsymbol{\mu}_k$，然后存储标签 k 而不是原始的数据向量来进行压缩。这个框架通常称为向量量化（vector quantization），向量 $\{\boldsymbol{\mu}_k\}$ 称为码本向量（codebook vector）。

上面讨论的图像分割问题也提供了聚类可以用于数据压缩的例证。假设原始图像有 N 个像素，其中的每个像素都由 $\{R, G, B\}$ 值组成，每个值均以 8 位的精度存储。直接传输整个图像将耗费 $24N$ 比特。假设我们首先在图像数据上应用 K 均值算法，然后传输最接近的向量 $\boldsymbol{\mu}_k$ 的身份而不是传输原始的像素强度向量。因为有 K 个这样的向量，所以每个像素需要 $\log_2 K$ 比特。我们还必须传输 K 个码本向量 $\{\boldsymbol{\mu}_k\}$，这需要 $24K$ 比特，因此传输整个图像所需的比特数是 $24K + N\log_2 K$（向上取整）。图 15.3 中的原始图像有 240×180 像素 = 43 200 像素，因此直接传输需要 1 036 800 比特。相比之下，压缩后的图像分别需要传输 43 248 比特（$K = 2$）、86 472 比特（$K = 3$）和 173 040 比特（$K = 10$）。与原始图像相比，它们分别代表了大约 4.2%、8.3% 和 16.7% 的压缩比。当然，压缩程度和图像质量之间存在权衡关系。注意，在这个例子中，我们的目的是说明 K 均值算法的应用。如果我们的目标是生成一个好的图像压缩器，那么一个更有效的方法是，考虑小块的相邻像素，例如 5×5 的像素块，并利用自然图像中近邻像素之间存在的相关性。

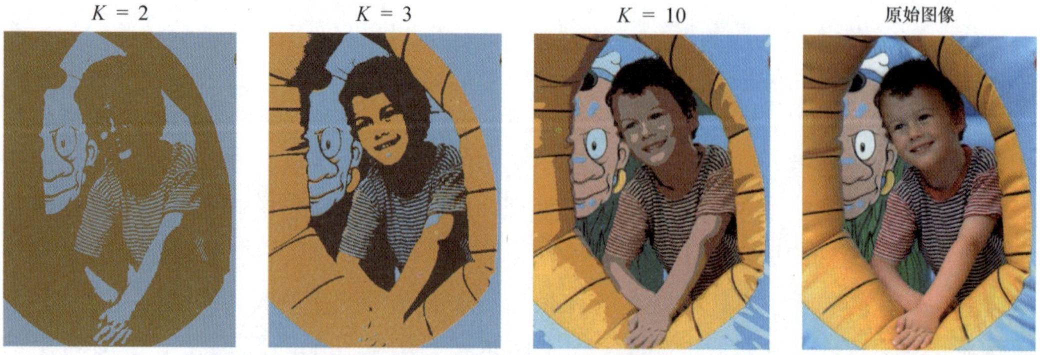

图 15.3　一个将 K 均值算法应用于图像分割的例子，这里展示了原始图像以及使用各种 K 值获得的 K 均值分割图像。这也说明了向量量化在数据压缩中的使用效果，其中较小的 K 值以牺牲图像质量为代价获得更高的压缩率

15.2 高斯混合分布

我们之前已经将高斯混合分布描述为高斯分量的简单线性叠加，目的是提供比单个高斯分布更丰富的密度模型类别（参见 3.2.9 小节）。在本节中，将转向用离散潜变量的形式来描述高斯混合分布。这将帮助我们更深入地理解这个重要分布，并有助于激励我们去探究 EM（Expectation–Maximization，最大期望）算法。

回想一下式（3.111），高斯混合分布可以写成高斯分量的线性叠加形式：

$$p(\boldsymbol{x})=\sum_{k=1}^{K}\pi_k\mathcal{N}\left(\boldsymbol{x}\mid\boldsymbol{\mu}_k,\boldsymbol{\Sigma}_k\right) \tag{15.6}$$

让我们引入一个 K 维的二进制随机向量 $\boldsymbol{z}$，它采用 1-of-K 表示形式，其中一个元素等于 1，其他所有元素等于 0。因此 z_k 的值满足 $z_k\in\{0,1\}$ 以及 $\sum_k z_k=1$，并且根据哪个元素非零，向量 $\boldsymbol{z}$ 有 K 种可能的状态。将联合分布 $p(\boldsymbol{x},\boldsymbol{z})$ 定义为边缘分布 $p(\boldsymbol{z})$ 和条件分布 $p(\boldsymbol{x}\mid\boldsymbol{z})$ 的形式。关于 $\boldsymbol{z}$ 的边缘分布是由混合系数 π_k 指定的，即

$$p(z_k=1)=\pi_k$$

其中参数 $\{\pi_k\}$ 必须满足

$$0\leqslant\pi_k\leqslant1 \tag{15.7}$$

和

$$\sum_{k=1}^{K}\pi_k=1 \tag{15.8}$$

因为 $\boldsymbol{z}$ 使用 1-of-K 表示形式，我们也可以将该分布写成

$$p(\boldsymbol{z})=\prod_{k=1}^{K}\pi_k^{z_k} \tag{15.9}$$

同样，给定 $\boldsymbol{z}$ 的特定值时 $\boldsymbol{x}$ 的条件分布也是一个高斯分布：

$$p(\boldsymbol{x}\mid z_k=1)=\mathcal{N}(\boldsymbol{x}\mid\boldsymbol{\mu}_k,\boldsymbol{\Sigma}_k)$$

它可以写成

$$p(\boldsymbol{x}\mid\boldsymbol{z})=\prod_{k=1}^{K}\mathcal{N}\left(\boldsymbol{x}\mid\boldsymbol{\mu}_k,\boldsymbol{\Sigma}_k\right)^{z_k} \tag{15.10}$$

联合分布由 $p(\boldsymbol{z})p(\boldsymbol{x}\mid\boldsymbol{z})$ 给出，它可以用图 15.4 中的图模型来描述（参见习题 15.3）。可以通过对所有可能的 $\boldsymbol{z}$ 的状态求和联合分布来获得 $\boldsymbol{x}$ 的边缘分布：

$$p(\boldsymbol{x})=\sum_{\mathbf{z}}p(\boldsymbol{z})p(\boldsymbol{x}\mid\boldsymbol{z})=\sum_{k=1}^{K}\pi_k\mathcal{N}\left(\boldsymbol{x}\mid\boldsymbol{\mu}_k,\boldsymbol{\Sigma}_k\right) \tag{15.11}$$

图 15.4 联合分布的图模型表示，其中联合分布以 $p(\mathbf{x}, z) = p(\mathbf{z})p(\mathbf{x}|z)$ 的形式给出

其中我们利用了式（15.9）和式（15.10）。因此，$\mathbf{x}$ 的边缘分布是形式为式（15.6）的高斯混合分布。如果我们有多个观测值 $\mathbf{x}_1,\cdots,\mathbf{x}_N$，那么因为边缘分布的形式是 $p(\mathbf{x}) = \Sigma_z p(\mathbf{x},z)$，所以每个观测到的数据点 $\mathbf{x}_n$ 都对应一个潜变量 $\mathbf{z}_n$。

我们找到了一个涉及显式潜变量的高斯混合分布的等效表述。这么做的收益看起来并不大。然而，现在我们已经能够用联合分布 $p(\mathbf{x}, \mathbf{z})$ 代替边缘分布 $p(\mathbf{x})$ 工作，这将带来显著的简化（特别是在引入 EM 算法时）。

另一个起到重要作用的量是给定 $\mathbf{x}$ 时 $\mathbf{z}$ 的条件概率。我们使用 $\gamma(z_k)$ 来表示 $p(z_k=1|\mathbf{x})$，其值可以使用贝叶斯定理找到：

$$\begin{aligned}\gamma(z_k) \equiv p(z_k=1|\mathbf{x}) &= \frac{p(z_k=1)p(\mathbf{x}|z_k=1)}{\sum_{j=1}^{K} p(z_j=1)p(\mathbf{x}|z_j=1)} \\ &= \frac{\pi_k \mathcal{N}(\mathbf{x}|\boldsymbol{\mu}_k,\boldsymbol{\Sigma}_k)}{\sum_{j=1}^{K}\pi_j \mathcal{N}(\mathbf{x}|\boldsymbol{\mu}_j,\boldsymbol{\Sigma}_j)}\end{aligned} \tag{15.12}$$

π_k 可以视为 $z_k=1$ 的先验概率，$\gamma(z_k)$ 可以视为观测到 $\mathbf{x}$ 之后的相应后验概率。正如我们稍后将看到的，$\gamma(z_k)$ 也可以视为分量 k 对“解释”观测值 $\mathbf{x}$ 所要承担的责任（responsibility）。

参见 14.2.5 小节，我们可以使用祖先采样（ancestral sampling）生成随机样本，这些样本按照高斯混合模型分布。为此，我们首先从边缘分布 $p(\mathbf{z})$ 中生成一个 $\mathbf{z}$ 的值，记为 $\hat{\mathbf{z}}$，然后从条件分布 $p(\mathbf{x}|\hat{\mathbf{z}})$ 中生成一个 $\mathbf{x}$ 的值。我们可以通过在对应的 $\mathbf{x}$ 值处绘制点，然后根据 $\mathbf{z}$ 的值（即生成这些点的高斯分量）对点进行着色来描绘联合分布 $p(\mathbf{x}, \mathbf{z})$ 中的样本，如图 15.5(a) 所示。类似地，边缘分布 $p(\mathbf{x})$ 中的样本是通过选取联合分布中的样本并忽略 $\mathbf{z}$ 的值获得的。这些样本如图 15.5(b) 所示，仅依据 $\mathbf{x}$ 值绘制出点而不带任何颜色标签。

我们还可以使用这个合成的数据集来说明“责任”，即评估每个数据点关于生成此数据集的高斯混合分布中每个分量的后验概率。特别地，我们可以使用红色、蓝色和绿色墨水的比例来表示与数据点 $\mathbf{x}_n$ 相关的责任 $\gamma(z_{nk})$ 的值。每个点所用的这三种墨水的比例由 $\gamma(z_{nk})$ 给出，$k=1,2,3$，如图 15.5(c) 所示。例如，一个 $\gamma(z_{n1})=1$ 的数据点将染成红色，而一个 $\gamma(z_{n2})=\gamma(z_{n3})=0.5$ 的数据点将以等比例的蓝色和绿色染色，因此呈现为青色。而在图 15.5(a) 中，将数据点标记成什么颜色依据的是它们实际所属的分量。

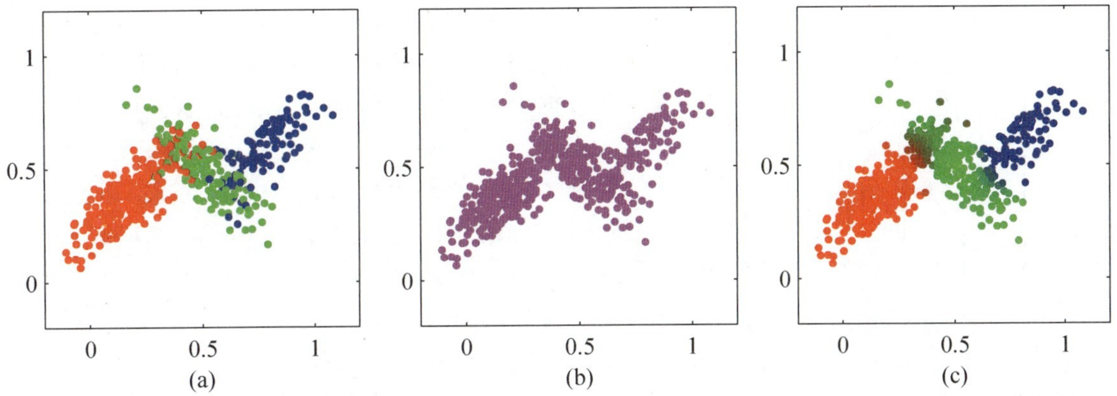

图 15.5 从图 3.8 所示的三个高斯混合分布中抽取 500 个数据点的示例。(a) 来自联合分布 $p(z)p(\boldsymbol{x}|z)$ 的样本，其中 z 的三种状态分别对应于混合的三个分量，分别用红色、绿色和蓝色表示。(b) 来自边缘分布 $p(\boldsymbol{x})$ 的相应样本，该边缘分布是通过简单地忽略 z 的值并仅绘制 $\boldsymbol{x}$ 的值获得的，数据集在 (a) 中被认为是完整的，而在 (b) 中被认为是不完整的（参见 15.3 节）。(c) 相同的样本，其中颜色代表与数据点 $\boldsymbol{x}_n$ 相关的责任 $\gamma(z_{nk})$，当 k 取值分别为 1，2，3 时，可通过调配红色、蓝色和绿色比例来绘制相应的点来获得

15.2.1 似然函数

假设我们有一组观测数据 $\{\boldsymbol{x}_1,\cdots,\boldsymbol{x}_N\}$，我们希望使用高斯混合模型来对这些数据进行建模。我们可以将这个数据集表示为一个 $N\times D$ 的矩阵 $\boldsymbol{X}$，其中第 n 行由 $\boldsymbol{x}_n^{\mathrm{T}}$ 给出。由式（15.6）可知，似然函数的对数由下式给出：

$$\ln p(\boldsymbol{X}|\boldsymbol{\pi},\boldsymbol{\mu},\boldsymbol{\Sigma})=\sum_{n=1}^{N}\ln\left\{\sum_{k=1}^{K}\pi_k\mathcal{N}\left(\boldsymbol{x}_n|\boldsymbol{\mu}_k,\boldsymbol{\Sigma}_k\right)\right\} \tag{15.13}$$

最大化这个对数似然函数比针对单个高斯分布更复杂。难点在于式（15.13）中的对数内部的求和项会导致对数不再直接作用于高斯分布。如果将对数似然函数关于模型参数的导数设为零，我们将不再获得闭合解，这一点我们很快就会看到。

在讨论如何最大化这个函数之前，值得强调的是，在应用到高斯混合模型时，最大似然框架存在一个显著的问题，就是有奇异性。为了简单起见，考虑一个高斯混合模型，其组成部分的协方差矩阵由 $\boldsymbol{\Sigma}_k=\sigma_k^2\boldsymbol{I}$ 给出，其中 $\boldsymbol{I}$ 是单位矩阵，但所得结论对于一般的协方差矩阵也是成立的。假设该高斯混合模型的一个分量，比如第 j 个分量，其均值 $\boldsymbol{\mu}_j$ 恰好等于某个数据点，即 $\boldsymbol{\mu}_j=\boldsymbol{x}_n$，则这个数据点将在似然函数中贡献一个如下形式的项：

$$\mathcal{N}\left(\boldsymbol{x}_n|\boldsymbol{x}_n,\sigma_j^2\boldsymbol{I}\right)=\frac{1}{(2\pi)^{1/2}}\frac{1}{\sigma_j} \tag{15.14}$$

考虑极限 $\sigma_j\to 0$，我们会看到该项趋向于无穷大，所以对数似然函数也将趋向于无穷大。由此可见，最大化对数似然函数并不是一个良定义的问题，因为这种奇异性总是存在的，并且每当一个高斯分量“坍缩”到一个特定的数据点时就会发生。回想

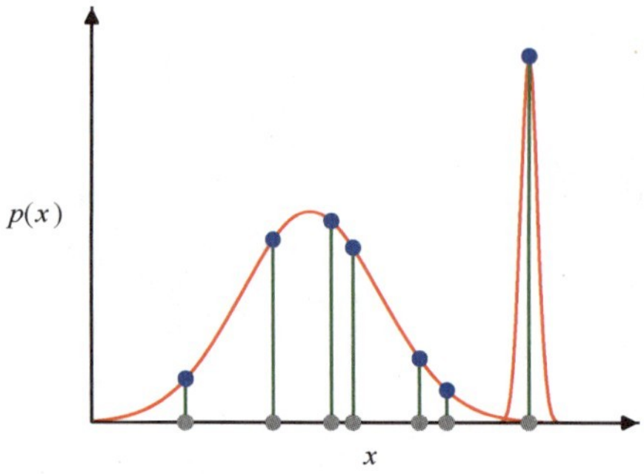

图 15.6 在高斯混合模型中，似然函数中的奇异点是如何出现的。请和图 2.9 中显示的没有奇异点的情况进行比较

一下，这个问题并没有出现在单个高斯分布中。其中的差异在于，如果一个高斯分布坍缩到一个数据点上，它将对似然函数贡献乘性因子，这些乘性因子将以指数速度趋向于零，从而使得整体似然值趋近于零而不是无穷大。但是，如图 15.6 所示，高斯混合分布中至少有两个分量，其中一个分量可以有有限的方差，因此能为所有数据点分配有限概率；而另一个分量可以收缩到一个特定的数据点上，并因此对对数似然函数贡献不断增加的加性值。

这种奇异性提供了一个最大似然方法中可能出现过拟合的例子。当把最大似然方法应用到高斯混合模型时，我们必须采取措施以避免找到这样的病态（pathological）解，比如转而寻求似然函数的局部最大值，这些局部最大值通常表现良好。我们可以试图通过使用适当的启发式方法来避免奇异性，例如检测到高斯分量在坍缩时将其均值重置为随机选择的值，同时将其协方差重置为某个较大值，然后继续优化。通过添加一个对应于参数先验分布的正则化项到对数似然函数中，也可以避免奇异性（参见 15.4.3 小节）。

在寻找最大似然解时还有一个问题，因为对于任何给定的最大似然解，一个包含 K 个组分的高斯混合模型将有总共 $K!$ 个等效解，对应于将 K 组参数分配给 K 个组分的 $K!$ 种方式。换句话说，对于参数值空间中的任何给定（非退化）点，都会存在额外的 $K!-1$ 个点。所有这些点都将产生完全相同的分布。这个问题称为可识别性（identifiability）问题（Casella and Berger, 2002），当我们希望解释模型发现的参数值时，这是一个重要问题。当我们讨论具有连续潜变量的模型（参见第 16 章）时，可识别性问题也会出现。然而，当我们寻找一个好的密度模型时，这个问题无关紧要，因为任何等效解都和其他解一样好。

15.2.2 最大似然

在为含有隐变量的模型寻找最大似然解的探索中，EM 算法是一种优雅而强大的方法（Dempster, Laird and Rubin, 1977; McLachlan and Krishnan, 1997）。在本章中，我们将先后给出三种不同的 EM 算法推导，每一种都比前一种更加通用。下面让我们在高斯混合模型的背景下以相对非正式的方式开始。首先需要强调的是，EM 算法具有广泛的适用性，它的底层概念我们将在本书涉及的多个模型中遇到。

我们选择从写下似然函数最大值处必须满足的条件开始。将式（15.13）中的 $\ln p(\boldsymbol{X}\mid\boldsymbol{\pi},\boldsymbol{\mu},\boldsymbol{\Sigma})$ 关于高斯分量均值 $\boldsymbol{\mu}_k$ 的导数设为零，便可得到

$$0=\sum_{n=1}^{N}\underbrace{\frac{\pi_k\mathcal{N}\left(\boldsymbol{x}_n\mid\boldsymbol{\mu}_k,\boldsymbol{\Sigma}_k\right)}{\sum_j\pi_j\mathcal{N}\left(\boldsymbol{x}_n\mid\boldsymbol{\mu}_j,\boldsymbol{\Sigma}_j\right)}}_{\gamma(z_{nk})}\boldsymbol{\Sigma}_k^{-1}\left(\boldsymbol{x}_n-\boldsymbol{\mu}_k\right) \tag{15.15}$$

其中我们利用了高斯分布的形式［式（3.26）］。注意，后验概率或责任 $\gamma(z_{nk})$ 由式（15.12）给出，因而自然地出现在公式的右侧。乘以 Σ_k（我们假设它是非奇异的）并重新排列后，便可得到

$$\boldsymbol{\mu}_k = \frac{1}{N_k}\sum_{n=1}^{N}\gamma(z_{nk})\boldsymbol{x}_n \tag{15.16}$$

其中我们定义了

$$N_k = \sum_{n=1}^{N}\gamma(z_{nk}) \tag{15.17}$$

可以将 N_k 解释为分配给聚类 k 的有效点数。仔细观察这个解的形式，可以看到，第 k 个高斯分量的均值 $\boldsymbol{\mu}_k$ 是通过对数据集中的所有点进行加权平均得到的。在这个加权因子中，数据点 $\boldsymbol{x}_n$ 的权重是由后验概率 $\gamma(z_{nk})$ 给出的，即第 k 个高斯分量负责生成 $\boldsymbol{x}_n$ 的概率。

如果将 $\ln p(\boldsymbol{X}|\boldsymbol{\pi},\boldsymbol{\mu},\boldsymbol{\Sigma})$ 关于 $\boldsymbol{\Sigma}_k$ 的导数设为零并遵循类似的推理线索，利用单个高斯分布的最大似然解的结果（参见 3.2.7 小节），便可得到

$$\boldsymbol{\Sigma}_k = \frac{1}{N_k}\sum_{n=1}^{N}\gamma(z_{nk})(\boldsymbol{x}_n-\boldsymbol{\mu}_k)(\boldsymbol{x}_n-\boldsymbol{\mu}_k)^{\mathrm{T}} \tag{15.18}$$

这与用单个高斯分布拟合数据集的对应结果形式相同，但每个数据点都由相应的后验概率加权，并且分母由与相应分量相关联的有效点数给出。

最后，我们调整混合系数 π_k 的值，目的是最大化对数似然函数 $\ln p(\boldsymbol{X}|\boldsymbol{\pi},\boldsymbol{\mu},\boldsymbol{\Sigma})$。此处我们必须考虑一个约束［式（15.8）］，该约束要求混合系数的和为 1。这可以通过使用拉格朗日乘子 λ 并最大化以下量来实现：

$$\ln p(\boldsymbol{X}|\boldsymbol{\pi},\boldsymbol{\mu},\boldsymbol{\Sigma}) + \lambda\left(\sum_{k=1}^{K}\pi_k - 1\right) \tag{15.19}$$

这样便可得到

$$0 = \sum_{n=1}^{N}\frac{\mathcal{N}(\boldsymbol{x}_n|\boldsymbol{\mu}_k,\boldsymbol{\Sigma}_k)}{\sum_j \pi_j \mathcal{N}(\boldsymbol{x}_n|\boldsymbol{\mu}_j,\boldsymbol{\Sigma}_j)} + \lambda \tag{15.20}$$

可以看到“责任”再次出现了。如果对式（15.20）的两边乘以 π_k 并利用式（15.8）对 k 进行求和，就会发现 $\lambda = -N$。消除 λ 并重新排列后，便可得到

$$\pi_k = \frac{N_k}{N} \tag{15.21}$$

因此，第 k 个高斯分量的混合系数由该分量对解释数据点所要承担的平均责任给出。

请注意，式（15.16）、式（15.18）和式（15.21）并不构成高斯混合模型参数

的闭合解，因为责任 $\gamma(z_{nk})$ 通过式（15.12）以复杂的方式依赖于这些参数。然而，这些结果确实提出了一种简单的迭代方案来寻找最大似然问题的解。正如我们将看到的，对于高斯混合模型的特定情况，这实际上是EM算法的一个实例。我们首先选择均值、协方差和混合系数的一些初始值，然后交替进行以下两个步骤——期望步骤（E步骤）和最大化步骤（M步骤）。在E步骤中，我们使用参数的当前值来估计后验概率或责任，其由式（15.12）给出。然后在M步骤中使用这些概率重新估计均值、协方差和混合系数，它们分别由式（15.16）、式（15.18）和式（15.21）给出。请注意，当决定这样做时，我们首先使用式（15.16）计算新的均值，然后使用这些新值通过式（15.18）找到协方差，其与单个高斯分布的相应结果一致。我们将证明每次进行E步骤之后，紧跟着进行的M步骤导致的参数更新都会增大对数似然函数的值。在实践中，当对数似然函数的值的变化，或者说参数的值的变化低于某个阈值时，算法就被认为已经收敛。

下面我们用重缩放的老忠实喷泉数据集来说明应用于高斯混合模型的EM算法，如图15.7所示。这里使用了两个高斯分量，其聚类中心使用与图15.1中 K 均值算法相同的值进行初始化，协方差矩阵则初始化为与单位矩阵成比例。图15.7(a)显示了绿色的数据点以及高斯混合模型的初始配置，其中两个高斯分量的一倍标准差轮廓线分别显示为蓝色和红色圆圈。图15.7(b)显示了E步骤的初始结果，其中每个数据点使用与从蓝色分量生成的后验概率相等的蓝色墨水比例绘制，并且绘制时还使用了由红色分量生成的后验概率所给出的相应比例的红色墨水。因此，那些属于两个聚类的概率大致相等的点呈现为紫色。第一次进行M步骤后的情况如图15.7(c)所示，蓝色分量的均值已移动到由每个数据点属于蓝色聚类的概率加权的数据集的均值上。换句话说，

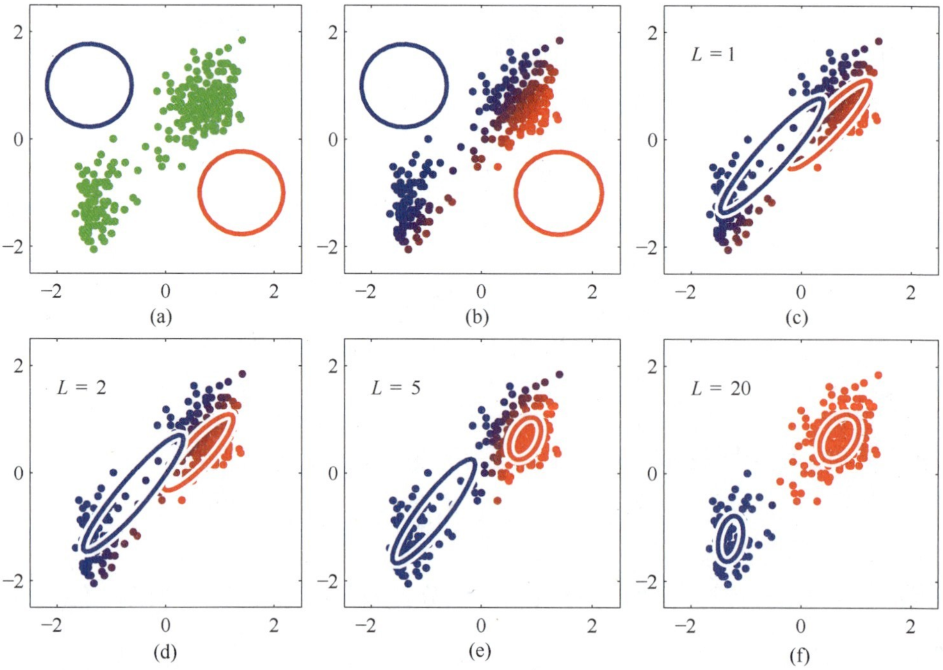

图15.7　将EM算法应用于老忠实喷泉数据集，该数据集在图15.1中用于说明 K 均值算法

其已经移动到了蓝色墨水的中心位置。同样，蓝色分量的协方差已设定为蓝色墨水的协方差。对于红色分量也有类似的结果。图 15.7(d)~ 图 15.7(f) 分别展示了进行 2 次、5 次和 20 次完整的 EM 循环后的结果。在图 15.7(f) 中，算法接近收敛。

请注意，与 K 均值算法相比，EM 算法需要进行更多的迭代才能达到（近似）收敛，而且每个循环都需要进行更多的计算。因此，人们通常会运行 K 均值算法来找到高斯混合模型的初始状态，随后使用 EM 算法进行调整。一种便捷的做法就是把协方差矩阵初始化为 K 均值算法以找到各个聚类的样本协方差，而混合系数可以设置为数据点被分配给相应聚类的比例。为了规避似然函数的奇异性——高斯分量坍缩至特定数据点的情况——我们必须采取诸如参数正则化的技术。需要强调的是，对数似然函数通常会有多个局部最大值，并且 EM 算法不能保证找到全局最大值。考虑到应用于高斯混合模型的 EM 算法的重要性，我们在算法 15.2 中对它做了总结。

算法15.2：应用于高斯混合模型的EM算法

Input: Initial model parameters $\{\boldsymbol{\mu}_k\}, \{\boldsymbol{\Sigma}_k\}, \{\pi_k\}$
  Data set $\{\boldsymbol{x}_1, \ldots, \boldsymbol{x}_N\}$
Output: Final model parameters $\{\boldsymbol{\mu}_k\}, \{\boldsymbol{\Sigma}_k\}, \{\pi_k\}$

---

repeat
  // E 步骤
  for $n \in \{1, \cdots, N\}$ **do**
    for $k \in \{1, \cdots, K\}$ **do**
      $$\gamma(z_{nk}) \leftarrow \frac{\pi_k \mathcal{N}(\boldsymbol{x}_n|\boldsymbol{\mu}_k, \boldsymbol{\Sigma}_k)}{\sum_{j=1}^{K} \pi_j \mathcal{N}(\boldsymbol{x}_n|\boldsymbol{\mu}_j, \boldsymbol{\Sigma}_j)}$$
    end for
  end for
  // M 步骤
  for $k \in \{1, \cdots, K\}$ **do**
    $$N_k \leftarrow \sum_{n=1}^{N} \gamma(z_{nk})$$
    $$\boldsymbol{\mu}_k \leftarrow \frac{1}{N_k} \sum_{n=1}^{N} \gamma(z_{nk}) \boldsymbol{x}_n$$
    $$\boldsymbol{\Sigma}_k \leftarrow \frac{1}{N_k} \sum_{n=1}^{N} \gamma(z_{nk}) (\boldsymbol{x}_n - \boldsymbol{\mu}_k)(\boldsymbol{x}_n - \boldsymbol{\mu}_k)^{\mathrm{T}}$$
    $$\pi_k \leftarrow \frac{N_k}{N}$$
  end for
  // 对数似然
  $$\mathcal{L} \leftarrow \sum_{n=1}^{N} \ln \left\{ \sum_{k=1}^{K} \pi_k \mathcal{N}(\boldsymbol{x}_n|\boldsymbol{\mu}_k, \boldsymbol{\Sigma}_k) \right\}$$
until convergence
return $\{\boldsymbol{x}_k\}, \{\boldsymbol{\Sigma}_k\}, \{\pi_k\}$

高斯混合模型非常灵活，如果模型参数选择得当，只需要给定足够数量的分量，就可以高精度地逼近复杂的数据分布。然而在实践中，尤其在高维空间中，分量的数量可能非常大。这个问题在图 15.8 中有所体现。尽管如此，高斯混合模型仍十分有用。此外，理解高斯混合模型能为我们理解具有连续潜变量的模型和基于深度神经网络的生成式模型奠定基础，后者对高维空间的扩展性要好得多（参见第 16 章）。

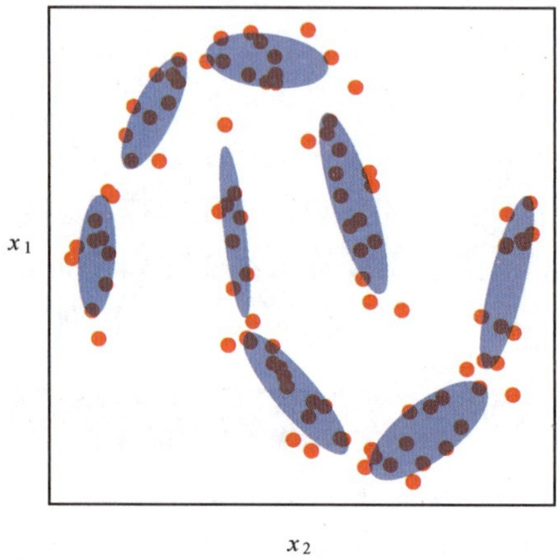

图 15.8 拟合到“双月”数据集的高斯混合模型，这表明可能需要大量的混合分量才能准确表示复杂的数据分布。这里的椭圆表示对应混合分量的恒定密度等值线。随着我们进入更高维空间，精确建模分布所需的分量的数量可能会大到不可接受

15.3 EM算法

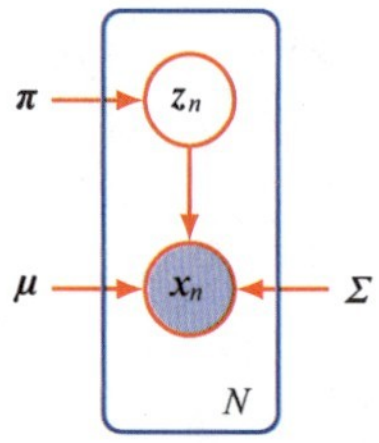

图 15.9 高斯混合模型的图形表示，该高斯混合模型可以用于一组 N 个独立同分布的数据点 x_n 及对应的隐变量点 z_n，其中 $n=1,\cdots,N$

本节将讨论更一般的 EM 算法，并特别关注隐变量的作用。如前所述，我们用 $\mathbf{X}$ 表示所有观测数据点的集合，其中的第 n 行代表 $\mathbf{x}_n^{\mathrm{T}}$。同样，相应的隐变量则用一个 $N\times K$ 的矩阵 $\mathbf{Z}$ 来表示，每一行记为 $\mathbf{z}_n^{\mathrm{T}}$。如果我们假设这些数据点是从分布中独立抽取的，则可以使用图 15.9 所示的图形来表示这个独立同分布数据集的高斯混合模型。所有模型参数的集合记为 $\boldsymbol{\theta}$，因此对数似然函数由下式给出：

$$\ln p(\mathbf{X}|\boldsymbol{\theta}) = \ln\left\{\sum_{\mathbf{Z}} p(\mathbf{X},\mathbf{Z}|\boldsymbol{\theta})\right\} \tag{15.22}$$

注意，我们的讨论同样适用于连续隐变量，只需要将对 $\mathbf{Z}$ 的求和替换为积分即可。

另请注意，对潜变量的求和出现在对数内部。即使联合分布 $p(\mathbf{X},\mathbf{Z}|\boldsymbol{\theta})$ 属于指数族分布，但由于这个求和项，边缘分布 $p(\mathbf{X}|\boldsymbol{\theta})$ 通常也不会属于指数族分布。求和的存在会阻止我们将对数直接作用于联合分布，导致最大似然解的表达式复杂化。

现在假设对于 $\mathbf{X}$ 中的每个观测值，我们都被告知对应的隐变量 $\mathbf{Z}$ 的值。此时将 $\{\mathbf{X}, \mathbf{Z}\}$ 称为完整数据集，并将实际观测到的数据 $\mathbf{X}$ 视为不完整的（incomplete），如

图 15.5 所示。完整数据集的似然函数可以简单地采取 $\ln p(\boldsymbol{X},\boldsymbol{Z}\,|\,\boldsymbol{\theta})$ 的形式，我们假设这个完整数据集的对数似然函数的最大化是比较简单的。

然而在实践中，我们没有得到完整的数据集 $\{\boldsymbol{X},\boldsymbol{Z}\}$，而只有不完整的数据 $\boldsymbol{X}$。隐变量 $\boldsymbol{Z}$ 的值的状态信息仅由后验分布 $p(\boldsymbol{X},\boldsymbol{Z}\,|\,\boldsymbol{\theta})$ 给出。由于无法使用完整数据集的对数似然函数，我们转而考虑其在隐变量的后验分布下的期望值，这对应于（正如我们将看到的）EM 算法的 E 步骤。在随后的 M 步骤中，我们最大化这个期望值。如果当前对参数的估计记为 $\boldsymbol{\theta}^{\text{old}}$，那么一对连续的 E 步骤和 M 步骤将产生修正后的估计 $\boldsymbol{\theta}^{\text{new}}$。EM 算法通过选择参数的某个起始值 $\boldsymbol{\theta}_0$ 来进行初始化。尽管这种期望的使用可能看起来有些武断，但是当我们在 15.4 节对 EM 算法进行更深入的讨论时，我们将看到做出这个选择的动机。

在 E 步骤中，我们使用当前的参数值 $\boldsymbol{\theta}^{\text{old}}$ 来找出 $p\left(\boldsymbol{Z}\,|\,\boldsymbol{X},\boldsymbol{\theta}^{\text{old}}\right)$ 给出的隐变量的后验分布。然后使用这个后验分布找出用于对一些通用参数值 $\boldsymbol{\theta}$ 进行估计的完整数据对数似然函数的期望。将这个期望记为 $\mathcal{Q}\left(\boldsymbol{\theta},\boldsymbol{\theta}^{\text{old}}\right)$，其由下式给出：

$$\mathcal{Q}\left(\boldsymbol{\theta},\boldsymbol{\theta}^{\text{old}}\right)=\sum_{\boldsymbol{Z}}p\left(\boldsymbol{Z}\,|\,\boldsymbol{X},\boldsymbol{\theta}^{\text{old}}\right)\ln p(\boldsymbol{X},\boldsymbol{Z}\,|\,\boldsymbol{\theta}) \tag{15.23}$$

在 M 步骤中，我们通过最大化式（15.23）所示的函数来确定修正后的参数估计 $\boldsymbol{\theta}^{\text{new}}$：

$$\boldsymbol{\theta}^{\text{new}}=\arg\max_{\boldsymbol{\theta}}\mathcal{Q}\left(\boldsymbol{\theta},\boldsymbol{\theta}^{\text{old}}\right) \tag{15.24}$$

请注意，在函数 $\mathcal{Q}\left(\boldsymbol{\theta},\boldsymbol{\theta}^{\text{old}}\right)$ 的定义中，对数直接作用于联合分布 $p(\boldsymbol{X},\boldsymbol{Z}\,|\,\boldsymbol{\theta})$，因此相应的 M 步骤根据我们的假设是可行的。算法 15.3 对通用的 EM 算法做了总结。正如我们稍后将展示的，每个 EM 循环都会增大不完整数据对数似然函数的值（除非它已经处于局部最大值）（参见 15.4.1 节）。

算法15.3： 通用的EM算法

Input: Joint distribution $p(\boldsymbol{X},\boldsymbol{Z}|\boldsymbol{\theta})$
Initial parameters $\boldsymbol{\theta}^{\text{old}}$
Data set $\boldsymbol{x}_1,\cdots,\boldsymbol{x}_N$
Output: Final parameters $\boldsymbol{\theta}$

---

repeat
  $\mathcal{Q}(\boldsymbol{\theta},\boldsymbol{\theta}^{\text{old}})\leftarrow\sum_{\boldsymbol{Z}}p(\boldsymbol{Z}|\boldsymbol{X},\boldsymbol{\theta}^{\text{old}})\ln p(\boldsymbol{X},\boldsymbol{Z}|\boldsymbol{\theta})$ // E步骤
  $\boldsymbol{\theta}^{\text{new}}\leftarrow\arg\max_{\boldsymbol{\theta}}\mathcal{Q}(\boldsymbol{\theta},\boldsymbol{\theta}^{\text{old}})$ // M步骤
  $\mathcal{L}\leftarrow p(\boldsymbol{X}|\boldsymbol{\theta}^{\text{new}})$ // 计算对数似然
  $\boldsymbol{\theta}^{\text{old}}\leftarrow\boldsymbol{\theta}^{\text{new}}$ // 更新参数
until convergence
return $\boldsymbol{\theta}^{\text{new}}$

EM 算法也可以用来寻找 MAP（最大后验概率）解，这适用于定义参数时引入先

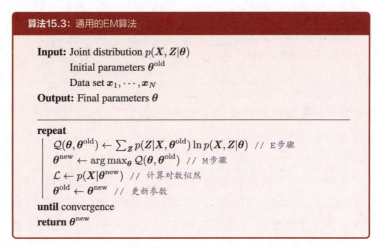

验分布 $p(\boldsymbol{\theta})$ 的模型（练习 15.5）。在这种情况下，E 步骤与最大似然示例中的情形相同，而在 M 步骤中，要最大化的量由 $\mathcal{Q}\left(\boldsymbol{\theta},\boldsymbol{\theta}^{\text{old}}\right)+\ln p(\boldsymbol{\theta})$ 给出。适当的先验选择能消除图 15.6 所示类型的奇异性。

这里我们考虑了当存在离散隐变量时如何使用 EM 算法最大化似然函数。然而，当未观测变量对应于数据集中缺失的值时，也可以应用 EM 算法。观测值的分布是通过取所有变量的联合分布，然后在缺失的变量上进行边缘化得到的。接下来便可以使用 EM 算法来最大化相应的似然函数。如果数据值是随机缺失的，则意味着导致缺失值的机制不依赖于未观测到的值。但在许多情况下，事实并非如此。例如，当传感器测量的量超过某个阈值时，传感器就无法返回值。

15.3.1 高斯混合模型

现在我们考虑将这种隐变量视角的 EM 算法应用于高斯混合模型的特定案例。回顾一下，我们的目标是最大化对数似然函数［式（15.13）］，该函数可以使用观测数据集 $\mathbf{X}$ 来计算，并且我们发现由于在对数内部进行了关于 k 的求和，这比单个高斯分布的情况要困难得多。假设除了观测数据集 $\mathbf{X}$，我们还得到了相应的离散变量 $\mathbf{Z}$ 的值。回想一下，图 15.5(a) 显示了一个完整数据集（即包含标签来显示每个数据点是由哪个分量生成的），图 15.5(b) 则显示了相应的不完整数据集。图 15.10 展示了完整数据的图形表示。

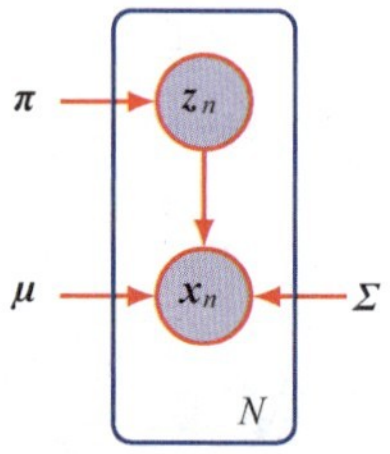

图 15.10 这与图 15.9 中显示的图形相同，不同之处在于我们现在假设离散变量 z_n 和数据变量 x_n 都是可观测的

现在考虑对完整数据集 $\{\mathbf{X}, \mathbf{Z}\}$ 的似然函数进行最大化的问题。根据式（15.9）和式（15.10），这个似然函数的形式如下：

$$p(\mathbf{X},\mathbf{Z}\,|\,\boldsymbol{\mu},\boldsymbol{\Sigma},\boldsymbol{\pi})=\prod_{n=1}^{N}\prod_{k=1}^{K}\pi_k^{z_{nk}}\mathcal{N}\left(\mathbf{x}_n\,|\,\boldsymbol{\mu}_k,\boldsymbol{\Sigma}_k\right)^{z_{nk}} \tag{15.25}$$

其中 z_{nk} 表示 $\mathbf{z}_n$ 的第 k 个高斯分量。取对数后，可以得到

$$\ln p(\mathbf{X},\mathbf{Z}\,|\,\boldsymbol{\mu},\boldsymbol{\Sigma},\boldsymbol{\pi})=\sum_{n=1}^{N}\sum_{k=1}^{K}z_{nk}\left\{\ln\pi_k+\ln\mathcal{N}\left(\mathbf{x}_n\,|\,\boldsymbol{\mu}_k,\boldsymbol{\Sigma}_k\right)\right\} \tag{15.26}$$

与不完整数据的对数似然函数［式（15.13）］相比，可以看出 k 的求和项与对数项已经交换了位置。对数现在直接作用于高斯分布，而高斯分布本身就是指数族分布的成员。显然，这使得最大似然问题的解决方案简单多了。首先考虑均值和协方差的最大化问题。因为 $\mathbf{z}_n$ 是一个 K 维向量，除了其中一个元素的值为 1，其他所有元素的值都为 0，所以完整数据的对数似然函数仅仅是 K 个独立贡献的和，每个分量对应一个贡献。因此，均值或协方差的最大化处理实际上就像对单个高斯分布的处理一样，只不过前者仅涉及“分配”给该分量的数据点子集。对于混合系数的最大化，注意，由于式（15.8）中的求和约束，不同 k 值的这些系数是耦合的。另外，和之前一样，这也可以使用拉格朗日乘子来保证，从而导致：

$$\pi_k = \frac{1}{N}\sum_{n=1}^{N} z_{nk} \tag{15.27}$$

因此，混合系数等于分配给相应分量的数据点的比例。

由此可见，完整数据的对数似然函数可以在闭合形式中轻易地最大化。然而，实际上我们没有隐变量的值。如前所述，我们考虑了关于隐变量后验分布的完整数据对数似然函数的期望。使用式（15.9）和式（15.10）并结合贝叶斯定理，这个后验分布的形式如下：

$$p(\boldsymbol{Z}\mid\boldsymbol{X},\boldsymbol{\mu},\boldsymbol{\Sigma},\boldsymbol{\pi}) \propto \prod_{n=1}^{N}\prod_{k=1}^{K}\left[\pi_k \mathcal{N}\left(\boldsymbol{x}_n\mid\boldsymbol{\mu}_k,\boldsymbol{\Sigma}_k\right)\right]^{z_{nk}} \tag{15.28}$$

可以看到这个分布在 n 上是可分解的，所以在这个后验分布下，$\boldsymbol{z}_n$ 是独立的（见习题 15.6），这可以很容易地通过检查图 15.9 中的有向图并使用 d 分离准则来验证（参见 11.2 节）。在这个后验分布下，指示变量 z_{nk} 的期望由下式给出：

$$\begin{aligned}\mathbb{E}\left[z_{nk}\right] &= \frac{\sum_{z_n} z_{nk}\prod_{k'}\left[\pi_{k'}\mathcal{N}\left(\boldsymbol{x}_n\mid\boldsymbol{\mu}_{k'},\boldsymbol{\Sigma}_{k'}\right)\right]^{z_{nk'}}}{\sum_{z_n}\prod_{j}\left[\pi_j\mathcal{N}\left(\boldsymbol{x}_n\mid\boldsymbol{\mu}_j,\boldsymbol{\Sigma}_j\right)\right]^{z_{nj}}} \\ &= \frac{\pi_k\mathcal{N}\left(\boldsymbol{x}_n\mid\boldsymbol{\mu}_k,\boldsymbol{\Sigma}_k\right)}{\sum_{j=1}^{K}\pi_j\mathcal{N}\left(\boldsymbol{x}_n\mid\boldsymbol{\mu}_j,\boldsymbol{\Sigma}_j\right)} = \gamma\left(z_{nk}\right)\end{aligned} \tag{15.29}$$

这正是第 k 个高斯分量对数据点 $\boldsymbol{x}_n$ 所要承担的责任。因此，完整数据对数似然函数的期望由下式给出：

$$\mathbb{E}_{\boldsymbol{Z}}[\ln p(\boldsymbol{X},\boldsymbol{Z}\mid\boldsymbol{\mu},\boldsymbol{\Sigma},\boldsymbol{\pi})] = \sum_{n=1}^{N}\sum_{k=1}^{K}\gamma\left(z_{nk}\right)\left\{\ln\pi_k + \ln\mathcal{N}\left(\boldsymbol{x}_n\mid\boldsymbol{\mu}_k,\boldsymbol{\Sigma}_k\right)\right\} \tag{15.30}$$

我们现在可以按照以下步骤进行操作。首先为参数 $\boldsymbol{\mu}^{\text{old}}$，$\boldsymbol{\Sigma}^{\text{old}}$ 和 $\boldsymbol{\pi}^{\text{old}}$ 选择一些初始值，并使用这些值来估计责任（E 步骤）。然后保持责任固定，并通过 $\boldsymbol{\mu}_k$、$\boldsymbol{\Sigma}_k$ 和 $\boldsymbol{\pi}_k$ 来最大化期望，见式（15.30）（M 步骤）。因此前面提到的闭合解 $\boldsymbol{\mu}^{\text{new}}$、$\boldsymbol{\Sigma}^{\text{new}}$ 和 $\boldsymbol{\pi}^{\text{new}}$ 分别由式（15.16）、式（15.18）和式（15.21）给出。这正是我们早些时候推导出的想要应用于高斯混合模型的 EM 算法。当我们在 15.4 节讨论 EM 算法的收敛性时，我们将更深入地了解完整数据（一个数据集中同时包含了观测到的数据点以及与之相关联的潜变量）对数似然函数的期望的作用。

在本章中，我们假设观测值是独立同分布的。对于形成序列的有序观测值，可以通过将隐变量连接成一个马尔可夫链来扩展混合模型，以得到一个隐马尔可夫模型，如图 15.11 所示。EM 算法可以扩展到这个更复杂的模型，在这个模型中，E 步骤涉及一个顺序计算，其中信息沿着隐变

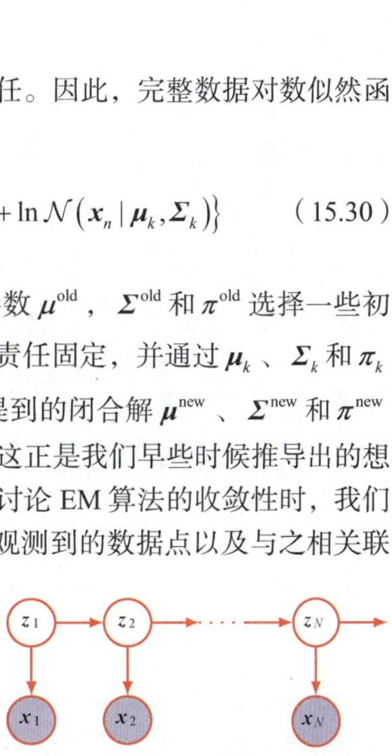

图 15.11 对应于隐马尔可夫模型的序列数据的概率图模型。离散的隐变量不再是独立的，而是形成了一个马尔可夫链

量的链传递（Bishop, 2006）。

15.3.2 EM算法与*K*均值算法的关系

对 K 均值算法与 EM 算法进行比较后，可以发现它们之间有很大的相似性。K 均值算法把数据点硬（hard）分配到聚类中，每个数据点唯一地与一个聚类相关联，而 EM 算法基于后验概率进行软（soft）分配。事实上，我们可以从 EM 算法推导出 K 均值算法。

考虑一个高斯混合模型，其中混合分量的协方差矩阵由 $\varepsilon\boldsymbol{I}$ 给出，其中ε是所有分量共享的方差参数，$\boldsymbol{I}$ 是单位矩阵，因此

$$p\left(\boldsymbol{x}\mid\boldsymbol{\mu}_k,\boldsymbol{\Sigma}_k\right)=\frac{1}{(2\pi\varepsilon)^{D/2}}\exp\left\{-\frac{1}{2\varepsilon}\left\|\boldsymbol{x}-\boldsymbol{\mu}_k\right\|^2\right\} \tag{15.31}$$

考虑将要应用于这种形式的包含 K 个分量的高斯混合模型的 EM 算法，其中我们将 ε 当作固定常数而不是重新估计的参数处理。根据式（15.12），特定数据点 $\boldsymbol{x}_n$ 的后验概率或责任由下式给出：

$$\gamma\left(z_{nk}\right)=\frac{\pi_k\exp\left\{-\left\|\boldsymbol{x}_n-\boldsymbol{\mu}_k\right\|^2/2\varepsilon\right\}}{\sum_j\pi_j\exp\left\{-\left\|\boldsymbol{x}_n-\boldsymbol{\mu}_j\right\|^2/2\varepsilon\right\}} \tag{15.32}$$

考虑极限 $\varepsilon\to0$，式（15.32）右侧的分母中包含了以 j 索引的多个趋于零的项。假设使得 $\left\|\boldsymbol{x}_n-\boldsymbol{\mu}_j\right\|^2$ 最小的特定项（例如 $j=l$ 的项）将会最慢地趋于零并支配该平方和。因此，数据点 $\boldsymbol{x}_n$ 的责任 $g\left(z_{nk}\right)$ 除了第1项外都会趋于零，第 l 项的责任 $g\left(z_{nl}\right)$ 将趋于 1。注意，这独立于 π_k 的值，只要没有任何 π_k 为零即可。因此，在这个极限下，我们获得了数据点到聚类的硬分配，就像在 K 均值算法中一样，所以 $\gamma\left(z_{nk}\right)\to r_{nk}$，其中 r_{nk} 由式（15.2）定义。每个数据点因此被分配到与其最近的均值所代表的聚类。然后 EM 算法中 $\boldsymbol{\mu}_k$ 的重估方程由式（15.16）给出，并简化为 K 均值算法的结果［式（15.4）］。注意，混合系数的重估方程［式（15.21）］仅是将 π_k 的值重置为分配给聚类 k 的数据点的比例，尽管这些参数在算法中已不再起积极作用。

最后，在极限 $\varepsilon\to0$ 下，用来给出完整数据对数似然函数期望的式（15.30）（见习题 15.12），就可以变为

$$\mathbb{E}_{\boldsymbol{Z}}[\ln p(\boldsymbol{X},\boldsymbol{Z}\mid\boldsymbol{\mu},\boldsymbol{\Sigma},\boldsymbol{\pi})]\to-\frac{1}{2}\sum_{n=1}^{N}\sum_{k=1}^{K}r_{nk}\left\|\boldsymbol{x}_n-\boldsymbol{\mu}_k\right\|^2+\text{const} \tag{15.33}$$

因此，我们看到在这个极限下，完整数据对数似然函数的最大化期望等价于最小化 K 均值算法的误差度量 J，J 由式（15.1）给出。注意，K 均值算法不估计聚类的协方差，只估计聚类的均值。

15.3.3 混合伯努利分布

在本章中，目前主要关注的是由高斯混合分布描述的连续变量模型。为了在不同的情境中阐述 EM 算法，现在讨论混合建模的另一个例子——由伯努利分布描述的离散二元变量混合模型。这个模型也称潜在类别分析模型（Lazarsfeld and Henry, 1968; McLachlan and Peel, 2000）。

考虑一组 D 个二元变量 x_i，$i=1,\cdots,D$，其中的每一个二元变量都服从参数为 μ_i 的伯努利分布，因此

$$p(\boldsymbol{x}\mid\boldsymbol{\mu})=\prod_{i=1}^{D}\mu_i^{x_i}\left(1-\mu_i\right)^{(1-x_i)} \tag{15.34}$$

其中 $\boldsymbol{x}=\left(x_1,\cdots,x_D\right)^{\mathrm{T}}$，$\boldsymbol{\mu}=\left(\mu_1,\cdots,\mu_D\right)^{\mathrm{T}}$。可以看出，在给定 $\boldsymbol{\mu}$ 的情况下，各个变量 x_i 是独立的。这个分布的均值和协方差可以很容易地得到（见习题 15.13）

$$\mathbb{E}[\boldsymbol{x}]=\boldsymbol{\mu} \tag{15.35}$$

$$\operatorname{cov}[\boldsymbol{x}]=\operatorname{diag}\left\{\mu_i\left(1-\mu_i\right)\right\} \tag{15.36}$$

考虑这些分布的有限混合分布，表示为

$$p(\boldsymbol{x}\mid\boldsymbol{\mu},\boldsymbol{\pi})=\sum_{k=1}^{K}\pi_k p\left(\boldsymbol{x}\mid\boldsymbol{\mu}_k\right) \tag{15.37}$$

其中 $\boldsymbol{\mu}=\left\{\boldsymbol{\mu}_1,\cdots,\boldsymbol{\mu}_K\right\},\boldsymbol{\pi}=\left\{\pi_1,\cdots,\pi_K\right\}$ 并且

$$p\left(\boldsymbol{x}\middle|\boldsymbol{\mu}_k\right)=\prod_{i=1}^{D}\mu_{ki}^{x_i}\left(1-\mu_{ki}\right)^{(1-x_i)} \tag{15.38}$$

混合系数满足式（15.7）和式（15.8）所示的条件。这个混合分布的均值和协方差分别如下（见习题 15.14）：

$$\mathbb{E}[\boldsymbol{x}]=\sum_{k=1}^{K}\pi_k\boldsymbol{\mu}_k \tag{15.39}$$

$$\operatorname{cov}[\boldsymbol{x}]=\sum_{k=1}^{K}\pi_k\left\{\boldsymbol{\Sigma}_k+\boldsymbol{\mu}_k\boldsymbol{\mu}_k^{\mathrm{T}}\right\}-\mathbb{E}[\boldsymbol{x}]\mathbb{E}[\boldsymbol{x}]^{\mathrm{T}} \tag{15.40}$$

其中 $\boldsymbol{\Sigma}_k=\operatorname{diag}\left\{\mu_{ki}\left(1-\mu_{ki}\right)\right\}$。由于协方差矩阵 $\operatorname{cov}[\boldsymbol{x}]$ 不再是对角矩阵，这个混合分布能够捕捉变量之间的相关性，这与单个伯努利分布不同。

如果我们得到一个数据集 $\boldsymbol{X}=\left\{\boldsymbol{x}_1,\cdots,\boldsymbol{x}_N\right\}$，那么该模型的对数似然函数可以表示为

$$\ln p(\boldsymbol{X}\mid\boldsymbol{\mu},\boldsymbol{\pi})=\sum_{n=1}^{N}\ln\left\{\sum_{k=1}^{K}\pi_k p\left(\boldsymbol{x}_n\mid\boldsymbol{\mu}_k\right)\right\} \tag{15.41}$$

我们再次看到对数内部出现了求和，因此最大似然解不再有闭合形式。

下面让我们为混合伯努利分布的似然函数最大化推导 EM 算法。为此，首先引入一个与每个实例 $\boldsymbol{x}$ 关联的显式离散隐变量 $\boldsymbol{z}$。与高斯混合模型一样，$\boldsymbol{z}$ 采用 1-of-K 编码方案，所以 $\boldsymbol{z}=\left(z_1,\cdots,z_K\right)^{\mathrm{T}}$ 是一个二元的 K 维向量，有一个分量等于 1，所有其他分量等于 0。我们可以将给定隐变量的 $\boldsymbol{x}$ 的条件分布写为

$$p(\boldsymbol{x}|\boldsymbol{z},\boldsymbol{\mu})=\prod_{k=1}^{K}p\left(\boldsymbol{x}\mid\boldsymbol{\mu}_k\right)^{z_k} \tag{15.42}$$

而隐变量的先验分布与高斯混合模型中的相同，因此

$$p(\boldsymbol{z}\mid\boldsymbol{\pi})=\prod_{k=1}^{K}\pi_k^{z_k} \tag{15.43}$$

将 $p(\boldsymbol{x}\mid\boldsymbol{z},\boldsymbol{\mu})$ 和 $p(\boldsymbol{z}\mid\boldsymbol{\pi})$ 相乘，然后对 $\boldsymbol{z}$ 进行边缘化，即可回到式（15.37）（见习题 15.16）。

为了推导 EM 算法，我们首先写下完整数据对数似然函数：

$$\ln p(\boldsymbol{X},\boldsymbol{Z}\mid\boldsymbol{\mu},\boldsymbol{\pi})=\sum_{n=1}^{N}\sum_{k=1}^{K}z_{nk}\left\{\ln\pi_k+\sum_{i=1}^{D}\left[x_{ni}\ln\mu_{ki}+\left(1-x_{ni}\right)\ln\left(1-\mu_{ki}\right)\right]\right\} \tag{15.44}$$

其中 $\boldsymbol{X}=\left\{\boldsymbol{x}_n\right\}$，$\boldsymbol{Z}=\left\{\boldsymbol{z}_n\right\}$。接下来取完整数据对数似然函数关于隐变量后验分布的期望，得到

$$\mathbb{E}_{\boldsymbol{Z}}[\ln p(\boldsymbol{X},\boldsymbol{Z}\mid\boldsymbol{\mu},\boldsymbol{\pi})]=\sum_{n=1}^{N}\sum_{k=1}^{K}\gamma\left(z_{nk}\right)\left\{\ln\pi_k+\sum_{i=1}^{D}\left[x_{ni}\ln\mu_{ki}+\left(1-x_{ni}\right)\ln\left(1-\mu_{ki}\right)\right]\right\} \tag{15.45}$$

其中 $\gamma\left(z_{nk}\right)=\mathbb{E}\left[z_{nk}\right]$ 是给定数据点 $\boldsymbol{x}_n$ 时分量 k 的后验概率或责任。在 E 步骤中，使用贝叶斯定理计算这些责任，形式如下：

$$\begin{aligned}\gamma\left(z_{nk}\right)=\mathbb{E}\left[z_{nk}\right]&=\frac{\sum_{\boldsymbol{z}_n}z_{nk}\prod_{k'}\left[\pi_{k'}p\left(\boldsymbol{x}_n\mid\boldsymbol{\mu}_{k'}\right)\right]^{z_{nk'}}}{\sum_{\boldsymbol{z}_n}\prod_{j}\left[\pi_j p\left(\boldsymbol{x}_n\mid\boldsymbol{\mu}_j\right)\right]^{z_{nj}}}\\&=\frac{\pi_k p\left(\boldsymbol{x}_n\mid\boldsymbol{\mu}_k\right)}{\sum_{j=1}^{K}\pi_j p\left(\boldsymbol{x}_n\mid\boldsymbol{\mu}_j\right)}\end{aligned} \tag{15.46}$$

考虑式（15.45）中关于 n 的求和，我们可以看到责任仅存在于两个项，它们可以分别写成

$$N_k=\sum_{n=1}^{N}\gamma\left(z_{nk}\right) \tag{15.47}$$

$$\overline{\boldsymbol{x}}_k=\frac{1}{N_k}\sum_{n=1}^{N}\gamma\left(z_{nk}\right)\boldsymbol{x}_n \tag{15.48}$$

其中 N_k 是与分量 k 相关联的数据点的有效数量。在 M 步骤中，针对参数 $\boldsymbol{\mu}_k$ 和 $\boldsymbol{\pi}$ 最大化完整数据对数似然函数的期望。如果我们把式（15.45）关于 $\boldsymbol{\mu}_k$ 求导并将导数设为零（见习题 15.17），然后重新排列各项，便可得到

$$\boldsymbol{\mu}_k = \overline{\boldsymbol{x}}_k \tag{15.49}$$

分量 k 的均值设置为数据的加权均值，权重系数由分量 k 对每个数据点所要承担的责任给出。在关于 $\boldsymbol{\pi}_k$ 进行最大化的过程中，我们需要引入一个拉格朗日乘子来确保约束条件 $\sum_k \pi_k = 1$ 得到满足。遵循与高斯混合类似的步骤（见习题 15.18），我们得到

$$\pi_k = \frac{N_k}{N} \tag{15.50}$$

这代表了一个直观合理的结果，即分量 k 的混合系数由数据集中被该分量解释的点的有效比例给出。

注意，与高斯混合模型相比，这里不存在使似然函数趋于无穷大的奇异点。这可以通过似然函数上界有限（见习题 15.19）看出来，因为 $0 \leqslant p(\boldsymbol{x}_n | \boldsymbol{\mu}_k) \leqslant 1$。虽然存在使似然函数为零的解，但只要 EM 算法不是初始化到一个病态起点，这些解就不会被 EM 算法找到，因为 EM 算法总是增大似然函数的值，直至找到一个局部最大值（参见 15.3 节）。

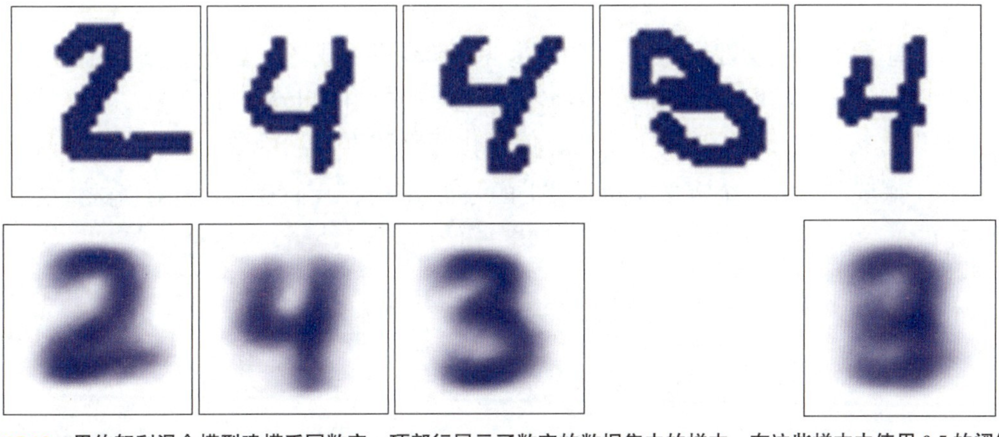

图 15.12 用伯努利混合模型建模手写数字，顶部行展示了数字的数据集中的样本，在这些样本中使用 0.5 的阈值将像素值转换为二元向量。底部行的前三个图像显示了混合模型中每个分量的参数 μ_{ki}。作为比较，我们也使用单一的多元伯努利分布拟合同一个数据集，同样采用最大似然法。这相当于简单地对每个像素的计数取平均值，并通过底部行最右边的图像展现出来

图 15.12 用伯努利混合模型建模手写数字说明了这一点。这里的数字图像已经转换成二元向量，方法是将所有值超过 0.5 的元素设为 1，其他剩余的元素设为 0。拟合一个包含 $N = 600$ 个这样的数字图像的数据集，其中包括数字 2、3 和 4，这里采用 $K = 3$ 个伯努利分布的混合模型，通过 EM 算法完成 10 次迭代。将混合系数初始化为

$\pi_k = 1/K$，并将参数 μ_{kj} 设置为来自范围（0.25, 0.75）的随机值，然后归一化以满足约束 $\sum_j \mu_{kj} = 1$。可以看到，由三个伯努利分布构成的混合模型能够发现数据集中对应不同数字的三个聚类。将对伯努利混合模型的分析扩展到具有 $M > 2$ 个状态的多项式二元变量（见习题 15.20），方法是使用离散分布［式（3.14）］。

15.4 证据下界

本节从更一般的角度介绍 EM 算法。推导对数似然函数的一个下界，这个下界称为证据下界（Evidence Lower BOund，ELBO），有时也称变分下界。这里的“证据”是指（对数）似然函数，在贝叶斯设置中有时也称“模型证据”，因为它允许在不使用验证集的情况下比较不同的模型（Bishop, 2006）。为了说明这个下界，我们使用它从第三个角度重新推导 EM 算法。ELBO 将在后续章节讨论的几个深度生成式模型中发挥重要作用。它还提供了一个关于变分框架的样板，在这个框架中，我们引入了一个关于隐变量的分布 $q(\boldsymbol{Z})$，然后使用变分法针对这个分布进行优化（参见附录 B）。

考虑一个概率模型，在该模型中我们将所有观测变量统称为 $\boldsymbol{X}$，并将所有隐变量统称为 $\boldsymbol{Z}$。联合分布 $p(\boldsymbol{X},\boldsymbol{Z}|\boldsymbol{\theta})$ 由一组参数 $\boldsymbol{\theta}$ 控制。我们的目标是最大化似然函数：

$$p(\boldsymbol{X}|\boldsymbol{\theta}) = \sum_{\boldsymbol{Z}} p(\boldsymbol{X},\boldsymbol{Z}|\boldsymbol{\theta}) \tag{15.51}$$

在这里我们假设 $\boldsymbol{Z}$ 是离散的，当 $\boldsymbol{Z}$ 包含连续变量，或者包含离散变量与连续变量的组合时，要讨论的内容是相同的，将求和替换为适当的积分即可。

假设直接优化 $p(\boldsymbol{X}|\boldsymbol{\theta})$ 是困难的，但优化完整数据似然函数 $p(\boldsymbol{X},\boldsymbol{Z}|\boldsymbol{\theta})$ 则简单得多。接下来我们引入一个定义在隐变量上的分布 $q(\boldsymbol{Z})$，我们观察到，对所选择的任何分布 $q(\boldsymbol{Z})$，以下分解成立：

$$\ln p(\boldsymbol{X}|\boldsymbol{\theta}) = \mathcal{L}(q,\boldsymbol{\theta}) + \mathrm{KL}(q\|p) \tag{15.52}$$

其中

$$\mathcal{L}(q,\theta) = \sum_{\boldsymbol{Z}} q(\boldsymbol{Z}) \ln\left\{\frac{p(\boldsymbol{X},\boldsymbol{Z}|\boldsymbol{\theta})}{q(\boldsymbol{Z})}\right\} \tag{15.53}$$

$$\mathrm{KL}(q\|p) = -\sum_{\boldsymbol{Z}} q(\boldsymbol{Z}) \ln\left\{\frac{p(\boldsymbol{Z}|\boldsymbol{X},\boldsymbol{\theta})}{q(\boldsymbol{Z})}\right\} \tag{15.54}$$

注意 $\mathcal{L}(q,\boldsymbol{\theta})$ 既是分布 $q(\boldsymbol{Z})$ 的泛函，也是参数 $\boldsymbol{\theta}$ 的函数。仔细研究式（15.53）和式（15.54）的形式，并特别注意它们在符号上的差异，$\mathcal{L}(q,\boldsymbol{\theta})$ 包含 $\boldsymbol{X}$ 和 $\boldsymbol{Z}$ 的联合分布，而 $\mathrm{KL}(q\|p)$ 包含给定 $\boldsymbol{X}$ 的 $\boldsymbol{Z}$ 的条件分布（见习题 15.21）。为了验证式（15.52），我们首先利用概率的乘积法则给出：

$$\ln p(\boldsymbol{X},\boldsymbol{Z}|\boldsymbol{\theta})=\ln p(\boldsymbol{Z}|\boldsymbol{X},\boldsymbol{\theta})+\ln p(\boldsymbol{X}|\boldsymbol{\theta}) \tag{15.55}$$

然后将其代入 $\mathcal{L}(q,\boldsymbol{\theta})$ 的表达式中。这产生了两项：其中一项抵消了 $\mathrm{KL}(q\|p)$；而由于 $q(\boldsymbol{Z})$ 是一个归一化分布（其总和为 1），另一项给出了所需的对数似然函数 $\ln p(\boldsymbol{X}|\boldsymbol{\theta})$。

从式（15.54）中我们看到，$\mathrm{KL}(q\|p)$ 是 $q(\boldsymbol{Z})$ 与后验分布 $p(\boldsymbol{X},\boldsymbol{Z}|\boldsymbol{\theta})$ 之间的 Kullback–Leibler 散度。Kullback–Leibler 散度满足 $\mathrm{KL}(q\|p)\geqslant 0$，当且仅当 $q(\boldsymbol{Z})=p(\boldsymbol{Z}|\boldsymbol{X},\boldsymbol{\theta})$ 时等号成立。因此，从式（15.52）可以得出 $\mathcal{L}(q,\boldsymbol{\theta})\leqslant\ln p(\boldsymbol{X}|\boldsymbol{\theta})$，换句话说，$\mathcal{L}(q,\boldsymbol{\theta})$ 是 $\ln p(\boldsymbol{X}|\boldsymbol{\theta})$ 的一个下界。图 15.13 对式（15.52）所示的分解做了说明。

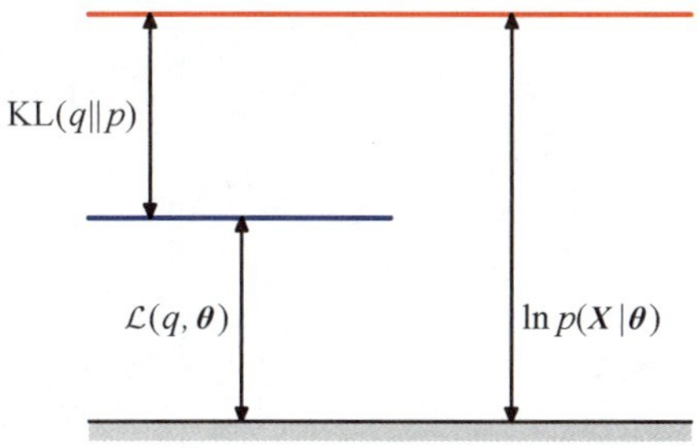

图 15.13 式（15.52）所示的分解，对于任何分布 $q(\boldsymbol{Z})$ 都成立。Kullback–Leibler 散度满足 $\mathrm{KL}(q\|p)\geqslant 0$，$\mathcal{L}(q,\boldsymbol{\theta})$ 是对数似然函数 $\ln p(\boldsymbol{X}|\boldsymbol{\theta})$ 的一个下界

15.4.1 EM算法回顾

我们可以使用式（15.52）来推导 EM 算法，并证明它确实能够最大化对数似然函数。假设当前的参数向量值为 $\boldsymbol{\theta}^{\text{old}}$。在 E 步骤中，固定 $\boldsymbol{\theta}^{\text{old}}$ 并通过优化 $q(\boldsymbol{Z})$ 来最大化下界 $\mathcal{L}(q,\boldsymbol{\theta}^{\text{old}})$。这个最大化问题的解可以很容易地看出来，因为 $\ln p(\boldsymbol{X}|\boldsymbol{\theta}^{\text{old}})$ 的值不依赖于 $q(\boldsymbol{Z})$，所以当 Kullback–Leibler 散度消失时，即 $q(\boldsymbol{Z})$ 等于后验分布 $p(\boldsymbol{Z}|\boldsymbol{X},\boldsymbol{\theta}^{\text{old}})$ 时，$\mathcal{L}(q,\boldsymbol{\theta}^{\text{old}})$ 的值最大。在这种情况下，下界将等于对数似然函数的值，如图 15.14 所示。

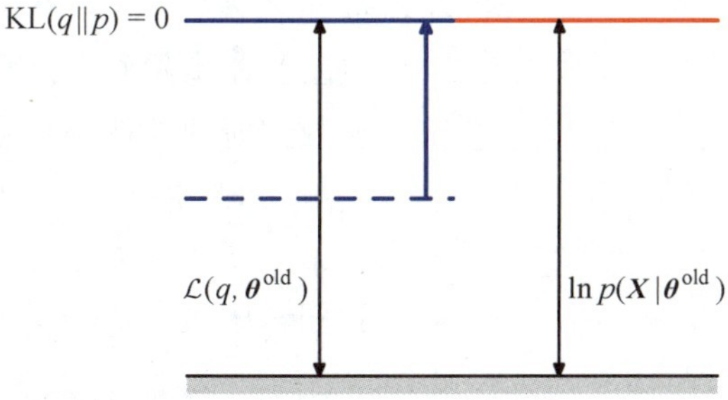

图 15.14 EM 算法的 E 步骤。将分布 $q(\boldsymbol{Z})$ 设定为等于当前参数值 $\boldsymbol{\theta}^{\text{old}}$ 的后验分布，这导致下界上移至与对数似然函数相同的值，同时 KL 散度消失

在随后的 M 步骤中，固定分布 $q(\boldsymbol{Z})$ 并通过优化 $\boldsymbol{\theta}$ 来最大化下界 $\mathcal{L}(q,\boldsymbol{\theta})$，得到新的参数值 $\boldsymbol{\theta}^{\text{new}}$。这将导致下界增大（除非它已经达到最大值），这必然也会导致相应的对数似然函数增大。由于我们确定分布 $q(\boldsymbol{Z})$ 使用的是旧值而不是新值，并且在 M 步骤中保持固定，它不等于新的后验分布 $p(\boldsymbol{Z}|\boldsymbol{X},\boldsymbol{\theta}^{\text{new}})$，因此会有一个非零的

Kullback–Leibler 散度。对数似然函数的增量将大于下界的增量，如图 15.15 所示。如果将 $q(\mathbf{Z})=p\left(\mathbf{Z}\mid\mathbf{X},\boldsymbol{\theta}^{\text{old}}\right)$ 代入式（15.53），则可以看到，在 E 步骤之后，下界采取以下形式：

$$\begin{aligned}\mathcal{L}(q,\boldsymbol{\theta})&=\sum_{\mathbf{Z}}p\left(\mathbf{Z}\mid\mathbf{X},\boldsymbol{\theta}^{\text{old}}\right)\ln p(\mathbf{X},\mathbf{Z}\mid\boldsymbol{\theta})-\sum_{\mathbf{Z}}p\left(\mathbf{Z}\mid\mathbf{X},\boldsymbol{\theta}^{\text{old}}\right)\ln p\left(\mathbf{Z}\mid\mathbf{X},\boldsymbol{\theta}^{\text{old}}\right)\\&=\mathcal{Q}\left(\boldsymbol{\theta},\boldsymbol{\theta}^{\text{old}}\right)+\text{const}\end{aligned}\tag{15.56}$$

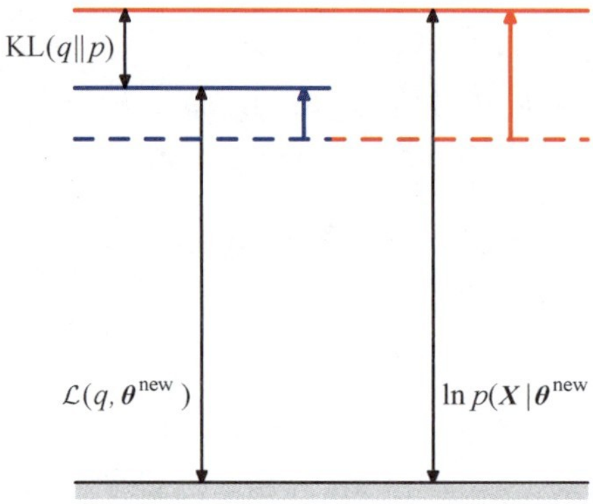

图 15.15 EM 算法的 M 步骤。在 M 步骤中，分布 $q(\mathbf{Z})$ 保持固定，然后通过优化参数向量 θ 来最大化下界 $\mathcal{L}(q,\boldsymbol{\theta})$，从而得到更新后的参数值 $\boldsymbol{\theta}^{\text{new}}$。Kullback–Leibler 散度是非负的，这导致对数似然函数 $\ln p(\mathbf{X}\mid\boldsymbol{\theta})$ 的增量至少与下界的一样多

其中的常数项 const 只是分布 $q(\mathbf{Z})$ 的负熵，因此与 $\boldsymbol{\theta}$ 无关。在这里我们将 $\mathcal{Q}\left(\boldsymbol{\theta},\boldsymbol{\theta}^{\text{old}}\right)$ 识别为式（15.23）定义的完整数据对数似然函数的期望，因此它是 M 步骤中被最大化的量，正如我们早先在高斯混合模型中看到的那样。注意，我们正在优化的变量 $\boldsymbol{\theta}$ 只出现在对数内部。如果联合分布 $p(\mathbf{Z},\mathbf{X}\mid\boldsymbol{\theta})$ 是指数族分布或者指数族分布的乘积，对数运算会简化对指数的计算，并使得 M 步骤通常比直接最大化相应的不完整数据对数似然函数 $p(\mathbf{X}\mid\boldsymbol{\theta})$ 简单得多。

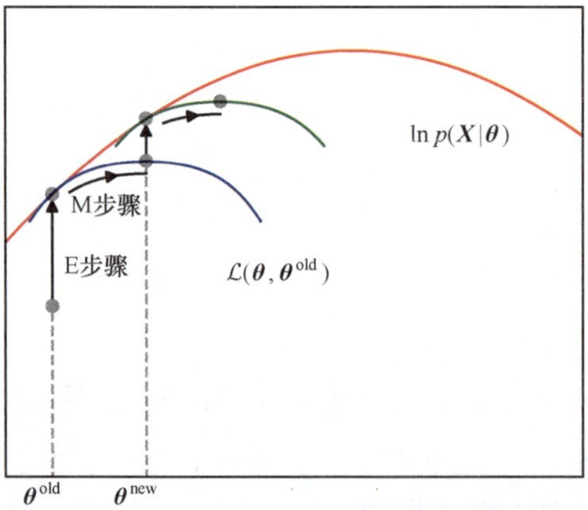

图 15.16 EM 算法涉及交替计算当前参数值的对数似然下界，然后最大化这个下界以得到新的参数值

EM 算法也可以从参数空间的角度来观察，如图 15.16 所示。这里红色曲线描述了我们希望最大化的（不完整数据的）对数似然函数。我们从某个初始参数值 $\boldsymbol{\theta}^{\text{old}}$ 开始，在第一次 E 步骤中，我们评估隐变量的后验分布，产生了一个下界 $\mathcal{L}(q,\boldsymbol{\theta})$，其值在 $\boldsymbol{\theta}^{\text{old}}$ 处等于对数似然函数的值，如蓝色曲线所示。注意，这个下界曲线在 $\boldsymbol{\theta}^{\text{old}}$ 处与对数似然函数曲线呈切线接触，因此这两条曲线具有相同的梯度。这个下界是一个凸函数，具有唯一的最大值（用于来自指数族分布的混合分量）。在 M 步骤中，下界被最大化，得到新的参数值 $\boldsymbol{\theta}^{\text{new}}$，它能给出比 $\boldsymbol{\theta}^{\text{old}}$ 更大的对数似然值。随后的 E 步骤构建了一个在 $\boldsymbol{\theta}^{\text{new}}$ 处相切的下界，如绿色曲线所示。

我们已经看到，EM 算法的 E 步骤和 M 步骤都会使良定义的对数似然函数的下界值增大，并且完整的EM循环将以这样一种方式改变模型参数：使对数似然值增大（除非它已经达到最大值，在这种情况下，参数保持不变）。

15.4.2 独立同分布数据

对于一个独立同分布的数据集，$\boldsymbol{X}$ 将包含 N 个数据点 $\{\boldsymbol{x}_n\}$，而 $\boldsymbol{Z}$ 将包含相应的 N 个隐变量 $\{\boldsymbol{z}_n\}$，其中 $n=1,\cdots,N$。根据独立性假设，我们有 $p(\boldsymbol{X},\boldsymbol{Z})=\prod_n p(\boldsymbol{x}_n,\boldsymbol{z}_n)$，通过对 $\{\boldsymbol{z}_n\}$ 进行边缘化，我们得到 $p(\boldsymbol{X})=\prod_n p(\boldsymbol{x}_n)$。使用概率的求和法则和乘积法则，在 E 步骤中计算的后验概率具有以下形式：

$$p(\boldsymbol{Z}|\boldsymbol{X},\boldsymbol{\theta})=\frac{p(\boldsymbol{X},\boldsymbol{Z}|\boldsymbol{\theta})}{\sum_{\boldsymbol{Z}}p(\boldsymbol{X},\boldsymbol{Z}|\boldsymbol{\theta})}=\frac{\prod_{n=1}^{N}p(\boldsymbol{x}_n,\boldsymbol{z}_n|\boldsymbol{\theta})}{\sum_{\boldsymbol{Z}}\prod_{n=1}^{N}p(\boldsymbol{x}_n,\boldsymbol{z}_n|\boldsymbol{\theta})}=\prod_{n=1}^{N}p(\boldsymbol{z}_n|\boldsymbol{x}_n,\boldsymbol{\theta}) \tag{15.57}$$

因此，后验分布也可以针对 n 进行分解。对于高斯混合模型，这简单地表明每个混合分量对特定数据点 $\boldsymbol{x}_n$ 所要承担的责任仅依赖于 $\boldsymbol{x}_n$ 的值以及混合分量的参数 $\boldsymbol{\theta}$，而不依赖于其他数据点的值。

15.4.3 参数先验

我们也可以使用EM算法来最大化引入了参数先验 $p(\boldsymbol{\theta})$ 的模型中的后验分布 $p(\boldsymbol{\theta}|\boldsymbol{X})$。为了理解这一点，注意作为 $\boldsymbol{\theta}$ 的函数，我们有 $p(\boldsymbol{\theta}|\boldsymbol{X})=p(\boldsymbol{\theta},\boldsymbol{X})/p(\boldsymbol{X})$，所以

$$\ln p(\boldsymbol{\theta}|\boldsymbol{X})=\ln p(\boldsymbol{\theta},\boldsymbol{X})-\ln p(\boldsymbol{X}) \tag{15.58}$$

利用式（15.52），我们有

$$\begin{aligned}\ln p(\boldsymbol{\theta}|\boldsymbol{X})&=\mathcal{L}(q,\boldsymbol{\theta})+\mathrm{KL}(q\|p)+\ln p(\boldsymbol{\theta})-\ln p(\boldsymbol{X})\\&\geqslant\mathcal{L}(q,\boldsymbol{\theta})+\ln p(\boldsymbol{\theta})-\ln p(\boldsymbol{X})\end{aligned} \tag{15.59}$$

其中 $\ln p(\boldsymbol{X})$ 是一个常数。我们可以再次交替地针对 q 和 $\boldsymbol{\theta}$ 优化式（15.59）右侧的表达式。针对 q 的优化导致与标准 EM 算法相同的 E 步骤方程，因为 q 只出现在 $\mathcal{L}(q,\boldsymbol{\theta})$ 中。通过引入先验项 $\ln p(\boldsymbol{\theta})$，M 步骤方程被修改，这通常只需要对标准最大似然的 M 步骤方程进行小幅度的修改即可（参见第 9 章）。附加项代表着一种正则化形式，并且具有消除高斯混合模型似然函数奇异性的作用。

15.4.4 广义EM算法

EM 算法将最大化似然函数这个潜在的困难问题分解为两个阶段：E 步骤和 M 步骤，每个步骤通常都更容易实现。但尽管如此，对于复杂模型来说，E 步骤或 M 步骤，或者说两者都可能变得难以处理。因此 EM 算法有两种扩展。

广义 EM（Generalized EM，GEM）算法解决了难以处理的 M 步骤问题。GEM 算法不对 $\boldsymbol{\theta}$ 最大化 $\mathcal{L}(q,\boldsymbol{\theta})$，而是寻求以这样一种方式改变参数：增大其值。因为 $\mathcal{L}(q,\boldsymbol{\theta})$ 是对数似然函数的下界，所以 GEM 算法的每一个完整循环都保证了能够增大对数似然函数的值（除非参数已经对应于局部最大值）。利用 GEM 算法的一种方式是在 M 步骤中使用基于梯度的迭代优化算法。另一种形式的 GEM 算法称为期望条件最大化算法（expectation conditional maximization algorithm），涉及在每个 M 步骤中进行多个约束优化（Meng and Rubin, 1993）。例如，参数可能划分为几组，M 步骤则拆分为多个步骤，每个步骤涉及优化一个组，同时固定其他组。

我们同样可以通过对 $q(\boldsymbol{Z})$ 进行部分优化而非完全优化来推广 EM 算法的 E 步骤（Neal and Hinton, 1999）。正如我们所见，对于任何给定的 $\boldsymbol{\theta}$ 值，$\mathcal{L}(q,\boldsymbol{\theta})$ 关于 $q(\boldsymbol{Z})$ 有一个唯一的最大值，对应于后验分布 $q_\theta(\boldsymbol{Z}) = p(\boldsymbol{Z}\,|\,\boldsymbol{X},\boldsymbol{\theta})$，并且对于这个选择的 $q(\boldsymbol{Z})$，下界 $\mathcal{L}(q,\boldsymbol{\theta})$ 等于对数似然函数 $\ln p(\boldsymbol{X}\,|\,\boldsymbol{\theta})$。因此，任何收敛到 $\mathcal{L}(q,\boldsymbol{\theta})$ 全局最大值的算法都能找到一个同时也是对数似然函数 $\ln p(\boldsymbol{X}\,|\,\boldsymbol{\theta})$ 全局最大值的 $\boldsymbol{\theta}$ 值。只要 $p(\boldsymbol{X},\boldsymbol{Z}\,|\,\boldsymbol{\theta})$ 是 $\boldsymbol{\theta}$ 的连续函数，那么根据连续性，$\mathcal{L}(q,\boldsymbol{\theta})$ 的任何局部最大值也将是 $\ln p(\boldsymbol{X}\,|\,\boldsymbol{\theta})$ 的局部最大值。

15.4.5 顺序EM算法

考虑 N 个独立的数据点 $\boldsymbol{x}_1,\cdots,\boldsymbol{x}_N$ 及相应的隐变量 $\boldsymbol{z}_1,\cdots,\boldsymbol{z}_N$。将联合分布 $p(\boldsymbol{X},\boldsymbol{Z}\,|\,\boldsymbol{\theta})$ 在数据点上分解，这种结构可以在增量形式的 EM 算法中利用，在每一个 EM 循环中，一次只处理一个数据点。在 E 步骤中，我们不是重新计算所有数据点的责任，而是只重新计算一个数据点的责任。看起来随后的 M 步骤可能涉及对所有数据点的责任的计算。然而，如果混合分量是指数族分布，则责任仅存在于简单的充分统计量（sufficient statistic），并且可以高效地更新。例如，考虑一个高斯混合模型，假设我们对数据点 m 进行更新，其中相应的旧责任值和新责任值分别表示为 $\gamma^{\text{old}}(z_{mk})$ 和 $\gamma^{\text{new}}(z_{mk})$。在 M 步骤中，所需的充分统计量可以递增地更新。例如，对于均值，充分统计量由式（15.16）和式（15.17）定义，我们可以得到

$$\boldsymbol{\mu}_k^{\text{new}} = \boldsymbol{\mu}_k^{\text{old}} + \left(\frac{\gamma^{\text{new}}(z_{mk}) - \gamma^{\text{old}}(z_{mk})}{N_k^{\text{new}}}\right)\left(\boldsymbol{x}_m - \boldsymbol{\mu}_k^{\text{old}}\right) \tag{15.60}$$

其中

$$N_k^{\text{new}} = N_k^{\text{old}} + \gamma^{\text{new}}(z_{mk}) - \gamma^{\text{old}}(z_{mk}) \tag{15.61}$$

协方差和混合系数的相应结果是类似的。因此，E 步骤和 M 步骤花费的时间都是固定的，与数据点的数量无关。因为参数在每个数据点之后就修正了，而不是等到整个数据集处理完毕之后才修正，所以这种增量版本比批处理版本收敛得更快。这种增量版本中的每个 E 步骤或 M 步骤都会增加 $\mathcal{L}(q,\boldsymbol{\theta})$ 的值，如果算法收敛到 $\mathcal{L}(q,\boldsymbol{\theta})$ 的局部（或全局）最大值，这将对应于对数似然函数 $\ln p(\mathbf{X}|\boldsymbol{\theta})$ 的局部（或全局）最大值。

习题

15.1 （★）考虑 15.1 节讨论的 K 均值算法。证明由于离散指示变量 r_{nk} 存在有限数量的可能取值，对于每个这样的取值都有一个唯一的最优集合 $\{\boldsymbol{\mu}_k\}$，因此 K 均值算法在有限次迭代后必定会收敛。

15.2 （★★）推导 K 均值算法的顺序形式。在每一步，考虑一个新的数据点 $\mathbf{x}_n$，并且只更新与数据点 $\mathbf{x}_n$ 最近的原型向量。从批处理设置中用于原型向量的式（15.4）出发，将来自最后一个数据点 $\mathbf{x}_n$ 的贡献单独分离出来。通过重新排列各项，证明这种更新采取的是式（15.5）的形式。注意，由于在此推导过程中没有做任何近似，得到的原型向量具有以下性质：它们各自等于分配给它们的所有数据向量的均值。

15.3 （★）考虑一个高斯混合模型，其中潜变量的边缘分布 $p(\mathbf{z})$ 由式（15.9）给出，观测变量的条件分布 $p(\mathbf{x}|\mathbf{z})$ 由式（15.10）给出。证明边缘分布 $p(\mathbf{x})$（通过对所有可能的 $\mathbf{z}$ 值求和 $p(\mathbf{z})p(\mathbf{x}|\mathbf{z})$ 而获得），是形式为式（15.6）的高斯混合分布。

15.4 （★）证明在具有 K 个分量的混合模型中，交换对称性导致的等价参数设置的数量是 $K!$。

15.5 （★★）假设我们希望使用 EM 算法来最大化包含潜变量的模型的参数后验分布 $p(\boldsymbol{\theta}|\mathbf{X})$，其中 $\mathbf{X}$ 是观测数据集。证明 E 步骤在最大似然情况下保持不变，而 M 步骤中要最大化的量由 $Q(\boldsymbol{\theta},\boldsymbol{\theta}^{\text{old}})+\ln p(\boldsymbol{\theta})$ 给出，其中 $Q(\boldsymbol{\theta}, \boldsymbol{\theta}^{\text{old}})$ 由式（15.23）定义。

15.6 （★）考虑图 15.9 所示的高斯混合模型的有向图。利用 d 分离准则，证明潜变量的后验分布可以关于不同的数据点进行因子分解，即

$$p(\mathbf{Z}|\mathbf{X},\boldsymbol{\mu},\boldsymbol{\Sigma},\boldsymbol{\pi})=\prod_{n=1}^{N}p(\mathbf{z}_n|\mathbf{x}_n,\boldsymbol{\mu},\boldsymbol{\Sigma},\boldsymbol{\pi}) \tag{15.62}$$

15.7 （★★）考虑高斯混合模型的一种特殊情况，其中每个分量的协方差矩阵 Σ_k 都受限于它们所具有的一个共同的值 $\boldsymbol{\Sigma}$。在这样的模型下推导用于最大化似然函数的 EM 方程。

15.8 （★★）验证对高斯混合模型的完整数据对数似然函数［式（15.26）］进行最大化

会导致如下结果：每个分量的均值和协方差独立拟合于相应的数据点组，并且混合系数由每组中的数据点占所有数据点的比例给出。

15.9 （★★）证明如果我们在关于 $\boldsymbol{\Sigma}_k$ 最大化式（15.30）的同时保持 $\gamma(z_{nk})$ 固定，我们将获得式（15.16）给出的闭式解。

15.10 （★★）证明如果我们在关于 $\boldsymbol{\Sigma}_k$ 和 π_k 最大化式（15.30）的同时保持 $\gamma(z_{nk})$ 固定，我们将获得式（15.18）和式（15.21）给出的闭式解。

15.11 （★★）考虑由混合分布给出的概率密度模型：

$$p(\boldsymbol{x})=\sum_{k=1}^{K}\pi_k p(\boldsymbol{x}|k) \tag{15.63}$$

假设我们将向量 $\boldsymbol{x}$ 分割成两部分，即 $\boldsymbol{x}=(\boldsymbol{x}_a,\boldsymbol{x}_b)$。

证明条件密度 $p(\boldsymbol{x}_b|\boldsymbol{x}_a)$ 本身就是一个混合分布，并给出混合系数和分量密度的表达式。

15.12 （★）在 15.3.2 小节中，我们通过考虑一个所有分量都有协方差 $\varepsilon\boldsymbol{I}$ 的混合模型，得到了 K 均值算法和 EM 算法之间的关系。证明在 $\varepsilon\to 0$ 的情况下，最大化这个模型的完整数据对数似然函数的期望［式（15.30）］等同于最小化 K 均值算法给出的误差度量 J［式（15.1）］。

15.13 （★★）验证伯努利分布的均值和协方差结果［式（15.35）和式（15.36）］。

15.14 （★★）考虑如下形式的混合分布：

$$p(\boldsymbol{x})=\sum_{k=1}^{K}\pi_k p(\boldsymbol{x}|k) \tag{15.64}$$

其中 $\boldsymbol{x}$ 的元素可以是离散变量或连续变量，也可以是它们两者的组合。$p(\boldsymbol{x}|k)$ 的均值和协方差分别为 $\boldsymbol{\mu}_k$ 和 $\boldsymbol{\Sigma}_k$。利用习题 15.13 的结果，证明该混合分布的均值和协方差分别由式（15.39）和式（15.40）给出。

15.15 （★★）使用 EM 算法的重新估计方程，证明当其参数设置对应于似然函数的最大值时，伯努利混合模型具有以下性质：

$$\mathbb{E}[\boldsymbol{x}]=\frac{1}{N}\sum_{n=1}^{N}\boldsymbol{x}_n\equiv\overline{\boldsymbol{x}} \tag{15.65}$$

继续证明如果这个模型的参数初始化使得所有分量都有相同的平均值 $\boldsymbol{\mu}_k=\hat{\boldsymbol{\mu}}$，$k=1,\cdots,K$，则 EM 算法将在任何初始混合系数的选择下，在一次迭代后收敛，且这个解具有 $\boldsymbol{\mu}_k=\overline{\boldsymbol{x}}$ 的性质。注意，这代表了混合模型的一种退化情况，实践中我们可以尝试通过进行适当的初始化来避免这种解。

15.16 （★）考虑通过 $p(\boldsymbol{x}|\boldsymbol{z},\boldsymbol{\mu})$［式（15.42）］和 $p(\boldsymbol{z}|\boldsymbol{\pi})$［式（15.43）］的乘积而得到的伯努利分布的潜变量和观测变量的联合分布。证明如果我们就 $\boldsymbol{z}$ 对这个联合分布进行边缘化，我们将得到式（15.37）。

15.17 （★）证明如果针对 $\boldsymbol{\mu}_k$ 最大化伯努利混合模型的完整数据对数似然函数的期望［式（15.45）］，我们将得到 M 步骤方程［式（15.49）］。

15.18 （★）证明如果我们针对混合系数 π_k 最大化伯努利混合模型的完整数据对数似然函数的期望［式（15.45）］，并使用拉格朗日乘子引入求和约束，我们将得到 M 步骤方程［式（15.50）］。

15.19 （★）证明由于离散变量 $\boldsymbol{x}_n$ 的概率 $p(\boldsymbol{x}_n|\boldsymbol{\mu}_k)$ 满足约束条件 $0 \leqslant p(\boldsymbol{x}_n|\boldsymbol{\mu}_k) \leqslant 1$，伯努利混合模型的不完整数据对数似然函数存在上界，因此不存在使对数似然函数值趋于无穷大的奇异点。

15.20 （★★★）考虑一个 D 维变量 $\boldsymbol{x}$，它的每个分量本身是一个 M 阶多项式变量，因此 $\boldsymbol{x}$ 是一个二值向量，其分量为 x_{ij}，其中 $i=1,\cdots,D$ 且 $j=1,\cdots,M$，约束条件 $\sum_j x_{ij}=1$ 对所有 i 都成立。假设这些变量的分布可以用一系列离散多项式分布的混合分布来描述（见 3.1.3 小节），则有

$$p(\boldsymbol{x})=\sum_{k=1}^{K}\pi_k p(\boldsymbol{x}|\boldsymbol{\mu}_k) \tag{15.66}$$

其中

$$p(\boldsymbol{x}|\boldsymbol{\mu}_k)=\prod_{i=1}^{D}\prod_{j=1}^{M}\mu_{kij}^{x_{ij}} \tag{15.67}$$

参数 μ_{kij} 表示概率 $p(x_{ij}=1|\boldsymbol{\mu}_k)$，并且必须满足 $0 \leqslant \mu_{kij} \leqslant 1$，约束条件 $\sum_j \mu_{kij}=1$ 对所有的 k 值和 i 值都成立。

给定一个观测数据集 $\{\boldsymbol{x}_n\}$，其中 $n=1,\cdots,N$，推导出 EM 算法中的 E 步骤方程和 M 步骤方程，以便通过最大似然法优化混合系数 π_k 和分量参数 μ_{kij}。

15.21 （★）验证式（15.52）中的 $\mathcal{L}(q,\boldsymbol{\theta})$ 和 $\mathrm{KL}(q\|p)$ 分别由式（15.53）和式（15.54）定义。

15.22 （★）证明式（15.53）给出的下界 $\mathcal{L}(q,\boldsymbol{\theta})$ 以 $q(\boldsymbol{Z}) = p(\boldsymbol{Z}|\boldsymbol{X},\boldsymbol{\theta}^{\text{old}})$ 的形式存在，其关于 $\boldsymbol{\theta}$ 的梯度与对数似然函数 $\ln p(\mathbf{X}|\boldsymbol{\theta})$ 在 $\boldsymbol{\theta}=\boldsymbol{\theta}^{\text{old}}$ 处的梯度相同。

15.23 （★★）考虑应用于高斯混合模型的 EM 算法的增量形式，在此形式中，只针对特定数据点 x_m 重新计算责任。从 M 步公式［式（15.16）和式（15.17）］出发，推导更新分量均值的结果［式（15.60）和式（15.61）］。

15.24 （★★）当责任值以增量方式更新时，推导出在高斯混合模型中更新协方差矩阵和混合系数的 M 步骤公式，这类似于更新分量均值的结果［式（15.60）］。

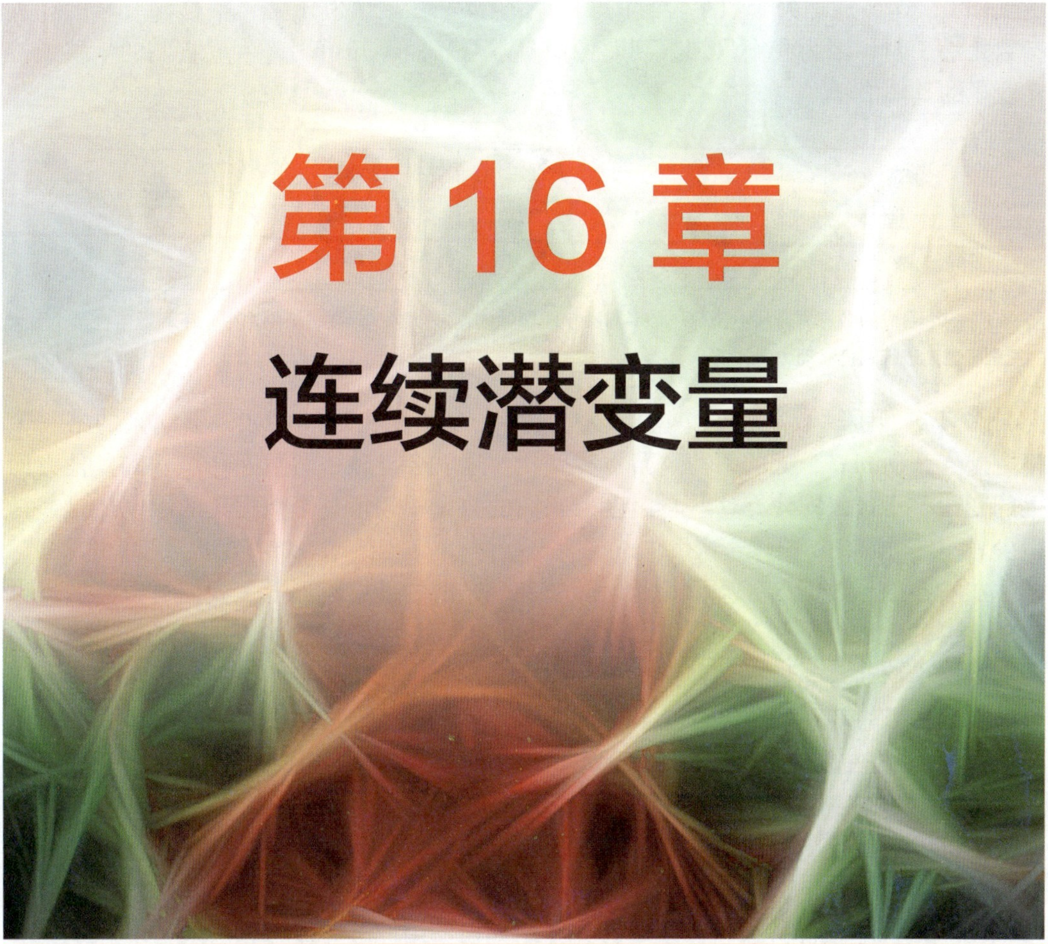

第 16 章

连续潜变量

在第 15 章中，我们讨论了拥有离散潜变量的概率模型，例如高斯混合模型。本章探讨部分或全部潜变量为连续变量的模型。研究这类模型的一个重要原因是很多数据集都有这样的特点：数据点都挤在一个比起原始数据空间维度低得多的流形（manifold）上。为什么会这样呢？想象一下，假如我们从 MNIST 数据集（LeCun et al., 1998）里选出一个显示手写数字的 64 × 64 像素灰度图，将它嵌入一个更大的 100 × 100 像素的图像中，图像边缘用数值为零的像素（对应白色像素）填充。嵌入的同时，随机改变数字的位置和方向，就像图 16.1 展示的那样，那么每一个生成的图像由高达 10 000 维（因为是 100 × 100 像素）的数据空间中的一个数据点来表示。然而在这样的图像数据集中，仅有三个自由度（degree of freedom）的变化，分别对应于垂直移动、平移及旋转。因此，这些数据点实际上存在于一个内在维度（intrinsic dimensionality）为 3 的子空间中。请注意，这个流形是非线性的，因为如果我们将数字平移经过一个特定像素，那么这个像素的值将从 0（白色）变成 1（黑色），然后再次变回 0，这显然是关于数字位置的非线性函数。在这个例子中，平移和旋转的相关参数是潜变量，因为我们只观察到图像向量本身，而不知道用来生成它们的平移或旋转变量的具体值。

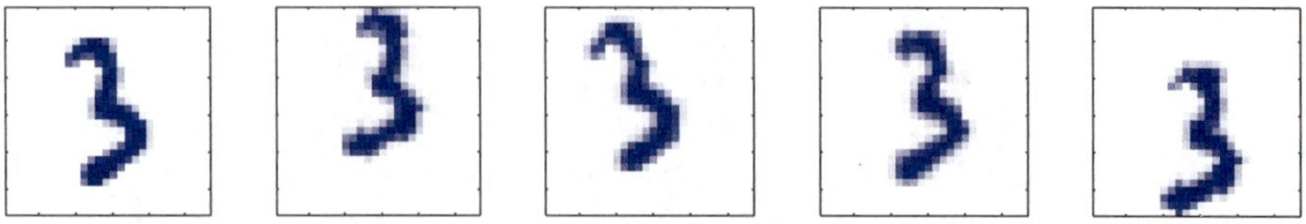

图 16.1 一个合成的数据集，从中获取一个手写数字图像并创建多个副本，在每个副本中，手写数字在某个更大的图像区域内进行随机移动和旋转

在真实的手写数字数据集中，会有更多的自由度出现。例如，不同人的书写风格有差异，而同一个人的书写风格也有变化，这就会导致手写数字在尺寸和其他方面上的变化。不过，即使有这些自由度，它们的数量相较于整个数据集的维度还是显得很少。

在实践中，数据点不会精确地局限于一个光滑的低维流形上，我们可以将数据点偏离流形的现象解释为"噪声"。我们可以自然地从生成性视角（generative view）来理解此类模型。首先根据某种潜变量分布在流形内选择一个点，然后添加从给定潜变量的数据变量的某种条件分布中抽取的噪声，生成一个观测数据点。

对于最简单的连续潜变量模型（continuous latent-variable model），可以假设潜变量和观测变量都遵循高斯分布，并利用线性 - 高斯依赖性（linear-Gaussian dependence）（见 11.1.4 小节）来描述观测变量对潜变量状态的依赖。这引出了著名的主成分分析（Principal Component Analysis，PCA）概率公式，还有称为因子分析（factor analysis）的相关模型。本章首先介绍如何使用标准非概率方法来实现 PCA，随后揭示 PCA 如何自然而然地对应于线性 - 高斯潜变量模型的最大似然解（maximum likelihood solution）（见 16.1 节）。这种概率化表述带来了许多优势（见第 16.2 节），比如使用 EM 算法进行参数估计，规范化地扩展成 PCA 混合模型，以及通过贝叶斯公式自动从数据中确定主成分的数量（Bishop，2006）。本章还为我们学习具有连续潜变量的非线性模型奠定了基础，这些模型包括标准化流、变分自编码器和扩散模型。

16.1 主成分分析

主成分分析（PCA）已广泛应用于降维、有损数据压缩、特征提取和数据可视化等领域（Jolliffe, 2002），它也称为 Kosambi-Karhunen-Loève 变换。考虑将一个数据集正交投影到一个低维的线性空间［即主子空间（principal subspace）］，如图 16.2 所示。PCA 可以定义为最大化投影数据方差的线性投影（Hotelling, 1933）。同样，PCA 也可以定义为最小化平均投影代价的线性投影，平均投影代价则定义为数据点与其投影之间的均方距离（Pearson, 1901）。我们将依次学习这些定义。

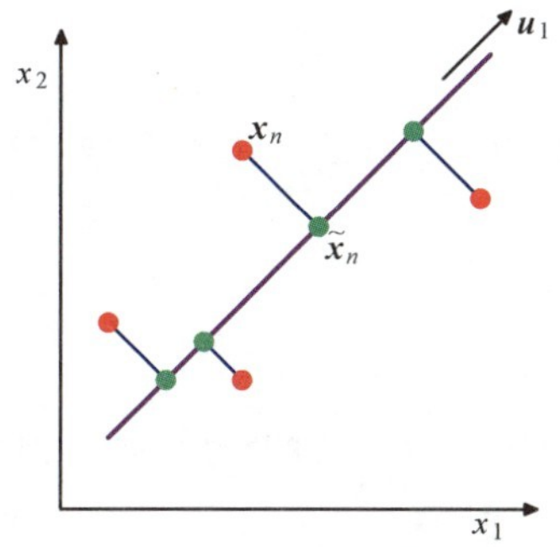

图 16.2 利用 PCA 寻求一个低维空间，称为主子空间（principal subspace），用洋红色线条表示，以使数据点（红色点）在主子空间中的正交投影能够最大化投影点（绿色点）的方差。PCA 的另一种定义是基于最小化投影误差的平方和给出的，这些误差用蓝色线条表示

16.1.1 最大方差表述

考虑一个观测数据集 $\{\boldsymbol{x}_n\}$，其中 $n=1,\cdots,N$，并且 $\boldsymbol{x}_n$ 是一个维度为 D 的欧几里得变量。我们想要把数据投影到维度为 $M<D$ 的空间，同时最大化投影数据的方差。目前，我们假设 M 的值是给定的。在本章的后面，我们会学习从数据中确定 M 的合适值的技术。

首先考虑投影到一维空间（$M=1$）。我们可以使用一个 D 维向量 $\boldsymbol{u}_1$ 来定义这个空间的方向，为了方便（且不失一般性），我们会选择单位向量，因此 $\boldsymbol{u}_1^{\mathrm{T}}\boldsymbol{u}_1=1$（注意我们只对 $\boldsymbol{u}_1$ 定义的方向感兴趣）。然后将每个数据点 $\boldsymbol{x}_n$ 投影到一个标量值 $\boldsymbol{u}_1^{\mathrm{T}}\boldsymbol{x}_n$ 上。投影数据的平均值是 $\boldsymbol{u}_1^{\mathrm{T}}\overline{\boldsymbol{x}}$，其中 $\overline{\boldsymbol{x}}$ 是样本集的平均值，由下式给出：

$$\overline{\boldsymbol{x}}=\frac{1}{N}\sum_{n=1}^{N}\boldsymbol{x}_n \tag{16.1}$$

投影数据的方差由下式给出：

$$\frac{1}{N}\sum_{n=1}^{N}\left\{\boldsymbol{u}_1^{\mathrm{T}}\boldsymbol{x}_n-\boldsymbol{u}_1^{\mathrm{T}}\overline{\mathbf{x}}\right\}^2=\boldsymbol{u}_1^{\mathrm{T}}\boldsymbol{S}\boldsymbol{u}_1 \tag{16.2}$$

其中 $\boldsymbol{S}$ 是数据协方差矩阵，定义为

$$\boldsymbol{S}=\frac{1}{N}\sum_{n=1}^{N}(\boldsymbol{x}_n-\overline{\boldsymbol{x}})(\boldsymbol{x}_n-\overline{\boldsymbol{x}})^{\mathrm{T}} \tag{16.3}$$

下面我们将投影数据的方差 $\boldsymbol{u}_1^{\mathrm{T}}\boldsymbol{S}\boldsymbol{u}_1$ 相对于 $\boldsymbol{u}_1$ 最大化。显然，这必须是一个受约束的最大化操作，以防止 $\|\boldsymbol{u}_1\|\to\infty$。适当的约束来源于归一化条件 $\boldsymbol{u}_1^{\mathrm{T}}\boldsymbol{u}_1=1$。为了强制执行这个约束，我们引入一个拉格朗日乘子（见附录 C），记作 λ_1，并对下式进行无约束的最大化：

$$\boldsymbol{u}_1^{\mathrm{T}}\boldsymbol{S}\boldsymbol{u}_1+\lambda_1\left(1-\boldsymbol{u}_1^{\mathrm{T}}\boldsymbol{u}_1\right) \tag{16.4}$$

通过将式（16.4）对 $\boldsymbol{u}_1$ 的导数设为零，我们发现当以下条件满足时，目标函数将取驻点：

$$\boldsymbol{S}\boldsymbol{u}_1=\lambda_1\boldsymbol{u}_1 \tag{16.5}$$

这意味着 $\boldsymbol{u}_1$ 必须是 $\boldsymbol{S}$ 的一个特征向量。如果将等式［式（16.5）］左乘 $\boldsymbol{u}_1^{\mathrm{T}}$ 并利用归一化条件 $\boldsymbol{u}_1^{\mathrm{T}}\boldsymbol{u}_1=1$，可得方差为

$$\boldsymbol{u}_1^{\mathrm{T}}\boldsymbol{S}\boldsymbol{u}_1=\lambda_1 \tag{16.6}$$

因此，当我们将 $\boldsymbol{u}_1$ 设置为具有最大特征值 λ_1 的特征向量时，方差将达到最大。这个特征向量称为第一主成分。

我们可以通过逐步的方式定义更多的主成分，方法就是选取一个新方向，使其在所有与已考虑方向正交的方向中最大化投影后的方差。考虑 M 维投影空间的一般情况，投影数据方差最大化的最优线性投影现在由数据协方差矩阵 $\boldsymbol{S}$ 对应于最大特征值 $\lambda_1,\cdots,\lambda_M$ 的 M 个特征向量 $\boldsymbol{u}_1,\cdots,\boldsymbol{u}_M$ 定义（见习题 16.1）。这可以很容易地使用数学归纳法来证明。

综上，PCA 涉及计算数据集的均值 $\bar{\boldsymbol{x}}$ 和数据协方差矩阵 $\boldsymbol{S}$，然后找到 $\boldsymbol{S}$ 对应于最大特征值的 M 个特征向量。关于寻找特征向量和特征值的算法，以及与特征向量分解相关的附加定理，可以在 Golub and Van Loan（1996）中找到。请注意，计算一个 $D\times D$ 大小矩阵的完整特征向量分解的计算成本是 $\mathcal{O}(D^3)$。如果打算将数据投影到前 M 个主成分上，则只需要找到前 M 个特征值和特征向量。这可以通过使用更有效的方法来完成，比如幂方法（Golub and Van Loan, 1996），复杂度为 $\mathcal{O}(MD^2)$，当然也可以使用 EM 算法（见 16.3.2 小节）。

16.1.2 最小误差表述

本小节讨论基于投影误差最小化的 PCA 的另一种表述（见附录 A）。为此，引入一组 D 维的完备正交规范的基向量 $\{\boldsymbol{u}_i\}$，其中 $i=1,\cdots,D$，它们满足

$$\boldsymbol{u}_i^{\mathrm{T}}\boldsymbol{u}_j=\delta_{ij} \tag{16.7}$$

由于这组基向量是完备的，每个数据点都可以通过基向量的线性组合精确表示为

$$\boldsymbol{x}_n=\sum_{i=1}^{D}\alpha_{ni}\boldsymbol{u}_i \tag{16.8}$$

其中系数 α_{ni} 对于不同的数据点是不同的。这只是相当于将坐标系旋转到 $\{\boldsymbol{u}_i\}$ 定义的新系统，原始的 D 个分量 $\{x_{n1},\cdots,x_{nD}\}$ 被等价的一组分量 $\{\alpha_{n1},\cdots,\alpha_{nD}\}$ 替代。与 $\boldsymbol{u}_j$ 内积并利用正交性质，可以得到 $\alpha_{nj}=\boldsymbol{x}_n^{\mathrm{T}}\boldsymbol{u}_j$。因此，不失一般性地，我们可以写作

$$\boldsymbol{x}_n = \sum_{i=1}^{D} \left(\boldsymbol{x}_n^{\mathrm{T}} \boldsymbol{u}_i \right) \boldsymbol{u}_i \tag{16.9}$$

不过，我们的目标是用一个较小的变量数 M（小于原始维度 D）来近似这个数据点，相当于将它投影到一个低维的子空间。这个 M 维的线性子空间可以用前 M 个基向量表示，这样我们就可以用这些基向量来近似每一个数据点 $\boldsymbol{x}_n$：

$$\tilde{\boldsymbol{x}}_n = \sum_{i=1}^{M} z_{ni} \boldsymbol{u}_i + \sum_{i=M+1}^{D} b_i \boldsymbol{u}_i \tag{16.10}$$

其中 $\{z_{ni}\}$ 依赖于特定的数据点，而 $\{b_i\}$ 是对所有数据点都相同的常数。我们可以自由选择 $\{\boldsymbol{u}_i\}$、$\{z_{ni}\}$ 和 $\{b_i\}$，以最小化由维度降低引入的误差。

作为误差度量，我们将使用原始数据点 $\boldsymbol{x}_n$ 与其近似值 $\tilde{\boldsymbol{x}}_n$ 之间的平方距离，并在数据集上取平均，因此我们的目标是最小化

$$J = \frac{1}{N} \sum_{n=1}^{N} \left\| \boldsymbol{x}_n - \tilde{\boldsymbol{x}}_n \right\|^2 \tag{16.11}$$

首先考虑关于量 $\{z_{ni}\}$ 的最小化。将 $\tilde{\boldsymbol{x}}_n$ 代入，将 J 关于 z_{nj} 的导数设为零，利用正交关系，我们得到

$$z_{nj} = \boldsymbol{x}_n^{\mathrm{T}} \boldsymbol{u}_j \tag{16.12}$$

其中 $j = 1, \cdots, M$。类似地，将 J 关于 b_i 的导数设为零，并再次利用正交关系，得到

$$b_j = \overline{\boldsymbol{x}}^{\mathrm{T}} \boldsymbol{u}_j \tag{16.13}$$

其中 $j = M+1, \cdots, D$。代入 z_{ni} 和 b_i，并利用一般展开式［式（16.9）］，得到

$$\boldsymbol{x}_n - \tilde{\boldsymbol{x}}_n = \sum_{i=M+1}^{D} \left\{ \left(\boldsymbol{x}_n - \overline{\boldsymbol{x}} \right)^{\mathrm{T}} \boldsymbol{u}_i \right\} \boldsymbol{u}_i \tag{16.14}$$

我们看到，从 $\boldsymbol{x}_n$ 到 $\tilde{\boldsymbol{x}}_n$ 的位移向量位于主子空间的正交空间中，因为它是 $i = M+1, \cdots, D$ 的 $\boldsymbol{u}_i$ 的线性组合，如图 16.2 所示。这在预期之内，因为投影点 $\tilde{\boldsymbol{x}}_n$ 必须位于主子空间内，但我们可以在这个子空间内自由移动它们，因此最小误差由正交投影给出。

误差度量 J 作为纯粹依赖于 $\{\boldsymbol{u}_i\}$ 的函数的表达式如下：

$$J = \frac{1}{N} \sum_{n=1}^{N} \sum_{i=M+1}^{D} \left(\boldsymbol{x}_n^{\mathrm{T}} \boldsymbol{u}_i - \overline{\boldsymbol{x}}^{\mathrm{T}} \boldsymbol{u}_i \right)^2 = \sum_{i=M+1}^{D} \boldsymbol{u}_i^{\mathrm{T}} \boldsymbol{S} \boldsymbol{u}_i \tag{16.15}$$

剩下的任务是调整 $\{\boldsymbol{u}_i\}$ 从而最小化 J，这也必须是一个受约束的最小化操作，否

则我们将得到毫无意义的结果 $\boldsymbol{u}_i = 0$ 。约束来源于正交条件，正如我们将看到的，解将以协方差矩阵的特征向量的形式表示出来。

在考虑正式的解之前，让我们通过考虑一个二维数据空间（ $D = 2$ ）和一个一维主子空间（ $M = 1$ ）来直观地理解一下。我们需要选择一个方向 $\boldsymbol{u}_2$ 来最小化 $J = \boldsymbol{u}_2^{\mathrm{T}}\boldsymbol{S}\boldsymbol{u}_2$ ，同时也要受归一化约束 $\boldsymbol{u}_2^{\mathrm{T}}\boldsymbol{u}_2 = 1$ 的限制。我们使用拉格朗日乘子 λ_2 来强制执行约束，考虑最小化

$$\tilde{J} = \boldsymbol{u}_2^{\mathrm{T}}\boldsymbol{S}\boldsymbol{u}_2 + \lambda_2\left(1 - \boldsymbol{u}_2^{\mathrm{T}}\boldsymbol{u}_2\right) \tag{16.16}$$

将 $\tilde{J}$ 关于 $\boldsymbol{u}_2$ 的导数设为零，我们得到 $\boldsymbol{S}\boldsymbol{u}_2 = \lambda_2\boldsymbol{u}_2$ ， $\boldsymbol{u}_2$ 是 $\boldsymbol{S}$ 的一个特征向量，具有特征值 λ_2 。因此，任何特征向量都将定义误差度量的驻点。要找到 J 在最小值点的值，可以将方程对 $\boldsymbol{u}_2$ 的解回代到误差度量中，得到 $J = \lambda_2$ 。因此，我们可以通过选择 $\boldsymbol{u}_2$ 为对应于两个特征值中较小的那个特征向量来获得 J 的最小值。我们应该选择让主子空间与具有较大特征值的特征向量对齐。这个结果符合我们的直觉，即为了最小化平均平方投影距离，应该选择主成分子空间，使其通过数据点的平均值并与最大方差的方向对齐。只要特征值相等，任何选择的主方向都将产生相同的 J 值。

针对任意 D 和任意 $M < D$ 最小化 J 的一般解，均可以选择 $\boldsymbol{u}_i$ 为协方差矩阵的特征向量（见习题 16.2），由下式给出：

$$\boldsymbol{S}\boldsymbol{u}_i = \lambda_i\boldsymbol{u}_i \tag{16.17}$$

其中 $i = 1, \cdots, D$ ，并且像往常一样，特征向量 $\boldsymbol{u}_i$ 选择为正交向量。然后，误差度量的相应值由下式给出：

$$J = \sum_{i=M+1}^{D} \lambda_i \tag{16.18}$$

这仅仅是正交于主子空间的那些特征向量的特征值之和。因此，我们通过选择这些特征向量为具有 $D - M$ 个最小特征值的那些特征向量，得到了 J 的最小值，定义主子空间的特征向量是对应于 M 个最大特征值的那些特征向量。

虽然我们仅考虑了 $M < D$ 的情况，但如果 $M = D$ ，PCA 仍然成立，在这种情况下没有降维，只是简单地旋转坐标轴以与主成分对齐。

最后请注意，有一种相关的线性降维技术称为典型相关分析（Canonical Correlation Analysis，CCA）（Hotelling, 1936; Bach and Jordan, 2002）。PCA 只处理单个随机变量，而典型相关分析则考虑多个变量，并尝试找到具有高度互相关性的对应线性子空间对，以使一个子空间内的分量就与另一个子空间内的分量具有相关性。它的解可以用广义特征向量问题来表示。

16.1.3 数据压缩

PCA 的另一个应用是数据压缩，我们用手写数字图像数据集来举例。因为协方差矩阵的每个特征向量都是原始 D 维空间中的向量，所以我们可以将特征向量表示成与数据点大小相同的图像。平均向量和前 4 个 PCA 特征向量及对应的特征值如图 16.3 所示。

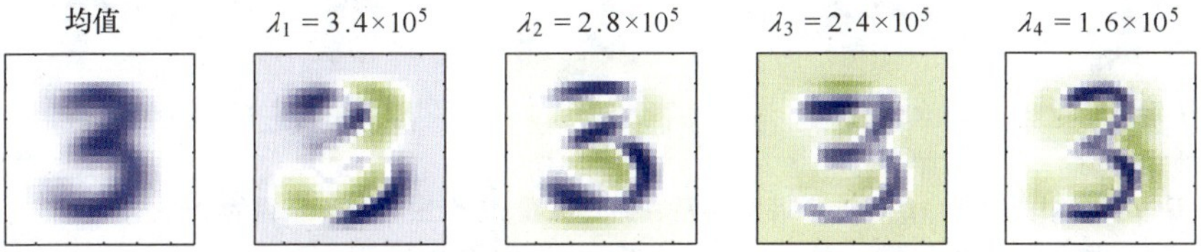

图 16.3 将 PCA 应用于一个由 6 000 个 28×28 像素的手写数字“3”的图像数据集，这里展现了平均向量 $\overline{\boldsymbol{x}}$ 和前 4 个 PCA 特征向量 $\boldsymbol{u}_1, \cdots, \boldsymbol{u}_4$ 及对应的特征值

完整特征值谱的排序递减图如图 16.4(a) 所示。与选择特定的 M 值相关联的误差度量 J 由第 $M+1$ 到第 D 个特征值的和给出，并且不同 M 值的情况已绘制在图 16.4(b) 中。

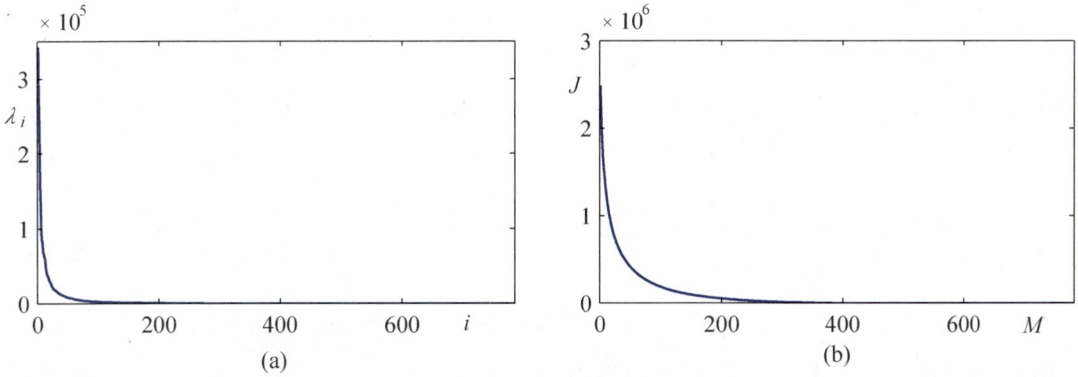

图 16.4 (a) 图 16.3 中使用的手写数字图像数据集的特征值谱图；(b) 被抛弃特征值的和代表了通过将数据投影到维度为 M 的主子空间而引入的平方和误差 J

如果我们将式（16.12）和式（16.13）代入式（16.10），就可以将 PCA 近似于数据向量 $\boldsymbol{x}_n$ 的形式写为

$$\tilde{\boldsymbol{x}}_n = \sum_{i=1}^{M}\left(\boldsymbol{x}_n^{\mathrm{T}}\boldsymbol{u}_i\right)\boldsymbol{u}_i + \sum_{i=M+1}^{D}\left(\overline{\boldsymbol{x}}^{\mathrm{T}}\boldsymbol{u}_i\right)\boldsymbol{u}_i \tag{16.19}$$

$$= \overline{\boldsymbol{x}} + \sum_{i=1}^{M}\left(\boldsymbol{x}_n^{\mathrm{T}}\boldsymbol{u}_i - \overline{\boldsymbol{x}}^{\mathrm{T}}\boldsymbol{u}_i\right)\boldsymbol{u}_i \tag{16.20}$$

其中我们利用了如下关系：

$$\overline{\boldsymbol{x}} = \sum_{i=1}^{D}\left(\overline{\boldsymbol{x}}^{\mathrm{T}}\boldsymbol{u}_i\right)\boldsymbol{u}_i \tag{16.21}$$

式（16.21）成立是因为$\{\boldsymbol{u}_i\}$的完备性。这代表了数据集的压缩，因为对于每个数据点，我们都会将D维向量$\boldsymbol{x}_n$替换为具有分量$\left(\boldsymbol{x}_n^{\mathrm{T}}\boldsymbol{u}_i-\overline{\boldsymbol{x}}^{\mathrm{T}}\boldsymbol{u}_i\right)$的$M$维向量。$M$值越小，压缩程度越大。手写数字图像数据集的PCA重建数据点示例见图16.5。

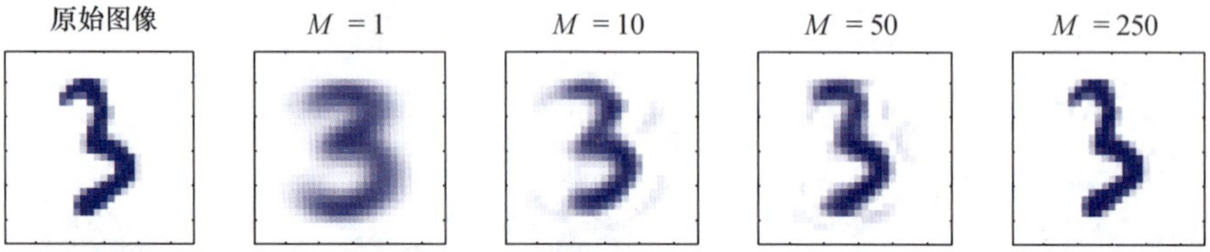

图 16.5 手写数字图像数据集中的一个手写数字及其通过保留M个主成分而获得的PCA重构结果。随着M值的增加，重构变得更准确，当$M=D=28\times28=784$时，重构将会是完美的

16.1.4 数据白化

PCA的另一个应用是数据预处理，其目标不是降低维度，而是转换数据集以标准化某些属性。变化后的数据集能更好地为机器学习算法服务。通常，当原始变量以不同的单位测量或具有显著不同的可变性时，就需要进行此类处理。例如，在老忠实喷泉数据集中，两次喷发之间的间隔时间通常比一次喷发的持续时间长一个数量级（见15.1节）。将K均值算法应用于这个数据集时，我们首先对各个变量进行了单独的线性重缩放，使得每个变量都具有零均值和单位方差。这称为标准化数据，标准化数据的协方差矩阵由以下元素构成：

$$\rho_{ij}=\frac{1}{N}\sum_{n=1}^{N}\frac{\left(x_{ni}-\overline{x}_i\right)}{\sigma_i}\frac{\left(x_{nj}-\overline{x}_j\right)}{\sigma_j} \tag{16.22}$$

其中σ_i是x_i的标准差。原始数据的相关性矩阵的特点是，如果数据的两个分量x_i和x_j完全相关，则$\rho_{ij}=1$；如果它们不相关，则$\rho_{ij}=0$。

利用PCA，可以对数据进行更实质性的标准化，使其具有零均值和单位协方差，从而使不同的变量变得不相关。为此，首先将特征向量方程［式（16.17）］写成以下形式：

$$\boldsymbol{SU}=\boldsymbol{UL} \tag{16.23}$$

其中$\boldsymbol{L}$是一个$D\times D$的对角矩阵，矩阵元素为λ_i；$\boldsymbol{U}$是一个$D\times D$的正交矩阵，其列由$\boldsymbol{u}_i$给出。然后我们定义，对于每个数据点$\boldsymbol{x}_n$，转换后的值由下式给出：

$$\boldsymbol{y}_n=\boldsymbol{L}^{-1/2}\boldsymbol{U}^{\mathrm{T}}\left(\boldsymbol{x}_n-\overline{\boldsymbol{x}}\right) \tag{16.24}$$

其中$\overline{\boldsymbol{x}}$是由式（16.1）定义的样本均值。显然，集合$\{\boldsymbol{y}_n\}$具有零均值，并且其协方差由单位矩阵给出，因为

$$\begin{aligned}\frac{1}{N}\sum_{n=1}^{N}\boldsymbol{y}_n\boldsymbol{y}_n^{\mathrm{T}} &= \frac{1}{N}\sum_{n=1}^{N}\boldsymbol{L}^{-1/2}\boldsymbol{U}^{\mathrm{T}}(\boldsymbol{x}_n-\overline{\boldsymbol{x}})(\boldsymbol{x}_n-\overline{\boldsymbol{x}})^{\mathrm{T}}\boldsymbol{U}\boldsymbol{L}^{-1/2} \\ &= \boldsymbol{L}^{-1/2}\boldsymbol{U}^{\mathrm{T}}\boldsymbol{S}\boldsymbol{U}\boldsymbol{L}^{-1/2} = \boldsymbol{L}^{-1/2}\boldsymbol{L}\boldsymbol{L}^{-1/2} = \boldsymbol{I}\end{aligned} \tag{16.25}$$

这个操作称为白化（whitening）或球化（sphering）数据，图 16.6 展示了对老忠实喷泉数据集（见 15.1 节）应用线性预处理的效果。

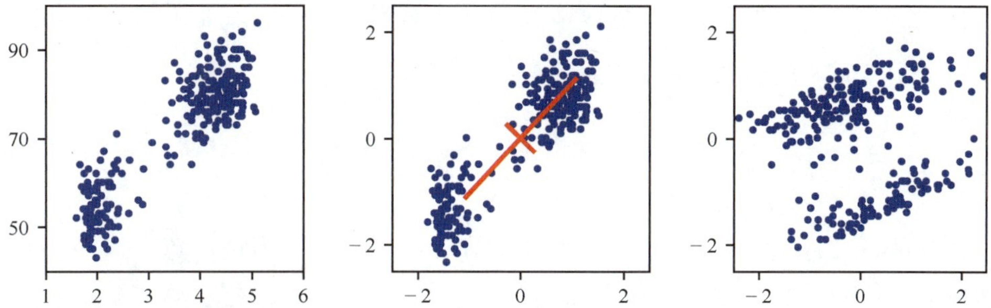

图 16.6　对老忠实喷泉数据集应用线性预处理的效果。左图显示了原始数据。中图显示了将各个变量标准化为零均值和单位方差后的结果，同时显示了这个规范化数据集的主轴，它们绘制在范围 $\pm\lambda_i^{1/2}$ 内。右图显示了白化数据并得到零均值和单位协方差后的结果

16.1.5　高维数据

在 PCA 的某些应用中，数据点的数量小于数据空间的维度。例如，我们可能想对一个有几百张图像的数据集应用 PCA，其中的每个图像对应于潜在的几百万维空间中的一个向量（对应于图像中每个像素的三个颜色值）。注意，在 D 维空间中，N 个点的集合（$N<D$）定义了一个线性子空间，其维度最多为 $N-1$，因此当 M 的值大于 $N-1$ 时，应用 PCA 没有多大意义。实际上，如果我们执行 PCA，就会发现至少有 $D-N+1$ 个特征值是零，在这些特征值对应的特征向量方向上，数据的方差为零。

此外，寻找 $D\times D$ 矩阵的特征向量的典型算法的计算成本达到了 $\mathcal{O}(D^3)$ 的规模，因此对图像直接应用 PCA 在计算上是不可行的。

可以按照以下方式来解决这个问题。首先将 $\boldsymbol{X}$ 定义为 $N\times D$ 维的中心化数据矩阵，其第 n 行由 $(\boldsymbol{x}_n-\overline{\boldsymbol{x}})^{\mathrm{T}}$ 给出。然后可以将协方差矩阵［式（16.3）］写作 $\boldsymbol{S}=N^{-1}\boldsymbol{X}^{\mathrm{T}}\boldsymbol{X}$，相应的特征向量方程变为

$$\frac{1}{N}\boldsymbol{X}^{\mathrm{T}}\boldsymbol{X}\boldsymbol{u}_i=\lambda_i\boldsymbol{u}_i \tag{16.26}$$

对式（16.26）的两边同时乘以 $\boldsymbol{X}$，得到

$$\frac{1}{N}\boldsymbol{X}\boldsymbol{X}^{\mathrm{T}}(\boldsymbol{X}\boldsymbol{u}_i)=\lambda_i(\boldsymbol{X}\boldsymbol{u}_i) \tag{16.27}$$

如果定义 $\boldsymbol{v}_i = \boldsymbol{X}\boldsymbol{u}_i$，则可以得到

$$\frac{1}{N}\boldsymbol{X}\boldsymbol{X}^{\mathrm{T}}\boldsymbol{v}_i = \lambda_i \boldsymbol{v}_i \tag{16.28}$$

这是 $N \times N$ 矩阵 $N^{-1}\boldsymbol{X}\boldsymbol{X}^{\mathrm{T}}$ 的特征向量方程，它与原始协方差矩阵具有相同的 $N-1$ 个特征值（它本身还有额外的 $D-N+1$ 个特征值为零）。因此，我们可以在维度较低的空间中解决特征向量问题，计算成本为 $\mathcal{O}(N^3)$ 而不是 $\mathcal{O}(D^3)$。要确定特征向量，我们可以对式（16.28）的两边乘以 $\boldsymbol{X}^{\mathrm{T}}$，得到

$$\left(\frac{1}{N}\boldsymbol{X}^{\mathrm{T}}\boldsymbol{X}\right)\left(\boldsymbol{X}^{\mathrm{T}}\boldsymbol{v}_i\right) = \lambda_i\left(\boldsymbol{X}^{\mathrm{T}}\boldsymbol{v}_i\right) \tag{16.29}$$

从中可以看出 $\left(\boldsymbol{X}^{\mathrm{T}}\boldsymbol{v}_i\right)$ 是具有特征值 λ_i 的 $\boldsymbol{S}$ 的特征向量。但请注意，这些特征向量未必是归一化的。为了对它们进行适当的归一化，重新调整 $\boldsymbol{u}_i \propto \boldsymbol{X}^{\mathrm{T}}\boldsymbol{v}_i$，使得 $\|\boldsymbol{u}_i\|=1$（见习题 16.3），并且假设 $\boldsymbol{v}_i$ 已经归一化为单位长度，同时有

$$\boldsymbol{u}_i = \frac{1}{(N\lambda_i)^{1/2}}\boldsymbol{X}^{\mathrm{T}}\boldsymbol{v}_i \tag{16.30}$$

总之，要应用这种方法，我们需要首先计算 $\boldsymbol{X}\boldsymbol{X}^{\mathrm{T}}$，然后找到它的特征向量和特征值，最后使用式（16.30）在原始数据空间中计算特征向量。

16.2 概率潜变量

我们在 16.1 节中已经看到 PCA 可以定义为数据在低维子空间上的线性投影，这个低维子空间的维度比原始数据空间的维度小。每个数据点被映射到由式（16.12）定义的唯一的量 z_{nj}，我们可以将这些量视为确定性的潜变量。为了引入和论证连续概率潜变量，本节会展示，PCA 也可以表示为概率潜变量模型的最大似然解。这种 PCA 的重新表述，称为概率 PCA，与传统 PCA 相比，有如下优势。

- 概率 PCA 模型表示了高斯分布的一种约束形式，在仍然能够捕捉数据集中主要相关性的同时，还可以限制自由参数的数量。
- 我们可以为 PCA 推导出一种 EM 算法，该算法在只需要少数几个主特征向量的情况下计算效率很高，而且能避免将计算数据协方差矩阵作为中间步骤进行计算（见 16.3.2 小节）。
- 概率 PCA 模型与 EM 算法的结合使我们能够处理数据集中缺失的值。
- 可以原则性地构造概率 PCA 模型的混合模型并使用 EM 算法进行训练。
- 似然函数的存在使得我们可以与其他概率密度模型直接进行比较。相比之下，传统 PCA 模型会给予靠近主成分子空间（也可简称主子空间）且距离训练数据

任意远的数据点一个较低的重建成本。

- 概率 PCA 可用于建模类 - 条件密度，因此可应用于分类问题。
- 概率 PCA 模型可以生成性地运行以提供来自分布的样本。
- 概率 PCA 构成了基于贝叶斯方法处理 PCA 的基础，我们可以从数据中自动找到主成分子空间的维度（Bishop, 2006）。

将 PCA 作为概率模型的这种表述是由 Tipping and Bishop（1997; 1999）以及 Roweis（1998）独立提出的。正如我们稍后将看到的，它与因子分析（factor analysis）（Basilevsky, 1994）密切相关。

16.2.1 生成式模型

概率 PCA 是线性 - 高斯框架的一个简单例子，其中所有的边缘分布和条件分布都是高斯分布。我们可以首先通过引入对应于主成分子空间的、明确的 M 维潜变量 $\boldsymbol{z}$ 来构建概率 PCA。接下来，我们定义一个关于潜变量的高斯先验分布 $p(\boldsymbol{z})$，以及基于潜变量值的 D 维观测变量 $\boldsymbol{x}$ 的高斯条件分布 $p(\boldsymbol{x}|\boldsymbol{z})$。具体来说，关于 $\boldsymbol{z}$ 的先验分布由零均值、单位协方差的高斯分布给出：

$$p(\boldsymbol{z}) = \mathcal{N}(\boldsymbol{z}|\boldsymbol{0},\boldsymbol{I}) \tag{16.31}$$

同样，观测变量 $\boldsymbol{x}$ 的条件分布，基于潜变量 $\boldsymbol{z}$ 的值，也符合高斯分布：

$$p(\boldsymbol{x}|\boldsymbol{z}) = \mathcal{N}\left(\boldsymbol{x}|\boldsymbol{W}\boldsymbol{z}+\boldsymbol{\mu},\sigma^2\boldsymbol{I}\right) \tag{16.32}$$

其中 $\boldsymbol{x}$ 的均值是 $\boldsymbol{z}$ 的一般线性函数，受 $D\times M$ 维矩阵 $\boldsymbol{W}$ 和 D 维向量 $\boldsymbol{\mu}$ 的控制。注意，这关于 $\boldsymbol{x}$ 的元素是因子化的（见 11.2.3 小节）。换句话说，这是一个朴素贝叶斯模型的例子。正如我们稍后将看到的，$\boldsymbol{W}$ 的列跨越了数据空间内的线性子空间，对应于主子空间。这个模型中的另一个参数是控制条件分布方差的标量 σ^2。请注意，潜分布 $p(\boldsymbol{z})$ 是零均值、单位协方差的高斯分布，这一假设不失一般性，因为更普遍的高斯分布也会产生一个等价的概率模型（见习题 16.4）。

我们可以从生成性视角来看概率 PCA 模型。首先选择一个潜变量，然后基于这个潜变量的值采样观测变量，得到观测变量的样本值。具体来说，D 维观测变量 $\boldsymbol{x}$ 是通过为 M 维潜变量 $\boldsymbol{z}$ 加上加性高斯噪声的线性变换来定义的，所以有

$$\boldsymbol{x} = \boldsymbol{W}\boldsymbol{z}+\boldsymbol{\mu}+\boldsymbol{\varepsilon} \tag{16.33}$$

其中 $\boldsymbol{z}$ 是一个 M 维的高斯潜变量，$\boldsymbol{\varepsilon}$ 是一个 D 维的零均值高斯分布噪声变量，协方差为 $\sigma^2\boldsymbol{I}$。这个生成过程如图 16.7 所示。注意，这个框架基于从潜空间到数据空间的映射，而不是前面讨论的常规 PCA 视角。稍后，我们将利用贝叶斯定理得出从数据空间到潜空间的反向映射。

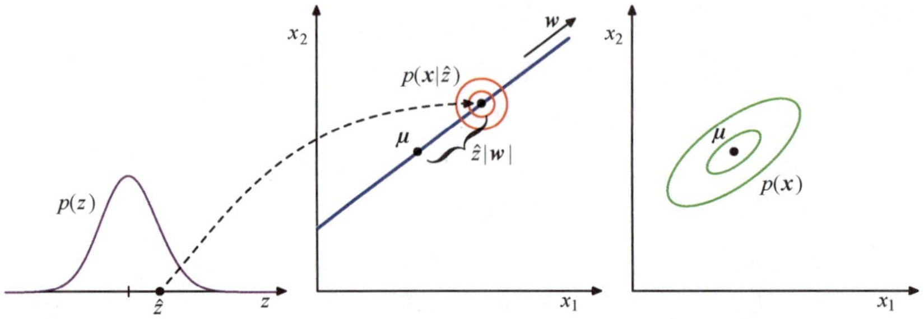

图 16.7 从常规 PCA 视角看一个针对两维数据空间和一维潜空间的概率 PCA 模型的生成过程。生成观测数据点 $\boldsymbol{x}$ 的过程是：首先从其先验分布 $p(z)$ 中抽取潜变量的一个值 $\hat{z}$，然后从具有均值 $\boldsymbol{w}\hat{z}+\boldsymbol{\mu}$ 和协方差 $\sigma^2\boldsymbol{I}$ 的各向同性高斯分布（见红色圆圈）中抽取 $\boldsymbol{x}$ 的值。绿色椭圆显示了边缘分布 $p(\boldsymbol{x})$ 的密度等高线

16.2.2 似然函数

假设我们希望通过最大似然法确定参数 $\boldsymbol{W}$、$\boldsymbol{\mu}$ 和 σ^2 的值。为了写下似然函数，我们需要观测变量的边缘分布 $p(\boldsymbol{x})$ 的表达式。根据概率的加和法则与乘积法则，这可以表示为

$$p(\boldsymbol{x})=\int p(\boldsymbol{x}\,|\,\boldsymbol{z})p(\boldsymbol{z})\mathrm{d}\boldsymbol{z} \tag{16.34}$$

由于对应于线性 - 高斯模型，这个边缘分布同样是高斯分布，由下式给出：

$$p(\boldsymbol{x})=\mathcal{N}(\boldsymbol{x}\,|\,\boldsymbol{\mu},\boldsymbol{C}) \tag{16.35}$$

其中 $D\times D$ 的协方差矩阵 $\boldsymbol{C}$ 定义如下：

$$\boldsymbol{C}=\boldsymbol{W}\boldsymbol{W}^{\mathrm{T}}+\sigma^2\boldsymbol{I} \tag{16.36}$$

注意预测分布也是高斯分布，因此通过使用式（16.33）计算其均值和协方差就能更直接地得出同样的结果，于是有

$$\mathbb{E}[\boldsymbol{x}]=\mathbb{E}[\boldsymbol{W}\boldsymbol{z}+\boldsymbol{\mu}+\boldsymbol{\varepsilon}]=\boldsymbol{\mu} \tag{16.37}$$

$$\begin{aligned}\mathrm{cov}[\boldsymbol{x}]&=\mathbb{E}\left[(\boldsymbol{W}\boldsymbol{z}+\boldsymbol{\varepsilon})(\boldsymbol{W}\boldsymbol{z}+\boldsymbol{\varepsilon})^{\mathrm{T}}\right]\\&=\mathbb{E}\left[\boldsymbol{W}\boldsymbol{z}\boldsymbol{z}^{\mathrm{T}}\boldsymbol{W}^{\mathrm{T}}\right]+\mathbb{E}[\boldsymbol{\varepsilon}\boldsymbol{\varepsilon}^{\mathrm{T}}]\end{aligned} \tag{16.38}$$

$$=\boldsymbol{W}\boldsymbol{W}^{\mathrm{T}}+\sigma^2\boldsymbol{I} \tag{16.39}$$

这里我们利用了如下事实：$\boldsymbol{z}$ 和 $\boldsymbol{\varepsilon}$ 是独立随机变量，因此它们不相关。

直观上，我们可以认为分布 $p(\boldsymbol{x})$ 是通过取一个各向同性的高斯"喷雾罐"，然后在主成分子空间上移动并喷洒以 σ^2 决定密度的高斯墨水，并通过先验分布来加权的。累积的墨水密度将产生一个代表边缘密度 $p(\boldsymbol{x})$ 的"松饼"状分布。

预测分布 $p(\boldsymbol{x})$ 受参数 $\boldsymbol{\mu}$ 、$\boldsymbol{W}$ 和 σ^2 的控制。然而，这种参数化中存在冗余，相当于潜空间坐标发生旋转。为了说明这一点，考虑一个矩阵 $\widetilde{\boldsymbol{W}}=\boldsymbol{W}\boldsymbol{R}$ ，其中 $\boldsymbol{R}$ 是一个正交矩阵。利用正交性质 $\boldsymbol{R}\boldsymbol{R}^{\mathrm{T}}=\boldsymbol{I}$ ，我们看到出现在协方差矩阵 $\boldsymbol{C}$ 中的量 $\widetilde{\boldsymbol{W}}\widetilde{\boldsymbol{W}}^{\mathrm{T}}$ 具有以下形式：

$$\widetilde{\boldsymbol{W}}\widetilde{\boldsymbol{W}}^{\mathrm{T}}=\boldsymbol{W}\boldsymbol{R}\boldsymbol{R}^{\mathrm{T}}\boldsymbol{W}^{\mathrm{T}}=\boldsymbol{W}\boldsymbol{W}^{\mathrm{T}} \tag{16.40}$$

正因为独立于 $\boldsymbol{R}$ ，所以存在一整套矩阵 $\widetilde{\boldsymbol{W}}$ ，所有这些矩阵都会导致相同的预测分布。这种不变性可以理解为潜空间内的旋转。稍后我们将返回讨论该模型中独立参数的数量问题。

当计算预测分布时，我们需要 $\boldsymbol{C}^{-1}$ ，它涉及计算一个 $D\times D$ 矩阵的逆［参见式（A.7）］：

$$\boldsymbol{C}^{-1}=\sigma^{-2}\boldsymbol{I}-\sigma^{-2}\boldsymbol{W}\boldsymbol{M}^{-1}\boldsymbol{W}^{\mathrm{T}} \tag{16.41}$$

其中 $M\times M$ 矩阵 $\boldsymbol{M}$ 定义如下：

$$\boldsymbol{M}=\boldsymbol{W}^{\mathrm{T}}\boldsymbol{W}+\sigma^2\boldsymbol{I} \tag{16.42}$$

因为我们求 $\boldsymbol{M}$ 的逆而不是直接求 $\boldsymbol{C}$ 的逆，所以计算 $\boldsymbol{C}^{-1}$ 的成本从 $\mathcal{O}\left(D^3\right)$ 降低到了 $\mathcal{O}\left(M^3\right)$。

除了预测分布 $p(\boldsymbol{x})$，我们还需要后验分布 $p(\boldsymbol{z}|\boldsymbol{x})$，后者可以直接再次使用线性－高斯模型的结果［式（3.100）］写出：

$$p(\boldsymbol{z}|\boldsymbol{x})=\mathcal{N}\left(\boldsymbol{z}\middle|\boldsymbol{M}^{-1}\boldsymbol{W}^{\mathrm{T}}(\boldsymbol{x}-\boldsymbol{\mu}),\sigma^2\boldsymbol{M}^{-1}\right) \tag{16.43}$$

请注意，后验分布的均值依赖于 $\boldsymbol{x}$ ，而后验分布的协方差独立于 $\boldsymbol{x}$ 。

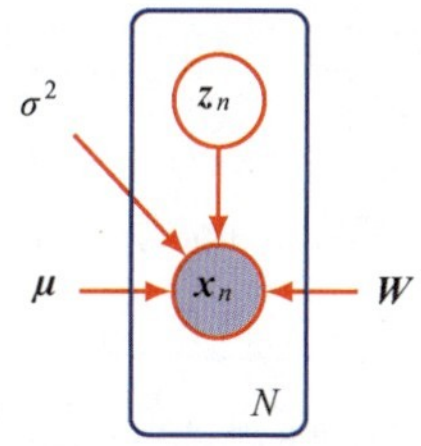

图 16.8 对于包含 $\boldsymbol{x}$ 的 N 次观测的一个数据集，概率 PCA 模型可以表示为一个有向图，其中的每个观测值 $\boldsymbol{x}_n$ 与潜变量的一个值 $\boldsymbol{z}_n$ 相关联

16.2.3 最大似然法

接下来考虑使用最大似然法确定模型参数。给定一组观测数据点的数据集 $\boldsymbol{X}=\{\boldsymbol{x}_n\}$，概率 PCA 模型可以表示为一个有向图，如图 16.8 所示。相应的对数似然函数由式（16.35）给出，形式为

$$\begin{aligned}\ln p\left(\boldsymbol{X}\mid\boldsymbol{\mu},\boldsymbol{W},\sigma^2\right)&=\sum_{n=1}^{N}\ln p\left(\boldsymbol{x}_n\mid\boldsymbol{W},\boldsymbol{\mu},\sigma^2\right)\\&=-\frac{ND}{2}\ln(2\pi)-\frac{N}{2}\ln|\boldsymbol{C}|-\frac{1}{2}\sum_{n=1}^{N}\left(\boldsymbol{x}_n-\boldsymbol{\mu}\right)^{\mathrm{T}}\boldsymbol{C}^{-1}\left(\boldsymbol{x}_n-\boldsymbol{\mu}\right)\end{aligned} \tag{16.44}$$

将对数似然函数关于 $\boldsymbol{\mu}$ 的导数设为零便可得到预期结果 $\boldsymbol{\mu}=\overline{\boldsymbol{x}}$，其中 $\overline{\boldsymbol{x}}$ 是由式（16.1）定义的数据均值。由于对数似然函数是 $\boldsymbol{\mu}$ 的二次函数，这个解代表了唯一的最大值，可以通过计算二阶导数来验证（见练习 16.9）。代入原式后，我们可以将对数似然函数写成以下形式：

$$\ln p\left(\boldsymbol{X}\mid\boldsymbol{W},\boldsymbol{\mu},\sigma^2\right)=-\frac{N}{2}\left\{D\ln(2\pi)+\ln|\boldsymbol{C}|+\operatorname{tr}\left(\boldsymbol{C}^{-1}\boldsymbol{S}\right)\right\} \tag{16.45}$$

其中 $\boldsymbol{S}$ 是由式（16.3）定义的数据协方差矩阵。

虽然似然函数关于 $\boldsymbol{W}$ 和 σ^2 的最大化更为复杂，但仍有精确的闭合解。Tipping and Bishop（1999）指出，对数似然函数的所有驻点都可以写成

$$\boldsymbol{W}_{\mathrm{ML}}=\boldsymbol{U}_M\left(\boldsymbol{L}_M-\sigma^2\boldsymbol{I}\right)^{1/2}\boldsymbol{R} \tag{16.46}$$

其中 $\boldsymbol{U}_M$ 是一个 $D\times M$ 矩阵，其列由数据协方差矩阵 $\boldsymbol{S}$ 的任意子集（大小为 M）的特征向量给出。$M\times M$ 对角矩阵 $\boldsymbol{L}_M$ 的元素由对应的特征值 λ_i 给出。$\boldsymbol{R}$ 是一个任意的 $M\times M$ 正交矩阵。

此外，Tipping and Bishop（1999）还指出，当选择那些对应于前 M 个最大的特征值的特征向量时，就会得到似然函数的最大值（所有其他解都是鞍点）。Roweis（1998）也独立提出了类似的猜想，尽管没有给出证明。同样，假设特征向量已按照对应特征值递减的顺序排列，则 M 个主特征向量是 $\boldsymbol{u}_1,\cdots,\boldsymbol{u}_M$。在这种情况下，$\boldsymbol{W}$ 的列定义了标准 PCA 的主子空间。对应的 σ^2 的最大似然解为

$$\sigma_{\mathrm{ML}}^2=\frac{1}{D-M}\sum_{i=M+1}^{D}\lambda_i \tag{16.47}$$

σ_{ML}^2 是与被丢弃维度相关联的平均方差。

$\boldsymbol{R}$ 是正交的，因此可以解释为 M 维潜空间中的旋转矩阵。如果我们将 $\boldsymbol{W}$ 的解代入 $\boldsymbol{C}$ 的表达式并利用正交性质 $\boldsymbol{R}\boldsymbol{R}^{\mathrm{T}}=\boldsymbol{I}$，就可以看到 $\boldsymbol{C}$ 独立于 $\boldsymbol{R}$。这表明预测密度不受潜空间内部旋转的影响。对于特殊情况 $\boldsymbol{R}=\boldsymbol{I}$，我们可以看到 $\boldsymbol{W}$ 的列是主成分特征向量，按方差参数 $\lambda_i-\sigma^2$ 缩放。一旦认识到独立高斯分布（在这种情况下是潜空间分布和噪声模型）的卷积的方差是可加的，这些缩放因子的解释也就清楚了。因此，沿着特征向量 $\boldsymbol{u}_i$ 方向的方差 λ_i 由以下两部分之和构成：一是单位方差潜空间分布通过 $\boldsymbol{W}$ 的对应列投影到数据空间的贡献 $\lambda_i-\sigma^2$，二是噪声模型在所有方向上添加的各向同性方差贡献 σ^2。

我们有必要花些时间研究式（16.36）给出的数据协方差矩阵的形式。考虑预测分布沿某个由单位向量 $\boldsymbol{v}$ 指定的方向的方差，其中 $\boldsymbol{v}^{\mathrm{T}}\boldsymbol{v}=1$，由 $\boldsymbol{v}^{\mathrm{T}}\boldsymbol{C}\boldsymbol{v}$ 给出。首先假设 $\boldsymbol{v}$ 与主子空间正交，换句话说，$\boldsymbol{v}$ 是由被丢弃特征向量的某种线性组合给出的。由于 $\boldsymbol{v}^{\mathrm{T}}\boldsymbol{U}=\boldsymbol{0}$，因此 $\boldsymbol{v}^{\mathrm{T}}\boldsymbol{C}\boldsymbol{v}=\sigma^2$。该模型预测了正交于主子空间的噪声方差，从式（16.47）来看，它

正是被丢弃特征值的平均值。假设 $\boldsymbol{v}=\boldsymbol{u}_i$，其中 $\boldsymbol{u}_i$ 是定义主子空间的保留特征向量之一，则有 $\boldsymbol{v}^{\mathrm{T}}\boldsymbol{C}\boldsymbol{v}=\left(\lambda_i-\sigma^2\right)+\sigma^2=\lambda_i$。

换句话说，这个模型正确地捕捉了数据沿主轴的方差，并用单个平均值 σ^2 近似所有其余方向的方差。

构建最大似然密度模型的一种方法是，简单地找到数据协方差矩阵的特征向量和特征值，然后使用上述结果计算 $\boldsymbol{W}$ 和 σ^2。在这种情况下，选择 $\boldsymbol{R}=\boldsymbol{I}$ 会更为方便。然而，如果我们通过数值优化似然函数来找到最大似然解，例如使用共轭梯度算法（Fletcher, 1987; Nocedal and Wright, 1999）或 EM 算法，那么得到的 $\boldsymbol{R}$ 矩阵的值本质上是任意的（见 16.3.2 小节）。这意味着矩阵 $\boldsymbol{W}$ 的列不必是正交的。如果需要正交基，则可以适当地对 $\boldsymbol{W}$ 矩阵进行后处理（Golub and Van Loan, 1996）。也可以修改 EM 算法，以直接产生按相应特征值大小排序的正交主成分方向（Ahn and Oh, 2003）。

潜空间中的旋转不变性表示了一种统计上的不可识别性，类似于我们在离散潜变量混合模型中遇到的情况。这里，参数的连续性使得任何值都会导致相同的预测密度，这与混合设置中组件重标记相关的离散不可识别性形成了对比。

考虑 $M=D$，也就是没有降维的情况，则 $\boldsymbol{U}_M=\boldsymbol{U}$ 且 $\boldsymbol{L}_M=\boldsymbol{L}$。利用正交性质 $\boldsymbol{U}\boldsymbol{U}^{\mathrm{T}}=\boldsymbol{I}$ 和 $\boldsymbol{R}\boldsymbol{R}^{\mathrm{T}}=\boldsymbol{I}$，$\boldsymbol{x}$ 的边缘分布的数据协方差矩阵 $\boldsymbol{C}$ 将变为

$$\boldsymbol{C}=\boldsymbol{U}\left(\boldsymbol{L}-\sigma^2\boldsymbol{I}\right)^{1/2}\boldsymbol{R}\boldsymbol{R}^{\mathrm{T}}\left(\boldsymbol{L}-\sigma^2\boldsymbol{I}\right)^{1/2}\boldsymbol{U}^{\mathrm{T}}+\sigma^2\boldsymbol{I}=\boldsymbol{U}\boldsymbol{L}\boldsymbol{U}^{\mathrm{T}}=\boldsymbol{S} \tag{16.48}$$

于是我们得到无约束高斯分布的标准最大似然解，其中数据协方差矩阵由样本协方差给出。

传统 PCA 通常构造为从 D 维数据空间到 M 维线性子空间的点的投影。然而，概率 PCA 可以最自然地表示为从潜空间到数据空间的映射。对于可视化和数据压缩等应用，我们可以使用贝叶斯定理反转这个映射。随后，数据空间中的任何点就可以由其在潜空间中的后验均值和协方差来概括。从式（16.43）可知，均值由下式给出：

$$\mathbb{E}[\boldsymbol{z}\mid\boldsymbol{x}]=\boldsymbol{M}^{-1}\boldsymbol{W}_{\mathrm{ML}}^{\mathrm{T}}(\boldsymbol{x}-\overline{\boldsymbol{x}}) \tag{16.49}$$

其中 $\boldsymbol{M}$ 由式（16.42）给出。这会将点投影到由下式给出的数据空间中。

$$\boldsymbol{W}\mathbb{E}[\boldsymbol{z}\mid\boldsymbol{x}]+\boldsymbol{\mu} \tag{16.50}$$

请注意，这与正则化线性回归的方程相同，并且是最大化线性 - 高斯模型的似然函数的结果（见 4.1.6 小节）。同样，从式（16.43）可以看出，后验协方差由 $\sigma^2\boldsymbol{M}^{-1}$ 给出，且与 $\boldsymbol{x}$ 无关。

取极限 $\sigma^2\to 0$，后验均值可以简化为

$$\left(\boldsymbol{W}_{\mathrm{ML}}^{\mathrm{T}}\boldsymbol{W}_{\mathrm{ML}}\right)^{-1}\boldsymbol{W}_{\mathrm{ML}}^{\mathrm{T}}(\boldsymbol{x}-\overline{\boldsymbol{x}}) \tag{16.51}$$

这代表数据点在潜空间中的正交投影，因此我们恢复了标准 PCA 模型（见练习

16.11）。然而，在这个极限下，后验协方差为零，密度变得奇异。对于 $\sigma^2 > 0$，潜投影相对于正交投影向原点移动（见练习 16.12）。

最后请注意，概率 PCA 模型的一个重要作用是定义了一个多元高斯分布，其中自由度的数量（也就是独立参数的数量）是可以控制的，同时仍允许模型捕获数据中的主要相关性。请回想一下，一个普通的高斯分布在协方差矩阵中有 $D(D+1)/2$ 个独立参数（另外还有 D 个参数在均值中）（见 3.2 节）。因此，参数的数量随着 D 的增加而按平方增长，并且在高维空间中可能会变得过多。如果我们限制协方差矩阵为对角矩阵，那便只有 D 个独立参数，参数的数量随维度线性增长。然而，这会将变量当作独立变量，因此已无法再表达它们之间的任何相关性。概率 PCA 模型提供了一个优雅的折中方案，其中 M 个最重要的相关性可以捕获，同时确保参数的数量只随维度线性增长。我们可以通过计算概率 PCA 模型中自由度数的量看到这一点。数据协方差矩阵 $\mathbf{C}$ 取决于 $\mathbf{W}$，大小为 $D \times M$，再加上 σ^2，总共有 $DM+1$ 个参数。然而，我们已经看到这种参数化中存在与潜空间坐标系的旋转相关的一些冗余。表达这些旋转的正交矩阵 $\mathbf{R}$ 的大小为 $M \times M$。在这个矩阵的第一列中，有 $M-1$ 个独立参数（因为列向量必须归一化为单位长度）；而在第二列中，有 $M-2$ 个独立参数（因为列必须归一化并且与前一列正交），以此类推。将这个等差数列求和后，我们看到 $\mathbf{R}$ 总共有 $M(M-1)/2$ 个独立参数。因此，数据协方差矩阵 $\mathbf{C}$ 中自由度的数量由下式给出：

$$DM + 1 - M(M-1)/2 \tag{16.52}$$

在固定 M 的情况下，该模型中独立参数的数量仅随维度线性增长。取 $M = D-1$，便可得到全协方差高斯分布的标准结果（见习题 16.14）。在这种情况下，沿 $D-1$ 个线性无关方向的方差由 $\mathbf{W}$ 的列控制，而沿剩余方向的方差由 σ^2 给出。当 $M=0$ 时，该模型等价于各向同性协方差的情况。

16.2.4 因子分析

因子分析模型是一个线性 - 高斯潜变量模型，它与概率 PCA 模型密切相关。因子分析的独特性体现为，其使得给定潜变量 $\mathbf{z}$ 的观测变量 $\mathbf{x}$ 的条件分布具有对角协方差而不是各向同性协方差，即

$$p(\mathbf{x}|\mathbf{z}) = \mathcal{N}(\mathbf{x}|\mathbf{Wz} + \boldsymbol{\mu}, \boldsymbol{\Psi}) \tag{16.53}$$

其中 $\boldsymbol{\Psi}$ 是一个 $D \times D$ 的对角矩阵。注意，因子分析模型和概率 PCA 模型一样，也假设观测变量 $x_1, \cdots, x_D$ 在给定潜变量 $\mathbf{z}$ 时是相互独立的。因子分析模型的核心在于，它通过用矩阵 $\boldsymbol{\Psi}$ 表示与每个坐标相关的独立方差，并在矩阵 $\mathbf{W}$ 中捕获变量之间的协方差，来解释观测到的数据协方差结构。在因子分析文献中，捕获观测变量之间相关性的 $\mathbf{W}$ 的列称为因子载荷（factor loading），对角矩阵 $\boldsymbol{\Psi}$ 中代表每个变量独立噪声方差的对角元素则称为唯一性（uniquenesses）元素。

在 Everitt（1984）、Bartholomew（1987）和 Basilevsky（1994）等人的文献中可

以找到关于因子分析的论述。Lawley（1953）和 Anderson（1963）研究了因子分析与PCA 之间的联系，他们揭示了在似然函数的驻点处，对于一个 $\boldsymbol{\Psi}=\sigma^2\boldsymbol{I}$ 的因子分析模型，$\boldsymbol{W}$ 的列是样本协方差矩阵的缩放特征向量，而 σ^2 是被丢弃特征值的平均值。后来，Tipping and Bishop（1999）指出，在将组成 $\boldsymbol{W}$ 的特征向量选为主特征向量时，对数似然函数的最大值便会出现。

利用式（16.34），我们可以看到观测变量的边缘分布是由 $p(\boldsymbol{x})=\mathcal{N}(\boldsymbol{x}\mid\boldsymbol{\mu},\boldsymbol{C})$ 给出的，其中

$$\boldsymbol{C}=\boldsymbol{W}\boldsymbol{W}^{\mathrm{T}}+\boldsymbol{\Psi} \tag{16.54}$$

与概率 PCA 模型一样，该模型对潜空间中的旋转是不变的（见习题 16.16）。

历史上，当人们尝试用因子分析方法对各个因子（$\boldsymbol{z}$ 空间中的坐标）进行解释时，曾引发争议。因子分析与这个空间中的旋转相关联，导致不可识别性，因而这种尝试被证明是有问题的。然而，从我们的角度看，我们将因子分析视为一种潜变量密度模型，关注的重点是其中潜空间的结构形式，而不是用于描述该空间的具体坐标。如果希望消除与潜空间旋转所带来的不确定性，则必须考虑非高斯潜变量分布，以产生独立成分分析模型（参见 16.2.5 小节）。

概率 PCA 和因子分析的另一个区别是它们在数据集变换下的行为不同（见习题 16.17）。对于 PAC 和概率 PCA，如果旋转数据空间中的坐标系，则可以得到与数据完全相同的拟合结果，只不过 $\boldsymbol{W}$ 矩阵会由相应的旋转矩阵变换而成的。然而，对于因子分析，相似的性质是，如果我们对数据向量逐个分量地进行重新缩放，则这个操作会被吸收进相应的 $\boldsymbol{\Psi}$ 元素的重新缩放中。

16.2.5 独立成分分析

线性高斯潜变量模型的一种扩展是这样的模型：观测变量与潜变量线性相关，但潜变量分布是非高斯分布。这类模型的一个重要分支是独立成分分析（Independent Component Analysis，ICA）模型，其潜变量的联合分布能够分解为各分量的独立分布之积，即

$$p(\boldsymbol{z})=\prod_{j=1}^{M}p\left(z_j\right) \tag{16.55}$$

为了理解这些模型的作用，可以设想以下场景：有两个人在同时说话，我们使用两个麦克风录制他们的声音。如果忽略时间延迟和回声等效果，则任何时刻麦克风接收到的信号都将由这两个声音的振幅的线性组合给出。这个线性组合的系数是恒定的，如果我们能从样本数据中推断出它们的值，我们就可以反转混合过程（假设它是非奇异的），从而得到两个干净的信号，每个信号只包含一个人的声音。这是一个盲源分离的问题，“盲”指的是我们只给出了混合数据，而没有观察到原始来源或混合系数（Cardoso, 1998）。

这类问题有时可以采取以下方法来解决（MacKay, 2003）。该方法忽略信号的时间特性，并将连续的样本视为独立同分布的。考虑一个生成式模型，其中有两个潜变量，对应于未观测语音信号振幅；还有两个观测变量，由麦克风处信号值给出。潜变量具有可以进行因式分解的联合分布，并且观测变量由潜变量的线性组合给出。没有必要包括噪声分布，因为潜变量的数量等于观测变量的数量，而观测变量的边缘分布通常不具有奇异性，所以观测变量仅仅是潜变量的确定性线性组合。给定一组观测数据，该模型的似然函数是线性组合中系数的一个函数。在使用基于梯度的优化方法最大化对数似然函数时，会产生特定版本的 ICA。

这种方法的成功依赖于潜变量具有非高斯分布。为了理解这一点，请回想一下，在概率 PCA（以及因子分析）中，潜空间分布由零均值、各向同性的高斯分布给出。因此模型无法区分仅仅通过潜空间中的旋转就可以互相转换的两个不同的潜变量。我们可以直接验证这一点，注意边缘密度［式（16.35）］及由此产生的似然函数在我们做 $\boldsymbol{W} \to \boldsymbol{WR}$ 变换时会保持不变（其中 $\boldsymbol{R}$ 是一个满足 $\boldsymbol{RR}^{\mathrm{T}} = \boldsymbol{I}$ 的正交矩阵），这是因为式（16.36）给出的矩阵 $\boldsymbol{C}$ 本身是不变的。 即使扩展模型以允许更通用的高斯潜变量分布，此结论也不会改变，因为我们已经看到，这样的模型等价于零均值、各向同性的高斯潜变量模型。

对于为什么高斯潜变量分布在线性模型中不足以找到独立成分，我们还可以用另一种方式来理解。我们注意到，主成分代表了数据空间中坐标系的旋转，目的是使协方差矩阵对角化，从而使新坐标中的数据分布不再相关。尽管零相关是独立性的必要条件，但它不是充分条件（见习题 2.39）。

在实践中，常用的潜变量分布由下式给出：

$$p(z_j) = \frac{1}{\pi\cos(z_j)} = \frac{2}{\pi\left(\mathrm{e}^{z_j} + \mathrm{e}^{-z_j}\right)} \tag{16.56}$$

与高斯分布相比，它具有重尾（heavy tail），我们在许多真实世界的分布中也能观察到这种特性。

最初的 ICA 模型（Bell and Sejnowski, 1995）是采用信息最大化定义的目标函数进行优化。概率潜变量表述的一个优势是，它有助于启发并构建 ICA 的扩展。例如，独立因子分析（independent factor analysis）（Attias, 1999）考虑了一个模型，在该模型中，潜变量和观测变量的数量可以不同，观测变量是有噪声的，潜变量则具有高斯混合模型化的灵活分布。可以使用 EM 算法最大化这个模型的对数似然函数，并使用变分法近似重构潜变量。研究人员考虑了许多其他类型的模型，如今关于独立成分分析及其应用的文献已经不胜枚举了（Jutten and Herault, 1991; Comon, Jutten, and Herault, 1991; Amari, Cichocki, and Yang, 1996; Pearlmutter and Parra, 1997; Hyvärinen and Oja, 1997; Hinton et al., 2001; Miskin and MacKay, 2001; Hojen-Sorensen, Winther, and Hansen, 2002; Choudrey and Roberts, 2003; Chan, Lee, and Sejnowski, 2003; Stone, 2004）。

16.2.6 卡尔曼滤波器

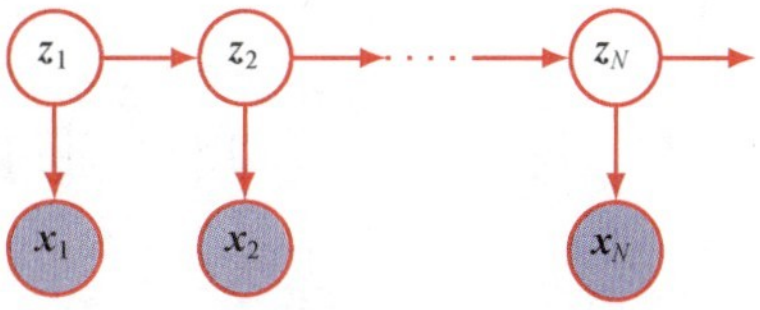

图 16.9 用于序列数据的概率图模型称为线性动态系统或卡尔曼滤波器，其中的潜变量形成了一个马可夫链

到目前为止，我们假设数据值是独立同分布的。一种常见的非独立同分布情况是，数据点形成一个有序序列。我们已经看到，隐马尔可夫模型可以视为混合模型的扩展，旨在允许数据中存在序列相关性（参见 15.3.1 小节）。类似地，连续潜变量模型可以通过连接潜变量形成马尔可夫链来扩展，以处理序列数据，参见图 16.9 所示的图模型。这种模型称为线性动态系统（linear dynamical system）或卡尔曼滤波器（Zarchan and Musoff, 2005）。注意，这与隐马尔可夫模型的图结构相同（参见 15.3.1 小节）。值得注意的是，隐马尔可夫模型和线性动态系统是独立发展的。然而，一旦它们都表示为图模型，它们之间的深层关系就会水落石出。卡尔曼滤波器已广泛地应用在许多实时跟踪应用中，如使用雷达信号跟踪飞机。

在这样的最简单模型中，图 16.9 中的分布 $p(\boldsymbol{x}_n|\boldsymbol{z}_n)$ 代表了该特定观测结果的线性 - 高斯潜变量模型，就像我们之前讨论的独立同分布数据一样。然而，潜变量 $\boldsymbol{z}_n$ 不再视为独立的，而是形成了一个马尔可夫链，链中每个潜变量的分布 $p(\boldsymbol{z}_n|\boldsymbol{z}_{n-1})$ 取决于链中前一个潜变量的状态。在线性 - 高斯潜变量模型中，$\boldsymbol{z}_n$ 的分布是高斯分布，均值则由 $\boldsymbol{z}_{n-1}$ 的线性函数给出。通常，分布 $p(\boldsymbol{x}_n|\boldsymbol{z}_n)$ 的所有参数是共享的，分布 $p(\boldsymbol{z}_n|\boldsymbol{z}_{n-1})$ 的所有参数也是共享的，因此模型中总的参数数量是固定的，不依赖于序列的长度。这些参数可以通过最大似然法从数据中来学习。这需要用到在图模型上传播消息的有效算法（Bishop, 2006）。在本章的其余部分，我们将专注于独立同分布数据。

16.3 证据下界

在讨论离散潜变量模型时，我们推导出了边缘对数似然的证据下界（ELBO），并展示了它是如何构成期望最大化（EM）算法的基础的，包括其扩展，例如变分推断（参见 15.4 节）。相同的框架同样适用于连续潜变量模型，以及结合了离散和连续变量的模型。这里我们提供一个稍微不同的 ELBO 推导，并且假设潜变量 $\boldsymbol{z}$ 是连续的。

考虑一个带有观测变量 $\boldsymbol{x}$、潜变量 $\boldsymbol{z}$ 和可学习参数向量 $\boldsymbol{w}$ 的模型 $p(\boldsymbol{x},\boldsymbol{z}|\boldsymbol{w})$。只要引入潜变量上的任意一个分布 $q(\boldsymbol{z})$，我们就可以将对数似然函数 $\ln p(\boldsymbol{x}|\boldsymbol{w})$ 写成两项之和的形式（见习题 16.18）：

$$\ln p(\boldsymbol{x}|\boldsymbol{w}) = \mathcal{L}(\boldsymbol{w}) + \mathrm{KL}\left(q(\boldsymbol{z})\|p(\boldsymbol{z}|\boldsymbol{x},\boldsymbol{w})\right) \tag{16.57}$$

其中

$$\mathcal{L}(q,\boldsymbol{w})=\int q(\boldsymbol{z})\ln\left\{\frac{p(\boldsymbol{x},\boldsymbol{z}\mid\boldsymbol{w})}{q(\boldsymbol{z})}\right\}\mathrm{d}\boldsymbol{z} \tag{16.58}$$

$$\mathrm{KL}\big(q(\boldsymbol{z})\|p(\boldsymbol{z}\mid\boldsymbol{x},\boldsymbol{w})\big)=-\int q(\boldsymbol{z})\ln\left\{\frac{p(\boldsymbol{z}\mid\boldsymbol{x},\boldsymbol{w})}{q(\boldsymbol{z})}\right\}\mathrm{d}\boldsymbol{z} \tag{16.59}$$

$\mathrm{KL}\big(q(\boldsymbol{z})\|p(\boldsymbol{z}\mid\boldsymbol{x},\boldsymbol{w})\big)$是一种 Kullback–Leibler 散度，满足特性 $\mathrm{KL}(\cdot\|\cdot)\geqslant 0$（参见 2.5.5 小节），从中可以得出

$$\ln p(\boldsymbol{x}\mid\boldsymbol{w})\geqslant\mathcal{L}(\boldsymbol{w}) \tag{16.60}$$

式（16.58）给出的$\mathcal{L}(q,\boldsymbol{w})$构成了对数似然的下界，称为证据下界（ELBO）。$\mathcal{L}(q,\boldsymbol{w})$采用了与离散情况相同的形式［式（15.53）］，但是将求和替换成了积分。

我们可以使用 EM 算法的两阶段迭代过程来最大化对数似然函数。在 EM 算法中，我们可以交替地针对$q(\boldsymbol{z})$（E 步骤）和$\boldsymbol{w}$（M 步骤）最大化$\mathcal{L}(q,\boldsymbol{w})$。首先初始化参数$\boldsymbol{w}^{\text{old}}$。然后在 E 步骤中保持$\boldsymbol{w}$固定，并针对$q(\boldsymbol{z})$最大化下界。我们注意到，可以通过最小化式（16.59）中的 Kullback–Leibler 散度来获得下界的最高值。换言之，当 Kullback–Leibler 散度为零时，$q(\boldsymbol{z})=p(\boldsymbol{z}\mid\boldsymbol{x};\boldsymbol{w}^{\text{old}})$。在 M 步骤中，我们保持所选的$q(\boldsymbol{z})$固定，并针对$\boldsymbol{w}$最大化$\mathcal{L}(q,\boldsymbol{w})$。将$q(\boldsymbol{z})$代入式（16.58），可以得到

$$\begin{aligned}\mathcal{L}(q,\boldsymbol{w})=&\int p(\boldsymbol{z}\mid\boldsymbol{x},\boldsymbol{w}^{\text{old}})\ln p(\boldsymbol{x},\boldsymbol{z}\mid\boldsymbol{w})\mathrm{d}\boldsymbol{z}-\\&\int p(\boldsymbol{z}\mid\boldsymbol{x},\boldsymbol{w}^{\text{old}})\ln p(\boldsymbol{z}\mid\boldsymbol{x},\boldsymbol{w}^{\text{old}})\mathrm{d}\boldsymbol{z}\end{aligned} \tag{16.61}$$

在 M 步骤中保持$\boldsymbol{w}^{\text{old}}$固定，并针对$\boldsymbol{w}$最大化$\mathcal{L}(q,\boldsymbol{w})$。请注意，式（16.61）右侧的第二项独立于$\boldsymbol{w}$，因此在 M 步骤中可以忽略。式（16.61）右侧的第一项则是完整数据对数似然的期望，该期望来自我们用$\boldsymbol{w}^{\text{old}}$计算得到的$\boldsymbol{z}$的后验分布（参见 15.3 节）。

如果我们有一个由独立同分布观测值组成的数据集$\boldsymbol{x}_1,\cdots,\boldsymbol{x}_N$，则似然函数的形式为

$$\ln p(\boldsymbol{X}\mid\boldsymbol{w})=\sum_{n=1}^{N}\ln p(\boldsymbol{x}_n\mid\boldsymbol{w}) \tag{16.62}$$

其中数据矩阵$\boldsymbol{X}$包含$\boldsymbol{x}_1,\cdots,\boldsymbol{x}_N$，并且参数$\boldsymbol{w}$在所有数据点之间是共享的。对于每一个数据点，引入一个相应的潜变量$\boldsymbol{z}_n$及其关联的分布$q(\boldsymbol{z}_n)$，并且通过遵循类似于推导式（16.58）时使用的步骤，我们得到了以下形式的 ELBO（参见 19.2 节）：

$$\mathcal{L}(q,\boldsymbol{w})=\sum_{n=1}^{N}\int q(\boldsymbol{z}_n)\ln\left\{\frac{p(\boldsymbol{x}_n,\boldsymbol{z}_n\mid\boldsymbol{w})}{q(\boldsymbol{z}_n)}\right\}\mathrm{d}\boldsymbol{z}_n \tag{16.63}$$

当讨论变分自编码器（见 19.2 节）时，我们将遇到一个模型，其 E 步骤的精确解

无法实现，因此我们改为使用深度神经网络对$q(z)$进行建模，然后使用ELBO来学习网络的参数。

16.3.1 EM算法

在本小节，我们将使用EM算法，通过迭代地最大化证据下界来学习概率PCA模型的参数。这看起来有些多余，因为我们已经得到了一个精确的闭式解来求解最大似然参数值，然而在高维空间中，与直接处理样本协方差矩阵相比，使用迭代的EM过程可能在计算上有优势。这个EM过程也可以扩展到没有闭式解的因子分析模型（参见16.2.4小节）。最后，它允许以合理的方式处理缺失数据。

我们可以按照EM算法的通用框架来导出概率PCA的EM算法（参见15.3节）。为此，我们写下完整数据对数似然函数并根据用“旧”参数值评估的潜变量分布的后验分布来获取期望，然后最大化这个完整数据对数似然函数的期望以产生“新”的参数值。因为我们假定数据点是独立的，所以完整数据对数似然函数的形式为

$$\ln p\left(\boldsymbol{X},\boldsymbol{Z}\mid\boldsymbol{\mu},\boldsymbol{W},\sigma^2\right)=\sum_{n=1}^{N}\left\{\ln p\left(\boldsymbol{x}_n\mid\boldsymbol{z}_n\right)+\ln p\left(\boldsymbol{z}_n\right)\right\} \tag{16.64}$$

其中矩阵$\boldsymbol{Z}$的第n行由$\boldsymbol{z}_n$给出。我们已经知道$\boldsymbol{\mu}$的精确最大似然解是由样本均值$\overline{\boldsymbol{x}}$［式（16.1）］给出的，在这个阶段替代$\boldsymbol{\mu}$是很方便的。利用式（16.31）和式（16.32）所示的潜变量分布和条件分布，并且考虑到对潜变量的后验分布的期望，我们得到

$$\begin{aligned}\mathbb{E}\left[\ln p\left(\boldsymbol{X},\boldsymbol{Z}\mid\boldsymbol{\mu},\boldsymbol{W},\sigma^2\right)\right]=-\sum_{n=1}^{N}\Bigg\{&\frac{D}{2}\ln\left(2\pi\sigma^2\right)+\frac{1}{2}\operatorname{Tr}\left(\mathbb{E}\left[\boldsymbol{z}_n\boldsymbol{z}_n^{\mathrm{T}}\right]\right)+\\&\frac{1}{2\sigma^2}\left\|\boldsymbol{x}_n-\boldsymbol{\mu}\right\|^2-\frac{1}{\sigma^2}\mathbb{E}\left[\boldsymbol{z}_n\right]^{\mathrm{T}}\boldsymbol{W}^{\mathrm{T}}\left(\boldsymbol{x}_n-\boldsymbol{\mu}\right)+\\&\frac{1}{2\sigma^2}\operatorname{Tr}\left(\mathbb{E}\left[\boldsymbol{z}_n\boldsymbol{z}_n^{\mathrm{T}}\right]\boldsymbol{W}^{\mathrm{T}}\boldsymbol{W}\right)+\frac{M}{2}\ln(2\pi)\Bigg\}\end{aligned} \tag{16.65}$$

注意，此情况仅通过高斯分布的充分统计量与后验分布产生关联。因此，在E步骤中，我们使用旧的参数值来计算期望：

$$\mathbb{E}\left[\boldsymbol{z}_n\right]=\boldsymbol{M}^{-1}\boldsymbol{W}^{\mathrm{T}}\left(\boldsymbol{x}_n-\overline{\boldsymbol{x}}\right) \tag{16.66}$$

$$\mathbb{E}\left[\boldsymbol{z}_n\boldsymbol{z}_n^{\mathrm{T}}\right]=\sigma^2\boldsymbol{M}^{-1}+\mathbb{E}\left[\boldsymbol{z}_n\right]\mathbb{E}\left[\boldsymbol{z}_n\right]^{\mathrm{T}} \tag{16.67}$$

以上这些可以直接从后验分布［式（16.43）］和标准结果$\mathbb{E}[\boldsymbol{z}_n\boldsymbol{z}_n^{\mathrm{T}}]=\operatorname{cov}[\boldsymbol{z}_n]+\mathbb{E}[\boldsymbol{z}_n]\mathbb{E}[\boldsymbol{z}_n]^{\mathrm{T}}$中得出。这里的$\boldsymbol{M}$由式（16.42）定义。

在M步骤中，我们固定后验统计量，并针对$\boldsymbol{W}$和σ^2进行最大化。针对σ^2的最大化相对简单，针对$\boldsymbol{W}$的最大化（见习题16.21）则需要我们利用式（A.24）获得M步骤的如下方程：

$$\boldsymbol{W}_{\text{new}}=\left[\sum_{n=1}^{N}(\boldsymbol{x}_n-\overline{\boldsymbol{x}})\mathbb{E}[\boldsymbol{z}_n]^{\mathrm{T}}\right]\left[\sum_{n=1}^{N}\mathbb{E}\left[\boldsymbol{z}_n\boldsymbol{z}_n^{\mathrm{T}}\right]\right]^{-1} \tag{16.68}$$

$$\begin{aligned}\sigma_{\text{new}}^2=\frac{1}{ND}\sum_{n=1}^{N}\Big\{&\|\boldsymbol{x}_n-\overline{\boldsymbol{x}}\|^2-2\mathbb{E}[\boldsymbol{z}_n]^{\mathrm{T}}\boldsymbol{W}_{\text{new}}^{\mathrm{T}}(\boldsymbol{x}_n-\overline{\boldsymbol{x}})+\\&\operatorname{tr}\left(\mathbb{E}\left[\boldsymbol{z}_n\boldsymbol{z}_n^{\mathrm{T}}\right]\boldsymbol{W}_{\text{new}}^{\mathrm{T}}\boldsymbol{W}_{\text{new}}\right)\Big\}\end{aligned} \tag{16.69}$$

概率 PCA 的 EM 算法将首先初始化参数，然后交替地在 E 步骤中使用式（16.66）和式（16.67）计算潜空间后验分布的充分统计量，并在 M 步骤中使用式（16.68）和式（16.69）修正参数值。

概率 PCA 的 EM 算法的一个好处是，其在大规模应用中的计算效率较高（Roweis, 1998）。与基于样本协方差矩阵的特征向量分解的传统 PCA 不同，EM 算法是迭代的，因此可能看起来不那么吸引人。然而，EM 算法的每个循环在高维空间中可能比传统 PCA 的计算效率要高得多。为了理解这一点，请注意，协方差矩阵的特征分解需要 $\mathcal{O}(D^3)$ 次计算。通常我们只对前 M 个特征向量及对应的特征值感兴趣，在这种情况下我们可以使用计算成本仅为 $\mathcal{O}(MD^2)$ 的算法。然而，计算协方差矩阵需要 $\mathcal{O}(ND^2)$ 的计算成本，其中 N 是数据点的数量。快照方法（Sirovich, 1987）等算法假设特征向量是数据向量的线性组合，这样虽然避免了直接计算协方差矩阵，但是需要 $\mathcal{O}(N^3)$ 的计算成本，因此不适用于大数据集。这里描述的 EM 算法也没有显式构造协方差矩阵。相反，计算最密集的步骤涉及数据集的求和，其复杂度为 $\mathcal{O}(NDM)$。对于很大的维度 D，M 要远小于 D，与 $\mathcal{O}(ND^2)$ 相比，这可以显著节省计算成本，并且可以抵消 EM 算法的迭代成本。

请注意，这个 EM 算法可以通过在线方式实现，依次读取、处理每个 D 维数据点，然后丢弃并考虑下一个数据点。请注意，那些在 E 步骤中计算的量（一个 M 维向量和一个 $M\times M$ 矩阵）可以针对每个数据点单独计算。在 M 步骤中，需要对数据点进行累加求和，这可以逐步进行。如果 N 和 D 都很大，这种方法可能会有优势。

我们现在有了一个完全概率化的 PCA 模型。我们可以处理缺失数据，前提是这些数据是随机缺失的（missing at random）。换句话说，决定哪些值缺失的过程不依赖于任何观测到或未观测到的变量的值。这样的数据集可以通过边缘化未观测变量的分布来处理，生成的似然函数可以使用 EM 算法来最大化（见习题 16.22）。

16.3.2 PCA的EM算法

EM 算法的另一个优雅特性是，我们可以取极限 $\sigma^2\to 0$，这对应于传统 PCA，并且仍然是一个有效的类 EM 算法（Roweis, 1998）。从式（16.67）中可以看到，在 E 步骤中唯一需要计算的量是 $\mathbb{E}[\boldsymbol{z}_n]$。此外，因为 $\boldsymbol{M}=\boldsymbol{W}^{\mathrm{T}}\boldsymbol{W}$，所以 M 步骤也简化了。为了强调算法的简洁性，定义 $\widetilde{\boldsymbol{X}}$ 为一个大小为 $N\times D$ 的矩阵，其第 n 行由向量 $\boldsymbol{x}_n-\overline{\boldsymbol{x}}$ 给

出。类似地，定义 $\boldsymbol{\Omega}$ 为一个大小为 $M \times N$ 的矩阵，其第 n 列由 $\mathbb{E}[z_n]$ 给出。PCA 的 EM 算法的 E 步骤［式（16.66）］变为

$$\boldsymbol{\Omega} = \left(\boldsymbol{W}_{\text{old}}^{\mathrm{T}} \boldsymbol{W}_{\text{old}}\right)^{-1} \boldsymbol{W}_{\text{old}}^{\mathrm{T}} \widetilde{\boldsymbol{X}}^{\mathrm{T}} \tag{16.70}$$

M 步骤［式（16.68）］变为

$$\boldsymbol{W}_{\text{new}} = \widetilde{\boldsymbol{X}}^{\mathrm{T}} \boldsymbol{\Omega}^{\mathrm{T}} \left(\boldsymbol{\Omega}\boldsymbol{\Omega}^{\mathrm{T}}\right)^{-1} \tag{16.71}$$

以上这些也可以通过在线学习的方式实现。这些方程的简单解释如下。根据我们之前的讨论，E 步骤涉及将数据点正交投影到当前估计的主子空间。相应地，M 步骤表示在固定投影的情况下重新估计主子空间以最小化重建误差。

我们可以用一个简单的物理类比理解这个 EM 算法，它在 $D=2$ 和 $M=1$ 时很容易描绘。考虑二维空间中的一系列数据点，用一根坚硬的棒子代表一维主子空间。然后通过符合胡克定律（力与弹簧伸长量成正比，因此储能与弹簧伸长量的平方成正比）的弹簧将每个数据点连接到棒子上。在 E 步骤中，我们保持棒子固定并允许连接点沿着棒子上下滑动以最小化能量。这会导致每个连接点（独立地）将自己定位在相应数据点到棒子的正交投影位置。在 M 步骤中，我们保持连接点固定，然后释放棒子，并允许棒子移动到最小能量位置。然后重复E步骤和M步骤，直至满足适当的收敛标准，如图 16.10 所示。

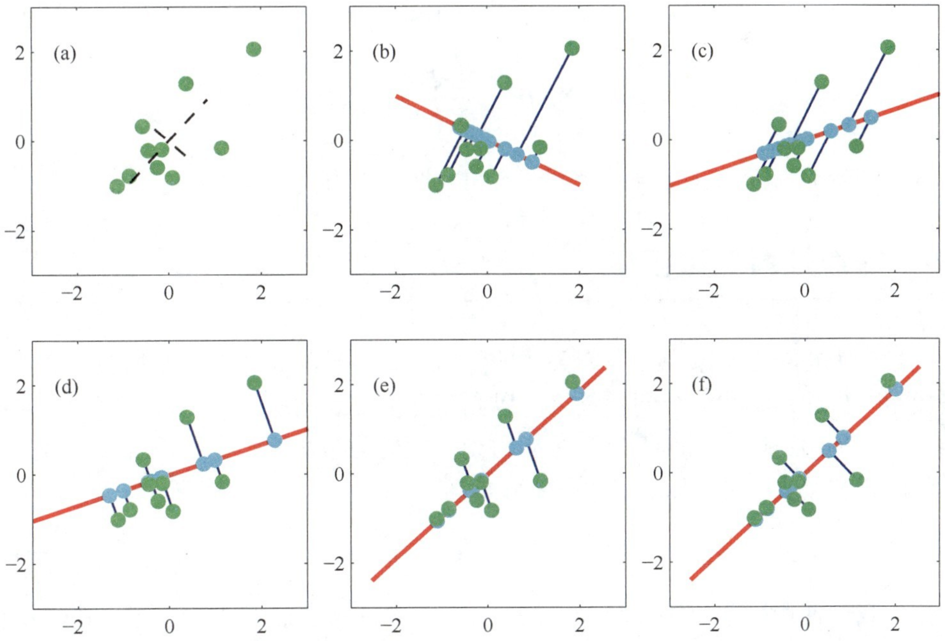

图 16.10 用一个简单的物理类比来说明 PCA 的 EM 算法。(a) 一组绿色的数据点以及真实的主成分（显示为按特征值平方根缩放的特征向量）。(b) 由 $\boldsymbol{W}$ 定义的主子空间的初始配置（显示为红色），以及潜在点 $\boldsymbol{Z}$ 在数据空间中的投影（由 $\boldsymbol{Z}\boldsymbol{W}^{\mathrm{T}}$ 给出，显示为青色）。(c) 经过第一个 M 步骤后，$\boldsymbol{W}$ 已经在 $\boldsymbol{Z}$ 保持固定的情况下得到更新。(d) 在随后的 E 步骤中，$\boldsymbol{Z}$ 的值已更新并给出了正交投影，并且 $\boldsymbol{W}$ 保持不变。(e) 经过第二个 M 步骤之后的结果。(f) 收敛后的解

16.3.3 因子分析的EM算法

我们可以使用最大似然法来确定因子分析模型中的参数 $\boldsymbol{\mu}$、$\boldsymbol{W}$ 和 $\boldsymbol{\Psi}$ 。$\boldsymbol{\mu}$ 的解再次由样本均值给出（参见 16.2.4 小节）。然而，与概率 PCA 不同的是，$\boldsymbol{W}$ 不再有闭式的最大似然解，只能通过迭代来找到。由于因子分析模型是一个潜变量模型，因此可以使用类似于概率 PCA 的 EM 算法来完成这项工作（见习题 16.24）（Rubin and Thayer, 1982）。具体来说，E 步骤方程为

$$\mathbb{E}[\boldsymbol{z}_n] = \boldsymbol{G}\boldsymbol{W}^{\mathrm{T}}\boldsymbol{\Psi}^{-1}(\boldsymbol{x}_n - \overline{\boldsymbol{x}}) \tag{16.72}$$

$$\mathbb{E}\left[\boldsymbol{z}_n\boldsymbol{z}_n^{\mathrm{T}}\right] = \boldsymbol{G} + \mathbb{E}[\boldsymbol{z}_n]\mathbb{E}[\boldsymbol{z}_n]^{\mathrm{T}} \tag{16.73}$$

其中

$$\boldsymbol{G} = \left(\boldsymbol{I} + \boldsymbol{W}^{\mathrm{T}}\boldsymbol{\Psi}^{-1}\boldsymbol{W}\right)^{-1} \tag{16.74}$$

注意这是以一种涉及对 $M \times M$ 而不是 $D \times D$ 的矩阵（除了 $D \times D$ 对角矩阵 $\boldsymbol{\Psi}$ ，其逆在 $\mathcal{O}(D)$ 步内可以轻松计算）求逆的形式来表示的，这很方便，因为通常情况下 $M \ll D$（见习题 16.25）。

同样，M 步骤方程为

$$\boldsymbol{W}_{\text{new}} = \left[\sum_{n=1}^{N}(\boldsymbol{x}_n - \overline{\boldsymbol{x}})\mathbb{E}[\boldsymbol{z}_n]^{\mathrm{T}}\right]\left[\sum_{n=1}^{N}\mathbb{E}\left[\boldsymbol{z}_n\boldsymbol{z}_n^{\mathrm{T}}\right]\right]^{-1} \tag{16.75}$$

$$\boldsymbol{\Psi}_{\text{new}} = \operatorname{diag}\left\{\boldsymbol{S} - \boldsymbol{W}_{\text{new}}\frac{1}{N}\sum_{n=1}^{N}\mathbb{E}[\boldsymbol{z}_n](\boldsymbol{x}_n - \overline{\boldsymbol{x}})^{\mathrm{T}}\right\} \tag{16.76}$$

其中 diag 运算符会将矩阵的所有非对角元素设置为零。

16.4 非线性潜变量模型

到目前为止，在本章中，我们关注的是基于从潜空间到数据空间的线性变换的潜变量模型。自然地，我们会问：是否可以利用深度神经网络的灵活性来表示更复杂的变换，同时利用深度神经网络的学习能力让得到的分布适配于一个数据集？考虑一个简单的向量变量 $\boldsymbol{z}$ 上的分布，例如高斯分布：

$$p_z(\boldsymbol{z}) = \mathcal{N}(\boldsymbol{z} \mid \boldsymbol{0}, \boldsymbol{I}) \tag{16.77}$$

假设我们使用一个由深度神经网络给出的函数 $\boldsymbol{x} = g(\boldsymbol{z}, \boldsymbol{w})$ 来变换 $\boldsymbol{z}$ ，其中 $\boldsymbol{w}$ 代表权重和偏置。$\boldsymbol{z}$ 上的分布与神经网络的结合定义了 $\boldsymbol{x}$ 上的分布。从这样的模型中采样是直截了当的，因为我们可以从 $p_z(\boldsymbol{z})$ 中生成样本，然后使用神经网络函数对每个样本进行变换，以获得对应的 $\boldsymbol{x}$ 的样本。这是一个高效的过程，因为它不涉及迭代。

为了从数据中学习 $g(z,\boldsymbol{w})$，考虑如何计算似然函数 $p(\boldsymbol{x}|\boldsymbol{w})$。$\boldsymbol{x}$ 上的分布由密度的变量变换公式给出：

$$p_x(\boldsymbol{x}) = p_z(z(\boldsymbol{x}))\,|\det \boldsymbol{J}(\boldsymbol{x})| \tag{16.78}$$

其中 $\boldsymbol{J}$ 是偏导数的雅可比矩阵，其元素由下式给出：

$$J_{ij}(\boldsymbol{x}) = \frac{\partial z_i}{\partial x_j} \tag{16.79}$$

要计算式（16.78）右侧的分布 $p_z(\boldsymbol{z}(\boldsymbol{x}))$（对于给定的数据向量 $\boldsymbol{x}$）和式（16.79）中同一 $\boldsymbol{x}$ 值的雅可比矩阵，我们需要使用神经网络函数的逆函数 $\boldsymbol{z} = \boldsymbol{g}^{-1}(\boldsymbol{x},\boldsymbol{w})$。对于大多数神经网络来说，这个逆函数将不是良好定义的。例如，神经网络可能实现一种多对一的函数关系，在这种情况下，不同的输入值会被映射到相同的输出值，变量变换公式并不能给出良好定义的密度。此外，如果潜空间的维度与数据空间的维度不同，那么变换将是不可逆的。

解决这个问题的一种方法是限制函数 $\boldsymbol{g}(z,\boldsymbol{w})$ 是可逆的，这要求 $\boldsymbol{z}$ 和 $\boldsymbol{x}$ 具有相同的维度。我们将在介绍标准化流（normalizing flow）的技术时更详细地探索这种方法（参见第 18 章）。

16.4.1 非线性流形

要求潜空间和数据空间具有相同的维度是一个重大的限制。考虑这样一种情况：$\boldsymbol{z}$ 的维度是 M，$\boldsymbol{x}$ 的维度是 D，其中 $M < D$。在这种情况下，$\boldsymbol{x}$ 上的分布局限于维度为 M 的流形或子空间，如图 16.11 所示。许多机器学习应用中都出现了低维流形，例如在模拟自然图像的分布时。非线性潜变量模型（nonlinear latent variable model）在建模此类数据时可能非常有用，因为它们表达了强烈的归纳偏置，即数据并不“填满”数据空间，而是被限制在一个流形上，尽管这个流形的形状和维度通常是未知的。

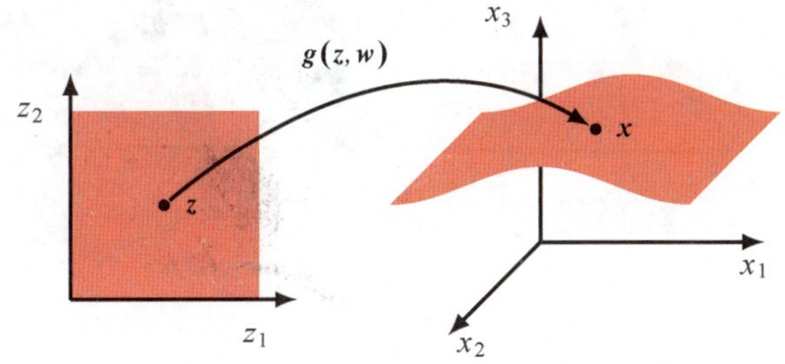

图 16.11　使用一个带有参数向量 $\boldsymbol{w}$ 的神经网络所代表的非线性函数 $\boldsymbol{x} = \boldsymbol{g}(z,\boldsymbol{w})$，演示从二维潜空间 $\boldsymbol{z} = (z_1, z_2)$ 到三维数据空间 $\boldsymbol{x} = (x_1, x_2, x_3)$ 的一个映射

然而，这个框架将零概率密度赋予那些不完全位于流形上的任何数据向量，这对基于梯度的学习算法是一个问题，因为对于真实的数据集，似然函数在每一个数

据点都将为零，并且对于小的 $\boldsymbol{w}$ 变化将保持不变。为了解决这个问题，我们使用之前用于解决回归和分类问题的策略，定义了整个数据空间上的条件分布，其参数由神经网络的输出决定。例如，如果 $\boldsymbol{x}$ 是连续变量的一个向量，则可以选择条件分布为高斯分布：

$$p(\boldsymbol{x}|z,\boldsymbol{w})=\mathcal{N}\left(\boldsymbol{x}|\boldsymbol{g}(z,\boldsymbol{w}),\sigma^2\boldsymbol{I}\right) \tag{16.80}$$

其中神经网络 $\boldsymbol{g}(z,\boldsymbol{w})$ 的输出单元激活函数是线性的，并且 $\boldsymbol{g}\in\mathbb{R}^D$。生成式模型由 z 上的潜变量分布和 $\boldsymbol{x}$ 上的条件分布指定，并且可以用图 16.12 所示的简单图模型来表示。

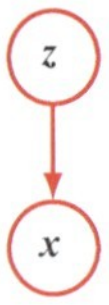

图 16.12 由式（16.77）和式（16.80）定义的联合分布 $p(\boldsymbol{x},z)=p(\boldsymbol{x}|z)p(z)$ 的图模型

注意，从这个分布中独立抽取样本不仅简单而且效率高。首先使用标准方法从高斯分布［式（16.77）］中抽取一个样本。然后将这个值作为神经网络的输入，得到输出值 $\boldsymbol{g}(z,\boldsymbol{w})$。最后从均值为 $\boldsymbol{g}(z,\boldsymbol{w})$、协方差为 $\sigma^2\boldsymbol{I}$ 的高斯分布中抽取一个样本［式（16.80）］。重复上述过程以生成多个独立样本。

潜变量分布 $p(z)$ 与条件分布 $p(\boldsymbol{x}|z)$ 的组合定义了数据空间上的边缘分布：

$$p(\boldsymbol{x})=\int p(z)p(\boldsymbol{x}|z)\mathrm{d}z \tag{16.81}$$

我们可以用一个涉及一维潜空间和二维数据空间的简单例子来说明这一点，见图 16.13。

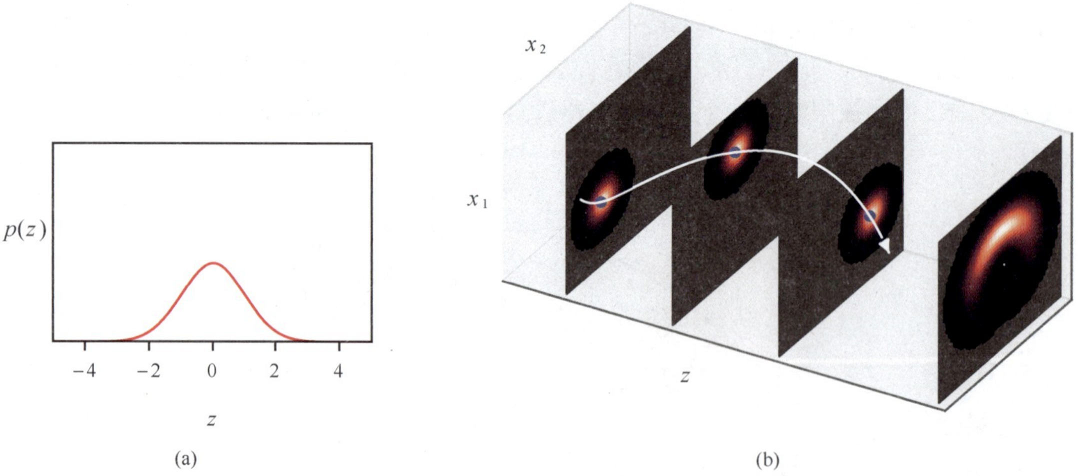

图 16.13 一个涉及一维潜空间和二维数据空间的非线性潜变量模型的示意图。(a) 潜空间中的先验分布由零均值、单位方差的高斯分布给出。(b) 最左侧的三个图显示了不同 z 值下的高斯条件分布 $p(\boldsymbol{x}|z)$ 的示例，最右侧的图显示了边缘分布 $p(\boldsymbol{x})$ 的示例。定义条件分布均值的非线性函数 $\boldsymbol{g}(z)$ 由 $g_1(z)=\sin(z)$ 和 $g_2(z)=\cos(z)$ 给出，条件分布的标准差由 $\sigma=0.3$ 给出［经 Prince（2020）授权使用］

16.4.2 似然函数

我们已经看到从这个非线性潜变量模型中抽取样本是很容易的。假设我们希望通过最大化似然函数来拟合观测到的数据集。可以通过对 z 进行积分并使用概率的加和法则和乘积法则来得到似然值：

$$\begin{aligned} p(\boldsymbol{x}|\boldsymbol{w}) &= \int p(\boldsymbol{x}|\boldsymbol{z},\boldsymbol{w})p(\boldsymbol{z})\mathrm{d}\boldsymbol{z} \\ &= \int \mathcal{N}\left(\boldsymbol{x}|\boldsymbol{g}(\boldsymbol{z},\boldsymbol{w}),\sigma^2\boldsymbol{I}\right)\mathcal{N}(\boldsymbol{z}|\boldsymbol{0},\boldsymbol{I})\mathrm{d}\boldsymbol{z} \end{aligned} \tag{16.82}$$

尽管积分内部的两个分布都是高斯分布，但由神经网络定义的高度非线性函数 $\boldsymbol{g}(\boldsymbol{z},\boldsymbol{w})$ 却使得积分在解析上是不可处理的。一种计算似然函数的方法是从潜空间分布中抽取样本，并用这些样本来近似式（16.82），从而得到

$$p(\boldsymbol{x}|\boldsymbol{w}) \approx \frac{1}{K}\sum_{i=1}^{K} p\left(\boldsymbol{x}|\boldsymbol{z}_i,\boldsymbol{w}\right) \tag{16.83}$$

其中 $\boldsymbol{z}_i \sim p(\boldsymbol{z})$。这将 $\boldsymbol{z}$ 的分布表示为具有固定混合系数 $1/K$ 的高斯混合分布，当样本数量趋于无穷时，该方法给出了真实的似然函数。然而，实际训练中所需的 K 值通常会大得不切实际。为什么会这样？请考虑图 16.14 所示的三个手写数字图像，并假设图 16.14(a) 代表我们希望计算似然函数的向量 $\boldsymbol{x}$。如果一个训练好的模型生成了图 16.14(b)，我们会认为这是一个比较差的模型，因为这个图像并不是数字“2”的一个很好的表示，所以应该被赋予一个更低的似然值。相反，图 16.14(c) 是通过将图 16.14(a) 中的数字向下和向右移动 0.5 个像素获得的，是数字“2”的一个很好的表示，因此应该被赋予一个更高的似然值。由于是高斯分布，似然函数与网络输出和数据向量 $\boldsymbol{x}$ 之间负平方距离的指数成正比。如果方差参数 σ^2 设置得足够小，使得图 16.14(b) 具有低似然值，那么图 16.14(c) 就会有更低的似然值。即使模型在生成数字方面做得很好，我们也必须抽取极大量的 $\boldsymbol{z}$ 样本，才能找到一个足够接近图 16.14(a) 的数字图像。因此，我们需要寻求更精细的技术来训练非线性潜变量模型，这些技术可以服务于实际应用。在概述这些技术之前，我们先简要讨论一些关于离散数据空间的考虑。

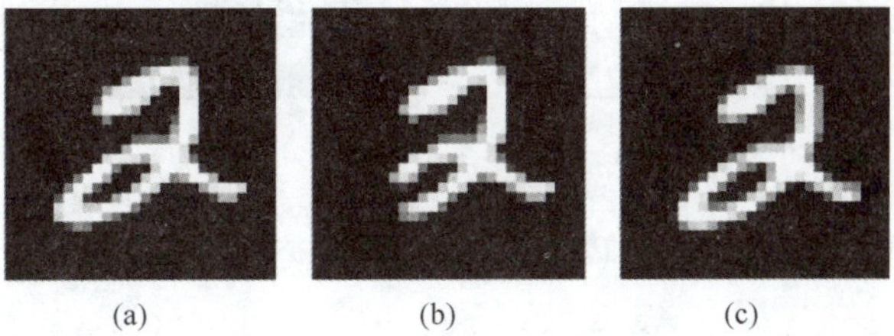

图 16.14 三个手写数字图像，旨在说明为什么从潜空间采样以计算似然函数需要大量的样本。(a) 原始图像；(b) 损坏的图像，其中部分笔画被移除；(c) 将原始图像向下和向右各移动 0.5 个像素的结果。尽管图 (c) 在外观上更接近图 (a)，但图 (b) 在似然性方面更接近图 (a) [经 Doersch（2016）授权使用]

16.4.3 离散数据

如果观测到的数据集包含独立的二进制变量，则可以使用以下形式的条件分布：

$$p(\boldsymbol{x} \mid \boldsymbol{z}, \boldsymbol{w}) = \prod_{i=1}^{D} g_i(\boldsymbol{z}, \boldsymbol{w})^{x_i} \left(1 - g_i(\boldsymbol{z}, \boldsymbol{w})\right)^{1-x_i} \tag{16.84}$$

其中 $g_i(\boldsymbol{z},\boldsymbol{w}) = \sigma(a_i(\boldsymbol{z},\boldsymbol{w}))$ 是输出单元 i 的激活值，激活函数 $\sigma(\cdot)$ 由逻辑斯谛 sigmoid 函数给出，$a_i(\boldsymbol{z},\boldsymbol{w})$ 是输出单元 i 的预激活值。类似地，对于独热编码（one-hot encoded）的分类变量，可以使用多项式分布：

$$p(\boldsymbol{x} \mid \boldsymbol{z}, \boldsymbol{w}) = \prod_{i=1}^{D} g_i(\boldsymbol{z}, \boldsymbol{w})^{x_i} \tag{16.85}$$

其中，softmax 激活函数为

$$g_i(\boldsymbol{z}, \boldsymbol{w}) = \frac{\exp\left(a_i(\boldsymbol{z}, \boldsymbol{w})\right)}{\sum_j \exp\left(a_j(\boldsymbol{z}, \boldsymbol{w})\right)} \tag{16.86}$$

我们还可以通过构造相关条件分布的乘积来考虑离散变量和连续变量的组合。

在实际应用中，连续变量通常以离散值表示，例如在图像中，红色、绿色和蓝色通道的强度可能取自 8 位二进制数字所能表示的数值集 $\{0, \cdots, 255\}$。当我们采用基于深度神经网络的高度灵活模型时，这可能会导致一个问题：如果密度坍塌到一个或多个离散值上，似然函数就有可能变为零，导致异常解。这个问题可以通过使用一种称为去量化（dequantization）的技术来解决，该技术涉及向变量添加噪声，这些噪声在连续离散值之间的区域内通常是均匀分布的，如图 16.15 所示。训练集的去量化就是用随机抽取的样本替换每个观测值，这些样本来自与特定离散值相关联的连续分布。采用这种方法，模型找到异常解的可能性就会降低。

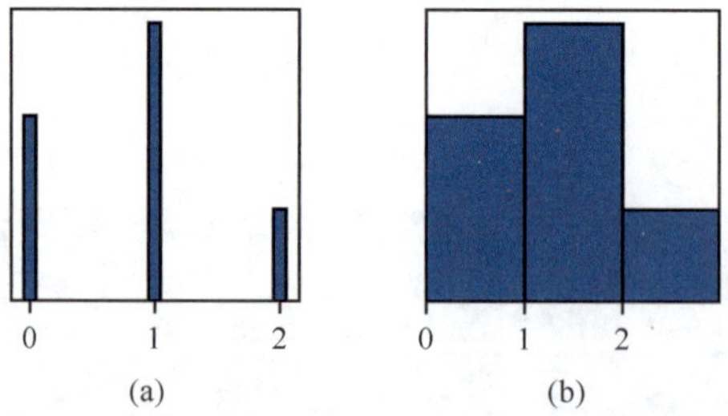

图 16.15 去量化的示意图。(a) 单个变量上的离散分布；(b) 相关的去量化连续分布

16.4.4 构建生成式模型的4种方法

我们已经看到，基于深度神经网络的非线性潜变量模型提供了一个高度灵活的框架来构建生成式模型。由于神经网络变换的普适性，这些模型原则上能够以高精度近

似任何期望的分布。此外，一旦训练好，这些模型还可以使用一种高效、非迭代的过程从分布中生成样本。然而，我们也面临着一些与训练此类模型相关的挑战，迫切需要找到比线性模型更复杂的方法。业内已经提出了不少方法，每种方法都有自身的优势和局限性，它们大致可以分为以下 4 种。

（1）基于生成对抗网络（Generative Adversarial Network，GAN）（见第 17 章）放宽“网络映射必须是可逆的”这一要求，允许潜空间的维度低于数据空间的维度。这里也放弃了似然函数的概念，引入了第二个神经网络，其功能是为生成网络提供训练信号。由于缺乏明确定义的似然函数，训练过程可能不稳定，但一旦训练完成，就很容易从模型中生成样本，并且所得结果的质量也高。

（2）变分自编码器（Variational AutoEncoder, VAE）（见第 19 章）也使用了第二个神经网络，其作用是近似潜变量的后验分布，从而允许计算似然函数的近似值。与 GAN 相比，其能使训练更为稳健，而且能直接从训练好的模型中采样，但是要获得高质量的结果可能更困难。

（3）在标准化流（normalizing flow）（见第 18 章）中，将潜空间的维度设置为等于数据空间的维度，然后修改神经网络，使其变得可逆。“网络必须是可逆的”这一要求限制了其函数形式，但也使得无须近似就能计算似然函数，而且能进行高效采样。

（4）扩散模型（diffusion model）（见第 20 章）使用一个网络学习如何通过一系列去噪步骤将先验分布的样本转换为数据分布的样本。这在许多应用中带来了先进的性能，缺点是由于多次经历网络的去噪过程，采样成本可能较高。

习题

16.1 （⋆⋆）使用归纳法证明，将数据投影到 M 维子空间以最大化投影数据的方差所定义的线性投影是由数据协方差矩阵 $\boldsymbol{S}$ ［由式（16.3）给出］的 M 个特征向量定义的，对应于 M 个最大特征值。在 16.1 节中，这个结果已经在 $M=1$ 的情况下得到证明。假设该结果对某个一般的 M 值成立，证明它因此对 $M+1$ 也成立。为此，首先将投影数据的方差关于定义新方向的向量 $\boldsymbol{u}_M+1$ 的导数设置为零。这应该在满足约束条件的情况下完成，即 $\boldsymbol{u}_M+1$ 与现有向量 $\boldsymbol{u}_1,\cdots,\boldsymbol{u}_M$ 正交，并且已归一化至单位长度。使用拉格朗日乘子保证这些约束，然后利用向量 $\boldsymbol{u}_1,\cdots,\boldsymbol{u}_M$ 的正交性质证明新向量 $\boldsymbol{u}_M+1$ 是 $\boldsymbol{S}$ 的一个特征向量。最后证明如果选择与第 $M+1$ 个特征值相对应的特征向量（特征值按降序排列），则方差达到最大。

16.2 （⋆⋆）证明在满足正交性质［式（16.7）］的情况下，PCA 误差度量 J ［由式（16.15）给出］的最小值是在 $\boldsymbol{u}_i$ 为数据协方差矩阵 $\boldsymbol{S}$ 的特征向量时获得的。为此，引入一个拉格朗日乘子矩阵 $\boldsymbol{H}$ ，每个约束对应一个拉格朗日乘子，因此修改后的误差度量 $\tilde{J}$ 用矩阵表示为

$$\tilde{J}=\operatorname{tr}\left[\widehat{\boldsymbol{U}}^{\mathrm{T}}\boldsymbol{S}\widehat{\boldsymbol{U}}\right]+\operatorname{tr}\left[\boldsymbol{H}(\boldsymbol{I}-\widehat{\boldsymbol{U}}^{\mathrm{T}}\widehat{\boldsymbol{U}})\right] \tag{16.87}$$

其中$\widehat{\boldsymbol{U}}$是一个$D\times(D-M)$大小的矩阵，其列由$\boldsymbol{u}_i$给出。对$\widehat{\boldsymbol{U}}$求$\widetilde{J}$的最小值并证明解满足$\boldsymbol{S}\widehat{\boldsymbol{U}}=\widehat{\boldsymbol{U}}\boldsymbol{H}$。

显然，一个可能的解是，$\widehat{\boldsymbol{U}}$的列是$\boldsymbol{S}$的特征向量。在这种情况下，$\boldsymbol{H}$是一个包含对应特征值的对角矩阵。假设$\boldsymbol{H}$是一个对称矩阵，并且通过使用特征向量将其展开，证明$\boldsymbol{S}\widehat{\boldsymbol{U}}=\widehat{\boldsymbol{U}}\boldsymbol{H}$的通用解（对于给出的$\widetilde{J}$值）与$\widehat{\boldsymbol{U}}$的列是$\boldsymbol{S}$的特征向量时的具体解相同。因为这些解都是等效的，所以选择特征向量解是很方便的。

16.3 (⋆) 假设式(16.30)定义的特征向量$\boldsymbol{v}_i$具有单位长度，验证这些特征向量已归一化至单位长度。

16.4 (⋆) 假设在概率 PCA 模型中将零均值、单位协方差的潜空间分布［式(16.31)］替换为一般形式的高斯分布$\mathcal{N}(\boldsymbol{z}|\boldsymbol{m},\boldsymbol{\Sigma})$。通过重新定义模型的参数，证明这种替换会使得任意有效的$\boldsymbol{m}$和$\boldsymbol{\Sigma}$都无法改变观测变量边缘分布$p(\boldsymbol{x})$的形式。

16.5 (⋆⋆) 假设$\boldsymbol{x}$是一个D维的随机变量，具有高斯分布$\mathcal{N}(\boldsymbol{x}|\boldsymbol{\mu},\boldsymbol{\Sigma})$，并考虑由$\boldsymbol{y}=\boldsymbol{A}\boldsymbol{x}+\boldsymbol{b}$给出的另一个$M$维随机变量，其中$\boldsymbol{A}$是一个$M\times D$大小的矩阵。证明$\boldsymbol{y}$也具有高斯分布，并找出其均值和协方差。讨论此高斯分布在$M<D$、$M=D$和$M>D$情况下的形式。

16.6 (⋆⋆) 利用式(2.122)和式(2.123)给出的一般分布的均值和协方差，推导概率 PCA 模型中边缘分布$p(\boldsymbol{x})$的结果［式(16.35)］。

16.7 (⋆) 绘制 16.2 节描述的概率 PCA 模型的有向图，并观测变量$\boldsymbol{x}$的各个组成部分明确显示为单独的节点。验证概率 PCA 模型具有与 11.2.3 小节讨论的朴素贝叶斯模型相同的独立结构。

16.8 (⋆⋆) 利用式(3.100)，证明概率 PCA 模型的后验分布$p(\boldsymbol{z}|\boldsymbol{x})$可以由式(16.43)给出。

16.9 (⋆) 验证对概率 PCA 模型的对数似然函数［式(16.44)］关于参数$\boldsymbol{\mu}$进行最大化会得到结果$\boldsymbol{\mu}_{ML}=\overline{\boldsymbol{x}}$，其中$\overline{\boldsymbol{x}}$是数据向量的均值。

16.10 (⋆⋆) 通过计算对数似然函数［式(16.44)］对参数$\boldsymbol{\mu}$的二阶导数，证明驻点$\boldsymbol{\mu}_{ML}=\overline{\boldsymbol{x}}$代表唯一的最大值。

16.11 (⋆⋆) 证明当$\sigma^2\to 0$时，概率 PCA 模型的后验均值相当于对主子空间的正交投影，这与传统 PCA 模型的结果一致。

16.12 (⋆⋆) 对于$\sigma^2>0$，证明概率 PCA 模型中的后验均值会相对于正交投影向原点移动。

16.13 (⋆⋆) 证明在概率 PCA 下，根据传统 PCA 的最小二乘投影成本，数据点的最优重建由下式给出：

$$\tilde{\boldsymbol{x}}=\boldsymbol{W}_{\mathrm{ML}}\left(\boldsymbol{W}_{\mathrm{ML}}^{\mathrm{T}}\boldsymbol{W}_{\mathrm{ML}}\right)^{-1}\boldsymbol{M}\mathbb{E}[\boldsymbol{z}|\boldsymbol{x}] \tag{16.88}$$

16.14 （⋆）概率 PCA 模型中协方差矩阵的独立参数数量由式（16.52）给出。证明对于 $M=D-1$，独立参数的数量与一般高斯分布中的相同；而对于 $M=0$，独立参数的数量与各向同性协方差高斯分布相同。

16.15 （⋆）推导出 16.2.4 小节描述的因子分析模型中独立参数数量的计算表达式。

16.16 （⋆⋆）证明 16.2.4 小节描述的因子分析模型不随潜空间坐标旋转而变化。

16.17 （⋆⋆）考虑一个线性－高斯潜变量模型，它具有潜空间分布 $p(\boldsymbol{z})=\mathcal{N}(\boldsymbol{x}|\boldsymbol{0},\boldsymbol{I})$ 和观测变量的条件分布 $p(\boldsymbol{x}|\boldsymbol{z})=\mathcal{N}(\boldsymbol{x}|\boldsymbol{W}\boldsymbol{z}+\boldsymbol{\mu},\boldsymbol{\Phi})$，其中 $\boldsymbol{\Phi}$ 是任意对称且正定的噪声协方差矩阵。对数据变量进行非奇异线性变换 $\boldsymbol{x}\to\boldsymbol{A}\boldsymbol{x}$，其中 $\boldsymbol{A}$ 是一个 $D\times D$ 矩阵。如果 $\boldsymbol{\mu}_{\mathrm{ML}}$，$\boldsymbol{W}_{\mathrm{ML}}$ 和 $\boldsymbol{\Phi}_{\mathrm{ML}}$ 代表原始未变换数据所对应的最大似然解，证明 $\boldsymbol{A}\boldsymbol{\mu}_{\mathrm{ML}}$、$\boldsymbol{A}\boldsymbol{W}_{\mathrm{ML}}$ 和 $\boldsymbol{A}\boldsymbol{\Phi}_{\mathrm{ML}}\boldsymbol{A}^{\mathrm{T}}$ 代表变换后数据所对应的最大似然解。最后证明在以下两种情况下模型的形式得以保留：（i）$\boldsymbol{A}$ 是对角矩阵且 $\boldsymbol{\Phi}$ 也是对角矩阵，这对应于因子分析。变换后的 $\boldsymbol{\Phi}$ 仍然是对角矩阵，因此因子分析在各成分矩阵的变换下具有协变性。（ii）$\boldsymbol{A}$ 是正交矩阵且 $\boldsymbol{\Phi}$ 与单位矩阵成比例，$\boldsymbol{\Phi}=\sigma^2\boldsymbol{I}$，这对应于概率 PCA。变换后的 $\boldsymbol{\Phi}$ 仍与单位矩阵成比例，因此概率 PCA 在数据空间的轴旋转下具有协变性，就像传统 PCA 一样。

16.18 （⋆）验证连续潜变量模型对数似然函数可以写成两项之和［式（16.57）］，这两项分别由式（16.58）和式（16.59）定义。这可以通过使用概率的乘积法则来完成，公式如下：

$$p(\boldsymbol{x},\boldsymbol{z}|\boldsymbol{w})=p(\boldsymbol{z}|\boldsymbol{x},\boldsymbol{w})p(\boldsymbol{x}|\boldsymbol{w}) \tag{16.89}$$

然后将 $p(\boldsymbol{x},\boldsymbol{z}|\boldsymbol{w})$ 代入式（16.58）即可。

16.19 （⋆）证明对于一组独立同分布数据，证据下界（ELBO）可以采用式（16.63）的形式。

16.20 （⋆⋆）绘制一个有向图，以表示概率 PCA 模型的离散混合模型，其中的每个概率 PCA 模型都有自己的 $\boldsymbol{W}$、$\boldsymbol{\mu}$ 和 σ^2 值。然后绘制一个修改后的有向图，这些参数值在该有向图所代表的混合模型的各部分之间是共享的。

16.21 （⋆⋆）通过最大化式（16.65）给出的完整数据对数似然函数的期望来推导概率 PCA 模型的 M 步骤方程［式（16.68）］和［式（16.69）］。

16.22 （⋆⋆⋆）概率 PCA 的一个优点是，它可以应用于某些值缺失的数据集，前提是这些值是随机缺失的。在这种情况下，推导出最大化概率 PCA 模型似然函数的 EM 算法。注意，$\{\boldsymbol{z}_n\}$ 和向量 $\{\boldsymbol{x}_n\}$ 的缺失数据值现在都是潜变量。证明在所有数据值都观测到的特殊情况下，这可以简化为推导概率 PCA 的 EM 算法（见 16.3.2 小节）。

16.23 （⋆⋆）设 $\boldsymbol{W}$ 是一个 $D\times M$ 矩阵，其列定义了嵌入 D 维数据空间的 M 维线性子空间，并且 $\boldsymbol{\mu}$ 是一个 D 维向量。给定一个数据集 $\{\boldsymbol{x}_n\}$，其中 $n=1,\cdots,N$，我们可以使用一组 M 维向量 $\{\boldsymbol{z}_n\}$ 的线性映射来近似数据点，使得 $\boldsymbol{x}_n$ 能被 $\boldsymbol{W}\boldsymbol{z}_n+\boldsymbol{\mu}$ 近

似。相关的平方和重建成本由下式给出：

$$J=\sum_{n=1}^{N}\left\|\boldsymbol{x}_n-\boldsymbol{\mu}-\boldsymbol{W}\boldsymbol{z}_n\right\|^2 \tag{16.90}$$

首先证明关于 $\boldsymbol{\mu}$ 最小化 J 会得到一个相似的表达式，其中 $\boldsymbol{x}_n$ 和 $\boldsymbol{z}_n$ 分别替换为零均值变量 $\boldsymbol{x}_n-\overline{\boldsymbol{x}}$ 和 $\boldsymbol{Z}_n-\overline{\boldsymbol{Z}}$，其中 $\boldsymbol{x}$ 和 $\boldsymbol{z}$ 表示样本均值。然后证明在 $\boldsymbol{W}$ 保持固定的情况下关于 $\boldsymbol{z}_n$ 最小化 J 会产生 PCA EM 算法的 E 步骤［式（16.70）］，并且在 $\{\boldsymbol{z}_n\}$ 保持固定的情况下关于 $\boldsymbol{W}$ 最小化 J 会产生 PCA EM 算法的 M 步骤［式（16.71）］。

16.24 （⋆⋆）推导因子分析 EM 算法的 E 步骤方程［式（16.72）和式（16.73）］。注意，从习题 16.26 的结果可知，参数 $\boldsymbol{\mu}$ 可以用样本均值 $\boldsymbol{x}$ 替换。

16.25 （⋆⋆）给出因子分析模型的完整数据对数似然函数的期望的表达式，从而推导出相应的 M 步骤方程［式（16.75）和式（16.76）］。

16.26 （⋆⋆）通过考虑二阶导数，证明 16.2.4 小节讨论的因子分析模型的对数似然函数相对于参数 $\boldsymbol{\mu}$ 的唯一驻点是由式（16.1）定义的样本均值给出的。此外，证明这个驻点是一个最大值。

第 17 章

生成对抗网络

生成式模型使用机器学习算法从一组训练数据中学习潜在的数据分布，然后根据该分布生成新的样本。例如，一个生成式模型可以基于动物图像进行训练，随后用于生成新的动物图像。我们可以将这种生成式模型理解为一个条件分布 $p(\boldsymbol{x}|\boldsymbol{w})$，这里 $\boldsymbol{x}$ 是数据空间中的向量，而 $\boldsymbol{w}$ 代表模型的可学习参数。在很多情况下，我们更倾向于使用形式为 $p(\boldsymbol{x}|\boldsymbol{c},\boldsymbol{w})$ 的条件生成式模型，其中 $\boldsymbol{c}$ 代表条件变量的向量。以动物图像生成模型为例，我们希望生成的图像应该是特定动物的，比如猫或狗，而这是由 $\boldsymbol{c}$ 的值指定的。

对于像图像生成这样的实际应用而言，其分布极其复杂，深度学习能显著提高生成式模型的性能。在讨论基于 Transformer 的自回归大语言模型时，我们已经了解了一些重要的深度生成式模型。我们还概述了 4 种基于非线性潜变量模型的生成式模型（参见第 12 章和 16.4.4 小节），本章将讨论其中的第一种——生成对抗网络（Generative Adversarial Network，GAN），其他三种将在后续各章中讨论。

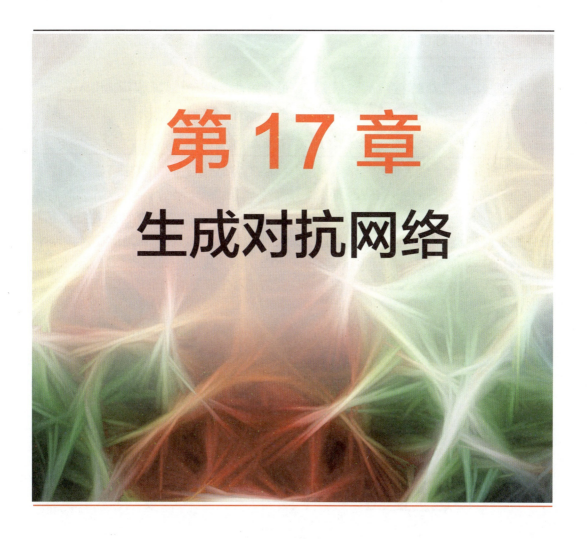

17.1 对抗训练

考虑一个基于从潜空间 $\boldsymbol{z}$ 到数据空间 $\boldsymbol{x}$ 的非线性变换的生成式模型。引入一个潜空间分布 $p(\boldsymbol{z})$，它可能是一个简单的高斯分布：

$$p(\boldsymbol{z})=\mathcal{N}(\boldsymbol{z}\mid\mathbf{0},\boldsymbol{I}) \tag{17.1}$$

同时定义一个由深度神经网络实现的非线性变换 $\boldsymbol{x}=\boldsymbol{g}(\boldsymbol{z},\boldsymbol{w})$，其中可学习参数 $\boldsymbol{w}$ 对应的网络称为生成器（generator）网络。它们共同隐式地定义了 $\boldsymbol{x}$ 上的分布，我们的目标是将这个分布拟合到一组训练样本 $\{\boldsymbol{x}_n\}$ 上，其中 $n=1,\cdots,N$。然而，我们并不能通过优化似然函数来确定 $\boldsymbol{w}$，因为这通常无法以封闭形式来计算。生成对抗网络（Goodfellow et al., 2014; Ruthotto and Haber, 2021）的关键思想是引入判别器（critic）网络，判别器网络与生成器网络一起训练，并为更新生成器的权重提供训练信号，如图 17.1 所示。

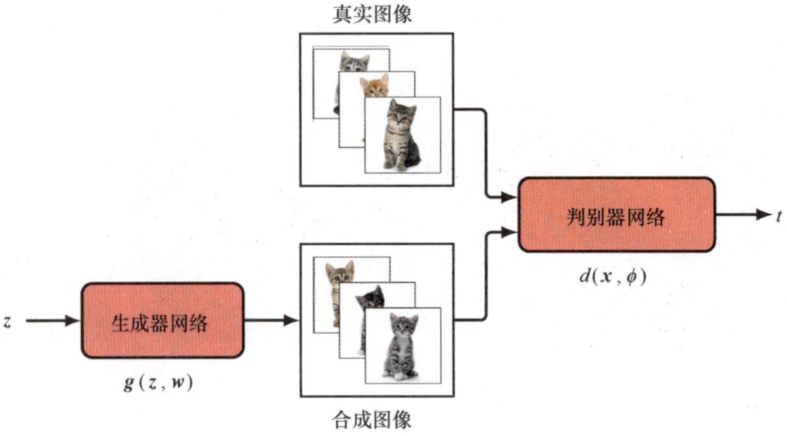

图 17.1 生成对抗网络的示意图。在这样的网络中，训练判别器网络 $d(\boldsymbol{x},\phi)$ 以区分来自训练集的真实样本（小猫的图像）和由生成器网络 $\boldsymbol{g}(\boldsymbol{z},\boldsymbol{w})$ 产生的合成样本。生成器网络的目标是通过产生逼真的图像来让判别器网络产生更多的误判，而判别器网络的目的是通过更好地区分真实样本和合成样本来减少误判

判别器网络的目标是区分来自数据集的真实样本和由生成器网络的合成（或“假”）样本，它通过最小化传统的分类误差函数来进行训练。相反，生成器网络的目标是通过生成与训练集同分布的样本来最大化这个误差。因此，生成器网络和判别器网络互相对抗，“生成对抗网络”由此得名。这是一种零和博弈（zero-sum game），在这场零和博弈中，任何一个网络的收益都代表另一个网络的损失。生成对抗网络通过允许判别器网络提供一个训练信号来训练生成器网络，从而将无监督的密度建模问题转换成了一种监督学习的形式。

17.1.1 损失函数

为了明确这一点，我们定义一个二元目标变量 t：

$$t=1\text{，代表真实数据} \tag{17.2}$$

$$t=0\text{，代表合成数据} \tag{17.3}$$

判别器网络拥有单个输出单元，带有 sigmoid 激活函数，其输出表示数据向量 $\boldsymbol{x}$ 为真实数据的概率：

$$P(t=1)=d(\boldsymbol{x},\phi) \tag{17.4}$$

我们可以使用如下标准的交叉熵损失函数来训练判别器网络：

$$E(\boldsymbol{w},\phi)=-\frac{1}{N}\sum_{n=1}^{N}\left\{t_n\ln d_n+(1-t_n)\ln(1-d_n)\right\} \tag{17.5}$$

其中 $d_n=d(\boldsymbol{x}_n,\phi)$ 是判别器网络的输出，我们已经通过数据点的总数对它进行了归一化（参见 1.2.4 小节）。训练集包括标记为 $\boldsymbol{x}_n$ 的真实样本和由生成器网络 $\boldsymbol{g}(\boldsymbol{z}_n,\boldsymbol{w})$ 输出的合成样本，其中 $\boldsymbol{z}_n$ 是从潜空间分布 $p(\boldsymbol{z})$ 中采样的随机样本。对于真实样本，$t_n=1$；对于合成样本，$t_n=0$。我们可以将损失函数［式（17.5）］写成以下形式：

$$\begin{aligned}E_{\text{GAN}}(\boldsymbol{w},\phi)=&-\frac{1}{N_{\text{real}}}\sum_{n\in\text{real}}\ln d(\boldsymbol{x}_n,\phi)-\\&\frac{1}{N_{\text{synth}}}\sum_{n\in\text{synth}}\ln\left(1-d\left(\boldsymbol{g}(\boldsymbol{z}_n,\boldsymbol{w}),\phi\right)\right)\end{aligned} \tag{17.6}$$

通常情况下，真实数据点的数量 N_{real} 等于合成数据点的数量 N_{synth}。这种生成器网络和判别器网络的组合可以使用随机梯度下降进行端到端的训练（参见第 7 章），并通过反向传播来计算梯度。然而，这种训练方式的独特之处在于其对抗性，即误差相对于 ϕ 最小化，而相对于 $\boldsymbol{w}$ 最大化。

这种最大化可以通过标准的基于梯度的方法来完成，通过反转梯度的符号，参数更新为

$$\Delta\phi=-\lambda\nabla_{\phi}E_n(\boldsymbol{w},\phi) \tag{17.7}$$

$$\Delta\boldsymbol{w}=\lambda\nabla_{\boldsymbol{w}}E_n(\boldsymbol{w},\phi) \tag{17.8}$$

其中 $E_n(\boldsymbol{w},\phi)$ 表示为数据点 n 定义的误差，或者更一般地说，是为小批量数据点定义的误差。注意式（17.7）和式（17.8）右侧的符号不同，因为判别器网络的训练目标是降低错误率，而生成器网络的训练目标是提高错误率。实际上，训练交替地在更新生成器网络的参数和更新判别器网络的参数之间进行，每次只使用一个小批量数据，

并采取一个梯度下降步骤，之后生成一组新的合成样本。如果生成器网络成功找到完美解决方案，则判别器网络将无法区分真实数据和合成数据，因此其输出始终为 0.5。一旦 GAN 训练完毕，判别器网络就会被舍弃，生成器网络则用来从潜空间中采样并将这些样本经训练好的生成器网络加以传播，从而在数据空间中合成新的样本。我们可以证明，对于具有无限灵活性的生成器网络和判别器网络，完全优化的 GAN 将具有与数据分布完全匹配的生成分布（见习题 17.1）。图 1.3 展示了一些由 GAN 生成的优秀的人脸图像。

到目前为止我们所讨论的 GAN 都是从无条件分布 $p(\boldsymbol{x})$ 中生成样本的。例如，如果我们用狗的图像对 GAN 进行训练，它就会生成合成的狗的图像。我们也可以创建条件 GAN（Mirza and Osindero, 2014），它从条件分布 $p(\boldsymbol{x}|\boldsymbol{c})$ 中采样，其中条件向量 $\boldsymbol{c}$ 可能代表不同品种的狗。为此，生成器网络和判别器网络会将 $\boldsymbol{c}$ 作为额外输入，并使用标有标签的图像实例 $\{\boldsymbol{x}_n, \boldsymbol{c}_n\}$ 对 GAN 进行训练。一旦 GAN 训练好了，我们就可以通过将 $\boldsymbol{c}$ 设置为相应的类向量来生成所需类别的图像。与为每个类别训练单独的 GAN 相比，这样做有一个优势，就是可以跨所有类别学习共享的内部表示，从而更有效地利用数据。

17.1.2 实战中的GAN 训练

尽管 GAN 可以产生高质量的结果，但由于对抗学习的特点，其并不容易训练成功（见习题 17.2）。此外，与标准的损失函数最小化不同，由于目标函数的值在训练过程中可能上升也可能下降，因此并没有一个明确的进展指标。

GAN 在训练过程中可能出现模式崩溃（mode collapse）的问题，即在训练过程中，生成器网络的权重发生了适应性调整，导致所有潜变量样本 $\boldsymbol{z}$ 都被映射到有效输出的一个子集上。在极端情况下，输出可能只对应一个或少数几个输出值 $\boldsymbol{x}$。判别器网络随后将这些实例的值设置为 0.5 并停止训练。例如，一个生成手写数字训练的 GAN 可能学会只生成数字“3”的实例，而判别器网络无法将这些实例与真正的数字“3”的实例区分开来，它没能认识到生成器网络并没有生成所有可能的数字。

通过图 17.2，我们可以更深入地理解训练 GAN 的困难。该图显示了一个简单的一维数据空间 x，其中样本 $\{x_n\}$ 来自固定但未知的数据分布 $p_{\text{Data}}(x)$。该图还显示了初始生成分布 $p_{\text{G}}(x)$ 以及从该分布中抽取的样本。因为数据分布和生成分布之间差异显著，最优的判别器函数 $d(x)$ 很容易学习，其函数值下降态势急剧，在真实样本或合成样本的邻近区域梯度几乎为零。考虑 GAN 损失函数［式（17.6）］中的第二项，由于在生成样本跨越的区域内 $d(\boldsymbol{g}(\boldsymbol{z},\boldsymbol{w}),\phi)$ 值等于零，生成器网络参数 $\boldsymbol{w}$ 的微小变化在判别器网络的输出上将产生很小的变化，因此梯度较小，导致学习进程缓慢。

这个问题可以通过使用判别器函数的平滑版本 $\widetilde{d}(x)$ 来解决（见图 17.2），从而为生成器网络提供更强的梯度以驱动训练。最小二乘 GAN（least-squares, GAN）（Mao et al., 2016）通过修改判别器网络输出一个实值而不是取值范围为 0~1 的概率，并用平方和损失函数替换交叉熵损失函数来实现平滑。另一种称为实例噪声（instance noise）（Sønderby et al., 2016）的方法则向真实样本和合成样本中添加高斯噪声，这同样能使判别器函数更加平滑。

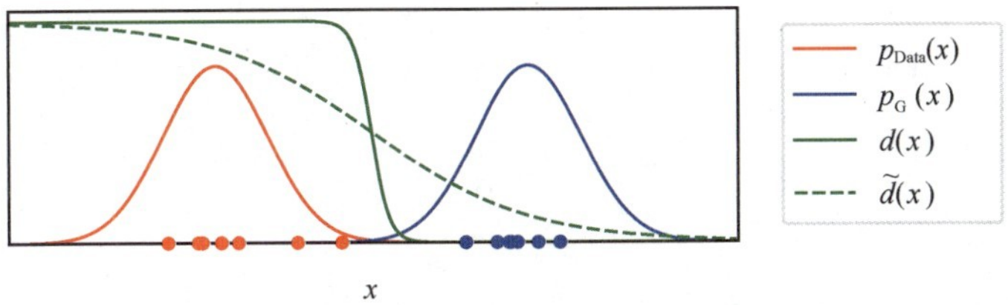

图 17.2 为了从概念上说明为什么训练 GAN 可能会有难度，这里展示了一个简单的一维数据空间 x，其中有固定但未知的数据分布 $p_{\text{Data}}(x)$ 和初始生成分布 $p_{\text{G}}(x)$。最优的判别函数 $d(x)$ 在训练或合成数据点附近几乎没有梯度，使学习变得非常缓慢。判别函数的平滑版本 $\widetilde{d}(x)$ 可以使学习变得更快

为了改进 GAN 的训练，研究者们提出了许多对损失函数和训练过程的修改方案（Mescheder, Geiger, and Nowozin, 2018）。其中常见的一个建议是将原始损失函数中的生成器网络

$$-\frac{1}{N_{\text{synth}}}\sum_{n\in\text{synth}}\ln\left(1-d\left(\boldsymbol{g}\left(\boldsymbol{z}_n,\boldsymbol{w}\right),\phi\right)\right) \tag{17.9}$$

替换为

$$\frac{1}{N_{\text{synth}}}\sum_{n\in\text{synth}}\ln d\left(\boldsymbol{g}\left(\boldsymbol{z}_n,\boldsymbol{w}\right),\phi\right) \tag{17.10}$$

式（17.9）所示的第一种形式最小化了图像为假的概率，式（17.10）所示的第二种形式则最大化了图像为真的概率。这两种形式的不同属性可以通过图 17.3 来加以理解。当生成分布 $p_{\text{G}}(x)$ 与数据分布 $p_{\text{Data}}(x)$ 完全不同时，$d(\boldsymbol{g}(\boldsymbol{z},\boldsymbol{w}))$ 接近于零，因此第一种形式具有非常小的梯度，而第二种形式具有较大的梯度，从而能加快训练速度。

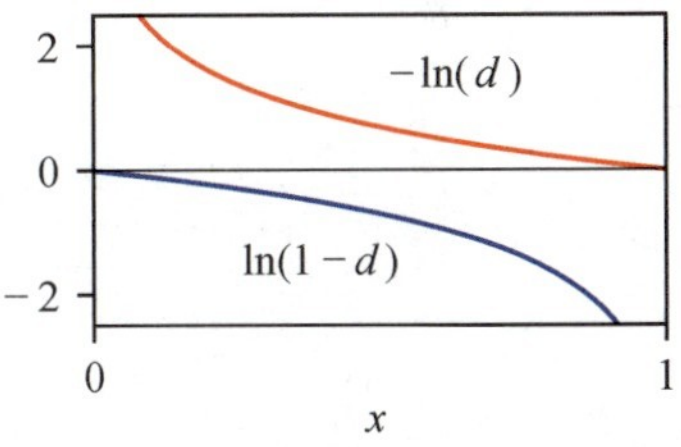

图 17.3 $-\ln(d)$ 和 $\ln(1-d)$ 的图像表明，在 $d=0$ 和 $d=1$ 附近，梯度的表现存在非常大的差异

为确保生成分布 $p_{\text{G}}(x)$ 向数据分布 $p_{\text{Data}}(x)$ 靠拢，更直接的方法是修改误差标准，以反映这两个分布在数据空间中的距离。这可以使用 Wasserstein 距离（也称推土机距离）来衡量。设想生成分布 $p_{\text{G}}(x)$ 是一堆土，我们需要分批运输这堆土以构建数据分布 $p_{\text{Data}}(x)$。Wasserstein 距离就是移动的土壤总量和平均移动距离的积。在重排这堆土以构建 $p_{\text{Data}}(x)$ 的许多方式中，能产生最小平均移动距离的方式被用于定义度量。在实践中，这并不能直接实现，需要通过使用一个具有实值输出的判别器网络来近似，然后通过权重裁剪限制判别器函数关于 $\boldsymbol{x}$ 的梯度

$\nabla_x d(\boldsymbol{x},\phi)$，从而产生了 Wasserstein GAN（Arjovsky, Chintala, and Bottou, 2017）。

另一种改进的方法是对梯度引入惩罚，从而产生了梯度惩罚 Wasserstein GAN（Gulrajani et al., 2017），其损失函数由下式给出：

$$E_{\mathrm{WGAN-GP}}(\boldsymbol{w},\phi) = -\frac{1}{N_{\mathrm{real}}}\sum_{n\in\mathrm{real}}\left[\ln d(\boldsymbol{x}_n,\phi) - \eta\left(\left\|\nabla_{\boldsymbol{x}_n} d(\boldsymbol{x}_n,\phi)\right\|^2 - 1\right)^2\right] + \frac{1}{N_{\mathrm{synth}}}\sum_{n\in\mathrm{synth}}\ln d(\boldsymbol{g}(\boldsymbol{z}_n,\boldsymbol{w},\phi)) \tag{17.11}$$

其中的 η 控制了惩罚项的相对重要性。

17.2 图像的生成对抗网络

GAN 的基本概念催生了大量的研究工作，涵盖了许多算法和众多应用，其中应用广泛且成功的是图像生成。早期的 GAN 使用全连接网络作为生成器网络和判别器网络（参见第 10 章）。然而，使用卷积网络有许多好处，尤其是对于更高分辨率的图像而言。判别器网络将图像作为输入，并提供一个标量概率作为输出，因此使用标准的卷积网络非常合适（参见 10.5.3 小节）。生成器网络需要将低维潜空间映射成高分辨率图像，因此使用了基于转置卷积的网络，如图 17.4 所示。

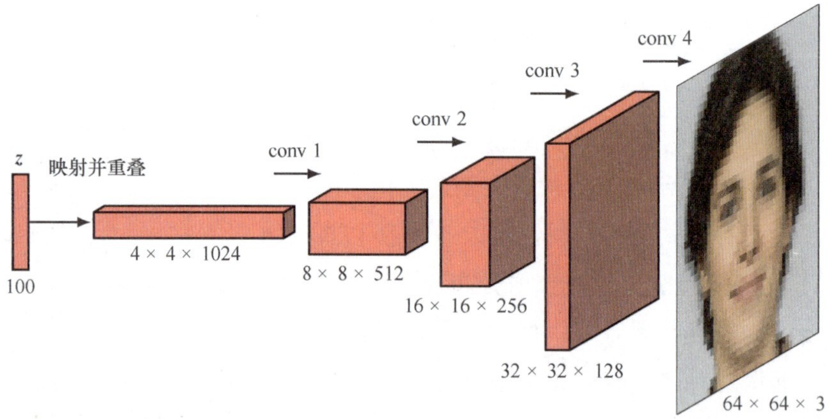

图 17.4 深度卷积 GAN 的示例架构，这里展示了如何在网络的连续模块中使用转置卷积来扩展维度

从低分辨率开始，随着训练的进行，逐步添加新的卷积层，就能模拟越来越精细的细节（Karras et al., 2017）。这种方法不仅加速了训练过程，而且能够从 4×4 大小的图像开始，最终合成 1024×1024 大小的高分辨率图像。图 17.5 展示了用于类别条件图像生成的 GAN 模型——BigGAN，这是体现 GAN 架构的规模和复杂性的一个典型例子。

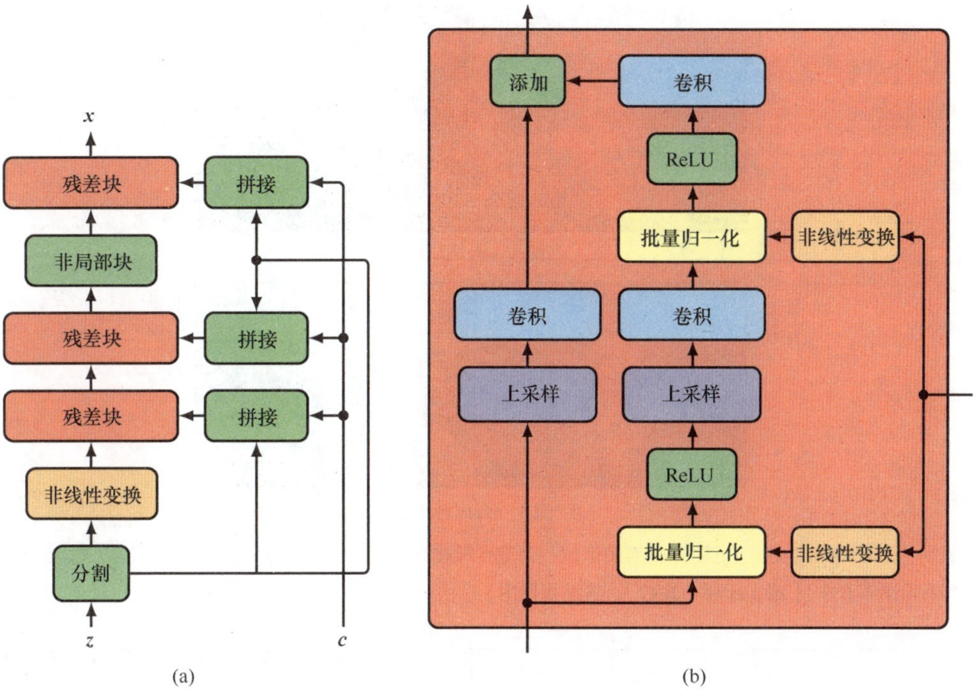

图 17.5 (a) BigGAN 模型中生成器网络的架构，它拥有超过 7000 万个参数。(b) 生成器网络中每个残差块的细节。拥有 8800 万个参数的判别器网络具有类似的架构，不同之处在于判别器网络使用平均池化层（average pooling）来降低维度，而不是通过上采样（up-sampling）来增加维度 [基于 Brock, Donahue, and Simonyan（2018）]

CycleGAN

作为 GAN 多样性的一个例子，考虑一种称为 CycleGAN（Zhu et al., 2017）的 GAN 架构，我们将其作为示例以展示深度学习技术如何用于解决传统任务（如分类和密度估计）之外的不同类型的问题。考虑如下问题：如何将一张照片转换为同一场景下的莫奈风格的画作（或者反之）? 在图 17.6 中，我们展示了从一个经过训练的 CycleGAN 中得到的成对图像示例，该 CycleGAN 已经学会执行此类图像到图像的转换。

CycleGAN 的目标是学习两个双射（一对一映射），一个是从照片的域 X 到莫奈风格画作的域 Y，另一个则相反。为了实现这一点，CycleGAN 利用了两个条件生成器（$\mathbf{g}_X$ 和 $\mathbf{g}_Y$）以及两个判别器（$\mathbf{d}_X$ 和 $\mathbf{d}_Y$）。生成器 $\mathbf{g}_X(\mathbf{y},\mathbf{w}_X)$ 以一幅画作 $\mathbf{y}\in Y$ 为输入，并生成相应的合成照片，判别器 $\mathbf{d}_X(\mathbf{x},\phi_X)$ 则区分合成照片和真实照片。类似地，生成器 $\mathbf{g}_Y(\mathbf{x},\mathbf{w}_Y)$ 以一张照片 $\mathbf{x}\in X$ 为输入并生成一幅合成画作 $\mathbf{y}$，判别器 $\mathbf{d}_Y(\mathbf{y},\phi_Y)$ 则区分合成画作和真实画作。因此，对判别器 $\mathbf{d}_X$ 的训练，需要结合 $\mathbf{g}_X$ 生成的合成照片和真实照片来进行，而判别器 $\mathbf{d}_Y$ 则是在 $\mathbf{g}_Y$ 生成的合成画作和真实画作的组合上进行训练的。

图 17.6 使用 CycleGAN 进行图像转换的示例：由莫奈风格画作合成摄影风格照片（上排），以及由照片合成莫奈风格画作（下排）[Zhu et al.（2017），经授权使用]

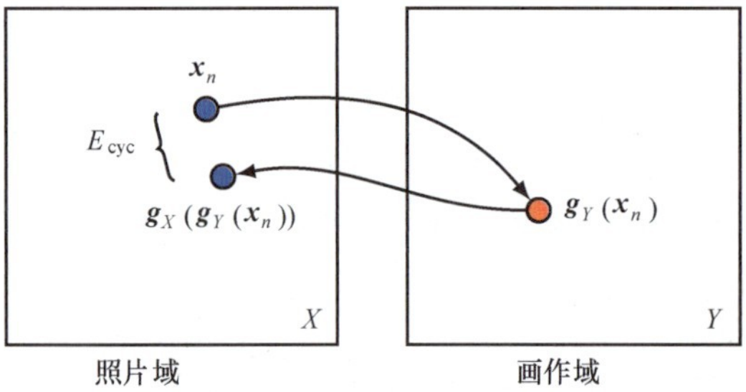

图 17.7 为示例照片 x_n 计算循环一致性误差。首先使用生成器 g_Y 将照片映射到画作域，然后将得到的向量映射回照片域，使用的是生成器 g_X。结果照片与原始照片 x_n 之间的差异是由循环一致性误差贡献的。类似地，使用 g_X 将一幅画作 y_n 映射成一张照片，然后使用 g_Y 再映射回一幅画作，即可计算在这个方向上循环一致性误差的贡献

如果我们使用标准的 GAN 损失函数来训练这种架构，CycleGAN 就能学会生成逼真的合成画作和合成照片，但没有什么机制能确保生成的画作看起来像对应的照片，反之亦然。因此，我们在损失函数中引入了一个额外的术语，称为循环一致性误差（cycle consistency error）。它包含两项，其构建过程如图 17.7 所示。

这一过程的目标是确保当一张照片先被转换成一幅画，再被转换回照片后，结果与原始照片接近，从而确保生成的画作保留了足以恢复原始照片的初始信息。同样，当一幅画作先被转换成一张合成照片，再被转换回一幅画作时，结果也应该与原始画作接近。将这个理念应用到训练集中的所有照片和画作，就会得到形式如下的循环一致性误差：

$$E_{\text{cyc}}(\boldsymbol{w}_X, \boldsymbol{w}_Y) = \frac{1}{N_X}\sum_{n\in X}\left\|\boldsymbol{g}_X\left(\boldsymbol{g}_Y\left(\boldsymbol{x}_n\right)\right) - \boldsymbol{x}_n\right\|_1 + \frac{1}{N_Y}\sum_{n\in Y}\left\|\boldsymbol{g}_Y\left(\boldsymbol{g}_X\left(\boldsymbol{y}_n\right)\right) - \boldsymbol{y}_n\right\|_1 \tag{17.12}$$

其中 $\|\cdot\|_1$ 表示 L1 范数。将循环一致性误差添加到式（17.6）定义的 GAN 损失函数中，便可得到总的损失函数：

$$E_{\text{GAN}}(\boldsymbol{w}_X, \phi_X) + E_{\text{GAN}}(\boldsymbol{w}_Y, \phi_Y) + \eta E_{\text{cyc}}(\boldsymbol{w}_X, \boldsymbol{w}_Y) \tag{17.13}$$

其中系数 η 决定了 GAN 误差和循环一致性误差的相对重要性。在计算一个图像和一幅画作的损失函数时，通过 CycleGAN 的信息流如图 17.8 所示。

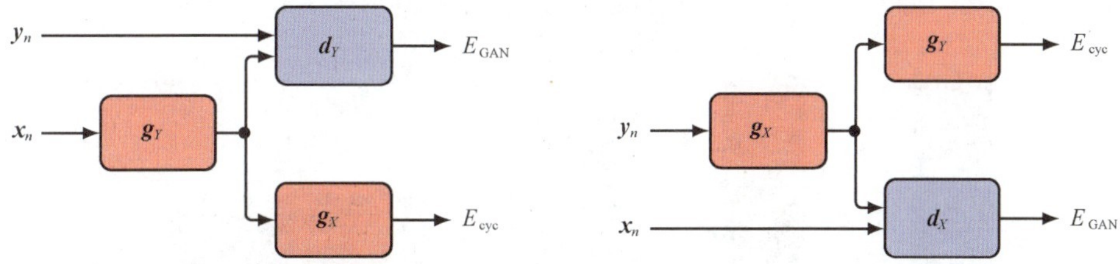

图 17.8 通过 CycleGAN 的信息流。数据点 x_n 和 y_n 的总误差是其 4 个组成部分误差的总和

我们已经看到，GAN 能胜任生成式模型的工作，它也可用于表示学习（representation learning）（参见 6.3.3 小节），其通过无监督学习揭示了数据集中丰富的统计结构。当用图 17.4 所示的深度卷积 GAN 在一个卧室图像数据集上进行训练，并且从潜空间中随机抽取样本，然后通过已训练的网络加以传播时，生成的图像看起来也像卧室，正如我们预期的那样（Radford, Metz and Chintala, 2015）。此外，潜空间已经以具有语义意义的方式组织起来。例如，如果我们沿着潜空间中的平滑轨迹进行跟踪，并生成相应的一系列图像，就可以实现从一个图像到另一个图像的平滑过渡，如图 17.9 所示。

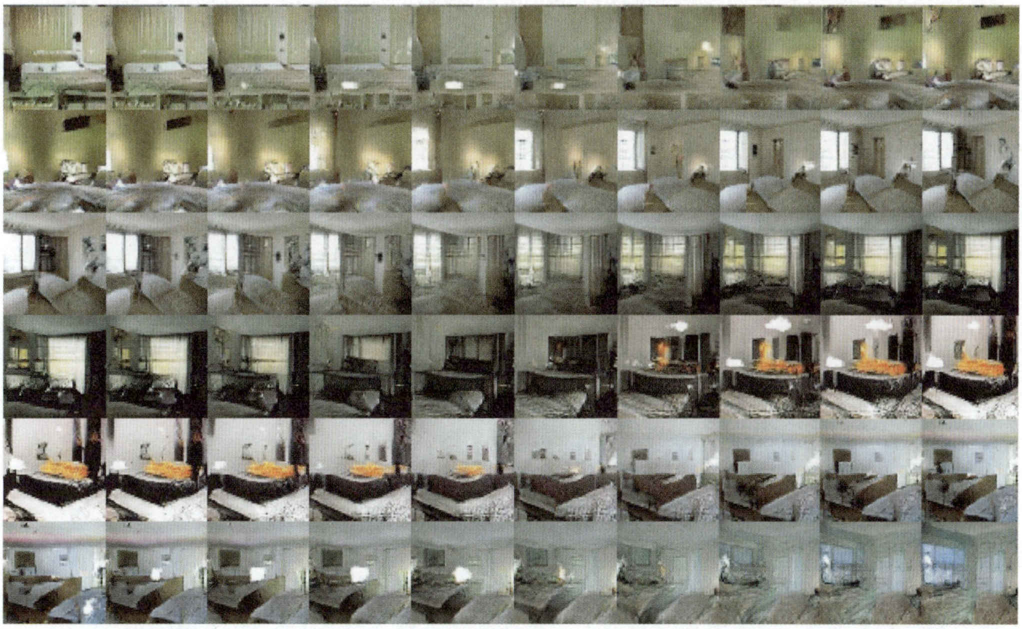

图 17.9 由在卧室图像上训练的深度卷积 GAN 生成的样本。其中的每一行都是通过在潜空间内部随机生成的位置之间进行平滑移动得到的。图像的过渡很平滑，每幅图像看起来都像是一个合理的卧室。在最下方一行，我们看到墙上的电视逐渐变形成了窗户［Radford, Metz, and Chintala（2015），经授权使用］

此外，识别潜空间中与具有语义意义的变换相对应的方向也是可能的。例如，对于人脸图像，某个方向可能对应面部朝向的变化，而其他方向可能对应光照变化或面部微笑程度的变化，这称为解耦表示（disentangled representation）。我们可以利用它们来合成具有特定属性的新图像。图 17.10 是一个关于在面部图像上训练的 GAN 的例子，可以看到性别或"戴眼镜与否"等语义属性对应于潜空间中特定的方向。

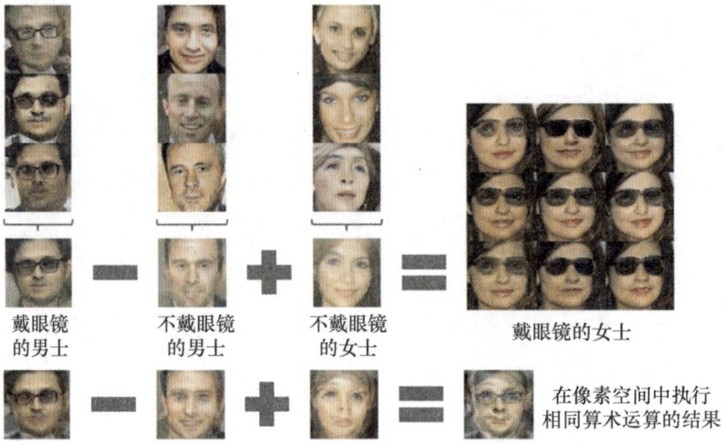

图 17.10 在训练成功的 GAN 的潜空间中进行向量运算的例子。对左侧三列中的每一列，算法先对生成这些图像的潜空间向量取平均值，再对具有中间值的结果进行向量运算，这样就创建了右侧 3×3 阵列中正中的那个新向量。然后向这个向量中添加噪声，产生周围的 8 个样本图像。最下方一行的 4 幅图像则展示了直接在数据空间中应用相同的运算会导致不对齐，从而产生模糊的图像［Radford, Metz, and Chintala（2015），经授权使用］

习题

17.1 （★★★）我们希望 GAN 损失函数［式（17.6）］具有如下性质：在神经网络足够灵活的情况下，当生成分布与真实数据分布匹配时，就能获得驻点。在这个习题中，假设模型具有无限的灵活性，我们将通过在与生成器网络和判别器网络相对应的全部概率分布 $p_G(\boldsymbol{x})$ 和全部函数 $d(\boldsymbol{x})$ 的空间上对其进行优化来证明这一结果。具体来说，我们假设判别模型在一个内循环中被优化，从而产生用于生成式模型的有效外循环误差函数。首先证明在数据样本无限多的情况下，GAN 损失函数［式（17.6）］可以重写为如下形式：

$$E(p_G,d)=-\int p_{\text{data}}(\boldsymbol{x})\ln d(\boldsymbol{x})\mathrm{d}\boldsymbol{x}-\int p_G(\boldsymbol{x})\ln\left(1-d(\boldsymbol{x})\right)\mathrm{d}\boldsymbol{x} \tag{17.14}$$

其中 $p_{\text{data}}(\boldsymbol{x})$ 是真实数据点的固定分布。考虑对所有函数 $d(\boldsymbol{x})$ 进行变分优化（参见附录 B），证明对于固定的生成器网络，使 E 最小化的判别器函数 $d(\boldsymbol{x})$ 的解由下式给出：

$$d^{\star}(\boldsymbol{x})=\frac{p_{\text{data}}(\boldsymbol{x})}{p_{\text{data}}(\boldsymbol{x})+p_{\text{G}}(\boldsymbol{x})} \tag{17.15}$$

进一步证明损失函数 E 可以作为生成器网络 $p_G(\boldsymbol{x})$ 的函数，写成以下形式：

$$\begin{aligned}C(p_{\text{G}})=&-\int p_{\text{data}}(\boldsymbol{x})\ln\left\{\frac{p_{\text{data}}(\boldsymbol{x})}{p_{\text{data}}(\boldsymbol{x})+p_{\text{G}}(\boldsymbol{x})}\right\}\mathrm{d}\boldsymbol{x}-\\&\int p_{\text{G}}(\boldsymbol{x})\ln\left\{\frac{p_{\text{G}}(\boldsymbol{x})}{p_{\text{data}}(\boldsymbol{x})+p_{\text{G}}(\boldsymbol{x})}\right\}\mathrm{d}\boldsymbol{x}\end{aligned} \tag{17.16}$$

式（17.16）可以重写为以下形式：

$$C(p_{\text{G}})=-\ln(4)+\text{KL}\left(p_{\text{data}}\left\|\frac{p_{\text{data}}+p_{\text{G}}}{2}\right.\right)+\text{KL}\left(p_{\text{G}}\left\|\frac{p_{\text{data}}+p_{\text{G}}}{2}\right.\right) \tag{17.17}$$

其中 Kullback-Leibler 散度 $\text{KL}(p\|q)$ 由式（2.100）定义（参见 2.5.5 小节）。最后，根据只有在 $p(\boldsymbol{x})=q(\boldsymbol{x})$ 对所有 $\boldsymbol{x}$ 都成立时 $\text{KL}(p\|q)$ 才等于零这一性质，证明 $C(\boldsymbol{p}_G)$ 的最小值发生在 $p_{\text{G}}(\boldsymbol{x})=p_{\text{data}}(\boldsymbol{x})$ 时。注意，式（17.17）中两个 Kullback-Leibler 散度的总和称为 p_{data} 和 p_{G} 之间的 Jensen-Shannon 散度。和 Kullback-Leibler 散度一样，Jensen-Shannon 散度也是一个非负的量，当且仅当两个分布相等时它会消失，但不同于 KL 散度，它对于两个分布是对称的。

17.2 （★★★）在这个习题中，我们将探讨 GAN 训练的对抗性可能会引起的问题。考虑一个定义在两个参数 a 和 b 上的成本函数 $E(a,b)=ab$，证明点 $a=0,\ b=0$ 是该成本函数的一个驻点。考虑沿着直线 $b=a$ 和 $b=-a$ 的二阶导数，其中 a 和 b 分别类比于生成网络和差别网络的参数。证明点 $a=0,\ b=0$ 也是一个鞍点。假设我们采取无穷小步骤来优化这个误差函数，使得变量成为连续时间 $a(t)$ 和 $b(t)$ 的函数，在此过程中生成器网络的参数 $a(t)$ 被更新以增加 $E(a,\ b)$，参数 $b(t)$ 也被更新以减少 $E(a,\ b)$。证明参数的演变受以下方程的控制：

$$\frac{\mathrm{d}a}{\mathrm{d}t}=\eta\frac{\partial E}{\partial a},\quad \frac{\mathrm{d}b}{\mathrm{d}t}=-\eta\frac{\partial E}{\partial b} \tag{17.18}$$

然后证明 $a(t)$ 满足二阶微分方程：

$$\frac{\mathrm{d}^2a}{\mathrm{d}t^2}=-\eta^2a(t) \tag{17.19}$$

验证以上二阶微分方程的解为

$$a(t)=C\cos(\eta t)+D\sin(\eta t) \tag{17.20}$$

其中 C 和 D 是任意常数。如果系统在 $t=0$ 时初始化为 $a=1,\ b=0$，找出 C 和 D 的值，并由此证明得到的 $a(t)$ 和 $b(t)$ 的值会在以原点为中心的 a,b 空间中描绘出一个单位半径的圆，并且它们因此永远不会收敛到鞍点。

17.3 （★★）考虑一个 GAN 模型，其训练集由相等数量的猫和狗的图像构成，并且生成器网络已经学会了产生高质量的狗的图像。证明当我们向判别器网络（训练目标是输出一个图像为真的概率）输入一张狗的图像时，最优输出是 1/3。

第 18 章

标准化流

第 17 章介绍的生成对抗网络扩展了线性潜变量模型的框架，其关键是使用深度神经网络来表示从潜空间到数据空间的高度灵活且可学习的非线性变换。然而，因为网络函数无法求逆，似然函数通常很难处理，当潜空间的维度低于数据空间的维度时，似然函数甚至可能都无法定义。因此，研究人员在 GAN 中引入了一个新的判别器网络来支持对抗训练。

本章将讨论训练非线性潜变量模型的 4 种方法中的第 2 种方法（参见 16.4.4 小节），它通过限制神经网络模型的形式，在确保能够从训练好的模型中易于采样的前提下，无须近似即可计算似然函数。假设我们定义了一个分布 $p_z(\boldsymbol{z})$［有时也称基础分布（base distribution）］，这个分布定义在潜变量 $\boldsymbol{z}$ 上，以及一个由深度神经网络给出的非线性函数 $\boldsymbol{x}=\boldsymbol{f}(\boldsymbol{z},\boldsymbol{w})$ 上，该函数要将潜空间转换成数据空间。假设 $p_z(\boldsymbol{z})$ 是一个简单的分布，比如高斯分布，那么从这样的模型中抽样就很容易，因为每一个潜样本 $\boldsymbol{z}^\star \sim p_z(\boldsymbol{z})$ 只需要通过神经网络就可以生成对应的数据样本 $\boldsymbol{x}^\star = \boldsymbol{f}(\boldsymbol{z}^\star,\boldsymbol{w})$。

为了计算这个模型的似然函数，我们需要知道数据空间分布，而它依赖于神经网络函数的逆函数，记为 $\boldsymbol{z}=\boldsymbol{g}(\boldsymbol{x},\boldsymbol{w})$，并且满足 $\boldsymbol{z}=\boldsymbol{g}(\boldsymbol{f}(\boldsymbol{z},\boldsymbol{w}),\boldsymbol{w})$。这要求对于每一个 $\boldsymbol{w}$ 值，函数 $\boldsymbol{f}(\boldsymbol{z},\boldsymbol{w})$ 和 $\boldsymbol{g}(\boldsymbol{x},\boldsymbol{w})$ 都是可逆的，也称为双射（bijective），即每个 $\boldsymbol{x}$ 值都对应唯一的 $\boldsymbol{z}$ 值，反之亦然。然后我们可以使用变量变换公式来计算数据密度（参见 2.4 节）：

$$p_x(\boldsymbol{x}\mid\boldsymbol{w})=p_z(\boldsymbol{g}(\boldsymbol{x},\boldsymbol{w}))\,|\det\boldsymbol{J}(\boldsymbol{x})| \tag{18.1}$$

其中 $\boldsymbol{J}(\boldsymbol{x})$ 是偏导数的雅可比矩阵，其元素由下式给出：

$$J_{ij}(\boldsymbol{x})=\frac{\partial g_i(\boldsymbol{x},\boldsymbol{w})}{\partial x_j} \tag{18.2}$$

式（18.1）中的“$|\cdot|$”表示模或绝对值。尽管确定性映射意味着任何给定的数据值 $\boldsymbol{x}$ 都对应一个唯一的 $\boldsymbol{z}$ 值，$\boldsymbol{z}$ 值因此不再不确定，但我们仍继续将 $\boldsymbol{z}$ 称为“潜变量”。

映射函数 $\boldsymbol{f}(\boldsymbol{z},\boldsymbol{w})$ 则定义为一种特殊形式的神经网络，我们稍后会讨论其结构。要求可逆映射的一个结果是潜空间的维度必须与数据空间的维度相同，这可能导致像图像这样的高维数据会需要很大的模型。另外，评估 $D\times D$ 矩阵的行列式的成本通常是 $\mathcal{O}(D^3)$，所以我们需要对模型施加一些额外的限制，以便更高效地计算雅可比行列式。

考虑一个训练集 $\mathcal{D}=\{\boldsymbol{x}_1,\cdots,\boldsymbol{x}_N\}$，它由独立数据点组成，根据式（18.1）得到的对数似然函数为

$$\ln p(\mathcal{D}\mid\boldsymbol{w})=\sum_{n=1}^{N}\ln p_{\boldsymbol{x}}(\boldsymbol{x}_n\mid\boldsymbol{w}) \tag{18.3}$$

$$=\sum_{n=1}^{N}\left\{\ln p_z\left(\boldsymbol{g}(\boldsymbol{x}_n,\boldsymbol{w})\right)+\ln\left|\det\boldsymbol{J}(\boldsymbol{x}_n)\right|\right\} \tag{18.4}$$

我们的目标是使用似然函数来训练神经网络。为了能够建模各种各样的分布，我们希望转换函数 $\boldsymbol{x}=\boldsymbol{f}(\boldsymbol{z},\boldsymbol{w})$ 高度灵活，因而使用了深度神经网络架构。如果能够保证网络的每一层都是可逆的，那么整个函数就是可逆的（见习题 18.2）。考虑三个连续的转换，其中的每个转换对应于一个层，形式如下：

$$\boldsymbol{x}=\boldsymbol{f}^A\left(\boldsymbol{f}^B\left(\boldsymbol{f}^C(\boldsymbol{z})\right)\right) \tag{18.5}$$

逆函数为

$$\boldsymbol{z}=\boldsymbol{g}^C\left(\boldsymbol{g}^B\left(\boldsymbol{g}^A(\boldsymbol{x})\right)\right) \tag{18.6}$$

其中 $\boldsymbol{g}^A$ 、$\boldsymbol{g}^B$ 和 $\boldsymbol{g}^C$ 分别是 $\boldsymbol{f}^A$ 、$\boldsymbol{f}^B$ 和 $\boldsymbol{f}^C$ 的逆函数。此外，可以使用微积分链规则计算每个单独层的雅可比行列式，这种分层结构的雅可比行列式也很容易得到计算：

$$J_{ij} = \frac{\partial z_i}{\partial x_j} = \sum_k \sum_l \frac{\partial g_i^C}{\partial g_k^B} \frac{\partial g_k^B}{\partial g_l^A} \frac{\partial g_l^A}{\partial x_j} \tag{18.7}$$

式（18.7）的右侧为三个矩阵的乘积，而乘积的行列式是行列式的乘积。因此，整体雅可比矩阵的对数行列式将是每层对应对数行列式之和（参见附录 A）。

这种对灵活分布进行建模的方法称为标准化流（normalizing flow），因为通过一系列映射来转换概率分布的过程在某种程度上类似于流体的流动。此外，逆映射的效果是将复杂的数据分布转换成标准化形式，通常是高斯分布。标准化流的详细介绍参见 Kobyzev, Prince, and Brubaker（2019）以及 Papamakarios et al.（2019）。在本章中，我们将讨论实践中经常使用的两个主要类型的标准化流的核心概念：耦合流（coupling flow）和自回归流（autoregressive flow）。此外，我们还将介绍使用神经微分方程定义可逆映射的方法，并引入连续流（continuous flow）这一概念。

18.1 耦合流

我们的目标是设计一个单一的可逆函数层，这样就可以将许多这样的层组合在一起，从而定义一类高度灵活的可逆函数。首先考虑以下形式的线性变换：

$$\boldsymbol{x} = a\boldsymbol{z} + \boldsymbol{b} \tag{18.8}$$

这个变换很容易求逆，得到

$$\boldsymbol{z} = \frac{1}{a}(\boldsymbol{x} - \boldsymbol{b}) \tag{18.9}$$

然而，线性变换在组合下是封闭的，这意味着一系列线性变换等同于一个整体的线性变换（见习题 3.6）。因为，高斯分布的线性变换结果还是高斯分布。所以即使我们有许多这样的线性变换“层”，我们也只能得到一个高斯分布。问题在于我们能否保持线性变换的可逆性，同时允许额外的灵活性，从而使得最终结果可以是非高斯分布。

解决这个问题的一种方法是使用一个叫作实值 NVP（Dinh, Krueger,and Bengio, 2014; Dinh, Sohl-Dickstein, and Bengio, 2016）的标准化流模型。这里的 NVP 代表非体积保持（real-valued non-volume-preserving）。其思想是将潜变量向量 $\boldsymbol{z}$ 划分为两部分，$\boldsymbol{z} = (\boldsymbol{z}_A, \boldsymbol{z}_B)$，如果 $\boldsymbol{z}$ 的维度为 D 且 $\boldsymbol{z}_A$ 的维度为 d，则 $\boldsymbol{z}_B$ 的维度为 $D-d$。我们可以类似地划分输出向量，$\boldsymbol{x} = (\boldsymbol{x}_A, \boldsymbol{x}_B)$，其中 $\boldsymbol{x}_A$ 的维度为 d，$\boldsymbol{x}_B$ 的维度为 $D-d$。对于输出向量的第一部分，我们简单地复制输入

$$\boldsymbol{x}_A = \boldsymbol{z}_A \tag{18.10}$$

输出向量的第二部分经历了一个线性变换，但这个线性变换中的系数由 $\boldsymbol{z}_A$ 的非线性函数给出：

$$\boldsymbol{x}_B = \exp\left(\boldsymbol{s}\left(\boldsymbol{z}_A, \boldsymbol{w}\right)\right) \odot \boldsymbol{z}_B + \boldsymbol{b}\left(\boldsymbol{z}_A, \boldsymbol{w}\right) \tag{18.11}$$

其中 $\boldsymbol{s}(\boldsymbol{z}_A, \boldsymbol{w})$ 和 $\boldsymbol{b}(\boldsymbol{z}_A, \boldsymbol{w})$ 是神经网络的实值输出，指数函数确保了乘法项是非负的。这里的 $\odot$ 表示哈达玛积（Hadamard product），即对两个向量进行逐元素相乘。在式（18.11）中，指数也是逐元素计算的。注意我们在两个网络函数中展示了相同的向量 $\boldsymbol{w}$ 。在实践中，它们可能实现为具有不同参数的独立网络，或者一种具有两套输出的网络。

由于使用了神经网络函数，$\boldsymbol{x}_B$ 的值可以是 $\boldsymbol{x}_A$ 的一个非常灵活的函数。尽管如此，整体的变换仍然很容易逆推。给定 $\boldsymbol{x} = \left(\boldsymbol{x}_A, \boldsymbol{x}_B\right)$ 的值，首先计算

$$\boldsymbol{z}_A = \boldsymbol{x}_A \tag{18.12}$$

然后计算 $\boldsymbol{s}\left(\boldsymbol{z}_A, \boldsymbol{w}\right)$ 和 $\boldsymbol{b}\left(\boldsymbol{z}_A, \boldsymbol{w}\right)$，最后使用下式计算 $\boldsymbol{z}_B$ ：

$$\boldsymbol{z}_B = \exp\left(-\boldsymbol{s}\left(\boldsymbol{z}_A, \boldsymbol{w}\right)\right) \odot \left(\boldsymbol{x}_B - \boldsymbol{b}\left(\boldsymbol{z}_A, \boldsymbol{w}\right)\right) \tag{18.13}$$

整体变换如图 18.1 所示。注意，单个神经网络函数，如 $\boldsymbol{s}(\boldsymbol{z}_A, \boldsymbol{w})$ 和 $\boldsymbol{b}(\boldsymbol{z}_A, \boldsymbol{w})$，并不要求是可逆的。

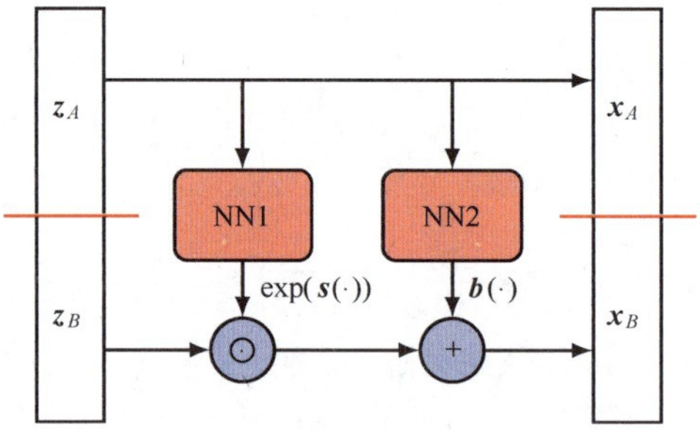

图 18.1 实值 NVP 标准化流模型的单层结构。在这里，网络 NN1 计算函数 $\exp\left(\boldsymbol{s}\left(\boldsymbol{z}_A, \boldsymbol{w}\right)\right)$，而网络 NN2 计算函数 $\boldsymbol{b}(\boldsymbol{z}_A, \boldsymbol{w})$ 。输出向量由式（18.10）和式（18.11）定义

考虑对式（18.2）定义的雅可比矩阵及其行列式进行计算。可以将该雅可比矩阵分成块，对应于 $\boldsymbol{z}$ 和 $\boldsymbol{x}$ 的划分，得到

$$\boldsymbol{J} = \begin{bmatrix} \boldsymbol{I}_d & \boldsymbol{0} \\ \dfrac{\partial \boldsymbol{z}_B}{\partial \boldsymbol{x}_A} & \operatorname{diag}\left(\exp(-\boldsymbol{s})\right) \end{bmatrix} \tag{18.14}$$

其中，左上角的块对应于 $\boldsymbol{z}_A$ 关于 $\boldsymbol{x}_A$ 的导数，根据式（18.12），结果为 $d \times d$ 的单

位矩阵。右上角的块对应于 z_A 关于 x_B 的导数，根据式（18.12），结果为 $\mathbf{0}$。左下角的块对应于 z_B 关于 x_A 的导数，根据式（18.13），这是关于神经网络函数的复杂表达式。最后，右下角的块对应于 $\mathbf{z}_B$ 关于 $\mathbf{x}_B$ 的导数，根据式（18.13），这些导数由一个对角矩阵表示，其对角元素是 $s(z_A,w)$。因此我们看到该雅可比矩阵［式（18.14）］是一个下三角矩阵，这意味着其中所有主对角线以上的元素都是零（参见附录 A）。对于这样的矩阵，其行列式只是沿主对角线元素的乘积，而不依赖于左下角的块中的复杂表达式。因此，雅可比行列式可以简单地由 $\exp\left(s\left(z_A, w\right)\right)$ 中元素的乘积给出。

这种方法的一个明显局限是，z_A 的值没有因变换而改变。这可以通过添加另一层来轻松解决，其中 z_A 和 z_B 的角色被颠倒过来，如图 18.2 所示。这种双层结构可以重复多次，从而能构建一类非常灵活的生成式模型。

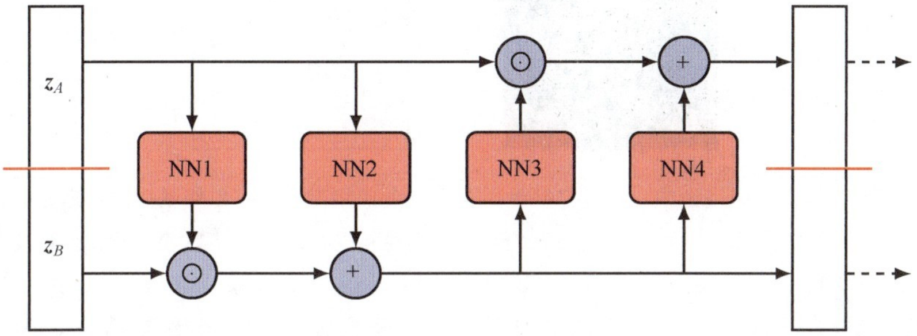

图 18.2　通过组合两个图 18.1 所示的层，我们得到了一个更加灵活但仍然可逆的非线性层。其中的每个子层都是可逆的，并且拥有容易计算的雅可比矩阵，因此整个双层结构也具有相同的特性

整个训练过程包括创建数据点的一些小批量，在这些小批量中，每个数据点对对数似然函数的贡献可从式（18.4）中获得。对于形式为 $\mathcal{N}\left(z|\mathbf{0}, \boldsymbol{I}\right)$ 的潜在分布，对数密度就是 $-\|z\|^2/2$ 加一个加法常数。逆变换 $z=g\left(x\right)$ 可以使用一系列形式为式（18.13）的逆变换计算得出。同样，雅可比行列式的对数由每层的对数行列式之和给出，其中的每一项本身就是形式为 $-s_i\left(x,w\right)$ 的项之和。对数似然的梯度可以通过自动微分评估，并且网络参数可以通过随机梯度下降来更新。

实值 NVP 模型属于一类使用广泛的标准化流，称为耦合流（coupling flows）。在耦合流中，线性变换［式（18.11）］被如下更一般的形式替换：

$$x_B = h\left(z_B, g\left(z_A, w\right)\right) \tag{18.15}$$

其中 $h(z_B,g)$ 是 z_B 的函数，对于任何给定的 g 值，它都可以高效地逆推，称为耦合函数。$g(z_A,w)$ 称为条件函数（conditioner），通常用神经网络来表示。

我们可以使用一个简单的数据集来说明实值 NVP 标准化流，这个数据集有时称为“双月”数据集，如图 18.3 所示。在这里，一个二维高斯分布通过使用两个连续的层被转换成一个更复杂的分布，其中每一层都对输入数据的两个维度交替进行耦合交换。

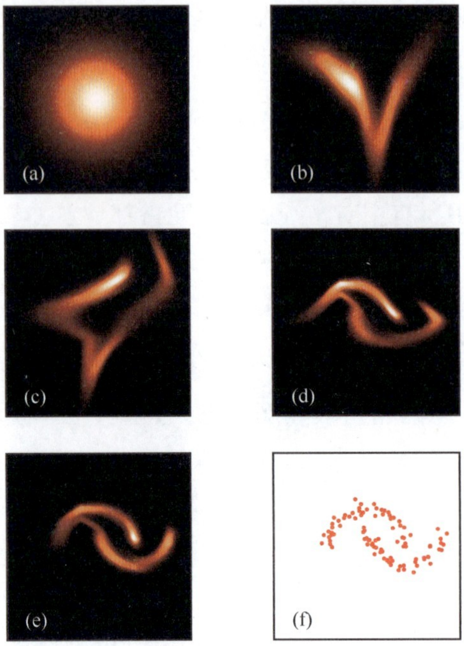

图 18.3 在实值 NVP 标准化流模型中，通过交替地对不同维度应用变换，可以将基础的高斯分布逐步转换为更复杂的数据分布。(a) 基础的高斯分布：初始的二维高斯分布通常均值为零且协方差矩阵为单位矩阵，表示潜变量空间中的点。(b) 垂直轴变换后的分布：第一层变换只对垂直轴应用耦合函数和条件函数，并保持水平轴不变。(c) 水平轴变换后的分布：第二层变换只对水平轴进行变换，并利用前一变换的输出作为输入，而不改变垂直轴。(d) 第二次垂直轴变换后的分布：经过前两次变换后，再次对垂直轴进行变换，进一步增加分布的复杂性。(e) 第二次水平轴变换后的分布：最后再次对水平轴进行变换，以此类推，可以通过持续地交替进行多层变换来获得越来越复杂的数据分布。(f) 模型训练用的数据集：最终，这些连续的变换会将基础的高斯分布转换成与训练集相匹配的复杂形状，也就是所谓的“双月”数据集

18.2 自回归流

我们注意到一组变量的联合分布总是可以写成条件分布的乘积，每个变量对应一个条件分布，由此可以推导出相关的标准化流公式（参见 11.1 节）。首先选择向量 $\boldsymbol{x}$ 中变量的顺序，我们可以在不失一般性的情况下写出：

$$p(x_1,\cdots,x_D)=\prod_{i=1}^{D}p(x_i\mid\boldsymbol{x}_{1:i-1}) \tag{18.16}$$

其中 $\boldsymbol{x}_{1:i-1}$ 表示 $x_1,\cdots,x_{i-1}$。这种因式分解可以用来构建一类称为掩码自回归流（Masked Autoregressive Flow，MAF）（Papamakarios, Pavlakou, and Murray, 2017）的标准化流，如下所示：

$$x_i=h(z_i,\boldsymbol{g}_i(\boldsymbol{x}_{1:i-1},\boldsymbol{w}_i)) \tag{18.17}$$

图 18.4(a) 说明了这一点。这里的 $h(z_i,\cdot)$ 是耦合函数，因为可以很容易地对 z_i 求逆。另外，$\boldsymbol{g}_i$ 是条件函数，通常用一个深度神经网络来表示。术语“掩码”指的是使用单个神经网络来实现一组形式为式（18.17）的方程，连同一个二进制掩码（Germain et al., 2015）来强制网络权重的一个子集为零，以实现自回归约束［式（18.16）］。

在这种情况下，计算似然函数所需的逆运算如下：

$$z_i = h^{-1}\left(x_i, \boldsymbol{g}_i\left(\boldsymbol{x}_{1:i-1}, \boldsymbol{w}_i\right)\right) \tag{18.18}$$

由于式（18.18）中 $z_1,\cdots,z_D$ 这些分项函数可以并行计算，因此评估以上似然函数的操作在现代硬件上就能高效执行。对应于一组变换［式（18.18）］的雅可比矩阵的元素为 $\partial z_i / \partial x_j$，这些元素形成一个上三角矩阵，其行列式由对角线元素的乘积给出，因此也可以高效计算（见习题 18.4）。

然而，从该模型中抽样的任务必须通过计算式（18.17）来完成，这本质上是一个顺序执行的过程，因为在计算 x_i 之前必须先计算 $x_1,\cdots,x_{i-1}$ 的值，所以速度较慢。

为了避免这种效率低下的抽样，我们可以定义逆自回归流（Inverse Autoregressive Flow，IAF）（Kingma et al., 2016），如下所示：

$$x_i = h\left(z_i, \tilde{\boldsymbol{g}}_i\left(\boldsymbol{z}_{1:i-1}, \boldsymbol{w}_i\right)\right) \tag{18.19}$$

如图 18.4(b) 所示，对于给定的 $\boldsymbol{z}$，可以使用式（18.19）并行计算元素 $x_1,\cdots,x_{i-1}$，因此采样效率提高了。然而，计算似然所需的逆函数需要一系列如下形式的计算：

$$z_i = h^{-1}\left(x_i, \tilde{\boldsymbol{g}}_i\left(\boldsymbol{z}_{1:i-1}, \boldsymbol{w}_i\right)\right) \tag{18.20}$$

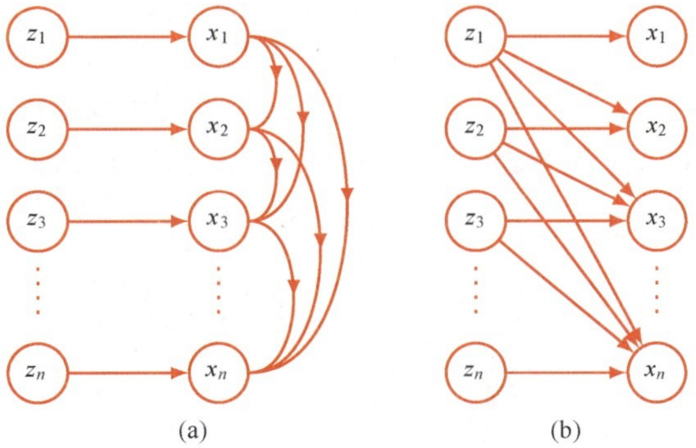

图 18.4　两种自回归标准化流的结构示意图。(a) 中显示的掩码自回归流允许对似然函数进行有效评估，而 (b) 中显示的替代逆自回归流允许进行高效抽样

这些计算本质上是顺序进行的，因此速度很慢。具体应该使用掩码自回归流还是逆自回归流取决于特定的应用。

耦合流和自回归流是密切相关的。尽管自回归流引入了相当大的灵活性，但由于需要顺序地依次采样，这带来了随数据空间维数 D 线性增长的计算成本。耦合流可以视为自回归流的一个特例，它将变量分成两组而不是 D 组，提升了效率，但牺牲了一些通用性。

18.3 连续流

本章将要探讨的最后一种标准化流采用了常微分方程（Ordinary Differential Equation，ODE）定义的深度神经网络，它可以看成具有无限多层数的深层网络。我们首先介绍神经常微分方程（简称神经 ODE）的概念，然后将其应用于标准化流模型的构建。

18.3.1 神经ODE

神经网络包含的处理层越多，神经网络就越有用，我们不妨探究一下，如果层数无限多会发生什么。考虑一个残差网络，其中每一层生成的输出由输入向量加上该输入向量的某个参数化非线性函数给出：

$$\boldsymbol{z}^{(t+1)}=\boldsymbol{z}^{(t)}+\boldsymbol{f}\left(\boldsymbol{z}^{(t)},\boldsymbol{w}\right) \tag{18.21}$$

其中 $t=1,\cdots,T$ 标记了网络中的层。注意，我们在每一层都使用了相同的函数，并且共享参数向量 $\boldsymbol{w}$，因为这允许我们在参数数量有限的情况下考虑任意多的层。想象一下，增加层数，同时确保在每一层引入的变化相应地变得更小。在极限情况下，隐藏单元激活向量变成了连续变量 t 的函数 $\boldsymbol{z}(t)$，我们可以将这个向量通过网络的演化表示为一个微分方程（见习题 18.5）：

$$\frac{\mathrm{d}\boldsymbol{z}(t)}{\mathrm{d}t}=\boldsymbol{f}(\boldsymbol{z}(t),\boldsymbol{w}) \tag{18.22}$$

其中 t 通常称为“时间”。式（18.22）所示的方程就称为神经 ODE（Chen et al., 2018）。常微分方程的“常”指的是只有单一变量 t。如果将网络的输入表示为向量 $\boldsymbol{z}(0)$，则输出 $\boldsymbol{z}(T)$ 可以通过积分微分方程来获得：

$$\boldsymbol{z}(T)=\int_0^T \boldsymbol{f}(\boldsymbol{z}(t),\boldsymbol{w})\mathrm{d}t \tag{18.23}$$

这个积分可以使用标准数值积分软件工具来计算。求解微分方程最简单的方法是欧拉前向积分法（forward integration），对应于式（18.21）。在实际操作中，更强大的数值积分算法可以通过调整其函数计算来实现目标。特别是，它们可以自适应地选择通常为非均匀分布的 t 的值。这种计算次数取代了传统分层网络中“深度”的概念。传统分层网络与神经 ODE 的比较如图 18.5 所示。

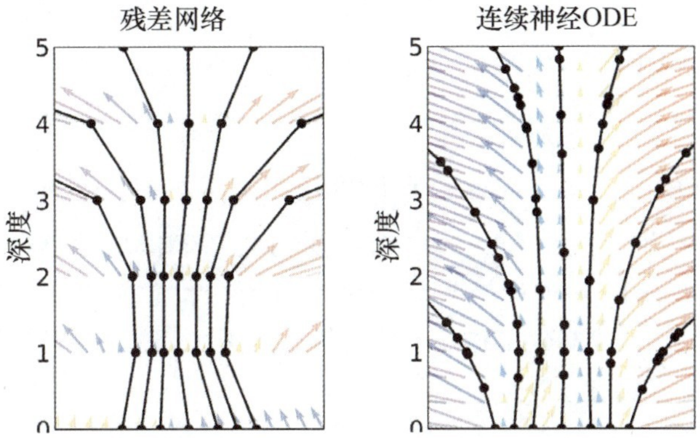

图 18.5 传统分层网络与神经 ODE 的比较。左图对应一个有 5 层的残差网络，并展示了单标量输入的几个起始值的轨迹。右图显示了连续神经 ODE 的数值积分结果，同样是对单标量输入的几个起始值，我们看到函数不是在等间隔的时间点进行求值的，求值点由数值求解器自适应选择，并且取决于输入值的选择［经 Chen et al.（2018）授权使用］

18.3.2 神经ODE的反向传播

我们现在需要解决如何训练神经 ODE 的问题，即如何通过优化损失函数来确定 $\boldsymbol{w}$ 的值。给定一个数据集，其中包括输入向量 $\boldsymbol{z}(0)$ 的值以及相关的输出目标向量，以及一个依赖于输出向量 $\boldsymbol{z}(T)$ 的损失函数 $L(\cdot)$。一种方法是使用自动微分来微分 ODE 求解器在前向传播期间执行的所有操作（参见 8.2 节）。尽管这样做很直接，但从内存角度来看却代价高昂，并且在控制数值误差方面也不是最佳做法。另一种方法（Chen et al.，2018）将 ODE 求解器视为一个黑箱，并使用了一种称为伴随灵敏度方法的技术（adjoint sensitivity method），这可以视为显式反向传播的连续类比。回想一下，反向传播涉及对每个数据点执行三个连续操作步骤（参见第 8 章）：**前向传播**，计算网络中每一层的激活向量；**反向传播**，从输出层开始利用微积分的链式法则计算损失函数对每一层激活的导数，并向后传播；**参数梯度计算**，通过将前向传播的激活值和反向传播的梯度相乘来计算损失函数对网络参数的导数。我们将看到，在计算神经 ODE 的梯度时可以执行类似的步骤。

为了将反向传播应用于神经 ODE，定义一个称为伴随（adjoint）的量（见习题 18.6）

$$\boldsymbol{a}(t)=\frac{\mathrm{d}L}{\mathrm{d}\boldsymbol{z}(t)} \tag{18.24}$$

$\boldsymbol{a}(T)$ 对应于损失函数关于输出向量的常规导数。$\boldsymbol{a}(t)$ 满足如下微分方程：

$$\frac{\mathrm{d}\boldsymbol{a}(t)}{\mathrm{d}t}=-\boldsymbol{a}(t)^{\mathrm{T}}\nabla_{z}\boldsymbol{f}(\boldsymbol{z}(t),\boldsymbol{w}) \tag{18.25}$$

这是微积分链式法则的连续版本。这可以通过从 $\boldsymbol{a}(T)$ 开始向后积分来求解，并且同样可以使用一个黑箱ODE求解器来完成。原则上，这需要存储我们在前向传播阶段计算的轨迹 $z(T)$，但这可能会产生问题，因为反向求解器可能希望在与前向求解器不同的 t 值处计算 $z(T)$。对此我们只需要允许反向求解器通过从 $z(T)$ 的输出值开始，同时积分式（18.22）和式（18.25）来重新计算任何所需的 $z(T)$ 值即可。

反向传播的第三步通过计算激活值和梯度的适当乘积来计算损失函数对网络参数的导数。当一个网络中的多个连接共享一个参数值时，总导数由每个连接的导数相加而成（见习题9.7）。对于神经ODE，其中相同的参数向量 $\boldsymbol{w}$ 在整个网络中共享，求和变成了对 t 的积分，形式如下（见习题18.7）：

$$\nabla_{\boldsymbol{w}} L = -\int_0^T \boldsymbol{a}(t)^{\mathrm{T}} \nabla_{\boldsymbol{w}} \boldsymbol{f}(\boldsymbol{z}(t), \boldsymbol{w}) \mathrm{d}t \tag{18.26}$$

式（18.25）中的 $\nabla_z \boldsymbol{f}$ 和式（18.26）中的 $\nabla_{\boldsymbol{w}} \boldsymbol{f}$ 可以使用自动微分高效地求值（参见8.2节）。注意，上述结果同样适用于更普遍的神经网络函数 $\boldsymbol{f}(\boldsymbol{z}(t), t, \boldsymbol{w})$，它除了通过 $z(T)$ 的隐式依赖之外，还显式地依赖于 t。

与传统分层网络相比，使用伴随方法训练的神经ODE的一个好处是，不需要存储前向传播的中间结果，因此内存成本是恒定的。此外，神经ODE可以自然地处理连续时间数据，其中观测可在任意时间发生。如果损失函数 L 依赖于 $z(T)$ 的其他值而不仅是输出值，则需要进行多次逆模型求解，对每一对连续的输出进行一次逆模型求解，以便单个解决方案可以分解为多个连续解决方案以访问中间状态（Chen et al., 2018）。请注意，在训练阶段可以使用高精度的求解器；而在推理阶段，特别是在计算资源有限的应用场景中，可以采用较低的精度，从而减少所需的函数评估次数。

18.3.3 神经ODE流

我们可以利用神经ODE来定义一个旨在构建易处理的标准化流模型的替代方法。神经ODE定义了一个从输入向量 $z(0)$ 到输出向量 $z(T)$ 的高度灵活的转换，其形式为如下微分方程：

$$\frac{\mathrm{d}\boldsymbol{z}(t)}{\mathrm{d}t} = \boldsymbol{f}(\boldsymbol{z}(t), \boldsymbol{w}) \tag{18.27}$$

如果我们定义一个基于输入向量的基础分布 $p(z(0))$，神经ODE就会随时间向前传播，从而得到每个 t 值的分布 $p(z(t))$，进而得到输出向量的分布 $p(z(T))$。有研究［Chen et al.（2018）］指出，对于神经ODE来说，密度转换可以通过积分如下微分方程来计算（见习题18.8）：

$$\frac{\mathrm{d}\ln p(\boldsymbol{z}(t))}{\mathrm{d}t} = -\mathrm{tr}\left(\frac{\partial \boldsymbol{f}}{\partial \boldsymbol{z}(t)}\right) \tag{18.28}$$

其中 $\partial \boldsymbol{f} / \partial \boldsymbol{z}(t)$ 表示雅可比矩阵，其元素为 $\partial f_i / \partial z_j$ 。这个积分操作可以使用标准 ODE 求解器来完成。同样，可以通过从基础分布 $p(\boldsymbol{z}(0))$ 中采样来获得这个密度的样本，这个基础分布可以是一个简单的分布，如高斯分布，并支持使用 ODE 求解器再次整合［式（18.27）］，以便将值传播到输出。得到的框架称为连续标准化流，如图 18.6 所示（见习题 18.9）。连续标准化流可以使用适用于神经 ODE 的伴随灵敏度方法进行训练，该方法可以看作反向传播的连续时间等价物（参见 18.3.1 小节）。

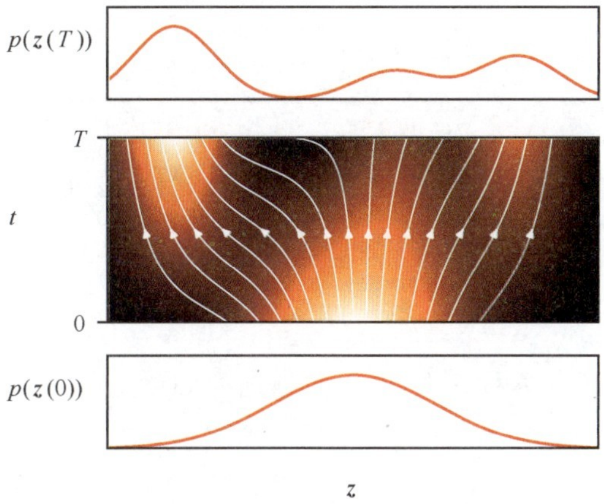

图 18.6　连续标准化流的示意图，这里展示了 $t=0$ 时刻的一个简单高斯分布是如何通过连续转换变成 $t=T$ 时刻的一个多峰分布的。当流线分开时，密度降低；当流线靠拢时，密度增加

由于式（18.28）涉及雅可比矩阵的迹而不是行列式（行列式出现在离散标准化流中），它可能看起来更具计算效率。一般来说，计算一个 $D \times D$ 矩阵的行列式需要 $\mathcal{O}(D^3)$ 次运算，计算该矩阵的迹则需要 $\mathcal{O}(D)$ 次运算。然而，如果行列式是下三角的，正如许多标准化流所呈现的那样，则行列式是对角项的乘积，因此也需要 $\mathcal{O}(D)$ 次运算。由于计算雅可比矩阵的各个元素需要进行单独的前向传播，这本身需要 $\mathcal{O}(D)$ 次运算，因此计算矩阵的迹或行列式（对于一个下三角矩阵来说）总共需要 $\mathcal{O}(D^2)$ 的成本。然而，通过使用 Hutchinson 的迹估计器（Grathwohl et al., 2018），我们可以将计算迹的成本降低到 $\mathcal{O}(D)$ 。对于矩阵 $\boldsymbol{A}$ ，迹的形式为

$$\operatorname{tr}(\boldsymbol{A}) = \mathbb{E}_{\varepsilon}\left[\boldsymbol{\varepsilon}^{\mathrm{T}} \boldsymbol{A} \boldsymbol{\varepsilon}\right] \tag{18.29}$$

其中 $\boldsymbol{\varepsilon}$ 是一个零均值、单位协方差的随机向量，例如高斯分布 $\mathcal{N}(0, 1)$。对于一个特定的 $\boldsymbol{\varepsilon}$ ，矩阵 - 向量乘积 $\boldsymbol{A\varepsilon}$ 可以使用反向的自动微分在单次传递中高效计算。然后我们可以使用有限数量的样本来近似矩阵的迹，形式如下：

$$\operatorname{tr}(\boldsymbol{A}) \approx \frac{1}{M} \sum_{m=1}^{M} \boldsymbol{\varepsilon}_m^{\mathrm{T}} \boldsymbol{A} \boldsymbol{\varepsilon}_m \tag{18.30}$$

实践中，我们可以设置 $M=1$ 并只使用一个样本对每个新的数据点进行刷新。虽

然这是一个有噪声的估计，但由于它是噪声随机梯度下降过程的一部分，这可能显得不太重要。重要的是，它是无偏的，这意味着估计器的期望等于真实值（参见习题 18.11）。

通过使用一种名为流匹配（flow matching）的技术（参见第 20 章），可以显著提高连续标准化流的训练效率（Lipman et al., 2022）。这使得标准化流更接近于扩散模型，避免了在积分器中进行反向传播，同时大幅减少内存需求，实现了更快的推理和更稳定的训练。

习题

18.1 （⋆⋆）考虑变换 $\boldsymbol{x}=\boldsymbol{f}(\boldsymbol{z})$ 及其逆变换 $\boldsymbol{z}=\boldsymbol{g}(\boldsymbol{x})$。通过对 $\boldsymbol{x}=f\left(\boldsymbol{g}(\boldsymbol{x})\right)$ 进行求导，证明

$$\boldsymbol{JK}=\boldsymbol{I} \tag{18.31}$$

其中 $\boldsymbol{I}$ 是单位矩阵，$\boldsymbol{J}$ 和 $\boldsymbol{K}$ 则是元素分别为如下矩阵

$$J_{ij}=\frac{\partial g_i}{\partial x_j} \text{ 和 } K_{ij}=\frac{\partial f_i}{\partial z_j} \tag{18.32}$$

利用矩阵乘积的行列式是矩阵各自行列式的乘积这一结论，证明

$$\det(\boldsymbol{J})=\frac{1}{\det(\boldsymbol{K})} \tag{18.33}$$

然后证明密度在变量变换下的转换公式［式（18.1）］可以重写为

$$p_{\boldsymbol{x}}(\boldsymbol{x})=p_z(\boldsymbol{g}(\boldsymbol{x}))\,|\det\boldsymbol{K}|^{-1} \tag{18.34}$$

其中 $\boldsymbol{K}$ 是在 $\boldsymbol{z}=\boldsymbol{g}(\boldsymbol{x})$ 处进行计算的。

18.2 （⋆）考虑一个由形式如下的可逆变换序列构成的变换：

$$\boldsymbol{x}=\boldsymbol{f}_1\left(\boldsymbol{f}_2\left(\cdots\boldsymbol{f}_{M-1}\left(\boldsymbol{f}_M(\boldsymbol{z})\right)\cdots\right)\right) \tag{18.35}$$

证明其逆函数由下式给出：

$$\boldsymbol{z}=\boldsymbol{f}_M^{-1}\left(\boldsymbol{f}_{M-1}^{-1}\left(\cdots\boldsymbol{f}_2^{-1}\left(\boldsymbol{f}_1^{-1}(\boldsymbol{x})\right)\cdots\right)\right) \tag{18.36}$$

18.3 （⋆）考虑形式如下的线性变量变换：

$$\boldsymbol{x}=\boldsymbol{z}+\boldsymbol{b} \tag{18.37}$$

证明此变换的雅可比矩阵是单位矩阵。通过对 $\boldsymbol{z}$ 空间中一个小区域的体积与 $\boldsymbol{x}$ 空间中对应区域的体积进行比较，解释这一结果。

18.4 （★★）证明式（18.18）给出的自回归标准化流变换的雅可比矩阵是一个下三角矩阵。矩阵的行列式由主对角线上项的乘积给出，因此容易计算。

18.5 （★）考虑残差网络的前向传播方程［式（18.21）］，并考虑时间变量 t 的一个小的增量：

$$\boldsymbol{z}^{(t+\varepsilon)} = \boldsymbol{z}^{(t)} + \varepsilon \boldsymbol{f}\left(\boldsymbol{z}^{(t)}, \boldsymbol{w}\right) \tag{18.38}$$

来自神经网络的加性贡献被 ε 缩放。注意式（18.21）对应于 $\varepsilon=1$ 的情况。通过取极限 $\varepsilon \to 0$，推导出式（18.22）所示的前向传播微分方程。

18.6 （★★）在这个习题和下一个习题中，我们将为神经 ODE 的反向传播方程和梯度计算方程提供非正式的推导。对于这些结果更正式的推导可以在 Chen et al.（2018）中找到。写出与前向传播方程［式（18.38）］相对应的反向传播方程。通过取极限 $\varepsilon \to 0$，推导出反向传播方程［式（18.25）］，其中 $\boldsymbol{a}(t)$ 由式（18.24）定义。

18.7 （★★）利用式（8.10），写出损失函数 $L(\mathbf{z}(T))$ 的梯度表达式，该损失函数针对的是式（18.38）定义的多层残差网络，其中所有层共享相同的参数向量 $\boldsymbol{w}$。通过取极限 $\varepsilon \to 0$，推导出计算损失函数导数的方程［式（18.26）］。

18.8 （★★★）在这个习题中，我们将为式（18.28）的一维版本提供非正式的推导。考虑时间 t 的分布 $q(z)$，从 z 到 x 的变换在时间 $t+\delta t$ 变成了新的分布 $p(x)$。同时考虑附近值 z 和 $z+\Delta z$ 以及相应的值 x 和 $x+\Delta x$，如图 18.7 所示。首先写出一个方程来表达区间 Δz 中的概率质量与区间 Δx 中的概率质量相同。然后写出一个方程来显示概率密度是如何从 t 变化到 $t+\delta t$ 的，用导数 $\mathrm{d}q(t)/\mathrm{d}t$ 表示。接下来通过引入函数 $f(z)=\mathrm{d}z/\mathrm{d}t$ 写下一个关于 Δz 的 Δx 的方程。最后通过结合以上三个方程并取极限 $\delta t \to 0$，证明

$$\frac{\mathrm{d}}{\mathrm{d}t}\ln q(z) = -f'(z) \tag{18.39}$$

这就是式（18.28）的一维版本。

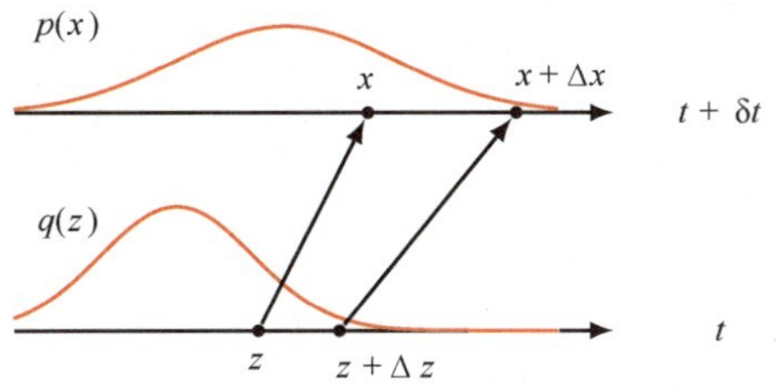

图 18.7　概率密度变换的示意图，用于推导一维连续标准化流的方程

18.9 （★★）图 18.6 中的流线是通过取一组等间距的值，并利用每个 t 值处累积分布函数的逆函数，通过绘制对应的 $\boldsymbol{z}$ 空间中的点而得到的。证明这等同于使用微分方程［式（18.27）］计算流线，其中 $\boldsymbol{f}$ 由式（18.28）定义。

18.10 （★★）使用微分方程［式（18.27）］写下连续标准化流的基础密度表达式，该表达式以输出密度形式表示，并在 t 上进行积分。利用改变定积分符号等同于交换积分限的事实，证明反转连续标准化流的计算成本与评估正向流的计算成本相同。

18.11 （★）证明 Hutchinson 的迹估计器［式（18.30）］右侧的期望等于 $\mathrm{Tr}(\boldsymbol{A})$，这对任何的 M 值都成立，从而证明该估计器是无偏的。

第19章 自编码器

深度学习的一个核心目标是发现数据的表示方法，为后续应用提供价值。自联想神经网络（auto-associative neural network）或自编码器（autoencoder）是获得广泛认可的学习数据内部表示的方法。其中神经网络的输入单元和输出单元的数量相同，训练目的是让输出 $\boldsymbol{y}$ 尽可能接近输入 $\boldsymbol{x}$。一旦训练完成，神经网络中的一个内部层就为每个新的输入提供一个表示 $\boldsymbol{z}(\boldsymbol{x})$。这样的网络可以划分成两部分：首先是编码器，它将输入 $\boldsymbol{x}$ 映射到一个隐式表示 $\boldsymbol{z}(\boldsymbol{x})$；其次是解码器，它将隐式表示映射到输出 $\boldsymbol{y}(\boldsymbol{z})$。

一个网络把自己的输入复制到输出，这就是一个很一般的自编码器，不解决任何实际问题。如果自编码器要找到非平凡解，就需要引入某种形式的约束。例如，这种约束可以要求 $\boldsymbol{z}$ 的维度小于 $\boldsymbol{x}$ 的维度，或者要求 $\boldsymbol{z}$ 具有稀疏表示。我们也可以改变训练的方式，迫使网络去探索非平凡解。例如，训练网络学会纠正输入向量的错误，比如清除加入的噪声或者填补遗漏的信息。这样的限制性条件能激励神经网络挖掘数据内部有价值的结构，从而获得更好的训练效果。

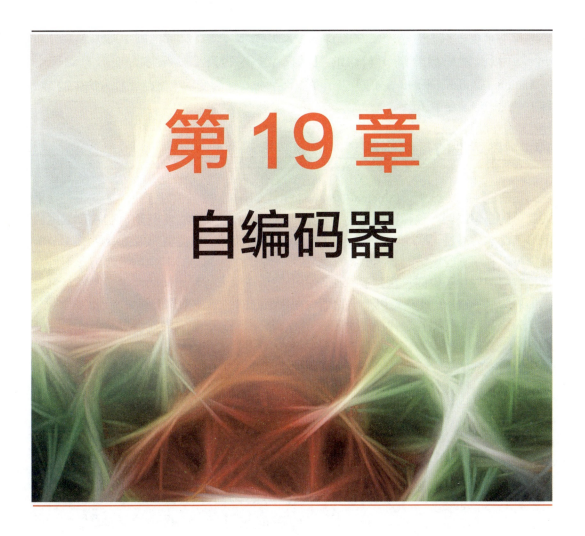

在本章中，我们将从确定性的自编码器开始学习，然后推广到学习编码器分布 $p(z|x)$ 以及解码器分布 $p(y|z)$ 的随机模型。这些概率模型称为变分自编码器（variational autoencoder），它们代表了我们训练非线性潜变量模型的 4 种方法中的第 3 种（参见 16.4.4 小节）。

19.1 确定性的自编码器

在研究主成分分析（Principal Component Analysis，PCA）时，我们遇到了一种形式简单的自编码器。这种模型通过对输入向量进行线性变换，将其映射到一个低维的流形上，然后通过再次线性变换，将其近似地重构回原始数据空间中（参见 16.1 节）。我们可以利用神经网络的非线性特点来定义一种非线性 PCA，其中的潜在流形不再是数据空间的线性子空间。这是通过使用输出数量与输入数量相同的网络，并针对每一组训练数据，通过优化权重以最小化输入与输出之间的某种重建误差来实现的。

简单的自编码器在现代深度学习中很少直接使用，因为它们在潜空间中既不能提供语义上有意义的表示，也不能直接从数据分布中生成新的样本。然而，它们为一些更强大的深度生成式模型（如变分自编码器）提供了重要的概念基础（参见 19.2 节）。

19.1.1 线性自编码器

首先考虑图 19.1 所示形式的多层感知机，它有 D 个输入单元、D 个输出单元和 M 个隐藏单元，其中 $M < D$。用来训练网络的目标向量就是输入向量本身，因此该网络试图将每个输入向量映射到其自身。我们称这样的网络形成了一个自联想（auto-associative）映射。由于隐藏单元的数量少于输入单元的数量，它通常无法完美地重构所有输入向量；因此，我们先定义一个误差函数，用来衡量输入向量及其重建之间的不匹配程度。然后通过最小化这个误差函数，来确定网络参数 $\boldsymbol{w}$。在这里，我们使用以下形式的平方和误差函数：

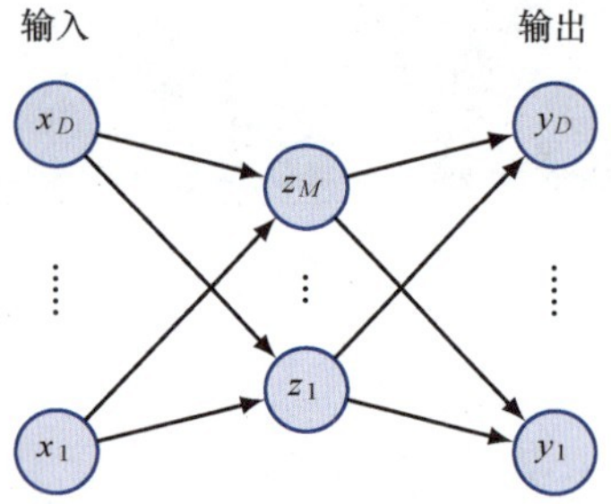

图 19.1 一个具有两层权重的多层感知机。这样的网络是通过最小化平方和误差来训练的，使得输入向量被映射到它们自身。即使隐藏层中有非线性单元，这样的网络也相当于线性主成分分析。为了清晰起见，表示偏置参数的连接已省略

$$E(\boldsymbol{w}) = \frac{1}{2}\sum_{n=1}^{N}\left\|\boldsymbol{y}(\boldsymbol{x}_n, \boldsymbol{w}) - \boldsymbol{x}_n\right\|^2 \tag{19.1}$$

如果隐藏单元具有线性激活函数，则可以证明误差函数具有唯一的全局最小值，并且在这个全局最小值处，网络执行一个投影操作把数据映射到由数据的前 M 个主成分所张成（span）的 M 维子空间上（Bourlard and Kamp, 1988; Baldi and Hornik, 1989）。因此，图 19.1 中通向隐藏单元的权重向量形成了一个张成主子空间的基集。请注意，

这些向量不必是正交或归一化的。这个结果并不在意料之外，因为 PCA 和神经网络都依赖于线性降维以及最小化相同的平方和误差函数。

有人可能会觉得，对图 19.1 所示网络的隐藏单元使用非线性激活函数，可以克服线性流形的局限性。然而，即使有非线性隐藏单元，最小误差解也仍然会被投影到主成分子空间（Bourlard and Kamp, 1988）。因此，使用两层神经网络进行降维没有任何优势。基于奇异值分解（SVD）的标准 PCA 技术可以保证在有限时间内给出正确解，并且生成一组有序的特征值及对应的正交归一化特征向量。

19.1.2 深度自编码器

然而，如果在网络中加入额外的非线性层，情况就有所不同了。以图 19.2 所示的四层自联想网络为例，输出单元仍然是线性的，并且第二层中的 M 个单元也可以是线性的。然而，第一层和第三层具有非线性激活函数。网络再次通过最小化损失函数［式（19.1）］来训练。我们可以将这个网络视为两个连续的函数映射（下文简称映射）F_1 和 F_2，如图 19.2 所示。第一个映射 F_1 将原始的 D 维数据投影到了由第二层单元的激活定义的 M 维子空间。因为第一层非线性单元的存在，这个映射非常通用，不受限于线性映射。类似地，该网络的后半部分定义了从 M 维隐藏空间回到原始 D 维输入空间的任意映射。这在几何上有一个简单的解释，参见图 19.3，其中 $D=3$ 且 $M=2$。

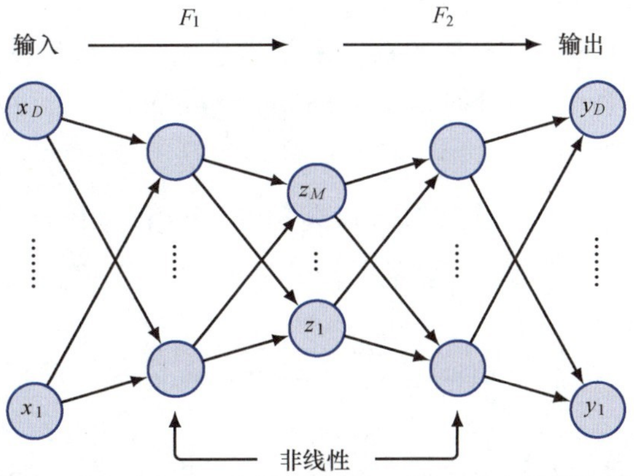

图 19.2 添加额外的非线性单元隐藏层会产生一个自联想网络，它可以执行非线性降维

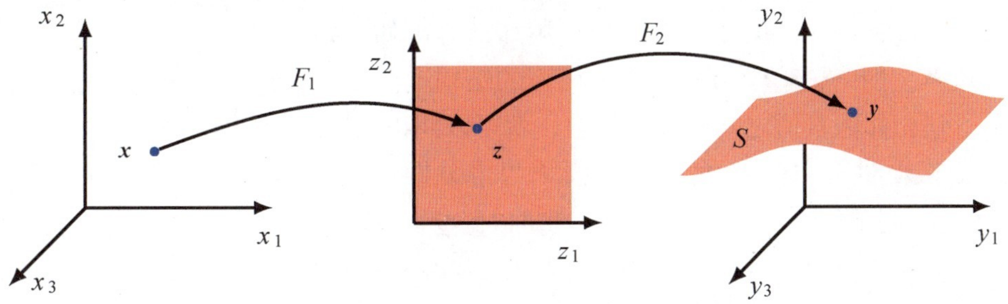

图 19.3 图 19.2 所示网络执行的映射的几何解释（具有 $D=3$ 个输入且第二层中有 $M=2$ 个单元的模型）从潜空间到数据空间的映射 F_2 定义了流形 S 在更高维数据空间中的嵌入方式。由于映射 F_2 可以是非线性的，因此流形 S 的嵌入可以是非平面的。映射 F_1 则定义了从原始 D 维数据空间到 M 维潜空间的投影

这样的网络实际上有效地执行了一种非线性形式的 PCA。它具有不受限于线性变换的优势，尽管标准 PCA 是它的一个特例。然而，现在训练网络需要进行非线性优化，因为误差函数［式（19.1）］不再是网络参数的二次函数。因此必须使用计算密集型的非线性优化技术，并且存在找到误差函数的次优局部极小值的风险。此外，在训练网络之前必须指定子空间的维数。

19.1.3 稀疏自编码器

与其限制网络中某个隐藏层的节点数量，不如考虑另一种约束内部表示的方法：使用正则化器鼓励稀疏表示，从而降低有效维度。一个简单的选择是 L_1 正则化器，它能促进数据的稀疏性，相应的正则化误差函数如下（参见 9.2.2 小节）：

$$\widetilde{E}(\boldsymbol{w}) = E(\boldsymbol{w}) + \lambda \sum_{k=1}^{K} |z_k| \tag{19.2}$$

其中 $E(\boldsymbol{w})$ 是未正则化的误差函数，求和操作是在隐藏层中所有单元的激活值上进行的。注意，正则化通常应用于网络的参数，而在这里它被用于单元激活值。所需的用于梯度下降训练的导数可以像往常一样使用自动微分来计算。

19.1.4 去噪自编码器

我们已经看到了在简单的自编码器中限制潜空间层的维度的重要性，这样能避免模型直接学习恒等映射。去噪自编码器（denoising autoencoders）（Vincent, 2008）也能迫使模型发现数据内部有趣的结构。其背后的思想是用噪声破坏每个输入向量 $\boldsymbol{x}_n$，得到一个修改后的向量 $\tilde{\boldsymbol{x}}_n$，然后将其输入自编码器，产生输出 $\boldsymbol{y}(\tilde{\boldsymbol{x}}_n, \boldsymbol{w})$。网络可以通过最小化平方和损失函数来训练，其目的是重建原始的无噪声输入向量：

$$E(\boldsymbol{w}) = \sum_{n=1}^{N} \left\| \boldsymbol{y}(\tilde{\boldsymbol{x}}_n, \boldsymbol{w}) - \boldsymbol{x}_n \right\|^2 \tag{19.3}$$

添加噪声的一种方法是随机地把一些输入变量设置为零。此类输入所占的比例 ν 代表噪声水平，并且范围是 $0 \leqslant \nu \leqslant 1$。添加噪声的另一种方法是为每个输入变量添加独立的零均值高斯噪声，其中噪声的规模由高斯分布的方差设定。通过学习去除输入数据中的噪声，网络被迫学习数据方方面面的结构。例如，如果数据包含图像，网络只需要学习到相邻像素值之间的强相关性，就可以纠正被噪声损坏的像素。

更正式地讲，去噪自编码器的训练与得分匹配（Vincent, 2011）相关，得分由 $\boldsymbol{s}(\boldsymbol{x}) = \nabla_{\boldsymbol{x}} \ln p(\boldsymbol{x})$ 定义。图 19.4 说明了我们对这种关系的一些直观的理解。自编码器通过学习逆转失真向量 $\tilde{\boldsymbol{x}}_n - \boldsymbol{x}_n$，学习了数据空间中每个点的一个向量，该向量指向流形，从而指向高数据密度区域。得分向量 $\nabla \ln p(\boldsymbol{x})$ 同样是一个指向高数据密度区域的向量。等到讨论扩散模型时，我们将更深入地探索得分匹配和去噪之间的关系。扩散模型也会学习从那些被噪声破坏的输入中去除噪声（参见 20.3 节）。

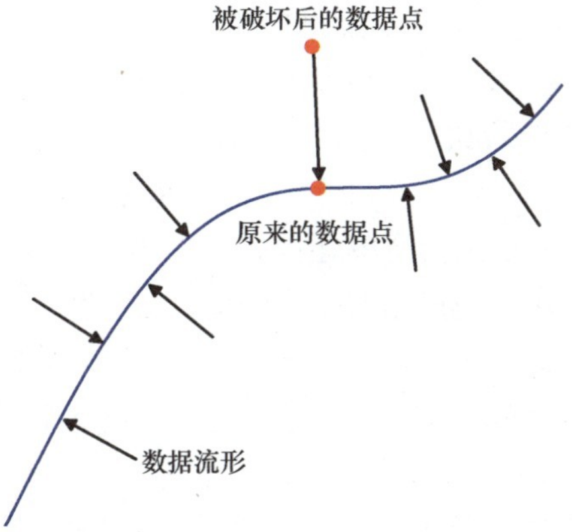

图 19.4 在去噪自编码器中，数据点被假定存在于数据空间中的一个低维流形上，并且被加性噪声破坏了。自编码器会学习将损坏的数据点映射回它们原来的值，因此自编码器为数据空间中的每个点学习了一个指向流形的向量

19.1.5 掩蔽自编码器

我们已经看到，借助随机遮盖输入子集的自监督学习方式，像 BERT 这样的 Transformer 模型能学习到自然语言的深层次内部表示（参见 12.2 节）。人们很自然地会问，类似的方法能应用于自然图像吗？掩蔽自编码器（masked autoencoder）（He, 2021）旨在利用深度神经网络，根据输入图像的损坏版本重建图像，这与去噪自编码器类似。在这种情况下，损坏（corruption）的形式是掩蔽或删除输入图像的一部分。这种技术通常可以与视觉 Transformer 架构结合起来使用（参见 12.4.1 小节），因为在这种情况下，仅仅通过传递随机选定的输入补丁标记（input patch token）子集给编码器，就可以轻松实现对输入图像的部分进行掩蔽。图 19.5 总结了整个算法。

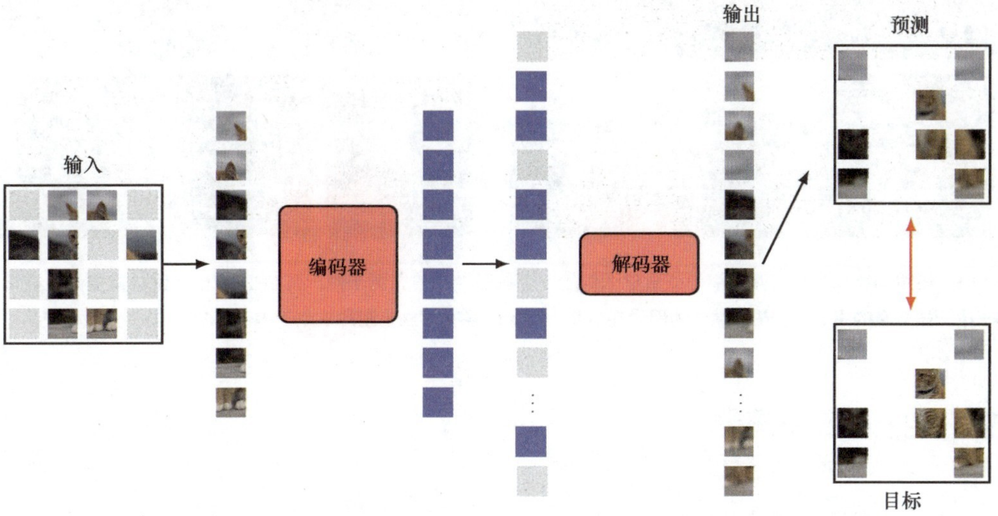

图 19.5 掩蔽自编码器在训练阶段的架构。注意，目标是输入的补集，因为损失仅应用于被掩蔽的区块。训练结束后，解码器被抛弃，编码器用于将图像映射到内部表示，以便在后续任务中使用

和语言不同，图像具有更多的冗余，并伴有强烈的局部相关性。在一句话中省略一个单词可能会大大增加歧义，然而随机移除图像中的一小块通常对图像的语义影响很小。当输入图像有较高掩蔽比例（通常为 75%）时，算法能学到最佳的内部表示，而 BERT 中的掩蔽比例仅为 15%。在 BERT 中，掩蔽的输入被固定的掩蔽符号替换；而在掩蔽自编码器中，掩蔽的区块简单地被省略。考虑到 Transformer 的计算效率随着输入序列长度的增加而下降，通过省略大量的输入区块，我们可以节省大量的计算资源，因此掩蔽自编码器成为预训练大型 Transformer 编码器的优选。

由于解码器层同样是 Transformer，它需要按照原始图像的维度来运作。因为 Transformer 的输出与输入具有相同的维度，我们需要在编码器输出和解码器输入之间恢复图像的维度。这可以通过重新引入被掩蔽的区块来实现，每个片段标记都增加了位置编码信息，并且由固定的掩蔽标记向量表示。由于解码器表示的维度远高于编码器，解码器 Transformer 拥有的可学习参数远少于编码器 Transformer。解码器的输出对接的是一个可学习的线性层，用于将输出表示映射到像素值空间，而训练损失函数的作用就是简单地对每个图像缺失区块的均方误差取平均值。

图 19.6 展示了使用训练成功的掩蔽自编码器重建图像的 4 个例子，展示了训练后的自编码器在生成合理语义上可信的重构能力。然而，我们最终的目标是学习对后续下游任务有用的内部表示，因此我们舍弃了解码器，而把编码器应用于没有遮蔽的完整图像，并配备了一组针对所需应用而微调的新输出层。请注意，虽然这一算法最初是为图像数据而设计的，但理论上可以应用于任何模态的数据。

图 19.6 使用训练成功的掩蔽自编码器重建图像的 4 个例子。在这些例子中，有 80% 的输入区块被掩蔽。在每个例子中，被掩蔽的图像在左侧，重建的图像在中间，原始图像在右侧［图片来源于 He et al.(2021)，经授权使用］

19.2 变分自编码器

潜变量模型的似然函数由下式给出：

$$p(\boldsymbol{x}|\boldsymbol{w}) = \int p(\boldsymbol{x}|\boldsymbol{z},\boldsymbol{w})p(\boldsymbol{z})\mathrm{d}\boldsymbol{z} \tag{19.4}$$

其中 $p(\boldsymbol{x}|\boldsymbol{z},\boldsymbol{w})$ 由一个深度神经网络定义。这个似然函数是难以处理的，因为关于 $\boldsymbol{z}$ 的积分无法解析计算。变分自编码器（Variational AutoEncoder，VAE）（Kingma and Welling, 2013；Rezende, Mohamed, and Wierstra, 2014; Doersch，2016；Kingma and Welling, 2019）在训练模型时使用了这个似然函数的近似表示来解决这一难题。VAE 背后的关键思想如下：（1）使用证据下界来近似似然函数，从而与 EM 算法形成紧密联系；（2）借助摊销推断（即使用编码器网络）来近似 E 步骤中潜变量上的后验分布，而不是精确评估每个数据点的后验分布；（3）使用重参数化（reparameterization trick）技巧实现编码器模型的可微分训练（参见 15.3 节）。

考虑一个生成式模型，其条件分布 $p(\boldsymbol{x}|\boldsymbol{z},\boldsymbol{w})$ 覆盖了由深度神经网络输出控制的 D 维数据变量 $\boldsymbol{x}$。例如，$\boldsymbol{g}(\boldsymbol{z},\boldsymbol{w})$ 可能表示高斯条件分布的均值。同时考虑 M 维潜变量 $\boldsymbol{z}$ 的分布，它由零均值、单位方差的高斯分布给出：

$$p(\boldsymbol{z})=\mathcal{N}(\boldsymbol{z}|\boldsymbol{0},\boldsymbol{I}) \tag{19.5}$$

为了推导出 VAE 的近似，首先回想一下，对于由潜变量 $\boldsymbol{z}$ 描述的空间上的任意概率分布 $q(\boldsymbol{z})$，以下关系成立（参见 15.4 节）：

$$\ln p(\boldsymbol{x}|\boldsymbol{w})=\mathcal{L}(\boldsymbol{w})+\mathrm{KL}\left(q(\boldsymbol{z})\,\|\,p(\boldsymbol{z}|\boldsymbol{x},\boldsymbol{w})\right) \tag{19.6}$$

其中 $\mathcal{L}$ 是证据下界（evidence lower bound）或 ELBO，也称变分下界（variational lower bound），由下式给出：

$$\mathcal{L}(\boldsymbol{w})=\int q(\boldsymbol{z})\ln\left\{\frac{p(\boldsymbol{x}|\boldsymbol{z},\boldsymbol{w}))p(\boldsymbol{z})}{q(\boldsymbol{z})}\right\}\mathrm{d}\boldsymbol{z} \tag{19.7}$$

Kullback-Leibler 散度（简称 KL 散度）KL(·‖·) 定义如下：

$$\mathrm{KL}\left(q(\boldsymbol{z})\,\|\,p(\boldsymbol{z}|\boldsymbol{x},\boldsymbol{w})\right)=-\int q(\boldsymbol{z})\ln\left\{\frac{p(\boldsymbol{z}|\boldsymbol{x},\boldsymbol{w})}{q(\boldsymbol{z})}\right\}\mathrm{d}\boldsymbol{z} \tag{19.8}$$

由于 KL 散度满足 $\mathrm{KL}(q\,\|\,p)\geqslant 0$，可以得到

$$\ln p(\boldsymbol{x}|\boldsymbol{w})\geqslant\mathcal{L} \tag{19.9}$$

所以 $\mathcal{L}$ 是 $\ln p(\boldsymbol{x}|\boldsymbol{w})$ 的证据下界。虽然对数似然函数 $\ln p(\boldsymbol{x}|\boldsymbol{w})$ 难以直接计算，但我们可以使用蒙特卡洛估计方法来评估这个下界，从而使它近似于真实对数似然函数的值。

考虑从模型分布 $p(\boldsymbol{x})$ 中独立采样的训练数据集 $\mathcal{D}=\{x_1,\cdots,x_N\}$。这个数据集的对数似然函数由下式给出：

$$\ln p(\mathcal{D}|\boldsymbol{w})=\sum_{n=1}^{N}\mathcal{L}_n+\sum_{n=1}^{N}\mathrm{KL}\left(q_n(\boldsymbol{z}_n)\,\|\,p(\boldsymbol{z}_n|\boldsymbol{x}_n,\boldsymbol{w})\right) \tag{19.10}$$

其中

$$\mathcal{L}_n = \int q_n(\boldsymbol{z}_n) \ln \left\{ \frac{p(\boldsymbol{x}_n | \boldsymbol{z}_n, \boldsymbol{w}) p(\boldsymbol{z}_n)}{q_n(\boldsymbol{z}_n)} \right\} \mathrm{d}\boldsymbol{z}_n \tag{19.11}$$

请注意，这引入了与每个数据向量 $\boldsymbol{x}_n$ 相对应的单独潜变量 $\boldsymbol{z}_n$，就像我们在混合模型和概率 PCA 模型中看到的那样。因此，每个潜变量都有自己的独立分布 $q_n(\boldsymbol{z}_n)$，且都可以单独优化（参见 15.2 节和 16.2 节）。

由于式（19.10）对任意选取的分布 $q_n(\boldsymbol{z})$ 都成立，我们可以选择能使下限 $\mathcal{L}_n$ 最大化的分布，或等价地选择最小化 KL 散度 KL $\left(q_n(\boldsymbol{z}_n) \| p(\boldsymbol{z}_n | \boldsymbol{x}_n, \boldsymbol{w})\right)$ 的分布。在先前讨论的简单高斯混合模型和概率 PCA 模型中，我们可以在 EM 算法的 E 步骤中精确计算这些后验分布，即将每个 $q_n(\boldsymbol{z}_n)$ 设置为相应的后验分布 $p(\boldsymbol{z}_n | \boldsymbol{x}_n, \boldsymbol{w})$。此时 KL 散度降为 0，因此下界等于真实的对数似然。图 19.7 使用我们之前在生成对抗网络相关章节所举的简单例子解释了后验分布（参见 16.4.1 小节）。

$\boldsymbol{z}_n$ 的精确后验分布由贝叶斯定理给出：

$$p(\boldsymbol{z}_n | \boldsymbol{x}_n, \boldsymbol{w}) = \frac{p(\boldsymbol{x}_n | \boldsymbol{z}_n, \boldsymbol{w}) p(\boldsymbol{z}_n)}{p(\boldsymbol{x}_n | \boldsymbol{w})} \tag{19.12}$$

对于深度生成式模型，式（19.12）中的分子是可以直接计算的。然而分母是由似然函数给出的，难以解析计算。因此，我们需要找到一个对后验分布的近似。原则上，我们可以考虑为每个分布 $q_n(\boldsymbol{z}_n)$ 单独建立参数化模型，并进行数值优化，但计算成本非常高，特别是对于大数据集来说，此外还需要在每次更新 $\boldsymbol{w}$ 后重新计算分布。因此，我们决定换一个方向，引入第二个神经网络来探索一个更有效的近似框架。

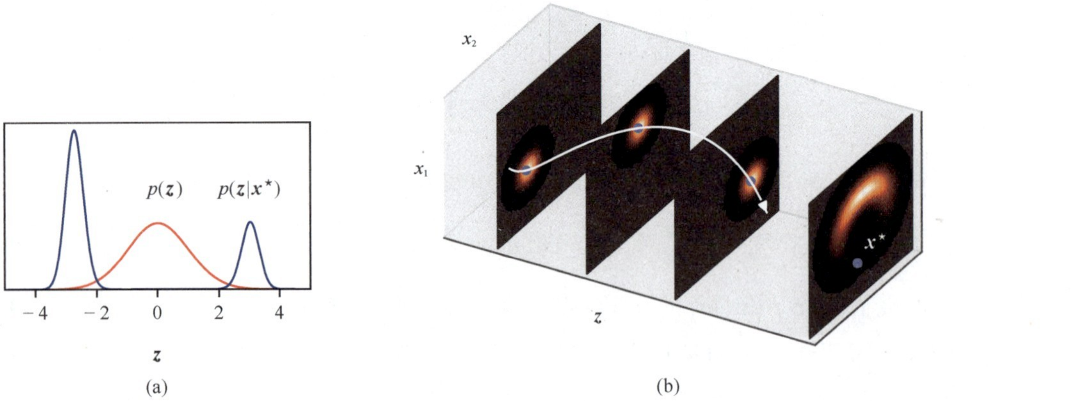

图 19.7 与图 16.13 相似，计算非线性潜变量模型的后验分布。边缘分布 $p(\boldsymbol{x})$ 显示在 (b) 的最右侧图中，其具有香蕉形状，数据点 $\boldsymbol{x}^\star$ 更接近香蕉形状的尖端。后验分布 $p(z|\boldsymbol{x}^\star)$ 显示在 (a) 中，它是双模态的，即使先验分布 $p(z)$ 是单模态的［来源于 Prince (2020)，经授权使用］

19.2.1 摊销推理

在变分自编码器中，我们不再单独为每个数据点 $\boldsymbol{x}_n$ 计算一个后验分布 $p(\boldsymbol{z}_n \mid \boldsymbol{x}_n, \boldsymbol{w})$，而是通过训练一个称为编码器网络的神经网络来近似所有这些分布。这种技术称为摊销推理（amortized inference），要求编码器生成单一的分布 $q(\boldsymbol{z} \mid \boldsymbol{x}, \phi)$，该分布以 $\boldsymbol{x}$ 为条件，其中 ϕ 代表网络参数。由证据下界给出的目标函数现在同时依赖于 ϕ 和 $\boldsymbol{w}$，我们可以使用基于梯度的优化方法来联合优化这两组参数。

因此，VAE 包含两个参数独立但能联合训练的神经网络：一个编码器网络，用于将数据向量映射到潜空间；一个解码器网络，用于将潜空间向量映射回数据空间。这类似于简单的神经网络自编码器模型，所不同的是，我们在潜空间中定义了一个概率分布。我们将看到，编码器根据贝叶斯定理计算解码器的近似概率逆过程——即根据给定观测数据推断潜变量的分布。

在变分自编码器中，编码器的一个典型选择是具有对角协方差矩阵的高斯分布，其均值 μ_j 和方差 σ_j^2 由一个以 $\boldsymbol{x}$ 作为输入的神经网络给出：

$$q(\boldsymbol{z} \mid \boldsymbol{x}, \phi) = \prod_{j=1}^{M} \mathcal{N}\left(z_j \mid \mu_j(\boldsymbol{x}, \phi), \sigma_j^2(\boldsymbol{x}, \phi)\right) \tag{19.13}$$

请注意，均值 $\mu_j(\boldsymbol{x}, \phi)$ 位于区间 $(-\infty, \infty)$，因此相应的输出单元激活函数可以是线性的；而方差 $\sigma_j^2(\boldsymbol{x}, \phi)$ 必须是非负的，所以相关的输出单元通常使用指数函数 $\exp(\cdot)$ 作为激活函数。

我们的优化目标是使用基于梯度的优化方法，针对参数 ϕ 和 $\boldsymbol{w}$ 最大化这个下界，这通常使用基于小批量数据的随机梯度下降法来实现。尽管是联合优化参数，但从概念上我们可以交替地优化 ϕ 和 $\boldsymbol{w}$，如图 19.8 所示。

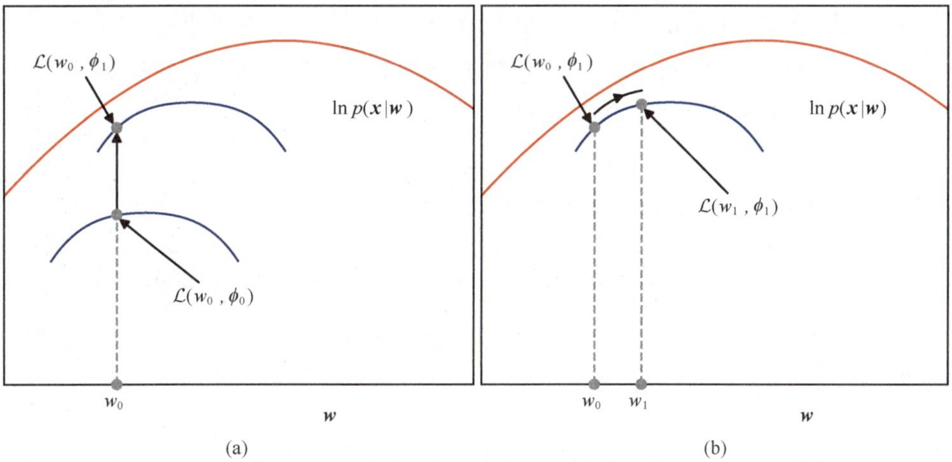

图 19.8 对证据下界（ELBO）行进优化的示意图。(a) 对于解码器网络参数 $\boldsymbol{w}$ 的给定值 w_0，我们可以通过优化编码器网络的参数 ϕ 来提高这个下界的值。(b) 对于给定的 ϕ 值，我们可以通过优化 $\boldsymbol{w}$ 来增大 ELBO 函数的值。请注意，蓝色曲线所示的 ELBO 函数始终位于红色曲线所示的对数似然函数之下，这是因为编码器网络通常无法完全匹配真实的后验分布

ELBO 优化与 EM 算法的一个关键区别是，对于给定的 $\boldsymbol{w}$ 值，相对于编码器参数 ϕ 的优化通常不会将 KL 散度降低到零，因为编码器网络并不能完美地预测后验潜在分布，所以下界和真实对数似然之间存在残差。尽管基于深度神经网络的编码器非常灵活，但它并不能精确地模拟真实的后验分布，原因如下：（1）真实的条件后验分布未必服从因子分解的高斯分布；（2）即使是一个大型神经网络，也存在灵活性方面的限制；（3）训练过程只是一个近似的优化。图 19.9 对 EM 算法和 ELBO 优化之间的关系做了总结。

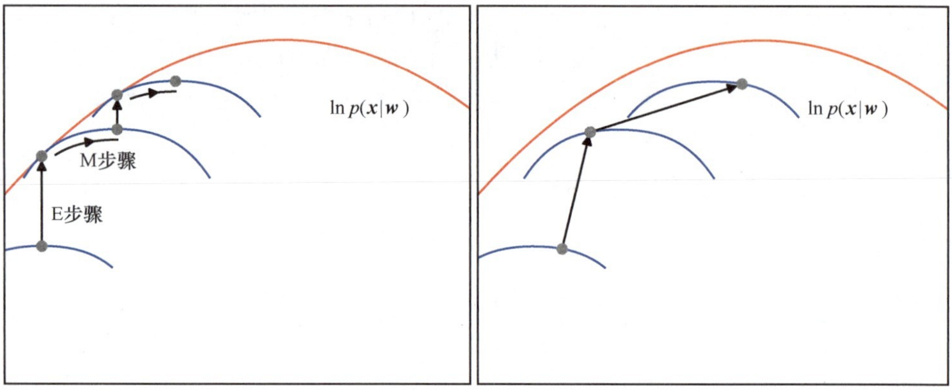

(a) (b)

图 19.9 EM 算法和 ELBO 优化之间的关系。(a) 在 EM 算法中，我们在 E 步骤中交替更新变分后验分布，并在 M 步骤中更新模型参数。E 步骤是精确的，在每个 E 步骤之后，下界与对数似然之间的差距将减小到零。(b) 在 ELBO 优化中，我们执行的是编码器网络参数 ϕ（类似于 E 步骤）和解码器网络参数 $\boldsymbol{w}$（类似于 M 步骤）的联合优化

19.2.2 重参数化技巧

遗憾的是，到目前为止，下界［式（19.11）］仍然难以直接计算，因为在潜变量 $\boldsymbol{z}_n$ 的积分过程中，解码器网络会导致被积函数对潜变量存在复杂的依赖关系。对于数据点 $\boldsymbol{x}_n$，其对下界的贡献可以表示为：

$$\begin{aligned}\mathcal{L}_n(\boldsymbol{w},\phi) &= \int q(\boldsymbol{z}_n|\boldsymbol{x}_n,\phi)\ln\left\{\frac{p(\boldsymbol{x}_n|\boldsymbol{z}_n,\boldsymbol{w})p(\boldsymbol{z}_n)}{q(\boldsymbol{z}_n|\boldsymbol{x}_n,\phi)}\right\}\mathrm{d}\boldsymbol{z}_n \\ &= \int q(\boldsymbol{z}_n|\boldsymbol{x}_n,\phi)\ln p(\boldsymbol{x}_n|\boldsymbol{z}_n,\boldsymbol{w})\mathrm{d}\boldsymbol{z}_n - \mathrm{KL}\left(q(\boldsymbol{z}_n|\boldsymbol{x}_n,\phi)\,\|\,p(\boldsymbol{z}_n)\right)\end{aligned} \tag{19.14}$$

式（19.14）右侧的第二项是两个高斯分布之间的 KL 散度，并且可以解析评估（见习题 2.27）：

$$\mathrm{KL}\left(q(\boldsymbol{z}_n|\boldsymbol{x}_n,\phi)\,\|\,p(\boldsymbol{z}_n)\right) = \frac{1}{2}\sum_{j=1}^{M}\left\{1+\ln\sigma_j^2(\boldsymbol{x}_n)-\mu_j^2(\boldsymbol{x}_n)-\sigma_j^2(\boldsymbol{x}_n)\right\} \tag{19.15}$$

对于式（19.14），我们可以尝试用一个简单的蒙特卡洛估计法来近似潜变量 $\boldsymbol{z}_n$ 上的积分：

$$\int q(z_n \mid \boldsymbol{x}_n, \phi) \ln p(\boldsymbol{x}_n \mid z_n, \boldsymbol{w}) \mathrm{d}z_n \approx \frac{1}{L} \sum_{l=1}^{L} \ln p\left(\boldsymbol{x}_n \mid z_n^{(l)}, \boldsymbol{w}\right) \tag{19.16}$$

其中 $z_n^{(l)}$ 是从编码器分布 $q(z_n \mid \boldsymbol{x}_n, \phi)$ 中采样。关于 $\boldsymbol{w}$ 求导很容易，但关于 ϕ 求梯度却存在问题，因为参数 ϕ 的变化也会改变采样分布 $q(z_n \mid \boldsymbol{x}_n, \phi)$。然而这些样本是固定值，所以我们没有办法获取这些样本相对于 ϕ 的导数。从概念上讲，我们可以认为将潜变量 z_n 固定到特定样本值的过程阻止了误差信号向编码器网络的反向传播，如图 19.10 所示。

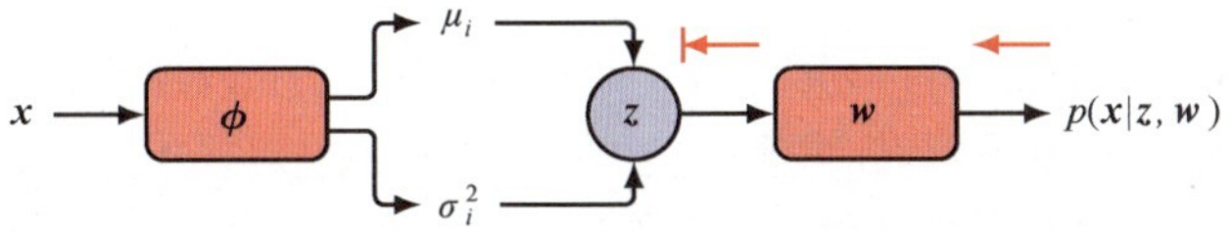

图 19.10 将潜变量 z 固定到特定采样值的过程阻止了误差信号向编码器网络的反向传播

我们可以使用重参数化技巧来解决这个问题。重新设计蒙特卡洛采样过程，以便明确计算相对于 ϕ 的导数。首先请注意，如果 ε 是一个均值为零且方差为单位方差的高斯随机变量，那么：

$$z = \sigma\varepsilon + \mu \tag{19.17}$$

z 将具有均值为 μ 、方差为 σ^2 的高斯分布（见习题 19.2）。将其应用于式（19.16）中的采样过程，其中 μ 和 σ 由编码器网络的输出 $\mu_j(\boldsymbol{x}_n, \phi)$ 和 $\sigma_j^2(\boldsymbol{x}_n, \phi)$ 确定，分别对应于式（19.13）的均值和方差。我们不直接从潜变量 z_n 采样，而是对 ε 采样，并使用式（19.17）计算对应的 z_n 样本：

$$z_{nj}^{(l)} = \mu_j(x_n, \phi)\varepsilon_{nj}^{(l)} + \sigma_j^2(x_n, \phi) \tag{19.18}$$

其中 $l = 1, \cdots, L$ 是样本的索引。该方法显式建立 ϕ 与采样值之间的依赖关系，使梯度计算可行，如图 19.11 所示。

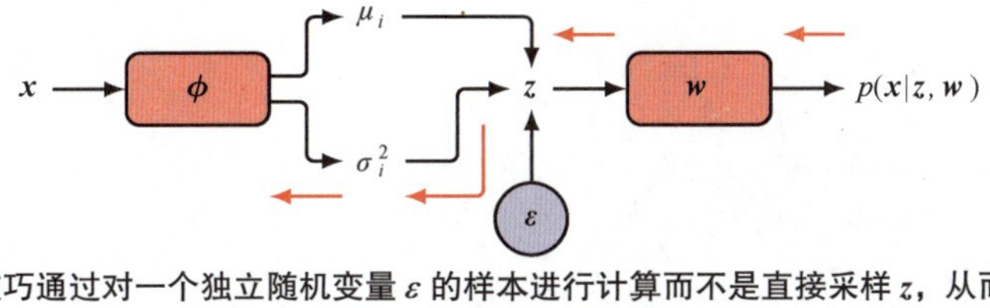

图 19.11 重参数化技巧通过对一个独立随机变量 ε 的样本进行计算而不是直接采样 z，从而允许误差信号反向传播到编码器网络。得到的模型可以使用基于梯度的优化来学习编码器网络和解码器网络的参数

重参数化技巧可以扩展到其他分布，但仅限于连续变量上的分布。有的估计器可以直接计算梯度而无须使用重参数化技巧（Williams, 1992），但这些估计器的方差很

大，因此重参数化技巧也可以看作一种有效的方差降低技术。

使用我们特定的建模假设，VAE 的完整损失函数变为

$$\mathcal{L}=\sum_{n}\left\{\frac{1}{2}\sum_{j=1}^{M}\left\{1+\ln\sigma_{nj}^{2}-\mu_{nj}^{2}-\sigma_{nj}^{2}\right\}+\frac{1}{L}\sum_{l=1}^{L}\ln p\left(\boldsymbol{x}_{n}\mid\boldsymbol{z}_{n}^{(l)},\boldsymbol{w}\right)\right\} \tag{19.19}$$

其中 $\boldsymbol{z}_n^{(l)}$ 由元素 $z_{nj}^{(l)}=\sigma_{nj}\varepsilon^{(l)}+\mu_{nj}$ 构成，$\mu_{nj}=\mu_j\left(\boldsymbol{x}_n,\phi\right)$，$\sigma_{nj}=\sigma_j\left(\boldsymbol{x}_n,\phi\right)$。在式（19.19）中，求和操作遍历当前小批量中的所有数据点。每个数据点 $\boldsymbol{x}_n$ 的样本数 L 通常设置为 1，即仅使用单个样本进行估计。尽管这种设置会导致对证据下界的计算结果存在噪声，但由于随机梯度优化过程本身就具有噪声，该策略在整体上仍能实现更高效的参数优化。

我们可以将 VAE 训练总结如下。对于小批量中的每个数据点，通过编码器网络前向传播来计算近似潜变量分布的均值和方差，并使用重参数化技巧从该分布中采样，然后将这些样本通过解码器网络传播以计算证据下界［式（19.19）］。最后使用自动微分计算相对于 $\boldsymbol{w}$ 和 ϕ 的梯度。算法 19.1 对 VAE 训练做了总结，为了清晰起见，我们省略了使用小批量数据点这一细节。一旦模型训练完成，编码器网络就被丢弃，新的数据点将通过从先验分布 $p(\boldsymbol{z})$ 中采样并通过解码器网络前向传播来生成数据空间中的样本。

算法19.1： VAE训练

Input: Training data set $\mathcal{D}=\{\boldsymbol{x}_1,\cdots,\boldsymbol{x}_N\}$
Encoder network $\{\mu_j(\boldsymbol{x}_n,\boldsymbol{\phi}),\sigma_j^2(\boldsymbol{x}_n,\boldsymbol{\phi})\},\quad j\in\{1,\cdots,M\}$
Decoder network $\boldsymbol{g}(\boldsymbol{z},\boldsymbol{w})$
Initial weight vectors $\boldsymbol{w},\boldsymbol{\phi}$
Learning rate η
Output: Final weight vectors $\boldsymbol{w},\boldsymbol{\phi}$

repeat
　$\mathcal{L}\leftarrow 0$
　for $j\in\{1,\cdots,M\}$ **do**
　　$\varepsilon_{nj}\sim\mathcal{N}(0,1)$
　　$z_{nj}\leftarrow\mu_j(\boldsymbol{x}_n,\boldsymbol{\phi})\varepsilon_{nj}+\sigma_j^2(\boldsymbol{x}_n,\boldsymbol{\phi})$
　　$\mathcal{L}\leftarrow\mathcal{L}+\frac{1}{2}\left\{1+\ln\sigma_{nj}^2-\mu_{nj}^2-\sigma_{nj}^2\right\}$
　end for
　$\mathcal{L}\leftarrow\mathcal{L}+\ln p(\boldsymbol{x}_n|\boldsymbol{z}_n,\boldsymbol{w})$
　$\boldsymbol{w}\leftarrow\boldsymbol{w}+\eta\nabla_{\boldsymbol{w}}\mathcal{L}$ // 更新解码器权重
　$\boldsymbol{\phi}\leftarrow\boldsymbol{\phi}+\eta\nabla_{\boldsymbol{\phi}}\mathcal{L}$ // 更新编码器权重
until converged
return $\boldsymbol{w},\boldsymbol{\phi}$

训练成功后，我们想要评估模型表示新测试点 $\hat{\boldsymbol{x}}$ 的效果如何。由于对数似然是不可计算的，我们可以使用证据下界 $\mathcal{L}$ 作为近似。对此，我们可以从 $q(\boldsymbol{z}\mid\hat{\boldsymbol{x}},\phi)$ 中采样，因为这比从 $p(\boldsymbol{z})$ 中采样能提供更准确的估计。

VAE 有许多变种。当应用于图像数据时，编码器通常基于卷积操作，而解码器则基于转置卷积（有时也称反卷积）操作（参见 10.5.3 小节）。在条件 VAE 中，编码器和解码器都将一个条件变量 $\boldsymbol{c}$ 作为额外的输入。例如，我们可能想要生成物体的图像，此时 $\boldsymbol{c}$ 代表物体的类别。潜空间的先验分布 $p(\boldsymbol{z})$ 既可以是一个简单的高斯分布，也可以扩展成另一个神经网络给出的条件分布 $p(\boldsymbol{z}|\boldsymbol{c})$，训练与测试过程与之前类似。

注意，式（19.14）中的第一项鼓励编码器分布 $q(\boldsymbol{z}|\boldsymbol{x},\phi)$ 接近先验分布 $p(\boldsymbol{z})$，从而使解码器在生成模式下，通过从 $p(\boldsymbol{z})$ 采样，能够产生逼真的输出。在训练 VAE 时，可能会出现一个问题，即变分分布 $q(\boldsymbol{z}|\boldsymbol{x},\phi)$ 收敛到先验分布 $p(\boldsymbol{z})$，这意味着变分分布没有从输入 $\boldsymbol{x}$ 中学到有价值的信息。实际上，潜在编码被忽略了，因为它对输入 $\boldsymbol{x}$ 没有区分能力。这称为后验崩塌（posterior collapse）。此时，如果我们取一个输入并编码，然后解码，我们将得到一个看起来模糊不清的重建结果。在这种情况下，KL 散度 $\mathrm{KL}(q(\boldsymbol{z}|\boldsymbol{x},\phi)\|p(\boldsymbol{z}))$ 接近于零。

另一种问题发生在潜在编码没有被压缩的情况下，具体表现是，即使能得到高度准确的重建结果，但从 $p(\boldsymbol{z})$ 采样并通过解码器网络生成的输出质量却很差，不像训练数据。在这种情况下，KL 散度相对较大，并且因为训练系统获得了一个与先验分布完全不同的变分分布，从先验分布中采样的样本不会生成逼真的输出。

这两个问题都可以通过在式（19.14）的第一项前引入一个系数 β 来解决，以控制 KL 散度的正则化效果，通常 $\beta>1$（Higgins et al., 2017）。如果重建结果很差，则可以增大 β；而如果生成的样本很差，则可以减小 β。β 的值也可以根据退火调度来设置，即它从一个小的值开始，并在训练期间逐渐增大。

最后请注意，虽然我们在本章中只讨论了一个表示高斯输出分布均值的解码器网络 $\boldsymbol{g}(\boldsymbol{z},\boldsymbol{w})$，但我们可以扩展 VAE，让它包含代表高斯分布方差的输出，或进一步让它表示其他更复杂分布的参数，以描绘更广泛多变的数据特征（参见 6.5 节）。

习题

19.1 （⋆⋆）证明对于任何分布 $q(\boldsymbol{z}|\phi)$ 和任何函数 $G(\boldsymbol{z})$，以下关系成立：

$$\nabla_{\phi}\int q(\boldsymbol{z}|\phi)G(\boldsymbol{z})\mathrm{d}\boldsymbol{z}=\int q(\boldsymbol{z}|\phi)G(\boldsymbol{z})\nabla_{\phi}\ln q(\boldsymbol{z}|\phi)\mathrm{d}\boldsymbol{z} \tag{19.20}$$

证明式（19.20）左侧的部分可以通过以下蒙特卡洛估计器来近似：

$$\nabla_{\phi}\int q(\boldsymbol{z}|\phi)G(\boldsymbol{z})\mathrm{d}\boldsymbol{z}\approx\sum_{i}G\left(\boldsymbol{z}^{(i)}\right)\nabla_{\phi}\ln q\left(\boldsymbol{z}^{(i)}|\phi\right) \tag{19.21}$$

其中样本集 $\{\boldsymbol{z}^{(i)}\}$ 是独立地从分布 $q(\boldsymbol{z}|\phi)$ 中抽取的。验证这个估计器是无偏的，即式（19.21）右侧部分的平均值在样本分布上取平均后等于式（19.21）左侧部分。原则上，通过设置 $G(\boldsymbol{z})=p(\boldsymbol{x}|\boldsymbol{z},\boldsymbol{w})$，这个结果将允许在不使用重参数化技巧的情况下计算式（19.14）右侧第二项关于 ϕ 的梯度。另外，由于这种方法是

无偏的，因此它能够在无限数量的样本极限下给出精确答案。然而，重参数化技巧更有效率，因为可以直接计算 ϕ 的改变而导致 z 的改变所引起的 $p(\boldsymbol{x}|z,\boldsymbol{w})$ 的变化，这意味着只需要更少的样本就能获得良好的准确度。

19.2 （⋆）验证如果 ε 具有零均值、单位方差的高斯分布，则式（19.17）中的变量 z 将具有均值为 μ、方差为 σ^2 的高斯分布。

19.3 （⋆⋆）将具有对角协方差矩阵的 VAE 编码器网络［式（19.13）］扩展成一个具有一般协方差矩阵的网络。考虑一个从简单高斯分布中抽取的 K 维随机向量：

$$\boldsymbol{\varepsilon} \sim \mathcal{N}(\boldsymbol{z}|\boldsymbol{0},\boldsymbol{I}) \tag{19.22}$$

然后使用下面的关系对其进行线性变换：

$$\boldsymbol{z} = \boldsymbol{\mu} + \boldsymbol{L}\boldsymbol{\varepsilon} \tag{19.23}$$

其中 $\boldsymbol{L}$ 是一个下三角矩阵（即一个 $K \times K$ 矩阵，其中主对角线以上所有的元素都是零）。证明 $\boldsymbol{z}$ 具有分布 $\mathcal{N}(\boldsymbol{z}|\boldsymbol{\mu};\boldsymbol{\Sigma})$，并写出 $\boldsymbol{\Sigma}$ 关于 $\boldsymbol{L}$ 的表达式，解释为什么 $\boldsymbol{L}$ 的对角元素必须是非负的。描述 $\boldsymbol{\mu}$ 和 $\boldsymbol{L}$ 如何才能够作为神经网络的输出，并讨论适合的输出单元激活函数。

19.4 （⋆⋆）计算式（19.14）中的 KL 散度项，并计算这一项相对于 $\boldsymbol{w}$ 和 ϕ 的梯度，以便训练编码器网络和解码器网络。

19.5 （⋆）式（19.11）给出的证据下界可以写成式（19.14）的形式，证明其也可以写成如下形式：

$$\begin{aligned}\mathcal{L}_n(\boldsymbol{w},\phi) = &\int q(z_n|\boldsymbol{x}_n,\phi)\ln\{p(\boldsymbol{x}_n|z_n,\boldsymbol{w})p(z_n)\}\mathrm{d}z_n - \\ &\int q(z_n|\boldsymbol{x}_n,\phi)\ln q(z_n|\boldsymbol{x}_n,\phi)\mathrm{d}z_n\end{aligned} \tag{19.24}$$

19.6 （⋆）证明式（19.11）给出的证据下界可以写成如下形式：

$$\begin{aligned}\mathcal{L}_n(\boldsymbol{w},\phi) = &\int q(z_n|\boldsymbol{x}_n,\phi)\ln p(z_n)\mathrm{d}z_n + \\ &\int q(z_n|\boldsymbol{x}_n,\phi)\ln\left\{\frac{p(\boldsymbol{x}_n|z_n,\boldsymbol{w})}{q(z_n|\boldsymbol{x}_n,\phi)}\right\}\mathrm{d}z_n\end{aligned} \tag{19.25}$$

第 20 章

扩散模型

构建丰富的生成式模型的一种行之有效的方法是引入一个潜变量 $\boldsymbol{z}$ 上的分布 $p(\boldsymbol{z})$，然后使用深度神经网络将 $\boldsymbol{z}$ 转换到数据空间 $\boldsymbol{x}$ 中。我们仅需要使用一个简单的固定分布来表示 $p(\boldsymbol{z})$，例如高斯分布 $\mathcal{N}(\boldsymbol{z}|\boldsymbol{0},\boldsymbol{I})$，因为神经网络的通用性能够将其转换成一组关于 $\boldsymbol{x}$ 的高度灵活的分布。在前面的章节（参见 16.4.4 小节）中，我们探讨了多种属于这一框架但基于不同方法定义和训练深度神经网络的模型，包括生成对抗网络、变分自编码器和标准化流。

在本章中，我们将讨论这一通用框架下的第 4 类模型——扩散模型（diffusion model），也叫去噪扩散概率模型（Denoising Diffusion Probabilistic Model，DDPM）（Sohl-Dickstein et al., 2015; Ho, Jain, and Abbeel, 2020），在许多应用领域，它们已经成为最先进的技术。尽管这个框架有更广泛的适用性，但我们仍将以图像数据为例讲述。这类模型的核心思想是对每一个训练图像，通过多步骤的噪声来损坏它，将其转变为高斯分布的样本，如图 20.1 所示。然后训练一个深度神经网络来逆转这个过程，一旦训练完成，该网络就可以基于高斯分布的样本开始生成新的图像。

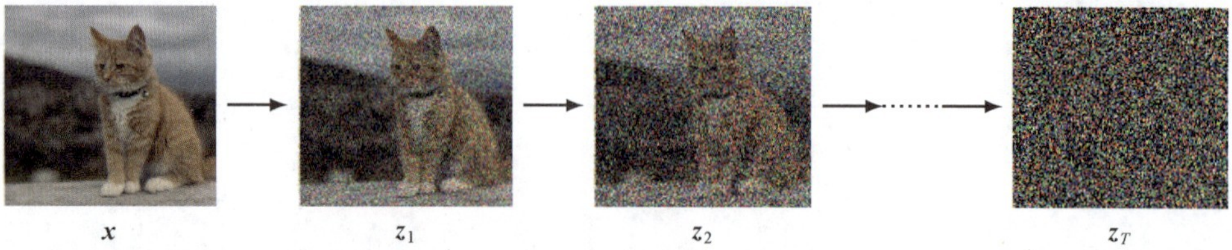

图 20.1 扩散模型中编码过程的示意图，一幅图像 x 逐渐被叠加的高斯噪声破坏，在经过多个阶段后，得到一系列越来越嘈杂的图像。最后的结果与从高斯分布中抽取的样本已无法区分。我们想要训练一个深度神经网络来逆转这个过程

扩散模型可以视为一种层次化的变分自编码器，其中编码器分布是固定的，并由噪声过程定义，只有生成分布是学习得来的（Luo, 2022）（参见 19.2 节）。它们易于训练，在并行硬件上具有良好的可扩展性，在避免对抗训练所带来的挑战和不稳定性的同时，可以产生与生成对抗网络相当或更优的结果。然而，由于需要通过解码器网络进行多次前向传播，它在生成新样本时会产生高昂的计算成本（Dhariwal and Nichol, 2021）。

20.1 前向编码器

从训练集中选取一个图像，表示为 $\boldsymbol{x}$，然后将图像中的每个像素独立地与高斯噪声混合，得到一个被噪声损坏的图像 $\boldsymbol{z}_1$，其定义如下：

$$\boldsymbol{z}_1 = \sqrt{1-\beta_1}\boldsymbol{x} + \sqrt{\beta_1}\boldsymbol{\varepsilon}_1 \tag{20.1}$$

其中 $\boldsymbol{\varepsilon}_1 \sim \mathcal{N}(\boldsymbol{\varepsilon}_1 | \mathbf{0}, \boldsymbol{I})$ 且 $\beta_1 < 1$ 是噪声分布的方差。式（20.1）中的系数 $\sqrt{1-\beta_1}$ 和 $\sqrt{\beta_1}$ 确保了 $\boldsymbol{z}_t$ 的分布均值比 $\boldsymbol{z}_{t-1}$ 的分布均值更接近于零，且 $\boldsymbol{z}_t$ 的方差比 $\boldsymbol{z}_{t-1}$ 的方差更接近于单位矩阵（见习题 20.1）。我们可以将式（20.1）写成以下形式（参见习题 20.3）：

$$q(\boldsymbol{z}_1 | \boldsymbol{x}) = \mathcal{N}\left(\boldsymbol{z}_1 | \sqrt{1-\beta_1}\boldsymbol{x}, \beta_1 \boldsymbol{I}\right) \tag{20.2}$$

然后重复这个过程，加入额外的独立高斯噪声，从而生成一系列越来越多的加噪图像 $\boldsymbol{z}_2, \cdots, \boldsymbol{z}_T$。注意，在关于扩散模型的文献中，这些加噪图像或潜变量有时表示为 $\boldsymbol{x}_1 \cdots, \boldsymbol{x}_T$，而观测变量则表示为 $\boldsymbol{x}_0$。在本书中，我们使用 $\boldsymbol{z}$ 来表示潜变量，并使用 $\boldsymbol{x}$ 来表示观测变量。每一个后续图像由下式给出：

$$\boldsymbol{z}_t = \sqrt{1-\beta_t}\boldsymbol{z}_{t-1} + \sqrt{\beta_t}\boldsymbol{\varepsilon}_t \tag{20.3}$$

其中 $\boldsymbol{\varepsilon}_t \sim \mathcal{N}(\boldsymbol{\varepsilon}_t | \mathbf{0}, \boldsymbol{I})$。同样，我们也可以将式（20.3）写成以下形式：

$$q\left(\boldsymbol{z}_t \mid \boldsymbol{z}_{t-1}\right)=\mathcal{N}\left(\boldsymbol{z}_t \mid \sqrt{1-\beta_t}\boldsymbol{z}_{t-1}, \beta_t \boldsymbol{I}\right) \tag{20.4}$$

条件分布序列［式（20.4）］形成了一条马尔可夫链，并且可以表示为图 20.2 所示的概率图模型（参见 11.3 节）。方差参数 $\beta_t \in (0,1)$，并且通常是手动设置的，它们按照预定的计划递增，即 $\beta_1 < \beta_2 < \cdots < \beta_T$。

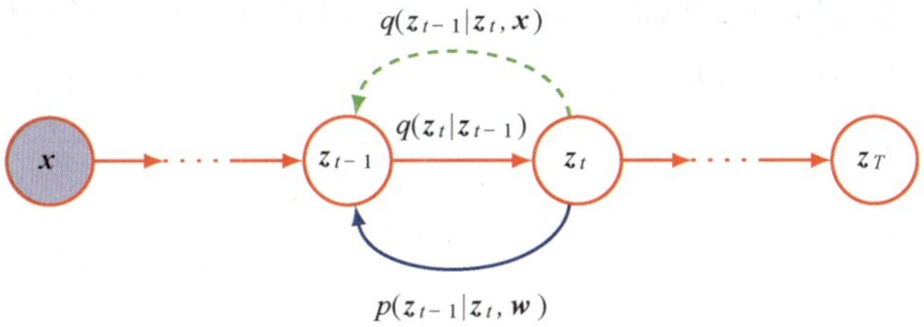

图 20.2 扩散过程可以表示为一个概率图模型。原始图像 $\boldsymbol{x}$ 表示为带有底色的节点，因为它是一个观测变量，而加噪图像 $z_1,\cdots,z_T$ 则视为潜变量。加噪过程由前向分布 $q(z_t \mid z_{t-1})$ 定义，它可以视为一个编码器。我们的目标是学习一个条件分布 $p(z_{t-1} \mid z_t, \boldsymbol{w})$ 并试图逆转这个过程，可以把它视为一个解码器。正如我们稍后将看到的，条件分布 $q(z_{t-1} \mid z_t, \boldsymbol{x})$ 在定义训练的过程中扮演了重要角色

20.1.1 扩散核

在观测到数据向量 $\boldsymbol{x}$ 的条件下，潜变量的联合分布由下式给出：

$$q\left(\boldsymbol{z}_1,\cdots,\boldsymbol{z}_t \mid \boldsymbol{x}\right)=q\left(\boldsymbol{z}_1 \mid \boldsymbol{x}\right)\prod_{\tau=2}^{t} q\left(\boldsymbol{z}_\tau \mid \boldsymbol{z}_{\tau-1}\right) \tag{20.5}$$

对中间变量 $\boldsymbol{z}_1,\cdots,\boldsymbol{z}_{t-1}$ 进行边缘化，即可得到扩散核（diffusion kernel）（参见习题 20.3）：

$$q\left(\boldsymbol{z}_t \mid \boldsymbol{x}\right)=\mathcal{N}\left(\boldsymbol{z}_t \mid \sqrt{\alpha_t}\boldsymbol{x}, (1-\alpha_t)\boldsymbol{I}\right) \tag{20.6}$$

其中的 α_t 由下式给出：

$$\alpha_t=\prod_{\tau=1}^{t}\left(1-\beta_\tau\right) \tag{20.7}$$

可以看到，每一个中间分布都是一个简单的闭式的高斯分布，我们可以直接从中采样，这在训练 DDPM 时非常有用，因为它允许我们使用马尔可夫链中随机选择的中间项进行高效的随机梯度下降，而不必运行整个马尔可夫链。我们也可以将式（20.6）写成以下形式：

$$\boldsymbol{z}_t=\sqrt{\alpha_t}\boldsymbol{x}+\sqrt{1-\alpha_t}\boldsymbol{\varepsilon}_t \tag{20.8}$$

其中仍然有 $\boldsymbol{\varepsilon}_t \sim \mathcal{N}\left(\boldsymbol{\varepsilon}_t \mid \boldsymbol{0}, \boldsymbol{I}\right)$。请注意，这里的 $\boldsymbol{\varepsilon}$ 代表添加到原始图像上的总噪声，而不是在马尔可夫链这一步骤中添加的增量噪声。

在经过多个这样的步骤之后，图像变得与高斯噪声无法区分。在 $T \to \infty$ 的情况下，我们有（见习题 20.4）

$$q(\boldsymbol{z}_T \mid \boldsymbol{x}) = \mathcal{N}(\boldsymbol{z}_T \mid \boldsymbol{0}, \boldsymbol{I}) \tag{20.9}$$

因此，关于原始图像的所有信息都丢失了。在式（20.3）中，系数 $\sqrt{1-\beta_t}$ 和 $\sqrt{\beta_t}$ 确保了一旦马尔可夫链收敛到均值为零、协方差为单位矩阵的分布后，就不会再受进一步更新的影响了（见习题 20.5）。

由于式（20.9）的右侧独立于 $\boldsymbol{x}$，因此可以得出 $\boldsymbol{z}_T$ 的边缘分布：

$$q(\boldsymbol{z}_T) = \mathcal{N}(\boldsymbol{z}_T \mid \boldsymbol{0}, \boldsymbol{I}) \tag{20.10}$$

马尔可夫链［式（20.4）］通常称为前向过程（forward process），它类似于 VAE 中的编码器，但这里的马尔可夫链是固定的而不是通过训练得来的。然而请注意，马尔可夫链的相关文献中通常提到的“前向过程”与标准化流相关文献中的不同。在标准化流中，从潜空间到数据空间的映射可以认为是前向过程。

20.1.2 条件分布

我们的目标是学会逆转加噪过程，因此很自然地要考虑条件分布 $q(\boldsymbol{z}_t \mid \boldsymbol{z}_{t-1})$ 的逆过程，可以使用贝叶斯定理把它表示为

$$q(\boldsymbol{z}_{t-1} \mid \boldsymbol{z}_t) = \frac{q(\boldsymbol{z}_t \mid \boldsymbol{z}_{t-1}) q(\boldsymbol{z}_{t-1})}{q(\boldsymbol{z}_t)} \tag{20.11}$$

我们可以将边缘分布 $q(\boldsymbol{z}_{t-1})$ 写成如下形式：

$$q(\boldsymbol{z}_{t-1}) = \int q(\boldsymbol{z}_{t-1} \mid \boldsymbol{x}) p(\boldsymbol{x}) \mathrm{d}\boldsymbol{x} \tag{20.12}$$

其中 $q(\boldsymbol{z}_{t-1} \mid \boldsymbol{x})$ 由条件高斯分布［式（20.6）］给出。然而，这个分布是难以计算的，因为我们必须对未知的数据密度 $p(\boldsymbol{x})$ 进行积分。如果我们使用训练集中的样本来近似地进行积分，则会得到一个以高斯函数混合形式表示的复杂分布。

换个思路，考虑逆向分布的条件版本，该分布以数据向量 $\boldsymbol{x}$ 为条件，定义为 $q(\boldsymbol{z}_{t-1} \mid \boldsymbol{z}_t, \boldsymbol{x})$，这实际上是一个简单的高斯分布。从直观上看这是合理的，因为我们很难猜测哪个低噪声图像演变为某个具体的加噪图像，然而如果我们知道原始图像，那么问题解决起来就会变得容易很多。

我们可以使用贝叶斯定理来计算这个条件分布：

$$q(\boldsymbol{z}_{t-1} \mid \boldsymbol{z}_t, \boldsymbol{x}) = \frac{q(\boldsymbol{z}_t \mid \boldsymbol{z}_{t-1}, \boldsymbol{x}) q(\boldsymbol{z}_{t-1} \mid \boldsymbol{x})}{q(\boldsymbol{z}_t \mid \boldsymbol{x})} \tag{20.13}$$

利用前向过程的马尔可夫性质，可以得到

$$q(z_t \mid z_{t-1}, \boldsymbol{x}) = q(z_t \mid z_{t-1}) \tag{20.14}$$

式（20.14）的右侧由式（20.4）给出。作为 z_{t-1} 的函数，这里采用指数的二次型形式。在式（20.13）中，分子中的 $q(z_{t-1} \mid \boldsymbol{x})$ 是由式（20.6）给出的扩散核，这同样涉及关于 z_{t-1} 的指数的二次型形式。我们可以忽略式（20.13）中的分母，因为作为 z_{t-1} 的函数，它是一个常数。式（20.13）右侧的形式是一个高斯分布，我们可以使用“配方法”这一技巧来确定其均值和协方差，得到式（20.15）（见习题 20.6）：

$$q(z_{t-1} \mid z_t, \boldsymbol{x}) = \mathcal{N}\left(z_{t-1} \mid \boldsymbol{m}_t(\boldsymbol{x}, z_t), \sigma_t^2 \boldsymbol{I}\right) \tag{20.15}$$

其中

$$\boldsymbol{m}_t(\boldsymbol{x}, z_t) = \frac{(1-\alpha_{t-1})\sqrt{1-\beta_t}\, z_t + \sqrt{\alpha_{t-1}}\beta_t \boldsymbol{x}}{1-\alpha_t} \tag{20.16}$$

$$\sigma_t^2 = \frac{\beta_t(1-\alpha_{t-1})}{1-\alpha_t} \tag{20.17}$$

20.2 反向解码器

我们已经知道，前向编码器是由一系列高斯条件分布 $q(z_t \mid z_{t-1})$ 定义的，但直接逆转这一过程会导致一个难以处理的分布 $q(z_{t-1} \mid z_t)$，因为需要对所有可能的起始向量 $\boldsymbol{x}$ 的值进行积分，而 $\boldsymbol{x}$ 的分布就是我们希望建模的未知数据分布 $p(\boldsymbol{x})$。为了解决这个问题，我们将通过使用一个由深度神经网络控制的分布 $p(z_{t-1} \mid z_t, \boldsymbol{w})$ 来学习对逆向分布进行近似，其中 $\boldsymbol{w}$ 表示网络的权重和偏置。这个逆向步骤类似于变分自编码器中的解码器（参见第 19 章），可以通过图 20.2 来理解。一旦网络训练完成，我们就可以从简单的高斯分布 z_t 中进行采样，并通过一系列逆向采样步骤将其变换成数据分布 $p(\boldsymbol{x})$ 的样本，这些步骤是通过反复应用训练好的网络来完成的。

从直观上看，如果我们保持方差较小，使得 β_t 远小于 1，那么潜向量之间的步骤变化将相对较小，因此学会逆转变换应该更容易。更具体地说，如果 β_t 远小于 1，那么分布 $q(z_{t-1} \mid z_t)$ 将近似于关于 z_{t-1} 的高斯分布。这一点从式（20.11）中可以看出，因为等式右边是通过 $q(z_t \mid z_{t-1})$ 和 $q(z_{t-1})$ 与 z_{t-1} 相关联的。如果 $q(z_t \mid z_{t-1})$ 是一个极其狭窄的高斯分布，那么在 $q(z_t \mid z_{t-1})$ 具有显著概率质量的区域，$q(z_{t-1})$ 的变化将非常小，因此 $q(z_{t-1} \mid z_t)$ 也可以近似认为是高斯分布。这种直觉可以通过图 20.3 和图 20.4 所示的简单例子来证实。然而，由于每一步的方差都很小，我们必须使用大量的步骤来确保从前向加噪过程中获得的最终潜变量 z_T 的分布仍然接近高斯分布，这增加了生成新样本的成本。在实践中，T 的值可能达到数千。

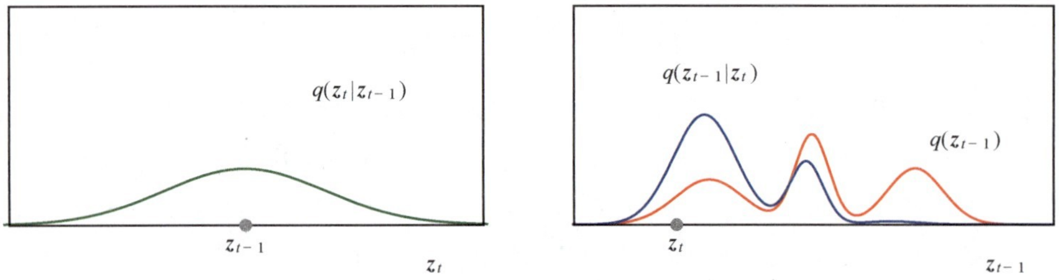

图 20.3 用于标量变量的贝叶斯定理 [式 (20.13)] 的逆向分布 $q(z_{t-1}|z_t)$ 的计算示意图。右图中的红色曲线展示了使用三个高斯分布混合而成的边缘分布 $q(z_{t-1})$，左图则展示了以 z_{t-1} 为中心的高斯前向加噪过程 $q(z_t|z_{t-1})$。通过将这些相乘并归一化，我们得到了特定选择的 z_t 的分布 $q(z_{t-1}|z_t)$，如蓝色曲线所示。因为左侧的分布相对较宽，对应于一个较大的方差 β_t，所以分布 $q(z_{t-1}|z_t)$ 具有复杂的多模态结构

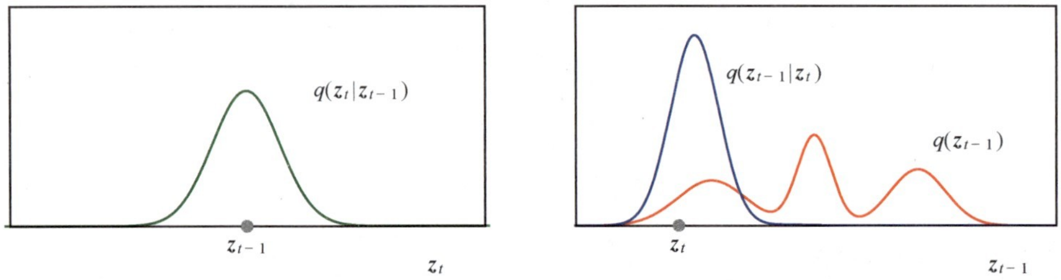

图 20.4 和图 20.3 一样，但左图中的高斯分布 $q(z_t|z_{t-1})$ 具有更小的方差 β_t。右图中用蓝色显示的相应分布 $q(z_{t-1}|z_t)$ 接近于高斯分布，并且具有与 $q(z_t|z_{t-1})$ 类似的方差

我们可以更形象地看到，通过围绕点 z_t 将 $\ln q(z_{t-1}|z_t)$ 对 z_{t-1} 进行泰勒级数展开，$q(z_{t-1}|z_t)$ 将近似为高斯分布。这也表明对于小方差，逆向分布 $q(z_t|z_{t-1})$ 的协方差将接近前向加噪过程 $q(z_{t-1}|z_t)$ 的协方差 $\beta_t\boldsymbol{I}$。因此，我们可以使用以下形式的高斯分布来模拟逆向过程（见习题 20.7）：

$$p(\boldsymbol{z}_{t-1}|\boldsymbol{z}_t,\boldsymbol{w})=\mathcal{N}\left(\boldsymbol{z}_{t-1}|\boldsymbol{\mu}(\boldsymbol{z}_t,\boldsymbol{w},t),\beta_t\boldsymbol{I}\right) \tag{20.18}$$

其中，$\boldsymbol{\mu}(\boldsymbol{z}_t,\boldsymbol{w},t)$ 是由参数 $\boldsymbol{w}$ 控制的一个深度神经网络。注意，该深度神经网络显式地将步骤索引 t 作为输入，以便考虑到链中不同步骤之间方差 β_t 的变化。这也使得我们能够使用单个网络来逆转马尔可夫链中的所有步骤，而不必为每个步骤学习一个单独的网络。此外，还可以通过在网络中引入更多的输出来学习去噪过程的协方差（Nichol and Dhariwal, 2021），从而更好地描述 $\boldsymbol{z}_t$ 邻域内分布 $q(\boldsymbol{z}_{t-1})$ 的曲率。用于建模 $\boldsymbol{\mu}(\boldsymbol{z}_t,\boldsymbol{w},t)$ 的神经网络在架构选择上有相当大的灵活性，只要输出的维度与输入的维度相同即可（参见 10.5.4 小节）。鉴于这一限制，U-Net 架构是图像处理应用的常见选择。

整个逆向去噪过程采用了一种由下式给出的马尔可夫链形式：

$$p(\boldsymbol{x},\boldsymbol{z}_1,\cdots,\boldsymbol{z}_T|\boldsymbol{w})=p(\boldsymbol{z}_T)\left\{\prod_{t=2}^{T}p(\boldsymbol{z}_{t-1}|\boldsymbol{z}_t,\boldsymbol{w})\right\}p(\boldsymbol{x}|\boldsymbol{z}_1,\boldsymbol{w}) \tag{20.19}$$

这里假设分布 $p(z_T)$ 与 $q(z_T)$ 相同，因此也由 $\mathcal{N}(z_T|\mathbf{0},\boldsymbol{I})$ 给出。一旦模型训练好了，采样就变得简单直接了，因为我们可以首先从简单的高斯分布 $p(z_T)$ 中采样，然后依次从每个条件分布 $p(z_{t-1}|z_t,\boldsymbol{w})$ 中采样，最后从 $p(\boldsymbol{x}|z_1,\boldsymbol{w})$ 中采样，从而获得数据空间中的样本 $\boldsymbol{x}$。

20.2.1 训练解码器

接下来，我们需要决定用来训练神经网络的目标函数。显而易见的选择是似然函数，对于数据点 $\boldsymbol{x}$，似然函数由下式给出：

$$p(\boldsymbol{x}|\boldsymbol{w})=\int\cdots\int p(\boldsymbol{x},z_1,\cdots,z_T|\boldsymbol{w})\mathrm{d}z_1\cdots\mathrm{d}z_T \tag{20.20}$$

其中 $p(\boldsymbol{x},z_1,\cdots,z_T|\boldsymbol{w})$ 由式（20.19）定义。这是一般潜变量模型［式（16.81）］的一个实例，其中潜变量是 $z=(z_1,\cdots,z_T)$，观测变量是 $\boldsymbol{x}$。注意，所有的潜变量与数据空间具有相同的维度，这与标准化流一样，但不适用于变分自编码器或生成对抗网络。从式（20.20）中可以看到，似然函数需要对所有可能生成观测数据点的噪声轨迹进行积分。式（20.20）中的积分是难以计算的，因为涉及对高度复杂的神经网络函数进行积分。

20.2.2 证据下界

鉴于精确的似然函数是难以计算的，我们可以采取与变分自编码器相似的方法来最大化对数似然的下界，这个下界称为证据下界（Evidence Lower BOund，ELBO）。对于任何选择的分布 $q(z)$，以下关系恒成立：

$$\ln p(\boldsymbol{x}|\boldsymbol{w})=\mathcal{L}(\boldsymbol{w})+\mathrm{KL}\big(q(z)\|p(z|\boldsymbol{x},\boldsymbol{w})\big) \tag{20.21}$$

其中 $\mathcal{L}$ 是证据下界，也称变分下界（variational lower bound），由下式给出：

$$\mathcal{L}(\boldsymbol{w})=\int q(z)\ln\left\{\frac{p(\boldsymbol{x},z|\boldsymbol{w})}{q(z)}\right\}\mathrm{d}z \tag{20.22}$$

概率密度 $f(z)$ 和 $g(z)$ 之间的 KL 散度 $\mathrm{KL}(f\|g)$ 则定义为（参见 2.5.7 小节）

$$\mathrm{KL}\big(f(z)\|g(z)\big)=-\int f(z)\ln\left\{\frac{g(z)}{f(z)}\right\}\mathrm{d}z \tag{20.23}$$

下面验证式（20.21）所示的关系始终成立。根据概率的乘积法则，可得

$$p(\boldsymbol{x},z|\boldsymbol{w})=p(z|\boldsymbol{x},\boldsymbol{w})p(\boldsymbol{x}|\boldsymbol{w}) \tag{20.24}$$

将式（20.24）代入式（20.22）并利用式（20.23），便可得到式（20.21）（见习题 20.8 和 2.5.7 小节）。由于 KL 散度满足 $\mathrm{KL}(\cdot\|\cdot)\geqslant 0$，可以推导出

$$\ln p(\boldsymbol{x}|\boldsymbol{w}) \geqslant \mathcal{L}(\boldsymbol{w}) \tag{20.25}$$

因为对数似然函数是难以计算的，所以我们通过最大化下界 $\mathcal{L}(\boldsymbol{w})$ 来训练神经网络。

为了做到这一点，我们首先为扩散模型的下界推导出一种明确的形式。在定义下界时，我们可以自由选择任何形式的 $q(z)$，只要它是一个有效的概率分布即可，即它是非负的并且积分值为 1。在 ELBO 的许多应用（如变分自编码器）中，我们可以选择具有可调参数的 $q(z)$，这些参数通常以深度神经网络的形式存在。然后相对于这些参数以及分布 $p(\boldsymbol{x},\boldsymbol{z}|\boldsymbol{w})$ 的参数最大化 ELBO。优化分布 $q(z)$ 使下界更接近真实值，从而让 $p(\boldsymbol{x},\boldsymbol{z}|\boldsymbol{w})$ 中参数的优化更接近最大似然估计。然而在扩散模型中，$q(z)$ 由固定分布 $q(z_1,\cdots,z_T|\boldsymbol{x})$ 给出，该分布由马尔可夫链［式（20.5）］定义，因此可调参数仅存在于用于逆马尔可夫链的模型 $p(\boldsymbol{x},z_1,\cdots,z_T|\boldsymbol{w})$ 中。注意，我们这里利用 $q(z)$ 在选择上的灵活性，让它的形式与 $\boldsymbol{x}$ 相关。

因此，我们可以使用式（20.5）替换式（20.21）中的 $q(z_1,\cdots,z_T|\boldsymbol{x})$。同样，我们也可以使用式（20.19）替换 $p(\boldsymbol{x},z_1,\cdots,z_T|\boldsymbol{w})$，从而得到

$$\begin{aligned}\mathcal{L}(\boldsymbol{w}) &= \mathbb{E}_q\left[\ln\frac{p(z_T)\left\{\prod_{t=2}^{T}p(z_{t-1}|z_t,\boldsymbol{w})\right\}p(\boldsymbol{x}|z_1,\boldsymbol{w})}{q(z_1|\boldsymbol{x})\prod_{t=2}^{T}q=(z_t|z_{t-1},\boldsymbol{x})}\right]\\ &= \mathbb{E}_q\left[\ln p(z_T)+\sum_{t=2}^{T}\ln\frac{p(z_{t-1}|z_t,\boldsymbol{w})}{q(z_t|z_{t-1},\boldsymbol{x})}-\ln q(z_1|\boldsymbol{x})+\ln p(\boldsymbol{x}|z_1,\boldsymbol{w})\right]\end{aligned} \tag{20.26}$$

其中

$$\mathbb{E}_q[\cdot] \equiv \int\cdots\int q(z_1|\boldsymbol{x})\prod_{t=2}^{T}q(z_t|z_{t-1})[\cdot]\mathrm{d}z_1\cdots\mathrm{d}z_T \tag{20.27}$$

式（20.26）右边的第 1 项 $\ln p(z_T)$ 是固定分布 $\mathcal{N}(z_T|\boldsymbol{0},\boldsymbol{I})$，它没有可训练的参数，可以从 ELBO 中省略，因为它代表一个固定的加性常数。同样，式（20.26）右边的第 3 项 $-\ln q(z_1|\boldsymbol{x})$ 与 $\boldsymbol{w}$ 无关，所以也可以省略。

式（20.26）右边的第 4 项对应于变分自编码器中的重构项，它可以从由式（20.2）定义的 z_1 的分布中抽取样本来获得蒙特卡洛估计，从而通过近似期望 $\mathbb{E}_q[\cdot]$ 来评估。

$$\mathbb{E}_q\left[\ln p(\boldsymbol{x}|z_1,\boldsymbol{w})\right] \approx \sum_{l=1}^{L}\ln p(\boldsymbol{x}|z_1^{(l)},\boldsymbol{w}) \tag{20.28}$$

其中 $z_1^{(l)} \sim \mathcal{N}\left(z_1\middle|\sqrt{1-\beta_1}\boldsymbol{x},\beta_1\boldsymbol{I}\right)$。与变分自编码器不同，我们不需要通过抽样值反向传播误差信号，因为 q 分布是固定的，所以这里不需要使用重参数化技巧（参见 19.2.2 小节）。

现在讨论式（20.26）右边的第 2 项，它包含了一系列子项，其中每一个子项都依

赖于相邻潜变量的值 z_{t-1} 和 z_t。当我们推导扩散核［式（20.6）］时，我们可以直接从高斯分布 $q(z_{t-1}|\ x)$ 中采样，然后使用式（20.4）得到相应的 z_t 的样本，这也是一个高斯分布。虽然这在样本量无穷多的极限下是正确的，但使用成对的采样值会产生非常嘈杂且方差很高的估计，因此需要大量不必要的样本。换个思路，我们也可以重写 ELBO，使其可以通过对每一项只采样一个值来进行估计。

20.2.3 重写ELBO

在讨论了变分自编码器的 ELBO 之后，我们的目标是用 KL 散度来表达 ELBO，随后可以将其表示为闭式表达式。神经网络建模的是逆向过程中的分布 $p(z_{t-1}\,|\,z_t,w)$，而 q 分布是定义在前向过程 $q(z_t\,|\,z_{t-1},x)$ 上，因此我们使用贝叶斯定理来反转条件分布：

$$q(z_t\,|\,z_{t-1},x)=\frac{q(z_{t-1}\,|\,z_t,x)q(z_t\,|\,x)}{q(z_{t-1}\,|\,x)} \tag{20.29}$$

这样我们就可以把式（20.26）中的第二项写为

$$\ln\frac{p(z_{t-1}\,|\,z_t,w)}{q(z_t\,|\,z_{t-1},x)}=\ln\frac{p(z_{t-1}\,|\,z_t,w)}{q(z_{t-1}\,|\,z_t,x)}+\ln\frac{q(z_{t-1}\,|\,x)}{q(z_t\,|\,x)} \tag{20.30}$$

式（20.30）右边的第二项与 w 无关，因此可以省略。将式（20.30）代入式（20.26），可以得到

$$\mathcal{L}(w)=\mathbb{E}_q\left[\sum_{t=2}^{T}\ln\frac{p(z_{t-1}\,|\,z_t,w)}{q(z_{t-1}\,|\,z_t,x)}+\ln p(x\,|\,z_1,w)\right] \tag{20.31}$$

最后，我们可以把式（20.31）写成下面的形式（见习题 20.9）：

$$\begin{aligned}\mathcal{L}(w)=&\underbrace{\int q(z_1\,|\,x)\ln p(x\,|\,z_1,w)\,\mathrm{d}z_1}_{\text{重建项}}-\\&\underbrace{\sum_{t=2}^{T}\int \mathrm{KL}\big(q(z_{t-1}\,|\,z_t,x)\|p(z_{t-1}\,|\,z_t,w)\big)q(z_t\,|\,x)\,\mathrm{d}z_t}_{\text{一致项}}\end{aligned} \tag{20.32}$$

在式（20.32）右边的第一项中，$q(z_1,\cdots,z_T\,|\,x)$ 的期望被简化了，这是因为 z_1 是积分符号内出现的唯一潜变量。在式（20.27）定义的期望中，所有条件分布的积分值都等于 1，只留下对 z_1 的积分。同样，在式（20.32）右边的第二项中，每个积分仅涉及两个相邻的潜变量 z_{t-1} 和 z_t，所有其余变量都可以通过积分消去。

现在的下界［式（20.32）］与式（19.14）给出的变分自编码器的 ELBO 非常类似，区别在于这里存在多个编码和解码阶段。重构项通过提高观测数据样本的概率来优化模型，并且可以采用与 VAE 中的相应项相同的方式，通过采样近似［式（20.28）］来

训练（参见第 19 章）。式（20.32）中的一致项是在高斯分布对之间定义的，因此可以用解析形式来表达。分布 $q(\boldsymbol{z}_{t-1}|\boldsymbol{z}_t,\boldsymbol{x})$ 由式（20.15）给出，而分布 $p(\boldsymbol{z}_{t-1}|\boldsymbol{z}_t,\boldsymbol{w})$ 由式（20.18）给出，因此 KL 散度变成式（20.33）的形式（见习题 20.11）：

$$\begin{aligned}&\mathrm{KL}\left(q(\boldsymbol{z}_{t-1}|\boldsymbol{z}_t,\boldsymbol{x})\|p(\boldsymbol{z}_{t-1}|\boldsymbol{z}_t,\boldsymbol{w})\right)\\&=\frac{1}{2\beta_t}\left\|\boldsymbol{m}_t(\boldsymbol{x},\boldsymbol{z}_t)-\boldsymbol{\mu}(\boldsymbol{z}_t,\boldsymbol{w},t)\right\|^2+\text{const}\end{aligned} \tag{20.33}$$

其中 $\boldsymbol{m}_t(\boldsymbol{x},\boldsymbol{z}_t)$ 由式（20.16）定义，并且任何与网络参数 $\boldsymbol{w}$ 无关的加性项都已经被吸收到常数项 const 中，在训练中不起作用。式（20.32）中的每个一致项对 $\boldsymbol{z}_t$ 的剩余积分（由 $q(\boldsymbol{z}_t|\boldsymbol{x})$ 加权），可以通过从 $q(\boldsymbol{z}_t|\boldsymbol{x})$ 中采样来近似，这可以通过扩散核［式（20.6）］高效地完成。

观察［式（20.33）］可知，KL 散度表现为简单的平方损失函数的形式。既然我们通过调整网络参数 $\boldsymbol{w}$ 来最大化式（20.32）中的下界，而 ELBO 中 KL 散度项的前面带有负号，因此这等价于最小化这个平方误差。

20.2.4 预测噪声

为了获得更高质量的结果，我们可以改变神经网络的作用，使其不是在马尔可夫链的每一步都预测去噪后的图像，而是预测添加到原始图像上以创建该步骤中有噪声图像的总噪声成分（Ho, Jain and Abbeel, 2020）。对式（20.8）重新整理后，可以得到

$$\boldsymbol{x}=\frac{1}{\sqrt{\alpha_t}}\boldsymbol{z}_t-\frac{\sqrt{1-\alpha_t}}{\sqrt{\alpha_t}}\boldsymbol{\varepsilon}_t \tag{20.34}$$

将式（20.34）代入式（20.16），即可用原始数据向量 $\boldsymbol{x}$ 和噪声 $\boldsymbol{\varepsilon}$ 重写逆条件分布 $q(\boldsymbol{z}_{t-1}|\boldsymbol{z}_t,\boldsymbol{x})$ 的均值 $\boldsymbol{m}_t(\boldsymbol{x},\boldsymbol{z}_t)$，得到（见习题 20.12）

$$\boldsymbol{m}_t(\boldsymbol{x},\boldsymbol{z}_t)=\frac{1}{\sqrt{1-\beta_t}}\left\{\boldsymbol{z}_t-\frac{\beta_t}{\sqrt{1-\alpha_t}}\boldsymbol{\varepsilon}_t\right\} \tag{20.35}$$

类似地，我们不再使用神经网络 $\boldsymbol{\mu}(\boldsymbol{z}_t,\boldsymbol{w},t)$ 来预测去噪后的图像，而是引入旨在预测添加到 $\boldsymbol{x}$ 上以生成 $\boldsymbol{z}_t$ 的总噪声的神经网络 $\boldsymbol{g}(\boldsymbol{z}_t,\boldsymbol{w},t)$。按照推导式（20.35）的相同步骤，我们看到，这两个神经网络之间的关系如下：

$$\boldsymbol{\mu}(\boldsymbol{z}_t,\boldsymbol{w},t)=\frac{1}{\sqrt{1-\beta_t}}\left\{\boldsymbol{z}_t-\frac{\beta_t}{\sqrt{1-\alpha_t}}\boldsymbol{g}(\boldsymbol{z}_t,\boldsymbol{w},t)\right\} \tag{20.36}$$

将式（20.35）和式（20.36）代入式（20.33），可以得到

$$
\begin{aligned}
&\mathrm{KL}\left(q\left(\boldsymbol{z}_{t-1} \mid \boldsymbol{z}_t, \boldsymbol{x}\right) \| p\left(\boldsymbol{z}_{t-1} \mid \boldsymbol{z}_t, \boldsymbol{w}\right)\right) \\
&=\frac{\beta_t}{2\left(1-\alpha_t\right)\left(1-\beta_t\right)}\left\|\boldsymbol{g}\left(\boldsymbol{z}_t, \boldsymbol{w}, t\right)-\boldsymbol{\varepsilon}_t\right\|^2+\text { const } \\
&=\frac{\beta_t}{2\left(1-\alpha_t\right)\left(1-\beta_t\right)}\left\|\boldsymbol{g}\left(\sqrt{\alpha_t} \boldsymbol{x}+\sqrt{1-\alpha_t} \boldsymbol{\varepsilon}_t, \boldsymbol{w}, t\right)-\boldsymbol{\varepsilon}_t\right\|^2+\text { const }
\end{aligned}
\tag{20.37}
$$

在式（20.37）的最后一行中，我们用式（20.8）替换了 $\boldsymbol{z}_t$。

式（20.32）中的重构项可以使用式（20.28）来近似。参照式（20.18），我们有

$$
\ln p\left(\boldsymbol{x} \mid \boldsymbol{z}_1, \boldsymbol{w}\right)=-\frac{1}{2 \beta_1}\left\|\boldsymbol{x}-\boldsymbol{\mu}\left(\boldsymbol{z}_1, \boldsymbol{w}, 1\right)\right\|^2+\text{const} \tag{20.38}
$$

用式（20.36）替代 $\boldsymbol{\mu}\left(\boldsymbol{z}_1, \boldsymbol{w}, 1\right)$，并用式（20.1）替代 $\boldsymbol{x}$（见习题 20.13），然后利用关系 $\alpha_1=\left(1-\beta_1\right)$，可以得到

$$
\ln p\left(\boldsymbol{x} \mid \boldsymbol{z}_1, \boldsymbol{w}\right)=-\frac{1}{2\left(1-\beta_t\right)}\left\|\boldsymbol{g}\left(\boldsymbol{z}_1, \boldsymbol{w}, 1\right)-\boldsymbol{\varepsilon}_1\right\|^2+\text{const} \tag{20.39}
$$

这正好与式（20.37）在特殊情况 $t=1$ 时的形式相同，因此重构项和一致项可以合并起来。

有研究（Ho, Jain, and Abbeel, 2020）发现，简单地省略掉式（20.37）前面的因子 $\beta_t / 2\left(1-\alpha_t\right)\left(1-\beta_t\right)$，马尔可夫链中的所有步骤就有了相等的权重，这可以进一步提高性能。将简化后的式（20.37）代入式（20.33），可以得到

$$
\mathcal{L}(\boldsymbol{w})=-\sum_{t=1}^T\left\|\boldsymbol{g}\left(\sqrt{\alpha_t} \boldsymbol{x}+\sqrt{1-\alpha_t} \boldsymbol{\varepsilon}_t, \boldsymbol{w}, t\right)-\boldsymbol{\varepsilon}_t\right\|^2 \tag{20.40}
$$

式（20.40）右侧的平方误差有一个非常简明的解释：对于马尔可夫链中给定的步骤 t 和给定的训练数据点 $\boldsymbol{x}$，抽取一个噪声向量 $\boldsymbol{\varepsilon}_t$，并使用这个噪声向量来创建对应的步骤 t 的噪声潜变量 $\boldsymbol{z}_t$。然后损失函数就是预测的噪声和实际噪声的平方差。注意神经网络 $\boldsymbol{g}(\cdot,\cdot,\cdot)$ 预测的是添加到原始数据向量 $\boldsymbol{x}$ 上的总噪声，而不仅仅是步骤 t 中增加的增量噪声。

当使用随机梯度下降时，针对从训练集中随机选取的数据点 $\boldsymbol{x}$，计算损失函数对网络参数的梯度向量。另外，对于每个这样的数据点，随机选择沿着马尔可夫链的一个步骤 t，而不是计算式（20.40）中对 t 求和的每一项的误差。这些梯度在小批量数据样本上累积后，用来更新网络权重。

另外，这个损失函数自动地内置了一种数据增强机制，因为每当特定的训练样本 $\boldsymbol{x}$ 被使用时，它都会与一个新的噪声样本 $\boldsymbol{\varepsilon}_t$ 相结合。以上所有的推导都针对来自训练集的单个数据点 $\boldsymbol{x}$。算法 20.1 展示了相应的梯度计算过程。

算法20.1：训练一个去噪扩散概率模型

Input: Training data $\mathcal{D} = \{\boldsymbol{x}_n\}$
Noise schedule $\{\beta_1, \cdots, \beta_T\}$
Output: Network parameters $\boldsymbol{w}$

---

for $t \in \{1, \cdots, T\}$ **do**
  $\alpha_t \leftarrow \prod_{\tau=1}^{t}(1-\beta_\tau)$ // 从β计算α
end for
repeat
  $\boldsymbol{x} \sim \mathcal{D}$ // 采样一个数据点
  $t \sim \{1, \cdots, T\}$ // 沿着马尔可夫链采样一个数据点
  $\boldsymbol{\varepsilon} \sim \mathcal{N}(\boldsymbol{\varepsilon}|\boldsymbol{0}, \boldsymbol{I})$ // 采样一个噪声向量
  $\boldsymbol{z}_t \leftarrow \sqrt{\alpha_t}\boldsymbol{x} + \sqrt{1-\alpha_t}\boldsymbol{\varepsilon}$ // 评估噪声潜变量
  $\mathcal{L}(\boldsymbol{w}) \leftarrow \|\boldsymbol{g}(\boldsymbol{z}_t, \boldsymbol{w}, t) - \boldsymbol{\varepsilon}\|^2$ // 计算损失项
  Take optimizer step
until converged
return $\boldsymbol{w}$

20.2.5 生成新的样本

一旦网络训练好了，我们就可以通过以下步骤生成数据空间中的新样本：首先从高斯分布 $p(\boldsymbol{z}_T)$ 中采样，然后逐步通过马尔可夫链的每一步去噪。给定步骤 t 的去噪样本 $\boldsymbol{z}_t$，我们可以通过三个步骤生成样本 $\boldsymbol{z}_{t-1}$。首先计算由 $\boldsymbol{g}(\boldsymbol{z}_t, \boldsymbol{w}, t)$ 给出的神经网络输出。根据这个输出，使用式（20.36）计算均值 $\boldsymbol{\mu}(\boldsymbol{z}_t, \boldsymbol{w}, t)$。

接下来，通过在 $p(\boldsymbol{z}_{t-1}|\boldsymbol{z}_t, \boldsymbol{w}) = \mathcal{N}(\boldsymbol{z}_{t-1}|\boldsymbol{\mu}(\boldsymbol{z}_t, \boldsymbol{w}, t), \beta_t \boldsymbol{I})$ 中添加经过方差缩放的噪声来生成样本 $\boldsymbol{z}_{t-1}$：

$$\boldsymbol{z}_{t-1} = \boldsymbol{\mu}(\boldsymbol{z}_t, \boldsymbol{w}, t) + \sqrt{\beta_t}\boldsymbol{\varepsilon} \tag{20.41}$$

其中 $\boldsymbol{\varepsilon} \sim \mathcal{N}(\boldsymbol{\varepsilon}|\boldsymbol{0}, \boldsymbol{I})$。注意神经网络 $\boldsymbol{g}(\cdot,\cdot,\cdot)$ 预测的是生成 $\boldsymbol{z}_t$ 时添加到原始数据向量 $\boldsymbol{x}$ 上的总噪声。但在采样步骤中，我们只从 $\boldsymbol{z}_{t-1}$ 中减去一部分具有方差 $\beta_t/\sqrt{1-\alpha_t}$ 的噪声，然后添加具有方差 β_t 的额外噪声来生成 $\boldsymbol{z}_{t-1}$。在最终计算合成数据样本 $\boldsymbol{x}$ 的最终步骤中，由于我们的目标是产生一个无噪声输出，因此我们不会添加额外的噪声。算法 20.2 对上述采样过程做了总结。

使用扩散模型生成数据的主要缺点是，需要在训练好的网络中多次顺序执行推理过程，计算成本非常高。加快采样过程的一种方法是，首先将去噪过程转换为连续时间上的微分方程，然后使用其他有效的离散化方法来高效求解该方程（参见 20.3.4 小节）。

在本章中，我们假设数据和潜变量是连续的，并且由此我们可以使用高斯噪声模型。扩散模型也可以定义在离散空间中（Austin et al., 2021），例如在生成新的候选药物分子时，从化学元素子集中选择原子类型。

算法20.2： 从去噪扩散概率模型中采样

Input: Trained denoising network $g(z, w, t)$
Noise schedule $\{\beta_1, \cdots, \beta_T\}$
Output: Sample vector x in data space

$z_T \sim \mathcal{N}(z|\mathbf{0}, \mathbf{I})$ // 从最终的潜空间中采样
for $t \in T, \cdots, 2$ **do**
  $\alpha_t \leftarrow \prod_{\tau=1}^{t}(1-\beta_\tau)$ // 计算α
  // 评估网络输出
  $\mu(z_t, w, t) \leftarrow \frac{1}{\sqrt{1-\beta_t}}\left\{z_t - \frac{\beta_t}{\sqrt{1-\alpha_t}} g(z_t, w, t)\right\}$
  $\varepsilon \sim \mathcal{N}(\varepsilon|\mathbf{0}, \mathbf{I})$ // 采样一个噪声向量
  $z_{t-1} \leftarrow \mu(z_t, w, t) + \sqrt{\beta_t}\varepsilon$ // 添加缩放的噪声
end for
$x = \frac{1}{\sqrt{1-\beta_1}}\left\{z_1 - \frac{\beta_1}{\sqrt{1-\alpha_1}} g(z_1, w, t)\right\}$ // 最终的去噪步骤
return x

我们看到，由于扩散模型需要依次逆转一个可能包含成百上千个步骤的加噪过程，计算强度较高。研究人员（Song, Meng, and Ermon, 2020）提出了一种称为去噪扩散隐式模型（denoising diffusion implicit models）的技术，它放宽了加噪过程的马尔可夫假设条件，同时保留保持训练目标函数不变。这样就可以在不降低所生成样本质量的情况下，使采样速度提升一个或两个数量级。

20.3 得分匹配

截至目前，本章讨论的去噪扩散模型与另一类相对独立发展的深度生成式模型密切相关，它们都基于得分匹配（Hyvärinen, 2005; Song and Ermon, 2019）。这些模型利用的得分函数（或斯坦因得分）则定义为对数似然函数关于数据向量 $\boldsymbol{x}$ 的梯度：

$$\boldsymbol{s}(\boldsymbol{x}) = \nabla_{\boldsymbol{x}} \ln p(\boldsymbol{x}) \tag{20.42}$$

这里需要强调的是，梯度是针对数据向量计算的，而不是针对任何参数向量。注意 $\boldsymbol{s}(\boldsymbol{x})$ 是一个与 $\boldsymbol{x}$ 维度相同的向量值函数，并且其中的每个元素 $s_i(\boldsymbol{x}) = \partial \ln p(\boldsymbol{x}) / \partial x_i$ 都与 $\boldsymbol{x}$ 的相应元素 x_i 相关联。例如，如果 $\boldsymbol{x}$ 是一个图像，那么 $\boldsymbol{s}(\boldsymbol{x})$ 也可以表示为一个同尺寸的图像，其中对应的像素是图像的得分。图 20.5 显示了二维中的概率密度示例以及相应的得分函数。

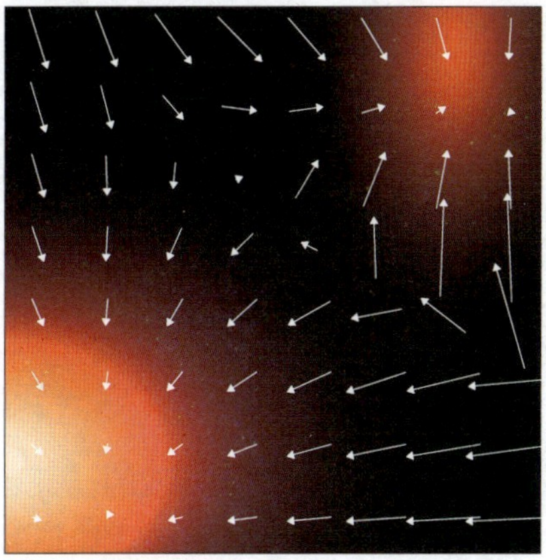

图 20.5　得分函数的示意图，图中显示了两种信息的融合：由高斯混合分布构成的二维分布，表示为热图；以及由式（20.42）定义的相应得分函数，其作为向量绘制在 $\boldsymbol{x}$ 值的规则网格上

为了理解得分函数的用处，考虑两个函数 $q(\boldsymbol{x})$ 和 $p(\boldsymbol{x})$，它们具有得分相等的属性，所以对于 $\boldsymbol{x}$ 的所有值，$\nabla_{\boldsymbol{x}} \ln q(\boldsymbol{x}) = \nabla_{\boldsymbol{x}} \ln p(\boldsymbol{x})$。如果

我们对这个等式的两边关于 $\boldsymbol{x}$ 积分并取指数，则可以得到 $q(\boldsymbol{x}) = Kp(\boldsymbol{x})$，其中 K 是一个独立于 $\boldsymbol{x}$ 的常数。所以如果我们能学习到一个得分函数的模型 $\boldsymbol{s}(\boldsymbol{x},\boldsymbol{w})$，就可以重建原始数据分布，所得结果与之前的相比，最多相差一个常数倍数。

20.3.1 得分损失函数

为了训练这样的模型，需要定义一个损失函数，用于将模型得分函数 $\boldsymbol{s}(\boldsymbol{x},\boldsymbol{w})$ 匹配到旨在生成数据的分布 $p(\boldsymbol{x})$ 的得分函数 $\nabla_{\boldsymbol{x}} \ln p(\boldsymbol{x})$。这样一个损失函数的例子是计算模型得分和真实得分之间的期望平方误差，其由下式给出：

$$J(\boldsymbol{w}) = \frac{1}{2}\int \left\| \boldsymbol{s}(\boldsymbol{x},\boldsymbol{w}) - \nabla_{\boldsymbol{x}} \ln p(\boldsymbol{x}) \right\|^2 p(\boldsymbol{x})\mathrm{d}\boldsymbol{x} \tag{20.43}$$

正如我们在讨论基于能量的模型时所看到的（参见 14.3.1 小节），得分函数不要求相关的概率密度被归一化，因为归一化常数被梯度算子移除了，所以我们在模型选择上有相当大的灵活性。使用深度神经网络表示得分函数 $\boldsymbol{s}(\boldsymbol{x},\boldsymbol{w})$ 的方法有两种。$\boldsymbol{s}$ 的每个元素 s_i 都对应于 $\boldsymbol{x}$ 中的一个元素 x_i，所以第一种方法是使用一个输入数量和输出数量相同的网络。然而，得分函数定义为标量函数（对数概率密度函数）的梯度，这是一类受限的函数（见习题 20.14）。另一种方法是使用一个拥有单一输出的网络 $\phi(\boldsymbol{x})$，然后使用自动微分计算 $\nabla_{\boldsymbol{x}}\phi(\boldsymbol{x})$。然而，这方法需要进行两次反向传播，因此计算成本更高。大多数应用通常采用第一种方法（见习题 20.15）。

20.3.2 修改得分损失

损失函数［式（20.43）］的一个问题是不能直接最小化，因为我们不知道真实的数据得分 $\nabla_{\boldsymbol{x}} \ln p(\boldsymbol{x})$。我们所知的只是有限的数据集 $\mathcal{D} = (\boldsymbol{x}_1,\cdots,\boldsymbol{x}_N)$，从中可以构建如下经验分布：

$$p_{\mathcal{D}}(\boldsymbol{x}) = \frac{1}{N}\sum_{n=1}^{N} \delta(\boldsymbol{x} - \boldsymbol{x}_n) \tag{20.44}$$

这里的 $\delta(\boldsymbol{x})$ 是狄拉克 delta 函数，我们可以将其形象地理解为在 $\boldsymbol{x} = 0$ 处无限高的“尖峰”，它具有以下性质：

$$\delta(\boldsymbol{x}) = 0,\ \ \boldsymbol{x} \neq 0 \tag{20.45}$$

$$\int \delta(\boldsymbol{x})\mathrm{d}\boldsymbol{x} = 1 \tag{20.46}$$

由于式（20.44）所示的函数不是 $\boldsymbol{x}$ 的可微函数，我们无法计算它的得分。但我们可以通过引入噪声模型来“抹平”数据点并给出密度的平滑、可微表示来解决这个问题，这称为 Parzen 估计器或核密度估计器（参见 3.5.2 小节），定义如下：

$$q_{\sigma}(\boldsymbol{z}) = \int q(\boldsymbol{z} \mid \boldsymbol{x},\sigma)p(\boldsymbol{x})\mathrm{d}\boldsymbol{x} \tag{20.47}$$

其中 $q(\boldsymbol{z}|\boldsymbol{x},\sigma)$ 是噪声核。常见的核选择是高斯核：

$$q(\boldsymbol{z}|\boldsymbol{x},\sigma)=\mathcal{N}(\boldsymbol{z}|\boldsymbol{x},\sigma^2\boldsymbol{I}) \tag{20.48}$$

此时，我们不再最小化损失函数式（20.43），而是使用对应于平滑后的 Parzen 密度的损失函数，形式为

$$J(\boldsymbol{w})=\frac{1}{2}\int\left\|\boldsymbol{s}(\boldsymbol{z},\boldsymbol{w})-\nabla_{\boldsymbol{z}}\ln q_{\sigma}(\boldsymbol{z})\right\|^2 q_{\sigma}(\boldsymbol{z})\mathrm{d}\boldsymbol{z} \tag{20.49}$$

一个关键结果是，通过将式（20.47）代入式（20.49），我们可以将这个损失函数重写为以下等价形式（Vincent, 2011）（见习题 20.17）：

$$J(\boldsymbol{w})=\frac{1}{2}\iint\left\|\boldsymbol{s}(\boldsymbol{z},\boldsymbol{w})-\nabla_{\boldsymbol{z}}\ln q(\boldsymbol{z}|\boldsymbol{x},\sigma)\right\|^2 q(\boldsymbol{z}|\boldsymbol{x},\sigma)\,p(\boldsymbol{x})\mathrm{d}\boldsymbol{z}\mathrm{d}\boldsymbol{x}+\text{const} \tag{20.50}$$

用经验分布式（20.44）代替 $p(\boldsymbol{x})$，可以得到

$$J(\boldsymbol{w})=\frac{1}{2N}\sum_{n=1}^{N}\int\left\|\boldsymbol{s}(\boldsymbol{z},\boldsymbol{w})-\nabla_{\boldsymbol{z}}\ln q(\boldsymbol{z}|\boldsymbol{x}_n,\sigma)\right\|^2 q(\boldsymbol{z}|\boldsymbol{x}_n,\sigma)\mathrm{d}\boldsymbol{z}+\text{const} \tag{20.51}$$

对于高斯核式（20.48），得分函数变为

$$\nabla_{\boldsymbol{z}}\ln q(\boldsymbol{z}|\boldsymbol{x},\sigma)=-\frac{1}{\sigma}\boldsymbol{\varepsilon} \tag{20.52}$$

其中 $\boldsymbol{\varepsilon}=\boldsymbol{z}-\boldsymbol{x}\sim\mathcal{N}(\boldsymbol{z}|\boldsymbol{0},\boldsymbol{I})$。考虑特定的噪声模型［式（20.6）］，可以得到

$$\nabla_{\boldsymbol{z}}\ln q(\boldsymbol{z}|\boldsymbol{x},\sigma)=-\frac{1}{\sqrt{1-\alpha_t}}\boldsymbol{\varepsilon} \tag{20.53}$$

由此我们可以看出，损失函数式（20.50）衡量了神经网络预测与噪声 $\boldsymbol{\varepsilon}$ 之间的差异。所以，该损失函数与去噪扩散模型中使用的损失函数式（20.37）拥有相同的最小值，得分函数 $\boldsymbol{s}(\boldsymbol{z},\boldsymbol{w})$ 扮演的角色与噪声预测网络 $\boldsymbol{g}(\boldsymbol{z},\boldsymbol{w})$ 相同，但前者做了常数缩放 $-1/\sqrt{1-\alpha_t}$（Song and Ermon, 2019）。最小化式（20.50）的过程称为去噪得分匹配（denoise score matching），并且我们看到它与去噪扩散模型有着密切的联系。我们稍后讨论如何选择噪声方差 σ^2。

训练完基于得分的模型后，我们需要生成新的样本。朗之万动力学（Langevin dynamic）非常适用于基于得分函数的模型，因为它以得分函数（参见 14.3 节）为基础进行运算，无须依赖归一化的概率分布，参见图 20.6。

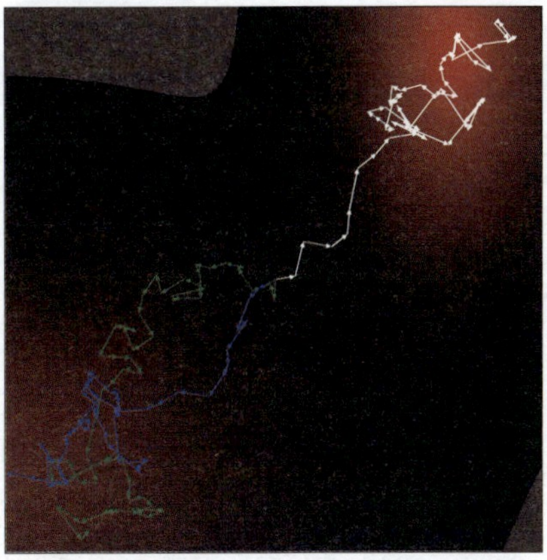

图 20.6 使用式（14.61）定义的朗之万动力学得到的采样轨迹，这里显示了三条都从图中心开始的采样轨迹

20.3.3 噪声方差

我们已经了解怎么从一组训练数据中学习得分函数，以及如何使用朗之万动力学方法从学习到的分布中进行采用并生成新的样本。然而，这种方法存在三个潜在的问题（Song and Ermon, 2019; Luo, 2022）（参见第 16 章）。第一，如果数据分布位于比数据空间维度更低的流形上，那么流形之外的点的概率密度将为零，此时因为 $\ln p(\boldsymbol{x})$ 是未定义的，所以得分函数是未定义的。第二，在数据密度低的区域，得分函数的估计可能不准确，因为损失函数［式（20.43）］被密度加权了。一个不准确的得分函数会导致使用朗之万动力学方法采样时轨迹不佳。第三，即使有一个准确的得分函数，如果数据分布包括一系列不连续的混合分布，通过朗之万动力学方法也可能无法正确采样（见习题 20.18）。

以上三个问题都可以通过选择核函数［式（20.48）］中使用的噪声方差 σ^2 的足够大值来解决，因为这会使数据分布平滑。然而，过大的方差会导致原始分布显著失真，导致得分函数建模失准。一个折中方案是引入方差序列 $\sigma_1^2 < \sigma_2^2 < \cdots < \sigma_T^2$（Song and Ermon, 2019），其中 σ_1^2 足够小，以便数据分布得到准确表示；而 σ_T^2 则足够大，以避免上述问题。然后修改得分网络，使其将方差作为额外的输入 $\boldsymbol{s}(\boldsymbol{x},\boldsymbol{w},\sigma^2)$，并通过使用一个加权和形式的损失函数［式（20.51）］对其进行训练，其中的每一项表示相关网络与相应扰动数据集之间的误差。对于数据向量 $\boldsymbol{x}_n$，损失函数的形式为

$$\frac{1}{2}\sum_{i=1}^{L}\lambda(i)\int\left\|\boldsymbol{s}(\boldsymbol{z},\boldsymbol{w},\sigma_i^2)-\nabla_{\boldsymbol{z}}\ln q(\boldsymbol{z}\mid\boldsymbol{x}_n,\sigma_i)\right\|^2 q(\boldsymbol{z}\mid\boldsymbol{x}_n,\sigma_i)\,\mathrm{d}\boldsymbol{z} \qquad (20.54)$$

其中 $\lambda(i)$ 是权重系数。这个训练过程精确地对应于用来训练分层去噪网络的机制（参见 20.2.1 小节）。

训练完成后，可以通过依次对 $i = L, L-1, \cdots, 2, 1$ 的每个模型逐个执行几步朗之万动力学方法进行采样并生成样本。这种技术称为退火朗之万动力学（annealed Langevin dynamics），类似于用来从去噪扩散概率模型中采样的算法 20.2。

20.3.4 随机微分方程

在构建扩散模型的加噪过程时，使用大数量的步骤（通常为几千步）是有益处的。因此，我们需要考虑在无穷步数的极限情况下会发生什么，就像我们在引入神经微分方程时为无限深度的神经网络所做的那样（参见 18.3.1 小节）。在这种极限情况下，我们需要确保每一步的噪声方差 β_t 随着步长变小而同步变小。这引出了连续时间下扩散模型的理论框架，即随机微分方程（Stochastic Differential Equation，SDE）（Song et al., 2020）。去噪扩散概率模型和得分匹配模型都可以视为连续时间 SDE 的离散化实现。

我们可以将一般的 SDE 写成向量 $\boldsymbol{z}$ 的无穷小更新：

$$\mathrm{d}\boldsymbol{z}=\underbrace{\boldsymbol{f}(\boldsymbol{z},t)\mathrm{d}t}_{\text{漂移项}}+\underbrace{g(t)\mathrm{d}\boldsymbol{v}}_{\text{扩散项}} \tag{20.55}$$

其中漂移项（drift term）是确定性的，类似于常微分方程（ODE），但扩散项（diffusion term）是随机的。这里的参数 t 常常称为“时间”，类比于物理系统中的时间。扩散模型的前向加噪过程［式（20.3）］，可以通过采取连续时间极限而写成形如式（20.55）的 SDE（见习题 20.19）。

对于 SDE［式（20.55）］，存在一个对应的逆向 SDE（Song et al., 2020），如下所示：

$$\mathrm{d}\boldsymbol{z}=\left\{\boldsymbol{f}(\boldsymbol{z},t)-g^2(t)\nabla_{\boldsymbol{z}}\ln p(\boldsymbol{z})\right\}\mathrm{d}t+g(t)\mathrm{d}\boldsymbol{v} \tag{20.56}$$

其中 $\nabla_{\boldsymbol{z}}\ln p(\boldsymbol{z})$ 是得分函数。对于式（20.55）给出的 SDE，应从 $t=T$ 倒序求解至 $t=0$。

要想数值求解 SDE，我们需要对时间变量进行离散化。最简单的方法是使用固定且等间距的时间步，这称为 Euler-Maruyama 求解器。对于反向 SDE，我们可以先恢复朗之万方程的一种形式（参见 14.3 节），再采用更复杂的求解器，这些求解器使用了更灵活的离散化形式（Kloeden and Platen, 2013）。

对于所有由 SDE 支配的扩散过程，都存在一个相应的由 ODE 描述的确定性过程，其轨迹具有与 SDE 相同的边缘概率密度 $p(\boldsymbol{z}|t)$（Song et al., 2020）。对于形如式（20.56）的 SDE，相应的 ODE 为

$$\frac{\mathrm{d}\boldsymbol{z}}{\mathrm{d}t}=\boldsymbol{f}(\boldsymbol{z},t)-\frac{1}{2}g^2(t)\nabla_{\boldsymbol{z}}\ln p(\boldsymbol{z}) \tag{20.57}$$

ODE 允许使用高效的自适应步长求解器以最大限度地减少函数评估次数。此外，ODE 还允许将概率扩散模型与标准化流模型相关联，后者允许使用变量替换式（18.1）以精确计算对数似然（参见第 18 章）。

20.4 有引导的扩散

到目前为止，我们讨论的扩散模型主要用于表示从一组训练样本 $\boldsymbol{x}_1,\cdots,\boldsymbol{x}_N$ 中学习到的无条件密度 $p(\boldsymbol{x})$，这些样本是独立地从 $p(\boldsymbol{x})$ 中抽取的。一旦模型训练好了，我们就可以从这个分布中生成新的样本。我们已经看到了一个从深度生成式模型中进行无条件采样的例子，用于人脸图像，如图 1.3 所示，该例从一个 GAN 模型中进行采样。

然而在许多应用中，我们希望从条件分布 $p(\boldsymbol{x}|\boldsymbol{c})$ 中进行采样，其中条件变量 $\boldsymbol{c}$ 可以是一个类标签或是描述目标图像内容的文字。这也构成了诸如图像超分辨率、图像修复、视频生成等许多其他应用的基础。实现这一点的最简单方法是将 $\boldsymbol{c}$ 视为去噪神经网络 $\boldsymbol{g}(\boldsymbol{z},\boldsymbol{w},t,\boldsymbol{c})$ 的一个额外输入，然后使用匹配的 $\{\boldsymbol{x}_n,\boldsymbol{c}_n\}$ 对来训练网络。这种方法的主要问题是，网络可能会对条件变量赋予的权重不足，甚至忽略条件变量，因此我

们需要一种方式来控制给予条件变量多少权重，并与样本多样性进行权衡。这种用以匹配条件信息的约束机制称为引导（guidance）。根据是否使用单独的分类器，引导主要有两种。

20.4.1 有分类器的引导

假设我们有一个训练好的分类器 $p(\boldsymbol{c}|\boldsymbol{x})$，下面从得分函数的角度考虑扩散模型。使用贝叶斯定理，我们可以将条件扩散模型的得分函数写成以下形式：

$$\begin{aligned}\nabla_x \ln p(\boldsymbol{x}|\boldsymbol{c}) &= \nabla_x \ln\left\{\frac{p(\boldsymbol{c}|\boldsymbol{x})p(\boldsymbol{x})}{p(\boldsymbol{c})}\right\} \\ &= \nabla_x \ln p(\boldsymbol{x}) + \nabla_x \ln p(\boldsymbol{c}|\boldsymbol{x})\end{aligned} \tag{20.58}$$

这里我们利用了 $\nabla_x \ln p(\boldsymbol{c}) = 0$，因为 $p(\boldsymbol{c})$ 不依赖于 $\boldsymbol{x}$。式（20.58）中的第一项是常见的无条件得分函数，第二项则推动去噪过程朝着最大化给定标签 $\boldsymbol{c}$ 在分类器模型下的概率的方向前进（Dhariwal and Nichol, 2021）。我们可以通过引入一个超参数 λ［称为引导尺度（guidance scale）］来控制赋予分类器梯度的权重。用于采样的得分函数随后变为

$$\text{score}(\boldsymbol{x},\boldsymbol{c},\lambda) = \nabla_x \ln p(\boldsymbol{x}) + \lambda \nabla_x \ln p(\boldsymbol{c}|\boldsymbol{x}) \tag{20.59}$$

如果 $\lambda = 0$，则恢复原始的无条件扩散模型；而如果 $\lambda = 1$，则得到对应于条件分布 $p(\boldsymbol{x}|\boldsymbol{c})$ 的得分。当 $\lambda > 1$ 时，模型被强烈引导遵守条件标签，我们也可能使用 $\lambda \gg 1$ 的值，例如 $\lambda = 10$。然而，这是以牺牲样本多样性为代价的，因为模型更倾向于“简单”的样本，即分类器能够正确分类的样本。

基于分类器的引导方法的一个问题是必须训练一个单独的分类器。此外，这个分类器需要能够对具有不同加噪程度的样本进行分类，而标准分类器是在干净的样本上进行训练的。因此，我们转向另一种无需独立分类器的引导方法，以避免使用单独的分类器。

20.4.2 无分类器的引导

用式（20.58）替换式（20.59）中的 $\nabla_x \ln p(\boldsymbol{c}|\boldsymbol{x})$，即可将得分函数写成以下形式（见习题 20.20）：

$$\text{score}(\boldsymbol{x},\boldsymbol{c},\lambda) = \lambda \nabla_x \ln p(\boldsymbol{x}|\boldsymbol{c}) + (1-\lambda)\nabla_x \ln p(\boldsymbol{x}) \tag{20.60}$$

对于 $0 < \lambda < 1$，上式代表了条件对数密度 $\ln p(\boldsymbol{c}|\boldsymbol{x})$ 和无条件对数密度 $\ln p(\boldsymbol{x})$ 的凸组合；对于 $\lambda > 1$，来自无条件得分项的贡献变为负值，这意味着模型主动降低了生成那些忽略条件信息的样本的概率，而更倾向于生成考虑条件信息的样本。

更进一步，我们无须分别训练多个网络来对 $p(\boldsymbol{x}|\boldsymbol{c})$ 和 $p(\boldsymbol{x})$ 进行建模，而是可以训练一个单独的条件模型，并在该模型中将条件变量 $\boldsymbol{c}$ 在训练过程中以一定概率设置

为一个空值，例如 $\boldsymbol{c}=\mathbf{0}$，概率通常设置为 10% ～ 20%。然后 $p(\boldsymbol{x})$ 由 $p(\boldsymbol{x}|\boldsymbol{c}=\mathbf{0})$ 表示。这在某种程度上类似于 dropout，dropout 会将一部分训练向量的所有条件输入都设为零（参见 9.6.1 小节）。

训练完成后，得分函数［式（20.60）］用来强化条件信息的权重。实践表明，无分类器的引导相比有分类器的引导可以提供更高的生成质量（Nichol et al., 2021; Saharia et al., 2022）。原因是分类器 $p(\boldsymbol{c}|\boldsymbol{x})$ 可以忽略大部分输入向量 $\boldsymbol{x}$，只要能对 $\boldsymbol{c}$ 做出良好预测即可；而无分类器的引导基于条件密度 $p(\boldsymbol{x}|\boldsymbol{c})$，其必须为 $\boldsymbol{x}$ 的所有特征赋予高概率。

文本引导的扩散模型可以结合大语言模型的技术，把条件输入扩展为通用文本序列，即提示词（prompt），而非局限于预定义的类别标签（参见第 12 章）。这允许文本输入以两种方式影响去噪过程：第一，将基于 Transformer 的大语言模型的内部表示与去噪网络的输入连接起来；第二，允许去噪网络内的交叉注意力层关注文本标记序列。图 20.7 对基于文本提示的无分类器的引导做了说明。

图 20.7 基于文本提示的无分类器的引导，扩散模型由一个名为 GLIDE 的模型生成，使用的条件文本是“A stained glass window of a panda eating bamboo”（一只熊猫在吃竹子的彩绘玻璃窗）。左侧的样本是用 $\lambda=0$ 生成的（无引导，仅仅是纯条件模型），而右侧的样本是用 $\lambda=3$ 生成的［图片来源于 Nichol et al. (2021)，经授权使用］

条件扩散模型的另一个应用是图像超分辨率，旨在将低分辨率图像转换为相应的高分辨率图像。这本质上是一个逆问题，单个低分辨率图像对应于多个高分辨率图像的解。实现方法是通过用低分辨率图像作为条件变量，对由高斯分布采样生成的高分辨率样本进行去噪（Saharia, Ho, et al., 2021），参见图 20.8。这些模型可以级联起来以实现非常高的图像分辨率（Ho et al., 2021），例如从 64×64 到 256×256，然后从 256×256 到 1024×1024。每个阶段通常用一个 U-Net 架构（参见 10.5.4 小节），且当前 U-Net 都以前一阶段的最终去噪结果为条件。

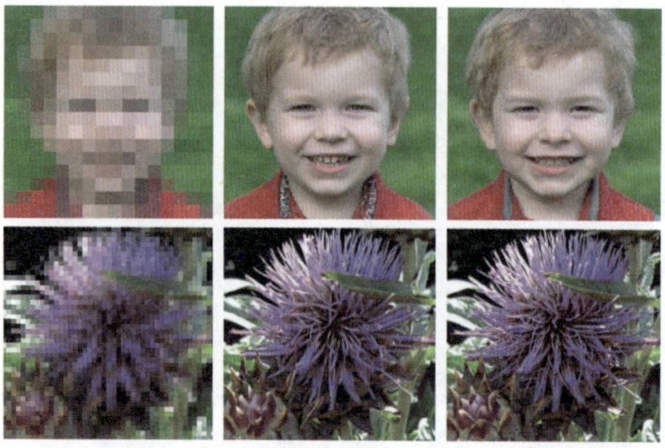

图 20.8 两个低分辨率图像以及由扩散模型生成的相应高分辨率图像。上面一行显示了一个 16 × 16 的输入图像和相应的 128 × 128 的输出图像，以及原始图像。下面一行显示了一个 64 × 64 的输入图像和一个 256 × 256 的输出图像，并与原始图像进行了对比［图片来源于 Saharia, Ho et al.(2021)，经授权使用］

这种级联方式也适用于图像生成扩散模型，在这种模型中，首先在较低分辨率的图像上执行去噪操作，之后使用另一个独立的网络（可附加文本提示词输入）进行上采样，以生成最终的高分辨率图像（Nichol et al., 2021; Saharia et al., 2022）。由于去噪过程可能需要调用去噪网络数百次，与直接在高维空间中进行计算相比，级联方法能够大幅减少计算量。需要指出的是，这种方法依旧是在图像空间中直接进行操作的，只是分辨率较低而已。

对于在高分辨率图像空间中直接应用扩散模型所带来的高计算成本问题，另一种方法是使用潜扩散模型（latent diffusion model）（Rombach et al., 2021）。首先在无噪声图像上训练一个自编码器（autoencoder），以获得图像的低维表征并使参数固定操作。接下来训练一个 U-Net 网络，在低维空间中执行去噪操作，注意，这个空间本身并不能直接解释为图像。最后使用固定自编码器网络的输出部分将去噪表征映射到高分辨率图像空间。这种方法更有效地利用了低维空间，该空间可以专注于图像语义，并让解码器从去噪的低维表示中创建相应的清晰的高分辨率图像。

条件图像生成的其他应用还包括图像修复、去除裁剪、图像恢复、图像变形、图像风格转移、着色、去模糊和视频生成等（Yang, Srivastava, and Mandt, 2022）。图 20.9 展示了一个图像修复的例子。

图 20.9 图像修复的一个例子。左侧是原始图像，中间是部分区域被移除的图像，右侧是经过修复处理的图像［图片来源于 Saharia, Chan, Chang et al.(2021)，经授权使用］

习题

20.1 （★）使用式（20.3），以 z_{t-1} 的均值和协方差为变量，写出 z_t 的均值和协方差。证明当 $0<\beta_t<1$ 时，z_t 的均值比 z_{t-1} 的均值更接近于零，并且 z_t 的协方差比 z_{t-1} 的协方差更接近于单位矩阵 $\boldsymbol{I}$。

20.2 （★）证明式（20.1）可以等价地表示为式（20.2）。

20.3 （★★★）使用归纳法证明扩散模型前向过程的 $\boldsymbol{x}_t$ 的边缘分布由式（20.6）给出，其中 α_t 由式（20.7）定义。首先验证当 $t=1$ 时式（20.6）成立。然后假设对于某个特定的 t 值，式（20.6）也成立，并且推导出 $t+1$ 时的相应结果。为此，最简单的方法是使用式（20.3）来写前向过程，并利用式（3.212）所示的结果，该结果显示两个独立的高斯随机变量之和本身就是一个高斯分布，在这个高斯分布中，均值和协方差是可加的。

20.4 （★）利用式（20.6），其中 α_t 由式（20.7）定义，证明在极限 $T\to\infty$ 下可以得到式（20.9）。

20.5 （★★）考虑两个独立的随机变量 a 和 b 以及一个固定的标量 λ，证明

$$\mathrm{cov}[a+b]=\mathrm{cov}[a]+\mathrm{cov}[b] \tag{20.61}$$

$$\mathrm{cov}[\lambda a]=\lambda^2\,\mathrm{cov}[a] \tag{20.62}$$

然后进一步证明：如果 z_{t-1} 的分布具有零均值和单位协方差，那么无论 β_t 的值如何，式（20.3）定义的 z_t 的分布都具有零均值和单位协方差。

20.6 （★★★）使用“配方法”这一技术从贝叶斯定理［式（20.13）］中推导出式（20.15）。首先注意式（20.13）右边分子中的两项，它们分别由式（20.4）和式（20.6）给出，并且它们都采用关于 z_{t-1} 的二次函数的指数形式。因此所需的分布是高斯分布，我们只需要求出其均值和协方差即可。为此，请只考虑指数中依赖于 z_{t-1} 的项，注意两个指数的乘积等于这两个指数之和的指数形式。把所有在关于 z_{t-1} 的二次项以及关于 z_{t-1} 的一次项收集起来，然后重新整理成 $(z_{t-1}-\boldsymbol{m}_t)^{\mathrm{T}}\boldsymbol{S}_t^{-1}(z_{t-1}-\boldsymbol{m}_t)$ 的形式。最后通过观察，求出 $\boldsymbol{m}_t(\boldsymbol{x},z_t)$ 和 $\boldsymbol{S}_t$ 的表达式。注意，与 z_{t-1} 无关的加法项可以忽略不计。

20.7 （★★★）证明扩散模型中正向加噪过程的条件分布 $q(z|z_{t-1})$ 的逆，在噪声方差较小时可以近似为高斯分布。考虑由贝叶斯定理［式（20.11）］给出的逆条件分布 $q(z_{t-1}|z_t)$，而正向分布 $q(z_t|z_{t-1})$ 由式（20.4）给出。对式（20.11）的两边取对数，然后以 z_t 为中心对 $q(z_{t-1})$ 进行泰勒展开，证明对于小的噪声方差 β_t，分布 $q(z_{t-1}|z_t)$ 可以近似为均值为 z_t、协方差为 $\beta_t\boldsymbol{I}$ 的高斯分布。求出关于均值和协方差的最低阶修正项的表达式，将其表示为 β_t 的次展开形式。

20.8 （★★）通过将概率的乘积法则［式（20.24）］代入扩散模型的 ELBO 定义［式

(20.22)]中，并利用 KL 散度的定义[式(20.23)]，验证对数似然函数可以写成下界和 KL 散度之和的形式[式(20.21)]。

20.9 (★★)验证扩散模型的 ELBO[由式(20.31)给出]可以写成式(20.32)的形式，其中 KL 散度由式(20.23)定义。

20.10 (★★)在推导式(20.32)给出的扩散模型的 ELBO 时，我们省略了式(20.26)右边的第一项和第三项，因为它们与 $\boldsymbol{w}$ 无关。同样，我们还省略了式(20.30)右边的第二项，因为它也与 $\boldsymbol{w}$ 无关。证明如果保留所有这些省略的项，就会导致 ELBO 的 $\mathcal{L}(\boldsymbol{x})$[由式(20.63)给出]中增加一个额外的项：

$$\mathrm{KL}\left(q(\boldsymbol{z}_T \mid \boldsymbol{x}) \| p(\boldsymbol{z}_T)\right) \tag{20.63}$$

请注意加噪过程是这样构造的：设法使分布 $q(\boldsymbol{z}_T \mid \boldsymbol{x})$ 等于高斯分布 $\mathcal{N}(\boldsymbol{x} \mid \boldsymbol{0}, \boldsymbol{I})$。同样，分布 $p(\boldsymbol{z}_T)$ 定义为等同于 $\mathcal{N}(\boldsymbol{x} \mid \boldsymbol{0}, \boldsymbol{I})$，因此式(20.63)中的两个分布相同，KL 散度为 0。

20.11 (★★)利用式(20.15)所代表的分布 $q(\boldsymbol{z}_{t-1} \mid \boldsymbol{z}_t, \boldsymbol{x})$ 和式(20.18)所代表的分布 $p(\boldsymbol{z}_{t-1} \mid \boldsymbol{z}_t, \boldsymbol{w})$，证明出现在式(20.32)中的一致项中的 KL 散度由式(20.33)给出。

20.12 (★★)将式(20.34)代入式(20.16)中，重写均值 $\boldsymbol{m}_t(\boldsymbol{x}, \boldsymbol{z}_t)$，使其能够以原始数据向量 $\boldsymbol{x}$ 和噪声 $\boldsymbol{\varepsilon}$ 的形式来表示，参见式(20.35)，其中 $\boldsymbol{\varepsilon}$ 由式(20.7)定义。

20.13 (★★)证明扩散模型的 ELBO 中的重建项[式(20.38)]可以写成式(20.39)的形式。考虑用式(20.36)替换 $\boldsymbol{\mu}(\boldsymbol{z}_1, \boldsymbol{w}, 1)$，并用式(20.1)替换 $\boldsymbol{x}$，然后利用 $\alpha_1 = (1 - \beta_1)$，后者可以由式(20.7)得出。

20.14 (★)得分函数是由 $\boldsymbol{s}(\boldsymbol{x}) = \nabla_{\boldsymbol{x}} p(\boldsymbol{x} \mid \boldsymbol{w})$ 定义的，因此它是一个与输入向量 $\boldsymbol{x}$ 维度相同的向量。考虑一个矩阵，其元素由下式给出：

$$M_{ij} = \frac{\partial s_i}{\partial x_j} - \frac{\partial s_j}{\partial x_i} \tag{20.64}$$

证明如果通过取梯度 $\boldsymbol{s} = \nabla_{\boldsymbol{x}} \phi(\boldsymbol{x})$ 来定义得分函数，其中 $\phi(\boldsymbol{x})$ 是具有单一输出变量的神经网络的输出，那么对于所有 i, j，矩阵元素 M_{ij} 都为 0。请注意，如果得分函数 $\boldsymbol{s}(\boldsymbol{x}) = \nabla_{\boldsymbol{x}} p(\boldsymbol{x} \mid \boldsymbol{w})$ 直接用一个深度神经网络来表示，并且输入与输出的数量相同，那么只有对角线矩阵元素 $M_{ii} = 0$，因此网络的输出不一定是某标量函数的梯度。

20.15 (★★)考虑使用一个深度神经网络 $\boldsymbol{s}(\boldsymbol{x}, \boldsymbol{w})$ 来表示得分函数[由式(20.42)定义]，其中 $\boldsymbol{x}$ 和 $\boldsymbol{s}$ 的维度为 D。比较以下两种情况在计算得分时的计算复杂度：一种是具有 D 个输出且直接用来表示得分函数的网络，另一种是计算单一标量函数 $\phi(\boldsymbol{x}, \boldsymbol{w})$，并通过自动微分间接计算得分函数的网络。证明通常后一种方法的计算成本更高。

20.16 （★★★）我们无法直接最小化得分函数［式（20.43）］，因为我们不知道真实数据密度 $p(\boldsymbol{x})$ 的函数形式，因此无法写出得分函数 $\nabla_{\boldsymbol{x}} \ln p(\boldsymbol{x})$ 的表达式。然而，通过使用分部积分（Hyvärinen, 2005），我们可以将式（20.43）改写为

$$J(\boldsymbol{w}) = \int \left\{ \nabla \cdot \boldsymbol{s}(\boldsymbol{x}, \boldsymbol{w}) + \frac{1}{2} \|\boldsymbol{s}(\boldsymbol{x}, \boldsymbol{w})\|^2 \right\} p(\boldsymbol{x}) \mathrm{d}\boldsymbol{x} + \text{const} \tag{20.65}$$

其中常数项 const 不依赖于网络参数 $\boldsymbol{w}$，散度 $\nabla \cdot \boldsymbol{s}(\boldsymbol{x}, \boldsymbol{w})$ 定义如下：

$$\nabla \cdot \boldsymbol{s} = \sum_{i=1}^{D} \frac{\partial s_i}{\partial x_i} = \sum_{i=1}^{D} \frac{\partial^2 \ln p(\boldsymbol{x})}{\partial x_i^2} \tag{20.66}$$

其中 D 是 $\boldsymbol{x}$ 的维度。首先展开式（20.43）中的平方项，注意涉及 $\|\boldsymbol{s}(\boldsymbol{x}, \boldsymbol{w})\|^2$ 的项已经出现在式（20.43）中，而涉及 $\|\boldsymbol{s}_{\mathcal{D}}\|^2$ 的项可以吸收到加法常数中，这里我们定义 $\boldsymbol{s}_{\mathcal{D}} = \nabla \ln p_{\mathcal{D}}(\boldsymbol{x})$。考虑下式对两个函数乘积的导数。

$$\frac{\mathrm{d}}{\mathrm{d}x}\{p(x) g(x)\} = \frac{\mathrm{d}p(x)}{\mathrm{d}x} g(x) + p(x) \frac{\mathrm{d}g(x)}{\mathrm{d}x} \tag{20.67}$$

对式（20.67）的两边关于 $\boldsymbol{x}$ 进行积分并整理，得出分部积分公式：

$$\int_{-\infty}^{\infty} \frac{\mathrm{d}p(x)}{\mathrm{d}x} g(x) \mathrm{d}x = -\int_{-\infty}^{\infty} \frac{\mathrm{d}g(x)}{\mathrm{d}x} p(x) \mathrm{d}x \tag{20.68}$$

假设 $p(\infty) = p(-\infty) = 0$。将此结果与定义 $\boldsymbol{s}_{\mathcal{D}} = \nabla \ln p(\boldsymbol{x})$ 一起应用到涉及 $\boldsymbol{s}(\boldsymbol{x}, \boldsymbol{w})^{\mathrm{T}} \boldsymbol{s}_{\mathcal{D}}$ 的项以完成证明。请注意，计算式（20.66）中的二阶导数时，需要对每个导数进行一次反向传播，因此总的计算成本会随数据空间维度 D 呈二次方增长（Martens, Sutskever, and Swersky, 2012）。因此，该损失函数不能直接应用于高维空间，于是切片得分匹配（Song et al., 2019）等技术被开发出来以解决这种低效问题。

20.17 （★★）证明：忽略加性常数，得分函数损失［式（20.50）］与式（20.49）是等价的。首先展开式（20.49）中的平方项，然后利用式（20.47）证明式（20.49）中的 $\boldsymbol{s}^{\mathrm{T}}\boldsymbol{s}$ 项与通过展开式（20.50）中的平方项所得到的相应项是相同的。另请注意，式（20.49）中 $\|\nabla_{\boldsymbol{z}} \ln q\|^2$ 这一项与 $\boldsymbol{w}$ 无关，同样，式（20.50）中的相应项也与 $\boldsymbol{w}$ 无关，因此这些项可以视为损失函数中的加性常数，它们在训练中不起作用。最后考虑式（20.49）中的交叉项。通过使用式（20.47）替换 $q(\boldsymbol{z})$，证明这等于式（20.50）中相应的交叉项，从而证明这两个损失函数在忽略加性常数的情况下是相等的。

20.18 （★）考虑一个概率分布，它由两个互斥的分布（换言之，当其中一个非零时，另一个必定为零）混合而成，形式为

$$p(\boldsymbol{x})=\lambda p_A(\boldsymbol{x})+(1-\lambda)p_B(\boldsymbol{x}) \tag{20.69}$$

证明当针对任何给定点 $\boldsymbol{x}$ 计算由式（20.42）定义的得分函数时，混合系数 λ 不会出现。由此可知，由式（14.61）定义的朗之万动力学方法不会以正确的比例从这两个分布中采样。如正文所述，我们可以通过添加来自宽泛分布的噪声来解决这个问题。

20.19 （⋆⋆）在离散步骤，扩散模型中的正向加噪过程由式（20.3）定义。这里我们取连续时间极限，并将其转换为随机微分方程（SDE）。为此，首先引入一个连续变化的方差函数 $\beta(t)$，使得 $\beta_t=\beta(t)\Delta t$。通过对式（20.3）右边第一项中的平方根进行泰勒展开，证明无穷小的更新可以写成如下形式：

$$\mathrm{d}\boldsymbol{z}=-\frac{1}{2}\beta(t)\boldsymbol{z}\mathrm{d}t+\sqrt{\beta(t)}\mathrm{d}\boldsymbol{v} \tag{20.70}$$

这是一般随机微分方程［式（20.55）］的特殊情况。

20.20 （⋆）用式（20.58）替换 $\nabla_{\boldsymbol{x}}\ln p(\boldsymbol{c}|\boldsymbol{x})$，证明式（20.59）中的得分函数可以写成式（20.60）的形式。

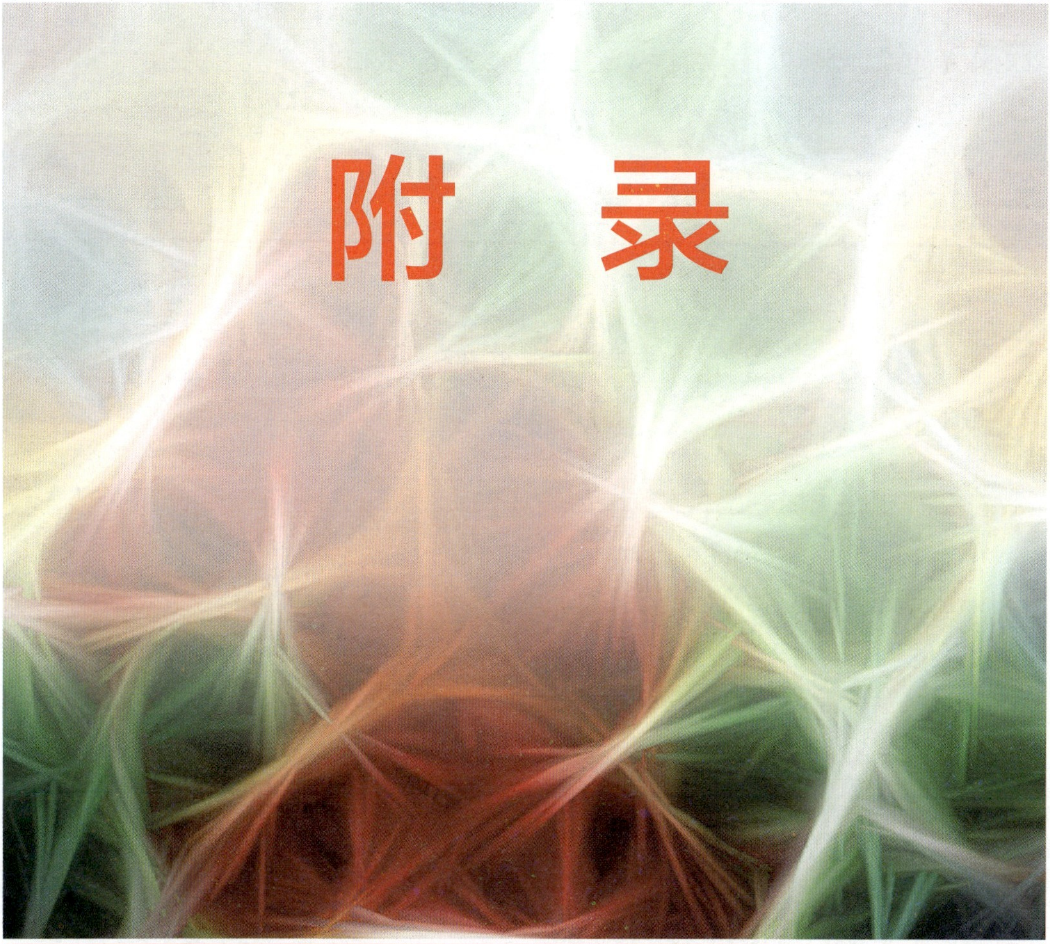

附 录

附录A　线性代数

附录 A 列出了一些有用的性质以及涉及矩阵和行列式的恒等式。我们假设读者已经熟悉了基本的线性代数知识，所以附录 A 并不是介绍这些概念的教程。对于某些结论，我们会说明如何进行证明，而在更复杂的情况下，建议感兴趣的读者参考与该主题有关的教科书。在所有情况下，我们假设矩阵的逆存在，并且假设矩阵的维度可以使公式得到正确定义。关于线性代数的更详细且全面的讨论可以参见 Golub and Van Loan（1996），并且 Lutkepohl（1996）给出了大量的矩阵性质，Magnus and Neudecker（1999）讨论了矩阵导数。

A.1　矩阵恒等式

矩阵 $\boldsymbol{A}$ 由元素 A_{ij} 组成，其中 i 索引行，j 索引列。我们用 $\boldsymbol{I}_N$ 来表示 $N \times N$ 恒等矩

阵（也称单位矩阵）。当维度上没有歧义的时候，我们可以直接用 $\boldsymbol{I}$ 代表单位矩阵。转置矩阵 $\boldsymbol{A}^{\mathrm{T}}$ 包含元素 $\left(\boldsymbol{A}^{\mathrm{T}}\right)_{ij}=A_{ji}$。从转置的定义来看，我们有

$$\left(\boldsymbol{AB}\right)^{\mathrm{T}}=\boldsymbol{B}^{\mathrm{T}}\boldsymbol{A}^{\mathrm{T}} \tag{A.1}$$

对此我们可以通过写出索引来验证。$\boldsymbol{A}$ 的逆矩阵记为 $\boldsymbol{A}^{-1}$，满足

$$\boldsymbol{AA}^{-1}=\boldsymbol{A}^{-1}\boldsymbol{A}=\boldsymbol{I} \tag{A.2}$$

因为 $\boldsymbol{ABB}^{-1}\boldsymbol{A}^{-1}=\boldsymbol{I}$，所以有

$$\left(\boldsymbol{AB}\right)^{-1}=\boldsymbol{B}^{-1}\boldsymbol{A}^{-1} \tag{A.3}$$

并且有

$$\left(\boldsymbol{A}^{\mathrm{T}}\right)^{-1}=\left(\boldsymbol{A}^{-1}\right)^{\mathrm{T}} \tag{A.4}$$

这通过取式（A.2）的转置并应用式（A.1）可以很容易得证。

一个涉及矩阵的逆的有用恒等式如下：

$$\left(\boldsymbol{P}^{-1}+\boldsymbol{B}^{\mathrm{T}}\boldsymbol{R}^{-1}\boldsymbol{B}\right)^{-1}\boldsymbol{B}^{\mathrm{T}}\boldsymbol{R}^{-1}=\boldsymbol{PB}^{\mathrm{T}}\left(\boldsymbol{BPB}^{\mathrm{T}}+\boldsymbol{R}\right)^{-1} \tag{A.5}$$

这很容易通过对式（A.5）的两边右乘 $\left(\boldsymbol{BPB}^{\mathrm{T}}+\boldsymbol{R}\right)$ 得证。假设 $\boldsymbol{P}$ 的维度为 $N\times N$、$\boldsymbol{R}$ 的维度为 $M\times M$，则 $\boldsymbol{B}$ 的维度就是 $M\times N$。如果 $M\ll N$，那么计算式（A.5）右边的值要比计算其左边的值开销小得多。有时也会出现如下特殊情况：

$$\left(\boldsymbol{I}+\boldsymbol{AB}\right)^{-1}\boldsymbol{A}=\boldsymbol{A}\left(\boldsymbol{I}+\boldsymbol{BA}\right)^{-1} \tag{A.6}$$

另一个有用的关于矩阵的逆的恒等式如下：

$$\left(\boldsymbol{A}+\boldsymbol{BD}^{-1}\boldsymbol{C}\right)^{-1}=\boldsymbol{A}^{-1}-\boldsymbol{A}^{-1}\boldsymbol{B}\left(\boldsymbol{D}+\boldsymbol{CA}^{-1}\boldsymbol{B}\right)^{-1}\boldsymbol{CA}^{-1} \tag{A.7}$$

这就是伍德伯里恒等式，对式（A.7）的两边同时乘以 $\left(\boldsymbol{A}+\boldsymbol{BD}^{-1}\boldsymbol{C}\right)$ 即可得证。这在某些情况下很有用，例如，当 $\boldsymbol{A}$ 很大且为对角矩阵时，$\boldsymbol{A}$ 的逆很容易求得，或者当 $\boldsymbol{B}$ 有很多行但列较少时（$\boldsymbol{C}$ 则相反），式（A.7）右边的计算开销就比左边的计算开销小得多。

如果当且仅当所有 $\alpha_n=0$ 时，$\sum_n\alpha_n\boldsymbol{a}_n=\boldsymbol{0}$ 才成立，则称向量 $\{\boldsymbol{a}_1,\cdots,\boldsymbol{a}_N\}$ 是线性无关（linearly independent）的。这意味着没有任何一个向量可以表示为其余向量的线性组合。矩阵的秩等于线性无关行的最大数量（也可等价地说，矩阵的秩等于线性无关列的最大数量）。

A.2 迹和行列式

方阵有迹和行列式。矩阵 $\boldsymbol{A}$ 的迹 $\mathrm{tr}\left(\boldsymbol{A}\right)$ 定义为其主对角线上元素的和。通过写出

索引，我们可以得到

$$\mathrm{tr}(\boldsymbol{AB})=\mathrm{tr}(\boldsymbol{BA}) \tag{A.8}$$

通过将式（A.8）应用于三个矩阵的乘积，可以得到

$$\mathrm{tr}(\boldsymbol{ABC})=\mathrm{tr}(\boldsymbol{CAB})=\mathrm{tr}(\boldsymbol{BCA}) \tag{A.9}$$

这就是迹运算的循环（cyclic）性质。显然，这一性质可以扩展到任意数量的矩阵的乘积。$N\times N$ 矩阵 $\boldsymbol{A}$ 的行列式$|\boldsymbol{A}|$由下式定义：

$$|\boldsymbol{A}|=\sum(\pm1)A_{1i_1}A_{2i_2}\cdots A_{Ni_N} \tag{A.10}$$

其中，行列式对每行和每列中元素的乘积求和，并根据排列 $i_1i_2\cdots i_N$ 为偶数还是奇数来确定系数是 +1 还是 −1 。注意$|\boldsymbol{I}|=1$，且对角矩阵的行列式是由其主对角线上元素的乘积给出的。因此，对于2×2 的矩阵，其行列式的形式如下：

$$|\boldsymbol{A}|=\begin{vmatrix}a_{11} & a_{12}\\ a_{21} & a_{22}\end{vmatrix}=a_{11}a_{22}-a_{12}a_{21} \tag{A.11}$$

两个矩阵乘积的行列式由下式给出：

$$|\boldsymbol{AB}|=|\boldsymbol{A}||\boldsymbol{B}| \tag{A.12}$$

式（A.12）可以从式（A.10）推导得出。同样，逆矩阵的行列式由下式给出：

$$\left|\boldsymbol{A}^{-1}\right|=\frac{1}{|\boldsymbol{A}|} \tag{A.13}$$

式（A.13）可以通过取式（A.2）的行列式并应用式（A.12）推导得出。

如果 $\boldsymbol{A}$ 和 $\boldsymbol{B}$ 都是大小为 $N\times M$ 的矩阵，则有

$$\left|\boldsymbol{I}_N+\boldsymbol{AB}^{\mathrm{T}}\right|=\left|\boldsymbol{I}_M+\boldsymbol{A}^{\mathrm{T}}\boldsymbol{B}\right| \tag{A.14}$$

一种有用的特殊情况如下：

$$\left|\boldsymbol{I}_N+\boldsymbol{ab}^{\mathrm{T}}\right|=1+\boldsymbol{a}^{\mathrm{T}}\boldsymbol{b} \tag{A.15}$$

其中 $\boldsymbol{a}$ 和 $\boldsymbol{b}$ 都是 N 维的列向量。

A.3 矩阵导数

有时我们需要考虑向量和矩阵关于标量的导数。向量 $\boldsymbol{a}$ 关于标量 x 的导数也是一个向量，其分量为

$$\left(\frac{\partial\boldsymbol{a}}{\partial x}\right)_i=\frac{\partial a_i}{\partial x} \tag{A.16}$$

矩阵关于标量的导数也有类似的定义。标量 x 关于向量 $\boldsymbol{a}$ 的导数可以定义为

$$\left(\frac{\partial x}{\partial \boldsymbol{a}}\right)_i = \frac{\partial x}{\partial a_i} \tag{A.17}$$

类似地：

$$\left(\frac{\partial \boldsymbol{a}}{\partial \boldsymbol{b}}\right)_{ij} = \frac{\partial a_i}{\partial b_j} \tag{A.18}$$

通过写出分量，易证

$$\frac{\partial}{\partial \boldsymbol{x}}\left(\boldsymbol{x}^{\mathrm{T}}\boldsymbol{a}\right) = \frac{\partial}{\partial \boldsymbol{x}}\left(\boldsymbol{a}^{\mathrm{T}}\boldsymbol{x}\right) = \boldsymbol{a} \tag{A.19}$$

类似地：

$$\frac{\partial}{\partial x}\left(\boldsymbol{AB}\right) = \frac{\partial \boldsymbol{A}}{\partial x}\boldsymbol{B} + \boldsymbol{A}\frac{\partial \boldsymbol{B}}{\partial x} \tag{A.20}$$

矩阵的逆关于标量 x 的导数可以定义为

$$\frac{\partial}{\partial x}\left(\boldsymbol{A}^{-1}\right) = -\boldsymbol{A}^{-1}\frac{\partial \boldsymbol{A}}{\partial x}\boldsymbol{A}^{-1} \tag{A.21}$$

这可以通过使用式（A.20）微分方程 $\boldsymbol{A}^{-1}\boldsymbol{A} = \boldsymbol{I}$，然后右乘 $\boldsymbol{A}^{-1}$ 得证。
类似地：

$$\frac{\partial}{\partial x}\ln\left|\boldsymbol{A}\right| = \mathrm{tr}\left(\boldsymbol{A}^{-1}\frac{\partial \boldsymbol{A}}{\partial x}\right) \tag{A.22}$$

我们稍后会证明这一点。如果我们选择 $\boldsymbol{x}$ 作为 $\boldsymbol{A}$ 的元素之一，则有

$$\frac{\partial}{\partial A_{ij}}\mathrm{tr}\left(\boldsymbol{AB}\right) = B_{ji} \tag{A.23}$$

其可以通过使用索引表示法写出矩阵得到。这个结论也可以写成如下更紧凑的形式：

$$\frac{\partial}{\partial \boldsymbol{A}}\mathrm{tr}\left(\boldsymbol{AB}\right) = \boldsymbol{B}^{\mathrm{T}} \tag{A.24}$$

通过使用这种表示法，我们可以得到以下性质：

$$\frac{\partial}{\partial \boldsymbol{A}}\mathrm{tr}\left(\boldsymbol{A}^{\mathrm{T}}\boldsymbol{B}\right) = \boldsymbol{B} \tag{A.25}$$

$$\frac{\partial}{\partial \boldsymbol{A}}\mathrm{tr}\left(\boldsymbol{A}\right) = \boldsymbol{I} \tag{A.26}$$

$$\frac{\partial}{\partial \boldsymbol{A}}\mathrm{tr}\left(\boldsymbol{ABA}^{\mathrm{T}}\right) = \boldsymbol{A}\left(\boldsymbol{B} + \boldsymbol{B}^{\mathrm{T}}\right) \tag{A.27}$$

这些性质同样可以通过写出矩阵的索引得证。另外，我们还可得到

$$\frac{\partial}{\partial \boldsymbol{A}}\ln|\boldsymbol{A}| = \left(\boldsymbol{A}^{-1}\right)^{\mathrm{T}} \tag{A.28}$$

式（A.28）可以由式（A.22）和式（A.24）推导得出。

A.4 特征向量

对于大小为 $M \times M$ 的方阵 $\boldsymbol{A}$，其特征向量方程定义为

$$\boldsymbol{A}\boldsymbol{u}_i = \lambda_i \boldsymbol{u}_i \tag{A.29}$$

其中 $i = 1, \cdots, M, \boldsymbol{u}_i$ 是特征向量，λ_i 是对应的特征值。这可以视为一组 M 个同时满足的齐次线性方程，有解的条件是

$$|\boldsymbol{A} - \lambda_i \boldsymbol{I}| = 0 \tag{A.30}$$

这就是特征方程。因为这是一个关于 λ_i 的 M 阶多项式，所以它必须有 M 个解（尽管这些解不必都是不同的）。$\boldsymbol{A}$ 的秩等于非零特征值的数量。

需要特别讨论的是对称矩阵，对称矩阵可能是协方差矩阵、核矩阵或黑塞矩阵。对称矩阵具有性质 $A_{ij} = A_{ji}$，或等价地有 $\boldsymbol{A}^{\mathrm{T}} = \boldsymbol{A}$。对称矩阵的逆矩阵也是对称矩阵，这可以通过取 $\boldsymbol{A}^{-1}\boldsymbol{A} = \boldsymbol{I}$ 的转置并利用 $\boldsymbol{A}\boldsymbol{A}^{-1} = \boldsymbol{I}$ 以及 $\boldsymbol{I}$ 的对称性得证。

通常，矩阵的特征值是复数，但对于对称矩阵，其特征值 λ_i 是实数。为了证明这一点，可以首先对式（A.29）左乘 $\left(\boldsymbol{u}_i^*\right)^{\mathrm{T}}$（其中 * 表示复共轭），从而得到

$$\left(\boldsymbol{u}_i^*\right)^{\mathrm{T}} \boldsymbol{A}\boldsymbol{u}_i = \lambda_i \left(\boldsymbol{u}_i^*\right)^{\mathrm{T}} \boldsymbol{u}_i \tag{A.31}$$

接下来取式（A.29）的复共轭并左乘 $\boldsymbol{u}_i^{\mathrm{T}}$，从而得到

$$\boldsymbol{u}_i^{\mathrm{T}} \boldsymbol{A}\boldsymbol{u}_i^* = \lambda_i^* \boldsymbol{u}_i^{\mathrm{T}} \boldsymbol{u}_i^* \tag{A.32}$$

其中使用了 $\boldsymbol{A}^* = \boldsymbol{A}$，因为我们仅考虑实矩阵 $\boldsymbol{A}$。对式（A.32）取转置并使用 $\boldsymbol{A}^{\mathrm{T}} = \boldsymbol{A}$，我们看到两个方程的左边相等，因此有 $\lambda_i^* = \lambda_i$，即 λ_i 必须是实数。

实对称矩阵的特征向量 $\boldsymbol{u}_i$ 可以选择为正交归一化的向量（即正交的且为单位长度的向量），从而有

$$\boldsymbol{u}_i^{\mathrm{T}} \boldsymbol{u}_j = I_{ij} \tag{A.33}$$

其中 I_{ij} 是单位矩阵 $\boldsymbol{I}$ 的元素。为了说明这一点，首先将式（A.29）左乘 $\boldsymbol{u}_j^{\mathrm{T}}$，从而得到第一个方程

$$\boldsymbol{u}_j^{\mathrm{T}} \boldsymbol{A}\boldsymbol{u}_i = \lambda_i \boldsymbol{u}_j^{\mathrm{T}} \boldsymbol{u}_i \tag{A.34}$$

然后交换索引，从而得到第二个方程：

$$\boldsymbol{u}_i^{\mathrm{T}}\boldsymbol{A}\boldsymbol{u}_j = \lambda_j \boldsymbol{u}_i^{\mathrm{T}}\boldsymbol{u}_j \tag{A.35}$$

取第二个方程的转置并利用对称性质 $\boldsymbol{A}^{\mathrm{T}} = \boldsymbol{A}$，最后将这两个方程相减，从而得到

$$\left(\lambda_i - \lambda_j\right)\boldsymbol{u}_i^{\mathrm{T}}\boldsymbol{u}_j = 0 \tag{A.36}$$

因此，对于 $\lambda_i \neq \lambda_j$，我们有 $\boldsymbol{u}_i^{\mathrm{T}}\boldsymbol{u}_j = 0$，即 $\boldsymbol{u}_i$ 和 $\boldsymbol{u}_j$ 是正交的。如果这两个特征值相等，那么任何线性组合 $\alpha\boldsymbol{u}_i + \beta\boldsymbol{u}_j$ 都将是具有相同特征值的特征向量，因此我们可以任意选择一个线性组合，然后选择另一个线性组合并使其与第一个线性组合正交（可以证明退化的特征向量永远不是线性相关的）。因此，特征向量可以选择为正交向量，并通过归一化变为单位长度。由于有 M 个特征值，而对应的 M 个正交特征向量构成了一个完备集，因此任何 M 维向量都可以表示为特征向量的线性组合。

我们可以将特征向量 $\boldsymbol{u}_i$ 作为 $M \times M$ 矩阵 $\boldsymbol{U}$ 的列，该矩阵由于正交归一性而满足

$$\boldsymbol{U}^{\mathrm{T}}\boldsymbol{U} = \boldsymbol{I} \tag{A.37}$$

这样的矩阵称为正交矩阵。有趣的是，这个矩阵的行也是正交的，所以有 $\boldsymbol{U}\boldsymbol{U}^{\mathrm{T}} = \boldsymbol{I}$。为了证明这一点，请注意式（A.37）意味着 $\boldsymbol{U}^{\mathrm{T}}\boldsymbol{U}\boldsymbol{U}^{-1} = \boldsymbol{U}^{-1} = \boldsymbol{U}^{\mathrm{T}}$，从而有 $\boldsymbol{U}\boldsymbol{U}^{-1} = \boldsymbol{U}\boldsymbol{U}^{\mathrm{T}} = \boldsymbol{I}$。使用式（A.12），我们还可以推导出 $|\boldsymbol{U}| = 1$。

特征向量方程［式（A.29）］可以用以下关于 $\boldsymbol{U}$ 的形式来表示：

$$\boldsymbol{A}\boldsymbol{U} = \boldsymbol{U}\boldsymbol{\Lambda} \tag{A.38}$$

其中 $\boldsymbol{\Lambda}$ 是 $M \times M$ 的对角矩阵，其对角元素由特征值 λ_i 给出。

假设我们通过使用正交矩阵 $\boldsymbol{U}$ 转换列向量 $\boldsymbol{x}$ 得到了一个新的向量：

$$\tilde{\boldsymbol{x}} = \boldsymbol{U}\boldsymbol{x} \tag{A.39}$$

则向量的长度保持不变，因为

$$\tilde{\boldsymbol{x}}^{\mathrm{T}}\tilde{\boldsymbol{x}} = \boldsymbol{x}^{\mathrm{T}}\boldsymbol{U}^{\mathrm{T}}\boldsymbol{U}\boldsymbol{x} = \boldsymbol{x}^{\mathrm{T}}\boldsymbol{x} \tag{A.40}$$

同样，任何两个此类向量之间的夹角也保持不变，因为

$$\tilde{\boldsymbol{x}}^{\mathrm{T}}\tilde{\boldsymbol{y}} = \boldsymbol{x}^{\mathrm{T}}\boldsymbol{U}^{\mathrm{T}}\boldsymbol{U}\boldsymbol{y} = \boldsymbol{x}^{\mathrm{T}}\boldsymbol{y} \tag{A.41}$$

因此，向量乘以 $\boldsymbol{U}$ 可以解释为坐标系发生刚性旋转。

从式（A.38）可以看出

$$\boldsymbol{U}^{\mathrm{T}}\boldsymbol{A}\boldsymbol{U} = \boldsymbol{\Lambda} \tag{A.42}$$

又因为 $\boldsymbol{\Lambda}$ 是对角矩阵，我们可以说矩阵 $\boldsymbol{A}$ 被矩阵 $\boldsymbol{U}$ 对角化了。左乘 $\boldsymbol{U}$ 并右乘 $\boldsymbol{U}^{\mathrm{T}}$，

我们可以得到

$$\boldsymbol{A}=\boldsymbol{U}\boldsymbol{\Lambda}\boldsymbol{U}^{\mathrm{T}} \tag{A.43}$$

取这个方程的逆并利用式（A.3）以及 $\boldsymbol{U}^{-1}=\boldsymbol{U}^{\mathrm{T}}$，可以得到

$$\boldsymbol{A}^{-1}=\boldsymbol{U}\boldsymbol{\Lambda}^{-1}\boldsymbol{U}^{\mathrm{T}} \tag{A.44}$$

以上两个方程也可以写成以下形式：

$$\boldsymbol{A}=\sum_{i=1}^{M}\lambda_i\boldsymbol{u}_i\boldsymbol{u}_i^{\mathrm{T}} \tag{A.45}$$

$$\boldsymbol{A}^{-1}=\sum_{i=1}^{M}\frac{1}{\lambda_i}\boldsymbol{u}_i\boldsymbol{u}_i^{\mathrm{T}} \tag{A.46}$$

如果我们取式（A.43）的行列式并使用式（A.12），则可以得到

$$|\boldsymbol{A}|=\prod_{i=1}^{M}\lambda_i \tag{A.47}$$

类似地，取式（A.43）的迹，并利用迹运算的循环性质［式（A.8）］以及 $\boldsymbol{U}^{\mathrm{T}}\boldsymbol{U}=\boldsymbol{I}$，我们可以得到

$$\operatorname{tr}(\boldsymbol{A})=\sum_{i=1}^{M}\lambda_i \tag{A.48}$$

作为一个练习，请读者利用式（A.33）、式（A.45）、式（A.46）和式（A.47）的结论验证式（A.22）。

如果对于所有非零向量 $\boldsymbol{w}$，有 $\boldsymbol{w}^{\mathrm{T}}\boldsymbol{A}\boldsymbol{w}>0$，则称矩阵 $\boldsymbol{A}$ 为正定矩阵，记为 $\boldsymbol{A}\succ 0$。等价地，正定矩阵对于其所有特征值，有 $\lambda_i>0$（这可以通过将 $\boldsymbol{w}$ 分别设置为每个特征向量来验证，并注意到任意向量都可以表示为特征向量的线性组合而看出）。注意，一个矩阵的所有元素均为正并不一定意味着该矩阵就是正定矩阵。例如，矩阵

$$\begin{pmatrix}1 & 2\\ 3 & 4\end{pmatrix} \tag{A.49}$$

具有特征值 $\lambda_1\approx 5.37$ 和 $\lambda_2\approx -0.37$。如果对于所有的 $\boldsymbol{w}$，有 $\boldsymbol{w}^{\mathrm{T}}\boldsymbol{A}\boldsymbol{w}\geqslant 0$，则称这个矩阵为半正定矩阵，记为 $\boldsymbol{A}\succeq 0$，等价于 $\lambda_i\geqslant 0$。

矩阵的条件数由下式给出：

$$\mathrm{CN}=\left(\frac{\lambda_{\max}}{\lambda_{\min}}\right)^{1/2} \tag{A.50}$$

其中 $\lambda_{\max}$ 是最大的特征值，$\lambda_{\min}$ 是最小的特征值。

附录B　变分法

我们可以将函数 $y(x)$ 视为如下运算：对于任何输入值 x，返回输出值 y。同样，我们也可以将泛函 $F[y]$ 视为接收函数 $y(x)$ 并返回输出值 F 的运算。泛函的一个示例是在二维平面上计算绘制的曲线的长度，其中曲线的路径是由一个函数定义的。在机器学习中，一个广泛使用的泛函是连续变量 x 的熵 $H[x]$。对于任意选择的概率密度函数 $p(x)$，它都会返回一个标量值以表示该密度下 x 的熵。因此，$p(x)$ 的熵也可以类似地写作 $H[p]$。

传统微积分中的一个常见问题，就是找到一个 x 值以使函数 $y(x)$ 最大化（或最小化）。类似地，在变分法中，我们也要寻求一个函数 $y(x)$，该函数能使泛函 $F[y]$ 最大化（或最小化）。也就是说，在所有可能的函数中，我们希望找到能使泛函 $F[y]$ 取最大值（或最小值）的特定函数。例如，我们可以使用变分法来证明两点之间直线最短，而最大熵分布是高斯分布。

如果不熟悉普通微积分的法则，则可以对变量 x 施加一个小的改变 ε，然后以 ε 的幂展开来计算传统导数 $\mathrm{d}y/\mathrm{d}x$，从而有

$$y(x+\varepsilon)=y(x)+\frac{\mathrm{d}y}{\mathrm{d}x}\varepsilon+\mathcal{O}(\varepsilon^2) \tag{B.1}$$

最后取极限 $\varepsilon\to 0$。类似地，对于具有多个变量的函数 $y(x_1,\cdots,x_D)$，相应的偏导数由下式定义：

$$y(x_1+\varepsilon_1,\cdots,x_D+\varepsilon_D)=y(x_1,\cdots,x_D)+\sum_{i=1}^{D}\frac{\partial y}{\partial x_i}\varepsilon_i+\mathcal{O}(\varepsilon^2) \tag{B.2}$$

当需要考虑对函数 $y(x)$ 进行微小改动 $\varepsilon\eta(x)$ 会使泛函 $F[y]$ 发生多大的改变时，就可以类似地定义泛函的导数，其中 $\eta(x)$ 是 x 的任意函数，如图 B.1 所示。用 $\delta F/\delta y(x)$ 表示 $F[y]$ 相对于 $y(x)$ 的泛函导数，并用以下关系式加以定义：

$$F[y(x)+\varepsilon\eta(x)]=F[y(x)]+\varepsilon\int\frac{\delta F}{\delta y(x)}\eta(x)\mathrm{d}x+\mathcal{O}(\varepsilon^2) \tag{B.3}$$

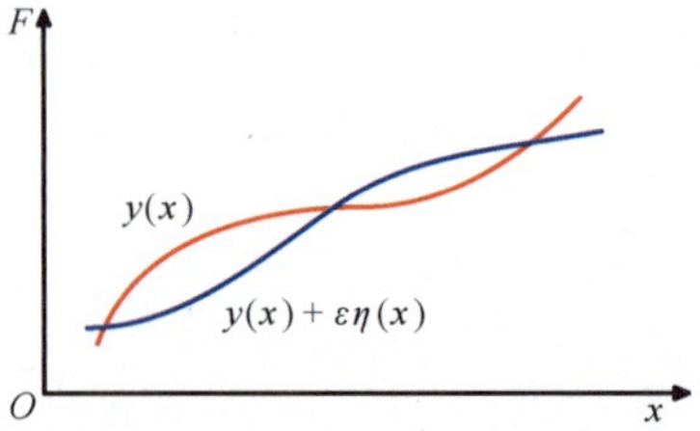

图 B.1　泛函的导数可以用当 $y(x)$ 变为 $y(x)+\varepsilon\eta(x)$ 时，泛函 $F[y]$ 的值如何变化来定义，其中 (x) 是 x 的任意函数

式（B.3）可以看作式（B.2）的自然扩展，其中 $F[y]$ 依赖于一组连续的变量，即所有点 x 处 y 的值。如果要求泛函相对于函数 $y(x)$ 的微小变化是平稳的，则有

$$\int\frac{\delta F}{\delta y(x)}\eta(x)\mathrm{d}x=0 \tag{B.4}$$

由于式（B.4）必须对任意选择的 $\eta(x)$ 都成立，

因此泛函的导数必须消除。为了说明这一点，选择一个扰动$\eta(x)$，其在除了点$\hat{x}$的邻域之外的任意位置都为零。在这种情况下，泛函的导数在$x=\hat{x}$处必须为零。但是，由于对任意的$\hat{x}$都必须满足此条件，因此对于任意的x，泛函的导数都必须消除。

考虑一个定义在函数$G(y,y',x)$的积分之上的泛函，它同时还依赖于$y(x)$及其导数$y'(x)$，并且直接依赖于x：

$$F[y]=\int G\left(y(x),y'(x),x\right)\mathrm{d}x \tag{B.5}$$

其中，假设$y(x)$的值在积分的边界处（可能在无穷大处）为定值。考虑函数$y(x)$的变动，我们可以得到

$$F\left[y(x)+\varepsilon\eta(x)\right]=F\left[y(x)\right]+\varepsilon\int\left\{\frac{\partial G}{\partial y}\eta(x)+\frac{\partial G}{\partial y'}\eta'(x)\right\}\mathrm{d}x+\mathcal{O}\left(\varepsilon^2\right) \tag{B.6}$$

让我们以式（B.3）的形式来表示式（B.6）。为此，对式（B.6）右侧的第二项进行分部积分，并注意$\eta(x)$必须在积分的边界处消除（因为$y(x)$在边界处为定值），从而得到

$$F\left[y(x)+\varepsilon\eta(x)\right]=F\left[y(x)\right]+\varepsilon\int\left\{\frac{\partial G}{\partial y}-\frac{\mathrm{d}}{\mathrm{d}x}\left(\frac{\partial G}{\partial y'}\right)\right\}\eta(x)\mathrm{d}x+\mathcal{O}\left(\varepsilon^2\right) \tag{B.7}$$

与式（B.3）进行比较，即可确定泛函的导数。

由于要求消除泛函的导数，因此有

$$\frac{\partial G}{\partial y}-\frac{\mathrm{d}}{\mathrm{d}x}\left(\frac{\partial G}{\partial y'}\right)=0 \tag{B.8}$$

这就是欧拉 – 拉格朗日（Euler-Lagrange）方程。例如，如果

$$G=y(x)^2+\left(y'(x)\right)^2 \tag{B.9}$$

则欧拉 – 拉格朗日方程的形式变为

$$y(x)-\frac{\mathrm{d}^2y}{\mathrm{d}x^2}=0 \tag{B.10}$$

这个二阶微分方程可以利用$y(x)$的边界条件来求解。

考虑由积分定义的泛函，其积分采用$G(y,x)$的形式，并且不依赖于$y(x)$的导数。在这种情况下，只要x的所有值都满足$\partial G/\partial y(x)=0$，就能保证解的稳定性。

如果我们关于概率分布优化一个泛函，则需要保持概率的归一化约束。满足该要求最简单的方式就是使用拉格朗日乘子（参见附录C），其允许进行无约束的优化。

上述结果可以直接扩展到多维变量$\boldsymbol{x}$上。有关变分法的更全面讨论，请参阅Sagan（1969）。

附录C 拉格朗日乘子

拉格朗日乘子也称拉格朗日乘子或未定乘子，用于在一个或多个约束条件下，寻找多变量函数的驻点。

考虑在与 x_1, x_2 有关的约束条件下找到函数 $f(x_1, x_2)$ 最大值的问题。该约束条件可以写成如下形式：

$$g(x_1, x_2) = 0 \tag{C.1}$$

一种方法是求解约束方程［式（C.1）］，从而将 x_2 表示为 x_1 的函数，形式为 $x_2 = h(x_1)$。然后将其代入 $f(x_1, x_2)$，得到形式为 $f(x_1, h(x_1))$ 的仅关于 x_1 的函数。接下来，可以通过常用的微分方法找到关于 x_1 的最大值，得到驻点值 x_1^*，相应的 x_2 值由 $x_2^* = h(x_1^*)$ 给出。

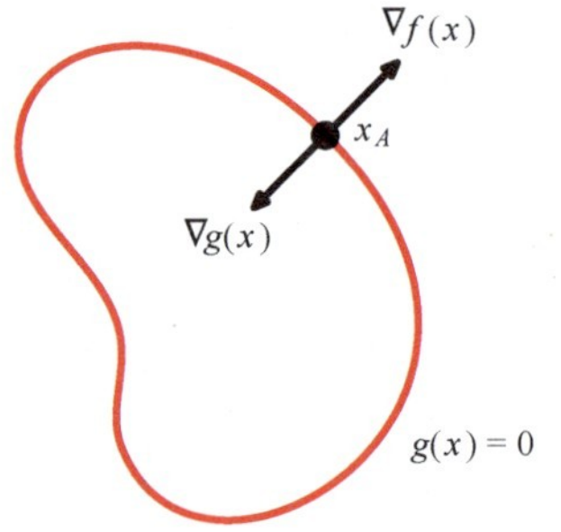

图 C.1 拉格朗日乘子法的几何解释。我们想要在约束条件 $g(\boldsymbol{x})=0$ 下最大化函数 $f(\boldsymbol{x})$。如果 $\boldsymbol{x}$ 是 D 维的，则约束条件 $g(\boldsymbol{x})=0$ 对应一个维度为 $D-1$ 的子空间，如红色曲线所示。这个问题可以通过优化拉格朗日函数 $L(\boldsymbol{x},\lambda)=f(\boldsymbol{x})+\lambda g(\boldsymbol{x})$ 来解决

这种方法存在的一个问题是，找到约束方程的一个解析解可能会很困难（该方程使得 x_2 可以表示为 x_1 的显式函数）。此外，这种方法区别对待 x_1 和 x_2，因而会破坏这些变量之间的自然对称性。

一种更优雅且通常更简单的方法是引入一个称为拉格朗日乘子的参数 λ。我们将从几何角度来说明这一技术。考虑一个具有 $x_1,\cdots,x_D$ 分量的 D 维变量 $\boldsymbol{x}$。约束方程 $g(\boldsymbol{x})=0$ 表示 $\boldsymbol{x}$ 空间中的一个 $(D-1)$ 维曲面，如图 C.1 所示。

首先注意，在该约束曲面上的任何一点，约束函数的梯度 $\nabla g(\boldsymbol{x})$ 都与曲面正交。为了说明这一点，考虑一个位于该约束曲面上的点 $\boldsymbol{x}$ 以及另一个同样位于该约束曲面上的附近点 $\boldsymbol{x}+\boldsymbol{\varepsilon}$。如果我们在点 $\boldsymbol{x}$ 附近进行泰勒展开，则有

$$g(\boldsymbol{x}+\boldsymbol{\varepsilon}) \approx g(\boldsymbol{x}) + \boldsymbol{\varepsilon}^{\mathrm{T}} \nabla g(\boldsymbol{x}) \tag{C.2}$$

因为点 $\boldsymbol{x}$ 和点 $\boldsymbol{x}+\boldsymbol{\varepsilon}$ 都位于约束曲面上，所以我们有 $g(\boldsymbol{x})=g(\boldsymbol{x}+\boldsymbol{\varepsilon})$，从而有 $\boldsymbol{\varepsilon}^{\mathrm{T}}\nabla g(\boldsymbol{x}) \approx 0$。当 $\|\boldsymbol{\varepsilon}\| \to 0$ 时，我们有 $\boldsymbol{\varepsilon}^{\mathrm{T}}\nabla g(\boldsymbol{x})=0$，并且因为 $\boldsymbol{\varepsilon}$ 与约束曲面 $g(\boldsymbol{x})=0$ 平行，所以我们看到 ∇g 与约束曲面是垂直的。

接下来我们寻找约束曲面上使得 $f(\boldsymbol{x})$ 最大化的点 $\boldsymbol{x}^\star$。这样的点满足 $\nabla f(\boldsymbol{x})$ 也与约束曲面垂直的性质，如图 C.1 所示，否则我们可以通过沿约束曲面移动一小段距离来增大 $f(\boldsymbol{x})$ 的值。因此，∇f 和 ∇g 是平行（或反平行）的，并且必定存在一个参数 λ，使得

$$\nabla f + \lambda \nabla g = 0 \tag{C.3}$$

其中 $\lambda \neq 0$ 称为拉格朗日乘子。注意，λ 可正可负。

至此，我们很容易引出下式定义的拉格朗日函数：

$$L(\boldsymbol{x}, \lambda) \equiv f(\boldsymbol{x}) + \lambda g(\boldsymbol{x}) \tag{C.4}$$

可通过设置 $\nabla_x L = 0$ 得到带约束的驻点条件［式（C.3）］。此外，通过 $\partial L / \partial \lambda = 0$ 可推出约束条件 $g(\boldsymbol{x}) = 0$。

为了找到在约束条件 $g(\boldsymbol{x}) = 0$ 下函数 $f(\boldsymbol{x})$ 的最大值，首先定义式（C.4）所示的拉格朗日函数，然后寻找 $L(\boldsymbol{x}, \lambda)$ 关于 $\boldsymbol{x}$ 和 λ 的驻点。对于一个 D 维向量 $\boldsymbol{x}$，这会给出 D+1 个方程，用于确定驻点 $\boldsymbol{x}^{\star}$ 以及 λ 的值。如果只对 $\boldsymbol{x}^{\star}$ 感兴趣，则可以从驻点方程中消去 λ，而不需要计算 λ 的值（“未定乘子”由此得名）。

举个简单的例子，假设我们希望找到函数 $f(x_1, x_2) = 1 - x_1^2 - x_2^2$ 在约束条件 $g(x_1, x_2) = x_1 + x_2 - 1 = 0$ 下的驻点，如图 C.2 所示。相应的拉格朗日函数由下式给出：

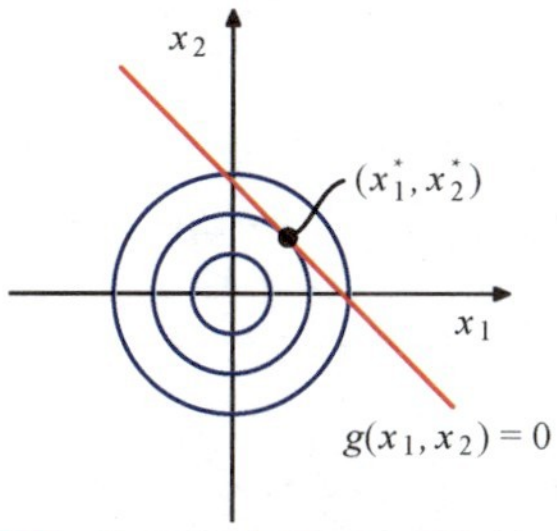

图 C.2　使用拉格朗日乘子法的一个简单示例。在约束条件 $g(x_1, x_2) = 0$ 下最大化函数 $f(x_1, x_2) = 1 - x_1^2 - x_2^2$，其中 $g(x_1, x_2) = x_1 + x_2 - 1$。圆圈表示函数 $f(x_1, x_2)$ 的等值线，对角线则代表约束曲面 $g(x_1, x_2) = 0$

$$L(\boldsymbol{x}, \lambda) = 1 - x_1^2 - x_2^2 + \lambda(x_1 + x_2 - 1) \tag{C.5}$$

这个拉格朗日函数关于 x_1、x_2 和 λ 的驻点条件给出了如下耦合方程：

$$-2x_1 + \lambda = 0 \tag{C.6}$$

$$-2x_2 + \lambda = 0 \tag{C.7}$$

$$x_1 + x_2 - 1 = 0 \tag{C.8}$$

解这些方程，可以得到驻点 $(x_1^*, x_2^*) = (1/2, 1/2)$，相应的拉格朗日乘子为 $\lambda = 1$。

到目前为止，我们已经讨论了在形如 $g(\boldsymbol{x}) = 0$ 的等式约束（equality constraint）下如何最大化函数的问题。接下来考虑在形如 $g(\boldsymbol{x}) \geqslant 0$ 的不等式约束（inequality constraint）下如何最大化 $f(\boldsymbol{x})$ 的问题，如图 C.3 所示。

根据带约束的驻点是否位于 $g(\boldsymbol{x}) > 0$ 的区域内，这个问题有两种可能的解。如果驻点位于 $g(\boldsymbol{x}) > 0$ 的区域内，则约束是非激活的（inactive）；而如果驻点位于边界 $g(\boldsymbol{x}) = 0$ 上，则约束是激活的（active）。在前一种情况下，函数 $g(\boldsymbol{x})$ 不起作用，因此驻点条件是 $\nabla f(\boldsymbol{x}) = 0$，这对应于 $\lambda = 0$ 的拉格朗日函数［式（C.4）］的驻点。在后一种情

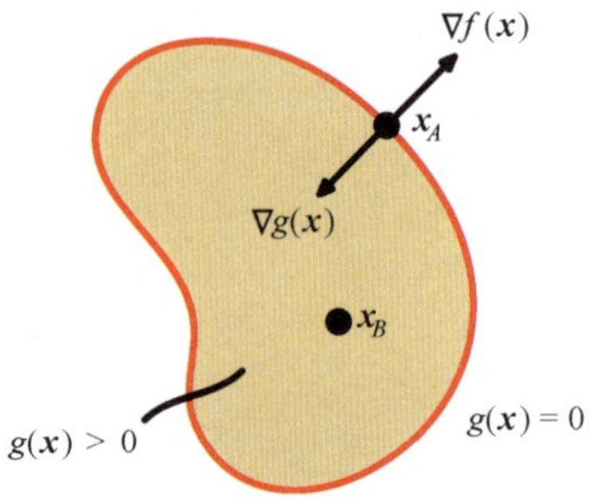

图 C.3 在不等式约束 $g(\boldsymbol{x})\geqslant 0$ 下最大化函数 $f(\boldsymbol{x})$ 的问题示意图

况下，驻点位于边界上，类似于前面讨论的等式约束，对应于 $\lambda \neq 0$ 的拉格朗日函数［式（C.4）］的驻点。可见拉格朗日乘子的符号是关键，因为只有当 $f(\boldsymbol{x})$ 的梯度远离 $g(\boldsymbol{x})>0$ 的区域时，函数 $f(\boldsymbol{x})$ 才会达到最大值，如图 C.3 所示。因此，当 $\lambda>0$ 时，我们有 $\nabla f(\boldsymbol{x})=-\lambda \nabla g(\boldsymbol{x})$。

对于这两种情况，乘积 $\lambda g(\boldsymbol{x})=0$。因此，在 $g(\boldsymbol{x})\geqslant 0$ 的不等式约束下最大化 $f(\boldsymbol{x})$ 的问题，可通过在以下条件下关于 $\boldsymbol{x}$ 和 λ 优化拉格朗日函数［式（C.4）］来求解：

$$g(\boldsymbol{x})\geqslant 0 \tag{C.9}$$

$$\lambda\geqslant 0 \tag{C.10}$$

$$\lambda g(\boldsymbol{x})=0 \tag{C.11}$$

我们称它们为卡鲁什－库恩－塔克（Karush-Kuhn-Tucker, KKT）条件（Karush, 1939; Kuhn and Tucker, 1951）。

注意，如果我们希望在不等式约束 $g(\boldsymbol{x})\geqslant 0$ 下最小化（而非最大化）函数 $f(\boldsymbol{x})$，则需要关于 $\boldsymbol{x}$ 最小化拉格朗日函数 $L(\boldsymbol{x},\lambda)=f(\boldsymbol{x})-\lambda g(\boldsymbol{x})$，这同样要求 $\lambda\geqslant 0$。

最后，拉格朗日乘子法可以很容易地扩展到具有多个等式约束和不等式约束的情况。假设我们希望在约束条件 $g_j(\boldsymbol{x})=0(j=1, \cdots, J)$ 和 $h_k(\boldsymbol{x})\geqslant 0(k=1, \cdots, K)$ 下最大化 $f(\boldsymbol{x})$，则可以引入拉格朗日乘子 $\{\lambda_j\}$ 和 $\{\mu_k\}$，并优化如下拉格朗日函数：

$$L(\boldsymbol{x},\{\lambda_j\},\{\mu_k\})=f(\boldsymbol{x})+\sum_{j=1}^{J}\lambda_j g_j(\boldsymbol{x})+\sum_{k=1}^{K}\mu_k h_k(\boldsymbol{x}) \tag{C.12}$$

其中 $\mu_k\geqslant 0$ 且 $\mu_k h_k(\boldsymbol{x})=0$，$k=1, \cdots, K$。关于拉格朗日乘子法更详细的讨论，请参阅 Nocedal and Wright（1999）。

参考资料

Abramowitz, M., and I. A. Stegun. 1965. *Handbook of Mathematical Functions.* Dover.

Adler, S. L. 1981. "Over-relaxation method for the Monte Carlo evaluation of the partition function for multiquadratic actions." *Physical Review D* 23:2901–2904.

Aghajanyan, Armen, Bernie Huang, Candace Ross, Vladimir Karpukhin, Hu Xu, Naman Goyal, Dmytro Okhonko, *et al.* 2022. *CM3: A Causal Masked Multimodal Model of the Internet.* Technical report. arXiv:2201.07520.

Aghajanyan, Armen, Luke Zettlemoyer, and Sonal Gupta. 2020. *Intrinsic Dimensionality Explains the Effectiveness of Language Model Fine-Tuning.* Technical report. arXiv:2012.13255.

Ahn, J. H., and J. H. Oh. 2003. "A constrained EM algorithm for principal component analysis." *Neural Computation* 15 (1): 57–65.

Alayrac, Jean-Baptiste, Jeff Donahue, Pauline Luc, Antoine Miech, Iain Barr, Yana Hasson, Karel Lenc, *et al.* 2022. *Flamingo: a Visual Language Model for Few-Shot Learning.* Technical report. arXiv:2204.14198.

Amari, S., A. Cichocki, and H. H. Yang. 1996. "A new learning algorithm for blind signal separation." In *Advances in Neural Information Processing Systems,* edited by D. S. Touretzky, M. C. Mozer, and M. E. Hasselmo, 8:757–763. MIT Press.

Anderson, J. A., and E. Rosenfeld. 1988. *Neurocomputing: Foundations of Research.* MIT Press.

Anderson, T. W. 1963. "Asymptotic Theory for Principal Component Analysis." *Annals of Mathematical Statistics* 34:122–148.

Arjovsky, M., S. Chintala, and L. Bottou. 2017. *Wasserstein GAN.* Technical report. arXiv:1701.07875.

Attias, H. 1999. "Independent factor analysis." *Neural Computation* 11 (4): 803–851.

Austin, Jacob, Daniel D. Johnson, Jonathan Ho, Daniel Tarlow, and Rianne van den Berg. 2021. "Structured Denoising Diffusion Models in Discrete State-Spaces." In *Advances in Neural Information Processing Systems,* 34:17981– 17993.

Ba, Jimmy Lei, Jamie Ryan Kiros, and Geoffrey E Hinton. 2016. *Layer Normalization.* Technical report. arXiv:1607.06450.

Bach, F. R., and M. I. Jordan. 2002. "Kernel Independent Component Analysis." *Journal of Machine Learning Research*

3:1–48.

Badrinarayanan, Vijay, Alex Kendall, and Roberto Cipolla. 2015. *SegNet: A Deep Convolutional Encoder-Decoder Architecture for Image Segmentation.* Technical report. arXiv:1511.00561.

Bahdanau, Dzmitry, Kyunghyun Cho, and Yoshua Bengio. 2014. *Neural Machine Translation by Jointly Learning to Align and Translate.* Technical report. arXiv:1409.0473.

Baldi, P., and K. Hornik. 1989. "Neural networks and principal component analysis: learning from examples without local minima." *Neural Networks* 2 (1): 53–58.

Balduzzi, David, Marcus Frean, Lennox Leary, JP Lewis, Kurt Wan-Duo Ma, and Brian McWilliams. 2017. *The Shattered Gradients Problem: If resnets are the answer, then what is the question?* Technical report. arXiv:1702.08591.

Bartholomew, D J. 1987. *Latent Variable Models and Factor Analysis.* Charles Griffin.

Basilevsky, Alexander. 1994. *Statistical Factor Analysis and Related Methods: Theory and Applications.* Wiley.

Bather, J. 2000. *Decision Theory: An Introduction to Dynamic Programming and Sequential Decisions.* Wiley.

Battaglia, Peter W., Jessica B. Hamrick, Victor Bapst, Alvaro Sanchez-Gonzalez, Vinicius Zambaldi, Mateusz Malinowski, Andrea Tacchetti, *et al.* 2018. *Relational inductive biases, deep learning, and graph networks.* Technical report. arXiv:1806.01261.

Baydin, A. G., B. A. Pearlmutter, A. A. Radul, and J. M. Siskind. 2018. "Automatic differentiation in machine learning: a survey." *Journal of Machine Learning Research* 18:1–43.

Becker, S., and Y. LeCun. 1989. "Improving the convergence of back-propagation learning with second order methods." In *Proceedings of the 1988 Connectionist Models Summer School,* edited by D. Touretzky, G. E. Hinton, and T. J. Sejnowski, 29–37. Morgan Kaufmann.

Belkin, Mikhail, Daniel Hsu, Siyuan Ma, and Soumik Mandal. 2019. "Reconciling modern machine-learning practice and the classical bias-variance trade-off." *Proceedings of the National Academy of Sciences* 116 (32): 15849–15854.

Bell, A. J., and T. J. Sejnowski. 1995. "An information maximization approach to blind separation and blind deconvolution." *Neural Computation* 7 (6): 1129–1159.

Bellman, R. 1961. *Adaptive Control Processes: A Guided Tour.* Princeton University Press.

Bengio, Yoshua, Aaron Courville, and Pascal Vincent. 2012. *Representation Learning: A Review and New Perspectives.* Technical report. arXiv:1206.5538.

Bengio, Yoshua, Nicholas Léonard, and Aaron Courville. 2013. *Estimating or Propagating Gradients Through Stochastic Neurons for Conditional Computation.* Technical report. arXiv:1308.3432.

Berger, J. O. 1985. *Statistical Decision Theory and Bayesian Analysis.* Second. Springer.

Bernardo, J. M., and A. F. M. Smith. 1994.

Bayesian Theory. Wiley.

Bishop, C. M. 1995a. "Regularization and Complexity Control in Feed-forward Networks." In *Proceedings International Conference on Artificial Neural Networks ICANN'95,* edited by F. Fougelman-Soulie and P. Gallinari, 1:141–148. EC2 et Cie.

Bishop, Christopher M. 1992. "Exact Calculation of the Hessian Matrix for the Multilayer Perceptron." *Neural Computation* 4 (4): 494–501.

Bishop, Christopher M. 1994. "Novelty Detection and Neural Network Validation." *IEE Proceedings: Vision, Image and Signal Processing* 141 (4): 217–222.

Bishop, Christopher M. 1995b. *Neural Networks for Pattern Recognition.* Oxford University Press.

Bishop, Christopher M. 1995c. "Training with noise is equivalent to Tikhonov regularization." *Neural Computation* 7 (1): 108–116.

Bishop, Christopher M. 2006. *Pattern Recognition and Machine Learning.* Springer.

Bommasani, Rishi, Drew A. Hudson, Ehsan Adeli, Russ Altman, Simran Arora, Sydney von Arx, Michael S. Bernstein, *et al.* 2021. *On the Opportunities and Risks of Foundation Models.* Technical report. arXiv:2108.07258.

Bottou, L. 2010. "Large-scale machine learning with stochastic gradient descent." In *Proceedings COMPSTAT 2010,* 177–186. Springer.

Bourlard, H., and Y. Kamp. 1988. "Auto-association by multilayer perceptrons and singular value decomposition." *Biological Cybernetics* 59:291–294.

Breiman, L. 1996. "Bagging predictors." *Machine Learning* 26:123–140.

Brinker, T. J., A. Hekler, A. H. Enk, C. Berking, S Haferkamp, A. Hauschild, M. Weichenthal, *et al.* 2019. "Deep neural networks are superior to dermatologists in melanoma image classification." *European Journal of Cancer* 119:11– 17.

Brock, Andrew, Jeff Donahue, and Karen Simonyan. 2018. "Large-Scale GAN Training for High Fidelity Natural Image Synthesis." In *Proceedings of the International Conference Learning Representations (ICLR).* ArXiv:1809.11096.

Bronstein, Michael M., Joan Bruna, Taco Cohen, and Petar Velickovic. 2021. *Geometric Deep Learning: Grids, Groups, Graphs, Geodesics, and Gauges.* Technical report. arXiv:2104.13478.

Bronstein, Michael M., Joan Bruna, Yann Le-Cun, Arthur Szlam, and Pierre Vandergheynst. 2017. "Geometric Deep Learning: Going Beyond Eulcidean Data." In *IEEE Signal Processing Magazine,* vol. 34. 4. IEEE, July.

Broomhead, D. S., and D. Lowe. 1988. "Multivariable functional interpolation and adaptive networks." *Complex Systems* 2:321–355.

Brown, Tom B., Benjamin Mann, Nick Ryder, Melanie Subbiah, Jared Kaplan, Prafulla Dhariwal, Arvind Neelakantan, *et al.* 2020. *Language Models are Few-Shot Learners.* Technical report. arXiv:2005.14165.

Bubeck, Sébastien, Varun Chandrasekaran, Ronen Eldan, Johannes Gehrke, Eric

Horvitz, Ece Kamar, Peter Lee, *et al.* 2023. *Sparks of Artificial General Intelligence: Early experiments with GPT-4.* Technical report. arXiv:2303.12712.

Cardoso, J-F. 1998. "Blind signal separation: statistical principles." *Proceedings of the IEEE* 9 (10): 2009–2025.

Caruana, R. 1997. "Multitask learning." *Machine Learning* 28:41–75.

Casella, G., and R. L. Berger. 2002. *Statistical Inference.* Second. Duxbury.

Chan, K., T. Lee, and T. J. Sejnowski. 2003. "Variational Bayesian learning of ICA with missing data." *Neural Computation* 15 (8): 1991–2011.

Chen, A. M., H. Lu, and R. Hecht-Nielsen. 1993. "On the geometry of feedforward neural network error surfaces." *Neural Computation* 5 (6): 910–927.

Chen, Mark, Alec Radford, Rewon Child, Jeffrey Wu, Heewoo Jun, David Luan, and Ilya Sutskever. 2020. "Generative Pretraining From Pixels." *Proceedings of Machine Learning Research* 119:1691–1703.

Chen, R. T. Q., Rubanova Y, J. Bettencourt, and D. Duvenaud. 2018. *Neural Ordinary Differential Equations.* Technical report. arXiv:1806.07366.

Chen, Ting, Simon Kornblith, Mohammad Norouzi, and Geoffrey Hinton. 2020. *A Simple Framework for Contrastive Learning of Visual Representations.* Technical report. arXiv:2002.05709.

Cho, Kyunghyun, Bart van Merrienboer, Çaglar Gülc¸ehre, Fethi Bougares, Holger Schwenk, and Yoshua Bengio. 2014. *Learning Phrase Representations using RNN Encoder-Decoder for Statistical Machine Translations.* Technical report. arXiv:1406.1078.

Choudrey, R. A., and S. J. Roberts. 2003. "Variational mixture of Bayesian independent component analyzers." *Neural Computation* 15 (1):213–252.

Christiano, Paul, Jan Leike, Tom B. Brown, Miljan Martic, Shane Legg, and Dario Amodei. 2017. *Deep reinforcement learning from human preferences.* Technical report. arXiv:1706.03741.

Collobert, R. 2004. "Large Scale Machine Learning." PhD diss., Université Paris VI.

Comon, P., C. Jutten, and J. Herault. 1991. "Blind source separation, 2: problems statement." *Signal Processing* 24 (1): 11–20.

Cover, T., and P. Hart. 1967. "Nearest neighbor pattern classification." *IEEE Transactions on Information Theory* IT-11:21–27.

Cover, T. M., and J. A. Thomas. 1991. *Elements of Information Theory.* Wiley.

Cox, R. T. 1946. "Probability, frequency and reasonable expectation." *American Journal of Physics* 14 (1): 1–13.

Cybenko, G. 1989. "Approximation by superpositions of a sigmoidal function." *Mathematics of Control, Signals and Systems* 2:304–314.

Dawid, A. P. 1979. "Conditional Independence in Statistical Theory (with discussion)." *Journal of the Royal Statistical Society, Series B* 4:1– 31.

Dawid, A. P. 1980. "Conditional Independence for Statistical Operations." *Annals of Statistics* 8:598–617.

Deisenroth, M. P., A. A. Faisal, and C. S. Ong. 2020. *Mathematics for Machine Learning.* Cambridge University Press.

Dempster, A. P., N. M. Laird, and D. B. Rubin. 1977. "Maximum likelihood from incomplete data via the EM algorithm." *Journal of the Royal Statistical Society, B* 39 (1): 1–38.

Deng, Jia, Wei Dong, Richard Socher, Li-Jia Li, Kai Li, and Li Fei-Fei. 2009. "ImageNet: A largescale hierarchical image database." In *IEEE Conference on Computer Vision and Pattern Recognition.*

Devlin, Jacob, Ming-Wei Chang, Kenton Lee, and Kristina Toutanova. 2018. *BERT: Pretraining of Deep Bidirectional Transformers for Language Understanding.* Technical report. arXiv:1810.04805.

Dhariwal, Prafulla, and Alex Nichol. 2021. *Diffusion Models Beat GANs on Image Synthesis.* Technical report. arXiv:2105.05233.

Dinh, Laurent, David Krueger, and Yoshua Bengio. 2014. *NICE: Nonlinear Independent Components Estimation.* Technical report. arXiv:1410.8516.

Dinh, Laurent, Jascha Sohl-Dickstein, and Samy Bengio. 2016. *Density estimation using Real NVP.* Technical report. arXiv:1605.08803.

Dodge, Samuel, and Lina Karam. 2017. *A Study and Comparison of Human and Deep Learning Recognition Performance Under Visual Distortions.* Technical report. arXiv:1705.02498.

Doersch, C. 2016. *Tutorial on Variational Autoen-coders.* Technical report. arXiv:1606.05908.

Dosovitskiy, Alexey, Lucas Beyer, Alexander Kolesnikov, Dirk Weissenborn, Xiaohua Zhai, Thomas Unterthiner, Mostafa Dehghani, *et al.* 2020. *An Image is Worth 16×16 Words: Transformers for Image Recognition at Scale.* Technical report. arXiv:2010.11929.

Duane, S., A. D. Kennedy, B. J. Pendleton, and D. Roweth. 1987. "Hybrid Monte Carlo." *Physics Letters B* 195 (2): 216–222.

Duchi, J., E. Hazan, and Y. Singer. 2011. "Adaptive Subgradient Methods for Online Learning and Stochastic Optimization." *Journal of Machine Learning Research* 12:2121–2159.

Duda, R. O., and P. E. Hart. 1973. *Pattern Classification and Scene Analysis.* Wiley.

Dufter, Philipp, Martin Schmitt, and Hinrich Schütze. 2021. *Position Information in Transformers: An Overview.* Technical report. arXiv:2102.11090.

Dumoulin, Vincent, and Francesco Visin. 2016. *A guide to convolution arithmetic for deep learning.* Technical report. arXiv:1603.07285.

Elliott, R. J., L. Aggoun, and J. B. Moore. 1995. *Hidden Markov Models: Estimation and Control.* Springer.

Esser, Patrick, Robin Rombach, and Björn Ommer. 2020. *Taming Transformers for High-Resolution Image Synthesis.* Technical report. arXiv:2012.09841.

Esteva, A., B. Kuprel, R. A. Novoa, J. Ko, S. M. Swetter, H. M. Blau, and S. Thrun. 2017. "Dermatologis-level classification of skin cancer with deep neural networks." *Nature* 542:115–118.

Everitt, B. S. 1984. *An Introduction to Latent Variable Models.* Chapman / Hall.

Eykholt, Kevin, Ivan Evtimov, Earlence Fernandes, Bo Li, Amir Rahmati, Chaowei Xiao, Atul Prakash, Tadayoshi Kohno, and Dawn Song. 2018. "Robust Physical-World Attacks on Deep Learning Visual Classification." In *Proceedings of the IEEE Conference on Computer Vision and Pattern Recognition (CVPR).*

Fawcett, T. 2006. "An introduction to ROC analysis." *Pattern Recognition Letters* 27:861–874.

Feller, W. 1966. *An Introduction to Probability Theory and its Applications.* Second. Vol. 2. Wiley.

Fletcher, R. 1987. *Practical Methods of Optimization.* Second. Wiley.

Forsyth, D. A., and J. Ponce. 2003. *Computer Vision: A Modern Approach.* Prentice Hall.

Freund, Y., and R. E. Schapire. 1996. "Experiments with a new boosting algorithm." In *Thirteenth International Conference on Machine Learning,* edited by L. Saitta, 148–156. Morgan Kaufmann.

Fukushima, K. 1980. "Neocognitron: A Self-organizing Neural Network Model for a Mechanism of Pattern Recognition Unaffected by Shift in Position." *Biological Cybernetics* 36:193–202.

Funahashi, K. 1989. "On the approximate realiza-tion of continuous mappings by neural networks." *Neural Networks* 2 (3): 183–192.

Fung, R., and K. C. Chang. 1990. "Weighting and Integrating Evidence for Stochastic Simulation in Bayesian Networks." In *Uncertainty in Artificial Intelligence,* edited by P. P. Bonissone,M. Henrion, L. N. Kanal, and J. F. Lemmer, 5:208–219. Elsevier.

Gatys, Leon A., Alexander S. Ecker, and Matthias Bethge. 2015. *A Neural Algorithm of Artistic Style.* Technical report. arXiv:1508.06576.

Geman, S., and D. Geman. 1984. "Stochastic relaxation, Gibbs distributions, and the Bayesian restoration of images." *IEEE PAMI* 6 (1): 721–741.

Gemmeke, Jort F., Daniel P. W. Ellis, Dylan Freedman, Aren Jansen, Wade Lawrence, R. Channing Moore, Manoj Plakal, and Marvin Ritter. 2017. "Audio Set: An ontology and human-labeled dataset for audio events." In *Proc. IEEE ICASSP 2017.* New Orleans, LA.

Germain, Mathieu, Karol Gregor, Iain Murray, and Hugo Larochelle. 2015. *MADE: Masked Autoencoder for Distribution Estimation.* Technical report. arXiv:1502.03509.

Gilks, W. R. 1992. "Derivative-free adaptive rejection sampling for Gibbs sampling." In *Bayesian Statistics,* edited by J. Bernardo, J. Berger, A. P. Dawid, and A. F. M. Smith, vol. 4. Oxford University Press.

Gilks, W. R., N. G. Best, and K. K. C. Tan. 1995. "Adaptive rejection Metropolis sampling." *Applied Statistics* 44:455–472.

Gilks, W. R., S. Richardson, and D. J. Spiegelhalter. 1996. *Markov Chain Monte Carlo in Practice.* Chapman / Hall.

Gilks, W. R., and P. Wild. 1992. "Adaptive rejection sampling for Gibbs sampling." *Applied Statistics* 41:337–348.

Gilmer, Justin, Samuel S. Schoenholz, Patrick

F. Riley, Oriol Vinyals, and George E. Dahl. 2017. *Neural Message Passing for Quantum Chemistry.* Technical report. arXiv:1704.01212.

Girshick, Ross B. 2015. *Fast R-CNN.* Technical report. arXiv:1504.08083.

Golub, G. H., and C. F. Van Loan. 1996. *Matrix Computations.* Third. John Hopkins University Press.

Gong, Yuan, Yu-An Chung, and James R. Glass. 2021. *AST: Audio Spectrogram Transformer.* Technical report. arXiv:2104.01778.

Goodfellow, Ian, Yoshua Bengio, and Aaron Courville. 2016. *Deep Learning.* MIT Press.

Goodfellow, Ian J., Jean Pouget-Abadie, Mehdi Mirza, Bing Xu, David Warde-Farley, Sherjil Ozair, Aaron Courville, and Yoshua Bengio. 2014. *Generative Adversarial Networks.* Technical report. arXiv:1406.2661.

Goodfellow, Ian J., Jonathon Shlens, and Christian Szegedy. 2014. *Explaining and Harnessing Adversarial Examples.* Technical report. arXiv:1412.6572.

Grathwohl, Will, Ricky T. Q. Chen, Jesse Bettencourt, Ilya Sutskever, and David Duvenaud. 2018. *FFJORD: Free-form Continuous Dynamics for Scalable Reversible Generative Models.* Technical report. arXiv:1810.01367.

Griewank, A., and A Walther. 2008. *Evaluating Derivatives: Principles and Techniques of Algorithmic Differentiation.* Second. SIAM.

Grosse, R. 2018. *Automatic Differentiation.* CSC321 Lecture 10. University of Toronto.

Gulrajani, I., F. Ahmed, M. Arjovsky, V. Dumoulin, and A. Courville. 2017. *Improved training of Wasserstein GANs.* Technical report. arXiv:1704.00028.

Gutmann, Michael, and Aapo Hyvärinen. 2010. "Noise-contrastive estimation: A new estimation principle for unnormalized statistical models." *Journal of Machine Learning Research* 9:297–304.

Hamilton, W. L. 2020. *Graph Representation Learning.* Morgan / Claypool.

Hartley, R., and A. Zisserman. 2004. *Multiple View Geometry in Computer Vision.* Second. Cambridge University Press.

Hassibi, B., and D. G. Stork. 1993. "Second order derivatives for network pruning: optimal brain surgeon." In *Proceedings International Conference on Neural Information Processing Systems (NeurIPS),* edited by S. J. Hanson, J. D. Cowan, and C. L. Giles, 5:164–171. Morgan Kaufmann.

Hastie, T., R. Tibshirani, and J. Friedman. 2009. *The Elements of Statistical Learning.* Second. Springer.

Hastings, W. K. 1970. "Monte Carlo sampling methods using Markov chains and their applications." *Biometrika* 57:97–109.

He, Kaiming, Xinlei Chen, Saining Xie, Yanghao Li, Piotr Dollár, and Ross B. Girshick. 2021. *Masked Autoencoders Are Scalable Vision Learners.* Technical report. arXiv:2111.06377.

He, Kaiming, Haoqi Fan, Yuxin Wu, Saining Xie, and Ross Girshick. 2019. *Momentum*

Contrast for Unsupervised Visual Representation Learning. Technical report. arXiv:1911.05722.

He, Kaiming, Xiangyu Zhang, Shaoqing Ren, and Jian Sun. 2015a. *Deep Residual Learning for Image Recognition.* Technical report. arXiv:1512.03385.

He, Kaiming, Xiangyu Zhang, Shaoqing Ren, and Jian Sun. 2015b. *Delving Deep into Rectifiers: Surpassing Human-Level Performance on ImageNet Classification.* Technical report. arXiv:1502.01852.

Henrion, M. 1988. "Propagation of Uncertainty by Logic Sampling in Bayes' Networks." In *Uncertainty in Artificial Intelligence,* edited by J. F. Lemmer and L. N. Kanal, 2:149–164. North Holland.

Higgins, I., L. Matthey, A. Pal, C. Burgess, X. Glorot, M. Botvinik, S. Mohamed, and A. Lerchner. 2017. "β-VAE: learning basic visual concepts with a constrained variational framework." In *Proceedings of the International Conference Learning Representations (ICLR).*

Hinton, G. E. 2012. *Neural Networks for Machine Learning. Lecture 6.5. Coursera Lectures.*

Hinton, G. E., M. Welling, Y. W. Teh, and S Osindero. 2001. "A new view of ICA." In *Proceedings of the International Conference on Independent Component Analysis and Blind Signal Separation,* vol. 3.

Hinton, Geoffrey, Oriol Vinyals, and Jeff Dean. 2015. *Distilling the Knowledge in a Neural Network.* Technical report. arXiv:1503.02531.

Hinton, Geoffrey E. 2002. "Training products of experts by minimizing contrastive divergence." *Neural Computation* 14:1771–1800.

Ho, Jonathan, Ajay Jain, and Pieter Abbeel. 2020. *Denoising Diffusion Probabilistic Models.* Technical report. arXiv:2006.11239.

Ho, Jonathan, Chitwan Saharia, William Chan, David J. Fleet, Mohammad Norouzi, and Tim Salimans. 2021. *Cascaded Diffusion Models for High Fidelity Image Generation.* Technical report. arXiv:2106.15282.

Hochreiter, S., and J. Schmidhuber. 1997. "Long short-term Memory." *Neural Computation* 9 (8): 1735–1780.

Hojen-Sorensen, P. A., O. Winther, and L. K. Hansen. 2002. "Mean field approaches to in-dependent component analysis." *Neural Computation* 14 (4): 889–918.

Holtzman, Ari, Jan Buys, Maxwell Forbes, and Yejin Choi. 2019. *The Curious Case of Neural Text Degeneration.* Technical report. arXiv:1904.09751.

Hornik, K., M. Stinchcombe, and H. White. 1989. "Multilayer feedforward networks are universal approximators." *Neural Networks* 2 (5):359–366.

Hospedales, Timothy, Antreas Antoniou, Paul Micaelli, and Amos Storkey. 2021. "Meta-learning in neural networks: A survey." *IEEE Transactions on Pattern Analysis and Machine Intelligence* 44 (9): 5149–5169.

Hotelling, H. 1933. "Analysis of a complex of statistical variables into principal components." *Journal of Educational Psychology* 24:417– 441.

Hotelling, H. 1936. "Relations between two sets of variables." *Biometrika* 28:321–377.

Hu, Anthony, Lloyd Russell, Hudson Yeo, Zak Murez, George Fedoseev, Alex Kendall, Jamie Shotton, and Gianluca Corrado. 2023. *GAIA-1: A Generative World Model for Autonomous Driving.* Technical report. arXiv:2309.17080.

Hu, Edward J., Yelong Shen, Phillip Wallis, Zeyuan Allen-Zhu, Yuanzhi Li, Shean Wang, Lu Wang, and Weizhu Chen. 2021. *LoRA: Low-Rank Adaptation of Large Language Models.* Technical report. arXiv:2106.09685.

Hubel, D. H., and T. N. Wiesel. 1959. "Receptive fields of single neurons in the cat' s striate cortex." *Journal of Physiology* 148:574–591.

Hyvärinen, A. 2005. "Estimation of Non-Normalized Statistical Models by Score Matching." *Journal of Machine Learning Research* 6:695–709.

Hyvärinen, A., and E. Oja. 1997. "A fast fixed-point algorithm for independent component analysis." *Neural Computation* 9 (7): 1483–1492.

Hyvärinen, Aapo, Jarmo Hurri, and Patrick O. Hoyer. 2009. *Natural Image Statistics: A Probabilistic Approach to Early Computational Vision.* Springer.

Ioffe, S., and C. Szegedy. 2015. "Batch normalization." In *Proceedings of the International Conference on Machine Learning (ICML),* 448– 456.

Jacobs, R. A., M. I. Jordan, S. J. Nowlan, and G. E. Hinton. 1991. "Adaptive mixtures of local experts." *Neural Computation* 3 (1): 79–87.

Jebara, T. 2004. *Machine Learning: Discriminative and Generative.* Kluwer.

Jensen, C., A. Kong, and U. Kjaerulff. 1995. "Blocking Gibbs sampling in very large probabilistic expert systems." *International Journal of Human Computer Studies. Special Issue on Real-World Applications of Uncertain Reasoning.* 42:647–666.

Jolliffe, I. T. 2002. *Principal Component Analysis.* Second. Springer.

Jumper, John, Richard Evans, Alexander Pritzel, Tim Green, Michael Figurnov, and Olaf Ronneberger. 2021. "Highly accurate protein structure prediction with AlphaFold." *Nature* 596:583–589.

Jutten, C., and J. Herault. 1991. "Blind separation of sources, 1: An adaptive algorithm based on neuromimetic architecture." *Signal Processing* 24 (1): 1–10.

Kaplan, Jared, Sam McCandlish, Tom Henighan, Tom B. Brown, Benjamin Chess, Rewon Child, Scott Gray, Alec Radford, Jeffrey Wu, and Dario Amodei. 2020. *Scaling Laws for Neural Language Models.* Technical report. arXiv:2001.08361.

Karras, Tero, Timo Aila, Samuli Laine, and Jaakko Lehtinen. 2017. *Progressive Growing of GANs for Improved Quality, Stability, and Variation.* Technical report. arXiv:1710.10196.

Karush, W. 1939. "Minima of functions of several variables with inequalities as side constraints." Master' s thesis, Department of Mathematics, University of Chicago.

Khosla, Prannay, Piotr Teterwak, Chen Wang, Aaron Sarna, Yonglong Tian, Phillip Isola, Aaron Maschinot, Ce Liu, and Dilip Krishnan. 2020. *Supervised Contrastive Learning.* Technical report. arXiv:2004.11362.

Kingma, D., and J. Ba. 2014. *Adam: A method for stochastic optimization.* Technical report. arXiv:1412.6980.

Kingma, D. P., and M. Welling. 2013. "Auto-encoding variational Bayes." In *Proceedings of the International Conference on Machine Learning (ICML).* ArXiv:1312.6114.

Kingma, Diederik P., and Max Welling. 2019. *An Introduction to Variational Autoencoders.* Technical report. arXiv:1906.02691.

Kingma, Durk P, Tim Salimans, Rafal Jozefowicz, Xi Chen, Ilya Sutskever, and Max Welling. 2016. "Improved variational inference with inverse autoregressive flow." *Advances in Neural Information Processing Systems* 29.

Kipf, Thomas N., and Max Welling. 2016. *Semi-Supervised Classification with Graph Convolutional Networks.* Technical report. arXiv:1609.02907.

Kloeden, Peter E, and Eckhard Platen. 2013. *Numerical solution of stochastic differential equations.* Vol. 23. Stochastic Modelling and Applied Probability. Springer.

Kobyzev, I., S. J. D. Prince, and M. A. Brubaker. 2019. "Normalizing flows: an introduction and review of current methods." *IEEE Transactions on Pattern Analysis and Machine Intelligence* 43 (11): 3964–3979.

Krizhevsky, Alex, Ilya Sutskever, and Geoffrey E. Hinton. 2012. "Imagenet classification with deep convolutional neural networks." In *Advances in Neural Information Processing Systems,* vol. 25.

Kuhn, H. W., and A. W. Tucker. 1951. "Nonlinear programming." In *Proceedings of the 2nd Berkeley Symposium on Mathematical Statistics and Probabilities,* 481–492. University of California Press.

Kullback, S., and R. A. Leibler. 1951. "On information and sufficiency." *Annals of Mathematical Statistics* 22 (1): 79–86.

Kurková, V., and P. C. Kainen. 1994. "Functionally Equivalent Feedforward Neural Networks." *Neural Computation* 6 (3): 543–558.

Lasserre, J., Christopher M. Bishop, and T. Minka. 2006. "Principled hybrids of generative and discriminative models." In *Proceedings 2006 IEEE Conference on Computer Vision and Pattern Recognition, New York.*

Lauritzen, S. L. 1996. *Graphical Models.* Oxford University Press.

Lawley, D. N. 1953. "A Modified Method of Estimation in Factor Analysis and Some Large Sample Results." In *Uppsala Symposium on Psychological Factor Analysis,* 35–42. Number 3 in Nordisk Psykologi Monograph Series. Uppsala: Almqvist / Wiksell.

Lazarsfeld, P. F., and N. W. Henry. 1968. *Latent Structure Analysis.* Houghton Mifflin.

LeCun, Y., B. Boser, J. S. Denker, D. Henderson, R. E. Howard, W. Hubbard, and L. D. Jackel. 1989. "Backpropagation Applied to Handwritten ZIP Code Recognition." *Neural Computation* 1 (4): 541–551.

LeCun, Y., L. Bottou, Y. Bengio, and P. Haffner. 1998. "Gradient-Based Learning Applied to Document Recognition." *Proceedings of the IEEE* 86:2278–2324.

LeCun, Y., J. S. Denker, and S. A. Solla. 1990. "Optimal Brain Damage." In *Proceedings International Conference on Neural Information Processing Systems (NeurIPS),* edited by D. S. Touretzky, 2:598–605. Morgan Kaufmann.

LeCun, Yann, Yoshua Bengio, and Geoffrey Hinton. 2015. "Deep Learning." *Nature* 512:436–444.

LeCun, Yann, Sumit Chopra, Raia Hadsell, Marc' Aurelio Ranzato, and Fu-Jie Huang. 2006. "A Tutorial on Energy-Based Learning." In *Predicting Structured Data,* edited by G. Bakir, T. Hofman, B. Schölkopf, A. Smola, and B. Taskar. MIT Press.

Leen, T. K. 1995. "From data distributions to regularization in invariant learning." *Neural Computation* 7:974–981.

Leshno, M., V. Y. Lin, A. Pinkus, and S. Schocken. 1993. "Multilayer feedforward networks with a polynomial activation function can approximate any function." *Neural Networks* 6:861– 867.

Li, Hao, Zheng Xu, Gavin Taylor, Christoph Studer, and Tom Goldstein. 2017. *Visualizing the Loss Landscape of Neural Nets.* Technical report. arXiv:1712.09913.

Li, Junnan, Dongxu Li, Caiming Xiong, and Steven Hoi. 2022. *BLIP: Bootstrapping Language-Image Pretraining for Unified Vision-Language Understanding and Generation.* Technical report. arXiv:2201.12086.

Lin, Min, Qiang Chen, and Shuicheng Yan. 2013. *Network in Network.* Technical report. arXiv:1312.4400.

Lin, Tianyang, Yuxin Wang, Xiangyang Liu, and Xipeng Qiu. 2021. *A Survey of Transformers.* Technical report. arXiv:2106.04554.

Lipman, Yaron, Ricky T. Q. Chen, Heli Ben-Hamu, Maximilian Nickel, and Matt Le. 2022. *Flow Matching for Generative Modeling.* Technical report arXiv:2210.02747.

Liu, Pengfei, Weizhe Yuan, Jinlan Fu, Zhengbao Jiang, Hiroaki Hayashi, and Graham Neubig. 2021. *Pre-train, Prompt, and Predict: A Systematic Survey of Prompting Methods in Natural Language Processing.* Technical report. arXiv:2107.13586.

Lloyd, S. P. 1982. "Least squares quantization in PCM." *IEEE Transactions on Information Theory* 28 (2): 129–137.

Long, Jonathan, Evan Shelhamer, and Trevor Darrell. 2014. *Fully Convolutional Networks for Semantic Segmentation.* Technical report. arXiv:1411.4038.

Luo, Calvin. 2022. *Understanding Diffusion Models: A Unified Perspective.* Technical report. arXiv:2208.11970.

Lütkepohl, H. 1996. *Handbook of Matrices.* Wiley. MacKay, D. J. C. 1992. "A Practical Bayesian Framework for Back-propagation Networks." *Neural Computation* 4 (3): 448–472.

MacKay, D. J. C. 2003. *Information Theory, Inference and Learning Algorithms.* Cambridge University Press.

MacQueen, J. 1967. "Some methods for

classification and analysis of multivariate observations." In *Proceedings of the Fifth Berkeley Symposium on Mathematical Statistics and Probability,* edited by L. M. LeCam and J. Neyman, I:281–297. University of California Press.

Magnus, J. R., and H. Neudecker. 1999. *Matrix Differential Calculus with Applications in Statistics and Econometrics.* Wiley.

Mallat, S. 1999. *A Wavelet Tour of Signal Processing.* Second. Academic Press.

Mao, X., Q. Li, H. Xie, R. Lau, Z. Wang, and S. Smolley. 2016. *Least Squares Generative Adversarial Networks.* Technical report. arXiv:1611.04076.

Mardia, K. V., and P. E. Jupp. 2000. *Directional Statistics.* Wiley.

Martens, James, Ilya Sutskever, and Kevin Swersky. 2012. "Estimating the Hessian by Back-propagating Curvature." In *Proceedings of the International Conference on Machine Learning (ICML).* ArXiv:1206.6464.

McCullagh, P., and J. A. Nelder. 1989. *Generalized Linear Models.* Second. Chapman / Hall.

McCulloch, W. S., and W. Pitts. 1943. "A Logical Calculus of the Ideas Immanent in Nervous Activity." Reprinted in Anderson and Rosenfeld (1988), *Bulletin of Mathematical Biophysics* 5:115–133.

McLachlan, G. J., and T. Krishnan. 1997. *The EM Algorithm and its Extensions.* Wiley.

McLachlan, G. J., and D. Peel. 2000. *Finite Mixture Models.* Wiley.

Meng, X. L., and D. B. Rubin. 1993. "Maximum likelihood estimation via the ECM algorithm: a general framework." *Biometrika* 80:267–278.

Mescheder, L., A. Geiger, and S. Nowozin. 2018. *Which Training Methods for GANs do actually Converge?* Technical report. arXiv:1801.04406.

Metropolis, N., A. W. Rosenbluth, M. N. Rosenbluth, A. H. Teller, and E. Teller. 1953. "Equation of State Calculations by Fast Computing Machines." *Journal of Chemical Physics* 21 (6): 1087–1092.

Metropolis, N., and S. Ulam. 1949. "The Monte Carlo method." *Journal of the American Statistical Association* 44 (247): 335–341.

Mikolov, Tomas, Kai Chen, Greg Corrado, and Jeffrey Dean. 2013. *Efficient Estimation of Word Representations in Vector Space.* Technical report. arXiv:1301.3781.

Minsky, M. L., and S. A. Papert. 1969. *Perceptrons.* Expanded edition 1990. MIT Press.

Mirza, M., and S. Osindero. 2014. *Conditional Generative Adversarial Nets.* Technical report. arXiv:1411.1784.

Miskin, J. W., and D. J. C. MacKay. 2001. "Ensemble learning for blind source separation." In *Independent Component Analysis: Principles and Practice,* edited by S. J. Roberts and R. M. Everson. Cambridge University Press.

Møller, M. 1993. "Efficient Training of Feed-Forward Neural Networks." PhD diss., Aarhus University, Denmark.

Montúfar, G. F., R. Pascanu, K. Cho, and Y. Bengio. 2014. "On the number of linear regions of deep neural networks." In *Proceedings of the International Conference on Neural Information Processing Systems (NeurIPS)*. ArXiv:1402.1869.

Mordvintsev, Alexander, Christopher Olah, and Mike Tyka. 2015. *Inceptionism: Going Deeper into Neural Networks.* Google AI blog.

Murphy, Kevin P. 2022. *Probabilistic Machine Learning: An introduction.* MIT Press. probml. ai.

Murphy, Kevin P. 2023. *Probabilistic Machine Learning: Advanced Topics.* MIT Press.

Nakkiran, Preetum, Gal Kaplun, Yamini Bansal, Tristan Yang, Boaz Barak, and Ilya Sutskever. 2019. *Deep Double Descent: Where Bigger Models and More Data Hurt.* Technical report. arXiv:1912.02292.

Neal, R. M. 1993. *Probabilistic inference using Markov chain Monte Carlo methods.* Techni-cal report CRG-TR-93-1. Department of Computer Science, University of Toronto, Canada.

Neal, R. M. 1999. "Suppressing random walks in Markov chain Monte Carlo using ordered over-relaxation." In *Learning in Graphical Models,* edited by Michael I. Jordan, 205–228. MIT Press.

Neal, R. M., and G. E. Hinton. 1999. "A new view of the EM algorithm that justifies incremental and other variants." In *Learning in Graphical Models,* edited by M. I. Jordan, 355–368. MIT Press.

Nelder, J. A., and R. W. M. Wedderburn. 1972. "Generalized linear models." *Journal of the Royal Statistical Society, A* 135:370–384.

Nesterov, Y. 2004. *Introductory Lectures on Convex Optimization: A Basic Course.* Kluwer.

Nichol, Alex, and Prafulla Dhariwal. 2021. *Improved Denoising Diffusion Probabilistic Models.* Technical report. arXiv:2102.09672.

Nichol, Alex, Prafulla Dhariwal, Aditya Ramesh, Pranav Shyam, Pamela Mishkin, Bob Mc-Grew, Ilya Sutskever, and Mark Chen. 2021. *GLIDE: Towards Photorealistic Image Generation and Editing with Text-Guided Diffusion Models.* Technical report. arXiv:2112.10741.

Nocedal, J., and S. J. Wright. 1999. *Numerical Optimization.* Springer.

Noh, Hyeonwoo, Seunghoon Hong, and Bohyung Han. 2015. *Learning Deconvolution Network for Semantic Segmentation.* Technical report. arXiv:1505.04366.

Nowlan, S. J., and G. E. Hinton. 1992. "Simplifying neural networks by soft weight sharing." *Neural Computation* 4 (4): 473–493.

Ogden, R. T. 1997. *Essential Wavelets for Statistical Applications and Data Analysis.* Birkhäuser.

Oord, Aaron van den, Nal Kalchbrenner, and Koray Kavukcuoglu. 2016. *Pixel Recurrent Neural Networks.* Technical report. arXiv:1601.06759.

Oord, Aaron van den, Nal Kalchbrenner, Oriol Vinyals, Lasse Espeholt, Alex Graves, and Koray Kavukcuoglu. 2016. *Conditional Image Generation with PixelCNN Decoders.* Technical report.

arXiv:1606.05328.

Oord, Aaron van den, Yazhe Li, and Oriol Vinyals. 2018. *Representation Learning with Contrastive Predictive Coding.* Technical report. arXiv:1807.03748.

Oord, Aaron van den, Oriol Vinyals, and Koray Kavukcuoglu. 2017. *Neural Discrete Representation Learning.* Technical report. arXiv:1711.00937.

OpenAI. 2023. *GPT-4 Technical Report.* Technical report. arXiv:2303.08774.

Opper, M., and O. Winther. 2000. "Gaussian processes and SVM: mean field theory and leave-one-out." In *Advances in Large Margin Classifiers,* edited by A. J. Smola, P. L. Bartlett, B. Schölkopf, and D. Shuurmans, 311–326. MIT Press.

Papamakarios, G., T. Pavlakou, and Iain Murray. 2017. "Masked Autoregressive Flow for Density Estimation." In *Proceedings of the International Conference on Neural Information Processing Systems (NeurIPS),* vol. 30.

Papamakarios, George, Eric Nalisnick, Danilo Jimenez Rezende, Shakir Mohamed, and Balaji Lakshminarayanan. 2019. *Normalizing Flows for Probabilistic Modeling and Inference.* Technical report. arXiv:1912.02762.

Parisi, Giorgio. 1981. "Correlation functions and computer simulations." *Nuclear Physics B* 180:378–384.

Pearl, J. 1988. *Probabilistic Reasoning in Intelligent Systems.* Morgan Kaufmann.

Pearlmutter, B. A. 1994. "Fast exact multiplication by the Hessian." *Neural Computation* 6 (1): 147–160.

Pearlmutter, B. A., and L. C. Parra. 1997. "Maximum likelihood source separation: a context-sensitive generalization of ICA." In *Advances in Neural Information Processing Systems,* edited by M. C. Mozer, M. I. Jordan, and T. Petsche, 9:613–619. MIT Press.

Pearson, Karl. 1901. "On lines and planes of closest fit to systems of points in space." *The London, Edinburgh and Dublin Philosophical Magazine and Journal of Science, Sixth Series* 2:559–572.

Phuong, Mary, and Marcus Hutter. 2022. *Formal Algorithms for Transformers.* Technical report. arXiv:2207.09238.

Prince, Simon J.D. 2020. *Variational autoencoders.*

Prince, Simon J.D. 2023. *Understanding Deep Learning.* MIT Press.

Radford, A., L. Metz, and S. Chintala. 2015. *Unsupervised representation learning with deep convolutional generative adversarial networks.* Technical report. arXiv:1511.06434.

Radford, Alec, Jong Wook Kim, Chris Hallacy, Aditya Ramesh, Gabriel Goh, Sandhini Agarwal, Girish Sastry, *et al.* 2021. *Learning Transferable Visual Models From Natural Language Supervision.* Technical report. arXiv:2103.00020.

Radford, Alec, Jeff Wu, Rewon Child, David Luan, Dario Amodei, and Ilya Sutskever. 2019. *Language Models are Unsupervised Multitask Learners.* Technical report. OpenAI.

Rakhimov, Ruslan, Denis Volkhonskiy, Alexey Artemov, Denis Zorin, and Evgeny Burnaev. 2020. *Latent Video Transformer.* Technical report. arXiv:2006.10704.

Ramachandran, P., B. Zoph, and Q. V. Le. 2017. *Searching for Activation Functions.* Technical report. arXiv:1710.05941v2.

Rao, C. R., and S. K. Mitra. 1971. *Generalized Inverse of Matrices and Its Applications.* Wiley.

Redmon, Joseph, Santosh Kumar Divvala, Ross B. Girshick, and Ali Farhadi. 2015. *You Only Look Once: Unified, Real-Time Object Detection.* Technical report. arxiv:1506.02640.

Ren, Shaoqing, Kaiming He, Ross B. Girshick, and Jian Sun. 2015. *Faster R-CNN: Towards Real-Time Object Detection with Region Proposal Networks.* Technical report. arxiv:1506.01497.

Rezende, Danilo J, Shakir Mohamed, and Daan Wierstra. 2014. "Stochastic backpropagation and approximate inference in deep generative models." In *Proceedings of the 31st International Conference on Machine Learning (ICML-14),* 1278–1286.

Ricotti, L. P., S. Ragazzini, and G. Martinelli. 1988. "Learning of word stress in a sub-optimal second order backpropagation neural network." In *Proceedings of the IEEE International Conference on Neural Networks,* 1:355–361. IEEE.

Robert, C. P., and G. Casella. 1999. *Monte Carlo Statistical Methods.* Springer.

Rombach, Robin, Andreas Blattmann, Dominik Lorenz, Patrick Esser, and Björn Ommer. 2021. *High-Resolution Image Synthesis with Latent Diffusion Models.* Technical report. arXiv:2112.10752.

Ronneberger, Olaf, Philipp Fischer, and Thomas Brox. 2015. "U-Net: Convolutional Networks for Biomedical Image Segmentation." In *Medical Image Computing and Computer-Assisted Intervention – MICCAI,* edited by N. Navab, J. Hornegger, W. Wells, and A. Frangi. Springer.

Rosenblatt, F. 1962. *Principles of Neurodynamics: Perceptrons and the Theory of Brain Mechanisms.* Spartan.

Roweis, S. 1998. "EM algorithms for PCA and SPCA." In *Advances in Neural Information Processing Systems,* edited by M. I. Jordan, M. J. Kearns, and S. A. Solla, 10:626–632. MIT Press.

Roweis, S., and Z. Ghahramani. 1999. "A unifying review of linear Gaussian models." *Neural Computation* 11 (2): 305–345.

Rubin, D. B., and D. T. Thayer. 1982. "EM algorithms for ML factor analysis." *Psychometrika* 47 (1): 69–76.

Rumelhart, D. E., G. E. Hinton, and R. J. Williams. 1986. "Learning internal representations by error propagation." In *Parallel Distributed Processing: Explorations in the Microstructure of Cognition,* edited by D. E. Rumelhart, J. L. McClelland, and the PDP Research Group, vol. 1: Foundations, 318–362. Reprinted in Anderson and Rosenfeld (1988). MIT Press.

Ruthotto, L., and E. Haber. 2021. *An introduction to deep generative modeling.* Technical report. arXiv:2103.05180.

Sagan, H. 1969. *Introduction to the Calculus of Variations.* Dover.

Saharia, Chitwan, William Chan, Huiwen Chang, Chris A. Lee, Jonathan Ho, Tim

Salimans, David J. Fleet, and Mohammad Norouzi. 2021. *Palette: Image-to-Image Diffusion Models.* Technical report. arXiv:2111.05826.

Saharia, Chitwan, William Chan, Saurabh Saxena, Lala Li, Jay Whang, Emily Denton, Seyed Kamyar Seyed Ghasemipour, *et al.* 2022. *Photorealistic Text-to-Image Diffusion Models with Deep Language Understanding.* Technical report. arXiv:2205.11487.

Saharia, Chitwan, Jonathan Ho, William Chan, Tim Salimans, David J. Fleet, and Mohammad Norouzi. 2021. *Image Super-Resolution via Iterative Refinement.* Technical report. arXiv:2104.07636.

Santurkar, S., D. Tsipras, A. Ilyas, and A. Madry. 2018. *How does batch normalization help optimization?* Technical report. arXiv:1805.11604.

Satorras, Victor Garcia, Emiel Hoogeboom, and Max Welling. 2021. *E(n) Equivariant Graph Neural Networks.* Technical report. arXiv:2102.09844.

Schölkopf, B., and A. J. Smola. 2002. *Learning with Kernels.* MIT Press.

Schuhmann, Christoph, Richard Vencu, Romain Beaumont, Robert Kaczmarczyk, Clayton Mullis, Aarush Katta, Theo Coombes, Jenia Jitsev, and Aran Komatsuzaki. 2021. *LAION-400M: Open Dataset of CLIP-Filtered 400 Million Image-Text Pairs.* Technical report. arXiv:2111.02114.

Schuster, Mike, and Kaisuke Nakajima. 2012. "Japanese and Korean voice search." In *2012 IEEE International Conference on Acoustics, Speech and Signal Processing (ICASSP),* 5149–5152.

Selvaraju, Ramprasaath R., Abhishek Das, Ramakrishna Vedantam, Michael Cogswell, Devi Parikh, and Dhruv Batra. 2016. *Grad-CAM: Visual Explanations from Deep Networks via Gradient-based Localization.* Technical report. arXiv:1610.02391.

Sennrich, Rico, Barry Haddow, and Alexandra Birch. 2015. *Neural Machine Translation of Rare Words with Subword Units.* Technical report. arXiv:1508.07909.

Sermanet, Pierre, David Eigen, Xiang Zhang, Michael Mathieu, Rob Fergus, and Yann LeCun. 2013. *OverFeat: Integrated Recognition, Localization and Detection using Convolutional Networks.* Technical report. arXiv:1312.6229.

Shachter, R. D., and M. Peot. 1990. "Simulation Approaches to General Probabilistic Inference on Belief Networks." In *Uncertainty in Artificial Intelligence,* edited by P. P. Bonissone, M. Henrion, L. N. Kanal, and J. F. Lemmer, vol. 5. Elsevier.

Shannon, C. E. 1948. "A mathematical theory of communication." *The Bell System Technical Journal* 27 (3): 379–423 and 623–656.

Shen, Sheng, Zhen Dong, Jiayu Ye, Linjian Ma, Zhewei Yao, Amir Gholami, Michael W. Mahoney, and Kurt Keutzer. 2019. *Q-BERT: Hessian Based Ultra Low Precision Quantization of BERT.* Technical report. arXiv:1909.05840.

Simard, P., B. Victorri, Y. LeCun, and J. Denker. 1992. "Tangent prop – a formalism for specifying selected invariances in an adaptive network." In *Advances in Neural Information Pro-cessing Systems,* edited by J. E. Moody, S. J. Hanson, and R. P. Lippmann, 4:895–903. Morgan Kaufmann.

Simard, P. Y., D. Steinkraus, and J. Platt. 2003. "Best practice for convolutional neural networks applied to visual document analysis." In *Proceedings International Conference on Document Analysis and Recognition (ICDAR),* 958–962. IEEE Computer Society.

Simonyan, Karen, Andrea Vedaldi, and Andrew Zisserman. 2013. "Deep Inside Convolutional Networks: Visualising Image Classification Models and Saliency Maps." In *Computer Vision and Pattern Recognition.* ArXiv:1312.6034.

Simonyan, Karen, and Andrew Zisserman. 2014. *Very Deep Convolutional Networks for Large-Scale Image Recognition.* Technical report. arXiv:1409.1556.

Sirovich, L. 1987. "Turbulence and the Dynamics of Coherent Structures." *Quarterly Applied Mathematics* 45 (3): 561–590.

Sohl-Dickstein, Jascha, Eric A. Weiss, Niru Maheswaranathan, and Surya Ganguli. 2015. *Deep Unsupervised Learning using Nonequilibrium Thermodynamics.* Technical report. arXiv:1503.03585.

Sønderby, C., J. Caballero, L. Theis, W. Shi, and F. Huszár. 2016. *Amortised MAP inference for image superresolution.* Technical report. arXiv:1610.04490.

Song, Jiaming, Chenlin Meng, and Stefano Ermon. 2020. *Denoising Diffusion Implicit Models.* Technical report. arXiv:2010.02502.

Song, Yang, and Stefano Ermon. 2019. "Generative Modeling by Estimating Gradients of the Data Distribution." In *Advances in Neural Information Processing Systems,* 11895–11907. ArXiv:1907.05600.

Song, Yang, Sahaj Garg, Jiaxin Shi, and Stefano Ermon. 2019. "Sliced score matching: A scalable approach to density and score estimation." In *Uncertainty in Artificial Intelligence,* 204. ArXiv:1905.07088.

Song, Yang, and Diederik P. Kingma. 2021. *How to Train Your Energy-Based Models.* Technical report. arXiv:2101.03288.

Song, Yang, Jascha Sohl-Dickstein, Diederik P. Kingma, Abhishek Kumar, Stefano Ermon, and Ben Poole. 2020. *Score-Based Generative Modeling through Stochastic Differential Equations.* Technical report. arXiv:2011.13456.

Srivastava, N., G. Hinton, A. Krizhevsky, I. Sutskever, and R. Salakhutdinov. 2014. "Dropout: A Simple Way to Prevent Neural Networks from Overfitting." *Journal of Machine Learning Research* 15:1929–1958.

Stone, J. V. 2004. *Independent Component Analysis: A Tutorial Introduction.* MIT Press.

Sutskever, I., J. Martens, G. Dahl, and G. E. Hinton. 2013. "On the importance of initialization and momentum in deep learning." In *Proceedings of the International Conference on Ma-chine Learning (ICML).*

Sutton, R. 2019. *The Bitter Lesson.* URL: incompleteideas.net/IncIdeas/

BitterLesson.html.

Szegedy, Christian, Wojciech Zaremba, Ilya Sutskever, Joan Bruna, Dumitru Erhan, Ian Goodfellow, and Rob Fergus. 2013. *Intriguing properties of neural networks.* Technical report. arXiv:1312.6199.

Szeliski, R. 2022. *Computer Vision: Algorithms and Applications.* Second. Springer.

Tarassenko, L. 1995. "Novelty detection for the identification of masses in mamograms." In *Proceedings of the Fourth IEE International Conference on Artificial Neural Networks,* 4:442–447. IEE.

Tay, Yi, Mostafa Dehghani, Dara Bahri, and Donald Metzler. 2020. *Efficient Transformers: A Survey.* Technical report. arXiv:2009.06732.

Tibshirani, R. 1996. "Regression shrinkage and selection via the lasso." *Journal of the Royal Statistical Society, B* 58:267–288.

Tipping, M. E., and Christopher M. Bishop. 1997. *Probabilistic Principal Component Analysis.* Technical report NCRG/97/010. Neural Computing Research Group, Aston University.

Tipping, M. E., and Christopher M. Bishop. 1999. "Probabilistic Principal Component Analysis." *Journal of the Royal Statistical Society, Series B* 21 (3): 611–622.

Vapnik, V. N. 1995. *The nature of statistical learning theory.* Springer.

Vaswani, Ashish, Noam Shazeer, Niki Parmar, Jakob Uszkoreit, Llion Jones, Aidan N. Gomez, Lukasz Kaiser, and Illia Polosukhin. 2017. *Attention Is All You Need.* Technical report. arXiv:1706.03762.

Veličković, Petar. 2023. *Everything is Connected: Graph Neural Networks.* Technical report. arXiv:2301.08210.

Veličković, Petar, Guillem Cucurull, Arantxa Casanova, Adriana Romero, Pietro Liò, and Yoshua Bengio. 2017. *Graph Attention Networks.* Technical report. arXiv:1710.10903.

Vidakovic, B. 1999. *Statistical Modelling by Wavelets.* Wiley.

Vig, Jesse, Ali Madani, Lav R. Varshney, Caiming Xiong, Richard Socher, and Nazneen Fatema Rajani. 2020. *BERTology Meets Biology: Interpreting Attention in Protein Language Models.* Technical report. arXiv:2006.15222.

Vincent, P. 2011. "A connection between score matching and denoising autoencoders." *Neural Computation* 23:1661–1674.

Vincent, Pascal, Hugo Larochelle, Yoshua Bengio, and Pierre-Antoine Manzagol. 2008. "Extracting and Composing Robust Features with Denoising Autoencoders." In *Proceedings of the International Conference on Machine Learning (ICML).*

Walker, A. M. 1969. "On the asymptotic behaviour of posterior distributions." *Journal of the Royal Statistical Society, B* 31 (1): 80–88.

Wang, Chengyi, Sanyuan Chen, Yu Wu, Ziqiang Zhang, Long Zhou, Shujie Liu, Zhuo Chen, *et al.* 2023. *Neural Codec Language Models are Zero-Shot Text to Speech Synthesizers.* Technical report. arXiv:2301.02111.

Weisstein, E. W. 1999. *CRC Concise Encyclopedia of Mathematics.* Chapman /

Hall, / CRC.

Welling, Max, and Yee Whye Teh. 2011. "Bayesian Learning via Stochastic Gradient Langevin Dynamics." In *Proceedings of the International Conference on Machine Learning (ICML).*

Williams, P. M. 1996. "Using neural networks to model conditional multivariate densities." *Neural Computation* 8 (4): 843–854.

Williams, R J. 1992. "Simple statistical gradient-following algorithms for connectionist reinforcement learning." *Machine Learning* 8:229–256.

Winn, J., C. M. Bishop, T. Diethe, J. Guiver, and Y. Zaykov. 2023. *Model-Based Machine Learning.*

Wolpert, D. H. 1996. "The lack of apriori distinctions between learning algorithms." *Neural Computation* 8:1341–1390.

Wu, Zhirong, Yuanjun Xiong, Stella Yu, and Dahua Lin. 2018. *Unsupervised Feature Learning via Non-Parametric Instance-level Discrimination.* Technical report. arXiv:1805.01978.

Wu, Zonghan, Shirui Pan, Fengwen Chen, Guodong Long, Chengqi Zhang, and Philip S. Yu. 2019. *A Comprehensive Survey on Graph Neural Networks.* Technical report. arXiv:1901.00596.

Yan, Wilson, Yunzhi Zhang, Pieter Abbeel, and Aravind Srinivas. 2021. *VideoGPT: Video Generation using VQ-VAE and Transformers.* Technical report. arXiv:2104.10157.

Yang, Ruihan, Prakhar Srivastava, and Stephan Mandt. 2022. *Diffusion Probabilistic Modeling for Video Generation.* Technical report. arXiv:2203.09481.

Yilmaz, Fatih Furkan, and Reinhard Heckel. 2022. *Regularization-wise double descent: Why it occurs and how to eliminate it.* Technical report. arXiv:2206.01378.

Yosinski, Jason, Jeff Clune, Anh Mai Nguyen, Thomas J. Fuchs, and Hod Lipson. 2015. *Understanding Neural Networks Through Deep Visualization.* Technical report. arXiv:1506.06579.

Yu, Jiahui, Xin Li, Jing Yu Koh, Han Zhang, Ruoming Pang, James Qin, Alexander Ku, Yuanzhong Xu, Jason Baldridge, and Yonghui Wu. 2021. *Vector-quantized Image Modeling with Improved VQGAN.* Technical report. arXiv:2110.04627.

Yu, Jiahui, Yuanzhong Xu, Jing Yu Koh, Thang Luong, Gunjan Baid, Zirui Wang, Vijay Vasudevan, *et al.* 2022. *Scaling Autoregressive Models for Content-Rich Text-to-Image Generation.* Technical report. arXiv:2206.10789.

Yu, Lili, Bowen Shi, Ramakanth Pasunuru, Ben-jamin Muller, Olga Golovneva, Tianlu Wang, Arun Babu, *et al.* 2023. *Scaling Autoregressive Multi-Modal Models: Pretraining and Instruction Tuning.* Technical report. arXiv:2309.02591.

Zaheer, Manzil, Satwik Kottur, Siamak Ravanbakhsh, Barnabas Poczos, Ruslan Salakhutdinov, and Alexander Smola. 2017. *Deep Sets.* Technical report. arXiv:1703.06114.

Zarchan, P., and H. Musoff. 2005. *Fundamentals of Kalman Filtering: A Practical Approach.* Second. AIAA.

Zeiler, Matthew D., and Rob Fergus. 2013. *Visualizing and Understanding*

Convolutional Networks. Technical report. arXiv:1311.2901.

Zhang, Chiyuan, Samy Bengio, Moritz Hardt, Benjamin Recht, and Oriol Vinyals. 2016. *Understanding deep learning requires rethinking generalization*. Technical report. arXiv:1611.03530.

Zhao, Wayne Xin, Kun Zhou, Junyi Li, Tianyi Tang, Xiaolei Wang, Yupeng Hou, Yingqian Min, *et al.* 2023. *A Survey of Large Language Models*. Technical report. arXiv:2303.18223.

Zhou, Jie, Ganqu Cui, Shengding Hu, Zhengyan Zhang, Cheng Yang, Zhiyuan Liu, Lifeng Wang, Changcheng Li, and Maosong Sun. 2018. *Graph Neural Networks: A Review of Methods and Applications*. Technical report. arXiv:1812.08434.

Zhou, Y., and R. Chellappa. 1988. "Computation of optic flow using a neural network." In *International Conference on Neural Networks,* 71–78. IEEE.

Zhu, J-Y, T. Park, P. Isola, and A. Efros. 2017. *Unpaired Image-to-Image Translation using Cycle-Consistent Adversarial Networks*. Technical report. arXiv:1703.10593.

索　引

粗体显示的页码，表示相应主题的主要信息来源。

1×1 convolution　1×1 卷积，255
1-of-K coding　1-of-K 编码方案，58，**119**，392

acceptance criterion　接受准则，**375**，378，381
activation　激活，15
activation function　激活函数，15，137，**156**
active constraint　激活的约束，528
AdaGrad　AdaGrad，193
Adam optimization　Adam 算法，193
adaptive rejection sampling　适应性拒绝采样，370
adjacency matrix　邻接矩阵，349
adjoint sensitivity method　伴随灵敏度，473
adversarial attack　对抗攻击，263
aggregation　聚合，353
aleatoric uncertainty　偶然不确定性，21
AlexNet　AlexNet，257
alpha family　α 家族，53
amortized inference　摊销推理，487
ancestral sampling　祖先采样，382
anchor　锚点，166
annealed Langevin dynamics　退火朗之万动力学，508
AR model，*see* autoregressive model　AR 模型，参见“自回归模型”
area under the ROC curve　ROC 曲线下面积，130
artificial intelligence　人工智能，1
attention　注意力，306
attention head　注意力头，313
audio data　音频数据，339
auto-associative neural network，*see* autoencoder　自联想神经网络，参见“自编码器”
autoencoder　自编码器，164，**479**
automatic differentiation　自动微分，19，201，**211**
autoregressive flow　自回归流，470
autoregressive model　自回归模型，5，**299**，323
average pooling　平均池化，255

backpropagation　反向传播，17，**201**
backpropagation through time　通过时间反向传播，325
bag of words　词袋，322
bagging　装袋，240
base distribution　基础分布，465
basis function　基函数，98，138，**150**
batch gradient descent　批量梯度下降，185
batch learning　批量学习，102
batch normalization　批量归一化，196
Bayes net　贝叶斯网，280

Bayes' theorem 贝叶斯定理，26
Bayesian network 贝叶斯网络，280
Bayesian probability 贝叶斯概率，47
beam search 束搜索，329
Bernoulli distribution 伯努利分布，**56**，81
Bernoulli mixture model 伯努利混合模型，409
BERT BERT，330
bi-gram model 二元模型，323
bias 偏差，**35**，109
bias parameter 偏置参数，98，**116**，156
bias–variance trade-off 偏差 - 方差权衡，108
BigGAN BigGAN，458
bijective function 双射函数，466
binomial distribution 二项分布，57
bits 比特，41
blind source separation 盲源分离，437
blocked path 阻塞路径，290，**294**
boosting 提升，241
bootstrap 自助，239
bottleneck 瓶颈问题，325
bounding box 边界框，265
Box–Muller method Box-Muller 方法，368
byte pair encoding 字节对编码，321

canonical correlation analysis 典型相关分析，426
canonical link function 规范连接函数，143
Cauchy distribution 柯西分布，368
causal attention 因果注意力，328
causality 因果，297
central differences 中心差分法，206
central limit theorem 中心极限定理，60
ChatGPT ChatGPT，335
child node 子节点，216，**281**
Cholesky decomposition 楚列斯基分解，368
circular normal distribution 圆形正态分布，78
classical probability 经典概率，47
classification 分类，3
CLIP CLIP，167
co-parents 共父节点，298
codebook vector 码本向量，338，**396**
collider node 碰撞节点，292
combining models 模型整合，127
committee 委员会，239
complete data set 完整数据集，404
completing the square 完全平方，66
computer vision 计算机视觉，248
concave function 凹函数，46
concentration parameter 聚焦参数，78
condition number 条件数，190
conditional entropy 条件熵，47
conditional expectation 条件期望，31
conditional independence 条件独立性，127，**289**
conditional mixture model 条件混合模型，173
conditional probability 条件概率，25
conditional VAE 条件 VAE，491
conditioner 条件函数，469
confusion matrix 混淆矩阵，128
continuous bag of words 连续词袋，320
continuous normalizing flow 连续标准化流，475
contrastive divergence 对比散度，387
contrastive learning 对比学习，165
convex function 凸函数，45
convolution 卷积，**249**，275
convolutional network 卷积网络，247
correlation matrix 相关性矩阵，428
cost function 成本函数，124

coupling flow 耦合流，467
coupling function 耦合函数，469
covariance 协方差，32
Cox's axioms Cox 定理，48
cross attention 交叉注意力，332
cross-correlation 互相关，**251**，275
cross-entropy error function 交叉熵误差函数，**139**，141，170
cross-validation 交叉验证，13
cumulative distribution function 累积分布函数，29
curse of dimensionality 维度诅咒，150
curve fitting 曲线拟合，7
CycleGAN CycleGAN，459

d-separation d 分离，289，**293**，407
DAG，*see* directed acyclic graph DAG，参见“有向无环图”
data augmentation 数据增强，166，**222**
data compression 数据压缩，396
DDIM DDIM，505
DDPM DDPM，493
decision 决策，105
decision boundary 决策边界，115，**122**
decision region 决策区域，115，**122**
decision surface，*see* decision boundary 决策面，参见“决策边界”
decision theory 决策理论，105，**121**
decoder 解码器，479
deep double descent 双重下降，232
deep learning 深度学习，17
deep neural networks 深度神经网络，17
deep sets 深度集合，356
DeepDream DeepDream，264
degrees of freedom 自由度，421
denoising 去噪，493
denoising autoencoder 去噪自编码器，482
denoising diffusion implicit model 去噪扩散隐式模型，505
denoising diffusion probabilistic model 去噪扩散概率模型，493
denoising score matching 去噪得分匹配，507
density estimation 密度估计，33，**55**
dequantization 去量化，448
descendant node 后代节点，292
design matrix 设计矩阵，101
development set 开发集，13
diagonal covariance matrix 对角协方差矩阵，64
differential entropy 微分熵，44
diffusion kernel 扩散核，495
diffusion model 扩散模型，493
Dirac delta function 狄拉克 δ 函数，30
directed acyclic graph 有向无环图，282
directed cycle 有向环，282
directed factorization 有向分解，298
directed graph 有向图，280
directed graphical model 有向图模型，280
discriminant function 判别函数，**116**，125
discriminative model 判别模型，**126**，137，297
disentangled representations 解纠缠表示，462
distributed representation 分布式表示，163
dot-product attention 点积注意力，310
double descent 双重下降，232
dropout Dropout，241

E step E 步骤，**402**，405
early stopping 早停法，230
earth mover's distance 推土机距离，457

ECM，*see* expectation conditional maximization ECM，参见“期望条件最大化”
edge 边，**280**，349
edge detection 边缘检测，252
ELBO，*see* evidence lower bound ELBO，参见“证据下界”
EM，*see* expectation maximization EM，参见“最大期望”
embedding space 嵌入空间，163
embedding vector 嵌入向量，349
encoder 编码器，479
energy function 能量函数，384
energy-based models 基于能量的模型，384
ensemble methods 集成，239
entropy 熵，41
epistemic uncertainty 认知不确定性，21
epoch 训练周期，186
equality constraint 等式约束，527
equivariance 等变性，**224**，251，255，317，351
erf function erf 函数，143
error backpropagation，*see* backpropagation 误差反向传播，参见“反向传播”
error function 误差函数，**8**，48，169，182
Euler–Lagrange equations 欧拉–拉格朗日方程，525
evaluation trace 求值轨迹，213
evidence lower bound 证据下界，**412**，439，485，499
expectation 期望，31
expectation conditional maximization 期望条件最大化，416
expectation maximization 最大期望，400，**404**，440，442
expectation step，*see* E step 期望步，参见“E 步骤”
expectations 期望，366
explaining away 相消解释，293
exploding gradient 梯度爆炸，**196**，325
exponential distribution 指数分布，**30**，367
exponential family 指数族分布，**80**，136，282
expression swell 表达式膨胀，212

factor analysis 因子分析，436
factor graph 因子图，280
factor loading 因子载荷，436
false negative 假阴性，23
false positive 假阳性，23
fast gradient sign method 快速梯度符号，263
fast R-CNN fast R-CNN，270
feature extraction 特征提取，**17**，98
feature map 特征图，251
features 特征，155
feed-forward network 前馈网络，149，**168**
feed-forward networks 前馈神经网络，16
few-shot learning 小样本学习，**165**，335
filter 滤波器，250
fine-tuning 微调，3，19，**165**，334
flow matching 流匹配，476
forward kinematics 正运动学，172
forward problem 正问题，172
forward propagation 前向传播，203
foundation model 基础模型，**19**，306，334，349
frequentist probability 频率学派概率，47
fuel system 燃油系统，292
fully connected graphical model 全连接的图模型，281
fully convolutional network 全卷积网络，272

functional 泛函，524

Gabor filters Gabor 滤波器，259
gamma distribution 伽马分布，370
GAN，*see* generative adversarial network GAN，参见“生成对抗网络”
gated recurrent unit 门控循环单元，326
Gaussian 高斯，32，**59**
Gaussian mixture 高斯混合，74，173，234，**397**
GEM，*see* generalized EM algorithm GEM，参见“广义 EM 算法”
generalization 泛化，7
generalized EM algorithm 广义 EM 算法，416
generalized linear model 广义线性模型，**138**，143
generative adversarial network 生成对抗网络，453
generative AI 生成式 AI，5
generative model 生成式模型，5，**126**，296，454
generative pre-trained transformer 生成式预训练 Transformer，5，**326**
geometric deep learning 几何深度学习，362
Gibbs sampling 吉布斯采样，380
global minimum 全局最小值，183
GNN，*see* graph neural network GNN，参见“图神经网络”
GPT，*see* generative pre-trained transformer GPT，参见“生成式预训练 Transformer”
GPU，*see* graphics processing unit GPU，参见“图形处理单元”
gradient descent 梯度下降，181
graph attention network 图注意力网络，359
graph convolutional network 图卷积网络，353
graph neural network 图神经网络，347
graph representation learning 图表示学习，349
graphical model 图模型，279
graphical model factorization 图模型分解，282
graphics processing unit 图形处理单元，**17**，306
group theory 群理论，222
guidance 引导，510

Hadamard product Hadamard 积，468
Hamiltonian Monte Carlo 哈密顿蒙特卡洛，384
handwritten digit 手写数字，427
He initialization He 初始化，188
head-to-head path 头头相接路径，292
head-to-tail path 头尾相接路径，291
Heaviside step function 单位阶跃函数，140
Hessian matrix 黑塞矩阵，**183**，209
Hessian outer product approximation 黑塞外积近似法，210
heteroscedastic 异方差，173
hidden Markov model 隐马尔可夫模型，324，**407**
hidden unit 隐藏单元，16，**156**
hidden variable，*see* latent variable 隐变量，参见“潜变量”
hierarchical representation 层次化表示，162
histogram density estimation 直方图密度估计，85
history of machine learning 机器学习历史，14
hold-out set 保留集，13

homogeneous Markov chain 均匀马尔可夫链，377
Hooke's law 胡克定律，443
Hutchinson's trace estimator Hutchinson 的迹估计器，474
hybrid Monte Carlo 混合蒙特卡洛，384
hyperparameter 超参数，12

IAF，*see* inverse autoregressive flow IAF，参见“逆自回归流”
ICA，*see* independent component analysis ICA，参见“独立成分分析”
identifiability 可识别性，400
IID，*see* independent and identically distributed IID，参见“独立同分布”
image segmentation 图像分割，270
ImageNet data set ImageNet 数据集，257
importance sampling 重要性采样，**371**，383
importance weight 重要性权重，372
improper distribution 反常分布，30
improper prior 反常先验，227
inactive constraint 非激活的约束，528
incomplete data set 不完整的数据集，404
independent and identically distributed 独立同分布，**37**，294
independent component analysis 独立成分分析，437
independent factor analysis 独立因子分析，438
independent variables 独立变量，28
inductive bias 归纳偏置，17，**220**
inductive learning 归纳学习，**349**，358
inequality constraint 不等式约束，527
inference 推理，105，121，**125**，288
InfoNCE InfoNCE，166
information theory 信息论，46
instance discrimination 个体判别，166
internal covariate shift 内部协变量偏移，197
internal representation 内部表示，265
intersection-over-union 交并比，266
intrinsic dimensionality 内在维度，421
invariance 不变性，**222**，255，351
inverse autoregressive flow 逆自回归流，471
inverse kinematics 逆运动学，172
inverse problem 逆问题，107，**172**，220，296
Iris data 鸢尾花数据，151
IRLS，*see* iterative reweighted least squares IRLS，参见“迭代重加权最小二乘法”
isotropic covariance matrix 各向同性协方差矩阵，64
iterative reweighted least squares 迭代重加权最小二乘法，140

Jacobian matrix 雅可比矩阵，39，**207**
Jensen's inequality 詹森不等式，46
Jensen-Shannon divergence Jensen-Shannon 散度，463

K nearest neighbours *K* 近邻，89
K-means clustering algorithm *K* 均值聚类算法，**392**，408
Kalman filter 卡尔曼滤波器，302，**439**
Karush-Kuhn-Tucker conditions 卡鲁什 - 库恩 - 塔克条件，528
kernel density estimator 核密度估计，**86**，506
kernel function 核函数，87
kernel image 核图像，250
KKT，*see* Karush-Kuhn-Tucker conditions KTT，参见“卡鲁什 - 库恩 - 塔克条件”

M step M 步骤，**402**，405
macrostate 宏观状态，42
MAE，*see* masked autoencoder MAE，参见“掩蔽自编码器”
MAF，*see* masked autoregressive flow MAF，参见“掩蔽自回归流”
Mahalanobis distance 马哈拉诺比斯距离，60
manifold 流形，**154**，445
MAP，*see* maximum a posteriori MAP，参见“最大后验”
marginal probability 边缘概率，25
Markov blanket 马尔可夫毯，**297**，382
Markov boundary，*see* Markov blanket 马尔可夫边界，参见“马尔可夫毯”
Markov chain 马尔可夫链，**300**，377
Markov chain Monte Carlo 马尔可夫链蒙特卡洛采样，375
Markov model 马尔可夫模型，300
Markov random field 马尔可夫随机场，280
masked attention 遮掩注意力，328
masked autoencoder 掩蔽自编码器，483
masked autoregressive flow 掩蔽自回归流，472
max-pooling 最大池化，255
max-unpooling 最大上采样，272
maximization step，*see* M step 最大化步骤，参见“M 步骤”
maximum a posteriori 最大后验，**49**，405
maximum likelihood 最大似然，**34**，72，101，134
MCMC，*see* Markov chain Monte Carlo MCMC，参见“马尔可夫链蒙特卡洛采样”
MDN，*see* mixture density network MDN，参见“混合密度网络”
mean 平均值，32
mean value theorem 中值定理，43
measure theory 测度论，30
mel spectrogram 梅尔频谱，**339**
message-passing 消息传递，354
message-passing neural network 消息传递神经网络，354
meta-learning 元学习，165
Metropolis algorithm Metropolis 算法，375
Metropolis-Hastings algorithm Metropolis-Hastings 算法，378
microstate 微观状态，42
mini-batches 小批量，187
minimum risk 最小风险，127
Minkowski loss 闵可夫斯基损失，107
missing at random 随机缺失，**406**，442
missing data 缺失数据，442
mixing coefficient 混合系数，75
mixture component 混合情况，75
mixture density network 混合密度网络，172
mixture distribution 混合分布，391
mixture model 混合模型，391
mixture of Gaussians 高斯混合分布，74，173，234，**397**
MLP，*see* multilayer perceptron MLP，参见“多层感知机”
MNIST data MNIST 数据集，421
mode collapse 模式崩溃，456
model averaging 模型平均，239
model comparison 模型比较，9
model selection 模型选择，12
moment 矩，33
momentum 动量，190
Monte Carlo dropout 蒙特卡洛 dropout，242
Monte Carlo sampling 蒙特卡洛采样，

365
Moore-Penrose pseudo-inverse，*see* pseudo-inverse 摩尔 - 彭若斯伪逆，参见“伪逆”
MRF, *see* Markov random field MRF，参见“马尔可夫随机场”
multi-class logistic regression 多类逻辑斯谛回归，140
multi-head attention 多头注意力，313
multilayer perceptron 多层感知机，16，**149**
multimodal transformer 自注意力，309
multimodality 多模态，173
multinomial distribution 多项分布，**59**，82
multiplicity 多重数，42
multitask learning 多任务学习，165
mutual information 互信息，47

n-gram model *n* 元模型，323
naive Bayes model 朴素贝叶斯模型，128，**294**，322
nats 纳特，41
natural language processing 自然语言处理，305
natural parameter 自然参数，81
nearest-neighbours 最近邻，88
neocognitron 新认知机，260
Nesterov momentum Nesterov 动量，191
neural ordinary differential equation 神经常微分方程，472
neuroscience 神经科学，259
NLP，*see* natural language processing NLP，参见“自然语言处理”
no free lunch theorem 无免费午餐定理，221
node 节点，**280**，349
noise 噪声，21
noiseless coding theorem 无噪编码定理，41
noisy-OR 噪声 OR，303
non-identifiability 不可识别性，437
non-max suppression 非最大抑制，269
nonparametric methods 非参数化方法，56，**85**
normal distribution，*see* Gaussian 正态分布，参见“高斯分布”
normal equations 正规方程，101
normalized exponential，*see* softmax function 归一化指数，参见“softmax 函数”
novelty detection 奇异值检测，126

object detection 目标检测，265
observed variable 观测变量，287
Old Faithful data 老忠实喷泉数据，74
on-hot encoding，*see* 1-of-*K* encoding 独热编码，参见“1-of-*K* 编码”
one-shot learning 单样本学习，165
one-versus-one classifier 一对一分类器，118
one-versus-the-rest classifier 一对多分类器，117
online gradient descent 在线梯度下降，186
online learning 在线学习，102
ordered over-relaxation 有序过度放松，382
outer product approximation 外积近似法，210
outlier 离群值，**120**，126，143
over-fitting 过拟合，**9**，108，400
over-relaxation 过度放松，382
over-smoothing 过度平滑，362

padding 填充，252
parameter sharing 参数共享，**234**，284

parameter shrinkage　参数收缩，103
parameter tying，*see* parameter sharing　参数捆绑，参见“参数共享”
parent node　父节点，214，**281**
partition function　配分函数，384
Parzen estimator，*see* kernel density estimator　Parzen 估计器，参见“核密度估计器”
Parzen window　Parzen 窗，87
PCA，*see* principal component analysis　PCA，参见“主成分分析”
perceptron　感知机，15
periodic variables　周期变量，76
permutation matrix　排列矩阵，350
PixelCNN　PixelCNN，338
PixelRNN　PixelRNN，338
plate　板块，286
polynomial curve fitting　多项式曲线拟合，55
pooling　池化，255
positional encoding　位置编码，317
positive definite covariance　正定协方差矩阵，61
positive definite matrix　正定矩阵，523
posterior collapse　后验崩塌，491
posterior probability　后验概率，28
power method　幂方法，424
pre-activation　预激活，15
pre-processing　预处理，17
pre-training　预训练，**164**，334
precision matrix　精度矩阵，65
precision parameter　精度，32
predictive distribution　预测分布，**37**，105
prefix prompt　前缀提示，335
principal component analysis　主成分分析，**422**，430，481
principal subspace　主子空间，422
prior　先验，227
prior knowledge　先验知识，17，**220**
prior probability　先验概率，**28**，126
probabilistic graphical model，*see* graphical model　概率图模型，参见“图模型”
probabilistic PCA　概率 PCA，430
probability　概率，23
probability density　概率密度，28
probability theory　概率论，22
probit function　probit 函数，142
probit regression　probit 回归，141
product rule of probability　概率的乘积法则，24，**25**，280
prompt　提示，**335**，511
prompt engineering　提示工程，335
proposal distribution　提议分布，**369**，371，375
pseudo-inverse　伪逆，**101**，120
pseudo-random numbers　伪随机数，366

quadratic discriminant　二次判别式，133

radial basis functions　径向基函数，155
random variable　随机变量，24
raster scan　栅格扫描，338
readout layer　读出层，357
real NVP normalizing flow　实数 NVP 标准化流，468
receiver operating characteristic，*see* ROC curve　受试者工作特征曲线，参见“ROC 曲线”
receptive field　感受野，**250**，355
recurrent neural network　递归神经网络，324
regression　回归，3
regression function　回归函数，106
regularization　正则化，11，**219**
regularized least squares　正则化最小二乘法，103

reject option 拒绝选项，**125**，127
rejection sampling 拒绝采样，369
relative entropy 相对熵，45
reparameterization trick 重参数化技巧，488
representation learning 表示学习，19，**163**
residual block 残差块，237
residual connection 残差连接，19，**236**
residual network 残差网络，237
resnet，*see* residual network ResNet，参见“残差网络”
responsibility 责任，75，**398**
RLHF RLHF，335
RMS error, *see* root-mean-square error RMS 误差，参见“均方根误差”
RMSProp RMSProp，193
RNN，*see* recurrent neural network RNN，参见“递归神经网络”
robot arm 机械臂，172
robustness 鲁棒性，120
ROC curve ROC 曲线，129
root-mean-square error 均方根误差，9

saliency map 显著性图，262
same convolution 等大卷积，253
sample mean 样本均值，34
sample variance 样本方差，34
sampling 采样，365
sampling-importance-resampling 采样 - 重要性 - 重采样，373
scale invariance 尺度不变性，222
scaled self-attention 缩放自注意力，312
scaling hypothesis 缩放假设，306
Schur complement 舒尔补，67
score function 得分函数，386，**505**
score matching 得分匹配，505
self-attention 自注意力，309
self-supervised learning 自监督学习，**5**，320
semi-supervised learning 半监督学习，358
sequential estimation 序贯估计，73
sequential gradient descent 序贯梯度下降，103
sequential learning 序贯学习，102
SGD，*see* stochastic gradient descent SGD，参见“随机梯度下降”
shared parameters, *see* parameter sharing 共享参数，参见“参数共享”
shared weights 共享权重，251
shattered gradients 破碎梯度，236
shrinkage 收缩，11
sigmoid，*see* logistic sigmoid sigmoid，参见“逻辑斯谛 sigmoid”
singular value decomposition 奇异值分解，102
SIR，*see* sampling-importance-resampling SIR，参见“采样 - 重要性 - 重采样”
skip-grams 跳字，320
skip-layer connections 跳层连接，237
sliding window 滑动窗口，267
smoothing parameter 平滑参数，95
soft ReLU soft ReLU，161
soft weight sharing 软权重共享，234
softmax function softmax 函数，83，**132**，171，174，310
softplus activation function softplus 激活函数，160
sparse autoencoders 稀疏自编码器，482
sparse connections 稀疏连接，251
sparsity 稀疏，229
sphering 球化，429
standard deviation 标准差，32
standardizing 标准化，394，**428**
state-space model 状态空间模型，301
statistical bias，*see* bias 统计偏差，参见

"偏差"
statistical independence, *see* independent variables 统计独立，参见"独立变量"
steepest descent 最速下降，185
Stein score, *see* score function 斯坦因得分，参见"得分函数"
Stirling's approximation 斯特林公式，42
stochastic 随机，7
stochastic differential equation 随机微分方程，508
stochastic gradient descent 随机梯度下降，17，**186**
stochastic variable 随机变量，26
strided convolution 跨步卷积，253
strides 跨步，267
structured data 结构化数据，247，**365**
style transfer 风格迁移，274
sufficient statistics 充分统计量，57，58，72，**84**
sum rule of probability 概率的加和法则，24，**25**，280
sum-of-squares error 平方和误差函数，**8**，37，119
supervised learning 监督学习，**3**，358
support vector machine 支持向量机，156
SVD, *see* singular value decomposition SVD，参见"奇异值分解"
SVM, *see* support vector machine SVM，参见"支持向量机"
swish activation function swish 激活函数，179
symmetry 对称性，222
symmetry breaking 对称性破坏，188

tail-to-tail path 尾尾相接，290
tangent propagation 切线传播，223
temperature 温度，330
tensor 张量，**168**，253
test set 测试集，9，**13**
text-to-speech 文本语音转换，340
tied parameters, *see* parameter sharing 捆绑参数，参见"参数共享"
token token，308
tokenization 分词，321
training set 训练集，3
transductive 直推式，349，**358**
transductive learning 直推式学习，358
transfer learning 迁移学习，3，**164**，188，331
transformers Transformer，305
transition probability 转移概率，377
translation invariance 平移不变性，222
transpose convolution 转置卷积，272
tri-gram model 三元模型，323
TTS, *see* text-to-speech TTS，参见"文本语音转换"

U-net U-Net，273
undetermined multiplier, *see* Lagrange multiplier 未定乘子，参见"拉格朗日乘子"
undirected graphical model 无向图模型，280
uniquenesses 唯一性，436
universal approximation theorems 通用近似器，159
unobserved variable, *see* latent variable 未观测变量，参见"隐变量"
unsupervised learning 无监督学习，**4**，163
utility function 效用函数，124

VAE, *see* variational autoencoder AE，参见"变分自编码器"
valid convolution 有效卷积，253
validation set 验证集，13

vanishing gradient　梯度消失，**196**，325
variance　方差，**31**，32，109
variational autoencoder　变分自编码器，484
variational inference　变分推断，412
variational lower bound，*see* evidence lower bound　变分下界，参见“证据下界”
vector quantization　向量量化，338，**396**
vertex，*see* node　顶点，参见“点”
vision transformer　视觉 Transformer，336
von Mises distribution　冯·米塞斯分布，76
voxel　体素，249

Wasserstein distance　Wasserstein 距离，457
Wasserstein GAN　Wasserstein GAN，458
wavelets　小波，99
weakly supervised　弱监督，167
weight decay　权重衰减，11，**225**
weight parameter　权重参数，**15**，156
weight sharing，*see* parameter sharing　权重共享，参见“参数共享”
weight vector　权重向量，116
weight-space symmetry　权重空间的对称性，161
WGAN，*see* Wasserstein GAN　WGAN，参见“Wasserstein GAN”
whitening　白化，429
Woodbury identity　伍德伯里恒等式，518
word embedding　词嵌入，320
word2vec　word2vec，320
wrapped distribution　环绕分布，80

Yellowstone National Park　黄石国家公园，74